韩大匡院士

■作者简介■

韩大匡院士1932年11月生于上海市，原籍浙江省杭州市萧山区。1952年毕业于清华大学采矿系。曾任中国石油勘探开发研究院总工程师、副院长等职，2001年当选为中国工程院院士。现为中国石油勘探开发研究院教授级高级工程师、博士生导师。

韩大匡院士长期从事油气田开发工程研究工作，是我国著名的油气田开发专家，还是我国油藏数值模拟技术和提高石油采收率技术的开拓者。先后在清华大学、北京石油学院、中国石油勘探开发研究院任教和从事科学研究工作，参与组建了我国高校第一个油田开发系，主编并出版了我国第一部《采油工程》教材，为我国石油工业培养了大批人才，其中博士和博士后50余人。

韩大匡院士既善于从事综合研究提出战略对策，又重视基础理论研究和应用，在油藏工程、提高石油采收率和油藏数值模拟等领域做出了突出贡献。20世纪60年代初，率先开始了聚合物驱三次采油的实验研究，在克拉玛依油田进行了现场实验。1987—1991年，组织了82个油田三次采油潜力分析评价，为聚合物驱等化学驱油新技术成为我国提高石油采收率的主导技术打下了坚实的基础。“七五”期间主持了国家重点科技攻关项目“油藏数值模拟技术”，与合作者共同研制了具有自主知识产权的软件46项，为我国油藏数值模拟技术的发展奠定了基础。撰写的《油气田开发进修丛书·油藏数值模拟基础》被石油院校选作研究生教材。系统地总结了大庆、胜利、玉门等油田的开发经验，并于1999年出版了《中国油藏开发模式丛书·多层砂岩油藏开发模式》专著，将陆相储层中高含水后期极为复杂的剩余油分布归纳为“总体高度分散，局部相对富集”的普适性格局，并提出8种剩余油分布模式。进入21世纪以来，韩大匡院士积极倡导并推动油藏地球物理技术在我国高含水油田的规模化应用，创建了“分散中找富集，结合井网重组，对剩余油富集区与分散区分别治理”的高含水油田二次开发基本理念和“三个结合”（均匀井网与不均匀井网相结合、井网重组与高效调驱相结合、直井与水平井相结合）的技术对策，指导和推进了中国石油高含水油田二次开发工程的实施。

韩大匡院士至今在国内外学术期刊发表论文70余篇，出版著作5部、译著1部。获国家级科技奖励2项、省部级科技奖励6项。1991年被中国石油天然气总公司授予“石油工业有突出贡献科技专家”称号，同年获首批为享受国务院政府特殊津贴专家。1996年获中国科学技术发展基金会孙越崎科技教育基金能源大奖。2011年获国际能源行业著名的埃尼奖提名。

一、幼年、青少年、中年及近期留影

1938 年 1 月 1 日 5 岁留影

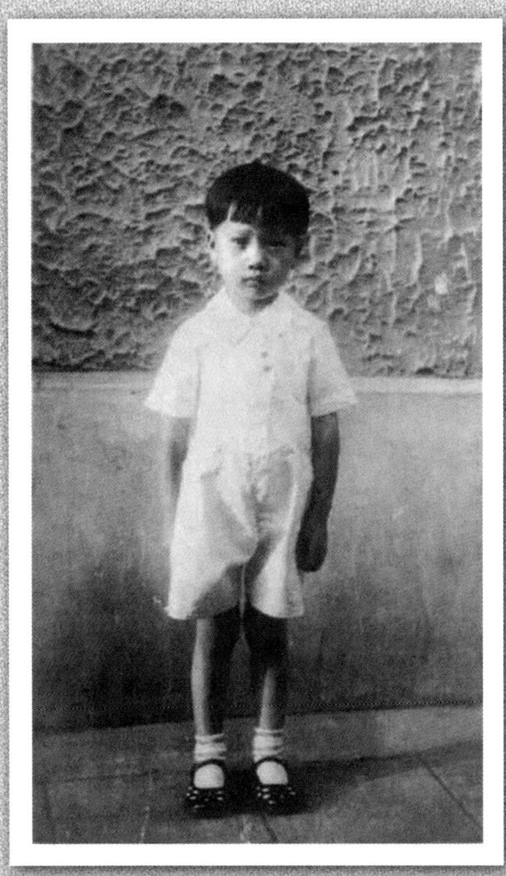

幼年

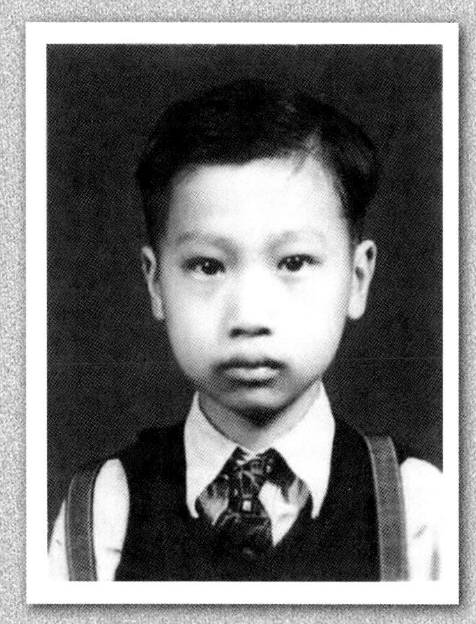

1944 年 11 岁上海小学毕业

1956 年在苏联留影

1964 年在北戴河疗养院

1971 年在“五七”干校劳动

20 世纪 80 年代初留影

近期留影（1）

近期留影（2）

二、家庭成员留影

与夫人李淑勤结婚纪念（1961 年摄）

与夫人李淑勤金婚纪念（2011 年摄）

幸福成长的第三代（2004年摄）

与夫人李淑勤，女儿韩松、韩扬在维也纳比利特宫 (Balued Palace) 前合影

三、与石油行业部分领导的合影

时任国务委员康世恩与时任石油工业部副部长侯祥麟院士
前排左起：3. 李道品 4. 吴崇筠 5. 张邦杰 6. 田在艺 7. 杨文彬 8. 申力生 9. 康世恩 10. 侯祥麟

视察石油工业部石油勘探开发科学研究院时的合影
11. 胡见义 12. 童宪章 13. 靳锡庚 14. 刘文章 15. 韩大匡 17. 毛华鹤（其余不一一列举）

随同时任石油工业部部长王涛在大庆参观科技大会展览时留影
左起：1. 钱棣华 2. 韩大匡 3. 谭文彬 4. 李康中 5. 王涛

1998 年 10 月，参加第七届重油及沥青砂国际会议时与中国石油天然气集团公司总经理马富才及与会代表在宴会上合影（左一 韩大匡，左二 马富才）

四、参加会战

1958 年川中会战时在文昌寨区队
文 3 井井场留影

1958 年，在四川文昌寨区队陪
同北京石油学院副院长贾皞调研
左起：1. 王发源 4. 奚翔光 5. 余
吉光 6. 贾皞 7. 韩大匡

五、领奖时留影

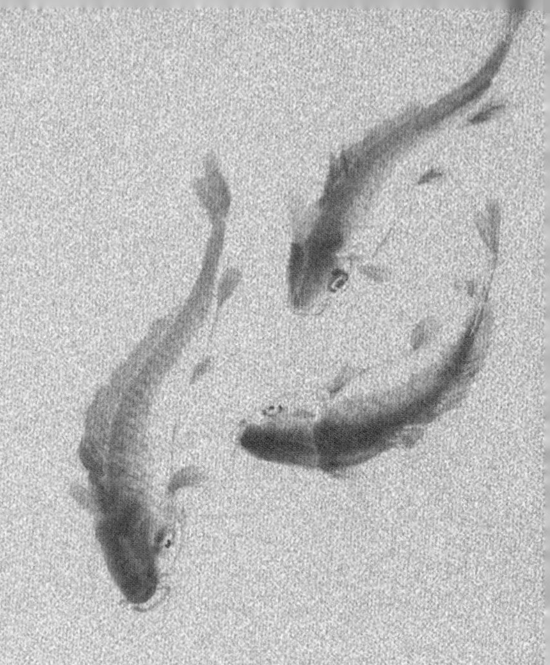

1996年10月16日，领取孙越崎科技教育基金能源大奖
（右一 韩大匡，右二 王宏琳）

六、院士活动

2012年6月13日，中国工程院第十一次院士大会能源与矿业工程学部院士合影留念（前排右二 韩大匡）

中国工程院能源与矿业工程学部进行院士选举

在中国工程院川气东送院士行会议上发言
左起：1. 李焯芬 2. 韩大匡 3. 王思敬 4. 赵文津 5. 薛禹胜

中国石油勘探开发研究院的院士们讨论科研课题
左起：1. 田在艺 2. 李德生 3. 翟光明 4. 郭尚平 5. 童晓光 6. 韩大匡 7. 苏义脑 8. 袁士义

七、和学生在一起

1961 年，与第一位研究生陈钦雷（现任中国石油大学教授）合影

指导博士生曾萍

2011 年生日师生聚会

第一排左起：1. 叶银珠 2. 韩大匡 3. 李淑勤 4. 胡水清

第二排左起：1. 王继强 2. 刘启鹏 3. 欧阳坚 4. 刘文岭 5. 闫存章 6. 宋杰 7. 潘志坚 8. 黄文松 9. 邹存友

第三排左起：1. 龙国清 2. 彭力田 3. 吴行才 4. 章寒松 5. 王经荣 6. 李建芳 7. 侯伯刚 8. 王玉学 9. 朱友益 10. 曾萍 11. 李军诗

八、培训

1984 年 7 月，第二期油藏工程培训班结业合影
第二排左起：3. 陈元千 4. 任子琪 6. 陆勇 7. 张邦杰 8. 杨文彬 9. 申力生 10. 秦同洛 11. 韩大匡 12. 毛华鹤 13. 白振铎（其余不一一列举）

2000 年 9 月 5 日，大庆油田采油工程规划编制培训班合影
前排左起：2. 李道品 3. 裘怿楠 4. 韩大匡 6. 刘翔鹗 8. 王浦潭 9. 薛自力

九、母校活动

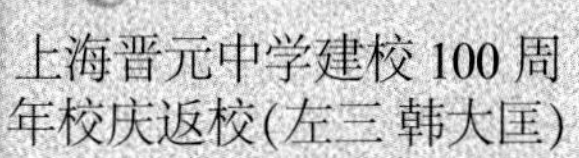

上海晋元中学建校 100 周年校庆返校(左三 韩大匡)

上海晋元中学老同学毕业 50 年后在北京聚会
前排左起：5. 高明远
后排：1. 马缤 2. 韩大匡 3. 胡志刚 4. 黄国材 5. 任德贻 6. 朱志祥 7. 陈如法

重返清华大学与化工系书记黄圣伦（右一）商谈合作事宜

清华大学校庆返校在清华园工字厅留影

原北京石油学院采油教研室全体教师与苏联专家吉玛都金诺夫教授夫妇合影
前排左起：1. 洪世铎 2. 漆文远 4. 吉玛都金诺夫夫人 5. 吉玛都金诺夫 6. 韩大匡 7. 杨继盛 8. 王撒
后排右起：1. 陈钟祥 2. 樊营 4. 孙学琛

1998 年，与原北京石油学院采六五级同学聚会
前排左起：3. 陈月明 5. 张琪 6. 郎兆新 7. 张朝琛 8. 秦同洛 9. 李秀生 10. 韩大匡 11. 刘尉宁 13. 张丽华 14. 陈定珊 15. 杨承志

十、学术会议

在化学驱中基础研究学术会议上作报告

中国石油天然气股份有限公司座谈会（左一韩大匡，左二时任中国石油天然气股份有限公司副总裁刘宝和）

1992 年 12 月 10 日，在厦门参加全国“三次采油技术”评估专家会同与会专家合影
前排左起：1. 冈秦麟 2. 宋万超 3. 韩大匡 4. 蒋其垲 5. 赵立春 6. 余稼镛 7. 宋振宇
中排：1. 陈立滇 2. 张景存 3. 朱恩灵 4. 刘璞 6. 马世煜
后排：2. 张镇华 3. 杨承志 4. 杨普华 6. 严捷先

作为中国科学院和中国石油天然气总公司联合组建的胶体与界面科学联合实验室学术委员会主任出席第一届学术委员会会议
前排左起：1. 余稼镛 2. 冈秦麟 6. 韩大匡 7. 曾宪义 8. 江龙
后排：1. 黄延章 5. 陈立滇 6. 沈平平 7. 杨普华 8. 杨承志

在低渗透气田开发高级专家技术座谈会上作报告

1992年10月，全国油气田开发地质工作会议与会代表合影

前排左起：1. 李忠信 2. 孟慕尧 3. 朱义吾 5. 李道品 8. 巢华庆 9. 周成勋 10. 赵立春 12. 王乃举 13. 谭文彬 16. 赵良才 17. 韩大匡 18. 鲍茨 19. 陈月明 20. 潘兴国（其余不一一列举）

石油大学“十五”“211 工程”建设项目可行性研究报告论证会与会代表合影
前排左起：6. 赵鹏大 8. 韩大匡 9. 沈忠厚 10. 时铭显
后排：7. 张一伟 9. 张嗣伟

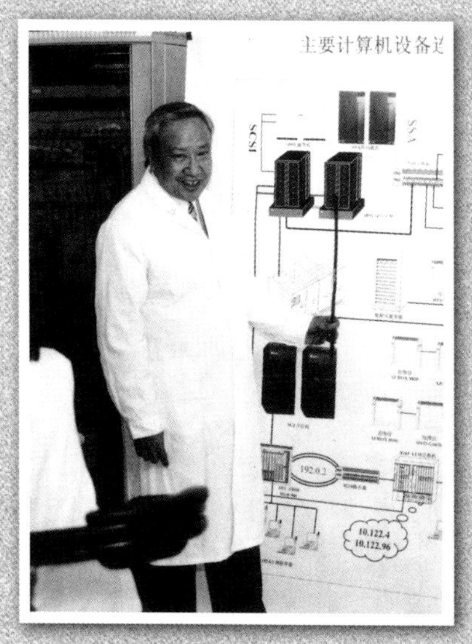

2003 年 1 月 29 日，在中国石油勘探开发研究院计算中心研讨本院计算机系统硬件配置问题

1997 年 6 月，《石油勘探与开发》第四届编辑委员会工作会议代表合影
前排左起：2. 韩用光 3. 刘雨芬 5. 王家宏 6. 葛家理 7. 范从武 8. 唐曾熊 9. 李德生 10. 韩大匡 11. 石宝珩

十一、访问油田企业

1953 年 4 月，在位于延长油矿的延河木桥上留影
(左二 韩大匡)

参观青岛港口
(左二 王乃举，左四 韩大匡)

2006 年 8 月 15 日，中国石油苏里格气田开发现场工作会与会代表合影
前排左起：3. 雷群 5. 曾鹏 7. 韩大匡 8. 孙振纯 9. 冈秦麟 12. 刘玉章 13. 李健民

2004 年 8 月 8 日，于中国陆上第一口油井——延长油田延一井旧址前留影

在长庆苏里格气田井场

参观北京天然气调控中心(左二 韩大臣，左三 徐承恩)

十二、创办中美岩心合资企业

在人民大会堂召开的与美国岩心公司合资成立中国岩心公司签字仪式上与美方代表韦勒签字后握手表示庆贺

后排左起：1. 美国岩心公司总经理罗杰斯 2. 时任石油工业部副部长张文彬 3. 时任石油工业部石油勘探开发科学研究院院长申力生

在人民大会堂召开的与美国岩心公司合资成立中国岩心公司签字仪式上三方代表签字后表示庆贺

前排左起：1. 中海油代表陈斯忠 2. 美方代表韦勒 3. 韩大匡

中国岩心公司成立后
赴美国岩心公司访问
参观特殊岩心实验室
（左二 韩大匡）

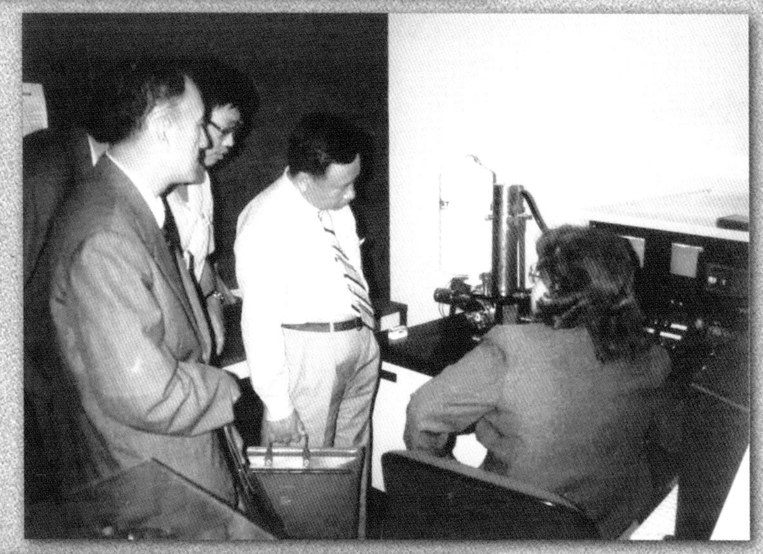

在美国岩心公司参观
电子扫描显微镜实验
室（左一 李秉智，
左三 韩大匡）

参观美国岩心公司
密特兰中心实验室
高压取心实验装置
左起：2. 韩大匡 3. 沈平
平 5. 李秉智 6. 朱琪昌

十三、国际学术活动

（一）参加国际会议

1956 年，赴土库曼斯坦首都阿什哈巴德参加石油会议时留影

左起：3. 窦炳文 4. 沈晨 5. 苏联驻中国石油工业部首席专家安德列夫 6. 余伯良　7. 苏联著名石油地质专家伯劳特 8. 韩大匡 9. 苏联土库曼石油研究院院长

1998 年 10 月，参加第七届重油及沥青砂国际会议

(右一 张朝琛，右二 韩大匡)

20 世纪 80 年代与石油工业部石油勘探开发科学研究院副院长秦同洛教授参加大庆国际油田开发技术会议

参加 SPE 和中国石油学会在天津召开的国际会议

（二）参观访问国外油公司和研究机构

1957 年 1 月，在费尔干纳盆地科岗城斯连达联合企业中心实验室参观（右五韩大匡）

1979 年，参观法国石油研究院高压岩心驱替实验室 左起：4. 侯武魁 6. 应凤祥 7 秦同洛 8. 韩大匡

1979 年，参观法国石油研究院高压物性实验室 左起：1. 侯武魁 2. 应凤祥 3. 韩大匡 4. 蒋其垲 5. 秦同洛 7. 申力生

1979 年，参观美国莫比尔石油公司计算中心
左起：1. 侯武魁 2. 韩大匡 3. 蒋其垲

1979 年，访问美国莫比尔石油公司听取介绍
左起：1. 侯武魁 2. 蒋其垲 3. 韩大匡

参观美国 NASA 航天城登月车（右四 韩大匡）

与法国石油研究院柏拉悉纽院长商谈中法协作事宜

1979 年，参观美国莫比尔石油公司实验室
左起：1. 韩大匡 2. 申力生 5. 吕志良 6. 蒋其垲

1981 年，采收率考察团赴美在施工现场参观
左起：1. 杨贵尊 2. 韩大匡 4. 杨普华 5. 沈平平

1981 年，访问美国能源部巴特斯维尔能源研究中心参观其岩心实验室
左起：1. 朱琪昌 2. 韩大匡 3. 杨贵尊 4. 杨普华

1984 年，出席中国驻印尼大使馆国庆 35 周年招待会

参观奥地利某气田
(左二 杨承志，右二 韩大匡)

访问美国雪弗龙石油公司得克萨斯州奥伦奇研究院
左起：3. 李保树 4. 刘明新 5. 韩大匡 7. 陈燕津

访问俄罗斯萨夫特洛尔油田时与邱中建院士（中），及时任中国石油勘探开发研究院院长赵文智（右）合影留念

2007年，中国工程院组织中俄友好年活动期间访问俄罗斯最大油田萨夫特洛尔油田时所拍摄的该油田第一口发现井

（三）接待国外专家

邀请美国南加州大学著名油田化学专家晏德福教授夫妇来华讲学
左起：1. 晏夫人 2. 晏德福 3. 江龙 4. 韩大匡

宴请来华讲学的法国石油研究院著名数值模拟专家范·奎博士
左起：1. 翟光明 2. 范·奎 3. 韩大匡

邀请美国南加州大学著名碳酸盐岩专家漆林格教授来华讲学
左起：1. 邓亚平 2. 韩大匡 4. 漆林格

宴请来华讲学的美国数值模拟专家基洛夫教授
左起：1. 吕牛顿 2. 基洛夫 3. 韩大匡

韩大匡院士文集

石油工业出版社

内 容 提 要

本文集选录了韩大匡院士不同时期油气田开发方面的著作和论文，内容涵盖了油气战略、油藏描述、油藏工程、提高石油采收率和油藏数值模拟等方面，较全面地反映了作者在油气田开发工程领域取得的学术成就。

本文集可供石油生产单位、科研院所的技术人员及相关专业学者参阅，也可以作为石油院校师生的参考资料。

图书在版编目(CIP)数据

韩大匡院士文集/韩大匡著.
北京：石油工业出版社，2012.11
ISBN 978-7-5021-9361-4

Ⅰ.韩…
Ⅱ.韩…
Ⅲ.油气田开发-文集
Ⅳ.TE3-53

中国版本图书馆CIP数据核字(2012)第267862号

出版发行：石油工业出版社
(北京安定门外安华里2区1号　100011)
网　址：www.petropub.com.cn
编辑部：(010)64523536　发行部：(010)64523620
经　销：全国新华书店
印　刷：北京中石油彩色印刷有限责任公司

2012年11月第1版　2012年11月第1次印刷
787×1092毫米　开本：1/16　印张：37.75　插页：16
字数：988千字　印数：1—1000册

定价：298.00元
(如出现印装质量问题，我社发行部负责调换)

序

韩大匡院士是我国著名的油气田开发工程专家、中国工程院院士，曾任中国石油勘探开发研究院副院长、总工程师，原石油工业部科技委员会委员兼油田开发组组长，中国石油大学特聘教授等职。现为中国石油勘探开发研究院教授级高级工程师、博士研究生导师。1991年获国务院政府特殊津贴，并被中国石油天然气总公司授予"石油工业有突出贡献科技专家"称号，1996年获中国科学技术发展基金会孙越崎科技教育基金能源大奖。今年正值韩院士80华诞，也适逢他献身石油事业60周年之际，编辑出版这本《韩大匡院士文集》既是韩院士多年学术积累的回顾和展示，也是他创新务实、执著治学精神的具体体现。

《韩大匡院士文集》收录了油气战略、油藏工程、油藏描述、油藏数值模拟、提高石油采收率及石油工程技术等各类学术论著60余篇，内容丰富、论点精湛，既有理论研究、技术研发，又有应用实践；既有立足全局的宏观把握，又有着眼局部的微观分析。文集体现了韩院士治学的几大特点：首先，是富有创新精神，他经常从油田生产中发现问题，对实际问题中存在的新鲜事物和动向非常敏感，表现出善于吸取新知识、发现新事物、提出新观点、总结新规律的创新精神；其次是富有务实并付诸实施的能力，韩院士在宏观层面上对诸多油田开发的固有观念提出了新的认识，做到了坚持信念、摒除障碍、锲而不舍地对创新观念进行持续不断的求索和研究，执著地通过实践取得成果，做到以理、以事实服人；再次是持之以恒的学习精神，韩院士自幼就展现出了强烈的求知欲和自学能力，在他的学术生涯中一直都谦虚地向各方学习，甚至从不同意见中也能汲取有益的营养。在进入古稀之年以后，出于研究工作的需要，他还跨越到自己不熟悉的专业领域（如油气田开发地震）从头学起，确实体现了"活到老，学到老"的精神。

中国石油工业的迅猛发展，离不开科学技术的不断更新和进步。韩院士展现给我们的这些研究论题，扩展了油气开发领域，深化了油气开发水平，提高了油气资源利用率。尤其值得提及的是，中国油气田以陆相储层为特征，非均质性十分严重，在高含水的注水开发后期提高油气采收率极富技术挑战性。韩院士对中国高含水油气田二次开发所提出的理念、对策和技术路线，系统化地综合运用和发展了地质、油气田开发地震、测井、精细油藏数值模拟等学科。通过深化油藏描述、准确量化剩余油分布，重构油藏地下认识体系及结合油藏井网系统的重组，对剩余油的挖潜对策提出了综合治理方法。这一创新成果获得了业界的认可，并为世界上同类老油田提高石油采收率提供了富有建设性的理论基础和技术实施路线，已在国际上引起了重视和关注。

"一部石油工业史，百万翻天覆地人"，正是以韩院士为代表的一代石油科技工作者发挥自己的聪明才智，爱国创业，求实奉献，贡献了青春年华，乃至毕生精力，才造就了今天中国石油工业的宏伟基业。

韩院士在耄耋之年，虽然身受老年疾病的困扰，在健康、体力不尽如人意的状况下仍坚持在科技一线拼搏，充分展现了他老骥伏枥、壮心不已的奉献精神。毫无疑问，石油工业今天的发展离不开韩院士等一批石油科技人员富有开创性的重要贡献。在此，我衷心希望通过这本文集的出版，广大青年石油工作者能传承老一辈的光荣传统，继续发扬奋勇拼搏的精神，开创石油工业新的辉煌。

中国工程院副院长、中国工程院院士

谢克昌

2012 年 11 月 12 日

前　言

60 多年来，我们祖国的油气田开发走过了十分光辉和不平凡的历程。原油产量从建国初期微不足道的 7 万吨发展到 2 亿吨，天然气产量从零发展到 1000 亿立方米。特别是我国油田储层多属陆相碎屑岩沉积，地质条件特别复杂，加上国外的长年封锁，在这样的条件下发展如此迅速和发展到如此程度，实属不易。与此相应，也形成了具有我们自己特色的开发陆相复杂油田的整套技术，有的技术已达到国际先进水平，甚至处于领导地位。

回顾 1952 年我从清华大学毕业以来，至今已年届 80，献身祖国油气田开发事业也正好是 60 年。在这 60 年里，有幸见证并亲身参与了这一伟大的历史进程，并作为石油科技大军的一个普通成员，也尽了自己的一份力量，做了一些研究工作。今天，整理和出版过去的文稿，既是我 60 年来研究工作的回顾、展示，以及向培育我的祖国所做的一个交代，也从自己这个小小的侧面反映了祖国油气田开发这个经历了翻天覆地变化的伟大历史进程，其中有些理论的见解、创新、思考及技术，也许对后人还会有一些启迪和借鉴作用。

油气田开发是一个宏大的复杂系统工程，涉及很多学科，因此我们的研究工作涉及面也比较广泛。这次收录的在不同时期较有代表性的 60 余篇论著，内容涵盖了油气战略、油藏描述、油藏工程、提高石油采收率和油藏数值模拟等方面，较全面地反映了我在油气田开发工程领域进行的研究工作。文集共分 7 篇，第一篇收录了我的自述及介绍我成长过程和治学之道的文章；第二篇介绍了几本著作的概况，对其中《油气田开发进修丛书 · 油藏数值模拟基础》、《中国油藏开发模式丛书 · 多层砂岩油藏开发模式》两部专著节选了部分内容；第三篇介绍了油气战略方面的研究报告，节选了其中有关三次采油、微生物采油的潜力分析和发展战略研究的部分内容；第四篇至第六篇以油藏描述和油藏工程、三次采油、油藏数值模拟为题，全面介绍了油气田开发领域的研究成果；第七篇通过和学生们共同研究发表的论文反映了教学与人才培养的成果。

论著写作的时间跨度约有 50 年，由于科学技术在不断发展，早期论著中有些内容以今天的眼光来要求，难免显得简单、甚至过时，但从历史发展的角度来看，当时确有其开创性和前瞻性，故仍保持了其原貌。另外，由于一些文章是在特定的历史时期下针对特定情况的研究成果，为了使读者能够更确切地了解这些研究工作，对部分文章作了简略的背景介绍。

为了节省篇幅，不采用在文章后面集中罗列参考文献的传统做法，而是必要时在引用位置加以说明。

全书附有 70 余幅作者工作历程和学术活动的照片。

我借这次出版文集的机会，向在我一生的科研工作中给予指导和支持的各位先辈、领导、合作者、同事以及给过我帮助、提供过资料的同志们致以衷心的感谢。在文集编辑、出版的过程中，得到了中国石油勘探开发研究院油气田开发所领导和同志们的大力支持，刘文岭在繁忙的工作中抽出大量时间，策划和组织了本文集的编辑与出版工作，邹雅铭、田玉昆、任广磊、张跃磊和唐琛等在文集编辑过程中负责资料收集、文字录入与校对、图件清绘等工作，胡水清帮助对文集中所附照片进行了收集整理。正是他们持续一年多的努力，才使得本文集能够得以出版，特别是中国工程院副院长谢克昌院士在百忙之中审阅了文集书稿，并为本文集作序，在此一并表示诚挚的谢意。

本文集收录的论文时间跨度大，有些论文是特定历史条件下的研究成果，难免存在不完善之处，敬请广大读者批评指正。

韩大匡

2012 年 11 月 5 日

目　录

第一篇　绚丽人生

第二篇　油藏书香

第三篇　油气战略

第四篇　油藏描述与油藏工程

第五篇 三次采油

第六篇 油藏数值模拟

第七篇 桃李芬芳

第一篇　绚丽人生

我的自述

韩大匡

1932年11月,我出生在旧社会的大上海。当时正是日本帝国主义侵占我国东北三省的第二个年头,而且还在步步进逼,妄图一步步侵吞全中国。人们一方面对日本的血腥侵略感到极度愤慨,另一方面对于国民党政府不抵抗政策、步步后退极为不满,毋忘国耻、奋发图强已成为当时人们的共同心声。我的父亲是中华书局一名从事古文学的编辑,作为一名知识分子,当然对这个形势非常敏感。在这个国难当头、江山沦陷的时候,我的父亲就把这忧国之情和对下一代的期望凝聚在了给我取的名字上。我父亲后来告诉我,我的名字之所以取为"大匡",其中的主要含义在"匡"字上。这个字从字形看大体是"国"字去掉了右边(也就是东边)的一竖,象征着东北沦丧,隐含着毋忘国耻的意思;另一个带有积极期望的含义,就是希望我长大后能够"匡"扶社稷,对国家和社会能有所贡献。我父亲在给我取的名字上,确实费了一番苦心,体现了老一代知识分子当时的爱国之情。

1941年,太平洋战争爆发,日寇入侵上海租界。虽然当时我年龄很小,但也亲眼看到了日本鬼子兵在街头耀武扬威、欺压中国老百姓的情景,在我幼小的心灵中埋下了仇恨侵略者的种子。记得当时我们大家都对强制学习日语非常反感,我们几个同学曾经相约集体不带日语课本,作了一次小小的抗议。日寇进占上海租界后,中华书局被日本作为敌产没收,父亲失业,一家七口顿时陷入了经济困境。父亲后来先后在盐业公司和小银行当个文书,工资很低,有时吃饭也成了问题,学费更没有了着落。我只能发奋读书,每年去参加《申报》和《新闻报》等社会组织对"清寒学生"的助学金考试。所幸我考试成绩不错,每年都能获得所需学费的资助,才能得以继续上学,直到1945年抗战胜利。现在回过头来看,这倒也促进了我学习各种知识的兴趣。我常常超前学习,例如,小学还没有毕业就学了中学的代数,初中就学高中的大代数等,而且涉猎中外文学名著,给语文也打下了好的基础。当时培养的这种旺盛的求知欲和自学能力对我的一生都有很大影响。

1945年,日本投降,人心大快。父亲在中华书局恢复了工作,家里经济情况有所好转。但不久,国民党当局的腐败和无能就暴露无遗,引起了广大人民群众的强烈不满。在这种情况下,虽然我当时在大家心目中是一个所谓学习优秀的"好学生",但在心里也开始滋长了对国家前途的失望和担忧,由此也感到个人前途渺茫。在这段期间,学校里一些进步学生组织了一个地下党所领导的群众组织"力行社",我也参加了。"力行社"的活动主要是读一些进步书刊,记得还进行过一些诸如尊师、助学的义卖等活动,但不久就被反动校方所取缔。对我影响比较大的还是一些进步书籍。印象比较深的是斯诺的《西行漫记》,看后对中国共产党和解放区开始有了一些认识,特别是看到了中国共产党为国家和民族的前途不惜牺牲自己、艰苦奋斗的生动事迹,和国民党官僚的贪污腐败形成了鲜明的对照。从这里,我似乎看到前面有了"曙光",感到国家有了希望。对国民党统治的不满也有过一些小小的活动。记得曾经在我们主办的壁报上出过一期反对国民党政府镇压学生运动,制造"四一血案"的文章,受到了学校训导主任的训斥。

1949 年 5 月上海解放，亲眼看到了解放军官兵严明的纪律，以及共产党干部的清正廉洁、为国为民的精神，我一扫过去国民党统治时期那种压抑、甚至近乎绝望的心情，重新看到了国家的希望，真是欢欣鼓舞，下定决心要把自己的青春献给祖国的建设事业。

1949 年年底，我高中毕业。由于我们是春季班，在寒假招生的大学寥寥无几，但其中却有我久已向往的清华大学。原来是新成立的燃料工业部考虑到旧中国能源产业非常落后，尤其深感技术干部的缺乏，就专门委托清华大学新设一个采矿系，在 1949 年年底开始招收学生。当时招生的学校我记得还有北洋大学（今天津大学）采矿系，以及南京矿专等学校。相比之下，我自然报考心仪已久的清华大学，以比较优异的成绩考进了以前从来没有想过的采矿系。

开始，我们学的是采煤专业，1950 年暑假还曾到辽宁省抚顺和阜新两个大煤矿进行过认识实习。后来燃料工业部下面成立了石油管理总局，考虑到石油工业更是一穷二白，全国技术干部总共只有几十人，更急需培养石油方面的技术干部。燃料工业部就动员我们班的学生在自愿的原则下转学石油工程专业。就这样我进入采矿系学习不久，就从采煤转为石油工程专业。好在不管什么专业，当时主要是学基础课，在学习上没有什么影响。从此，我一生就和石油工业结下了不解之缘。毕业以后，我又选择了其中的油气田开发这个专业。这条路一走就是 50 多年，在实践中我对这个专业从无知到有所认识，再到产生浓厚的感情，愿意终生为之奋斗，至死不悔；每当看着一个个新的油气田的投产、开发，滚滚的油气流向祖国四面八方，心中常常充满着激动和欢欣，也算是先“结婚”、后“恋爱”吧！

在清华的几年读书生涯，可以说收获不小，难以忘怀。首先是在学业上得到名师传授，例如，教微积分的是程民德，教普通地质的是杨遵仪（后来都被选为科学院院士）等，给我打下了扎实的基础，掌握了较好的学习方法和自学能力，使我以后得以在工作中通过学习不断提高自己的业务水平，增强独立工作能力，令我终生受益。另一方面，在清华这座大熔炉里，我逐步确立了自己的人生观，积极和热情地响应党的各项号召，参加各种活动，在 1951 年年底，我光荣地加入了中国共产党。

因为我们是春季入学的，校方为了使我们赶上正常秋季班的学习进度，取消了我们班的寒暑假，利用假期补课，就这样逐渐修满了必需的学分，赶上了正常秋季班的进度。

1952 年秋，全国高校进行了院系调整，清华大学成立了石油工程系。这个系由当时清华大学、北洋大学等校的化工系和采矿系部分师生合并组成。同时，因为国家第一个五年计划开始，急需人才，教育部决定原定 1953 年和 1954 年两个年度毕业的学生，都提前一年毕业。我记得当时教育部部长钱俊瑞还曾亲自来清华大学作了动员。就这样，在 1952 年秋我就提前毕了业，被留校担任了石油工程系的助教。次年 9 月，根据全国院系调整的安排，石油工程系脱离清华大学在北京西北郊成立了我国第一所石油高校——北京石油学院。我也随着来到了石油学院，开始了中国第一个油田开发系的筹建工作。

为了贯彻中央“向苏联学习”的决定，各个高等院校都聘请苏联专家授课，北京石油学院也不例外。为了培养懂得专业的课堂翻译，在清华石油系期间，就抽调了一批年轻教师突击学习俄语，我也是其中之一。经过累计 5 个多月的学习，再加上我英语基础比较好，总算达到了上台进行翻译的基本要求。因此，到北京石油学院以后，我的第一项教学任务就是为苏联专家吉玛都金诺夫当课堂翻译，为教师和研究生授课。当然我是“近水楼台先得月”，要当好课堂翻译，首先必须把授课内容消化好，又可以随时向苏联专家请教、讨论，这对于我系统掌握专业的原理、概念和方法，丰富专业知识有很大好处。

同时，由于我俄语比别的专业人员强，石油管理总局的苏联专家到油田指导工作时，领导也多次派我随行学习。这大大有助于我学习和掌握生产实践知识和经验，为把理论和生产实践相结合打下了基础。

解放初期，我国石油工业十分落后。全国石油产量只有 12×10^4t，其中天然原油产量 7×10^4t，主要为玉门老君庙油田所产，还有一个陕北延长油矿，产量极少；其余 5×10^4t 为东北的人造油。而且，最主要的玉门油田基本上属于衰竭式无序开发，压力下降，产量递减，效果很差。为了摆脱这种被动落后的局面，当时石油管理总局请了苏联权威专家特洛菲穆克通讯院士（后来不久就被选为苏联科学院正式院士）来华指导工作，我也有幸随同学习。他对玉门老君庙油田提出了采取边缘注水进行正规开发的建议，接着石油管理总局就决定在以他为首的专家组指导下开始编制老君庙油田注水开发方案。这是我国油田开发史上第一个注水开发方案，也是我第一次真刀真枪地参加的一场实践。当时因为我俄文比较好，能够看懂俄文参考资料，就安排我具体负责方案编制中的渗流力学计算工作。这个方案的编制和实施，揭开了我国用注水方法开发油田的序幕，为今后注水技术的普遍应用提供了宝贵的经验。现在注水已发展为我国油田开发的主体技术。应用注水技术开发的油田，其储量和产量都已占全国总量的85%左右。通过这个方案的编制，我学到了编制开发方案的原理和技术。

在北京石油学院期间，我还先后参加了川中石油会战和大庆石油会战，这两个会战使我经受了磨炼，积累了经验，增长了解决实际问题的能力。

1958 年，在四川中部发现了新的油田，石油工业部决定在川中组织大规模的会战。北京石油学院领导委派我带领部分师生以勤工俭学的方式参加会战，组织了文昌寨钻井区队，下辖两个井队，真刀真枪地钻井找油。这个区队师生共有 200 多人，大家都缺少实际生产的经验，从修公路、平井场、安装钻机到开始钻井，都要师生们亲自动手。而且无论大小事宜，一切都要从头做起。对于我这个当时只有二十五六岁的青年教师来说，要领导好这支队伍，完成生产任务，是一场严峻的考验。但在克服了种种困难以后，也确实锻炼了我独当一面，组织一支队伍开展工作的能力。

当我们国家发现了大庆这样的特大油田以后，因缺乏经验，当时石油工业部决定先开辟一个生产试验区进行试生产，目的是通过生产实践来取得正确开发这类特大油田的经验。在参加会战的过程中除了在开发室负责渗流力学的计算以外，我还担任了油井分析队队长，负责生产试验区的油井动态分析工作。记得当时曾经根据油层压力动态变化的特点，通过计算，准确地预报了必须进行注水的时机，对于大庆油田的早期注水、保持压力提供了科学依据。

因连年参加会战，身体越来越差，得了周期性高烧的怪病，就这样因为健康原因离开了会战战场，回到了北京石油学院。在参加会战和生产实践中深感在油田生产中存在着很多技术问题，亟待我们去研究解决。回来后除了我作为主编和其他教师一起编写了我的第一部著作《采油工程》教科书（1961 年由中国工业出版社出版）以外，就着手组建“油田开发研究室”，开始了我的研究工作。在此期间，我们进行了几件值得一提的研究工作。

第一件是关于聚合物水溶液驱油提高原油采收率的研究工作。我国油田的主体开发方式是注水采油，但是由于水的黏度一般小于原油，驱油效果必然比较差，特别是我国陆相油田的原油黏度偏高，这是我国油田采收率偏低的主要原因之一。所以，我们当时就研究如何能通过在水中添加一种增黏剂的方法来提高采收率。为此，我们走遍了北京和上海的化工、纺织市场和企业，到处寻找各种水溶性增黏剂，一共找了好几十种，经过室内筛选实验，最后提出聚丙烯酰胺是一种增黏性能好，能够有效提高原油采收率的化学剂，并和新疆克拉玛依油田合作进行了现场试验，获得了明显的提高采收率效果。回想起来，这已是 40 多年以前的事情了。当初也没有想到,40 多年以后,我国应用聚丙烯酰胺水溶液驱油的区块的产量规模竟然达到了1000 多万吨,已发展成为具有中国特色的提高石油采收率技术。

第二件事情是在 20 世纪 60 年代初就开始了计算机技术应用于油田开发的研究。当时计算机技术还处于发展的初期,我记得当时 103 机的计算速度只有每秒 30 次,中国科学院计算所新建的 104 机也只有每秒 2000 次,速度都非常低,当然还没有可能用来解决油田复杂的实际问题。但当时我看到了传统的解析解在实际应用上有根本性的局限,这是由于实际油藏常常带有严重的非均质性,是实际计算中所不可忽略的因素。但是,用解析法求解的前提就是要把复杂的油藏简化成均质油藏,这样就完全没有了在计算中考虑油藏非均质性的可能性;反过来,觉得用计算机进行网格剖分走数值求解的路,就恰恰有可能解决考虑非均质性的渗流问题,由此看到了随着计算机技术的发展,必将带来非常好的应用前景。所以当时就和中国科学院计算所合作开展了用计算机求解油水两相渗流的研究工作,还带了一个研究生。这也算是为我国利用计算机技术来研究油藏渗流问题开了一个头,对我以后从事油藏数值模拟研究也打下了基础。

最后一件是研究了油井防蜡、清蜡的新工艺。由于我国原油中普遍高含石蜡,油管结蜡十分严重,对正常生产影响很大。无论在玉门还是大庆,我都看到采油工人们用人工进行机械清蜡,体力劳动极为繁重。为了解决这个问题,我们从油管内结蜡机理出发,进行了很多种清蜡防蜡方法的实验研究。结果认为,根据改变油管润湿性的原理,在油管里衬上亲水材料来改变油管表面的亲油性质,可以大大减轻油管的结蜡。最后,终于研制成功了内衬玻璃的专用防蜡油管,经大庆油田现场试验,取得了很好的防蜡效果。这种新工艺当时不仅在大庆油田得到应用,而且还推广到很多油田,获得了全国科学大会奖。

回想起来,自从 1961 年开始组建开发研究室到“文化大革命”,短短的几年内,使自己学习和锤炼了如何根据生产实践的当前和长远的需求,运用所学到的理论知识来进行创新研究的能力,特别是通过前两项研究工作,为我以后的两个主要研究方向,提高采收率和油藏数值模拟打下了基础。

“文化大革命”中,我受到了冲击,后来到燃料化学工业部五七干校劳动。1972 年底,五七干校解散,我被分配到燃料化学工业部刚筹备的石油勘探开发规划研究院担任油气田开发研究室主任的工作。我们的主要任务是编制油气田开发五年规划和年度计划,审查主要油田的开发方案,以及协助燃料化学工业部有关技术职能部门进行生产管理工作。我们经常到各油田出差,记得有一年我仅在胜利油田蹲点就达 8 个月之久。这一时期的工作使我熟悉了我国油气田开发的全貌,各主要油田的地质、开发特征和所采取的技术措施,为我今后对油气田开发战略性的综合研究打了一个好的基础。

1978 年,全国科学大会以后,石油工业部为了加强科技研究工作,将石油勘探开发规划研究院改建为石油勘探开发科学研究院。从此工作性质又发生了很大的变化,除了继续完成原有的规划任务以外,要根据全国石油勘探、开发当前和长远发展的需要,开展各项科学研究工作,成为名副其实的研究中心。我担任副院长兼油气田开发所所长,负责组建油田气开发方面研究力量,包括确定研究方向、设备的购置以及人员的调集等,同时自己也着手进行研究工作,主要的研究方向包括全国油气田开发战略性综合研究、油藏数值模拟以及提高采收率等。应该说这个时期是我个人研究生涯中走向成熟的时期:从我国油田开发动态和开发特征的分析、开发模式的建立、地下剩余油分布量化的研究到技术战略的提出;从油藏数值模拟技术的倡导、研究,软件的国产化到“精细油藏模拟”概念的提出和方法的建立;从三次采油技术的研究、潜力分析评价到发展战略的制定等,所有这些都凝聚了自己的心血。

回顾自从1952年选定油气田开发作为自己从事的专业学科以来,已经有60个年头了。在这60年的研究工作中,深感我们中国的油气田开发有它自己的特点和难点,其中主要的一点,就是我国油气田绝大多数处于陆相沉积的条件下,与国外海相沉积相比,其地质条件的复杂性和非均质性要严重得多,必须建立一整套具有自己特色的技术才能进行合理和高效地开发,才能更多地为国家提供宝贵的石油能源。做到了这一点,同时也就是对世界油气田开发事业的发展作出了贡献。但这需要整整一代人甚至几代人的努力。自己毕其一生,孜孜以求的也就是希望能为这样一个重要的事业添砖加瓦,做出一点贡献。

在理论和实践中成长，在创新和执著中奉献

——中国工程院院士韩大匡的治学道路

李　芬

背景介绍：这篇关于韩大匡院士的介绍是应中国工程院的要求而写的，原载于中国工程院科学道德建设委员会编写的《工程技术的实践者——院士的人生与情怀》(高教出版社)一书。

由中国石油勘探开发研究院党委宣传部李芬同志根据有关韩大匡院士的一些材料编写。从这篇介绍可大致了解韩大匡院士在学术上的成长过程及主要治学之道。

韩大匡，男，汉族，中共党员，1932年11月出生于上海，1952年毕业于清华大学采矿系，原籍浙江杭州萧山区。从事油气田开发研究工作50余年，在高等院校任教近20年，曾与有关同志一起组建了我国第一个油田开发系，1972年调入石油勘探开发规划研究院(现中国石油勘探开发研究院)，历任该院开发室主任、副院长兼开发所所长、总工程师等职，现为教授级高级工程师、博士生导师。他在研究工作方面注重理论和实际的密切结合，既坚持对我国油田开发全局进行综合性研究，制定战略对策和技术发展方向，又对油藏数值模拟技术和提高采收率技术进行了锲而不舍的探索，取得了重要成果，是我国这两项技术的开拓者之一。共获国家科技进步二等奖1项，全国科学大会奖1项，省、部级科技进步一等奖3项，二等、三等奖各1项。1991年被中国石油天然气总公司授予"石油工业有突出贡献科技专家"荣誉称号，并获政府特殊津贴。1996年获中国科学技术发展基金会孙越崎科技教育基金能源大奖。

2001年当选中国工程院院士。

一、求学·爱国

1932年，韩大匡出生在旧社会的大上海，当时正是日本帝国主义侵占东北的第二个年头，日军染满血腥的枪杆和大炮步步进逼，妄图侵吞全中国。国民党政府实行步步后退的不抵抗政策，民愤四起，毋忘国耻、奋发图强已成为当时人们的共同呼声。

韩大匡，这个名字寄托了他父亲诸多的期待：从字形看，"匡"大体是"国"字去掉了右边(也就是东边)的一竖，象征着他出生前一年东北沦丧，隐含着毋忘国耻的意思；另一方面，从含义看，希望他以后能够"匡"扶社稷，对国家和社会能有所贡献。韩大匡的父亲是中华书局的一名古代文学编辑，也是一名传统的爱国知识分子。

1941年太平洋战争爆发，日寇入侵上海租界，童年时代的韩大匡亲眼目睹了日本兵在街头耀武扬威、欺压中国老百姓的情景。日寇进占上海租界后，中华书局作为敌产被日方没收，父亲失业，一家七口顿时陷入了经济困境。童年时代韩大匡的心灵就埋下了发愤图强、报效祖国的种子，于是他刻苦学习，每年去参加《申报》或《新闻报》等社会组织对"清寒学生"的助学金考试。天资加汗水帮助韩大匡每每取得不错的考试成绩，所以他每年都获得资助，终得以继续上学。除了学业优异，他还常常自学和超前学习，小学还没有毕业就自学了中学的代数，初中就自学高中的大代数，高中期间就自学了大学的微积分、物理等，除此之外，他还广泛涉猎了中外文学名著。

这不仅仅是源于韩大匡在清寒处境中的进取心，更是因为他学习本领报效祖国的拳拳爱国心。正是在这样内忧外患的情形之下，爱祖国、爱家园、爱知识的韩大匡日益养成了很强的自学能力，无止境追求知识的态度对他将来的人生产生了深远的影响。

1945 年日本投降，人心大快。但是不久，国民党当局的腐败和无能就暴露无遗，引起了广大人民群众的强烈不满。在这种情况下，韩大匡心里滋长了对国家前途的失望，由此也感到个人前途渺茫。在此期间，韩大匡参加了学校里一个地下党领导的进步学生组织——“力行社”，阅读进步书刊，举办尊师助学的义卖活动，但不久该组织就被反动校方取缔。在这些进步书籍里，给韩大匡留下极深印象的是斯诺的《西行漫记》，他从书上看到了中国共产党为国家和民族的前途不惜牺牲自己、艰苦奋斗的生动事迹，和国民党官僚的腐败无能形成了鲜明的对照。从这里，他似乎看到前面有了“曙光”，感到国家有了希望。

1949 年 5 月上海解放，韩大匡亲眼看到了解放军队伍纪律严明，共产党的干部清正廉洁，他一扫过去国民党统治时期那种压抑、甚至近乎绝望的心情，重新看到了国家的希望，他欢欣鼓舞，下定决心要把自己的青春献给祖国的建设事业。

中华人民共和国成立初期，百业待举，能源成为国家经济发展的关键。1949 年，中华人民共和国成立了燃料工业部，同时，燃料工业部与清华大学等名校联合办学，开始招收新中国第一代采矿专业人才。同年年底，韩大匡以优异的成绩考上了他心仪已久的清华大学，进入采矿系学习。对于清华几年的读书生涯，韩大匡是难以忘怀的。首先是在学业上得到名师传授，打下了扎实的基础；其次是掌握了较好的学习方法，强化了自学能力，使得他在以后的工作中善于博采众长，融会贯通，可以说终生受益匪浅。

在清华这座大熔炉里，他逐步确立了自己的人生观，积极热情地响应党的各项号召，积极参加各项活动。在 1951 年底，他在系里第一个被吸收为光荣的共产党员。20 世纪 50 年代初的中国石油工业一穷二白，当时的石油技术干部奇缺，全国连勘探、开发和炼制加到一起只有区区几十个人。当时的石油产量只有微不足道的 12×10^4t，其中天然油只有 7×10^4t。为了更快地发展石油工业，燃料工业部下边很快成立了石油管理总局。1951 年夏，应石油管理总局的要求，清华大学采矿系成立了石油专业。石油是国民经济的命脉，这拨动了韩大匡心底的那根弦，在国家最需要的时候，他选择了石油专业，选择了他将为之奋斗一生的事业。这条路一走就是半个多世纪，50 多年以后，韩大匡院士感慨地说：“在实践中，我对这个专业从无知到有所认识，再到产生浓厚的感情，愿意终生为之奋斗，至死不悔，每当看着一个个新的油气田的投产、开发，滚滚的油气流向祖国四面八方，心中常常充满着激动和欢欣，也算是先‘结婚’后‘恋爱’吧！”

1952 年秋，全国高校进行了院系调整，清华大学成立了石油工程系。同时，提前毕业的韩大匡留校担任石油工程系的助教。次年 9 月，根据全国院系调整的安排，石油工程系脱离清华大学在北京西北郊成立了我国第一所石油高校——北京石油学院。韩大匡也随着来到了石油学院，开始了中国第一个高校油田开发系的筹建工作，在这里，他一干就差不多 20 年。

二、实践 · 理论

韩大匡历来重视油气田开发理论知识和油气田生产现场实践的密切结合。参加工作以后，他常常“千里走单骑”，只身一人深入油田生产现场调研，积极推动高校科研工作走向油田生产，解决实际问题。

1953 年底到 1956 年，苏联专家吉玛都金诺夫到北京石油学院给研究生和老师教学，韩大匡给他当课堂翻译，每次上课之前都要将苏联专家的手稿译成中文讲义。他如饥似渴地用俄语向苏联专家讨教专业知识，俄语水平和专业能力都得到了长足的长进。多年以后，他回忆起这段历史，幽默地说："我从中占了很大的'便宜'，为了让学校的老师和同学们明白苏联专家的观点，我必须先于他人搞明白，才能做出准确的翻译，所以是'近水楼台先得月啊'。"此外，他还常常有机会跟随石油工业部的苏联专家去油田考察，他细心地揣摩专家的分析方法和处理方法，工作日志上密密麻麻地记满了他的观察和他的心得。跟随专家从课堂到现场，是筑牢理论和实践两大基石的好机会，韩大匡没有错失这个"筑基"的良机。

那几年的"翻译生涯"离不开韩大匡的刻苦自学。他在中学时期学的是英文。在给苏联专家当翻译之前，他只学习了5个多月的俄文，就开始了真刀真枪的口译、笔译，真是"赶鸭子上架"。善于自学的韩大匡开始争分夺秒地学习俄文，一方面实际操练，一方面加强自学，双管齐下，最终圆满完成了翻译任务。这种宝贵的自学精神从小伴随他，直到他当选院士之后仍坚持学习，孜孜不倦，追求新知。

20世纪50年代中期，国内的油气田勘探开发水平相对落后。为了在我国建立自己的科研机构，加快科技发展，石油工业部决定派遣科技考察团赴苏考察，韩大匡有幸随团前往，分工考察了在苏联油气田开发方面居于最高学术地位的全苏采油研究院。在那里，他遍访了该院所有的实验室，把允许接触的数据、资料、报告摸了个遍，整整调研了3个月；在那里，他接触到了世界上先进的油气田开发科技，了解了进行科学研究的方法，他的专业能力得到了深化。

由于俄文较好、专业扎实，20世纪50年代初期，韩大匡参加了玉门老君庙油田的注水开发设计工作，负责注水开发方案的渗流力学计算工作。这项注水设计工作由苏联专家特洛菲穆克院士提出倡议，西马可夫指导，借鉴了苏联杜马兹油田的开发模式，采用边外注水方式。这是我国第一次尝试注水开发技术，揭开了我国注水技术开发油田的序幕，为以后注水开发油田技术得以普遍运用，并且成为中国油田的主体开发技术提供了宝贵的经验。韩大匡见证了这个第一次，再一次感受到理论须揉进实践的必要性和实践对理论提升的重要性。

20世纪50年代中后期，是石油工业频频会战的时期，作为北京石油学院的教师，韩大匡参加了川中石油会战和大庆石油会战。两度离开大学校园，投入油田建设，这两段经历充实了韩大匡治学人生的起步阶段。从宁静的校园来到沸腾的工地，在这里，他亲身体验了石油工业艰苦奋斗的光荣传统以及生产实践和科学技术紧密结合的重要性。韩大匡进入油田的课堂，收获了很多书本以外的知识。

1958年，在四川中部发现了新的油田，石油工业部决定在川中组织大规模的会战。北京石油学院领导委派韩大匡带领部分师生组织文昌寨钻井区队，以勤工俭学的方式参加会战。这个区队下辖两个井队，师生共有200多人，但是大家都缺少实际生产的经验。韩大匡任区队总支书记，是区队的总负责人。对于当时只有二十五六岁的青年教师韩大匡来说，要领导好这支队伍，完成生产任务，确实是一场严峻的考验。

那个年代是物资匮乏的年代，也是追求教育和生产相结合的理想主义的革命年代。这支师生钻井队怀着满腔的壮志来到川中以后，才发现事实远远没有他们想象得那么简单。条件艰苦自不待说，就连开进井场的公路都没有，师生们从修公路开始，到平整井场、安装钻机，最后钻井作业，一切都要自己动手，从头做起。在这个过程中，他们遇到了未曾料想的困难。当时全国处于"大跃进"时代，物资奇缺，要材料没有材料，要工具缺乏工具，甚至连一把扳手都难以买到。而且，这支钻井队伍只有几个老石油工人师傅，其他200多人都是石油学院的师生，在这里，学生成了修路工、搬运工、钻工、柴油机司机，历经了与课堂教育完全不一样的锤炼，终于成长为一批既有理论知识又有实践经验的人才，毕业后进入油田特别受欢迎。年轻的韩大匡带领着同样一批年轻人，风里来雨里去，真刀真枪地干起了实际生产。那时候碰到的麻烦接连不断，为了工作他常常带着区队的干部们开夜车，每天睡眠只有四五个小时，日常生活的全部就是生产和建设。一方面要动脑筋解决从未遇见过的困难，一方面要凝聚队伍向心力提高队伍战斗力，韩大匡以他高昂的革命激情和高度的责任心带领这支队伍圆满完成了任务，他本人也在磨炼中得到了成长。

1960 年，大庆会战开始，韩大匡还未洗去川中石油会战的风尘，又马不停蹄转战松辽平原，全身心地投入到大庆油田的创业中。在大庆，韩大匡除了在开发室负责渗流力学的计算以外，还担任了油井分析队队长，负责生产试验区的油井动态分析工作，工作十分繁重。那时候，他经常跑井场搜集各种数据，回来绘制等压图，进行地下油水渗流的动态分析，为了适时进行注水开发，他还准确地预测了必须进行注水的时机，为实施注水方案、补充油藏能量提供了依据。

20 世纪 60 年代的大庆会战，生活条件十分艰苦。那时候参加会战的同志下井场常常住在干打垒里。在七八月的一天，正值松辽盆地的多雨季节，劳累了一天的韩大匡拖着疲乏的身躯，回到干打垒里沉沉睡去。第二天早上阳光刺痛眼帘的时候，韩大匡睁眼一看，他发现自己的床边上堆满了坍塌下来的泥土。原来东北雨季雨量很大，有些干打垒建得并不牢固，土墙被雨水渗透后容易倒塌，幸亏当时韩大匡的床板离土墙有一定的距离，否则整个人都会“活埋”到土里去了。

“君子食无求饱，居无求安……就有道而正焉。”这是那个特殊的时代、那一批伟大的建设者的写照，韩大匡和他的同事们不求索取，热情高涨，白天在井场里搞建设，晚上在木板房和干打垒里搞研究，披星戴月，胼手胝足，一颗心都献给了这片黑土。

在大庆会战过程中，他付出了极大的精力。参加会战的年头里，他几乎没有在午夜两点前睡过觉，长期下来，积劳成疾，他慢慢觉得身体吃不消了。在大庆，他得了一种怪病，常常高烧 39℃以上，甚至达到 40℃，每次都要发病一周左右，几乎每月发作，每次发病都会白天连着黑夜地高烧，韩大匡越来越消瘦，越来越憔悴了。后来，医生为此病起名为“周期热”，这种病从此缠绕他近 10 年。

三、创新·奉献

早在 20 世纪 60 年代初，韩大匡在参加大庆会战时期，就深感生产中有很多问题需要通过科学研究来解决。回校以后，他就在开发系筹建了油田开发研究室，抽调一些骨干教师来共同进行研究工作，其中有一些是生产急需解决的课题，也有一些是带有前瞻性的创新研究。这是石油高校在油田开发方面的第一个专门从事科研的组织机构，在当时油田开发界颇有影响。

“文化大革命”以后，1978 年，神州大地迎来了科学技术的春天，当年的全国科学大会以后，石油化学工业部石油勘探开发规划研究院改为石油勘探开发科学研究院。已入院工作的韩大匡担任副院长兼油气田开发所所长，主管油气田开发方面的研究工作，他更加全力以赴地投入科研工作，主要的研究方向包括全国油气田开发战略性综合研究、提高采收率以及油藏数值模拟等。

原油深埋在地下深处复杂多变的岩石里，看不见，摸不着。在油田开发的过程中，油、气、水多相流体在肉眼难以分辨的岩石微细孔隙里渗流着。怎样才能把石油从宏观到微观都极为复杂的非均质系统里开发出来？这就需要人们通晓油藏工程的理论基础，能够从战略上把握和预见油田开发全过程中所发生的种种变化，做出优化的决策，使油田的开发获得最好的经济效益和最高的原油采收率。与此同时，还需要掌握油、气、水多相流体在油层岩石内的渗流规律，掌握油、气、水流体和岩石这种多孔介质之间种种复杂的物理化学变化规律。依靠前者可以进行各种条件下的渗流力学运算和数值计算；而依靠后者则可用以研究各种提高原油采收率的新技术和新方法。

韩大匡院士终其一生，就在这些领域里孜孜不倦地求索着，做出了自己创造性的奉献。

（1）尊重事实求索科学解决之道，提高原油采收率。

原油采收率是表征原油资源利用程度的一个重要指标，它的含义是通过一定的工艺技术从原始的原油地质储量中所能采出原油总量的百分率。现在我国开发油田的主体技术是注水开发，所能达到的采收率全国总平均也就只有1/3左右，也就是说约2/3的原油将被遗留在地下采不出来。按目前我国已动用的原油地质储量结算，采收率每提高一个百分点，约可多采出2×10^8t原油，相当于多找到了约10×10^8t原始地质储量。因此，如何不断提高采收率是一个具有重大战略意义的重要课题。三次采油技术就是一种重要的提高采收率的方法。

早在20世纪60年代初期，韩大匡带领北京石油学院开发研究室工作人员就开始了三次采油技术的实验研究，可谓是我国三次采油提高采收率技术的开拓者之一。他们从油藏内水驱油的原理出发，认为水驱油采收率较低的主要原因之一在于用低黏度的水去驱替黏度较高的原油，水流必然会先发生突破而向前窜流，从而降低了水驱的效果。由此，他们提出了“稠化水驱提高石油采收率”的理念。他们进行了大量实验研究，结果表明，用天然或者人工的高分子聚合物稠化的水溶液溶入水中，将水稠化提高其黏度以后再注入油藏，是一种有效的提高采收率的方法。

为了研制增稠剂，韩大匡和同事们走遍了北京和上海的化工、纺织市场和企业，踏破铁鞋找了好几十种材料，经室内筛选实验，最后认为聚丙烯酰胺是一种增黏性能好，能够有效提高原油采收率的化学剂。根据这个实验结果，他们和新疆克拉玛依油田合作进行了现场试验，获得了肯定的提高采收率效果。但是其后，这项研究工作由于“文化大革命”而一度中断。

进入20世纪80年代，韩大匡继续积极倡导我国聚合物和其他化学驱的研究工作。他作为“七五”国家重点科技攻关项目“三次采油技术”领导小组组长，确定在大庆、大港等油田进行聚合物驱先导性现场实验，取得了良好效果，为聚合物驱的进一步应用和推广打下了基础。

但是，在20世纪80年代中后期，关于是否继续使用化学驱方法来提高原油采收率的问题，曾经在国内引起了一场争论。有人认为西方发达国家由于经济因素都已放弃了化学驱这种提高采收率方法的研究，而另找别的方法，我们还需不需要继续搞下去？对此，韩大匡认真分析了我国油田的地质条件和提高采收率所用物料供应的可能性，认为三次采油虽然有多种方法可供选择，但一个国家选用哪一种技术路线，必须从自己的国情出发，不能照搬照套别国的做法。他提出中国的陆相储层非均质比较严重，原油黏度又相对较高，大庆等油田油层温度和地层水矿化度都较低，这些因素都有利于进行聚合物驱等化学驱技术，因此化学驱最适于在中国应用，有着广阔的前景。由此，他坚定不移地走自己的路，使化学驱终于发展成为具有中国特色的提高采收率技术。

1987年到1991年，为了根据中国国情全面规划三次采油技术的发展战略，韩大匡和他的同事们负责完成了“中国注水开发油田提高原油采收率潜力评价及发展战略研究”项目，用计算机对全国13个主要油区82个油田184个代表性区块进行潜力分析计算，覆盖的总储量达73.4×10^8t，约占当时全国注水油田储量的84.4%，具有广泛的代表性。研究报告中所提出的实施三次采油技术的原则、方法、步骤和规划，为中国石油天然气总公司采纳，逐步付诸实施。在东部高含水油田如大庆、胜利等进行聚合物驱工业化推广，并在大庆油田建立了当时世界上最大规模的年产 5×10^4t 聚丙烯酰胺工厂，以满足聚合物驱物料供应的需要。大庆油田聚合物驱油现场试验结果表明，聚合物驱可提高采收率 10% ~12%，这个研究项目获得了中国石油天然气总公司科技进步一等奖。

(2)敏锐的预见性和丰富的创新力，推广油藏数值模拟研究和应用。

从20世纪60年代开始，韩大匡就敏感地觉察到油藏数值模拟技术具有非常好的发展远景。当时计算机技术还处于发展的初期，计算速度都非常低，当然还没有可能用来解决油田复杂的实际问题。但是，韩大匡看到了传统的数学解析法在实际应用上有根本性的局限性，这是由于实际油藏常常带有严重的非均质性，是实际计算中不可忽略的因素。用解析法求解的前提之一就是要把复杂的油藏简化成均质油藏，这样就完全失去了在计算中考虑油藏非均质性的可能性；反过来，用计算机进行网格剖分走数值求解的路，就恰恰有可能解决非均质性的渗流问题。当时他就意识到，随着计算机技术的发展，它必将带来非常好的应用前景。所以韩大匡他们与中国科学院计算所合作开展了用计算机求解油水两相渗流的研究工作，可以说是为我国利用计算机技术来研究油藏渗流问题开了一个头。他还指导了一名研究生从事这方面的研究工作，这个成果还获得了计算数学的权威专家冯康先生的好评。

到20世纪80年代，他协助当时石油工业部主管油气田开发的闵豫副部长，在全国学术会议上提出油气田开发工程6大学科和10项主要工程技术的发展规划，其中一个重要的学科就是渗流力学。经部领导研究决定，他担任了石油工业部渗流力学协调组长。利用这个机会，他一直大力倡导油藏数值模拟研究和应用工作。

此后，韩大匡与他人合作的科研成果“非均质亲油砂岩油层内油水运动规律的数值模拟研究”获得石油工业部优秀科技成果一等奖。“七五”期间他还主持了国家重点科技攻关项目“油藏数值模拟技术”，集中了全国各有关油田、高校和科研院所的力量，分工协作，研制了符合我国油藏类型的多功能模型等46个模型和专用模块，形成了适用于砂岩、碳酸盐岩等4种主要油气藏的配套软件，这些软件总体上达到了当时的国际水平。该项目1992年获得国家科技进步二等奖及1991年中国石油天然气总公司科技进步一等奖。

近年来，为了准确地量化油藏中的剩余油分布，对数值模拟技术在网络数量、计算速度、网格技术、历史拟合等方面都提出了更高的要求，需要发展很多新的技术和方法。韩大匡创造性地提出了油藏“精细数值模拟”的概念和实现它的系列新方法。他指导他的研究团队进行了大量的研究工作，包括综合运用数据挖掘等新方法，有效地实现了分层历史拟合，并且发展了粗细网格相结合的多尺度网络技术、窗口计算技术以及前缘动态追踪技术等，推动了数值模拟技术的发展。

同时，鉴于我国的数值模拟技术软件和国外先进软件还存在着较大差距，他正指导着我国新一代数值模拟软件的研制，以便使我国的数值模拟技术迎头赶上，实现跨越式发展。他还根据生产的需要，指导有关缝洞型碳酸盐岩油藏数值模拟软件的研究，这种软件涉及油水两相流体在洞穴空间中流动的流体力学数学方程的建立和求解，这个问题的求解国外还没有先例，需要进行开创性研究。

(3)坚持不懈积沙成塔，提出油藏工程综合研究新理念。

油藏工程是研究和解决油田开发问题的综合性工程学科。要搞好油藏工程的综合研究，既需要有全局观念，善于发现油田开发生产中当前所存在的以及将来可能发生的种种矛盾，还需要熟悉解决这些矛盾的先进适用技术。

韩大匡早在20世纪50年代参加玉门油田注水方案设计,60年代参加大庆会战,负责油井分析和动态分析工作;70年代他既经常长期深入油田实践,又负责或参与编制全国油气田开发长远发展规划和年度配产方案,制定有关技术政策和规程,指导和审查各油田的开发方案和调整方案;80年代多次组织全国性学术会议,提出或参与学科发展和科技攻关规划和制定等。就这样,经过多方面的长期积累,他对全国各主要油气田开发的情况都很熟悉,为既切合实际又富有预见和创新地进行战略研究与提出战略对策打下了基础。

这方面比较突出的工作就是关于高含水油田开发后期的战略研究。这项研究工作前后历时10余年,经历了提出问题、分析矛盾、确定对策和逐步丰富完善的过程,克服了重重困难,已形成了系统油田开发的新理念、对策和新技术。

早在20世纪80年代后期,韩大匡就开始研究不同含水阶段油藏内油水分布,特别是剩余油分布格局的变化及其对油田开发的影响。他对大量的油田开发实践资料作了理论上的概括,提出"不同含水阶段,油藏内存在着不同的剩余油分布格局,应该采取不同的开发对策和技术路线",并且具体提出,当含水60%左右时,油田开发进入高含水初期,油藏内低渗透层还存在着大片连续的剩余油;而当含水超过80%,油田进入高含水后期以后,油藏内剩余油分布发生了重大变化,转变为"整体上剩余油已经高度分散,仅在局部还存在相对富集部位"的格局等重要认识。

根据这些新的认识,他预见到"六五"以来老油田以细分开发层系和加密井为主要内容的综合调整阶段将在"七五"末基本结束,老油田将进入深度开发的新阶段。他对新阶段的目标、任务、特点等作了比较细致的阐述,指出在这个新阶段里,首要的任务是进一步提高采收率,为此需要认真研究各油藏内剩余油的具体分布形态,针对剩余油富集区进行综合治理;并且还提出了各种提高采收率的配套技术措施。这些观点和对具体对策的论述多次发表在全国油气田开发会议(1987年、1990年及1994年)的主题技术报告上,以及专著《多层砂岩油藏开发模式》(石油工业出版社,1999)和论文《深度开发高含水油田提高采收率问题的探讨》(《石油勘探与开发》,1995)里,对当时老油田增加可采储量、延长稳定期起了重要的指导作用。

进入21世纪以后,各主力老油田含水又进一步增加到90%左右,陆续进入特高含水阶段。老油田开发形势面临更为严峻的挑战,产量普遍发生递减。过去已掌握的技术措施已不适应油田开发新形势的要求,亟待提出新的有效对策。2001年韩大匡当选院士后,他选择了当时油田开发界最感困扰、难以下手的进一步提高水驱采收率问题作为自己的主要研究方向。经过七八年的研究,他比较系统、全面地提出了对高含水老油田进行"二次开发",以较大幅度提高水驱采收率的开发理念、对策和技术路线,主要包括"在分散中找富集,结合井网系统的重组,对剩余油富集区和分散区分别治理"的开发理念,"不均匀高效调整井和均匀井网重组结合、井网重组和可动凝胶深部调整相结合、水平井和直井相结合"的"三结合"对策,以及采取深化油藏描述,量化剩余油分布的新技术来重新建立对地下油藏的认识体系,寻找富集区的技术路线,同时还研制了耐高温和高盐,适应性非常广泛的新型预交联微胶团型的可动凝胶系列产品,积极倡导地震技术在开发中的应用,并逐步培养了一支从事此项工作的科研团队,积极推进了"二次开发"工程的发展,为高含水老油田挖潜作出了新的贡献。

(4)解油田生产实践之急,发明油井玻璃清蜡新工艺。

我国陆相油田的原油大多数为石蜡基原油,含蜡量普遍很高,在油井生产过程中,井内油管的结蜡十分严重。在大庆会战的日子里,韩大匡亲眼目睹了油井结蜡带来的困扰——既严重影响油井的产量，又给工人增加了十分繁重的体力劳动。原来的解决办法是用刮蜡器刮蜡，用钢丝绳把刮蜡器下到井内，然后采油工人用力往上绞起，刮蜡片才能把油管内壁凝结的石蜡刮下来。由于管内结蜡往往多而稠，结蜡深度还很大，刮蜡片每次只能清理部分井段，每清理一口井都费时费力。特别是大庆地处北疆，冬天特别寒冷，为了不影响生产，工人的清蜡作业常常持续好几个小时甚至持续到深夜，出的汗很快就会冻结成冰，十分辛苦。

韩大匡想找到一种更有效的方法来替代刮蜡片，开始他和同事们想利用添加表面活性剂改变蜡晶的方法来减轻结蜡，但他们实验了多种表面活性剂，经过多次失败，总结，再失败，再总结……逐步明白了一个道理，就是油管上结蜡的主要原因是油管金属表面是亲油的，原油中的石蜡结晶很容易附着在油管表面，结成蜡块，堵塞油管，影响生产。由此他们想到能不能在改变油管内壁的表面性质上做文章，也就是把管壁由亲油性改变为亲水性，这样就可以使石蜡结晶不黏附在油管壁上而随原油流出井外。根据这个思路，他们又进行了各种实验，最后发现玻璃是一种比较理想的亲水物质，在采油钢管内壁镀上一层玻璃可以有效防止结蜡。为了解决把玻璃烧结在油管内壁上的工艺技术问题，他们找了很多工厂，最终在东北四平找到了一家玻璃厂，通过联合攻关，终于研制出了第一根内衬玻璃的防蜡专用油管，然后在大庆油田进行现场试验，取得了成功。这项工艺即“油井玻璃清蜡新工艺”，后来还陆续被推广到其他油田应用，促进了生产发展，深受油田的同志欢迎。1978 年，这项工艺被授予全国科学大会奖，韩大匡名列榜首。

多年来，韩大匡指导硕士、博士研究生 32 名，博士后 18 名。他学风严谨，授业严格，学生交上来的作业和论文他会细细推敲，有时连用错的标点符号他都要修改。他的门下，走出来一大批油气田开发的专家，有的成为资深学者，有的成为学者型领导干部。他一门心思放在油气田开发科研事业上，长期以来，笔耕不辍。从 20 世纪 60 年代出版第一本教材《采油工程》到现在，已经出版了著作 5 部，译著 1 部，在国内外学术刊物发表了论文和报告 50 余篇。

这些著述无一不凝聚着他的汗水、心血和寄托，甚至透支了他的健康。80 年代与同事合写《油藏数值模拟基础》的时候，因为劳累，他心脏病发作住进了医院。在医院，韩大匡放心不下编书的事情，待病情稍有好转，就叫老伴一趟一趟地把资料从家中搬到医院里来。老伴理解韩大匡的心情，每天利用中午休息时间带上一大包资料，顶着烈日骑着自行车到医院，由于时间紧张，她每次都顾不上歇歇脚就又返回上班了。资料带来了，他就在病房里看书写稿。医生见了他满房间的资料都说，瞧，这老先生把病房当书房了。

如今，韩院士年逾古稀，七十而从心所欲，在人生的棋盘上，他更加从容了。“老骥伏枥，志在千里；烈士暮年，壮心不已”，他仍然奋战在油气田开发科技第一线，针对包括我国油气可持续发展战略、高含水油田继续较大幅度提高水驱采收率技术、特低/超低渗透提高单井产量技术、天然气工业体系的系统优化、油藏精细数值模拟技术以及油藏地球物理技术等，他进行了多方面的研究工作，提出了一些富有创意的新认识和新方法，其中有的具有原创性的技术也已取得了重要突破。

50 多年来，韩院士孜孜不倦地在油田开发领域不断求索、研究、创新，纵观他一生的治学之道，大体可以概括出这样几点：

一是从生产实践中发现矛盾，分析问题，然后进行理论上的思索，形成解决问题的理念和思路，按照这个思路提出具体的对策和需要发展的工艺技术，最后形成解决这个问题的整套理念、技术思路到配套的工艺技术系列。韩院士关于提高水驱采收率的研究过程，正是这个过程的生动写照。

二是对新生事物有敏感性。凡是崭新的东西，在发展初期往往是不成熟不起眼的，难以马上就投入实际应用。如何在纷乱复杂的事物中发现它，根源还在于对事物的深刻理解，从而预见到它广阔的发展前景。例如，在20世纪60年代初期，计算机技术还是非常初级的，从苏联引进的103机，每秒计算速度仅30次，中国科学院计算所新研制的104机，每秒速度也只有2000次，根本谈不上实际应用。但是韩院士从油田开发要解决非均质问题的需求出发，认定进行网格剖分利用计算机进行数值求解，才具有解决油田复杂非均质问题的前景，选此作为自己的研究方向，并不遗余力加以倡导扶植，推动了油藏数值模拟技术在我国的发展。

三是创新，就是要打破传统，这是一个艰辛的过程。只要我们找准了问题，看到了它确实有很好的发展前景，就应该锲而不舍地克服一切困难，坚持到底，就要千方百计坚持自己所提出的新理念或新技术，用实际效果来回答人们的种种疑问，才可能说服人。只要得出有说服力的成果，那些暂时不理解甚至反对的同志，也完全有可能改变他原来的看法。韩院士在开始提出有关提高水驱采收率的理念和系列做法时，有好些地方并不为别人甚至某些领导所接受和支持，在经费、人才等方面遇到很多困难，但是他锲而不舍地坚持了多年，在比较困难的条件下拿出了成果，终于打开了局面，作出了贡献。

韩院士认为，因为传统概念和做法已在人们的思想里根深蒂固地存在着，一些与人们已经固有的东西不相符合的，又不是很成熟的新思想、新理念往往不是很容易就被人们所接受，人们会对此产生种种疑问，因而不会轻易接受它，支持它。因此，当自己新的观点和思路，碰到不同意见或疑问时，一方面要认真考虑别人的意见是否具有合理性，对合理的意见要加以吸收；另一方面，经过认真思考，仍然坚信自己的观点和做法是正确和可行的，就要继续坚持下去，进行深入研究，不要轻易放弃，直到拿出实际效果来说服人。

四是不断学习，“活到老，学到老”，这是韩院士一辈子身体力行的座右铭。他深知油田开发专业范围广，在学生时代和研究工作中，一直都在谦虚求学，他坚持向老工程师学，向苏联专家学，向生产实践学，也向他的学生学，他老说：“师生相长嘛。”举例来说，地震技术和油气田开发是两个完全不同的工程学科，很多搞油气田开发的技术干部都不懂地震，韩院士也不例外。但是，为了研究深化油藏描述的新技术，要用到很多地震方面的技术。年逾70的他，下决心自学地震技术，不厌其烦地向专业人士请教，不知疲倦地查阅各种资料，在提高水驱采收率的研究工作中，成功地引入和应用了有关地震方面的新技术，并积极倡导开发地震在油田开发中的应用，多次向地震专业干部做有关发展开发地震的技术报告，受到地震界同志们的重视和欢迎。

“少年读书如隙中窥月，中年读书如庭中望月，老年读书如台上玩月”……如今，韩大匡院士在他的科学人生高台上，神闲气定，一切科学研究都从生产实践出发，理论和实际相结合，勇于打破传统，善于自主创新，对于自己正确的观点，坚持到底，从不轻言放弃，为了攀登科学高峰，永葆求知和学习的热情。现在，韩院士在科学的道路上还在前行，拂去急躁、绕过浮名、透过喧哗，在有如止水一般的清净心境中，他会走出一盘更加精彩的棋……

（摘自《工程科技的实践者——院士的人生与情怀》第二册（上），高等教育出版社，2010）

第二篇　油藏书香

我一共编写出版了5部著作和1部译著。其中著作《采油工程》、《油气田开发进修丛书·油藏数值模拟基础》和《中国油藏开发模式丛书·多层砂岩油藏开发模式》3部将在下面作简要介绍,后两部著作还摘登了部分内容。而另两部著作《化学驱油理论与实践》和《Improved Oil Recovery》,一部为中文,另一部为英文,都是有关化学驱三次采油的论文集。这两本论文集主要收集了合作者杨承志和我在20世纪80年代以及部分70年代的研究成果,也刊登了若干当时我们认为有价值的论文。由于其中我的论文已登录在本论文集的"提高采收率"部分,为节省篇幅,在此就不再做详细介绍了。

译著《油田开采》为前苏联的采油工程专业的主要教科书,是前苏联莫斯科石油学院采油教研室主任,著名的穆拉维尧夫教授及苏联油田开发权威克雷洛夫院士共同编写。在我们自己编著的教科书《采油工程》出版以前,是我国石油学院的主要教科书,不过因年代已久,原书已散失。

《油气田开发进修丛书·油藏数值模拟基础》节选

韩大匡　陈钦雷　闫存章

背景介绍：这部著作编写之由来是时任石油工业部主管油气田开发工作的副部长闵豫为了提高各油田主要技术领导的技术素质，于20世纪80年代初开始在北京西山举办了各油田总工程师、总地质师培训班，讲解油气田开发各有关学科的基础知识。我应邀在这个班上讲授油藏数值模拟课程。当时考虑到数值模拟的基础是数理方程，对听课对象的数学基础要求比较高，但是实际情况是各位老总常年忙于日常生产，不可能去深入进修数学知识；特别是地质老总，大学时数学学得就比较少，多年忙于工作，数学知识多有遗忘。而且当时找遍国内外数值模拟方面的专著，找不到一部适用的教材，所以只能自己在工作之余动手写了一份讲义。

编写的原则一是在数学上尽量用最初级的数学工具来讲解，二是尽量讲清主要方程的物理意义，三是形成了自己的比较符合认识论的学术体系，由此也形成了讲义的基本特色。实践下来的结果表明，各位老总基本上都能接受，并了解了数值模拟技术的基本内容和方法，为将来在油田开发工作中运用这门技术打下了良好的基础。

后来，石油工业部领导决定在这个培训班各课程讲义的基础上，正式出版一套培训丛书。根据这个要求，又重新在保持原有特色和阐述体系的基础上，与合作者陈钦雷、闫存章一起，经过严格推导，扩展内容，正式出版。

因这本教材在阐述上具有明显的特色，又介绍了当时的最新国内外研究成果，出版后被各石油院校选作研究生教材，不久即售罄，经重版后又很快脱销。

简　　介

《油气田开发进修丛书·油藏数值模拟基础》全面系统地详述了油藏数值模拟的原理、方法、过程和实际应用中应考虑的问题，并给出了模拟实例。全书共分为9章，每章分别对数值模拟过程中的关键性理论方法进行了非常详细的介绍。

第一章为绪论部分。首先，对油藏模拟方法进行了概述，将油藏模拟方法大体分为物理模拟和数学模拟。数学模拟又主要分为数学解析方法和数值模拟方法两大类；并分别阐述了物理模拟和数学模拟详细的概念、原理、方法和相辅相成的关系等特点。其次，详细地介绍了数值模拟的基本过程和步骤。

第二章为主要渗流方式的数学模型。该部分主要从油气藏岩石和流体的物性参数、单相流体渗流基本微分方程、多相多组分渗流基本微分方程以及边界条件和初始条件等方面进行了详细、深入的介绍。

第三章为微分方程的离散化。该部分主要对第二章建立的微分方程进行离散化处理，以便对方程求解。该章主要介绍不同类型微分方程的离散化方法、网格系统特征、不同边界条件的处理方法及差分方程的相容性、收敛性及稳定性等问题。从各方面详细地介绍了差分方程离散化方法及注意的问题。

第四章为线性方程组的解法。详细介绍了11种求解线性方程组的方法，并对不同的方法从计算速度、占用内存空间、计算精度的方面进行了比较,给出了不同求解方法适用的最佳条件。为进行高效、准确的数值模拟打下了基础。

第五章为多相渗流问题的数值解法。主要根据目前大多数油田为两相或三相渗流的实际情况,总结了多相渗流问题的数值解法。详细介绍了多相渗流问题的数值解法,包括隐式压力显式饱和度方法(IMPES 方法)、联立解法(SS 法)及隐式交替解法,并分析了各解法的使用条件及特点。

第六章为油藏数值模拟中集中特殊处理方法。该部分对油藏数值模拟实际过程中经常遇到的过泡点问题、网格取向问题及拟函数的使用等进行了详细的解析。为处理一些数值模拟过程中的特殊问题寻找到了较好的解决办法。

第七章为油藏数值模拟新技术。该部分对当时油藏模拟的发展和一些新技术进行了详细介绍,这些新技术主要包括向量计算机与油藏模拟软件的向量化、解大型稀疏线性方程组的预处理共轭梯度法、局部网格加密技术及自适应隐式方法等。对各项新技术从理论基础、方法及作用等方面做了详细的解释。

第八章为油藏数值模拟技术的使用。该部分对油藏数值模拟研究的目的、步骤、指导思想,以及数值模拟方法的设计、历史拟合方法进行了非常详细的介绍。阐述了数值模拟方法设计、历史拟合过程中需要注意的问题及解决办法,为有效地进行数值模拟奠定了基础。

第九章为油藏数值模拟实例。该部分是对前几章理论部分的实际应用,用数值模拟方法处理一些实际问题,以成果方式对数值模拟技术的应用进行展示。同时,也给出了几种不同实际油藏问题数值模拟过程的处理方法。

以下节选了第一章第一节“油藏模拟方法概述”和第八章“油藏数值模拟技术的使用”。

第一章　绪　　论

第一节　油藏模拟方法概述

我们知道,构成油藏的岩石是不均质的,孔隙结构十分复杂,孔隙中所含流体有油、气、水等,而且有些流体还含有多种组分。在油藏开发过程中,为了提高开采效果,还广泛使用了注水、注气、注蒸汽以及注入其他化学剂等措施。这样,在油藏内所发生的往往是多种组分、多相流体的三维流动。如果考虑流体的非牛顿特性和流动过程中各相、各组分间以及流体与油藏岩石之间所发生的种种物理化学作用,则流动状态还要复杂得多。

为了认识流体在油藏内运动的规律,人们常使用种种直接观测的方法,如岩心实验、井下电视、油井试采、井下测试及开辟生产试验区进行试生产等。由于这些方法比较直观,直接观测常常要受到许多限制,所能观察到的也往往只是某些井点上的外观现象,具有一定的局限性。因此,通过各种模拟方法来认识油藏内流体运动的规律,就具有非常重要的意义。

油藏模拟方法大体上可分为物理模拟和数学模拟两大类。所谓物理模拟,就是根据同类现象或相似现象的一致性,利用某种模型来观察和研究其原理或原现象的规律性,这样的模型是物理模型。

物理模型又可分为相似模型和单元模型两种。相似模型是根据相似原理把自然界中的原型按比例予以缩小,并使原型中所发生的物理过程按照一定的相似关系在模型中再现。这样,人们就可以通过短时间的小型试验,迅速和直观地观察到油藏中的渗流过程,测定所需数据,以指导开发实践。为了使模型中的物理过程和原型相似，除了使模型的几何形态与所要模拟的油藏或区块相似以外，还必须从流体力学的理论出发，根据相似原理，提出相似准数，实现流体力学相似。这样，从理论上讲，模拟后所得的规律应该与原型的规律相似，将相似的模型所得结果经过还原就可直接用于原型。但实际上，要在实验室内严格地满足所有的相似条件是非常困难的，有时甚至是不可能的。因此在进行模拟研究时，应根据所研究问题的性质，具体地加以分析，抓住主要矛盾，确定哪一些相似准数起着主导的、决定性的作用，哪一些准数是次要的，可以忽略，而不应该对所有准数都不分主次地同等对待。只要抓住主要矛盾，就可以在一定程度上真实地反映流体在油层中的运动规律，从而加深对油藏动态的认识。

单元模型是由实际的（有时也可用模拟的）油藏岩石和流体所构成。实验时不按相似关系进行模拟，因而所得结果不能直接定量地推广到实际油田。但这种模型常可用来研究油藏内各种物理现象的机理，所以单元模型研究也是实验室中经常采用的研究方法之一。

另一大类模拟方法是数学模拟。所谓数学模拟，就是通过求解描述某一物理过程的数学方程式（组）来研究这个物理变化规律的方法。自然界的物理现象，常常可以用某一数学方程式或方程组来加以描述，这种方程式或方程组就称为原现象的数学模型。因此，所谓数学模型并不是一个实体模型，而是从物理现象中抽象出来，能够描述该现象物理本质的一个数学方程式（组）。

水电相似模拟（或简称电模拟）也是一种数学模拟方法。这种方法是利用多孔介质中的渗流过程和导电介质中电的流动过程相似的原理来进行模拟研究。简单地说，由于在多孔介质中牛顿流体层状渗流时流量与压差成正比，与渗流阻力成反比。同样，在导电介质中电流也和电压成正比，与电阻成反比。这两者是相似的，服从同一数学规律，在数学上属于同一类方程。因此，虽然水电相似模拟看起来似乎是物理模拟，但实质上却是一种数学模拟方法。由于电模拟的制作和测量要比渗流物理模型容易得多，因此人们就用各种电模型如电网模型、电解模型等来研究渗流问题。但近年来，由于大型快速电子计算机的飞速发展，以及用电模型模拟渗流问题所能考虑的因素有限，所以这些模型在油藏模拟方面应用已越来越少。

用数学方法求解数学模型是最常用的方法。长期以来，人们一直用经典的数学解析方法来求出数学模型的解析解，也就是精确解。由于它直接求出各种物理量之间的数学函数关系，所以易于得到比较明确的物理概念，这是解析方法的一个很大的优点。但是，这种解析方法只能解一些比较简单的渗流问题，对于考虑各种复杂因素的渗流问题，如油层复杂的非均质变化及多维多相多组分等的渗流问题，它就无法解决。对于油田开发方面越来越多地使用的各种提高采收率新方法如火烧油层、注蒸汽、注化学剂等的驱油过程，就更无法用解析方法来求得各种复杂过程的精确解了。因此，20 世纪 50 年代以来，随着电子计算机的发展及数值技术的广泛应用，人们开始使用数值方法来求解这些比较复杂的渗流微分方程组，从而形成了油藏数学模拟的最重要的分支——油藏数值模拟。

用数值方法求解数学方程式是一种近似的方法。用解析方法求得的解是用公式表达的各物理量间的函数关系。数值方法求得的解不是一个数学函数关系，而是分布在足够多的点上的一系列具体数值，以这些数值来近似地解答问题。虽然这只是一种近似的方法，但是只要所求解的点数足够多，就可以以足够的精度逼近解析解，更重要的是它可以使复杂的偏微分方程的求解成为可能，从而能够在满足工程问题所需精度的情况下，解决用传统的解析方法所不能解决的问题。特别是近年来，大型快速电子计算机的发展为油藏数值模拟的发展提供了强有力的手段，使其成为现代油藏工程中不可缺少的研究工具。现在，油藏数值模拟方法已可用于解决大量的复杂油藏工程问题。如砂岩油藏中考虑油层中各种非均质变化以及重力、毛管力、弹性力等各种作用力的三维三相多井系统的渗流问题,考虑多相、多组分间相平衡关系和传质现象的多相、多组分三维渗流问题,底水锥进问题,碳酸盐岩的双重介质渗流问题等;在注蒸汽、火烧油层、注聚合物、注胶束溶液、混相注气等包括各种复杂的物理化学过程的渗流问题研究中,也已取得显著效益。数值模拟方法不仅在理论上用于探讨各种复杂渗流问题的规律和机理,而且普遍用于开发设计、动态预测、油层参数识别、工程技术问题的优化设计以及重大开发技术政策的研究等。在国外,已经发展了成套的计算机软件,可用于各种类型油气田的开发研究。近年来更朝着向量化、集成化、模块化和智能化的方向发展,用来解决大型油田的模拟问题,以及各种更为复杂的问题。我国20世纪60年代初,开始了数值模拟方法的研究及推广应用工作。除从国外引进了某些模型外,也研制并成功地使用了不少适合我国油田实际的数值模拟软件,进行了一些大型油藏模拟和精细模拟的研究。实践证明,在我国油田开发工作中应用数值模拟方法,效果是显著的。

物理模拟和数学模拟都是研究油藏中渗流规律的重要手段,两者各有优缺点。物理模拟的主要优点是能够保持和模拟原型的物理本质,这是其他方法所不能代替的。特别是对那些物理机理还不够清楚的问题,首先要靠物理模型来进行研究,才能正确地从中抽象和提炼出反映其物理本质的数学关系,建立数学模型。即使对于已建立的数学模型及所求出的数值解,也常要靠物理模型来进行检验、改进和完善。因此,可以说物理模拟是数学模拟的基础。但是,由于实际油田的渗流问题十分复杂,如考虑各种非均质因素的多维、多井等问题,要用物理模型进行完全严格的模拟是不可能的,而且物理模拟往往要花费大量的人力、物力,试验周期比较长,测量技术方面存在不少困难。所以,现在很少用大型的物理模型来模拟复杂的地质条件。而数学模拟恰恰在这方面有很多长处,它代价低,速度快,对于地质条件十分复杂的渗流问题,也可以在短时间内进行多种方案的运算和对比。因此,物理模拟和数学模拟两者是相辅相成的,不能互相取代。物理模拟多用来进行物理机理的研究,并为数学模型提供必要的参数,验证数学模拟的结果,提出新的更完善的数学模型等;物理模拟中的某些计算,则往往又要依靠数学模拟方法。目前解决大量的、需要考虑多种复杂因素的实际问题时,主要使用数学模拟。

解析方法和数值方法,是油藏数学模拟中使用的两种不同的方法,不能偏废。对于一些比较简单的工程技术问题,一般应用解析解的成果就已足够,而且这种方法物理概念明确,比较简单,易于为广大技术人员所掌握,因此仍有其广阔的应用范围。但是对于许多复杂的、解析法无法解决的问题,就要用数值模拟方法。在许多实际问题中,这两种方法也可以结合使用。

(下略)

第八章　油藏数值模拟技术的使用

第一节　油藏数值模拟研究的目的、步骤和指导思想

书中叙述了油藏数值模拟的基本概念和各种方法。这里的目的在于阐述使用这些方法对油藏进行模拟研究时所应考虑的各种具体问题。

油藏数值模拟是提高油田开发水平的重要手段。对油(气)藏进行数值模拟研究的目的就是根据油(气)藏的实际情况,模拟和预测油(气)藏的开发动态,为确定最经济、最有效地采

出尽可能多油、气的各种战略和技术措施提供科学依据。

需要解决的问题性质不同，对油藏进行数值模拟研究的步骤也有所不同。但一般来说，油藏数值模拟研究可以概括为以下几个步骤：

(1)明确此项模拟研究的任务、目的和具体要求。

(2)收集各项必须的原始资料和数据，分析其完整程度和可靠性，必要时提出需要补充的资料清单及获取他们的要求和方法。

(3)整理所获得的各项资料，进行油藏描述，建立地质模型。

(4)进行数值模拟方法的设计。

(5)进行模拟计算及历史拟合。

(6)预测各种不同开发方案或调整方案下的动态及技术经济指标。

(7)整理和分析模拟结果，提出建议，形成报告。

需要强调的是，原始资料是否齐全准确和油藏描述是否符合油藏的实际情况是数值模拟成败的基础和关键。如果缺少某种重要的原始资料，就不可能进行准确的模拟，结果的可信度也就不高。如果输入了错误的原始数据，甚至会得出错误的结论。只有当所用的原始资料齐全准确，数值模拟才能够获得比较满意的、有实效的结果。所以数值模拟的应用人员必须是很好的油藏工程师，善于综合和分析各种原始资料，包括地质、地震、钻井、岩心分析、测井、生产测试等各方面的资料，并鉴别其可靠性和可信度，选出其中最符合油藏实际的数据。当发现其中某些重要的、必不可少的资料不足时，还要提出补取资料的要求。在具备了齐全准确的资料以后，要进行细致的油藏描述，根据所需解决问题的要求，作出尽可能符合油藏实际情况的地质模型，输入计算机进行运算。在这个过程中，必须取得地质、地震、测井、采油工艺等方面专业人员的协助，最好能共同组成一个小组来进行资料的收集、鉴别和整理工作。特别是在历史拟合过程中，更需要对所要解决的油藏工程问题和油藏的实际动、静态特点有很透彻的了解和丰富的经验，才可能获得有价值的结果。但是，由于油藏的地质情况是复杂多变的，特别是中国的陆相地层，其非均质性一般比海相地层要严重得多。还有，所需的资料主要只能从直径仅十余厘米的井眼中取得，而两井间的距离却有好几百米。即使尽最大努力去录取各种资料，但对于井间的油层变化情况仍然不可能认识得非常清楚，所以对油藏的认识无疑仍会具有一定的局限性，反映这些认识的输入数据也不可避免地带有相当的不确定性。又由于所要解决的油藏工程的问题是多种多样的，所用模拟方法对上述各种情况的适应性也各有不同，还要考虑计算机的特点和尽量减少一些计算的工作量。因此，对一个具体油藏进行数值模拟研究是一项综合性很强的工程研究项目，绝不是一次单纯的计算机数学运算。总之，虽然数值模拟是用高速计算机来求解一系列严格推导的数学方程式的过程，无疑它是一种带有高技术性质的科学方法。但是，由于在使用时要综合地考虑油藏地质条件的复杂性，人们对油藏实际情况认识的局限性，所获得物性参数资料的不确定性，油藏研究所要解决问题的多样性，以及各种数值模拟方法和计算机条件对上述各种问题的适应性，所以对油藏进行数值模拟研究时，必须因地因时针对问题，灵活地综合运用各方面的知识和经验，才能取得好的效果。

有人认为用的数学模型越复杂，隐式程度越高，维数和节点数越多，数值模拟的水平就越高。其实，这是一种误解。正确的理解应该是，针对油藏的实际情况和所需解决问题的性质，选用最简单的数学模型和方法，在满足工程精度要求的条件下，以最短的时间、最少的人力和计算机费用准确地解决所提出的工程问题。这应该是我们正确使用油藏数值模拟技术的指导思想和总的原则。

第二节　数值模拟方法的设计

为了实现油藏数值模拟研究的指导思想和总的原则，在进行模拟方法的设计（包括数学模型及其维数、网格系统和解法的选择等）时应综合考虑以下各方面的因素：

（1）油藏的类型和复杂程度。

（2）油藏的开发阶段，是处在早期开发评价阶段，准备投入开发阶段，还是开发调整阶段。

（3）提出的工程问题是进行油田开发的可行性研究、制定概念设计、制定开发方案、制定开发调整方案、制定提高采收率的方案等决策性研究，还是进行某些机理研究、敏感性分析或工艺措施评价等。

（4）原始资料的齐全准确程度，和油藏静、动态特点的认识程度。

（5）计算机的能力。

（6）节约模拟所需的人力和费用等。

下面将简要介绍在进行模拟方法的设计时如何考虑这些因素。

一、数学模型的选择

油气藏的类型不同，所选用的数学模型也不同。在具体选择时，应尽可能针对油气藏静、动态中的主要矛盾，选用一些能解决这个主要矛盾而又相对比较简单的模型。一般的做法是，对没有活跃边、底水的气藏，可以选用最简单的单相气体渗流模型。对于常规原油，即不发生反凝析现象的油藏，可以选用黑油模型。但是，气相的存在使模型的不稳定性大为增加，因此，当气相的作用不明显时，如具有活跃边水，或者进行注水后，地层压力高于饱和压力的低饱和油藏，可忽略气相而采用油水两相模型，这样做可以大幅度减少工作量。当烃类的反凝析现象比较明显而不可忽略时，如凝析气藏和高挥发性的轻质油藏等，一般要用组分模型，但计算工作量会大大增加。因此在某些情况下如各组分在相间的变化不很复杂或所提出的工程问题不需要严格求出各相中的组分变化时，也可使用变型的黑油模型，工作量就少得多了。对于裂缝性油藏，也要作具体分析，如果油层岩石的双重介质特性比较明显，则要选用双重介质模型；但如果是连通非常好的单纯裂缝性（即基质十分致密，几乎不含油）油藏，那么也可以用普通单一介质的黑油模型。即使用双重介质模型，如果基质不仅储油，而且渗透性也很好时，要用更为复杂的双孔隙度双渗透率模型；如果基质的渗透性不好，主要只起储油作用，则用双孔隙度模型就可以了。如果油藏采用了热力驱、化学驱、混相驱等新的提高采收率方法，则要选用相应的数学模型。一般这些模型在组分模型的基础上构成，都比较复杂；但有时也可以使用改型的黑油模型。例如混相驱问题的研究，在某些情况下使用改型的四组分（油、气、溶液和水）黑油模型，也可以获得满足一定工程要求的结果。

对于同一个数学模型，也可以根据具体的情况对其中的某些项做一些简化。例如黑油模型，可以考虑毛管力、重力、弹性力等的作用。如果经过分析，认为油藏的条件和所解的问题中某一种力的作用并不显著，影响很小，可以略去其中相应的项，以进行简化。如油层很平缓、厚度也很薄时常可忽略重力的作用。还有，如求解二维两相模型时，压力方程中考虑了弹性力的作用，但在饱和度方程中却略去了弹性项，使模型得到了进一步简化。

二、模型维数的选择

从几何上看所有油气藏都是三维的。这并不意味着对油气藏进行数值模拟研究时都要使用三维模型。因为数学模型的维数越多，所需内存及计算工作量就越大，三维模型所需的内存和计算工作量是非常大的。所以，如果用维数较低的模型能解决问题，就用维数尽可能低的模型。只有当油藏的特点和所提出的工程问题的要求非用三维模型不可时才使用三维模型。因此，选择模型维数的原则也应该是根据油气藏的特点和所提出的工程问题的性质选用维数尽可能低而又能够解决问题的模型。

数学模型有零维、一维、二维和三维之分。所谓零维模型，就是物质平衡方程。由于物质平衡方程所用的参数主要是现场的生产统计数据以及测压数据等资料，所反映的是油藏的储量、平均压力和产量等综合和平均指标间的关系，这些一般都和坐标无关，所以物质平衡方程式也称为零维数学模型。如果所提的工程问题只需求出油藏综合参数的变化以作宏观的动态预测，而不要求知道油藏内部比较微观的变化，那么使用物质平衡方程式也往往可以获得较好的效果，特别对于开发历史较长的溶解气驱油藏，更不乏成功的先例。有人也主张对于一般的动态预测不一定都要使用油藏数值模拟方法，能够用物质平衡方程或其他常规方法解决问题时就尽量用常规方法。当然油藏越简单、均质，也就越适于用物质平衡方程。

一维模型有水平的、倾斜的、垂向的以及曲线的等几种形式，一般用于高度简化了的问题，如行列注水的概算或探讨某些参数对模拟结果影响的敏感性研究等。若油藏倾角很小，可用水平的一维模型。倾角较大而不能忽略其影响时，则用倾斜的一维模型。对于某些块状油藏，油藏高度很大，垂向重力作用非常明显，用垂向一维模型有时可以收到比较好的效果。还有一种流管模型，它可以把二维平面根据其流线的形状划分为曲线状的流管，从而把二维问题简化为若干个曲线状的一维问题，这样就大大扩大了一维模型的使用范围。流管模型常用于面积井网或小型开发试验井组的模拟，甚至用于化学驱现场试验等比较复杂的问题，如使用得当，效果也不错。这种模型有固定流管和可变流管之分。对于流度比不大的问题，一般在驱替过程中流管形状变化不大，可以使用较简单的固定流管模型；而对于流度比不利的问题，由于驱替过程中流管形状变化较大，则需要使用较复杂的可变流管模型。此外，一维模型也常用于室内各种岩心驱替试验的模拟，以检验所提出的数学模型和实际实验结果的符合程度。

二维模型是油藏模拟中比较常用的，分为二维平面模型、二维剖面模型、二维锥进模型以及多层二维平面模型等。当油层较薄，其物性纵向变化又不大时，可以把油藏简化为二维平面模型。这种模型可以考虑岩石和流体物性在平面上的非均质变化，解决多井系统情况下油、气、水在平面上的分布和流动规律问题。对于尚未投入开发的油田，可用以作早期概念设计或者对比各种开发方案，选择保持压力的方法，预测各种方案的动态变化；对于已开发油田，可用以研究剩余油的分布情况，对比各种开发调整方案，提出采出这些剩余油的最佳方案，也可用于研究各种提高采收率新方法的现场实验方案；当在同一水体内存在着多个油藏时，可用以研究各油藏间的相互干扰问题；在试井的应用方面，也可以使用这种模型根据试井数据和油井干扰测试的结果通过历史拟合反求油层参数在平面上的变化，可比单井试井解释得到更多的油层信息。因此，这种模型的应用是非常广泛的。

多层二维平面模型是单层二维平面模型的一种推广。对多油层的油藏，如果它的每一个油层纵向非均质都不很显著而可以把它简化成一个二维平面模型，那么这种类型的三维问题，就可以简化成各层通过油水井相互连通的多层二维平面问题。此时，在各层的油水井处要根据油水井内流体的流动特点来确定其内边界条件。这种模型已在我国获得相当普遍的应用。

当层内纵向非均质较严重时，可把它分为若干小层，并用纵向的二维剖面模型来研究油、气、水在纵向上的运动规律。用这种模型可以研究油藏水平和垂直渗透率相差较大以及存在着层状非均质时的流体流动特点，如重力分异对流动的影响，各分层间的窜流情况等。

另一种二维模型就是柱状($r—z$)坐标系的二维锥进模型。这种模型可以在考虑径向轴对称及纵向非均质的情况下模拟单井动态，特别是模拟水锥和气锥形成的规律，可用以研究各种完井方法对锥进的影响，确定控制锥进的极限产量和各种防锥、消锥的方法；也可以对压力恢复曲线用历史拟合方法反求油层渗透率。但当井周围地区的物性不是轴对称时，如井靠近油藏封闭边界或油水边界时，最好使用三维($r—\theta—z$)柱坐标锥进模型。

对于书中曾讲到拟函数技巧的使用问题。这是一种把三维模型简化为二维平面模型和纵向二维剖面模型相组合或者和二维锥进模型相组合的模拟方法。在一定条件下这样做可以大大节省计算工作量，降低计算费用。

最复杂的是三维模型，只有当油藏地质条件复杂，如油层物性非均质严重，特别在纵向上变化悬殊，泥质夹层及断层非常发育，各层油水系统不一致等复杂情况下，不仅一般二维模型已不适用，而且使用拟函数技巧也不能解决问题时才用三维模型。不过，由于近来计算机技术的飞跃发展，内存及计算速度都大为增加，而且三维模型毕竟比维数较少的模型更能反映油藏的实际情况，所以三维模型的使用已越来越广泛。

三、模型差分格式和网格系统的选择

模型的差分格式有五点和九点之分。九点格式有利于解决网格取向性问题，但所需内存及计算机工作量大。在网格系统方面采用密网格截断误差小、精度高，但节点数增多，所需内存及工作量也要大幅度增加。所以模型差分格式和网格系统的选择，也要兼顾这两个方面，既要能解决问题，又要尽可能节约内存和减少计算工作量。选择原则是，当简单一些的差分格式和网格系统能解决问题时就不要用复杂的差分格式和过密的网格系统。具体选择时可考虑以下几点：

(1)对一般黑油模型问题，采用五点差分格式已足够。但对于流度比过于不利以致网格取向效应严重的问题，要使用九点差分格式。目前在蒸汽驱的模拟中已较广泛地采用了九点格式。

(2)网格的稀密程度首先取决于所求解问题的性质。对于比较简单的问题，尽量用较稀的网格。有人曾作过对比，很简单的单相气体半稳态平面流动问题，在井间没有空节点即每一相邻节点上都有一口井的情况下，所求解的压力、产量和较密的网格相比其误差几乎可以忽略不计。在某些简单的情况下甚至若干口井可以放在同一个节点上。但如果要研究合理的井网密度问题，或者要分析油藏的剩余油分布情况，并以此来优选加密井的井位等，则在两井间应该留一定数量的空网格，即要用较密的网格。

(3)在可能的条件下，可以考虑进行合理节点数的敏感性研究。具体做法是由稀到密进行不同节点数的试算，直到计算结果的变化不超过所允许的误差时为止。此时的节点数即为合理的节点数。当模拟规模较大，需要较多的节点时，就更需要这样做。对于多相渗流问题也最好进行这样敏感性研究。这种研究经常用于确定剖面模型中所需的最少垂向网格数。对平面模型及三维模型，如进行这种研究所耗费的工作量太大，可选择油藏内有代表性的一个小区块来进行。

(4)由于油藏的非均质性以及油藏各部位情况的不同，可以采用不规则矩形网格系统。此时，对于非均质较为严重的部位，有深入研究价值的重点地区如估计剩余油比较集中的地区，以及对于预计所求得的解变化比较剧烈的地区如井的周围地区等可以考虑用较密的网格。

但是也要注意在设计不规则网格系统时，网格的步长不要变化过于剧烈，否则将会引起较大的截断误差。如果有条件使用局部加密方法则比常规的不规则网格系统效果更好，可以大幅度减少总的节点数，从而节约内存和降低计算工作量。

(5)当机器内存容纳不下所需的节点时，在可能的条件下，可以采用稀、密网格系统互相交替计算的办法来解决。即把油藏分成若干区块，先用稀网格进行全油藏的粗略计算，以此来确定每个小区块的边界条件。然后，分离出这些小区块用较密的网格来逐个进行比较精细的计算。再把各小区块的计算结果反馈到全油藏的稀网格计算中去。这样可以用较小的计算机来解决较大型的模拟问题。

这种稀、密网格系统相结合的模拟方法的另一重要应用，即先用稀网格对全油藏进行计算，利用这种计算可以对整个油藏内的产量、压力变化情况以及油藏内较为宏观的储量动用情况和剩余油集中的地区有一个总体的概念。然后根据这个概念选出具有深入研究价值的地区(如剩余油集中的地区等)，利用稀网格系统计算所得到的结果作为边界条件对这些地区用密网格系统作精细的模拟，来更详细地了解该地区的情况，并提出相应的措施。例如对剩余油相对集中的地区，可进一步分析剩余油的分布情况，来确定加密井的井位或其他采出这些剩余油的措施。这样做比全油藏普遍进行密网格的精细模拟工作量少些。

(6)对于形态复杂、断层交错的断块油藏可以考虑使用曲线坐标或其他非常规的网格系统。这样做可以精确地模拟各种复杂的边界和断层形态，但比较复杂。

四、解法的选择

对于多相渗流问题，差分方程的解法大致可分为IMPES、交替解法(SEQ)和联立解法(SS)三大类。从隐式程度来分又可分为显式、半隐式、全隐式以及自适应隐式等方法。从IMPES到SEQ到SS法，每一时间步长每节点所需的计算时间都将随之大幅度增加，隐式程度高的方法所需内存及计算时间一般也将增加，所以在选用各种方法时如果简单的方法能解决问题就不要用复杂的方法；必要时才选用复杂的、隐式程度较高的方法。例如，对于二维两相平面渗流问题一般用IMPES方法就可以。上有气顶，下有底水的锥进问题，就要用全隐式的联立求解(SS)方法。对于一时拿不准的问题，可以通过试算，根据其稳定情况来确定。有条件使用自适应隐式方法的，在解决某些较为复杂的问题时可以获得既保证求解的稳定性而又减少计算时间的良好效果。

至于线性代数方程的常规解法就更多了，大致可分为直接解法和迭代解法两大类。一般的原则是节点少的问题选用直接解法，节点多、规模大的问题则常用迭代法。近年来预处理共轭梯度型的方法有了很大发展，由于它计算速度极快，适应性又强，对于大型稀疏矩阵大都选用这种类型的方法。

五、数据的齐全准确程度

上面已经强调了原始数据齐全准确的重要性。这里举例以说明。美国的Jay油田，初期采用稀井网布井，井距800m，共打了102口井。为了开发好油田，对这102口井全部进行了取心，共取心7600m，每口井平均73m，共耗资500万美元。并且还进行了噪声测井、井下流量测试等大量生产测试工作。根据这些资料，进行了细分层研究，作出了三维油藏描述模型。在此基础上，随着开发过程的进展，及时地进行了多次数值模拟研究，在每一个开发阶段，用不同的数值模拟方法解决不同的工程问题。由于地下情况搞得比较清楚，这个油田用数值模拟方法来指导油田开发实践是比较成功的。从数值模拟的效果来看，有一些是无法具体以经济指标表示的，如正确地预计了不注水情况下压力下降、产量递减、采收率很低的情况，及时采用了合理的注水方案，提前设计和订购了注水工程设备，使整个注水工程得以提前15个月完成，注水后压力很快回升，产量稳定上升。也有一些效果是可以用经济指标来表示的，如通过数值模拟预测了各分层水线推进和剩余油分布情况，制定了补打加密井、完井和修井措施，其中由于正确制订修井及完井措施，增产原油 80×10^4t；通过细分层并对低渗透层采取有力改造措施，增产原油 68×10^4t；针对剩余油较多的地方准确补打了14口加密井增产 383×10^4t，其中至少有6口井不依靠数值模拟是定不准井位的，这6口井就增产 82×10^4t。以上几项增产油量的总和至少 230×10^4t，而且这还只是截止到1977年底的增产数字，以后还会得到更多的经济效益。取心所花费的500万美元的投资和这些收益相比，是非常值得的。

当然，对于一个具体油藏的数值模拟研究，也要对所需的资料作具体的分析。对于进行模拟所必需的关键资料必须取准取好。如K. H. Coats对一个倾斜剖面（二维垂向）做的一次注气提高采收率的模拟研究，这个问题中重力驱是主要的驱油机理。开始时，所用的相对渗透率及其他的油藏资料都比较粗糙。为了研究注入速度对采收率的影响，已经做了多次模拟计算。后来的敏感性研究表明，开始所做的模拟计算都毫无价值。因为计算结果完全依赖于所用的油相对渗透率曲线的精度。这条曲线即使在原定的误差范围内稍有变化，计算所得的原油采收率也会发生很大变化。而气体相对渗透率曲线、毛管压力曲线以及孔隙度对所计算的原油采收率却几乎是完全不敏感的。因此，为了得到准确的原油相对渗透率曲线，他们又着重对此做了很多实验室工作。在这个基础上再进行模拟计算，就得到了可靠的原油采收率和注气速度的定量关系。

一般来说，对于比较简单的模拟问题，所需的资料较少。模拟研究的问题越复杂，所需资料也就较多。因此，对于油田的不同开发阶段，由于其所拥有资料的多少不同，要解决的问题性质不同，所选用的模型也应有所不同。通常在开发初期所掌握的资料还较少，只能选用比较简单的模型。

六、计算机能力

计算机越先进，内存越大，计算速度越快，就越可以解决大型的和复杂的问题。随着油藏数值模拟技术的应用日益广泛，所要解决的问题越来越复杂，模拟的规模也越来越大。有的大型模拟所用的节点数以若干万计，全隐式组分模型和在组分模型基础上发展过来的热力驱、化学驱、混相驱等模型更需要极大的内存量和极快的计算速度。因此国外的大石油公司都专为油藏模拟配备了像Cray型的超级巨型向量机。但是由于这种计算机价格十分昂贵，不是每个单位都能拥有这种计算机，所以只能使用与现有计算机能力相适应的数学模型和节点数。当客观任务的需要必须想办法用较小的机器来模拟较大规模或较复杂的问题时，在模拟方法的设计上就要采取一些必要的技术措施。例如，在可能的条件下使用拟函数方法把三维问题简化为两个二维模型的技巧实际上是解决这个问题的一种方法；用稀、密网格系统交替的方法也是解决计算机内存不足的另一种方法。其他有条件的还可以使用虚存，或者在软件编制时使用“覆盖”技巧，即把整个计算机程序及数据先存在磁盘内，然后根据需要分批地把计算机所必须的部分调入计算机内存，算完以后把它们调出去，再调入下一批计算所需的部分，如此反复进行直到全部算完为止。这两种也都是解决计算机内存不足的办法，不过其计算时间都要大幅度增加。

第三节　历史拟合方法

一、历史拟合方法的基本概念

应用数值模拟方法计算油藏动态时，由于人们对油藏地质情况的认识还存在着一定的局限性，在模拟计算中所使用的油层物性参数，不一定能准确地反应油藏的实际状况，因此，模拟计算机结果与实际观测到的油藏动态情况仍然会存在一定的差异，有时甚至相差悬殊。在这个基础上所进行的动态预测，也必定不完全准确，甚至会导致错误的结论。为了减少这种差异，使动态预测尽可能接近于实际情况，现在在对油藏进行实际模拟的全过程中广泛使用历史拟合方法。

所谓历史拟合方法就是先用所录取的地层静态参数来计算开发过程中主要动态指标变化的历史，把计算的结果与所观测到的油藏或油井的主要动态指标如压力、产量、气油比、含水等进行对比，如果发现两者之间有较大差异，而使用的数学模型又正确无误，则说明模拟时所用的静态参数不符合油藏的实际情况。这时，就必须根据地层静态参数与压力、产量、气油比、含水等动态参数的相关关系，来对所使用的油层静态参数作相应的修改，然后用修改后的油层参数再次进行计算并进行对比。如果仍有误差，则再次进行修改。这样进行下去，直到计算结果与实测动态参数相当接近，达到允许的误差范围为止。这时从工程应用的角度来说，可以认为经过若干次修改后的油层参数，与油层实际情况已比较接近，使用这些油层参数来进行油藏开发的动态预测可以达到较高的精度。这种对油藏的动态变化历史进行反复拟合计算的方法就称为历史拟合方法。

由于目前历史拟合还没有一种通用的成熟方法，经常的做法仍是靠人的经验反复修改参数进行试算，因此油藏模拟过程中历史拟合所花的时间常占相当大部分，为了减少历史拟合所花费的机器时间，要很好地掌握油层静态参数的变化和动态参数变化的相关关系，应积累一定的经验和处理技巧，以尽量减少反复运算的次数。

近年来还提出各种自动拟合的方法，力求用最优化技术以及人工智能方法来得到最好的参数组合，加快历史拟合的速度并达到最高的精度。但目前这种自动拟合的方法还处在探索和研究阶段，还没有得到广泛的实际应用。

历史拟合包括全油藏的拟合和单井指标的拟合，一般是根据实测的产量数据来拟合以下的主要动态参数：

(1)油层平均压力及单井压力。

(2)见水时间及含水变化。

(3)气油比的变化。

为了拟合这些动态参数，要修改的油层物性参数主要包括：渗透率，孔隙度，流体饱和度，油层厚度，黏度，体积系数，油、水、岩石或综合压缩系数，相对渗透率曲线，以及单井试井数据如表皮系数、油层污染程度和井筒存储系数等。

由上面可以看出，历史拟合过程所涉及的因素是很多的，特别是多维多相渗流历史的拟合过程，所涉及的相关因素很多，拟合过程相当复杂。因此，为进行一个成功的拟合，必须掌握正确的拟合原则和方法，否则将会花费更多的机器时间，甚至失败。

二、历史拟合的主要原则

油藏数值模拟计算的过程是把所录取的油层物性参数代入符合油藏渗流规律的数学模型

来求得油藏的产量、压力、含水、气油比等动态参数。这个过程是一种求解的正过程，而历史拟合却要反过来根据所观测的实际动态参数来反求和修正这些油层物性参数，因此，这是一个反演的逆过程。这种反演过程可以用两种方法来表示，一种是用比较严格的数学方法来直接求解这种逆过程。这种方法目前仅处于对一些比较简单的问题进行理论探索的阶段，还没有实际的应用。另一种是反复修改物性参数来反复进行计算和试凑的方法，这是目前普遍使用的办法。这种反演问题常常是多解的，也就是说可能有很多种物性参数的组合都可以得到类似的结果。不难理解，由于很多物性参数都可以使同一动态参数发生某种程度的变化。例如，当不同的油层物性参数和孔隙度、岩石或流体的压缩系数以至渗透率的分布等代入数学模型进行计算后，都可以使压力发生某些变化，虽然这些参数所造成的压力变化的幅度可能是不同的。所以当反过来要计算出来的压力拟合到实测压力时，可以修改孔隙度，也可以修改压缩系数或渗透率，甚至综合地修改这些参数的某种组合。对于历史拟合目前还没有一套通用的方法，这里提出修改参数时一般应遵循的原则：

（1）当计算结果和实测的动态参数不相符合时，首先应检查所使用的数学模型是否符合油藏的实际情况。这包括两个方面，一是要分析一下基本渗流方程是否符合油藏实际，这是能否正确进行数值模拟以及历史拟合的基本前提；另一是要分析边界条件和初始条件是否给得合适。例如当对被注水井排所切割开的区块进行模拟时，如果简单地假设注水井各以50%均匀地向两侧区块分流，则当两侧区块的油层物性及压力差异较大时，在这种假设下给出的边界条件就需要修正；又如由于对油藏外部水体的地层状况如面积、黏度、渗透率等认识得不够清楚，则对于边水的入侵量或注入水的外溢量等参数也需要认真核实和调整。

（2）在拟合某些动态参数时还应分析所用的数值方法是否合适。例如见水和气窜时间就和截断误差的大小有关，为减少截断误差就需要使用较密的网格系统；见水时间等参数和井的处理方法也有关系，在拟合时都应加以考虑。

（3）历史拟合的成就很大程度上取决于对油藏地质特点的认识和多项资料的齐全准确程度。如果没有测压资料，就谈不上压力动态的拟合，如果流体计量不准确也将影响历史拟合的成效。而且，正因为历史拟合过程具有多解性，因此，只有当油田的开发历史越长，积累的资料越丰富、越准确，对油藏地质开发特征的认识越深入、越清楚，才有可能从众多的参数中正确地选出所要修正的油层物性参数或它们的组合，使历史拟合的结果能够最大限度地符合油藏的实际情况。同时对这些物性参数的修正幅度也应符合地质规律，以免出现荒谬的结果。

（4）要掌握油层物性参数对所要拟合的动态参数之间的敏感性，了解前者对后者影响的大小，拟合时尽可能挑选较为敏感的油层物性参数进行修正。有时一种物性参数的调整会造成多种动态参数的改变，所以为拟合某一动态参数而调整该项物性参数时，要考虑到对别的动态参数所造成的影响是否合理。

（5）要研究所取得的各种油层物性参数的不确定性，应尽可能挑选那些不确定性比较大的物性参数进行调整，对于那些比较可靠的参数则尽可能不调或少调。

（6）对于一些不宜于轻易改动的数据在拟合时要采取慎重的态度。例如由于石油的地质储量都是经过反复论证并为国家储量委员会所批准，一般不宜改动。所以为拟合某一动态参数而调整油层物性参数时，对于那些会引起储量数值改变的物性参数，调整时要慎重考虑，尽可能不调或少调。但是如果经多方拟合而发现确实有些参数必须修改，而且这种修改从地质观点来分析也比较合理时，可以作适当修改。这也是一种根据动态资料对石油地质储量进行核实的方法。

总之，在进行历史拟合时要全面分析可能使计算结果和实测数据发生差异的原因，根据以上所述的主要原则，针对油藏的具体地质、开发特征，抓住主要矛盾，才能快速和有效地搞好历史拟合工作。

实际上，历史拟合过程也是通过动态资料及数值模拟方法对油藏进行再认识的过程，所以在实践中也常利用历史拟合反过来进一步认识或核实某些原来认识不清的地质问题。如美国West Seminole带气顶油藏，其储层是一个具有很多石膏夹层的巨厚碳酸盐岩层，在勘探开发过程中虽然取了大量的岩心，但这些石膏夹层对垂向流动的遮挡程度仍不清楚，后来通过历史拟合才搞清楚这些石膏夹层对垂向流动有"强的遮挡性"。还有，通过历史拟合可判别断层的封闭性。

为了检验历史拟合符合实际情况的程度，在完成了数值模拟工作以后要继续观察油藏的动态变化，并以之和模拟的预测动态相对比，如有较大的差异则说明历史拟合中所修正的油层物性参数还不符合或者不完全符合实际情况，最好能根据新的动态变化资料再次甚至多次进行"追踪模拟和历史拟合"，使历史拟合和模拟结果能更好地符合油藏的实际情况。

三、主要动态参数的拟合方法

(1)压力拟合。

油层压力是需要进行拟合的主要动态参数之一。在油藏数值模拟过程中经常遇到的情况是计算出来的压力值普遍比实际值偏高或偏低；或局部地区偏高或偏低；也有时发生压力不光滑而呈锯齿状等情况。

在对压力进行历史拟合时，首先要分析一下哪些油层物性参数对压力变化敏感。实践表明，对压力变化有影响的油层物性参数是很多的。一般与流体在地下的体积有关的参数如孔隙度、厚度、饱和度等数据都对压力计算值的大小有影响。油层综合压缩系数的改变对油层压力值的影响也比较大。与流体渗流速度有关的物性参数如渗透率及黏度等则对油层压力的分布状况有较大的影响。相对渗透率曲线的调整，除了对含水率和气油比影响较大外，对压力也有一定的敏感性。此外，如油藏周围水体的大小和连通状况的好坏以及注入水量的分配等也对油层压力有比较明显的影响。

因此，在对油层压力进行历史拟合时，可根据对油层地质、开发特点的认识及对这些物性参数的可靠性及其对压力的敏感性的分析，选择其中的一个或某几个参数进行调整。例如，在给定产量的条件下，增大孔隙度或厚度，可使计算压力值升高；反之，降低这两个数值，则可使计算压力值降低。但是，这两个参数的改动都会造成地质储量的改变，所以在调整这些参数时都要慎重考虑这种调整的合理性。增大或减少油层综合压缩系数，也可相应的使计算压力值升高或降低；而且由于此参数特别是其中的岩石压缩系数一般测定的样品较少，有时甚至不作测定而人为地确定一参考值或借用值，以致数据的可靠性较差；因此常可对此作较大幅度的调整，从而得以有效地进行压力拟合。

当计算出来的压力分布状况与实测值不符时，如油藏中某一部分存在高压区而其相邻部位为一低压区，则可以考虑增加相应部位的渗透率或降低原油黏度来增加原油的流动性，使流体更易于从高压区流向低压区，从而消除这种异常的压力分布。有时，压力剖面呈不合理的不光滑形状，如图1所示。这种情况常常可能是由于该处的渗透率值过低所引起。把该处的渗透率值乘以一个大于1的常数，即把渗透率普遍提高一个幅度，增加了流动性，就可以使压力剖面变成比较光滑的曲线，如图2所示。

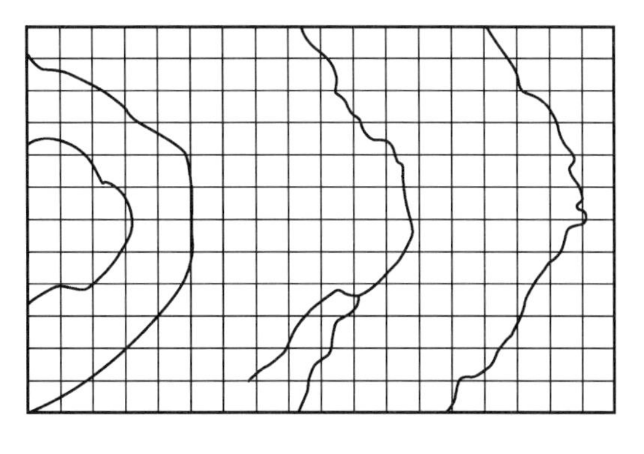

图1　不光滑形状压力剖面示意图

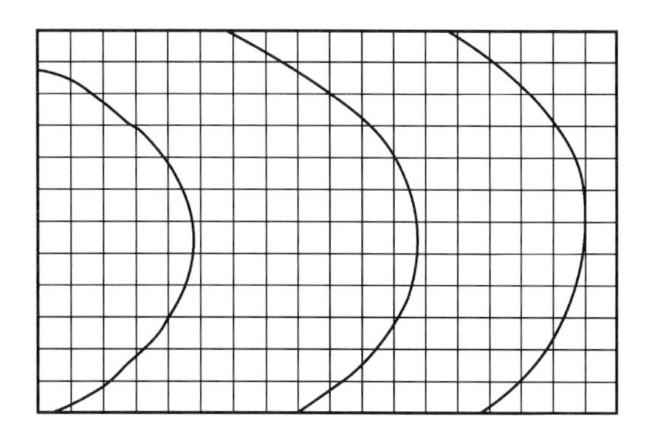

图2　调整后比较光滑的压力剖面

如前所述,边界条件的调整对于压力的拟合起很大的作用。由于油藏以外的水体部分一般取得的资料较少,所以水体的大小和边外渗透率的高低常常只是一个大致的估计值,可靠性较差,所以有关边外水体的参数是拟合压力时需要考虑的一个重要因素。切割注水时,注水井排两侧区块的注入水量的分配比例应该随着这些区块的地质条件和开发历史的差异而有所不同;但是,实际上有些模拟计算只是简单地把注入水量平均地一分为二,每侧的区块各占50%,这也可能是造成区块的计算压力和实测压力不符的一个原因,需要进行具体分析和调整。

一般来说,在历史拟合的过程中油气产量都是给定的,但是由于天然气产量的计量常常不很可靠,特别是对高气油比油田或带气顶油田,当气体的集输和下游的利用系统尚未建成、天然气被大量放空时,其计算值和天然气的实际产出量更容易有很大出入,此时常会发现用调整其他参数难以取得对压力的很好拟合。在这种情况下,调整所给的天然气计量值则可获得良好的效果,这可以看成是一种利用历史拟合来核实天然气产量的方法。在我国中原油田濮城西区沙二上1油组凝析油气藏以及美国 West Seminole 带气顶油藏的历史拟合中都利用压力的拟合成功地核实了天然气的产量。

上面所述的是比较简单的情况,实际上在多相渗流的情况下问题还要复杂得多。一个物性参数的调整往往会有多方面的影响。就拿比较简单的两相径向流动条件下原油黏度及流体压缩系数的变化所造成的影响来看,他们不仅对压力有影响,而且对饱和度也有影响,从而也会使含水值发生相应的改变。如注水井水驱油时的两相径向流动,在其他各项参数不变的情况下,考虑原油黏度变化时压力和饱和度的变化情况。若水的黏度取1,原油的黏度值则取1,5和15,用这三个不同的原油黏度值进行计算后可得到压力值。为形象化,在无因次压力和无因次时间的坐标系中,做出压力随时间变化的关系曲线,如图3所示。图中曲线1、曲线2和曲线3分别是原油黏度值为1,5和15的压力曲线。

由图3可以看出,原油黏度越大,井底压力也越大。

图中有 a 和 b 两条虚线,两虚线之间所表示的是油水两相渗流的范围,即饱和度的变化情况。可以看出,原油黏度越大,两相渗流的范围越大,表明油的饱和度值变化得越缓慢。

通过这个计算不难看出油水黏度值这项参数在两相渗流的情况下会对多个动态参数产生影响。

流体压缩系数的变化也会对压力和饱和度产生类似的影响;当然,它对各动态参数的影响程度不同。现在同样研究注水井驱油的两相渗流问题,其他各项参数均保持不变,只改变油和

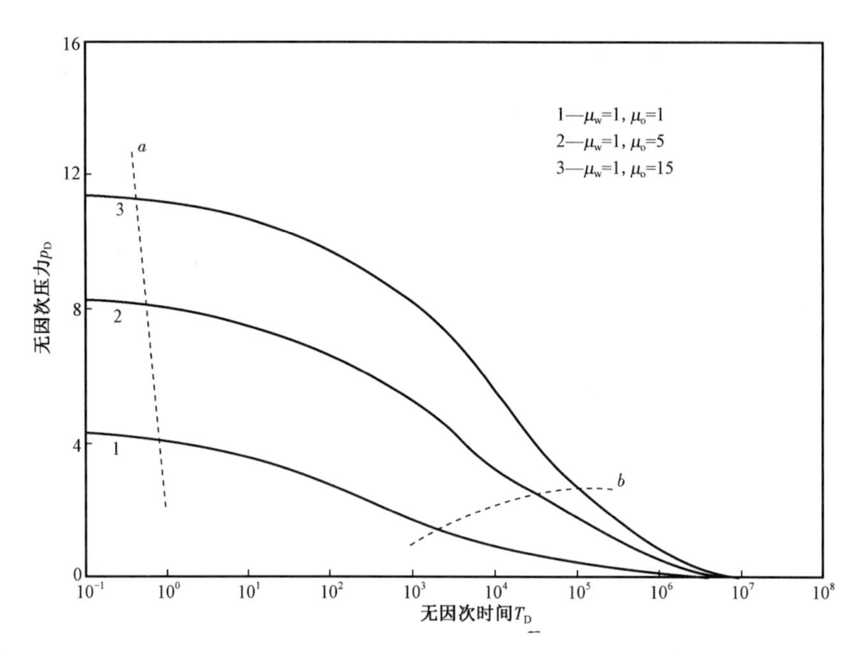

图 3　原油黏度改变对压力的影响

水的压缩系数。

首先研究油压缩系数变化的影响。当油的压缩系数取值分别为 10^{-3}MPa^{-1}、10^{-4}MPa^{-1}、10^{-5}MPa^{-1}来进行计算时，从所求得的计算结果可做出类似于上图的关系曲线来，如图 4 所示。

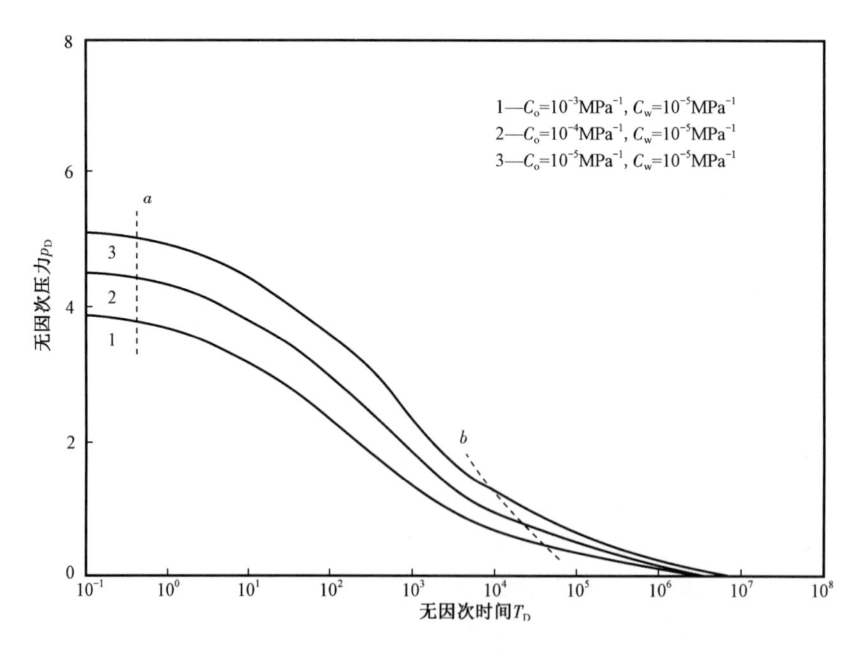

图 4　油压缩系数改变对压力的影响

图 5 是其他参数不变，只改变水的压缩系数时所画出的关系曲线。

由这组关系曲线可以看出，无论是油或水的压缩系数值的变化都对压力差值及其变化产生明显的影响。而对饱和度的变化来说，油压缩系数的改变对它的影响不大；水压缩系数的改

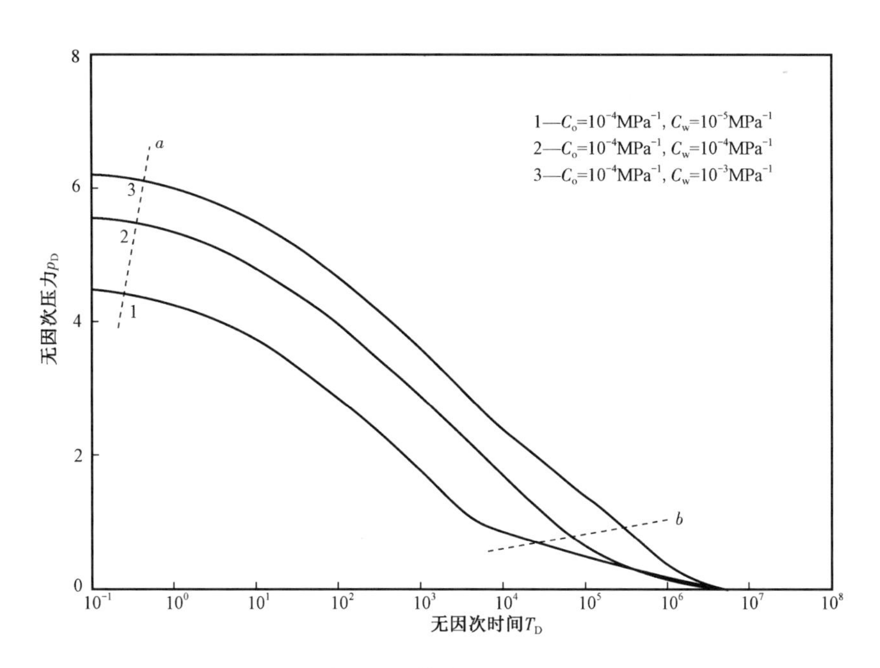

图5　水压缩系数改变对压力的影响

变却对饱和度变化有较明显的影响。

单井动态的拟合常对表皮效应进行调整,有时也调整井周围各网格的渗透率值。

至于相对渗透率曲线的调整,由于它们主要影响含水率或气油比的计算值,所以虽然它们对压力也有影响,但在历史拟合实践中一般很少单独使用来做压力的拟合。

以上对影响压力计算值的各个因素进行了分析。但是,在实际计算时造成计算值和实测值不相符合的因素不止一个,所以在历史拟合实践中只调整一个物性参数还不能解决问题,而需要调整多个物性参数。如,有一油藏计算出来的某一年的等压图和实际的等压图相比,出现了一个高压区和一个低压区,如图6所示。此时所用的等渗透率图及等孔隙度图分别如图7和图8所示。经分析,认为这种情况主要可能是由于渗透率取值不当所造成。所以先普遍增大渗透率的数值,将等渗透率图修改成图9所示的形状。经计算后发现情况已大有改善,仅在局部地区仍有一些误差,如图10所示。为进一步改进拟合效果,再对等孔隙度图作了一些修改(图11)。最后,计算结果表明,计算等压图已与实测等压图相当接近,历史拟合圆满结束。

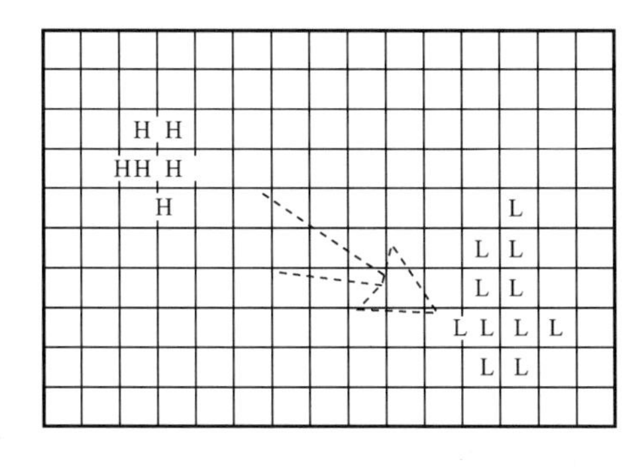

图6　计算值与实测值间的等压力异常图

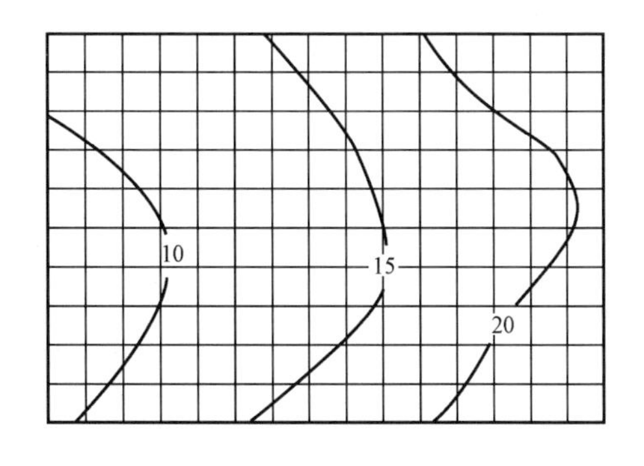

图7　原来的等渗透率图

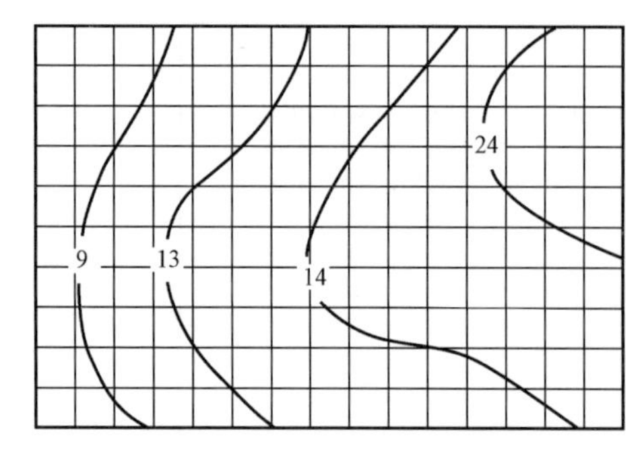

图 8　原来的等孔隙度图

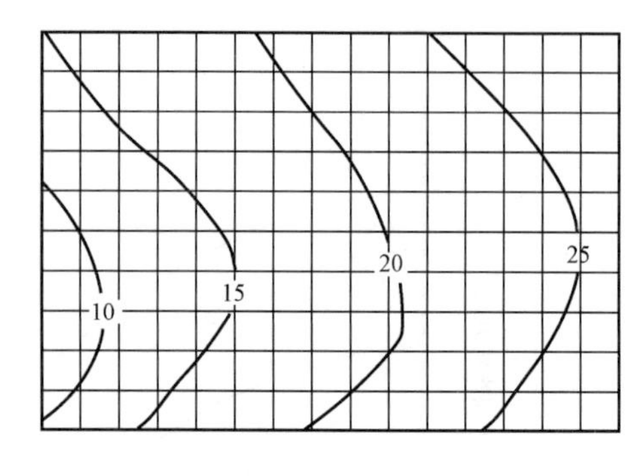

图 9　调整后的等渗透率图

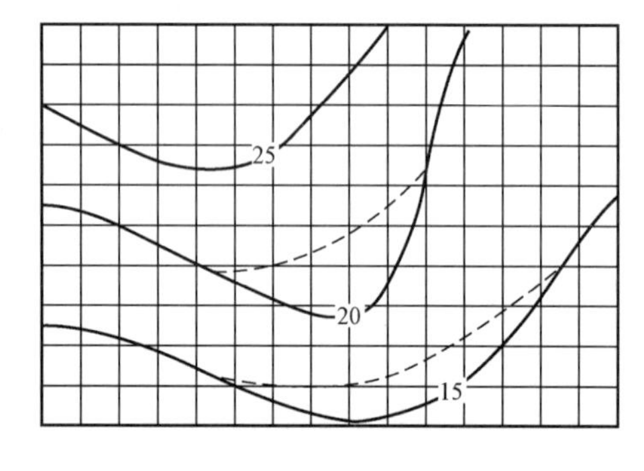

图 10　调整后的等压力异常图

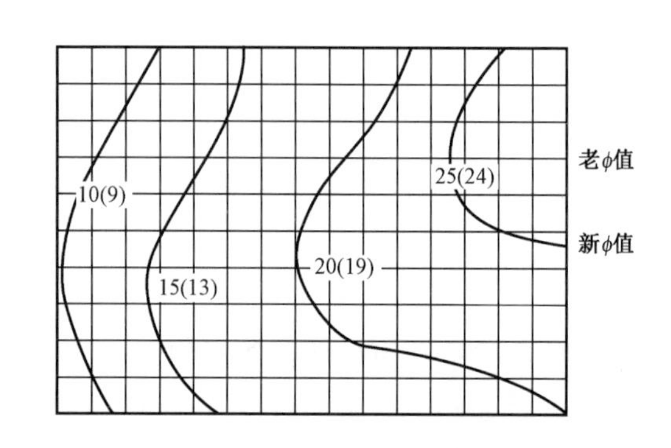

图 11　调整后的等孔隙度图

(2)含水率或气油比的拟合。

含水率和气油比的拟合都主要依靠相对渗透率曲线的修改,前者需得到水的相对渗透率曲线,后者则涉及气的相对渗透率曲线,两者原理和方法基本相同。因此,为避免重复,这里把含水率和气油比的拟合问题一起讨论。

在多相流动的情况下,相渗透率曲线的位置和形状是直接影响各相流动状况的重要参数。当计算的含水率高于实测值时,应把水的相对渗透率曲线下移;反之,则应上移。对于气油比的拟合,也同样处理,只是调整的对象是气的相对渗透率曲线而已。至于计算见水时间的过早或过迟,主要和水相渗透率曲线的端点位置即临界饱和度的大小有关。当计算见水时间过早,则应把水相临界饱和度值增大,即把此端点右移,如图 12 所示;反之,则应将其左移(图 13)。当计算的气窜时间过早或过迟时,处理方法也类似,只是由于油气相对渗透率曲线图上的横坐标为 S_o,所以若计算气窜时间过早,虽然拟合时同样是增大临界饱和度值,但却是把端点左移;反之亦然。

不难想象,当调整相对渗透率曲线时,由于该相流量也随之而发生相应的改变,必然导致相应的压力变化。例如,当把水的相对渗透率曲线下移时,由于水相的流量减少,必然导致流动时的压力值减少,这也是在拟合含水率数值时应考虑的一个问题。

影响含水率及气油比计算值的因素还有油水界面和气水界面的位置。例如当计算时输入的油水界面高于实际值时也会造成见水过早及含水上升过快。所以在拟合时还应检查所给的油水界面或气水界面的位置是否准确,发现问题应作适当调整。

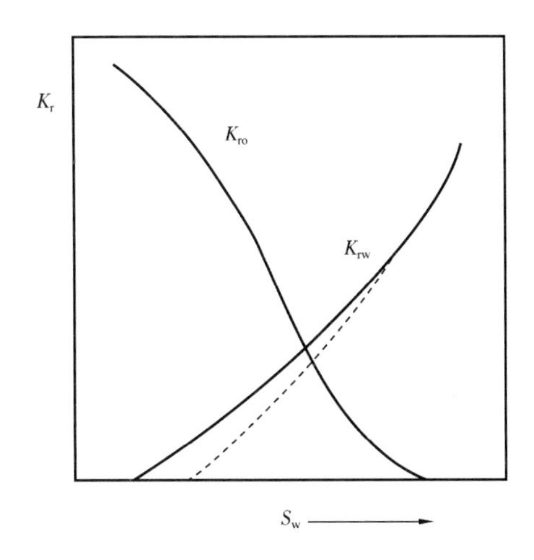

图 12　水相渗透率曲线端点右移示意图
实线—原曲线；虚线—调整后曲线

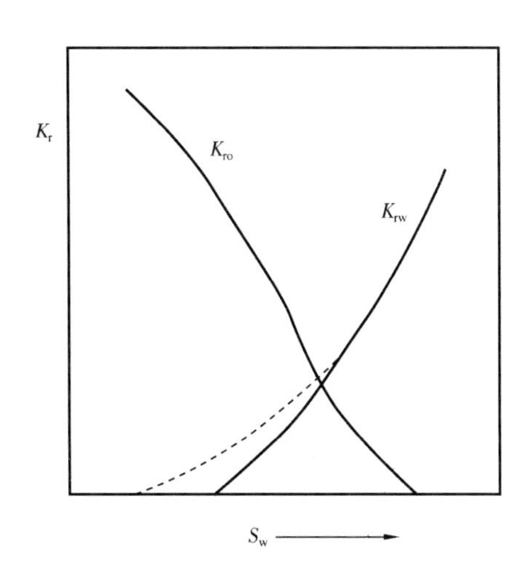

图 13　水相渗透率曲线端点左移示意图
实线—原曲线；虚线—调整后曲线

见水时间及气窜时间的影响因素更为复杂，数值弥散对它们影响也很大，所以当网格步长比较大的时候，必然会使计算值的误差增大。为了减少这种误差，应该用更密的网格来进行计算，但网格过密又会大幅度增加计算时间，看来，在井的周围应用局部加密网格或杂交网格是一个好的方法。

在作单井拟合时，拟函数的应用会取得良好的效果。

如上所述，天然气的产量不准确即所给气油比值不准确时，也常在拟合压力时，调整天然气产量即气油比的数值。

《中国油藏开发模式丛书·多层砂岩油藏开发模式》节选

韩大匡　万仁溥　等

背景介绍：在20世纪90年代，当时的石油工业部为了系统总结我国油田开发多年来积累下来的丰富经验，并把这些经验进一步提炼、升华，使之模式化，以便对今后新油田开发和老油田提高水平提供指导和借鉴，决定出版《中国油藏开发模式丛书》。这部《多层砂岩油藏开发模式》就是其中各分类模式中最主要的一种。

据统计，我国油田的储层90%以上属于陆相碎屑岩沉积，由于陆相碎屑岩沉积的多旋回性，我国绝大多数油藏都具有多层砂岩的特点，多的往往有数十层，甚至百余层，开发过程中呈现出严重的层间矛盾。同时，这些多层油藏还往往兼有陆相储层的其他特点，诸如分选差、孔隙结构复杂、岩性变化大、砂体规模小、连通差、层内渗透性差异大，因此，平面和层内非均质性也都很严重。因此多层砂岩油藏开发的模式化研究具有比较广泛的普遍意义。

怎样才能实现"模式化"，我们概括了这样几条：

(1)要处理好共性和个性关系，模式化的过程就是要把"共性"即规律性的东西提炼出来，同时也要对本类型各油藏的具体特点，也就是要针对它的"个性"，提出相应的、各有特点的对策。

(2)在考虑一切工程技术问题时，要符合社会主义市场经济的要求，贯彻以经济效益为中心的原则。

(3)要考虑到由于陆相非均质性的复杂性，对多层砂岩油藏地质状况的认识不可能一次完成，有一个通过实践逐步加深认识的过程。

(4)要考虑到新工艺、新技术的发展和应用，可以使开发过程更为合理。

(5)除了主要依据本类型中已经总结的大庆喇萨杏油田萨葡油层、胜利胜坨油田沙二段油层、玉门老君庙油田L油层及江汉王场油田潜三段油层4个典型油藏实例以外，还要适当参考我国本类型中其他油藏、非本类型但也具有多层特点的油藏以及国外同类型油藏的开发特点和经验教训。

简　介

《中国油藏开发模式丛书·多层砂岩油藏开发模式》这部书以大庆喇萨杏油田萨葡油层、胜利胜坨油田沙二段油层、玉门老君庙油田L油层及江汉王场油田潜三段油层等多层砂岩油藏为重点，系统地总结了我国50余年来开发这种类型油藏的主要经验和技术思路，并经过综合、分析、提炼，形成了开发这类油藏的科学模式。书中比较详细地论述了中国在陆相湖盆内形成多层砂岩的地质背景，其非均质特征、渗流特征、开发特征以及开发这种类型油藏的技术思路和对策，最后还论述了认识油藏的油藏描述新技术和以分层注采为主要内容的采油工艺技术。

书中从各油田地质、非均质特征、渗流特征出发，揭示其开发过程中的基本规律，提出了经过优化的、合理地开发这种类型油田的对策和基本措施。

全书共分为6章：

第一章多层砂岩油藏的基本地质特征，全面系统地介绍了多层砂岩油藏的基本地质特征，详细介绍了我国多层砂岩形成的地质背景、沉积特征及非均质特征。

第二章多层砂岩油藏的渗流特征，从油藏流体渗流角度详细阐述了多层砂岩的渗流特征。

第三章多层砂岩油藏的开发特征，从多层砂岩油藏注水开发过程中含水上升规律、采液指数及吸水指数变化规律、层间干扰、油层平面及层内油水渗流特征、开发阶段划分及高含水前期与后期开发阶段的开发特征等方面进行了全面的、系统的、深入的分析。

第四章多层砂岩油藏的开发部署和对策，在综合研究多层砂岩油藏地质特征、储层特征以及渗流特征等的基础上，对多层非均质砂岩油藏开发的指导思想、开发部署及对策进行了有针对性的介绍，为合理、有效开发起到了指导作用。

第五章油藏描述技术，主要针对多层砂岩油藏开发不同阶段特征，阐述了各阶段油藏描述工作的特点，以及现阶段油藏描述的主要技术及其发展情况。

第六章多层砂岩油藏开采工艺技术系列，详细介绍了多层砂岩油藏开采工艺技术。

以下节选了第三章第三到第九节有关层间、平面、层内的渗流特征和开发阶段的划分，第四章第一节有关多层非均质砂岩油藏开发的指导思想等内容。

第三章　多层砂岩油藏的开发特征

第三节　多层砂岩油藏的层间干扰

多层注水油藏储层固有的层间、层内、平面非均质性，使油水在层间、层内、平面上的运动发生差异，并贯穿于这类油藏开发过程的始终。多层注水油田开发的过程，就是不断认识和解决这三大差异性的过程。因此认识多层油田注水过程中的层间、层内、平面的油水渗流特征，对于指导油田开发工作是非常重要的。

一、我国多层砂岩油藏具有严重的层间非均质性

如第一章所述，我国的多层砂岩油藏有着含油井段长、小层层数多和层间差异大的特点，因此十分突出的层间差异就成为这类油田注水开发中的一个首要问题。例如大庆喇萨杏油田含油井段长达400～500m，共分9个油层组，41个砂岩组，137个小层；又如胜利胜坨油田，含油气井段长达2000m，仅东营组、沙一段、沙二段等3套主要含油层系，可划分为26个砂层组，93个小层。

这些小层由于沉积环境和能量的不同，岩石的孔隙结构、粒度，以及孔隙度、渗透率等物性都差别很大，特别是渗透率的差别更为明显。如大庆油田的萨北、萨南和杏五区，在每个砂岩组内的小层都存在着较大的差异，其中萨北和萨南地区小层间渗透率级差（渗透性最好小层与渗透性最差小层间渗透率之比）为1.5～3的占25%～40%，3～5的占20%～41.7%，5～11或更大的占33.3%～40%。到杏五区小层间的渗透率级差有所降低，1.5～3.0的占66.7%，3～5的占33.3%，没有出现5倍以上的级差。至于砂岩组内表内与表外储层之间的渗透率级差，各地区相差更大，例如萨北地区多数在10～30倍之间，杏五区在5～20倍之间。

又如胜坨油田沙二上油组，小层空气渗透率最大10.4D，最小0.375D，相差28倍，一般相差2～6倍；胜二区沙二下油组，小层空气渗透率最大7.4D，最小0.364D，相差20倍，一般相

差1～3倍。即使含油井段相对比较短的王场油田潜三段北断块，分潜3^1、潜3^2两个油组，也有15个小层，35个油砂体，单井统计层间渗透率级差变化范围1.1～402，同样是非常大的。

各层的原油黏度有时也会有较大的差异。例如胜坨油田二区沙二上油组，地面原油黏度40～300mPa·s，沙二下油组100～450mPa·s，相差也是比较大的。其他如润湿性、毛管压力曲线、油水相对渗透率曲线等在层间也常会有程度不同的差异，在第二章中已经作了详细的阐述。

特别值得注意的是在第一章第二节中已经提到，从濮城油田南区沙二下$_{1-5}$层系的实例可以看出，当由单砂体逐步组合成小层、砂岩组直至层系时，突进系数和变异系数都逐步增大，说明组合到一起的层数越多，则总体上的层间非均质性也就表现得越为严重。

二、不同开发方式下层间非均质性的影响程度不同

层间非均质性对开发效果影响的大小，首先取决于采取什么样的开发方式。对于用溶解气驱进行衰竭式开发，由于各层可以自动地相互接替，都能够在一定的时期内先后动用，因此层间非均质性对最终开发效果影响不大。但对注水油田就很不一样，由于水总是首先沿高渗透层突进，低渗透层进水很少，甚至注不进去，因此，在开发过程中，各层的压力就要发生变化，高渗透的高压层将干扰低渗透的低压层，特别是油井见水后，井底压力上升，低渗透的低压层的产量就会降低甚至停产。如果再加上原油性质的差异，干扰将更加严重。因此，在注水开发过程中由于层间非均质性而造成部分比较差的层动用不好，甚至不能动用的现象，将是多层砂岩油藏在注水开发时首先碰到的一个重要问题。

胜利油田曾用数值计算方法对比了层间渗透性差异对溶解气驱和注水开发两种不同开发方式的影响。这次模拟计算以胜坨油田二区沙一段河道砂体为背景，建立了三维非均质地质模型。用黑油模型计算的结果表明，非均质性对注水油田采收率的影响明显大于溶解气驱开采。例如用平均参数建立的均质模型，溶解气驱采收率为12%；用渗透率级差为4.3的非均质模型，计算的溶解气驱采收率为11%，两者相差不大。同样条件下，均质模型注水采收率40%，非均质模型注水采收率仅30%，说明在注水开发时，即使在层间渗透率级差并不是很大的情况下，层间非均质性对采收率就有明显的影响。而实际油藏层间的非均质性往往比这个例子要严重得多，对开发效果的影响无疑将更为显著。

三、注水开发时的层间干扰现象

多层砂岩油藏既然存在着这样多物性差异很大的油层，注水以后，无疑会导致注入水推进的不均匀性。在理想的情况下，多层的注入量应该与各该油层的流动系数Kh/μ值成正比，注入水的推进速度则应和流度K/μ成正比。当油藏内各层的黏度基本相同时，其注入量和水线推进速度应分别和Kh值及K值成正比。同样，如果各层的物性和厚度在水平方向不变的话，各油层在生产井内的产量也应和各该层的Kh/μ值成正比。因此，高渗透层的吸水量、水线推进速度和产油量将按上述参数的倍数高于低渗透层，形成单层突进，其后果与单层均质油层相比，油井较快见水，含水上升也快，无水和最终采收率降低，注水效果变差。

但是，大量的生产实践资料表明，多层合注时层间非均质性的影响远比上述理想情况要严重得多，特别是黏度比较高的油藏，其影响就更加严重和突出，具体表现在以下4个方面：

1. 在原油黏度较高的油藏内，可以发现高渗透油层的注入量和产量在注水过程中越来越增加，注入水的推进速度也越来越快，而低渗透层的注、产量却越来越少等现象

大庆喇萨杏油田油水黏度比约为15，在注水过程中就存在着这种现象。例如，该油田中

3－25注水井先后在1962年和1972年测了两次吸水剖面(图3.34)。从图上可以看出,物性最好的葡I_2层,吸水百分比越来越大,而相对较差的葡I_6层吸水百分比降低,两者差异增大。

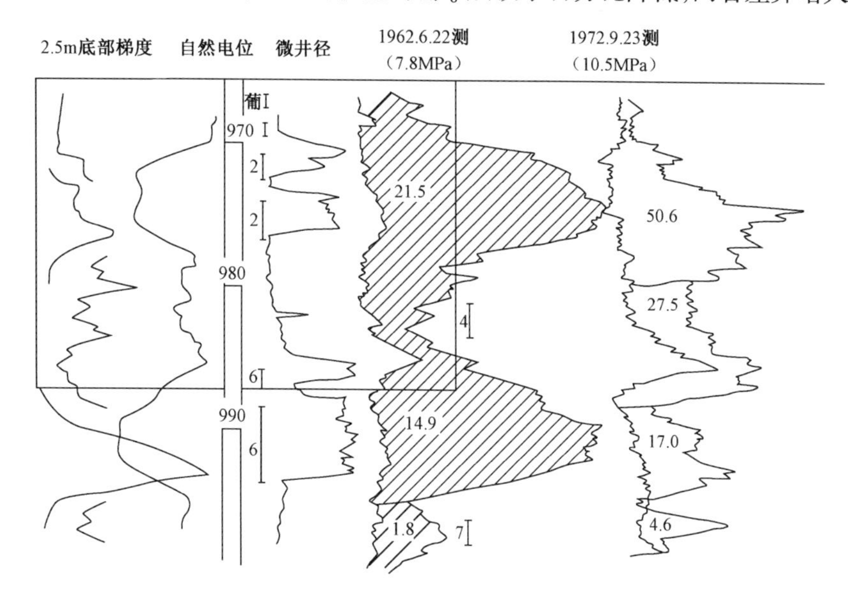

图3.34 中3－25井吸水剖面变化图

又如,该油田生产井2－6井1965年至1972年含水从16%增至67%,在这两年的测试资料表明,主要产液层葡Ⅰ$_{1-2}$层产液百分数由59.6%增至80.9%,其他层的产液百分数多数下降(图3.35)。

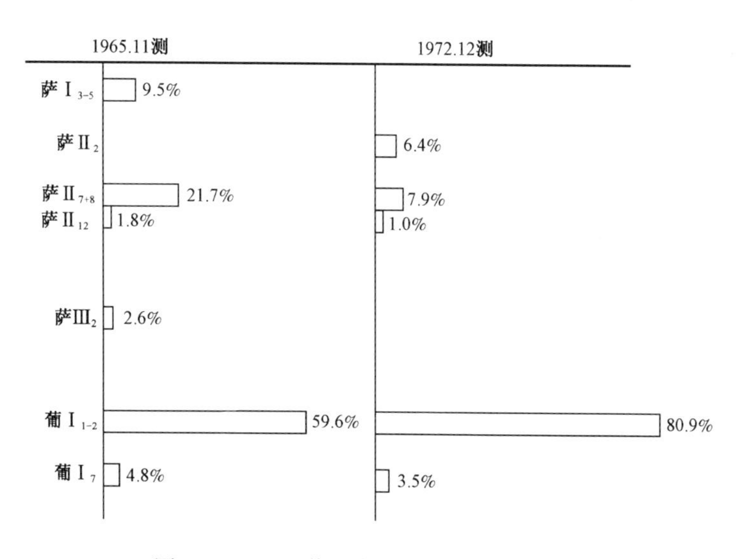

图3.35 2－6井两次测试产液剖面变化图

据报道,随着含水的上升,油层动用厚度越来越小,大庆杏北地区统计资料表明,其降低幅度可达10%以上。

还有,大庆油田通过现场测试发现,见水层的注入水推进速度比见水前明显加快,其压力传导速度也比见水前明显加快。如西3－13井的产出水来自注水井西3－14井,见水前平均水线推进速度9.4m/d,见水后不久注入指示剂,据测试指示剂的推进速度达16m/d,可见已明显加快。据报道，大庆油田中区见水初期的压力传导速度比地层饱和油时快约15倍。

2. 相当多渗透率较低的层在与高渗透层合注时不吸水或吸水量减少幅度很大

对于上述理想状态，即使小层的渗透率低，多层合注时也总能吸进少部分的水。但大量的生产实践表明，在多层合注时由于层间干扰的影响，有相当部分渗透率较低的层是不吸水的。例如，中原濮城油田南区沙二下$_{1-5}$层系统计了8口注水井同位素吸水剖面的测试结果（考虑到测试的误差，认为相对吸水量≤5%是不吸水小层，而相对吸水量>5%的为吸水小层）总共66个小层中竟有39个小层不吸水，占59%之多。

当然，矿场实践中不吸水的原因很多，常常是由于该小层本身渗透率很低，另外再加上一些其他众所周知的因素，如：

① 由于渗透率过低，毛管压力门限压力过高，即使有一定注入压差，但不足以克服这些阻力，导致小层不吸水。

② 油层渗透率很低，再加上较稠原油的非牛顿性，使得流动阻力增加，导致不吸水。

③ 一些小层由于渗透率太低，吸水量太小，以致仪器灵敏度不足以测出其数量，看起来似乎不吸水。

④ 由于油层污染、堵塞，也可使一些小层不吸水。

但是，更深入地分析一下，可以发现一些不完全属于低渗透层本身的原因，而是受了合注时其他高渗透层对它所施加的影响所致。

就拿濮城油田南区沙二下$_{1-5}$层系的例子来看，以各井内所有射开小层的渗透率K_i为纵坐标，并以同井中渗透率最高的小层渗透率为横坐标作图（图3.36），在图上分别标出吸水及不吸水的点子，可以看出代表吸水小层的点子大致集中在图的左下方，而不吸水小层点子大致集中在右下方，据此可画出其吸水界限，得到吸水与不吸水小层的分界线表达式：

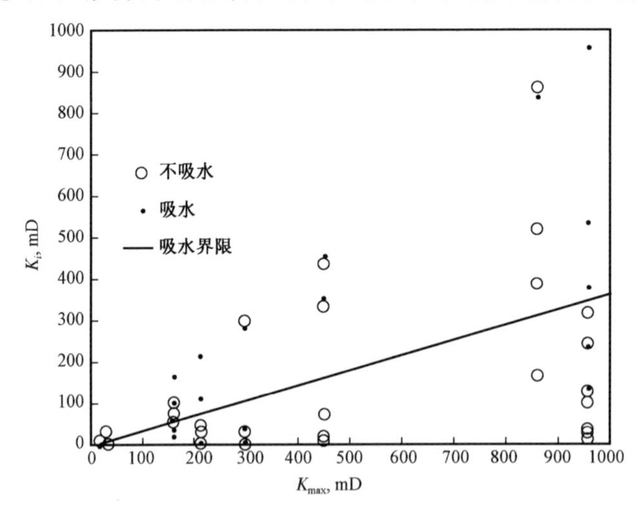

图3.36 濮城油田南区沙二下$_{1-5}$层系吸水界限

符合=[15+29(吸+不吸)]/66=0.667　　吸水界限K_i/K_{max}=0.365

不符合=[12+10(吸+不吸)]/66=0.333

$$\frac{K_i}{K_{max}} \geqslant 0.365 \tag{3.17}$$

式中　K_i——井中吸水小层的渗透率，mD；

K_{max}——井中渗透率最大的小层渗透率，mD。

由此可见，多层合注时同一井内的高渗透小层确实对低渗透小层的吸水与否施加了某种程度的干扰。统计式(3.17)的符合率为66.7%，这个符合率虽然不很高，说明不吸水的原因还是复杂多样的，并不是一个因素所决定，但从大致趋势上肯定了高渗透层的干扰作用。大庆油田首先在注水井中3－9井观察到合注时的层间干扰现象。发现在高渗透层和低渗透层合注时，低渗透层不吸水；但如果把高渗透层卡掉而单注低渗透层，则在同样注水压力下该低渗透层却有相当大的吸水量。

这口井主要有葡I_{2+3+4}层及葡I_{7}两层，这两层间的渗透率级差为2.27，这两层又可分为若干小层，小层间渗透率最大级差为13.6，如表3.6所示。

这口井葡I_{7}及以下层段在全井合注时不吸水，因此决定采取分层酸化措施。为此单卡出这个层段准备酸化，但此时却发现它日注水量可达150m^3以上，已达配注要求，决定不再酸化。下好分注管柱后，发现该层段还是不吸水。为了证实这个问题，又进行了单卡该段注水，在井口压力9.5MPa下，日注水近200m^3。这就证实了该层段在合注时之所以不吸水不是由于地层渗透率已低到不能吸水的程度，而是由于层间干扰的结果。

表3.6　中3－9井试验层基础数据表

层号	有效厚度，m	有效渗透率，D	平均有效渗透率，D	层间级差	小层间最大级差
葡I_{2+3+4}	7.4 7.6	0.475 1.050	0.7625	2.27	13.6
葡I_{7}	2.6	0.670 0.384 0.215 0.077	0.3365		

后来大庆油田又陆续发现很多合注时不吸水或吸水很差的层，单卡出来注水后都能很好吸水或者吸水量大幅度增加(表3.7)。

表3.7　大庆油田不吸水或吸水差层段单卡注水吸水状况表

井号＼项目	层位	厚度 m	渗透率 mD	实注			下喷砂器后		
				压力 MPa	水嘴 mm	水量 m^3	压力 MPa	水嘴 mm	水量 m^3
5－162	葡II_{4}—高I_{10}	7.1	45～190	10.0	1.8	0	12.0	喷砂器	489
6－152	萨II_{2+3}及以上	2.2	100～160	—	—	—	12.2		605
5－122	萨II_{1+2}	11.2	190～380	—	—	—	12.0		460
7－132	萨II_{7-9}及以下	11.4	70～200	—	—	—	13.6		144
10－142	葡I_{1}及以下	14.0	80～340	12.0	2.6	44	13.5		220
10－162	葡I_{2-4}	8.4	200～360	12.5	4.0	0	12.7		196
9－252	葡I_{7}—葡II_{1-6}	5.0	70～240	12.5	2.6	50	12.5		551
9－262	高I_{6-9}及以下	6.0	100～240	12.5	2.6	0	13.0		325
10－212	萨III_{1+2}—萨III_{3}	6.8	90～290	12.7	2.7	23	12.5		523
	葡I_{7}—葡II_{7-9}	9.6	80～220	—	—	—	13.0		541
10－222	萨III_{3}—萨III_{4-7}^{2}	14.6	100～460	13.0	4.0	20	12.5		310
	葡I_{7-3}—葡II_{4}	6.8	80～220	13.0	2.2	35	12.5		347

3. 采油井内不同渗透性油层的压力相差悬殊，造成有的油层出油很少或停止出油，甚至发生倒灌等现象

多层砂岩油藏中高渗透主力层吸水量多、见效快、压力水平高；而中低渗透层吸水量少、见效慢、压力水平低，油井处高低渗透层之间油层压力可能有很大差别。例如，大庆萨尔图油田中4－12井分层测试资料表明，主力油层萨$Ⅱ_{7+8}$层地层压力高达10.07MPa，而差油层萨$Ⅱ_{14-16}$层地层压力仅8.43MPa，两者相差1.64MPa。这种现象在生产实践中相当普遍。

层间压力的较大差异，常会干扰油井的正常生产，表现在：

① 当油井井底流压较高时，低渗、低压层就不能正常出油。如井底流压高于低渗层的地层压力，这些层就停止出油。大庆油田对一些井层进行不同工作制度测试的结果充分表明，当全井笼统生产、井底流压过高时，虽然全井地层压力仍高于流压，存在着一定生产压差，但某些低渗、低压层已停止出油（表3.8）。这是由于全井压力主要反映了高渗、高压层的地层压力的缘故。例如，萨尔图油田北1－5－丙29井，在全井笼统自喷开采时，测得油井地层压力为10.53MPa，流动压力为8.75MPa，但堵掉高含水、高压层萨$Ⅲ_9$层以后，其余差油层的地层压力仅8.76MPa。可见在堵前多层笼统注水、采油的情况下，全井压力主要反映了高渗、高压层的地层压力，而低渗、低压层的压力则远低于所测出的全井压力。在这个例子中，低渗、低压层的地层压力非常接近于堵前的全井流压，已难以正常产油，如流压再提高一点，就将完全停止出油。

表3.8　不同工作制度生产状况统计

井号	层位	有效厚度 m	渗透率 D	第一种工作制度				第二种工作制度				第三种工作制度			
				油嘴 mm	流压 MPa	生产压差 MPa	产量 t/d	油嘴 mm	流压 MPa	生产压差 MPa	产量 t/d	油嘴 mm	流压 MPa	生产压差 MPa	产量 t/d
北2－4－60	萨$Ⅲ_2$	0.8	0.20	6	7.77	2.05	0	8	6.59	3.22	0.6	10	6.32	3.49	1.2
	萨$Ⅲ_{3+4}$	1.2	0.14	6	7.77	2.05	0	8	6.59	3.22	2.5	10	6.32	3.49	2.3
北2－4－62	萨$Ⅱ_1$	1.2	0.04	6	9.40	1.26	0	8	9.02	1.64	2.0	—	—	—	—
北2－6－64	萨$Ⅱ_1$	0.5	0.13	5	8.82	0.26	0	7	8.35	0.73	1.2	9	6.36	2.72	5.9
	萨$Ⅱ_{12+14}$	1.6	0.08	5	8.82	0.26	0	7	8.35	0.73	3.0	9	6.36	2.72	7.2
北2－4－64	萨$Ⅱ_3$	0.5	0.04	5	8.87	1.65	0	7	7.92	2.60	1.2	—	—	—	—

显然，在多层合采条件下，层间渗透率级差越大，低渗透层受干扰的程度也就越严重，据大庆油田统计，南二、三区面积井网分层测试结果，渗透率级差小于5的油层，不出油厚度比例只占13.5%，采液强度超过5t/(d·m)的厚度比例占68.9%；渗透率级差大于5的油层，不出油厚度比例占61.2%，采液强度大于5t/(d·m)的厚度比例只占19.9%。杏树岗油田南部地区统计结果，渗透率级差对油层动用状况的影响更为明显。杏10－12区，级差小于3的油层，有88%的油层厚度出油；而级差大于3的油层，86%的油层厚度不出油。

同时，还应该看到，油井处的压力水平及产量和油水井之间的连通情况和储层物性的变化情况有密切关系。当油水井之间不相连通时，油井压力很低，产量也低，甚至不出油；注水井处油层差，注入量少而油井处油层物性好时油井压力、产量也都低；油水井处油层物性都好的，则

其地层压力和产量都高;注水井处油层物性好,而油井处物性差的,则压力常常憋得很高而产量不一定高。例如,上述大庆南二、三区面积井网分层测试统计资料表明,不出油的117个层中渗透率级差较小(小于5)的有40个层,其中就有38个层与注水井不相连通或连通差。

② 当油井流压超过低压层的地层压力到一定程度即两者压差大于低压层的启动压差以后,就将产生倒灌现象。特别在关井后,井底压力升高,倒灌现象就更为普遍。油井见水尤其是进入中、高含水以后,很可能出现水倒灌入低压油层的情况,常会影响该油层的生产能力。

③ 在井下作业进行压井时,为了压住高压层以免发生井喷,需要用密度较大的压井液,就非常可能污染低压油层,影响这些油层的正常出油。钻调整井时也会发生同样问题,并易造成卡钻事故或降低固井质量。

4. 各层的原油性质不同时将加剧层间干扰

如胜坨油田开发初期层系划分很粗,在一套层系内各层原油黏度有较大差异。在不含水油井中,黏度较低的高渗透层对黏度较高而渗透率较低的油层有强烈的干扰,合采时主要是前者出油,后者出油很少甚至不出油。例如3-10-17井,沙二1-6砂层组合采时,日产油47t,单采沙二1^{4-5}层时,日产油也是47t;单采沙二2^{2-6}层日产油还有46t;只有沙二3^4-6^1层时日产油量较低,为29t(表3.9)。但从原油性质来看,全井合采时的原油性质接近于较稀的高渗透层沙二1^{4-5}层。可见该井基本上是沙二1^{4-5}层在出油,其他渗透率虽相对稍低,但其绝对值并不低(2~3.5D),而原油较稠的层出油很少或没有出油。当然,如果注水跟不上,稀油高渗透层压力大幅度下降以后,它也会反过来受到高压的油稠而渗透率较低层的干扰。

表3.9 胜坨油田3-10-17井层间干扰实例

时间 年、月	层位	有效厚度 m	空气渗透率 D	日产油 t	生产压差 MPa	原油相对密度	原油黏度 mPa·s
1968.4	沙二1-6	17.1		47	0.89	0.902	79.9
1969.5	沙二1^{4-5}	3.8	6.0	47	0.47	0.899	59.9
1969.7	沙二2^{2-6}	7.3	3.5	46	0.29	0.910	108
1969.7	沙二3^4-6^1	6.0	2.0	29	1.55	0.912	124

四、层间干扰的渗流机理分析

对于上述层间干扰在生产实践中所反映出来的种种现象,可从以下渗流机理来分析和解释。

1. 多层合注时高、低渗透层内渗流阻力的变化,造成其间油水前缘推进速度的差异

前面已经谈到,在原油黏度较高的多层砂岩油藏里,多层合注时高渗透层的注入量和产量越来越高,而低渗透层却越来越少,说明层间干扰随注水进程而加剧。

为了从理论上分析这种现象的机理,中国石油勘探开发研究院曾利用实际油田的相渗透率曲线等参数进行了数值模拟计算。

假设油藏有两个油层,渗透率分别为900mD及50mD,厚度均为1m,两端施加以同一压差12.5MPa。研究了原油黏度为29mPa·s及1.16mPa·s时的注采量及注水前缘推进速度。从图3.37(a,b)及图3.38可见,当原油黏度为29mPa·s时,注水以后高渗流层的注采量及前缘推进速度随时间而增加,而低渗透层的注采量及前缘推进速度却都随时间而减少。

而当原油为低黏度时,情况就大不一样了。由图3.39(a,b)及图3.40可见,无论是高渗

透层还是低渗透层注采量和前缘推进速度都随时间而下降。

为什么会发生这样的现象呢？主要是因为水进入油层以后水淹区的渗流阻力发生了变化。这种变化受两种因素的影响，一是水的黏度一般比油要小，这个因素导致水淹区内的渗流阻力减小；另一个因素是油水发生两相流动而导致水淹区内的渗流阻力增加。在这两种因素的综合作用下，水淹区的渗流阻力可能变大也可能变小，主要取决于哪一种因素的作用更为强烈。由于在高黏度油藏内，水的黏度比油的黏度小几十倍，它的影响比二相渗流相渗透率的变化更大，所以导致水淹带渗流阻力减少。此时，由于高渗透层进水多，水淹区大，油层总的渗流阻力减少的幅度大，而低渗透层进水少，水淹带小，总的渗流阻力减少的幅度小。因此，由于高、低渗透层渗流阻力变化的这种差异，导致越来越多的水流向高渗透层，高渗层产量越来越高，前缘推进速度越来越快；而进入低渗透层的水却越来越少，产量越来越低和前缘推进速度越来越慢的现象。这就是高黏度油藏层间干扰加剧的机理分析。

而低黏度油藏却不然。由于低黏度油藏内水的黏度只是略低于油的黏度，所以对水淹区渗流阻力的影响要小于油水两相渗流引起的相渗透率变化的影响。所以导致水淹区的渗流阻力反而增加。这样，无论是高渗透层或是低渗透层都呈现出注采量和前缘推进速度均有所降低，只是由于高渗透层进水多，该层总的渗流阻力增加的幅度更大，产量和前缘推进速度降得更多，层间干扰反而表现为两层的差距有所缩小[见图 3. 39(a,b)及图 3. 40]。

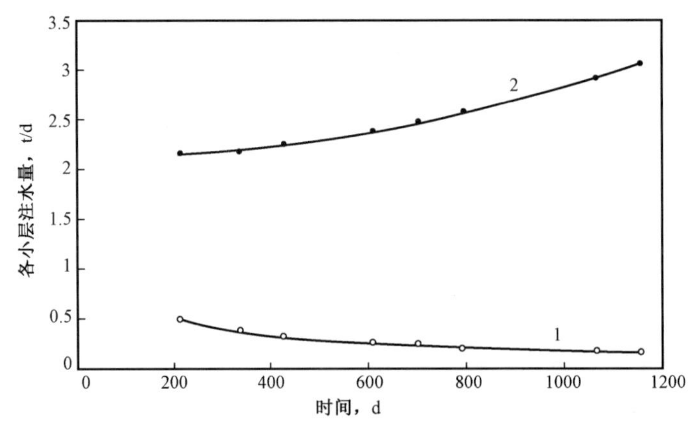

图 3. 37(a) 原油黏度为 29mPa · s 时各层的注水量变化

1—低渗透层的注水量；2—高渗透层的注水量

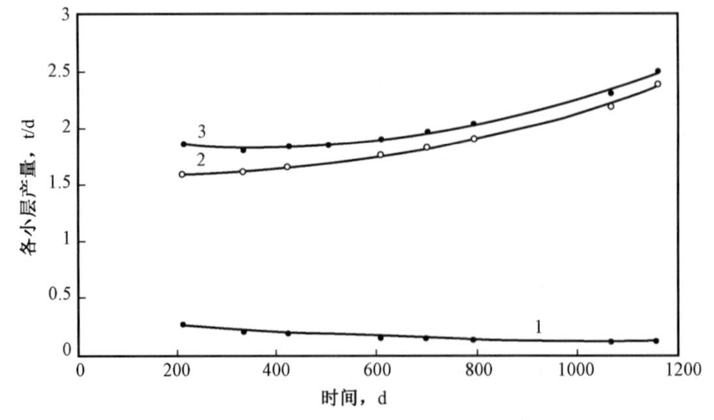

图 3. 37(b) 原油黏度为 29mPa · s 时各层的生产动态变化

1—低渗透层的产量；2—高渗透层的产量；3—总产量

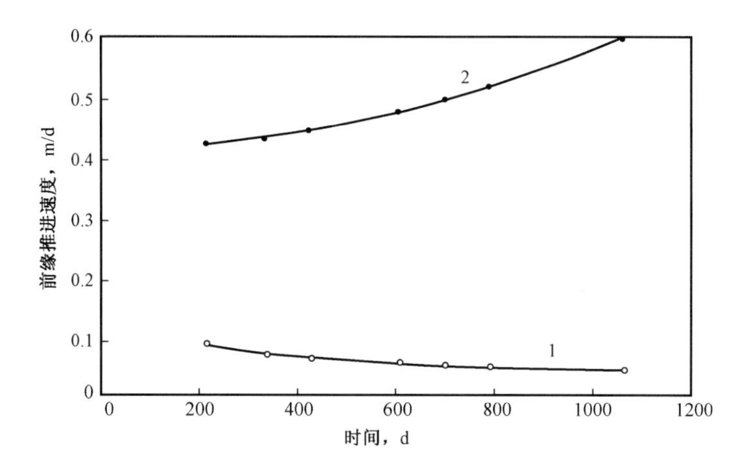

图 3.38　原油黏度为 29mPa · s 时前缘推进速度变化

1—低渗透层前缘推进速度;2—高渗透层前缘推进速度

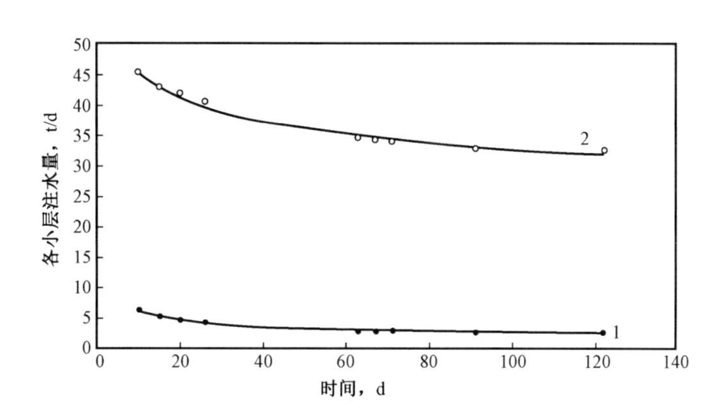

图 3.39(a)　原油黏度为 1.16mPa · s 时各层注水量变化

1—低渗透层注水量;2—高渗透层注水量

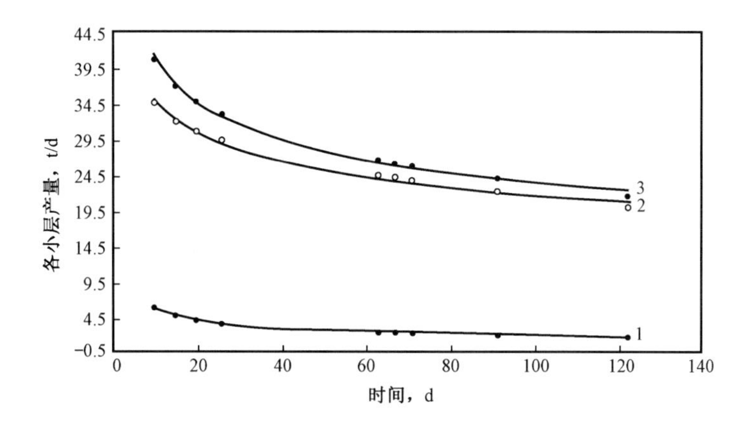

图 3.39(b)　原油黏度为 1.16mPa · s 时各层生产动态变化

1—低渗透层产量;2—高渗透层产量;3—总产量

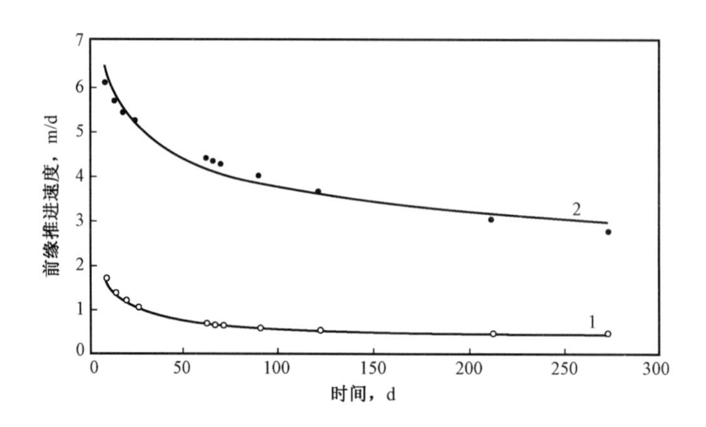

图 3.40　原油黏度为 1.16mPa・s 时各层前缘推进速度

1—低渗透层前缘推进速度；2—高渗透层前缘推进速度

由于我国陆相油藏的原油黏度一般都偏高，因此层间干扰对于我国多层砂岩油藏的开发必然带来不可忽视的严重影响。

2. 高、低渗透层间地层压力的差异导致裂缝或压实作用，造成低渗透层吸不进水

前面提到有相当多的低渗透层在与高渗透层合注时不吸水，而在同样注水压力下单注时却能较好地吸水的现象，对于这种现象目前还没有一致公认的解释，以下对各种可能的影响因素作一初步的分析。

(1) 油管内摩擦阻力变化所造成的影响

有人认为，在同一注水压力下，多层合注时油管内的流量大，摩擦阻力大，井底对油层的有效注水压差相对较小，因此低渗透层吸不进水；而当单注低渗透层时，油管内流量减小，摩擦阻力较小，即使在同一注水压力下，井底实际对油层的有效注水压差增加，因此低渗透层也就能有进水了。但是，根据大庆油田喇 2－302 井井筒内的干扰试验资料（表 3.10），试验时注入压力为 13.5MPa，井底压力统计在 23.5MPa 左右；当全井日注水量分别为 $230m^3$ 以及 $365m^3$ 时井筒压力损失仅相应为 0.28MPa 及 0.73MPa，仅相差 0.45MPa，与井底压力的数量级相比仅为其 1.9%；而较差的萨Ⅲ$_{1-3}$—萨Ⅲ$_{4-7}$层的日注水量却由合注时的 $95m^3$ 增到单注时的 $230m^3$，为合注时的 2.4 倍。由此可以看出井筒摩擦阻力的变化对于增大单注时低渗透层的注水量虽有影响，但其变化幅度很小，不足以引起低渗透层注水量的大幅度变化。因此，这虽然是影响因素之一，但看来还不是起决定作用的影响因素。

表 3.10　大庆喇 2－302 井井筒干扰试验数据

注水压力		13.5MPa		
萨Ⅱ$_{15+16}$及以上层段	日注水，m^3	0	120	265
	水嘴，mm	死	4.4	无
萨Ⅲ$_{1-3}$—萨Ⅲ$_{4-7}$层段	日注水，m^3	230	162	95
	水嘴，mm	无	无	无
井筒压力损失，MPa		0.28	0.47	0.73

(2) 合注时高渗透层较高的地层压力通过隔层施加到低渗透层上所造成的影响

由于多层合注时高渗透层注入水推进较快，水所波及的部分压力较高；而低渗透层进水

少,压力也较低,因此在高渗透层和低渗透层之间存在着一定的压差。虽然高渗透层与低渗透层之间存在着泥岩隔层,但两者在同一层系内,相隔不远,这种压差透过泥岩施加在低渗透层上,就可能对低渗透层产生一定的压实作用。

很多矿场测试资料都表明,在储层中可能存在着某些潜在的、在岩层围压作用下处于闭合状态的微裂缝。在一定的注入压力下,即使还没有达到破裂压力,这些微裂缝就可能张开,导致吸水量大量增加。例如图3.41所示为大庆油田小井距试验区萨Ⅲ$_{5+6}$层单层注水时的一些指示曲线。从图上可以看出,当注水压力达到一定数值后,这些指示曲线都出现明显的拐点,表明此时微裂缝张开,如注入压力再增高,吸水指数大幅度提高。出现拐点时注水压力的大小随地层压力的高低而变形,范围大致在10~12.2MPa之间。

另外,众所周知,低渗透储层对于岩石围压的大小是相当敏感的。当岩石围压增大时,低渗透层将因岩石颗粒的弹性变形而使其喉道缩小,渗透率降低。

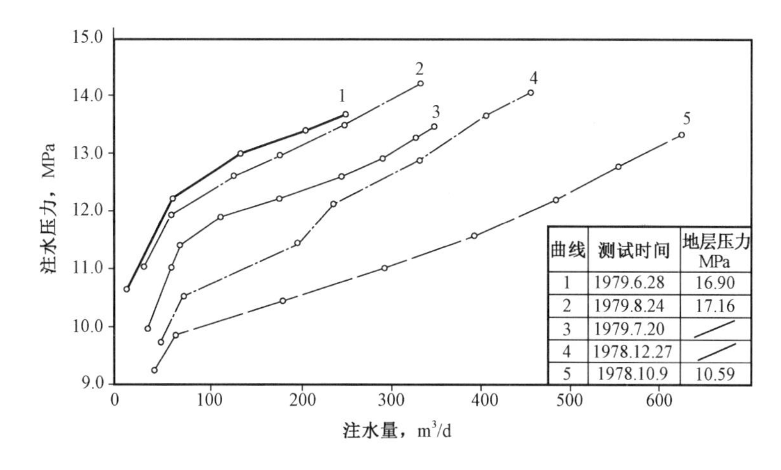

图3.41　大庆油田小井距试验区萨Ⅲ$_{5+6}$层单层注水指标曲线

因此,在多层合注时,由于高渗透层较高的地层压力通过泥岩隔层施加在低渗透层所形成的压实作用将使低渗透层内的微裂缝闭合,或者使其喉道缩小,而导致其吸水量大幅度减少。在低渗透层吸水量减少的情况下,如果其地层压力仍高于产油井的井底压力,则该层在油井内仍将继续出油,导致进出量的不平衡,使地层压力进一步降低,高、低渗透层间的压差进一步增大。这样,就会形成一种恶性循环,低渗透层的吸水量越来越少,以致最终有些低渗透层就可能停止吸水。

而当井内把高渗透层卡掉,单注低渗透层时,则由高渗透层通过泥岩隔层施加在低渗透层上的压力就被消除,低渗透层将恢复原来的渗透率,或者微裂缝重新张开,因此低渗透层将重新吸水。

大庆油田的层间干扰测试还发现,在注水压力较低时,无层间干扰或干扰不明显,而当注水压力高于一定数值后,层间干扰明显加剧。例如,南1-3-47井萨Ⅱ$_6$及以上层段单注及合注时,如注水压力小于12.2MPa,层间干扰不明显;而在注水压力大于12.2MPa以后,层间干扰开始出现,并逐渐增大。其他井开始出现层间干扰的注水压力也大体在12~13MPa左右,值得注意的是这个压力数值和上述图3.41上微裂缝开始张开时的注水压力大体在同一数量级上。如果不是巧合的话,则这是否从一个侧面说明了层间干扰导致储层内微裂缝开闭而使注水量大幅度增减这种分析的可能性。

大庆油田还发现，垂向上距高渗透层近的油层受的干扰比远的要大。例如，中9-40井的萨II_9层，在注水压力由9.0MPa提高到10.0MPa时，日注水量由41m^3猛增到202m^3。这个层吸水量大增后，别的层受到了程度不同的干扰。近的层为离该层3m的萨II_{10}层，受干扰最大，日注水量由29.8m^3降到0；而离该层14m的萨II_{12}层，日注水量从16.4m^3仅降到15.6m^3。又如，南1-3-49井萨II_3及以上层段，对隔层只有3.3m的萨II_{5-6}层段有干扰，而对隔层厚度20m的萨II_{9-12}层段则无干扰。这些现象又从另一个侧面说明了上述分析的可能性。

综上所述，看来高渗透层较高的压力对低渗透层的压实作用可能是导致合注时层间干扰现象重要的影响因素，特别是当储层内有潜在的微裂缝存在时，更可能导致合注和单注时低渗透层吸水量的大幅度变化。

3. 油井见水后井筒内回压的增加，进一步加剧层间干扰

油井见水后，井筒内液柱的相对密度增大，减少了生产压差，使低渗透层本来就不高的产量更加降低，这是导致油井见水后层间干扰加剧的重要原因。

考虑到井筒内由于水重于油而造成的滑脱现象，使井筒内下部的持水率高，液柱相对密度更大；特别是套管内的流速比油管内要慢得多，所以滑脱现象更加严重，持水率进一步增高，液柱相对密度也就更大。因此在油井剖面上位于下部的油层受到的回压要比上部的油层大，生产压差减少的幅度更大，产量受影响的程度也就更为严重。这是油井见水后所发生的另一种类型的干扰现象。

4. 层间非均质性对注水全过程综合影响的机理分析

在注水的全过程中，层间非均质性所引起的层间干扰现象是上述各种机理的作用下不断发展变化的。由于我国多层砂岩油藏的原油黏度一般比较高，所以注入水首先进入高渗透层以后，将随着水淹区的扩大，油水两相渗流阻力的减小，出现高渗透层吸水量越来越多，油水前缘推进越来越快；而低渗透层却吸水量越来越少，油水前缘推进越来越慢的现象。与此同时，高渗透层地层压力增高，对地层压力较低的低渗透层产生压实作用，使其中的微裂缝闭合，或者喉道缩小，渗透率降低而加剧了层间干扰，使低渗透层的吸水量进一步降低，甚至根本注不进。这样又进一步加剧了高、低渗透层之间的压力差异，油井中低渗透层的生产压差减小，产量也下降，甚至可能停止出油。

另一方面，高渗透层内注入水单层突进后，油井见水早，不仅降低了无水采收率，而且含水上升快，又导致液柱相对密度进一步增大，流压进一步增高，生产压差进一步减小，使低渗透层的生产更加困难，产量下降甚至停产的现象将进一步加剧。因此最终造成有相当多的低渗透层吸水少，产油量也少，动用不好，甚至不吸水、不产油，根本不被动用，降低了最终采收率。

五、层间干扰对油田开发效果的影响

1. 油井很快见水，无水采收率低

在多层合采的条件下，油井见水早，无水采收率明显低于单层注水开采时的无水采收率。如大庆油田投产时间比较集中的喇嘛甸纯油区南、中、北块，面积注水的无水采收率只有1.7%~1.8%，杏4-6区面积注水的无水采收率约为2%；各开发单元中无水采收率最高的南2-3区葡I层组，虽然其层系划分比较细，层间差异比较小，中高渗透层厚度比例较大，无水采收率也只有2.9%。由于该开发单元为行列注水，考虑到多排油井生产的实际情况，将其折算至第一排间的无水采收率应为4.35%。这些数值都小于或远小于小井距注水开发试验区511井组三种类型单油层的平均无水采收率6.7%。

可见在多层合采的条件下，由于注入水沿着部分高渗透层突进，导致油井早见水，降低了

无水采收率。

2. 见水后含水上升快

多层合采时一般在见水后含水上升很快。据大庆油田统计，在开发初期，见水以后，每采出1% 地质储量，含水要上升7% 左右，如果不放大油嘴增加生产压差，那么含水每上升1% ，采油量也将递减1% ，严重地降低了开发效果。比较突出的喇嘛甸油田共37个砂层组97个小层，油层总厚度上百米。初期开发井网除对葡 I_{1-2} 层单独部署注水井注水以外，其他多数小层只采用一套层系合采，层间干扰非常严重，见水早，含水上升快。投产仅7年，综合含水即达60. 7% ，采出程度只有10. 08% ，含水上升率高达6% ~9% 。

3. 低渗透层动用差，采收率降低

根据大庆油田的资料，在多层合采情况下，主要是河道砂岩沉积的高渗透层动用得很好，其厚度只占总开采厚度的50% ~60% ，但其产量却可占到总产量的70% ~80% 。很大一部分三角洲前缘相沉积和河道砂边部河漫相沉积的低渗透油层，由于受高渗透油层的干扰，加上设计的井网也比较稀，注水控制程度只有50% ~60% ，不能动用的厚度多达40% ~50% ，对油田的开发效果影响很大。开发了16年以后，1975年底根据641口井分层测试资料统计，各开发区油层的见水厚度占17. 9% ~36. 0% ，动用不好的厚度仍占到11. 7% ~34. 9%（表3. 11），其中尤以上述层间干扰严重的喇嘛甸油田动用情况最差，动用不好的厚度高达34. 9% 。

表3. 11　大庆喇萨杏油田各开发区油层动用状况

项目 分区	统计井数		见水厚度 %	动用状况		
	井数 口	占总井数 %		动用好的 厚度，%	动用一般的 厚度，%	动用不好的 厚度，%
喇嘛甸	85	41. 5	17. 9	16. 4	48. 7	34. 9
萨北	103	30. 4	27. 2	47. 7	33. 3	19. 0
萨中	207	28. 8	32. 3	43. 1	36. 5	20. 4
萨南	141	31. 2	36. 0	56. 0	32. 3	11. 7
杏北	99	20. 7	26. 2	38. 2	35. 3	26. 5

有的油田到了开发后期特高含水期，层间干扰仍很严重。如胜坨油田经过层系细分以后仍有比较严重的层间干扰。根据该油田1988年和1989年117口井统计，综合含水已高达92. 5% ，而动用层厚度只占生产层总厚度的48% ，被干扰的不动用层厚度竟占52%（表3. 12）。

表3. 12　胜坨油田分区层间干扰统计表

分区	统计井数 口	生产层 厚度，m	动用层 厚度，m	被干扰层 厚度，m	动用层 厚度占，%	被干扰层 厚度占，%	含水 %
一区	20	362. 7	120. 1	242. 6	33. 1	66. 9	93. 5
二区	44	666. 0	378. 2	287. 8	56. 8	43. 2	91. 7
三区	53	871. 9	414. 8	457. 1	47. 6	52. 4	92. 8
胜坨	117	1900. 6	913. 1	987. 5	48. 0	52. 0	92. 5

由于层间干扰使很多小层不能很好动用，必然严重影响油藏的最终采收率。例如，上述层间干扰严重的喇嘛甸油田，若不进行开发调整，据预测水驱采收率只能达到26.4%，比大庆油田小井距511井组三种类型油层单层注水全过程试验的平均采收率41.4%还低15.0%。

为了减少层间非均质性对油田开发效果的不良影响，需要合理地划分开发层系，适时进行细分层系调整并采用分层注水工艺，适度地增加注水压力，降低生产井流动压力，放大生产压差，减少对低渗透层的伤害等措施。

第四节　油层平面上的油水渗流特征

多油层油藏不仅在纵向上层间存在差异，而且任何一个小层在平面上也是不均质的，即平面上任一点的油层结构和物性都不相同。我国油田大都是陆相沉积，平面上相变以及断层引起的差异相当剧烈。加上注水过程中注采井点布置和注采强度的差异，这双重的差异导致注水油田的平面矛盾十分突出，对剩余油在平面上的分布和采收率的高低有重要影响。

我国各油田大量的实际资料都表明，平面上油层的非均质性是平面油水渗流不均匀的根本原因；井网分布及井点注采强度的差异是造成平面油水渗流不均匀性的主要因素。因此，需要从这两个方面来研究它们对油水在平面上渗流不均匀性的影响。

一、平面非均质性对油水渗流的影响

在上一章已经详细地阐述了我国陆相储层平面非均质性的类型、严重程度，并分析了其地质上的成因。由此完全可以看出，不同沉积类型的岩石具有不同的非均质特点，包括砂体展布形态复杂，大小各异；各亚相及微相变化频繁，粒度粗细不一等，造成岩石物性特别是渗透率在平面上的复杂变化。无疑，油水在平面上的渗流必然将受到这种非均质性的控制和制约。下面将具体分析平面上油水渗流的某些主要的特征。

1. 注入水总是首先沿着平面上渗透率最高的部位向前突进，而且当原油黏度较高时其推进速度将越来越快

大庆油田曾对平面上渗透率级差最高达80的等厚地层进行了模拟计算，结果表明，当平面上渗透率最高部位处油井含水20%时，级差大于4的渗透率较低部位处的油井未见水；当最高渗透率部位油井含水60%时，级差值大于10的部位处的油井均未见水；当最高渗透率处油井达80%时，级差值大于20处的油井尚未见水；当最高渗透率处油井达95%时，级差值大于40部位的油井仍未见水。由此可见，注入水在平面上总是沿着渗透率最高的部位向前突进。

河流相沉积的储层在我国陆相砂岩油藏中占很大的比重，其平面非均质性对渗流的影响具有典型的意义。在河流相沉积中，河道砂体的渗透率最高，厚度也大，特别是河流下切带，沉积时流速最大，砂粒最粗，渗透性最好，是注入水最好的通道；向河道两侧边缘部位粒度变细，泥质含量增多，砂体变薄，渗透性变差。大庆油田在注水实践中就发现注入水总是首先沿着厚层下切带快速推进，处在河道砂体下切带上的油井，一般都具有先见效、先见水、先水淹的特点。

例如，大庆油田1960年10月第一口注水井7－11井开始注水，并在其两旁的7－9井、7－13井排液以便拉成水线。但到1961年9月生产井6－13井（相距641m）首先见水，而相距比较近的强化排液井7－9井（相距488m）却迟迟不见水。一直到1963年8月，当7－9井已累计采出10×10^4t原油以后转注时，含水也只有1.6%，而此时中6－13井含水已高达57%却只采出了3.1×10^4t原油，原因主要是7－11井和6－13井都处在葡I_2层的河道下切带上，

而7－9井则处于河道边部的位置。

值得提出的是，注入水受储层非均质性的这种控制是极其强烈的，目前的人工措施，无论是在注水井上控制注水，或是在生产井上控制采油，甚至关井，一般都难以改变河道砂体下切带上的油井先见水、先水淹的特点。

如大庆油田中区三排东部葡I_2层，1961年4月注水，处在河道砂体下切带上的油井，见水都很快。距注水井600m的2－25井1963年5月见水，距注水井1100m的中1－61井1963年6月投产，到1964年5月也见水了。1964年为控制注入水的舌进，把中3－21—中3－25井的葡I_2层停注近1年，后来注水强度控制在$1m^3/(d \cdot m)$左右。处在砂体下切带上的中1－61井从1965年1月到1969年6月关井约4.5年，但1969年7月一开井含水就达61.5%，距注水井1600m的中间井排生产井北1－6－59井，1970年9月投产，初含水就达12%，而处在下切带两侧的油井见水要晚得多，中1－59井1970年3月才见水，比中1－61井晚了6年，北1－6—北－55井到1973年8月转为点状注水井时还未见水（图3.42）。

不仅如此，大庆油田在注水中还发现油井见水后，在见水方向的水线推进速度明显加快；干扰试井时也发现见水方向的压力波传播速度明显加快；当注水井提高注水量时，见水井反应很快，有的当天就可以观察到压力反应，产液量很快就能增加，其增量可达注水量增加量的70%以上，而其他井距大致相同但未见水的油井受效却不大。

这些现象的发生看来主要和两方面的因素有关。一是油水黏度比的影响，这种影响因素和上面所述的对层间矛盾的影响在机理上是同样的。由于大庆油田油水黏度比较高，在水淹带内由于水的侵入、黏度下降所引起的渗流阻力降低幅度要大于两相渗流，使渗流阻力增加幅度，因此随着水的推进，水淹带的渗流阻力越来越小，造成注入水在突进方向的推进速度越来越快。同样原因，也使得压力波的传播速度加快，见水井对注水井变化的反应也加快。

另一方面的因素是油井见水后井筒内液柱相对密度增加而使流压增加，这就使得注水井和生产井之间的压差减小，从而可能成为减少高渗带的渗流速度、减缓平面矛盾的因素。但由于它又具有加剧层间矛盾的作用对油井的生产不利，所以人们常常采取放大油嘴、抽油调参、下大泵等措施降低流压，放大压差，就使得实际生产中难以产生这种减缓平面矛盾的作用；如流压降低的幅度大，还可能因此而加剧平面矛盾。所以，一般来说，在平面非均质比较严重，油水黏度比又比较高的油藏内，注入水在平面上突进以后将显示出推进速度越来越快的现象。

2. 水淹带向两边逐渐扩大的过程也是产量转移接替的过程

如同上述，处于河道砂下切带上的油井，先见水，先受效，先高产；而处于河道砂下切带两侧边部中渗透率带上的油井，则受效差，产能低。当下切带上的油井水淹后，如继续加强注水，水淹面积逐步扩大，压力传导性能也变好，位于下切带边部的油井便会逐渐受效，产量逐渐增加，从而可以或者在一定程度上接替下切带油井产量的下降。

大庆油田中区西部萨II_{7+8}层，沿中3－1井到7－12井的厚层下切带上，最早见效见水的4－12井、4－14井、6－12井、6－14井和中间井排的5－12井，都曾因含水高而封堵停产，其主要产量逐渐转移到下切带两侧油层相对变差部位的采油井点和转向南北水线汇合处（萨126井）出油。1966年该层在5口堵水井中的日产油量合计56t，而当时这些接替井中的日产油量却达到了61t。由此可见，接替井已接替了被堵井减少的产量。

其他油田也有类似的情况，如老君庙油田L层根据16个井层的单井生产资料表明，水淹程度由高到低，依次为河道、河口坝、浅滩、漫滩相。这种不同相带水淹次序的不同，也就产生了产量接替的过程。

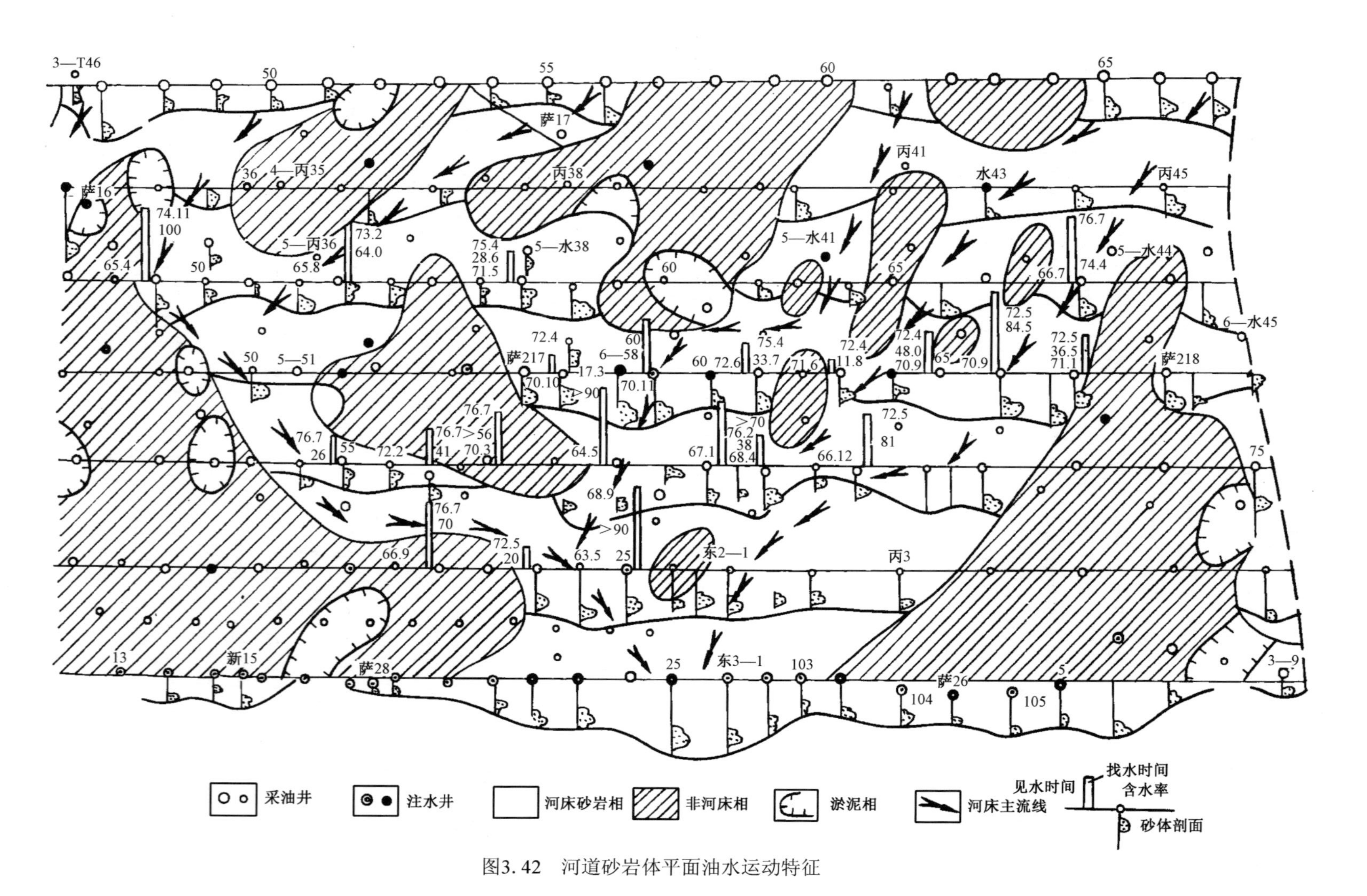

图3.42 河道砂岩体平面油水运动特征

显然，从上述大庆油田平面上级差大小对油水流动影响的数值模拟研究可以看出，当河道砂边部较差部位与高渗透部位的渗透率级差较小时，受效和产量接替的程度和速度都比渗透率级差较大的情况要好，即较差部位的渗透率值较高时，受效较快而且比较充分，产量增加较快，幅度也较大；反之则可能受效很慢甚至不受效，产量接替也慢而少。

此外，大庆油田还用数值模拟方法研究了渗透率变差部位范围的大小对油水流动的影响。他们设计了如图3.43所示的两种不同变差范围的平面非均质模型。

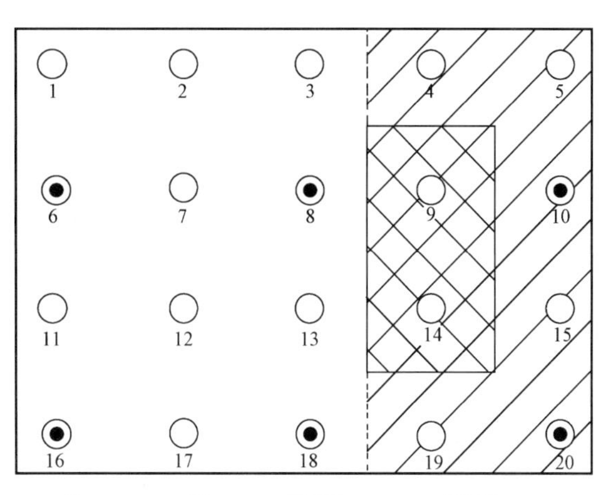

图3.43 油层变差部位地质模型

一种是变差范围较小（图中变差区域1）的情况，其渗透率只有主体高渗透部位的十分之一，厚度为主体部位的一半。计算结果表明，随着主体部位油井含水的不断提高，如果变差范围内9、14两口井在采油，则含水饱和度也将逐渐增高，但其含水的上升滞后于主体部位的油井，要达到主体部位油井同样的含水值，其开采时间大体相当于主体部位油井的3倍以上。当主体部位的油井含水达95%时，变差部位的油井含水只能达到60%。如果变差部位内没有油井产油，则该处含水饱和度升高较慢，处于滞留状态。

另一种是变差范围较大（图中变差区域2）的情况。虽然变差区域内有6口油井生产，但含水饱和度上升仍然很慢，其油井含水要达到主体部位油井同样的含水值，需6倍以上的开采时间。当主体部位的油井含水达到95%时，变差部位的油井含水仅18%，远低于上述变差范围较小时的情况。

由此可见，变差部位范围的大小对于水驱波及和产量接替程度也有重要的影响。当变差区域较小且有产油井点时，这些井可以借助主体部位水驱的作用，较快地受效，并在一定程度上接替主体部位油井产量因含水过高而下降的产量。但如变差区域较大，或变差区域虽不大而其中没有生产井点时，水驱波及过程都是非常缓慢的。

3. 不同沉积类型砂体的油水运动特征有明显的差别

举例来说，河流相沉积和三角洲前缘相沉积在平面上的油水运动特征就有明显的差别。胜坨油田沙二段上油组为河流相沉积，下油组为三角洲前缘相沉积，两者的注入水推进速度和含水上升规律都有很大的不同。例如，胜坨油田胜二区沙二段上油组的3^{3+4}层水推进速度1~2m/d，又如胜一区沙二上的1~3砂层组，1966年三排井注水以后，三排以内沙二2~3砂层组的高能河床砂体最先见水，一线井平均水线推进速度2.04m/d。其中沙二2^4层水线推进最快，高达3.4m/d。而且见水后含水上升速度也非常快，有的井月含水上升速度高达5.6%，产量大幅度下降，开井一年就被迫关井。水线推进快，含水上升快的主要原因是由于河流相储层属正韵律沉积，注入水沿正韵律油层下部高渗透层段窜流的结果。

三角洲前缘相的反韵律砂体，水线推进速度相对较慢。如胜二区沙二段下油组8^3层，注入水推进速度一般只有0.3~1.0m/d，见水后含水上升也较慢，这主要是由于注入水沿砂体上、中、下部全面向前推进，水淹比较均匀，波及厚度大的结果。

由此可见，储层沉积的韵律性不仅对层内水淹规律有很大影响，对平面上的油水运动特征也有明显的影响。

4. 不同类型的陆相湖盆所充填沉积体系的不同，高含水期剩余油的分布有明显的差别

举例来说，喇萨杏油田和胜坨油田的储层分别沉积于不同类型的沉积盆地。在第一章已经详细地作了分析，虽然两者都属河流—三角洲沉积，但沉积的格局有很大不同。喇萨杏油田沉积于大型湖盆，沉降比较缓慢，沉积地形宽广而平坦，各种沉积微相带发育比较完整，这就造成各砂岩组在平面上主体高渗透砂岩之间依次充填着中低渗透的砂岩和表外储层。随着含水的增高，高渗透的主体砂岩和中低渗透层中渗透率较高的部位都逐步被水淹，到高含水后期，剩余油除了分布在注采井网所控制不住的高渗透河道砂体边角部位以外，有很大部分存在于动用很差或未动用的渗透率很低的薄层和表外层。从沉积相带上看，这些储层主要包括泛滥和分流平原上零散分布于河道边、河道间、主体薄层砂边部的粉砂及泥质粉砂岩，三角洲前缘席状砂边部水动力变弱所形成的薄层席状砂，以及三角洲前缘相外缘在广阔波浪作用下形成的薄层席状砂等。这些低渗透薄层成为大庆油田难采层加密井网即所谓“二次加密井网”的主要挖潜对象。

而胜坨油田高含水后期的剩余油分布状况与喇萨杏油田的情况有很大差别。从它的沉积环境来看，它沉积于比较狭窄的冲积平原环境，属短流程、中等坡降的河流水系，沉积时流量大，所携带的碎屑物颗粒较粗，因此主力含油层系沙二段成为渗透率特别高的砂体，高的达到10D以上，即使所谓的低渗透层其渗透率也常达到1D左右的数量级。而且胜坨油田根本不发育像喇萨杏油田所发育的那种分布零散的低渗透率薄层席状砂。因此，胜坨油田在含水较低时油层非均质性对平面上油水运动的影响还比较明显，到高含水期以后井网布置的影响逐步增大，此时平面上注入水波及的面积已很大，但水淹的程度还不均匀，这种不均匀程度逐渐变为主要受井网布置情况所控制，剩余油相对富集于井网控制程度差的部位，表现出和喇萨杏油田剩余油分布情况有很大的差异。

5. 注入水顺着古河道下游方向的推进快于上游方向

在第一章中已经提到，由于沉积时河道砂岩的交错层理倾向下游方向，长形岩石颗粒顺着当时古河流的流向定向排列，造成河道砂岩渗透率的方向性，亦即顺着古河流方向的渗透率值大于逆流方向的渗透率。大庆油田的储层是自北向南沉积的，因此对于横切古河道方向的同一注水井排来说，注入水向南侧采油井排的推进速度快于北侧采油井排，表现出所谓的“南涝北旱”现象。第一章的表1.17所示为大庆油田北部地区未进行大规模分层调整以前的有关资料，由此可见，注水井排南侧油井的无水采收率和相近含水时的采出程度都明显低于北侧油井，说明南侧井排见水较早而含水上升也较快。

二、井网分布和井点开采强度的影响

1. 井点之间的干扰

井网中油井之间或注水井之间的平面矛盾，多表现为井间干扰现象，在油藏开发实践中是大量存在的。当井距很小或井间有某种特殊的连通关系，如井间有裂缝或大孔道相连通时，这种干扰就会加剧，当一口井的工作制度有所变更时，另一口井的压力或产量就会有所反应，人们常常利用这种反应来判断和分析井间的这种连通关系。在行列注水时第一排油井对以后几排油井的“屏蔽作用”或“遮挡作用”，也是井间干扰的一种形式。

注水井和油井之间也常常碰到各种形式的井间矛盾。例如，注水井注水后，周围各井因连通情况和渗透率高低等地质条件的不同，其反应就不一样，有的见效快，有的慢，有的见水早，有的长时期不见水等。又如前面提到的当原油黏度较高时常发生向某一方向突进以后在该方向推进越来越快的现象，这时向别的方向的推进就会减慢。还有同一井组不同方向的油井由于地质条件、水淹状况和压力分布的不同，在调配时有时对同一口注水井会提出不同甚至相互矛盾的要求，如某一口油井水淹严重，要求相应的注水井控制注水；而其他方向的油井则可能因为见效不好而要求这同一口注水井加强注水，如此等等。

2. 注采井网布置对剩余油分布的影响

当储层连通性很好时，注采井网对剩余油分布的影响是不明显的。但由于我国陆相储层砂体一般都比较小而且零散，东部地区断陷盆地中断层又多，因此在砂体边角部位，断层附近部位井网往往难以控制，注采关系不完善，造成有采无注或有注无采的情况；有的砂体很小，只有一口井钻遇；有的稍大一点，也只有一注一采、单向受效，都会留下较多的剩余油。

上面已经提到，胜坨油田在进入高含水期开采以后，井网布置对油水运动情况的影响逐步增大，剩余油相对富集于井网控制程度差的部位，这里再作更为详细的阐述。

例如，胜一区沙二 1－3 砂层组，1978 年底采出程度仅 7.4%，注水倍数小于 0.1 时，34 口采油井已经全部见水，综合含水 73.5%。1979 年新投产井 18 口，其中 14 口井投产即见水，约占 4/5。数值模拟研究表明，主力油层平面波及系数已达 91%。这说明不仅生产井点基本上全部见水，而且井间也已经普遍见水，高含水期平面见水和水淹面积已经很大。

根据 1983 年的改层系井和新投产井，以及在 1980—1983 年调整的 3 个区块（坨 7、坨 30、坨 28）的新投产井 176 口的统计资料，初含水小于 60% 的中低含水井 96 口，占统计井数的 54.6%。初产油 30t/d 以上的高产井 71 口，占统计井数的 40.3%。通过对这 71 口高产井所处位置的分析，可以归纳出含水较低、剩余油相对富集的 5 种情况，见表 3.13。

表 3.13 胜坨油田高产、高含油饱和度井情况分类表

项目＼分类	断层和尖灭线附近	无井控制动用差	非主流线区	注水二线位置	局部构造高部位	其他	合计
井数，口	21	25	12	5	5	3	71
占统计井，%	29.6	35.3	16.9	7.0	7.0	4.2	100

从这 5 种情况看来，断层附近和砂岩尖灭线附近、无井控制和动用差的部位、非主流线区、注水二线位置等情况，占了统计井数的 88.8%。这些部位实际上都属于注采井网控制程度较差的部位，特别是前两种部位就占了 64.9%，更可说明在注采井网控制较差的部位，正是平面上剩余油相对富集的地方。

胜坨油田进入特高含水期以后，水淹程度增加，平面上水淹的差异减小，但在井网控制程度差的部位，剩余油仍然较多。

由表 3.14 可以看出，胜坨油田自 1985 年至 1991 年当综合含水由 80.8% 上升到 92.1% 时，主力油层含水小于 60% 的井层和厚度百分数大幅度减少，而含水大于 90% 的井层和厚度百分数则大幅度增加。

表 3.14 胜坨油田主力油层高含水期与特高含水期含水分级对比

时间	油田综合含水 %	含水<60%		含水>90%	
		井点,%	厚度,%	井点,%	厚度,%
1985	80.8	17.3	16.0	27.1	25.7
1991	92.1	3.83	4.57	69.9	68.8

从表 3.15 所示新井投产资料也同样可以看出,1991 年投产的新井中,含水小于 60% 的井数比 1985 年投产的新井要少得多。新井含水也逐渐升高,与油田综合含水的差值也越来越小。这些都反映了特高含水期平面上水淹程度增加,各部位之间的差异减少。

表 3.15 胜坨油田新井与油田产量含水对比表

时间	油田		新井		含水差值 %	新井含水<60%		
	单井产量 t/d	综合含水 %	单井产量 t/d	综合含水 %		井数 %	单井产量 t/d	综合含水 %
1985	17.0	80.8	28.7	46.9	33.9	54.7	39.9	20.9
1991	10.4	92.1	7.8	75.0	17.1	26.5	19.0	23.7

尽管如此,在井网控制程度较差的部位,剩余油仍然相对较多。例如坨 7 断块 1991 年新投产井 84 口,其中含水小于 50% 的井 18 口,占新投产井的 21.4%,平均单井产量 16.1t/d。这些井主要分布在断层附近、顶部边角地区以及井网一直控制较差的其他部位。在这些井网控制较差的部位,剩余储量丰度较高,是特高含水期挖潜的有利地区。

即使在沉积环境不同的喇萨杏油田,在高含水后期,尽管河道砂周边的低渗透差层是二次加密的主要对象,但仍在河道砂边角部位,或有局部遮挡的部位等注采井网控制较差的地方打出了不少高产井,因此在这些地方寻找高效调整井,也仍将是高含水后期挖潜的一个重要方向。

第五节 油层内部的油水渗流特征

油层内部纵向上的非均质性包括两方面的内容,一是由沉积韵律性控制的比较宏观的非均质性;另一点由层理、孔隙结构等控制的相对微观的非均质性。在水驱油的过程中,这两种油层内部的非均质性对油水运动规律都有很大影响。前者主要影响油水在层内纵向上的运动和分布规律,后者主要影响油层的驱油效率。这里着重阐述各种沉积韵律性为正韵律、反韵律、复合韵律等非均质储层的水驱油特点。

大量的理论研究和实践资料表明,不同韵律性油层的水驱油特点是不同的。正韵律油层水驱油效率虽比较高,但垂向波及系数很低,总体上看含水上升快,采收率低,开发效果差;反韵律油层垂向波及系数很高,虽然水驱油效率较低,但从总体上看含水上升较慢,采收率高而开发效果好;复合韵律则处于两者之间。为什么会产生这样不同的水驱油特征和效果,中国石油勘探开发研究院、大庆油田和胜利油田曾在不同条件下进行过数值模拟和实验研究,得到以下有关纵向非均质油层层内油水渗流机理的认识。

一、关于纵向非均质油层层内油水渗流机理的认识

1. 影响因素和作用力的分析

影响层内油水渗流规律的因素很多。所谓储层的韵律性,实质上就是渗透率高低不等的

层段在储层纵向上的不同分布和组合。这是控制层内油水渗流特征最主要的因素。其他还有油层润湿性、渗透率绝对值和级差、油层厚度和油水黏度比等也都从不同方面给予不同程度的影响。正是在这些地质因素或条件的控制和影响下,油水渗流过程中的驱动力、重力和毛管力发挥着程度不同的作用,才呈现出这些不同的渗流特征。

在驱动压差的作用下,水总是在渗透率较高的地方流得较快,而且前面已经提到,在原油黏度较高的油层内,将会发生油水前缘在高渗透层段的推进越来越快的现象。

重力作用的大小和油层厚度及油水密度差有关,油层越厚和油水密度差越大,重力作用就越大。由于油水密度差的变化范围远小于厚度的变化,因此实际上重力作用的大小主要取决于油层的厚薄。一般来说,重力作用体现在两个方面,一是在油水共同渗流过程中水向下流动,使垂向波及厚度减少;另一是由于微观孔隙中的油水分异作用而提高水淹部位的驱油效率,因此,厚油层中重力作用大,可以比较显著地提高驱油效率。

毛管力的大小与渗透率、孔隙度、界面张力以及润湿角有关。在同一油藏内,这些参数中变化幅度最大的是渗透率,因此可认为毛管力的大小主要受渗透率大小的影响,具体来说,它与渗透率值的平方根成反比。因此,岩石的渗透率越低,毛管力的作用就越大。另一方面,毛管力作用的方向则和岩石表面的润湿性有关,对于非均质亲水储层毛管力将促使水从高渗透部位向低渗透部位渗吸,同时将低渗透部位的原油替至高渗透部位,因此,当注入水沿高渗透层段快速推进时,将会自动地被吸入到相邻的低渗透层段中去,并将其中的原油替入高渗透层段,从而可以在一定程度上“拉齐”高、低渗透层段中油水前缘的位置,使之比较均匀地推进。而对亲油的非均质储层则不然,毛管力将阻止高渗透层段的水进入低渗透层段,以致会在一定程度上“拉开”高、低渗透层中油水前缘的距离,这样就进一步激化了层内矛盾,使注入水的推进更不均匀。由此可见,由于毛管力作用方向的不同,亲油储层内的油水渗流规律将更加突出层内非均质性的影响。

2. 层内渗透率分布韵律性的影响

中国石油勘探开发研究院对非均质亲油砂岩油层的层内油水渗流规律作了数值模拟研究。模型的岩石和原油物性参数选用了大庆油田有代表性的参数值,厚度选为4m,渗透率最低0.3D,最高2.4D,级差为8倍。共计算了均质、正韵律、反韵律、复合正韵律及复合反韵律5种不同的模型,结果见表3.16及图3.44。

表3.16 亲油储层不同韵律模型开发指标对比

项目 模型	无水采收率 %	见水时厚度波及系数,%	含水60%时采出程度,%	最终采收率 %	最终注入倍数	注水效率系数,%
均质	18.00	40.00	34.50	57.78	2.32	24.9
正韵律	11.63	27.50	21.75	51.38	3.57	14.4
反韵律	33.38	71.88	45.38	57.34	1.87	30.6
复合正韵律	12.75	35.63	23.25	51.29	3.09	16.6
复合反韵律	24.00	56.88	33.38	54.54	2.14	25.5

注:① 最终期定义为含水98%。

② 注水效率系数 $=\frac{\text{最终采收率}}{\text{最终注入倍数}}$,它体现出平均消耗一倍注入体积水量时采出地质储量的百分数,是一个衡量注水效果的综合指标。

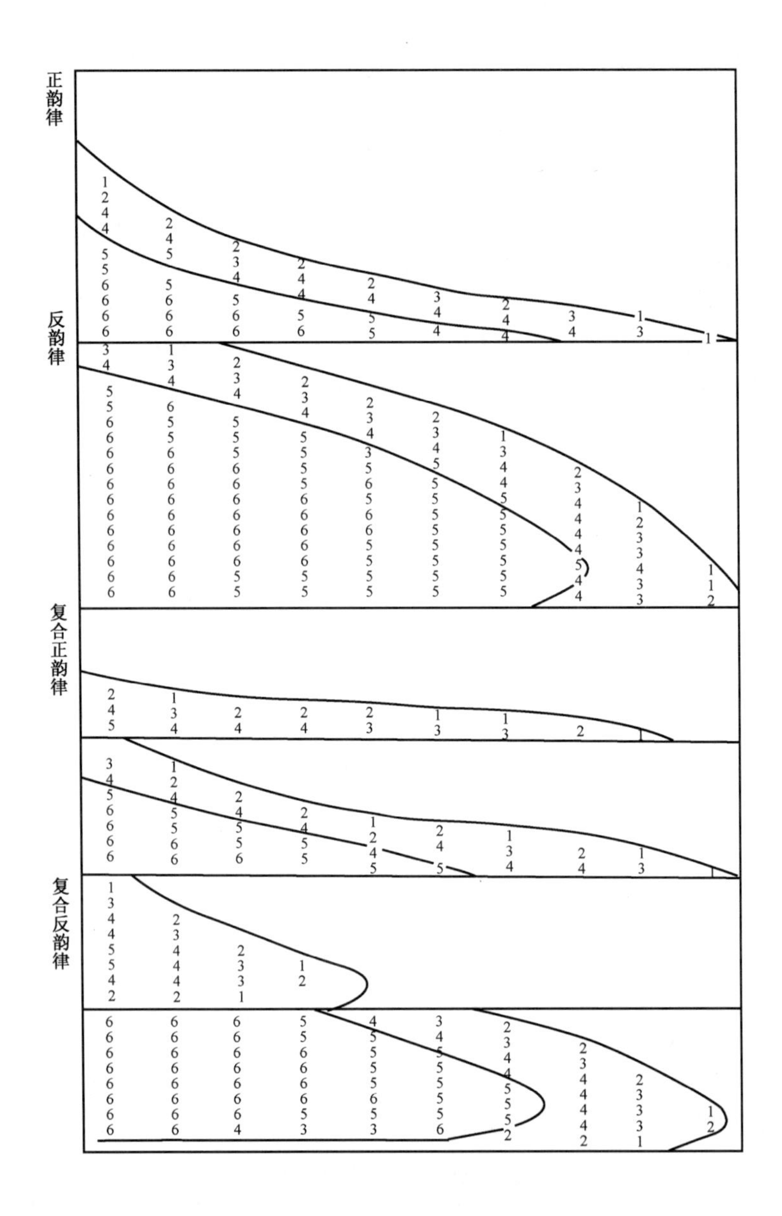

图 3.44 亲油储层不同韵律模型见水时水线图

图中数字表示驱油效率的大小，如 6 表示驱油效率为 50% ~60%，

5 表示 40% ~50%，余类推

从表 3.16 可见反韵律油层开发指标最好，其余依次为均质、复合反韵律、复合正韵律，而以正韵律油层为最差。反韵律油层的无水采收率和厚度波及系数几乎比正韵律油层高出 2 倍，而最终注入倍数却只有它的一半，因此，反韵律油层的注水效率系数要比正韵律油层大 1 倍，甚至比均质油层也还要好一些。复合正韵律油层的注水效果接近于正韵律油层，仅比它稍好一些；复合反韵律油层则接近于反韵律油层而比它稍差一些。

表 3.17 “重力和毛细管力之比”相似准数对开发指标的影响

模型韵律	参数			无水期			注入 2.5 倍水	最终期		
	h m	*K* D	$Ⅱ_2$	采收率 %	厚度波及系数,%	强水洗段厚度波及系数,%	采收率 %	采收率 %	注入倍数	注水效率系数,%
均质	大庆岩心		0	26.53	100.0	0.0	52.57	54.51	3.23	16.9
	1.0	0.6	0.098	22.13	75.62	0.0	52.54	54.35	3.24	16.8
	4.0	0.18	0.214	20.68	61.25	5.62	53.35	54.70	3.08	17.8
		0.6	0.390	19.50	48.75	13.75	55.44	55.62	2.62	21.2
		1.5	0.616	18.00	40.00	17.50	57.90	57.58	2.32	24.8
	16.0	0.6	1.56	16.50	33.75	19.37	61.44	61.80	2.72	22.7
正韵律	1.0	0.17	0.053	14.63	56.88	0.0	47.10	50.25	3.60	14.0
		0.68	0.103	13.50	48.12	1.25	46.70	49.89	3.61	13.8
	4.0	0.17	0.207	12.75	40.62	4.37	46.63	49.68	3.55	14.0
		0.68	0.413	12.00	31.87	8.12	47.45	50.91	3.72	13.9
		2.7	0.826	11.25	26.25	10.62	48.63	52.93	3.88	13.6
	16.0	0.68	1.652	10.50	21.87	11.87	49.41	54.35	4.04	13.5
		2.7	3.304	9.75	20.00	11.88	49.70	55.74	4.37	12.8
反韵律	1.0	0.17	0.053	20.63	84.38	0.0	—	51.17	3.48	14.7
		0.68	0.103	24.00	89.38	0.0	—	51.79	3.25	15.9
	4.0	0.17	0.207	27.38	84.38	0.0	—	52.93	2.86	18.5
		0.68	0.413	29.25	75.00	20.00	—	53.98	2.25	24.0
		2.7	0.826	33.75	67.50	43.13	—	59.42	1.55	38.3
	16.0	0.68	1.652	33.38	63.75	47.50	—	61.64	1.70	36.3
		2.7	3.304	31.88	55.00	45.63	—	64.37	1.70	37.9

从水淹剖面的形态看(图 3.44),这 5 种油层虽然都是底部先被水淹,但是正韵律油层的水线形状是向下凹的,而反韵律油层则是往上鼓的,复合正韵律油层呈多段水淹的特点,均质油层的水线形状和正韵律油层比较相似,复合反韵律油层则接近于反韵律油层。从图上还可以看出,它们在厚度波及系数上有明显差别。

不同韵律类型油层的开发效果和水线形态之所以有这样大的区别,是重力、毛管力、驱动力等作用力在这些层内非均质条件控制下综合作用的结果。

在亲油正韵律油层中,高渗透段在油层下部,重力和驱动力都驱使水往油层底部高渗透层段流。而此时毛管力又起不到像亲水介质那样使低渗透层段吸高渗透层段水的作用,因此造成了水沿油层底部大量窜流的情况。水线形状是凹的,水窜快,扫油厚度系数很小,注水效果差。

在亲油反韵律油层中,高渗透层段位于油层上部,在驱动力作用下,水易于向上部高渗透层段流动,而重力却使水沉到油层底部,但是由于底部渗透率低,水不能爽快地流动,驱动力将使水向上往渗透率较高的地方流动,从而有使油水界面向上抬高的趋势。对亲油介质来说,毛管力在一定程度上也起到了阻止水沉入油层底部低渗透层段的作用。由于这些力之间的相互作用造成了亲油反韵律油层的水线形状是向上鼓的,扫油厚度大,注水效果好。

至于复合正韵律油层，常会形成多段水淹，这是由于亲油介质毛管力作用造成的。因为每个韵律层段的水沉到它们的底部时，下面韵律层段的顶部是低渗透层段，在这非均质界面上产生一个向上作用的毛管压差，可以把水托住而阻止水沉入下面的韵律层段。只有当上韵律层段中的含水饱和度达到某一数值，使非均质界面两侧的毛管力达到平衡时，水才可能沉到下韵律去，这样就形成了多段水淹。由于靠近注入端附近上韵律层段的含水饱和度较高，总会有一部分水从上韵律层段窜入下韵律层段，所以下韵律层段的水线一般要比上韵律的跑得快一些，水淹厚度也相对要厚一些。在复合反韵律油层中则见不到多段型水淹。原因就在于在非均质界面两侧是低渗透层段在上面，高渗透层段在下面，毛管力作用方向和重力一致，起不到阻止水往下沉的作用，所以水线形状合成一段了。

3. 重力和毛管力之比的影响

由于层内纵向非均质类型的多样性，以及各类油层内部诸作用力的大小和方向又各不相同，要进一步找出这些作用力对各类油层开发指标的具有普适性的定量影响规律是相当复杂的。根据力学中相似分析的原理可知，相似准数是表述各种力学参数之间内在联系的有效途径。为此，在上述研究工作中就亲油储层中各种无因次相似准数对层内油水渗流过程影响大小的问题作了比较系统的研究，结果认为重力和毛管力之比（简称重毛比）Π_2 和油水黏度比 Π_1 的影响比较大，而驱动力与重力之比 Π_1 的影响不明显。因此，这里先探讨在一定油水黏度比（原油黏度 9mPa · s，水黏度 0.6mPa · s，油水黏度比 15）的情况下重力与毛管力之比这个相似准数对亲油层内非均质油层开发指标的影响；后面再探讨油水黏度比的影响。

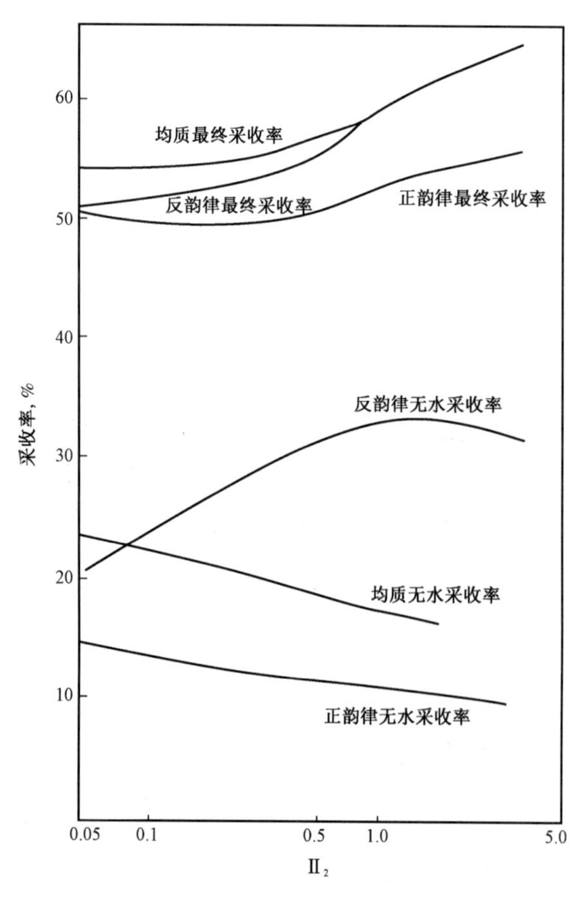

图 3.45 相似准数 Π_2“重力与毛细管力之比”对采收率的影响

从重毛比的定义可以看出，它的增大意味着重力的增大和（或）毛管力的减小；反之，它的减小则意味着重力的减小和（或）毛管力的增大。在亲油储层里，毛管力的作用能抑制油水的重力分异，从而增加其厚度波及系数而减少其驱油效率，从这个意义上说毛管力发挥了和重力相反的作用。由此可见，重毛比的增大，将导致厚度波及系数的降低和驱油效率的增加；反过来，重毛比的减小则意味着厚度波及系数的增加和驱油效率的降低。

为了研究重毛比对纵向非均质油层开发指标的影响，该项研究对均质、正韵律、反韵律 3 类油层用不同渗透率和厚度的参数进行了数模计算。所得的结果列于表 3.17，用重毛比这个相似准数 Π_2 进行整理后，可见虽然参数值有较大的变化幅度，但确能发现有明显的规律性（图 3.45）。

从图 3.45 及表 3.17 可见，对均质、正韵律油层来说，无水采收率随 Π_2 增大而减小，对反韵律油层来说，则总的趋势是随Π_2的增大而增大。最终采收率对3种模型来说都是随Π_2的增大而增大。这是因为Π_2的增大，使均质和正韵律油层厚度波及系数大大降低。因此它们的无水采收率随Π_2的增大而减小。而对反韵律油层来说，它的厚度波及系数本来就比较大，Π_2的增大虽也使厚度波及系数有所减小，但它减小的程度小于驱油效率增大的程度，因此它的无水采收率随Π_2的增大而增大。到了开发后期，经过大量水洗各种类型油层都可达到相当大的厚度涉及系数，因此最终采收率高低主要取决于驱油效率，Π_2的增大有利于驱油效率的提高，所以3种类型油层的最终采收率总的趋势都随Π_2的增大而增大。

从图3.45及表3.17中还可以看出，反韵律油层的无水采收率比均质、正韵律油层都高，尤其在Π_2大的情况下要高得多。这是因为在Π_2大的情况下，反韵律油层厚度波及系数虽有所减少，但其数值仍较大，驱油效率也高，而均质、正韵律油层随Π_2增大其厚度波及系数大幅度减小，因此扩大了它们之间的差距，至于它们的最终采收率在Π_2较小时，均质油层比反韵律油层好，这是因为Π_1小时，重力作用小，毛管压力作用大，影响了反韵律油层低渗透部分的驱油效率，使反韵律油层的最终采收率比均质油层低。随着Π_1的增大，两者的最终采收率就接近了，在Π_2大的情况下，正韵律油层的最终采收率比均质及反韵律油层要小很多，这是因为正韵律油层的最终厚度波及系数仍然不能达到很大的缘故。

从上述分析中值得注意的是，重力对于纵向非均质油层的作用是明显的。从表3.17可见，由于厚度比较大的油层重力的作用大，均质和反韵律油层的最终采收率和注水效率系数都随厚度的增加而有程度不同的增加，特别是反韵律油层，这两个参数增加的幅度更大。即使对注水效果比较差的正韵律油层来说，虽然在开发初期重力作用降低了厚度波及系数，加速了水窜，从而降低了无水采收率。但由于重力分异提高驱油效率的作用，所以到开发后期虽然注水效率系数随厚度的增加仍略有减小，但最终采收率却随着厚度的增加而增加，特别是高渗透正韵律厚层不仅重力作用大，毛管力又小，油水分异充分，因此也能获得较高的最终采收率，在该项研究的具体条件下，其数值比反韵律薄层要高，甚至不比均质薄层低。

4. 油水黏度比的影响

通过对我国东部地区若干常规稠油油田的开发，使我们认识到同样是稠油油层，有的发生了严重的水窜，有的却没有而且开发效果还不错。看来油水黏度比对纵向非均质油层层内油水运动影响的大小也和油层的韵律性和渗透性等地质特征有关。

该项研究用数值模拟方法对三种典型模型计算了油水黏度比的影响。第一种是高渗透率正韵律模型（平均渗透率1.35D）；第二种是低渗透反韵律模型（平均渗透率为0.17D）；第三种是高渗透反韵律模型（平均渗透率为1.35D）。厚度均为4m，其他计算参数同前，计算结果列于表3.18中。

总的来说，3个模型的开发指标都是随着油水黏度比增加而变坏，无水采收率降低，最终注入倍数增加，注水效率系数减小。但各个模型的情况不同，其机理是不同的。

研究表明，油水黏度比的增高，对油水运动的影响有两个方面，一是微观上导致降低驱油效率；二是宏观上导致减少波及厚度。至于何者占主导地位，则取决于油层结构与其他力学因素之间的相互制约关系。油层韵律性和渗透性不同，这两方面的影响程度就不同，其开发特征和开发指标变坏的程度也都有所不同。下面分别分析这3种典型情况。

第一类：高渗透正韵律油层

油水黏度比对这类油层开发指标的影响要比对其他两类大。从图3.46可看到油水黏度比为45的稠油，其厚度波及系数很小。油水黏度比对这类油层油水运动的影响主要体现在厚度波及程度的减小上，驱油效率虽然也有所下降，但幅度相对较小。其原因是由于正韵律油层重力和驱动力作用使水沿着油层底部突进。特别是由于水的黏度比油的黏度要小得多，使得水淹部分和上部纯油部分的流度差异很大，造成了底部水越推越快的不稳定现象。因此油水界面凹得很厉害，厚度波及系数很小，无水采收率大幅度降低。而对驱油效率的影响则不同，由于渗透率高，油水重力分异充分，即使稠油也可达到较高的驱油效率。油水黏度比对驱油效率的影响远比它对厚度波及系数的影响为小。因此这类稠油层开采的主要矛盾是波及的厚度问题。

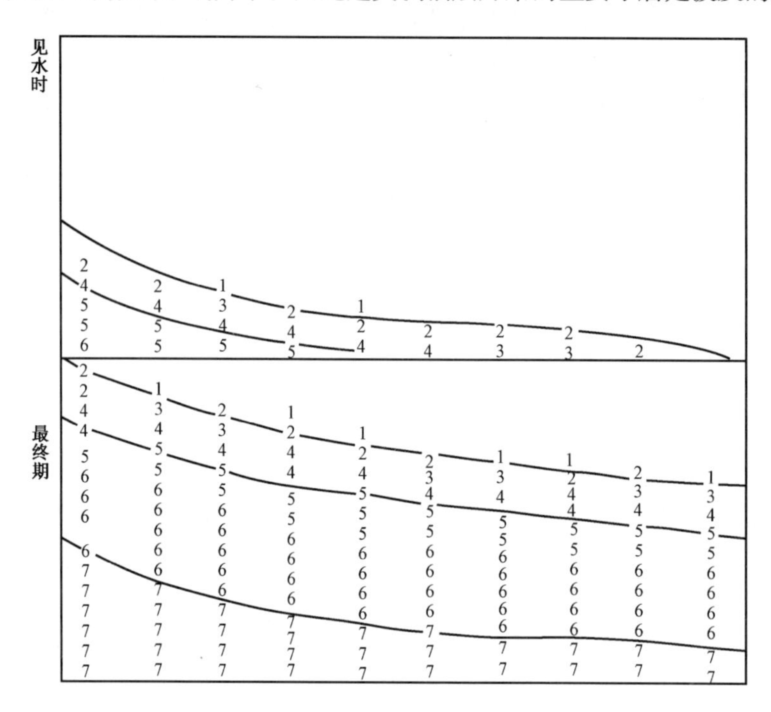

图 3.46　高渗透正韵律稠油油层水线图

第二类：低渗透反韵律油层

这类油层的情况和上一类基本不同。随着油水黏度比的增高，它见水时的厚度波及系数降低幅度较小，而驱油效率则下降较大（图 3.47）。其开发特征是无水采收率较高，初期含水上升也相对较缓，其原因是由于它渗透率低，毛管力作用显著；高渗透层段又在上部，这些都使得厚度波及系数相对较大。另一方面由于渗透率低，毛管力较大，使油水不能充分重力分异。因此这类油层的油水黏度比的影响突出地体现在驱油效率方面。到开发后期，扫油厚度系数甚至可达到 100%，但由于驱油效率低，最终采收率也只是比上述高渗透正韵律油层略高一些，不过注入倍数有较大减小，注水效率系数提高的幅度较大，总的开发效果还是比高渗透正韵律油层要好（表 3.18）。

第三类：高渗透反韵律油层

根据上面两类油层的分析，可以看到反韵律稠油层厚度波及系数仍比较大，也可看到高渗透油层重力分异比较充分，即使是稠油也仍可达到比较高的驱油效率。因此可以设想高渗透反韵律油层具有上述两类油层的优点，在稠油情况下也会达到比较理想的开发效果。计算表明，即使油水黏度比增至 45，无水采收率仍可达到 19.9%；最终开发效果也还比较好，由图 3.48 可看出它的扫油厚度系数比较大，驱油效率也比较高，最终采收率可达 53.4%，最终注入倍数也仅增至 2.3，所以注水效率系数仍可达到比较高的水平。

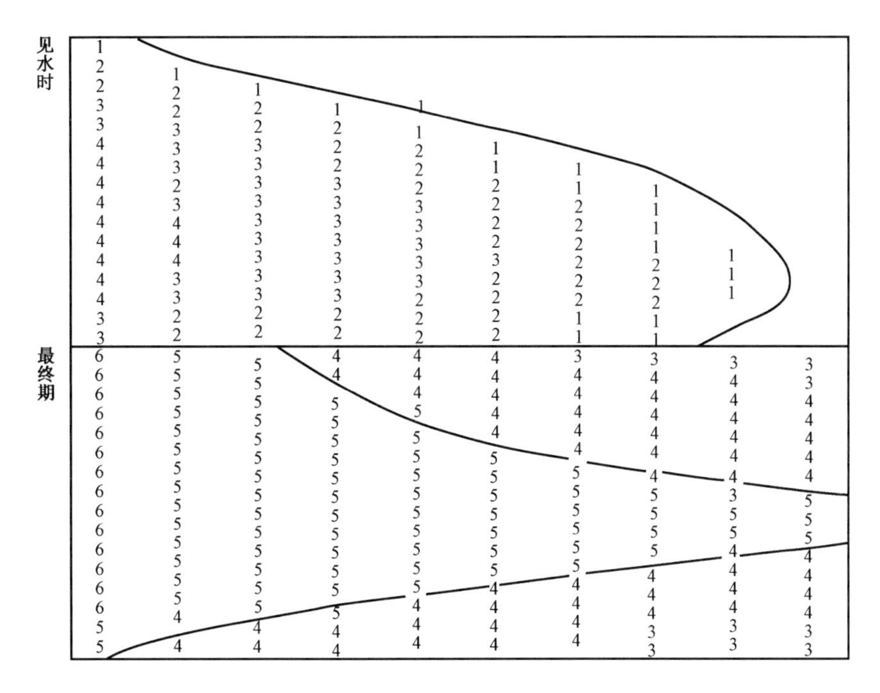

图 3.47　低渗透反韵律稠油油层水线图

表 3.18　油水黏度比对不同韵律性油层开发指标的影响

油层	油水黏度比	无水期			注入 1 倍水时采出程度 %	注入 2.5 倍水时采出程度 %	最终期		
		采收率 %	厚度波及系数 %	强水洗厚度波及系数 %			采收率 %	注入倍数	注水效率系数 %
高渗透正韵律	5	21.00	44.38	24.38	48.90	56.90	57.27	2.67	21.4
	15	11.60	27.50	10.63	38.10	48.00	51.45	3.65	14.1
	45	6.37	19.38	1.88	27.80	37.30	43.20	4.40	9.8
高渗透反韵律	5	45.38	86.88	63.13	58.74	—	60.64	1.62	37.4
	15	33.38	71.88	39.38	54.42	—	57.18	1.87	30.6
	45	19.88	51.25	10.63	46.27	—	53.35	2.33	22.9
低渗透反韵律	5	37.13	92.50	15.60	52.63	58.25	57.89	2.32	24.9
	15	27.38	84.38	0.0	45.47	52.04	52.93	2.86	18.5
	45	15.75	65.00	0.0	37.82	44.54	45.87	3.02	15.2

综合上述 3 种情况的模拟结果，可以看出，油水黏度比对纵向非均质亲油油层内油水运动的不良影响，主要体现在减少厚度波及系数和驱油效率两个方面。对于厚度一定的厚油层来说，哪一方面的影响占主导地位，与储层的韵律性和渗透性等地质条件有关。对于高渗透正韵律油层，油水黏度比增高的影响主要体现于减少波及厚度；对于低渗透反韵律油层，则主要体现于降低驱油效率；而对于高渗透反韵律油层，即使是稠油也可获

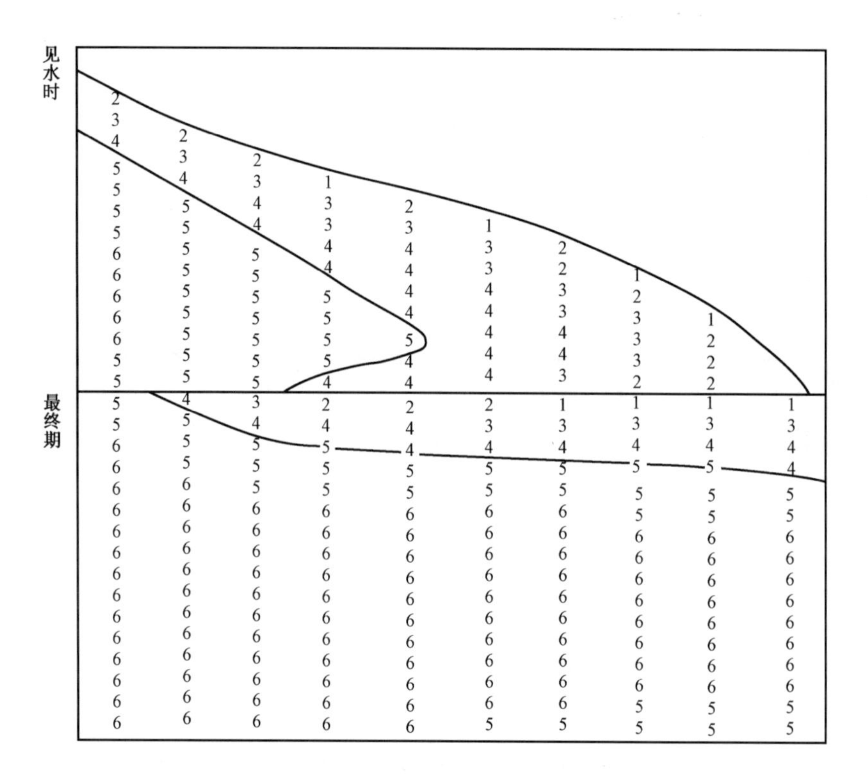

图 3.48　高渗透反韵律稠油油层水线图

得较好的开发效果。

二、各种韵律性油层层内的实际水驱油特征

大庆、胜利、江汉等油田的实际统计资料表明，各种韵律性油层的水驱油和开发特征和上述数值模拟研究结果基本上一致。

1. 正韵律油层

胜坨油田沙二上 1—2 和 3 油层为河流相的高渗透偏亲油正韵律油层，通过对不同含水阶段共 3 批取心检查井（其典型井的情况见表 3.19 及表 3.20）的研究和分析，得到以下关于油层纵向水淹特征和剩余油分布的认识。

表 3.19　胜二区沙二 3^{3+4} 典型井水淹状况

含水阶段	检查井号	层号	时间单元号	样品号	取心观察厚度，m	占全层厚度，%	渗透率 mD	含油饱和度 %	平均驱油效率，%	综合判断水淹级别
中含水期	2－2－178	沙二 3^{3+4}	2	207～240	4.09	62.6	13707	53.7～55.6		未见水
			3	241～252	1.47	22.5	9208	57.9		未见水
				253～258	0.68	10.4	13578	49.9	13.0	弱见水
				259～261	0.29	4.5	9673	13.1	60.1	水洗
			合计	小计	2.44					
					6.53					

续表

含水阶段	检查井号	层号	时间单元号	样品号	取心观察厚度,m	占全层厚度,%	渗透率 mD	含油饱和度 %	平均驱油效率,%	综合判断水淹级别
高含水期	2-1-J1662	沙二3^{3+4}	1	213~223	1.7	20.5	4107	43.8	35.5	见水
			2	224~243	3.2	38.6	6630 11727	48.9	27.7	见水
				244~248	0.8	9.6	9316	28.6	58.1	水洗
				小计	4.0				33.8	
			3	249~252	0.6	7.2	12872	37.1	44.5	水洗
				253~266	2.0	24.1	8176	23.2	66.0	强水洗
				小计	2.6				61.2	
			合计		8.3			36.6	44.4	
特高含水期	2-1-J1803	沙二3		150~162	1.7	20.5	11752	42.3	39.8	见水
				163~205	5.5	66.2	15761	33.7	42.8	水洗
				206~216	1.1	13.3	13274	16.4	66.1	强水洗
			合计		8.3			33.7	47.1	

表 3.20 胜二区沙二1^2典型井水淹状况

含水阶段	检查井号	层号	时间单元号	样品号	取心观察厚度,m	占全层厚度,%	渗透率 mD	含油饱和度,%	平均驱油效率,%	综合判断水淹级别
中含水期	2-3-169	沙二$1^2$①	2	1~21	3.08		5463	52.4~55		未见水
				22~29	1.64		10328	44.8~50.6	5.4~17	弱见水
				小计	4.72					
高含水期	2-2-J1502	沙二1^2	1	72~75	0.62	16.0	674	48.3	14.8	弱见水
			2	76~85	1.52	39.3	14058	60.2	11.6	弱见水
				86~88	0.63	16.3	13923	45.3	31.1	见水
				89~95	1.1	28.4	13283	12.7	83.3	强水洗
				小计	3.25			38.2	44.2	
			合计		3.87			39.9	39.3	
特高含水期	2-1-J1803	沙二1^2		17~18	0.15	5.3	142	24.8	51.0	水洗
				19~20	0.45	16.1	66	35.3	22.3	见水
				21~28	0.85	30.4	9466	30.1	47.0	水洗
				29~38	0.90	32.1	12389	42.6	39.4	见水
				39~40	0.45	16.1	21736	13.5	88.7	强水洗
			合计		2.8			36.4	45.8	

① 砂体被钻掉未取心,1~2砂体之间有泥岩。

1)中含水期:

① 正韵律油层上部和中部一般未见水和弱见水,剩余油富集。

1972—1973 年，沙二 1—2 和沙二 3 层系，综合含水均在 40% ~50%，处于中含水采油期。沙二 1—2 的注水倍数不到 0.1 倍；沙二 3 利用边水能量开发，边水的进水倍数也不到 0.1 倍。在这种条件下，水沿油层下部窜流的结果，使油层上部和中部一般未见水或弱见水。例如沙二 3^{3+4}层取心收获率较高的第一批 5 口取心检查井中，4 口井上部未见水，其水淹厚度百分数为 15% ~80%。沙二 1^2 层也与 3^{3+4}层类似，上部一般也未有见水段。因此，正韵律油层上部和中部剩余油较富集。

② 水沿油层下部窜流，下部出现水洗段，但水洗厚度小，水洗段驱油效率高。

1972—1973 年沙二 3^{3+4}层的 5 口井中，除 2 - 检 3 - 14 井位于河床边缘，沙二 3^{3+4}层没有水洗段以外，其余 4 口井正韵律下部均有水洗段，但水洗厚度比较薄，未超过油层厚度的 16%，而且水洗段驱油效率高，可达 40% ~60%。因此，油层上下水淹程度差别很大。沙二 12 层取心完整并有见水资料的井较少，没有发现水洗段，但仍然是下部水淹程度比上部高，下为弱见水到见水，上部为未见水到弱见水。

2）高含水期：

① 油层厚度全部见水，驱油效率提高，但油层上部和中部水淹程度仍低于下部，剩余油比下部富集。

1981—1982 年沙二 1—2 和沙二 3 层系，综合含水均已达到 80% 以上；沙二 1^2 层和沙二 3^{3+4}层有 80% ~90% 的生产井点含水大于 80%。两套层系的注水倍数增至 0.3 ~0.18 倍，油层厚度已全部见水。另外，驱油效率也有较大幅度的提高，平均约提高 10% ~20%。此时油层上部和中部驱油效率，沙二 1^2 为 10% ~20%，沙二 3^{3+4}层为 10% ~35%，以弱见水和见水为主；油层下部以水洗和强水洗为主。因此，剩余油仍然主要富集在油层的上部和中部。

② 水洗厚度从下向上逐渐增长，且油层下部出现强水洗段，其驱油效率进一步提高。

沙二 $3^{?+4}$层水洗和强水洗厚度从下向上增长，达到油层厚度的 32.8%，下部强水洗段的驱油效率，可提高到 60% ~80% 以上。沙二 1^2 层下部驱油效率提高幅度更大，从 1972—1973 年的 20% 左右提高到 80% 左右，达到强水洗级别。但沙二 l^2 层上部和中部提高幅度较小，驱油效率一般仅 10% ~20%。因此，在综合含水 80% 以上的条件下，油层上部和下部的水淹程度差别仍然较大。

3）特高含水期：

① 油层上部和中部驱油效率提高较多，层内水淹程度的差别减小，但油层上部剩余油仍然相对较多。

1994 年沙二 1—2 和沙二 3 层系，综合含水均为 94.5%。由于注水倍数已达到 1.11 ~0.69 倍，驱油效率平均提高 9% ~17%。特别是正韵律油层上部和中部驱油效率提高较多，例如，2 - 1 - J1803 井沙二 3^{3+4}层上、中部的驱油效率已提高到 40% 左右，上部达到见水级别，中部达到水淹级别。但上部剩余油饱和度化验值仍有 42.3%，是剩余油相对富集的地方。油层下部为强水洗段，虽然上下水淹程度差异减少，但仍然存在一定差异。

② 水洗厚度进一步向上增长，多数正韵律油层下部出现强水洗段。

沙二 1^2 层和 3^{3+4}层的水洗和强水洗厚度提高到 51.8% ~79.5%。2 - 1 - 1J1803 井沙二 1^2—3 取心 6 个层，其中 4 个层底部有强水洗段，其驱油效率最高达到 88.7%。

大庆喇萨杏油田中偏亲油的正韵律油层，其水淹特征也基本相似。表 3.21 所示为该油田在不同时期检查井的水淹状况，同样反映出正韵律油层水洗厚度小，底部水洗严重，水洗段驱油效率高等特征。如距注水井 300m 处的中检 4 - 24 井葡 I_{2+3}层，有效厚度 8.4m，平均空气渗透率 4.154D，注水开采 6 年时，注水倍数仅 0.13 倍，只有底部 8.0D 以上的特高渗透段

1.4m 水洗,仅占全层有效厚度的 16.7%,其中强水洗厚度 1.0m,平均空气渗透率 9.1D,平均驱油效率达 75.3%。即使注水倍数和采出程度已经相当高时所钻的检查井中丁 4-013 和检 515 井中,正韵律油层的厚度还只有 2.8m 和 1.5m,也仍然留有相当比例的厚度未被水洗。

表 3.21 喇萨杏油田正韵律油层水洗状况数据

井号	层位	有效厚度 m	空气渗透率 D	未水洗		水洗			采出程度 %	注水倍数
				厚度 m	%	厚度 m	%	驱油效率 %		
中检 4-24	葡 I_{2+3}	8.4	4.154	7.0	83.3	1.4	16.7	63.8	10.3	0.13
南 2-5-检 32	葡 I_{21}	6.9	1.206	4.6	66.7	2.3	33.3	55.0	18.3	0.30
南 1-丁 3-35	葡 I_{2}	1.7	2.828	0.8	47.1	0.9	52.9	47.0	24.9	0.45
喇 5-检 151	萨 III_{32}	1.9	1.267	1.4	73.7	0.5	26.3	46.3	12.2	0.57
中检 4-4	葡 I_{2+3}	8.0	4.253	3.6	45.0	4.4	55.0	50.0	27.5	0.57
中检 4-8	葡 I_{2+3}	8.0	4.066	4.72	59.0	3.28	41.0	72.4	29.7	0.78
中丁 4-013	葡 I_{21}	2.8	3.716	1.1	39.3	1.7	60.7	59.4	36.1	1.33
检 515	葡 I_{21}	1.5	2.904	0.3	20.0	1.2	80.0	49.8	39.8	3.88

值得提出的是,胜利和大庆油田的取心资料都表明,正韵律油层底部高渗透层段经过注入水的长期冲刷,岩石中的胶结物被冲走,喉道半径增大,渗透率更加增高,润湿性也向亲水方向转化,这些变化一方面将进一步提高强水洗段的水驱油效率,同时另一方面也从宏观上更加剧了正韵律油层的层内矛盾,不利于其纵向上和平面上波及系数的提高。

2. *反韵律油层*

胜坨油田二区沙二 8^3 层为三角洲前缘相沉积中高渗透偏亲水反韵律油层。胜利油田曾对这个油层的水驱油特征进行了比较系统的研究。

由于该油层的亲水性,所以不仅重力使注入水向下流动,而且毛管力也使注入水从上部高渗透层段向下渗吸到下部低渗透层段中去。因此与亲油储层相比,更能减缓上部高渗透层段的水线推进速度,扩大水淹厚度,使注入水能够更加均匀地推进,其水淹特征如下:

1)中含水期水淹厚度大,驱油效率低、无明显水洗段。

1972—1973 年沙二 8^{3-5}层系注水倍数不足 0.1 倍,综合含水约 20%,与检查井相邻的生产井,一般含水 20%~40%,处于中含水采油期。检查井 8^3 层的水淹厚度百分数高达 60%~100%,注入水在整个油层厚度上推进比较均匀;但驱油效率低,以弱见水为主,无明显水洗段,平均驱油效率约 18%左右。

例如,2-3-189 井沙二 8^3 层,注水倍数 0.083 倍,油层厚度全部水淹,弱见水厚度百分数为 81.4%,平均驱油效率 14.4%,未见明显水洗段(图 3.49)。

2)高含水期平均驱油效率提高,有的部位出现水洗段,但水洗段驱油效率均不太高,水淹程度纵向差别相对较小。

1981—1982 年,沙二 8^{3-5}综合含水上升到 80%以上,注水倍数也增加到 0.45 倍,所钻检查井油层厚度全部水淹,平均驱油效率一般提高到 22%~35%。2-2-J1502 井沙二 8^3 层的三个砂体,2-1-J1662 井沙二 8^3 层的 3 砂体,均出现了水洗段,但水洗段驱油效率不太高,平均值一般不超过 55%,多在 40%~50%之间。砂体内部水淹程度差异较小,与沙二 1^2 层、3^{3+4} 层等正韵律油层明显不同。其典型井 2-2-J1502 井的情况见表 3.22。

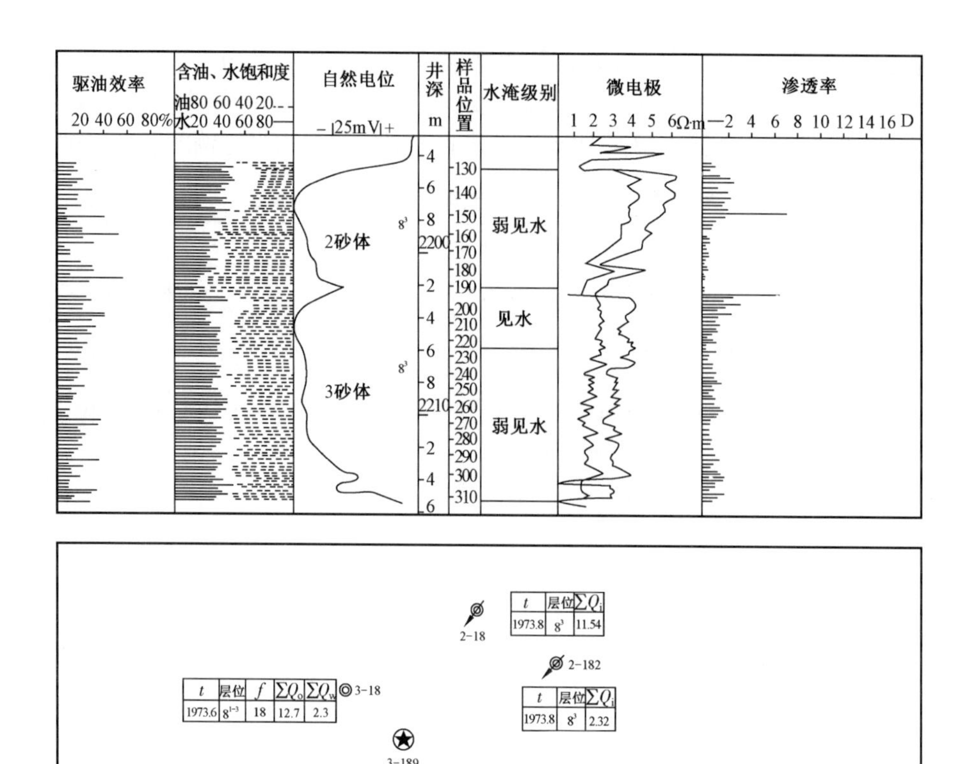

图 3.49 胜坨油田 2－3－189 井沙二 8^3 水湾剖面综合图

表 3.22 胜二区沙二 8^3 典型井水淹状况

含水阶段	检查井号	层号	时间单元号	样品号	取心观察厚度，m	占全层厚度，%	渗透率 mD	含油饱和度，%	平均驱油效率，%	综合判断水淹级别
高含水期	2－2－J1502	沙二 8^3	2	262～266	0.75	3.4	416	43.2	27.1	见水
				267～273	0.95	4.3	545	32.2	45.8	水洗
				274～303	3.95	17.8	552 293	36.9	32.2	见水
				304～313	1.38	6.2	70	36.4	23.4	弱见水
				小计	7.03			36.9	32.1	
			3	314～326	1.58	7.1	2582	47.8	20.7	弱见水
				327～377	6.30	28.2	1944 836	36.7	36.6	水洗
				小计	7.88			38.8	33.5	
			4	378～387	1.30	5.9	837	40.9	27.9	见水
				388～398	1.30	5.9	999	27.4	53.5	水洗
				399～423	2.75	12.4	110	35.4	34.5	见水
							376 1784			
				424～32	1.95	8.8	129	40.2	19.1	弱见水
				小计	7.30			35.2	35.8	
			合计		22.21			37.2	33.7	

续表

含水阶段	检查井号	层号	时间单元号	样品号	取心观察厚度,m	占全层厚度,%	渗透率mD	含油饱和度,%	平均驱油效率,%	综合判断水淹级别
特高含水期	2-1-J1803	沙二8^3	2	383~429	6.80	32.6	442	30.1	42.5	水洗
				430	0.20	1.0	8152	25.4	51.8	水洗
			3	431~465	3.40	16.3	833	38.3	35.2	见水
				466~473	0.70	3.4	1186	29.7	43.6	水洗
				474~493	1.70	8.2	550	18.3	60.0	强水洗
				494~522	3.70	17.8	212	31.1	30.9	见水
			4	523~527	0.50	2.4	747	31.0	51.2	水洗
				528~533	0.60	2.9	585	23.8	60.2	强水洗
				534~547	1.60	7.7	274	37.5	39.7	见水
				548~549	1.60	7.7	40	38.9	18.5	弱见水
			合计		20.80			32.2	41.6	

3)特高含水期平均驱油效率进一步提高,水洗厚度增大,出现强水洗段,但水洗段驱油效率仍不太高,反韵律砂体内部水淹程度的差异仍然较小。

1994年沙二8^{3-5}层系,综合含水已高达95%,注水倍数大幅度提高到1.44倍。平均驱油效率提高到了41.6%。水洗和强水洗厚度百分数提高到50.5%,水洗段驱油效率仍然不太高仅43.6%~51.8%,其中强水洗段厚度只占全层总厚度11%,驱油效率也仅刚达到60%。

其典型井2-1-J1803井的情况见表3.22。

3. *韵律性复杂的油层*

大庆喇萨杏油田的岩心分析资料表明,厚油层中的最高渗透率层段可以出现在各个部位,除了出现在最底部位的正韵律储层和出现在最高部位的反韵律储层以外,还有更为复杂的类型。如果在一个自然层内,渗透率从下到上由高变低再变高,或者由低变高再变低,他们称为复合韵律油层;而如果层内有薄的夹层存在,由多个正韵律、或多个反韵律、或多个复合韵律、甚至兼而有之的砂体组合而成的,则称为多韵律或多段多韵律油层。实际上,前面数值模拟研究中所述的复合正韵律和复合反韵律储层,大体上都属于其只存在仍能上下流通的低渗透物性夹层时的多韵律储层。

1)复合韵律油层:

由于复合韵律油层的高渗透部位一般不在油层底部,所以这类油层虽然也是首先水淹油层底部,但是见水初期水淹厚度就比较大,而且随着注水倍数的增加,水洗厚度增长较快,水驱开采效果比正韵律油层好(表3.23)。例如,喇5-检151井萨$Ⅲ_{1+2}$层,有效厚度3.2m,在注水0.28倍时,水洗厚度已达2.35m,占全层厚度的73.4%,水洗段平均驱油效率34.2%,全层平均采出程度25.1%。与注水倍数相近的正韵律油层,南2-5-检32井葡$Ⅰ_{21}$层相比,采出程度高6.8%。又如,南6-检4-28井葡$Ⅰ_{22}$层有效厚度10.7m,在注水倍数0.99倍时,水洗厚度10.5m,占全层厚度的98.1%,全层平均采出程度高达58.1%,比注水倍数相近的正韵律层中丁4-013井葡$Ⅰ_{21}$层高22%。

表 3.23　喇萨杏油田复合韵律油层水洗状况数据

井号	层位	有效厚度 m	空气渗透率 D	未水洗		水洗			采出程度 %	注水倍数
				厚度 m	%	厚度 m	%	驱油效率 %		
南 2－5－检 32	葡I_{42}	2.1	0.621	1.3	61.9	0.8	38.1	36.0	13.7	0.16
喇 5－检 151	萨III_{1+2}	3.2	2.342	0.85	26.6	2.35	73.4	34.2	25.1	0.28
中检 4－4	葡I_{6-7}	5.6	1.308	0.5	8.9	5.1	91.1	31.6	28.8	0.32
喇 5－检 151	萨II_{4-6}	5.1	2.406	1.9	37.3	3.2	62.7	41.4	26.0	0.43
北 2－5－122	萨II_{2+3}	1.3	1.445	0.5	38.5	0.8	61.5	50.5	31.1	0.45
南 1－丁 3－35	萨II_{10-13}	9.5	2.128	2.0	21.1	7.5	78.9	60.3	47.6	0.49
中检 4－8	葡I_{5-6}	7.1	0.889	1.9	26.8	5.2	73.2	45.3	33.2	0.58
中检 4－4	葡I_{21}	5.0	2.320	0.8	16.0	4.2	84.0	39.8	33.4	0.60
南 6－检 4－28	葡I_{22}	10.7	2.800	0.2	1.9	10.5	98.1	59.2	58.1	0.99
中丁 4－013	萨II_{8}	3.1	2.521	0.45	14.5	2.65	85.5	54.7	46.8	1.03
喇 6－检 1828	萨II_{13-16}	5.1	1.165	0.51	10.0	4.59	90.0	43.0	38.7	1.86
高 122－检 45	葡II_{8}	4.2	0.735	0.06	1.5	4.14	98.6	44.0	43.4	2.19
检 515	葡I_{5-7}	4.6	1.438	0.1	2.2	4.5	97.8	53.8	52.6	3.06
检 515	葡I_{42}	1.8	1.489			1.8	100.0	51.7	51.7	3.18

2）多韵律油层：

大庆喇萨杏油田的多韵律油层由于普遍存在着岩性、物性夹层，能起到扩大水洗厚度的作用，所以其水淹特征是多段水洗，水洗厚度较大。如果多韵律油层由多个正韵律层段组成，一般也具有不均匀的底部水洗特征。如距注水井 300m 处的喇 5－检 151 井葡I_2层，有效厚度 11.2m，平均空气渗透率为 2.435D。全层被两个岩性夹层和两个渗透率低于 0.05D 的含泥粉砂岩和钙质粉砂岩层分为 5 个厚度不等的韵律段。在注水倍数 0.76 倍时，5 段都不同程度受到水洗，水洗总厚度 8.33m，占 74.4%，水洗部位驱油效率 42.4%，全层平均驱油效率 31.5%（表 3.24）。又如喇 6－检 1828 井葡I_2层，有效厚度 13.3m，注水 2.07 倍时，水洗 11.75m，占 88.3%。

表 3.24　多韵律油层水洗状况数据

井号	层位	有效厚度 m	空气渗透率 D	未水洗		水洗			采出程度 %	注水倍数
				厚度 m	%	厚度 m	%	驱油效率 %		
北 2－5－122	葡I_{1-2}	5.4	1.350	3.6	66.7	1.8	33.3	38.1	12.7	0.13
南 1－丁 3－35	萨II_{2-3}	2.0	2.427	0.9	45.0	1.1	55.0	50.2	27.6	0.30
中检 3－24	葡I_{2}	5.6	2.512	3.3	58.9	2.3	41.1	49.3	20.3	0.18
中检 4－4	萨II_{13}	2.1	0.932	0.4	19.0	1.7	81.0	43.8	35.5	0.41
喇 5－检 151	葡I_{2}	11.2	2.435	2.87	25.6	8.33	74.4	42.4	31.5	0.76
高 122－检 45	葡II_{5-6}	3.3	0.393	0.31	9.4	2.99	90.6	44.8	40.6	1.91
高 122－检 45	葡I_{2}	6.7	2.707	0.73	10.9	5.97	89.1	44.0	39.2	2.04
检 515	萨II_{7+8}	3.5	1.572	0.2	5.7	3.3	94.3	38.8	36.6	3.81

在开发后期,可以充分利用这些层内的岩性、物性夹层来进一步提高注入水的波及体积,改善开发效果。因此,应该精细地研究和描述这种多次沉积叠加所形成的厚油层内岩性、物性夹层的分布规律及其稳定性。

总起来看,这些韵律性比较复杂的油层,其水驱波及体积和开发效果介于正韵律油层和反韵律油层之间。

4. 均匀型油层

江汉王场油田潜三段油藏中均匀型油层占一定的比例。这种类型的储层韵律性不明显,粒度中值及渗透率变化不大,非均质程度不高,渗透率级差 1.0 ~3.3,突进系数 1.0 ~1.48,变异系数 0 ~0.394。

例如,根据王检 3 -9 井密闭取心资料(表 3.25),潜 3_{3+4}^{1} 油层厚 14.8m,按渗透率差异可分为 10 个层段。除顶部 0.25m 和底部 0.4m 样品少、代表性差以外,其他层段均质程度均较高,再加上亲水性强,水线推进相当均匀,各层段驱油效率基本一致,均在 40% ~50% 之间。

表 3.25 王场油田王检 3 -9 井水洗状况统计表

层位	厚度,m	水洗程度	厚度,m	厚度,%	渗透率,mD	驱油效率,%
潜 3_{3+4}^{1}	14.8	见水	0.25	1.7	209.7	37.76
		水洗	0.85	5.7	845.1	45.68
		水洗	0.6	4.1	1210.0	47.25
		水洗	0.70	4.7	1899.8	49.27
		水洗	1.00	6.8	1439.9	41.51
		水洗	5.10	34.5	821.0	42.25
		水洗	2.10	14.2	1165.4	48.44
		水洗	2.70	18.2	899.8	47.06
		水洗	1.10	7.4	1121.1	46.04
		未见水	0.40	2.7	4.5	—
		水洗合计	14.15	95.6	—	—

第六节 多层砂岩油田开发阶段的划分

我国绝大多数多层砂岩油田都用注水的方式进行开发。注水开发油田的全过程是随着注入水的推进,导致油田各部位储量动用状况的演变及产量消长和接替的过程,是层间、平面和层内差异性的影响、发生、发展和转化的过程,也是人们对油藏非均质特征的认识不断深化,从而不断优化对策,采取有效措施的过程。在这个过程中,随着含水的上升和油藏内油水的重新分布,油藏的产量和各油层、各部位储量动用状况也都在发生变化而呈现出一定的阶段性。油田开发工程师需要及时认识和把握各开发阶段的特点,因时因地制宜,有针对性地采取经济而又有效的措施,才能开发好油田。

因此,科学合理地划分开发阶段,对于指导油田开发工作有着重大的意义。油田开发阶段划分的方法主要有两种,一种是以产量的消长来划分开发阶段;另一种是以含水率的变化划分开发阶段。产量和含水率是水驱油的两个最主要的指标,用它们来划分开发阶段有着直观和易于判别的优点,并且可以准确地量化,由此而反映的地下油水分布的变化和开采的对策也有较强的代表性，而且这两种划分方法也有其内在的联系。因此国内外都广泛地采用这两个指标划分开发阶段。

一、以油田开发全过程产量的消长变化特征划分开发阶段

油田的产量变化的根本原因是地下油水分布及饱和度的变化。具体又反映在产出液的含水率、开采强度、井网和油层能量这4个因素的变化上。含水的上升是使油田产量下降的因素；开采强度加大，是油田产量增加的因素；但开采过强，则递减加快，又将使其产量减小；采用强采井网、井网密度大也是使油田产量增加的因素；而油层能量的增加或下降则是使油田产量增加或减少的因素。油田产量变化正是这4种因素综合作用，彼此消长的结果。如果综合作用的结果是产量增加的因素占优，则产量上升；如果综合作用的结果是产量增加和产量减小的因素持平，则表现出油田产量的稳定；如果综合作用的结果是产量减小的因素占优，则产量下降。以产量变化来划分开发阶段，国内外的油田一般均表现出了产量上升—稳产—产量递减3个阶段。为了说明这一点，根据我国46个已处于产量递减的水驱砂岩油田的资料，制作了实际水驱油田的无因次可采储量采油速度$\bar{v}_o^*$—可采储量采出程度R^*关系图（图3.50）。图上纵坐标为无因次可采储量采油速度，即等于$\frac{Q_o}{Q_{omax}}$，其中Q_o为年采油量，Q_{omax}为油田开发过程中达到的最大年采油量，因而$\bar{v}_o^*$的变化区间均为从0到1；横坐标为可采储量采出程度，从投入开发到开发结束从0到1变化，因而也就相当于无因次的开采时间。从该图可以明显地看出随可采储量采出程度的增加，油田产量上升、稳产和递减3个阶段的一个梯形形状。

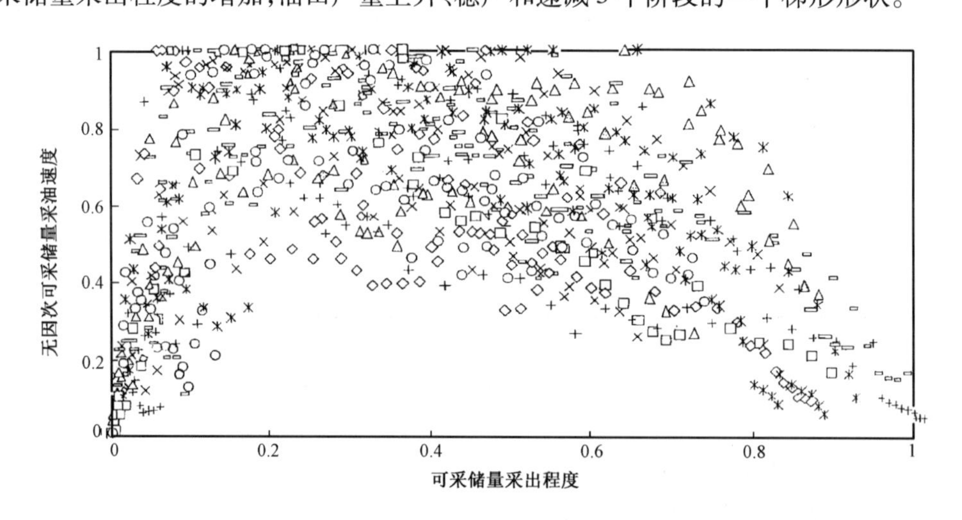

图3.50 中国水驱砂岩油田无因次可采储量采油速度与可采储量采出程度关系图

根据国外23个水驱砂岩油田资料制作了在某一确定的可采储量下无因次可采储量采油速度与可采储量采出程度关系图（图3.51），同样可以更明显地看出，随可采储量采出程度的增加，油田产量上升、稳定和下降的3个阶段。

如果将产量变化结合油田开发历程中的开采状态的变化，可以进一步将注水油田开发的阶段细分为6个阶段。

第一阶段：开发评价和准备阶段。即从油田第一口出油井开始出油到实施油田正式开发方案前的阶段。这个阶段的主要任务是掌握油田的地质、产能等特点，提供必要的资料、数据，编制油田的概念设计和总体开发方案。主要的手段是打一些资料井、探边井、取心井等，开展

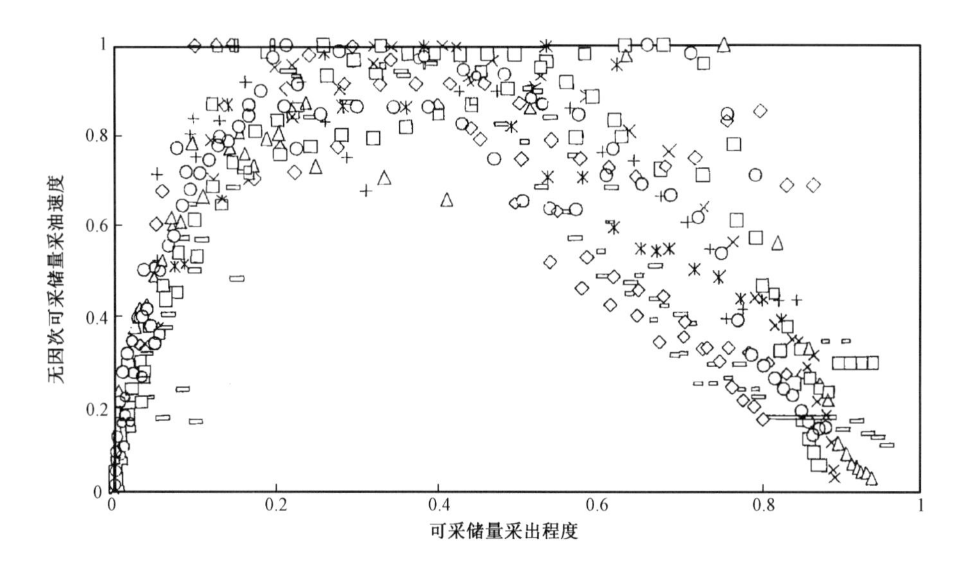

图 3.51 国外水驱砂岩油田无因次可采储量采油速度与可采储量采出程度关系图

单井和井组的试油、试采，了解油田产能、开发特点，确定开发方式。因此生产原油在这个阶段不是主要任务，油田产量处于极低的状态。

第二阶段：油田投产和全面开发阶段。这个阶段从实施开发方案开始到全部基础井网完井和投产为止。这个阶段的主要任务是按照开发方案钻开发井、完井并投产，在完井后根据新的地质资料，对井别和开发层位作适当的调整，然后油田投入正式开发。在这个阶段，随着设计的油水井陆续投产，油田产量不断上升，在这个阶段结束时，油田往往能达到最大产量值。

第三个阶段：油田稳产阶段。在这个阶段，油田开发的主要任务是采取各种调整措施保持油田产量的稳定。这个阶段中，虽然油田含水有继续上升的趋势，但可以通过采取大量的调整措施来控制含水的上升和稳定油田的产量。这些调整措施包括分层注水、层系细分、钻新的加密井、提高油田排液量、油水井增产增注措施等。使油田产量在总体上保持相对的稳定，直到由于经济、技术等方面的原因，促使油田产量下降因素的作用超过了使油田产量增加因素的作用，油田不能继续保持稳产而结束这一阶段，其结束的标志是产量比最大年产量下降约 10%。稳产期的长短在不同油田间有很大差别，若以年为单位，稳产期可短到数年，长可达到十几、二十年不等。对于大型油田稳产期的长短对于国家对原油的需求和效益是至关重要的，因此应在经济技术允许的条件下尽量延长稳产期。对于小型油田则不必强求过长稳产期。喇萨杏油田是一个特大型的油田，它从 1975 年到 1990 年的稳产产量构成见图 3.52。由图看出，1980 年产量达到 5023×10^4t，如果不采取措施，老井产量 1985 年将下降到 2969×10^4t，由于对老井采取措施增产，使产量达到 3697×10^4t，又由于打了大批调整井，增加了新井产量，又进一步使 1985 年产量达到 5225×10^4t，保持了油田的稳产。1985 年到 1990 年的稳产也有类似的产量结构。

第四个阶段：油田产量递减阶段。在这个阶段，由于含水大幅度增加等因素各种措施的效果下降，也由于经济、技术原因，各种措施如加密井网、提高排液量等接近或达到界限值，使措施的工作量和强度也有所下降，各种措施已无法弥补各种产量下降因素造成的产量下降幅度，使油田产量总体上发生递减。国内外的实践都表明，原来稳产期采油速度高的油田，当措施效果明显下降时，递减速度往往也比较快。

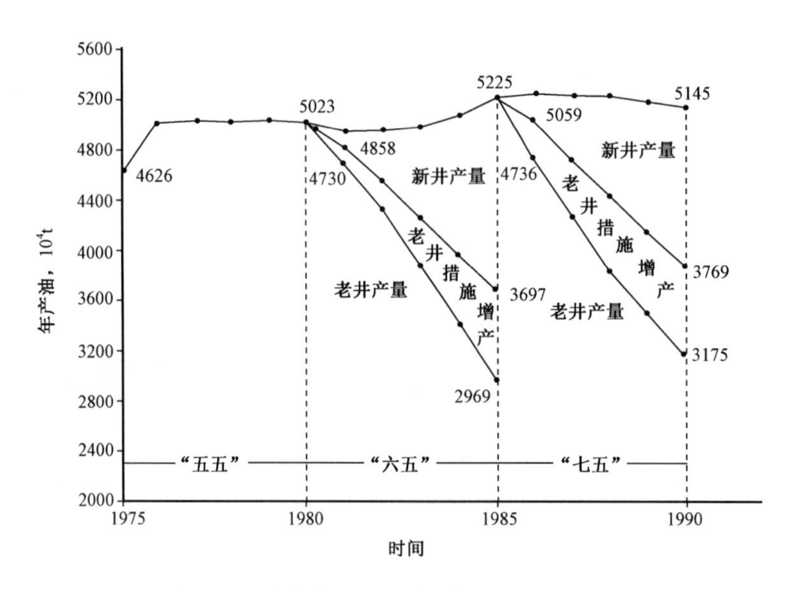

图 3.52 喇萨杏油田不同稳产阶段产量构成图

第五个阶段:三次采油产量回升阶段。这个阶段的主要任务是对油田采取新的三次采油方法,以扭转产量递减的趋势和提高采收率。在这个阶段由于油田应用了新的提高采收率方法,使产量有所回升,这种回升视三次采油的规模和效果的不同,可以保持长短不一的时间,然后产量将继续递减。很明显,如果三次采油在油田稳产阶段实施,就相当于一种稳产的措施了。因而三次采油在递减阶段实施可单独作为一个开发阶段,而在稳产阶段实施可合并到稳产期,而不作为一个独立的开发阶段。

第六个阶段;低速开采阶段。这个阶段是产量递减阶段的最后期,油田产量已降到一个相当低的水平,处于油田开发的末期或结束阶段,由于油田含水已较高,上升的余地不会太大,再加上采取一些如关闭高含水井等的措施,使油田保持较小的含水上升率和较小的产量递减本一般这个阶段拖的时间是比较长的,直至油田废弃为止。

二、按含水变化和地下油水分布特征划分开发阶段

对于注水油田,综合含水率是表征油田动态变化和反映油藏地下油水分布变化的重要指标,一般来说,按含水的变化可分为 5 个或 6 个时期:

1)含水≤2%　　称无水期

2)2% <含水≤20%　　称低含水期

3)20% <含水≤60%　　称中含水期

4)60% <含水≤90%　　称高含水期

其中:

60% <含水≤80%　　称高含水前期

80% <含水≤90%　　称高含水后期

5)含水 >90%　　称特高含水期

但是,我国油田矿场实践表明,由于注入水的推进,多层砂岩油藏大体在含水 60% 左右时,以及 80% 左右时都发生过地下油水分布的重大变化,因而所采取的开发对策和措施也随之而发生重大改变。第一次是当油藏的含水达到 50% ~60%(有的可能稍靠前),即由中含水

即将转入高含水的时期。这是因为虽然注水后注入水沿高渗透主力层不断推进，含水不断上升，但大体在含水60%以前，在基础井网上依靠分层注水的办法基本上可以有效地保持稳产。但到了含水60%左右时，油藏高渗透的主力层基本被淹，但中低渗透层仍动用不好甚至基本未被动用，剩余油整层地或大片分布在这些中低渗透层内。单纯在层系划分比较粗的基础井网上使用分层注水的办法已不能有效地采出中低渗透层中的剩余油，从而不能继续维持稳产。这时，必须进行以细分层系为主要内容的综合调整，才能有效地挖潜，开采这些中低渗透层中的剩余油，继续保持油田的稳产。

另一次重大的变化发生在含水80%左右，即由高含水前期进入高含水后期的时候。这时，地下油水分布情况又发生了重大变化。由于层系进一步细分以后又经过了多年开采，地下已不再存在整层、大片的剩余油。地下剩余油分布已经非常分散，但还有相对富集的部位。因此，已很少有地方再能把层系细分后，成批大片地打加密井，油田开发进入更为深入，更为精细的层次，即进入深度开发的阶段。

所以，如果按照上述含水高低的5个或6个时期来直接划分开发阶段，每个阶段的特点和差别常常不很明显，有很多雷同之处。因此本文从油田开发全过程中地下油气分布和开发对象实际变动的情况出发，将开发过程分为3个大的阶段，即从开发初期到含水60%左右，包括无水、低含水、中含水期（有的可能只包括中含水期的一部分）为第一个阶段。这个阶段层间矛盾已有一定程度的显露，大体上原有的基础井网不动，依靠分层注水和其他措施来基本解决层系内若干比较好的小层之间的层间干扰问题，所以也可以称为分层注水阶段。从产量变化上看相当于从油田投产和全面开发阶段到稳产阶段的前期。

第二个大的阶段从含水60%左右到80%左右，主要为高含水前期，有的可能还包括一部分中含水期。这个阶段与前一阶段相比地下油水分布已发生了重大变化，高渗透主力层已经水淹得很严重了，大多数中、低渗透非主力层难以单纯靠分层注水来加以动用，必须进行细分开发层系为主的综合调整，主要要解决主力层与非主力层之间的层间干扰，动用中低渗透层的储量，同时通过适当加密兼顾部分暴露比较明显的平面矛盾，以及下大泵、电潜泵来弥补含水上升所造成的产量损失。所以这个阶段也可称为细分层系加密阶段。从产量变化上看这个阶段相当于稳产中、后期。

第三个大的阶段从含水80%开始，绝大部分主力油田现在尚未结束，包括高含水后期到特高含水期。这个阶段地下油水分布又发生重大变化，油藏中剩余油已非常分散，虽然还有相对富集的部分，已难以继续用细分层系的办法来挖潜采出剩余油，必须用精细油藏描述、精细数值模拟、水淹层测井等一整套更为精细深入的办法来继续挖潜，有的油田如大庆进行了重点在于解决平面矛盾的二次加密，以及控水稳油的措施等来继续提高水驱采收率。与此同时开始了三次采油的应用，并日益扩大规模，来开采水驱所采不出来的原油。所有这些都说明油田开发已经进入到一个更为深入的阶段，因此也可称为深度开发阶段。从产量变化上看，这个阶段大体相当于稳产后期及递减期的初期，但各油田的情况有所不同，有的油田如大庆油田还可以依靠三次采油等措施继续稳产一段较长的时间，有的已开始递减。

就喇萨杏、胜坨、老君庙L层、王场潜三段4个典型油藏的情况来看，喇萨杏油田的开发历程最为完整，其他油藏也各有特色，下面以喇萨杏油田的情况为主，分别阐述这3个大的开发阶段的特征。

第七节　中、低含水阶段(分层注水阶段)的开发特征

在这个大阶段里,根据我国多层砂岩油藏开发的实际情况,又可细分为无水开发阶段和中、低含水开发阶段两个小的阶段。之所以要把无水期单独划出为一个小的阶段,主要是考虑到我国的具体历史发展状况。这是因为老君庙 L 层油藏从 1941 年投入开发开始,经历了一段溶解气驱的开发历程,而其他油田则都是从早期就开始注水。由于在无水期存在着这两种截然不同的开发方式,有必要单独划分出来加以阐述。

一、无水开发阶段的开发状况

我国的大、中型注水开发油田,大多采用内部注水方法开发。因此无水采油期与注水的早晚关系很大,若较晚实施注水,则油田有一段以弹性驱甚至部分溶解气驱为主的无水采油期。如喇萨杏油田、胜坨油田和王场潜三段油藏都采取了早期注水方式开采,加以原油黏度较高,因而无水期很短。而如老君庙 L 层油藏则因初期采用了弹性和溶解气驱方式开发,出现了较长的无水采油期。

1. 老君庙油田 L 层油藏的无水采油期

L 层 1941 年投入开发,初期主要集中在构造顶、腰部钻井采油,井距一般为 200m,1947 年后逐渐向翼部扩展钻井,井距一般大于 400m,不规则井网。1955 年油藏转入注水前,1954 年油井数增加到 79 口,正常开井 64 口,平均井网密度 5.2 口/km^2,油井大都是 $L_{1,2,3}$层合采。由于油藏以弹性及溶解气驱动的消耗方式开采,初期油井大都无控制生产,使油藏顶部出现低压区和次生气顶,很多井生产气油比大于原始气油比。在本阶段内随着生产井数的增加,产油量逐年上升,采油速度达到 1.39%,平均地层压力每下降 1MPa 采出地质储量的 3.86%。综合气油比由 93m^3/t 上升到 258m^3/t,这时边部油井开始产地层水,1954 年综合含水 0.9%。这一阶段从 1941 年延续到 1954 年,阶段采出程度 6%。由于顶部地层严重脱气,从 1949—1951 年开始严格控制气油比生产,关闭顶部高气油比井。同时向翼部钻井,以增加采油井数。

L 层油藏由于历史原因,有很长一段时间依靠天然能量开采,使地层严重脱气,给油田开发工作带来一系列的问题。因此像对 L 层这样的边水及弹性能量都较小的中型油藏,看来早期注水是必要的。早期注水保持压力可以使原油性质如地层原油黏度等保持原始状态(老君庙 L 层由于溶解气驱地层脱气使原油黏度由 3mPa·s 增加到 7mPa·s),有利于提高开发效果。我国许多大中型的砂岩油田采取早期注水方式开发,其中也借鉴了老君庙油田 L 层初期开发的经验教训。

2. 喇萨杏等油田采取早期注水的论证及效果

(1)早期注水的必要性

对喇萨杏油田实行早期注水的必要性,大庆油田做了大量的验证工作,可由以下 4 个方面说明。

1)天然边水能量小:萨尔图油田西区 4 口井试水资料表明,产水量只有 2~12m^3/d,累计产出 100m^3 左右,地层压力就下降约 0.2MPa,说明边水不活跃。

为了评估天然边水驱的效果,计算了喇嘛甸油田葡一组油层布一排井边水驱时的开发指标。计算结果表明,在采油速度 1.5% 时,生产井排与油水边界之间的距离为 200m 时,开采 3 年,生产井排地层压力下降 1.74MPa;两者距离 400m 时,仅生产 1 年,生产井排地层压力下降

2.17MPa；距离增至600m时，只生产0.5年，生产井排地层压力就下降2.395MPa。这只是一排井的情况，多排井时地层压力下降得更大。因此利用天然边水能量开发油田是根本不可能的。

2）地饱压差小，因此弹性能量很小。喇萨杏油田原始地饱压差在油田北部为0.6～1.0MPa，在南部为2.0～3.0MPa。依靠弹性能量，地层压力降至饱和压力，即使在南部也只能采出地质储量的1.7%。

3）溶解气驱开采的采收率低。喇萨杏油田原始气油比只有$45m^3/t$，是比较低的，利用溶解气驱开采采收率只有15%左右。1960年为了研究油田利用天然能量开采的可能性，在萨中地区西三断块进行了天然能量采油试验。这个区面积$0.6km^2$，有4口油井，原始油层压力12.13MPa，饱和压力10.0MPa。1960年8月到1966年9月靠天然能量（弹性驱+溶解气驱）采出地质储量的9%，油层压力已下降4.12MPa，低于饱和压力2.0MPa，气油比由初期的$52m^3/t$上升到$151m^3/t$，单井平均产量由43t/d下降到29t/d，并且油井结蜡严重，管理和生产困难，接近停喷。因此，利用溶解气驱开发无法获得好的开发效果。

4）油田面积很大，进行边外注水开发也不可行。油田面积大，仅宽度就达10～20km。计算表明，采用边外注水只能使30%的面积和15%～20%的储量在水驱下开发。也就是说只能实现局部的水驱开发。油田内部大部分地区由于受不到注水效果，仍将以弹性驱和溶解气驱开采，也是不足取的。

根据以上喇萨杏油田的实际分析，以及借鉴国内外大中型油田注水的经验，确定了喇萨杏油田早期、内部注水的开发方式。

（2）早期注水的效果

从喇萨杏油田采取早期注水取得的效果来看，说明这一开发方式是正确的。

1）保持油层能量，使油田保持较高的产能和生产主动权。由于采用了早期内部注水，使油层压力一直保持在饱和压力以上，油层内没有发生脱气现象，气油比保持稳定。原油黏度等物性基本保持在原始状态，水驱油条件不致恶化，油井受效好，又由于油层压力保持在高水平，从而生产压差调整余地大，油井高产时间长，开发初期单井平均产量36t/d，到含水率60%时仍能保持在33t/d，油田生产非常主动。

2）油井能够保持较长的自喷开采期。由于油层压力一直保持在原始压力附近，油井的自喷能力旺盛。全油田综合含水60%时，仍能以自喷方式保持稳产。在全油田综合含水72%，自喷井还可以占总采油井数的59%，其产量则占总产量的66%。

自喷开采不仅采油工艺简单，管理方便，而且有利于录取分层资料，正确掌握分层的开采动态和油层潜力，有利于进行针对性的调整挖潜，改善油田开发效果。

3）保持油层压力有利于发挥工艺措施作用，改善中低渗透油层的开发效果。

中低渗透层由于物性差，产能低，难于动用。喇萨杏油田这部分油层的储量占总储量的30%～50%，它们的有效动用对全油田的稳产起着很大的作用。压裂是喇萨杏油田提高中低渗透层油井产能的主要措施。如果油层不具备充足的能量，压裂的效果就不能充分发挥，压裂的效果也不能持久。

胜坨油田情况与喇萨杏油田的情况基本类似，但也有一定差别。因胜坨油田断层相对发育，把全油田切割成大小不同的区块，各区块的情况相差很大，少数区块边水活跃，如二区东三段、二区沙一段、一区沙二$_{4-6}$砂层组、二区沙二3_{3+4}层、二区沙二$_{11-13}$砂层组、三区坨7沙二$_{11-12}$砂层组等开发单元。特别是其中一区沙二$_{4-6}$砂岩组等边水能量十分充足，完全用天然能量开发，效果非常好。但是多数主力区块，由于断层的封隔天然能量严重不足，而且，油田弹性能量也较小，根据计算，一区弹性产率为 $14.55\times10^4m^3/MPa$，二区为 $9.09\times10^4m^3/MPa$，三区为 $7.69\times10^4m^3/MPa$，全油田综合为 $31\times10^4m^3/MPa$。一区的弹性采收率为1.62%，二区为0.61%，三区为0.31%，全油田平均仅0.59%。

因此从1965年5月投入开发，地层压力下降很快，到1966年5月全油田采出程度仅0.25%，沙二段上油组总压降已达1.2MPa，沙二段下油组达0.8MPa。为了保持油层能量，胜一区、胜二区、胜三区的主要区块分别从1966年7月、1966年11月和1968年投入注水开发，基本做到了早期注水。由于该油田原油黏度较高，无水采油期很短。

由以上分析可以看出，对比老君庙油田L层先依靠溶解气驱开采后转入注水和喇萨杏、胜坨油田早期注水这两种方式，可以认为，对天然能量不足的大中型多层砂岩油田，采取早期注水的开发方式是正确的，使这些油田保持了长期的高产稳产，开发效果是好的。

二、中低含水采油期的开发状况

多层砂岩油藏，在中低含水阶段由基础井网进行开发。基础井网是油田投入开发的第一批井网，它的基本任务是保证油田能以较少的投入，用较短的时间达到较高的生产规模。基础井网布井的主要对象是油层中分布比较稳定，渗透率和生产能力较高，有一定储量的主力油层，同时适当兼顾其他油层。如大庆喇萨杏油田，主力油层是一些河道沉积和以河道沉积为主的油层，它的储量可占油田总储量的40%左右。

转入注水后，由于初期注水井全井笼统注水，采油井全井合采，因此注入水主要进入高渗透层，导致高渗透层动用较好，中低渗透层动用较差或基本未动用。注入水的单层突进和平面上的舌进现象都比较严重。例如喇萨杏油田到1964年已经有一批生产井见水，这些见水井如果不放大油嘴调整生产压差，含水每上升1%，采油量就要递减1%。根据见水井的统计，每采出1%地质储量，含水上升高达7%左右。如果照这样注下去，仍很难取得较好的开发效果。

又如老君庙油田L层在由溶解气驱转入注水的初期，采用了边外注水方法，不仅有大量的注入水外流、注入水仅能影响1~2排油井，而且由于油层的平面和纵向非均质性和笼统注水造成高渗透的 L_3 层比低渗透的 $L_{1,2}$ 层吸水多，水线推进快。再加上注水强度大，达292~792$m^3/(d\cdot m)$，使平面上水线推进不均匀，中区、东区的南边部出现水的舌进，个别油井出现了暴性水淹。

再如王场油田潜三段北断块，在这一开发阶段的初期进行的测试也表明，在合注合采条件下，油层产油和吸水能力以及储量动用程度差异很大。8口油井39个层段分层测试资料表明，在合采条件下有7个小层不出油，占测试总厚度的28.4%；而占测试厚度33.3%的15个小层，产油量却占总产油量的75.5%。根据8口注水井77个层段测吸水剖面资料，在合注条件下，将近有一半小层不吸水。

以上现象说明，在这一开发阶段的初期由于合注合采，层间干扰十分突出，是影响开发效果的主要问题。

为了解决突出的层间干扰，在低含水阶段广泛地进行了分层注水的工作，以调整层间差异性的影响为主，并辅以注水井的停注或调整注水量调整平面差异性的影响。因此这一阶段又可以称为分层注水阶段。在这一阶段，针对油层间出现的高含水层、低含水层、下含水层，以及超高压层、正常压力层和低压层等差别，分层注水可以较有效地调节开发层系中若干主要小层之间的干扰。例如大庆油田从1964年到1965年初，组织了两次分层注水会战，注水井基本上实现了分层注水；胜坨油田更是从一开始投注就采取了分层段注水的办法；老君庙油田 L 层则初步将高渗透的 L_3 层与渗透率较低的 $L_{1,2}$层分注，或单注 $L_{1,2}$层，以减少 L_3 层对 $L_{1,2}$层的干扰；王场油田潜三段北断块则是把分层注水和低渗透层的分层改造（酸化、压裂低渗透层）相结合，使油田的开发效果有了很大改善，据 7 口一线油井统计，日产油能力由 173t 提高到 191t，总压降由 1973 年的 1.74MPa 减小到 1979 年的 0.75MPa，水驱指数由 0.2 上升到 0.85。

第八节　高含水前期（细分层系综合调整阶段）的开发特征

由于我国原油黏度一般都相对较高，很大部分剩余油要在高含水期采出。因此，这个阶段仍是一个重要的开发阶段。当油田的含水达到 60% 或稍早一点，地下的油水分布情况和开发动态都发生了重大变化，表现在：

1）主力油层含水很高，已基本被淹，虽然进行了分注，但井筒内的多层段分注往往控制高渗透层的注入量比较容易，而增加低渗透层的吸水量却比较难，使层间差异的影响虽有减缓，还依然十分严重，特别是多层、多向见水后，更难以调节。因此，在基础井网层系划分比较粗的情况下，单纯依靠井筒内的分层注水，已不能很好解决中低渗透层的动用问题，而且由于高渗透层的含水已较高，如果中低渗透层的产量不能很好地接替，就无法实现油田的稳产。

2）由于平面的非均质性，加上油层数目很多，较稀的基础井网对油层平面非均质性已不适应，油层的平面差异性影响开始显露，仅依靠调节注采井的注入量或采出量已是难以解决问题。

3）由于油层层内的非均质性，加上水驱中各种力的作用的不均衡性，使油层特别是厚油层中的层内差异影响也开始表露出来。

4）由于含水的升高，如果保持原来的采液强度不变，油井产油量就会下降。此外，由于油井产液中的含水率升高，液体相对密度增加，举喷的气量减少，使油井难以维持自喷。鉴于以上出现的问题，在中含水期除继续采取分层注水和油水井合理的配产配注外，为了充分动用中、低渗透油层，必须进行层系的细分；同时，为了弥补由于油井含水上升而造成的产量下降，必须提高油井的排液量。而这一阶段的平面差异性，由于还没有达到严重影响油田开发效果的程度，所以不作为重点调整的目标，仅对平面差异的影响已表露比较明显的地方，在细分层系时作适当的考虑。例如，对连通较差的中低渗透层在细分时采用较密的井距。因此，这一阶段又可称为以细分层系为主的综合调整阶段。

一、细分开发层系

进入高含水阶段以后，依靠基础井网已不能满足开发工作的需要，必须进行开发层段的细分，具体有以下几点。

1. 细分层系的必要性和可能性

在中低含水期，对开发初期的基础井网未作大的调整，其层系的划分是比较粗的。进入高含水期以后，层间干扰现象加剧，高渗透主力层已基本被淹，中低渗透的非主力油层，动用很差或基本没有动用，有的油田已出现递减。如即使分层注水搞得非常好的大庆油田，最早开发的萨中地区 7 个区块中也已有 4 个区块（葡Ⅰ$_{1-4}$）的产量已出现了下降。因此，如再不进行细分开发层系的调整，已不能把大量的中低渗透层的储量动用起来，这是层系细分的必要性。另一方面，油井水淹虽已很严重，但从地下油水分布情况看，水淹的主要还是主力层，大量的中低渗透层进水很少或根本没有进水，其中还能看到大片甚至整层的剩余油，也已具备把中低渗透层组细分出来单独组成一套系的可能性。因此,从这两点来看,进行细分层系的条件已经成熟。

2. 不同油层对井网的适应性不同,细分时对中低渗透层要适度加密

例如喇萨杏油田,油田开发的实践表明,对分布稳定、渗透率较高的油层,井网密度和注采系统对水驱控制储量的影响较小,不管是井距300m的面积注水井网还是排距比较大的行列注水井网,这些油层的水驱控制储量都能达到85%以上,因此,井网部署的弹性比较大,不同的井网布置和不同的井网密度的区别主要反映在开采速度的差异上。而对一些分布不太稳定、渗透率比较低的中低渗透率油层就不是这样了,井网布置和井网密度对开发效果的影响变得十分明显。因为油层的连续性差,井网密度或注采井距与水驱控制储量的关系十分密切(表3.26)。由该表可以看出,对于钻遇率大于60%的油层,当注采井距由300m到1200m变化时,水驱控制储量都很高而且变化幅度小;当油层钻遇率15%~60%时,水驱控制储量低而且变化幅度非常大,井距900m时水驱控制储量仅为27.7%,而当增至300m时则可增至77.2%。因此细分层系时对中低渗透层系适当采取较密的井距,有助于提高中低渗透层的动用程度。

表3.26 喇萨杏油田不同注采井距下水驱控制储量统计

油层钻遇率,% \ 水驱控制储量,% \ 注采井距,m	300	600	900	1200
>60	98.2	92.8	90.9	88.7
15~60	77.2	43.2	27.7	25.9

3. 细分层系,打一批新井也有助于不断增大油田开采强度,提高整个油田产液水平

为了保持油田在含水期的稳产,随着含水率的上升应不断提高油田的排液量,除下面还要详述的提高单井排液量的措施外,打细分加密井、增加出油井点,也是整体提高油田排液量的重要措施。

4. 细分层系的效果

细分层系调整以后,各油田都收到了很好的效果。如喇萨杏油田,1979年以后开发的区块相继进入高含水期,从1980年到1990年,全油田共钻加密细分调整井10480口,使油田总的井网密度由1976年的6.29口/km^2增加到17.14口/km^2,由于加密细分和调整注采系统,使油水井的对应率达到75%~80%以上,砂岩水驱控制程度达到85%~90%,储量动用系数达到0.75~0.85;由于加密细分调整井的投产,这10年内平均年增油量76×10^4~785×10^4t,到1990年这些井的产量已占总采油量的49.7%,有效地接替了老井产量递减,实现了油田的5000×10^4t以上的长期稳产;1980—1990年由于加密细分使可采储量增加了5.19×10^8t,油田的储采比保持稳定在13左右。加密细分调整井投产后一般含水率比老井低20%~30%,从而使全油田的产液量增长和含水率的增长得到了有效的控制。1976—1980年油田含水由30.65%上升到60.4%,平均含水上升率4.95%,1981—1990年油田含水由60.4%上升到80.23%,含水上升率下降到1.62%。

如老君庙油田L油藏,针对$L_{1,2}$层的注水波及状况远远落后于L_3层,以及$L_{1,2}$中各小层之间的差异逐渐突出的特点,除了进一步加强分层注水以外,着重进行了加密细分措施,把渗透率较低的$L_{1,2}$层和L_3层分开,并采用点状面积注水,强化和完善$L_{1,2}$层的注采系统。细分后

$L_{1,2}$的井网密度分别由12.5口/km^{2}和12.0口/km^{2}增加到18.5口/km^{2}和13.5口/km^2，$L_{1,2}$层单采井由43口增加到149口。对水淹强烈的L_3层则采取封堵抽稀的方法使井网密度由11.4口/km^{2}减少到9.5口/km^2。这一措施减小了$L_{1,2}$与L_3层的层间差异，L_1，L_2和L_3的水驱面积分别由调整前的18.3%、32.8%和70.7%，达到71.0%、70.7%和87.7%。$L_{1,2}$的产量由占总产量的15.9%上升为47.3%，成为主要产油层。由于采取了加密细分，再加上其他措施使全L油藏保持了11年的稳产。

由于多种原因，有的油田的细分层系调整进行的时间略早一些。例如胜坨油田的主力含油层系沙二段。由于层系划分过粗，注水后注采比太低，油层压力下降很快，层间干扰非常严重，为了进一步提高油田的产量，大约在含水40%时就把胜二区沙二段由原来的上下油组2套开发层系分成8套。细分后的效果显著。

二、提高排液量

油田提高排液量的途径有二，一是上述的钻细分加密井，通过增加井数来提高油田排液量；二是降低油井井底压力，加大生产压差，对自喷井放大油嘴，对抽油井增大泵径，或由小排量泵换为电潜泵等大排量泵，通过提高单井的排液量来提高整个油田的排液量。当然加大生产压差也可以通过提高油层压力来实现。

油井提高排液量一方面可以在含水率基本不变或变化不大的条件下提高产油量；另一方面，由于降低了井底压力，可以使一些油层压力较低、由于层间干扰不产液的小层开始生产，以增加出油厚度，扩大波及体积，提高采收率。许多油田的生产实践证明，由于层间的非均质性，层间压力差最大可以达到几兆帕，只有井底压力降到一定程度，低压层才能工作。在提高油井排液量的同时，应同步地加强注水，提高注水井的注入量，才能取得稳定的增产效果。如胜坨油田1978年底与1974年底比较，注水井数由130口增加到199口，注采井数比由1:3.9增至1:3.1，日注水由$1.43\times10^4m^3$上升到$4.64\times10^4m^3$，油层总压降由3.59MPa减小到2.79MPa，动液面由401m上升到178.5m，泵效由65.7%上升到76.2%，含水上升率由3.07%下降到2.02%。在加强注水的同时，油井下大泵提液，使单井日产液量由55.2t上升到89.8t，单井日产油量由32.6t上升到36.5t。

大庆油田在高含水期开始时还开展了以油井由自喷转为机械采油的大规模的开采方式的转变，从而提高了油井的排液量。根据预测，油田在进入高含水期后，要在继续保持自喷条件下稳产，则油层压力水平需大幅度提高。这时要求1985年各大开发区的油层压力都大大超过原始油层压力，总压差达到+1.6～+2.5MPa。经分析认为，一方面油层压力要达到这样高的水平很困难，另一方面若真的实现了的话，也将会给油田开发工作带来一系列严重的问题，如层间干扰将进一步加剧，高压注水后注水井启动压力将进一步提高，也容易成形水窜和加速套管的损坏。因此喇萨杏油田从1981年起陆续将自喷井转为机械采油，到1990年机采井已占开井采油井的92.85%。转抽后，取得了明显的效果，首先，大大降低了油井井底压力，增加了生产压差，大幅度提高了产液量和产油量，增产效果十分明显（表3.27）；其次，也调整了油田的注采压力系统，消除了由于油层压力过高所带来的一切开发问题。

表3.27 喇萨杏油田转抽井年增油量统计表

年份	1981	1982	1983	1984	1985	1986	1987	1988	1989	1990
转抽井数，口	118	130	292	46	829	863	658	401	128	135
年增油量，10^4t	16.3	70.5	187.9	466.3	599	200.4	370.3	439.5	467.3	490.1

很多油田在高含水阶段，还不断增加电潜泵井数，进行强化采液。如胜坨油田到1990年底，有各类大泵井208口，电潜泵井341口，共计549口，其日产液量占全油田产液量的83.7%。依靠这种措施，油田日产液量由1978年底的4.37×10^4t增加到1990年底的13.94×10^4t，平均单井日产液量由73.2t增加到127.5t，在油田稳产中发挥了很大作用。

第九节　高含水后期及特高含水开发阶段（深度开发阶段）的开发特征

当油田的含水达到80%以上时，油田可采储量的采出程度也都已经很高，一般达60%以上。在这种情况下，地下的油水分布情况又呈现了新的特点。根据现有资料分析，剩余油的分布主要有以下几种类型：

1）不规则大型砂体的边角地区，或砂体被各种泥质遮挡物分割所形成的滞油区；

2）岩性变化剧烈，主砂体已大面积水淹，其周围呈镶边或搭桥形态存在的低渗透差储层或表外层；

3）现有井网控制不住的砂体；

4）断层附近井网难以控制的部位；

5）断块的高部位，微构造起伏的高部位，以及切叠型油层的上部砂体；

6）井间的分流线部位；

7）正韵律厚层的上部；

8）注采系统本身不完善，如有注无采、有采无注或单向受效等而遗留的剩余油。

根据这种地下剩余油分布特点，可以把地下油水分布的总格局归结为：

1）剩余油在空间上呈高度分散状态，与高含水部位的接触关系犬牙交错，十分复杂；

2）一般来说，剩余油在总体上呈高度分散状态的情况下，仍有相对富集的部位，这是调整挖潜，提高注水采收率的重点对象；

3）剩余油较多的部位，不少为低渗透薄层或边角地区，一般已难以组成独立的开发层系，开采难度增大。

这说明地下油水分布情况已出现了新的重大变化，反映在油田开发动态上表现为，含水很高，单井产油量下降，调整井效果明显变差，井下作业措施效果降低，导致油田递减加快，有的油田甚至出现了总递减。这些情况都说明，前一开发阶段的做法已不再符合地下油水分布的新特点，油田开发已进入一个新的阶段，即油田深度开发阶段。

油田深度开发阶段主要有以下3个方面的特点：

1）地下还有大量的剩余油，将在含水高达80%以上的情况下采出，提高采收率是这个新阶段的主要目标。

由于我国陆上原油的黏度较高，即使含水已达到80%以上，可采储量采出程度仍只有约60%以上，即累计采油量还不到可采储量的2/3，还有1/3以上的原油没有采出。据标定，我国陆上油田的平均采收率为33.3%。因此，如以地质储量计算，只累计采出了地质储量的20%左右，还有约80%留在地下没有采出。面对着这样可观的剩余油和残余油，从开发全过程来看，老油田所面临的新阶段仍将是一个重要的开发阶段。因此，提高采收率将是这个新阶段的主要目标。

2）提高采收率的首要问题是搞清地下剩余油的分布，继续扩大注水波及体积。

在这个阶段里，油田的层间、平面、层内的差异性影响充分显露，十分错综复杂。考虑到主要挖潜对象已由连续的成片的剩余油，改变为高度分散而在局部又相对富集的、不连续或不很连续的可动剩余油。因此，这个阶段的主要矛盾已由上一阶段以解决层间差异的影响为主逐渐转向以解决平面差异影响为主，同时也注意继续解决层间差异性影响和开始研究解决层内差异性影响的途径。由于层内油水分布受沉积砂体的各种非均质性或大量断层切割的复杂形态所控制，因此，必须深入细致地研究储层的沉积微相及物性变化，研究微构造形态或提高断层解释的精度。综合利用三维地震、水淹层测井、矿场测试、密闭取心、RFT 等技术，进行精细的油藏描述、精细的数值模拟、或其他的油藏工程方法，搞清剩余油的分布特征，然后才能采取相应的措施，经济、有效地把这些剩余油采出来，继续扩大注水波及体积，增加水驱的采收率，这就大大增加了挖潜的难度和工作的深度。

3）重视三次采油，开采注水所采不出的原油。在这个阶段里，既要继续扩大注入水的波及体积，又要开始着手进行三次采油，在更深层次上开采注水所采不出的原油，甚至开始着手提高驱油效率的问题。

以水驱为主的开采方式所采不出来的原油，是各种三次采油方法如聚合物驱、化学复合驱、甚至微生物驱等方法的挖潜对象。从理论上讲，水驱所不能采出的剩余油，细分起来可以分为两部分。一部分是虽然注入水波及不到，但可能靠注入聚合物溶液来进一步扩大波及体积而采出的剩余油，例如，一定条件下的正韵律储层内的上部，以及层间或层理中渗透率差异过大所形成的剩余油量。从我国的具体油藏条件来看，适于聚合物驱的油藏大体可提高采收率 8% ~10%。另一部分是微观空隙内以不连续的油膜或油滴状态残留在油层内的原油。要采出这部分残余油就属于提高驱油效率的范畴。只有用能够消除或大幅度降低界面上毛管力影响的化学复合驱或混相驱才能真正地提高驱油效率，进一步增加采收率。由于这些提高采收率的新方法，特别是化学复合驱，牵涉到复杂的物理化学现象，还有许多复杂的问题需要攻关，无疑这是更为深入的研究层次了。

总之，在这个新阶段里，由于油田高含水、高采出程度而引起的地下油水分布特征的变化，需要把增加可采储量、提高采收率作为这个阶段油田开发的主要目标。开采挖潜的主要研究对象，转向高度分散而又局部相对富集的、不再大片连续的剩余油，甚至逐步转向提高微观的驱油效率上来，这些都大大增加了我们工作的难度，从而要求我们的地质工作和油藏工程研究进入到更深入、更精细的层次。这就是我们把这个阶段称为深度开发阶段的意义所在。

由于各油田进入这个开发阶段的时间还不长，各项研究工作正在展开之中。近年来，围绕着剩余油分布研究这个中心内容已进行了不少的研究工作。例如，三维地震已得到了普遍的应用，大大提高了构造解释的精度。叠前深度偏移的软件也已开始研究。以测井为约束的地震反演的应用已取得很好效果；用地震约束测井曲线的非线性内插或外推的技术正在研究之中。常规水淹层测井方法应用已经非常普遍，并正在研究长期水冲洗后新的 4 性关系，以进一步提高解释的符合率，核磁共振等新型测井技术也已开始研究。精细油藏描述已开始对储层进行了流动单元的细分，并开始了露头试验工作。地质统计方法和三维地质建模已研制了软件，并已开始应用。在精细数值模拟方面，并行计算方法软件的研制已取得较大进展。在矿场实践方面以大庆喇萨杏油田为代表，在这个阶段开展了二次加密和控水饱油的综合治理工作，取得了很好的成效。

所谓二次加密是对前一阶段细分层系综和调整以后，仍然动用不好的渗透率非常低的薄层以及表外层等，采取“均匀布井、选择射孔”的做法所进行的再一次加密。加密的对象包括河流泛滥作用形成的局部型、条带型薄层，三角洲前缘相中充填连片型表外层和稳定分布的席状砂表外层和其他的难采层。经几个开发试验区的试验，初期平均单井日产油可达 5 ~10t 左右，具有工业推广价值，然后即在全油田范围内逐步推广。

截至 1994 年 11 月末，已在喇萨杏油田 5 个开发区（喇嘛甸至杏北）11 个区块共 22 套层系中进行了二次加密调整，已投产油水井 2710 口，其中采油井 1864 口，注水井 846 口。目前单井平均产油 7.2t，含水 65.9%，日注水 108.6m^3，累计产油 587.78×10^4t。

在加密调整过程中还进行了寻找高效调整井的工作，共找到高效调整井 145 口，统计开井生产的高效井 131 井，平均单井日产油 15.3t，含水 60.6%，累计产油 97.07×10^4t。

现在，大庆油田还正在进行 3 次加密的试验工作。大庆油田之所以在高含水后期进行控水稳油结构调整的综合治理，其原因主要是含水达到 80% 以后，虽然含水上升率有所下降，但液油比的增长速度却大大加快了。所以如果采取提高产液量来补偿含水上升所造成的产量损失的办法来维持油田稳产的话，年产液量必将大幅度增加，以致注水量也随之年年大幅度增加，地面工程频繁改造，原油成本也将急剧增加。因此，需要设法在控制含水增长的条件下来实现油田的稳产。

经过认真的全面分析和论证，认为虽然油田总体上已进入高含水后期，但由于存在着严重的非均质性，油水分布十分错综复杂，但仍然存在着含水相对比较低，动用比较差的部位和层位，这就是进行控水稳油结构调整的物质基础和潜力之所在。

喇萨杏油田控水稳油的基本思路，就是利用油藏非均质性所造成的不同开发部位和层位含水和动用程度的差异来进行综合调整，以控制含水上升，稳定油田产量。

如喇萨杏油田 1991 年平均含水已达到 80.43%，但分区、分类井的平均含水差别较大，基础井含水高达 87.5%，“六五”期间打的调整井为 73.02%，“七五”期间的调整井为 55.65%，“八五”调整井仅为 42.51%。控水稳油系统工程，就是利用这些差异，分开发区、分井的类别、分单井、分单层，有计划地优化各种调整挖潜措施，提高低含水、低采出程度地区和油井的产油量，合理控制高含水、高采出程度地区和油井的产水量，以达到控水稳油的目的。

在控水稳油的一整套做法中，关键是在精细油藏描述的基础上，利用各类井之间的差异，搞好产液结构的调整。

具体做法是，对于含水最高的基础井网上的油井以控制低效或无效循环水量为主，封堵了一些井点含水高于 95% 的产层，改变了液流方向，提高了水驱效果。1994 年与 1990 年相比，基础井网年产液量比例下降了 18.7%，结构含水（是指该类井年产液量在全油田产液量中所占的比例与全油田综合含水的乘积）下降了 14.77%。对于含水居中的“六五”调整井，以控为主，控提结合，年产液量比例由 15.4% 控制在 16.8%，结构含水由 10.88% 控制在 13.69%。对于含水低的“七五”及以后调整井以提液为主，年产液量比例由 11.5% 提高到 28.5%，结构含水由 6.17% 增加到 18.7%。

经过这样的产液结构调整，结合二次加密调整，以及提高分层注水质量，优化堵水、转抽、换泵、压裂等各种增产挖潜措施等工作，到 1994 年 4 年来已取得明显效果，表现在：

1）控制了老井产量自然递减加快的局面，继续实现了原油年产 5000×10^4t 以上稳产。

2）减缓了油田含水上升速度和产液量增长速度，连续 4 年油田综合含水上升不超过 1%。产液量年增长率由“七五”期间平均的 5% 降到 0.77%。

3）在保持注采平衡的条件下，控制了油田注水量的增长，又抑制了油层压力的下降趋势。由于产液量的增长受到控制，所以能够在注采平衡的条件下控制注水量的增长，“八五”前 4 年年注水量平均增长率由“七五”的 8.18%，降到 4.8%，油层压力也仅下降 0.26MPa，与“七五”期间下降 0.74MPa 相比，压力下降的趋势已得到抑制。

4)改善了水驱效果,大幅度增加了可采储量。油田的油层动用厚度由1990年的67.5%提高到1994年的69.9%,新增可采储量15725×10^4t,比原规划指标多增加1835×10^4t。

5)获得了巨大的经济效益。1991—1994年多增产原油310.86×10^4t,多创产值23.4亿元;少注水$8582\times10^4m^3$,少产液$1.44\times10^8m^3$,累计节约生产费用22.37亿元,共创经济效益45.77亿元。

此外,各油田还广泛进行了改变液流方向和间歇注水等研究和现场试验,也都得到一定成效。

在这个深度开发的阶段里,除了上述继续扩大水驱波及体积、增加水驱采收率的工作以外,还大力开展了三次采油提高采收率的研究和应用。聚合物驱工业性试验已经成功,正在进行工业性推广。化学复合驱已取得重大突破,先导试验已取得成功,正在准备工业性矿场试验,其他的提高采收率方法如注气混相与非混相驱油、微生物采油以及各种物理方法也都在进一步研究中,有的已开始应用。

第四章　多层砂岩油藏的开发部署和对策

第一节　多层砂岩油藏开发的指导思想

油藏是一个从宏观到微观都非常复杂的非均质系统,油藏的开发是资金、信息和技术都非常密集的、复杂的大规模系统工程,包含了从油藏的第一口发现井出油开始,历经早期评价、投产、采油、调整,直至最后废弃的全过程。因此,要合理地开发油藏,必须从系统工程的原理出发,贯彻以"经济效益为中心"的原则,采取先进而适用的技术,不断地认识油藏的非均质特征,对油藏开发的全过程进行优化,以获得好的经济效益和尽可能高的最终采收率。

我国多层砂岩油藏最基本既最主要的特点就是非均质的严重性。这类油藏开发得是否合理,关键就是能否正确地认识和处理油藏的严重非均质性所带来的一切矛盾和复杂性。下面将具体分析我国多层砂岩油藏的非均质性所引起的开发这类油藏的基本矛盾,以及解决这个矛盾的基本思路和主要对策。

一、合理开发多层砂岩非均质油藏的基本思路

1. 油藏严重的非均质性突出了认识油藏和开发油藏的基本矛盾

我国油田开发的实践表明,由于陆相河流—三角洲储层严重的非均质性,油层多,井段长,有的多达百余层,而且厚薄不一,展布、连通状况各不相同,一般大型的单砂体较少,大多数是中、小型砂体,几何形态复杂,接触关系多样,在空间上又相互切叠、穿插。因此,对于砂体分布状况的认识程度和井网密度的大小有密切的关系。即使是一些在稀井网时呈现为大面积分布的厚砂体,当井网加密以后,也常发现实际上它并不是真正单一的大砂体,而是由若干相对窄小砂体连接而成的复合砂体,而且这些较小砂体的厚度、岩石结构和渗透率等参数也常有相当大的变化。例如第一章中图1.25所示的喇嘛甸油田从喇4-19井到喇12-19井共18口井构成的葡I_{1-4}层东西向横剖面上,用不同井距的井去切割时,其砂体数量和形态的变化是非常大的(图4.1)。由该图可见,当井距抽稀至1200m时,只有单砂体13个;当井距加密到600m,单砂体数量增至25个;井距再进一步加密到300m时,单砂体数量更增至42个。特别是其中大面积分布的葡I_2层也是由很多较小的砂体所组成。

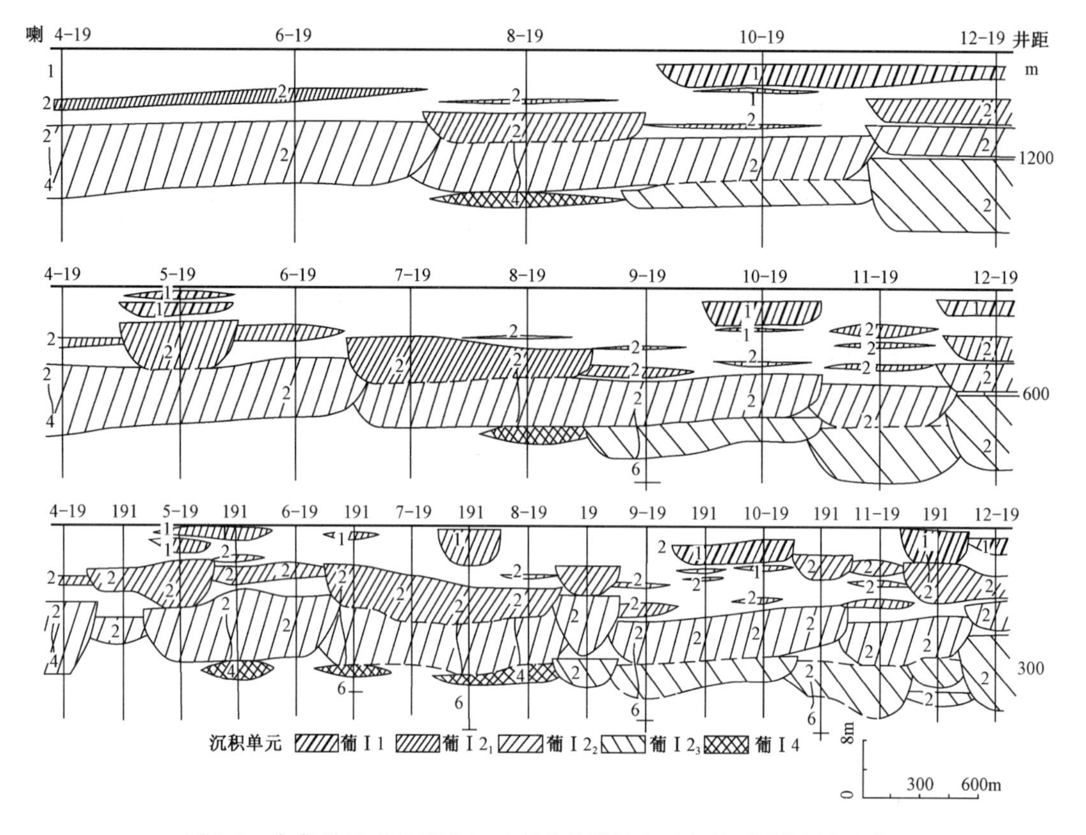

图 4.1 大庆喇 19 井排葡Ⅰ1－4 层砂体数量和形态随不同井距的变化

同时，对于砂体展布状况的认识程度也强烈依赖于井网密度的大小。如大庆萨尔图油田北三区东部葡$Ⅱ_6$砂体的平面分布状况（图 4.2）所见，当井网密度由 600m × 800m 加密至 300m × 500m 及 250m × 250m 时，分流河道砂体、薄层砂体、一类及二类表外砂体等各种类型砂体以及尖灭区的分布状况差异很大，其中只有 250m × 250m 的密井网，才能看出弯弯曲曲、细而长的条带状水下分流河道砂体。

由此可见，要认识清楚多层砂岩非均质油藏各类砂体分布的基本面貌，必须依靠较密井网所取得的资料。另一方面，没有一定程度地认识油藏以前，不可能一开始就打密井网，以免造成决策上的失误和大量资金的浪费。概要地说，要深入地认识油藏，需要较多的钻井资料，多打井必须以对油藏的深入认识为基础，这是开发非均质性严重的油藏所必须解决的一对基本矛盾。

2. 解决这对矛盾的基本思路

我国油田开发在实践中提出了一整套解决这对矛盾的指导思想，其基本点是实践一步，认识一步，根据新的认识，指导下一步的开发实践，在新的实践中进一步深化认识，直至最后油藏废弃。也就是在油田开发的全过程中不断深化对油藏的认识，反过来又不断依靠新的认识来指导油田的开发实践。具体说来，从油藏发现的第一口井开始，油田开发人员就早期介入，根据少量的探井及评价井资料，对油藏进行早期的评价，得到初步的认识，并且通过生产试验或试采，取得第一批开发实践的资料。多层砂岩油藏的非均质特点表明，主要的储量集中在少数几个主力油层，而且这些主力油层一般分布比较广泛，连通较好，厚度较大，比较容易认识。因此，在这个认识阶段要着重把主力油层搞得比较清楚。在这个基础上，以主力油层为主要对

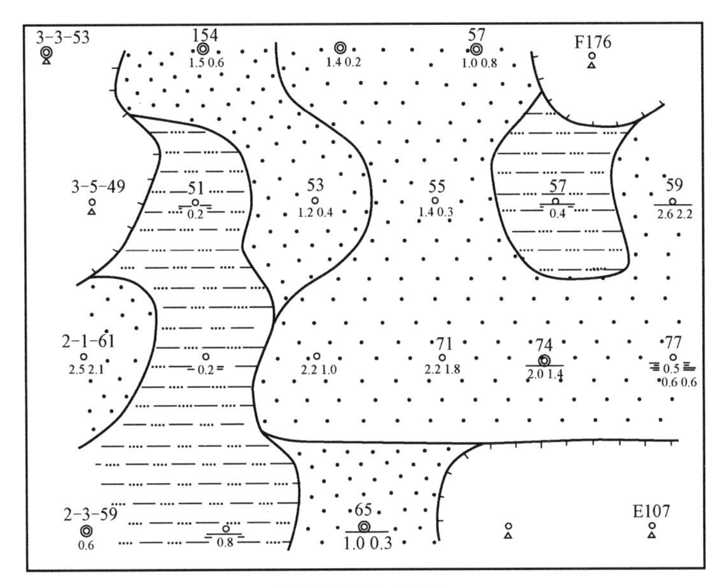

(a)井网密度600m×800m

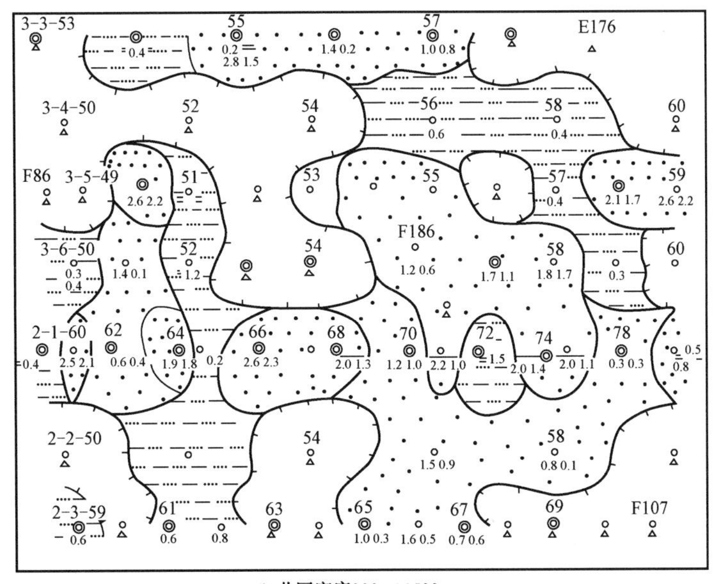

(b)井网密度300m×500m

图4.2　大庆萨北三区东部葡Ⅱ$_6$层在不同井网密度下的砂体平面分布状况

象，划分开发层系，打基础井网。同样由于主力油层储量多、层数少、分布广、连通好，而且渗透率也高，从而能够布置比较少的井而获得较高的产量，这样投入少，产出多，经济效益好。例如大庆喇萨杏油田以河道砂岩为主体的油层作为基础井网的开发对象，其储量可以占总储量的40%左右，在自喷方式采油时，平均单井日产油量可达30～50t，在单井控制面积约25～35hm^{2}较稀的井网密度下，水驱控制程度可达到80%以上，一般可稳产到含水60%附近。

在基础井网完成以后，开发井数大量增加，而且还获得非常丰富的动态资料，对油藏的认识已大大前进了一步，对较差的中低渗透层也已加深了认识，这就为下一步开发调整打下了认识上的基础。油藏注水以后，开发初期主力油层注水见效快，生产能力旺盛，可以在一定期间高产稳产。但随着注入水的向前推进，在层间干扰的影响下，主力油层渗透性好，首先见水，此时需要用分层注水等工艺措施来进行日常的调整。当含水较高时，同样由于层间干扰的结果，主力油层大部分被淹，而较差的中低渗透层仍然存在着几乎整层的大片剩余油未被动用，此时就应依据对油藏非均质性进一步的认识，进行层系井网的细分加密综合调整，以减少层间干扰，把主要的开发对象由原来的主力油层转向较差的中低渗透率油层。调整井网打下去以后，获得的地质资料更丰富了，对油藏的认识也就更为深入和细致。根据油藏开发形势发展的需要，可以在这种新认识的基础上，进行下一步日常性质的调整和井网的综合调整。

这样，通过一次又一次的实践，一次又一次地深化了对油藏的认识，反过来又指导一次又一次新的实践，这样多次反复直到把所有可能动用的储量都经济、有效地开采出来，这就是我们解决复杂非均质多层砂岩油藏合理开发问题的基本思路。

二、合理开发多层砂岩油藏的主要对策

根据我国的开发多层砂岩油藏实践经验，实现这个基本思路可以归结为以下主要的认识和对策。

1. 正确地认识和描述油藏的非均质特征，是开发好油藏的基础和关键

(1)多学科协同静、动结合，是全面和正确地描述和认识油藏的主要途径。

考虑到不同的油藏描述方法和手段都能够从某一个侧面来认识油藏，但又各具有其局限性；同时考虑到油藏的动态变化是油藏静态地质条件对于人为开发措施的一种响应，所以分析动态资料往往可以反过来检验人们对油藏静态特征认识的正确性，并从而获得静态描述所不能得到的认识，因此在对油藏进行描述时，不仅要取得大量的静态资料，而且要采取静、动结合的方式，综合运用地质、地震、测井、取心、试采、开发试验、生产测试、动态分析等多种学科和方法的最新技术，从各个侧面来描述和认识油藏，取长补短，取得好的效果。对于新油田的开发，要重视开展试采或开发试验来认识这个油田的开发特征，取得开发这个油田的实践经验；对于大规模调整措施或新的提高采收率技术，缺乏经验的也要进行开发试验。

(2)早期介入，在油藏开发全过程中分阶段地不断深化对油藏的认识。

由于陆相储层严重的非均质性，对油藏的地质特征不可能一次认识清楚，油藏描述工作要贯穿于油藏开发全过程的始终。

从发现油田的第一口井开始，油田开发人员早期介入，根据油田合理开发的要求，展开油藏早期评价工作，取全取准各项必需的原始资料，是我国油田开发工作的重要经验。此时要特别注意录取各项油藏投产后再也难以取准的资料。

随着油藏开发各阶段任务的不同以及所可能获得的资料细致程度的不同，油藏描述工作也同样呈现出不同的阶段性。每个阶段油藏描述工作的重点内容、精度要求、所建立的地质模型以及所使用的技术和方法都比前一阶段更为深入和精细，经历了从简单到复杂、粗略到精细的深化过程。

(3)不断发展和应用新技术，提高油藏描述的水平。

随着油田开发工作的不断深入，对油藏描述的要求也越来越高，需要不断提高油藏描述的技术水平，使之从宏观向微观、从定性向定量、从描述向预测、从单学科向多学科协同综合的方向发展。

2. 尽量合理利用天然能量，对于天然能量不足的油藏，要注水保持压力，确保油藏有旺盛的水驱能量，并确定合理的注水时机、压力保持水平和注水方式

1)对于水驱能量充足的油藏，要直接利用天然水驱进行开发，对于有部分水驱能量的油藏，也要尽可能加以利用。

2)我国多层砂岩油藏绝大部分为陆相沉积，砂体较小，天然水驱能量普遍不足，因此除了极少数不具备注水条件的以外，普遍采用了早期注水保持压力的方式进行开发。注水开发油藏的产量占全国总产量85%以上。实践结果表明总体上效果是好的。

3)对于需要进行注水的油藏，要根据油藏天然能量的大小、原油的性质、对生产压差和采油速度的要求以及对最终采收率的影响，通过注采压力系统的研究和经济评价，综合地确定油藏注水的时机和压力保持的合理水平。

一般来说，对于储量比较大的油藏，采取早期注水并把油藏压力保持在饱和压力以上较为有利，但最高不要高于原始地层压力，否则将引起不利的后果。

4)要根据油藏的具体条件优选油藏的注水方式。一般情况下，边外注水仅适用于面积较小、构造完整、倾角较大、油层连通性好、水体渗透率高的油藏；多数油藏适于应用内部注水。行列注水适用于储层分布稳定、渗透率高的油藏；而面积注水的适用条件比较广泛，不仅上述条件的油藏可以应用，而且可以用在连通较差和渗透率较低的油藏。考虑到我国陆相储层砂体形态多不规则，连通性一般也较差，大部分油藏应用面积注水的方式，符合我国油藏非均质性较为严重的特点。

3. 注水开发的全过程中，随着注入水的推进，地下油水状况的变化，呈现出不同的阶段性，要针对每个开发阶段的特点，因时因地制宜，采取多次布井、多次调整的对策，把所有能够动用的储量都有步骤地动用起来

1)油藏严重的非均质性决定了注入水推进的不均衡性，导致了油藏内层间、平面和层内差异性影响的发生、发展和转化，油水分布状况的变化，储层动用状况的差异，以及产量的消长和接替，从而呈现出油藏开发过程的阶段性。每个阶段的开发目标和对象，所用的技术手段都有所不同，前一阶段要为后一阶段的实施做好认识和技术的准备。

2)对于多层砂岩油藏，一般来说，层间差异性影响常居于主导地位。油藏注水后，注入水沿高渗透层突进，干扰其他较差油层的生产，层间的差异性影响也非常突出，到中高含水期平面和层内差异性影响才开始显露并逐渐发展起来。因此多层砂岩油藏的开发过程中首先要以调整层间差异性影响为主要内容，力图减少层间干扰，然后逐步转向以调整平面差异性影响为主，并尽可能地调整层内的差异性影响。

3)对于非均质严重的多层砂岩油藏，由于小层多，各层各部位物性差异很大，不同井网密度对不同类型小层的认识程度和控制程度也不同，常需要进行多次布井，才能把各小层、各部位的储量最大限度地动用起来。在开发部署时，要根据各类储层的差别、认识程度和有效动用的条件尽可能有步骤、分层次地用不同的层系与井网加以动用。一般可以布置井数较少的基础井网先动用主力油层，然后视地下油水分布状况的变化，通过调整，逐步动用较差的甚至很差的油层。油藏的非均质复杂程度不同，调整、布井的次数可以有所不同。

4)油藏的调整包括以分层工艺为主的日常调整和层系井网的重大调整，两者的目的都是为了克服储层非均质性的影响，扩大注入水的波及体积，提高各层各部位储量的动用程度。当地下油水分布没有发生重大变化以前，主要通过日常的矿场监测和动态分析，针对注水中所暴

露出来的问题,进行以分层注水为主,包括调剖、堵水、压裂、提液等工艺手段的日常调整。当地下油水分布发生重大变化,日常调整已不能完全解决问题时,必须及时进行层系井网的调整。

5)由于我国原油黏度一般偏高,很多储量将在高含水以后的各阶段采出,因此,这些阶段仍是重要的开发阶段。要以提高采收率作为这些阶段的主要目标,既要继续扩大水驱波及体积,也要适时采用三次采油的方法,进一步提高采收率。

6)开发程序是实现上述解决油田开发中认识和实践矛盾指导思想的重要体现。因此,要制定合理的开发程序,规范油藏开发全过程中每一个阶段需要进行的工作。实践经验表明,工作的节奏可以加快,但程序不能超越,否则可能导致失误和损失。

4. 根据油藏不同开发阶段的特点,发展先进和适用的配套采油工艺技术

采油工程是油田开发系统工程的重要组成部分,是实现合理、高效地开发油田的重要技术保证。

对于多层砂岩油藏,要根据油藏不同开发阶段的特点和需要,发展以分层注水为主的工艺技术系列。

采油工艺技术的应用对象是复杂的油藏及井筒条件,因此,在具体应用时要十分注意从油藏整体出发,避免只在单井上采取强化措施;要强调各项技术的配套性、先进性和适用性,才能形成生产能力,取得规模效益;要非常注重其经济效益,不采用低效及无效益的技术措施。

这些认识和对策将在下面各有关章节中比较详细地加以阐述。

《采油工程》简介

韩大匡

《采油工程》是我国油田开发行业第一部正式出版的教科书，于 1961 年 9 月中国工业出版社出版，由当时的北京石油学院、西安石油学院及四川石油学院部分老师及研究生集体编写。韩大匡和周春虎担任主编，制定全书编写大纲、内容，统揽全书并最后定稿，还各自编写了有关章节，是当时石油高等院校“石油开采专业”和试行的“油田开发专业”的主要专业教材。

该书的特点是基本理论和我国具体实践密切结合。为了编写这部教科书，编写组既吸收了当时国外主要是苏联关于油田开采的基本理论，又收集了当时大量的工程实践材料，加以提炼、总结；因此该书比较系统、全面、详细地介绍了油气田开采的理论基础知识及开采工艺，在当时形成了一套比较完善的理论体系，为当时及今后的油气田开采打下了坚实的理论基础。在很长时期内，该书一直是石油院校采油工程专业的主要教材，直至“文化大革命”结束，各校教学逐步走上正轨，才陆续有其他新的教材问世。《采油工程》共分五篇，分四册出版。

第一分册包括绪论及第一篇开采石油的地质—物理基础。第一篇共分三章，第一章为储油岩层的物理性质，第二章为油层中流体和石蜡的物理性质，第三章为油层中的分子表面现象。本分册对储油岩层、油层流体的物理性质及油层中的分子表面现象做了比较全面的阐述。

第二分册主要讲述开采石油的基本方法。包括第二篇共 7 章内容。第四章为油井投产前准备工作，第五章为自喷—气举采油，第六章为深井泵采油，第七章为无杆泵采油，第八章为特殊井的开采工艺，第九章为矿场油气集输与初步处理，第十章为浅油层的开采特点。本分册除对开采石油的各种基本方法比较全面的阐述外，并对特殊油井的开采工艺及浅油层的开采特点作了概要的讲述。

第三分册讲述有关油井分析与管理的问题。包括第三篇共 6 个章节。第十一章为油井分析与管理的任务，第十二章为试井方法，第十三章为一般油井的分析与管理，第十四章为含蜡油井的分析与管理，第十五章为出砂油井的分析与管理，第十六章为产水油井的分析与管理。本分册分析介绍了油井分析的原则，试油和试采等各种试井方法，自喷井和抽油井的管理以及含蜡、出砂、产水井的管理等内容。

第四分册包括增产措施、修井工艺、注水、注气工艺和提高采收率等内容。包括第四篇共 5 章及第五篇共 4 章。第四篇包括第十七章油井酸处理，第十八章油井爆炸增产，第十九章油层水力压裂，第二十章油井经常性的修理工作，第二十一章油井大修。第五篇包括第二十二章注水工艺与技术，第二十三章注气工艺与技术，第二十四章互溶混相驱动采油法，第二十五章油层热驱法。这个分册主要叙述了油井酸处理、爆炸、压裂、注水工艺、注气工艺以及互溶混相驱，注入热载体和火烧油层等新的提高采收率的方法。

第三篇　油气战略

从20世纪八九十年代开始，我就开始主持和参加了一些重大开发技术和发展战略研究，其中，“提高水驱采收率的发展战略”在第四篇中详细介绍，不再重复。

“中国注水开发油田提高原油采收率潜力评价及发展战略研究”是应当时中国石油天然气总公司的要求进行的有关三次采油技术的发展战略研究。当时我国老油田已进入高含水、高采出程度阶段，客观上发展三次采油新技术的急迫性大大增加，产生了三次采油技术的发展潜力究竟有多大、主攻方向是什么、从战略上应该如何部署等问题，迫切需要做到心中有数。在这个背景下，由中国石油天然气总公司石油勘探开发科学研究院牵头，动员全国13个油区约300~400人进行了这个项目的研究。由于当时我国三次采油提高采收率的研究才起步不久，还缺乏实践经验，因此，我们在认真总结国外经验的基础上，不是照搬硬套，而是根据我国的实际国情，选择了化学驱这条具有中国特色的三次采油路子。到今天，我国不仅化学驱油已形成千万吨以上的规模，大幅度提高采收率，而且已经在世界上成功地形成了独树一帜的系列技术，说明当时这个主攻方向的选择是正确的。这个项目完成后，获中国石油天然气总公司科技进步一等奖。此后又根据这项研究提出的部署意见，制订了三次采油发展规划，逐步付诸实施。本篇摘登了总报告中有关国外经验总结、分析以及发展战略部分。

“微生物提高采收率潜力分析及发展战略研究”是中国石油勘探开发研究院率先完成的又一个技术发展战略研究。鉴于微生物采油是一项新兴的提高采收率技术，具有非常好的发展前景，国外有的专家称之为“四次采油”技术。国内外已比较普遍地对这项技术进行了室内研究和现场先导试验，在微生物吞吐方面已取得明显增产效果，但微生物驱提高采收率方面还很不成熟，诸如驱油机理还不清楚，微生物先导试验提高采收率幅度比较低等。所以为了积极、有序地推进微生物采油技术，应中国石油勘探生产公司的要求，从驱油机理分析入手，进行了系统的调查研究，在这个基础上，开展了潜力分析和发展战略研究。本篇摘登了主要由我和杨承志共同执笔的战略研究和建议部分，以及共同完成的潜力分析部分。

21世纪以来，我多次参加了中国工程院等单位组织的能源战略中的有关油气行业发展战略研究。诸如，国务院指定的中国工程院国家重大咨询课题“中国可持续发展油气资源战略研究”，其后续课题“2020—2050年油气资源可持续发展战略研究”，以及中国工程院另一重大咨询项目“中国能源中长期(2030—2050年)发展战略研究”中的油气部分，国家发改委要求的由中国工程院牵头、中国科学院协助的“先进能源领域发展重要咨询研究”中的石油天然气部分，科技部农社司要求进行的“中国能源发展技术政策研究”中的“我国油气工业开发技术政策研究”，中国科学技术协会要求进行的中国能源发展战略中的石油天然气勘探开发部分，以及由中国工程院负责正在进行研究的“我国非常规天然气开发利用研究”。

这些战略研究项目虽各有侧重，但一般都比较全面、系统，多依靠多位院士和专家共同完成，我主要协助邱中建院士负责其中有关油气田开发部分，并且一般篇幅较大，还多涉密，所以不便于摘登。下面仅就最受各方关注，特别是受到国务院温家宝总理重视和好评的由中国工程院牵头承担的国家重大咨询课题“中国可持续发展油气资源战略研究”作为示例，作一简要介绍。该项研究是温家宝总理亲自提出的课题，并于2003年5月16日亲自登门请两院院士侯祥麟出任课题负责人。课题研究期间，温家宝总理先后两次听取汇报并对研究工作提出要求。于2004年6月25日亲自验收了这项咨询研究的结题报告，并于8月24日组织了国务院第四次学习讲座，国务院和有关部委领导同志听取了该课题的成果报告。

对于这项咨询研究课题，温家宝总理作了多次重要讲话和指示。在阶段工作汇报会议上指出，《“中国可持续发展油气资源战略研究”阶段报告》（纲要）科学地分析了我国和世界油气资源的现状及供需发展趋势，提出了我国油气资源可持续利用的总体战略和指导原则、措施和政策建议。在课题成果汇报会上温家宝总理指出，参加研究的院士和专家，从我国现代化建设全局的战略高度，用全球油气资源供求趋势的宽阔视野，以科学的态度和求实的精神，全面、系统、深入地研究了我国油气资源的可持续发展问题。这一研究成果，对于制定国家中长期经济社会发展规划和能源战略具有重要意义。

该课题研究内容广泛、全面，囊括了油气资源可持续利用的方方面面，下设“资源与供需战略”、“国内油气资源开发战略”、“海外资源开发与进口战略”、“节油与替代燃料研究”、“石化工业发展战略”、“石油安全和储备”和“法规与政策研究”7 个专题，也都是由温家宝总理提出、确定的。我是该课题的综合组成员，并和沈平平教授作为专题副组长协助专题组长邱中建院士负责其中“国内油气资源开发战略”专题研究。参与该项研究的有中国石油、中国石化和中国海油三大石油公司共 21 位专家。

研究成果包括 1 个专题综合报告和 7 个分专题报告。专题综合报告分析了我国国内已探明的石油、天然气资源和开发生产状况，进行了油气可持续发展的总体趋势分析与预测，提出了促进油气增储上产的发展战略和建议。分专题报告对我国注水开发油田开发状况及提高采收率前景、三次采油提高采收率、未动用难采石油储量评价与开发战略、天然气开发状况及发展前景、油气管网发展战略、碳酸盐岩油田开发综合研究和近海油气田开发综合研究等 7 个方面进行了深入的研究。

《中国注水开发油田提高原油采收率潜力评价及发展策略研究》总报告节选

韩大匡

第六部分　注水开发油田提高原油采收率的发展战略

第一章　提高原油采收率发展战略的依据和总体设想

一、对注水开发老油田进行深度开发，提高原油采收率是实现石油工业发展规划的重要组成部分

为了保证陆上原油产量持续稳定增长，中国石油天然气总公司从我国东西部资源分布、勘探情况和国民经济发展的需要出发，提出了"稳定东部、加快发展西部"的重要战略思想；而且它已作为国务院关于发展石油工业的战略决策被列到国家的十年国民经济发展规划。实现这个决策，一方面要继续加强勘探，力争提供更多的开发所需的储量；另一方面，对于已经投入开发的老油田，要继续挖掘潜力，提高采收率，增加可采储量，力求减少递减，保持稳产。

我国油田目前主要用注水方法进行开采。由于我国油田的储层主要属陆相碎屑岩沉积，分选差，非均质性严重，变异系数大，加之原油黏度较高，地质条件相对不利，所以虽然我们通过多次开发调整，采取了大量的有效技术措施，对于同等地质条件来说，开发效果是比较好的，水驱油采收率也比较高，但和国外海相低黏度油田相比较，采收率仍然是比较低的。据统计，全国 1984 年以前注水开发油田的水驱采收率仅 35.5%，即还有将近 2/3 的原油残留在地下采不出来。我们知道，石油是一种十分宝贵的不可再生的能源和化工原料。1987 年全国资源评价的结果表明，全国石油总资源量预测约为 757×10^8t，这个数字虽然说明我国的石油资源总量是丰富的，但是我国人口众多，以目前的人口数字来平均，人均只有 68t，应该说相对是比较贫乏的。因此从尽量节约石油这种不可再生能源和化工原料的角度来看，研究和采用其他提高采收率的新技术，把水驱过程所采不出来的石油开采出来，对于满足我国国民经济长远发展的需要，具有极其重要的意义。

分析当前已开发油田开发形势，可以看出，全国主要老油田已进入高采出程度、高含水期。例如，可采储量大于 1300×10^4t 的 30 个主力油田，其开发储量占全国总开发储量的 76.8%，现已采出其可采储量的 60.2%，综合含水已高达 78.9%，"八五"期间将全面进入高含水后期和产量总递减的开发阶段。同时正面临着储量紧张，不能满足产量继续增长的需要，以及资源条件变差，难开发储量增多的困难局面，特别是东部地区这一矛盾尤为突出。由此可见，我国已投入注水开发的老油田，已面临进行深度开发的新阶段。为了进行"深度开发"，除了要继续针对油田在高含水期间剩余油已高度分散的特点，综合运用各种有效的技术措施，提高水驱

效果，增加水驱采收率以外，主要要加快采用提高采收率的新技术，进一步提高采收率，增加可采储量。这不仅是缓解储量紧张状况，增强老油田稳产基础的重要战略措施，而且可能由此开创出一条具有中国特色的、高水平的油田开发新路子。因此，将提高采收率的发展战略和规划设想作为全国石油工业发展规划的重要组成部分是非常必要的。

二、提高原油采收率的潜力分析为制定发展战略提供了可靠依据

前面我们已经系统地总结了国内外提高采收率研究工作的经验，并且根据我国各注水油田的地质和开发特点，对各种提高采收率技术的潜力作了详尽的分析。综合上述分析，可以认为：

(1)这次提高采收率潜力分析工作覆盖了全国13个油区、82个油田，总计73.4×10^8t的地质储量，占1988年底全国注水开发储量的84.4%，说明这次潜力分析结果的代表性是非常广泛的。

(2)在以上73.4×10^8t的地质储量中，共筛选出67.4×10^8t储量可以应用现行的技术提高采收率，平均可提高采收率12.4%，增加可采储量8.3×10^8t，按目前的平均采收率折算，相当于新找出24.4×10^8t储量，说明在我国采用提高采收率新技术的潜力是非常可观的。

这里还需要进一步说明的是这次潜力分析中所用的软件是目前国际上通用的先进的提高采收率方法筛选软件，虽然与正式数值模拟软件相比要简单一些，但它综合了国际上多年来提高采收率研究的经验，并且根据我国的具体情况在应用方法上作了一些改进。它的计算结果作为发展战略和长远规划的依据来说，其精度是足够的，但为了慎重起见，我们还进一步把这套模型的计算结果和国内外在4个可行性研究中用比较完善的正规数值模拟软件对同一区块或同一油田性质类似的区块所作计算结果作了对比和验证。这些可行性研究包括，法国石油研究院及TPG公司与大庆油田合作对大庆中区西部聚合物驱的可行性研究，中国石油天然气总公司石油勘探开发科学研究院和河南油田合作对双河油田$Ⅱ_5$层聚合物驱的可行性研究，中国石油天然气总公司石油勘探开发科学研究院和辽河油田合作对欢喜岭油田锦16块聚合物驱的可行性研究，以及加拿大Hycal能源研究实验有限公司和中原油田合作对文东204块CO_2混相驱的可行性研究。对比的内容主要有两个方面，一是水驱过程的拟合情况及水驱采收率的预测结果；二是采用聚合物驱或CO_2混相驱所增加采收率值的预测结果。具体对比结果分别列于图6.1、图6.2和图6.3，以及表6.1和表6.2中。

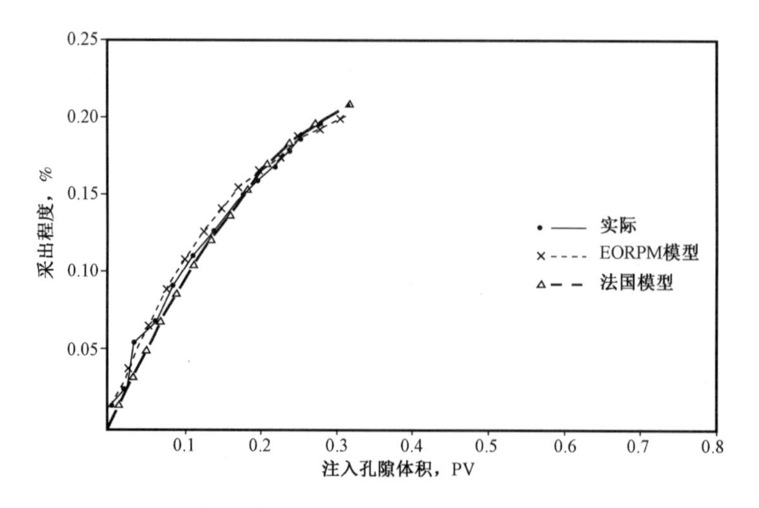

图6.1　大庆中区西部萨尔图油层的水驱历史拟合

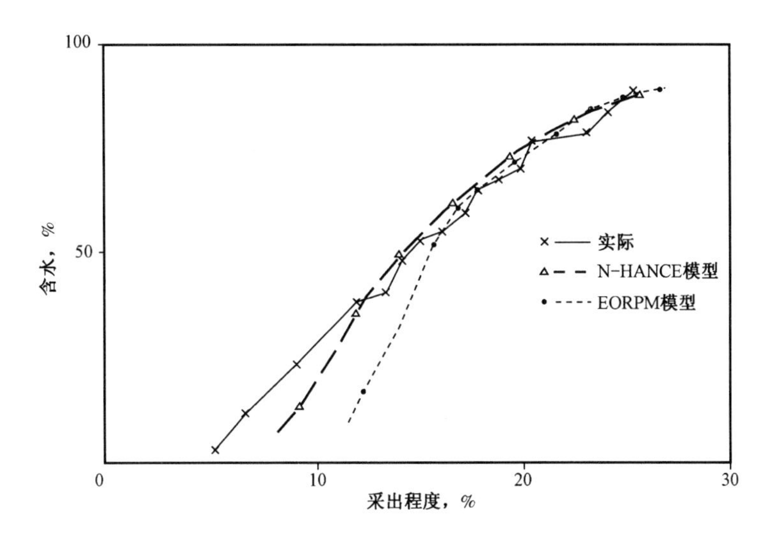

图 6.2　辽河油田锦 16 块水驱历史拟合

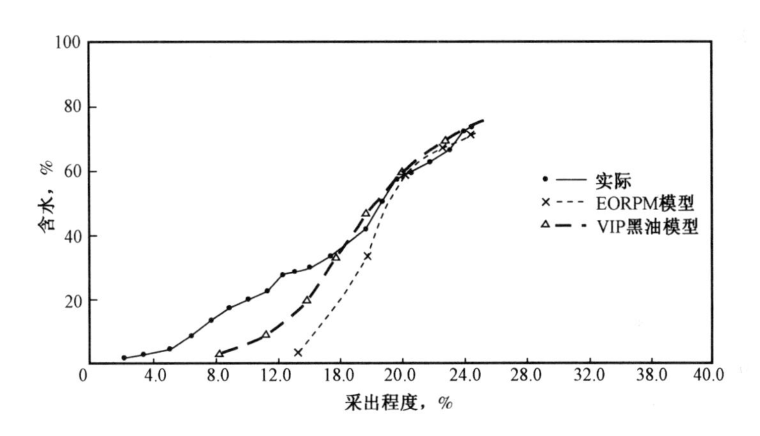

图 6.3　双河油田 $Ⅱ_5$ 层水驱历史拟合

表 6.1　EORPM 模型与其他模型对水驱最终采收率的预测情况

油藏	大庆中区 S$Ⅱ_{1-4}$层	双河 $Ⅱ_5$ 层	辽河锦 16 块
标定采收率	41%（中区）	39%	44%
EORPM 预测	43.8%（中区西部）	41%	45.5%
VIP 黑油模型预测	—	42%	—
N－HANC 模型预测	—	—	46.1%
法国 SCORE 模型预测	48.8%（中区西部）	—	—

表 6.2　EORPM 模型和其他模型对几个油藏提高采收率预测的比较

油藏	大庆中区 S$Ⅱ_{1-4}$层	双河 $Ⅱ_5$ 层	中原文东
EOR 方法	聚合物驱	聚合物驱	CO_2 混相驱
EORPM 模型预测	8.4% OOIP	7.3% OOIP	10% OOIP（文中 25 块）
北京院聚合物驱模型预测	—	8.6% OOIP	—
加拿大改进黑油模型预测	—	—	12.7% OOIP（文东 204 块）
法国 SCORE 模型预测	9.5% OOIP	—	—

从这些图表所示的对比结果可以看出：

(1)水驱过程的历史拟合结果表明，大庆中区西部两者吻合很好，其余虽然早期相差较大，但在中后期能较好吻合。据分析，早期相差较大的主要原因是筛选模型只考虑了纯油区的代表性动态数据，而实际资料却包括了过渡带的生产数据。

(2)水驱采收率数值大庆中区两者相差较大，达5%，但也要看到筛选模型的计算结果反而和中区标定值相近，相差仅2.8%，而法国模型则与之相差达7.8%。其余两个区块两者相差仅1%或小于1%。

(3)采用聚合物驱或CO_2混相驱所增加的采收率绝对值相差幅度为(1.1~2.7)%OOIP。

由此可见，在潜力分析中所用的EORPM模型的计算结果具有较高的精度，作为研究发展战略和编制长远规划的依据应该说是可靠的。

三、提高采收率新技术发展战略的总体设想

制定提高原油采收率新技术的发展战略，首先必须就每一种方法对油田地质、开发条件的适当性、潜力大小、注入剂的供应来源和技术经济成熟程度等各个方面进行综合的分析和评价，然后根据其需要和可能，分清轻重缓急，分层次地做出统筹安排。

1. 各种提高采收率新技术的技术经济综合评价

(1)聚合物驱油是我国当前可以扩大矿场试验准备工业化推广的提高采收率方法。

首先，聚合物驱油符合我国油田的地质特点，潜力最大，适宜储量43.58×10^8t，可提高采收率8.6%，增加可采储量3.76×10^8t。其中地质条件更为优越的一类地区有储量20.9×10^8t，可提高采收率9.5%，增加可采储量约2×10^8t。正如第一部分所述，我国绝大部分油田属于陆相沉积，地层非均质性比较严重，渗透率变异系数一般均大于0.5，渗透率在平面变化也很大。由于渗透率分布的不均匀性，使我国油田水驱波及体积不高，如何提高波及体积是我们提高采收率，改善开发效果的主要方向之一。我国东部油田原油黏度属于中质油，大多数原油黏度在5~50mPa·s之间，混相压力比较高，这对我国进行气体混相驱的发展十分不利，而这个黏度恰是聚合物驱油的最佳黏度范围。我国主要油田，比如大庆、辽河、胜利的孤岛与孤东等地层水的矿化度不高，在3000~7000mg/L之间，并且有淡水资源，这都为进行聚合物驱提供了十分有利的自然条件。

聚合物驱油本身又有机理清楚，工艺简单，国外有成熟的矿场经验可供参考等特点。聚合物躯在国外又称为改善的水驱技术，它不需要太多昂贵的矿场设备，常常只需要增加一些混调泵和储罐，即可在原来水驱的设施上进行，施工操作比较简单。在国外，聚合物驱在化学驱中占主导地位，技术上相对比较成熟，已取得了丰富的经验。我国从20世纪70年代开始先后在大庆、胜利、新疆克拉玛依等油田开展了矿场试验。特别是近几年，大庆、大港油田与法国和日本合作进行的矿场试验，已取得很大进展，已基本掌握了从室内评价、可行性研究、矿场方案设计到效果分析整个程序，通过“七五”攻关已基本形成配套的工艺技术，具备了进行工业性扩大矿场试验的条件。

从经济上考虑，聚合物驱也是目前唯一可行的提高采收率的方法，对于有把握的第一类适合聚合物驱的油田来看，其聚合物利用率平均为184t/t，假定聚合物从国外进口，或按当前国内较高价格18000元/t计算，每增产1t原油，化学剂费用不超过100元，同时每产1t油还可少

产水 7 ~ 15m^3，如水处理费为 2.5 元/m^3，则又可减少支出 17 ~ 37 元/m^3，如以国际原油市场价格计算，经济上是合算的。如果全部聚合物在油田建厂生产，据大庆油田估算，每吨聚合物成本只有 6200 元左右，则增产每吨原油所需化学剂费用只有 34 元，可能与省水的费用相抵，因此，风险性比较小，经济上是合理的。

属于第一类聚合物驱的油田，如果有充足的聚合物供应，就可以及早进行工业化准备，尽快推广。不过，应该注意，虽然聚合物驱相对其他提高采收率方法比较简单，但仍比常规注水要复杂得多，在推广中要按照系统工程的原理搞好各项技术的配套和完善。

属于第二类聚合物驱的油田应先进行详细的可行性研究和技术经济评价，开展小型先导性试验，暴露一些矛盾。这类油田经测算，聚合物利用率平均为 175t/t，与第一类油田相差不多，在经济上也可以盈利，关键是还有一些需解决的技术问题，对这部分油田的研究工作应加紧进行。

属于第三类聚合物驱的油田，现在马上进行聚合物驱的难度还比较大，应针对各油田所存在的具体困难组织攻关，例如研制耐高温高盐的聚合物，增加生物聚合物的热稳定性等，在技术上有新的突破后，再进行先导性试验。

(2)重视活性剂及复合驱室内研究，尽快进行先导性试验。

由于我国油田属于陆相沉积地层，驱油效率普遍比较低，因此活性剂和碱/聚合物复合驱采油在我国有巨大的潜力。前面已经指出，从地质参数和原油性质来说适宜的储量 18.73 × 10^8t，虽然比聚合物驱少，但由于它能较大幅度地提高驱油效率，所以提高采收率的幅度可达 19.6%，远大于聚合物驱。因此，增加可采储量为 3.67 × 10^8t，和聚合物驱差不多。如果把适合聚合物驱同时也适合表面活性剂驱的因素都考虑进去，则有 54.4 × 10^8t 适合表面活性剂驱，相当于预测储量的 80.6%，共可增加可采储量 10.2 × 10^8t，相当于聚合物驱的近 3 倍，可以说这是一项比较“彻底的”三次采油方法，不仅大有可为，而且势在必行，必须花大力气进行研究，争取尽快在技术、经济上有所突破。

表面活性剂驱目前主要问题是成本高，活性剂用量太大，从适合表面活性剂驱的油田来看，如果采用目前的微乳液—聚合物驱油技术，每增产 1t 原油平均大约需要 0.043t 活性剂和用量相近的醇类，再加上 0.0041t 聚合物。从玉门炼厂的活性剂来看，大约 1t 活性剂价格在 4000 ~ 5000 元之间，即使以 4000 元计，醇的价格以每吨 4000 元计，聚合物按 18000 元/t 计，则每增产 1t 原油其化学剂费用约为 418 元(若聚合物在油田内部生产，价格以 6000 元/t 计，也还需 370 元)，这在经济上是难以过关的。因此活性剂驱的发展方向只能是在保持原来效果的基础上，把活性剂用量最大幅度降下来，否则近期内就没有工业性应用的可能。

当前应用的活性剂体系主要问题是最佳相态有效驱替适应的范围比较窄。由于在地层中吸附损失、稀释、分散以及色谱分离等作用，使矿场试验效果远不如室内结果那样理想。

近年来提出的碱—活性剂—聚合物复合驱油体系，把活性剂浓度降到 0.5% 以下，看来是解决成本降低问题的一条重要的出路。但这方法还处于探索阶段，即使在欧美各国，矿场实际经验也还很少，我们必须加紧室内研究，攻克其中的技术关键，尽早在矿场上进行先导性试验.把活性剂提高采收率的潜力发挥出来。

对于酸值较高的油田，在注聚合物同时加入碱剂，可以起到提高波及效率和驱油效率的双重作用，适合碱—聚合物驱的储量有 0.29 × 10^8t，对这些油田也应尽早开展碱—聚合物驱研究，争取早日投入矿场试验。

(3)中低渗透轻质油油藏应尽快掌握气体混相驱技术。

从前面 CO_2 混相驱分析看出，有 4.8×10^8t 地质储量适合 CO_2 混相驱，占预测储量的7.1%，增加可采储量 0.86×10^8t。这部分储量比例虽然不大，但这些油田尚无其他提高采收率方法可供采用。主要是这些地区渗透率比较低，更主要是埋藏深、温度高、含盐量特别多，比如江汉、中原油区的油田，在目前技术条件下，气混相驱可能是唯一可行的技术。并且随着勘探工作向更深的地层发展，将来可能发现更多的中低渗透和轻质油田。特别是对于具有巨大勘探前景的西部地区，如塔里木和吐鲁番盆地，注气更有其重要意义。根据目前的勘探情况来看，在西部地区发现油层的同时也发现许多天然气或凝析气层。由于西部地区深居大陆内部，天然气很难运出和应用，又缺乏丰富的水源，在开发初期就可能采用天然气回注，进行烃混相驱开采，提高采收率，这正如美国阿拉斯加州和加拿大一样。近年来美国其他各种提高采收率项目在缩减，日产量在下降，而烃混相驱却大幅度增长，使1990年整个提高采收率日产量比1988年提高6.2%，其中烃混相驱和非混相驱提高113.6%，就是因为在阿拉斯加开展了几个大规模的烃混相驱项目。因此，气驱技术在我国随着西部油田的开发，越来越占有重要地位。

对于我国东部主要油田来说，气混相驱还有几个问题需要解决。首先是气源，这是气混相驱能否工业性应用的关键。美国 CO_2 混相驱或非混相驱近年来得以发展的根本原因是发现了丰富的 CO_2 天然资源，使 CO_2 成本大大降低。而加拿大的 CO_2 驱项目很少，烃混相驱项目很多，则是由于加拿大很少 CO_2 气源，却拥有丰富的天然气资源的缘故。我国虽然在不少地区发现过 CO_2 气源(表6.3)，但这些地方 CO_2 气储量有多少还不清楚，因而可以说目前在油田附近可供工业应用的天然 CO_2 气源还没有落实；烃类气体的供应在大部分油区也都很紧张，而从工业废气中提取 CO_2 要比天然资源贵1倍左右，这将大大限制我国气混相驱的发展。因此应重视加强 CO_2 天然气源的勘探工作，只有在油田附近找到丰富气源，气混相驱在我国东部才有坚实的物质基础。同时从现在开始应进行 CO_2 回收工艺和从工业废气中提取 CO_2 的研究，为将来矿场应用提供技术储备。

另外，我国原油多属石蜡基原油，看起来相对密度不高，但高碳烃所占比重较大，其混相压力与具有相同相对密度的环烷基原油相比要高得多。这次预测中所提出的适合于混相驱的油田中，有许多油田的地层压力与用国外预测方法测得的最低混相压力之间的差值就不很大，在地层内实际上能否混相还存在问题。因此应对我国适合混相驱的原油进行系统普查，组织力量进行最低混相压力的测定，才能更准确地估计混相驱的潜力。

我国进行 CO_2 混相驱的另一个问题是适应 CO_2 驱的油田地层水中的二价离子普遍过高(表6.3)，例如中原油区和长庆油区所属各油田，地层水中二价离子普遍在5000mg/L左右，高者可达10000~20000mg/L以上。这样，在注入 CO_2 后很可能会在地层内引起结垢，关于结垢影响和防止结垢的研究也应及早进行。

总之，气驱技术在我国是一项必须进行但困难又还很多的技术。从国外的经验来看，技术已比较成熟，经济效益较好。但我国过去还没开展过较大规模的矿场试验，室内研究也刚刚开始，还缺乏经验，而且东部地区因缺乏丰富的气源，近期还难以推广应用。西部地区有丰富的天然气资源，有的油田油质也很轻，有发展烃混相驱的良好远景。因此应该尽早投入人力进行各方面技术储备,先在少数油田进行先导性试验,积累经验,争取早日掌握这套工艺技术,待到技术成熟,条件具备时投入矿场应用。

2. 发展提高原油采收率新技术的指导原则及总体规划设想

综合上述,可见采用提高采收率新技术潜力很大,是进行注水老油田深度开发、增强老油田稳产基础的重要战略措施,对于实现国家和中国石油天然气总公司关于稳定东部和加快发展西部的战略决策具有重大的意义。因此必须立即组织力量,加快其研究和实施的步伐。

而且,30 年来,我国已进行了各种提高采收率的实验室研究和现场实验。“七五”期间,在大庆、胜利、华北、大港、玉门、河南、江汉等油田,先后开展了聚合物驱、注天然气、注氮、CO_2 混相驱和表面活性剂—聚合物驱等 13 个先导试验的室内研究和可行性研究,有的已进行了矿场试验,见到了较好的效果,积累了重要的经验。特别是通过大港和大庆油田成功的聚合物驱先导试验,已基本掌握了聚合物驱的配套技术。同时,还建立了有关的实验室,装备了一定的技术设备和手段,形成了一批具有相当数量和水平的科研和现场试验的队伍。这些都已为今后较大规模地开展提高原油采收率的工作打下了良好的基础。

不过,也应该看到,提高采收率技术对油藏地质条件的依赖性强,技术难度大,投资多,风险也较大,而且所需的化学剂数量非常巨大,必须立足于国内建厂生产,周期较长,这些都需要从技术和资源等方面做好准备。因此,发展提高采收率新技术总的指导原则应该是着眼十年,抓紧五年,总体规划,分区、分阶段实施,逐步形成生产能力。特别是对准备着手进行工业化生产的技术,更要严密考虑,精心安排,着眼十年,搞好五年实施规划。只有这样,才能减少盲目性和失误,确保提高采收率新技术得到迅速和健康的发展。

根据以上对各种提高采收率方法的适应性、潜力大小、物料来源和技术经济成熟程度的综合分析以及发展指导原则,总体上设想在“八五”和“九五”期间将全国提高原油采收率的工作按 3 个层次进行安排:

(1)聚合物驱工业化的矿场试验和生产,要在“八五”期间形成一定规模的生产能力,同时建成相适应的化学剂厂,为“九五”更大的发展做好准备;

(2)CO_2 及其他烃类混相驱,“八五”期间根据各油区资源的具体情况,开展一定数量的矿场先导试验,为“九五”进行工业生产做好准备。

(3)表面活性剂驱,应作为“八五”重点科研攻关对象,力争早日有所突破,投入先导试验,“九五”要进行一定数量和规模的先导性试验,为“十五”逐步工业化进行技术准备。

除此以外,鉴于我国油藏类型较多,还应探索其他的提高采收率新方法,如注浓硫酸、细菌采油以及各种物理场方法等。

加强实验室研究,在条件合适的地区开展可行性研究和先导性试验。

稠油蒸汽驱的发展规划另行安排。

以“改变液流方向”为基础的水动力学方法,应与我国注水开发油田普遍采用的注水调整一并进行,不列入本报告的规划内容。

表 6.3　我国已发现高含量 CO_2 气简况表

地区	层位	井号	井段	气体相对密度	气体成分,%								
					CO_2	H_2S	CH_4	C_2H_6	C_3 以上	N_2	Ar	He	H_2
广东南海县	新近—古近系布一段或石炭系	S-9	1429.17~1432.67	1.514	99.55	0.002~0.003	0.194			0.255		0.013	
山东滨南	沙四段 奥陶系	P-337 P-古11	1533~1546.4 2229~2248.5	1.1869 1.5050	61.88 97.32		33.22 1.31	1.73 0.34	1.91 0.72	1.25 0.30			
吉林万金塔构造	泉头组	万21			76.98		19.32	0.21		3.49			
吉林乾安构造	高台子油层 扶余油层			1.3290~1.3438 1.2443~1.3667	48.43~78.55 60.54~80.09		15.27~40.15 11.59~24.73	2.71~3.69 0.92~3.12	0.17~2.75 0.62~2.37				
安徽天长	奥陶—寒武系	天深4	2134~2464		99.4		0.21					0.01	0.30
甘肃窨街煤田	侏罗系				96								
吉林营城煤田	侏罗系				>85								
湖北当阳	嘉四	当深3	3453.25		89.55		1.64		0.04	8.81			
湖北建南	阳三	J-38	3795~3815		38.97		49.04	0.51		9.01			
河北任丘	震二	Z-9	2599.42~3458.32	1.0848	29.16		45.88	5.57	6.05	4.9			
河北雁翎	震二	T-2	3011.3~3045.5		24.24		59.06	1.05	1.05	14.52			
川南龙洞坪	阳二	D-11	1750~1753	0.851	29.61		67.48	1.55	0.39	0.37		0.028	0.572
川西北倒流河构造	雷三	流-1	697.5~793.9	0.881	30.83		62.78	3.20	0.63	2.0			0.28
鄂尔多斯盆地	下侏罗统	L-32			30.67		总烃58.32			10.72			

第二章　对国外提高采收率发展的分析

分析美国、加拿大、苏联各国提高采收率技术发展的情况，我们认为，可供我国借鉴的主要经验有：

一、根据地质特点进行潜力分析是选择提高采收率方法的基础

每种提高采收率方法都有一定适用范围，还没有一种“包治百病”的方法可适用于任何油藏。提高采收率方法与天然能量开采、注水开采相比，是技术更复杂、投资更大、成本更高、风险更大的方法。要评价其中某一种方法的潜力，衡量它能否作为发展的主攻方向必须根据具体油藏的特点来确定。例如，对于重油要发展热采，而深层轻油采用混相驱就更为有利，中质油的非均质地层进行聚合物驱可能有更大的吸引力。在国外确定一种提高采收率方法大致要通过以下几个过程：(1)首先用筛选标准对方法进行粗筛选。筛选标准是通过以前所积累的矿场经验汇总起来的，在目前技术水平下，不能通过筛选标准的方法一般还不能考虑；(2)对已通过筛选标准的方法用预测模型进行技术和经济的初步评价，此时只需要一些简单的油藏地质参数，对方法潜力进行预测，给出半定量结果；(3)如果预测结果表明某一种方法在技术、经济上都比较有利，则进行详细的可行性研究。针对具体油田资料进行室内实验、油藏工程、数值模拟、经济评价等多方面的研究，确定技术和经济可行性；(4)进行先导性试验，成功后进行工业验证性试验和工业推广。总之选择提高采收率方法必须以油藏地质和物性为基础，才能有的放矢，因地制宜。因此，各国都根据本国特点和矿场实践经验制定适合本国国情的筛选标准。美国和加拿大都多次对各种提高采收率方法进行潜力分析，确定本国发展三次采油的主攻方向。

二、物料来源是决定提高采收率发展方向的前提

一个方法再好，如果没有化学剂或溶剂等物料的来源必然只能是无米之炊，无本之木。从气混相驱来看，美国因为有丰富的天然 CO_2 资源，其 CO_2 混相驱才像雨后春笋一般，纷纷涌现，尽管油价下降，其上升势头不减。加拿大无 CO_2 资源，但天然气极其丰富，他们则以烃混相驱作为主要方向，在试验项目数量和潜力上列为首位。苏联也因为 CO_2 天然资源贫乏，因而化学驱占有较大比重。就连蒸汽驱也要求在附近能找到淡水来源。化学驱也是如此，根据原油特点的不同，所需要的表面活性剂的品种就有区别。宾夕法尼亚地区以石蜡基原油为主，就研究了空气氧化法生产磺酸盐或羧酸盐的工艺。美国的石油公司还十分重视化学剂的就地生产，马拉松石油公司矿场合成聚合物的装置使聚合物驱的成本大为降低。因此在确定提高采收率的主攻方向时必须从本国的国情出发，考虑是否具有发展该项技术的丰富和价廉的物料资源，并且在实施前还必须提前做好物料准备，才能不至于贻误时机。

三、地质、油藏工程研究越来越受重视，是矿场试验成败的关键

矿场试验的成败除了要有很好的配方体系外，对油藏地质特点的深入认识和描述往往是矿场试验成败的关键。例如，美国能源部在俄克拉何马州进行一个表面活性剂驱先导性试验，从油层参数评价上看是一个相当好的目的层，但实验后在主流线中央钻了4口检查井，岩心内未发现表面活性剂和聚合物，而在某一个方向上的井里发现了较多的活性剂。这个试验失败的根本原因之一就是对油藏的认识不够深入和细致。因此，地质、油藏工程研究在提高采收率研究中越来越受到重视。美国能源部每年用来资助提高采收率研究的经费中有1/3就用于资

助油藏描述的研究。每年美国石油工程师协会和能源部联合召开一次油藏描述的讨论会,从油层的微观非均质到构造上的宏观非均质分4级进行研究,在非均质的描述上取得了很大的发展。

四、室内研究、矿场试验经历多次循环,不断创新,是发展提高采收率技术的途径

一个成熟的提高采收率方法都经历了室内研究和矿场试验的多次反复,由室内研究为矿场试验提供科学的依据,经矿场试验发现矛盾,再返回室内研究,进一步研究解决的方法。只有这样锲而不舍,不断改进,才能使技术不断发展,趋于完美。有些方法至今在技术上还未完全过关,仍在不断完善中。如碱水驱1919年就提出了专利,1925年进行了第一个矿场试验。从方法提出至今已经70年了,仍处于不断完善之中。表面活性剂驱也是如此,从早期的注活性水、泡沫、乳状液至近10年的胶束驱,中相微乳液的低张力驱,认识也是不断深化,经历了室内—矿场—再转入室内这样的反复过程。各种驱替方法从单一逐渐走向复合,碱—表面活性剂—聚合物复合驱的出现就是一例,各种化学剂取其优点,相互补充,并产生一定的协同效应。在气混相驱中CO_2与泡沫或与聚合物结合已是目前研究的趋势,蒸汽驱与碱水或表面活性剂结合也是当前研究的主要内容。提高采收率方法采油是一个十分复杂的物理化学过程,必须经过反复研究试验,才能真正成为工业上应用的方法。

此外,还应广开新思路,不断提出新的提高采收率方法。目前国际上除了广泛应用热采、注气混相驱和化学驱三大主流方法以外,还都在开拓新的方法。在美国细菌采油已取得很大进展,在能源部的资助下在俄克拉何马州的废弃油井上开展了矿场试验,取得良好的效果,注入微生物后油产量增加13%,水油比降低35%以上。从动态表明注入微生物对注入能力无任何不利影响。也未遇到任何操作问题。细菌采油正在美国政府资助下在许多高等学校研究,最近提出的“超小微生物”堵水工艺技术可望得到工业性推广。美国还进行了两个电渗采油的矿场试验,但尚未见到试验结果。前面已述在苏联开展了许多物理场方法采油,其他诸如注硫酸和其他化学剂等也都在蓬勃展开。我国提高采收率的研究工作也不能困囿于现有思路和方法上,应该从我国油田的实际地质条件出发,博采各家之所长,广开思路,利用多学科的优势,取得更大的进展。

五、国家采取鼓励政策是促进提高采收率工作发展的保证

上面已经提到,提高采收率矿场试验是投资大,费用高,周期长,风险大的项目。从长远看应用提高采收率方法采油势在必行,但实际做起来,要付出很多的人力、财力、物力,单纯靠生产公司进行试验,国家不给优惠政策,提高采收率研究的进展必然十分迟缓,特别是那些经济上还不过关,但从长远看采收率提高幅度却很大的方法,如表面活性剂驱等更是如此。因此各国都对提高采收率给予很多优惠来加以实际支持,或国家给予部分投资,或在税率上给予优惠,使公司经济上不受损失或减少风险,苏联把试验区单独划出由石油部直接管理,产量不纳入管理局生产计划,这些政策都保证了提高采收率工作的顺利开展。这些经验都值得我国在发展提高采收率工作时借鉴。

(摘自《中国注水开发油田提高原油采收率潜力评价及发展策略研究》总报告,1991年1月)

微生物提高采收率潜力分析及发展战略研究

韩大匡

一、微生物采油技术概述

1. 微生物采油特点

微生物采油是一项把生物工程应用于油田开发的新技术。把微生物注入油层后,依靠代谢产物及生物体本身的综合作用,可以经济、有效地增产石油和提高采收率。该项技术的特点是:物源广泛、繁殖快、尺寸小、具有趋向性、成本低、适应性强、施工工艺简便以及对环境无污染。

由于微生物采油有这样一些特点,国内外的矿场实践都表明,微生物采油投入少、产出多,经济效益好,已日益显示出其良好的应用前景,特别对于低产的油田具有很强的吸引力。

2. 微生物增产石油与提高采收率的作用机理和应用方法

采油微生物在油藏环境中的作用机理非常复杂,一般认为,微生物利用外来碳源(如糖蜜)或直接利用原油作为碳源,在油藏中生长繁殖所产生的代谢产物,如气体、有机溶剂、生物表面活性剂、生物聚合物、生物酶以及菌体本身都可以以不同的形式综合地作用于油藏,更多地采出原油、提高采收率。

但是,也应该看到,由于微生物提高采收率机理的复杂性,目前对它的认识还不够深入,有很多问题还认识不清楚。例如,各单项代谢产物的作用都不够强烈,所以以前的文献中关于如何把残余油膜剥离的机理,还难以得出合理的认识。

微生物的主要采油方法有:

(1)微生物单井处理,包括单井吞吐和清蜡处理;

(2)微生物驱(或称微生物增效水驱),包括外源微生物和本源微生物驱;

(3)微生物调剖;

(4)地面发酵法,在地面通过工厂化发酵生产出代谢产物如生物聚合物或生物表面活性剂,将其分离出来后,注入地层以提高采收率。

3. 国外微生物采油发展概况

早在1926年美国J. W. Beckman就曾提出了利用微生物增加石油产量的设想。其后20世纪40年代美国C. E. Zobell教授在美国石油研究院(API)的资助下,发现了硫酸盐还原菌可以剥落岩石表面的油膜,可以把原油中的高分子组分降解成低分子烃类,以及微生物的代谢产物,如酸、CO_2和CH_4等气体。表面活性剂等对岩石和原油的作用,为人们对微生物采油机理的认识打下了基础。50年代末Updegraff等在美国阿肯色州首次进行了将外源菌注入油藏的现场试验。

苏联Kuznetsov等采取了另一条技术思路,他们最早发现油藏本源菌能以糖蜜为碳源就地产生甲烷气体等代谢产物,并进行了单井吞吐现场试验,取得了较好成效。

从20世纪60年代到70年代,在上述研究成果的鼓舞下,不少国家纷纷进行了现场试验。但由于当时油价较低,美国等西方产油国家对微生物采油的兴趣还不大,所以矿场试验主要在东欧各国进行,如波兰、捷克斯洛伐克、匈牙利、罗马尼亚及苏联等,多数获得成功,也有少数失败的,为微生物采油积累了比较丰富的正反两方面的经验。

在20世纪70年代后期石油危机时期,油价大幅度上涨,美国能源部大力支持各种提高采收率方法,其中也包括微生物采油方法。1980年由能源部下属的Bartlesville能源技术中心(后改名为国家石油能源研究所NIPER)牵头组织了Oklahoma州立大学、Oklahoma大学、Georgia大学、Southern California大学分工研究厌氧梭状芽孢杆菌(Clostridia)的分离和筛选、微生物提高采收率应用工艺、微生物对重油的作用机理、细菌在多孔介质中的运移等项目。这是一次对微生物提高采收率全过程的系统研究,对世界范围内微生物采油的研究和实践起了很大的推动作用。80年代美国、英国、加拿大等国相继进行了不少微生物吞吐、微生物降解重油、微生物封堵高渗透层等现场试验。苏联则在鞑靼、西西伯利亚等地进行了大量的激活油藏内源菌的矿场试验,他们先往地层里注入加氧水和 NH_4Cl 等无机盐类,激活井缘附近的好氧氧化烃细菌的生长繁殖,产生大量的代谢物,如气体、脂肪酸和醇类等。这些代谢产物本身就是有利于采油的驱油剂,另外,通过细菌生长的食物链,它又成为地层深部产甲烷菌的食物,代谢产生大量的 CH_4 和 CO_2 等气体,进一步加强提高采收率的作用。该法在鞑靼斯坦、阿塞拜疆和西西伯利亚油田应用,从1987—1994年,共增油60214t,微生物增产的油量占总采油量的18.5%~43.2%。与此同时,一些生物工程公司如Micro-Bac公司、NPC公司、UPC公司等通过研究,推出了不同类型的商品菌种,在世界范围内推销,供各油田选用。

总体来看,低产井的单井吞吐处理占现场试验的绝大多数,成功率和增产比例一般较高,经济效益也比较好,但增产量的绝对值并不是很大;微生物驱现场试验数量较少,规模也较小,属先导试验性质,而且试验过程不够规范,效果的表述多以增产量或增产百分数表示,很少有具体的提高采收率数字,总体上还处于探索阶段。

为配合微生物采油,特别是微生物驱的需要,美国NIPER等单位还组织研制了数值模拟软件。但由于微生物驱机理复杂,这套软件距工业实际应用还有相当大的差距

4. 这次调查研究的目的及过程概况

我国微生物采油技术的研究工作起步较晚,20世纪60年代开始研究,在“七五”期间开始列入国家重点攻关项目,90年代加快了这项技术的发展,建立了相应的研究机构和实验室,配备了先进的仪器设备,筛选出一批适用的菌种,探索了微生物采油的机理,建立了若干微生物培养车间,开展了单井处理和微生物驱的矿物试验,积累了一定的经验,可以认为微生物采油技术在我国油田具有良好的应用前景,是增产石油和提高石油采收率的重要方法之一。

但是,由于我国油田类型很多,油藏储层结构复杂,非均质严重,埋藏深度和油层温度差别很大,原油类型及组成多样,地层水矿化度不等,本源菌类型不同等,各油田对微生物采油的适用性有很大的差异。因此,为了能够因地制宜,更有效地逐步推行微生物采油技术,我院对各油田应用微生物采油技术的潜力进行分析、评价,在此基础上制订出股份公司发展这项技术的战略部署。为了给这项研究工作打好基础,我们对国外发展微生物采油技术的基本情况作了文献调查,同时还专门对中国石油天然气股份有限公司内研究和应用这项技术的大庆、吉林、辽河、大港、新疆、华北几个主要油田和大庆石油学院进行了走访调查,加上国内长庆、江汉等其他油田和山东大学等院校的资料共收集资料200多份,比较系统地掌握了国内微生物采油的基本情况和所取得的经验。在这个基础上,提出了微生物吞吐处理和微生物驱的筛选标准,以供潜力分析时作为粗筛选的标准。

二、实际使用的微生物提高采收率筛选标准

本次筛选应用微生物采油筛选标准研究的成果,微生物吞吐处理和微生物驱的筛选标准

如表1和表2所示。

表1 微生物驱提高采收率筛选标准

参数	原油密度,g/cm^3	含蜡量,%	岩石渗透率,mD	油层温度	矿化度,mg/L
建议范围	<0.966	>7	>20	<90℃,最佳<80℃	<100000

表2 微生物单井吞吐提高采收率筛选标准

参数	原油密度,g/cm^3	岩石渗透率,mD	温度,℃	矿化度
建议范围	<0.98	>5	<120	氯化钠含量<25%

三、微生物驱潜力评价预测结果

按照潜力分析内容和技术要求,应用讨论建立的特性参数和工艺参数,开展了扣除Ⅰ类潜力后的复合作用微生物驱潜力评价预测工作。

表3为中国石油天然气股份有限公司微生物驱潜力评价预测结果。提高采收率指的是预测含水98%时,微生物驱相对水驱采收率增加幅度。增加可采储量指的是区块群三采控制储量乘以提高采收率。

表3 中国石油天然气股份有限公司各油区参与微生物驱潜力评价情况

油区	参加评价的地质储量①,10^4t	参与粗筛选储量,10^4t	通过粗筛选储量,10^4t	去除Ⅰ类潜力后的区块群三采覆盖储量,10^4t	提高采收率 10^4t	增加可采储量 10^4t
大庆	467149	428012	428012	149723	2.86	4286.70
辽河	68907	58353	38816	20718	1.69	350.96
新疆	76697	58696	13504	10405	2.73	284.02
大港	26336	10313	4249	988	2.43	23.97
冀东	3588	2177	0	0	0	0
吐哈	13532	13466	4935	4202	3.12	130.97
玉门	6035	6035	5832	5832	2.26	131.65
长庆③	34944	19380	9732	5636	1.68	94.75
青海	9954	9954	6076	6076	2.50	152.16
吉林	38120	38120	32948	15128	1.87	282.33
华北	89323	52914	6819	4533	1.99	90.31
塔里木②	2873	2873	0	0	0	0
合计	837458	700293	550923	223241	2.61	5827.82

① 包括个别天然能量开采储量;

② 塔里木资料不全,仅进行塔中四区;

③ 由于注采系统不完善、连通性不好等原因,长庆通过初筛选出比例较低。

中国石油天然气股份有限公司12个油区在去除Ⅰ类潜力后的区块群三采覆盖储量为 22.32×10^8t,采用复合微生物驱油可提高采收率2.61%,增加可采储量 0.58×10^8t。本次微生物潜力评价参加评价的地质储量为 83.74×10^8t;二次筛选评价为 79.74×10^8t,两者比较接近。由于微生物驱增加的可采储量均来自于Ⅱ类潜力,我们近似认为两者参加评估的储量相同,那么可以将微生物驱的技术潜力与其他不同提高采收率方法的Ⅱ类技术潜力进行一下对比(微生物驱增加的那部分潜力由于相对不大,不需要按比例从其他方法中扣除这部分增加的技术潜力)。微生物驱在所有的覆盖储量中不可能全部应用,我们假设微生物驱的应用比例为5% ~15%之间,则微生物增加的可采储量如表4所示。

表4 不同提高采收率方法Ⅱ类技术潜力汇总表

提高采收率方法	覆盖储量 10^4t	提高采收率 %	增加可采储量 10^4t	占潜力百分数 %
聚合物驱	109857	6.8	7473	13.13
二元复合驱	7981	12.0	960.1	1.69
三元复合驱	164338	18.2	29940	52.60
注气混相驱	44720	18.1	8102.6	14.24
注气非混相驱	31958	5.9	1893	3.33
热采	35784	22.3	7966	14.00
微生物驱	11162 ~33486 22324	2.61	291 ~874 (583)	1.02
合计	416962	13.65	56917	100

在12个油区中,吐哈油田微生物驱油提高采收率幅度最大,为3.12%,其次为大庆油田。辽河和长庆幅度最低。由此可见,除了菌种之外,油藏物性在很大程度上影响微生物驱油效果。大庆油田微生物驱油的潜力在股份公司仍为最大,这是其储量基数大和增油效果好两方面形成的。

四、微生物提高采收率发展战略研究

(1)总的来看,微生物采油工艺简便、成本低,适应性广泛,增产原油效果显著,经济效益好,有很好的发展前景。

(2)已基本掌握了菌种筛选、培养基的优选、菌种的生物化学特性的评价、菌种的复配、物理模拟实验、菌种发酵生产工艺等配套技术,为开展微生物采油打下了基础。

(3)开展了微生物采油机理研究,得到了一些有价值的认识;提出了共代谢体系的菌种复配技术;掌握了先进的聚合酶链式反应技术;探索了生物酶降解原油和基因工程育种新技术;开展了数值模拟的研究;提高了微生物采油的技术水平。

(4)微生物单井处理技术经过大量的、广泛的现场试验,技术上已基本过关,增油效果明显,经济效益好,已具备了比较普遍推广应用的条件。

(5)微生物驱由于机理复杂,虽已开展多次现场先导试验,总体上尚处于探索阶段,还需要进一步有步骤、有重点地积极开展研究工作和先导试验。

五、下一步工作建议

1. 继续搞好潜力分析评价,在此基础上分别制定发展微生物吞吐和微生物驱的总体规划

由于油藏类型众多,油藏性质差异很大,对微生物吞吐和微生物驱的适用性也各不相同,因此要根据这些微生物采油技术的特点,具体分析各油田的地质条件,先应用筛选标准分别对其是否适于进行微生物吞吐或微生物驱进行粗筛选,在这个基础上,再应用筛选软件进行更准确的计算和潜力评价。考虑到目前我国微生物采油发展的现状,建议根据潜力评价的结果,分

别制定各油田下一步推广微生物吞吐等单井处理和积极有效地开展微生物驱研究及现场试验的总体规划。

2. 发挥产、学、研的综合力量，继续深入开展微生物采油的研究

考虑到目前各油田已掌握了微生物采油的基本技术，为了进一步提高微生物采油、特别是微生物驱的效果，建议加强以下几个方面的研究工作：

(1)微生物驱提高驱油效率机理的研究。

前述调查已经比较详细地分析了目前微生物提高采收率特别是提高驱油效率机理的认识还很不完备，亟待进一步深入研究。这方面认识的加深，对于提高微生物驱油的效率具有十分重要的意义。

(2)生物工程酶的研究。

烃类的降解离不开生物酶的作用，特别是抗降解能力较强的多环芳香烃和稠环类烃组分，如胶质沥青质的降解，更需要生物酶的作用，因此利用转基因等新技术获取降解性能更强的工程酶，为有效地应用微生物采油技术开采稠油和高凝油开辟新的路子。

(3)新型育种技术的研究。

考虑到目前依靠常规筛选方法所获得的菌种，其代谢产物功能一般都比较弱，以致微生物采油、特别是微生物驱的效果不够显著。因此，利用各种新型育种技术，特别是基因工程育种高新技术来获得强化增效，多功能，耐变异，以及能适应高温、高盐、低渗等严酷油藏条件的新菌种，已日益迫切，这是能否继续提高微生物采油效果的关键技术之一。

要注意的是，所获得的新菌种必须经过国家法定的检验机构严格检验，确证其为无毒害的菌种。

(4)微生物在多孔介质中的繁衍模式和运移规律的研究。

在各种驱替原油提高采收率的方法中，微生物作为一种驱替剂与其他驱替剂如化学剂、气体等都有一个根本的不同点，就是微生物是具有生命的物体，它在油藏内如何生长、繁殖，与油藏内的本源菌如何作用，是相生还是相克，它的死亡对油藏内的渗流又有多大影响；作为一种十分微小的带电荷的生物体，在多孔介质中的运移有什么特点，需要什么样的条件等，微生物的这些活动规律都对微生物驱油过程有着十分密切的关系。例如，大港、华北等油田的微生物驱油实践都表明，菌液注入段塞的体积远比化学驱要小，只有(0.003～0.009)PV，在生产井中就见到了一定浓度的注入菌种，充分体现了微生物在油藏中生命活动的特点。由此可见，如何优化菌种段塞大小，使之在几百米的距离内获得最佳的驱油效果，无疑必须加强微生物在多孔介质中的繁衍模式和运移规律的研究。

(5)完善微生物采油数值模拟技术及其软件。

数值模拟技术是优化微生物驱注入方案和预测效果必不可少的手段。由于微生物采油机理的复杂性，目前还没有完全认识清楚，因此现有的数值模拟方法及其软件还不能满足实际应用的要求，需要在进一步加深对其机理认识的基础上逐步完善微生物采油数值模拟技术和软件。

目前有关微生物采油的研究力量主要集中在各油田和研究院校。各有关油田虽已成立了设备比较先进的实验室，也培养了一批研究人员，但由于油藏工程和微生物学在学科上差异很大，一般从事微生物采油工作的油藏工程师虽经过微生物基础知识的培训，但毕竟与中科院微生物所、南开大学、山东大学等院校的专业人员在微生物理论基础方面存在着不小的差距；但另一方面，也不可否认，各院校的微生物专业人员又对油田开发特点不十分了解，因此，产学研相结合是当前开展微生物采油研究的有效途径，特别是有关机理研究和新方法的探索，更要注意依靠各院校的力量。

3. 在加强前期研究准备和规范现场试验的基础上，继续有步骤、有重点地开展微生物驱先导试验

从提高采收率的角度来看，微生物吞吐处理范围有限，主要起增产作用，提高采收率的效果甚微；要提高原油采收率，主要还要依靠微生物驱。但目前微生物驱技术上还很不成熟，效果不够明显，总体上仍处于探索阶段。当前存在的主要问题，除了上述对其机理的认识不够深入、不够完善以外，还存在着有的现场试验前期准备工作不够认真、细致，注入方式没有很好优化，现场试验的进程不规范，试验井组不封闭，没有中心井，外围井影响很大，效果难以确定评价等问题。因此，为了提高微生物提高石油采收率的效果，除了上述加强机理研究以外，建议根据潜力分析的结果，在加强前期研究准备和对现场试验加以规范的基础上继续有步骤、有重点地开展微生物驱的先导试验，争取早日取得突破性的进展。

为此，建议及早提出有关微生物驱前期研究准备工作的明确要求，并且制定实施微生物的规范。

在今后微生物驱先导试验的安排中，要根据油田的特点和潜力的大小作出总体的规划，防止一哄而上，重复试验，得不到实际效果。在规划中要注意安排一些新型的微生物驱先导试验，如内源菌驱、聚合物—微生物复合驱、表明活性剂—微生物复合驱等。

4. 继续搞好菌种的优选、保存，建立股份公司规模的菌种库

筛选优良的菌种是微生物采油最基础的工作。现在各油田和有关研究机构都已筛选了不少性能各异的采油菌种，这是一笔宝贵的财富。今后应该一方面继续进行筛选，不断扩大和丰富微生物的品种，以便适用于更广泛的油藏条件。另一方面，应该把已有的菌种很好地积累起来，长期保存。为此，需要对已有菌种定期地更新培养基和复壮，以免菌种退化。实际上由于保存不善，有的油田原来效果很好的菌种已经退化。“亡羊补牢，犹未为晚”，今后应该扎扎实实地搞好菌种的保存工作，建议建立股份公司规模的菌种库，不但从事菌种的保存工作，而且可以在股份公司内部实行有偿共享，扩大现有菌种的应用范围，提高其利用率。

与此同时，还建议加强菌种的检验工作。虽然自然界中大多数菌类对人畜是无害的，但也确实存在着一些有毒性的微生物。为保证安全起见，所有微生物采油中应用的菌种，不论是国内的还是外国公司的，都必须经过国内法定检验机构检测合格后才能使用。可以考虑由上述菌种库执行有关的监督事宜。

5. 加强管理，降低成本，进一步提高微生物采油的经济效益

微生物采油的主要优越性之一是它成本低，经济效益好。但是由于菌种的价格过高，特别是过去外国公司的菌种价格高达每吨10万元人民币以上，结果增产原油的经济收入几乎全部被菌种的投入所抵消，极大地降低了微生物采油的经济效益，充分表明了降低微生物采油成本的必要性。

为此，建议研究和改进菌种的发酵工艺，实现合理的规模化生产，降低菌种的生产成本。在这个基础上，加强微生物的市场管理，在考虑合理利润的前提下，规范其价格体系。通过这些措施，真正把微生物采油的成本降下来，才能还这项技术成本低廉的本来面目，才能增强其吸引力，在更大范围内推广应用。

6. 建立微生物采油研究中心，从组织上落实和加强这项技术的研究工作

微生物采油是一项系统工程，牵涉到机理研究、规划部署到工程实施等方方面面。为了把这项技术全面推动起来，建议集中一部分技术骨干，建立面向整个股份公司的微生物采油研究中心（或重点实验室），全方位地开展研究工作和技术服务工作（如上述菌种库等），推动今后股份公司微生物采油技术的更快发展和推广应用。

第四篇　油藏描述与油藏工程

我从20世纪80年代后期就开始关注高含水老油田提高采收率特别是提高水驱采收率的问题，由于这个问题的复杂性和开创性，从开始构思、分析，到2012年已经持续20多个年头了。这个过程大体可分为两个阶段。前一个阶段从1987年到1995年，主要是形成概念和初步构想的阶段。在这个阶段里，在与多学科专家们进行研讨、集思广益的基础上，分别于1987年、1990年及1995年3次全国性油田开发大会上作了主旨技术报告，主要阐明了当油田含水超过80%、进入高含水后期以后，地下剩余油分布发生重大变化，呈现了“整体上高度分散，但局部仍有相对富集部位”新格局的认识，并且提出了该时期老油田已进入“深度开发新阶段”的概念，包括深度开发阶段的特点、目标和挖潜对象。

其后由于我退居二线和退休，这项研究工作曾中断了几年，到2001年底我当选为中国工程院院士后，才再次开始了第二阶段的研究工作。在这个阶段里我陆续招收了一批博士生和博士后，逐步形成了研究团队，开始集中精力针对进一步提高水驱采收率这个量大面宽、难以下手的问题进行实质性的研究，已取得了系列成果，包括基本理论体系的构建，深化油藏描述，量化剩余油分布，以及深部调驱等3个方面关键新技术的突破、现场试验和应用。这些成果发表在我单独发表的3篇文章和报告以及与研究团队成员一起发表的文章中。其间还向中国石油有关领导提出了3份建议书，并附上领导的批语。

这些文章和报告承前启后、相互联系，已经从整体上比较系统地阐明了进一步提高水驱采收率（现在中国石油称之为二次开发工程）的理论基础和关键技术，从中也可以看出它的形成过程。

由于这6篇文章具有渐进的性质，因此下面采取按时间先后方式排列，读者可先从第6篇具有总结性的文章看起，以了解整个成果的全貌，有兴趣的再逐步向前追索，进一步了解其来龙去脉。

加强科学试验提高注水采收率
有效地开发复杂油田

韩大匡

背景介绍：本文是1987年在石油工业部油田开发建设工作会议上所做的主旨技术报告，被收集在石油工业出版社出版的会议论文集中，是系列文章中的第一篇。

当时正值“七五”中期，从“六五”开始的全国规模的“以细分开发层系及加密井网”为主要内容的油田综合调整工作行将基本结束，下一步该怎么办？这个报告就试图回答这个问题，文中有几点值得读者关注：

(1)指出按当时油价已难以再继续沿用这种均匀加密井网的调整方式挖潜，要在剩余油分布上找出路。

(2)初步指出经开发调整后地下虽已大面积水淹，但仍有相对富集部位，如断层附近、砂体边角部位、局部构造高部位、正韵律厚层顶部等处，提出高含水油田下一步挖潜的对象将逐步转入开采这些分散在各处的相对富集的剩余油，并设想可以用打高效调整井等挖潜措施。

(3)提出了增加注水井数比是改善油田开发效果的重要措施。

(4)提出了综合多学科技术来研究剩余油饱和度的分布的方法。

(5)强调了聚合物驱是比较现实，比较适合我国地质条件，且便于推广，发展前景好的提高采收率方法。

(6)提出要搞好我国提高采收率方法的筛选工作。

近年来，石油工业连续持续增长，1987年产量有望达到1.34×10^8t，形势很好。今后，根据国民经济发展的需要，我们面临着更为艰巨的任务，要求“七五”后3年每年产量连续增长300×10^4t、500×10^4t和800×10^4t，到1990年达到年产油量1.5×10^8t，产气量$150\times10^8m^3$以上的规模。展望2000年，原油产量要达到2×10^8t，天然气产量要达到$300\times10^8\sim500\times10^8m^3$，任务是十分光荣和十分艰巨的。但是，也要看到当前还面临着后备储量紧张和资金紧张的困难，所以形势也是严峻的。

怎样才能完成这个任务呢？部党组提出了石油工业要实现良性循环，保证油气产量稳定增长的战略思想和指导原则，是完全符合十三大报告中所提出的：“必须坚定不移地贯彻执行注重效益、提高质量、协调发展，稳定增长的战略”的精神的。

要实现石油工业的良性循环，必须以提高经济效益为中心，理顺储量、产能、产量的关系，搞好综合平衡，使石油工业各项工作协调发展，油气产量稳定增长。这涉及地质勘探、钻井、油田开发、基本建设、油气集输等各个方面的工作，需要石油工业各条战线的同志们共同努力。就油田开发建设本身而言，应该说油田开发建设是实现石油工业良性循环的重要环节和最终体现。从实现石油工业良性循环的要求出发，搞好油田开发建设工作，有两个方面的含义，一是对老油田要不断地加深认识和分析其变化特点，坚持不懈地挖掘潜力，增加可采储量，提高稳产水平，延长稳产期；二是在新油田的开发建设方面要做好前期准备工作，经济有效地动用已找到的新储量，投一块、稳一块，保证全国产量的稳定增长。为了做好这两方面的开发建设工作,都要依靠技术进步,从实际情况出发,选准关键的技术措施,来提高油田开发建设水平,促进石油工业的良性循环。这里仅对老油田如何发展注水技术,提高注水采收率的问题,以及如何开发好各种复杂油田的问题,谈一些不成熟的看法,供领导和同志们参考。

一、老油田要精雕细刻发展注水技术,提高注水采收率

关于老油田的问题,谭文彬司长已作了全面的分析,我完全同意,不再重复。我想从"六五"以来我们所走过的道路出发,回顾一下"六五"以来,在老油田开发方面我们采取了哪些措施,收到了什么效果,然后看一下今后我们老油田的情况有什么变化,面临几个什么矛盾,探讨一下今后应该怎么办。

1."六五"以来,以细分层系及加密井网为主要内容的油田综合调整工作,对老油田的稳产和提高采收率发挥了巨大的作用

回忆"六五"初期,当时分析了老油田注水所存在的几个矛盾,一是油田初期井网一般来说层系过粗,大部分低渗透层受不到注水效果,没有动用;而且由于我们陆相沉积的特点,非均质比较严重,老油田井网也过稀,水驱控制程度不够,注水效果得不到充分发挥,这些都造成水驱波及体积不大。二是含水增高,老油田即将由中含水期逐步进入高含水期。因此,提出了两条大的措施,一是进行以细分开发层系和加密井网为主要内容的油田综合调整,着重点是解决或者更确切地说是减轻层间矛盾和平面矛盾。二是加强以提高排液量为主要内容的增产作业措施,着重点是减缓由于含水上升所造成的递减。中心问题是扩大水驱波及体积,提高水驱采收率,增强稳产基础。回过头来看一下,可以看出,这两条措施确实起了巨大的作用。

从图1可见,如果以1980年底投产的老油田作为基数,通过调整,可采储量据初步估算约增加了3.4×10^{8}t,采收率约增加了5.8%,这些可采储量大体相当于"六五"期间累计产油量的62%,可见挖掘老油田的潜力,提高采收率,增加可采储量,对于实现石油工业良性循环有重要意义。从产量上看,全国从1981—1985年所打调整井连同所进行的措施在内,到1985年产油3721×10^{4}t,加上老油井的产量,使老油田老区的产量达1.0262×10^{8}t,基本实现了1×10^{8}t稳产。如果再加上老油田内扩边、开发新区块的产量,总共达1.1372×10^{8}t,比1980年这些油田的产量1.0514×10^{8}t还超过858×10^{4}t。这样在"六五"期间新开发投产41个油田或区块产量1085×10^{4}t完全可以上产,而使1985年产量达到1.2457×10^{8}t。这又从另一方面说明了这项调整措施的重要意义。

2. 预计到"七五"末期,全国范围内现已开发油田细分层系,成批成套加密调整的工作将基本完成

上述的油田综合调整任务在"七五"期间将继续发挥重要的作用,预计从1986—1990年全国将钻各类调整井13000口,增加产能2641×10^{4}t。如以1985年底以前投产的老油田为基准,打了这一批调整井以后,可采储量预计还可以再增加约4.3×10^{8}t,采收率约可增加5.0%,这部分可采储量将相当于"七五"期间预计总产量的62%左右,仍是十分可观的。

从产量来看,这批调整井到1990年大约可达年产油2400×10^{4}t左右,加上老井的产量,这些油田到1990年还可产油1.04×10^{8}t,贡献仍然是巨大的。

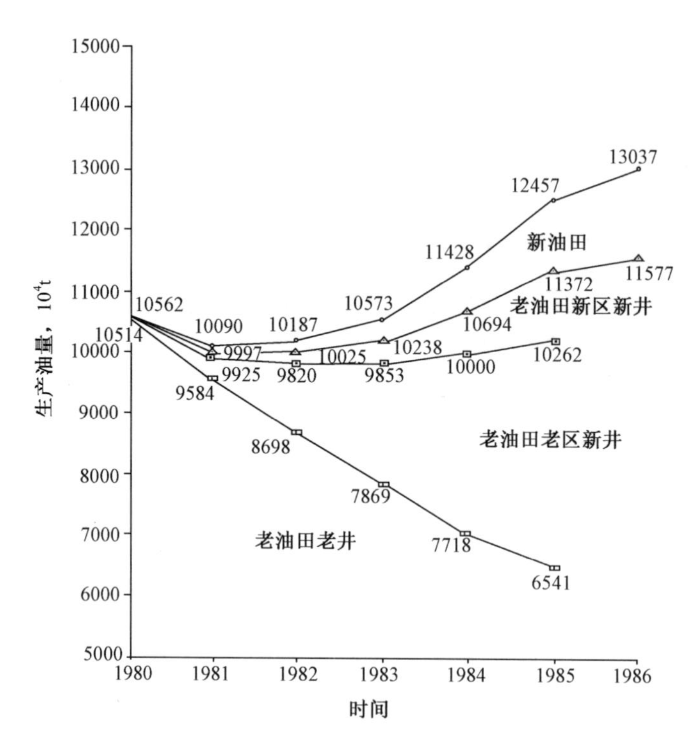

图 1 “六五”期间全国新老油田年产量组成曲线图

但是，这批调整井在“七五”期间将基本打完，“八五”期间除大庆还有一批井可钻外，其他油田的井网基本都将达到经济极限。

以目前单井剩余可采储量最高的大庆为例，我们进行了比较详细的测算，萨喇杏油田中部地区在“八五”期间，井网加密到 15 口/km^2 以后，每增加一口井约可增可采储量 1.65×10^4t/口，所采原油成本将增至 170 元/t 以上，已大大超过目前原油售价。

大庆油田井浅，单井剩余可采储量在全国最高（9×10^4t/口），情况尚且如此，而其他油田多为中深井甚至深井，目前单井的剩余可采储量，多者为 $5 \times 10^4 \sim 6 \times 10^4$t，少者仅 $1 \times 10^4 \sim 2 \times 10^4$t，而且在一次调整结束以后，剩余油分布将更为零散，一般也难以构成独立的开发层系。因此，看来“八五”期间再成批地、大量地、以成套井网打调整井已不可能。

当然，这主要是指 1980 年以前投产的高含水油田，对于一些新投产的油田，经过一段时间的开采以后，还是可能要再进行层系井网的调整的。如果原油价格有大幅度的调整，像大庆油田等那样条件非常优越的油田也可能再进一步进行适当的井网加密。但是像现在那样成批地、全国规模地进行层系井网调整的时期，到“七五”末期将基本结束。

那么，现在就要引起我们注意和考虑的是 3 年以后，对于这些高含水的老油田，下一步怎么办？为了回答这个问题，我们再来分析一下目前和“七五”末期老油田的几个情况。

（1）全国油田已进入高含水期开发。目前全国综合含水已达 71%，高含水油田已越来越多，在全国 14 个油区中，已有大庆、吉林、胜利、大港、江汉、河南、玉门等 7 个油区综合含水大于 60%，它们的年产油量 9544×10^4t，占全国总产量的 73%。若以单个油田来看，全国 170 个油田统计，含水大于 60% 的油田 66 个，它们的产液量占全国 81.1%，产油量占全国 62.8%，这些油田的平均综合含水已达 75.5%。

（2）目前全国累计采油量已达 16.9×10^8t，已采出可采储量的 53.5%，大部分主力油田已

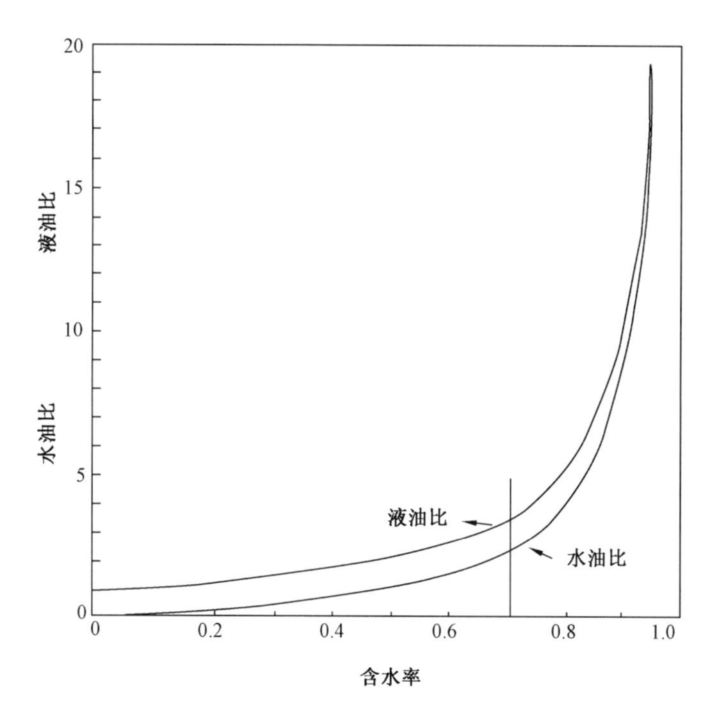

图 2　液油比和水油比与含水率关系曲线图

接近稳产期末期，已有一批油田进入递减期，如任丘、兴隆台、北大港等，预计到 1990 年进入递减期的油田将会更多，全国的综合递减将可能增大。

但是，另一方面也应该看到，毕竟还只采出了 53.5% 的可采储量，那么还有将近一半的原油还可以用水驱的办法在高含水期采出。这反映了我国油田非均质严重，原油黏度又高，高含水期将是一个重要的开采阶段，约有一半的可采储量将在这一阶段采出。这就要求我们分析一下高含水油田的剩余油的分布有什么特点，如何才能有效地继续扩大水驱波及体积，把这部分剩余油采出来。

3. 高含水油田挖潜的对象将逐步转入开采分散的、差储层中的剩余油

分析高含水期的剩余油的分布特点，可得出以下几个概念：

(1) 主力油层平面上大面积水淹，但驱扫程度不同，在断层遮挡、井网不完善及分流线等地方，常有分散的剩余油分布。

大庆、胜利等油田大量的分层测试资料表明，现阶段主力油层水淹面积已达 90%，且含水高于 80% 的井点约占 1/3。反映了平面上虽然大面积水淹，但驱扫程度是很不均匀的，剩余油富集的地区比较分散。

应用数值模拟方法拟合油由开发历史，能较清楚地描述主力油层平面上油水分布状况，我院与胜利油田合作共同对胜坨油田三区坨 7 断块进行了数值模拟，动用最好的主力油层 1^1 层大部分地区驱油效率已达 40% ~60%，注水井附近更高一些，全区大面积见水，仅北面断层附近驱油效率还只有 10% 左右，剩余油相对富集。

近年来运用数值模拟与开发测试资料分析相结合的方法，研究不同类型油层剩余油的分布特征，剩余油分布相对富集的地区可归纳为：

① 断层遮挡部位及无井控制的滞流区，尤其是断块油田其潜力较大，近年来所钻的“聪明井”常可获得低含水的高产油流。

② 注采井网对油砂体控制较差的地区，如油砂体形态不规则的边角地区、砂岩尖灭体附近等。

③ 在油井井间的非主流线区，从钻调整井情况看，非主流线区含水一般可较老井低 10% ~30%。

④ 注水二线位置，常为注采系统不够完善所引起的采出程度较低的地区。

⑤ 其他还有局部构造高部位，以及非主河道砂岩发育区等。

实践表明，在这些地区部署调整井进行注水或采油，常可获得较低含水、较高产量的效果。如胜坨油田 176 口调整井和改层系井中，初产油量高于 30t/d 以上的有 71 口井，其分布部位详见表 1。

表 1　胜坨油田初产油高于 30t/d 井分布部位

	断层附近滞流区	无井控制动用差	分流线地区	注水二线	其他	合计
井数，口	21	25	12	5	8	71
占百分数，%	29.6	35.3	15.9	7	11.2	100

（2）厚油层层内水淹不均匀，还存有相当数量的剩余油。

我国油田多属陆相沉积油田，非均质严重，河道砂储层储量所占比例达 50% ~60%，其中正韵律油层底部渗透较高，注水过程中底部水线推进快而顶部较难受到水洗。大庆油田研究认为大体上底部约 1/3 多为强水洗，驱油效率高，中部 1/3 虽见水但水洗程度相对较低，顶部 1/3 较难见水。从胜利油田所钻检查井看来，正韵律厚油层虽然全部厚度都可见水，但顶部水洗弱、底部水洗强。同样反映了厚油层正韵律储层顶部剩余油较富集。

大庆油田北部地区厚层储量 13.7×10^8t，其中南二、南三区以北葡 I_{1-3}厚层未动用和动用差的就有 3×10^8 ~3.5×10^8t。可见，开采好厚油层具有较大的意义。

（3）动用低渗透和特低渗透油层的水平较差。

在油田开发过程中虽然经过一次调整，有的还经历了多次调整，低渗透层的动用程度有了很大的增加，但由于油层多，非均质严重，大致有 20% 左右低渗透和特低渗透油层仍然得不到动用。

大庆油田萨北地区调整后测试结果表明，非主力层不出油厚度为 21%。另外，大庆油田的表外储量单层厚度约 0.2m，隔层厚度也较小，估计储量为 5.5×10^8t。

兴隆台油田 4 个主力断块吸水剖面资料统计，不吸水厚度占总厚度的 23.4%。

这些低渗透和特低渗透油层，一般由于分散，储量不集中，难以整体投入开发。

上述情况表明，在油田进入高含水期后，特别是经过细分层系和加密井网的综合调整以后，由于主力层已大面积水淹，剩余油的分布已较为分散，为了进一步提高注水开发效益，就要把挖掘潜力的方向逐步转向开采分布零散的、含水饱和度相对较低的和物性差的油层中的剩余油。对付这种高分散低渗透，而且可能犬牙交错镶边搭桥的剩余油，是一个使大家进一步来探讨的新的难题。看来，再用原来的均匀加密或单独分出一套层系的办法，必将多打很多无效井、低效井，单井增加的可采储量太低，经济上也不合算。我们的想法是要精雕细刻地寻找剩余油相对富集的地区，以更加灵活的方式，有针对性地局部进行注采调整，改变液流方向，必要时可以打一些高效调整井，特别是要重视多增加注水井点，提高注采井数比，以进一步完善和强化注采系统，可能是一种比较有效的办法。另外也要考虑因地制宜，采取多种多样更有效的注水方法，如聚合物水驱及不稳定注水、水气混注等，下面将分别加以叙述。

4. 进一步完善和强化注采系统，增加注采井数比

（1）油田现有注采井数比低，不适应高含水期的开发要求。

我国油田开发初期大多采用行列注水或反九点法，注采井数比为1:3。目前全国平均注采井数比达到1:3.37，其中主要油田经调整后为1:(2～3)，占可采储量的72.5%，其余油田注采井数比较低，北大港、东辛、临盘、克拉玛依等为1:(3～4)，葡萄花、扶余、欢喜岭、曙光等为1:(4～5)。

分析上述高含水期主力油层内剩余油分布特点可以看出，注采井网不完善是平面上留下剩余油的重要因素之一。对于分流线上的剩余油，也要通过调整注采关系，改变液流方向来采出。并且由于我国陆相地层非均质严重，剩余油多的非主力层往往连通不好，如果注水井太少，对这些层来说注采关系就很不对应，也难以把剩余油采出。

另一方面，油田开发初期油井产液量较低，较少的注水井能够满足采液速度和注采平衡的要求。随着含水的上升，产液量成倍增加，含水越高增加幅度越快，相应的注水量也需大幅度上升，注水井数保持初期状况就难以适应。如大庆油田1975年含水30.6%，产液量0.73×10^8t，年注水量$0.8\times10^8m^3$；1986年含水75%，年产液量增加到2.17×10^8t，年注水量$2.39\times10^8m^3$，分别增加约两倍；预计到1990年含水将高达83%左右，产液量达3×10^8t，注水量$3.2\times10^8m^3$，即又增加了近$1\times10^8m^3$，如果不适当增加注水井，单井注水量过大必将大幅度提高注水压力，可能引起新的不良后果。

（2）高含水期强化注采系统，适当增加注水井点，是改善油田开发效果的重要措施。

从我国油田开发状况和国外油田的开发经验看，归纳起来高含水期增加注水井点的效果是：

① 有利于改变液流方向，变分流线为主流线，采出分流线地区中的剩余油。

② 有利于增加受效方向，采出油砂体有断层附近，边边角角的剩余油。

③ 有利于在降低注水井压力的情况下满足注水量的要求，从而保护井身结构，并避免压开油层。

④ 有利于提高低渗透层的排液量。由于注水片点增多，低渗透层可以保持较高的油层压力，从而提高液面，增大排液量。

⑤ 有利于降低油田综合含水，提高注入水的利用率。把位置合适的高含水井转注，将会明显降低综合含水。

总起来说，在高含水期增加注水井点，将有利于采出分散的剩余油，增大注水波及面积，提高水驱可采储量。

值得注意的是，增加注水井点而形成封闭式的注水井网，将收到更好的效果。我们曾用数值模拟方法在均质砂岩油藏上进行机理性研究，对比了反九点开采，将其角井改为注水井形成五点井网，将注水井两侧的边井转注形成线状井网，将4口边井均改为注水井以形成封闭式的九点井网，共4种井网的开采效果。比较结果以转为封闭式的九点井网效果最好，这种方式不仅可将分散的分流区内的剩余油集中到中心生产井采出，采收率可增高1%，而且可以降低含水，减少耗水量，有利于改善开发效果（图 3 ~ 图 13）。

苏联对行列注水的油田改为封闭式的块状注水，开发效果也有明显的改善。如西西伯利亚的马蒙托夫油田，于 1978 年将三排行列注水，增加两排纵向注水井排，转为块状方形封闭式注水系统（图 14，图 15）。注采井数比由原来的 1∶2.25 增到 1∶1.67，提高了注水强度，增加了注水方向，并且把增加的生产井布在原井网剩余油区的中心，把分散的剩余油向中间的生产井集中，因而有利于提高采油速度和采收率。使平均单井日产油量超过老井 28%，加密井含水 23.2%，老井为 35.8%，从 1978—1983 年共增产原油 1614.7×10^4t，采收率增长约 3% ~4%。苏联的低渗透油田已经逐渐采用这一注水方式，如尤甘斯克联合企业用块状注水系统生产的原油达 3422×10^4t，占该企业原油产量的 56%，马津油田某开发区在注热水的同时，也将行列注水调整为块状注水系统。

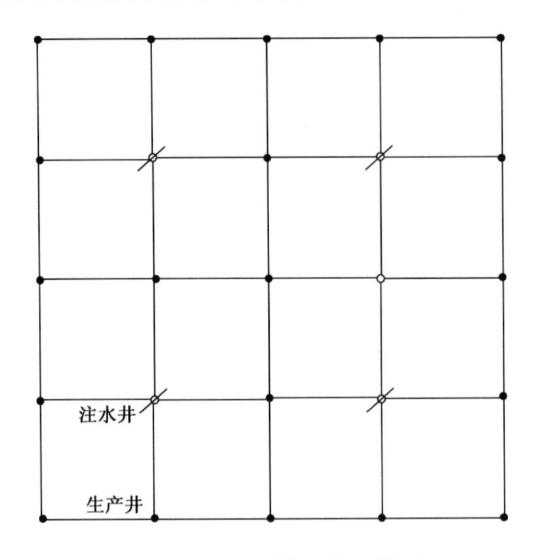

图 3　1 注 3 采的反九点井网

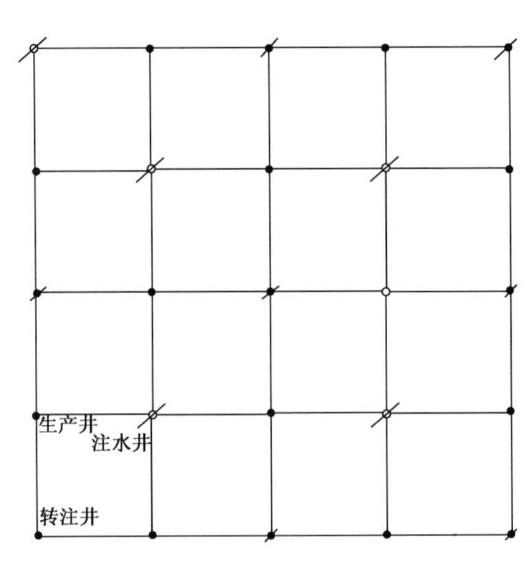

图 4　反九点井网角井转注形成 1 注 1 采的五点井网

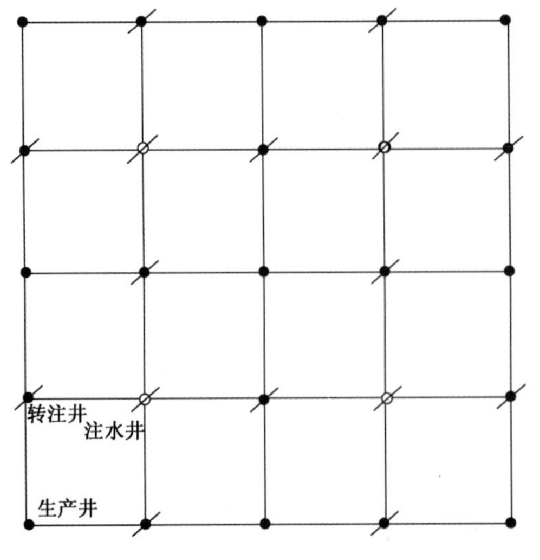

图 5　反九点井网注水井两侧边井转注形成 1 注 1 采的线形行列井网

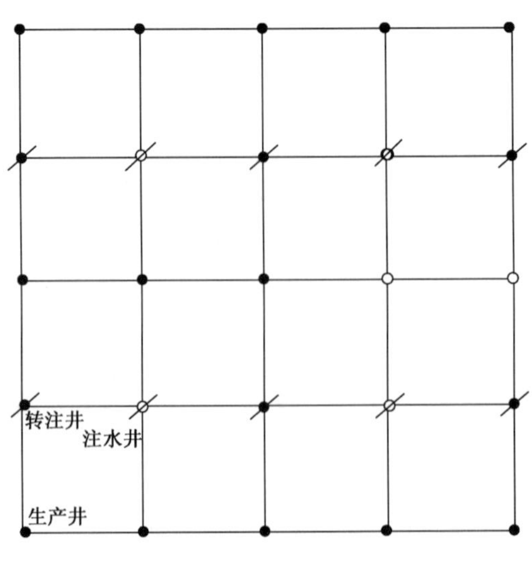

图 6　反九点井网 4 口边井全部转注形成九点井网

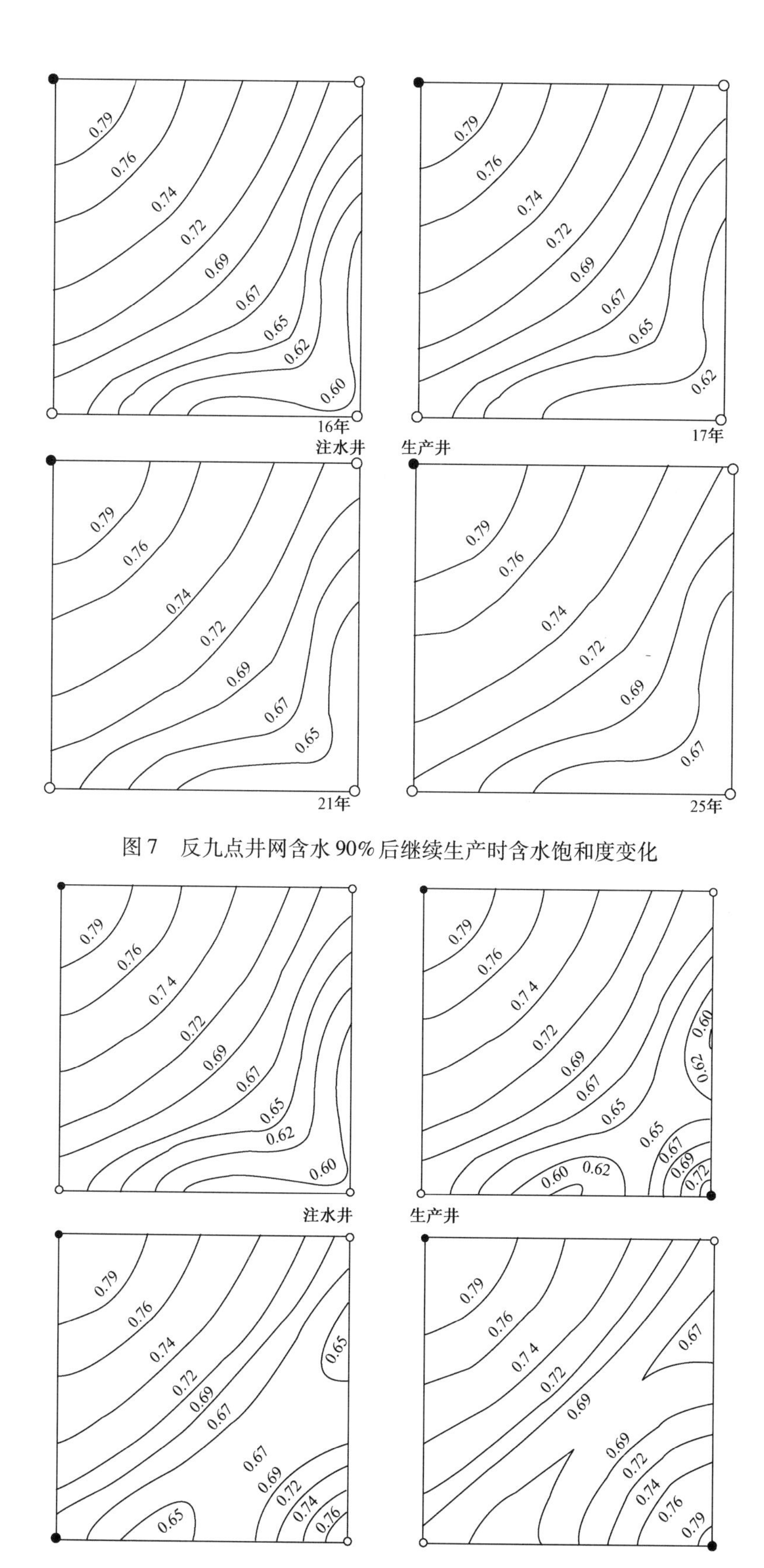

图 7　反九点井网含水 90% 后继续生产时含水饱和度变化

图 8　反九点开采含水 90% 后转为五点井网时含水饱和度变化

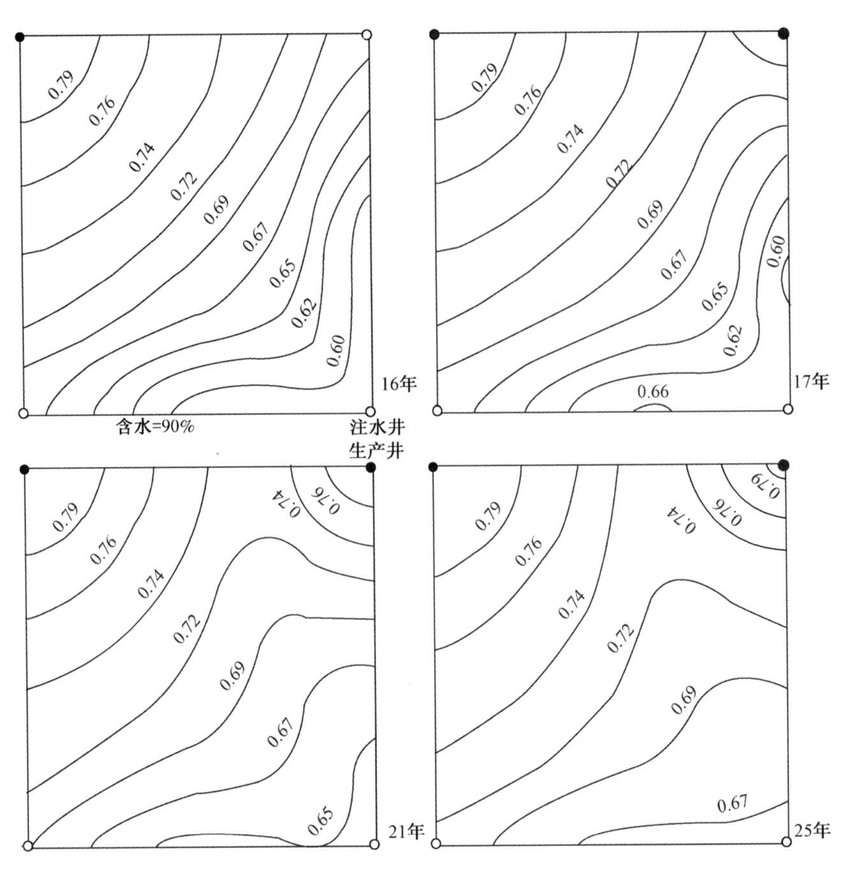

图 9　反九点开采含水 90% 后转为行列注水井网时含水饱和度变化

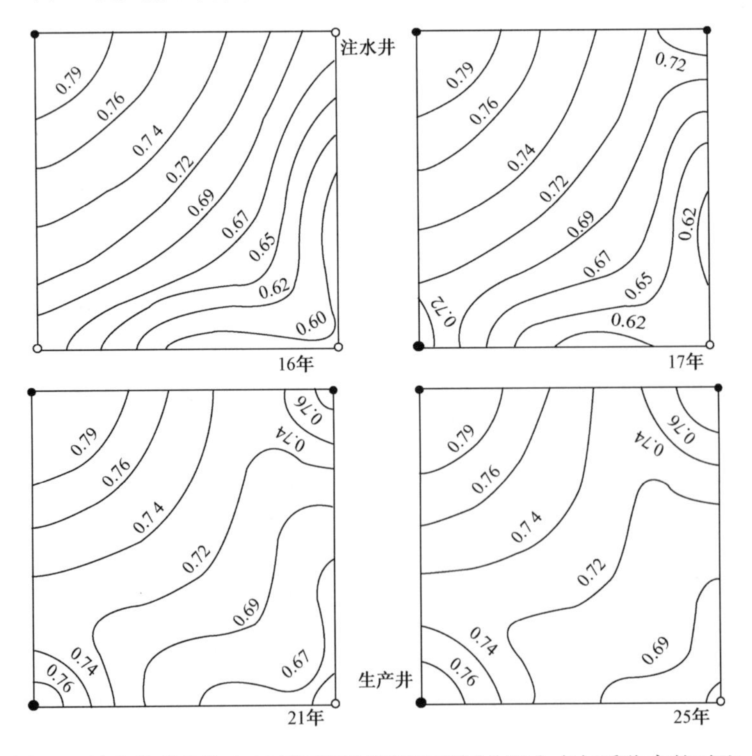

图 10　油水黏度比为 2 时不同转注时间下不同井网含水与采收率的对比

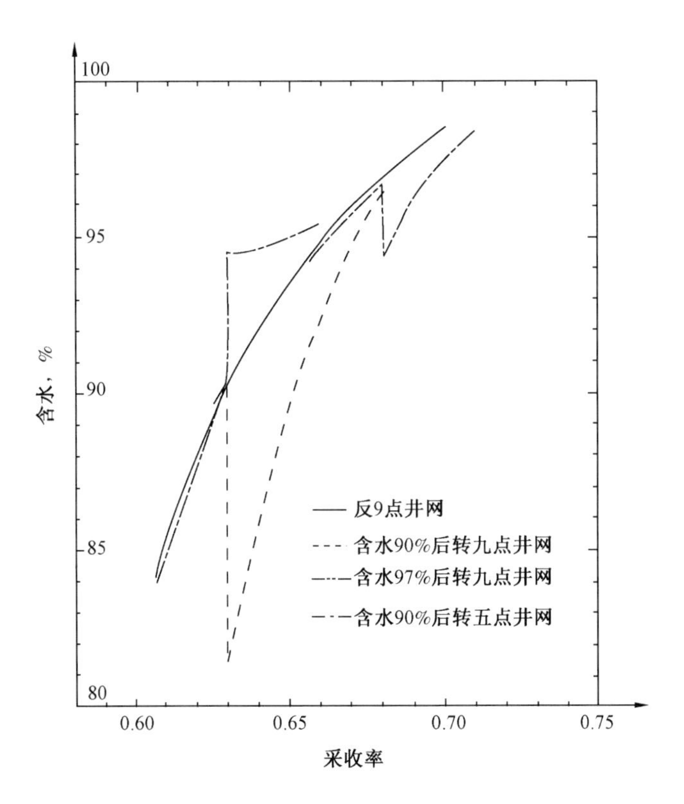

图11　油水黏度比为16时转为不同井网含水与采收率的对比

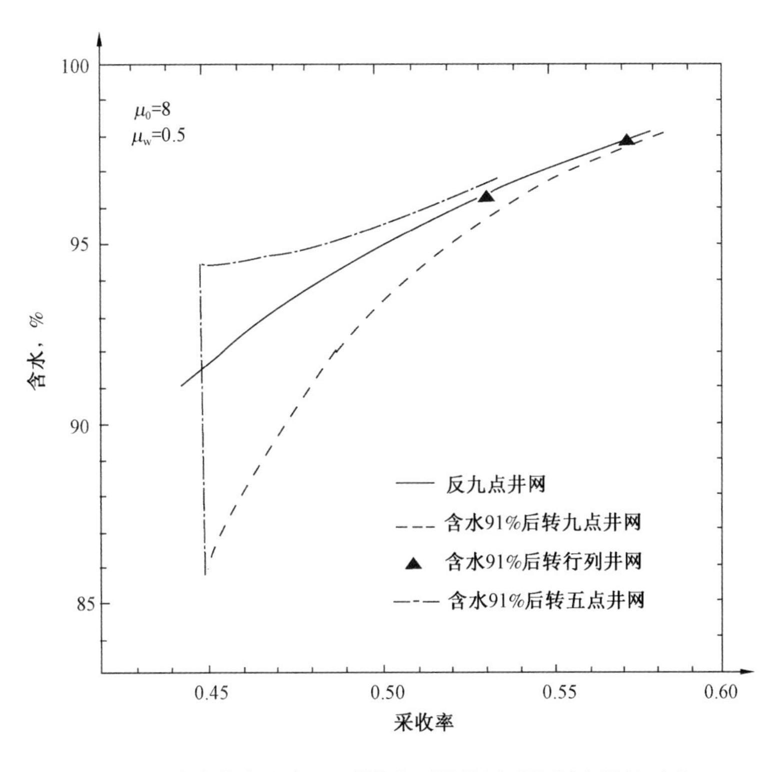

图12　油水黏度比为16时转为不同井网平均耗水量的对比

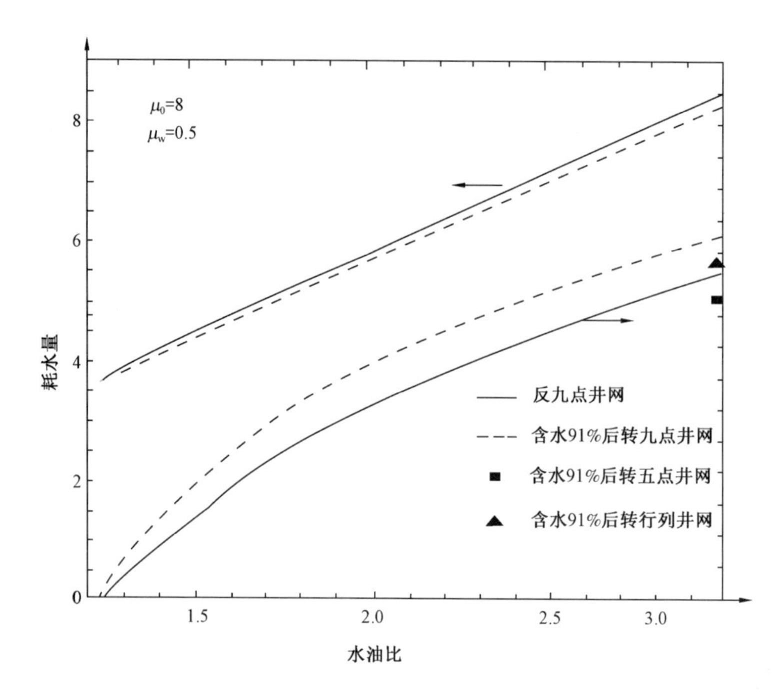

图13　油水黏度比为16时转为不同井网平均耗水量的对比

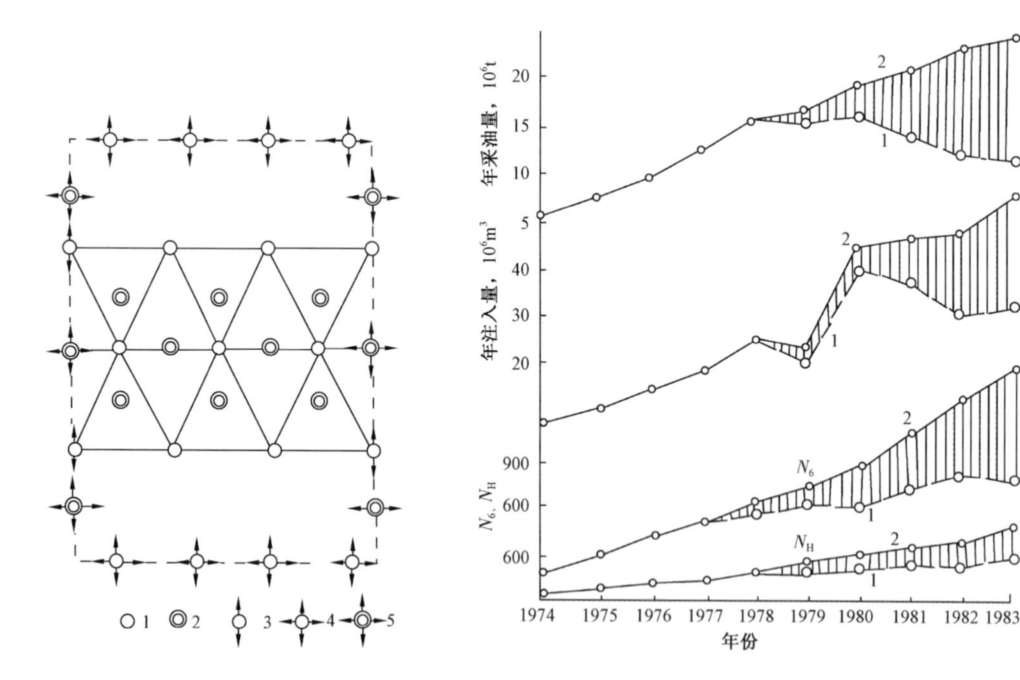

图14　块状方形井网系统单元示意图

1—基础采油井;2—加密采油井;3—由基础采油井转的注水井;4—基础注水井;5—加密注水井

图15　马蒙托夫油田改为块状方形井网前后效果对比

N_6—C10层加密井总数井;N_H—增加注水井数;

1,2—改变井网前后对比

(3)从国内调整实践中也可初步看出增加注采井数比的有效性。

近年来在注水开发过程中,有的油田已开始在逐步增加注采井数比,对改善开发效果有明显的作用。

中原油田今年以来完善注采井网，通过增加注水井点增加了油井多向受效方向，使注采井数比由1∶3.05增至1∶2.41，水驱控制储量由11048×10^4t增加到14492×10^4t，增加3444×10^4t，其中文明寨油田注采井数比由1∶3.6增至1∶2.9，水驱控制储量由1094×10^4t增至1756×10^4t。

大港油田官80断块将注采井数比由1∶2.5调整到1∶1.6，使双向、三向受益井由53%提高到76.4%，日注水量由964m^3提高到1340m^3，注采比为0.9左右，基本满足了开采工作的需要。

(4)具体做法。

在搞清剩余油分布的基础上，针对剩余油田相对富集的地区，研究完善和强化注采系统的方案，尽可能利用老井转注，必要时也可局部地打少量以注水井为主的调整井，较大规模的调整时应进行压力系统的运算及必要的数值模拟分析，评价调整方案的效果以及确定提高排液量的方法和步骤，以弥补因转注而损失的油量。

建议各油田考虑选择一、两个区块进行试验，取得经验后逐步推广。如孤岛油田开始进行把四点法改为七点法的现场试验，就是一种有益的尝试。

5. 发展多种技术，综合攻关，研究剩余油饱和度的分布

要对付高含水期这种分布非常分散的剩余油，首要的问题是要搞清楚剩余油以什么形态分布在什么地方。由于剩余油分布的复杂性，认识它的分布必须多种技术综合攻关，包括进行油水井的分层测试、水淹区钻密闭检查井、进行水淹层饱和度测井、建立地质模型以及进行数值模拟研究等。

(1)建立油田监测系统。

将油田上大量分布的生产井和注水井以及专门用于测试的观察井组成监测网，定期进行测试工作，获取分层的产油、产水以及有关的压力资料，能够认识地下分层的油水运动状况。大庆、玉门、江汉等油田运用生产资料，长期坚持绘制分层的油水分布图，分析开发效果，指导生产和调整工作，有较好的效果。

录取的分层资料还可为数值模拟提供参数，也能够作为数值模拟中生产史拟合精度的对比检验数据，作为改进拟合方法的依据。

随着油田进入高含水期开采，监测的内容和方法也应有所发展，从当前的测试技术状况看，重点要发展：

① 抽油机井环空测试技术的配套，如小直径压力计、环空找水仪、流量计等；

② 无杆泵测试技术，电潜泵、水力活塞泵的测压及产液剖面测试；

③ 剩余油饱和度监测；

④ 油—气、油—水界面监测；

⑤ 高精度电子压力计及现代试井解释；

⑥ 油水井套管技术状况监测及其保护方法的研究。

全面部署监测系统，按规定录取资料是不断加深对地下情况认识的基础。这里想特别强调一下的是在监测系统中应该根据不同油田情况，适当部署少量专门监测剩余油饱和度的观察井，用比较先进的测井方法，如碳氧比测井、中子寿命测井等方法定期进行监测。对这些方法不适宜的油田，可考虑下玻璃管用感应测井定期测量，观察分层油水饱和度随时间推移的变化。有这样一些骨干观察井，对分析剩余油饱和度的变化，检验其他方法的精度，和为数值模拟历史拟合提供依据会起到重要作用。

(2)开展水淹层饱和度测井。

近年来应用测井方法了解剩余油饱和度的方法逐渐得到应用,如在完钻的调整井中进行水淹层测井,在已下套管的生产井中进行碳氧比能谱测井、中子寿命测井等,都能分强水淹、中水淹、弱水淹、未水淹等4个级别进行解释,从而能够分层认识平面上油水分布状况。

我国针对不同类型油田地质特征的差异,分别发展建立了水淹层测井解释方法,如大庆、胜利油田应用多种测井信息解释水淹层的方法,其解释方法所得结果与分层试油和取心分析结果符合较好。我院也为玉门、辽河等油田研制了用常规测井方法解释水淹层的图版,也取得了较好的效果。但总的看来,应用测井方法了解剩余油饱和度,其通用性还不强,一种方法往往不能适用于多种储层的解释,一些新测井技术还不普及,需要进一步发展,重点要研究以下内容:

① 提高不同岩性储层水淹状况的解释精度,研究相应的测井方法和解释技术;

② 薄油层的测井方法和水淹状况解释;

③ 剩余油剖面测井技术及设备配套,达到工业性应用。

(3)发展油藏描述技术,建立地质模型。

对油藏地质的研究成果要集中体现在所建立的地质模型上,它是进行开发分析和数值模拟的基础。近年来油藏描述技术的发展动向之一是怎样利用地震、测外、生产资料结合沉积特征研究来建立一个三维的储层模型。这是在计算机技术、工作站技术以及数据库的支持下发展起来的新技术,是认识油藏的进一步深化。

建立一个储层的三维地质模型关键在于如何预测两口井间储层连续性和储层性质的变化。实践证明,传统地质工作方法应用机械内插法作图可预测的井间参数误差甚大,解决这一问题的方法有两个基本的思路,均在探索中。

① 应用沉积概念模式加上统计办法。这种方法认为一定沉积环境下的砂体有一定的变化规律,利用这些规律和已知井点资料用统计办法加以预测。

美国Exxon公司为大庆油田西二断块编制调整方案时采用了这一方法,他们叫“Geoset”模型。认为预测点的参数与周围已知点参数总是有联系的,决定该点参数时利用了周围已知井用距离权衡办法,通过计算机快速运算平均而得,并通过沉积相研究砂体的方向性,这些方向上已知井点的影响可以在加权时考虑得重一些。建立大庆西二断块这一模型,用了30×10^4个网块。这种模型在数值模拟中应用效果较好,但用它来预测加密井参数误差仍较大。Exxon认为这是第一步,是静态模型,第二步准备搞预测模型,将应用随机方法加沉积概念进行。法国石油研究院和美国能源部国家研究所也正在研制这种模型,我们也应该急起直追,组织力量进行攻关。

② 地震资料与测井资料综合合成、对比的方法。斯仑贝谢测井公司等采用这一方法,它将地震的三维处理、声阻抗、VSP等新技术引用到测井中来,结合高分辨率地层倾角测井、岩性密度测井、能谱测井等新技术,综合评价油气藏,对搞清地下情况,进行了有益的尝试,收到了较好的效果。

我国近几年来在测井资料的单井处理、地震的三维资料处理、VSP技术、沉积相研究方面都取得了进展,为下一步进行多井处理,搞好油藏描述技术打下了一定基础,但由于我国众多的陆相砂泥薄层沉积,油藏描述的难度较大,目前我院和中原、胜利、江汉等油田,以及华东石油学院、江汉石油学院正进行技术攻关,以详细描述油藏的各项参数及其空间变化,以图形的方式直观地表现地质体，向数字化、定量化、自动化、科学化方向发展。

（4）发展数值模拟应用技术。

应用数值模拟方法能够拟合油藏的开发历史，描述油层中压力分布状况，绘制不同时的油气水饱和度分布图，从而了解不同油层、同一油层不同部位的储量动用状况，分析油水井分布的合理以及应采取的调整措施。

随着计算机的发展和模拟技术的提高已能对较大的区块进行整体模拟。我院和大庆油田一起在杏五区调整方案的研究中，对16.1$km^2$23个油层124口注采井，模拟17年的开采历史，总节点数达68264个，有效节点36082个，使用银河机向量计算技术进行了模拟，为大面积多油层的油藏整体模拟积累了经验。从模拟结果可以明显看出，这种高渗透、大面积分布的油层，在用行列注水开发后剩余油主要分布在中间井排及断层遮挡的区域，只需进行局部的调整，开发效果即能得到明显改善。

为了搞好数值模拟工作，应该注意以下几个问题：

① 录取和准备各项必须的资料，准确地进行油藏描述，建立符合油藏实际情况的地质模型。这是搞好油藏数值模拟必不可缺少的前提和条件。否则数值模拟将成为"数学游戏"。有人认为只要有了历史拟合就可以放松油藏地质条件的研究，这完全是一种误解。事实恰恰相反，只有地质研究越深入，对油藏的认识越符合实际，数值模拟的结果才越有指导意义。

② 在全国应逐步建立起大型、中型、小型相结合的油藏模拟计算机系统。油藏模拟所需的计算机有它自己的特点，主要是要求内存大，速度快，稳定性好。特别是内存至少要在8~16兆字节以上，要模拟较大的油田或区块，内存最好能达到32兆字节以上。美国各大石油公司都配备Cray巨型向量计算机，用以进行数值模拟计算。由于计算机硬件近几年发展极为迅速，已有不少中小型机也都适用于油藏模拟，如Convex小型超级机等。不少32位高档微机内存也增至8~16兆字节以上，速度也已可达每秒400万次以上。建议我们应该抓紧统一选型，在全国形成大、中、小相结合的计算机系统。在这套系统没有建立以前，应充分利用各油田已有的计算机。

③ 要在3年内把适合于各类油气藏特点和机型的应用软件系列化。现在我国油气藏的种类很多，包括一般的孔隙性砂岩油气藏、裂缝性油气藏、凝析气藏、稠油油藏等，再加上即将开展的各种提高采收率新方法，需要多种多样的软件。同时，各油田已有的计算机类型也很多，包括Cyber，Sperry，IBM，VAX以及国产的银河等各种机型。因此我们应将现有引进和自行研制的各种软件如黑油模型、双重介质模型、组分模型、热采模型、混相驱模型、化学驱模型等，重点是黑油模型，进行优选、改造、移植到各种机型上去，形成系列，以便于油藏数值模拟技术在各油田都能推广应用。这方面我院已做了一些工作，研制了多层两维两相模型，考虑蒸馏作用的热采模型以及具有黑油、裂缝、组分、气田和挥发油5大选件的多功能软件系统，也进行了一些软件的移植工作。我院愿和各油田的同志们继续共同努力，一起来完成这项任务。这项任务完成后，可以模拟解决以下问题：

a. 一般的三维三相黑油模拟问题；

b. 大型多层油藏的油水两相模拟问题；

c. 三维三相碳酸盐岩裂缝油藏模拟问题；

d. 凝析气田开采模拟问题；

e. 双重介质的气田模拟问题；

f. 注 N_2、CO_2 和烃类气体的相态变化模拟问题；

g. 蒸汽驱和蒸汽吞吐稠油开采模拟；

h. 注聚合物、表面活性剂和碱水等化学驱模拟问题。

④ 现在国外已逐渐发展工作站技术，这种工作站由高性能的32位微机配上专用软件组成，它具有输入方便、输出彩色图像化、人机联作，从而最大节约手工操作等优点，我们也应尽快组织力量掌握这项技术，配备硬件，投入应用。

⑤ 迅速培训一批油藏工程师来掌握数值模拟技术，这是目前最重要的工作。我认为，数值模拟只有真正成为油藏工程师自身的得心应手的手段，才能真正发挥出数值模拟的强大威力，使油田开发的技术水平大大提高一步。

6. 发展高含水期的采油工艺技术

油田进入高含水期后由于油水分布的复杂性，对采油工艺技术也有了更高的要求，使之为改善油田开发效果的重要措施。在作法上也要改变过去仅以单井为工作对象的做法，要逐步做到"从整体油藏着眼，注采对应，系统设计，技术配套，综合治理"。

例如，对高含水开采的油田区块，可采用以注水井调剖，油井堵水为主要内容的区块综合治理技术，其主要做法是：

(1)调：调整注水井吸水剖面，用高分子聚合物控制高渗透层段的吸水量，提高注水的波及体积，改善近井地带的流度比，提高水驱效果。

(2)堵：用化学堵剂控制高含水油井的油水比，改善产液剖面，提高产油量降低含水比。

(3)压：对低产、低渗透层段采取压裂措施，提高产油能力。

(4)酸：对适于酸化的低产层进行酸化处理，提高产油能力。

(5)抽：强化开采，下大泵或无杆泵抽油，提高排液量，相应的提高产油量。

又如，对动用不好的低渗透层应发展限流压裂和高砂比压裂等新技术，也同样要注意注采对应，使压裂的效果能够持久。

以上综合治理技术和新工艺在许多油田已见到良好效果，今后应大力推广。

关于调剖、堵水压裂及机械采油的技术，也应该进一步发展和提高。

(1)提高油井堵水和注水井调剖技术水平。

此项工作应重点抓好的几件事：

① 研制新型堵剂，包括延迟交联型和高强度堵剂及选择性堵水剂等；

② 优选注入剂量，完善调剖的工艺技术，延长有效期，提高经济效益；

③ 油井堵水和注水井调剖的数值模拟技术；

④ 利用现有注水流程进行注水井调剖的工艺技术；

⑤ 注水井调剖的注入设备研制。

(2)发展压裂及酸压裂技术，提高增产效果。

应着重抓好以下几项工作：

① 研制和发展压裂液和支撑剂的优质产品系列，攻下高温压裂液和中高强度的陶粒，研制出胶化酸等；

② 研制生产各种添加剂如黏土稳定剂、助排剂、降阻剂、杀菌剂等；

③ 提高完善压裂的监测技术，推广应用压裂恢复曲线，井温剖面测试，压裂过程监测等技术；

④ 发展中国自己的压裂设计软件，提高各项压裂参数的测定和录取的技术水平，把压裂数值模拟设计在普及的基础上再提高一步；

⑤ 抓好压裂井的排液工作，提高压裂的增产效果和经济效益；

⑥ 研究压裂设备的国产化。

(3)完善提高，配套机械采油工艺技术。

在学习推广大庆油田机械采油系统管理经验的基础上，进一步抓好下列几项工作：

① 以节点分析为主体，完善采油方法优选和机械采油参数优选和设计方法。研制和推广应用国产的节点分析方法和计算机程序。对各种采油方法进行经济分析，从油藏到分离器整个系统分析入手优选采油方法。

② 配套完善各种机械采油方法的井下诊断技术，除有杆泵外应攻下水力活塞泵、电潜泵的诊断方法，并编制计算机程序推广应用。进一步研究对付特种流体如稠油、高凝油的有杆泵诊断技术。

③ 试验配套定向井、丛式井的机械采油工艺技术，包括有杆泵、水力泵、电潜泵的井下装置及开采技术，发展完善与不同类型油藏配套的机械采油工艺技术。如疏松稠油油藏进行防砂和抽油的工艺技术的有效性。

7. 因地制宜，发展多种多样的注水技术

注水开发在我国已经得到非常广泛和极为成功的应用，应用到了各种各样的油藏。但总的说来，我们的注水技术还比较单一。国外近年来在注水技术的应用上有许多新的变化。这些方法适用于不同的地质条件，如有的可应用于高含水期，有的方法还可能用以采出正韵律厚油层顶部的剩余油，有助于解决厚层层内矛盾。我们应借鉴国外经验，选择适合我国油田特点的方法，开展室内和现场试验。对适用有效的要积极推广。值得注意的是许多方法虽然适用于高含水期提高采收率，但如果在开发初期油层含油饱和度较高的时候实施效果更好，能更大幅度地提高采收率。因此，从现在起在新油田编制开发方案时，也应考虑这些方法的应用，作为选择开发方式时必须论证的问题之一。

下面重点介绍几种国外注采开发的新技术。

(1)聚合物水驱。

水溶性聚合物的稀溶液可以降低油层内油水的流度比，降低含水，扩大波及体积，提高采收率。由于交联及胶凝聚合物技术的发展，那些具高渗透通道的“贼层”或有微裂隙的油层也可以见效。对于解决正韵律厚油层的层内矛盾的难题，采出顶部大量剩余油，也可能是一种有效的方法。

国外，聚合物驱是近年来各种提高采收率方法中增长最快的。据统计，1986 年美国有聚合物驱矿场试验项目 178 个，是 1980 年的 8 倍。占 1986 年热采以外的提高采收率试验项目数的 57.4%。聚合物驱的产油量在 1980 年为 924bbl/d，1986 年为 15313bbl/d，6 年增加了 16 倍（表 2），产油量占化学驱产量的 90.6%。有 25 个项目试验规模超过 200acre，有 3 个项目超过 100000acre。即使在 1986 年初油价急剧下跌的形势下仍有许多新的聚合物驱矿场试验开始。

表 2　美国聚合物驱试验统计表

年份	项目数			产油量，bbl/d		
	总计①	聚合物驱	聚合物驱所占比例，%	总计①	聚合物驱	聚合物驱所占比例，%
1980 年	76	22	28.9	77211	924	1.2
1982 年	135	55	40.7	76324	2927	3.8
1984 年	222	106	47.7	96409	10232	10.6
1986 年	310	178	57.4	125117	15313	12.2

① 热采未计入。

聚合物驱所以发展得这样快，主要是由于：

① 机理比较清楚，技术上比较成熟。

② 矿场试验有明显效果，成功率和盈利率都比较高。在美国可以评价的 25 个试验内成功和有希望成功的有 24 个，占 96%；失望的只有一个；盈利的有 18 个，占 72%。据美国统计，进行聚合物驱平均约可提高采收率 4% ~5%。

TIORCO 公司曾对 Wyomin 州粉河盆地 Minnelusa 油层 16 个注水单元和 6 个注聚合物单元进行对比（表 3）。数据表明，达到相似采出程度约 35% 时，聚合物驱时间减少 28.6%，注入水减少 44.7%，累积水油比降低 45.2%。如果达到相同的水油比，采收率会提高 14.8%，最终采收率可增加 2.4% ~9.7%。

表 3　注水单元与注聚合物单元对比

驱动类型	单元数	平均开发年数	平均采收率，%	注入孔隙体积 PV 数	累计注采比	累计水油比
注水	16	14.3	35	0.76	2.76	0.84
注聚合物	6	10.2	35.4	0.42	1.73	0.46
差别		-4.1	+0.4	0.34	1.03	0.38
百分数		-28.6%		44.7%		-45.2%

德士古公司在德国 Halleusuethel 开展了 6 个聚合物驱试验，结果很好。该油田在 1954 年发现，1963 ~1968 年开始注水，1972 ~1982 年开始注聚合物。浓度 400ppm，段塞为 0.61PV。

防测注水最终采收率为 43.5%，预测聚合物驱采收率为 56%，而现场实际采收率达到了 65%。

③ 聚合物驱适用范围广。从国外已进行的现场试验的资料来看，油质可以从稀油到重油，渗透率可以低到 1.5mD，温度可以高达 115℃（表 4）。但是如果油的黏度太高，则需更高浓度的聚合物才能达到适当的流度比，这时是否值得应用需与热采的效果与经济性作比较。如果渗透率太低，为防止堵塞需使用分子量较低的聚合物。这时达到所需黏度需较高的浓度，使经济上丧失吸引力。应用聚合物，油藏温度一般应低于 95℃。如果对聚合物溶液严格除氧，温度高至 125℃也不会发生严重降解。

表 4　聚合物驱矿场试验统计

油层参数	矿场规模项目				先导性试验项目			
	项目数	最小	最大	平均	项目数	最小	最大	平均
油黏度，mPa·s	82	0.072	435	21.45	71	0.3	1494	52.85

续表

油层参数	矿场规模项目				先导性试验项目			
	项目数	最小	最大	平均	项目数	最小	最大	平均
水—油流度比	49	0.1	40	7.86	38	0.95	51.8	12.92
温度,℉	88	46	229	117	84	67	234	112
开始时水油比	42	0	75	5.3	71	0.1	70.29	17.72
平均渗透率,mD	80	1.5	7400	453	107	2.5	2470	271
变异系数	71	0.07	0.96	0.69	47	0.06	0.96	0.72
剩余油饱和度,%	69	0.34	0.89	0.55	40	0.31	0.84	0.55
可流动油饱和度,%	39	0.03	0.51	0.27	23	0.05	0.48	0.27
孔隙度,%	87	—	—	0.19	106	—	—	0.20
聚合物溶液与油流度比	21	0.02	8.02	2.02	23	0.15	9	2.30
平均聚合物浓度,mg/L	48	51	600	279	45	62	3700	404
聚合物溶液(TDS)	55	35	195000	27399	26	7	182000	32308
深度,ft	87	400	10800	4005	84	85	9750	3122
采收率,%(OOIP)	20	0	14	3.85	47	0	18.5	2.12
采收效果,bbl/lb	18	0	11.2	3.74	62	0	36.5	2.39

总之,一般油藏,除特低渗透率和特高黏度原油以外,大多数都适于注聚合物,尤其对非均质比较严重的油层效果较好。在注聚合物的时间上,一般愈早愈好,最好在开发早期,效果最好。但有的试验区在含水高达95%时注聚合物,仍有一定效果。

④ 聚合物驱设备简单,投资少,成本低,风险小。聚合物驱实际上是改善了的水驱,因此在注水流程基础上用不着增加太大的设备,主要投资是化学剂费用。如果在油田设厂生产聚合物,可使成本大大降低。前述TIORCO公司的试验所用化学剂的成本大约为每桶油3.86美元,他们预计最终可能降至0.77美元/bbl。

我国油田绝大部分属于中质原油,黏度在3~50mPa·s之间,油层大多数为陆相沉积,非均质比较严重,渗透率变异系数在0.6以上,大多数符合聚合物驱的筛选标准。

我国对注聚合物的研究开始于1966年。以后大庆、新疆、胜利等油田开展了规模不一的矿场试验,其中大庆小井距试验区得到了较好效果。近年来大庆、大港、胜利等油田与国外合作进一步开展试验,取得一定进展,但试验还限于调剖阶段,只能算聚合物驱的第一步工作。大港港西四区调剖后高渗透层吸水率下降34.7%~48.2‰,吸水剖面改善程度20.3%~70.9%;1986年9月至1987年4月,8个月时间10口生产井累计增油2500t。大庆油田萨北厚油层试验区也见到一定的增产效果。

总之,聚合物水驱是目前提高采收率方法中比较现实,比较适合我国地质条件,也是比较便于推广的方法。我们也已积累了一定经验,有了一定基础。我们初步估算,全国约有近50×10^8t地质储量适于聚合物驱。因此,应该积极抓紧试验,力争在“七五”期间取得经验,在“八五”期间能够逐步推广。当前要做的工作是：

① 搞好我国提高采收率方法的筛选工作，摸清聚合物驱应用的潜力。在此基础上做出推广聚合物驱的全面规划。这涉及对聚合物是否要设厂大量生产的问题做出决策，关系重大。希望各油田对筛选工作积极支持，在人力物力上加以保证。

② 搞好现场试验，要抓紧已开展的大庆、大港、胜利3个试验区的试验。希望“七五”期间能拿出成套经验，并应创造条件，增开一些条件各不相同的试验区，为在“八五”期间逐步推广创造条件。

③ 配套技术的攻关。聚合物驱的推广应用是一项系统工程，要求有配套的工艺技术，包括油藏评价、聚合物筛选、聚合物生产、方案设计、数值模拟、注入设备和工艺、现场监测、效果评价等方面，都应围绕现场试验，进行攻关。

④ 要扩大试验和推广应用，聚合物来源是很大的问题。必须立足于国内，质量必须达到国际标准。因此聚合物生产要早下决心，做出实际部署。必须从单体的质量抓起，合成工艺上还需作重大改进，并应尽可能在油田设厂。对于我国少数高温高盐油田，还需研制耐温耐盐的聚合物。

（2）不稳定注水。

不稳定注水又称周期注水或脉冲注水，主要适用亲水的非均质油田。

这个方法的机理是：在注水时，主要是高渗透段或裂缝吸水，提高压力。此时在高低渗透段之间形成压差；停注后，由于不同渗透段中压力的重新平衡以及高渗透段的水向低渗透段渗吸，把低渗透段的油替入高渗透段而被采出。不稳定注水还可以改变液流方向，改善平面波及面积。

此法既适用于单一介质油藏，也适用于双重介质注水开发油藏。而且技术简单，无需增添任何设备而能大规模实施。

不稳定注水在苏联采用得最多，不仅在什卡波夫等老油田，而且在西西伯利亚新油田上广泛应用。1983年西西伯利亚已有17个油田采用不稳定注水。采用的方法有注、停相间，也有满注与限注相间。一般停（限）注半周期30～180天，注水半周期30～90天。有的全年实施，有的只在天暖月份实施。各油田都不同程度地有降低含水，增产原油的作用。1982年17个油田不稳定注水总量为$1.32\times10^8m^3$，增产原油87.6×10^4t。在20世纪70年代，最高增产原油量曾达到88×10^4t。

我国江汉、胜利、大港、玉门等油田都进行过不稳定注水的矿场试验。有的见到了一定的增产和降水作用，例如江汉的王场油田潜四段，1975年在1～12井组（1口注水井，6口生产井）共进行了5个周期的不稳定注水，原油日产由1.3t增至21t，在相同含水期，采收率提高5%～6%。但总的说来，我国开展的试验还不多，规模也很小。应该选择亲水的非均质油层继续积极开展试验。同时，我们也应进行不稳定注水机理的研究，并研制一套计算合理注水周期和注水量变化的方法，以指导现场试验。

（3）混气水驱油。

按一定比例向地层交替或同时注入水和气，在地下形成水气混合物，驱替残余油，可以提高采收率。采用的气体可以是烃类，也可以是氮或其他气体。主要机理为：

① 三相流动条件下，亲油岩石中气对油的相对渗透率影响较小，但能显著降低水的相对渗透率，因而能限制水窜。反过来，在气水比例适当时，水又能降低气的相对渗透率，也能限制气窜，二者合起来，能增加驱替剂波及体积。

② 中国科学院渗流流体力学研究所的微观模型试验表明，三相流动亲水岩石中的油处于水气界面之间，呈界面聚集和界面流动。当气水比例适当时油的流动阻力最小，从而能提高驱油效率。

苏联比特科夫油田室内试验，气水交替或混合注入，驱替效率可以从50% ~55%提高到70%左右，最高75%，提高14% ~20%以上。

③ 在混相驱条件下注混气水有利于减轻注气的重力超覆和黏性指进现象，从而提高注水波及体积。

美国杰伊（Jay）油田为低孔隙度（14%）、低渗透率（35mD）、低饱和度的碳酸盐油田。1974年3月开始注水，1980年7月开始交替注水注气，每个周期注氮14天，日注氮地下体积500m^3，注水14天，日注水650m^3。这个油田的条件易于形成混相，经两年半，到1982年12月第一口井见气。到1984年中有14口井见到气，有34口恢复了产量，总增产油量为32×10^4m^3。全油田1981—1982年递减趋势减缓，预计可提高采收率6.5%。另外，美国小牛塘油田南区应用水—气交替注入，注入的气水比例为1.6∶1，采收率比注单一驱替剂提高9%。

当前世界上已有70多个油田注混气水，采收率可提高7% ~15%。

对于这种方法，我们比较感兴趣的是希望它对解决正韵律厚层的层内问题，能够起到作用。应该尽快选择地质条件合适的地区，开辟试验区进行现场试验，取得经验。

除了以上3种注水方法以外，国外还有许多注水方法，不准备一一详谈。有的方法，如磁化水增注技术国内已在推广。有的方法在国内已经开展了试验。如注表面活性剂，大庆试验区已见到了明显的增产效果，主要问题是经济上能否过关。应该积极进行机理研究，加强试验，力争降低成本，提高经济效益。有的方法适用于一定的对象，例如注浓硫酸适用于芳香烃基原油；地窖注水适用于小断块油田。我们应该选择适当对象，开展一些试验，取得效果和经验后进行推广。有的方法机理或效果都还说不清楚，如注碱水，水和原油交替注入等方法。对这些方法也不妨进行一定的研究工作。除此而外我们也可以从我们的情况出发，探索新的注水方法。

在结束这个问题之前，还想再次强调一下的是广泛开展各种现场先导性开发试验的问题。大量实践表明，一项重大开发技术的采用和油田开发方式的转变，没有3 ~5年的技术装备和人员培训等准备是无法付诸实施的。而要做出采用某一新技术和转变开发方式的决策，先导试验的成功和论证其经济可行性，又是最关键的先决条件。因此，经常开展和保持一定数量的先导试验工作，是不断发展和采用新技术的必要条件。

进行先导开发试验，我国各油田都积累了很多的经验，我们觉得以下几点是值得坚持和发扬的：

① 小而多。先导试验区规模要小，井距要小，但数量可以多一些，这样优点较多，不影响全局性生产任务；见效快；成本低而有利于实施；同时也有利于针对不同地质条件多开展一些不同的试验，取得多方面的经验，利于推广。

② 一定要有充分的室内实验。没有这一条，先导试验的设计就没有依据，试验结果的分析也会有一定的盲目性。

③ 精心设计。对试验全过程要有一个精细和周到的设计，包括地下动态预测、录取资料监测要求、地面设备流程等，都要有个周密的安排。先导开发试验过程短，动态变化快，稍一疏忽，就会漏失关键数字和现象。

④ 强化监测。是否能取得可供定量对比的监测资料数据，又是能否正确评价试验效果的

关键。现有可能投入工业性应用的注水新技术,本身提高采收率的幅度是5%左右的数量级,假如监测误差大于这个数字,将会导致无法评价效果的结局。这样的教训我们也曾经有过。因此今后的先导开发试验区的监测技术一定要立足于压力取心和高精度的剩余油饱和度测井技术。

通过我们大力开展各种先导开发试验,希望在今后几年内,我国的注水开发技术,能够出现一个百花齐放的新局面,在进一步提高采收率方面做出更大的成绩。

二、提高复杂油田的开发技术水平

经济有效地开发好新油田,对于实现石油工业的良性循环,保证油气产量稳定增长是一个重要环节。在这方面我们应该立足于现已探明的储量,尽可能经济、有效地把这些储量动用起来。分析现有未动用储量的构成可以发现,在当前未动用储量中复杂类型油藏占有很大比重,预计近年内新发现的探明储量中复杂类型油藏的比重也很大。表5是未动用储量构成分类表。

表5　未动用储量构成分类表

类型	1985年未动用储量		1985年未动用+“七五”期间预计探明(控制)储量	
	储量,10^8t	占比,%	储量,10^8t	占比,%
总计	30.0		99.0	
评价分析	30.0		89.2	
构造层状	4.85	16.2	9.49	10.6
潜山块状	1.17	3.9	6.07	6.8
低渗透岩性	9.07	30.2	33.67	37.7
复杂断块	8.44	28.1	27.78	31.2
稠油	6.51	21.6	12.21	13.7
复杂类型总计	25.19	84.0	79.73	89.4

从上表可以看出,1985年未动用储量复杂类型油田占84%,1985年未动用储量加上“七五”期间预计探明(和控制)的储量共99.0×10^8t,评价分析了其中的89.2×10^8t,复杂类型油田储量89.4%。其中主要的是低渗透油田,复杂断块油田和稠油油田(还有凝析气田未列入统计)。这些油田开发难度很大,需要较多的投资。能否提高这些复杂类型油田的开发水平,取得较高经济效益是实现油田开发良性循环中带有战略意义的问题。这些油田中有一些是经济上的边际油田,能否改进开发技术是这些储量能否动用的关键。这里准备重点谈一下低渗透油藏、稠油油藏和凝析气藏的开发问题。

1. 低渗透油田开发(以下从略)

(选自《石油工业部:油田开发建设工作会议文集》,石油工业出版社,1987)

发展新技术、千方百计挖掘高含水油田的潜力，提高采收率

韩大匡

背景介绍：本文是1990年12月中国石油天然气总公司在大庆召开的“全国油气田开发技术座谈会”上所做的专题技术报告，会后被收录在内部发行的文件选编中，是系列文章的第二篇。

当时经过“六五”、“七五”共10年的全国规模的、以细分层系和井网加密为主要内容的油田开发综合调整以后，全国平均综合含水增至75%，可采储量采出程度57%，但其中70个的主力老油田，平均综合含水已达81.2%，可采储量采出程度则达62.8%，已进入高含水后期开发阶段。

文中通过典型实例解剖研究了这种条件下老油田的剩余油分布状况以后，明确提出一条重要的认识，即当含水超过80%，进入高含水后期开发阶段后，地下剩余油的总格局可以归结为“在总体上呈高度分散的状况下仍有相对富集的部位”。现在老油田的含水又进一步增加到90%以上，已有更多的事实证明了这条认识的正确性。文中其他几个值得关注的观点是：

（1）提出了深化对油藏再认识、研究剩余油分布规律的技术思路，其中既强调了要重视和充分发挥开发地震的作用，也指出了当时地震技术作用发挥得还不够的因素之一是分辨率不够；在谈到油藏数值模拟技术的发展时，提出了进行分层历史拟合的新需求。

（2）提出了下一步继续进行开发综合调整的措施，强调了在剩余油富集区打井加密的做法。

（3）介绍了全国规模的三次采油潜力分析的结果，指出聚合物驱是近期比较现实的主攻方向，提出了搞好聚合物驱的10条措施；表面活性驱作为战略储备，应加强攻关；烃类及CO_2气驱可在西部油田先行开展，取得经验。

国民经济增长的需要，提出了“加快西部、稳定东部”的战略方针以及“八五”期间石油工业继续稳定增长的新目标，到1995年新增储量35×10^8t，陆上油田产量要达到1.45×10^8t的新高峰，是我们石油工作者十分光荣而又艰巨的任务。

回顾“七五”，我国石油工作者做出了极大的努力，付出了辛勤的劳动，使原油产量继续稳定增长，其中老油田的调整挖潜继续做出了很大的贡献，据统计“七五”期间全国老油田通过综合调整，增加可采储量3.6×10^8t，相当于“七五”期间累计产量6.77×10^8t的53%，如果不进行这些调整，全国原油产量继续稳定增长的局面就不可能实现。

展望“八五”，面对新的奋斗目标，需要石油工业各方面工作的协调发展，各条战线同志们的共同努力。对油田开发战线来说，首要的问题是要继续稳住已开发的老油田，也就是要继续采取调整挖潜的方针，千方百计提高可采储量，减缓递减。否则，“稳定东部”的战略方针也是不可能实现的。

要稳住老油田也同样有很多工作要做，包括高含水油田的调整，低渗透低速开发油田的挖潜，以及稠油油田实现从蒸汽吞吐向蒸汽驱的平稳转变等。其中高含水油田在目前老油田中所占的储量和产量的比例最大。据统计，全国平均综合含水已达75%，而其中含水大于75%的油田已有70个，这些油田的可采储量在目前已动用储量中所占的比例近3/4，产量约占2/3。并且不少主力油田到1995年含水可能高达90%以上，进入特高含水期。所以，如何搞好高含

水油田的调整，挖掘它们的潜力，无疑是实现"稳定东部"战略方针最为重要的环节。因限于时间及篇幅，这里仅着重分析一下高含水油田调整挖潜问题，供领导和同志们参考。

从全国来看，目前油田平均综合含水已达75%，可采储量采出程度已超过一半，达57%。剩余可采储量的采油速度高达7.9%，部分油区高达10%；不少油田已进入递减期。但是，也应该看到，全国动用储量中毕竟还有43%即15×10^8t可采储量还遗留在地下可供我们开采。根据"八五"规划，为了采出这些剩余油，决定对已开发老油田还要再次进行综合调整。据初步测算，5年内全国共计在老油田内要打调整井2.2×10^4口，增加可采储量2.57×10^8t。毫无疑问，打好高含水油田调整挖潜这一仗，对于能否顺利完成"八五"规划的目标，具有举足轻重的意义。

问题是这一大批调整井怎么打才能更为经济有效？我们知道，从"六五"以来，通过整套地细分层系以及均匀地加密，10年来共计增加可采储量7×10^8t，为老油田的稳产做出了很大的贡献，成效是非常显著的。那么，在今天大部分老油田普遍进入高含水后期，"八五"期间有的油田即将进入特高含水期的情况下，还能不能继续采取这套老办法呢？还是需要采取什么别的更为经济有效的办法呢？这是摆在我们面前的一个需要进行探讨和决策的重大问题。

为了说明这个问题，我想还是要从地下状态的具体分析出发来进行探讨，看一看在"六五"期间采取这种调整方法时地下的油水分布是处于怎样的状态，今天我们地下又处于怎样的状态呢？

一、对于高含水油藏地下剩余油分布总格局的认识

回顾"六五"初期，对全国各主要油田的地下开发形势进行了分析，认为当时全国平均含水只有约55%，处于中含水期逐步向高含水期过渡的阶段。一般说来当时的开发层系过粗。虽然其中包含的油层很多，但层间矛盾突出，实际上真正动用的只有少数主力层，大部分低渗透层受不到注水效果，并没有真正动用起来，而且由于我国陆相沉积的特点，非均质比较严重，老油田井网也过稀，基本上只能控制住主力油层，大量的非主力层难以受到注水效果。因此，从地下油水分布特点来看，虽然综合含水已即将由中含水期进入高含水期，水淹的主要是主力油层。在垂向上大多数非主力层进水很少，甚至完全没有进水，是剩余油集中的地方，可以组成整套的开发层系，在平面上也还有成片的剩余油，可以进行较为均匀的加密。根据这种对剩余油分布总的格局的认识，当时决定进行以细分开发层系和加密井网为主要内容的油田综合调整，以扩大水驱的波及体积，增加水驱可采储量。同时，还大力加强以提高排液量为主要内容的增产作业措施，减缓由于含水上升所造成的递减。

经过"六五"、"七五"10年来的工作，除了大庆南部还有一些区块尚未完成以外，就全国范围来看这种综合调整大体已经完成，收到了很大的成效，10年来通过调整共计增加可采储量7×10^8t，约占10年累计产油量12.2×10^8t的57%，为增强老油田的稳产基础做出了重要的贡献。其中最典型的是大庆油田，10年来通过以细分层系为主的开发调整，共钻井10191口，增加可采储量5.08×10^8t，使油田平均每年增加的可采储量大体等于每年采出的油量，从而保持了油田5000×10^4t稳产目标。这些事实都证明了当时对剩余油分布总的格局的认识是正确的。

那么，在经过这样一次全国规模的综合调整后，今天地下的剩余油又是如何分布的呢？只有把今天地下剩余油分布的总格局弄清楚了，也就可以提出较有依据的对策了。

上面提到过，今天全国平均综合含水已达75%，而可采储量占全国总动用储量近3/4的

70 个含水更高的老油田，其含水平均已达到 81.2%，可采储量采出程度达到 62.8%，其中有的油田含水已高达 85% ~90%，采出程度达 70% ~80%。

预计在“八五”期间，会有更多主力油田含水将大于 90% 进入特高含水期。因此，可以认为今天部分油田已处于由一般高含水期向特高含水期过渡的阶段。

在这样的情况下，地下剩余油分布又有些什么新的特点呢？应该承认，从全国范围来看，这方面的分析报告资料比较少，大庆、玉门、江汉在这方面做了不少工作，我院和河南油田合作，对双河油田作了典型解剖。现在仅就所掌握的资料对这个问题作一个初步的分析。概括起来，可以得到下面几个概念：

（1）高含水老油田仍有相当大的剩余油总量，就拿上述 70 个含水最高的油田统计，这些油田总共有可采储量 26×10^{8}t，累计产油量 16.3×10^{8}t，还有可采储量约 9.6×10^{8}t。如何把这些剩余储量经济有效地拿出来，是今后油田开发工作者的重要任务。

（2）由于这些油田含水和采出程度都已较高，而且经过细分层系和加密井网的综合调整以后又开采了好几年，地下剩余油已呈高度分散状态。一般的情况是，剩余油多存在于大量而分散的低渗透层内，从平面上看，这些低渗透层往往犬牙交错地分布于各高渗透高含水层的边缘部分，呈“镶边”状态，或者分布于两相邻高含水层之间，呈“搭桥”状态。这些低渗透层厚度一般较小，有的甚至只有几十厘米。有的夹层甚至还不是纯泥岩而只是渗透率更低的物理夹层。从纵向层间关系来看，往往某一层在这口井内是低渗透层，动用不好，剩余油较多，而在其相邻井内都可能是高含水的高渗透层。这样，油水关系就在空间上构成一幅彼此间互错落的十分复杂而分散的景观。形成这种油水分布状态的原因很多，其主要原因之一看来与我国储层河流相沉积的特点有关。在主河道部位多为高渗透层，厚度大，水淹严重。而在其漫滩或边滩部位，则渗透性差，厚度也小，水进得少，甚至根本进不去，剩余油就比较多。结果就形成了这种油水分布高度分散，犬牙交错，镶边搭桥的复杂景观。

从这种油水空间分布的复杂性和分散性来看，需要建立三维或立体的剩余油分布概念。过去在中、低含水期我们习惯于用平面或层间的两维或一维的概念来观察、分析和处理问题，现在看来，已不能完整地反映高含水期这种空间分布的复杂性。例如，过去说在井的剖面上有30% 厚度的非主力层没有动用，常指这些层位在各井内由于主力层的干扰，普遍没有动用。那么，只要把这些层位单独细分出来，层间矛盾得以解决，开发效果也得到了改善。而现在由于油水层在垂向上也是犬牙交错的，某一层在这口井内是非主力层，那口井内却是水淹层，层间关系和平面关系交错在一起，必须用立体的观念来观察和处理问题。

（3）虽然总体上看剩余油处于高度分散状态，但仔细分析起来，仍然存在着局部相对富集的地区。这种相对富集地区的形成，与油藏的地质条件和开发条件有关。因此，也具有一定的规律性。

根据目前所掌握的资料来看，一般对某一层位来说，富集的地区包括：

① 断层附近地区。断块油田的边界断层附近，常常留下较大剩余油集中区，井间断层附近，也常留下小块滞流区。

② 岩性复杂地区。包括河道砂体的漫滩或边滩等部位，以及岩性尖灭线附近地区等。

③ 现有井网控制不住的小砂体或狭长形砂体等。

④ 注采系统不完善的地区。主要是井网中注采井布置不规则的地区，如，注水井过少的地区或受效方向少的井附近等。

⑤ 非主流线地区。即使注采系统是比较完善的，但两相邻注水井之间的分流区仍留有剩

余油，但这种类型的剩余油比较分散，专为此打井往往初期含水较低但很快就会上升。

⑥ 构造高部位或局部的高部位。由于注入水常向低处绕流，如高部位无井控制则常留下剩余油。

由于各个油田的具体地质条件和开发状况的不同，上述各种富集地区的分布和大小也不相同，例如，从河南双河油田$Ⅳ_{1-4}$层来看，1988 年底剩余油主要集中在砂体尖灭的边角地区和井网不完善地区，具体的比例如表 1 所示。

表 1　河南双河油田$Ⅳ_{1-4}$层 1988 年底剩余油分布比例数据表

层位	剩余油富集地区								中等水淹地区		高水淹地区		合计
	岩性尖灭边角地区		井网不完善地区		边水与内部注水区之间地区		合计						
	储量 10^4t	占比 %	储量 10^4t	占比 %	储量 10^4t	占比 %	储量 10^4t	占比 %	储量 10^4t	占比 %	储量 10^4t	占比 %	总储量 10^4t
$Ⅳ_1^1$	44. 66	13. 6	17. 87	5. 4			62. 53	19. 0	153. 32	46. 7	112. 44	34. 3	328. 29
$Ⅳ_1^2$	27. 53	9. 3	27. 53	9. 3			55. 06	18. 5	150. 39	50. 6	91. 95	30. 9	297. 40
$Ⅳ_2^{1-2}$	24. 87	9. 1	20. 72	7. 6	8. 29	3. 0	53. 88	19. 8	138. 49	50. 8	80. 13	29. 4	272. 50
$Ⅳ_4^{1-2}$	22. 63	9. 8	22. 63	9. 8			45. 26	19. 6	114. 52	49. 6	71. 01	30. 8	230. 79

又如江汉王场油田潜四段油藏由于倾角比较陡，剩余油多集中于构造高部位，含油饱和度可大于 60%，在各油砂体所占的面积比例约为 23% ~29%，具体分布如表 2 所示。

表 2　油藏高部位含油饱和度分布数据表

油砂体		总面积 km^2	含油饱和度大于 60% 的面积	
			含油面积，km^2	占比，%
中区南部	4_1^1V	1. 548	0. 446	29
	4_2^2V	1. 456	0. 36	23
	4_3^3V	1. 370	0. 39	28
北区	4^0	1. 092	0. 30	27

以上所列的剩余油富集地区，一般是指一个单层而言的。如果把各个单层叠加起来看，则可能会有两种情况。一是有的层的剩余油富集区和别的层的富集区彼此是错开的，那么在总体上看仍是分散的，构不成相对富集区。另一种情况则是各层都在某一部位富集，即各层叠加后能在局部地区构成相对的富集区，这对于我们进行高含水期调整是最有意义的。

那么，对于实际油田来说，究竟这种各层叠加后的局部相对富集区是不是存在呢？我们目前掌握的资料很少，只有玉门老君庙油田 L_1 层有这种各小层叠合图，我院和河南油田合作的双河油田$Ⅵ_{1-4}$层也做了这种叠合图。这两幅剩余油分布的叠合图都表明存在着这种多数层位剩余油都相对富集的地区，这就证明了至少有相当一部分油藏是确实存在着这种剩余油相对富集区的。现以双河油田的$Ⅵ_{1-4}$层为例来加以说明。

该层属于湖盆陡坡扇三角洲砂砾岩沉积，包括扇根、扇中内侧、扇中外侧和扇缘 4 个相带，各相带的岩性和韵律性差异较大，非均质非常严重。该层系包括 7 个小层，经过各种方法综合研究，其剩余油总体上呈高度分散的状态，各水层均已水淹，找不到没有进水的纯油层。而且常常可以看到某一小层在这口井内是剩余油较高的低渗透层，而在其邻井则为高含水层的情况。但是，也可以看到，每一小层剩余油都在大体相同的部位富集。因此，从空间上把各层叠合起来看有3块剩余油相对富集的地区，一块是中部注采井网不够完善的地区，另两块是北部及西南部边界岩性尖灭性附近的狭长形地带。不难看出，对于这个开发层系来说，由于在注采井网不完善及岩性尖灭部位现有井网控制不好，所以各层在这些地区就比较普遍地形成了剩余油的相对富集区。

当然油藏的地质条件及开发状况千变万化，以上所述剩余油饱和度总的格局只是指其一般性或共性的特点而言。具体到某一个油田，也可能出现更为多样化的情况，譬如，有的油田可能各小层叠加起来以后，剩余油相对富集区不明显，或面积小而分散。又如，有的区块调整后层系仍然较粗，井段很长，或者原来在剖面上预留了部分差油层没有动用。但是，一般来说，首先都应该做出各小层的剩余油分布图，然后叠加起来作立体的总体分析，才能根据具体情况做出具体的决策。

(4)至于层内非均质所留下的剩余油，通常的情况是，正韵律油层底部水淹严重，顶部注入水的饱和度一般很低，甚至还留有纯油，中部含水饱和度也相对较低。反韵律油层一般水线推进比较均匀，但如果渗透率级差过大，则也可能在下部留下较多的剩余油。至于复合韵律，则常呈油水间互的状态。一般在渗透率高的部位，水淹强度大，剩余油饱和度低；渗透率低的地方水淹弱，剩余油饱和度高。具体情况则随每个韵律段的厚度、渗透率的大小和级差以及垂向渗透率的高低等而异。开采这种类型的剩余油并非一般井网加密调整所能解决，特别是正韵律油层，难度更大，需要采取专门的工艺措施，这里就不详述了。

总起来说，我们可以把高含水期地下剩余油分布总的格局归结为：

(1)剩余油在空间上呈高度分散状态，与高含水部位的接触关系相互犬牙交错，常呈镶边或搭桥状态。

(2)一般来说，剩余油在总体上呈分散状态的情况下仍有相对富集的部位，这是以后调整挖潜的重点地区。

(3)剩余油较多的部位，不少为低渗透薄层，一般已难以组成独立的开发层系，开采难度增大。

根据这样的分析，不难看出，首要的问题是要千方百计搞清楚油藏的剩余油分布特点，才能更加科学、经济和有效地搞好高含水油藏的调整，增加可采储量，提高开发水平。

二、精雕细刻，深化对油藏的再认识，研究剩余油分布规律

上面提到了油藏进入高含水期后，研究地下剩余油分布状况的必要性，还提出了它的复杂性和分散性，因此研究高含水期剩余油分布的深度和难度也加大了。首先，必须对油藏的静态特征进行更加精细的描述，深化对油藏的再认识；同时，还要在这个基础上，根据地下流体渗流的规律，搞清地下剩余油分布的现状并预测在各种井网系统和生产方式下的变化趋势。为此，必须发展和综合运用开发地震、水淹层测井、生产测试和试井、高压密闭取心等现代技术所取得的信息；建立精细的地质模型，进行精细的数值模拟的研究。只有这样静动结合，多学科协同，形成配套技术，才能更深入地搞清剩余油的分布状况。

1. 发展开发地震技术

20世纪80年代开始，随着地震新技术的发展，以及国际上原油价格下跌，西方各石油公

司把重点转向老油田挖潜，地震新方法大力用于油田开发，逐步形成了一套开发地震的新技术。

根据国内外发展趋势，开发地震主要用于解决以下 3 方面的任务：

（1）油藏圈定。

利用三维地震资料确定油藏的几何形态，即查明油藏精细构造、断层分布以及油藏的圈闭范围。

（2）油藏描述。

利用多种地震信息，并结合测井、地质、油藏工程等资料确定油藏的主要参数，包括油层厚度变化，孔隙度分布，并在有利条件下，估算含油饱和度和渗透率。

（3）油藏监测。

利用四维地震资料，即定期的三维地震监测油藏动态。例如，通过地震资料的动力学特征在开采过程中的变化，监测稠油热采注蒸汽前缘的推进情况以及油田开采过程中油气、油水界面的变化。

根据国外的实践，现代开发地震技术可以在油田开发的各个阶段发挥作用。在油田开发早期，在稀井的情况下，开发地震可以查明油藏的详细构造形态和主力油层的分布，为设计生产井位提供依据，以减少打出干井的风险。在油田开发期间，开发地震资料紧密结合岩心、测井和储层特性等资料，可以对油藏进行更详细的描述，预测井间储层岩性和孔隙度的横向变化以及储层的连通情况，为油田调整提供依据。并可对油田开采过程进行动态检测，检测油田注入水的推进情况以及在稠油热采过程中监测注热蒸汽推进的前缘。

从国内情况来看，自从“六五”国家项目三维地震攻关开始以来，地震在油田开发中的作用一直在增长，从 1980 年到 1989 年的 10 年总共完成三维地震约 $1.38\times10^4km^2$。这些三维地震资料，一部分用于详探工作，一部分用于油田开发，在一些油田上已取得明显效果，特别是利用三维地震技术精细解释断块油田的构造形态，来确定调整井的井位，已取得较好的开发效果，这样的成功实例较多。

例如我院和胜利油田合作，在永安镇地区开展三维地震研究，在这以前主要开发单元原油采出程度和综合含水都已相当高，单井日产量大幅度下降，新定的井位大都落空，人们普遍认为这里潜力已不大了。进行三维地震以后，发现构造和断层分布有很大变化。根据三维地震成果，在预计剩余油比较富集的部位定了一批新井，完钻 19 口，见油层井 17 口，单井平均日产 69.8t。

但是，总的来说，开发地震在油田开发中的作用还发挥得不够，究其原因，可能有以下几点：

（1）三维地震进行得不够及时。不少三维地震部署较晚，处理周期和解释周期又太长，不能在设计生产井位以前提交三维地震成果。有的油田是在生产井钻了以后才提出三维地震成果。

（2）三维地震对油田开发要求的针对性还不够强。目前三维地震处理大都浅层、中层、深层兼顾，常常没有重点地把油层部位处理清楚。三维解释也一般着重于做几大层构造图，对油层进行详细的解释不够。

（3）精度还不够高，不能适应油田开发的需要。现在的三维处理方法不够完善，处理出来的地震资料分辨率不够高，储层参数定量解释的地震新技术采用不够。

（4）学科间的互相了解和渗透还不够。由于开发地震是近期才发展起来的新技术，因此目前搞开发的同志对地震的特点不熟悉，而搞地震的同志对开发的特点和要求也还不太清楚，这也限制了开发地震作用的充分发挥。当前，特别要提倡搞开发的同志学习一些地震知识，把开发地震的资料充分地应用起来。

应该说，目前我国开发地震技术水平和国外先进水平对照，还存在较大的差距。一是技术能力比较局限。目前国内的开发地震主要用于开发初期查明油藏的构造形态和断层分布，油藏描述刚刚开始，油藏监测的方法尚未进行。二是新技术的采用不够。国外开发地震中已采用和正在试验的新技术，国内大都尚未采用。三是现有的地震分辨率还不够高，还没有突破传统的地震分辨率的局限。

“八五”期间，开发地震技术应按以下 3 个目标去发展：

(1)形成一整套比较完善的开发地震方法，能有效地解决油田早期评价、油藏描述和油藏检测的任务。

(2)发展开发地震的主要新技术，达到国外 20 世纪 90 年代初期的水平。

(3)把地震分辨率从现在的 10‰(1000m 深度能分辨 10m 厚的储层)提高到 5‰或更高些。

为了实现上述目标，“八五”期间我们建议着重发展以下 5 项技术：

(1)高分辨率三维地震技术。

三维地震资料是开发地震的基础，通过“六五”攻关，这项技术虽在国内各成熟探区推广，但现有的三维方法还不够完善，还不适应于解决复杂断块和岩性变化大的油藏的开发问题。“八五”期间需要着重改进三维处理技术，逐步实现全三维处理。

(2)油藏评价技术。

这项技术从地震记录中提取多种信息，利用已知井的资料作为依据，采用聚类分析和判别分析等模式识别方法，对油气藏的岩性、孔隙性和含油气性等特性进行综合评价。我院已在山东、长庆、塔里木等地区做了一些验证，取得较好效果，证明是一种潜力很大的储层评价技术。这种方法进一步完善以后，可以在开发中应用。

(3)油藏描述技术。

采用地震反演方法确定油气层的岩性、厚度、孔隙度的横向变化以及油气水的分布。一种叫叠后反演，对现有的合成声波测井方法进行革新，使它符合垂直入射的条件，并在低频速度成分和压制多次波等方面作较大的改进。另一种叫叠前联合反演，这是一种把井下资料和地震资料结合起来，利用波动方程模型方法提取储层参数的技术，由于有测井资料作控制，它可以突破传统的地震分辨率界限，把地震分辨率提高到一个新的高度。

(4)改进烃类检测技术。

勘探地震上常用的烃类检测技术即地震直接找油技术只利用地震纵波信息，往往具有多解性和不确定性。将横波信息和常规的纵波地震资料综合应用，可以更有效地划分油气和识别岩性。为了提取横波信息，可采用两种方法，一种是在野外采用多波、多分量地震勘探技术。另一种较为简便的方法是从常规地震资料中，用 AVO 分析方法提取纵横波参数，我院在“七五”期间已研制出一套方法。

(5)井间地震在一口井中激发地震波，在周围井中，通过 CT 方法提取储层参数。井下激发是把地震震源放在井中，检波器仍放在地面。这两种方法都能缩短地震波的传播距离，从而提高地震的分辨率。

2. 发展剩余油测井技术

测井技术是分析井筒周围油层岩性、物性、含油性的重要手段。近年来,随着油井含水的增高,水淹层越来越多。因此,测定油层内油水饱和度变化的剩余油测井技术发展很快。应用这种技术,可以判别水淹层,并按强水淹、中水淹、弱水淹和未水淹等分级地解释各水层的水淹程度,为剩余油分布的研究提供重要的信息。并且可以用来确定调整井的射孔层位,避开高含水层,射开低含水层及未水淹层,提高调整井的成功率。

水淹层测井可以分常规测井方法和非常规测井方法两大类。

(1)常规测井方法。

这一类方法的优点是利用常规测井仪器就可以进行剩余油的解释。我国主要油田如大庆、胜利、辽河、中原等近年来都发展了这种解释方法,已取得了较好效果。我院和河南油田合作针对砂砾岩复杂岩性的特点,基本上解决了水淹后矿化度变化和粒度结构变化对电阻率影响的难题,并且对各层的含水变化也进行了解释,提出了一套描述各小层剩余油饱和度分布的图件和方法,经 17 口井 104 个试油层位验证,全符合 88 层,符合率达 84.6%。在数据处理方面各油田也已普遍应用计算机进行处理,有的已开始探索人工智能技术的应用,形成新型的计算机综合评价系统。

但是,这方面存在的问题是这类解释方法的通用性不强,适于某种储层的方法往往不能用于另一种储层。而且随着注入水对油层的不断冲洗,油层的孔隙结构、润湿性以及孔隙度、渗透率等物性参数都在发生变化,原来的四性关系已不适用,这种变化在目前的方法中还没有充分考虑。对于小于 0.2 ~0.5m 的超薄层的解释还没有过关。这些都需要在“八五”期间进一步攻关解决。

(2)非常规测井技术。

这一类方法包括碳氧比能谱测井、中子寿命测井、电磁波测井等,可以在带套管的井内使用。其中碳氧比能谱测井及电磁波测井受地层水矿化度的影响较小,而中子寿命测井则适用于地层水矿化度高的储层。大庆和胜利油田在高含水地区,利用碳氧比能谱测井方法进行时间推移测井,定点监测剩余油饱和度的变化,为研究各井层剩余油分布的变化提供了重要信息,也为精细数值模拟提供了可靠的依据。用“测—注—测”方法确定储层残余油饱和度,也取得了良好效果。

应用这些方法进行剩余油测井存在的问题是,对储层性质的限制较多,如碳氧比能测井对于孔隙度在 25% 以上的储层效果最好,孔隙度在 15% ~25% 之间的效果差一些,如孔隙度小于 15% 效果就很差;中子寿命测井还受到地层水矿化度方面的限制,而且这些方法探测深度都比较浅。还因为解释方面存在着多解性,有时解释符合率还不高,还须进一步提高。电磁波测井在我国由于测量仪器和解释方法都还没有完全过关,因此,还没有正式投产使用。

在“八五”期间,发展和应用剩余油测井技术的主要方向为:

(1)开展储层水淹机理研究,完善常规剩余油测井方法。

要研究注水对岩石冲洗后孔隙结构和各种物性的变化,求得变化后的四性关系,及不同地层水矿化度的影响,通过这些研究进一步完善常规剩余油测井的解释方法。并且要发展不同类型储层的解释方法,形成系列,便于推广应用。

(2)发展超薄层测井新技术。

解决 0.2m 以下超薄层的测井解释问题是一个难度很大的问题。这个问题的解决对于采出低渗透率层中的剩余油具有十分重要的意义。应该研究能解决超薄层问题的高分辨电阻率、阵列声波以及放射性测井等的仪器和方法。

(3)发展和推广监测剩余油饱和度变化的新技术。

在掌握和完善碳氧比能谱测井、中子寿命测井和电磁波测井等方法的基础上,建议在各高含水油田逐步推广部署少量观察井,用这些测井技术定期进行监测的方法,研究剩余油分布规律及其随时间的变化,并且发展和推广"测—注—测"方法。这对于高含水油藏的调整挖潜,提高其开发效果将会起到重大作用。

(4)发展测井数据处理新技术。

要建立测井数据处理及解释工作站,发展各种测井数据处理软件包,研究测井数值模拟和人工智能等新方法,以及储层的电、声和倾角成像处理新技术,将测井的数据处理提高到崭新的水平。

3. 发展生产测试和试井技术

应用各种生产测试方法监测油层压力、油水产量的变化,对于认识地下油水运动变化具有重要意义。试井分析方法可以提供关于储层在井点附近的污染情况,井间的连通情况和物性参数,以及边界状况的重要信息。

"七五"以来,在生产测试方面,通过引进技术,对自喷井可以测量流体密度、持水率、出水剖面以及温度与压力等参数,并可定性地进行两相流动的解释;对抽油井则发展了环空测试技术,对油水两相流动也已可进行定性解释。利用重复式地层测验器(RFT)来分析储层的连通性、动用情况以及注采关系,也取得良好效果。但对于两相流动的定量解释,还需要在测量仪器和解释方法上下工夫。三相流动问题难度更大,还没有解决。

我国在试井技术应用方面,"七五"以来发展很快,已基本掌握了均质地层及裂缝性地层中单相流体的试井分析技术。我院和大庆油田、石油大学等4个院校以及华北测试公司都研制了试井解释软件,已在大庆、辽河、华北、长庆、南阳等油田推广使用。对于非牛顿流体、变井筒存储效应等问题也开展了研究工作。但对于多层多相流动、非均质以及复杂边界的试井解析等问题还远未解决。国产压力计的精度也还不能满足精细解释的要求。

"八五"期间在生产监测方面要完善二相流动的定量解释,发展三相流动的测试仪器及解释方法,加强仪器的标准化刻度,提高定量解释的精度。由于我国抽油井数已占90%以上,要特别注意发展环空三相流测试新技术。在应用方面也要采取定点定期跟踪监测的方法,以便于研究和分析储层剩余油饱和度的变化动态。

在试井方面需要研究的问题很多,"八五"期间应该着重从单层解释向解决多层问题、从单相流动向多相流动问题、从均质储层向研究非均质储层以及从简单边界向复杂边界问题等方向发展,这些问题的难度很大,需要大力加强攻关。同时要抓紧高精度压力计的研制和生产,以满足试井精细解释的需要。

4. 发展油藏描述技术,建立精细的地质模型

描述油藏的静态特征,建立地质模型,要向精细的三维定量模型方向发展。把油藏在三维空间分成数以百万计的小网块,给出每个网块上的油藏参数,油藏地质面貌就可昭然若揭。地质模型的精细程度,决定于网块尺寸的大小和每个网块参数的估值精度。目前常规注水开发井网的井距都在数百米的数量级上,为描述高含水期的剩余油分布,要求油藏地质模型平面上的网格尺寸应小于井距,即数十米的数量级(目前流行的多为50m×50m)。垂向上的尺寸随测井的分辨率一般可细到0.2~0.1m。建立这样精细的地质模型，与传统油藏描述技术只就控制井点信息直接做出描述不同，需要对井间油藏参数做出预测估值，因此也把这类地质模型叫“预测模型”。

研究这种预测模型，除了要继续利用录井、取心、测井等井点上的资料以外，关键是如何对井间油藏特征和参数做出一定精度的预测估值。这就是20世纪80年代后期以来，石油地质界和沉积界重点攻关的热门课题，应该说到今天还没有完全解决。

对井间油藏参数的预测估值，建立预测模型，可以综合利用开发地震、试井、水平井以及常规地质学方法所取得的各种信息。

在现有经济技术条件下，通过试井、水平井，只能取得少数关键部位的信息，还不可能在整个油藏普遍得到这种信息。

开发地震可以取得全油藏信息，特别是可以由此得到很多其他方法所得不到的关于井间储层厚度、物性及流体变化的信息，发展前途很大。但目前受分辨率和处理技术的限制，特别是对于我国以薄层砂、泥岩间互为主要特色的陆相沉积储层，离实际应用还有一定的距离。如同上述，还要进一步攻关，提高分辨率。

应用常规地质学方法建立油藏预测模型，主要途径是沉积学加上地质统计技术。

首先是对各种沉积类型的储层建立地质知识库。要想对储层参数的三维空间分布作出一定尺寸规模的估计，必须有一个更小尺寸规模的原型模式可供对比借鉴。近年来沉积工作者重新转向开展大量的露头调查工作，就是为了建立各类储层的地质知识库。选择与井下储层类似的地面露头，进行细致的沉积学研究，同时进行密集取样直接测得各部位的渗透率和孔隙度等储层参数，密度达到1m×1m或数十厘米，并辅以一定数量的浅钻取心，露头浅钻中又进行倾角测井、自然伽马能谱测井等以提高测井解释精度。近年来还研制了一种微渗透率测量仪，直接在野外露头面上点测渗透率。通过这些工作，把一定沉积类型的储层内部渗透率空间分布以高密度的数据点实实在在地揭示出来，并与沉积微相，沉积能量单元等建立成因联系，作为预测实际地下油藏时的地质知识库。

国外一些石油公司尽量寻找所研究的储层本身在盆地边缘出露和露头，条件不具备时则寻找沉积相类似的露头。也有一些油公司利用密井网的井下资料，作为预测较稀井网下储层地质模型的知识库，如小井距试验区，同井场成对井，以及井网密度较大的浅层重油热采开采区等。

其次是发展地质统计方法。其目的是寻求什么样的地质统计模型和方法可以较好地表征某一类沉积储层的渗透率空间分布。目前比较流行的有克里金技术以及由它衍生的各种地质统计方法和近年兴起的分堆等，这一方面还在不断地探索发展。

最后是发展一整套计算机存储、处理和显示技术。包括地质知识库和储层数据库；应用地质统计模型分层和分网块，内插和外推储层参数等处理；以及以各种彩色主体图形，表格显示储层地质体。这方面随着计算机的数据处理和图形显示技术的发展，进展很快。

我国“七五”期间我院和胜利、中原、江汉等油田，以及石油大学、江汉石油学院一起开展了以测井为主体的油藏描述技术攻关，在多井描述中把测井、地震、沉积方法结合起来，也应用了克里金等常规地质统计方法，实际上已开始考虑井间的预测功能，至少在砂体几何形态预测上已取得了可喜的效果。如胜利油田和石油大学等对牛庄沙三段透镜状砂体储层的描述。在计算机建立储层三维地质模型的技术方面，大庆油田与中国科学院共同研制的DYDM系统，是我国自己研制的第一个软件，基本上达到了埃克森公司推出的“Geoset”软件的水平。这些技术已可投入实际应用。但作为有目的地针对我国东部高含水的老油田，为建立相应的储层预测模型的工作，只能说是刚刚开始，“八五”期间应大力开展。

（1）大量开展露头调查工作。

这是发展精细油藏地质模型的基础地质工作。我国进入注水开发后期的老油田，绝大多数是东部各个盆地中的主力油田，油藏都赋存于各个盆地中的主要沉积体系上，以湖盆河流—三角洲砂体为主。而河流和三角洲两大类储层中，又以河流砂体开发效果较差，非均质性较为严重，建立地质模型的难度更大。因此，结合我国这一现实，我们应把重点放在河流砂体储层上。

东部老油田遇到的一个问题，是本盆地边缘缺乏相应的良好的露头可供解剖。目前我们只能在西部寻找沉积条件相似的露头开展工作。

在科技发展部统一组织的中国油气储层研究课题中，我院和3个院校承担了这样的露头调查工作，但是现有开展的工作与我国众多的油藏类型是很不相应的，应大力提倡和资助院校力量来开展这一基础的地质工作。

（2）开展利用小井距资料建立地质知识库的工作。

考虑到通过露头调查，建立各类储层的地质知识库，是一件工作量很大而旷日持久的工作，我们建议在大力开展露头调查的同时，可以充分利用我国一些主要油田上实际存在的小井距井组和同井场井组，先开展工作。这些井组井距小于50m，如大庆油田不仅有成对井，还有3~5口井一组的。从沉积学入手，仔细解剖这些井组，从中得出一些规律性的认识，肯定会有益于本地区油藏精细地质模型的建立。

（3）开展地质统计方法的研究。

建立油藏地质模型，目前一般只能走随机建模的路子，本来控制井点的地质参数应具有确定性，但由于测井解释技术的局限，所得到的井点的所谓确定性的数据，本身带有一定的不确定因素，特别是渗透率值，测井解释误差可达到±40%，目前已发表的地质模型多数只是显示孔隙度值，可能也与这一原因有关。随机建模中发展地质统计方法是很重要的一环。

发展地质统计方法，应尽量结合我国油藏实际，这方面我们也刚刚开始。大庆油田与中国科学院合作研制的DYDM系统中，已考虑了一些常规地质统计方法，我院也已开展了一些实际应用的探索工作，利用大庆油田的实际钻井资料，抽稀以后进行预测和检验，经过多次摸索，已初步取得了分级估值渗透率符合率达70%以上的效果。当然这仍然只能说是尝试性的开端，还有大量的研究探索需要我们去攻关。

（4）发展计算机存储、处理和彩色主体显示技术。

这方面，大庆油田的DYMD系统已为我们打下了良好的开端。通过引进国外软件，组织专门力量攻关，近期内肯定会有较大的进展。

5. 发展油藏数值模拟技术

油藏数值模拟是提高油藏开发科学决策水平的重要技术，也是研究油藏剩余油分布不可缺少的关键技术。“七五”期间，通过引进、消化和吸收形成我国自己研制的软件系列，包括黑油模型、双重介质模型、组分模型、相态计算软件、热采模型、化学驱模型以及气藏模型等，对于我国的几种主要油气田类型为砂岩油气藏、碳酸盐岩裂缝性油气藏、凝析油气藏、轻质油藏、稠油油藏等都已有了相应的软件可供应用。这些软件都已安装到了国内的各种大型、中型、小型计算机上，以至微机上，形成了软件和硬件的系列配套。在工作站前后处理、彩色显示、新型快速解法、软件工程新方法的应用等10项新技术和新方法方面进行了探索和开发应用，提高了我们软件的水平。经国家级鉴定验收，认为我国自己研制的油藏数值模拟软件总体上看已经达到了国际20世纪80年代水平。在计算机硬件方面全国用于油藏数值模拟的大中型计算机系统已有12套，还引进了10套Sun4系统油藏数值模拟工作站，今后逐年还要引进，总数预计要达到50套。虽然和实际需要还有差距，但硬件的条件已有了较大改善，已经大有用武之地。在“七五”期间，还搞了一大批实际应用运算。据不完全统计全国共有183个油田(区块)进行了数模研究，在“八五”规划的制订以及油气田开发决策方面发挥了重要的作用，取得了很好的经济效益。而且通过软件的研制和具体应用，已经初步形成了一支从事油藏数值模拟研究和应用的队伍。

从“八五”来看，无论是在油田调整挖潜，还是新油田开发都需要更加广泛地应用数值模拟技术。总公司领导提出“要把油藏数值模拟作为提高开发水平的最重要的一环或者首要一环”，并把它在提高油田开发水平方面的作用和数字地震在提高勘探水平方面的作用相提并论。我非常拥护这样的提法，如果各级领导都能从这样的高度来重视油藏模拟技术，今后数值模拟技术一定会发展得更快，在提高开发水平方面发挥更大的作用。

为了更快地提高全国油藏数值模拟的水平，总公司领导提出了“加强两头，发展中间”的方针，是非常重要的。所谓“加强两头”，其中的“一头”就是要加强取资料的工作，认认真真、扎扎实实地下决心严格取全取准各种资料，做出符合实际的地质模型，才能真正发挥数模技术在油田开发科学决策中的威力。否则“假资料，真模拟”，还可能导致错误的结论。“另一头”是加强应用，据初步安排，在“八五”期间共要搞400个油田或区块的模拟，工作量是很大的。为了完成这个任务，光靠少数搞数值模拟的人员来搞不行的，必须发动广大的油藏工程师来搞，从提高数模的应用水平来看，更应该如此。因为只有主管这个油田的工程师，最了解油田的具体情况，只有当他们真正能掌握数模的技术，得心应手地加以应用，才能真正发挥出数模技术的强大威力。因此，分期分批地对油藏工程师进行培训，使他们能够逐步掌握数模的应用技术，已是当务之急。

要加强数模的应用。还要提高应用的技术水平。虽然说在“七五”期间已完成了一批实际油田的模拟，但经验还比较少，方法比较简单。拟相对渗透率曲线和拟毛管压力曲线的应用还只刚刚开始，历史拟合方法也还比较少，有时和地下实际情况还有距离。这些在“八五”期间都应该加以研究和提高。这里想着重讲一点关于如何用数模方法研究剩余油分布的问题。用数模方法来研究剩余油饱和度应该说已得到了一定的成效，特别对于主力层的模拟，能比较符合实际情况。但是对于目前剩余油较多的低渗透薄层或连通较差的油层的模拟还存在较多的问题。当然，原因是多方面的。首先需要有精细的油藏描述，特别是需要有储层在井间的信息。否则要比较准确地搞清地下油、气、水的分布是难以做到的。这些问题在前面已经谈到过。另一方面，在数模本身也还存在问题，一是限于计算机的内存容量和计算速度，节点数不能太多。因此在模拟时常把这些差层人为地合并起来，本来不连通的变成连通了，本来的薄层合并后也变厚了。这样做，虽然对油藏的整体指标的模拟来说影响还不算很大，作为工程计算来说这种误差还可以接受，但对这些高含水期间的重点挖潜对象差油层来说，模拟的结果和实际情况就会有很大的出入。哪个小层油多，哪个小层油少，根本说不清楚，也就谈不上指导这些差层下一步的生产挖潜实践了。对于这个问题，办法还是有的，最笨的也是目前最可靠的办法就是对这些差层在模拟时保持原样不加以合并，节点数将大为增加，这就需要机器有大的内存，计算速度也要大大加快，除了要配备速度更快的计算机以外，还需要研究快速解法的问题，如矩阵的高速求解方法和并行算法等新的方法。

还有一个问题是要解决井内各层的拟合标准问题。现在所用的拟合标准是全油藏和单井的压力和含水。只要通过修改多种参数把这些指标拟合好了，就认为拟合后的参数反映了油藏的实际情况，这样做对于井内只有一个层的理想情况下是可以的；在井内有多层时，如开发系中只有一个主力层，其他都是差层，那么对这个主力层的模拟来说也是可以接受，但具体到每一个小层来说，因缺乏各小层拟合指标，所以即使单井的压力、含水拟合好了，但各小层的剩余油分布仍不一定是准确的，这是因为井内层数很多，有可能发生这样的情况，即拟合时可以修改这个层的参数，也可以修改另外层的参数，最后拟合结果虽然都可能把单井的压力、含水等指标基本上拟合好，但不一定能反映各小层的实际情况。这里提出一个新的想法，对历史拟合提出更高的要求，即除了要求拟合全油藏和单井的压力和含水以外，还要求定期定点地拟合各单层的压力、油水产量或饱和度等。为此就必须要求测井或生产测试能定点进行跟踪测试，以及在新钻的检查井中进行 RFT 测试，提供可靠的分层资料。当然，这些工作不可能也不必要在每口井都进行，可以选少量关键井，定点定期地进行跟踪测试。这种想法在国内外还都没有实践过，不过，我们认为如果真正能够这样来做，一定会大大提高各层剩余油分布的研究精度。当然，这样做历史拟合的工作量必然会大大增加，也要求有更快的计算速度。总之，为了研究高含水期剩余油饱和度的分布，特别是当我们的挖潜对象转向渗透性低、连通差、厚度薄的差油层时，油藏数值模拟技术也必须向精细化的方向发展，搞“精细模拟”。为此需要内存大、速度快的计算机，同时软件方面也要研制更快速的解法和其他能减少计算工作量的新方法。建议在“八五”期间挑选几块进行这方面的试验，取得经验后再逐步推广。

还有一个“发展中间”的问题，就是继续要对硬件进一步分级完善配套，对于大的油田如大庆、胜利等以及总公司研究院要配备内存大、速度快的较大型的小巨型机或其他计算机系统；其他油田及百万吨级以上的大采油厂要继续配备高档的数模工作站系统；一般的采油厂也要配备小型工作站系统。这样配齐以后我们的数模计算就有了比较雄厚的物质基础。

在软件方面虽然在“七五”期间取得了很大的进展，但还有很多地方需要进一步完善和发展。应该根据目前国外的发展趋势及我国的实际需要，有计划地组织各方面力量改进，完善现有的软件，开发研制新的软件，主要有以下几个方面：

（1）软件要继续向集成化、模块化和标准化方向发展，形成功能更多、用途更广的软件系列。目前除了中国石油天然气总公司勘探开发科学研究院的多功能软件集黑油、双重介质和挥发油模型于一体以外，其他的都还是单一油藏性质的模型，输入输出的格式都不统一，所用变量的名称也不一致，用户掌握与使用起来都不方便。今后应该把各种模型包括黑油、双重介质、组分，以至热采、化学驱、混相驱等都集成一体，有共同的输入输出格式，统一的变量名称，用户可以利用一个驱动程序，自己拼装与实际问题相符的油藏模型，给用户提供更大的选择范围，这样用户使用起来就方便得多了。并且，从国外的发展趋势来看，这种多功能软件系列已有从黑油模型为核心转向以组分模型为核心的发展趋势，也是值得我们借鉴的。

（2）进一步发展与主体模型相配套的工作站前后处理技术，使其与主体模型一体化，输入参数数据库化，输出结果图像化并且使图像向三维、动态显示方向发展，让数值模拟输出结果更加直观。

由于目前国外计算机工作站都较多采用先进的 RISC 技术，速度很快，内存也可以做得很大，已不仅可以做主机的前后处理，其本身也可以进行主模型的运算，极大地方便了用户，而且价廉物美，性能价格比很高。如果进一步实现了输入的数据库化，直接从数据库取得所需的资料，自动进行加工处理，如自动剖分网格，自动赋值，那么可以大量减少用户的手工操作，也节约了时间。输出方面要实现三维立体彩色图形的动态显示功能，通过任意旋转与切割可以直观地观察任意剖面、任意层位的内部结构以及不同开采方式和不同井网下的油水流动状况，这样就为研究剩余油饱和度的分布以及怎样更经济有效地采出这些剩余油提供了更为强有力的工具。我国"七五"期间，已经研制了一些工作站软件，并开始投入应用，但一般只限于二维显示，动态显示也还只是刚开始起步，应在此基础上，继续朝上述的方向努力，不断改进完善。

(3)发展新解法，提高运算速度。

不断探索、发展油藏数值模拟中各种新的计算方法，追踪世界先进技术，解决我们油田数模中新的问题。

上面已经提到，为了实现精细模拟，必须大大加快计算速度，不断研制新的方法。我们应该看到，在"七五"期间，虽然已经掌握了一些比较先进的算法，对新的解法也进行了一些有益的探索，但和国外的先进水平相比，计算速度还有较大差距。因此，必须大力加强对新的快速算法的研究，从差分方程的离散化和线性化方法，大型代数线性方程组的求解方法以至新的并行算法等都应加以研究，编写出新的解法软件，以提高数模软件的水平，满足模拟过程特别是精细模拟的需要。

(4)研究新的模型，满足多方面新技术发展的需要。

对于我国即将开展试验或攻关的混相驱、化学复合驱以及水平井采油等都需要我们提供新的数模软件，应该尽快组织力量进行研制。又为了解决目前还没有解决井筒倒灌问题及地层和地面油、气、水流动的衔接问题，需要研制地面管流—井筒流动的一体化模型等，这方面的问题很多，就不一一详述。

(5)在实践中不断改进现有软件。

根据经验，一个软件编完以后，往往会存在这样或那样的问题。这些问题只有经过不断实践—改进—再实践—再改进的过程，才能逐步完善。我国现有的软件一般使用的次数还不多，有的还只使用过1～2次，必然还会有不少不成熟的地方。而且有的软件如组分、裂缝等模型和国外先进软件相比，也还有不少差距，这些都应该逐步改进、完善，不断推出新的版本，更便于用户使用。

研究剩余油饱和度分布，除了上面的几种技术以外，还有其他的方法可供应用，有的还是非常重要的。例如高压密闭取心，可以对地下流体的分布得到第一性的资料，还有不少常规油藏工程方法，便如流管概算法、油藏实际资料分析法等也可以画出地下水淹程度图或饱和度分布图。虽然它们的精度不如数值模拟，但也可作为参考。还有单井吞吐示踪法也是一种比较好的方法，测定的范围比测井法要大，不过所测得的饱和度已不是剩余油饱和度，而是完全水淹后的残余油饱和度。除此以外，还需要进行驱油机理研究。要应用各种物理模型进行长期水冲洗后岩石孔隙结构、润湿性、相对渗透率曲线、黏土矿物成分与结构以及孔隙度和渗透率等物性参数的变化，研究不同沉积条件和非均质性情况下的驱油机理和水淹特征，并应用核磁CT扫描技术和各种微观模型进行各种条件下微观驱油机理的研究，为各种开采剩余油的方法和技术提供理论上和实验上的依据。

综上所述，由于高含水油田剩余油分布的复杂性，要认识它的分布状况，除了对于已经掌握的技术应该迅速推广以外，总的趋势一是各项有关技术都要向精细化的方向发展，二是要向各学科协同、互相渗透、综合运用的方向发展，三是要提高解决各种复杂问题的能力。难度是比较大的，但通过这些攻关，将会使我们进一步深化对油藏的再认识，形成一整套具有我国特色的研究地下剩余油分布的高技术，把我国的油田开发水平提高一大步。

三、综合应用配套技术，搞好高含水油田的综合调整，提高采收率

由于高含水油田地下油水关系以及生产特点的变化，油田的开发方法必然也应有相应的变化和调整，才能适应地下形势的发展，经济而有效地采出油藏中的剩余油，提高采收率。

"八五"期间要做到"稳定东部"，高含水老油田尽管其剩余可采储量的开采速度已经很高，但仍然要承担很重的产量任务。只有千方百计增加可采储量，才能减少递减，完成这个任务。因此，在高含水期进行再一次综合调整看来是必不可免的。可以称之为高含水期综合调整，大庆称为二次调整。

另一方面，从地质条件和技术经济综合指标来看，逐步推广聚合物驱已势在必行。在有条件的地区也应该在调整时考虑水驱与聚合物驱的衔接问题。聚合物驱的开发特征及工艺技术和水驱有很多不同之处，对开发层系和井网密度的要求也和水驱不同。因此在近期有条件进行聚合物驱的油藏，应该在注水后期调整时考虑到下一步进行聚合物驱时对井网密度和开发层系的要求。打好整体的阵地仗，提高采收率。

1. 高含水砂岩油田的开发综合调整

注水油田的调整在苏联称为水动力学调整，这种调整方法大体可以分成两类，一是改变原来的井网和层系，采取钻加密井，细分开发层系，转移注水线，改变井网格式（如反九点改为五点法等），补充点状或排状注水、转注、换层以及采用变形井网等。另一类是井网层系不动，通过改变井的工作制度来实现强化开采的办法，包括提高排液量，改变液流方向，优化高压注水，停注、关闭高含水井以及脉冲注水、强注强采等。采取这些措施最重要的目的是增加注水波及体积，增加可采储量。虽然这方面的调整措施很多，这里就有关高含水期综合调整的几个比较重要的问题提一些看法：

（1）加密调整。

如前所述，即使在高含水期，还存在着大量剩余油富集的部位，潜力仍然是很大的。仅就大庆油田统计数字来看，喇萨杏油田一次调整后未动用或动用很差的低渗透层的地质储量有 8×10^8t，另外还有未划入含油砂层的表外储层 6×10^8t，两者合计 14×10^8t。要采出这些剩余油，进行加密调整是一条重要措施。但是，我们知道，根据井网密度和采收率的经验关系，随着井网密度的增加，虽然，可采储量的总量也逐渐增加，但是单井所增加的可采储量却逐渐减少，所增产原油的成本也要增加。

据全国各主要油田的调查，如果加密井增产原油的成本以 300 元/t 为经济极限的话，全国可增加可采储量约 2.46×10^8t，如按 400 元/t 为限来计算，则增加的可采储量可增至 3.27×10^8t。以高价油的标准来衡量，加密到这种程度在经济上还是可以接受的。毫无疑问，"八五"期间打加密井是高含水期综合调整的主要内容。问题是在上述剩余油高度分散但又有相对富集的格局下如何经济、高效地打好加密井，把剩余油采出来。

首先，让我们来看一下在高含水期是否还能打出含水较低的油井。从大庆油田所开辟的二次调整的试验区的初步试验结果来看，一些特低渗透且厚度较小的表内层和物性含油性更差的表外储层经限流法压裂后可具有一定的产能。表内层产液强度可达 2～6t/（d·m），表外层产液强度也可达 1～3t/（d·m），产油强度可达 0.8t/（d·m）。玉门老君庙 L 层油藏和江汉五场潜四段油藏根据剩余油饱和度分布图在剩余油较富集的部位新钻的井大多数含水都较

低，甚至有的根据一般动态分析认为是水淹层，但在剩余油分布图上却是油层的地方，经打井验证结果得到初产37.5t/d的不含水纯油。河南双河根据剩余油分布等综合研究所定的调整井，大多数也打到了低含水层，表3所列为最近打出3口调整井的试油情况。

表3 河南双河油田调整井试油情况

井号	层位	含水，%	产油，t/d	井所处位置
T428	IV_4^2	1.7	10.56	油层内部井网不完善地区
	IV_4^3	1.9	7.8	边角地区
T436	IV_4^3	2.0	26.1	油层内部井网不完善地区
T457	IV_1^1（上p）	9.9	35.47	油层内部井网不完善地区
	IV_1^1（下p）	0	17.0	油层内部井网不完善地区

以上这些情况说明显然地下剩余油已处于高度分散状态，但仍可在相对富集的地区打出含水较低且有一定产能的油井。那么，是不是到处均匀布井都能打出这种有开采价值的低含水油井呢？我们认为不一定。在剩余油非相对富集的地区，很可能会打出含水很高、产油量很低的油井。因此，如果不加分析地一律采取在全油藏均匀布井的办法，必然要冒打出大批低效井甚至高含水井的风险，并且应该估计到这种风险还是很大的，在目前资金比较紧张的情况下更不应该冒这样的风险。看来，这种打法只有在以下两种情况下才可以采用：

① 当该油藏经可行性研究确定近期即将开展聚合物驱采油，根据聚合物的需要进行均匀加密。

② 如果有充分的实际资料特别是现场实验资料说明，从空间上看剩余油的分布基本上是均匀的，没有明显的相对富集区存在，或者相对富集区小而零碎，而且所布的井绝大多数都能获得有经济价值的可采储量和产能，那么也可以采取按一定井网密度均匀加密的做法。

我们的想法是既然存在着相对富集区，看来重点在相对富集区加密比较合适，这样做虽然所获得的可采储量总数可能会比均匀加密少一些，但总井数可以大幅度减少，平均单井所获得的可采储量会较大幅度地增加，经济效益必然也会更好，打出低效井或高含水井的风险就大为降低。当然在相对富集区以外的地方也不是绝对一口井也不能打，不过要采取更为慎重的态度，如果经过分析，认为某处可能打出具有经济价值产能的油井，那么，打一定数量的“聪明井”也是必要的。至于由于老井损坏所需的更新井，已属于另一范畴的问题，无疑可根据需要来打。

在相对富集区重点加密时要考虑以下几个问题：

① 要统一考虑加密井与原井网注采对应关系的进一步完善，尽可能增加受效方向，搞好注采平衡。老井可酌情转注。要避免加密后造成注采关系上新的不平衡，导致可采储量的损失。对于原来井网不完善的油藏，可以考虑尽量把它调整成较规则的井网，以增加受效方向，完善注采对应关系，同时也有利于今后不同层系井网的综合利用和注水方式的转化。对于原来布井比较规则的整装油田，尽量考虑把原有的井网改为封闭式的注水井网，可以把分散在各分流线上的剩余油较多地集中到中心生产井采出，改善开发效果，增加采收率。孤岛油田中二中3~4区已对此进行了试验，把四点法井网改为七点法，并在中心部位增加一口生产井，与原有老井分采馆3及馆4两个油组。改前采出程度为30.2%，含水已达81.9%，改后日产油由1987年886t提高到1989年1206t，地层总压降由1987年的1.51MPa回升到只有0.72MPa，单井日产液量由37.9t上升到95.7t，注采多向对应率由37.7%提高到80.6%，预计采收率可提

高 2%，收到很好的效果。

② 调整时要注意通过打新井或转注，增加注水井的比例。目前全国注采井数比平均为 1:3。注水井占的比例仍然比较小。对于高含水油田来说增加注水井的比例尤为重要。因为这样做可以在注水压力不大于破裂压力的情况下满足日益增长的注水量的要求，同时也有利于增加受效方向和改变液流方向，扩大波及体积，多采剩余油，而且高含水井的转注也有利于降低综合含水。

③ 在调整井打完后，应根据水淹层测井资料进行射孔。一般对于生产井应避开高含水层，只射剩余油比较富集的层位。而对注水井则应与老井结合起来，以每个小层或油砂体整体上完善注采系统的原则来考虑其射孔层位。由于各油藏的地质条件各不相同，应因地制宜，灵活多样。例如，对于面积较大的剩余油，应既要布注水井也要有采油井，注意注采协调。

对于面积较小的油砂体，可根据原有的注采井别来确定补生产井还是注水井。

对于调整中所新发现的油砂体要根据情况同时布油水井。

对高含水厚油层边部低渗透薄层的小片剩余油可以考虑布生产井，利用原井网中注水井，发挥“高注低采，厚注薄采”的作用，把剩余油采出来。

④ 关于加密井网密度问题。

众所周知，这是一个需要根据油田的具体地质条件、开发特征、剩余油分布情况和经济条件等各种因素进行综合研究以后才能确定的问题。这里只想强调一点，就是在制订“八五”规划期间，各油田都对经济极限井网密度作了测算，这是根据井网密度和采收率的经验关系加上经济因素所测算出来的，可作为潜力分析和长期规划的依据，但实际上油田的地质、开发情况还复杂得多，所以不能以此作为实施的依据。为此，必须对需要调整的各油藏做出正式的调整方案，经批准后才能付诸实施。

⑤ 关于细分层系问题。

由于剩余油分布的高度分散和镶边搭桥的形态，因此，一般来说，把这些剩余油高的部位细分出来组成独立开发层系的余地已经很小。当然，如果有的地区在经过上次细分调整以后，层系仍然较粗，井段仍然过长，剩余可采储量又足以构成细分的条件，那么，经过具体分析论证，也可酌情再次进行细分，或者在局部富集地区酌情细分。

(2)发展多种注水方式，增加波及体积，改善开发效果。

高含水期油田的调整除了进行井网加密以外，还可以通过改变井的工作制度来改变液流方向，开展不稳定注水，也可以扩大水波及体积，增加可采储量。由于这些方法一般不需要另钻新井，可以利用原有井网来进行，所以，特别适用于剩余油相对富集程度不太高，不准备进行加密调整的地区，而且不需要特别的工艺设备，也便于应用。

通过改变井的工作制度包括转注、停注或强采等来改变液流方向，程度不同地使注入水不再沿着已形成的水流通道流动，从而采出非主流线区(包括分流线)内的剩余油。

不稳定注水也叫脉冲注水或周期注水，主要适用于亲水油藏。对于带有裂缝的亲水油藏，用此法可获得较好的效果。此法在苏联得到了广泛的应用。在我国江汉等油田也进行过试验，获得一定效果。今后在条件合适的地区可以考虑进一步试验和应用。

采用增大油层内的压力梯度的方法进行强注强采对于改善高含水油藏的开发效果也有很好的作用。这种方法不仅可以减少层间矛盾，增加垂向上低渗透层的动用程度，而且对于提高厚油层层内的水驱采收率也可以取得较好的效果。据胜坨油田试验的初步结果来看，强注强采方法无论对于亲油正韵律油层或是亲水反韵律油层都有相当好的效果，亲油正韵油层的效果更好，提高采收率的幅度更大，值得今后继续试验和推广。

还有非混相的水气混注的方法，虽然这与一般注水技术已有不同，但也是在注水过程中常用的一种提高采收率方法。所注入的气体可以是烃类气体，也可以是二氧化碳气体或氮气等。作用的机理主要是通过注入的气体减少水相渗透率，同时因有水存在也不易形成气窜，从而提高油相的相对渗透率。室内试验和国外大量的现场试验都已表明这种方法提高采收率的有效性，特别是对于正韵律河道砂体上部所剩留的原油预计使用这种方法可能会有好的效果。

(3)发展高含水期的采油工艺技术。

由于高含水期油田内主力层含水普遍已较高，产量递减，作业效率也随之下降，而剩余油一般又都处在比较难采的部位，不少为低渗透薄层或超薄层。因此老一套采油工艺技术已不完全适用，如何发展针对高含水特点的采油工艺技术已成为当务之急。但这些工艺一般难度比较大，而且涉及面也比较广，包括提液、防止油层污染、固井、射孔、压裂改造、调剖、堵水等。需要强调的是，要改变过去着重于以单井为工作对象的做法，应该从整体着眼，以有利于提高注水波及体积为原则，注意注采协调，进行综合治理。具体来看，“八五”期间要重点抓好以下几方面的配套技术：

① 针对高含水主力层的措施：

随着含水的升高，不断地提高排液量是延长稳产期、减少递减的主要措施。应根据油藏含水上升的情况，进行整体提液。同时也要采用调剖及堵水等措施，以降低含水的上升速度。我院开发所和河南油田合作对双河油田$Ⅳ_{1-4}$层系的工艺措施进行了数值模拟研究，发现采取加强排液和堵水相结合的综合措施，其整体开发效果比单纯提高排液量和单纯采取堵水措施都要好。

在具体工艺技术上，要继续完善电潜泵、水力泵以及大泵深抽的配套系列，发展和推广注水井调剖技术和选择性堵水技术。

② 针对剩余油饱和度高的低渗透薄层的工艺措施：

上面已经提到，在高含水油藏内，大量剩余油都存在于零星分布、“镶边搭桥”的低渗透薄层中，是当前主要的挖潜对象。如何采取有效的工艺措施采出这部分剩余油具有十分重要的意义。

开采这部分剩余油的难度很大，必须加强各种新技术攻关，根据大庆的经验，要着重解决以下几个技术问题：

a. 优质完井工艺。大庆二次加密试验区的实践表明，目前的完井工艺还不能把薄夹层固好，造成大量窜槽现象。应发展优质的薄层固井技术，确保固好每一个薄夹层。

b. 优质钻井液。由于这些层位本来渗透率就很低，再加上泥浆污染，势必严重影响这些低渗透薄层的开采，因此必须采用优质、低相对密度、防污染钻井液。

c. 薄层及超薄层的测井技术。至少要定性地分级判别0.5m以下甚至0.2m以下薄层的水淹情况，以确定射孔层位。

d. 高效射孔技术。能准确射开0.2m以下的超薄层，并且要求穿透深，不震裂水泥环。

e. 薄层限流压裂或其他选择性压裂技术。这些储层的自然产能很低，不经过压裂改造一般没有开采价值。而且不仅它们本身的厚度很薄，而且有时夹层也很薄，只有1~2m。因此，必须发展能适应这样苛刻条件的一次压开多层的限流压裂或其他选择性压裂技术，并且要求压裂具有防膨、低伤害的功能。

(4)发展水平井工艺。

近年来国外水平井技术发展很快,应用这种技术可以减弱底水油田的水锥,降低含水,增加原油产量;可以采出正韵律厚层上部的剩余油;也可以用一口井钻开多个裂缝系统,发现和开采新的裂缝系统中的原油。因此,我们也应该积极进行攻关,尽快掌握这项技术。为此,除了需要掌握水平井钻井技术以外,还需要解决井位设计、完井和固井、测井、人工举升、压裂改造等一系列工艺技术问题。

2. 加快步伐,发展提高采收率新技术

由于我国陆相储层非均质严重,油水黏度比又比较大,因此水驱采收率一般只有30% ~ 40%,低的只有20%多。全国动用储量的平均采收率只有32.2%,既使把水驱所能采出的所有剩余油全部采光,还有2/3以上的储量遗留在地下采不出来。这个潜力是很大的,以目前的动用地质储量计算,约有75×10^8t之多,只有依靠新的提高采收率技术才能把这些原油逐步开采出来。特别是由于现在大部分老油田已进入高含水期,有的已进入高含水后期甚至特高含水期,因此发展提高采收率新技术已成为老油田产量接替的战略性措施,应该加快步伐,尽快投入工业性应用。

提高采收率的方法很多,那么根据我国的具体地质和开发条件究竟哪一种方法提高采收率的潜力最大?经济上有无效益?今后的主攻方向是什么?为了回答这些问题,在总公司开发生产部直接领导和组织下,我院和全国13个主要油区一起,对全国82个油田,总计73.4×10^8t地质储量,用引进的筛选预测模型进行潜力分析,可以看出我国提高采收率的潜力是很大的。在这73.4×10^8t储量中,能够采用现有提高采收率方法进行开采的共有67.4×10^8t,占筛选储量的91.8%。其中适宜聚合物的储量为43.6×10^8t,平均可提高采收率8.6%,增加可采储量3.76×10^8t;适宜表面活性剂驱储量18.73×10^8t,平均可提高采收率19.6%,增加可采储量3.67×10^8t;适应CO_2混相驱储量4.83×10^8t,平均提高采收率17.8%,可增加可采储量0.86×10^8t;适宜碱—聚合物驱储量0.29×10^8t,提高采收率16.5%,可增加可采储量48.8×10^4t。从这些数值可以看出,聚合物驱在我国的潜力最大,适宜储量占总储量的64.6%,这和我国主要油田的油藏地质特点有关,我国主要油田都属于陆相沉积地层,纵向上和平面上非均质都比较严重,绝大多数地层的渗透率变异系数均在0.6以上,而原油黏度又比较大,大部分原油都在10mPa · s左右,因此波及效率都比较低,提高注水波及系数是我国提高采收率的主要方向之一。同时,聚合物驱机理相对比较清楚,设备和工艺比较简单,经济上比较合理,技术上通过大庆、大港、新疆等油田的先导性试验,也已比较成熟,是近期内比较现实的提高采收率的方法。

在适宜聚合物驱的43.58×10^8t中,条件较好,近期内可以进行工业规模试验或推广的储量达20.93×10^8t,预计可提高采收率9.5%(含水98%时)可增加可采储量约2×10^8t,主要集中在大庆喇萨杏油田上正韵律油层,胜利油田的孤岛和孤东,大港的港西和羊三木以及辽河的曙光油田,预计注1t聚合物可增产原油184t。如按进口聚丙烯酰胺2万元/t计算,每增产1t原油化学剂费用108.7元,如果聚丙烯酰胺生产能在油田建厂,据估算,每吨聚合物成本约5600元,这样每增加1t原油需化学剂费用约30元,同时每产1t原油还可以少产水10 ~ 14m^3。还可以节约大量的注水和污水处理费用,大港港西四区,由于注聚合物减少了油井出砂,缩短了检泵周期,减少了套管变形,也进一步降低了采油成本。

以大港港西四区0.59km^2的先导性试验区为例,从1986年12月4日至1989年4月17

日累计注入聚合物溶液近 $20 \times 10^4 m^3$（干粉 168t），截至 1990 年 7 月底试验区已累计增产原油 $3.57 \times 10^4 t$，平均注 1t 聚合物增产原油 213t，预计最终共可增产原油 $5.74 \times 10^4 t$，注 1t 聚合物可增产原油 342t，中心区增加采收率为 9.45%，如果聚合物驱增产原油按超产原油价格计算（600 元/t），增加产值 3444 万元，经数值模拟计算，该试验区将少注水 $25 \times 10^4 m^3$，周围观察井少产水 $160 \times 10^4 m^3$，可节约注水、脱水及污水处理费用 252.5 万元。由于聚合物对地层起稳定作用，减少油井出砂，可节约作业费用 180 万元，减少套管变形井 2 口，节约钻井费用 168 万元。该矿场试验井区总投入为 872 万元，而总产出和节约的费用为 4045.1 万元，纯增效益 3173.1 万元。而且所用聚合物是进口的，价格较贵。如油田自己生产聚合物，化学剂的成本还可以大幅度降低。当然这是一笔粗账，而且随着油田地质条件和开发状况的不同其驱油效果也不相同。但从这一实例可以看出，以高价油计算聚合物驱的经济效益还是比较显著的，为此“八五”期间要在大庆、胜利、大港、河南、辽河和吉林等油田进行聚合物驱的工业化试验和生产，动用约 $2.4 \times 10^8 t$ 储量的规模，5 年内计划注入聚合物 $11.7 \times 10^4 t$，增加可采储量 $2250 \times 10^4 t$，1995 年预计可增产原油 $270 \times 10^4 t$，为“九五”更大规模推广打好基础。

要较大规模地采用化学驱采油，化学剂的来源与供应至关重要，要从速引进生产线，在油田设厂，产出适合聚合物驱需要的、合格的聚丙烯酰胺产品，所建生产装置应能够制造较大范围不同分子量的聚合物，其分子量分布应该比较集中，产品在离子类型、水解度方面系列化，以满足不同油田的需要。

聚合物驱是一项比注水复杂的多的系统工程，为保证获得好的效果，应注意解决如下一些主要技术问题：

（1）对油层的认识必须更加深入，油藏描述的技术水平要进一步提高。这是现场试验成败的主要原因之一。由于化学剂的价格毕竟比水要贵得多，所以必须认真细致地进行油藏描述，建立精细的地质模型，以减少风险性，确保现场试验的顺利进行。前面已经提到，国内已有一些软件和方法可以使用，但最好还是使用先进的预测模型，所以从提高采收率技术需要来看，也应加快对预测模型的攻关。

在油藏宏观描述的同时，还需要加强微观的研究，即研究油藏岩石的孔隙结构，水驱前后储层物性、流体性质的变化，用以选择聚合物类型和最佳的注入工艺条件。

（2）合理井网密度和层系组合的确定，关于这个问题目前虽然还存在不同的看法，但对于某一个具体油田来说，合理井网密度应该从地质条件、聚合物的稳定性、开发年限、经济指标等多方面进行综合分析才能确定。考虑到聚合物驱的特点和调剖技术的应用，如何合理地划分层系还没有经验，需要我们通过室内研究和现场试验逐步积累经验。

（3）聚合物室内筛选及评价技术必须完善、充实。进行聚合物驱应该选择低用量、高黏度、低价格的产品，并且要有高的注入能力，不堵塞地层，与地层水及其他添加剂有好的配伍性，要有长期的热稳定性、化学稳定性和生物稳定性。因此，为了选择合适的聚合物，在室内不仅要测定聚合物的分子量及其分布、固体含量、水解度和不溶物、溶解速率等产品的一般物理化学性质，还要测定分析增黏性质、流变性质、渗流性质、机械降解、化学降解、生物降解、滤过性能、传波性能、驱油效果等。

（4）数值模拟技术。聚合物驱对数值模拟的要求比水驱要高，除了进行方案设计外，既要进行跟踪模拟，还要通过数值模拟对聚合物驱的效果做出正确的评价。我国已引进软件和几种自己研制的数值模拟软件可以应用。但还需要组织力量进一步提高和完善。

（5）矿场注入设施及注入工艺技术。除要求钻井、完井过程中严格防止造成地层伤害以外，注入水水质的监控和处理是一个关键性问题。除了一般注入水水质的要求外，对注入水中的二价离子，某些过渡性金属离子及含盐量要严格控制，以防止化学降解。聚合物混配注入设备应结合注入聚合物的类型和性能进行设计，保证聚合物溶解充分，不堵塞地层，不发生剪切降解。

(6)注入井调剖技术。在进行聚合物驱以前，在注入井进行调剖已证明是一种行之有效的方法，特别是对于有裂缝和特高渗透率的油层，调剖更是保证聚合物驱成功的一项不可缺少的手段。目前我们已掌握了柠檬酸铝、三价铬离子进行交联，以及用 TP－910 进行地下聚合的方法进行调剖。但在交联时间的控制、处理半径的选定、凝胶强度、施工工艺等方面还需要进一步研究。对国外正在研究和推行的深度调剖技术，我们也应加以研究和掌握。

(7)聚合物驱的监测技术。为了掌握聚合物注入后的油藏动态并进行效果分析，必须及时、准确地进行油藏监测，包括产出液中的油水性质、聚合物性质、聚合物浓度、示踪剂测试、油水井出油剖面与吸水剖面的测试、压力测试、高压密闭取心等。特别是含油饱和度变化的测试技术，目前还是薄弱环节，需加强攻关。

(8)对聚合物的防窜技术。大港地区先导试验的经验表明，聚合物在油层内窜流仍是一个不可忽视的问题，也是今后聚合物能否成功地推广所面临的一个新问题，还没有成熟的经验。大港油田提出在油井注入阳离子型聚合物以便与注入阴离子聚合物交联来进行防窜，应加紧试验，取得经验。

(9)聚合物驱的效果评价技术。关于聚合物驱效果评价问题尚需摸索经验，要在评价前获取各种资料做好综合分析研究，包括高压密闭取心资料、各种矿物测试资料、生产资料的综合分析及数值模拟研究等。特别是各种不同开发阶段和地质条件下聚合物驱的驱油效果，更需要加强分析，积累经验，以便进一步指导今后聚合物驱的推广工作。

(10)提高聚合物质量，研制新的聚合物。聚合物驱对聚合物的质量有很高的要求，目前国产的聚合物质量较差，不能满足聚合物驱的需要。我们应该在引进生产线的基础上，通过消化、吸收，逐步国产化，生产适合于我国国情的高质量的聚合物系列。并且要研究能适应各种复杂条件的聚合物产品，如耐高温、耐高含盐的新型聚合物等。

从上述潜力分析可以看出，除了聚合物驱以外，表面活性剂的潜力也很大，占总储量的比例虽然比聚合物驱少，但由于表面活性剂驱可以较大幅度地提高驱油效率，所以提高采收率的幅度比聚合物驱大得多。因此，增加可采储量的数量和聚合物驱差不多。值得指出的是，适于聚合物驱的油藏一般也适于表面活性剂驱，这一点还没有反映在上述潜力分析的数据中。如把这个因素也考虑进去，则共可增加可采出量 10.2×10^8t，远大于聚合物驱。但由于这种方法技术比较复杂，按目前的技术水平，化学剂用量太大，经济上过不了关。因此，应加强对各种复合驱新技术的攻关，大幅度减少化学剂的用量，还要达到相近的驱油效果，争取“八五”期间在这方面有所突破，开辟提高采收率技术的新局面。

在烃和 CO_2 混相驱方面，我国东部油田虽然有 4.8×10^8t 储量宜于应用。但由于气源紧张，在目前的情况下，投入矿场应用的可能性不大。然而我国西部地区则可能大有用武之地，比如吐鲁番地区，地层原油相对密度只有 0.651～0.656，地层原油黏度 1.4～2.2mPa·s，油藏深度为 2400～3100m，因此注入天然气有实现混相的可能。该地区气油比也比较高，达 $200m^3/t$ 以上，天然气中富含 C_2^+ 以上的湿气，为烃混相驱提供了优质的气源。此地区渗透率比较低，天然气外输问题和下游工程建设问题一时还难以解决，不如就地注入，提高采收率，再如塔里木地区，也有丰富的天然气资源可以回注，进行混相驱。近年来美国烃混相驱发展很快，主要是利用阿拉斯加地区难以外输的天然气。加拿大提高采收率以烃混相驱为主，也是因地制宜，充分利用其丰富的天然气资源。因此，我们应该积极做好技术准备，对西部地区及早进行烃混相驱的可行性研究，争取油田开发一上手，就能开展小型先导性试验，为发展我国混相驱积累经验。

关于高含水期剩余油分布特点，目前研究得还不够，高含水油藏的调整经验也还很少，上面所提出的一些意见和看法，还很不成熟，难免有不当或错误之处，希望批评指正，谢谢。

（选自1990年12月《全国油田开发技术座谈会大会报告》之五）

深度开发高含水油田提高采收率问题的探讨

韩大匡

背景介绍：本文是把1994年在中国石油天然气总公司召开的“东部地区油田开发工作会议”上所做的专题技术报告《深度开发老油田，提高采收率》整理后发表在1995年《石油勘探与开发》第22卷5期上的文章，是系列文章中的第三篇，也是第一阶段研究工作的最后一篇文章。

这是一篇既具有总结性又具有开创性的文章。说它具有总结性，主要是它系统总结了第一阶段工作的成果，并经过分析、提炼，进而探讨和概括了油田开发全过程开发特征的变化；至于它的开创性，主要体现在首次提出了含水变化、油藏各部位间储量动用的差异性、地下油水分布的重大变化和相适应的开发对策之间的内在联系，及其呈现相应阶段性的特点。据此对注水开发全过程划分成3个开发阶段，并把高含水后期和特高含水期单独划出成为一个阶段，称之为深度开发阶段。对于深度开发阶段工作的目标、挖潜的对象、稳产的难度、研究的层次、采取的措施和工作的方法等都作了明确的阐述。

虽然深度开发阶段提高采收率的内涵既包括了继续扩大注水波及体积，也包括了三次采油技术的应用，但文中主要阐述的仍是前者。其中着重分析了剩余油分布格局形成的地质因素，包括储层非均质的层次性、相变及其分布、构造及断层等；并且进一步阐述了精细地质模型的建立方法以及提高注水采收率的技术等。

摘　要：本文从我国陆相油藏的具体地质条件出发，回顾了老油田的开发历程和发展的阶段性，提出当前高含水老油田已进入深度开发的新阶段。分析了这个阶段地下剩余油分布的总格局和总特点，指出油层内剩余油已呈高度分散状态，但仍有相对富集的部位；分析了新阶段油田开发在工作目标、挖潜对象、研究深度以及技术措施等方面所发生的新变化。文中还进一步根据我国储层的非均质特征和构造的复杂性，着重分析了剩余油分布的规律，提出要发展精细油藏描述、水淹层测井、精细数值模拟等配套的新技术，针对剩余油相对富集的部位进行综合治理，才能经济有效地进一步提高石油采收率。文中提出了各种旨在提高采收率的配套技术措施。

关键词：老油气区　高含水期　开发　提高采收率

引　　言

截至1993年底，我国老油田含水已高达80%以上，可采储量采出程度也已达63.1%，从总体上看已进入高含水、高采出程度阶段。老油田比较集中的我国东部地区，“八五”以来，已连续几年新储量投入产出不平衡，地下亏空越来越大，剩余可采储量采油速度逐年升高，老油田稳产的难度越来越大。近年来，全国各油田普遍推广了大庆油田控水稳油的经验，降低了含水上升率，增强了稳产基础，使老油田在高含水、高采出程度、高剩余可采储量采油速度的情况下取得了好的开发效果。但也应该看到，当前单井产量逐年下降，调整井效益明显变差，井下作业措施效果日益降低，已导致老油田产量递减加大，投入越来越大而效益却越来越低的严峻局面。

为了更好地贯彻“稳定东部、发展西部”的战略方针，需要认真分析和正确认识当前老油田开发所面临的形势和挑战，而首要的问题是要从我国陆相油藏的具体地质条件出发，正确认识老油田地下油水分布状况的变化，才能及时地优化我们的对策，发展先进的配套工艺技术，采取经济有效的综合治理措施，取得增产、稳产和提高采收率的效果。

本文试图对当前油田开发的形势，特别是地下油水分布状况的变化作些分析和探讨，并提出我们的对策及提高采收率的配套技术措施。

一、我国老油田开发的新阶段——深度开发阶段

到1993年底，我国陆上已投入开发的283个油田，绝大多数发现于陆相含油气盆地，油田开发的全过程必然受到陆相盆地沉积特征和储层性能的影响。

1. 陆相油藏特征

我国油藏的储层以陆相碎屑岩沉积为主，多为河流—三角洲或冲积扇—扇三角洲沉积。其特征为：

(1)砂体规模小，分布零散，平面上连通差，孔隙结构复杂，非均质严重。

(2)由于湖盆内频繁的水进水退，使河流—三角洲沉积呈明显的多旋回性，油田纵向上油层多，有的多达数十层甚至百余层，层间差异很大。

(3)油层内部纵向上非均质很严重。储层中占多数的河道砂体，渗透率呈上部低下部高的正韵律分布特征。

(4)东部渤海湾地区断层极为发育，油田被切割成许多大小不等的断块。多数断块的含油面积小于1km^2。不同断块的几何形状、油层特性、油气富集程度、油水和油气分布、天然能量等都有很大差别，地质条件更为复杂。

(5)原油多属石蜡基原油，含蜡量高，黏度大，一般为10～50mPa·s。据大庆等25个主要油田按储量大小加权统计，原油平均黏度为27mPa·s，远高于美国、俄罗斯等国的原油。

2. 油田开发阶段的特征分析

由于陆相储层砂体零散，连通差，油田的边水供给受到限制，绝大多数油田用早期注水的办法补充能量，保持压力。我国陆上注水开发油田的产量占总产量的87.5%。

对于地质条件复杂的陆相油藏，详探阶段不可能依靠少量的探井把地下这种复杂的地质情况完全搞清楚。在开发的初期一般常采用较稀的井网和较粗的开发层系，注水以后，油藏内各油层、各部位储量动用的情况差异很大，随着含水上升，油水不断重新分布，这种储量动用情况的差异性也在不断变化，呈现出不同的阶段性。

(1)无水及中低含水采油阶段(分层注水阶段)。

在注水早期，油藏处于无水采油期或低含水期，油井见到注水效果后，生产能力旺盛，这时油藏处于高产稳产阶段。由于我国油田的油层多，层间差异很大，原油黏度又高，注入水很容易沿着连通好的高渗透主力层突进，造成这些主力层先进水，先受效，先水淹，随之产生严重的层间干扰。同时由于井网较稀，受效较好的也只是大面积连通的主力层，由于我们采用了分层注水的工艺措施，在一定程度上缓解了高渗透主力层水淹的影响，从而使油田直到中含水期仍可处于高产稳产阶段。

(2)中、高含水采油阶段(细分层系和加密开采阶段)。

当油藏由中含水期进入高含水期，由于各高渗透主力层已大面积水淹，强烈干扰其他渗透率较低的油层，以致剖面上低渗透油层基本上未动用或进水很少，存在着不少整层成大片连通

的剩余油。此时单靠分层注水工艺已不能完全解决问题,需要进一步细分层系,打一批调整井来减少层间干扰,开采这些低渗透油层中连片的剩余油;与此同时,初期较稀井网所无法控制的连续性较差的油层,也需要适当加密井网来提高水驱控制程度。而且由于含水已高达60%左右,需要增加排液量来弥补由于含水升高而损失的油量。因此根据这样的油水分布的格局,从“六五”初期到“七五”结束的10年间,全国已开发油田普遍进行了细分层系、加密井网,并相应提液的整体综合调整。通过这些调整,增加了可采储量约 7×10^{8}t,使各油田基本保持了稳产,有的油田还有所增产。

(3)高含水后期和特高含水采油阶段(深度开发阶段)。

迄今,全国油田平均综合含水达80%以上,已进入了高含水后期。20世纪六七十年代投产的一批老的主力油田如胜坨、孤岛、埕东等,含水已高于90%,进入特高含水期。此时可采储量采出程度平均已高达63%,有的甚至已达80%以上。在这种情况下,地下的油水分布情况又呈现了新的特点。根据现有资料分析,剩余油的分布主要有以下几种类型:① 不规则大型砂体的边角地区,或砂体被各种泥质遮挡物分割所形成的滞油区;② 岩性变化剧烈,主砂体已大面积水淹,其周围呈镶边或搭桥形态存在的差储层或表外层;③ 现有井网控制不住的砂体;④ 断层附近井网难以控制的部位;⑤ 断块的高部位,微构造起伏的高部位,以及切叠型油层的上部砂体;⑥ 井间的分流线部位;⑦ 正韵律厚层的上部;⑧ 注采系统本身不完善,如有注无采、有采无注或单向受效等而遗留的剩余油。

根据这种地下剩余油分布特点,可以把地下油水分布的总格局归结为:① 剩余油在空间上呈高度分散状态,与高含水部位的接触关系犬牙交错,十分复杂;② 一般来说,剩余油在总体上呈高度分散状态的情况下,仍有相对富集的部位,这是调整挖潜,提高注水采收率的重点对象;③ 剩余油较多的部位,不少为低渗透薄层或边角地区,一般已难以组成独立的开发层系,开采难度增大。

这说明地下油水分布情况已出现了新的重大变化,反映在油田开发动态上表现为,含水很高,单井产油量下降,调整井效明显变差,井下作业措施效果降低,导致油田递减加快,有的油田甚至出现了总递减。这些情况都说明,老一套做法已不符合地下油水分布的新特点,油田开发已进入一个新的阶段,我们称为油田深度开发阶段。

(4)油田深度开发阶段的特点。

这个新阶段主要有以下几个方面的特点:

① 地下还有大量的剩余油,将在含水高达80%以上的情况下采出。

由于我国陆上原油的黏度较高,即使含水已达到80%以上,可采储量采出程度仍只有约63%,即累计采油量还不到可采储量的2/3,还有1/3以上的原油没有采出。据标定,我国陆上油田常规油的平均采收率为33.6%。因此,如以地质储量计算,只累计采出了地质储量的21.2%,还有约78.8%留在地下没有采出。面对着这样可观的剩余油和残余油,从开发全过程来看,老油田所面临的新阶段仍将是一个重要的开发阶段。

② 这个新阶段的主要目标是:增加可采储量,提高采收率。

目前全国各油田剩余可采储量的采油速度已经很高,平均达8.6%,有些高含水油田更高,已达12%以上。因此如果不努力提高采收率、增加可采储量,单纯采取增加产量的措施,即使一时奏效,也只能进一步增加剩余油采油速度,很可能造成油藏开采情况的进一步恶化。只有增加可采储量,才能缓解储采不平衡的状况。需要说明的是,这里强调提高采收率的作用,强调不要单纯抢产量,是就战略而言的,是指我们要把主要精力放在提高采收率的措施上,不能片面地理解成排斥一切增加产量的措施。如大泵提液,在一定条件下,为了弥补含水上升所造成的产量损失,还是必要的。

③ 当前提高采收率的首要问题是继续扩大注水波及体积。

在这个阶段里,主要挖潜对象已由连续的成片的剩余油,改变为高度分散而在局部又相对富集的、不连续或不很连续的可动剩余油。因此,当前首要的问题是研究和采取各种进一步扩大注入水的波及体积、提高水驱采收率的措施,经济有效地把这些剩余可动油采出来。由于油层内油水分布受沉积砂体的各种非均质性或大量断层切割的复杂形态所控制,因此,必须深入细致地研究储层的沉积微相及物性变化,研究微构造形态或提高断层解释的精度。综合利用三维地震、水淹层测井、矿场测试、密闭取心、RFT 等技术,进行精细的油藏描述、数值模拟或其他的油藏工程方法,搞清剩余油的分布特征,然后才能采取相应的措施,经济有效地把这些剩余油采出来,增加水驱的采收率,这就大大增加了我们挖潜的难度和工作的深度。

④ 重视三次采油,开采注水所采不出的原油。

在这个阶段里,既要继续扩大注入水的波及体积,又要开始着手进行三次采油,在更深层次上开采注水所采不出的原油,甚至开始触及提高驱油效率的问题。

以水驱为主的开采方式所采不出来的原油,是各种三次采油方法如聚合物驱、化学复合驱甚至微生物驱等方法的挖潜对象。从理论上讲,水驱所不能采出的剩余油,细分起来可以分为两部分,一部分是虽然注入水波及不到,但可以靠注入聚合物溶液来进一步扩大波及体积而采出的剩余油,例如,一定条件下的正韵律储层内的上部或层间或层理中渗透率差异所形成的剩余油量。从我国的具体油藏条件来看,适于聚合物驱的油藏大体可提高采收率 8% ~10%。另一部分是微观空隙内以不连续的油膜或油滴状态残留在油层内的原油。要采出这部分残余油就是提高驱油效率的问题了。只有用能够消除界面上毛管力影响的化学复合驱或混相驱才能真正地提高驱油效率,进一步增加采收率。由于这些提高采收率的新方法,特别是化学复合驱,牵涉到复杂的物理化学现象,还有许多复杂的问题需要攻关,无疑这是更为深入的研究层次了。

总之,在这个新阶段里,由于油田高含水、高采出程度而引起的地下油水分布特性的变化,我们需要把增加可采储量、提高采收率作为我们油田开发的主要目标。开采挖潜的主要研究对象,转向高度分散而又局部相对富集的、不再大片连续的剩余油,甚至逐步转向提高微观的驱油效率上来,这些都大大增加了我们工作的难度,从而要求我们的地质工作和油藏工程研究进入到更深入、更精细的层次。因此,我们把这个阶段称为深度开发阶段。

二、进一步扩大注入水的波及体积提高水驱采收率

关于三次采油的问题,已有专文阐述,这里仅就继续扩大注入水的波及体积,控水稳油,增加可采储量,提高水驱采收率的问题作进一步的探讨。进一步扩大注入水的波及体积、提高水驱采收率的前提和关键是要认识地下剩余油形成原因及其分布规律,才能有针对性地采取经济、有效的提高采收率措施。

1. 剩余油分布研究

(1)剩余油分布格局形成的地质原因。

形成上述地下油水分布的总格局及剩余油分布的类型和特征的原因,从地质条件上看,大致有 4 条,一是储层横向的相变和非均质性;二是构造起伏和断层的切割;三是层内的韵律性

所造成的非均质性;四是井间渗流特征所形成的滞留油。从人为因素来看,主要是注采系统是否完善,与这些地质条件的变化是否有很好的配置关系和适应性。概括起来其主要原因在于储层的非均质性,断层分割所造成的不连通性,以及注采系统与其相互的配置关系和适应性。

① 储层非均质性的影响。

为了便于有一个概貌的了解,从河流相所形成的非均质模型示意图(图1)上来看一看油藏内不同层次的非均质特点。

由图可见,第一个层次是油藏规模范围内各油层宏观的展布情况及层间的不均匀性[图1(a)];第二个层次是油层规模范围内表示砂体的切叠关系[图1(b_1)]和相变关系[图1(b_2)];第三个层次是砂体内韵律性[图1(c_1)]及沉积结构等非均质性[图1(c_2)];第四、第五层次则相应的表示岩心规模[图1(d)]及空隙规模的非均质性[图1(e)]。

在深度开发阶段,提高注水波及体积所涉及的问题,是较宏观的第一、第二两个层次非均质所形成的剩余油。而涉及比较微观的第三到第五层次,即砂体内、岩心和空隙规模非均质所形成的剩余油,则主要是三次采油进一步提高采收率的问题了。就提高注水采收率而言,当前重点还是放在研究宏观上约几十米到小于一个井距范围内的非均质问题,也就是井间的大量非均质问题。至于层间矛盾问题,一般来说,由于目前各层在平面上油水分布差异很大,所以往往发生在这口井上高含水,在邻井却是低渗透薄层、动用差、含水低的情况,已难于把层间问题作为独立开发单元之间的问题来考虑了。而井内层间干扰问题,可由分层测试、分层注水、调剖、堵水等大家已经熟悉的办法来解决,就不再详细分析了。

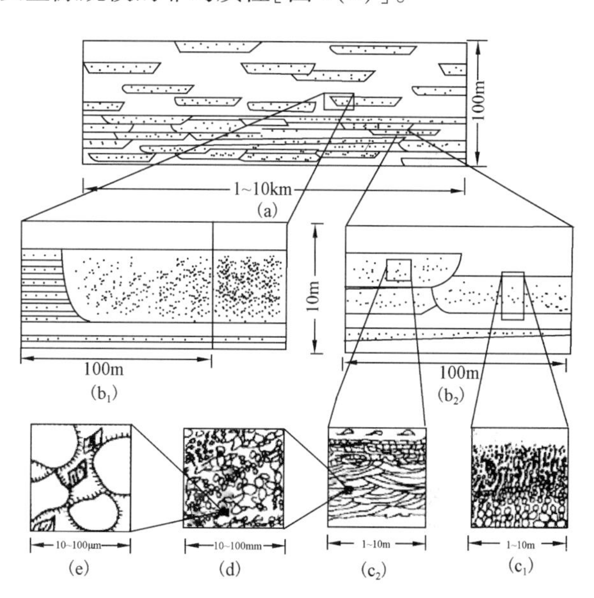

图1　河流相砂体非均质模式图

近年来沉积学研究的成果表明,在我国以河流—三角洲体系为主的储层中,单一河道或砂体的宽度,一般较窄。大型河流宽度可以在800m以上,中小型河道多在800m以下,甚至只有几十米,多为不规则的条带状。因此对大型河流系统来说,剩余油易于出现在物性变化剧烈的砂体边缘地带,是挖潜的重要对象之一。对中小型河流系统,则容易存在于注采井网很难控制的宽度既狭窄、形状又多变的砂体。

对水下扇、水下河道而言,同期沉积砂体易形成孤立分散的状态,也是井网不容易控制的。

在油藏储层中,实际情况要比上述同期单一沉积体系复杂得多。由于河道的变迁,加之河道下切、叠积,造成了各期沉积砂体形态极不规则,砂体间的接触关系也复杂多变。有的可能是较厚的河道砂之间充填着形状不规则的低渗透薄层,或表外层,这些差层在高渗透厚层之间呈镶边或搭桥的形态;有的即使是大面积连通的大厚层,如大庆北一区断西聚合物试验区的葡I_{1-4}块状厚油层,经过微相分析和精细的对比解释,发现在各井剖面上看来连通很好的大厚层,也是由不同微相的砂体叠加或切割而组成。这些砂体有的位置高,有的位置低。一般位置较高的砂体含水上升慢,剩余油多,如果没有井控制就会留下丰富的剩余油;有的砂体之间还可能有废弃河道泥质充填物的遮挡或物性的突变，而出现原油滞留区。由于存在着这种储层的相变或砂体切叠的现象，有时尽管按整个储层来分析注采井网是完善的，但按单个砂体来分析就可能很不完善，而留下很多剩余油。

归结起来，由于储层内砂体的相变及分布的非均质性，形成了不同类型的剩余油富集部位，是今后挖潜的重要对象。而这些变化大多在井间发生，这就大大增加了油藏描述的难度。

② 构造形态及断层切割的影响。

很多早期开发的复杂断块油田，由于当时所用的二维模拟地震资料，所作的构造图准确性比较差。据东辛油田对20世纪60年代的老构造图的66口钻井资料所作的对比检验结果，深度误差平均约15m，断层平面位置误差平均约150m，同时断层的组合问题也很多。其他复杂断块油田的情况也大致如此。后来应用三维地震，提高了地震处理和解释的精度，发现了大量未被动用的储量，重新布井，打出了高产井。因此运用以三维地震为主的综合地质研究，重新认识断层的方向、位置、分布和组合关系，是复杂断块油田增产挖潜的重要途径。

在构造形成过程中，构造形态固然受大地构造运动、区域应力场的控制，但在局部还承受到小范围的古地形、地貌，以及压实差异作用的影响，因而油层顶面常有微小的起伏。这种局部微构造起伏，对注入水的分布也起到一定的控制作用。如果微构造的高部位没有油水井点控制，就会留下剩余油。实践证明，在这种幅度虽然只有几米的微构造上钻井，含水比较低，甚至初期不含水。这也是挖潜的对象。

至于层内非均质性控制的剩余油，主要指的是韵律性，层内岩石的结构、构造，如层理、纹理、基岩团块，以及层内的泥岩夹层或物性夹层等。对于正韵律厚油层，注入水往下流动，造成下部水淹严重，而在上部留下剩余油，这是大家早已知道的。而对于层理、纹理等的影响，由于它们往往伴随着局部渗透性的突变，或微细泥质条带的遮挡，密闭取心已表明，这些部位往往是层内含油饱和度局部较高的地方。至于层内泥岩夹层或物性夹层的存在，对于油水流动起遮挡作用，可以作多种利用。例如在底水油藏利用它们延缓水锥的上升；大庆在二次加密开采低渗透薄层或表外层时，利用它作为隔层，以及利用它来分段开采正韵律厚层上部的剩余油等，所以也应是油藏描述的重点问题之一。

(2)开展油藏精细描述，建立精细预测模型是研究地下剩余油分布的基础。

对于一个具体的油藏，到了深度开发阶段，要搞清楚这样复杂而又零碎的剩余油，油藏描述必须向精细化和定量化的方向发展，建立能够反映储层和构造细致变化的、精细的三维定量模型。从上述剩余油分布的特征来看，油藏描述的精细化和定量化的关键和难点，主要就是要解决井间砂体形态的描述和砂体内的油藏参数估值问题。

为解决这个问题，从目前世界上的发展现状来看，大体上有两条路子。一是走确定性建模的路子，即根据各井的测井资料进行多井解释，井间则主要依靠地震信息进行描述，这样井间的每一个点都有一个确定的数值，用这种方法建立的地质模型可以称为“确定性模型”。

依据地震技术可以取得全油藏三维空间上的各种信息，由此可以得到井间储层厚度、物性及流体饱和度变化的信息。这种方法对于解决勘探上的储层描述，或者油藏开发早期的储层评价等分辨率要求不很高的问题，是很有效的，但地震信息受到分辨率和处理技术的限制，特别是薄层砂、泥岩间互成层为主的陆相沉积储层，要使地震技术分辨率达到几米甚至1m左右的数量级，进行精细描述，目前还仅仅是一个攻关的目标。

另一个路子就是走随机建模的路子，建立“预测模型”。也就是综合各种途径取得的信息，主要依靠沉积学加上地质统计方法，对井间参数进行一定精度的、细致的预测估值，所以称为“预测模型”。

建立预测模型的基础工作是对各种沉积类型的储层建立地质知识库。现在常常通过露头调查工作,掌握各种沉积类型储层砂体的展布特征和砂体内部渗透率的空间分布规律,建立各类储层的地质知识库作为预测实际地下油藏井间非均质变化的地质依据。除了研究露头的资料以外,也可以利用密井网的井下资料,建立地质知识库。

随机建模的具体方法目前发展较快的是地质统计方法。这种方法的思路,是寻求比较符合地质规律的地质统计模型和方法,来表征各种沉积类型的储层参数(如渗透率等)的变化规律。然后用这种已知的规律,对井间未知地区参数的空间分布做出预测估值。

地质统计方法使用一种能够考虑物性参数空间分布规律的随机函数来进行插值。无疑,这种方法比其他插值方法前进了一大步。常用的地质统计方法有克里金法及分形几何等新方法。从数学上说,克里金方法可以对所研究的对象提供一种最佳线性无偏估计,是一种光滑内插的确定性方法,它能反映储层参数比较宏观的变化趋势,却忽略了其间的细微变化。分形几何方法所得到的随机函数不是光滑插值,而是不光滑的、凹凸不平的、随机的,从总体上反映了井间物性参数分布的非均质特征,但这种方法本身并不提供在井间某一点上最佳的估计值。雪佛龙公司的 T. A. Hewett 等首先提出了一种把克里金和分形几何相结合的插值方法,可以得到既符合物性参数的宏观变化趋势,又反映细微的非均质变化的井间参数分布。石油勘探开发科学研究院现在也已掌握了这种方法,并应用在丘陵等油田的开发方案中。

当然这一类方法目前对于比较简单的储层应用的效果比较好,对于在井间发生相变、尖灭等复杂地质条件的储层,还应该加强攻关。

从我国的实际情况来看,目前比较通行的作法还是在沉积学理论和方法的指导下利用密井网的测井等资料来细分微相,定性地预测砂体的展布和变化,在这方面已进行了大量工作,特别是大庆油田在这方面做了卓有成效的工作,应该继续推广这种做法。

至于精细的构造描述,目前主要靠三维地震,但因受到分辨率的限制,深层的微构造起伏的研究,主要还是靠钻井和测井资料。下一步开发地震技术研究方向,不仅要进一步提高构造解释的精度,而且要向研究储层非均质性的方向发展,应该组织力量研究全三维处理、叠前深度偏移、井间地震层析成像、以测井为约束的速度反演、多参数模式识别以及多波多分量等技术。

还要强调一点,以上所说的油藏精细描述,一般所用的资料都是油藏原始状态时的资料。需要注意的是,经过长期注入水的冲洗,地层内会发生不少变化。室内试验和矿场资料都表明,由于岩石内的胶结物和微细颗粒被冲走,孔隙结构发生变化,孔隙度增大,渗透率提高,如孤岛油田经水淹层测井检验,渗透率增大约有十余倍之多。另外,岩石的表面性质也会发生变化,如大庆等油田都发现岩石的润湿性由偏亲油向亲水转化;甚至经过长期冲刷以后,某些部位的驱油效率也会有较大幅度的增加;还有,由于原油脱气,地下原油的性质也会改变,黏度增加;注入冷水后对某些高凝油也会产生原油变稠甚至凝固堵塞等情况;注入水与地层水配伍不好,引起地层结垢;以及注入水和黏土矿物发生作用,产生地层伤害等。所有这些又会反过来影响地下油水的流动。这是高含水阶段油藏描述所要注意的新问题。为了搞清油藏中所发生的这些新的变化,需要打一些检查井,大庆油田每年至少打 5 口密闭取心井,这种做法值得推广,充分和细致研究这些检查井的资料,将会使我们得到很多宝贵的新认识。

(3)剩余油饱和度的测定及其变化状况的预测。

剩余油饱和度的测定方法很多,包括取心、测井、试井、井间示踪剂测试等各种测试方法,以及物质平衡、数值模拟等油藏工程计算方法。

国外对这个问题的研究非常重视，发展了各种新的测试方法。从最近的发展情况来看，有几点值得注意：

① 近年国外推出了新的海绵取心方法。这种方法的原理是当岩心上提降压时，从岩心外流的流体被吸收在海绵内，在地面处理后将其折算回去，因而仍可获得比较准确的剩余油量。这种技术成本较低，很有应用前景，缺点是不能测定气体饱和度数据。

② 国外用于剩余油饱和度测井的非常规方法发展很快，已经研制了碳氧比测井、中子寿命测井、电磁传播测井、介电常数测井、核磁测井、重力测井等多种下井仪器和解释方法。这些新的测井技术都各有其应用范围和优缺点。经过多年研究和改进，国外现在碳氧比测井和中子寿命测井已趋于成熟，可以达到比较高的精度，其他的方法还需要不断改进。

③ 各种测井方法都普遍发展了测—注—测的技术来测定储层残余油饱和度，这个动向值得借鉴。

从长远着眼，国外已在着手研究井间测定剩（残）余油饱和度的方法，虽然这种方法还没有经过现场试验的实际验证，如一旦成功，必将有十分广阔的应用前景，很值得我们注意加以研究。

我国测试剩余油饱和度的手段与国外相比，差距很大。取心方法主要还停留在常规密闭取心的水平，保压密闭取心还没有很好地应用起来。测井方面主要在裸眼井用常规测井系列进行水淹层解释，成效很好，石油勘探开发科学研究院和大庆等油田所发展的方法，符合率已基本达到70% ~80%，在今后相当一段时间内可能仍然是我们的主要方法，下一步要提高薄层饱和度的解释水平。但我国非常规测井方法发展不快。碳氧比测井和中子寿命测井虽然开展比较早，但符合率还不高，还须不断改进；其他新型的测井方法，或者根本不过关，或者甚至还是空白。考虑到这些方法在剩余油分布研究上的重要作用，应该在现有基础上加紧攻关，早日投入实际使用。

油藏数值模拟也是研究油藏剩余油分布并预测其变化的不可缺少的关键技术。用数值模拟方法研究剩余油分布，对于连通较好的主力层来说，目前已能比较符合实际情况。但是对于高含水油田来说，目前剩余油多存在于连通较差的低渗透薄层之中，因此要对这种相当分散的低渗透薄层中的油水分布进行模拟计算，除了需要有精细的油藏描述作为模拟的基础以外，模拟方法也要有所改进，要进行比较精细的数值模拟研究。例如，垂向上应尽量分得细一点，各小层不能强行合并；而且除了搞好单井拟合以外，还需要尽可能应用各种水淹层测井和分层测试资料进行分层拟合。这样就需要内存极大、速度极快的计算机甚至并行计算机。当前为了缓解这个矛盾，可以采用新的方法，如区域分解和局部网格加密等新方法，并研究和发展各种快速解法，以求减少内存、增加计算速度，在比较小的计算机上解决比较大的问题。但从长远来看，还必须购置并行计算机，发展并行计算所需的软件。

总体来说，研究剩余油分布是深度开发高含水油田的基础，需要采取静动结合、多学科协同的方法，形成配套的研究地下剩余油分布的新技术。

2. 进一步提高高含水油田注水采收率的途径

老油田高含水、高采出程度的情况下剩余油已经非常分散，但潜力还是很大的。如果我们能采取各种措施，把采收率提高3% ~5%，增加的可采储量将以亿吨计。

现在的问题就是在这种油水分布已经非常复杂的情况下，怎样才能提高采收率，增加可采储量。目前全国平均井网密度已达到14口/km^2,按层系来看井距一般已达到300m甚至不到300m,一般来说已经比较密了,注采系统从整个层系来看也已大体上完善,再加上剩余油已经非常分散,所以从全国范围来看,普遍地采取成批地按均匀井网打加密井的做法已不可能了,应该具体情况具体分析,区别对待。这里谈几点想法供参考:

(1)按流动单元完善注采系统。

油藏内众多形态不一、厚薄不一、接触和连通关系不一的砂体,有的相互间不连通,而有的相互连通,构成一个流动单元。

所以从整个层系上看还比较完善的注采井网,具体到每一个小层,每一个流动单元就不一定完善了。例如,流动单元的边边角角就可能没有井控制;有的流动单元注水井多而生产井少,甚至没有生产井;有的流动单元生产井多而注水井少,甚至没有注水井等,造成了众多分散的剩余油。因此按小层或者大的流动单元来尽可能地完善注采关系,可能是提高水驱波及体积的关键。由此看来,我们的精细油藏描述工作必须深入到每个小层、每个砂体。按沉积规律预测砂体的大小、厚薄、形状及其彼此间的接触关系和连通关系,划分出流动单元。再用数值模拟方法分析其油水分布,没有条件的也可以根据油藏工程原理估计油水分布状况,做出小层及流动单元的剩余油分布图。按小层或流动单元完善注采关系,有的可以靠老井转注,有的需要打井。打新井的条件是必须控制一定的储量,达到一定产能,在经济上合算。如果一个小层或流动单元的储量不够,可将这个井位垂向上各小层或流动单元叠加起来,如果其储量和产能符合打井条件才能打,否则就不能打。

(2)打井方式要因地制宜,但今后越来越多的油田将采取打高效调整井的办法。

打井的方式大体有两种,一是均匀布井,二是布置不均匀的高效井,这要视剩余油分布及其富集情况而定。

如果小层很多,一口井打下去打到的剩余油比较多,即使均匀加密,也都能控制必要的可采储量,达到足够的产能,经济上合算,那么可以均匀加密;在今后准备注聚合物的地区,也可以按聚合物驱的要求打均匀井网。现在大庆以差油层及表外层为对象的二次加密及厚油层加密可以满足这个条件。据测算二次加密共可以打井约10000口,预计可增加可采储量1.4×10^8t。厚油层由于砂体的切叠,以及存在着泥质遮挡等,预测加密后可提高采收率2%~3%。因此一般来说大庆油田还有较大的均匀加密的余地。

如果按均匀井网打井,平均每口井打到的剩余油比较少,控制的储量、单井产能和经济效益都达不到要求,而且打出高含水井的风险很大,或者新井含水上升快,这样就不具备均匀加密的条件。应该把各小层、砂体的油水分布图叠加起来,找到总体上局部富集的地区打高效调整井。这样可以提高经济效益,减少打出高含水低效井的风险。恐怕多数老油田都只能走这条路。即使是大庆油田,也提出了打高效调整井的要求,今后三次加密可能主要应采取打高效调整井的做法。当然,也不排斥有的油田虽然总体上讲不能打均匀井网,但其中有的区块或层系仍可能具备打均匀井网的条件。

对于不能修复的套损井或工程报废井,要打更新井。对深井尽可能用侧钻的办法,降低钻井成本。

新井完成后要跟踪对比和描述,修改原有的小层或流动单元平面图,并根据水淹层测井方法,核实油水分布关系,并作为将来是否射孔的依据。

这样打出来的井网,一般不能构成独立的开发层系。即使是大庆均匀加密的二次调整井,据统计,也有1/3~2/3以上的厚度和老井连通。因此在兼顾层系内纵向上其他流动单元的情况下，把流动单元范围内所有新老井通盘考虑，做出最优的注采关系配置。一般来说，应该尽量增加注水井的比例。而且尽量利用砂体的不同连接关系，多采出剩余油，如低渗薄层和正韵律厚层的上部相连通，就可以利用低渗薄层上的井开采厚层上部的油等。

(3)加强分层注水，调节层间矛盾。

减少高含水层的注水量，增加中低含水层的注水量，必要时进行调剖。

(4)进行产液结构调整，以控制含水上升。

即减少高含水井的产液量，或封堵高含水层；以及增加低含水井的产液量，或进行压裂增产。

另外，各种改变液流方向以及周期注水等新型的注水方式，即苏联所称的水动力学方法，也是一类值得研究和应用的方法。我国在这方面还正开始研究和试验，在周期注水方面有的采取注水井、层周期性停注或降低注水量，也有的把不同部位的注水井、层分批交替地进行注水，在改变液流方向方面采取增加注水井点或改造油层引效，改变注采井别换向驱油，周期性转换注水井排方向等，都取得一定效果。如新北油田利用换向驱油，周期注水，得到含水稳定5年、稳产5年的好效果。这方面要加强机理的研究，分析应用的条件，进行数值模拟计算，进行科学的设计，总结实践经验，不断提高水平。

这里还想强调一下，当油井的含水越来越高时，调剖、堵水对于扩大注入水的波及体积和减缓含水上升的作用也越来越重要，而且花费少、效果好。下一步要发展深度调剖、调剖剂在有层内位置的优化、堵大孔道等技术，并应该从油藏(或区块)的整体出发，进行整体调剖，综合治理，效果必将更加显著。

其他还有水平井、多底井也都是一些新的方法。国外有人把这类方法看成开采工艺的一项革命性突破。20世纪80年代后期在美国、加拿大等国掀起了一股水平井热，到1993年底，我国也已累计打了33口水平井，还只是刚刚起步，目前正在进一步攻关。今后这项新技术的应用，特别是老井侧钻水平井，对于高含水老油田的开发必将发挥越来越重要的作用。

3. 深化复杂断块油田的滚动勘探开发、增储上产的途径和方法

我国东部地区不少属断陷盆地，断层十分发育，形成复杂的断块油田。这些油田的剩余油分布，既有一般高含水油田的共性，又有它的特殊性。大体上说，断层的附近地区、断块的高部位等是剩余油比较富集的地区。比较突出的问题是过去老油田所用的二维模拟地震所作的构造图误差很大。

为了搞好复杂断块油田的增产挖潜工作，要充分发挥各种开发地震新技术的作用，应用三维地震技术精细描述构造的形态，找准断层的位置、走向、倾角，正确组合断层，划分断块，找准高点，做出准确的构造图。并且要研究使用超级并行计算机进行叠前深度偏移的新技术，进一步大大提高构造的描述精度。同时，要推广使用以测井资料为约束的高分辨率声阻抗反演或速度反演方法，追踪和预测储层横向的展布情况及其厚度和物性的变化；以及推广多参数模式识别方法，研究油水的分布特征，寻找原油的富集区。可以认为，以采油厂为主体，把这些开发地震新方法综合起来，再加上测井技术水平的提高和RFT、试井探边测试技术的应用，深化滚动勘探开发，增储上产一体化，是复杂断块油田增产挖潜、提高采收率的主要方向。

为了更好地运用这套综合技术，应该充分发挥计算机的效能，发展各种形式的综合研究软件平台，把所有的资料都集中起来，建立统一的数据库，调用方便；把地震、测井、试井以及三维地质模型的建模、数值模拟、经济评价等各种独立的软件，也都集成到这个统一的软件平台上，可以任意调用,再加上扫描输入及三维可视化的彩色图像显示等功能,应用十分方便。用户就像使用一个软件一样,输入必要的原始数据后,通过人机联作,可以直接得到油藏描述、三维定量地质模型、油水分布、动态预测、方案技术经济指标的对比等结果,可以节省大量的人工操作,大大缩短研究周期。这种综合研究软件平台对于各种类型的油田都可以应用,但对复杂断块油田尤为适用。应用这种软件平台必将极大地提高复杂断油田的研究水平和工作效率。

三、结语

(1)当前老油田剩余油已呈高度分散状态,但仍有相对富集的部位,在这种油水分布总格局下,开发难度大为增加,油田开发进入了深度开发的新阶段。

(2)在这个新阶段里,首要的任务仍是进一步扩大注入水的波及体积,提高水驱采收率;同时也要重视三次采油,在更深的层次上开采注水所采不出的原油。

(3)进一步扩大注入水波及体积的前提和关键是加强对地下剩余油分布规律的研究。为此,要采取动静结合,多学科综合的办法,形成油藏精细描述、水淹层测井、精细数值模拟等配套技术。

(4)进一步提高水驱采收率的途径是因地制宜地采取打高效调整井、按流动单元完善注采井网、各种水动力学方法、调剖堵水、水平井侧钻等多种办法进行综合治理。

(原载《石油勘探与开发》,1995 年 22 卷 5 期)

准确预测剩余油相对富集区提高油田注水采收率研究

韩大匡

背景介绍：本文2007年发表于《石油学报》第28卷2期，是系列文章中的第四篇，也是第二阶段研究工作的第一篇。

关于剩余油富集区的挖潜提高采收率问题，难点在于如何准确地确定富集区的位置和规模大小。该文就针对这个问题提出了思路和办法。其中值得注意的观点和研究成果有：

(1)进一步概括了8种剩余油可能富集的部位，提出能够构成富集区的条件，以实例论证了在高含水后期确实存在着不少可供挖潜的剩余油富集区。

(2)指出了在高含水开发后期，确定剩余油富集区要用精细的以地震资料为约束的确定性建模方法，而不宜用随机建模方法。

(3)论证了对我国以砂泥岩薄互层为特点的陆相储层应用井震结合的方法识别薄砂体的可行性和有效性，在大庆杏北地区实践结果，用当时技术可以准确识别4m厚的砂体。

(4)为确定剩余油富集区，初步提出了精细油藏模拟方法的技术要求和思路。

(5)引用胜利油田剩余油富集区挖潜实践结果，说明富集区挖潜可以获得规模化的技术经济效益。

摘　要：经过几十年的开采，我国国内主要的老油田已进入高含水后期甚至特高含水期，地下剩余油呈“整体高度分散、局部相对富集”的状态，传统的油藏描述方法已不能准确地描述和预测处于十分复杂分布状态的地下剩余油。因此，准确预测油层中剩余油，特别是其富集部位的分布状态，将是高含水油田进行调整挖潜、提高注水采收率的基础和关键。因此，综合运用地质、开发地震、测井、精细数值模拟等技术，搞清剩余油的分布状况，在剩余油富集部位钻出各种类型的不均匀高效调整井(包括直井、侧钻井、水平井或分支井)或实施其他综合调整措施，可以更有效地采出剩余油，提高油田注水采收率。

关键词：高含水油田　剩余油预测　开发地震的应用　精细数值模拟　提高注水采收率

我国主要老油田经过几十年的开采，已进入开发后期。2003年底全国各油田平均综合含水率已达到84.1%，其中含水率超过80%、已进入高含水后期的油田所占有的可采储量占全国的68.7%。全国平均可采储量的采出程度已达到72.8%，其中可采储量采出程度大于60%的油田储量占82.4%。在这种情况下，这些老油田的稳产难度大为增加，产量下降已难以避免。对老油田进行深度开发及提高原油采收率已成为当务之急。

一、我国陆相油田复杂的地质特点及原油采收率

据统计，我国油田92%的储层为陆相碎屑岩沉积，其中内陆河流—三角洲和冲积扇—扇三角洲沉积的储量又占总量的92%。与海相油田相比，我国陆相油田的地质条件要复杂得多。具体表现在：(1)砂体分布零散，平面连通性差，且颗粒分选差，孔隙结构复杂，物性变化大，非均质性严重；(2)沉积呈多旋回性，油田纵向上油层多，有的多达数十层甚至100余层，

层间差异大；(3)油田内部渗透率级差大，特别是河道砂体渗透率多呈上部低、下部高的正韵律分布特征，加上重力作用，注入水易从下部窜流；(4)断层极为发育，尤其在我国东部渤海湾地区，断块小，差异大；(5)原油多属中质油，地下黏度一般为10～50mPa·s，石蜡含量高，还有一批重质稠油；(6)油田的天然水供给受限制，天然能量不足，需要注水补充能量。

这些复杂的地质条件大大增加了开发陆相油田的难度，使得我国油田的水驱采收率偏低。据2003年资料统计，全国已开发油田在现有技术下标定的采收率为32.2%，其中陆上东部地区采收率较高，达到34.9%(除去大庆喇嘛甸、萨尔图、杏树岗油田的数据，东部地区平均只有27.6%)，而陆上西部和近海原油采收率地区仅分别为24.3%和24.2%。由此可见，提高采收率的潜力还很大。

二、我国陆相油藏注水开发状况

1. 注水开发阶段性变化规律

我国油田普遍进行了注水开发。注水油田的储量、产量均约占全国的80%以上。经过长期的开发实践，形成了以大庆油田为代表的早期分层注水、分阶段逐步综合调整的技术系列。这套技术适合于我国陆相油田非均质严重、层系多的特点，是具有中国特色、应用最广泛的开发技术。依靠这套技术大庆油田创造了年产5000×10^4t以上稳产27年的世界先进水平。

注水开发的实践表明，由于我国陆相油田在层间、平面和层内具有复杂的非均质性，注水以后，注入水的推进非常不均衡，油田内部各油层、各部位原油被驱替和储量被动用的状况出现差异。随着含水率的上升，油田内油水不断重新分布，这种储量动用状况的差异性也在不断变化，呈现出不同的动态特征，形成开发过程的阶段性，即无水期、低含水期(含水率小于20%)、中含水期(含水率为20%～60%)、高含水初期(含水率为60%～80%)、高含水后期(含水率为80%～90%)、特高含水期(含水率大于90%)开发阶段。每个开发阶段，随着地下油水分布状况的不同，其开发动态特征也有很大不同。因此，对油田的合理开发，就需要分析地下油水分布格局的变化，预测油田的动态变化状况，及时采取相应的开发对策和调整措施，保障油气田生产的持续发展。

2. 高含水后期提高原油采收率的途径

当注水油田进入高含水后期时，相应的可采储量采出程度大体也已超过60%，油田产量出现递减趋势。此时，地下油水分布呈现新的特点，即“整体高度分散、局部相对富集”的格局。在这个阶段，需要以提高采收率为主要目标，进行深度开发。为此，一方面应该发展改善注水的新技术，扩大注水波及体积和冲洗强度，继续提高注水油田原油采收率。注水冲洗强度是指在注入水所波及的范围内各部位采出程度的大小。渗流理论和开发实践都表明，注入水波及范围内，由于各部位之间冲洗倍数多寡的不同，造成注水冲洗强度的差别很大。在主流线部位，注水冲洗强度很高，其采出程度接近甚至等于实验室所测定的驱油效率。在某些特殊条件下，例如在正韵律储层下部高渗透层段的主流线部位，其采出程度还可能高于通常实验室测定的驱油效率。而在接近分流线的部位，其注水冲洗强度是非常低的。因此，对于高含水油田，在注入水波及范围内提高其冲洗强度对于提高注水采收率有重要的意义。另一方面应该发展聚合物驱和化学复合驱等三次采油技术，进一步提高原油采收率。这两方面的提高采收率技术各有自己的特点和适用范围，应该因地制宜，选择应用。

据中国工程院研究结果，依靠各种改善注水技术，预计到2020年约可增加可采储量4.3×10^8t，是量大面宽、适用范围广的技术。由于老油田地面基础设施比较完备，不需要再建或少建骨干工程，经济效益较好。但考虑到剩余油分布的高度分散性，富集部位又只存在于局部地区，所以对分散和相对富集这两种不同类型的剩余油也应该采取不同的措施和方法。对于前者，可以考虑研究和应用各种可动凝胶深部调驱技术或者不稳定注水技术，而对于已经形成大孔道等水流优势通道的地方，则可以应用颗粒凝胶或者柔性凝胶等深部流体转向技术，堵住高渗透水流优势通道，以尽可能多地采出这些比较分散的剩余油；而针对后者，则可以采用钻不均匀的高效调整井或其他综合措施来采出这些相对富集部位的剩余油。从研究的进程来看，对分散性剩余油开采采用的深部调驱或深部流体转向技术，已取得较大进展，有的方法已开始在矿场应用。国外早已开始应用不稳定注水技术，国内也有所应用。而对于相对富集剩余油开采的研究工作本世纪初才刚刚开始，难度还很大，需要有新的思路，发展新的技术系列。

聚合物驱和化学复合驱等三次采油技术提高原油采收率的幅度大，潜力可观。据全国油田第二次潜力分析结果，仅聚合物驱和化学复合驱两项技术的潜力就可增加可采储量约5×10^8t。其中，技术经济效果较好，并可望在2020年前增加的可采储量约为2×10^8t。由于运用这项技术时在井网部署上可以均匀布井，这比部署不均匀调整井要容易得多。从“六五”开始，我国在聚合物驱和复合驱方面已经进行了大量的研究和矿场试验。目前国内聚合物驱已大规模推广，复合驱驱油机理的研究以及廉价高效表面活性剂的研制也都有了很大突破，正在为推广应用准备条件。但三次采油技术只有在大型整装油田才能真正具备大规模推广的条件，应用范围受到了很大的限制。

三、提高剩余油富集区预测精度

1. 准确确定剩余油富集区

在高含水后期和特高含水期，地下剩余油呈“整体高度分散、局部相对富集”的分布格局，对其具体分布部位曾作过阐述，这里提出一些修改补充。剩余油富集部位包括：(1)不规则大型砂体的边角地区，或砂体被纵向或横向的各种泥质遮挡物形成的滞油区；(2)岩性变化剧烈、主砂体边部变差部位及其周围呈镶边或搭桥形态的差储层或表外层；(3)现有井网不能控制的小砂体；(4)断层附近井网难以控制的部位；(5)断块的高部位、微构造起伏的高部位以及切叠型油层中的上部砂体；(6)优势通道造成的未被水驱的部位及层间干扰形成的剩余油，井间的分流线部位；(7)正韵律厚层的上部；(8)注采系统本身不完善或与砂体配置不良所形成的有注无采、有采无注或单向受效而遗留的剩余油。

随着油藏地质条件、井网格式和密度以及注采方式的不同，各油藏内剩余油的具体分布也将有很大不同。有的部位剩余油可能很少，而有的部位则相对富集。在这种分布格局下，传统的油藏描述方法已不能准确地描述和预测剩余油的分布状态。因此，准确预测油层中剩余油特别是其富集部位的分布状态是在高含水油田进行调整挖潜、提高原油采收率的基础和关键。在此基础上，才能够针对剩余油富集部位钻出各种类型不均匀高效调整井(包括直井、侧钻井、水平井或分支井等复杂结构井)或实施其他综合调整措施，更有效地采出剩余油，提高原油采收率。另外，对于一般采用均匀井网的三次采油技术，确定了剩余油富集部位的分布状态，也将有助于进行井网的局部优化，进一步提高开采效果。

实践表明，并不是所有的剩余油分布部位，都具有部署调整井的可行性。真正能够成为改善注水、提高原油采收率的剩余油富集区是指受地质因素和开发方式控制的区域，在目前井网条件下用常规注水方式难以将油驱出且具有一定储量规模和经济开采价值的剩余油区。

从比较宏观的角度分析地质条件对剩余油富集区的影响。根据徐安娜等的统计，陆相储层中沉积类型不同，其中剩余油的多寡也不同（表1）。从表1中可见，河流相储层中剩余油所占的比率达46.4%，加上其他沉积类型中的河控沉积，其比率超过甚至大大超过50%，其中很多是油藏开采中的主力层。据大庆油田的统计，各种河控储层中剩余油所占的比率约为70%。这是因为河流相沉积一般来说其砂体宽度较小，而且形状曲折多变，井网对它难以控制，常留下较多的剩余油。因此，从储层沉积条件上看，在河道砂体构成的主力层中寻找剩余油富集区，将是一个重要方向。

表1　我国储层各沉积类型中剩余油比率

沉积类型	占碎屑岩地质动用储量比率,%	标定采收率,%	占全部剩余油的比率,%
河流相	46.2	30.2	46.4
三角洲相	32.6	36.1	26.4
湖底扇相(浊积相)	6.9	27.8	13.9
冲积扇相	6.9	30.9	3.5
扇三角洲相	5.8	40.5	7.6
滩坝相	1.5	39.9	2.2

对于渤海湾地区的断块油田来说，断层遮挡等构造条件是形成剩余油的重要因素。在准确确定断层位置和倾角的基础上，钻各种“聪明井”已成为断块油田剩余油挖潜的重要措施。但是，也不能忽视储层因素所形成的剩余油。无疑，断块油田的断层分布越密集、复杂，各断块的面积越小，断层等构造因素所形成的剩余油所占的比率越大。但是，越简单的断块油田，其断块面积越大，储层因素就越不能忽略。实际上从渤海湾地区的断块油田来看，较简单、较大的断块油田的储量仍占大多数（表2）。

表2　中国石化股份公司的断块油藏类型分布

类　型	动用储量,10^8t	储量比率,%
边底水能量充足的断块油藏	1.15	7.70
简单断块油藏	9.72	65.20
复杂断块油藏	3.57	24.00
极复杂断块油藏	0.46	3.10
合计	14.90	100

即使在复杂断块油田中，相对较大断块的储量也仍然占相当比例。例如，典型的东辛复杂断块油田中断块分布的统计资料（表3）表明，面积大于1km^{2}的断块数量虽少，而储量比率为34.1%；加上面积为0.5～1km^{2}的断块，总储量比率为58%。所以，对断块油田来说，除了继续加强对断层遮挡所形成的剩余油富集区的研究以外，也要加强对储层的确定性描述，找出其中的剩余油富集区。

表 3　典型的东辛复杂断块油田的断块分布

面积,km^2	数量,个	地质储量,10^4t	比例,%
<0.1	144	2470	9.3
0.1~0.5	101	8673	32.7
0.5~1	30	6346	23.9
>1	14	9060	34.1
合计	289	26549	100

2. 老油田高含水后期的剩余油富集区

在高含水后期打的调整井中发现一批高产井,即使在高含水后期,其剩余油富集区是确实存在的,并具有重要挖潜和研究价值。2000 年对大庆喇嘛甸、萨尔图、杏树岗油田二次和三次加密井的状况所做的不完全统计结果表明,20 世纪 90 年代二次加密调整中出现的高产井,到 2000 年还遗留日产量为百吨级的井两口,50 吨级的井 8 口,20 吨级的井 201 口;三次加密调整中遇到的高产井到 2000 年还遗留日产量为百吨级井两口,50 吨级井 69 口,20 吨级井 80 口;无疑,当初实际发现的高产井数量要远远大于这些数字。同样,聚合物驱加密井早期空白试验阶段也发现了一批高产井,例如,北一区断西主力层葡 1—葡 4 油层,为了进行聚合物驱,在含水率 88% 的情况下共钻加密井 50 口,其中出现日产量为百吨级井两口,50 吨级 3 口,还有一批 20 吨级的井没有统计在内。这 5 口高产井在 15 个月的水驱空白试验期间就累计生产了 12.66×10^4t 原油,这些井转注聚合物溶液时的平均含水率为 78.3%,如果继续生产下去,还可采出更多的原油。据分析,这些高产井大多位于曲流河沉积中废弃河道附近所形成的剩余油富集区。

3. 剩余油预测的多学科集成和步骤

我国陆相油田复杂的断层分布、严重的储层非均质性、多变的油井生产制度以及频繁的作业造成了极其复杂的地下剩余油分布状况。因此,必须有机地集成和综合运用地质、地震、测井、数值模拟等各种技术,才能比较准确地预测油藏内剩余油的分布,特别是其富集部位的分布状况。预测步骤是:(1)综合运用地质、地震、测井等技术更精确地描述油藏,除了继续加强对各种封闭性构造尤其是低级序断层和微构造的描述以外,重点要对储层的展布,特别是主力层的展布进行尽可能准确的描述;(2)在精确的油藏描述的基础上,应用精细的数值模拟技术确定剩余油的分布状况,重点是确定剩余油富集部位的准确位置。

4. 建立高精度确定性储层地质模型

从简单内插的确定性建模发展到随机建模是储层描述的一大进展。随机建模技术对于早期开发阶段有很好的应用价值,但是,随机建模过程中可以产生大量实现,不确定性很强,在目前的约束条件下还难以确定哪一个实现真正代表了地下储层的实际展布状况。因此,对于高含水开发后期,难以用随机建模方法来准确确定剩余油的富集部位。为了在剩余油富集部位部署不均匀调整井,最好是发展精确的确定性建模技术。

5. 发展开发地震技术

确定性建模技术的重点和难点在井间。由于井间缺乏直接的地质信息,仅通过已知井插值来推断井间储层的情况,不确定性很大,无法满足剩余油精细预测的需要。地震是能够直接提供井间信息的唯一技术，要提高井间储层预测的精度，必须大力发展开发地震技术，国外称之为油藏地球物理技术。在此基础上，发展以地震资料为约束的确定性建模技术，可以更加准确地提高对储层的描述精度。

地震技术用来解决油田勘探和开发早期评价阶段的问题已卓有成效。但是要用地震技术来解决开发后期剩余油分布问题，由于研究的目标、尺度发生了重大变化及对精度的要求更高，特别要注重提高地震技术对储层的预测精度。具体需要做好以下技术工作：(1)提高砂泥岩薄互层条件下识别小层、砂体的准确程度，至少要识别出较厚的主力油层及主力砂体；(2)预测砂体的边界，重点预测对剩余油富集有利、具有一定厚度的河道砂体的边界位置，在条件允许时，还要尽可能搞清各相邻砂体间的叠置或接触关系；(3)预测对剩余油富集有利的各种岩性隔挡的位置；(4)提高砂体厚度预测的精度；(5)准确确定低级序小断层的位置、走向和微构造的幅度及位置。

通过提高开发地震精度，最终为剩余油分布预测提供准确的、以地震资料为约束的确定性地质模型。

发展开发地震还要解决两个问题，一是可行性问题；二是有效性问题。

从理论上讲，地震分辨率是地震波长的1/4。一般三维地震主频为30Hz，分辨率约为25m。即使将主频提高到60Hz，分辨率也只能达到12m左右。而我国陆相储层多为砂泥岩薄互层，其中小层厚度如能达到4m以上，已属于比较厚的主力层。因此，单纯根据地震分辨率的理论概念，地震技术对于识别各个小层的展布是无能为力的。所以，为了解决砂泥岩薄互层中各小层识别的难题，首先必须找到与此相应的理论依据。

为此采用了钱绍新介绍的探测度的理论概念。地震探测度是在干扰背景下用地震技术探测小层厚度的能力。R. E. Sheriff在“勘探地球物理百科全书”中称“在噪声背景上能够给出可见反射的岩层的最小厚度为探测度”。这就意味着，尽管在地震剖面上难以分辨砂泥岩薄互层，但只要充分发挥三维地震数据在横向上密集采样的特点，结合纵向上具有高分辨率的井资料，通过井震联合反演就有可能加以探测。根据M. B. Widess的模型研究结果，探测小层的厚度可以达到波长的1/20左右，即探测度有可能提高到地震分辨率的1/5左右。因此，建立探测度的概念为解决砂泥岩薄互层识别问题提供了理论依据。但是，还需要验证探测度的概念是否真正能成立。为此，2004年利用大庆地区的实际资料建立了概念模型，采用正演反演相结合，基于模型的井震联合反演方法对此进行了论证。结果表明，主频30Hz地震资料反演成果可探测厚度为4m以上的砂体，主频60Hz可探测厚2m以上的砂体。这就证明了根据地震探测度的理论概念和井震联合反演的方法，有可能识别砂泥岩薄互层中比较厚的小层。

为了进一步进行实际验证，对大庆杏4—5行列西北区面积约为8.19km^2的工区进行了实际研究。共应用了298口已知井的资料，通过基于模型的反演，对9口预留检验井的分析表明，4m以上河道砂体存在性的符合率达到100%；2~4m河道砂体存在性的符合率也均在85%以上，只是在厚度的预测方面还存在误差。该验证结果说明地震探测度的理论概念确实可以用于指导小层预测，也说明了应用井震联合反演方法识别砂泥岩薄互层的可行性。

该工区平均井距约为200m×100m。研究结果又表明，即使在这样密井网的条件下，通过井震联合反演的研究发现，断层和河道砂体的位置多处有新的变化。这就证实了在老区比较密的井网下，应用开发地震技术对油藏进行更为精细的描述是有效果的。

今后还需要在提高信噪比和分辨率的基础上进一步提高探测度。为此，要继续改进地震数据的采集，提高地震记录的质量。在地震资料处理上要努力实现“高保真度、高信噪比和高分辨率”的目标，进一步改进井震结合、基于模型的地震反演技术，搞好以地震为约束的地质建模。总体来说，就是要按照“采集、处理、解释、反演、建模”一体化的思路进行各种新技术和新方法的探索和研究，务求在各个环节上都精益求精，逐步形成一套有效和实用的系列技术。

6. 运用精细油藏数值模拟技术确定剩余油的相对富集区

在高含水期应用大型精细油藏数值模拟研究剩余油分布，面临着以下一些新的需求和问题：

（1）由于油藏的非均质性，油藏物性在井间和纵向各小层上差别较大。不仅在平面上要细分网格，在纵向上也不能轻易合并小层。对于主力厚层，必要时还需要进一步细分，以描述平面上和纵向上油藏物性的差异。由于建立的模型网格通常是几十万甚至几百万个节点，因而需要更快的模拟计算速度。

（2）由于井多、层多、生产时间长、措施作业量大，又因为模拟数据准备和历史拟合过程复杂、效率低、耗时多，特别是历史拟合过程约占整个数值模拟时间的60%，所以需要提高历史拟合的效率，获得更符合实际的拟合效果。

（3）多层油藏中各小层的注水量和产量劈分的结果严重影响着剩余油在小层上的分布，但是，数值模拟现有软件中按流动系数（Kh/μ）劈分的办法常与实际情况有很大差异，矿场上所进行的分层实测资料一般又比较少，需要研究多层油藏的产量劈分和分层拟合新方法。

为此，除了进一步完善了已开展的新型算法以外，正在开展以下研究工作：

（1）大型精细数值模拟快速历史拟合方法研究，研制适合于高含水期精细数值模拟快速历史拟合辅助工具，或利用地理信息系统（GIS）技术来提高历史拟合效率，节约大型精细数值模拟的时间。

（2）除了充分利用所有的测试资料以外，重点研究了利用丰富的生产动态资料及挖掘有关的信息进行多层油藏注水量和产量合理劈分的方法，力求做到分层拟合，提高剩余油在小层上分布的预测精度。

（3）进行大型精细油藏数值模拟“粗细结合”技术研究，对整个油藏采用粗网格或快速、简易算法，找出剩余油相对富集区的位置。针对这些局部的富集区，再采用模拟精度较高的细网格或较精细的算法，更准确地确定剩余油的具体位置和饱和度的高低，这样可以大大减少模拟的工作量，提高模拟速度和效率。

四、剩余油富集区挖潜的效果

综合运用多学科技术进行剩余油挖潜，在大庆、胜利、大港等油田都已取得了很好的实际成效。如胜利油田综合运用石油地质、地球物理、油藏工程、计算机技术等科学技术，针对剩余油富集部位，建立了剩余油富集区的定量预测模型，钻不均匀加密井特别是水平井的效果非常显著。据统计，从2002年到2004年，在胜利油区的190个开发单元推广应用，研究区地质储量为15.05×10^8t，找到断层分割形成的剩余油富集区1132个，夹层分割、优势通道窜流形成的剩余油富集区305个，预测富集区总剩余地质储量为2.89×10^8t，共增加可采储量4335×10^4t。截至2004年底，在剩余油富集区实施挖潜措施已累计增油875×10^4t，实现产值122.5×10^8元，利润28.9×10^8元，取得了很好的规模化技术、经济效益。

五、结束语

我国油田的陆相储层非均质严重,注水油田原油的采收率偏低,提高原油采收率有很大潜力。在高含水后期剩余油呈“总体高度分散、局部相对富集”的格局。因此首要的问题是要综合运用地质、开发地震、测井、精细数值模拟等技术,特别要重视发挥开发地震在井间储层描述中的重要作用,准确地预测剩余油相对富集的部位,才能有的放矢地钻各种类型高效调整井或采取其他综合调整措施提高注水油田原油采收率。同时也有助于在三次采油过程中进行局部的井网优化,更好地提高原油采收率。

(原载《石油学报》,2007 年 28 卷 2 期)

关于高含水油田二次开发理念、对策和技术路线的探讨

韩大匡

背景介绍：本文2010年发表于《石油勘探与开发》第37卷5期，是系列文章中的第五篇。

本文主要内容是阐明高含水老油田以较大幅度提高水驱采收率技术（中国石油称之为二次开发）的理论体系的构建。文中从二次开发的必要性、迫切性、潜力和难度谈起，明确提出了处于高含水后期以至特高含水期油田地下剩余油分布“总体上高度分散、局部还有相对富集部位”格局的重要认识是二次开发的出发点和基础。据此提出了二次开发的理念，以及对剩余油富集区、分散区和注采井网不完全区的挖潜对策，并将之归纳为“三个结合”。

为了实施这些理念和对策，需要综合多学科技术，采取深化油藏描述和量化剩余油分布两步走的策略，来重新构建新的地下认识体系。并且提出了10项深化油藏描述的具体技术和3项量化剩余油分布的技术要求。

这篇文章的英文版“On Concepts, Strategies and Techniques to the Secondary Development of China's High Water Cut Oilfields”在国外发表后，引起了较大反响，除有的联系做访问学者及约稿外，并由此获2012年度国际能源大奖埃尼奖的提名。

摘　要：中国油田基本为陆相储层，非均质性严重，原油黏度偏高，注水开发采收率较低，提高采收率有很大潜力。在高含水后期剩余油呈“总体高度分散、局部相对富集”的格局，因此老油田提高采收率应该通过深化油藏描述、准确量化剩余油分布来重构油藏地下认识体系，结合油藏井网系统的重组，对剩余油相对富集区和分散的剩余油采取不同的挖潜对策和方法。提出“3个结合”综合治理方法，即，不均匀井网（在剩余油富集区钻高效调整井）与均匀井网（指整装油田）或相对均匀（断块油田）井网相结合；均匀或相对均匀井网与可动凝胶深部调驱或其他高效的剩余油驱替方式相结合；直井与水平井相结合。为此需要综合运用和发展地质、地震、测井、精细数值模拟等学科的新技术确定剩余油相对富集部位和规模，对此提出了比较系统、可行的技术路线和具体要求。

关键词：高含水油田　水驱采收率　二次开发　油藏描述　剩余油分布

引　言

中国油田储层中92%为陆相碎屑岩沉积，这类储层无论是纵向还是横向非均质性都比国外以海相沉积为主的储层要复杂得多，大大增加了油田开发的难度。在这种复杂的地质条件下，中国的油田开发业发展了一整套具有陆相油田特色、以注水技术为主体的技术系列，走过了快速发展的光辉历程，原油年产量从1949年建国之初微不足道的12×10^4t，到2009年已增加到1.89×10^8t，特别是大庆油田的开发，获得了年产量在5000×10^4t以上稳产27年的高水平。

近年来，中国油田开发业已面临十分严峻的挑战。从新投入开发的油田状况来看，新探明储量品位降低，低渗、特低渗油田储量所占比重占60%～70%。从中国当前已开发油田的现状看，总体上已进入了高含水、高采出程度阶段。经过几十年的开采，主力老油田大多数已进

入或是接近特高含水的开发后期。近几年的统计资料表明，全国油田还在进一步老化。例如，2007年底全国三大石油公司(中国石油天然气股份有限公司、中国石油化工股份有限公司、中国海洋石油总公司)所属全部新老油田平均综合含水已达到86.0%，比2003年的84.1%增加了1.9%；其中含水超过80%、已进入高含水开发后期的老油田，所占有的可采储量在全国的比重达到73.1%，比2003年的68.7%增加了4.4%；2007年底全国新老油田平均可采储量采出程度已达到73.2%，比2003年的72.8%增加了0.4%；其中可采储量采出程度大于60%的老油田储量占86.5%，比2003年的82.4%增加了4.1%。值得注意的是，三大石油公司老油田的含水和可采储量采出程度的增加值都在4%以上，而全部油田包括新油田在内，其含水和可采储量采出程度总值仍然有所增加，说明老油田开发状况的进一步老化超过了新投产油田减少含水和采出程度的幅度。但这些高含水老油田很多是主力油田，其产量占中国国内总产量的70%左右，仍居于举足轻重的地位。在这种情况下，这些产量仍占重要地位的高含水老油田稳产难度很大，产量发生递减的油田越来越多。因此，提高高含水老油田的原油采收率已成为当前老油田开发的中心任务。

一、高含水油田二次开发提高水驱采收率的潜力和难度

中国油田储层中占92%的陆相碎屑沉积、纵向上和平面上严重的非均质性、偏高的原油黏度，使得油田水驱采收率较低。据2007年资料统计，全国已开发油田以现有技术标定的采收率为31.2%，比2003年的统计数据32.2%降低了1.0%，反映了新投入开发油田品位下降的现实。高含水油田还有很大的提高采收率空间。

概括地讲，提高采收率有两个主要途径，其一是三次采油，其二是继续提高水驱采收率。两者应该并重，互相补充，才能从整体上提高采收率。在三次采油方面，化学驱比较适应于中国陆相储层的地质特点，聚合物驱已大规模推广，复合驱技术也已有重大突破。这类方法提高采收率的幅度大，但只有大庆等大型整装油田才能够有效推广，对地层温度高、地层水矿化度高的油藏则难以适用，其应用范围受到很大限制。另一方面，注水是中国油田开发的主体技术，在高含水后期、特高含水期再继续提高水驱采收率仍是提高采收率的主攻方向之一，虽然难度很大，但却是适应性广泛的技术。凡是难以应用三次采油技术的油田或区块，都只能依靠继续扩大注水波及体积和增大冲洗强度来提高采收率；在主要依靠三次采油技术提高采收率的油田，也可应用这种理念和技术来进一步提高采收率。因此，积极有序地推动二次开发，较大幅度地提高注水采收率，已成为应该加以特别关注的当务之急。应该指出的是，二次开发理论和实践的发展，具有十分重要且深远的历史意义，很有可能发展成为油田开发史上一项具有革命性的重大举措。

这里需要说明的是，二次开发的定位从开始提出时所指的“较大幅度提高水驱采收率”，随着油田“二次开发”的不断深入，已扩展至“水驱转热采等开发方式的转换”、“聚合物驱后继续提高采收率”等更多领域，但仍以提高水驱采收率为主。因此，为了集中探讨当前最主要的“二次开发”问题，本文所讨论的“二次开发”的内容仍限于“较大幅度提高水驱采收率”的范围。

在当前老油田含水普遍高达80%以上的情况下，困扰开发工作的问题主要表现为，由于含水大幅度增加，造成单井产量下降，近年来中国石油天然气股份有限公司的单井日产油量已从1999年的4.1t下降到2009年的2.25t；措施和作业效果降低；常规加密调整井的含水越来越高，以致均匀加密调整效果越来越差；老井井况差，套损严重，造成开井率低，注采井网不完

善，有的甚至已不能控制整个油藏。例如大港油田采油一厂历年的投产井累计1526口，但近期正常开井的油水井数仅587口，油水井利用率仅38%，以致注采系统很不完善，分注率下降，注水效果变差；地面管线和设施老化，设备的新度系数只有0.43等。

以上各种问题，大体上可以归结为两个方面，其一是在含水达到80%～90%时，单纯依靠过去常用的层系细分和均匀加密调整措施，提高采收率和增加单井产量的效果大幅度降低，已经不完全适应甚至可能不适应含水如此高的老油田；其二是由于老井套损、井况变差、地面管线和设施老化所造成的困扰。如果单从技术层面来看，油井大修、钻更新井以及地面管线和设施的修理或更换，已没有太大的困难，主要的问题在于更新井网和地面设施的工作量太大，投入的资金太多，并且需要地下和地面相结合，从总体上进行优化，提高投入产出比，以取得好的技术经济效果。否则如果二次开发投入过大，经济上不可行，将使其难以可持续发展，特别在低油价的情况下，这个问题将尤为突出。

高含水油田的二次开发，就是要找出摆脱这些困境，经济有效地以较大幅度继续提高水驱采收率的理念、对策和技术思路。

二、高含水油田二次开发的基本理念和对策

1. 二次开发的出发点和基础

为了阐明高含水老油田二次开发的理念，首先要分析清楚在含水较低时（高含水前期，含水60%左右）行之有效的细分层系和均匀加密的开发调整措施在高含水后期以至特高含水期时难以适应的症结所在。20世纪80年代初到90年代是中国油田开发史上一个重要阶段，这一时期开展了全国规模的开发调整。20世纪80年代初全国油田平均含水接近60%，因基础井网层系划分较粗，开发层系内高渗透层已不仅是个别层见水而是普遍见水，油井含水上升，产量下降。但由于层间干扰，中低渗透层基本上吸水量很少，甚至没有吸水，所以大多数中低渗油层中剩余油仍处于连片分布状态，为层系细分和均匀加密提高采收率提供了丰富的物质基础。通过层系细分，使中低渗透层减少或避免了高渗透层的干扰，重新恢复了其应有的生产能力，油田的含水也随之大幅下降。因此当时各油田普遍适时采取了开发层系细分、均匀加密和下大泵提液等综合调整的做法，获得了很好的效果。从全国来看，这个阶段总共历时10年以上，大大延缓了含水率的上升，累计增加可采储量7×10^{8}t左右，约相当于当时全国油田采收率总体上提高了8.9%。由此可见，层系细分、均匀加密的做法之所以取得了这样好的效果，其根源还在于当时中低渗透层的地下剩余油仍基本处于大面积连片分布的格局。但是，目前情况已大不相同，处于高含水后期特别是特高含水期的老油田，地下剩余油分布的格局已发生了重大变化，呈现出“总体上高度分散、局部还有相对富集部位”的格局，即使是中低渗透层，其剩余油多数也不再呈大面积连片分布，而是程度不同地处于高度分散的状态，只是局部富集部位相对较多而已。在这种情况下，由于剩余油分布高度分散的普遍性，再采取均匀加密的做法，其效果必然会变差，打出的调整井多数含水很高，初含水就可以达到80%甚至90%以上。例如大庆油田近期新钻80口均匀加密井，在投产初期含水就已达到91.1%～94.9%。

从以上分析可以得到一个重要的认识，即，油田注水开发过程中的重要调整举措能否获得成效，除了决定于油田的静态地质条件以外，关键还在于这些举措是否适应于地下剩余油分布的格局。

因此，当含水高达80%以上时，“总体上高度分散，局部还有相对富集部位”的剩余油分布格局是高含水油田二次开发工作中一切对策的基础和出发点，所编制的二次开发方案设计和实施措施是否符合油田地下剩余油分布的这种格局就成为二次开发能否取得良好技术经济效果的关键。

对高含水油田地下剩余油分布格局的这种认识在笔者的文章中已有比较详细的阐述。矿场试验表明，即使在目前这样高的含水和采出程度条件下，仍然能够在剩余油富集区打出一批日产10～30t的高产井，有的还达到了50～100t的数量级。例如，大庆油田位于断层附近的杏2－31－P43井及北2－350－P47井在2006年相继投产后，由于含水分别仅为24%和12%，初期日产油量分别为100t及50t。又如北2－350－检45井，由于受废弃河道的遮挡作用，在聚合物驱以后，还存在着厚达5m的剩余油未动用。这些事实充分说明在高含水条件下，剩余油相对富集区仍然存在，特别在聚合物驱以后，也仍然存在着相对富集区。这大大扩展了油田开发工作者寻找剩余油富集区的范围，而且也为聚合物驱后进一步提高采收率提供了新的方向。

2. 二次开发的基本理念和对策

基于上述对地下剩余油分布格局的认识，应该对局部剩余油相对富集区和广泛分布的分散剩余油采取不同的对策和方法，并且考虑到老油田套损严重和井况差所造成的开井率低、注采系统不完善的现状，确实还需要打一些调整井来重新组合成比较完善的井网系统，但是这种井网系统的重组，也必须和地下剩余油分布格局相适应。因此，高含水油田二次开发的基本理念可归结为，“在分散中找富集，结合井网系统的重组，对剩余油富集区和分散区分别治理”。

根据上述二次开发理念，可以对其基本做法设想如下：

对于剩余油富集区，通过深化油藏描述和量化剩余油分布，重新构建地下认识体系，查明富集区的准确位置和相应剩余可采储量规模，据此可以考虑打不均匀高效加密井或采用其他调整措施来提高水驱采收率；对于分散的剩余油，可以使用可动凝胶进行油藏深部调驱来驱出这些分散的剩余油；对于井网不完善、水驱控制程度低的油藏，需要结合剩余油分布状况，以切实提高水驱采收率为目标，全面调整和优化注采关系，进行井网重组。在此基础上，针对老油田含水上升所造成的注水能力和产出液组成的变化，采取“优化”和“简化”的方式重新调整地面流程，使之与新的井网系统相适应。

(1)剩余油富集区的挖潜对策。

要根据剩余油富集区面积大小及剩余油可采储量规模，采取直井与水平井相结合的方式进行不均匀井网加密。对断层附近及正韵律储层上部面积较大的富集区，可以贴近断层或者找准夹层的上部打水平井，层数多时还可部署多分支井等复杂结构井，如此也解决了高含水老油田难以确定水平井井位的问题；对面积相对较小的富集区可打直井，若附近已有油井，可考虑打侧钻井；面积更小的富集区可考虑转注、补孔或其他措施，如调整注采关系等。

钻水平井是重要的挖潜措施，但在处于高含水后期或特高含水期的老油田中应用时，应考虑如下两方面的问题：一方面是水平井通过增加与油藏的接触面积，可以较大幅度地提高单井产量；另一方面应该充分考虑地下剩余油高度分散性的影响，加之水平井具有较长的水平段，比直井更容易钻遇高含水部位，导致大量出水，对此目前还缺乏有效的治理办法，势必将造成难以弥补的损失。

所以，在含水80%以上的高含水油田打水平井，其成败的衡量标准应该遵循这样3个原则：

① 水平井的初含水必须明显低于周边的老井，并获得较高的单井产量；

② 水平井含水的增长不能太快，特别要注意避免暴性水淹，确保水平井有较高的累计产量；

③ 水平井的经济效益要好于直井，要有较高的投入产出比。

为了满足这3个原则要求，在高含水油田打水平井，必须优化井位，力争把水平井打在剩余油富集区。此外，基于水平井的控制储量和所获得的单井产量成正比的规律，水平井还必须打在有足够剩余可采储量的较大富集区上。应该认真分析富集区的准确位置和规模，对水平井的井位、水平段的方向和长度进行个性化的优化设计，避免粗放地随意成批部署水平井。

为了保证水平井较长时期的高产稳产，还必须建立完善的注采系统，有效地补充能量。这方面目前还缺少成熟的做法，需要加强研究。

据目前已打出的高效调整井的资料推测，这些水平井一般日初产可达10～30t甚至更高。与目前一般直井调整井约3t的日产量相比，一口水平井产量相当于3～10口直井产量，可以大大减少井数，提高经济效益。而且这些富集区的剩余油是一般的常规井网所难以采出的，所以这些高效调整井所采出的原油，大部分可作为对提高采收率的贡献，并且常可形成相当可观的规模。根据目前已有的实践数据，预计可提高采收率1.5%～3.0%。如文献《准确预测剩余油相对富集区提高油田注水采收率研究》（韩大匡，2007年）所提到的胜利油田2004—2006年在剩余油富集区打的高效调整井已提高采收率2.9%；又如大港油田港东一区一断块总面积仅4.3km^2，2001—2006年运用现有的油藏描述技术对富集区打各种不均匀调整井47口，已累计产油51.6×10^4t，相当于已获得采收率增幅3.3%，其中很多井还在以较高的产量生产。如果再采用更有效的新技术进一步深化油藏描述，量化剩余油分布，仍有可能发现更多的富集区，打出更多的高产井。

（2）分散剩余油的挖潜对策。

分散的剩余油富集区面积小而数量大，难以单个去寻找和开采。实践表明，可以使用可动凝胶进行油藏深部调驱，以尽可能多地驱出这些高度分散在油藏内的剩余油。

由于陆相储层非均质性严重，注入水首先沿着储层高渗透部位前进，常形成习惯性的水流通道，称为“水流优势通道”，以致其周围的原油难以驱出，限制了注入水的波及体积和冲洗强度，降低了采收率。可动凝胶意指在储层多孔介质中可以移动的凝胶。使用可动凝胶提高剩余油水驱采收率的主要作用机理之一是“调”，也就是调整驱动方向，通过可动凝胶对高渗透水流通道的暂堵作用，使后续的注入流体转向原来水驱冲洗强度较低和水未驱到的部位，有效地扩大波及体积和提高冲洗强度；另一作用机理是“驱”，即在“调”的基础上依靠后续的注入流体有效地驱出所扩大波及范围内的那些分散的剩余油，从而提高水驱采收率。凝胶对原来的老通道形成暂堵以后，这些可动凝胶受到的压力梯度会有所增加，当其增高到一定程度后，就可以使具有柔性的可动凝胶突破原来暂堵住的部位并向前移动，直到在某个新的部位再次暂堵住新的高渗透水流优势通道……如此周而复始，可动凝胶就不断地“暂堵—突破—再暂堵—再突破”直到油藏的深部，从而不断地扩大注入液流的波及体积，不断地驱出更多的分散剩余油。

可动凝胶深部调驱化学剂的用量少。华北蒙古林油田（原油黏度约180mPa·s）使用常规可动凝胶现场试验的结果表明，当注入段塞的体积达到0.1～0.2PV左右时，就可以提高采收率约4%～5%，经济效益显著。新研制的预交联可动微凝胶体系SMG耐温抗盐性非常强，耐温可达120℃，耐盐量则达$18\times10^4mg/L$以上，一般可用污水配置，而且能够抗剪切，注入性也好，注入工艺非常简单。只要水驱控制程度能够达到70% ~80%，注采系统相对完善，可动凝胶调驱可以适应250 ~300m的较稀井距，不必打大量加密井，从而可以节约大量投资，所以可动凝胶具有更为广泛的适应性。

可动凝胶的应用在华北油田已经见到了实效，已成为其提高采收率主导技术。由于地质条件复杂，在该油田几乎难以找到适于注聚合物的区块，但有约50% ~60%的储量适于可动凝胶深部调驱技术。据统计，仅2005—2007年3年间，在45个区块实施可动凝胶深部调驱，已累计增油30.05×10^4t，新增利润5.95×10^8元，投入产出比为1∶4.49；新型的SMG可动凝胶体系，也已在大港、华北等油田进行了先导试验，虽然试验时间还很短，但已初步获得了较好效果，据设计可望提高采收率5% ~7%，在近期还会有更多的油田、区块投入先导试验。这些都表明可动凝胶深部调驱技术具有很好的推广应用前景。

当油藏内存在较粗大的水流优势通道形成的所谓“大孔道”而使注入水发生严重的无效循环时，使用直径较大的颗粒凝胶封堵大孔道是一个有效的办法，目前又发展了柔性凝胶和缓膨颗粒等新工艺，进一步改进了封堵大孔道的效果。

(3)注采系统不完善区的挖潜对策。

老油田套损严重，井况差，开井率低，有的已不能有效控制油藏，也有的老油田井段太长、层系过粗，或者井网过稀，已不适应油田合理开发需要。因此，对于这些油藏，全面调整注采关系，进行井网重组是老油田进行二次开发、提高水驱采收率的重要举措。

井网系统重组的主要目标是切实地以较大幅度继续提高水驱采收率。虽然井网加密常带来提高采油速度的效果，但不能把提高采油速度作为井网重组的主要目的。如果大量的投入只能获得提高采油速度的效果，而不能最终提高采收率，实际上花了大量的投资只是提前采出了将来仍然可以采出的原油，显而易见经济上是不合算的。

提高最终采收率就是要确实采出原井网系统不能采出的石油。因此，在井网设计时，要认真分析重组后的井网系统是否能使注入水波及到原井网水驱所波及不到的部位，或者是否可以增加某些已波及的部位的冲洗强度。为此，需要分析重组后新井网系统水驱控制程度增加的幅度、注采井数的合理比例、多向受效井数增加程度、老井的合理利用程度、层系细分时隔层的可靠性等必须考虑的问题。要特别强调的是，要重视新井网系统的经济合理性。当前，有些油田的二次开发方案中新的井网系统井数过多，以致投入过大，经济效益差。应该认真进行新井网系统提高采收率效果的预测和优化，力求以较少的井数和较高的单井产量获得尽可能最佳的提高采收率效果。笔者提出一个新的设想，即通过深化油藏描述和量化剩余油分布(详见后文)，在对油藏有了更为精细和准确认识的基础上，针对剩余油的分布状况，进行调整井井位的个性化设计，而不再按传统的均匀井网来布井，以达到新井井位在更高层次上的优化，这将是今后一个重要的发展方向。

要加强新井网系统实施后的跟踪监测，以判断新的井网系统是否确实达到了提高最终采收率的目标。其判别的主要指标为是否在较长时期内大幅度降低含水、增加产油量，从而在油田的生命周期内增加了累计产油量。

为了保证井网系统重组提高采收率效果和经济效益，无论是层系细分或是加密井网都必须有足够的储量保证。注意到二次开发的对象一般都是可采储量采出程度大于70%的高含水老油田，这个储量数值必须是剩余可采储量而不是其原始值。

特别值得注意的是，在高含水后期及特高含水期，由于剩余油分布的高度分散性，部署均匀加密调整井存在着打出大量高含水井的风险，因而提高采收率幅度也不会很大。例如，据最近研究成果，对于大庆喇嘛甸油田葡萄花油层，即使井网加密到150m左右，如果没有后续的三次采油作技术支撑，一般提高采收率幅度仅1%～2%。因此，井网系统重组应该在考虑剩余油分布的基础上，与可动凝胶深部调驱或其他高效驱替方式结合，这是有效弥补打出高含水井造成的损失、较大幅度提高水驱采收率的重要指导思想。

经过剩余油分布的量化分析，如果某个油藏或某个局部地区，由于含水和采出程度还比较低，或者其他地质条件和开发方式的原因，还存在着大面积连片的剩余油，那么在这些油田或区块进行井网均匀加密也仍然可以获得较好的提高采收率效果，例如大庆的三次加密调整。

综上所述，高含水油田的二次开发是一项系统工程。其对象主要是含水率达到80%以上，可采储量采出程度达到70%以上的老油田，目标是以较大幅度继续提高水驱采收率。为了实现这个目标，要以对这个开发阶段地下剩余油分布格局的认识为基础，采取"三重"的措施，即重新构建地下认识体系、重新组合井网系统，重新调整地面系统，做到3个结合，即：

① 不均匀井网（高效调整井）与均匀井网（指整装油田）或相对均匀井网（断块油田）相结合。进一步根据剩余油分布状况进行新井井位的个性化设计，将是今后重要的发展方向。

② 均匀或相对均匀井网与更高效的驱替剩余油方式相结合。一般可以用可动凝胶进行深部调驱，也可以根据地质条件适应性的不同，选择其他能够经济有效地提高采收率的驱替方式。

③ 在井型上，采取直井与水平井相结合。

三、高含水油田二次开发重构地下认识体系的技术路线

1. 综合多学科新技术，采取两步走的策略

由于过去对油藏的认识程度不能满足二次开发的需求，必须重新构建地下的认识体系，这是进一步提高油田采收率重要的基础工作。当油田进入高含水后期，由于地下油水分布格局的重大变化，重新构建地下认识体系的主要内容就是在深化油藏描述的基础上量化地下剩余油的分布，特别是要准确地预测相对富集区的具体位置和规模。

要真正做到这一点，难度很大，需要做大量细致的研究工作。在当前用地震方法识别砂泥岩薄互层中油水分布的技术还没有成熟的情况下，比较可行的做法是采取两步走的策略：(1)综合地质、地震、测井等多学科新技术，深化油藏定量描述，从油藏构造分析和储层预测两个方面进行精细研究，包括对油藏的基本单元——单砂体特别是主力砂体的展布进行精细刻画，准确识别和预测各种微构造、低级序小断层、夹层和岩性遮挡、水流优势通道及储层的物性参数；(2)发展大型精细数值模拟技术，在深化油藏描述的基础上，准确地量化各主力砂体的剩余油分布，特别是其富集区的位置和范围。

2. 明确深化油藏描述具体要求，发展相应的新技术

中国陆相储层非均质性非常严重，降低了水驱采收率，同时，严重的非均质性使得注水不能彻底驱出原油而形成了形态各异的剩余油富集部位。文献《准确预测剩余油相对富集区提高油田注水采收率研究》中大体归纳了8类可能形成富集区的部位，这些部位是油田二次开发进一步提高采收率的物质基础。因此，深化油藏描述的任务就是综合地质、地震、测井等方面的各种新技术，寻找可能的剩余油富集部位并加以刻画，为下一步精细数值模拟提供精细的

地质模型,进而在高度分散的剩余油中找出富集区,打出高效调整井。应基于对单砂体构型及其他微小地质体的新认识,进行针对剩余油分布状况的个性化井位设计。

针对可能形成剩余油富集区的各种微小地质体进行深入细致的描述,至少要进行以下10个方面的研究工作,其中多项研究涉及新方法和新技术:

(1)进行等时地层对比,建立等时地层构架。

对地质体进行正确分层是各项油藏描述研究工作的根本。只有建立正确的等时对比,才能在油田范围内统一层组及小层的划分,明确各级储层的空间变化规律。利用正确的分层资料有助于实施各种挖潜措施,例如,采用高分辨率层序地层学方法对大港港东原划分为馆Ⅳ1的厚砂体重新分层,依据新的划分结果,对厚油层顶部剩余油进行挖潜。据统计,2006年共实施挖潜措施23井次,有效19井次,累计增油13979t。

(2)提高井间砂泥岩薄互层预测精度。

砂泥岩薄互层储层预测是油藏地球物理技术的"瓶颈",提高砂泥岩薄互层条件下井间砂体展布的预测精度,至少要识别清楚其中较厚的主力油层及主力砂体,这是老油田二次开发亟待解决的问题。考虑到目前一般认为厚度在4m以上的砂体是主力层中较厚的砂体,所以砂泥岩薄互层预测纵向上至少要达到识别厚度在4m以上砂体的精度;而有些地区如大庆南部很多主力层厚度只有2~3m,所以应该努力发展识别厚度在4m以下单砂体的新方法。由于砂体形态复杂多变,即使注采井网规则,砂体注采关系也非常容易失衡。因此,需要进一步努力提高对平面上砂体边界的识别精度,尽可能确定各相邻砂体间的叠置或接触关系。另外,一般的地震反演方法通常只能判断砂体存在与否,对砂体厚度的预测误差比较大,所以也要采用新的反演方法,尽可能提高对砂体厚度的预测精度。

(3)提高废弃河道等岩性隔挡准确位置的预测精度。

在曲流河沉积中,废弃河道是复合曲流带划分点坝砂体边界,鉴别点坝几何形态和成因类型及深入研究点坝内部建筑结构、连通状况和平面非均质性特征的重要依据。在油田开发中,废弃河道沉积往往造成相邻砂体间某种程度的渗流遮挡,有利于剩余油富集。因此,识别废弃河道的准确位置和展布特征,对于挖潜剩余油具有重要意义。

(4)有效识别各种泥质夹层。

正韵律厚层上部是剩余油富集的部位,但是由于地质条件所限,其厚度一般只有几米,如果不能有效利用夹层的遮挡作用,这部分剩余油难以采出。因此正确识别夹层在储层空间上的三维分布,是单砂体内部非均质性刻画的重要内容,是厚油层顶部剩余油挖潜的基础,对于老油田基于此而进行的水平井挖潜具有尤为重要的意义。

(5)水流优势通道位置和产状的预测。

水流优势通道严重影响注水开发效果,导致注入水窜流,形成大量剩余油。水流优势通道一般可分为两类:一类是多孔介质中渗透率高低差异造成的优势通道,可采用可动凝胶治理,另一类是更粗大的"大孔道",必须首先用各种堵剂加以堵塞,使后续的液体在油藏深部转向。综合利用老井和新井的各种资料识别和预测不同类型水流优势通道的空间分布及其产状,及时采取相应措施,将能有效地提高水驱采收率。

(6)有效识别和组合断距3~5m的低级序小断层。

断层是影响注采关系和剩余油聚集的重要因素,对老油田有必要重建断层认识体系。中国陆上特别是渤海湾地区的老油田中断层极为发育,许多老油田在开发初期未开展三维地震工作,利用早期采集的二维地震资料和井数据解释和组合的断层,精度较低,不能满足剩余油挖潜的需要，且井间还可能存在一些层内小断层未被发现。断层对剩余油的富集起着重要的遮挡作用，紧贴断层打井通常能有效开采断层控制的剩余油。应发挥地震技术能提供井间信息的优势，在认识清楚油藏总体构造格局的基础上，有效识别和组合断距为 3 ~ 5m 的低级序小断层。实践表明，对于薄层砂体，即使是断距只有 3m 的断层，也常会对油流起到有效遮挡作用，因而，应尽可能准确识别断距为 3m 的低级序小断层。

（7）有效识别幅度为 5m 左右的微幅度构造。

微幅度构造是剩余油聚集的有利部位，微幅度构造识别是老区重建构造认识体系的重点之一。微幅度构造高部位剩余油饱和度通常相对较高，水淹级别低，井产能较高，特别是当下部发育夹层时，剩余油富集程度更是大为增加。所以研究微幅度构造，对于预测剩余油富集部位，打出高效井，具有重要意义。例如，近期在大港港东一区一断块一个微幅度构造上侧钻的 G218 井获得高产，在周边井含水率达 90% 以上的情况下，该井日产油量达 50t，半年后还能以日产 30t 的水平持续生产。

（8）提高储层物性参数的预测精度。

建立高精度确定性储层物性参数模型是应用油藏数值模拟预测剩余油的基础。目前储层物性参数主要依靠井点数据通过各种插值方法获得，具有很大的不确定性，特别是渗透率值误差很大。需要进一步研究各种提高井间物性参数特别是渗透率值预测精度的新技术。

（9）准确预测裂缝性储层的裂缝分布规律。

中国低渗透储层通常不同程度地发育各种裂缝，对油气生产影响很大。系统开展低渗储层中裂缝特征和分布规律的预测研究，对低渗透储层的油气勘探开发具有重要指导作用。国内外关于低渗透储层中裂缝的预测已经形成了不少方法，但是由于裂缝类型及其成因的复杂性、发育的多阶段性以及天然裂缝与人工裂缝的多样性，对低渗储层裂缝的预测研究还需要大力加强。

（10）建立以地震资料为“硬约束”的确定性数字化三维地质模型。

尽管在油藏高含水期井网已经很密，但井间储层分布仍然有很大的不确定性。地震技术能够在空间进行高密度采样，是提供井间信息唯一的有效技术。为了充分发挥地震技术在储层地质建模中的作用，应该打破以往仅把井数据作为“硬数据”，而把地震资料作为“软数据”的传统做法，建立新的理念，即实现地震资料对井间储层预测的“硬约束”，其含义是要使所建立的储层地质模型在井点上忠实于井数据，在井间忠实于地震数据，以避免地震信息的约束作用因为其“软”而被弱化甚至忽略。当然，其前提是地震资料必须要达到相当的精度和可靠程度。此外，在建模时，要同时构建包括精细构造形态和储层内部构型两方面内容的地质模型，实现薄砂体、小断层、废弃河道、夹层等遮挡的有效表征，进一步提高储层地质建模的精度。该措施虽然大大增加了建模的复杂程度，但可为下一步数值模拟提供精细量化剩余油分布所需的地质模型。

3. 发展大型精细油藏数值模拟技术，量化剩余油分布

确定剩余油分布是制定老油田二次开发方案的基础。相对富集部位的准确预测、井网的合理重组、开发指标的预测和采收率指标的计算等，都需要量化剩余油的分布。为了在上述精细地质模型的基础上精确量化剩余油分布，要求数值模拟的网格数量明显增加，算法有所改进，计算速度和历史拟合精度明显提高，特别是需要把历史拟合技术精细到实现分层的历史拟合。数值模拟技术从常规的研究油田开发策略发展到精细地研究剩余油分布，进入了一个新

的阶段,称之为“精细油藏数值模拟”。量化剩余油分布的技术要求主要体现在以下几个方面:

(1)综合运用多尺度网格、窗口算法、并行计算、流线算法等技术改善油藏数值模拟效果。

实现精细油藏数值模拟,需要大量增加网格节点,网格粗化通常会忽略很多精细油藏描述的细节,所以理想的做法是尽量减少甚至不用网格粗化的方法来缩减网格数量。但是若直接应用精细油藏描述的网格系统,可能达到几千万个甚至上亿个节点,目前实现模拟的难度和代价都比较大。因此,要采用多种提高油藏数值模拟计算速度和效率的新技术。

① 粗细网格相结合的多尺度网格技术。基于剩余油分布“整体高度分散、局部相对富集”的格局,对老油田进行精细数值模拟,重点是对剩余油富集部位进行计算。可先采用粗网格系统对全油藏区块进行计算,找出剩余油相对富集区,然后再逐级地采用细网格对剩余油相对富集区进行比较精确的计算,用这种新方法可以大大减少网格数量,加快计算速度。

② 对剩余油富集区采用细网格计算时,运用窗口技术分离出该富集区进行计算,可以获得与上述方法同样的效果。

③ 当网格数非常多时,为了加快计算速度,应该用并行算法进行计算。

④ 在粗网格计算时,还可以应用计算速度很快的流线法计算。这种方法还可以直观地反映注采关系和剩余油分布的状况。

(2)实现分层历史拟合以提高各单砂体特别是主力砂体内剩余油分布预测的精度。

注水过程中,由于层间干扰,各小层产量(注水量)分配常不遵循数值模拟软件中按流动系数(Kh/μ,其中,K 为渗透率,h 为油层厚度,μ 为黏度)分配的原则,有时甚至差别很大。如果油藏内有足够的分层测试资料,可以按这些资料进行分层注水量或产量的劈分。但实际上油田分层测试资料很少,即使有部分资料,也常不足以代表该井的完整生产过程。

在这种情况下,需要发展能从丰富的生产资料和测试资料中挖掘与提取准确反映各层油水产量数据的新方法。笔者和同事们曾综合运用多种数据,对各小层注水量进行准确劈分,实现了分层历史拟合,获得较好效果。

(3)研究应用地理信息系统(GIS)或历史拟合辅助软件工具,提高历史拟合效率。

现有引进的数值模拟软件不适应大规模精细数值模拟历史拟合的要求,存在很多不便,且耗时过多,需要应用地理信息系统(GIS)或研究辅助软件工具来提高历史拟合的效率。

(4)研发新一代数值模拟软件系统,实现中国数值模拟技术的跨越式发展。

中国目前所用的数值模拟软件主要依靠引进,数值模拟技术总体上已大大落后于国际水平,十分不利于中国油田开发水平的提高。应根据中国油田特点和需求,自主研发新一代油藏数值模拟软件,打破国外垄断,实现跨越式发展,为油气田开发提供更有力的工具。

四、结论

对高含水油田进行二次开发,进一步提高水驱采收率是工作量大、涉及面宽、适应性广泛的提高采收率主要技术之一,很可能发展成为油田开发史上一项具有革命性的重大举措。

二次开发的对象为含水率达 80% 以上、可采储量采出程度达 70% 以上、已进入注水开发后期的老油田,要继续以较大幅度提高其采收率,难度和工作量都非常大,需要形成新的开发理念,系统地采取“三重”的对策,即“重新构建地下认识体系、重新组合井网系统、重新调整地面工程系统”。

基于含水达到 80% 以上时地下剩余油分布已形成“总体上高度分散,但局部还存在相对富集部位”新格局的认识，二次开发的基本理念是“在分散中找富集，结合井网系统的重组，对剩余油富集区和分散区分别治理”。

为实现二次开发的基本理念，要采取“不均匀井网（在剩余油富集区打高效调整井）与均匀或相对均匀井网相结合”，“均匀或相对均匀井网与更高效的驱替剩余油方式（如可动凝胶调驱）相结合”，“直井与水平井相结合”这种“三结合”的综合治理举措。进一步针对剩余油分布状况进行调整井井位的个性化设计，将是今后重要的发展方向。

可动凝胶深部调驱技术是二次开发的重要组成部分，特别是新的预交联可动微凝胶SMG体系，其耐温、耐盐、抗剪切性能都很强，适应性非常广泛，可以高效驱出分散的剩余油，弥补均匀井网或相对均匀井网打出高含水井造成的损失。使用这种技术可望提高采收率5% ~7%。

重新组合井网系统的目标是通过进一步完善注采系统来较大幅度地切实提高水驱采收率，经济有效地采出原井网所采不出来的原油。同时，为了应对在高含水后期和特高含水期可能打出大量高含水井的风险，井网系统的重组应该和可动凝胶深部调驱技术或其他高效驱替方式相结合。

为实现“重新构建地下认识体系”，可以采取深化油藏描述和准确量化剩余油分布两步走的策略，为此需要研究和发展地质、地震和测井等多学科的新技术来深化油藏描述，研发精细数值模拟新技术以准确量化剩余油分布。

（原载《石油勘探与开发》，2010年37卷5期）

对二次开发的研究工作和若干问题的进一步探讨

韩大匡

背景介绍：本文是2011年在中国石油勘探与生产分公司召开的第五届二次开发年会上所作的报告，被收录在石油工业出版社2012年出版的《中国石油二次开发技术与实践（2008—2010年）》一书中，是系列文章的第六篇。

这是我和我们团队第二阶段研究工作的总结性文章，它系统地总结并介绍了10年来重要的创新成果，有一些还是第一次发表的原创性成果。文中还对当前二次开发中大家所关注的、比较重要的问题提出了自己的认识和看法。

（1）关于第二阶段的研究工作，其中有关理论体系方面的成果，因已在第五篇文章中做过详细介绍，这里仅作了概括性阐述以外，其他3个方面的成果都作了比较系统的介绍。

① 在深化油藏描述方面，我们充分发挥了井震结合的优势，突破了传统地震解释储层分辨率不能超过1/4波长的限制，对我国陆相砂泥岩薄互层已能够成功识别厚度3m左右的薄砂体；还能够准确识别幅度仅5m的微幅度小构造以及断距仅3m的低级序小断层。另外，在地层建模方面提出了“在井点上忠实于井的资料，在井间忠实于地震资料”的新理念，建立了地震硬约束的建模方法，丰富和发展了地质建模技术。

② 在量化剩余油分布方面，明确了油藏“精细数值模拟”新的技术内涵；针对实测吸水剖面和数值模拟按 Kh/μ 来劈分分层注水量计算结果严重不符的难题，采用数据挖掘新方法初步建立了多层油藏准确的吸水剖面预测方法和分层历史拟合方法；采用和改进了快速自适应组合网格方法，既减少了网格数量，又规避了“网格粗化”技术所带来的“抹杀”地质细部模拟的后果，建立了大型油藏多尺度模拟和开窗技术，以及采用“地理信息系统”技术的历史拟合辅助软件。

③ 在可动凝胶深度调驱方面，针对当前有的同志对深部调驱和堵大孔道概念和方法有所混淆的问题，提出了“注水过程中区分两种优势通道及其不同治理方法”的新理念；建立了基于注采反应的优势通道识别方法；研发了耐温120°C、耐盐 30×10^4 mg/L、适应性非常广泛的预交联微凝胶型SMG调驱剂及其同步调驱作用机理；经大港、华北油田先导试验，已获得良好效果。综合起来看，已初步形成了有关深部调驱技术比较系统的理论体系和实施技术。

（2）对当前二次开发实施过程中所关注和存在的问题，诸如二次开发的定位、对象问题，水驱波及系数的定义和内涵，井网系统重组的目标，水平井的效益以及高含水阶段含水及水油比两个指标的对比等进行了探讨，提出了认识和看法。

引　　言

中国油田绝大部分为陆相油田，储层非均质性严重。油田开发的主体技术是注水开发。从中国当前开发油田的现状看，总体上已经进入了高含水、高采出程度阶段。经过几十年的开采，主力老油田大多数已经进入或是接近特高含水的开发后期。特别是近几年的统计资料表明，全国油田还在进一步老化，即使加上新投产的油田，平均综合含水也已达到86%以上。在这种情况下，高含水老油田稳产的难度越来越大，产量发生递减的也越来越多。另一个方面，据2007年资料统计，全国已开发油田以现有技术标定的采收率为31.2%，还有很大的提高采收率的空间。因此,提高高含水油田的原油采收率已成为当前老油田开发的中心任务。

提高采收率有两个主要途径,其一是三次采油,其二是继续提高水驱采收率,两者应互相补充。在三次采油方面,聚合物驱已大规模推广,化学复合驱技术也已有重大突破。这类方法提高采收率的幅度大,但只有大庆等大型整装油田才能够有效推广,对地层温度高、地层水矿化度高的油藏还难以适用,其应用范围受到很大限制。另一方面,由于注水是中国油田开发的主体技术,在高含水后期、特高含水期再继续提高水驱采收率仍是提高采收率的主攻方向之一,虽然难度很大,但适应性却非常广泛。因此,积极有序地推动二次开发,较大幅度地提高高含水老油田采收率,已成为应该加以特别关注的当务之急,这也是中国石油天然气股份有限公司(简称股份公司)的一项重大战略决策。应该指出的是,二次开发理论和实践的发展具有十分重要且深远的历史意义,很有可能发展成为油田开发史上一项具有革命性的重大举措。

近 10 年来,笔者及其研究团队对二次开发的理念、对策和技术路线进行了比较系统的探讨,对实践这个技术路线的若干难度较大的技术做了研究,并对今后应该予以重视和关注的若干问题,提出了我们的看法和认识。这些研究成果和认识有的已发表在笔者及其研究团队的论文中,也有的还没有发表过。因限于篇幅,这里作一概括性的简要介绍。

一、二次开发理念、对策和技术路线概述

对二次开发理念、对策和技术路线所得到的系统研究成果已多次在报告和论文中做过详细阐述,可以说是已初步建立了高含水油田实施二次开发工程的理论基础,这里仅概要地归纳为以下几点:(1)对非均质陆相储层高含水后期极为复杂的剩余油分布归纳为“总体高度分散、局部相对富集”的普适性格局;(2)提出了 8 种剩余油具体分布的模式;(3)提出了“分散中找富集,结合井网重组,对剩余油富集区与分散区分别治理”的二次开发理念;(4)建立了 3 个“三结合”的具体对策;(5)建立了深化油藏描述、量化剩余油分布以重构地下认识体系的多学科技术路线;(6)发展了可动凝胶深部调驱理论和方法,研制了新型 SMG 可动凝胶体系。这些观点、理念和对策相互联系,已为二次开发初步构成了一个整体的理论体系。现分述如下。

1. 高含水后期的剩余油分布格局的认识是高含水油田二次开发工作中一切对策的基础和出发点

早在 20 世纪 90 年代,通过分析高含水后期极为复杂的地下剩余油分布状况,提出了当含水高于 80% 时,地下剩余油呈“总体上已高度分散,但在局部还存在着相对富集部位”的普适性格局。同时经过对油田开发状况的分析,得到一个重要认识,即油田注水开发过程中的重要调整举措能否取得成效,除了决定于这些举措是否符合油田的静态地质条件以外,关键还在于它们能否适应于地下剩余油分布的格局。

因此,当含水高于 80% 以上时,“总体上已高度分散,局部还有相对富集部位”的剩余油分布格局的认识是高含水油田二次开发工作中一切对策的基础和出发点,所编制的二次开发方案设计和实施措施能否适应于油田地下剩余油分布的这种格局就成为二次开发能否取得良好技术经济效果的关键。

2. 8种剩余油具体分布的模式

在高含水后期和特高含水期,地下剩余油“总体高度分散、局部相对富集”的分布格局下,其具体分布部位可大体归纳如下:

(1)不规则砂体的边角地区,或砂体被纵向或横向的各种泥质遮挡物形成的滞油区;

(2)岩性变化剧烈、主砂体边部变差部位,及其周围呈镶边或搭桥形态的差储层或表外层;

(3)现有井网控制不住的小砂体;

(4)断层附近井网难以控制的部位;

(5)断块的高部位,微构造起伏的高部位,以及切叠型油层中的上部砂体;

(6)优势通道造成的水驱不到的地方,层间干扰形成的剩余油,以及井间的分流线部位;

(7)正韵律厚层的上部;

(8)注采系统本身不完善,或与砂体配置不良所形成的有注无采、有采无注或单向受效而遗留的剩余油。

其中,面积和储量较大具有经济效益的部位才能形成剩余油富集区。

在这种分布格局下,传统的油藏描述方法已不能准确地描述和预测剩余油的分布状态。需要重新建立对地下的认识体系,这是老油田提高水驱采收率中最重要的基础工作。

3. 提出了“分散中找富集,结合井网重组,对剩余油富集区与分散区分别治理”的二次开发理念

基于上述地下剩余油分布的格局呈“总体高度分散、局部相对富集”的认识,老油田提高水驱采收率应该通过深化油藏描述以及准确量化剩余油的分布,重构油藏地下认识体系,在剩余油总体上高度分散的情况下找到剩余油的富集区,然后在这个基础上,结合油藏井网系统的重组,对剩余油相对富集区和分散的剩余油采取不同的对策和方法。

(1)对于剩余油富集区,在搞清其准确位置和储量规模的基础上,可以考虑打一批不均匀高效加密井(根据富集区的形态和大小可以打直井、水平井、复杂结构井或者侧钻井等)或其他调整措施来提高水驱采收率;根据胜利、大港等油田采取水平井与直井相结合的实践结果,一般日初产可达10~30t以上,预计可提高采收率2~3个百分点。

(2)对于分散的剩余油,由于其总量很大,但单个体积小、分布复杂,常规的措施很难高效地采出,要使用可动凝胶进行油藏深部调驱采出这些剩余油来提高水驱采收率。为此,必须加强其理论研究,并研制新型、高效、适应性广泛的调驱剂。

(3)对于井网不完善、水驱控制程度低的油藏,可以考虑结合剩余油分布状况,全面调整和优化注采关系,进行井网重组。为补救高含水油田在井网重组过程中打出大量高含水井的风险,可采取与可动凝胶调驱相结合的方式降低风险。

(4)在这些举措的基础上采取“优化”和“简化”的方式重新调整地面流程。

4. 建立了3个“三结合”的具体对策

综上所述,老油田二次开发的对策总体上可归结为实现3个结合:

(1)不均匀井网(富集区的高效调整井)与均匀井网(指整装油田)或相对均匀(断块油田)井网相结合。

(2)均匀或相对均匀井网与更高效的驱替剩余油方式相结合。对一般注水油田,可以用可动凝胶进行深部调驱，有条件的也可采取三次采油的方法。

（3）在井型上，直井与水平井相结合。

5. 建立了深化油藏描述、量化剩余油分布以重构地下认识体系的多学科技术路线

重新建立对地下的认识体系，需要应用多学科技术，发展相应的新技术，精细地深化油藏描述和量化地下剩余油的分布，特别要准确地预测相对富集区的具体位置和规模的大小。比较可行的技术思路是分两步走。

（1）深化油藏描述。

综合地质、开发地震、测井等多种学科的新技术，深化油藏的定量描述，包括对油藏的基本单元——单砂体，特别是主力砂体的展布进行精细的刻画，并且准确地识别和预测各种微构造、低级序小断层、夹层和岩性遮挡、大孔道和储层物性参数，在此基础上，建立体现多学科综合研究成果的精细地质模型。

其主要技术要求如下：

① 进行等时地层对比，建立等时地层构架；

② 提高井间砂泥岩薄互层预测精度，至少要识别清楚厚度3m以上的单砂体，探索识别精度达到3m以下的新技术，还要尽可能提高砂体厚度的预测精度；

③ 提高废弃河道等岩性隔挡准确位置的预测精度，在条件允许时，尽可能搞清各相邻砂体间的叠置或接触关系；

④ 有效识别各种泥质夹层及其展布状况；

⑤ 进行水流优势通道位置和产状的预测；

⑥ 在认识清楚油藏构造格局的情况下，有效识别和组合断距5m左右，长度100m左右的低级序小断层；

⑦ 有效识别幅度5m左右的微幅度构造；

⑧ 提高储层物性参数的预测精度；

⑨ 对裂缝性储层要进行裂缝分布和方向等参数的预测；

⑩ 建立以地震资料为硬约束，体现多学科研究成果的确定性数字化三维地质模型。

（2）量化剩余油分布。

发展大型精细数值模拟新技术，在深化油藏描述的基础上，准确地量化各主力砂体的剩余油分布，特别是其富集区的位置和范围。其技术要求如下：

① 综合运用多尺度网格、窗口、并行、流线等技术提高油藏数值模拟效率；

② 在历史拟合方面要从油藏的整体拟合、单井拟合发展到分层拟合，以提高各单砂体特别是主力砂体内剩余油分布预测的精度；

③ 应用地理信息系统（GIS），以及研制历史拟合辅助软件工具，以提高历史拟合的效率。

6. 发展了比较系统的可动凝胶深部调驱的理念，研制了新型SMG调驱体系

（1）提出了区分渗流优势通道和水流优势通道两类不同优势通道，及其不同治理方式的理论认识；

（2）研制了抗高温、耐高盐、适应性广泛的SMG分散可动凝胶体系；

（3）提出预交联分散可动凝胶的“同步调驱”机理；

（4）SMG在大港和华北油田现场试验取得了良好效果。

二、部分创新性研究成果简要阐述

1. 发展以井震结合为特色的多学科技术，深化油藏描述

深化油藏描述的重点和难点在井间，加上我国陆相储层主要为砂泥岩薄互层、老油田井数很多等特点，这需要大力发展以井震结合为特色的多学科技术，不断提高识别多种微小构造和薄互层储层的精度。

自2002年起采用大庆油田杏树岗地区勘探扶杨油层的地震资料，率先在大庆长垣老区开展了开发地震工作，以高含水主力油层葡萄花油层为对象，论证了高含水油田开展开发地震工作的必要性、可行性和有效性。接着针对陆相薄互层储层的特点和地震技术在老油田应用的技术难点问题，通过井震联合科技攻关，建立了地质小层约束精细储层反演、井中断点引导的低级序小断层解释和地震约束分层插值构造成图、识别微构造和以地震资料为硬约束的建模等新技术，实现了高含水油田开发地震关键解释技术的突破，倡导和推动了油藏地球物理技术在我国高含水油田的规模化应用和发展。

此后，还相继对等时地层对比，水流优势通道位置的预测等技术进行了研究。现分述如下。

（1）进行等时地层对比，建立等时地层构架。

对地质体进行正确的分层是各项油藏描述研究工作的根本。只有建立正确的等时对比，才能在油田范围内统一层组及小层的划分，明确各级储层的空间变化规律，并进而利用正确的分层资料来实施各种挖潜措施。

采用高分辨率层序地层学理论和方法对大港港东原来划为馆陶顶部的Ng I_1 厚砂体（油水同层）重新进行分层，在其中划出了明化镇组和馆陶组的层序转换面（图1）。根据这个新认识对厚油层中层序转换面以上的明化镇组底部的油层（下面的馆陶组为水层）进行挖潜。据统计，2006年共实施挖潜措施23井次，有效19井次，当年累计增油13979t。

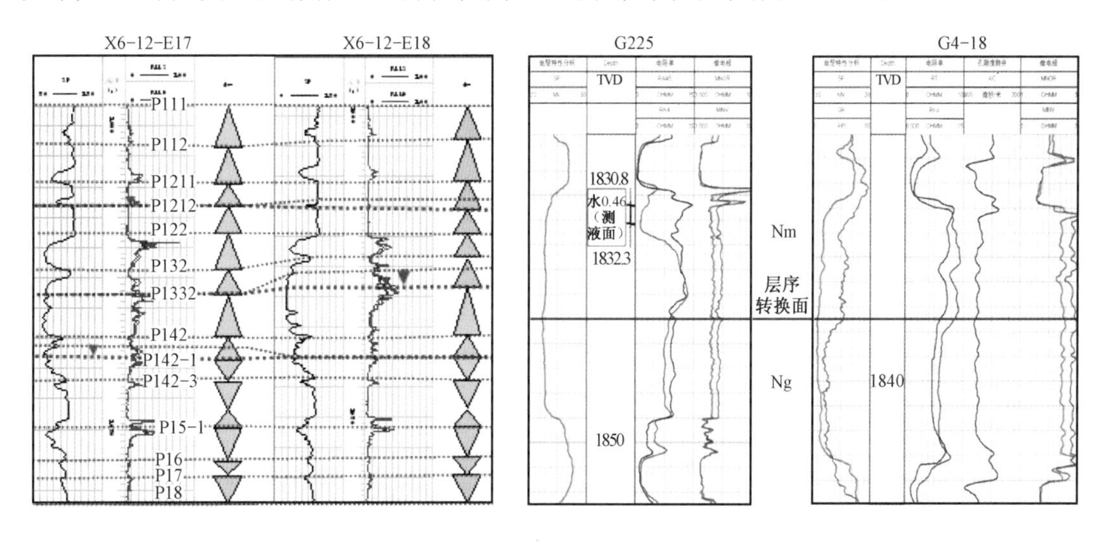

图1　大港港东原 Ng I_1 厚砂体重新划分明化和馆陶间层系转换面

（2）创建了地质小层约束的随机反演方法，提高了井间砂泥岩薄互层的预测精度。

砂泥岩薄互层储层预测是油藏地球物理技术的“瓶颈”。提高砂泥岩薄互层条件下井间

砂体展布的预测精度,至少要识别清楚其中较厚的主力小层及主力砂体,这是老油田二次开发亟待解决的问题。采用地震反演剖面所刻画的砂体连通关系,来指导砂岩剖面图的绘制。如果再加上各井地质小层的约束,就可以使井间的砂体形态及连通关系更加可靠。

为此建立了地质小层约束的薄互层储层随机反演方法,有效提高了小层预测精度,从原来的仅能识别 4 ~5m 的厚层提高到对 2m 以上砂体的识别率已达到 80% 以上。

例如,大庆杏六区东部 I 块(4. 6km²)通过应用 491 口井的测井资料获得的随机反演结果表明,纵向上有很高的分辨率,横向上同样也能够刻画出较窄的分支河道。利用因没有声波曲线未参与反演计算的 28 口基础井网井作为预留检验井,进行地震反演精度分析。结果为,储层 4m 以上厚层的砂体识别率为 97. 9% ,3 ~4m 储层砂体识别率为 86. 6% ,2 ~3m 砂体识别率为 70. 8% ,2m 以下绝大部分是薄差层和表外储层,砂体识别率仅为 20% 左右。由此可见在认识清楚油藏构造格局的情况下,能有效识别和组合断距 3m 的低级序小断层,2m 以上砂体的识别率总体上已达到 80% 以上(表 1)。

表 1　地震反演精度统计表

井号	PⅠ11		PⅠ12		PⅠ211		PⅠ212		PⅠ22		PⅠ32		PⅠ332	
	厚度	检验	厚度	检验	厚度	检验	厚度	检验	厚度	检验	厚度	检验	厚度	检验
X5-3-37	1.80	×	3.02		3.02		0.00		3.63		4.78		5.00	
X5-3-38	1.42	×	3.12		0.00		0.00		3.40		6.03		5.72	
X5-3-39	1.20	×	0.23	×	0.31	×	1.42	×	1.98	×	4.83		3.91	
X5-3-40	1.22		0.20	×	0.00		2.77	×	2.14		2.82		0.99	×
X5-3-41	0.91		0.00		3.60		3.20		5.21		2.81		3.60	
X5-3-42	0.21	×	2.61	×	0.00		2.82		0.00		3.92		5.21	
X5-3-43	0.71	×	0.84	×	0.20	×	3.20		0.00		3.83		5.21	
X5-3-44	0.81	×	2.41	×	1.60		5.81		0.72	×	3.63		7.01	
X5-4-32	0.40	×	0.00		4.02		0.00		1.40		5.61		4.80	
X5-4-33	1.00	×	0.00		0.00		4.22		2.41		3.20		3.63	
X5-4-34	0.50	×	2.41		0.00		3.00		0.00		2.81		6.22	
X5-4-35	1.19		0.00		0.00		0.00		1.70		0.00		6.31	
X5-4-36	1.31		2.69		0.55	×	2.62		1.60	×	0.00		6.43	
X6-1-33	1.80	×	1.60	×	0.00		2.21		4.24		4.33		3.20	
X6-1-34	1.98		2.64		0.00		0.00		2.67	×	3.62		6.25	
X6-1-35	1.43	×	1.19	×	0.00		0.00		4.20		4.20		5.90	
X6-1-36	2.75	×	1.34	×	0.62	×	4.00		5.62		2.37	×	6.87	
X6-2-33	1.42	×	4.80	×	3.09		4.14		4.60		3.71		5.86	
X6-2-34	1.12	×	3.19	×	4.01		0.00		3.40		3.61		7.21	
X6-2-35	1.51	×	0.20	×	0.61	×	3.03		3.41		3.40		5.51	
X6-2-36	0.95	×	0.81	×	0.00		0.81	×	3.61		0.20	×	6.63	
X6-2-37	2.31		3.05		0.43	×	6.37		0.32	×	2.41		7.50	
X6-3-39	1.87	×	1.12	×	4.62		2.74		0.00		6.02		6.60	
X6-3-40	0.62	×	2.40		1.80	×	3.37		0.20	×	2.96		9.10	
X6-3-41	0.45	×	4.02		0.44	×	6.02		2.61		0.45	×	6.43	
X6-3-42	1.22		3.15		0.00		6.02		0.00		0.00		8.71	
X6-3-43	1.40	×	0.00		1.40	×	5.81		0.00		0.00		8.00	
X6-3-44	1.23		0.23	×	0.00		2.68	×	0.00		4.11		4.60	
	<2	×		2~3	×		3~4			>4	×			

(3)创建了井中断点引导的小断层解释方法，有效识别和组合断距3m的低级序小断层。

断层是影响注采关系和剩余油聚集的主要因素之一。断层对剩余油的富集起着重要的遮挡作用，紧贴断层打井通常能有效开采断层控制的剩余油富集区。要发挥地震技术能提供井间信息的优势，在认识清楚油藏总体构造格局的基础上，有效识别和组合断距为3m的低级序小断层。解决这个问题的难点在于，无论是岩性变化还是低级序小断层的存在对地震反射同相轴的连续性、光滑程度和振幅的强弱都可以引起类似的变化，因此单纯利用地震技术来识别小断层存在着多解性。

为了解决这个问题，我们利用了老区井多的优势，将井中所发现的断点或孤立断点和精细的地震剖面及蚂蚁体解释技术结合起来，提出了井中断点引导的小断层解释方法，成功解释了3m以上的小断层。该方法与仅靠井解释相比，解决了井点资料缺乏井间横向信息的问题，以致地质上孤立断点难以解释断层空间产状和组合问题；与仅靠地震解释相比，结合井点资料，可以有效规避或降低单纯地震资料解释的多解性，以及过去地震上可开可不开的小断层的不确定性，实现符合实际的解释（图2）。

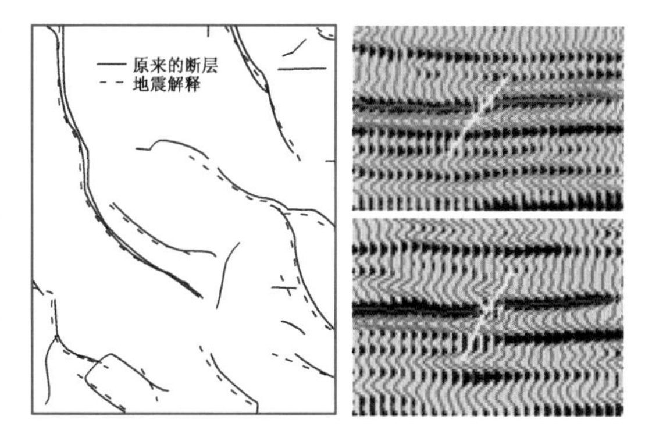

图2　大庆杏树岗地震识别小断层的例子

在大庆杏树岗544km^{2}区域有效解释了被井钻遇的断距在3m以上的断层，重构研究区地下断层体系取得新认识。全区共解释断层240条，其中大庆油田第四采油厂地震解释116条，该厂原来根据井的资料解释69条，新增48条，明显延长7条，明显摆动的16条，重新组合2条改为1条（图3）。

过去认为喇嘛甸北块二区断裂体系皆为北西向的断层，这次断层解释成果突破了这一传统认识，发现并证实了多条北东东向小断层的存在（图4）。

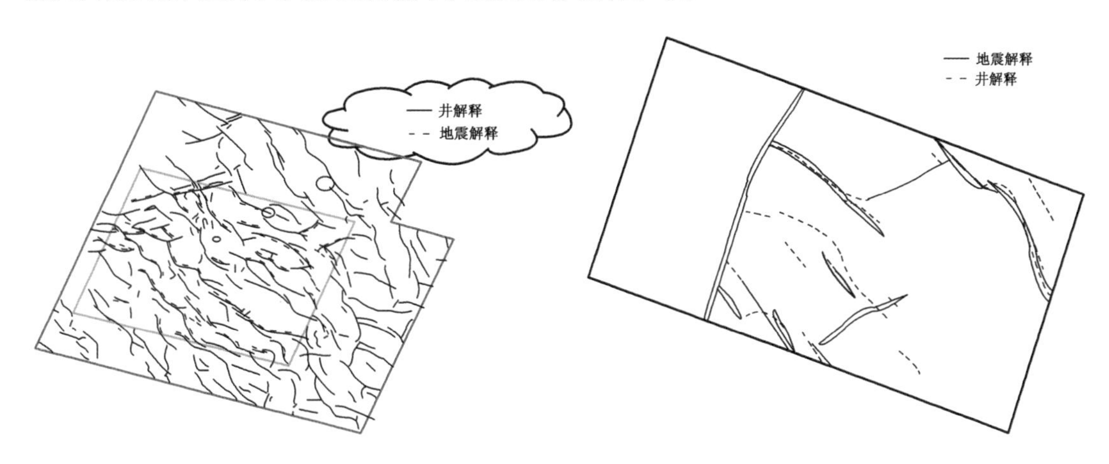

图3　杏树岗地区T11断层分布图

图4　研究新老地下断层体系对比

其中断距3m左右的北东东向F181断层，已为大庆所进行的脉冲测试结果所证实（图5）。

(4)有效识别幅度5m左右的微幅度构造。

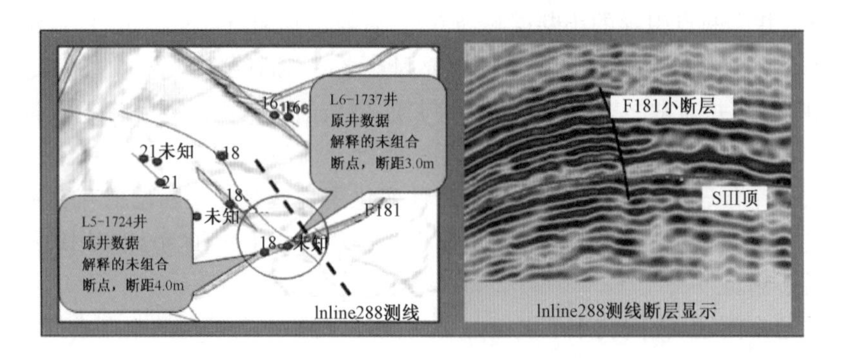

图5　F181 断层

微幅度构造是剩余油聚集的有利部位，老区微幅度构造研究是重点之一。例如通过有效识别幅度 5m 左右的微幅度构造，大港油田 G218 井向微构造高部位侧钻后，获得最高日产油 50 多吨的好效果（图 6、图 7）。

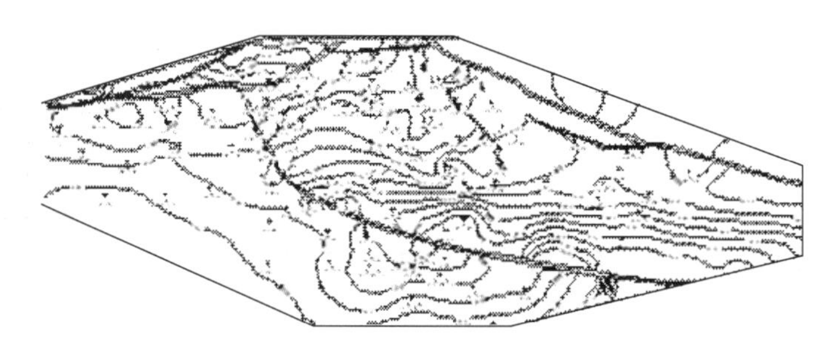

图6　$Ng1_1$ 顶部构造图

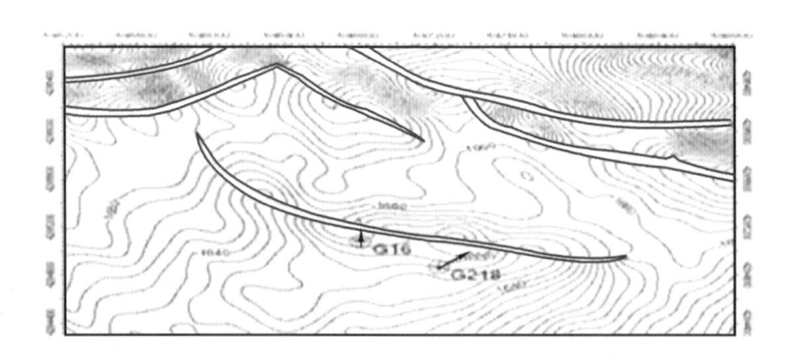

图7　$Ng1_1$ 顶部构造图（新解释）

由于依靠传统地震解释利用时深转换进行构造成图方法精度较低，容易出现假构造或者抹杀真的微构造。所以为了有效识别幅度 5m 左右的微幅构造，提出了基于地质统计学的地震约束分层插值构造成图技术，将地震构造成图的深度一般存在 2‰左右的误差，提高到 1‰左右。在杏树岗全区 544km^2 范围内，葡萄花油层组顶部原来解释微幅度构造 80 个（图 8），应用这种技术又新圈定 5m 以上微幅度构造 15 个（占 16%）。

（5）建立了综合信息识别水流优势通道位置的技术，有效地进行了预测。

水流优势通道[1]的存在是严重影响注水开发效果的主要因素之一，它导致层间、层内矛盾

[1] 关于多孔介质中水流优势通道和渗流优势通道的区分见后。

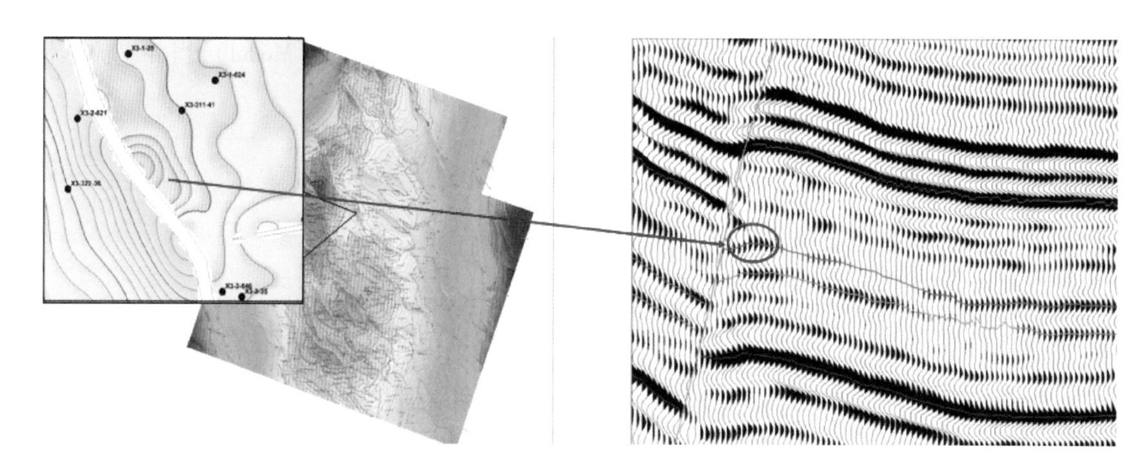

图8　葡萄花油层组中新解释的微幅度构造

突出，注入水低效及无效循环，严重影响注水波及的体积，但也由此造成水驱不到而产生剩余油的部位。

通过几年的研究，已初步建立了综合信息识别水流优势通道的技术体系，在大港港东、大庆杏树岗和北二西等区块开展了应用，取得较好的效果。

① 建立了水流优势通道的生产动态响应模式。

水流优势通道使油田的生产动态发生变化，如注水井的注水压力下降、注水量突变上升、井口压降快、注入孔隙体积倍数以及视吸水指数增高等现象；对于油井则发生井底压力升高，产液、产水突变上升等现象。通过这些现象的监测，建立了其生产动态响应模式。

② 建立了渗流优势通道的测井响应模式。

渗流优势通道形成后储层物性发生了很大变化，如渗透率明显增加、最大孔隙半径增大、孔渗关系改变、储层水矿化度变低等。而且在测井曲线上也能有所反映，如伽马曲线减小，密度降低，声波时差增大等。根据这些现象建立了物性和测井响应模式。

③ 研究了基于 CM 模型的定量表征优势水流通道分布预测方法。

根据油井产液量对水井注水量变化响应时间的长短，可以确定井间是否存在着水流优势通道。若油井对水井注水量的响应时间很短，则井间存在水流优势通道；反之则不存在水流优势通道(图9)。

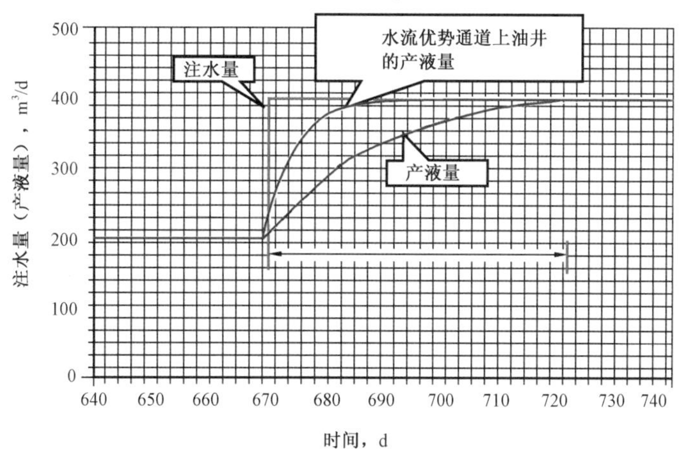

图9　油井产液量对水井注入量变化的响应示意图

根据质量守恒原理建立了油井和注水井之间的 CM 模型(Capacity Model),当井底流压恒定的条件下,CM 模型可表述为:

$$\tau \frac{dq}{dt} = i(t) \tag{1}$$

其中:

$$\tau = \frac{C_t V_p}{J}$$

式中,C_t 为综合压缩系数;V_p 为有效孔隙体积;J 为注水井对油井采油指数的贡献量;q 为采出液量;i 为注水量;参数τ是定量地表征产油量对注水量变化的时间滞后性的参数,这里称为受效时间系数。

如果τ值很小,说明油水井之间受效时间很短,响应很快,就可能存在水流优势通道;反之τ值大,则彼此响应时间长,不存在水流优势通道。

当一口油井受到多口注水井影响时,某一对油水井间的τ值采用粒子群全局优化算法解出。

对港东一区一断块 147 口井的生产资料开展了水流优势通道的发育情况分析及计算,并应用 9 个示踪剂测试井对的数据,进行了方法检验。结果表明参数τ比较准确地反映了井间水流优势通道存在的可能性,当τ小于 10,表明井间存在水流优势通道(表 2)。

表 2　示踪剂测试资料和参数τ的计算结果

注水井	注入时间	受益井	初见示踪迹日期	示踪剂突破时间,d	渗流速度 m/d	参数τ	τ/井距
G3 - 26	2003.4.9	G2 - 21	2003.4.11	2	275	6.2	0.011
G4 - 21	2003.4.9	G2 - 21	2003.4.11	2	200	6.9	0.017
G3 - 30	2003.1.21	G3 - 32	2003.2.2	12	20.33	9.3	0.038
		G3 - 33	2003.2.4	14	35.7	9.9	0.020
G3 - 32 - 2	2003.1.21	G3 - 32	2003.1.26	5	70	8.2	0.023
		G3 - 33	2003.1.27	6	51	8.7	0.028
G6 - 23 - 1	2004.6.21	G6 - 19	2004.6.23	2	135	7.4	0.027
G4 - 22	2008.4.8	G205	2008.10.25	200	1.5	143	0.477
		GX3 - 23	2008.05.22	44	2.27	97	0.971
		G4 - 18 - 1	未见剂			1000	3.5

④ 形成了多信息优势通道平面预测方法。

综合以上多种识别方法,实现了多信息的优势通道预测方法。为此,还建立了多学科的数据库。

在大庆杏六东区块应用多信息综合方法识别水流优势通道,预测符合率达到 87.5%。另外,应用这套多信息综合识别,还对大庆萨尔图油田北二西东块进行了水流优势通道的识别,成果得到了工程方面和油田现场的认可,在该区块深部调驱方案中得到了应用。

(6)建立了以地震资料为硬约束,体现多学科研究成果的确定性三维地质模型。

确定性精细地质模型的建立是深化油藏描述的最终成果,是下一步提供给油藏工程师用精细数值模拟技术进行量化剩余油分布的主要地质依据,是重构地下认识体系的重要步骤。

所以,所建的地质模型应该完整地体现深化油藏描述中所刻画的多种微小地质体、隔挡和多种类型的砂体的展布。

值得特别注意的是,在油田高含水期,如何将地震信息有机地加入地质模型之中,是一个重要问题。对此,要强调发挥井震资料分别在纵横向高密度采样的特点和地震资料在井间的硬约束作用。所谓"硬约束"就是要打破过去油藏建模中把"井的资料作为硬数据"而把"地震资料仅作为软数据"从而"弱化"和"忽视"地震资料井间预测所应有的重要约束作用的传统理念。实现地质模型"在井点忠实于井数据,在井间忠实于地震数据"的新理念,是提高储层地质建模精度的关键。

为此,提出了地震数字化硬约束储层地质建模技术。这种技术综合使用了多种方法,包括,采用地震解释断层的成果,建立深度域的断层模型;以地震资料约束和应用克里金插值等方法建立各层的三维层面模型;以井震联合绘制的沉积相带图,开展相控建模,体现地震数据在相边界形态的约束,建立砂岩骨架模型;最后在砂岩骨架模型的约束下建立属性模型。

在大庆杏树岗油田、大港北大港油田等地区的应用实践表明,在地震信息约束下所建立的地质模型,既符合井数据的地质统计学特征,同时又能反映出在地震数据中观测到的大尺度结构和砂体横向上的连通性特征,有效地降低了地质模型的不确定性,提高了储层地质建模的精度,丰富和发展了储层地质建模技术。

2. 通过精细油藏数值模拟技术的发展,更精细地量化剩余油分布

为提高量化剩余油分布的精度,二次开发研究必须开展精细油藏数值模拟。

(1)精细油藏数值模拟的特点和技术内涵。

① 要解决网格数大幅度增加的问题。

中国陆相油藏非均质性极其复杂,一般来说,平面上砂体分布零碎,相变复杂,连通性差,纵向上小层多,砂体内及层间物性差异大,再加上夹层、废弃河道、低级序断层等多种隔挡和构造起伏的高点,正韵律储层的高部位等细微的地质条件变化,油藏内部剩余油分布极其复杂,为了细微地描述这种变化,需要把油藏细分为数量极其巨大的网格,通常一个若干平方千米的小区块经过深化油藏描述后可能形成几千万网格的规模。

针对由此而带来的困难,首先要尽量不用或弱化网格粗化技术的应用。由于减少数值模拟网格数量的传统做法是使用网格粗化技术,也就是将细的网格数合并成等价的粗网格,但这样做必定会忽略掉很多我们在油藏精细描述中费了很多精力和办法才得到的地质细部和隔挡等可能形成剩余油相对富集的部位。因此,最理想的办法是研发一种既能尽可能保留多种微小地质体等地质细部,而又能大幅度减少网格数量的新技术;同时要避免采用轻易合并各小层的做法,必要时还要对比较厚的主力层进行细分。即使是经过这种处理的区块在模拟时的网格数也常常会达到数十万甚至百万以上的数量级,由此可见必须大幅度提高计算速度。

② 需要进行分层历史拟合。

为了尽可能准确地拟合各小层的剩余油分布状况,像过去那样仅对整个油藏及单井进行历史拟合就不够了,需要进行分层历史拟合,至少要把主力层拟合好。这样做有很大的难度,要研究新的拟合方法。

综上所述,可见精细油藏数值模拟的技术内涵和意义是精细数值模拟在网格数量、计算速度、算法、历史拟合等方面都要求有明显的提高,特别是需要发展分层历史拟合技术。

因此,数值模拟技术从常规的研究油田开发策略发展到精细地量化剩余油分布,进入了一个新的阶段,称之为精细油藏数值模拟。

(2)综合运用多尺度网格、窗口、并行、流线等技术提高油藏数值模拟速度和精度。

① 创建了粗细网格相结合的多尺度网格技术。

根据上述剩余油分布"整体高度分散、局部相对富集"的格局,对老油田进行精细数值模拟时,重点是对剩余油富集部位进行准确的量化计算。因此,可先采用粗网格系统对全油藏区块进行计算,找出剩余油相对富集区,然后再逐级地采用细网格对剩余油相对富集区进行比较精确的计算,用这种新思路可以在尽可能保留微小地质细部的情况下大大减少网格数量,加快计算速度。我们应用快速自适应组合网格方法(Fast Adaptive Composite Grid,简称 FAC 方法)实现了这种思路。

FAC 方法是集区域分解方法、多重网格和局部网格加密技术于一体的综合方法。用这套方法可以在所研究的区域布一套相对较粗的基础网格,在基础网格上对需要取得更准确值的子域进行局部网格加密。其中局部加密网格和基础网格可以独立求解,而且易于实现动态局部网格加密,开窗技术及并行运算,是一种灵活、有效的求解方法。并且这种方法还可以进行多级运算,从而可能使最细的局部网格逼近甚至实现精细地质模型所达到的网格密度;另一方面,油藏或区块的整体却仍可采用很粗的网格密度。这样就可以实现有效弱化甚至规避传统网格粗化技术的弊端。

我们针对经典 FAC 方法精度和效率都较低等弱点进行了改进,包括以控制体有限差分方法代表常规有限差分,用三点流量公式代替两点流量公式,以缺陷方程代替残差方程作为粗细网格间的动态方程等。由此建立了新的 IFAC(Improved Fast Adapitive Composite Grid)方法。改进后的方法不仅克服了经典 FAC 方法的弱点,而且更适合于动态网格管理,有利于开窗技术实现窗口的开启和关闭。我们已编制完成了这种新方法的软件。算例表明,在保证计算精度的前提下,平面模型的运算时间节约 28.2%,三维模型的运算时间节约 37.8%,并呈现出随着网格数的增加,节约时间增多的趋势(图 10,图 11,表 3,表 4)。

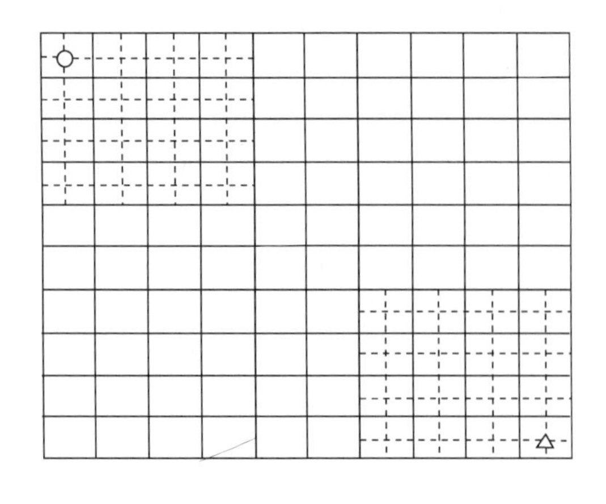

图 10　二维模型

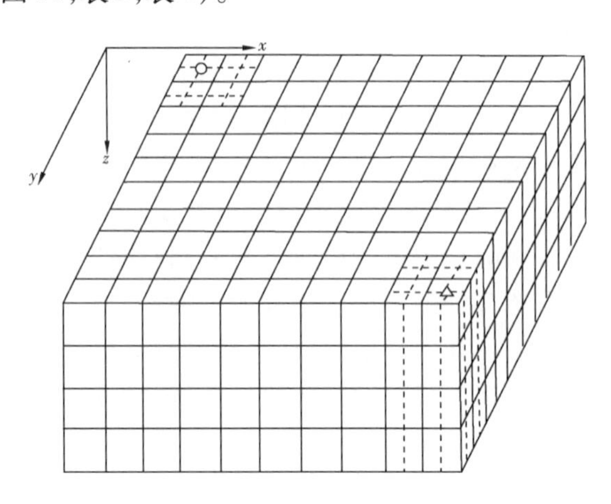

图 11　三维模型

表3　二维模型计算结果

网格系统	网格数	见水时间	归一化时间	FAC 节约时间
粗网格	100	630	1	
细网格	400	720	1.7	
FAC 网格	196	690	1.22	28.2%

表4　三维模型计算结果

网格系统	网格数	见水时间	归一化时间	FAC 节约时间
粗网格	400	660	1	
细网格	1600	750	1.8	
FAC 网格	496	>720	1.12	37.8%

② 应用了开窗技术。

运用开窗技术可以在进行粗网格计算时对剩余油富集区开个窗口,进行细网格计算,可见开窗技术也是一种有效的粗细网格相结合的计算方法。开窗技术具有极大的灵活性,窗体可以采用不同的网格类型,不同的时间步长,甚至可以处理不同流态问题;如对窗体采用并行计算,还可以提高计算效率,也易于动态显示窗体区域物理量的变化。

③ 应用了并行算法。

当网格非常多时,采用并行计算技术,可以大幅度加快计算速度。由于实际工程问题的需要,20 世纪 90 年代就提出了进行百万节点数值模拟的设想,但依靠当时单 CPU 串行技术,几乎不可能进行百万节点运算。后来随着并行计算机的出现,开始研究油藏模拟的并行算法。近几年,大规模微机群并行计算机的快速发展,价格越来越低廉,为并行算法的推广应用提供了越来越好的条件。

④ 应用了流线法。

在粗网格计算时,还可以应用流线法进行计算。流线法将三维模型还原为一系列的一维流线模型。这种方法虽然精度不是很高,但有三大优势:a. 计算速度快。同样的网格数,流线法较全隐式方法要快 2 ~5 倍,因此,可以快速地对更多网格进行计算。b. 可以用流线图形直观地反映注采关系和剩余油大致分布。c. 可以消除直角网格系统所产生的网格取向效应。

(3)创建了分层历史拟合技术。

历史拟合是数值模拟中工作量最大、耗时最多的过程,特别是中国油田的储层非均质严重、断层复杂、层多、井多、生产时间长、作业又频繁,历史拟合就更为复杂。如上述,精细油藏模拟的重要任务就是准确地认识剩余油在各小层的分布,至少要清楚预测剩余油在主力层中的分布。为此需要进行分层历史拟合,难度将会进一步增大。

① 准确劈分各小层的注水量,预测吸水剖面。

在注水过程中,由于层间干扰,各小层的产量(注水量)的分配并不遵循数值模拟软件中按流动系数$\frac{Kh}{\mu}$分配的原则,有时差别还很大,这是进行分层历史拟合面临的最大难题。如果油藏内有足够的分层测试资料,那么可以按这些资料来进行注水量或产量的分配。但实际上油田中各井的分层测试资料很少,即使有一些,也常不足以代表该井的完整生产过程。因此,如何准确劈分注入水在井中各小层间的分配,也就是预测吸水剖面随时间的变化,就成为准确实现分层历史拟合中必须解决的主要难题。

在这种情况下，首先需要发展能从丰富的生产资料和各种测试资料中挖掘与提取准确劈分各层油水产量的新方法。我们应用支持向量机这种数据挖掘的方法较好地解决了这个问题。支持向量机(SVM)方法的基本原理是通过非线性映射，把样本空间映射到一个高维乃至无穷维的特征空间，使在特征空间中可以应用线性学习机的方法解决样本空间中的高度非线性分类和回归等问题。这种方法与常用的神经网络方法相比，其优点是学习时需要的样本相对较少而预测的结果比较准确。

由于有关的影响因素很多，在用支持向量机方法预测吸水剖面时，要综合考虑影响吸水剖面的主要因素。我们在这里应用了7个因素，包括渗透率级差、地层系数、储层连通状况、砂体类型、连通井数、连通井距和措施情况。对大港油田港东一区一断块18口井的吸水剖面用支持向量机方法预测结果与实测结果比较吻合，平均绝对误差为5%，最大不超过9%。其中，实测不吸水的层预测结果最大误差为4.13%，实测吸水50%以上的层最大误差为3.11%，实测吸水30%～50%之间的层最大误差为4.05%，实际吸水小于30%层的最大误差值为8.74%（表5）。该表还对比了支持向量机方法和神经网络方法(BP法)的预测结果。BP方法的平均误差为12%，而且多个误差达13%～16%，可见支持向量机的预测精度优于神经网络方法。

表5 大港油田港东一区一断块吸水剖面预测结果分析

井号	层位	实际值,%	预测值,%		绝对误差,%	
			SVM	BP	SVM	BP
港6－22－1	Nm2－10－2	72.21	76.20	76.22	3.99	4.01
港6－22－1	Nm4－6－2	13.53	19.37	27.53	5.84	14.00
港6－22－1	Nm3－10－3	0.00	2.00	16.58	2.00	16.58
港6－22－1	Ng3－1－2	14.26	22.67	30.85	8.41	16.59
港6－22－1	Ng3－7－2	0.00	2.37	4.91	2.37	4.91
港6－22－1	Ng2－2－2	0.00	3.08	0.73	3.08	0.73
港88	Nm2－8－2	0.00	4.13	13.12	4.13	13.12
港88	Nm3－7－2	44.20	40.63	60.93	－3.57	16.73
港88	Nm3－9－3	31.90	34.81	44.96	2.91	13.06
港88	Nm3－8－3	7.50	6.08	13.61	－1.42	6.11
港88	Nm3－7－1	10.90	10.25	13.21	－0.65	2.31
港88	Nm3－6－3	5.50	12.74	10.20	7.24	4.70
港新3－28	Nm2－8－2	61.60	64.71	59.88	3.11	－1.72
港新3－28	Nm2－10－2	19.20	25.24	35.22	6.04	16.02
港新3－28	Nm2－9－2	19.20	23.38	34.97	4.18	15.77
港新5－24	Nm3－1－3	46.00	50.05	62.53	4.05	16.53
港新5－24	Nm3－10－3	0.00	3.13	2.25	3.13	2.25
港新5－24	Nm4－1－3	27.90	36.64	35.36	8.74	7.46
港新5－24	Nm3－8－3	26.10	32.25	35.18	6.15	9.08

② 分层历史拟合技术。

在上述吸水剖面准确预测的基础上，应用多元统计方法确定哪些小层需要对历史拟合的输入参数（如渗透率等）进行调整，以及向哪个方向调整，是增加还是减少，然后再用模糊判别的方法确定调整的幅度。

综合运用这两种方法对大港油田港东一区一断块的 G3 - 37 井区的 14 口井 57 个层位进行了分层历史拟合，从表 6 可见将其测井所得含油饱和度与数值模拟计算含油饱和度相比较，绝对误差一般在 3% 以内，最大不超过 6%。

表 6　大港油田部分井层测井解释含油饱和度与模拟计算含油饱和度的比较

井号	层位	完井日期	含油饱和度，%		绝对误差
			测井解释	模拟计算	
GS12 - 20	Nm3 - 6 - 3	2001. 08. 13	59. 50	60. 00	0. 50
MG1 - 1	Nm3 - 6 - 2	2002. 03. 04	19. 35	18. 49	- 0. 86
MG1 - 2	Nm2 - 8 - 2	2002. 03. 20	36. 99	36. 77	- 0. 22
MG1 - 2	Nm3 - 8 - 3	2002. 03. 20	32. 66	34. 84	2. 18
MG1 - 2	Nm3 - 9 - 2	2002. 03. 20	27. 58	29. 59	2. 01
MG1 - 2	Nm3 - 9 - 3	2002. 03. 20	42. 12	46. 33	4. 21
G3 - 36	Nm3 - 6 - 2	2002. 04. 13	49. 63	51. 13	1. 50
G3 - 36	Nm3 - 6 - 3	2002. 04. 13	50. 48	49. 95	- 0. 53
G3 - 36	Nm2 - 8 - 2	2002. 04. 13	45. 25	42. 38	- 2. 87
G3 - 34	Nm2 - 9 - 2	2002. 04. 23	27. 1	28. 53	1. 43
G3 - 34	Nm3 - 8 - 2	2002. 04. 23	31. 23	34. 71	3. 48
G3 - 37	Nm2 - 9 - 3	2002. 05. 09	28. 8	34. 32	5. 52
G3 - 37	Nm3 - 8 - 2	2002. 05. 09	32. 18	36. 75	4. 57

（4）应用地理信息系统（GIS），研制历史拟合辅助软件工具，提高历史拟合的效率。

历史拟合需要反复地提取数据，进行多个拟合参数的对比分析，数据准备费时、易错，而且现有商品软件的前后处理对于大规模精细数值模拟历史拟合的要求很不适应，存在着很多不便和耗时问题。对此我们开发了便于应用的数模辅助工具软件，提高了历史拟合的效率。这个工具软件除了具有数模动态数据准备、历史拟合过程中的拟合指标根据用户需要进行显示等功能外，还根据历史拟合过程中遇到的问题，开发了相应的模块。主要模块有：① 动态数据/射孔数据准备；② 图形显示生产动态；③ 表格显示生产动态；④ 分层生产动态分析。其主要功能包括：① 将数据库中信息自动整理成 Eclipse 数模软件所需的动态数据形式；② 按井号或拟合指标误差大小同时显示生产动态指标拟合图；③ 表格显示某个时间各个井的生产动态情况；④ 表格显示某井不同时刻的生产动态情况；⑤ 显示井中各小层的生产动态，初步判断引起历史拟合异常的小层；⑥ 显示井在某个时刻所有射开层的生产动态。

此外，还尝试了应用地理信息系统（GIS）的方法来解决这个问题。这种方法更具有应用的普遍性。

3. 发展深部调驱的理论认识，研制新型预交联微凝胶 SMG 体系，矿场实验已取得良好初步效果

(1)深部调驱是二次开发技术的重要组成部分。

深部调驱的作用主要是减少优势通道所造成的注入水低效甚至无效循环；驱出分散在油藏各处的剩余油，进一步扩大波及体积提高水驱采收率；减少和补救井网重组时打出高含水井的风险；同时，可以根据油层的水驱控制程度及连通状况采用较稀的井网。实践表明，当水驱控制程度大体在 70% ~80% 以上时，在 250 ~300m 的井距下应用可动凝胶进行深部调驱，仍可见到明显效果。

(2)关于优势通道的分类及其不同治理方式的理念。

对与油藏内的水驱过程，可以归结为在一个统一的复杂的孔隙或者是部分空隙组成多孔介质系统中，存在着统一的油水流动场。在常规多孔介质中孔隙大小一般为纳米级、微米级和亚毫米级，其流动规律属于渗流范畴。由于多孔介质普遍存在非均质性，注入水常常优先向高渗透层带流动，这种高渗透层带可称为渗流优势通道，是普遍存在的。另一种优势通道是由于水流长期冲刷常会造成其中高渗透部位被冲掉一些较微小的颗粒，形成部分为空腔的大孔道，大小一般为毫米级以上，仅在局部存在。这时其中的流动已不完全属于渗流范畴。为了表示与上述渗流优势通道的差别，这种大孔道可称之为水流优势通道。在一些渗透率较高的油藏内，两者可能并存，而一般渗透率不过高的油藏则仅存在着渗流优势通道。在识别优势通道时必须区分这两种不同的优势通道类型。

对于两种不同的优势通道采取两种不同的治理方法，对于渗流优势通道的治理常用可动凝胶。可动凝胶有两种类型，一是传统的边注边交联的高黏度本体凝胶，虽然也能取得成效，但由于黏度过高，难以进入低渗透部位，而且由于封堵能力过强，常会使产液量大幅度下降，影响了效果的提高；另一种是新型的预交联微粒状的微凝胶体系，可实现边暂堵边驱替，同时不断渗入渗透率较低的部位驱油，动态地不断深入油藏，这种机理可称为同步调驱。使用可动凝胶时需要采取合理的注采井网，着眼于全油藏范围内扩大波及体积，提高水驱采收率。并且依靠其良好的调驱功能，既可减少和补救加密调整井打出高含水井的风险，又可以采用比较稀的井网，节省投资。再者，可进一步在注入水中添加化学剂，以增加渗入低渗部位的能力和洗油能力，更大范围地扩大波及体积，甚至提高驱油效率。

对于水流优势通道，其特点是封堵难度大，因此首先要针对大孔道所在的部位，设法堵住它，使后续水流转向，驱出剩余油。一般可用大颗粒堵剂如缓膨颗粒堵剂等，或增强交联聚合物凝胶等进行封堵，并且要研究各种放置技术，以及防止被水流冲出的措施。当油藏两种优势通道并存时，要首先堵住大孔道，再用可动凝胶提高采收率。由于油藏非均质的复杂性，如常存在着裂缝等渗透性更好的通道，则要根据实际状况，建立分类分级的调驱方法。

(3)新型耐温耐盐可动微凝胶体系 SMG 的性能特点。

针对传统的可动凝胶体系的不足，研制了一种新型预交联微凝胶体系 SMG，其调驱机理更加符合储层渗流实际，对环境的耐受力大大提高。

① 以丙烯酰胺(也是聚合物原料)为主要原料，用特殊工艺在生产中同时发生聚合和交联过程，形成具有特殊性能的微凝胶产品。

② 使用时为微凝胶颗粒在注入水中的分散体系，为非连续驱替相，原液本身表观黏度很低，配制成分散溶液后黏度更低，易于进入中低渗透层。

③ 微凝胶颗粒平均原始直径 30nm 至 50μm，水化溶胀后可达到 300nm 至 400μm，可根据

实际油藏孔喉尺寸分布设计，易于进入油藏深部。

④ 分散体系中的微凝胶颗粒在注入水中水化溶胀，在油中不发生变化，在实际孔隙结构中增加水的流动阻力，不增加油的流动阻力。

⑤ 溶胀后的凝胶颗粒具有很好的弹性，在储层孔喉中发生暂堵—通过—再暂堵的过程，不会永久堵塞、伤害储层，不会大幅降低油井的产液能力。

⑥ 耐温能力可达120℃；耐盐能力达300000mg/L，可直接采用回注污水配制。

⑦ 不怕剪切，可采用简单工艺在原有注水流程在线注入，节省大量建站等投资。

总体来说SMG具有很好的抗温、耐盐特性，不怕剪切，地面流程简单，适应性非常广泛。

(4)关于SMG预交联微凝胶体系的同步调驱机理。

SMG为微凝胶颗粒在注入水中的分散体系，可以发挥良好的同步调驱的作用。所谓"调"就是调整和改变注入水的驱动方向。当SMG颗粒随着注入水在多孔介质中流动时，可以暂时堵住较小的孔隙喉道。或者以桥塞的方式暂时堵住比它稍大的喉道，与此同时，其后续的注入水将会转向而进入周边水驱程度较低的中低渗透部位，有效地扩大了注入水的波及体积。所谓"驱"就是在这种"调"的基础上注入水转向后对中低渗透部位的有效驱替，可以更多地驱出分散于周边的剩余油。这样，"调"与"驱"同步发生作用，所以称之为"同步调驱"机理。

由于SMG颗粒在水中会发生水化溶胀，体积可增大8～10倍，而在油中则不会发生这种作用，所以在油藏中能够"堵水而不堵油"，至少可以"少堵油"。考虑到高含水阶段高渗透部位基本被水所充满，但水驱程度较低的中低渗透部位内却是油多而水少，所以SMG颗粒更易于暂堵住高渗部位而不堵或少堵中低渗部位，从而加强了"调"的动能。

接着，由于这些颗粒经过水化溶胀后具有很好的柔性，而且在暂堵住喉道以后，其后续部位的压差将会有所增高，在这种较高压差的推动下，颗粒将会挤过喉道而向前突进，直到在较深部位再次暂堵住新的喉道，这样"暂堵—突破—向前推进—再暂堵—再突破"周而复始，就可以不断地推向油藏深部，有效地扩大波及体积，提高采收率。再加上这种微凝胶体系表观黏度很低，更有利于进入渗透率较低部位，驱出更多的分散在多处的剩余油。

SMG微凝胶分散体系深部调驱提高采收率的作用机理归结为：暂时堵住高渗优势通道是"前提"，调整后续水流方向是"手段"，后续水流"驱"出分散在各处的剩余油、提高采收率是"目的"，调驱剂具有柔韧性是不断深入油层的"条件"，研制符合这些要求，能够耐受各种严酷条件，适应性广泛的调驱剂是"核心"。以上方面还可以进一步简化为：堵是"前提"，调是"手段"，驱是"目的"，柔是"条件"，剂是"核心"。

(5)SMG预交联微凝胶体系现场应用初步效果。

① 板北超高温、高含水、高采出程度油藏可动凝胶SMG调驱试验。

该油层中部温度高达105℃，中孔中渗储层；非均质性严重。地质储量采出程度已达64.4%，含水97.5%。共有3口注入井，5口受益生产井，井距250～400m。2007年10月开始注入SMG，11个月后试验区明显见效，综合含水由96.8%下降到91.0%，下降5.8个百分点，原油日产水平由调驱前的4.1t增加到8.5t，示踪剂监测资料也显示可动凝胶注入后，增加了水驱方向。该试验注入0.02PV，截至2011年1月已提高采收率1.64%，投入产出比1:12.7。

其中，中心受益井板新836井见效最为显著，综合含水由96.3%最多下降到83.0%，日产油由2.19t上升到7.00t，最高日增油4.81t；边井板836－3井是一口因水淹而长停的受益井，调驱后于2007年12月12日开井生产，ϕ8mm油嘴自喷，日产水40m^3，含水100%，在累计产出水量2662m^{3}后连续产油，日产油最高达到4.5t，含水降至92.3%(图12～图14)。

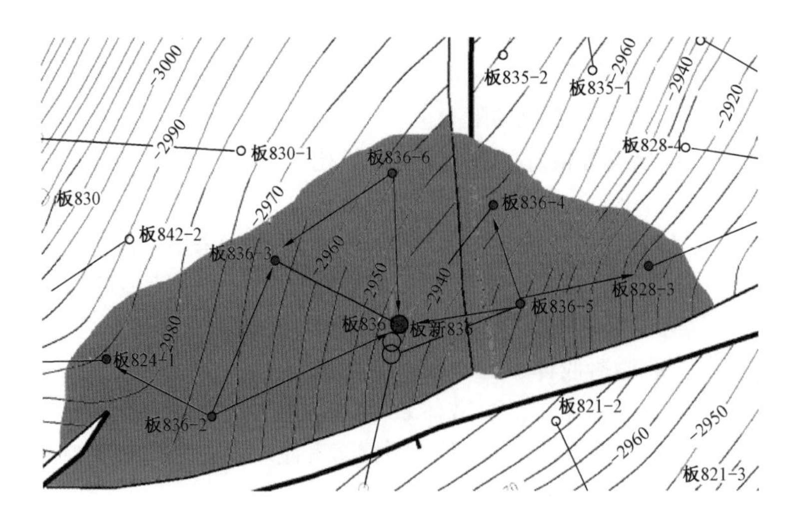

图 12　板北可动凝胶先导试验区井位图

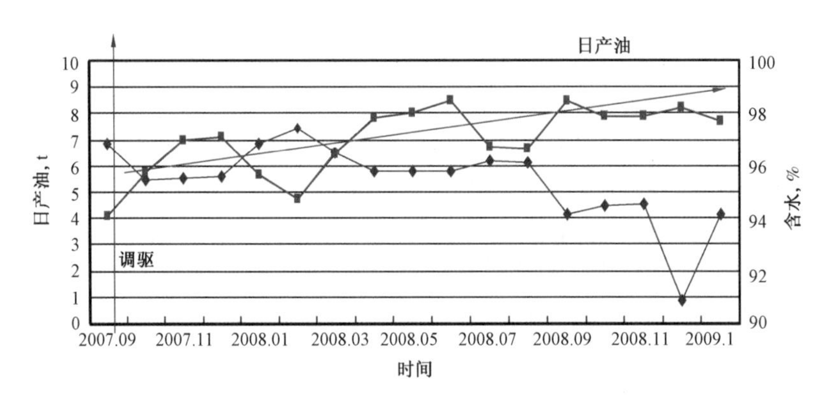

图 13　板北可动凝胶先导试验区开采曲线

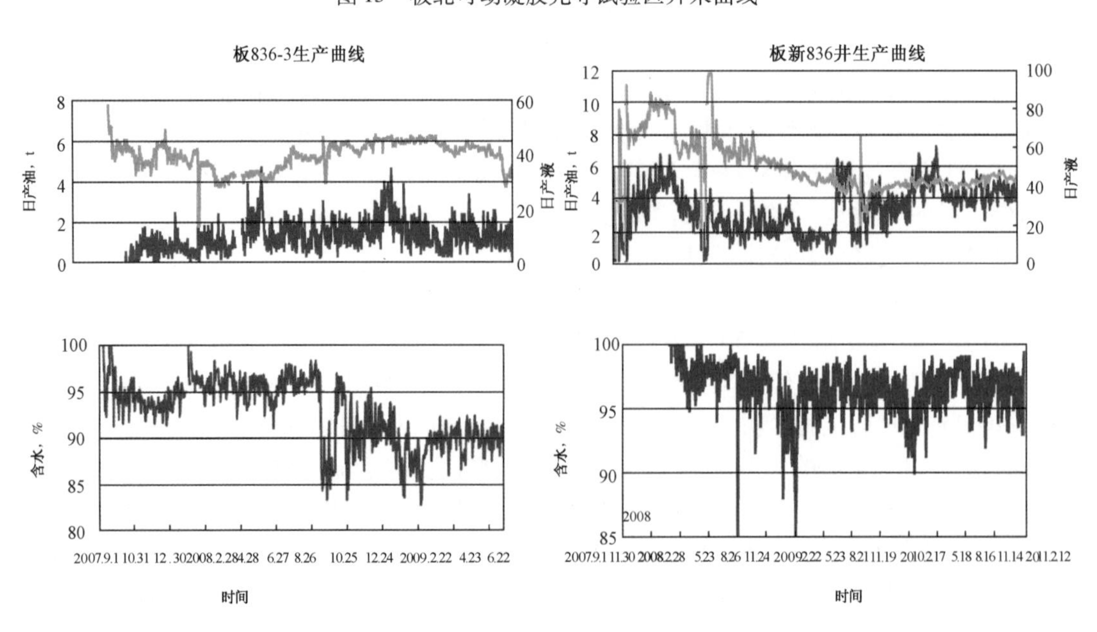

图 14　生产曲线

② 华北泽 70 断块高温普通稠油油田开展的试验。

该断块地层温度 93.4℃，井距 200～250m，中孔中渗储层非均质性严重，采出程度 15%，含水 86%，地层原油黏度 50～90mPa·s。自 2010 年 1 月 9 日起到同年 7 月 29 日，6 口井陆续投注，平均爬坡压力 1.7MPa。

目前试验区整体见效，17 口受益井已全部见效，方案设计注入 0.042PV。截至 2011 年 4 月注入 0.034PV，油井含水平均下降 4 个百分点，日增油 28t，阶段提高采收率 1.21%，投入产出比 1:2.7，预计最终提高采收率 2.21%，投入产出比 1:4.9。

泽 70－31X 井组以前曾注过交联聚合物凝胶，见效不明显，有效期短，且对储层产生污染导致后继注水压力升高，部分低渗层不吸水。改为 SMG 调驱见效较为明显，虽目前已经停注，生产形势仍很稳定（图 15～图 17）。

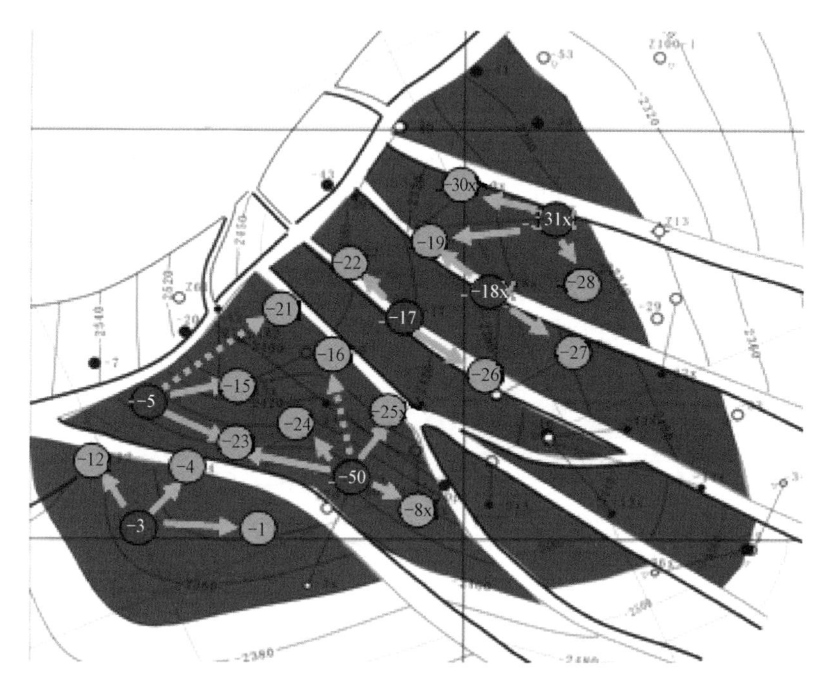

图 15 泽 70 断块 SMG 调驱试验区井位图

三、若干问题的进一步探讨

1. 二次开发定位问题

一般来说提高采收率大体可分三次采油和继续提高水驱采收率两个主要途径，其中有条件采用三次采油技术的油田（区块）可以去采用各种三次采油技术，但三次采油化学驱技术主要适用于整装油田，高温、高盐油田还难以应用，应用范围受到很大的限制；不能采用三次采油技术的老油田（区块）只能努力去继续提高水驱采收率，而且要力求能够较大幅度地提高采收率，这就是提出“二次开发”的由来。尽管由于二次开发的不断发展，已把“水驱转热采等开发方式的转换”、“聚驱后继续提高采收率”及“二三结合”等纳入二次开发的范围以内，予以支持，但是从全国范围总体来看，二次开发的技术内涵仍以“较大幅度地提高水驱采收率”为主，其他可作为结合某些油田实际的特色技术。

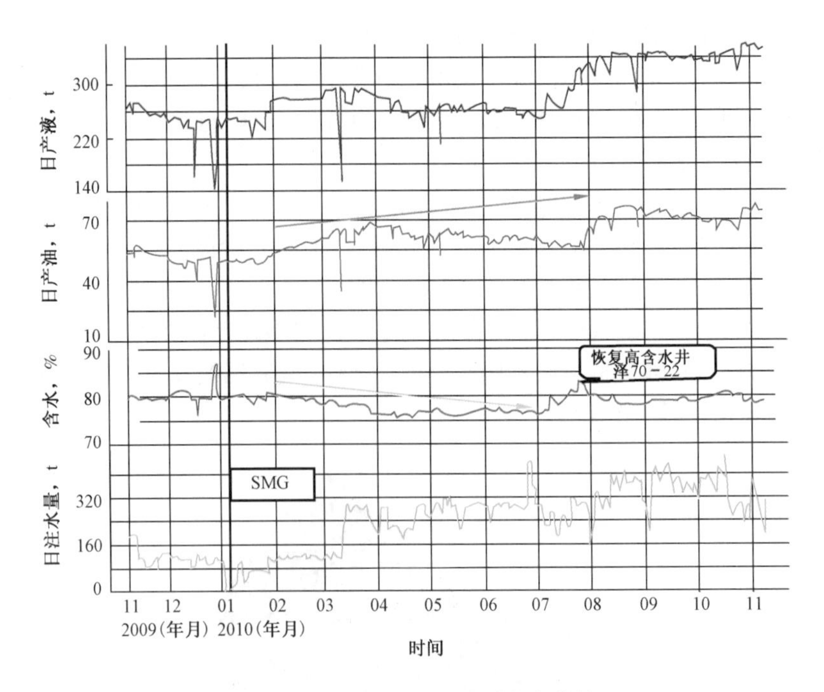

图16　泽70断块调驱井组生产曲线

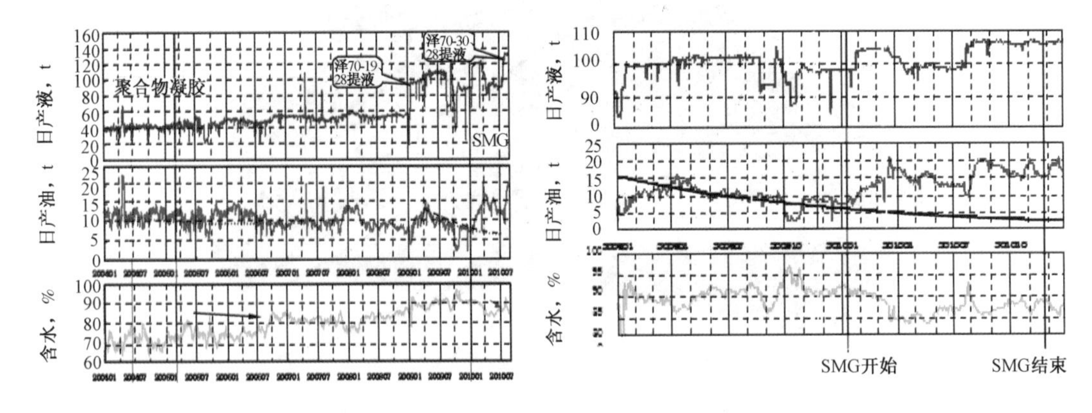

图17　泽70－31井生产曲线

2. 二次开发对象问题

二次开发的对象主要是含水80%以上、可采储量采出程度70%以上的老油田。为什么提出含水80%的指标，主要考虑当含水在80%以上时，地下剩余油分布的格局发生了重大变化，转变为“总体上高度分散，还有局部相对富集部位”的格局，我们需要应用一套适应这种变化的二次开发的新理念和新技术；而当含水低于80%时，往往地下剩余油在中低渗透层带中仍具有存在着大片剩余油的可能，用一般的综合调整方法已可以解决问题。对于可采储量采出程度70%以上的指标，这是因为当油田含水达80%以上时，其可采储量采出程度一般都已超过70%。

3. 水驱采收率中波及系数内涵的分析

水驱采收率的大小等于驱油效率乘以波及系数。一般就把波及系数理解为水驱所波及的体积占该油井泄油总体积之比，这样就把这个数值和驱油效率的乘积作为水驱采收率的值。

但是，渗流理论和开发实践都表明，在水驱波及范围内，由于各部位之间冲洗倍数多寡和非均质性不同等因素的差异，造成这些部位间不同的采出程度。例如，在主流线部位，其采出程度很高；而在接近分流线部位则其采出程度是非常低的，甚至可能接近于零，即该处的含油饱和度接近于原始值。如果我们用水驱冲洗强度来表征水驱所波及范围内各部位采出程度大小，那么波及系数就应该是水驱波及范围内各部位间按体积加权的冲洗强度值：

$$\text{水驱采收率} = \text{驱油效率} \times \text{波及系数}$$

$$= \text{驱油效率} \times \frac{\sum \text{水驱波及范围内的某部位的体积} \times \text{该部位的水驱冲洗强度}}{\text{水驱波及范围的体积}} \quad (2)$$

式中，水驱冲洗强度值介于 0 和 1 之间，不同冲洗强度部位的划分可由流线图得出。

因此，提高注水波及系数有两个可能的情况，一是进一步扩大总的波及系数，注入水推进到原来完全没有波及的部位；二是增大各已波及部位的冲洗强度，例如，将原来的弱冲洗部位变为中冲洗，或中冲洗部位变为强冲洗等。所以对于高含水油田，在注入水波及范围内提高其冲洗强度对于提高注水采收率有重要的意义。

4. 井网重组的主要目标是切实提高采收率和经济效益

很多老油田套损严重，井况差，开井率低，有的已不能有效控制油藏，也有的老油田井段太长，层系过粗，或者井网过稀，已不适应油田合理开发需要。因此，对于这些油藏，全面调整注采关系，进行井网重组是老油田进行二次开发、提高水驱采收率的重要举措。井网系统重组的主要目标在于切实地以较大幅度继续提高水驱采收率并获得最佳经济效益。

（1）关于提高采油速度和采收率的关系。

虽然井网的加密常常同时带来提高采油速度的效果，但总体上目标仍应以提高采收率为主。实际上只有采收率真正提高了，才能持续地保持较高的采油速度，否则将是暂时的，很快会递减下去；简而言之，如果打了好多井，仅只是提高采油速度而没有提高采收率的话，那么只是花钱提前采出了将来能够采出的原油，无疑将是不合算的。

目前有的油田的层系井网重组方案对这个问题重视不够，实施后打出的高含水井很多，提高采收率的幅度非常有限，实际上只是采油速度有所提高，但产量递减很快，提高了的采油速度还稳不住。这种现象值得严重关注。

（2）把井网设计的优化作为落实两者的重要抓手。

通俗地讲，提高最终采收率就是要确实采出原井网系统不能采出的石油。因此，在井网设计时，要认真分析重组后的井网系统能否使注入水波及到原井网水驱所波及不到的部位，或者在已波及的部位内能否增加其冲洗强度。为此，需要分析重组后新井网系统的水驱控制程度增加的幅度、注采井数的合理比例、多向受效井数增加程度、层系细分时隔层的可靠性等必须考虑的问题。要做出水驱控制程度增加幅度、多向受效井数增加程度和采收率增加幅度等技术效益指标和新钻井数的关系曲线，进而做出优化的抉择。

（3）在井网设计时还要力求获得最佳经济效益。要考虑钻井数量对经济效益好坏有重要影响，两者有直接的相关关系，要避免低效井投入过大使得经济效益变差。

（4）在井位部署时要注意的问题。

① 在井网较密的情况下要研究如何根据地下剩余油分布特点实现少打高含水井、多打高效井的方法，并且进一步研究井位个性化设计的办法。为尽量少打高含水井，多打低含水的高效井，井位的部署要尽可能考虑剩余油相对较多的部位。

② 可动凝胶和井网重组相结合可在较大井距下有效采出分散剩余油。因此井排距尽可能与可动凝胶的有效注采关系相适应，以充分发挥可动凝胶深部调驱的作用，减少高含水油田均匀布井的风险。

③ 精细刻画单砂体内部构型如夹层、废弃河道及低级序断层等非均质特征，其主要目的就是要准确地确定相对富集区的部位，从而多打相对高产的聪明井或高效调整井。因此在井网重建过程中，要注意如何更好地应用这些地质成果，提高单井产量和开发效果。

④ 无论是细分层系或者加密井网都必须保证有足够的单井平均剩余可采储量的基础和较高的单井产能（图 18）。

⑤ 要注重充分发挥一切可利用老井的作用，避免将所有老井一概予以废弃不用的做法，以减少投资。

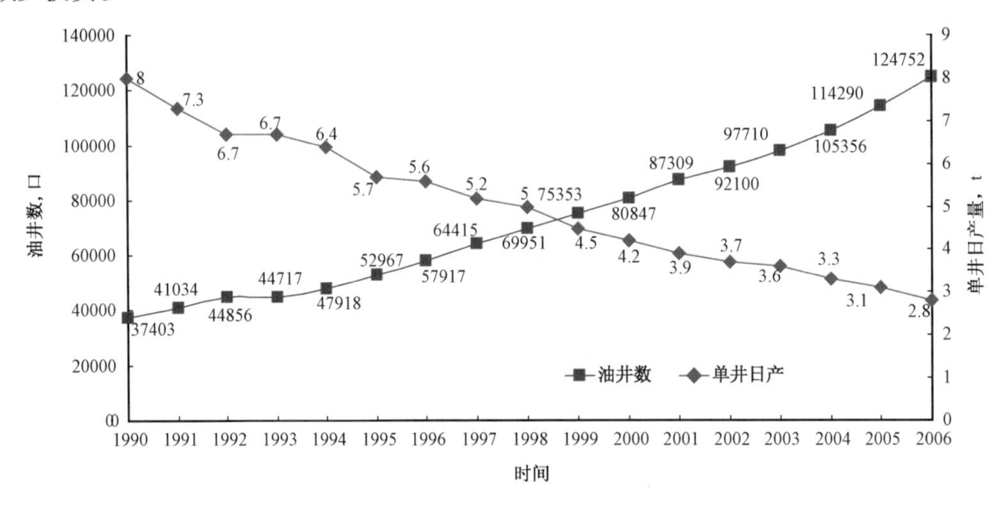

图 18　股份公司单井产量、油井数变化图

5. 关于水平井的效益问题

二次开发中合理应用水平井技术是提高二次开发效果的重要措施，但在高含水条件下水平井采油要用二分法来分析。其有利的方面是水平井与油藏接触面积大，可以在比较小的生产压差下，获得比较高的产量；其不利的方面是高含水阶段水平井比直井更易于打出水来。在目前技术条件下见水后难以封堵，必须避免暴性水淹。在高含水油田打水平井必须根据剩余油富集状况，慎重确定井的位置、长度和走向，切忌简单地批量处置。要做到逐井精心设计，以尽量发挥其有利方面，减少及避免不利方面，使所打的水平井能获得最佳的效益。

与直井相比，水平井效果的衡量标准必须同时达到以下 3 条：一是在无水或较低含水条件下获得较高初产；二是要避免含水上升过快，获得较高的累计产量；三是由于水平井的成本比直井高，因此，水平井的投入产出比应好于直井，获得更好的经济效益，否则所打的水平井将是低效的。

水平井要求更丰厚的储量基础，与直井相比单井控制的可调剩余可采储量的倍数要和产量增加的倍数成正比。因此，在高含水 80% ~90% 的条件下打水平井的前提是认真搞清剩余油的分布，必须打在含水低、剩余油富集区面积足够大的部位，如紧贴断层或打在有夹层的正韵律厚层高部位等。否则水平井将是低效的，甚至存在着水平井打成“水井”的风险，这方面的教训是很多的。

对能量不足的油藏，必须形成有效的注采系统。注采系统有多种类型，包括水平井注和水平井采，直井和水平井结合的注采系统，而且有多种的井网格式，何者最优还有待取得共识。要针对油田的具体条件进行优选。

要研究不同地质条件和开采方式下水平井见水后的含水上升规律，避免出现暴性水淹。

6. 高含水阶段含水及油水比例指标的对比

在高含水阶段产出液中油水比例的指标一般习惯于用含水率或者含水上升率来表示，但在含水越高时，这些指标就越不敏感。特别是在高含水条件下含水进一步增高时，含水上升幅度将趋缓，含水上升率反而会下降，造成油田开发状况转好的假象，根本不能表示产水量大幅度增加的实际情况。而以水油比作为指标，可以在高含水情况下，更敏感和直观地反映油水比例和注入量的实际变化。如表7所示，假设产油量稳产100t，注采比为1，当含水分别为10%、90%及98%时含水各增加1%情况下，对比含水和油水比这两种指标，从对比结果可见，当含水很低，由10%增加1%时，产液量和注水量增加不多，含水和水油比的值比较接近；但当高含水由90%增加至91%时，含水虽然只增加了1%，产液量和注水量却大幅度增长，此时水油比例由9∶1增至10.1∶1，与产液量和注水量增长情况相符；到含水由98%增至99%时，含水只增加1%，而液量与注水量却由5000t增至10000t，此时只有水油比才能比较确切地反映出液中油水比例的变化（图19）。作为过渡，含水和水油比两种指标可以并用。

表7 不同含水时的水油比

含水，%	水量，t	液量，t	注水量，m^3	水油比
10	11.1	111.1	111.1	0.1
11	12.4	112.4	112.4	0.1
90	900.0	1000.0	1000.0	9.0
91	1011.1	1111.1	1111.1	10.1
98	4900.0	5000.0	5000.0	49.0
99	9900.0	10000.0	10000.0	99.0

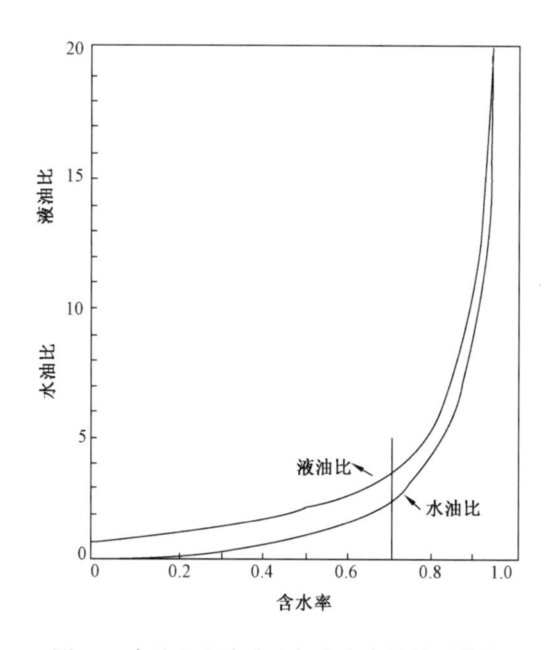

图19 水油比和液油比与含水率的关系曲线

四、结束语

二次开发工程通过4年来的研究和实践，已经广泛开展起来，扩展到了12个油田，取得了明显成效。对集团公司老油田稳产和提高开发效果起了重大作用。但由于时间还短，目前还处于百花齐放的状态。对于二次开发的理论、对策和技术等多个方面还存在着多种不同的认识和做法，有待于在一些主要问题上取得共同认识。笔者这几年跟踪了二次开发发展过程，和笔者的研究团队一起进行了一些研究工作，借这次机会，抛砖引玉，介绍了我们的一些研究成果，并对二次开发中一些比较重要的问题做了一些探讨，希望能引起大家的重视和讨论，使我们的二次开发工作能更好更快地发展。

（摘自《中国石油二次开发技术与实践（2008—2010年）》，石油工业出版社，2012）

关于大力开展凝胶体系改变深部液流方向技术的研究和试验的建议

韩大匡　刘　璞

背景介绍：本文是1995年中国石油大学(北京)刘璞教授和我一起向当时中国石油天然气总公司王涛总经理所提出的建议。当时刘璞教授和我收集和分析了美国有关应用凝胶体系改变深部液流方向的资料,认为无论是技术还是经济效益都很好,值得借鉴。而我国虽然在聚合物驱油方面加强了研究和现场试验,但是在聚合物凝胶的研究和应用方面做得还很少,因此为了引起当时领导的重视,加强这方面的研究和现场试验,迎头赶上,就提交了这份建议。王涛总经理对此非常重视,批转给当时的中国石油天然气总公司科技局局长曾宪义,科技局不久就为此专门召开了有关座谈会,予以推动。到今天,我国已研制了多种高效的聚合物可动凝胶体系。所进行的深部调驱和深部液流转向技术已在高含水老油田二次开发中起到了非常重要的作用。

一、改变深部液流方向技术简介

为了老油田的稳产挖潜,除了采用控水稳油、打加密井等措施外,我国对若干种提高采收率方法如聚合物驱、复合驱等已给予了相当的重视,有的已向工业化规模推进。

注意到国外在1986年油价暴跌以后发展起来的一项新技术——用凝胶体系改变油层深部液流方向(简称深部改向,Deep Diverting)以提高采收率的技术,正方兴未艾。有关的文献、专利发表了不少,是一个EOR热点。成本低是特点之一(每增产一桶油的投入为1~3美元)。

这种技术与国内外所应用的改变液流方向技术的不同处在于,现用的技术主要是依靠打新井或改变工作方式(如关井、转注、改变生产压差等)来改变液流方向。而深部改向技术则是用凝胶对地层深部进行处理来堵住水流的通道,迫使水流改向到剩余油较多的部位,能更有效地扩大波及体积。

传统的调剖堵水在国内外早已是油田的常规增产措施之一,投入少,见效快。但它只是对近井地带处理(几米至十几米)。由于注入水在层内经过封堵带后又会绕回至高渗透区域,因而其作用有限,对整个区块的采收率的提高幅度很小,它不能解决油层深部的波及效率问题。

根据油层特征的不同,深部改向技术所用的体系大致可分为两种类型:

(1)不流动性凝胶(聚合物浓度为几千至几万mg/L,形成分子间的网络结构,呈半固体状态)。

① 用于对付裂缝、孔道——将一定段塞大小的凝胶“放置”(placement)于裂缝、孔道中某部位,迫使后续注水改向至基质中而驱出其中的油。

② 用于单层或层间的夹层为不渗透的多层油藏。由于平面上渗透率较大的差别或水的指进,留下剩余油的富集部位。凝胶段塞的作用是将水的通道封堵住,从而提高平面波及系数。如图1所示。

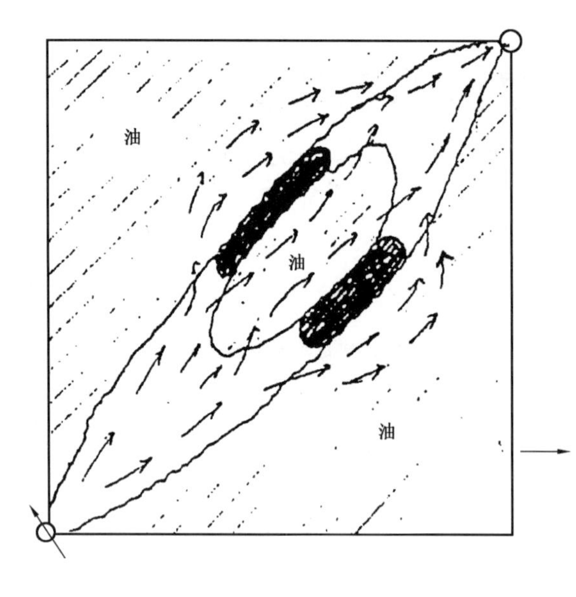

图 1　不流动性凝胶段塞作用示意(一)

③ 对于各层之间有一定联通的多层油藏,若将凝胶段塞置于高渗透层的某部位,则驱替水将被迫进入低渗透层,驱出其中的油。如图 2 所示(详见 K. S. Sorbie 等,1992)。

(2)流动性凝胶。

适用于有相当渗透率级差的厚层,或虽有夹层但有一定连通性。这种方法所用的聚合物浓度较低(约 1000mg/L),黏度不大,可流动。胶凝过程很缓慢,注入后逐渐形成很小粒径的胶粒,并吸附、滞留在多孔介质中,造成残余阻力,其量值可以比聚合物驱高出数十倍,因而在高渗透层中形成很大的渗流阻力,迫使后注水改向至低渗透层,从而提高波及系数。

英国原子能当局曾发表过一篇在含有高渗透层带的情况下,对聚合物驱与流动凝胶处理的对比数值模拟的计算报告,所模拟的区块面积为(3000 × 1000)ft^2,厚 100ft,分两层,渗透率分别为 100mD 及 10000mD,级差高达 100 倍。计算结果之一如图 3 所示。

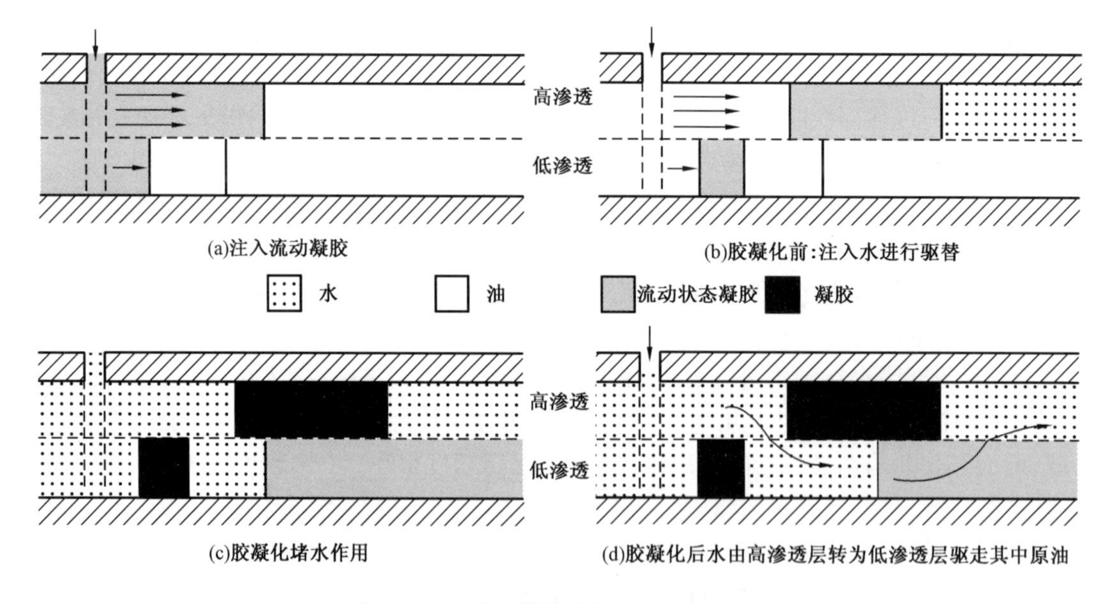

图 2　不流动性凝胶段塞作用示意(二)

聚合物浓度都为 1000mg/L,段塞体积为 8.2%(PV)。曲线 a 为水驱生产曲线,曲线 b 为聚合物驱,曲线 c 和曲线 d 为两种胶凝速率不同的流动凝胶。可以看出,在开注 750 天后,聚合物的累计采收率比水驱高约 6%,而两种流动凝胶分别提高 10% 及 24%。这说明在这种含有高渗透层带而且级差很大的情况下,使用流动凝胶深度处理的方法其效果比一般聚合物驱要好。当然这是模型化的计算结果,目前的深部改向技术还有许多问题有待于研究。

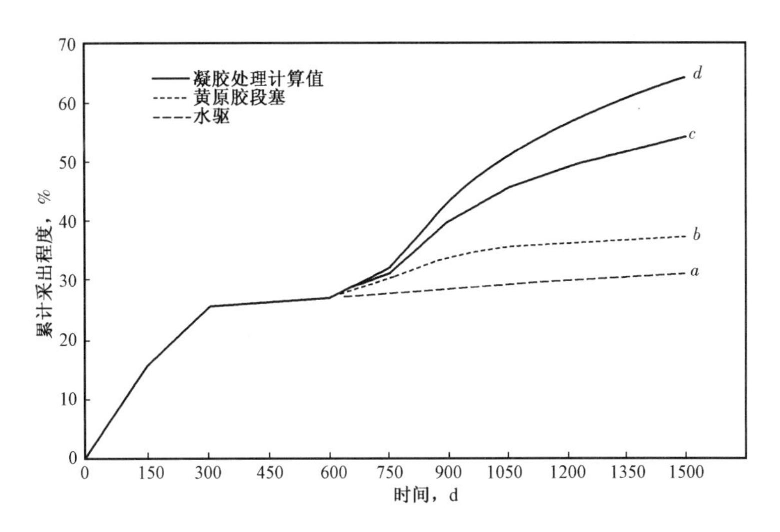

图3 水驱、聚合物驱与流动凝胶处理的对比数值模拟计算结果(自英国原子能当局报告)

二、矿场应用实例

公开发表的矿场试验报告还不多,原因可能是试验周期长,起步晚,结果尚在观察中;技术上的保密。

在此举二例,一个是 Marathon 公司的,一个是 TIORCO 公司的,此二例所做的井次较多,发表的资料较齐全。另据悉,ARCO 公司在其 Alaska 的 Kuparuk 河油田做了几十口井,较成功,结果即将发表。

例 1:Marathon 公司自 1985 年至 1992 年间在其 Wyoming 的油田上先后做了两批试验,所用的为该公司开发的聚丙烯酰胺——醋酸铬延迟交联凝胶,储层具有中等发育的垂向裂缝,注水开发效果不好,早窜。

第一批是在 1985 年至 1988 年间进行的,处理了 17 口水井,12 口油井。结果:每井的平均处理费为 44300 美元。每口水井平均增加可采储量 34400m^3,合 1.3 美元/m^3,每吨聚合物增产油 4787m^3。每口油井平均增产油 848m^3,每吨聚合物增产油 1300m^3。

第二批是在 1989 年至 1992 年间进行的,对其凝胶体系在更广泛的场合进行观察,包括 26 口水井,8 口油井,及 45 口水平井。其中 26 口水井平均每井注堵剂 1500m^3,处理成本为每井 36283 美元。对应生产井的响应,每日共增油 165m^3,减水 312m^3。共增加可采储量近 $20\times10^4m^3$,成本可采储量不到 6 美元/m^3。

例 2:TIORCO 公司在过去的 9 年中在 Wyoming 的洛基山地区做了 29 个区块的矿场试验,其中有的区块具有高渗透层段。所用的为该公司开发的一种流动性的胶态分散凝胶。

在 29 个区块中,19 块成功,7 块失败,3 块卡边。

对成功的 19 个区块,总储量为 $1765\times10^4m^3$,采收率提高幅度从 1.3% 至 18.2% (OOIP)不等,平均约 7.35%。化学剂投入为每桶 1 ~2 美元之间。

三、深部改向和浅堵的区别

除了对井况、渗透率级差、开发程度等的要求相近之外,两者在作用原理、对堵剂性能的要求、工艺设计的依据等方面都不同。不能把深部改向简单地视为只是封堵部位和时间的延长。

深部改向要解决的是层内矛盾，势必涉及地质、油藏工程中诸多方面的问题，属于油田开发的范畴。

例如对于裂缝性储层的处理，需要知道裂缝的方向、大小、结构分布，要有基质的孔、渗、饱资料等。对于前述的 A－2、A－3 的模式，对残油的分布的了解至关重要。而按目前的技术水平，注水开发后的残油如何分布还难以准确地确定，因而深部改向的成功率在此情况下不是很高的。

由于在我国老油田中正韵律厚层的层内问题至今还没有很好的解决办法，潜力很大，且聚合物驱已具有足够的物质条件和技术经验，依我们的看法，较适合于采用流动凝胶深部改向技术。在此对开发应用此技术需要考虑和研究的问题提以下一些建议：

(1)如同其他的 EOR 方法，需要较准确的地质模型及较精细的油藏描述资料，这是个基础。

(2)研制与地层配伍的、缓慢胶凝的弱交联体系，要求之一是对低渗透层的伤害尽量小。

(3)针对所采用的体系，研究其反应动力学，建立动力学方程。

(4)针对目标地层的岩心，测定不同反应深度的胶液流经岩心时的吸附/滞留量及残余阻力系数。

(5)研究胶液在岩心中的流变行为。

(6)研究胶液在油层中的弥散效应。

上述这些课题国外的一些大学及研究机构正在进行研究，陆续有文章发表，而我国刚开始起步。

为了优化工艺设计、编制工程方案、提高成功率，并对结果进行预测及技术经济评价，数值模拟是必要的。国内外已有一些软件，但还不够完善，应进一步研究开发。主要是应在其方程系统中引入有关的理化模型并确定参数。

四、建议

深部改向技术是一种正在发展中的技术，它可以与其他 EOR 方法(特别是化学驱)结合使用，提高效益。B. L. Hunter 等(1994)还报告了在蒸汽驱中的应用，C. A. Irani 等(1994)报告了在 CO_2 驱中的应用。由于其经济效益好，且应用的场合广，因而宜予以充分重视。建议在“九五”期间组织各方面力量重点攻关。选择若干有代表性的油田区块，围绕矿场试验，开展有关的研究工作，迎头赶上。如果能得到各级领导的重视和支持，则可望于“九五”后几年及“十五”期间形成生产力，提供产量。

注：关于此技术的命名国外并不统一，有的称之为 Conformance Improvement Treatment(波及效率改善处理)；有的称之为 Deep Diverting Technique(深部改向技术)；有的称之为 Gel Placement(凝胶放置)；有的称之为 In—situ Gelation(层内胶凝)等。国内有叫做“深度调剖”的，也欠妥，因“调剖”似指水井处纵向吸水剖面的调整，不能反映“提高体积波及效率”的本质。例如对倾角很大的裂缝的处理，吸水剖面并无多大变化。在此暂称之为“改变深部液流方向技术”，是否恰当也还有等进一步斟酌确定。

(1995 年 10 月)

关于高含水油田剩余油分布预测与提高水驱采收率的思考、认识和建议

韩大匡

背景介绍：2007年“五一”前夕，中国石油天然气集团公司召开院士座谈会听取意见和建议。我在会上介绍了二次开发的重要性和新的研究情况，还提出了今后发展的建议。因发言时间的限制，只能做一份粗略的介绍，为了更清楚地说明问题，在会后整理了一个书面材料，分为较为简要的建议正文和较详细的附件两个部分，以中国石油勘探开发研究院的名义上报，得到重视，对二次开发的发展和评价做了重要批示。

［建议正文］

一、加强提高水驱采收率技术的研究和实施，已成为集团公司从总体上更大幅度提高采收率的当务之急

提高采收率已成为公司当前油田开发的中心任务。一方面，很多注水老油田的含水已接近甚至超过90%；另一方面，近年来，三次采油技术的推广应用进展较快，而量大面宽的提高水驱采收率这个战场虽然也做了不少工作，但由于影响因素复杂、难度大，至今技术路线还不够明确，进展较慢。因此，加强提高采收率方面的研究和实施，已成为公司从总体上更大幅度提高采收率的当务之急。这个问题已引起了股份公司管理层的重视，提出了开展“二次开发”、“新二次采油”等新的要求，但还需要找到解决这个问题的切实可行的技术路线。

二、高含水老油田的开发对策不适应地下剩余油分布格局的重大变化是当前困扰我们的主要影响因素

当前，困扰我们的种种实际问题主要源于两方面的影响因素，一是过去行之有效的一些主要技术措施，如均匀加密调整等，已不适应或不完全适应地下剩余油分布格局的变化；二是老井井况变差，地面管线和设施老化，虽然在技术层面上没有太大困难，但工作量大，只能分批逐步解决。

因此，油藏的二次开发应该综合考虑这两个方面的因素，以前者为基础，按油藏或区块制定整体调整或重组方案统一进行。

三、高含水油田地下剩余油分布格局“总体上高度分散，局部还有相对富集部位”这条基本认识，是提高水驱采收率的基础和出发点

大量的实际资料证实，当含水高达80%～90%以上时，地下剩余油分布格局便会发生重大变化，呈现出“整体上高度分散，局部还存在相对富集的部位”的格局。这是我们对当前这个阶段油田开发特点的最基本认识。我们的开发对策应该与这种格局相适应。也可以说，这是我们采取有效开发对策的出发点和基础。

四、“分散中找富集，分别治理”是有效提高水驱采收率的重要指导思想

基于上述这种认识，不难看出，老油田挖潜的最好办法是对剩余油富集区和分散的剩余油分别采取不同的对策。从各油田已钻遇的剩余油富集区的资料分析来看，这些富集区多存在于断层以及砂体上局部遮挡的附近区域，微构造的高部位、正韵律厚层的上部以及注采井网不完善的地方。对于剩余油富集区，可以为老油田部署高效调整井，特别是水平井和复杂结构井提供地质依据。据目前已打出的高产井的资料推测，一般日初产可达20~30t以上，并可形成相当规模，预计可提高采收率2~3个百分点。

至于那些分散的剩余油，就不必要也不可能一一去解决了，可以使用凝胶类交联聚合物进行油藏深部调驱，把它们尽可能多地采出来。凝胶类交联聚合物有很多类型，常用的有可动凝胶、颗粒凝胶、柔性凝胶等。华北油田已规模应用的可动凝胶，具有用量少、投入产出比高、耐温抗盐性强的特点，适应性非常广泛。6年来，在16个区块实施注入井298口，增油42×10^4t，累计提高采收率达4~5个百分点，具有很好的推广应用前景。当油藏内存在大孔道时，则可选用颗粒凝胶或柔性凝胶进行治理，也有很好的效果。

通过对富集区和分散剩余油的分别治理再加上井网重组的潜力，预计提高采收率5~6个百分点是比较有把握的，搞得好的话，可提高采收率7~8个百分点以上，相当于达到大庆二类储层聚合物驱提高采收率的水平。

五、综合多学科新技术，深化油藏描述，准确量化剩余油分布是提高水驱采收率的关键所在

深化油藏描述，是搞好油田开发、提高油田采收率最重要的基础工作。油田进入高含水后期以后，地下油水分布格局发生重大变化，更需要通过深化油藏描述来重新认识和量化地下剩余油的分布，特别要准确地预测相对富集区的具体位置和规模的大小。要真正做到这一点，难度是很大的。为此，需要综合地质、开发地震、测井、大型精细数值模拟等多种学科的新技术，精细地刻画单砂体特别是主力砂体的展布，准确地识别和预测各种微构造、低级序小断层、夹层和岩性遮挡、大孔道、储层的物性参数以及量化各主力砂体的剩余油分布，特别是其富集区的位置和范围。

以上这类新技术，我们已经进行了不少研究工作，取得了阶段成果，还需要进一步加强研究。相信在领导的大力支持下，有望在3~5年内形成一整套先进实用的系列技术。

六、建议以大港油田港东一区一断块作为整体示范矿场试验区，开展提高水驱采收率研究

股份公司对提高水驱采收率技术研究非常重视，已设立相关课题。如果以上认识和方向可行，希望能够有一个从整体上进行实践的机会，以我们已经和大港油田开展合作研究的港东一区一断块作为整体示范矿场试验区，力图在深化油藏精细描述的基础上，量化我国高含水老油田剩余油分布，全面调整注采关系，进行井网重组，从整体上提高水驱采收率。通过方法研究和技术创新，逐步形成包括高含水后期精细油藏描述、井间剩余油分布预测、不均匀高效调整井技术、高含水油田水平井技术、凝胶类交联聚合物深部调驱技术等先进实用的技术系列。

我今年虽已七十有五，但还有一些精力，出于对祖国石油事业的热爱和使命感，还时常想为祖国、为我们集团公司再多做一些工作，哪怕是添砖加瓦，也是我余生的一点愿望。对于这个课题，经过几年的持续研究取得重要成果，即使经历各种困难，但还颇有信心。

我相信，这条路是可以走通的。希望在有生之年，能为提高水驱采收率研究尽绵薄之力，有所前进、有所贡献。

如蒙允准，将报上详细的项目设计。再次希望这项研究工作能得到集团公司、股份公司的大力支持和指导。

以上认识和建议妥否，请批示。

中国工程院院士　韩大匡

2007 年 5 月 26 日

［附件］

近几年，我和我的学生们组织了一个研究组对提高采收率的问题作了一些调查和研究，作了一些思考，得到了一些认识，在此谨向我们中国石油公司的领导作以下汇报。

一、加强对提高水驱采收率技术的研究和实施，已是我们集团公司从总体上以更大幅度提高采收率的当务之急。

我们中国石油公司所属的注水主力油田，经过几十年的开采，已进入高含水后期（含水 80% ~90%），甚至特高含水期（含水 90% 以上），采出程度也越来越高（多大于 80%），如大庆长垣喇萨杏油田含水已达 91%，可采储量采出程度也已达到 82%，在这种严峻的形势下，不断提高采收率不仅从长远来看是我们油田开发界永恒的事业，更是当前十分紧迫的任务。

提高采收率有两个战场，一是三次采油，另一是提高水驱采收率。

这两套技术应该是两条腿走路，齐头并进，互相补充，才能从总体上更大幅度地提高采收率，但是从目前现状来看两者发展不平衡，三次采油这个战场的方向明确，进展快，是一条长腿。现在大庆聚合物驱已多年保持 1000×10^4t 以上的规模，三元复合驱强碱体系已基本成熟，正在准备推广，并且还在发展弱碱和无碱体系；而提高水驱采收率这第二个战场却由于牵涉面宽、技术思路不够明确，还没有取得一致的共识，进展较慢。但这是一项量大面宽、适应性广泛的技术，凡是难以适应三次采油技术的油田或区块，都只能依靠继续扩大注水波及体积来提高采收率，因此如何及早理清思路，明确方向，加强提高注水采收率这第二个战场，以便从总体上增加提高采收率的幅度，就成为当前应该加以突出关注的当务之急。

二、高含水油田地下剩余油分布格局“总体上高度分散，局部还有相对富集部位”这条基本认识，是我们提高水驱采收率的基础和出发点。

既然提高水驱采收率难在技术路线还不够明确，那么需要分析一下什么原因。

在目前含水高达 80% ~90% 或以上的条件下，困扰我们的问题主要表现在，由于含水大幅度增加，造成单井产量下降（目前全公司平均单井日产量已降至 4t 左右），作业效果降低，调整井的含水越来越高，以致均匀加密调整效果越来越差，难以实施，而且老井井况差，套损严重，分注率下降，地面管线和设施欠账多，等等。

分析下来，造成上述这些困扰的因素主要是两个方面，最重要的一条是我们的对策和措施已经跟不上或者说不适应于地下剩余油分布格局在这个阶段所已经发生的重大变化。纵观我们油田开发历史过程中正反两个方向的经验，都告诉我们，一切油田开发的对策和措施正确与否，都取决于它是否适应于实际的静态地质条件和地下动态变化的特点，对注水油田来说，所谓地下的动态变化最主要的就是剩余油分布格局的变化。我们对当前油田开发地下动态变化的最基本的认识是，当含水达到80% ~90%或以上时，油藏内油水分布格局发生的重大变化，表现在剩余油分布已由很多中低渗透层还存在着大片连续的剩余油，改变为“整体上高度分散，局部还存在相对富集的部位”的格局。这也是我们采取有效开发对策的出发点和基础。基于这种认识，就不难看出，采取过去行之有效的均匀加密调整的做法，已难免有大量的井会落到高含水的部位，造成调整井含水越来越高的困境。解决的办法最好就是针对相对富集部位打不均匀的高效调整井。当然，这种认识并不排斥在局部地区如果确实存在着比较完整的成片剩余油，仍可在这个局部部署均匀的井网。

另一个重要因素是老井井况差和地面设施老化所造成的一系列问题，单从这个因素来看，油井大修、打更新井以及管线设施的修理或更换，在技术层面上已没有太大的困难，主要是工作量太大，只能分批逐步解决，当然，采取更积极的防护措施是十分必要的。因此油藏的二次开发，应该综合考虑这两个方面的因素，以前者为基础，按油藏（区块）制定整体调整或重组方案统一进行。

需要着重论证的是，当含水达到80% ~90%或以上时，油藏内剩余油的分布格局是否确实具有“整体高度分散，局部相对富集”的特点。先看一下关于剩余油整体上是否呈“高度分散”的特点，实际上从当前均匀加密调整井含水越来越高的众多事实就已说明这一点，这里再举大庆长垣喇萨杏油田最近二、三结合均匀加密井的例子。当前大庆长垣喇萨杏油田平均含水91%，统计了最近在萨北二区，萨中的中区西部萨+葡Ⅱ层以及萨I_1—萨$\text{II}_{15}{}^{+}$两个层系共3个井区所打的59口均匀加密井的情况，这些井投产初期含水就已达到91.4% ~94%，这既证实了当前剩余油确已高度分散，而且也说明不顾剩余油分布的高度分散性而部署均匀加密调整井，如果没有后续的三次采油作后盾，将是低效的。

再来看一下高含水油藏的局部是否确实存在着剩余油相对富集区，历史资料表明。即使在含水高达80% ~90%时，老油田仍然打出过不少高产井，这说明剩余油富集区是确实存在的。例如，大庆油田在20世纪90年代的二、三次加密井中就曾出现过不少高产井，这些井投产井后虽经多年递减，到2000年仍还剩留百吨级的井4口，50吨级的井77口，20吨井301口，可以想见当年投产时的高产井数量肯定还要大得多，就在最近，在杏树岗还打出了一口百吨井杏2－31－P43井；与此相对应的是目前三次加密井平均日产量才只有3t左右。又如，大港油田港东一区一断块总共才只有4.3km^2的面积，在2001—2006年针对相对富集区打各种不均匀调整井47口，累计已产出51.6×10^4t，相当于已拿到手的增加采收率幅度为3.3%，其中不少井还在以较高的产量生产。

三、“分散中找富集，分别治理”是有效提高水驱采收率的重要指导思想。

既然在高含水期地下剩余油分布的格局是“总体高度分散，局部相对富集”，那么老油田挖潜应该对剩余油相对富集区和分散的剩余油采取不同的对策，而首要的是在“分散中找富集”，抓住剩余油富集区做文章。由于地质条件的复杂多变，各油田区块剩余油富集区的具体位置虽可能有所不同，但一般规律是，多存在于断层或砂体等局部遮挡的旁边、微构造的高部位、正韵律厚层的上部以及注采井网不完善的地方，特别是河道砂体曲折多变，局部注采关系常不完善。对于面积较大的剩余油富集区，可以为老油田部署水平井提供地质依据，例如对断层附近及正韵律储层上部的富集区，可以贴近断层或者找准夹层的上部打水平井，层数多时还可部署多分支井等复杂结构井，这样就解决了高含水老油田难以确定水平井井位的难题；面积相对较小的打直井就可以了；如附近有油井，可考虑打侧钻井；面积再小的可考虑转注或其他调整注采关系等改变液流方向措施。根据目前的开发技术水平，只要找准了剩余油富集区，总有办法把它采出来。据目前已打出的高产井的资料推测，一般日初产可达 20 ~ 30t 以上，比目前一般调整井的产量可高得多了，并且常可形成相当的规模，预计可提高采收率 2 ~ 3 个百分点。

至于那些分散的剩余油，就不必要也不可能一个个去找了，主要使用凝胶类交联聚合物进行油藏深部调驱，把它们尽可能多地采出来。

凝胶类交联聚合物有很多类型，可根据油藏的地质条件选用。

一般常用的是可动凝胶，这种化学驱的作用不同于三次采油中的常规聚合物驱或三元复合驱，它在地层中既有可流动性，又能暂时堵住高渗透通道，使后续注入水向渗透率较低的部位驱油，实现地层深部调驱，从而扩大波及体积和冲洗强度，提高水驱采收率。这种化学剂用量少，注入段塞的体积一般只要 0.1PV 左右，即约为油藏孔隙体积的 1/10，只有大庆常规聚合物驱用量的 1/6，经济效益好；耐温抗盐性能强，耐温可达 130℃ 以上，耐盐量则达 10×10^4mg/L 以上，用污水配置一般没有问题，所以它的适应性非常广泛，如华北油田，由于地质条件复杂，几乎难以找到适于注聚合物的区块，但有 50% ~60% 的储量适于进行可动凝胶的深部调驱技术，6 年来已在 16 个区块实施注入井 298 口，已累计增油 42×10^4t，新增利润 7.3 亿元，投入产出比 1∶3.4，提高采收率一般可达 4% ~5%，具有很好的推广应用前景。

当油藏内存在大孔道而造成的注入水无效循环时，使用颗粒凝胶堵大孔道是一个有效的办法，现在又发展了柔性凝胶的新工艺，进一步改进了堵大孔道的效果。

四、综合多学科新技术，深化油藏描述，准确量化剩余油分布是提高水驱采收率的关键。

深化油藏描述是搞好油田开发，提高油田采收率最重要的基础工作。当油田进入高含水后期以后，由于地下油水分布格局的重大变化，更需要通过深化油藏描述来重新认识和量化地下剩余油的分布，特别要准确地预测相对富集区的具体位置和规模的大小。要真正做到这一点，难度是很大的。为此，比较可行的做法是采取两步走的方式，第一步综合地质、开发地震和测井等多种学科的新技术，深化油藏的定量描述，包括对油藏的基本单元——单砂体，特别是主力砂体的展布进行精细的刻画，并且准确地识别和预测各种微构造、低级序小断层、夹层和岩性遮挡、大孔道以及储层的物性参数。为此，需要发展高分辨率层序地层学、高精度三维地震、井间地震、垂直地震剖面、叠前反演、地震属性反演、饱和度测井、地震约束的储层建模等新技术；第二步要提高大型精细数值模拟技术，在深化油藏描述的基础上，准确地量化各主力砂体的剩余油分布，特别是其富集区的位置和范围。为此，要重点发展分层历史拟合的新技术，以及流线法、粗细网格结合算法等多种快捷的新算法等。

以上这类新技术，我们已经进行了不少研究工作，取得了阶段成果，还需要进一步加强研究，相信在领导的大力支持下，有望在 3 ~5 年内形成一整套先进、实用的系列技术。

通过对富集区和分散剩余油的分别治理，再加上井网重组的潜力，预计一般可提高采收率 5 ~6 个百分点是比较有把握的，搞得好可增加采收率 7 ~8 个百分点以上，相当于达到大庆二类储层聚合物驱提高采收率的水平。

五、建议以“高含水油田剩余油分布预测与提高水驱采收率研究”为题，予以立项支持。

如果以上认识和方向可行，希望能有一个从整体上进行实践的机会，能否以“高含水油田剩余油分布预测与提高水驱采收率研究”为题，予以立项支持。

这个项目将研究集地质、测井、地震、油藏工程、采油工程等多学科技术于一体的综合技术，以我们已经和大港油田开展合作研究的港东一区一断块作为整体示范矿场试验区，力图在深化油藏精细描述的基础上，量化我国高含水老油田剩余油分布，全面调整注采关系，进行井网重组，从整体上提高水驱采收率。通过方法研究和技术创新，逐步形成包括高含水后期精细油藏描述、井间剩余油分布预测、不均匀高效调整井技术、高含水油田水平井技术、凝胶类交联聚合物深部调驱技术等先进实用的技术系列。

关于高含水油田二次开发理念、对策、技术思路和建立示范区的建议

韩大匡

背景介绍：经过几年的努力，对二次开发的理念、对象和重建地下认识体系的技术思路已形成了新的认识，在关键技术上也已有所突破，急需通过一个先导性示范区来进行进一步的实践。为此向当时中国石油天然气股份有限公司勘探与生产分公司主管二次开发工程的副总经理何江川写了这份建议。何江川又把这份建议转呈当时股份公司的主管领导胡文瑞副总裁（已于2011年当选工程院院士）。胡文瑞副总裁对此非常重视，在批示中对我的建议做了高度评价并提出了建议示范区的具体油田。

［胡文瑞批语］

韩院士早在1996年就明确提出老油田"深度开发"问题，去年的建议又系统的论述"二次开发"，再次提出高含水油田二次开发理念、对策、技术思路以及示范区建议都很完整，特别是"理念的定位"、"三条挖潜措施"、"十条技术思路"、"示范区建设"等，都具有重大的现实意义。请何总系统整理韩院士"二次"文章和建议，作为指导中国石油二次开发的指导性文件。另，大港示范区可选在港西。

［建议正文］

何总：

你好！现将有关高含水油田二次开发的理念、对策、技术思路和建立示范区的一些思考向你作一汇报。

当前，中国石油2006年综合含水率已达84.9%，可采储量采出程度达73.9%，开发难度越来越大，三次采油适用范围又有限，高含水老油田进行二次开发的任务十分紧迫。

一、高含水油田二次开发新理念、对策和技术思路

1. 二次开发的理念与对策

高含水老油田的大量资料表明，当老油田含水超过80%以后，地下剩余油分布格局已发生重大变化，由含水60%～80%时在中低渗透层还存在着大片连续的剩余油转变为"整体上高度分散，局部还存在着相对富集的部位"的格局。这是我们采取有效开发对策的出发点和基础。

基于这样的认识，老油田二次方开发的对策应该采取"在分散中找富集，结合井网系统的重组，对剩余油富集区和分散区分别治理"的方式：

（1）对于剩余油富集区，在搞清其准确位置和可调储量数量的基础上，可以考虑打不均匀高效加密井或其他调整措施来提高水驱采收率；

（2）对于分散的剩余油，可以通过使用凝胶类交联聚合物进行油藏深部调驱来提高水驱采收率；

(3)对于井网不完善、水驱控制程度低的油藏,可以根据剩余油分布状况,与油藏深部相结合,全面调整和优化注采关系,进行井网重组,在这个基础上采取"优化简化"的方式,重组地面流程。

综合应用以上3套挖潜措施,力争较大幅度地提高采收率,预计可能达到8个百分点,搞得好还可以更多一些。

2. 重新建立地下认识体系的技术思路

基于这种理念,针对地下剩余油分布格局的变化,需要重新建立地下认识体系,其关键是在进一步深化油藏描述的基础上,准确地量化剩余油分布。但是,通过什么样的技术思路和途径才能真正做到"深化油藏描述"和"准确地量化剩余油分布",是当前急需明确的问题。

对于怎样才算做到深化油藏描述,我认为要针对剩余油相对富集的特点,综合运用地质、地震和测井等技术,至少做到以下10条:

(1)进行等时地层对比,建立等时地层构架;

(2)提高砂泥岩薄互层预测精度,至少要识别清楚厚度4m以上的单砂体,探索识别精度达到4m以下的新技术,还要尽可能提高砂体厚度的预测精度;

(3)提高砂体横向边界和废弃河道等岩性隔挡准确位置的预测精度;在条件允许时,尽可能搞清各相邻砂体间的叠置或接触关系;

(4)在认识清楚油藏构造格局的情况下,有效识别和组合断距5m左右,长度100m左右的低序级小断层;

(5)有效识别5m左右的微幅度构造;

(6)有效识别各种泥质夹层;

(7)进行水流优势通道位置和产状的预测;

(8)提高储层物性参数的预测精度;

(9)对裂缝性储层要进行裂缝分布和方向等参数的预测;

(10)建立以地震资料为约束的确定性三维地质模型。

而为了量化剩余油的分布,需要大幅度提高精细油藏数值模拟的精度。为此需要大幅度增加网格节点的数量,发展各种提高运算速度和精度的新技术,尤其在历史拟合方面要从油藏的整体拟合、单井拟合发展到分层拟合,以提高各单砂体特别是主力砂体内剩余油分布的精度。

以上技术思路,我认为经过努力是可能实现的,但还需要进行有关新技术的攻关,最后形成配套的系列技术。

二、关于建立先导性示范区的建议

近几年我组织了一个科研小组,在股份公司科技管理部的大力支持下,对于高含水油田二次开发的一些技术问题,以大庆和大港油田为对象,做了一些有关多学科精细油藏描述的研究工作,包括应用高分辨率层序地层学进行等时地层对比,通过分频精细处理和反演等技术的研究,进行了单砂体储层预测、低级序断层和微幅度构造的精细解释等,取得了较好的效果。在大港的港东一区一断块,初步找到了7个剩余油相对富集的部位,其中4个已经被打井证实,日产量最高的井达到50多吨。

尽管我们项目组就二次开发中的技术问题已经取得了一些成果和认识,但是距离上述提出的二次开发理念、对策以及技术思路的全面应用和实现,还有大量的工作要做,以此希望能够有一个从整体上进行实践的机会,能否在大港油田选定一个区块作为高含水油田二次开发示范矿场试验区,开展先导性的研究工作,力图实现以下两个目标:

(1)将上述二次开发理念、对策和技术思路应用到试验区,开展方法研究和技术创新,逐步形成并完善一套高含水油田二次开发具有可操作性的、先进、实用的技术系列;

(2)通过在示范区开展现场试验工作,验证上述二次开发理念和技术方法的运用,能否将水驱采收率提高8个百分点,甚至更高,从而为整个中国石油高含水油田二次开发工作提供经验。

上述关于二次开发的理念、策略、技术路线以及建议的详细说明,见多媒体附件。

以上有关高含水油田二次开发的一些认识和建议,是否妥当,请批示。如有不清楚的地方,请不吝指出,将当面详细汇报。

此致

敬礼!

中国工程院院士　韩大匡

2008年2月17日

漫谈提高高含水油田采收率问题

——韩大匡院士访谈录

郭桐兴

背景介绍：本文应腾讯网的要求，由郭桐兴记者就我国提高石油采收率的问题进行访谈，这是访谈的实录。其中以深入浅出的通俗语言，介绍了我国石油工业的发展历史，当前遇到的挑战，高含水油田提高采收率的意义和技术，包括三次采油和继续提高注水采收率，今后发展方向以及天然气和节能等问题。

郭桐兴：各位观众，人家上午好！欢迎大家来到院士访谈，我们今天非常荣幸地请到了中国工程院院士，中国石油勘探开发研究院教授级高级工程师，中国石油勘探开发研究院原油田开发所所长、副院长、总工程师，中国石油学会理事，石油工程专业委员会原副主任韩大匡院士。韩老师您好！

韩大匡：你好，网友们好！

郭桐兴：欢迎您！随着改革开放20多年以来，中国经济的腾飞，人民生活水平有了一个飞速的提高，汽车大量地进入了家庭，对能源的消费量也迅速在扩大，我们想首先请您介绍一下我国油田开发的现状和面临的问题有哪些？

韩大匡：我想要谈到我们的油田开发业，首先一个要肯定的是，从新中国成立以来我们油田开发业经历了一个快速发展的光辉道路。为什么说是快速发展呢？因为我们在新中国成立初期，也就是1949年的时候，我们全国原油的产量是12×10^4t，其中天然油更少，是7×10^4t，还有5×10^4t是人造油。现在天然油2007年已经增长到1.86×10^8t，所以从它的增长倍数来说增长了1550倍，这个速度是非常之快的。现在这个产量，在全世界各个国家中比较，占到世界第5位。

郭桐兴：位置很靠前？

韩大匡：很靠前的。但是近几年，应该说我们的油田开发，特别是我们的石油产量，虽然还是稳中有增，但是赶不上国民经济高度发展、快速发展的需要。

郭桐兴：面临着一个供不应求的问题？

韩大匡：供不应求这样一个严峻的局面。实际上我们这个也是一个逐步变化的过程，我们在1993年以前，就是20世纪1993年以前，出口量大于进口量。从1993年开始，由于国民经济以9%到10%以上的速度发展，就有点赶不上需求了。

郭桐兴：您的意思是说，1993年以前中国的石油还在出口？

韩大匡：还在出口，1993年以前我们也进一点，但是出口量大于进口量，1993年是转折点。因为20世纪90年代我国的国民经济发展非常之快，改革开放20年以来，国民经济增长速度大概以9%到10%以上的速度发展，这样的速度发展对原油的需求就越来越多了，就像你刚才说的，大家用汽车，汽车实际上是我们石油消费中间一个最大的因素。

郭桐兴：这是最大的？

韩大匡：对，石油作为燃料，作为交通工具的燃料，作为化工原料，还有一些其他的用途，但是消费量最大的还是汽车的燃料。交通运输当然也包括飞机，飞机也要用石油。包括柴油的机车，这个也是用石油。

郭桐兴：轮船。

韩大匡：轮船也是用石油。

郭桐兴：交通工具。

韩大匡：但是最大的消费量还是汽车，因为汽车数量大。

郭桐兴：这个保有量太高？

韩大匡：数量大。一般老百姓，假如手头宽裕一点，还愿意买大排量的汽车，所以这样的消费量是越来越涨得快。在这样的情况下，从 1993 年开始我们的进口量就开始大于出口量。到 2007 年就增加得更厉害了，我们消费量达到了 3.69×10^{8}t。

郭桐兴：这是一个什么概念？

韩大匡：我们的产量才 1.86×10^{8}t，但我们的消费量达到了 3.69×10^{8}t。

郭桐兴：将近一倍了？

韩大匡：就是说我们要进口 1.83×10^{8}t，我们才产 1.86×10^{8}t，要进口 1.83×10^{8}t，这两个很接近了，将近一半，我算了一下，大概是 47%，就是说 47% 要靠进口，我们自己产的才占 50% 多一点。

郭桐兴：这个比例不小。

韩大匡：比例不小，但随着国民经济的发展，这个比例还要扩大。在侯祥麟老院士领导下，我参与了一个关于中国油气可持续发展的战略研究，我们预测一下 2020 年大概会到什么程度。我们希望消费量不要达到 4.5×10^{8}t，这是有一个前提的，是在全面节油的情况下，希望控制在 4.5×10^{8}t。为什么是 4.5×10^{8}t 呢，也就是进口量占到整个消费量的比例，就是进口的依存度不要超过 60%。

郭桐兴：应该保持在这个范围以内？

韩大匡：对，上限就是 60%，我们叫它天花板，人不能高于天花板。但有一个前提，是全民节油，这样才能达到 4.5×10^{8}t。特别是燃料中的汽车用油。我们当时估计了一下，假如汽车保有量到 2020 年控制在 1×10^{8} 辆以内，那么可能达到 4.5×10^{8}t 这个指标。假如要超过这个量，超过 1×10^{8} 辆，比如 1.3×10^{8} 辆，那么可能你的石油消费量就到 5×10^{8}t 了，这个时候对外依存度，就是对外进口依存度要超过 60% 了。

郭桐兴：超过 60% 会出现什么情况？

韩大匡：超过以后，就是对国外的依赖太大了，万一有个风吹草动，比如我们进口的油，85% 要经过马六甲海峡，这是一个很狭窄的通道，这个通道经常有海盗出没。

郭桐兴：像索马里那种情况？

韩大匡：不光是索马里，马六甲海峡也有海盗，如果这个万一有问题的话，我们进口会受到很大影响，我们国民经济要受到很大影响，我们的油就产生了安全问题。假如有风吹草动，或者油价特别高，我们进不了那么多油。

郭桐兴：超出了我们的承受能力和消费水平？

韩大匡：对，这样都可能造成石油的安全问题。就是石油供不上了，因为进口量太大了，进口的途径或者代价太大，你经受不起了，那就是石油安全问题了。因为我们国家的能源安全大家都很关注，实际上能源安全问题说到底，关键还是个石油安全。因为我们能源 60% ~70% 是靠煤炭，煤炭是我们自己生产的，虽然有这样那样的问题，但我们自己生产，所以安全问题不怎么突出。

郭桐兴:相对来讲比较好控制?

韩大匡:对,是我们自己生产的东西。但石油呢,假如对外依存度占 60%,我们自己生产就是占 40%,大头要靠国外引进了。

郭桐兴:主动权不在我们?

韩大匡:主动权不完全在我们手里。现在石油安全问题,我们政府高层、中央的领导也都非常关注这个事。我们在外交上面,怎么确保我们石油的供应和安全已经成为我们外交上一个重大的课题了。这是一个对我们很严峻的挑战。就是怎么样在国民经济高速发展的情况下,使得我们石油安全还是在一定的控制范围以内。现在是供不应求,要多增加我们自己的产量,这是一个严峻的问题和挑战。应该说,这是我们面临的第一个严峻挑战。

第二个严峻挑战,在我们油田本身,经过几十年的开采,油田逐步地进入"老年"阶段。油田跟人一样,也有一个生命周期。

郭桐兴:比方说?

韩大匡:比方说,我们最早正规开发的玉门油田,现在已经有近 70 年的历史了。

郭桐兴:它是一个什么状态呢?

韩大匡:"老年",产量就比较低了,当然现在还在开采。我们最大的大庆油田,从 1960 年开始开发,到现在已经进行了 40 多年了。也开始进入"老年"了。为什么说它是"老年"了呢?它的含水已经超过了 90%。胜利油田的含水比大庆油田还高一点,这些大的、主要的主力油田含水都非常高了。我们统计一下,全国新老油田一起算,平均数字到了多少呢?我们 2003 年有一个统计数据,已经到了 84%。

郭桐兴:您指的是油田含水量?

韩大匡:对。

郭桐兴:这是一个什么概念呢?

韩大匡:我们把含水的增长过程分了若干个阶段,最早是无水的,水还没有山来,等于是零。0~20% 这个阶段是低含水阶段;20%~60% 这个算中含水阶段,相当于人到壮年了;60%~80% 是高含水的初级阶段,这个阶段相当于这个人 60 岁,已经进入老年,但刚开始进入,是老年初期阶段;80%~90%,我们叫高含水的后期,就是这个老年人已经 70 岁以上了。

郭桐兴:耄耋之年?

韩大匡:对,这是一个比方。90% 以上,我们叫特高含水期,相当于八九十岁以上了。

郭桐兴:这个开采的价值相对来讲就不是很大了?

韩大匡:我们所谓的含水实际上是一个什么问题呢,比如我们产出 100t 液体,连油带水,100t 液体里面有几吨是水,几吨是油,其中水的比例就叫含水。比如 100t 液体里面有 50t 水,50t 油,那么这个含水是 50%。假如含水 80%,这是高含水后期了,80%,就是产出 100t 液体里面,有 80t 是水,油只剩 20t 了。到 90% 的话,油就是 10t 了。95%,油就是 5t 了,产那么多液体出来,产 100t,只有 5t 油,这个含水就是 95% 了。这样的话,注水量要更多了,产出的水再不能排掉,需要经过处理或者是回注,都得花钱。

郭桐兴:为什么会出现这么多高含水油田呢?

韩大匡:这要看我们油田开发的主体上用什么技术,我们国家油田开发 80% 到 85% 的储量和产量都是依靠注水技术。注水技术是什么意思呢?油田要从地底下产山来,靠一定的压力。

郭桐兴:就像我们看到出油的时候,往外喷油?

韩大匡:对,压力有一定限度,产出越多,压力就要降低,压力降低油产量就少了,开始能喷出来,后来就喷不出来,就得拿泵抽了,自己出不来了,用泵抽,产量就少了。我们为了避免这种情况出现,我们一定要保持油田的能量,保持它的压力,怎么办呢?往地下注水。

郭桐兴:往油田里注水?

韩大匡:对,专门打一批注水井。

郭桐兴:是不是给它一定压力?

韩大匡:当然,这个压力要保持住,我们国家是早期注水,希望在早期把油田的压力稳住,不要大幅度降低,因为压力下降就意味着产量下降。

郭桐兴:这边开采的同时,那边要注水?

韩大匡:对,水驱动油把它采出来。

郭桐兴:等于这个水推动油,往油井那边流动?

韩大匡:推运过程中间,我们想油比水要黏,黏度大,黏度低的水要窜过去自己流出来,有的部分要自己跑出来。假如油黏度比水小的话,可以比较均匀地推油,这样水就少了。但我们现在中国的油藏有一个特点,就是油的黏度比较高,水的黏度要比油的黏度低好多,拿低黏度的东西推高黏度的东西,它就窜了,一窜的话,油井不仅出油还出水。窜的水越多,含水就越来越高。高到一定程度就变成高含水油田了。液体里面含水就越来越高了。

郭桐兴:随着高含水油田的出现,要想提高高含水油田的采收率,这个意义是什么?

韩大匡:当前来说,因为油田的含水越来越高,我们产生一个很严峻的问题。高到98%,我们界限就是98%,这个油田就得废弃了。

郭桐兴:含水量超过98%,这个油田就算废掉了?

韩大匡:相当于人死了,含水上升的时候,产量也会慢慢递减,最后就很少了,同时含水又太高,经济就不合算了。

郭桐兴:投入和产出不成比例了,没有任何意义?

韩大匡:这样的话就可能面临废弃,当然我们千方百计不让它废弃,不让它废弃怎么办呢,就要提高采收率。含水越高,我们发展这种提高采收率技术就更加的迫切。因为水已经淹到脖子上了,再不提高采收率,这个油田不就完了嘛。先介绍一下采收率的概念,比如我们找到的这个油田有一定的原始地质储量,在其中累计采出多少油,占它原始储量的比例,这个就是采收率。

郭桐兴:就是蕴藏的含量有多大,产出多少,所占蕴藏量的比例是多少,就是它的采收率。

韩大匡:对,采收率这个值,数字大小跟你用的技术有关系。我们说的这个采收率,是指某一种技术状况下面它能够达到多少。假如技术提高了,采收率可以增加。我们国家现在采收率有多少呢?现有用的这套技术,只可以达到32%左右。

郭桐兴:这个采收率不是很高?

韩大匡:不是很高。相当于采出了1/3,严格来讲这个是最终采收率。用注水技术,采到头,也就是含水98%时,我不能再继续生产了,这个时候只能够拿出地下储藏量的1/3。2/3都留在地下,只用现在所用的这套技术拿不出来了。

郭桐兴:没有办法了。

韩大匡:也不能说没办法,我们得想办法从剩余在地下的2/3里面多拿一点出来。这个就是提高采收率。我们不满足于只拿出1/3,因为原油是宝贵的资源。

郭桐兴:不可再生的?

韩大匡：不可再生的。而且一个国家储量有多少，当然不断在找，不断在发现，但自然存在的东西，总是越采越少。这个石油是不可再生的，是非常宝贵的，所以我们要尽量想办法提高采收率。

郭桐兴：怎么样才能提高高含水油田的采收率？

韩大匡：我首先解释一下，为什么我们只能采出原始储量的1/3，我们提高采收率的空间有多大。首先，采收率的高低跟我们中国油田的地质条件有关系。因为国外基本上是海相油田，相对的地质条件比较简单一点，变化比较小，非均质性比较小，复杂程度相对比较轻一点。我们中国油田是陆相储层，比如河流这种沉积，陆相储层变化大，非均质性比较严重，很复杂，另外就是我们原油黏度比较高。那么稀的东西驱稠的东西，肯定采收率就低了，开采难度大。由于这两方面的因素，我们国家目前大平均，原油采收率大体上也就是30%多一点。假如说我们采取各种技术措施，增加它的潜力也是很大的。我们大体估计一下，假如我们增加1%采收率的话，相当于增加可采储量是1.8×10^8t，相当于我们新找到$8\times10^8\sim9\times10^8$t的储量。当然油的储量品位好一点，可能采收率高一点。现在很多新找到的储量，都是低渗透的储量，采收率比较低。我们要找这$8\times10^8\sim9\times10^8$t的储量是不容易的。要花很多钱，现在大概找$1\times10^8$t的储量要花30几个亿人民币，所以你想想找到$8\times10^8\sim9\times10^8$t要花多少钱，我们采收率提高1%，就相当于找到那么多储量。所以只要我们找到办法，提高采收率，它的效益还是很明显的。我们现在对老油田来说，当前的关键问题就是怎么样提高采收率，水已经淹到脖子了，再不提高采收率，就只能老死了吧，得要救它，让它多活几年，多产点油。

郭桐兴：怎样提高高含水油田的采收率呢？

韩大匡：提高采收率就要用各种各样的新技术了，大体上我们油田开发界提高采收率可分成两个途径。

郭桐兴：哪两个？

韩大匡：一个途径是所谓三次采油技术，这个名词是从国外来的，我们翻译过来的，当然我们现在也通用这个词了，就是在水里面加很多化学剂。再广泛一点说，三次采油有很多技术可以提高采收率，我国主要是用化学驱的办法，还有一种是注气体，比如注二氧化碳、天然气，这两种气体来比，当然二氧化碳的效果最好。

郭桐兴：为什么要注二氧化碳？

韩大匡：二氧化碳在一定条件下，可以产生混相，我们为什么产油那么低，油水之间有一个界面张力的问题，混相状态下，油水之间的这个界面就消失掉，产出油就多了。

郭桐兴：张力减小？

韩大匡：减小，最后取消掉，混相下界面的消失。用这种方法可以提高采收率。

郭桐兴：帮助我们把下面的石油提出来？

韩大匡：每个国家发展什么技术，要根据它具体的地质条件，要根据它的物料供应条件，比如你国家没有二氧化碳，怎么用二氧化碳呢。根据我们国家陆相储油的特点，我们觉得化学驱比较适合我们。

郭桐兴：采取这种办法，应该根据各国不同的情况、条件，因地制宜？

韩大匡：对，我们确定的是用化学驱，一种是水里面加一点聚合物，水溶性的聚合物，溶解在水里面，好处是增加注入液体的黏度，刚才说是水黏度低的问题，加入了聚合物，增加黏度，克服水黏度低的缺点，这样可以提高采收率。我们大庆油田试下来，采收率大概可以提高10%，这个成绩相当显著。我们水驱了那么几十年，只是驱出了30%左右，用这个可以再驱出

10%，相当于增加了1/3。还有一种就是三元复合驱，就是多增加几种化学剂，包括表面活性剂，就像肥皂或者是洗衣粉，洗完了以后把油污洗下来了，原理差不多，当然它的机理要比这个复杂得多，但原理是这个，加这个东西，可以把油从岩石的表面清洗下来。另外为了增加洗油的作用，还增加一点碱、聚合物、表面活性剂，我们叫做复合驱，这个提高采收率的幅度就更大了，当然加入的化学剂多了，成本也高一点。大概采收率可以增加18%～20%的幅度。

郭桐兴：将近翻一番？

韩大匡：不到，在水驱采收率的基础上大体上可再增加2/3。

郭桐兴：这个成绩也非常显著了？

韩大匡：对，但是它的成本也高了，因为加的东西多了，肯定成本也高一点。

郭桐兴：比完全用水肯定成本要高了？

韩大匡：当然还有其他的一些东西，我就不详细地说了。另外最近我们发现了一些二氧化碳的气藏，我们有一些天然气，比如大庆、吉林等一些地方，在天然气里面发现了二氧化碳，把二氧化碳分离出来去驱油，这个也有很好的效果。这些二氧化碳，如果不分离出来，放到大气里面，还造成温室效应，污染环境。现在世界各国对二氧化碳的排放非常重视，因为这牵涉到我们全球温度升高，造成一系列的严重后果。所以大家都要减排，光减排，就光花钱，假如注到下面去，又减排，还又提高采收率，就是一举多得，这个效果更好。所以我们这两年也发展了二氧化碳驱。当然目前还是刚刚开始，美国过去用得比较多，我们国家因为过去没有二氧化碳，所以发展不起来。现在发现了一些新的二氧化碳矿藏，二氧化碳驱也开始发展起来了。既减排又还提高采收率，一举两得。

郭桐兴：何乐不为？

韩大匡：对，虽然这些方法提高采收率的幅度比较大，但受到一些限制。第一个，它有一个条件，必须是大的整装油田，油田太小了，如复杂断块油田，就很难推广，因为一块跟一块不一样，这块能应用，那一块不一定能用。另外受到油田高温高盐的限制，化学剂耐不了那么高的温度。地下水里面含盐量太高了，化学剂也受不了，所以受到这些限制。

郭桐兴：弄不好就起反应？

韩大匡：弄不好，化学剂就低效了，花了很多钱，最后效果也不理想。有很多限制。第二个途径，我们是注水为主，我们怎么样进一步提高注水的采收率，这个就是另外一条途径。刚才说的是两条途径。凡是搞不了三次采油的地方，还要想办法提高采收率，刚才说水容易窜，让它少窜一点，驱油波及的范围扩大一点，也可以提高采收率。这种技术应用的范围量大面宽。凡是不适应三次产油的地方都可以用这种技术，但你注水已经注了三四十年，再进一步提高采收率，这个难度比较大，而且工作量很大。我们很多井都已经老化损坏了，重新再打井，花钱很多，成本也比较高。所以我们在这个中间怎么样找到一条既能够少花钱，又能够有效提高采收率的途径，这个就是我们说的所谓二次开发。现在这两条路，作为国家来说，两条路应该齐头并进，两条腿走路，不能光走一条，另外一条放掉了。这样的话才能总体上提高石油的采收率。

郭桐兴：看起来这个形势很严峻，如何提高高含水油田的采收率真是一个非常重大的课题。

韩大匡：对。我以前的时候，大概20世纪80年代，我搞三次采油的研究搞得比较多，现在三次采油已经产生了比较大的成效，我们国家采用聚合物驱的规模已经达到了一千多万吨，在大庆，采用聚合物驱产量规模已占到大庆整个产量的比例大概是1/4。以前大庆产量是5000×10^4t稳产，现在老了，产量也在下降，大概是4000×10^4t，现在聚合物驱的规模是1000×10^4t

了，大概就是占它产量的25%。当然大庆有它的条件，油田个大，可以普遍推广。但有些地方就不行了，断层很复杂，一块一块的，这块跟那块不一样，采用同一个技术，可能这块能用，那一块不一定适合了。另外有的温度很高，有的井下温度达到100℃多了，化学剂就耐受不了了，所以这个也给化学驱造成很多困难。

郭桐兴：聚合物适应的环境，对温度也有一定要求吗？

韩大匡：对，当然我们尽量提高它的耐受程度，但毕竟是化学的东西，有一定限制，不能无限制提高。在这种情况下面，我们怎么样进行二次开发，研究提高注水采收率的技术，现在就是我们一个很重要的课题，所以我近几年搞这些方面的研究。

郭桐兴：现在这个研究的进展情况怎么样的？

韩大匡：因为含水都高了，80%以上了，有的老油田已经到了90%，在这样高含水情况下，怎么样有效提高注水采收率，首先得看一看在这种条件下面，地下还剩多少油，这个油分布在什么地方，它分布的格局是什么样的，是大片的连续分布在那儿，还是很零碎的，很零碎的难度就大了。我分析了一下，现在这些高含水油田，剩余油的分布是很复杂的，当然还有一定的规律性。它的规律性是什么呢？从总体上看，已经高度分散了，就是东一点，西一点了，但还有比较集中的地方。比如现在的单井日产量，整个中国石油来说，只有2.5t/d了，1990年还有8t/d油，由于含水增加，单井日产油量下降。但同样在老油田的有些地区，还可以打出日产10t、20t，甚至100t油的高产井。假如打出一口50t井的话，一口井就顶20口；100t的话，一口井顶40口了。对于那些剩余油相对富集的地方，就要想办法找出来，打高产井，范围大一点的剩余油富集区可以打水平井，效果更好。问题是怎么找出来。在剩余油分散的情况下，随便打井的活，含水都是80%、90%以上了，打出的井，很可能是高含水井，效果就差了，虽然还可以提高采收率，但代价就大了。

郭桐兴：最好是找那种含量比较大，比较集中的？

韩大匡：剩余油量比较大，相对好的地方，把它找出来，这就需要研究和应用新技术了。要充分利用地质技术、地震技术、测井技术，还有数值模拟等技术，综合起来，有关油层在地底下几千米的地方，用各种各样的测试技术，把它弄清楚。关键是怎么把它找出来，找到以后我打井就是高效了。

郭桐兴：这也是一个非常重要的课题？

韩大匡：对，所以就是怎么找出来，就是综合应用，地质、地震、测井等，多学科的技术综合起来，进行精细的油藏描述，要给它描述清楚，可以大体上认识它。还有一种就是分散的油，每一个很小，但总量大。分散的油，我也想办法拿出来，这个油怎么拿？我们需要用一些新的办法，单纯打井，很难打到很分散的油，我可以用新的可动凝胶技术给它采出来，这种办法有一个好处，耐温性很强，可以耐到100℃以上，我们研究一种新型的驱油剂，可以耐到120～130℃的高温。这样的话就可以适应很多复杂的环境。所以它的适用性很广泛。对含盐量也是这样，矿化度10×10^4mg/L，或者20×10^4mg/L，比海水还高一点的也都能够适应。所以它的适应性相当广泛。概括起来说，我们首先要认识剩余油的分布格局，大体上讲，就是剩余油总体上分散了，但还有一些好的、富集的地方。这两个部分，不同性质的问题用不同的办法去解决它。对好的地方，我要用各种技术把它找出来，找到，有多大。对于分散的油，可以在井网重组的基础上，形成一个注采系统，再用可动凝胶从油田深部进行调驱，把它采出来。这样的话双管齐下来提高采收率。现在这些技术还在研究中，采收率如果能提高5%以上也不错。

郭桐兴：这个也是很显著的。

韩大匡：很显著。

郭桐兴：从理论角度来讲，应该是完全可行的？

韩大匡：对。而且我们搞得好的话，当然我现在不敢说太大的话，也可能达到7%～8%，甚至于更高一点。这个技术我们正在研究中。

郭桐兴：我们也祝愿咱们这个技术早日研究成功。

韩大匡：我们也是希望这样。

郭桐兴：韩老师，对于咱们中国石油工业未来的发展，谈谈您的看法。

韩大匡：我们2007年的石油产量大概是1.86×10^8t，经过我们千方百计的努力，包括新区的勘探，多找一点油气，特别是多找一点品位好一点的原油新储量，再加上我们老区也提高采收率，这样加起来的话油产量还可以进一步增长。但可能是，增长得越高以后掉的可能越厉害，我们希望是可持续发展。比如现在是1.86×10^8t，增长到2×10^8t左右，我们希望保持比较长时间的稳产，这样的话有助于我们国家可持续的发展。不能只考虑今天有饭吃，不考虑明天了，明天得吃，后天还得吃。就是说还得要发展我们的油田开发，使我们产量在1.8×10^8～2×10^8t里面让它平稳地较长时间地保持我们国内的石油供应。这个实际上对石油安全也是一个很重要的条件。另外一方面，我们石油工业还包括天然气，近几年我们天然气是一个大发展的前景。天然气是一种优质的燃料，也是很好的化工原料。

郭桐兴：也是隶属于能源范围？

韩大匡：也属于能源。近期找到的天然气储量比较多了，我们修管线，因为天然气跟油不一样，油可以火车拉着走，汽车拉也可以，但天然气不行，因为体积太大了，必须修管子，所以我们近几年修了很多管线，天然气的产量发展比较快，一年大概增加$100\times10^8m^3$的供应量。而且将来到一定时候，更长期来看，它的供应量可能超过原油的供应量，这是按当量来说的。所以我们大力发展天然气，可以大大缓解一下对石油供应的紧张局面，是能起到很大的作用。

郭桐兴：天然气使用起来，是不是比石油、汽油更环保一点？

韩大匡：更环保，相对更清洁的能源，咱们国家，中央提出科学发展观，所以大家对天然气的需求越来越旺盛。

郭桐兴：将来前景应该是非常看好的？

韩大匡：非常好的。这里讲的天然气，也是一个重要方面。另外我们总体上还得采取节油的政策，应该把节油定位为我们国家的国策之一。现在中央也很重视，提出了很多具体要求和措施。但其中很重要一条，就是我们不能无限制，不顾能源供应的能力，无限制的发展汽车，应该有所节制。要照顾到我们能源供应，特别是石油供应的可能性。

郭桐兴：不能光为了发展我们的汽车工业，而忽略了能源工业的发展。

韩大匡：对，特别是各个环节都需要节能。比如汽车，咱们应该提倡买小排量汽车。

郭桐兴：或者是更环保的。

韩大匡：更环保的，耗油量更低的。

郭桐兴：尽可能用洁净能源。

韩大匡：对，其他方面，比如照明、工业应用方面，要全方位的节能。同时也要提高我们石油的利用率，这也是一个重要方面。另外我们要充分利用两个市场，就是国内、国外。两个市场，两种资源，国内资源当然是我们的基础，我们尽量发展国外的油气田的开发。现在国内各大油公司都在这方面尽了很大努力，特别是中国石油这方面的进展比较快。另外我们要发展多元化的贸易，国外开采的油田是我们的基地，但总还是不够，我们还得要买油，刚才也提到了,我们买的油越来越多,我们要多元化,多条腿走路,这也是一个方面。另外为了避免不测的事件,我们要有国家的原油战略储备。现在世界经济发达国家都有储备,防患于未然,即使有三长两短,发生一些不测的事故,我自己有储备,就可以顶一阵子。另外还得发展一些替代能源,能够替代石油的。比如说各种各样的新能源,来代替,可以减少我们石油的消费。这应该是全方位的举措,我们希望石油还是能够可持续发展,甚至到 2050 年,还能够有相当的分量。特别是天然气,我们觉得今后油气在燃料结构中能够有大幅度增长的一种可靠能源就是天然气。现在天然气在整个全国一次能源消费中间占了 3% 左右,我们希望天然气大发展,能够提高到 10% 左右,这个潜力是比较大的。所以总体是全方位地来考虑今后的发展问题,保障我们国家对石油,对各种能源的需要。

郭桐兴:听您这么一介绍,我们对中国石油工业未来的发展,心里有数了,更踏实了,应该说前景还是比较乐观的。

韩大匡:对,并不像有些人说的石油马上就枯竭了。

郭桐兴:这个东西要看你从哪个角度去看,你怎么去理解它。

韩大匡:对,另外我们要发展新技术。

郭桐兴:随着人类科技的不断进步,科学水平的不断进步,有可能在石油工业当中有所表现。我们也预祝中国的石油工业将来有一个美好的未来。

韩大匡:对,我们希望为这个努力。

郭桐兴:同时也谢谢韩老师。

韩大匡:谢谢各位网友的关注。

郭桐兴:谢谢您就提高高含水油田采收率的话题做了这么精彩的讲话。谢谢您。同时也感谢大家收看院士访谈,我们在下期院士访谈再见!同时预祝大家 2009 年新年快乐!谢谢!

(本文来自腾讯网 2008 年 12 月 30 日院士访谈栏目)

如何提高高含水后期油田剩余油的采收率

——访中国工程院院士韩大匡教授

陈伟立

背景介绍：本文是应《中国石化报》记者陈伟立访谈后整理的文稿。其中，首先介绍了我国陆相油田储层的主要地质特点及注水后油田动态变化规律，高含水后期剩余油分布格局的特点和深度开发的主要技术，特别是重点介绍了进一步提高水驱效率的技术思路和做法。本文修改后以《高含水油田：深度开发依然可期》为题发表于2007年2月6日的《中国石化报》。

在我国，20世纪六七十年代开采的老油田，现在已进入开发后期，即高含水甚至特高含水的后期。2003年年底，全国各油田平均综合含水率已达到84.1%，其中含水率超过80%，称之已进入高含水后期的油田，所占可采储量在全国的比重达到68.7%；平均可采储量在全国来讲其采出程度已达到72.8%，其中可采储量采出程度大于60%的油田储量占82.4%。因而，如此老油田的稳产难度大为增加，产量递减在所难免。如何进行深度开发，提高其原油采收率已成为当务之急。为此，我采访了中国工程院院士韩大匡教授。

一、我国陆相油田的地质特点

以油气田开发、提高采收率和油藏数值模拟为研究方向的韩院士，首先指出，我国油田的储层92%为陆相碎屑岩沉积，而其中内陆河流—三角洲和冲积扇—扇三角洲沉积的储量又占92%。这种油田比海相油田的地质条件要复杂得多。有哪些特点呢？韩院士指出了下面6方面的具体表现：(1)砂体分布零散，平面连通性差且颗粒分选也差，有复杂的孔隙结构，物性变化大且非均质性严重；(2)沉积呈现出多旋回性，油田纵向上油层多，有的达数十层甚至百余层之多，而且层间的差异也大；(3)油田内部的渗透率级差大，特别是河道砂体渗透率呈现出上部低、下部高的正韵律分布特征，在重力作用下，所注入的水易从下部窜流；(4)断层极其发育，尤其在我国东部渤海湾地区，断块小、差异大；(5)原油属中质油居多，地下黏度一般为10～50mPa·s，而且含蜡量高，还有相当部分的重质稠油；(6)油田的天然水供给量受限，能量不足，一般需要注水以补充能量。

“这些复杂的地质条件，大大增加了陆相油田开发的难度，难怪我国油田的水驱采收率如此偏低。”我说，韩院士举出2003年资料的记载：全国已开发油田在现有技术条件下的标定采收率为32.2%，其中陆上东部地区的采收率较高，也只不过为34.9%，而陆上西部地区和近海仅分别为24.3%和24.2%。若除去大庆喇萨杏油田的数据，我国东部地区的采收率只有27.6%，可见在我国，提高采收率的空间还很大，潜力很大！

二、我国陆相油藏注水后的变化规律

“我国油田普遍进行了注水开发，记得20世纪60年代初，我在玉门油矿时，发现有注水井、采油井，有磕头泵，自喷井，那时方知注水驱油技术。大庆油田创造了年产5000×10^4t以上稳产27年的世界先进水平，是否还引用了注水技术?”韩院士说:“经过长期的开发实践，我国形成了以大庆油田为代表的早期分层注水、分阶段逐步综合调整的一系列技术，它适合于我国陆相油田非均质严重、层系多的特点，这可是独具中国特色、应用最广泛的开发技术，正是这套技术才创出了您说大庆稳产27年的世界先进水平。”

关于早期分层注水、又分阶段逐步综合调整的系列技术，各开发阶段的地下油水分布、动态变化情况，以及对策，韩大匡院士深入浅出地作了下面的描述:由于我国陆相油田在层间、平面和层内存在的复杂的非均质性，因此，注水后，注入水的推进是非常不均衡的，造成油田内部各油层、各部位原油被驱替和动用的状况出现了差异;随着含水率的上升，油水两相在各油层和部位间的分布格局不断地变化，呈现出不同的矛盾和动态特征，带来了开发过程的阶段性。他说:“一般来说，注水开发油田随着含水和产量的变化，常分成无水期、低含水期(含水率小于20%)、中含水期(含水率在20% ~60%)、高含水初期(含水率60% ~80%)、高含水后期(含水率80% ~90%)、特高含水期(含水率大于90%)等各个开发阶段。每个阶段随着油水分布状况的差异，而有其很大不同的开发动态特征，因此，油田的合理开发就需要预测这种不同动态变化的状况，及时采取相应的开发对策和调整措施，以保障油气田生产的持续发展。”

三、高含水后期油田剩余油的深度开发

“当进入高含水后期油田的可采储量的采出程度大体也已超过60%，出现产量递减的趋势。此时地下油水分布的特点是‘整体高度分散、局部相对富集’。除特殊地质条件外，已很难找到可供均匀加密的整片剩余油。”韩院士说，这个阶段要以提高采收率为主要目标，而且进行深度开发。“是否介绍一下如何提高这种状况下的采收率，也就是进行所谓的深度开发吗?”,“可以，这要采取两条腿走路的方针，也就是一方面要发展和改善注水的新技术，以扩大注水波及的体积和冲洗强度，继续提高注水采收率;另一方面，要发展聚合物驱和化学复合驱等三次采油技术，进一步提高采收率。这里，要解释一下‘注水冲洗强度’的概念，它的含义就是在注入水所波及的范围内各部位采出程度的大小。注入水波及范围内的各部位之间，因冲洗倍数的不同，其冲洗强度的差别很大。”韩院士如此表述:在主流线部位的冲洗强度很高，采出程度接近甚至等于实验室所测定的驱油效率，若在正韵律储层下部高渗透层段的主流线部位，其采出程度有可能高于通常实验室测定的驱油效率，而在接近分流线的部位，则非常低。所以，对提高注水采收率来说，除了经常提到的扩大注水波及体积的概念以外，还要注意在注入水波及的范围内如何提高其冲洗强度的问题，这将具有重要的意义。

关于这方面，中国工程院的研究曾对此作过预测，依靠各种改善注水的技术，到2020年，我国可增加可采储量4.3×10^8t。何况老油田地面设施比较完备，无需再建或少建骨干工程，利用新的注水技术可为油田带来好的经济效益。鉴于剩余油分布的高度分散性和其富集部位又存在于局部地区，这两种不同类型的剩余油，韩院士指出:对于前者那些分散的原油，可以使用各种可动凝胶进行深部调驱的办法把它们采出来，至于在有大孔道的地方，则可采用颗粒凝胶或柔性凝胶等深部液流转向技术堵住高渗透水流的优势通道，更多地采出此类分散的剩余油;针对后者则可采用打不均匀的高效调整井或其他综合措施，采出相对富集部位的剩余油。

韩院士说，前者的深部调驱和深部液流转向技术在研究进程中有了较大进展，有的方法已在矿场开始应用了。“后者的研究工作，据说在本世纪初才刚刚开始，”“是的，这方面难度还很大，要有新的思路，发展新的技术系列。”

我请韩院士着重介绍一下对后者研究工作的情况。“接受您的采访，这是我要着重谈的

内容，即如何找准高含水后期剩余油相对富集区的部位，以及在这个基础上如何深度开发，提高采收率的问题。”

我们知道，应用三次采油技术如聚合物驱和化学复合驱提高采收率的幅度大，潜力可观，据全国第二次潜力分析结果可知，仅这两项技术就可增加可采储量约 5×10^{8}t。其中，技术经济效果较好，并可望在2020年前增加的可采储量约 2×10^{8}t。但是，如此三次采油技术只有在大型整装油田才能获得大规模推广的条件，所以，其应用范围受到了相当限制。

为此，韩院士对我国进入高含水后期的老油田如何提高剩余油富集区部位的深度开发和提高采收率，并围绕提高剩余油富集区预测的精度谈了他的构思和新的、有独到的见解。

四、一个基础　一个对象

由于高含水后期和特高含水期地下剩余油“整体高度分散、局部相对富集”的分布格局下，剩余油大体上可能分布在下述8种部位，韩院士介绍：(1)不规则大型砂体的边角地区，或砂体被纵向或被横向的各种泥质遮挡物而形成的滞油区；(2)岩性变化剧烈、主砂体边部变差的部位及其周边呈现镶边或搭桥形态的差储层或表外层；(3)现有井网控制不住的小砂体；(4)断层附近井网难以控制的部位；(5)断块的高部位、微构造起伏的高部位以及切叠型油层中的上部砂体；(6)优势通道造成的水驱不到的地方，层间干扰形成的剩余油以及井间的分流线部位；(7)正韵律厚层的上部；(8)注采系统本身不完善，或与砂体配置不良所形成的有注无采、有采无注或单向受效而遗留的剩余油。但是对于一个具体的油田或区块来说，哪一个部位能形成真正具有技术经济开采价值的富集区，则视油田的实际情况而异。

在上述分布格局下，韩院士说：“传统的油藏描述方法已不能准确地描述和预测剩余油的分布状态。因此，如何认识和准确预测油层中剩余油特别是其富集部位的分布状态，将是提高含水油田进行调整挖潜，提高原油采收率的基础或说是关键。只有在这基础上，才能够有的放矢地针对剩余油富集部位采取打各种类型不均匀的高效调整井（如直井、侧钻井、水平井或分支井等复杂结构井）或实施其他综合调整措施，以便更有效地采出剩余油，提高注水采收率；另一方面，即使对于一般采用均匀井网的三次采油技术，认识上述剩余油富集部位的分布格局，也将有助于进行井网的局部优化，达到进一步提高其效果的目的。”“实践表明，老油田高含水后期确实仍然还存在可观的剩余油富集区”，韩院士补充说。

并非所有的剩余油分布部位，都具有部署调整井的可能性。韩院士认为，真正能够成为改善注水，提高采收率重要对象的剩余油富集区，是指受地质因素和开发方式控制，在目前井网条件下进行常规注水已难以将其驱出，具有一定储量规模和经济开采价值的剩余油区。

“请谈一谈地质条件对剩余油富集区的影响”，韩院士根据有关统计资料说，陆相储层中沉积类型不同，其中剩余油的多寡也不同，如河流相储层中剩余油所占的比重最大，可达46.4%，加上其他沉积类型中的河控沉积，其比重不但超过而且大大超过50%，而其中很多是油藏开采中的主力层。据大庆油田的统计，各种河控储层中剩余油所占的比重约在70%，这是因为河流相沉积一般来说其砂体宽度较为狭窄，而且形状曲折多变，井网对它难以控制，常留下较多的剩余油。所以从储层沉积条件上看，在河道砂体构成的主力层中寻找剩余油富集区，将是一个重要方向。又如渤海湾地区的断块油田，其断层遮挡等构造条件是形成剩余油的重要因素。在准确确定断层位置和倾角的基础上，打各种“聪明井”已成为断块油田剩余油挖潜的重要措施。

但是，韩院士认为，即使对断块油田也不能忽视储层因素所形成的剩余油。无疑，断块油田的断层分布越密集和复杂，各断块的面积越小，断层等构造因素所形成的剩余油所占的比重越大，越简单的断块油田，其断块面积越大，储层因素就越不能忽略。

五、一描述、二预测、三关键

由上可知，我国陆相油田的复杂因素造成了地下剩余油极其复杂的分布状况。必须采取多学科综合集成的办法，充分发挥各学科的特点和优势加以综合运用，才能较准确地预测剩余油，特别是其富集部位的分布状况。韩院士提出了在进一步深化油藏描述的基础上进行预测的思路：首先要综合运用地质、地震、测井等技术，除了继续加强对各种封闭性构造，尤其是低级序断层和微构造的描述外，重点要对储层的展布，特别是主力层的展布进行尽可能准确的描述。其次，再应用精细的数值模拟技术，确定剩余油的分布状况，重点是其富集部位的准确位置。

剩余油预测的关键是建立高精度确定性储层的地质模型，韩院士如是说，而要把储层的展布认识清楚，关键和难度在井间，开发地震是获得井间储层展布信息的最有效的技术，因此发展开发地震技术是搞好储层确定性建模的关键，剩余油富集区挖潜对开发地震储层预测的精度又提出了更高的要求。地震技术应用于石油勘探已有几十年历史，卓有成效，但用来解决开发后期砂泥岩薄互层中的剩余油分布问题，则要求其对储层预测在下面 5 个方面达到更高的精度：(1)提高砂泥岩薄互层条件下识别小层、砂体的准确程度；(2)预测砂体的边界，重点预测对剩余油富集有利、具有一定厚度的河道砂体的边界位置；(3)预测对剩余油富集有利的各种岩性隔挡的位置；(4)提高砂体厚度预测的精度；(5)准确确定低级序小断层的位置、走向和微构造的幅度及位置。满足上述提高的精度要求后，最终为剩余油分和预测提供准确的、以地震资料为约束的确定性地质模型。

为了提高地震技术储层预测的精度，韩院士认为要按照“采集、处理、解释、反演、建模”一体化的思路，进行各种新技术和新方法的探索和研究，要求在各个环节上都能精益求精，使之逐步形成一套有效和实用的系列技术。他还指出：剩余油富集区挖潜可以形成规模化、产业化的应用。

最后，韩大匡院士认为：我国油田由于陆相储层非均质严重，注水采收率偏低，所以，提高采收率有着很大的潜力，前景使人乐观。

高含水后期井震联合剩余油预测技术研究

刘文岭　韩大匡　叶继根　王经荣

背景介绍：提高油藏描述的精度最大难点在井间。地震的应用是获取井间信息最主要的技术。然而，我国陆相储层常呈砂泥岩薄互层的状态，传统地震解释方法分辨率低，难以识别这种砂泥岩薄互层中的薄砂体。因此，开展开发地震的研究和应用，首先要解决它的可行性和有效性问题。本文重点就是解决这两个问题。文中首先通过对正演模型的研究，从理论上证实了用井震联合反演的方法可以突破传统地震分辨率1/4波长的限制，有效识别砂泥岩薄互层中2～4m的薄砂体。然后，建立了一套井震联合反演进行薄互层预测的具体方法。在大庆杏树岗油田4～5行列区井距100～200m高密度井网下共398口井实践结果，经9口预留井检验，4m以上砂体的存在性有把握准确预测，2m以上厚度砂体存在性的符合率也达到85%。研究成果对该工区的断层、微幅度构造和河道砂体的展布提供了新的认识；在这个基础上还用数值模拟方法，预测了该区的剩余油分布状况。

本文在2004年中国石油学会石油工程学会“井间剩余油饱和度监测技术及应用研讨会”上被评为一等奖，收录于《井间剩余油饱和度监测技术文集》（石油工业出版社，2005）。后在由国际石油工程师协会（SPE）与中国石油学会共同主办的2006年中国国际石油天然气会议上进行了宣读（SPE号：104437）。

摘　　要：本文针对高含水后期剩余油分布零散的特点，提出在老区结合地震资料开展多学科剩余油分布预测的新思路。针对薄互层储层预测的难点和遇到的问题，通过开展井震资料综合应用研究，建立了以深时转换方法、地质小层约束实现方法和时间平均方程储层地球物理特征曲线计算方法为主的薄互层地震反演精细初始模型的建模方法，实现了高精度储层预测。该技术在大庆杏树岗油田杏4～5行列丙北块平均200m左右井距条件下的应用，对该区断层、微幅度构造和河道砂体的展布有新的认识。在精细油藏描述的基础上，通过大型精细数值模拟，对研究区剩余油分布进行了预测。研究表明在高含水后期结合地震资料开展多学科集成的剩余油分布预测，对高效挖潜剩余油具有重要意义。

关键词：高含水后期　剩余油　开发地震　油藏描述　储层预测　地震反演

引　　言

从总体来看，我国已开发油田基本上已进入高含水后期深度开发阶段。在此阶段，剩余油分布总体上呈“高度分散、相对富集”的格局（韩大匡，1995）。找准剩余油富集部位，部署不均匀高效调整井，最好的办法是发展精确的确定性建模技术。确定性建模技术的重点和难点在井间。然而，尽管在油藏高含水后期井网密度较大，但井间仍然是模糊的。地震是能够直接提供井间信息的唯一技术，为此，发展开发地震技术，提高其精细程度是搞好精细油藏描述的关键。

长期以来，人们对在老区开展结合地震资料的工作普遍存在两种意见，一是认为井网密度大，仅用井资料就可以达到较高精度，不再需要结合地震的工作；二是认为地震资料分辨率低，无法解决老区薄互层问题。为此老区发展开发地震技术,在解决技术难点的同时,重点需要解决结合地震应用的可行性与有效性问题。本文意在通过理论与方法研究回答上述问题,以说明在高含水后期结合地震资料开展多学科集成的剩余油分布预测具有重要意义,是可行而有效的。

一、可行性研究

1. 探测度是开发地震应用的理论基础

Robert E. Sheriff 在"勘探地球物理百科全书"中对探测度(detectable limit)作了定义,称在噪声背景上能够给出可见反射的岩层的最小厚度为探测度。钱绍新先生认为探测度有可能提高到地震分辨率的 1/5 左右。探测度理论的提出为开发地震研究奠定了基础,从理论的角度说明了地震技术在老区应用能够解决薄层问题,具有可行性。在高含水后期精细油藏描述中,要建立探测度的概念。尽管砂泥岩薄互层在地震剖面上难以分辨,但只要充分发挥三维地震数据在横向上密集采样的特点,结合纵向上具有高分辨率的井资料,通过井震联合反演是可以探测的。

2. 概念模型证明老区应用地震的可行性

探测度在理论上说明了老区应用地震具有可行性,对于实际情况,地震方法是否能够达到老区薄互层储层预测的精度要求,我们从正演模型出发,在地震储层预测方法筛选的基础上,对选择的井震联合反演方法的精度进行了研究。正演概念模型的设计参考了研究区目的层的埋深、储层厚度、小层发育状况、砂体厚度范围和砂泥岩速度。道间距 20m,井距 200m。向合成地震记录加入了一定的噪声干扰。概念模型研究表明(表 1),井震联合反演的精度可以突破传统地震分辨率 1/4 波长的限制,这证实了探测度理论(60Hz 资料理论探测度为 2.5m 左右)。研究表明采用研究区 60Hz 的地震资料开展储层预测,能够达到对 2 ~ 4m 砂体存在性预测的精度要求。井震联合反演精度的研究成果与探测度理论基本符合,说明开发地震技术在老区应用具有可行性。

表 1　井震联合反演储层预测精度分析表

主频,Hz	30	40	50	60	70	80	90	100
砂体横向边界预测能力,m	4.0	3.0	2.0	1.5	1.5	1.5	1.5	1.5
砂体存在性预测能力,m	3.0	2.0	2.0	2.0	2.0	2.0	2.0	2.0
砂体厚度预测能力	差	差	一般	良	良	良	优	优

二、方法研究

针对老区储层为薄互层、开发后期井数众多的特点,本文对地震资料老区构造解释方法、薄互层井震联合储层预测方法、地震约束储层地质建模方法进行了细致研究。

1. 地震资料老区构造解释方法

地震资料在老区构造解释方面,较勘探阶段具有井多优势。如何发挥已知井多的优势,是地震资料老区构造解释方法研究的重点。在应用地震资料相干分析技术、三维可视化技术和逐线解释方法对层位和断层进行精细解释的基础上,对利用开发后期大量已知井制作构造图的方法进行了研究,提出了具有外部漂移克里金构造成图方法。具有外部漂移的克里金方法通过协同地震旅行时间数据,在深度域按照地震旅行时间构成的层面趋势的约束,对构造层面进行插值计算,其结果能够既符合井数据,又忠实于地震数据趋势,是开发阶段井多条件下绘制构造图的有效方法。应用此方法绘制构造图回避了通过速度进行时深转换的问题,可以有效规避因速度误差产生的构造精度误差。受密井网的约束,这种方法绘制构造图能够达到非常高的精度。具有外部漂移的克里金方法参见参考文献(吴胜和,1999),这里不再赘述。

2. 薄互层井震联合反演储层预测方法

老区薄互层反演遇到3个问题:(1)深时转换精度要求高;(2)地质小层约束反演实现难度大;(3)声波测井曲线不能划分砂泥岩。解决这3个问题是提高储层预测精度的保证。

(1)深时转换方法。

地震反演通常在时间域进行,为此需要对测井曲线进行深时转换。以往的作法是,在反演软件中通过合成记录的方式进行井震层位对比,产生时深对关系表,从而实现深时转换。但合成记录的精度与对层误差会造成深时转换精度的降低。本文以目的层顶深度值及其对应的地震资料时间值点对为基值,采用测井声波时差曲线上深度点对应的深度值与速度值,对测井曲线进行逐采样点的深时转换。采用这种方法的好处,一是在满足测井速度与地震速度相近的前提下,只要地震层位解释准确,采用该方法可以实现准确的深时转换;二是在反演时,测井数据在时间域加载,回避了合成记录对层大量的工作,对于高含水后期数百口的反演工作量极大地提高了工作效率。

(2)地质小层约束实现方法。

以往反演仅用解释的地震层位对反演初始模型进行约束,然而受薄互层的限制,储层的地震反射时间很短,一般可解释的地震层位仅为储层顶底面反射,储层内部地质小层界面没有地震反射层位。如果采用以往的工作方式只用可解释的地震层位约束反演,那么将产生砂体窜层现象。为避免反演砂体的窜层现象,需要采用地质小层界面对反演过程进行约束。本文针对老区井网密度大的特点,采用以下方法实现小层约束反演:

① 采用上述测井曲线深时转换方法,逐井将各小层深度数据,转换为时间数据;

② 采用具有外部的克里金方法,以地震解释层位为约束,对小层时间数据插值;

③ 将获得的小层时间插值数据加载到地震资料解释系统,进行必要的解释修改;

④ 加入反演系统。

(3)储层地球物理特征曲线计算方法。

基于模型的反演是波阻抗反演,应用的测井曲线主要为声波时差曲线。砂泥岩存在声波差异是地震波阻抗反演的先决条件。但是对于东部地区有许多油田声波时差曲线不能反应岩性的变化。这就需要对储层物理特征曲线进行重构。以往的作法通常是通过声波时差和与岩性关系密切的其他测井曲线的函数关系拟合来实现。但是这样的关系难以建立,存在很大人为因素。本文提出了储层物理特征曲线计算的砂泥岩时间平均方程法。该方法通过对与岩性关系密切的其他测井曲线进行声波时差能量级转换,达到储层物理特征曲线反应岩性关系的目的。该方法使用的测井曲线为归一化的自然电位曲线，归一化的自然电位曲线被视为砂岩百分含量曲线。砂泥岩时间平均方程如下：

$$dt'(h) = sp'(h) \cdot dt_{砂} + [1 - sp'(h)] \cdot dt_{泥} \tag{1}$$

式中 $dt'(h)$——重构曲线值；

$sp'(h)$——归一化的自然电位值；

$dt_{砂}$——厚度较大砂岩的平均声波时差值；

$dt_{泥}$——泥岩平均声波时差值。

储层地球物理特征曲线合成记录图显示井震层位对比准确，说明计算的储层地球物理曲线具有合理性（图1）。

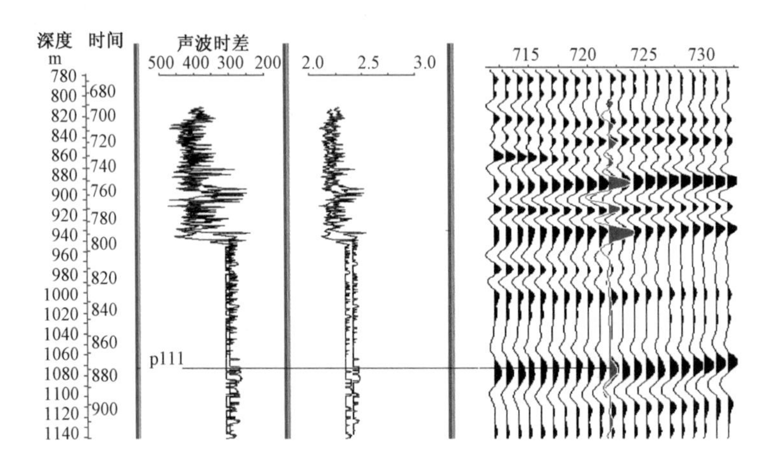

图1 储层地球物理特征曲线合成记录图

上述3种方法从不同角度提高了井震联合反演初始模型的精细程度，对提高反演精度具有决定作用。

3. 地震约束储层地质建模方法

尽管井震联合反演有一定的精度限制，对薄砂体，如1m以下的砂体，地震反演不能达到满意的精度，但对如河道砂体等厚度较大砂体的预测精度较高。将这部分具有较高精度的井震联合反演储层预测成果高保真地转化为地质模型，是建立高精度确定性地质模型的保障。这种将井震联合反演满足精度要求的那部分预测砂体转化为砂体骨架模型的做法，比常规的地质统计学插值或模拟的砂体骨架模型更符合地下实际储层情况。

本文采用以下方法建立储层地质模型：

（1）储层结构模型采用地震资料解释的断层和解释的储层的顶界面数据，结合测井分层数据建立。在建立层面格架模型时，鉴于储层段地震反射短，无法解释到地质小层，小层界面以地震解释的储层顶面为约束，充分利用高含水后期井多的特点，采用测井分层数据通过插值建立。

（2）砂体建模过程采用两步走的策略，即河道砂体和河间薄层砂模型分别建立后，再将两者合并建立最终的砂体骨架模型。河道砂体因厚度较大，地震反演精度较高，在建模时这部分砂体（河流相）的骨架模型采用地震反演结果约束建立。河间薄层砂的砂体骨架模型采用地质统计学克里金方法通过插值建立。

（3）在运用地震反演结果约束建立河道砂体骨架模型时，井震匹配方法采用地震属性纵向等值法，“地震属性”是根据地震反演结果勾绘的各个地质小层河道平面展布图。这可以使河流相砂体的插值建模过程受到地质小层河道平面展布形态的控制，使得三维地质模型中的河流相砂体形态忠实于地震反演结果。

（4）其他储层参数模型以砂体骨架模型为约束建立。

三、应用实例

大庆杏树岗油田杏4～5行列区自1967年投产以来，随着开发的不断深入，进行了3次层系调整，据油田2001年3月统计，油田综合含水达到88.18%，为高含水后期深度开发阶段。主力油层葡Ⅰ$_{1-3}$平均厚度35m，分为7个沉积单元。储层顶面埋深1000m左右，对应T_{11}地震反射标志层，地震反射长度22ms左右。地震资料面元为20m×40m，主频60Hz左右。储层预测区井数398口，井距约100m×200m。

1. 油藏精细描述

在上述方法研究和应用的基础上，对研究区杏4～5行列区丙北块进行了精细油藏描述。结果显示地震与井资料的综合应用，与现场仅用井数据的精细地质研究相比，在断层解释、微幅度构造解释和河道砂体在井间展布预测等方面有新的认识。

（1）断层新认识。

本次研究共解释断层22条，较井资料解释结果，新增断层7条，原井资料解释的断层有两条被组合为一个断层，且延伸长度和方向有所改变，原井资料解释断层延长的2条，横向明显摆动的2条，如图2所示，虚线为原仅靠井数据对比解释的断层，实线为本次地震资料解释的断层。

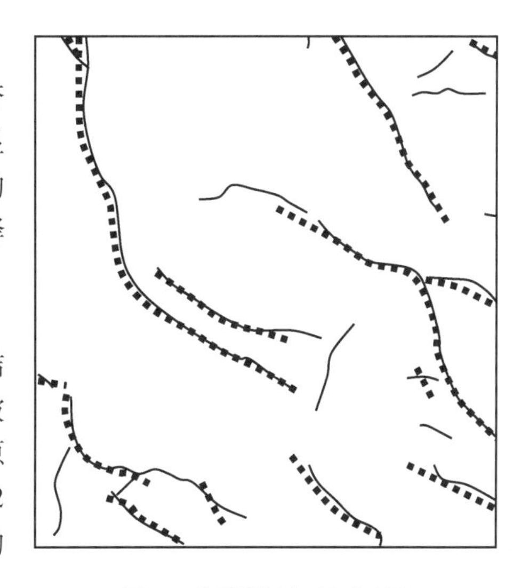

图2　井震断层解释对比图

（2）微幅度构造新认识。

储层顶面微幅度构造特征有所变化，形成了新的圈闭，如图3所示。

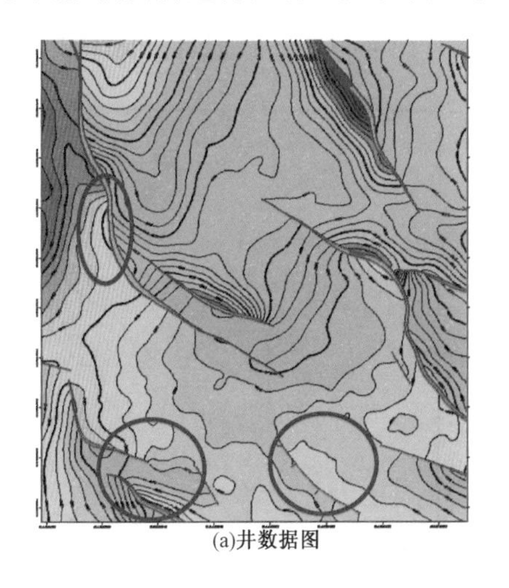

(a)井数据图

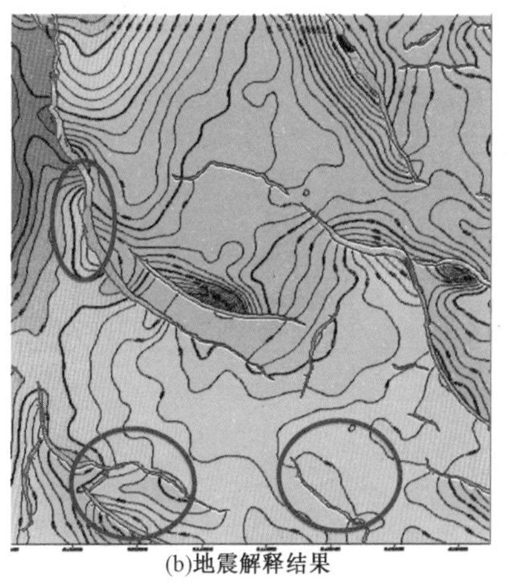

(b)地震解释结果

图3　储层顶面微幅度构造变化对比图

(3)河道砂体新认识。

河道砂体展布的描述是在井震联合反演的基础上进行的,本文采用预留井的方法对井震联合反演储层预测精度进行了检验。9口预留井的检验证实该方法对2m以上厚度的河道砂体的存在性预测精度达到85%以上。说明该方法具有较高精度,反演结果可用于2m以上河道砂体解释(表2)。

表2　检验井反演砂体存在性符合情况表

井号	葡Ⅰ1_1		葡Ⅰ1_2		葡Ⅰ2_1上		葡Ⅰ2_1下		葡Ⅰ2_2		葡Ⅰ3_2		葡Ⅰ3_3	
	厚度	检验	厚度	检验	厚度	检验	厚度	检验	厚度	检验	厚度	检验	厚度	检验
X4-3-B371	0.4	√	0	√	1.6	√	4.8	√	3.8	√	2.6	√	6.2	√
X4-31-634	0.4	√	0	√	3	√	2.6	√	0	√	4.6	√	4.6	√
X4-D4-P37	0	×	0.3	√	1.2	×	3.7	√	0	√	1.7	√	1.9	√
X4-41-634	0	×	0.2	√	4.9	√	4.7	√	0	√	0.4	×	2.6	√
X5-10-636	0.3	√	4	√	3	√	2	√	2	√	3.2	√	4.8	√
X4-30-626	0.9	√	0	√	0	√	0	√	0	√	1.1	×	7.3	√
X4-D3-230	0.5	√	0	×	0	√	4.8	√	2.8	√	0.4	×	3.4	√
X4-D3-232	0	√	2.2	√	2.6	√	4	√	2.4	×	2.2	√	6.2	√
X4-D3-P33	1.2	√	0	√	2	√	4.2	√	4.9	√	3.3	×	2.4	√

井震联合反演结果显示,河道砂体较原先仅用井资料的认识有5种类型变化:① 原有河道不再存在;② 河道在另一井间;③ 河道边界在井间的位置发生较大变化;④ 新增预测河道;⑤ 河道的接触关系发生变化。图4为河道较原位置发生摆动在另一井间出现的实例。在原地质解释的沉积微相图中一条河道出现在地震测线785线上,但井震联合反演剖面和后来钻的X4-31-P40井曲线均显示这个位置没有河道。井震联合反演预测的河道如图4左下图所示,这一解释结果为2002年完钻的X4-3-P35井所证实。结合井资料对井震联合反演成果进行了小层砂体解释,在勾绘砂体平面图时,对于这部分比较薄的砂体参考了井数据绘制的沉积微相图,2m以上的河道砂体边界通过解释反演剖面确定。图5是葡Ⅰ1_2仅用井数据解释的沉积微相图和井震联合解释的沉积微相图对比分析结果,深色线为仅用井资料绘制的河道砂体,浅色线是井震联合解释结果。从图5可以看出河道砂体在局部井区发生了较大变化。

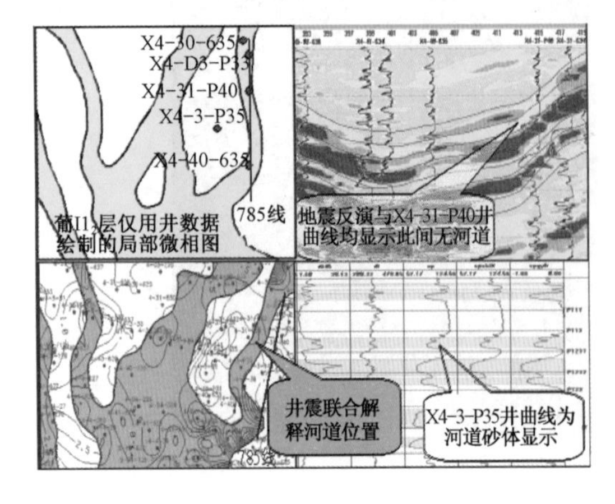

图4　河道摆动在另一井间出现的实例

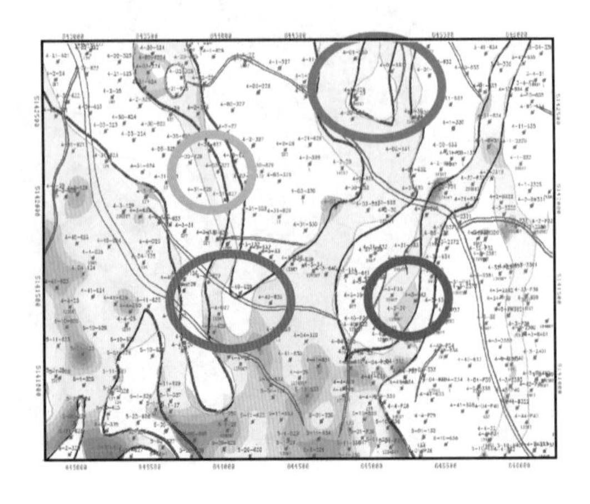

图5　葡Ⅰ1_2河道变化对比图

2. 油藏数值模拟与剩余油预测

在精细油藏描述的基础上，配合注采关系，对上述储层新认识加以分析，通过大规模油藏数值模拟运算和详细的历史拟合，预测了剩余油相对富集的有利部位。图6为葡$\mathrm{I}1_2$小层剩余油预测图。从7个主力层剩余油饱和度来看，经过30多年的开采，模拟区绝大部分区域呈浅色，含油饱和度较低，在0.25~0.5之间，含油饱和度较高（高于0.5）的部位较分散，在图上呈现出一些零星的深颜色。

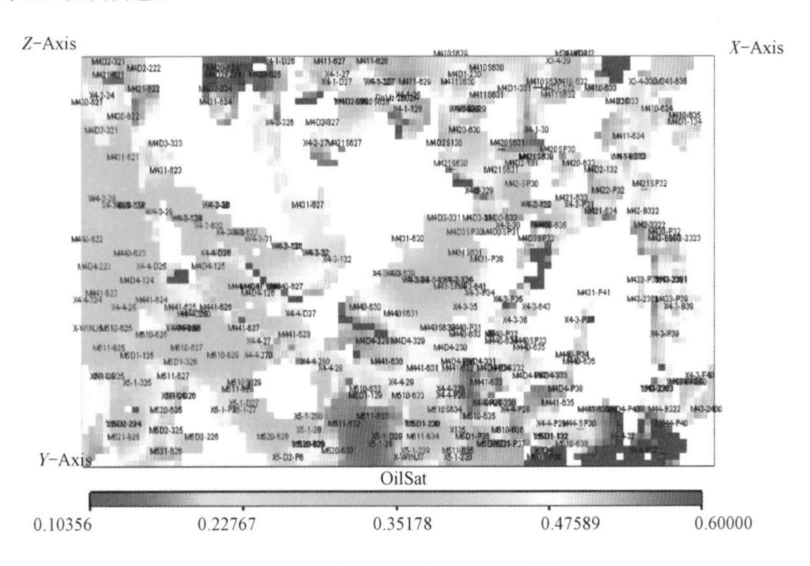

图6　葡$\mathrm{I}1_2$小层剩余油预测图

剩余油相对富集的部位主要有：

（1）断层间。

在断层间注入水从断层两段沿着断层方向向前推进，一部分剩余油集中在两个方向注入水推进的交接处。

（2）靠近断层的局部微构造处。

注入水向前推进时，受到断层的遮挡，靠近断层的局部微构造处富集着一部分剩余油。

（3）河道窄且注采不对应的地方。

较窄河道与其他河道只存在局部连通，当注采不对应时在井间形成剩余油相对富集的部位。

（4）相对孤立的薄砂体。

有些主力层存在孤立的砂体，并且在这些孤立砂体上没有射孔，不存在注采井，这些孤立的砂体上存在相对富集的剩余油。

（5）主河道边部的局部区域。

当注入水沿着河道向上推进时，在河道变化较大的部位容易存在富集的剩余油。

四、结论

预测井间剩余油，高精度储层预测是前提。井震联合储层预测能够同时发挥地震资料在横向上具有高密度采样和井资料在纵向具有高分辨率的优势，具有较高精度。本文围绕在老区如何发挥井多的优势提高开发地震技术的精细程度开展工作。井震联合反演精度研究表明,地震主频越高,反演精度越高,井震联合反演方法能够达到老区薄互层储层预测的精度要求,开发地震技术在老区应用具有可行性。通过对高含水后期开发地震技术难点的研究,建立了以深时转换方法、地质小层约束实现方法和时间平均方程储层地球物理特征曲线计算方法为主的薄互层地震反演精细初始模型的建模方法,有效地提高了开发地震技术的精细程度。该技术在大庆杏树岗油田杏4~5行列区的应用,在高密度井网的条件下,对断层、微幅度构造和河道砂体在井间的展布有新认识,这说明在老区结合地震资料开展精细油藏描述具有有效性。研究表明在高含水后期结合地震资料开展多学科综合应用的剩余油分布预测,对高效挖潜剩余油具有重要意义。

(摘自《井间剩余油饱和度检测技术文集》,石油工业出版社,2005)

胶态分散凝胶驱油技术的研究与进展

韩大匡　韩　冬　杨普华　钱玉怀

摘　要：本文详细介绍了新型凝胶驱油技术及其在油田的应用。通过与常规聚合物驱油技术和堵水技术的对比，论述了该方法优于现有驱油方法的特点；针对胶态分散凝胶的特殊结构，逐一讨论了现有的各种交联剂体系制备胶态分散凝胶的方法。该项技术已有29例先导试验，成功率为66%。

关键词：胶态分散凝胶　油藏流体深部转向技术　交联聚合物　交联剂　聚丙烯酰胺　提高采收率　综述

将聚合物交联以提高其适应性的作法，在油田应用十分广泛。根据美国一家石油杂志统计，在化学驱实施的高峰期间，使用聚合物的矿场试验占整个提高采收率矿场试验的35%，其中60%是交联聚合物的项目。自1986年原油价格下降以来，由于交联聚合物具有很高的技术经济投入可行性，已成为世界范围内提高采收率研究的中心课题。交联聚合物的应用已由堵水向提高采收率方面发展。近年来，国外应用的凝胶体系油藏深部流体转向技术（Indepth Drive Fluid Diversion）、胶态分散凝胶（Colloidal Dispersion Gel）驱油技术已打破了聚合物堵水和聚合物驱的传统概念，在充分发挥交联聚合物优势的基础上，实现了高注入能力和大规模注入，已能对油藏内部的流体有一定的调节作用。因此，该项技术被认为是一种很有潜力的二次采油方法。

一、胶态分散凝胶驱油技术的特点

胶态分散凝胶驱油技术是一种同时具有聚合物堵水和油藏内部流体流度调节两种技术特点的方法。该项技术的特点是聚合物用量少，适应性广泛。其关键是利用延迟交联技术和胶体制备技术，使聚合物分子在交联剂存在下不形成三维网络结构而形成分子内交联、有胶体性质的热力学稳定体系，称为胶态分散凝胶体系。该体系具备凝胶的属性，有很好的耐温性，使用温度可达90℃。对溶液环境中的二价离子不敏感，可用于二价离子浓度高达2000ppm的油藏环境。该体系的流动性很好，成胶强度容易控制，通过选择适当的交联体系，可以长时间保持流动性质和注入能力，从而可调节油藏深部流体的流度。该种技术采用单液注入工艺，在注入前将交联剂和聚合物混合，一次注入，是一种实施简便、操作性强的增产挖潜方法。

二、与凝胶堵水措施和聚合物驱的差别

分散凝胶是在凝胶堵水技术基础上发展起来的。它针对常规聚合物凝胶堵水剂成胶时间快，不易控制，只能进行油藏局部的近井地带处理等局限性，采用胶态分散凝胶制备技术，使聚合物在交联剂存在下不生成三维网络凝胶，而形成具有凝胶特点、有一定注入能力的分子内交联的分散体系。该种凝胶属弱胶，有很好的流动性，能注入油藏深部，可以大量注入，超越了常

规凝胶堵水的范畴。胶态分散凝胶以凝胶的状态在多孔介质中运移,不易受油藏中矿物质物理化学作用的影响,和聚合物驱相比是一种适应性更强的提高采收率方法。胶态分散凝胶驱油技术的目的是调节油藏内部层内流体矛盾,在方案设计中需要有油层的动态与静态资料及剩余油分布状态数据。由于注入时间长,在注入工艺中需考虑对低渗透层的伤害等诸多方面的问题。并且,胶态分散凝胶技术的设计注入量很大,能完善油田注水开发方案,改善层内注水波及效率,因此,该方法不再是单纯的增产措施,已成为一种提高采收率的方法。

三、胶态分散凝胶的制备

胶态分散凝胶是一种分子内交联、有胶体性质的热力学稳定体系。一些研究中报道了采用超高分子量部分水解聚丙烯酰胺和有机金属化合物,在特定条件下制备胶态分散凝胶的方法。胶态分散凝胶是一种新形态的凝胶,目前尚无明确的定义和结构界定,常规聚合物交联剂体系是否能用于胶态分散凝胶的制备尚无报导。

常规化学堵水作业中主要使用三类交联体系,一类是能与水溶性聚合物分子中酰胺基团作用的有机醛类交联剂;另一类是能与聚合物分子中羧酸基团作用的过渡金属有机交联剂;第三类是能与水溶性高分子中羟基作用的有机金属交联剂和有机硼交联剂。在聚合物驱中常使用聚丙烯酰胺及其衍生物,因此,前两种交联剂应用得较广泛。

有机醛类交联剂体系的基本组分是苯酚和甲醛。首先甲醛与水及酰胺基团作用生成二醇和胺醇,进一步和苯酚作用生成主要以醚键交联的化合物。由于甲醛和苯酚是有毒和有刺激性的物质,一些学者研制了以6次甲基四胺和对羟基苯甲酸甲酯为主的替代物,这两种物质在高温下分解出甲醛和苯酚,与聚丙烯酰胺反应生成交联物质。上述化学反应在70℃开始,最佳反应温度在90℃左右,因此,这一类交联剂一般适用于高温油藏。由于交联反应是在苯酚的邻、对位3个位置上进行的,一般形成三维网络凝胶。

聚合物调剖中使用最广泛的有机金属交联剂是柠檬酸铝。铝离子与聚合物的成胶强度适中,易控制,经适当调节可形成分子内交联的胶态分散凝胶体系。但有机铝交联剂在高温条件下水解生成沉淀,很不稳定,常用的交联剂柠檬酸铝仅在低pH值条件下稳定,在碱性条件的油藏不能有效地形成凝胶,因此,该种交联剂仅适合低温、酸性或中性油藏条件。

有机铬交联剂是一种适应性很强的交联体系。它可以耐受较宽范围的温度和pH值条件,并能适应不同交联时间的要求。但有机铬体系在60℃时与聚合物成胶倾向强烈,无法控制,得到的产物常常是高强度的三维网络凝胶。为了控制有机铬交联体系的成胶时间,早期的矿场试验均采用Cr(Ⅵ)-还原剂体系,一般以Cr(Ⅵ)-硫脲体系为主。注入工艺采用双液法,首先注入含有Cr(Ⅵ)的段塞,然后注入含有还原剂的聚合物溶液。由于工艺的限制和油井中H_2S的影响,这种工艺效果很差,特别是Cr(Ⅵ)的毒性引起了环保问题,限制了该方法的使用。控制有机铬交联体系成胶时间的另一种作法是采用Cr(Ⅲ)-配位螯合物体系。目前报道的螯合剂有:醋酸、丙酸、丙二酸、乳酸、葡萄糖酸、甘醇酸、水杨酸等。这些体系的研制Cr(Ⅲ)-配位螯合物体系能够在很宽的温度范围内有效地控制成胶时间。然而,一些研究表明,三价铬离子与聚合物成胶倾向强烈,反应产物常常是三维网络凝胶,很难得到分子内部交联的胶态分散凝胶体系。另外,目前油田常见的有机铬交联体系在碱性油藏中吸附和滞留严重,在pH值为9.0的油藏条件下能穿过的距离仅为10m左右,影响了常规有机铬交联剂在油藏深部堵水和驱油方面的应用。近年来一些文献报道了以柠檬酸铝为交联剂的胶态分散凝胶体系,并在一些低温矿场试验中取得了较好的结果。以Cr(Ⅲ)-配位螯合物体系为交联剂的胶态分散凝胶体系尚未见报道。

四、胶态分散凝胶的评价

聚合物的成胶机理和凝胶评价是高分子物理领域中尚未很好解决的问题。聚合物所形成的凝胶具有整体网络结构，没有单一分子属性，不能用高分子的经典理论和方法来表征。在凝胶结构表征方面，由于三维网络相互协同作用，大分子中化学键和基团的振动受整个网络结构的影响，凝胶的 HNMR 核磁共振、红外光等波谱的吸收变宽，特征峰消失。特别是采用过渡有机金属交联剂时，由于过渡金属具有顺磁结构，这类波谱分析的精度很差。由于上述原因，胶态分散凝胶还没有准确的分子结构定义。Smith 报道了评价胶态分散凝胶的特殊方法，采用测定聚合物凝胶通过一定目数筛网时的压力，当聚合物分子和交联剂形成分子内交联的凝胶时压力发生变化，此时的压力称为凝胶转变压力（Transition Pressure）。常规凝胶性质评价的方法如落球、测量倾倒长度、过滤因子、观察凝胶失水率等很难用于胶态分散凝胶的评价。动态剪切实验等流变学方法可能成为有效评价的手段。由于聚合物凝胶既有黏滞属性又有弹性属性，其性质是时间的函数，静态流变学实验不足以反映凝胶的结构。动态流变学实验主要用储存模量 G' 和损耗模量 G'' 来描述聚合物凝胶的性质。通过凝胶转变压力和动态流变学等方法所得结果的比较，可以准确判断凝胶的结构属性和流动性。

五、胶态分散凝胶应用的矿场实例

胶态分散凝胶体系在国外已有一定的应用实例。注入量已达 0.11PV，并且已和凝胶堵水方法区分开来。美国 TIORCO 公司在 1983 年至 1993 年共实施了 29 个胶态分散凝胶驱油矿场试验，其中 19 个取得了经济上的成功，占 66%；3 个在技术上取得成功，但经济上没有明显的效果，占 10%；7 个项目未成功，占 24%。19 个成功项目的共同特点是，油层非均质严重，渗透率变异系数在 0.6～0.9 之间。提高采收率幅度为 1.3%～18.2%，化学剂费用为 0.75～4.70 美元/bbl（1bbl 合 158L）。比较典型的是在怀俄明州东北的 Rainbow Ranch Minnelusa 油田实施的矿场试验。该油田为砂岩，渗透率变异系数为 0.74，油藏温度高达 202 ℉（94.4℃），原油黏度在地层条件下为 3.9mPa·s。由于渗透率变化大、水驱波及效率低，因而进行胶态分散凝胶驱油。整个项目历时两年，总注入量为 0.117PV。在项目实施过程中原油产量稳定，含水下降。根据全油田水油比曲线分析增加的产量，估计增产 3.0×10^5bbl。每增产原油 1bbl 的化学剂费用为 2.35 美元。

7 个项目的实施未获成功，主要原因是油藏地质条件不明确和完井不良导致窜层。

胶态分散凝胶驱油技术在我国还没有开展研究，但一些学者已经开始重视这种方法，并提出有关进一步研究的设想，如交联剂体系在油层中的物理化学作用、油藏物性对成胶的影响及注入工艺的完善、凝胶体系对地层的伤害等。预计经过广泛的研究之后，胶态分散凝胶驱油技术将成为聚合物驱油之后的另一种提高采收率的有效方法。

（原载《油田化学》，1996 年 13 卷 3 期）

用解析法分析脉冲试井

董映珉　韩大匡

摘　要：本文提出用解析法分析脉冲试井，与国外文献方法相比，该方法具有如下特点：(1)能利用全部采样数据；(2)能进行模型等价性检验；(3)不需要几何作图，不受输出特性曲线形状限制；(4)既适用于单脉冲，也适用于多脉冲；(5)能按照不重不漏原则依序对实测数据进行计算；(6)使用方便，可靠。

关键词：脉冲试井　解析法　模型

脉冲试井是1966年由Johnson，Greenkern和Woods提出的一种多井试井方法。是一种利用平行切线对分析多脉冲试井的解释方法。文献等将上述平行切线对方法推广为平行割线对和任意直线对方法，从而解决了单脉冲试井的分析问题，大幅度缩短了试井时间。本文提出分析脉冲试井的解析方法，以解决脉冲试井模型等价性检验的理论和应用问题。

由泰斯公式知，恒产量 q 信号的压降响应为：

$$p_R = p_i - p(\tau, t) = \frac{qM}{4\pi Kh}\left[-\mathrm{Ei}\left(-\frac{\tau^2}{4\eta t}\right)\right] \tag{1}$$

根据叠加原理，对于幅度为 q，持续时间为 $\Delta\tau$ 的产量单脉冲信号的压降响应可以表示为：

$$p_R = \frac{qM}{4\pi Kh}\left\{\left[-\mathrm{Ei}\left(-\frac{\tau^2}{4\eta t}\right)\right]u(t) - \left[-\mathrm{Ei}\left(-\frac{\tau^2}{4\eta(t-\Delta\tau)}\right)\right]u(t-\Delta\tau)\right\} \tag{2}$$

式中，u 为单位阶跃函数。

由于单脉冲的时间很短，油藏趋势压力能相当精确地以直线变化近似，即有：

$$p_T = Kt + B \tag{3}$$

由叠加原理，式(2)和式(3)可以写出观测井 t 时刻的总压降 $p_t(t)$。设时间步长为 Δt，则同样可以得到 $(t-\Delta t)$ 和 $(t+\Delta t)$ 时刻的总压降 $p_t(t-\Delta t)$，$p_t(t+\Delta t)$。考虑总压降 p_t 关于时间中值点脉动值的代数和并记为：

$$\begin{aligned}\delta^2 p_t(t) &= p_t(t-\Delta t) + p_t(t+\Delta t) - 2p_t(t) \\ &= \frac{qM}{4\pi Kh}\left\{\left[-\mathrm{Ei}\left(-\frac{\tau^2}{4\eta(t-\Delta t)}\right)\right]u(t-\Delta t) - \cdots\right\}\end{aligned} \tag{4}$$

式(4)表明，任何两个时刻的总压降对其时间中值点压降脉动分量的代数和为一个与未知趋势压力主部(直线分量)无关的变量。显然，已经不包含趋势压降的式(4)，是单脉冲压降分析的基本方程。根据实测数据，可由式(4)得到求解地层参数的超定方程组。

将式(4)改写为前向差分形式，并且令：

$$C = \frac{qM}{4\pi Kh} \qquad t_D = \frac{t}{\Delta t} \qquad \Delta t_D = \frac{\Delta t}{\Delta\tau} \qquad \Delta\tau_D = \frac{4\eta\Delta\tau}{r^2}$$

得到式(4)的无因次形式：

$$\begin{aligned}\Delta^2 p_t(t_D) &= p_t(t_D) + p_t(t_D + 2\Delta t_D) - 2p_t(t_D + \Delta t_D) \\ &= C\Big\{\Big[\mathrm{E_i}\Big(-\frac{1}{t_D\Delta\tau_D}\Big)\Big]u(t_D) - \Big[-\mathrm{E_i}\Big(-\frac{1}{(t_D-1)\Delta\tau_D}\Big)\Big]u(t_D-1) \\ &+ \Big[\mathrm{E_i}\Big(-\frac{1}{(t_D+2\Delta t_D)\Delta\tau_D}\Big)u(t_D+2\Delta t_D) - \Big[-\mathrm{E_i}\Big(-\frac{1}{(t_D+2\Delta t_D-1)\Delta\tau_D}\Big)\Big] \\ &\times u(t_D+2\Delta t_D-1) - 2\Big[-\mathrm{E_i}\Big(-\frac{1}{(t_D+\Delta t_D)\Delta\tau_D}\Big)\Big]u(t_D+\Delta t_D) \\ &+ 2\Big[-\mathrm{E_i}\Big(-\frac{1}{(t_D+\Delta t_D-1)\Delta\tau_D}\Big)\Big]u(t_D+\Delta t_D-1)\Big\}\end{aligned} \tag{5}$$

通常情况下,系统输出变量是相对压力 $p_t(t)$,容易得到：

$$\Delta^2 p_t(t) = -\Delta^2 p_t(t)$$

将式(5)离散,即能方便地利用计算机确定地层参数$\frac{Kh}{M}$和 η。

实际资料验证表明:(1)本文引入广义输出概念,即 $p'_t = p_t(t) + p_t(t+2\Delta t) - 2p_t(t+\Delta t)$,解决了脉冲试井模型等价性检验问题。(2)解析法用于分析脉冲试井简便、可靠,具有一些独特功能:① 能利用全部采样数据;② 能进行模型等价检验;③ 不需要几何作图,不受输出特性曲线形状限制;④ 既适用于单脉冲,也适用于多脉冲;⑤ 能按照不重不漏原则依序对实测数据进行计算。

(原载《石油大学学报(自然科学版)》,1992 年 16 卷 5 期)

国外石油工业现状、科技对策和我们的认识

韩大匡　邓亚平

背景介绍：本文是1995年应中国石油天然气总公司科技局所完成的一篇咨询性研究。因为从20世纪90年代以来，世界石油工业较长时期处于不景气的状态。为了在这种情况下寻找对策，我们系统地调研了国际石油工业的状况、各个国家特别是美国政府和各大石油公司的应变对策，并据此提出了对我国石油科技发展方向的启示和对策。后分别发表在1995年《世界石油工业》2卷7期和8期。

摘　要：世界进入20世纪90年代以来，国外石油工业面临严重的萧条和不景气，钻井数下降，日产油量下降，石油公司大量裁减职工。究其原因是石油供过于求，油价长时期处于低谷状态。各国石油公司纷纷采取对策。这对我国石油科技发展提供了几点启示。事实说明加强石油科技发展，是促进我国石油工业发展的重要环节。

关键词：全世界　石油工业　现状　石油政策　科学技术

一、当前国外石油工业的主要形势

进入20世纪90年代，国外石油工业面临严重的萧条和衰退。其直接原因是石油天然气价格的疲软和波动，以及日益严格的环境保护要求导致的成本上升，深层原因在于原油及油品长期的供过于求和世界上除东亚以外经济普遍不景气。

1. 石油工业衰退的主要特点

(1)钻井数下降。钻井数的多少是直接反映石油勘探和开发发展状况的重要指标，据《世界石油》1993年8月的统计资料，全世界1991年的总钻井数为65357口，而1992年下降为56263口，减少了14%，当时预计1993年为59453口，虽比1992年有所增加，但仍比1991年少5904口。以美国为例，1991年的总钻井数为29084口，1992年为23998口，是1943年以来的最低点。到1992年6月为止，美国正在工作的钻机不到600台，这是1940年以来的最低水平，估计约有1400台钻机停钻。

(2)日产油量下降。由于需求不足，以及独联体石油工业的衰退，1993年的世界日产油量比1992年下降0.5%，例如美国1992年头5个月的原油产量平均是720×10^4bbl/d，是30年来同期的最低水平，1992年5月降为705.5×10^4bbl/d。独联体的油产量更是连年下降。1993年平均产油785.4×10^4bbl/d，比6年前的1248×10^4bbl/d降低了460×10^4bbl/d。

(3)石油公司的纯收入下降，多次大量裁减职工。从1982年到1986年美国从事石油勘探开发的人员减少了25.2万人，减少了36%，以致休斯敦等石油城市陷入十分萧条的困境。进入20世纪90年代以后，各石油公司又曾多次裁员，以便渡过难关。

2. 不景气的主要原因

石油工业的不景气当然和世界经济形势密切相关。前几年，美国经济复苏缓慢，欧洲、日本经济萧条，需求举步不前，独联体的石油生产和需求处于大衰退中难以自拔，欧佩克国家得

不到急需的资金和技术，这些都是石油工业陷入困难的原因。但是，要分析石油工业的形势和前景，必须分析对其起决定作用的石油价格。而根据国外权威人士的分析，石油价格短期的变动取决于政治形势和生产能力的大小，长期的变化则取决于需求供给关系和后备储量的多少。因此，下面我们着重分析石油的供给和需求。

（1）供给：近年来，可以用“充分”二字概括石油供给的形势。目前全世界石油探明可采储量是 1×10^{12} bbl，按今天的开采速度可开采 46 年。如果再考虑页岩和沥青砂以及待发现的储量，以及提高采收率技术的发展，总可采储量估计可达 9×10^{12} bbl。天然气的探明储量更可供应 60 年。从生产能力看，去年欧佩克已达 2930×10^4 bbl/d，超过了海湾战争前的水平，并且还有潜力继续扩大。另外，新的发现和开发随时都可能发生。例如，Chevron 公司在哈萨克斯坦开发石油，估计 2010 年时产量可达 70×10^4 bbl/d，据统计，1993 年的世界总供给为 6740×10^4 bbl/d，超过需求 0.4 个百分点。

（2）需求：世界石油产品的需求总的来说虽呈增长趋势，但是增长缓慢，据国家能源署（IEA）统计，近年来石油需求增长缓慢的情况见表 1。

表 1　近年来世界石油需求量

时　　间	1990	1991	1992	1993
需求，10^4 bbl/d	6650	6690	6710	6700

需求增长缓慢的主要原因是，石油产品的利用率提高，节能措施取得成效，以及高油价时发生的以其他能源替代石油的情况很难恢复；原油价格很低，但是许多国家实行的高税率政策使石油产品的价格并不低，抑制了对石油产品的需求。

与供给相比，需求相对不足。1993 年世界石油总供给量是 6740×10^4 bbl/d，而总需求只有 6700×10^4 bbl/d，石油的库存增加了 40×10^4 bbl/d。1992 年总供给为 6720×10^4 bbl/d，总需求为 6710×10^4 bbl/d。

（3）今后较长时间内供求关系的现状将维持下去，不会受到一般事件的影响，海湾战争虽然使伊拉克和科威特的石油生产遭到破坏，但是很快就因其他国家的供给增加而维持了供求平衡。苏联解体后苏联国家的石油供给锐减，但是另一方面因为他们的石油需求也同时锐减，对供求平衡没有太大的影响，更重要的是不少国家过剩的生产能力也足以供应石油的缓慢增长而有余。

（4）油价：由于石油的供过于求的关系，油价长期内处于低谷状态。1993 年原油价格为 15.81 美元/bbl，比 1992 年下降 11.9%。1993 年底更降至近期的最低点 12.4 美元/bbl。而且，1994 年初油价继续去年开始的下滑。近期即使由于西方国家经济逐渐复苏而造成需求的增长，可能会使油价略有回升，但估计难以使油价有大幅度的上升，因为供给也容易增长。另外，如果欧佩克成员国不完全信守产量配额，石油价格将面临更大的压力。

二、各国家和石油公司的对策

面临这种形势，世界各国的政府部门及石油公司纷纷制定对策。

1. 国家政策的调整

在这里我们准备以美国为例，分析在石油工业处于大衰退时期的政府行为。美国无论是在石油供给还是在石油需求上都是一个很重要的国家，它的石油工业也受到这次大衰退的严重影响，美国政府的对策也是很有代表性的。事实上，美国政府采取的诸如减税等扶助国内石油工业的政策也被法国等其他国家所采用。

据最近的统计资料，美国目前总的地质储量为 5330×10^8bbl（约 730×10^8t），截至 1991 年底共采出 1570×10^8bbl（约 215×10^8t）。在目前经济条件下用现有技术还可采出 250×10^8bbl（约 34×10^8t），采收率约为 34.1%。1991 年底采出程度为地质储量的 29.5%，可采储量的 86.3%。在勘探方面除了 1968 年的阿拉斯加州发现了普鲁德霍湾大油田以外，新发现的油田都比较小，1979 年以来新增可采储量的 50% 以上是靠强化老油田开采得到的，因此，近年来新增的可采储量弥补不了产出量，石油的剩余可采储量和年产量从 1970 年以来均呈下降趋势，特别是石油产量从 1985 年以来更是急剧下降。尤为严重的是，由于很多油田已进入后期开发，因此从 20 世纪 80 年代以来每年都有大量低产井被废弃，导致大量储量损失。据统计，到 1991 年底美国剩余储量中已有约 35% ~45% 被废弃，而且 1985 年以后更有加速的趋势。据能源部巴特尔斯维尔项目办公室预测，如果今后油价维持在每桶 16 ~20 美元，到 2000 年将有 65% ~70% 的剩余储量被废弃。一旦这些井和储量被废弃以后，要想把它们恢复生产，那么估计每桶原油要多花 5 ~25 美元。这笔额外的支出对于将来不管采取什么措施都是难以承受的负担，如果听任这种状态发展下去，那么美国对进口油的依赖将越来越大，克林顿政府的能源部长 Hazel O′lesry 认为，如果石油仍然维持低价，那么到 2000 年进口原油量将高达全国消费量的 60%，而美国本国石油工业的衰退不仅对美国的经济有重大影响，而且对保证美国油源的安全性也至关重要。因此，扶植美国本国石油工业又重新成为美国政府从布什政府到克林顿政府能源政策的重要组成部分。而扶植石油工业，减缓产量的递减，最重要的也是最迫切的就是挖掘老油田的潜力。因为剩余的储量非常大，达 3510×10^8bbl，而且面临大量废弃的前景，因此美国政府认为扶植本国石油工业的当务之急是加强对老油田提高采收率的研究、开发和示范（R、D&D）以及技术转移，这里值得注意的是他们把原来的研究和开发（R&D）扩大为研究，开发和示范（R、D&D）以及技术转移，更强调了科研向实际生产力的转化。

上述的这些剩余储量可以分成两部分。一部分是水可以驱动的可动油，但因在常规一次采油或注水时没有被水波及到而剩下的油，这部分油的储量约有 1130×10^8bbl（约 155×10^8t），约占原始地质储量的 21.2%，这些地质储量用改善的二次采油方法（ASR）如加密井、调剖、聚合物驱或者这些方法的综合运用可以采出其中的相当部分。另一部分是由于黏滞力和毛管力的影响以致用水驱方法不可能采出来的不可动残余油。这部分油有 2380×10^8bbl（约 326×10^8t），占地质储量的 44.7%，只能依靠新的提高采收率方法（EOR）如气体混相驱、化学驱以及热采等方法才能采出其中的一部分。

为了具体确定在不同油价下这些潜力的大小，美国能源部委托州际油气契约委员会（Interstage Oil and Gas Compact Commission，IOGCC）对此作了专题研究。他们利用能源部的数据库对 23 个州总计 3440×10^8bbl 储量（占全美地质储量的 64%）的 2307 个油藏的资料作了分析，认为利用上述的 ASR 及 EOR 方法的潜力是很大的，具体情况见表 2。

由此可见，在不算高的油价即每桶 16 ~20 美元的情况下，利用已有的 ASR 和 EOR 技术，即可增产（68 ~94）$\times 10^8$bbl 石油，约相当于当前总剩余可采储量的 29% ~40%，如待技术进一步改进，则可增产原油（120 ~180）$\times 10^8$bbl，相当于当前剩余可采储量的 50% ~75%，若油价增至每桶 28 美元时，其提高采收率增产油量就更多了，可达 280×10^8bbl。值得指出的是，其中 ASR 成本较低，在较低的油价下仍能应用，增产效果也更大。

表 2　ASR、EOR 技术在不同油价的增产和增收效果

<table>
<tr><td colspan="3">油价,美元/bbl</td><td colspan="2">16</td><td colspan="2">20</td><td colspan="2">24</td><td colspan="2">28</td></tr>
<tr><td rowspan="4">增产量
10^8bbl</td><td colspan="2">技术</td><td>ASR</td><td>EOR</td><td>ASR</td><td>EOR</td><td>ASR</td><td>EOR</td><td>ASR</td><td>EOR</td></tr>
<tr><td colspan="2">已有技术</td><td>57</td><td>12</td><td>63</td><td>32</td><td>71</td><td>46</td><td>76</td><td>60</td></tr>
<tr><td colspan="2">改进技术</td><td>98</td><td>25</td><td>114</td><td>66</td><td>97</td><td>128</td><td>120</td><td>158</td></tr>
<tr><td colspan="2">合计</td><td>155</td><td>37</td><td>177</td><td>98</td><td>168</td><td>174</td><td>196</td><td>218</td></tr>
<tr><td rowspan="5">收益
10^8 美元</td><td rowspan="2">联邦政府</td><td>已有技术</td><td colspan="2">115</td><td colspan="2">201</td><td colspan="2">298</td><td colspan="2">400</td></tr>
<tr><td>改进技术</td><td colspan="2">170</td><td colspan="2">301</td><td colspan="2">451</td><td colspan="2">613</td></tr>
<tr><td rowspan="2">州政府</td><td>已有技术</td><td colspan="2">69</td><td colspan="2">110</td><td colspan="2">202</td><td colspan="2">251</td></tr>
<tr><td>改进技术</td><td colspan="2">113</td><td colspan="2">212</td><td colspan="2">350</td><td colspan="2">500</td></tr>
<tr><td colspan="2">合计</td><td colspan="2">467</td><td colspan="2">924</td><td colspan="2">1301</td><td colspan="2">1764</td></tr>
</table>

这项研究还指出,使用和推广提高采收率技术,还可为联邦及地方财政增加大量的收入,即使在油价为 16 美元/bbl 时,也可得到 200 ~ 300 亿美元的收入,若油价更高,收入还可以更多。

这项研究还指出,对于不同的地质条件,其增产的潜力也不同。他们研究了 10 种不同的主要地质类型的提高采收率潜力。当油价为每桶 20 美元时,10 种类型中最主要的 3 种是河控三角洲、大陆坡盆地以及浅大陆架碳酸盐岩油藏,其增产量为 53×10^8bbl,占其总潜力的 56%,这些是美国能源部与工业界合作展开 R、D&D 工作的重点。针对这种情况,早在布什政府时期,能源部就制定了"国家能源战略"(NES),其要点有三:(1)考虑到近期内石油和天然气仍占国内总能源需求的 2/3,重新强调要减少美国对国外石油供应的依赖,特别是不稳定地区石油来源的依赖,以保证美国油源的安全,必须采取必要的措施扶持国内石油工业的发展。(2)促进和协助美国的石油服务公司和供应公司向海外扩展市场。为此能源部首脑亲自出马,赴欧洲和远东等地区,会见各国能源部长进行促销活动。(3)改变以往能源部着重于风险大的长远性研究的做法,加强对工业界近期需要的研究和发展工作,以减缓美国石油产量的递减。为此,美国能源部在 1991 年财政年度制定了一个对油气的研究和发展分别拨款 4070 万美元和 1370 万美元的计划,当时的能源部副部长 Moore 指出,在今后 10 年中将以 75% 的研究和发展资金投放在边际油田的油藏描述和开发方法方面,以保持这些油田的稳产和增产,同时还采取各种技术措施来改善低产油气井的开采状况以避免这些井被过早废弃。否则在持续低油价的情况下今后的 5 年内大量正在生产的油气井将被废弃。他们还提出对石油工业给予税收上的优惠。

克林顿政府上台的 1992 年,正是美国石油工业处于低潮的时期,因此克林顿政府更认识到扶植国内石油工业的重要性。为了扶植本国的石油工业,在 1992 年制定了能源政策条例(EPA)。该条例在许多方面继承了上届政府 NES 的基本政策,但也在不少地方更为积极和具体。同时,在税收政策和科技进步和技术转让上对石油企业进行扶植。并相继颁布了其他有利于石油工业的法律和政策措施。

这些对策归纳起来有以下几个主要方面:

(1)在税收上对石油工业实行优惠政策。尽管美国面临巨大的财政赤字,仍然对一些 EOR 生产项目和边际井生产实行减税政策。国内收益法符合要求的 EOR 方法的生产项目实行减税制度。减税额相当于 EOR 费用的 15%,并规定,当原油价格超过 28 美元/bbl 时,减税额将逐渐随油价上升而减少。直到油价高于34美元/bbl时才予以取消。规定可以减税的EOR方法包括:蒸汽驱、蒸气吞吐和火烧油层等热采方法;混相驱、非混相非烃气驱、二氧化碳水驱等气驱方法;微乳液驱、碱驱等化学驱方法;以及聚合物改善水驱等流度控制方法等。但水驱、重力驱、循环注气(烃类)驱、聚合物调剖、水平井等方法则不在减税之列。另外,为了抑制废弃井不断增加的趋势,美国国会正酝酿一项法律,对边际生产井实行减税;边际生产井包括含水率大于95%的井和日产量不大于25bbl/d的井,对符合要求的边际油井或气井分别减税3美元/bbl和0.5美元/1000ft^3。只有当油气价分别增至14~20美元/bbl和2.47~3.55美元/1000ft^{3}时,才取消减税。

(2)大力推广运用,促进技术进步。特别是重点发展近期迫切需要的减少报废井的技术。1990年美国独立生产者的产量占全国总产量的43%,这些独立生产者经营的油田大多数是综合公司出售给他们的老油田。许多井的生产已处于边际状态,维持这些井的生产对抑制报废井数的上升趋势极其关键。这些小型生产者缺乏或没有自己的科研力量,也没有合适渠道得到适用技术,更不必说先进技术,因此通过技术转移促使他们运用现有技术对全国的石油生产具有重要意义。为此,美国能源部召开了一系列专题讨论会,将政府代表、大型企业和独立生产者聚集在一起,分享生产经验和新技术,向小型生产者、供应服务公司及咨询公司等提供技术支持。此外,美国能源部有一项国家技术推广计划,拟建立一些常设机构,推进技术进步,并为此组织力量研究具体的组织形式。

同时,美国能源部对精细油藏描述的研究工作也非常重视。在1993年通过招标决定对耗资800万美元的7个项目进行资助。这些项目的内容包括:综合地质和工程方法对井间非均质储层进行定量描述;用露头分析对碳酸盐岩储层的井间描述;对河流三角洲的三维模拟所需的地质和岩石物性描述;砂岩油藏各向异性及相对渗透率空间变化和岩性特征的研究;计算机人工智能在油藏描述中的应用以及影响提高采收率的油藏参数的图像显示等。

对上述10种储层地质类型中潜力最大的3种类型的提高采收率的研究工作,已陆续开始开展R、D&D的工作。能源部在1992年已通过首轮竞争确定资助河控三角洲类型油藏的R、D&D项目,1993年确定第二轮针对浅大陆架碳酸盐岩油藏的项目,1994年2月开始第三轮竞争,确定对大陆坡及盆内碎屑岩油藏的资助项目,计划资助3700万美元,约占这些项目总经费的50%以上。

还有,美国能源部也非常重视减少环境污染所需的技术。近年来环境法规对石油生产的要求越来越严,导致油品成本上升,因此迫切需要开发既能满足环保要求又具有经济可行性技术。

(3)加速发展天然气工业。1980年以来,天然气工业的发展速度超过石油工业已成为世界性的一个趋势。从1965年到1992年,如果以世界石油需求量的增长作为100%的话,那么天然气需求的增长为170%。天然气的需求增长从1980年开始明显加大。如果以油气当量计算,那么在1965年到1980年天然气的消耗量大体上相当于石油消耗量的40%左右,然而1980年后,天然气的消耗量就逐步增至石油消耗量的55%,到1991—1992年,更增至57%。根据这种增长趋势,预计到2005—2010年期间的某个时候,对天然气的需求将超过石油。

美国能源部也把发展天然气工业作为一个重点的能源发展战略,他们认为,一是天然气是一种比石油更为清洁的能源,发展天然气工业可以减轻日益严格的环保要求的压力;另一个原因是由于石油的勘探和开发都已逐渐进入成熟期,虽然要采取各种措施来进行扶植,但仍然难以减少对进口石油的依赖,因此发展天然气工业就成为减少对进口石油依赖,增加能源的安全供应的另一条重要途径。所以美国能源部已把发展天然气工业看成是“一箭双雕”的一项能源发展战略。

(4)为石油企业提供信息支持。在NES计划中,就提出了在所有主要产油州建立油藏表征数据库,在拟议中的国家技术推广计划中,也提出了建立生产和油藏地质数据库。美国能源部的三次采油信息系统(TORIS)已经投入使用并不断更新版本。

2. 各石油公司的对策

(1)调整资金投向。将资金用于风险较小赢利较多的项目上,大体上说来有这样两个趋势:① 在下游工业和上游工业的资金分配上,资金向风险较小的下游工业倾斜。例如,1992年美国国内上游工业支出下降12.4%,为143亿美元,而下游工业只下降0.3%,为182亿美元。综合性大公司的下游工业的注意力集中在石化及销售市场拓展上,而独立公司近期内只能尽力降低成本,远期也会转向下游工业。② 在国内和国外勘探开发资金分配上,美国大石油公司都把海外高利润勘探开发地区发展作为一种策略。据统计,1987—1992年的5年间,海外的勘探开发资金平均以20%的年增长率增长,而国内的增长速度小于5%。1991年的海外勘探开发费用比1990年增长27%,占总的勘探开发支出的60%,而国内的勘探开发支出下降4%。另外,根据对36家公司的统计,1991年的海外支出比上一年增长16.9%,同期国内只增长3%;1992年的海外支出增长3%,而同期国内支出下降。

(2)尽力削减开支是石油公司对策的又一重要特征。许多石油公司,特别是大型综合公司发现它们的管理费用太高,和经营良好的独立公司比较起来更是如此,因此它们纷纷削减开支,以渡难关。1992年,Amoco公司支出下降11%,Arco公司支出下降10%,Philips公司支出下降16%,美国石油公司的国内支出从1991年的346亿美元下降为1992年的325亿美元,下降了6.1个百分点。据1993年2月《世界石油》的统计,1992年美国石油公司的总的勘探开发支出下降2.6%,尽管由于各公司把向海外发展作为一种策略,使1992年的海外支出继续增加,但是增长速度已开始变慢,1993年更出现11年以来的首次下降。

(3)大公司纷纷出卖经济效益差、不能赢利的小油田。独立公司由于管理费用低,经营灵活,买下大公司出售的边际井后,仍能获利。这种转售风潮使独立公司的产量占美国总产量的百分比由1970年的29%上升到1990年的43%。但是,另一方面,由于勘探费用的增加,当油公司认为购进储量比自己去勘探更为合算时,就购进储量,或兼并别的石油公司。

(4)调整研究与开发策略,在严峻的经济形势下,各石油公司的研究与开发政策也有所调整。主要有以下几个特点:

① 继续重视科研工作。严峻的经济形势和激烈的竞争使科学技术显得更加重要。只有掌握了能够降低成本,增加勘探开发效益,提高劳动生产率的技术,才能在竞争中立于不败之地。例如,在勘探方面对所谓的打“野猫井”采取了十分慎重的态度,必须经过相当充分的前期准备工作,有较大的把握才能开钻,因此,各油公司都在进一步发展勘探技术,以期节约钻井投资,降低勘探成本。其次,石油公司近年来发现的油田越来越小,勘探开发难度都在加大,以前的技术已经不能完全适应,必须发展新的技术。再者,日益严格的环保法规也对技术提出了更高的要求。总之,不管你愿意不愿意,科研工作只能加强,不能削弱。事实上,各石油公司也正是这样做的,也收到了很好的效果。如Exxon公司在20世纪80年代的后5年中只用了相当于前5年勘探资金的一半,就找到了同样多的油气资源,大大提高了勘探效果。

② 组建多学科综合协作小组。小组成员包括地质学家、地球物理学家、石油工程师等技

术专家。通过计算机技术使小组成员共享各种信息。这样把分散的技术力量和技巧综合起来就可以发挥更大作用,能够解决勘探开发中的一些重大的科学技术问题。目前,Exxon 和 Texaco 等公司都在推行这种工作方法。

③ 加强与其他科研单位的合作。通过合作,充分发挥各自的科研优势,合理利用科研资金、人员和设备。美国石油工艺杂志编辑部组织的 1992 年的调查表明,有超过 50% 的科研单位参与了合作项目,1993 年的调查也显示有 25% 的单位参与了合作。例如 Halliburton 公司与 20 多所大学以及美国石油研究院、美国能源部等单位合作。

④ 强调科研的经济效益。尽管基础研究、长期项目对石油工业的长远利益很重要,但是目前的经济形势使许多石油公司削减了这方面的研究,而把研究重点放在近期迫切需要的,经济前景较好的技术领域,看来,这可能对石油工业的发展后劲有所影响。

⑤ 精简组织机构,减少管理层次,裁减人员,以减少开支,降低管理费用。值得注意的是管理体制和方式的改进。他们把多学科工作组的形式不仅用于组织科研工作,也用于进行生产管理。过去的传统管理体制是接力棒式的纵向体制,从获得租地、勘探、开发、生产到资源分配是相互独立的环节,有明显的先后顺序,工作人员只参与自己所在的“工序”。现在,许多公司都在向“篮球队”式的综合体制转变。对某一地区的勘探开发工作,把地质人员、地球物理人员、工程技术人员和管理人员很好地结合起来,加强各环节的综合和协调。由于各工作阶段不是刻板地分割开来,按序完成的,而是相互交叉和渗透,大大加快了勘探、开发和生产步伐。在油田开发方面更提出了油藏管理的概念和方法,把油田开发的全过程作为一个整体加以优化,提高了油田开发的水平,增加了效益。

三、国外正在研究的前沿技术

当前国际上石油科技的内容很丰富,简单地列举几项国际上研究的热点和前沿技术如下:

(1)地质研究:包括盆地模拟、层序地层学等;

(2)地球物理:全三维地震、叠前深度偏移、以测井为约束的地震反演、多参数模式识别、多波多分量地震、井间层析地震成像等技术;

(3)测井:成像测井、随钻测井(LWD)、剩余油饱和度测井等;

(4)钻井:自动化(闭环)钻井、随钻测量(MWD)、水平井(包括短半径侧钻、多底井等)、大位移测井、小井眼钻井、深井超深井、裂晶金刚石钻头等;

(5)油田开发和采油工艺方面:精细油藏描述和三维随机建模方法,数值模拟快速解法,提高采收率新技术(EOR),地应力和裂缝早期预测,水平井、小井眼井等特殊油井的采油工艺(包括连续油管采油技术),物理场增产技术,稠油冷采技术,特稠油和超稠油开采技术等;

(6)计算机应用方面:并行算法、区域分解算法、三维可视化、人工智能专家系统、人工神经网络、勘探开发综合研究软件平台等;

(7)海上开采方面:深水平台技术、油气水混输技术等;

(8)环保技术。

对我国石油科技发展的几点启示:

(1)发展科技是石油工业摆脱困境,进一步发展的关键所在。

今天世界石油工业处于萧条和衰退的时期,摆脱这种困境的重要出路就是发展科技。Mobil 公司的 R. C. Mills 在分析这个问题时曾经提供了一个值得深思的历史经验。在 1920 年年初,美国国内石油工业发生了危机,当时称美国的石油已经用完。低估了石油工业中人的创造性。20世纪20年代和30年代石油工业有了惊人的技术进步,使石油工业很快有了转机,仅从1920年到1923年,美国的年产量增加了65%。因此,Mills认为:“实际上,现在石油工业处在经济困难时期,需要更加重视技术的发展,以提高石油工业的效率。”

当然,今天石油工业的技术发展水平和20年代相比已大为进步,但是有一点可以肯定的就是今天又有更为复杂的问题需要我们去解决。这一点美国和我国都面临比较类似的问题,如老区勘探效益降低,每年新区储量弥补不了当年产出量,大量新增储量要靠老区挖潜,而老油田采出程度已经很高,需要解决如何进一步经济有效地提高采收率的问题等。当然我国与美国相比,无论在勘探深度和老油田采出程度上都比美国情况要好得多,但也应承认我们的技术水平和美国也有不少差距,这正说明需要我们在科技发展上多下工夫。根据我们自己的国情,制定我们自己的科技发展战略,走出具有我们自己特色的发展石油天然气工业的路子。

当前还有一个问题就是经济问题,由于油价低,不少新技术经济上还不合算,影响了这些技术的推广应用。但是,这正说明这些技术目前还不成熟,还有待进一步改进,需要发展新的思路和方法,直到在经济上能够过关为止,这方面也是无止境的。例如,原来的以微乳液方式驱替石油的表面活性剂驱,经大量室内实验和现场试验证明,这种方法提高采收率20%左右是没有问题的,但由于表面活性剂用量太大,经济上不合算,一直不能推广使用,有人甚至认为活性剂驱已经是“此路不通”了,应该放弃这种方法。美国大多数石油公司已经停止了这方面的研究工作,人员裁减、设备闲置或处理掉。但是采用新的碱—表面活性剂—聚合物复合化学驱的新思路后,情况就大为改观。胜利油田和中国石油天然气总公司勘探开发科学研究院等单位合作,在孤东小井距试验区进行先导试验,已获成功。经初步核算,经济上也还是合算的。当然,这还只是初步尝试,但已有“柳暗花明”之势。这个事实充分说明了新技术经济上不过关的问题,实质上仍然是技术问题,只有技术上精益求精,才能最终在经济上过关,而使原来不能应用的新技术得以推广应用。

(2)增加科技投入是发展石油科技事业的有力保证。

由于世界性石油工业的不景气,也不能不对科技投入有相关影响。大石油公司由于节约开支,取消了一些项目特别是基础研究项目,裁减了不少研究人员,削减了科研和开发的经费。一些有识之士对此也不无担忧。如Imperialoil公司在伦敦的矿业资源工程部的R. Dawe认为:“我有时担心基础的研究工作完全被忽视,有经验的人员离开了工业界,一些以前已经掌握的基础问题,将来可能又要花好几年时间来重新解决它们。”另一方面也应看到,无论是各国政府或石油公司对科技工作仍然非常重视,各国政府出于国家利益不能不对科研工作给予大量的资助。如美国政府对提高采收率研究、发展和示范(R、D&D)的支持就是一例。一些有远见的公司如Schlumbergor公司作为一个以测井为主的技术服务公司,保持了1700人的庞大的研究队伍,1993年增加了科研经费的预算,达到了2.5亿美元,增添了新的实验设备,所以这个公司能够不断推出一代又一代的测井新技术,至今一直在测井界处于技术遥遥领先的地位。这正是它一贯重视和增加科研投入的结果。

我国的石油工业一直对科研工作非常重视,不断地增加对科技进步的投入,但是和国外相比,科研投入仍相差很远。例如,中国石油天然气总公司勘探开发科学研究院与法国石油研究院相比,两者都是国家级研究院,机构设置、研究任务和性质,拥有的科研人员基本类似。法国石油研究院1992年的科研经费为16.1亿法郎(约25亿元人民币),其中,国家拨款20%。而中国石油天然气总公司勘探开发科学研究院1994年的科研经费仅相当于他们经费的5%左右,上述资料看出,我们的科研经费投入与先进工业国家和大石油公司比,与相类似的法国石油研究院比都要少得多，而中国石油天然气总公司已是年产量近 $1.3\times10^{8}t$ 的国家石油公司，为了进一步加快石油工业的发展，特别是下一步走向世界，成为国际性石油公司，看来还要进一步增加科研投入，这将是我们发展科研第一生产力作用的有力保证。

(3)发挥多学科综合研究的优势，是解决石油工业重大课题的重要方法。

石油工业是一个技术密集、专业众多的高新技术部门，现代化程度高，要求技术更新快，新技术、新工艺、新方法不断地应用到生产上，解决生产中的问题。特别是现阶段，油气勘探开发条件越来越复杂，技术难度越来越大，依靠过去单一的技术方法已很难解决生产上的问题，要求集中各种技术方法，多学科、多专业的技术人员密切配合，协同作战，采用多学科综合研究的方法来解决生产中的重大课题。

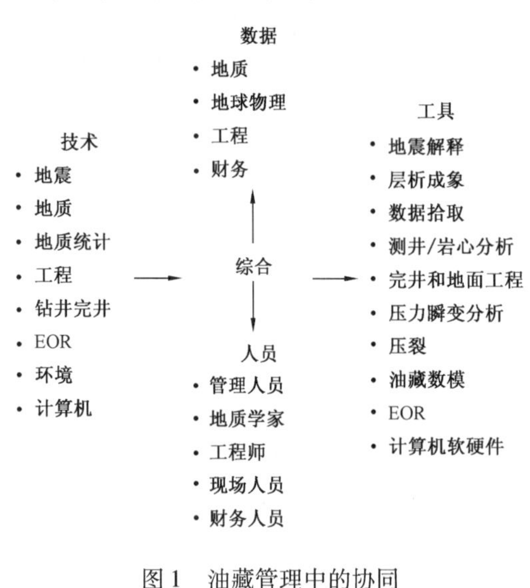

图1　油藏管理中的协同

应该说，加强多学科的综合已是一个世界性的趋势，美国著名地质学家 Halbouty 早在 1977 年就提出："鼓励地质师、地球物理师、石油工程师的全面合作，以推动石油的勘探、开发和生产事业，是工业界经理们的责任。"近年来，在美国油田开发界提出了"油藏管理"的概念，把油田开发的全过程作整体的优化，即利用一切可以得到的资源（包括人力、技术和资金），以最小的投资和操作费用得到最优的采收率。这个概念已被石油工业界广泛接受，搞好"油藏管理"的关键，就是多学科的协同。Texaco 公司的 A. Satter 等提出多学科协同应该包括地质科学和工程科学在人员、技术、工具和数据等各方面的全面协同和综合（图 1）。他们认为，成功的多学科协同和综合取决于：

① 通过综合培训和综合的任务分配全面了解油藏管理过程、技术和工具；

② 开放性、灵活性、交流和协调；

③ 以综合研究队（组）的形式工作；

④ 坚持到底。

而且从上述可以看到，各大石油公司不仅把多学科协同的组织方式用于科研事业，而且也应用于石油勘探开发的生产管理中去，取得了很好的效果。

这几年，我们在西部地区的科研工作中，从多学科的综合协同方面也已做了不少工作，见到了一定效果。例如，丘陵油田开发方案研究、塔中四号油藏描述研究等，中国石油天然气总公司石油勘探开发科学研究院组织了由有关各所十几个学科的几十名甚至上百名科技人员组成多学科的项目组，综合利用各方面的先进技术获得了高水平的研究成果，充分说明了采用这种研究组织方式的效果。但是总的来看，这种方式应用得还不普遍，组织方法和组织形式还有待于进一步完善。只要我们有意识地在这方面进一步加强努力，必然会取得更好的效果。

(4)根据我国国情，加强综合性的战略研究，是促进我国石油工业发展的重要环节。

从上述美国政府和大石油公司对当前石油工业不景气的现状所作的对策可以看出，两者有很大差异，这是不难理解的。对于石油公司来说，无疑要以赢利为最高目标，因此在美国本土勘探开发难以赢利的情况下，将投资和经营的重点向海外转移。但是这样势必造成美国国内石油工业更陷入萎缩而造成人员失业、经济下降，消费的油源也更加依赖国外的石油进口，影响到美国的国家安全。因此，从美国政府来看，一方面要维护美国大石油公司的利益，协助这些石油公司向国外扩展，取得可靠的、经济效益高、赢利多的石油来源，如最近克林顿政府协助 Chevron 等大石油公司向苏联地区发展，勘探开发大型的新油田，又如布什政府能源部首脑亲自出马赴欧洲及远东地区为美国的技术服务及供应公司开辟市场进行促销。

但是另一方面，美国政府考虑到国家利益，不希望本国石油工业持续衰退。因此，对美国能源部来说，就要充分发挥政府宏观调控的职能，对本国的石油工业进行扶植。需要对本国石油工业的现状、问题、潜力以及解决这些问题的技术措施与激励政策等一系列问题进行战略性的决策研究。从布什政府期间的 NES 计划的制定到克林顿政府期间委托州际油气契约委员会的提高采收率研究都是属于这种类型的研究工作，特别是后者，研究工作搞得比较仔细，不仅分析了当前美国油田的开采现状和潜力，综合考虑了不同油价下现有技术、改进技术提高采收率的幅度和可能获得的经济效益，而且细致地分析了 10 种主要储层类型油藏潜力的大小和优先扶植的顺序，这样就为美国政府决策和实施提供了具体的方案。现在美国能源部已在按这次研究所提出的方案逐步实施。

这种做法很值得我们借鉴。我们当前面临稳定东部、发展西部的繁重任务，特别在稳定东部方面面临一系列重大问题需要解决。例如，对于高含水油田如何打高效调整井的问题，对于低渗透油田提高开发效益和大量未动用储量的有效动用等问题，都可以考虑根据储层地质条件，进行潜力的分析和研究，提出经济有效而又切实可行的措施。这方面我们已经做了一些工作，如对三次采油潜力分析和发展战略的研究，为我国三次采油技术的发展作出了贡献。其他方面的研究也已开始，有的已有了阶段的成果，应该进一步重视和加强这方面的研究，为进一步发展我国的石油工作指明技术发展战略的方向，收到事半功倍的效果。

(5)加强天然气的发展是改变我国能源结构，缓解能源供应紧张局面，净化环境的战略措施。

上面提到，当前世界天然气工业发展总趋势快于石油的发展。主要是因为储量的增长超过了产量和市场的发展，天然气储量增长比产量增长要超前 30 年，甚至 50 年，具有巨大发展潜力。

鉴于世界各国对环境和生态保护问题越来越关注，特别是对日益敏感的环境保护越来越严格，这对发展天然气工业是十分有利的条件。天然气是一种清洁的能源，燃烧时不放出氧化硫，几乎没有不完全燃烧，没有任何固体颗粒或灰烬。天然气燃烧时放出的二氧化碳比其他化石燃料要少得多，比石油燃料少 20% ~30%，比固体燃料少 40% ~45%。在环境保护中涉及空气的质量、酸雨、对流层臭氧的空洞效应以及环保中严格的排放标准，天然气比其他化石燃料具有最优越的地位。另外，天然气是优质的化工原料和燃料。天然气开发成本、单位投资以及使用的灵活性，在工业应用、商业和民用方面，与其他化石燃料相比，占有决定性的优势。世界各国和各大石油公司都日益重视天然气工业的发展。

根据我国第二轮油气资源调查的结果，全国天然气资源是很丰富的。但是，目前我国天然气工业在储量和产量中所占有的油当量比重还很低，我国的天然气工业还有很大潜力可挖。近年来，天然气勘探在川东、陕甘宁盆地中部、莺歌海、柴达木盆地东部等地发现了一批新气区，在新疆塔里木盆地天然气的资源也非常丰富，不久可望成为新的大气区。未来 10 年，天然气工业发展所面临的主要挑战是，实现科技进步，减少投资、降低成本。

天然气是我国目前尚未充分开发利用的丰富资源，应把天然气发展放到改变我国能源结构和解决全国能源紧张局面的战略高度来考虑。为加快天然气工业发展，应认真贯彻“油气并重”的方针，加大勘探开发天然气的力度，并给予一定的优惠政策，以激励和加快天然气工业的发展。

（原载《世界石油工业》，1995 年 2 卷 7 期和 8 期）

中国油气田开发特征与技术发展

韩大匡　贾文瑞

背景介绍：本文当时为中国石油天然气总公司代表团赴台湾技术交流时所写的书面发言。比较系统全面地介绍了中国陆上油气田开发的基本地质特征，各种类型的油气田的开发技术系列，以及今后的技术发展方向。进一步整理后发表在1996年《断块油气田》3卷3期。

摘　要：从中国陆上油气田的地质特征出发，系统地阐述了中国油田注水开发的动态变化特征、对策、综合调整方法和技术系列，并分别阐述了各种特殊类型油气藏，如复杂断块油藏、低渗透砂岩油藏、重质油藏、天然气藏以及西部沙漠地区新油田的开发特点和技术系列，并且阐述了三次采油提高采收率新技术的进展情况，还提出了今后开发各类油藏，特别是深度开发高含水、高采出程度的老油田的技术发展和研究方向。

关键词：油田开发　高含水　提高采收率　技术　特征　发展趋势　中国

一、概况

中国近代石油工业从1939年玉门油田投入开发，至今已有50多年的历史。特别是20世纪60年代以来，随着大庆油田的发现和投产，石油工业发展非常迅速，至1994年年底陆上已有308个油田投入开采，年产油13944×10^4t，居世界第5位。天然气的年产量达到了$160\times10^8\text{m}^3$。

从已投入开发的油气田类型来看，有中高渗透多层砂岩油气藏、低渗透砂岩油气藏、复杂断块油气藏、砾岩油藏、裂缝性碳酸盐岩油气藏、火成岩油气藏、变质岩油气藏等地质类型的油气藏。

从油品性质分析看，又可分为凝析油气藏，挥发—轻质油藏，常规黑油油藏，及重油、特重油、超重油油藏。

从自然地理环境看，这些油气藏分布于中国24个省市自治区的陆地、浅海、沙漠和戈壁地区。

目前中国油田开发工业正面临着向深度和广度上发展的形势，即向已处于开采中后期的老油田全面深度开发，提高油田的采收率；同时向沙漠、戈壁、滩海、浅海和大陆架，以及处于经济边界附近的油田发展，扩大石油开采的领域，进一步增强石油工业实力。通过扩大开放和自我发展，加快研究和应用新技术，提高油田开发水平。

二、中国油气田开发的基本特点和技术系列

中国含油气地层分布广泛，从古生界到新生界都有分布。尤其中、新生代地层储量最为丰富，已发现的油气田大部分集中在东部陆上地区，西部和滩海及浅海大陆架目前已有重要发现，开发了一批重要油气田。从地质的角度看，储层主要是内陆河流—三角洲或冲积扇—扇三角洲的碎屑岩沉积。这类储层的油气田储量约占已开发储量的90%，其地质特征为：(1)由于

内陆盆地面积相对较小，物源近，相变频繁，因此砂体规模小，分布零散，平面上连通差，而且颗粒分选差，孔隙结构复杂，非均质严重；(2)由于湖盆内频繁的水进水退，使河流—三角洲沉积呈明显的多旋回性，油田纵向上油层多，有的多达数10层甚至百余层，层间差异很大；(3)油层内部纵向上非均质也很严重。储层中占多数的河道砂体，渗透率呈上部低、下部高的正韵律分布特征，注入水易从下部窜流；(4)东部渤海湾地区断层极为发育，油田被切割成许多大小不等的断块，多数断块的含油面积小于1km^2，不同断块的几何形状、油层特性、油气富集程度、油气和油水分布、天然能量等都有很大差别，地质条件更为复杂；(5)由于陆相湖盆中生油母质腐殖质较多，形成石蜡基原油，含蜡量高，黏度大，一般约为10～50mPa·s，属中质油。也有一批油田为重质油，甚至特重油和超重油。在西北地区，还有不少轻质挥发油藏和凝析油气藏；(6)由于砂体零散，连通差，油田的边水供给受到限制，天然能量不足，很少具备天然水驱的条件。

由于这些地质特征，决定了中国油田的开发特征。而且经过几十年的研究和实践，对各类油藏都发展了相应的开采技术，有的已达到了相当高的水平。

1. 在开采方式上，普遍采用早期人工注水方法，并随着开发动态的变化，不断进行综合调整，取得了很好的开发效果

理论和实践表明，已开发的绝大部分油田若不进行人工补充能量，枯竭式开采的采收率大体都在10%以内。大庆油田开发初期就根据油田含油面积大、天然能量不足的特点，采用了早期注水的方法进行开采。通过多种现场实验，确定了内部切割注水和合理的注采井网。大庆油田通过注水开发，预计采收率可达40%以上，年产量5000×10^4t以上已稳产了近20年，达到了较高的水平。继大庆油田以后，普遍推广了早期注水的开发方式，注水开发油田的产量占全国陆上原油总产量的87.5%。

由于中国油田地质条件的复杂性，一般来说，详探阶段不可能依靠少量的探井把地下这种复杂的地质情况完全搞清楚。在开发的初期一般只能采用较稀的井网和较粗的开发层系进行开发。注水以后，油藏内各油层、各部位储量动用的情况差异很大。随着含水上升，油水不断重新分布，这种储量动用情况的差异性也在不断变化，呈现出不同的阶段性，需要及时进行开发调整。

在注水早期，油藏处于无水采油期或低含水期。油井见到注水效果后，生产能力旺盛，这时油藏处于高产稳产阶段。由于中国油田的油层多，层间差异很大，原油黏度一般较高，很容易造成注入水沿着高渗透主力层突进的现象，因此一般都是高渗透主力层先见水，先受效，先水淹，随之而产生严重的层间干扰。同时由于井网较稀，受效较好的也只是大面积连通的主力层。由于研究和采用了分层注水的工艺措施，大大缓解了高渗透主力层水淹的影响，从而使直到中含水期，油田仍可处于高产、稳产阶段。

当油藏的含水由中含水进入到高含水期的时候，由于各高渗透主力层已大面积水淹，强烈干扰其他渗透率较低的油层，以致剖面上低渗透油层基本上未动用或进水很少，存在着不少整层大片连通的剩余油。此时单靠分层注水已不能完全解决问题，需要进一步细分层系，打一批调整井来减少层间干扰，开采这些低渗透油层中连片的剩余油；与此同时，初期较稀井网所控制不住的连续性较差的油层，基本上很少被波及，甚至完全没有被波及，需要适当加密来提高水驱控制程度。而且由于含水已较高，需要用大泵或电潜泵增加排液量来弥补由于含水升高而损失的油量。因此根据这样的油水分布格局，从20世纪80年代初开始，大体上经历了10

年时间，中国陆上已开发油田普遍进行了以细分层系和加密井网为主要内容并相应提高产液量的整体综合调整。通过这些调整，增加了可采储量约 7×10^8t，使各油田基本保持了稳产，有的油田还有所增产。

进入20世纪90年代，各老油田的油水分布特点又开始发生了新的重大变化。目前，中国陆上油田平均综合含水已达80%以上，从总体上讲已进入高含水后期。六七十年代投产的一批老的主力油田如胜坨、孤岛、埕东等，含水已高于90%，进入了特高含水期。采出程度也很高，陆上油田可采储量的采出程度平均已达63%，有的油田甚至已达80%以上。油田大量的实际资料表明在这种情况下地下的油水分布情况又呈现了新的特点。由于陆相沉积砂体在平面上、层间和层内的严重非均质特征，以及大量断层切割所造成的复杂构造形态，在这种高含水、高采出程度的情况下，地下剩余油的分布已经非常分散，在空间上形成星罗棋布、纵横交错的十分复杂的情形，但仍有一定的规律性，存在相对富集部位。这说明地下油水分布情况已出现了新的重大变化，反映在油田开发动态上表现为含水很高，单井产油量下降，调整井效益明显变差，井下作业措施效果降低，导致油田递减加快，有的油田甚至出现了总递减。这些情况都表明，油田稳产挖潜的难度已大大增加，老油田已进入一个需要深度开发的新阶段。

在这种新形势下，大庆油田运用系统工程的方法，加深对油藏的精细描述，分析地下剩余油分布的状况，进行了一整套"控水稳油"的综合调整，大大减少了含水的上升，在稳产 5000×10^4t 以上近20年的基础上，1994年产量更进一步攀登 5600×10^4t 的新高峰。中国陆上油田全面推广了大庆油田控水稳油的经验以后，也都取得了好的效果。中国陆上油田平均含水上升率由1990年的2.5%下降到1994年的0.8%，大幅度减少了产水量、污水处理量和注水量的增长速度，减少了电力的消耗。

与此同时，在注水开发工艺技术上也研究、发展、应用了一整套新的技术。包括油藏描述技术，水淹层测井技术，密闭取心技术，生产测试及试井技术，油藏数值模拟技术，分层注水技术，防止黏土膨胀和精细过滤等油层保护技术，压裂增产技术，大泵、电潜泵强化抽油技术，堵水调剖以及堵大孔道技术等。

2. 滚动勘探开发程序和技术有效地开发了复杂断块油田

中国东部一些新生代断陷盆地，在多次地质构造运动的作用下，断层非常发育，地质构造十分复杂，形成了不同时代多套含油层系、多种油气藏类型的复式油气区。油气区内的油气藏常常被大量断层所切割，称作复杂断块油田。胜利、辽河、大港、华北、中原等油区复杂断块油田占相当大的比例。如胜利油区内的东辛油田，在 $80km^2$ 的面积内，发现各种断层达210多条，将油田分割成22个断块区，185个断块，其中含油断块99个，含油断块面积大于 $1km^2$ 的只有2个，$0.5\sim1.0km^2$ 的有14个，其余均小于 $0.5km^2$。它共有6套含油层系，50余个油层，分布在长达2000m的井段上。储油层和原油的物理性质、生产能力差别很大。怎样勘探开发这类油田是一个重大而又复杂的课题。

通过多年研究和实践，形成了地震先行、整体解剖、重点投产突破、跟井对比、分批完善注采井网和逐步滚动推进的滚动勘探开发程序，以及主要包括三维地震精细处理和解释、以地震地层学为基础的储层横向预测技术、预测油气富集区的模式识别技术、RFT测试和试井探边测试等一整套高效勘探开发技术。例如胜利油区郝家—现河庄油田，利用这套方法搞清了复杂的油田构造，找出了生产能力较高的富集区，近年来储量和产量年年有所增长。

中国陆上油田，主要是东部地区，通过滚动勘探开发在已开发油田附近找到的石油地质储量近年来都在 1×10^8t 以上。

3. 低渗透油田注水开发基本形成了有效的配套技术

低渗透油田系指油层渗透率低于50mD的储层。中国低渗透油田储层的储量约占油田总动用储量的1/10，特别在尚未动用的储量中约占一半。鄂尔多斯盆地、松辽盆地松花江—嫩江地区是目前低渗透油田分布比较集中的地区，低渗透油田成因复杂，有由于近物源沉积颗粒分选差、泥质含量高所造成，也有由于远物源细粒沉积所造成，还有由于成岩后生作用导致原生孔隙减小等多种成因。其主要共同特点是孔隙结构复杂，喉道狭窄，自然产能低，开采的经济效益差。其中渗透率小于10mD的特低渗透油田更难以经济有效地开发动用。有些油田还伴随发育天然裂缝，更进一步增加了开发的难度。鉴于这种情况，多年来开展了大量、广泛的室内实验和现场实验研究，形成了一套注水、压裂、抽油配合起来的开发低渗透油田的技术系列。

近年来，充分运用这些配套技术，经济有效地开发了亿吨级的特低渗透大油田——长庆油区的安塞油田，标志着中国低渗透油田的开发达到了新的水平。安塞油田主要产层为三叠系延长组油层，储层十分致密，渗透率仅1~2mD，不压裂无自然产能。经周密的可行性研究和现场实验，采取了丛式钻井、精细过滤注水、深穿透射孔、压裂投产、注采同步、简化集输流程等配套技术，实现了平均单井产油4t/d、注水见效区单井产油5t/d、采油速度1.5%的开发水平，使上亿吨原来无法开采的储量有了经济效益。

对于带有天然裂缝的低渗透油田，常在注水以后发生水窜、水淹，使油田难以正常生产，是困扰低渗透油田开发的一个复杂问题。特别值得注意的是这种裂缝水窜现象的严重性，如果不事先很好地研究识别，常常在油井投产注水以后才明显地暴露出来，但那时井已打完，补救就比较困难了。所以必须在开发井网部署之前就需要对该油藏是否存在天然裂缝及其方向和分布状况进行早期识别。与此相关的是低渗透储层都需要压裂投产，而压裂所造成的人工裂缝的方向受地应力分布的制约。为了优化注采井网的部署，避免水窜，增加波及体积，提高采收率，也需要对地应力的分布状况进行早期研究。中国石油天然气总公司石油勘探开发科学研究院对天然裂缝和地应力的早期识别进行了多年的研究，掌握了多种测定和数值模拟方法。并且从全油藏的整体出发，编制整体压裂方案，优化人工裂缝的方向、宽度、延伸长度的设计，使注采井网与天然裂缝和压裂裂缝的方向及长度形成合理的配置，以求获得最大可能的注水波及体积，尽量减少甚至避免裂缝水窜的不利影响。同时，还研制成功了人工裂缝的地面监测系统，在压裂过程中可以直接测裂缝的张开、延伸方向和长度，为现场实施整体压裂方案提供了技术手段。吐哈油区鄯善油田按这种方法实施以后，油井产能提高一倍左右，油田产量超过了设计指标，并做到了油水井3年不作业，得到了很好的经济效益和开发效果。

4. 热力开采使中国成为世界第4大重油生产国

中国重质油资源分布广泛，储量丰富。早在20世纪50年代新疆克拉玛依油区就实验过火烧油层开采重质油。80年代初开始进行蒸汽吞吐开采的工业性实验，在引进国外注蒸汽开采的技术、装备的基础上，经过消化吸收，迅速形成了井深可达1600m的蒸汽吞吐开采的配套技术，并开展了蒸汽驱先导试验。目前已形成以物理模拟、数值模拟等为主要内容的重质油研究和参数优选的技术和方法。在矿场生产上，也已形成了隔热油管、套管保护、多层分注、高温测试、化学剂防窜及保证井底蒸汽干度等一系列技术。蒸汽锅炉等生产装备已基本立足于国内。并正在开展应用水平井开采特(超)重油的新技术。1994年底已在辽河、胜利、新疆、河南、二连等油区建成或开始建设重质油开采基地，年产油已达1237×10^4t，成为世界重质油第4大生产国。

5. 高效开发了一批沙漠、戈壁油田,标志着新油田开发的技术达到了新的水平

20 世纪 80 年代中期以来,勘探新油田的重点转移到中国西部,特别是新疆的塔里木盆地、吐鲁番—哈密盆地和准噶尔盆地。这里的自然地理条件恶劣,著名的“死亡之海”——塔克拉玛干大沙漠就在塔里木盆地。这要求在开发方法上有别于一般油田,以取得好的经济效益。在勘探开发这类油田的过程中采用高度自动化的地面工程系统和新的管理体制,如吐哈鄯善油田实现了 100×10^4t 生产规模的油田,管理及生产操作人员仅 110 人的先进经济技术指标,又如塔里木油区建成 100×10^4t 产能直接开发投资仅 10 亿元人民币左右,低于全国平均水平。

这些地区的开发井普遍较深,一般在 3000m 左右,塔里木油区则深达 3500 ~ 4500m,甚至达到 5000 ~ 6000m。钻井、采油工艺都有较高的技术要求。在油藏类型上,油藏埋藏深,地层原油黏度普遍较低,甚至出现一批挥发性油藏、凝析气藏或带凝析气顶和油环的油藏,都对油田开发技术提出了新的要求。目前已成功地掌握了深井采油、作业和测试工艺技术,以及循环注气开发凝析气藏的技术,并正在研究油气混相驱和非混相驱开采轻质油油藏的技术。最近发现的塔中 4 油田,是地处塔克拉玛干大沙漠腹地的油田。油田开发设计主要采用水平井开发,预计水平井的单井产量可达 600 ~ 700t/d。以水平井为主来开发油田将翻开中国油田开发历史上一个新的篇章。

6. 提高采收率技术有了突破性进展

深度开发老油田,不仅要进一步扩大注水波及体积,提高水驱采收率,而且还要用各种三次采油方法采出注水所采不出来的原油,更大幅度地提高石油采收率。中国陆上油田常规注水采收率为 33.6%,即还有 2/3 的原油留在地下采不出来,只有靠三次采油等新技术来进一步开采。为了分析中国陆上油田三次采油方法的提高采收率的潜力,由中国石油天然气总公司石油勘探开发科学研究院牵头,从 1987 年开始,共历时 4 年,对 13 个油区 82 个主要油田开展了各种三次采油的筛选和潜力评价的研究工作。

筛选工作的大量资料表明,中国三次采油提高采收率的潜力很大,可以应用聚合物驱、表面活性剂驱、气体混相驱等各种三次采油方法的油田很多,若对这些油田采用三次采油方法则可以提高采收率 12.4%,相当于中国陆上油田剩余可采储量再增加一半以上。其中聚合物驱最适合于中国陆相储层的地质条件,具体分析起来,至少有这样 5 点:

(1)中国陆相沉积非均质严重,渗透率变异系数一般都大于 0.6,因此不利于水驱而有利于聚合物驱;

(2)中国东部油田原油黏度较高,一般都在 5 ~ 50mPa · s 之间,而这恰恰是聚合物驱油的最佳黏度范围;

(3)中国河流相储层多为正韵律沉积,这又适合于聚合物驱,可以采出水驱所采不出来的储层上部的剩余油;

(4)中国东部的主要油田,比如大庆、辽河以及胜利的孤岛和孤东等油田的地层水矿化度都很低,在 3000 ~ 7000mg/L,聚合物溶液遇到地层水时不至于发生盐敏效应而使黏度大幅度下降,也有利于聚合物驱;

(5)中国不少主要油田的地层温度不高,如大庆、辽河、大港等油田只有 45 ~ 60℃,胜利的孤岛、孤东等油田也只有 60 ~ 70℃,从而使聚合物溶液在油层中不至于因温度过高而损失黏度,还可以降低注入水脱氧的要求。

因此，中国特别是东部地区不少主要油田都适于聚合物驱，可提高采收率8.6%，且可增加可采储量3.7×10^8t，潜力在各种三次采油方法中目前是最大的。而且由于这种方法机理比较清楚，工艺和装备比较简单，经过大庆和大港的先导性试验，效果很好，每注1t聚合物增油150~200t，提高采收率8%~10%。现在在胜利孤岛油田、吉林扶余油田、辽河欢喜岭油田、河南双河油田也都开展了先导性试验，已不同程度地见到效果。大庆的扩大工业化试验也已见到很好效果。

由于聚合物驱的技术经济条件已经基本成熟，下一步准备更大规模地工业化应用。为此，在大庆正在建设世界上规模最大的聚丙烯酰胺生产工厂，年产规模达到5×10^4t。预计到20世纪末，依靠聚合物驱可能形成产油500×10^4t以上的工业化规模。

除此之外，还进行了和准备进行其他多种提高采收率方法的探索研究和现场先导性试验，如黄原胶生物聚合物驱、交联聚合物驱、碱/表面活性剂/聚合物三元复合驱、碱/聚合物二元复合驱、注气混相驱、水气交替非混相驱、微生物采油等，有的已初步见到了成效。

7. 天然气资源丰富，开发生产基本实现资源接替的良性循环，发展前景良好

天然气是一种“清洁”的能源，发展天然气工业对于改变中国的燃料结构和环境状况具有重要的意义。中国天然气资源丰富，预计陆上天然气资源量在$30\times10^{12}m^3$以上。近年来，先后发现了四川川东石炭系气田、长庆陕甘宁中部气田和青海涩北气田，新疆塔里木盆地也发现了一批气田和凝析气田，天然气储量大幅度增加，气层气的储采比已由1990年的13∶1增加到1993年的20∶1，基本实现了资源接替的良性循环。老气田已掌握了深度酸化、排水采气、增压输送、脱水脱硫等配套工艺技术，1994年陆上天然气产量已增至$160\times10^8m^3$，由陕甘宁气田向北京输气的管道工程正在筹建，预计今后中国的天然气工业将以更快的步伐增长。

三、今后油田开发技术发展方向和展望

虽然中国陆上油田的产量每年都在增长，但仍然满足不了国民经济高速发展的需要。特别是占全国陆上油田产量80%以上的老油田已进入了高含水、高采出程度的深度开发阶段，开采的难度日益增加。因此，为了使石油工业尽可能多地适应国民经济发展的需要，除了继续加强石油的勘探、多找储量以外，必须加强以提高采收率为中心内容的科学技术研究工作，经济、有效地进一步挖掘老油田的潜力，提高新油田的开发水平。为此，需要加强以下几方面的研究工作：

1. 关于高含水油田进一步提高采收率问题

(1)增加注水波及体积，提高水驱采收率。

由于目前老油田地下剩余油的分布状况已非常复杂，既高度分散，又有相对富集的部位。因此，关键问题是采取多学科综合的方法，研究和预测地下剩余的分布的状况，才能把剩余油更经济、更有效地开采出来。为此需要：

① 开展精细油藏描述，建立精细的预测模型。

中心问题是解决井间砂体形态和展布状况的描述和砂体内油藏参数的估值，建立能够反映储层和构造细致变化的精细的三维定量地质模型。为此，需要通过露头调查和密井网的井下资料建立各类储层的地质知识库，研究储层的微构造和微沉积相变化，并研究和使用各种地质统计方法如克里金方法、分形几何方法等进行插值和描述。同时，也要充分利用地震的信

息，需要发展叠前深度偏移、全三维地震处理、以测井资料为约束的地震反演、模式识别以及井间地震等新技术，不断提高地震处理和解释的精度及分辨率。

② 发展水淹层测井技术，提高储层饱和度解释的精度。

研究长期水冲洗后储层物性包括电性、声学特性的变化，在此基础上，提高常规测井系列对水淹层饱和度解释的精度。同时发展套管井的饱和度测井技术，提高碳氧比测井、中子寿命测井等方法的解释精度。

③ 发展精细油藏数值模拟技术，找出剩余油富集部位。

为此需要发展并行算法、区域分解、局部网格加密、杂交网格、非正交网格、网格间非常规连接技术以及各种大型代数方程组的快速解法，以大幅度提高计算速度，减少内存需要量，适应复杂地质条件精细化模拟的需要。

④ 发展综合研究软件平台和油气田开发决策的系统工程方法，提高综合研究水平。

在综合应用以上各项技术的基础上，找出剩余油相对富集的部位，研究打高效调整井、改变液流方向、周期注水、老井侧钻、调剖堵水、重复压裂等方法的适应性，进行综合调整和治理，提高水驱采收率。为此需要发展集地质、地震、测井、试井、地质规模、数值模拟、经济分析等信息和软件于一体的综合研究软件平台，加上三维可视化的彩色动态显示功能，以提高综合研究的效率。与此同时，还要发展人工智能、优化控制等油气田开发决策的系统工程方法，提高综合研究的水平。

(2)继续加强三次采油技术的科技攻关，更大幅度地提高采收率。

三次采油方面研究的重点是解决聚合物驱工业化过程中的一系列问题，包括：聚合物驱合理的井网、层系划分，聚合物分子量的选择和注入能力，水质标准的控制，窜流的防止，调剖的应用，产出液的处理，以及聚合物驱以后如何继续提高采收率等问题都需要进一步进行研究，保证聚合物驱工业化的顺利进行。

同时，还要研究其他的三次采油方法，如二元和三元化学复合驱提高采收率的幅度更大，是很有前途的三次采油新方法，已在胜利油区孤东油田进行了先导性试验，取得了初步成功，将重点加以研究。微生物采油在吉林、大港等油田已进行了现场试验，看到一些好的苗头，也将继续探索。其他如注气混相和非混相方法，由于西部塔里木盆地等不少油气田油质轻，天然气储量多，向外输送一时还有困难，也有良好的应用前景，将继续加以研究，并进行先导试验。

2. 关于重油开采问题

重油热采方面面临的问题是已开发的重油油藏，多数油井已进入高轮次吞吐阶段，吞吐气油比下降，经济效益降低。另一方面，由于中国重油油藏一般比较深，深度大于900m的重油油藏约占已探明储量的60%以上。而且储层非均质比较严重，又多具有边底水。因此大体只有1/4左右储量的重油油藏能转为蒸汽驱开采，目前已转为蒸汽驱的油藏的产量只占5%左右，而且多数已发现汽窜问题，效果不很理想。同时，还有大量特(超)重油还没有投入开发。因此，今后重油开采的研究方向是：

(1)对不能转为蒸汽驱的重油油藏准备采用打加密井、老井侧钻、分层注汽、注高效化学添加剂等方法提高蒸汽吞吐的效果，增加采收率。

(2)对有条件转为蒸汽驱的油藏，要发展油藏监测技术、高效井筒隔热技术以及注泡沫和胶体高效防窜剂等技术以提高井底蒸汽干度，扩大蒸汽驱波及体积，提高采收率。

(3)研究应用水平井、多底井开采特(超)重油的方法，如水平井辅助重力驱等新技术。

(4)继续探索研究火烧油层开采重油的技术。

3. 关于对低渗透油田的研究问题

低渗透油藏要继续研究和完善裂缝及地应力早期识别方法;研究注采井网和天然裂缝、压裂人工裂缝的最优配置关系。发展注气开采低渗透油藏技术及小井眼采油技术。

4. 关于水平井技术问题

广泛应用水平井技术来开采各种类型的油藏将是今后几年开采工艺发展的重点之一。为此需要从水平井段变质量流动的基础研究做起,改进和完善水平井的数值模拟方法,研究水平井的合理井网格式,研制并完善水平井的完井、测试、压裂及酸化增产、堵水、修井作业等工艺技术和工具,使水平井能真正成为提高原油产量和采收率的有效技术。

5. 其他技术

其他还有发展滩海油田的采油技术,发展和完善沙漠油田的开采工艺,完善凝析气田的气体回注技术,发展超深井的采油技术等就不一一详述了。

总之,中国近代陆上油田开发工业经过50多年的发展,从陆相生油、储油这一基本特色出发,形成和发展了一整套开发方法、经济和实用技术,这些适应中国地质特点的技术在过去的年代里已经发挥了很大的作用,使中国成为世界上第5大产油国,并逐步向世界水平靠拢。今后随着油田开发深度和广度的增加,必将继续进一步发展和完善,形成具有中国特色的油田开发技术。

(原载《断块油气田》,1996年3卷3期)

展望21世纪初叶油田开发技术发展

韩大匡

在20世纪我国油气田开发走过了不平凡的光辉历程，从解放初期的一穷二白，经过石油工作者50年来锲而不舍的艰苦奋斗，开创了以开发复杂陆相油田为特色的新路子，形成了一整套符合中国国情的先进、适用技术系列。截至2002年年底，我国原油产量已达到1.6887×10^8t，居世界第5位，成为名符其实的石油生产大国。

展望新世纪，我国油气田开发行业将面临国内和国际经济大环境一系列重大的甚至根本性的变化，形成了新的严峻的挑战，油气田开发行业本身也发展着深刻的矛盾。因此，我们必须首先分析和认清这些变化、挑战和矛盾，然后据此建立新的观念，探索新的规律，采取新的战略，以取得新的发展。

一、21世纪国内外经济环境的变化和面临的挑战

1. 国家经济体制变化是一个带有长远意义的根本性转变

石油工业作为我国国民经济的重要支柱产业，它的经营活动无不受着我国经济体制的制约和影响。几十年来，我国的石油工业是在计划经济的体制下发展起来的，它的资源配置、经营活动、甚至技术政策都是严格地按照计划经济的要求来展开的。油气田开发行业作为石油工业的主业之一，当然不能例外。它的主要任务就是完成国家的石油产量计划，不讲求经济效益。有时为了赶时间、抢生产，即使会因之造成亏损，或是浪费资源，也都在所不惜。

改革开放以来，我国的经济体制由计划经济逐步向社会主义市场经济转变，要求油气田开发企业必须以经济效益为中心。这是一个带有根本性质的转变，将影响到油气田开发行业的方方面面，从发展战略、经营管理机制到技术政策都将随之发生脱胎换骨的变化。

2. 国内石油供需矛盾加剧，促使石油工业的发展视野由国内转向世界，是另一个带有长远意义的转变

经过50多年的开采，已开发油田总体上已进入高含水、高采出程度的阶段，稳产难度增大，特别是陆上东部地区的老油田，产量下降已难以避免，就连5000×10^4t以上达27年的大庆油田，到2003年也将降至5000×10^4t以下。

另一方面，我国作为13亿人口的大国，人均资源明显不足，虽在不断加强勘探的情况下，目前探明储量仍处于增长高峰期，但新增储量品位下降。每年依靠强化老区挖潜和新区投入，也只能使全国石油产量总体上稳中略有增加。

由于我国国民经济发展很快，石油消费量也大幅度增加。据统计，我国国民经济10年来按平均年均9.7%的速度增长，原油消费量也随之按5.77%的速度增加，而同期国内原油供应的增长速度仅为1.67%。因此，石油供需矛盾日益扩大。1993年，我国石油进口量开始大于出口量，成为净进口国，此后石油进口量逐年大幅度增加。据海关统计，2000年原油加成品油

的净进口量已近 7000×10^4t，约占我国石油消耗量的30%左右。党的“十六大”作出了全面建设小康社会的宏伟规划，今后国民经济仍将以7%的高速度发展，预计对石油的需求将以4%左右的速度增长。因此，石油供需的矛盾将进一步扩大，对进口石油的依赖程度也将越来越高，这不仅大大增加外汇的支出，而且将涉及国家的经济安全乃至国防安全问题。

3.“入世”、“上市”促使我国石油企业进一步市场化和国际化，必须千方百计提升竞争能力

我国加入世界贸易组织，标志着我国已更深地融入国际主流经济社会，这既有利于吸取国外先进技术和管理经验，还可以平等地享受成员国的权利，便于石油企业“走出去”实施“跨国发展战略”，更好地利用国内外“两种资源、两种资金、两个市场”，在全球范围内优化资源配置，长远来看，将有利于我们石油工业的发展；与此同时，另一方面又必须遵守WTO的游戏规则，兑现我们所做出的承诺，包括取消原油关税、降低成品油和化工产品关税、逐步取消进口配额和放开成品油销售业务等，这就意味着我们将在短期内全面开放我国的石油石化市场。国际石油巨头必将趁机挟其在资金、技术、质量、服务等方面的优势，全方位地同我国石油企业面对面地争夺市场，对我们形成新的冲击。

1998年，我国石油企业按照上下游、内外贸和产销一体化的原则进行了战略性重组，成立了中国石油天然气集团公司和中国石油化工集团公司，加上原有的中国海洋石油总公司，形成了“三足鼎立”的格局。这三大公司都先后成立股份公司，分别在美国和香港等地上市，进一步突出了主业，按国际油公司的经营方式运作，提高了国际竞争力，其中中国石油天然气股份有限公司在石油天然气储量和产量，以及石油炼制能力、油品销售量6项指标世界综合测算2000年排名中名列第9位，首次进入了世界十强的行列。

上市后如何进一步降低成本成为国际资本市场和投资者最为关注的热点和焦点。三大公司在上市时对投资者都作了较大幅度降低成本的承诺，今后实施低成本发展战略，进一步加大降低成本的力度，将成为三大石油公司长期的重要举措。

4. 经济全球化大环境下更加严酷的国际石油竞争，石油企业必须在激烈竞争中图发展

近10年来，技术进步特别是信息网络技术推动了经济全球化的进程，逐步形成全球的统一大市场。这是世界经济总的发展战略。对石油工业来说更是如此，国际石油大公司向来就是通过跨国经营在全球范围内开展石油天然气的勘探开发业务，在激烈竞争中获取巨额利润。进入21世纪以后，石油工业将越来越成为国际化产业，大石油公司在全球的竞争将更加剧烈，而且日益受到全球政治、经济、金融等多方面的影响。

(1)近年来世界各大石油公司间发生了历史上从未有过的大规模的兼并、重组，以达到强强联合、优势互补、降低成本、提高竞争力的目的。当前，世界石油石化工业已形成了埃克森美孚、英国石油(兼并了阿莫科和阿科)、英国壳牌、埃尔夫菲纳道达尔、雪佛龙德士古、大陆菲利普斯六大巨头互相竞争的局面。兼并以后，各公司相继采取了突出主业、剥离非核心业务的重组，竞争实力大为增强，获得了营业收入和利润增加、成本降低等实效。

无疑，在21世纪我国的石油公司无论是实施“走出去”战略，在世界范围进行石油的勘探开发，或是在国内的市场上由于“入世”而开放市场，面临的主要将不再是国内各公司之间的竞争，而是与这些国际巨头的严酷竞争。

(2)由于石油作为世界当今主要能源和战略物资的重要性，世界列强日益加强对石油的争夺，全方位地采用政治、外交、经济甚至军事等各种手段力图控制石油、天然气的供应和流向，这已是多年来不争的事实。在制定我国的石油战略时，必须认真地考虑这方面的因素，并且也应该综合运用政治、外交等多种应对手段，来保证我国石油战略的实现。

(3)影响国际油价的因素错综复杂，油价的涨落变幻莫测。

多次石油危机的历史经验表明，油价的大起大落，对国民经济的稳定发展都有很大的负面影响。由于油价的涨落不仅取决于石油的供需关系，而且涉及国际政治、经济、金融、投机炒作等十分复杂的因素，难以准确预测。今后也难以排除油价大幅度下跌或攀升的突发事件，这始终是一个需要认真对付的不确定因素。对此，应该做到未雨绸缪，提前采取措施，尽量减少油价的震荡对石油工业甚至国民经济的冲击和不利影响。

二、迎接挑战，抓住机遇，在21世纪油气田开发行业将再次创业，增强国际竞争实力，取得新的进展

从上述可见，在21世纪我国油气田开发行业将处在崭新的国内外经济大环境中。概括起来，一是国家经济体制不可逆转地向社会主义市场经济的方向发展；二是国内石油供不应求的矛盾日益扩大，使我国油气田开发行业发展领域由单纯面向国内转为既抓紧国内又面向世界；三是通过“入世”、“上市”，我国油气田开发企业的竞争对手不仅在国外而且在国内也将主要不是国内企业，而是国际石油巨头。无疑，这些新的挑战都是非常严峻的，有待于我们认真对待。

但是另一方面，也应该看到毕竟我国的油气田开发经过50年的发展，不仅原油产量已居世界第4位(2001年)，而且有了一套适合我国陆相复杂非均质特点的系列配套技术，“上市”、“入世”以后，又进一步提高了自己的竞争实力，迅速走向世界，在严峻的国际竞争中，在建立海外石油生产基地方面已迈出了重要的步伐，正在稳步发展成长。

所以应该说，我国的石油工业以至油气田开发行业已积累了相当坚实的基础，存在着良好的发展机遇，当前是挑战与机遇并存，我们要善于抓住机遇，与时俱进，发展有利条件，避免不利因素，制定正确的战略和对策，使我们的石油企业在21世纪能够再次创业，成长为具有强大国际竞争力的跨国集团公司，在群雄角逐的世界舞台上占有我们应有的地位。油气田开发将在其中起到关键作用。

为此，我们采取的重大战略的构想，大体可归结为以下两个方面：

1. 从保证国家石油安全的高度出发，坚持“发展”的战略，统筹国内外两种资源、两个市场，增产石油天然气

基于石油作为重要的，目前还难以替代的战略物资，以石油为主要燃料和原材料的工业部门的产值约占全国工业总产值的1/6；另一方面，如上所述，我国石油供需矛盾将日益扩大，国际油价又变幻莫测，因政治、军事等突发事件还可能导致石油进口大幅度减少甚至中断，确保石油安全已成为当务之急。

制定我国的石油安全战略，需要全方位地统筹各种措施，包括充分利用国内外两种资源、两个市场，增加石油的生产和供应；大力发展天然气，提供清洁能源，减轻石油的供需矛盾；建立石油战略储备和商业储备、增强应对油价动荡和突发事件的能力；实行石油进口多元化，分散石油供应的风险；发展新能源，替代石油的消费，增强可持续发展的能力；建立节约型石油消费模式，提高石油的利用效率；利用石油期货交易等金融手段，缓解石油价格波动的影响等。这些举措涉及面很宽，有些问题已超出本讲座所论述的范围，这里着重分析与油气田开发有关

的前两项。

1）充分利用国内外两种资源、两个市场，减轻石油的供需矛盾

为了尽可能减少我国对进口石油的依赖程度，首先必须立足国内，继续强化国内的石油勘探开发，保证近期石油产量稳中有增；但是，考虑到目前国内石油供需差距日益扩大，国内产量已不可能完全满足国家对石油需求的增长，因此，同时还必须加快实施“走出去”的步伐，扩展海外的石油勘探开发业务，更好地利用国外的资源和市场，建立可靠的石油供应基地。可以预见，海外石油在我国石油产量结构中的比重将会逐步增加。

（1）继续强化国内石油的勘探开发，保证近期石油产量稳中有增。

① 坚持加强勘探，增加优质的可采储量，改善储采比；并且积极采取勘探开发一体化的方式，大幅度提高探明储量的可动用率，稳步增加新区产量的比重。

② 继续挖掘已开发油田的潜力，特别要提高高含水油田、低渗透油田、稠油油田这3类主要油田的开发效益，减少递减。这3类油田的储量和产量，占当前已开发油田的绝大部分。如这3类油田的开发效益得以有效地提高，必将大幅度减少老油田的递减。

③ 大力发展改善注水和三次采油新技术，加速其产业化进程，提高石油采收率。

（2）加快实施“走出去”的战略，利用国外的资源和市场，建立可靠的石油供应基地。

① 我国石油工业实施“走出去”战略已经迈出重要的步伐。特别是中国石油天然气集团公司一马当先，从1998年到2002年共投资242.7亿元，累计获原油作业产量6022×10^4t（其中2002年已增至2129×10^4t），权益产量3068.6×10^4t（2002年增至1014×10^4t），并且还带动了一批海外工程承包和技术服务项目。该公司海外业务已开始进入自我积累和滚动发展的良性循环。其他公司也正在加大海外勘探开发的力度。

② 在经营方式上要从目前以“低风险”的收购小型油田为主的基础上，逐步积累资金、技术和经验，树立信誉，转为在油气资源有利的国家或地区进行风险勘探投资，以期打开新局面，拿下高产大油田，建立可靠的石油供应基地。

③ 国内油公司在国际化经营中充分协作，与国外大油公司也应该有竞争，也有合作，可采取“乘船出海”的办法，或组成不同方式的“联盟”，并充分利用国际资本市场和金融手段进行资本运营，迅速扩大战果，获得最大利益。

④ 各石油企业要努力提高竞争能力，增大跨国指数，尽快成为真正具有国际竞争力的大型跨国集团公司。

2）抓住西部大开发机遇，加快西气东输，积极开拓市场，迅速建立天然气工业体系

天然气是一种清洁能源，它的广泛使用对于环境质量的改善和可持续发展的实现都具有重要的意义。

（1）我国天然气资源比较丰富。据全国第二次油气资源调查结果，天然气地质资源量为$38\times10^{12}m^3$。截至2000年底累计探明气层气加上溶解气地质储量仅$3.7\times10^{12}m^3$，还处于勘探早期阶段，发展潜力很大。

（2）2000年我国天然气储采比高达70:1，说明我国天然气的生产已具备了高速增长的条件。

（3）天然气工业发展的主要特点是气田生产、管道运输和下游用户3个环节必须一体化协调发展。考虑到目前塔里木、鄂尔多斯、四川和海域四大天然气生产基地均处于中西部或海上，远离东部消费地区，必须进行西气东输或海气登陆的长距离管道建设。

(4)塔里木—上海4000km的西气东输主干线的建设是西部大开发的主要项目之一，将于2004年年底全线贯通。加上川气出川的忠武管线，陕京二线以及海气登陆等管线的建成，将初步建成我国的天然气管网系统。

(5)由于上游支线、配气管网的建设投资大，建设周期长，以及气价偏高等因素，下游用户市场的开拓将成为我国天然气工业系统建设的瓶颈和关键，必须采取各种措施予以解决。

(6)为保证安全供气和季节调节的需要，应该从规模、布局、技术等各方面精心设计，同步进行地下储气库的建设。

2. 坚持“科技兴油”的战略，通过技术创新增强竞争实力

科技进步和创新是油气田开发企业竞争力的核心，是企业发展最重要的动力。上述各种战略和对策的实现，都需要依靠科技进步和创新。为了增强油气田开发行业的科技实力，应不断增加科技投入，并根据“有所为、有所不为”的原则，兼顾当前和长远发展的需要，优先发展当前生产急需的新理论、新方法和新技术，适当安排长远发展需要的基础性、前瞻性研究和储备技术，重视宏观发展战略的研究，鼓励原始创新，特别要加强以下各项与上述战略问题有关的关键技术的研究，取得新的发展和突破。

1)注水油田高含水期开采技术

我国东部地区注水开发油田年产达到1.1×10^{8}t，占全国总产量的69%，仍然是我国原油生产的主要领域。目前，东部注水老油田已全面进入高含水及特高含水采油期，至2002年年底综合含水率已达83.1%，进一步稳产和提高采收率的难度不断增加。

我国注水油田高含水期开采技术与国际水平相比具有特色与优势。我国注水油田为陆相沉积，非均质性严重，国外多为海相沉积，非均质性相对不十分严重，在这种条件下，以大庆油田为代表，采用了一套包括细分沉积微相的精细油藏描述技术、常规测井系列水淹层测井数字处理解释技术和油藏数值模拟技术预测剩余油分布状况，在此基础上发展了钻加密井和一套控水稳油的挖潜技术以及聚合物驱油技术，取得了很好的开发效果。我国渤海湾地区断块油田，采用了一套滚动勘探开发程序和以地质与三维地震配套的查明微构造、储层展布和油水分布为主的油藏描述技术，开发效果也在国际同类油田中具有特色和先进性。

今后要在以往取得成果的基础上，以搞清剩余油分布的预测技术为核心，特别要注意宽带约束地震反演技术，井间地震等新技术的发展和应用，提高确定剩余油具体分布位置的精度，开展各种提高采收率技术的研究。

(1)剩余油预测技术。

主要可由油藏精细描述、开发地震、水淹层测井监测和精细油藏数值模拟四方面进行研究，形成配套技术。

① 油藏精细描述技术。在细分沉积微相、定量和半定量预测剩余油分布基础上，重点解决开发区井间预测这个核心问题。其技术路线是开展各类沉积储层野外露头和油田密井网试验区的精细描述，建立三维连续原型地质模型和知识库，在此基础上重点开展以各种地质统计学方法为主的储层随机建模技术以及动态集成建模技术。“九五”以来，中国石油勘探开发研究院已经在河北栾平和山西大同开展了扇三角洲和辫状河沉积储层露头研究。在地质统计等方法方面国外已有商业化的随机建模软件，可在引进国外软件进行应用的同时，抓紧研制具有自己特色的软件，并发展以测井等资料为约束的多层多相试井解释技术等新技术，以达到预测开发区井间砂体(特别是薄层)展布情况和储层物性参数的目标。

② 开发地震技术。开发地震是以地震资料为基础，以井孔资料为约束，用地质、地球物理原理作指导，充分利用已有钻井、测井、试油、岩石物理和区域地质等成果，对油藏进行综合评价以及动态监测，直接为油田开发服务的一套地震综合应用技术。这项技术以三维地震、高分辨率地震、地震反演技术为主要内容，近年来又发展了四维地震的新技术，为提高油田开发中的油藏描述、动态监测精度等提供了新的手段。目前大量应用的是三维地震及储层和参数的横向预测。

a. 三维地震和横向预测技术。"八五"期间我国结合断块油藏滚动勘探开发需要，围绕储层横向预测及油气分布等问题，研制了开发地震处理软件及解释技术，主要内容有：

ⅰ. 高分辨率三维地震技术。可以查明倾角1°~5°、断距小于3m的构造问题，并为油田开发提供高精度的地震资料。

ⅱ. 储层横向预测技术。在合成声波测井技术基础上，引进和开发了测井约束地震反演技术，可以提高对储层的纵向分辨率，识别厚度达到3~5m。并建立三维地质模型为基础的人机交互解释方法，使井间储层预测提高到了新的水平。

ⅲ. 模式识别油气检测技术。我国开发的具有优势的多参数模式识别技术，以及人工神经网络识别技术，在预测油气分布方面具有较高的解释符合率。

以上技术下一步要发展高分辨率全三维地震技术，加强岩石物理实验研究，完善地震反演技术，进一步提高对薄互层的解释精度。

b. 四维地震技术。四维地震又称时间推移地震，即对同一测量区进行两次甚至多次重复的三维地震观测，通过分析和研究各次三维地震之间的振幅变化，来识别和追踪油藏内流体前缘推进的情况，从而可以找出剩余油的富集带，为打高效的调整井提供十分重要的依据。

这种方法的基本原理是地震响应的变化与油藏中的温度、压力的变化，以及所含油、气、水的饱和度变化密切相关。一般来讲，当地层的温度增加时可导致地震波速度的下降，压力的下降则可使速度增加；而当地层中饱和水时速度最高，饱和油时速度居中，饱和气时速度明显降低。四维地震正是利用了这些地震属性和地层温度、压力、流体饱和度之间的相关性来研究和识别油藏剩余油分布的状况。由此也可以看到，四维地震和油藏数值模拟相结合，将是油藏剩余油分布研究的重大突破。

限制四维地震技术实际应用效果的根本问题主要是分辨率问题。目前，一般来说，这种技术的分辨率大体只能达到15m左右，但在一定的地质条件下，已有可能对5m左右的储层内流体的运动情况进行探测，例如，在上下相邻层位内流体没有大的变化的情况下。

四维地震存在的问题包括缺乏可重复性、地震噪声的影响、不可避免的测量变化和环境的改变等。近年来海底四维地震数据采集技术的发展可以减少这些影响，并结合横波数据来增强反演的能力。

四维地震的发展对于提高采收率有重大意义。BP公司宣称，在Foenhaven油田进行了迄今世界最大的四维地震研究以后，可将该油田的采收率由40%~50%增至65%~75%。因此，在国外已有越来越多的油田开始采用四维地震技术，据不完全统计，世界上已有54个油气田或区块已经进行或正在进行四维地震研究。有的专家估计在5年内国际上四维地震市场将达到每年10~30亿美元的份额。美国哥伦比亚大学的Lamont—Doherty Earth Observatory已研制了专用的四维地震软件。

我国在克拉玛依油田九$_5$区也已在稠油注蒸汽热采过程中开始使用四维地震监测技术。该区面积0.36km^2，油层埋深310m，共有油井49口，观察井8口，分别在1993年10—11月、

1994 年 8 月以及 1995 年 8 月进行了 3 次三维地震采集。结果发现当温度由 25℃ 增加到 150℃时，地震层速度降低 22% ~40%，可以明显地监测注蒸汽时热前缘的推进情况。

c. 水淹层测井监测技术。水淹层测井监测技术主要分为裸眼井和套管井两类测井技术。

ⅰ. 裸眼测井技术。该技术重点是提高水淹层测井解释符合率问题。首先进行水淹机理实验基础研究，搞清测井响应机理，重建高含水期水淹层测井解释模型。同时，进行电化学电位研究，求准地层水矿化度。针对薄层解释问题，开展阵列电极测井方法和反演解释模型研究，提高薄层解释精度。

核磁测井是近 10 年来国外发展起来的直接观测地下自由流体物性的测井技术，俄、美已研制出测井仪器并投入使用，这种方法能更好地识别和解释很薄的油气层，并直接测定储层的渗透率。今后我国要在引进国外仪器的同时，开展核磁测井响应机理实验研究（目前已取得阶段成果），从而建立符合我国地质开发特点的解释模型。

ⅱ. 套管内水淹层测井技术。此项技术是利用已投入开发的老井监测剩余油的技术。

国外近年来发展了过金属套管的电阻率测井技术，在现场测出类似于裸眼井的电测曲线。我国应根据国情积极进行借鉴、研究、推广。

斯仑贝谢公司发展了饱和度测井仪（RST），把双探头 C/O 测井和双脉冲中子衰减时间测井组合到一起，可以提高套管井饱和度测井的精度，我国也应在引进仪器基础上，进行 C/O 处理解释方法研究，提高套管测井监测饱和度精度。

其他还有电磁波测井和重力测井等。其中电磁波测试井间参数的新技术，可用于监测蒸汽驱及水驱油田井间饱和度的变化，美国已在克恩河油田和 LostHills 油田进行了现场试验，取得令人鼓舞的效果。

d. 精细油藏数值模拟技术。为解决高含水后期多层、油藏高度分散的剩余油预测问题，必须发展精细油藏数值模拟技术。其核心关键技术是：

ⅰ. 百万节点大型并行化油藏数值模拟技术。将并行机硬件环境与并行算法为主的软件相配套，实现把精细三维地质模型信息直接或大体上直接应用于精细数值模拟中，做到网格步长 50m 以下、厚层细分、薄层不合并，模拟规模在百万节点水平。在引进并行机硬件基础上，以与国外合作和自行研制相结合的方式，开展并行黑油等模型的研制与应用。

ⅱ. 灵活网格技术。研究剩余油分布集中区精细模拟问题，通过局部网格加密、控制体积网络、杂交网格、非正常连接网格、随意结构网格等新的灵活网格技术研究，提高软件的模拟功能。国外已有商品化软件，国内已开始进行方法研究，应抓紧开发自己的商品化软件。

ⅲ. 精细历史拟合新方法。通过实际油藏生产数据和动态变化来检验数值模拟的结果并通过地下信息的反馈来加深对油藏的认识反演技术，下一步要研究分井、分层精细历史拟合和自动历史拟合方法。

e. 石油勘探开发综合软件集成平台技术。这个软件集成平台把地震、测井、地质、油藏描述、油藏工程和油藏数值模拟各专业，以及数据库、三维图形显示等各类软件统一在一个系统中，实现多学科的数据共享、软件共享、流水作业、综合研究。这套技术不仅可以应用于断块油藏滚动勘探开发，同时也可应用于油气勘探开发广大领域。目前，国外各大油公司及软件公司都集中力量开发建立综合集成软件平台系统，特别是国际上数据与信息管理技术及其标准化的发展，更加强了它的研制和开发。我国近年来在石油物探局和中国石油勘探开发研究院分别就地震处理和勘探开发综合处理建立了处理显示系统；开发方面已研制了面向对象的新一代数据库；黑油模型和热采模型也已陆续向 POSC 平台集成。今后要在统一制定数据可靠格式标准和软件研制标准的基础上，尽快研制出适合我国勘探开发需要的集成软件平台系统，以提高我国石油数据处理及综合研究水平。

(2)提高采收率新技术。

在搞清剩余油分布状况基础上，从提高水驱波及体积和提高驱油效率两大途径，开展提高采收率的新技术研究。

① 提高水驱波及体积新技术。

a. 高效调整井技术。对于剩余油分布富集区带钻高效加密调整井，是高含水后期和特高含水期提高水驱采收率的经济有效的技术。主要根据剩余油分布具体情况，发展以下技术：

ⅰ. 应用侧钻水平井、多底井、分枝井等复合井，以及大斜度井等钻井、完井新技术，与原有注采系统和井网协调配套，达到提高波及体积的目的。主攻技术是$5^1/_2$in套管内侧钻技术，侧钻井、分枝井、多底井的完井技术，以及连续油管作业技术。

ⅱ. 直井不均匀布井技术。

b. 聚合物驱油技术。聚合物驱的储量达43.66×10^8t，其中条件较好的一类地区地质储量20.9×10^8t，注聚合物后可增加2×10^8t可采储量，是我国一项优势技术。目前，聚合物驱油工业性试验已取得成功，正在大庆、胜利等油田进行工业化推广，今后要进一步研究解决聚合物驱工业化推广中所出现的新问题。

c. 地层深部流体转向技术。向地层注入能大幅度提高油层残余阻力系数或在深部堵塞高渗透层的物质，使后继的注入水在地层深部转向，扩大波及体积。此项技术近年来在国外得到很大发展。由于新开发的胶态分散凝胶，聚合物浓度可降低到500ppm以下，可以大幅度降低成本，并且可以用污水调配，便于推广。美国开展的现场试验表明，可以提高采收率7%～8%，化学剂费用0.75～4.7美元/bbl，增油费用2.0美元/bbl。今后在我国东部高含水期油田要加速试验，尽快推广这项技术。

② 提高驱油效率新技术。

a. 化学复合驱油技术。此项新技术利用各种化学剂之间的协同作用，在大幅度减少化学剂用量的情况下大幅度提高驱油效率，提高经济效益。“八五”期间，在胜利、大庆、辽河等油田进行了不同规模的现场试验，取得了较好效果。该项技术在国外曾进行过一些矿场试验，取得一定效果，但由于油价较低，没有扩大试验。我国适合化学复合驱的地质储量为19×10^8t左右，加上聚合物驱潜力可以达54×10^8t，在我国具有广泛推广前景，是“九五”工业化试验的重要项目。今后攻关的目标是要使这项技术在正常井距下能在经济上取得效益，为此需要：一是研制高效廉价的表活剂，以大幅度降低成本；二是进一步研究复合驱体系在驱油全过程中的机理问题；三是解决复合驱采出液的处理和防止结垢等技术问题。

b. 微生物提高采收率技术。这是一项成本低、施工工艺简单、适应性强的提高采收率的新技术。国外开展较快，美国已在322个项目上试验了2000多口井，78%的项目获得延缓递减速度、增加油产量的效果，增产1bbl油耗资约2美元，投入产出比1:5，还本期6个月。俄罗斯罗马什金油田及西西伯利亚Vyngapoar油田进行先导试验，也见到明显增油效果。我国也在“九五”现场试验中取得较好效果，今后应组织重点攻关，从吞吐向微生物驱的方向发展，尽快形成配套工艺技术。

c. 水驱后热采技术。国外热采技术已广泛应用。我国有部分常规稠油油藏也实行注水开发，一般水驱采收率较低，水驱后根据油藏地质特点，开展注蒸汽、火烧油层等热采技术，可以提高原油采收率。“九五”期间已立项开展现场试验，应加快试验步伐，力争将这项提高采收率新技术工业化。

2)低渗透油田开采技术

我国低渗透、特低渗油田已探明的地质储量达63.2×10^8t(截至2002年年底),占全国原油探明储量的29%,是我国油田开发和原油生产的重要资源。“九五”期间在两江、长庆、新疆等地区低渗透油田是我国原油产能建设的主要地区。经过近10年攻关,我国低渗透油田开采技术取得了长足的发展,在以入湖三角洲沉积相研究预测富集区带技术、地应力裂缝预测技术和成岩对孔隙结构影响研究为主的油藏描述基础上,发展了一整套注、压、抽配套的采油工艺技术,使大庆朝阳沟、吉林新民、长庆安塞等特低渗透性油田(渗透率小于10mD)8×10^8t地质储量得到工业性开发。同时,还存在采油速度低(小于1%)、采收率低(标定平均采收率为23.5%)、经济效益差(建成百万吨产能投资大于20亿元)等问题。

在国际上低油价情况下,各大石油公司投资方向纷纷放弃低品位低渗透油田资源条件下,我国低渗透油田开采技术的发展具有自己的特色和一定优势。但是与国际先进的低渗透开采技术比较,在高导流压裂酸化技术、水平井开采技术和注气开采技术等技术上还存在差距,今后要根据我国低渗透油田开采所面临的技术关键问题,借鉴国际上相关的先进技术,围绕以下5项主要技术进行攻关,提高低渗透油田开发的技术、经济效果。

(1)裂缝预测与井网优化技术。

我国低渗透油藏致密的基质与天然裂缝往往共生,并且由于天然产能低,需要压裂投产,人工裂缝的产生加剧了储层非均质性和各向异性。因此,天然裂缝与人工裂缝的预测技术与考虑基质与裂缝双重影响的井网优化是编制低渗透油藏开发方案的核心技术问题。

国外具有的早期识别天然裂缝技术已经配套,包括定向取心、井壁成像测井等各种测井技术,并正在研究电导率层析成像等新技术。人工裂缝识别技术发展了利用压裂过程中微地震信息对人工裂缝进行三维监测技术。其中定向取心技术及微电阻率成像技术(FMI)属国际前沿技术。我国裂缝综合描述技术基本掌握应用,特别是地应力测量、常规测井系列的裂缝解释模型(NSFD)、倾角测井与岩心描述相结合,对裂缝方位、密度及发育段描述具有良好效果。此外,在油藏工程上已研究了把局部网格加密数模技术应用于压裂裂缝模拟,研究裂缝导流能力与长度对井网优化的影响。

今后应发展完善具有复杂裂缝的低渗透油藏描述技术,在引进应用天然裂缝早期识别技术和人工裂缝实时监测技术的基础上,建立科学的地质模型;研究裂缝、基质对渗流的贡献,建立数学模型,研制符合低渗透油田开采特点的数值模拟软件,并发展一套包括全三维压裂在内的压裂—注水—井网系统优化配置技术。

(2)水平井整体注水开发技术。

国外已广泛应用水平井开采低渗透油田,从钻井、完井到采油工艺已形成配套技术,但一般仅限于利用边底水天然能量以及穿透多条裂缝提高产量的单井开采技术,尚未见到用水平井整体注水开发油田的实例。我国“八五”期间在大庆、长庆、新疆等地区低渗透油藏开展了水平井开采的现场试验,取得了初步效果,今后要在筛选适合于用水平井或复合井开发的低渗透油田的基础上,开展用水平井或复合井注水开发油田优化设计方法研究,包括水平井布井方式、注采系统及井网密度研究,并投入生产应用,开创低渗透油田高产、低成本开发新途径。

(3)注气开采技术。

由于特低渗透油田储层致密或水敏性黏土矿物含量高,不适合注水开发,发展注气开采技术对低渗透油田得到工业性开发具有重大意义。国外注气(烃类气体、CO_2、氮气、烟道气)混相驱和非混相驱以及水气交替注入技术已进行了广泛的工业化应用，取得了很好效果。我国由于东部气源缺乏，尚未开展现场试验，仅在长庆坪桥低渗透油田和塔中4油田 C_{I} 油组进行了注气可行性研究，今后应开展现场工业性注气开采试验，开拓与注水并行的一套低渗透油田新的开发方式。

（4）高效压裂新技术。

对低渗透油田采用高砂比和端部脱砂两项压裂技术，可以造成短宽缝、高导流的效果，对提高低渗透油田原油产量、延缓压后递减十分重要。国外高砂比压裂已经成熟，已在610～3600m井深达到90%～105%的砂液比，缝内铺砂浓度可达16.6km/m^2，压后产量可提高4～10倍。我国与之差距较大，砂液比最高达45%～50%（平均28%），缝内铺砂浓度1～3km/m^2，属低砂比范围。

为提高低渗透油田开发效果，今后应大力加强高砂比与端部脱砂技术攻关，在油藏描述及地应力裂缝研究基础上，加强全三维压裂设计方法与油藏数模相结合的研究，引进水力裂缝实时监测、实时模拟、分析控制软件，达到完善优化设计及优化材料、工艺的目的。

同时，还要重视研究防止压裂过程中伤害油层的技术。

（5）小井眼、无油管采油技术。

小井眼与无油管采油技术是降低低渗透油田开采成本的重要技术，据美、加石油公司统计，采用上述技术可节省完井费用20%～30%。若配套小井眼钻机，小井眼钻井费用可降低30%～40%（钻井、完井投资约为产能建设投资的40%～50%）。国外已形成小井眼钻井、完井、人工举升、修井作业等配套技术。国内钻有一批4½in套管井，采用常规有杆泵采油，但分层注采测试工艺较差。3½in套管井工艺适应性更差，与之配套的无油管采油技术刚刚开始攻关。

为提高低渗透油田开发经济效益，今后应大力加强小井眼及无油管采油技术攻关，重点攻关3½in套管井配套钻井采油技术，完善空心抽油杆无油管采油技术，研究螺杆泵无油管采油技术。

3）稠油油田开采技术

我国稠油资源比较丰富，已探明的稠油储量达 13.17×10^8t，已动用 7.2×10^8t，经过十几年攻关，已经形成注蒸汽吞吐采油工业化技术，井深小于1000m的蒸汽驱开采技术也已积累了一定的经验。到1997年底全国稠油产量已达到年产 1300×10^4t 的规模，其中热采产量 1100×10^4t，成为世界第3稠油生产国。

我国稠油油田开采还存在较多问题，如蒸汽吞吐的高轮次吞吐周期开采效果差、蒸汽驱现场试验成功率较低、超稠油和特稠油以及薄差层稠油的资源还缺乏有效开发技术。

下一步稠油开采的技术发展方向主要有：

（1）水平井开采稠油、超稠油技术。

水平井技术是开采稠油、超稠油的一项十分有效的新技术。国外利用水平井具有接触油藏面积大、泄油压力梯度小的优点，明显提高了蒸汽吞吐和蒸汽驱采收率；对于超稠油油藏用水平井辅助重力泄油技术，使难以动用的超稠油油田得以有效开发。如美国中途日落油田在蒸汽驱采出程度达62%后，在油藏下部剩余稠油部位钻3口水平井进行蒸汽吞吐开采，产量比直井高4～6倍。加拿大阿尔伯达省对 50×10^4mPa·s 的超稠油，用3对水平井（水平井段长60m、垂向间距6m）进行蒸汽辅助重力泄油开采，采收率达68%，油汽比大于0.35，日产油

$30m^3$。对我国稠油油藏 3×10^8t 未动用储量进行水平井适用性筛选，约有一半储量适合水平井热采。“八五”期间，在辽河、胜利、新疆等油区钻了30余口水平井进行蒸汽开采，效果较好，对辽河曙一区超稠油油藏开始进行水平井辅助重力泄油开采试验。但我国水平井热采技术起步晚，推广面小，效益尚不显著。今后应分别针对已开发的稠油油藏及难动用的超稠油油藏开展水平井热采技术攻关，提高稠油油藏储量动用程度和开采技术经济效益。

(2)化学添加剂或加入气体应用技术。

应用化学添加剂改善稠油油田开采效果主要发挥两方面作用，一是应用高温调剖剂和堵窜剂，防止蒸汽驱过程中汽窜或黏性指进，提高波及体积；二是应用化学添加剂降低稠油黏度，降低界面张力，改善岩石与油水之间的界面性质，以提高驱油效率。国外应用高温发泡剂、高温降凝剂及凝胶—泡沫体系进行蒸汽开采中的调剖堵窜，在美国加州试验4000口井，获得增产1bbl油仅耗资1美元的效果，近年来在降低化学剂成本上取得突破性进展。同时，也研究了高温凝胶堵剂，获得初步成效。我国在“七五”以来应用表面活性剂在辽河蒸汽吞吐中施工174口井，增油 9.1×10^4t，单井增油568t。高温发泡调剖剂也研制成功，并进行过现场试验，但与国外对比主要差距是化学剂耐温性差(国外达300℃以上，国内一般为250℃)和成本高。今后应在提高化学剂性能、降低成本的基础上，加强基础研究，用于蒸汽开采降黏、防窜、解堵及应用水平井加化学添加剂进行稠油冷采试验。

在蒸汽吞吐时加入天然气、氮气等气体可以扩大蒸汽加热带体积，增加油层压力，加采时发挥气体助排作用，也有很好效果。

(3)火烧油层技术。

火烧油层技术是稠油开采中经济有效的技术，不仅适用于深层及薄互层低渗透稠油油藏，而且适用于蒸汽驱后或水驱后提高采收率的技术。国外火烧油层年增油 100×10^4t，其中罗马尼亚 60×10^4t，美国 30×10^4t。美国在 Medic Pole Hills 进行的试验，增油两倍，每桶原油成本仅3.9美元，采收率比一次采油提高9%。加拿大近年来提出了利用水平井进行重力辅助火烧油层技术，便于有效地控制火烧前缘，提高波及系数。美国 Texaco 公司还提出了多层稠油油藏火烧新思路。我国目前仅在石油勘探开发科学研究院坚持火烧油层研究工作，具备三维物理模拟和数值模拟手段，对辽河、胜利、河南油田进行过可行性研究，近年在辽河科尔沁油田已点火成功，初见成效。与国外对比主要差距是室内基础实验(燃烧动力学)、防腐、产品乳化油处理、火烧过程监控技术以及高质量压风机等技术。今后既要开展常规火烧油层现场试验，形成配套技术，更要重视水平井重力辅助火烧油技术的研究。

(4)冷采技术。

稠油冷采技术有两大类，一是出砂冷采技术，在加拿大得到广泛应用；二是注气体溶剂临界萃取开采技术，目前处于室内研究阶段。出砂冷采在加拿大已达到年产 150×10^4t 规模，其优点是成本低、工艺简单，主要适用于黏土矿物含量低的疏松稠油、超稠油油藏，一次采油采收率可达10%～12%。

今后我国要开展出砂冷采现场试验，取得经验后推广于生产，并积极开展注气体溶剂萃取开采技术研究，争取室内有所突破。

(5)热电联产技术。

用同一燃料源同时产生蒸汽和电能，可以大幅度提高热效率，降低成本。如美国克恩河油田建立了两座大型热电联产工厂，每座工厂发电300MW并产820t/h蒸汽，可供50万户居民用电，蒸汽驱原油成本也由5～6美元/bbl降至1～2美元/bbl。

4）凝析气田与挥发油田开采技术

随着我国油气勘探程度的加深，不断发现凝析气田和挥发性轻质油田，特别是随着我国西部深层油气勘探，已经或将要发现更多的凝析气田和挥发油田。如何开发这些特殊类型优质油气资源是油气田开采已经面临的新的技术领域。我国凝析气田和挥发油田开采技术经过近10年来攻关研究，在地下流体PVT相态及油气藏类型判别技术、循环注气提高凝析气田采收率技术、混相驱、注水保持压力提高挥发油采收率技术等方面取得一定成果，室内研究已经基本配套，但在现场实施方面还与国际先进水平存在较大差距，如循环注气技术仅在柯克亚凝析油气田及大港大张坨凝析气田开始实施，还缺少经验，而且在高压注气装备与工艺技术上还主要依靠引进。在混相驱方面，国外已成为提高采收率工业化推广技术，而我国尚未实施。

为了有效开发我国凝析气藏和挥发油藏资源，主要开展以下两方面攻关研究：

（1）凝析气藏循环注气技术。

国外已经形成循环注气开采凝析气藏工业化技术，除应用天然气循环注气外，20世纪80年代以来发展了制氮—注氮—脱氮成套的循环注气工艺设备，高压注气工艺技术已经配套，凝析油采收率可以提高到60%以上，注气压力可达57MPa以上，并在流体PVT相平衡理论研究及实验技术上不断取得新成果，形成系列化、商品化的相态软件及多组分油藏数值模拟软件。我国在针对自己凝析气藏特点的相态特征研究及循环注气方法研究方面也取得了工业应用成果，在柯克亚和大张坨凝析气田已开展循环注气工业试验。与国外水平对比，主要是缺乏现场试验经验以及注气工业设备。在循环注气的相态新理论和新方法研究方面也有明显差距。今后攻关的主要内容包括：

① 循环注气开采凝析气藏的机理和新方法研究。

a. 流体近临界相态特征研究及状态方程的改进；

b. 反凝析油在多孔介质中的产状及渗流特征；

c. 反凝析油的再蒸发机理及提高凝析油采收率途径；

d. 研制并完善一套从油藏—井口—集输一体化数模软件。特别是研制具有中国特色的商品化组分模型软件。

② 高压循环注气工艺技术。

a. 高压大排量压缩机的国产化；

b. 注气流程及井下高压注气管柱优化设计。

（2）挥发油藏混相驱技术。

注入高压气体（包括烃类天然气、CO_2或N_2），使之在油藏内达到混相或非混相条件，以提高采收率，该项技术特别适用于我国西部挥发性油田开发。国外注气混相与非混相驱技术已形成工业化应用技术。美国以注CO_2为主，已有60个现场试验项目，日产油达17×10^4bbl，近年还将增加11个项目；烃混相以阿拉斯加为主，共14个项目。加拿大以烃混相为主，已有39个项目，日产量达11.2×10^4bbl，CO_2驱只有5个项目。在新方法研究中，水气交替注入技术日益成熟；发展了近混相方法，可以减少中间烃注入量，降低成本。我国在江汉及吐哈油田的丘陵和葡北油田都进行过混相驱的可行性研究和现场试验方案设计，室内研究水平大体接近国外水平，关键是缺乏现场试验经验。今后应加强以下攻关研究：

① 混相驱油机理研究。

a. 注气近混相驱原理及相态评价技术；

b. 注气过程中沥青及其他有机质沉淀对油层伤害的影响。

② 开展混相驱现场开采试验。

③ 水—气交替注采工艺技术研究。

5)天然气开采技术

“九五”以来,我国天然气勘探开发取得了重大进展,储量大幅度增长,产量稳步上升,四川、长庆、塔里木和青海四大气区的格局基本形成,这为天然气大发展奠定了良好的基础。21世纪天然气开发任务十分艰巨,不仅开发工作量大,发展速度快,而且开发对象复杂。而对新的形势,我们必须正确认识天然气开发自身的特点和规律,依靠科技进步,发展针对性的关键技术,不断提高气田开发水平和效益。

经过40多年的发展,我国已经具备了常规气田开发所需要的基础技术,并且积累了许多宝贵经验,将在今后天然气开发和管理中发挥重要的作用。但随着“西气东输”工程的启动,开发的主体对象转向深层超高压、低渗、中高含硫和多层疏松砂岩等复杂气藏,这些气藏具有地质条件复杂,开发难度大的特点,以前所积累的技术和经验已远不能适应新的需要。

针对当前天然气新的形势和面临的难题,需要进一步发展、完善和创新天然气开发的主体技术,提高气田开发效益,促进天然气工业的快速发展。

(1)低渗砂岩气藏的高效开发技术。

从目前的技术发展现状来看,低渗砂岩气藏高效开发面临的两大技术难题,一是储层的高产富集区预测:储层的厚度预测问题已基本解决,但高渗区、裂缝发育带和天然气富集区预测技术仍需进一步研究。二是大幅度提高单井产能:近来通过大型压裂、CO_2泡沫压裂、水平井技术,单井产能有了较大突破,但作为高效开发的手段,现有技术仍需进一步加深研究。

(2)深层超高压气藏高效开发技术。

与常规气藏相比,异常高压气藏驱动弹性能量大,开采过程中,压力下降可能引起部分储层明显的变形,导致储层物性变差,异常高压气藏的开采对开发技术提出了更高的要求。高效开发异常高压气藏重点攻关技术在于:

① 高产气井的钻完井技术;

② 异常高压高产气藏开发评价及开采方式的评价。

(3)多层疏松有水砂岩气田开发技术。

开发这类气藏需解决以下技术关键:

① 气层识别技术的改进;

② 搞好主动防砂工作,探索推广压裂防砂工艺;

③ 合理划分开发层系,探索一井多管采气工艺;

④ 多层疏松砂岩气藏固井技术。

(4)高含硫气田开发技术。

由于H_2S的剧毒和强腐蚀给含硫气田的生产带来一系列困难,安全和防腐成为含硫气田开发的关键问题。

① 高含硫的防腐技术;

② 硫的相态研究及硫沉积防治技术。

(5)煤层气开发技术。

我国煤层气资源丰富,是常规天然气的主要接替气源之一,为了高效开发煤层气,需对煤层气的开采机理和开发方式进行研究。

（6）储气库技术。

储气库是西气东输的重要配套工程，是实现长距离大输量安全可靠供气的重要条件，发展和完善储气库的工艺技术是我们需要关注的技术方向。

回顾祖国50年来油气田开发行业的飞速发展，我们心潮澎湃。展望21世纪，我们任重道远。我国的油气田行业虽然面临国内外经济大环境的剧烈变化和挑战，但我们具有艰苦奋斗、不屈不挠的光荣传统和奋斗精神，必将克服一切困难，在经济全球化的大潮中，抓住机遇，与时俱进，不断增强自己的国际竞争力，迎接再次创业更加光辉的未来。

中国油气田开发现状、面临的挑战和技术发展方向

韩大匡

摘　要：回顾了我国油气田开发所走过的不平凡光辉历程，简要叙述了我国油气田的储层地质特点、主要类型和已形成的技术系列，揭示了近年来所面临的严峻挑战，比较详细地阐述了应对这些挑战的技术对策和开发好高含水、低渗透、稠油、海洋等主要类型油田和各种复杂气田的技术发展方向。

关键词：中国油气田开发　技术系列　高含水油田　低渗透油田　稠油油田　海洋油田　复杂气田　技术发展方向

一、我国油气田开发现状

1. 油气田开发概况和对国民经济的贡献

20世纪，我国油气田开发走过了不平凡的光辉历程，从解放初期的一穷二白，年产量仅12×10^4t，到如今经过石油工作者60年来的艰苦奋斗，开创了开发复杂陆相油田的新路子，形成了一整套符合中国国情的先进、适用技术系列，石油和天然气产量都有了大的飞跃。据国家能源局公布的资料，我国2009年的产量为1.89×10^8t，约下降了1%，但占世界石油产量由第5位上升至第4位。天然气产量近几年来大体以年$100\times10^8m^3$的速度增长，2008年已达到$775\times10^8m^3$，位居世界第9位。

2007年，石油在国家一次能源的消费中占19.7%，天然气占3.3%。同年油气开采业共实现利润3323.5亿元，占全国大中型工业企业总利润的16.9%，为整个石油工业的主要利润来源；以油、气为主要燃料和原材料的工业部门的产值约占全国工业总产值的1/6。这些都明确说明我国油气开采对国民经济发展的贡献是举足轻重的。

2. 我国油气田开发的基本地质背景和技术发展状况

(1)我国油田的储层以陆相碎屑岩沉积为主要特征，气田则还有大量海相碳酸盐岩储层。

中国含油气地层分布广泛，从古生界到新生界都有分布。尤其中、新生代地层储量最为丰富，已发现的油田多数集中在陆上东部地区，近年来西部地区及浅海大陆架发展很快，开发了一批重要油气田，特别是气田主要分布在西部。

从地质的角度看，我国油田的储层主要是内陆河流—三角洲或冲积扇—扇三角洲的碎屑岩沉积。这类储层的油田储量约占已开发储量的90%，其地质特征为：

① 由于内陆盆地面积相对较小，物源近，相变频繁，因此砂体规模小，分布零散，平面上连通差，而且颗粒分选差，孔隙结构复杂，非均质严重。

② 由于湖盆内频繁的水进水退，使河流—三角洲沉积呈明显的多旋回性，油田纵向上油层多，有的多达数10层甚至百余层，层间差异很大。

③ 油层内部纵向上非均质也很严重，各层段间物性相差很大。特别是储层中占多数的河

道砂体渗透率呈上部低、下部高的正韵律分布特征，注入水易从下部发生窜流，影响了水驱效果。

④ 东部渤海湾地区断层极为发育，油田被切割成许多大小不等的断块。多数断块的含油面积小于 $1km^2$，不同断块的几何形状、油层特性、油气富集程度、油气和油水分布、天然能量等都有很大差别，地质条件更为复杂。

⑤ 由于陆相湖盆中生油母质腐殖质较多，形成石蜡基原油，含蜡量多，黏度偏高，一般约为 10～50mPa·s，属中质油。也有一批油田为重质稠油，甚至特稠油和超稠油。在西部地区，还有不少轻质挥发油藏和凝析油气藏。

⑥ 由于砂体零散，连通差，油田的边水供给受到限制，大多数油田天然能量不足，很少具备活跃天然水驱的条件，需要注水补充能量。

气田的储层则更为复杂多样，除了陆相碎屑岩储层以外，还有大量碳酸盐岩储层和部分火山岩储层。我国的碳酸盐岩沉积以海相为主，分布也十分广泛，它的孔隙结构更为复杂，非均质性十分严重。

(2)我国油气田的主要类型及相应技术系列。

在复杂的地质背景下，我国油气田的类型很多，最主要的有中高渗透多层砂岩油气田、复杂断块油气田、低渗和特(超)低渗透砂岩油气田、稠油油田以及轻质油田，还有部分砾岩油田、碳酸盐岩油气田、火山岩油气田等。气田的类型多数为复杂气田，除已提到的特(超)低渗透、碳酸盐岩、火山岩气田以外，还有异常高压气田、高含硫化氢气田、高含二氧化碳气田等。

60 年来，我国油气田开发针对复杂的地质条件和各种主要的类型，积累了丰富的油气田勘探开发经验，形成和发展了具有特色的、比较完整的技术系列，已达到了相当高的水平，有的技术在国际上已处于领先的地位。当前，主要的技术系列包括：

① 早期分层注水、分阶段逐步综合调整的技术系列，是具有我国特色、应用广泛的开发技术。针对我国陆相油田天然能量普遍不足的特点，注水技术是我国油田开发的主体技术。采用注水技术的油田，其储量和产量所占的比重都在 80% 以上。特别是以大庆油田为代表，形成和发展了一整套早期分层注水、分阶段逐步综合调整的技术系列。依靠这套技术，大庆油田创造了年产 5000×10^4t 以上稳产 27 年的世界先进水平。这套技术在全国普遍推广以后，对于我国石油产量的持续增长，起了关键性的作用。

② 三次采油技术中化学驱提高原油采收率技术符合我国国情，已大规模应用，处于世界领先地位。我国普遍采用的注水技术，平均原油采收率只有约 30%，在已开发的油藏中还有 2/3 的原油滞留在地下采不出来，需要发展各种新技术来提高原油采收率，其中各种三次采油新方法是重要的提高原油采收率技术。全国先后两次提高采收率潜力评价的结果，都表明聚合物驱和碱/表面活性剂/聚合物三元复合驱等化学驱油技术是各种三次采油方法中最符合我国国情也是潜力最大的技术。用这些技术所增加的、具有经济效益的可采储量就有 5×10^8t 左右。

对于聚合物驱，经过近 20 年的攻关，已掌握了聚合物筛选评价，数值模拟预测，井网、注入方式和注入量的优化，强化射孔，调剖和防窜处理，注入工艺，动态监测，采出液处理，效果评价等较为完整的配套技术。全国聚丙烯酰胺年生产能力已完全能满足需要，分散和注入设备也已国产化。目前，聚合物驱已在大庆油田大规模推广，达到年产油 1000×10^4t 的规模，提高原油采收率幅度在 10% 以上，还获得了巨大的经济效益；胜利油田推广聚合物驱也已达到年产油约 300×10^4t 的规模，提高采收率 7% 左右。其他如大港、辽河、新疆、河南以及渤海油田也进行了规模不等的现场试验,都取得了较好效果。

三元化学复合驱提高原油采收率的幅度大,但机理复杂,目前已在表面活性剂研制、驱油机理、配方优选、数值模拟预测、注入装置研制、矿场试验方案设计和动态监测等方面取得了重大进展。在大庆、胜利、新疆油田进行的三元复合驱小井距先导性试验和正常井距的矿场试验,技术上都取得了良好的效果,提高采收率的幅度约在13% ~20%。总体来看,我国化学驱技术无论在应用规模和技术水平方向都已处于国际领先水平。

其他提高原油采收率新技术,如微生物采油、注 CO_2 混相驱等也都进行了研究,进行了程度不同的现场试验,取得了一定的效果。

③ 滚动勘探开发技术有效地开发了复杂断块油藏。针对渤海湾地区的复杂断块油藏,采取了“地震先行、整体解剖、重点突破、跟井对比、及时调整、分批完善注采井网和逐步滚动推进”的滚动勘探开发程序以及高分辨率三维地震、井震约束反演等一系列技术,有效地开发了这类油藏。

④ 低渗透油田注水开发形成了有效的配套技术,成为增储上产的重要领域。据不完全统计,2008 年我国低渗透探明储量约有 100×10^8t 以上。在近 5 年新增探明储量中,低渗透储量的比重已增至60% ~70%。低渗透油藏由于孔隙结构复杂,喉道狭窄,非均质性比一般陆相油藏更为严重,开采时自然产能低,一般需要进行压裂才能投产,经济效益差。即使在这种复杂和困难的条件下,我国在长期实践中也已形成了一套低渗透油田开发的系列技术,包括富集区带优选、裂缝系统预测和识别、超前注水、开发压裂、井网井距优化、精细过滤、深穿透射孔、简化集输流程等配套技术。运用这套技术,低渗透油田已成为当前石油产量增长主要的领域,其产量从 2003 年的 2600 多万吨到 2008 年已增加到 5700×10^4t 左右,一大批特低渗透、裂缝性低渗透以及缝洞型碳酸盐岩等难开发油田也得到了有效开发,标志着我国低渗透油田的开发达到了高水平。

⑤ 热力开采技术的应用使我国稠油产量居世界第 4 位。我国稠油资源比较丰富,资源量近 200×10^8t。除部分常规稠油采用注水开发以外,大部分采用热力方式进行开发。20 世纪 80 年代初开始进行蒸汽吞吐开采,逐步形成了井深可达 1600m 的中深层蒸汽吞吐开采的配套技术,包括隔热油管、套管保护、多层分注、化学防窜以及物理模拟和数值模拟等一系列技术。浅层蒸汽驱油已过关,中深层蒸汽驱和蒸汽辅助重力泄油(SAGD)技术开发超稠油也已取得突破,正在推广。到 2008 年底依靠热力开采技术已累计动用稠油地质储量 14.6×10^8t,当年产量 1340t,为世界第 4 稠油生产大国。

⑥ 海洋油气田开发技术为产量快速发展提供了有力支撑。我国海域辽阔,面积约 $300\times10^4km^2$,其中近海大陆架约 $110\times10^4km^2$,富含油气资源。据最新资源评价,远景资源量原油 152×10^8t 天然气 $13\times10^{12}m^3$。根据水深不同,可分为滩海和海上两部分,开采方法各有特点。海洋石油工业从 1967 年海一平台投入试采开始,至今已有43 年历史。初期发展不快,到1985 年产量还只有 8×10^4t。20 世纪 90 年代开始加快发展,截至 2008 年,海上油田已累计探明地质储量 20×10^8t,年产量达 2906×10^4t,还在不断增长之中。

根据海洋油田开发的特点,已经形成的技术系列包括优快钻井、丛式井、大位移井和复杂结构井的应用,各种平台和大型浮式生产储油轮的建造,以及稠油开采、中小油田群联合开发、水下井口生产系统和增压技术、多层砾石充填适度防砂、聚合物驱提高采收率等技术的应用和发展。虽然海洋油田的投入较大,运用这套技术实现了高速高效开发,获得了很好的经济效益。

⑦ 掌握了天然气开采的配套技术，天然气产量迅速增长。我国气田开发技术在塔里木、四川、鄂尔多斯、柴达木等盆地以及海域气区开发实践中已得到很大发展，形成了各类复杂气田开发的技术系列，包括裂缝性碳酸盐岩气田储量测算，碳酸盐岩和火山岩气藏描述，少井高产和井间接替的开采方式，气井测试，大型酸化压裂，排水采气，酸性气体的防腐和脱硫，以及凝析气田的循环注气等技术。同时，根据天然气工业体系上游气田开发、中游管道输送、下游用户消费一体化协调发展、良性互动的原则，加强了长输管道的建设和天然气消费市场的开发；在这个基础上，天然气产量已实现了跨越式快速增长，从1996年到2008年，天然气年产量由$201 \times 10^8 m^3$上升到了$775 \times 10^8 m^3$，并将继续快速增长。

总体来看，这一整套以开发陆相油田以及复杂气田为特色的技术系列的应用，提高了我国油气田开发的水平，为我国油气开采业的持续发展奠定了坚实的技术基础。

二、面临的问题和挑战

虽然我国的油气田开发已取得了长足的快速发展，但近年来无论原油或天然气都面临各种严峻挑战。

在油田开发方面挑战主要来自3个方面：

(1)随着国民经济的高速发展，石油需求量越来越大，石油开发和供应面临十分严峻的挑战。从需求方面来看，由于改革开放以来国民经济每年以9%左右的高速度发展，对石油的需求迅速增加，到2008年达到了$3.96 \times 10^8 t$的规模；而石油的生产量经过极大的努力，虽然还逐年有所增加，但当年产量只能增至$1.9 \times 10^8 t$，进口量已达$2 \times 10^8 t$以上的历史最高水平，对外依存度达50%以上。今后，随着我国向全面建设小康社会的宏伟目标前进，预计国民经济至少还将以7%以上的速度发展。即使大力节约石油、提高利用效率，今后石油需求量仍将大幅度增长，石油的开采和供应面临巨大的压力。

(2)今后石油储量的增长有一定限度，新增储量的品位下降。石油资源和储量是油田开发的基础。总体来看，我国石油资源比较丰富，据预测，常规油可采资源量约$200 \times 10^8 t$。目前探明率还只有39%，勘探上还处于中等成熟阶段，尚有大量待发现石油资源，探明储量仍可在高基值的水平上稳步增长，据测算，我国未来20～25年平均每年可新增可采储量1.8×10^8～$2.0 \times 10^8 t$。而且仍有可能发现一批大中型油田或油田群。但我国人均可采资源量不足，只有15t左右，仅相当于世界人均值的18%左右。由于受到以上限制，储量难以再有更大幅度的增长，而且随着勘探程度的深入，勘探工作逐渐向地层岩性、前陆盆地山前冲断带或克拉通边缘凹陷、海相碳酸盐岩以及海域等新领域发展，还多处于沙漠、戈壁、山地、黄土塬、深水等地表条件复杂地区。这些勘探目标的复杂地质和地貌条件，不仅加大了勘探难度，而且新增石油储量品位下降，低渗、特低渗、超稠油储量所占比重加大，对今后新油田的开发也带来了新的挑战和难度。

(3)经过60年的开采，已开发油田总体上已进入高含水、高采出阶段，主力老油田产量递减。据统计，2007年全国油田可采储量采出程度已达到73.2%，综合含水高达86%。其中含水高于80%的老油田，可采储量占总量的73.1%，可采储量已采出60%以上的老油田，其可采储量更占到总量的86.5%。由此可见，主要老油田已进入开发后期，产量发生递减，需要依靠技术进步，调整挖潜，大幅度提高采收率，以减缓老油田的递减。

由于资源的限制和老油田不可逆转的递减趋势，据预测，如以2002年的原油产量1.67×

10^8t 作为基数，那么到 2020 年这些产量将递减到只有 5700×10^4t。因此，基于可持续发展的战略对策，即使今后大力加强新区勘探和老区挖潜，国内原油产量今后一段时间内也只能稳中有增，达到高峰产量后努力保持长期稳产。在这种状况下已难以满足国民经济高速发展对石油日益增长的需求，石油进口量和对外依存度将继续以较大幅度增长，石油安全问题将日益突出。

另外，在天然气开发方面，虽然我国天然气资源比较丰富，并进入快速大发展时期，但仍然满足不了国民经济对天然气需求的更快增长。

据测算，我国人均可采资源量只有 $1.7\times10^4m^3$ 左右，仅相当于世界人均值的约 21%，而且天然气的生产虽然增长很快，但国民经济对天然气的需求增长更快，因此，国内天然气的供应仍将出现缺口，天然气也需要部分从国外进口。同时，天然气田多属复杂气藏，安全、高效开发的难度比较大，也是当前面临的挑战。

综上所述，我国油气资源虽然总量比较丰富，但人均数量不足，新增原油储量品位下降，开采难度增加，主力老油田含水已高达 90% 左右，进入了开发后期，产量递减，原油后备储量接替紧张，已难以大幅度增长。随着国民经济的持续快速增长，石油供需缺口将越来越严重，石油安全问题已日益突出。另一方面，天然气近期已具备高速增长的资源条件，可以部分减轻石油供需矛盾，但同样也需要部分进口，而且复杂气田开发的难度也比较大。因此，在 21 世纪油气田开发已面临非常严峻的挑战。面对这些严峻的挑战，核心问题是如何为国家尽可能持续地供应更多的石油和天然气，这已成为我国油气田开发的迫切任务。

三、油气田开发技术的发展方向

为了保障今后国内原油产量的稳定供应，天然气产量的快速增长，必须充分依靠科技进步，大力发展油气田开发技术。

从目前油气田开发的状况分析，其中高含水、低渗透和稠油 3 类油田占全国原油产量的比重最大；海洋油田的开发具有与陆上不同的特点，而且是当前上产的重要领域，天然气则正在快速增长。因此，为了向国民经济发展供应更多的油气，需要努力抓好这 4 类具有不同特征的油田以及天然气的开发。

（1）进一步提高高含水油田的原油采收率，是当前油田开发最主要的任务。

经过四五十年的开采，已开发油田总体上已进入高含水、高采出程度的深度开发阶段。如上所述，截至 2007 年年底，全国油田可采储量采出程度达到 60% 以上的已占 86.5%，综合含水 80% 以上的油田其可采储量所占的比重已达 73.1%，如大庆、胜利、大港等一批主力老油田含水都已达到 90% 以上。在这种情况下，主要老油田已进入递减期。但另一方面，据不完全统计，高含水油田虽已进入了开发后期，但其产量仍在全国占 70% 以上。因此急需依靠技术进步来进一步提高这些高含水老油田的开发效果。为此，一方面要采取各种扩大注水波及体积的综合措施，对老油田进行二次开发，较大幅度地进一步提高水驱采收率；另一方面在有条件的油藏要继续发展聚合物驱、化学复合驱等三次采油技术，进一步提高原油采收率，以减缓老油田产量的递减。

① 发展高含水油田的二次开发技术，进一步较大幅度地提高水驱采收率。

主要技术发展方向如下：

a. 大力发展油藏剩余油富集部位预测技术。针对高含水后期油藏内剩余油呈“整体上高度分散，局部还存在相对富集部位”的特征，要进一步深化油藏精细描述，综合应用地质、开发地震、测井、油藏工程、精细数值模拟等各学科的新技术,准确地量化剩余油的分布,预测剩余油相对富集的部位,这是高含水油田的挖潜、提高注水采收率的重要基础。

b. 针对所准确预测的剩余油富集部位,不均匀地部署多种类型的高效调整井,特别是要加强井下随钻测量和控制技术的研究,有效地部署多种侧钻井、水平井、复杂结构井,获得较高的单井产量,降低吨油成本。

c. 对于大量分散的剩余油,要在重新组合井网系统,进一步完善注采系统的基础上,发展油藏深部整体调驱技术。为此要研制高效的新型耐高温、高盐的可动凝胶,暂堵高渗透带形成的水流优势通道,使后续注入水流向采出程度较低的中、低渗透部位,扩大波及体积。对于导致注入水无序窜流的大孔道,则要研制新型质优价廉的凝胶堵剂,经济有效地堵住大孔道,改变液流方向,提高注水效果。

据已有实践,综合应用这些技术,可以进一步提高注水采收率5% ~8%以上,条件好的有可能达到10%左右。

我国老油田套管损坏已成为十分普遍和严重的问题,急需发展套损防治技术,减少老井损坏,保障油田正常开发生产。

同时,积极发展和应用不稳定注水技术以及物理法采油等技术,可以在各自不同的适用范围内,提高原油产量,增加采收率。

② 发展三次采油新技术,进一步提高采收率。

聚合物驱油技术是当前主要的三次采油技术,已大规模推广,提高采收率约7% ~12%。今后要进一步扩大应用范围,研制新型抗高温、耐盐、抗碱和抗剪切的新型聚合物,发展污水和海水配制聚合物溶液的技术,进一步提高应用效果。

由于大庆油田的注聚合物对象已转向物性差的二、三类油层,需要研制分子量较低、驱油效果仍很好的聚合物。对于多层油藏,要改善和推广应用聚合物的分质、分注技术。

在聚合物驱以后油藏(区块)内还残留一半左右的原油不能采出,急需探索和发展有效地继续提高采收率的技术,否则这些区块将被弃置。

化学复合驱技术,机理复杂,适应性广泛,提高采收率幅度大,可达13% ~20%,目前成本还比较高,而且强碱体系结垢严重,需要进一步研制廉价、高效、低(无)污染新型表面活性剂,发展弱碱及无碱驱油体系,尽快推广应用。

同时还要积极探索和发展水驱后热采和泡沫驱油技术;对轻质油藏,要加强 CO_2 和其他气体的混相驱,近混相驱和非混相驱技术的研究和应用。

微生物采油技术是机理复杂、施工工艺简单、经济效益好的新兴技术,其中单井吞吐经进一步完善后可以作为增产措施推广应用,但提高采收率效果较好的微生物驱还需在加强机理研究的基础上,积极进行现场试验,早日实现工业化应用。

(2)发展低渗透油藏开发技术,经济、有效地提高开发水平。

我国低渗透油藏的资源比较丰富,到2008年已探明地质储量约在 100×10^8t 以上,目前的状况是其动用率还只有2/3左右,其余约1/3低丰度的特(超)低渗透油藏在目前的经济技术条件下仍难以投入开发。已开发的低渗透油田单井产量低,经济效益差。因此对于这类油田的开发,一方面要增加已开发油田的单井产量,降低成本,提高经济效益;另一方面要积极开发动用这些还没有投入开发的低渗透难采储量。主要的技术发展方向如下:

发展低渗透油藏含油富集区带优选技术,在“贫中选富”,选出相对富集区块,经济、有效地优先投入开发。

在注水方面要推广超前注水技术，有效防止压力敏感作用造成的渗透率降低现象。

水力压裂技术是提高低渗透油田单井产量的关键技术，要进一步加强高效压裂效果的研究，包括压裂工艺的优化，高强度支撑剂、低伤害压裂液的研制，快速返排以及重复压裂技术的研究和应用等。

开发压裂优化注采井网技术是我国的一项原创性技术，要进一步完善和推广。该项技术从油藏整体着眼，使压裂所产生的人工裂缝与所部署的注采井网间能形成最优的配置，从而使压裂技术不仅是提高单井产量的必要措施，而且成为提高采收率的有效手段。为此，需要提高裂缝方位的预测精度，准确地确定井网的注采方向。

水平井、复杂结构井技术也是一项重要的提高单井产量技术。要对水平井再进行分段压裂，进一步提高增产效果。

对于吸水能力差、甚至注不进水的低渗透油藏，适于采用注 CO_2 或其他气体如烃类、氮氧或空气等进行驱油；CO_2 驱还可以获得减排温室气体的效果，如能具有混相或近混相条件，则可以获得更高的采收率。

探索水中添加活性剂，改变润湿性，提高低渗油藏水驱采收率的技术。发展小井眼技术，以大幅度降低钻井投资，提高经济效益。

(3)发展稠油开发的接替技术，稳定稠油油田的产量。

稠油油田多年来产量一直保持千万吨以上，但面临后备储量不足、高轮次蒸汽吞吐效果大幅度降低等挑战，稳产形势严峻。当前条件较好的可动用稠油储量逐年减少，吞吐井压力下降，供油能力差，产量和油汽比下降，而且大部分主力区块整体加密调整已基本到位，加密潜力有限。因此，需要大力发展新的接替技术，减少稠油产量的逐年递减。主要的技术发展方向如下：

中深层蒸汽驱技术是蒸汽吞吐的重要接替技术，急需进一步完善推广，规模化应用，大幅度提高稠油采收率。在当前大多数蒸汽吞吐在接替技术还没有重大进展的情况下，发展组合式改善蒸汽吞吐技术，提高吞吐效果、稳定稠油产量。

蒸汽辅助重力泄油(SAGD)是另一种重要的接替技术，要不断完善提高，大力推广，以大规模开发我国的超稠油资源。

对油层条件下具有一定流动能力的疏松稠油油藏，要发展稠油携砂冷采技术，投入少，经济效益高。

同时，要积极发展火烧驱油和热电联产技术，探索超临界流体萃取(VAPEX)和地下改质技术。

(4)充分发挥海洋油气田的开发潜力，实现产量的持续增长。

当前我国海洋油气田的已探明储量中，还有近一半的石油可采储量和2/3的天然气可采储量尚未投入开发，并且深于300m的深水油气田，还是没有被触动的处女地，这说明后备资源和储量比较充分，而且与陆上东部油田相比，多数油田投产相对较晚，含水相对较低，为今后产量持续增长具备了很好的基础，潜力还很大。但另一方面也存在着渤海海域的稠油油田采收率低，海相砂岩油田含水高、递减快，复杂油气田开发效果不理想，边际油气田动用难等问题，需要依靠科技进步来解决。同时，从长远来看，必须为深水油气田开发及早做好技术和装备的准备，因此其主要的技术发展方向如下：

海上及滩海油田开发技术：发展和推广稠油聚合物驱技术；加强抗高盐的可动凝胶深部调驱等其他提高采收率技术的研究和现场试验；对于复杂油气田和边际油气田，要加强精细油藏描述，发展和推广油气田群的开发方式，实施滚动勘探开发；同时，要发展滩海油田的大位移钻井和海油陆采技术。

深水技术：发展深水条件下的地球物理勘探、钻井、测井、完井、管道铺设、工程模拟、水下采油，以及平台的设计、制造、海上安装等系列技术，在应用过程中不断完善、推广。

主要装备的研制：包括大型自升式钻井船，深水半潜式钻井平台及动力定位钻井船，万米海洋石油钻机，大型起重兼铺管船，超大型浮式生产储油轮及系泊装置，深水张力腿平台，立柱浮筒式平台，顺应式平台，水下生产系统以及海上稠油开发等重大装备的设计和研制。

(5)大力发展天然气田开发技术，保障天然气产量快速增长。

鉴于天然气工业的特点是上游、中游、下游之间形成紧密的产业链，是一个复杂的系统工程，因此必须从整体上加强系统优化的研究，努力实现资源多元化、管输网络化、调配灵活化的多气源、多用户、输储结合的天然气工业体系，保障安全、平稳地长时期供应天然气。当前，要特别重视加强薄弱环节储气库的建设。

我国所发现的气田多数为特殊类型的复杂气藏，迫切需要发展相应的新技术，科学、合理地尽快开发这些新气田，促进我国天然气产量的快速增长。因此要大力发展异常高压气藏的高效、安全开发技术，低渗、低丰度大气田储层评价及经济有效开采技术，长井段、多层疏松砂岩气藏防砂与堵水技术，高酸性气藏的防腐、脱硫(或 CO_2 分离)和安全生产技术。

凝析气田循环注气提高采收率技术要进一步完善配套，更好地提高凝析油的采收率。同时，有水气藏排水采气技术也要进一步完善，保障出水气井正常生产。

从长远需要来看，要积极研究和发展油砂、页岩油、煤层气、页岩气、水合物等非常规资源的勘探开发技术，作为油气的替代和后备能源。

四、结语

我国的油气田开发曾经走过了不平凡的光辉历程，展望未来，我国的油气田开发面临新的严峻挑战，一方面体现在国民经济持续快速发展使原油供需矛盾突出，当前原油的对外依存度已超过50%。另一方面，原油新增储量品位下降，老油田已进入高含水、高采出程度的开发后期，稳产难度增加；复杂气田的开发难度也很大，产量虽然快速增长，但需求的增长更多、更快。

为了应对严峻的挑战，今后必须针对高含水、特(超)低渗透、稠油、海洋等主要类型的油田以及各种复杂气田发展新的技术，高效地开发好这些油气田，不断提高采收率，才能为原油以高峰产量持续稳产以及天然气更好更快地发展提供有力的支撑。

(原载《中国工程科学》，2010年12卷5期)

关于有效开发低渗透气藏的几点意见

韩大匡

摘　要：低渗透气田在我国气田储量上占很大比例且埋藏较深、物性差，开发难度很大。针对这一难题，采用以下对策：(1)综合分析成岩、沉积、构造三大作用，找出“差中选优”的主控因素；(2)在搞清相对富集主控因素的基础上，应用高分辨率层序地层学、叠前AVO分析、多波地震等各种新技术，通过精细的储层描述，划出富集区；(3)另一条途径是在三维地震的基础上采用气体的小波衰减属性、多属性气层识别等烃类检测技术，直接圈定天然气的富集区。同时可以采取以下手段提高单井产能：(1)实行“少井高产、逐步加密接替”的方式；(2)发展各种防止储层伤害的技术；(3)推广水平井及复杂结构井技术。最后指出，关于低渗透气藏内气体渗流的理论问题，除压敏现象得到公认以外，低速非达西渗流、滑脱效应、低渗透气藏分类标准等问题还有待进一步探讨。

关键词：中国　低渗透油气藏　储量　开发　技术　产量

一、概述

1. 低渗透气田在我国气田储量上占很大比例

低渗透气田在我国气田储量上占很大比例且埋藏较深（图1、图2），预计未来新增储量中低渗透气田将占70%以上。

从图1和图2中可以看出，中国石油65%的储量埋深大于3000m，65%的储量属于低渗透—致密储量。

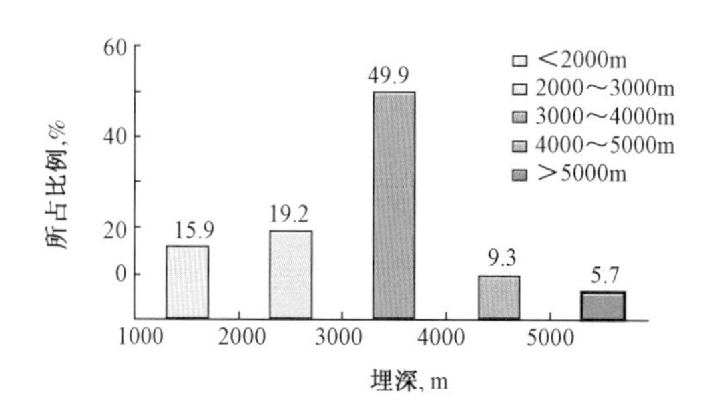

图1　中国石油大中型气田埋深统计图

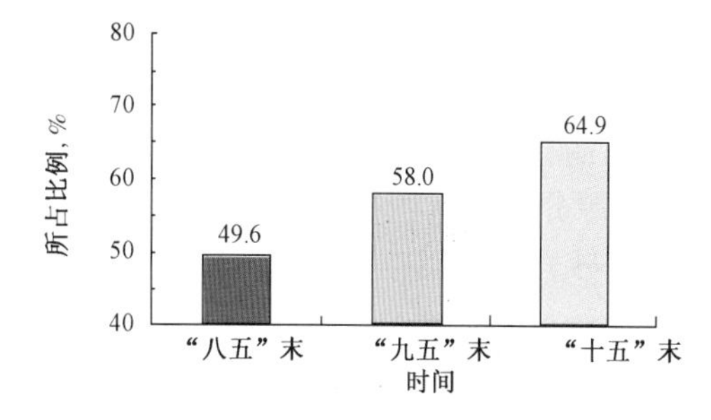

图2　中国石油大中型气田低渗透—致密储量比例统计图

2. 低渗透气田物性差，开发难度大

(1)储层：岩性主要为砂岩和碳酸盐岩，近年来又发现了火山岩。

(2)低孔隙度、低渗透率，非均质性严重：一般孔隙度大体在5%～10%，渗透率0.1～1mD，喉道细（苏里格气田平均喉道半径1μm，孔喉半径比160），非均质性严重，气井产量低$1\times10^4\sim4\times10^4 m^3/d$、差异大，苏里格气田储量丰度低$1\times10^8\sim1.5\times10^8 m^3/km^2$，连通差（据苏6一类外区井距800m的密井网分析结果，有75%的气层不连通），压力系数也低(0.87)。

(3)近年来发现大面积低渗透—致密气田,如鄂尔多斯盆地上古生界的苏里格、榆林、大牛地气田,下古生界的靖边气田,以及四川盆地须家河组的广安气田等。储量虽大(探明储量都在千亿立方米以上,苏里格气田探明地质储量 $5336 \times 10^8 m^3$),但开发难度同样也很大。

二、“差中选优”,寻找相对富集区,逐步滚动发展

(1)综合分析成岩、沉积、构造三大作用,找出“差中选优”的主控因素。

低渗透气藏的主要特点是成岩作用强烈,多数处于晚成岩阶段,压实、压溶和胶结等作用使原生孔隙被充填而大部分丧失,这是造成低渗透率的主要因素,而溶蚀等作用造成的次生孔隙,则常常成为低渗透气藏的主要储集和渗流空间,所以必须认真研究成岩的演化过程。

但成岩作用的强度往往和沉积环境有着一定的联系,良好的沉积微相或岩石相往往可能保留一部分原生孔隙(特别当烃类早期注入时),并造成了较好的产生溶蚀作用的条件。次生孔隙也比较发育。

至于构造作用,一方面古构造的形态和升降对当时的沉积模式,砂体展布,颗粒的粒度、分选等有控制作用;另一方面构造运动的挤压作用会降低孔隙度和渗透率,而产生的裂缝则可改善渗透性。

因此,需要综合运用地质、地震、测井等多学科技术进行综合分析,找出主控因素。

虽然从总体上看,低渗透气藏成岩作用是主要的控制因素,但随着地质条件的不同,主控因素也不尽相同。如川西地区,由于气藏埋藏深度较浅,成岩作用对储层的改造就较弱,沉积作用的控制作用则增大。

对川西地区的研究发现:① 蓬莱镇组曲流河气藏,成岩作用为早成岩 B 期,压实作用弱,保留了相当的原生孔隙,后经溶蚀又产生了一定的次生孔隙,所以主要由沉积作用控制;② 沙溪庙组辫状河气藏,成岩作用为晚成岩 A_2 期,受沉积作用及成岩作用的共同控制。

(2)在搞清相对富集主控因素的基础上,应用高分辨率层序地层学、叠前 AVO 分析、多波地震等各种新技术,通过精细的储层描述,划出富集区。

(3)另一条途径是在三维地震的基础上采用气体的小波衰减属性、多属性气层识别等烃类检测技术,直接圈定天然气的富集区。

(4)几个实例。

① 榆林气田。

物源分析和沉积相研究相结合,找出山 2 段储层发育的以下主控因素:

a. 砂岩粒度粗,连通性好是形成较优储层的前提。

b. 石英类矿物的含量决定了储层物性的好坏。

c. 烃类的早期注入保留了部分原生孔隙。

根据这个认识,进行地震高精度处理和解释,特别是利用山 2 段高阻抗含气砂岩远近道地震响应不同的特点,预测了气层的富集程度。

② 苏里格气田。

经过主控因素的综合分析,认为该气田储层为辫状河沉积,成岩作用强烈,产层主要为高能河道心滩等粗粒沉积中的次生孔隙,分布非常零散,相对富集区的识别难度很大。

地质、地震、测井紧密结合:寻找相对富集的Ⅰ、Ⅱ类地区,Ⅰ类井及Ⅱ类井已占总井数 80%。

高分辨率层序地层学研究认识:沿层序界面附近找出下切谷充填河道砂体。

地震研究认识：利用叠前 AVO 特征、多波地震识别储层的富集程度，同时利用小波衰减属性、多属性气层识别、弹性波阻抗等技术，直接进行烃类检测。

③ 靖边气田。

产层为碳酸盐岩储层，由于受多种复杂地质因素的影响，非均质性严重，单井产量相差悬殊。为了“差中选优”，采取的做法如下：

a. 通过对各类地震正演模型的研究，分相带建立沟槽解释模式。

b. 加强对沉积相带的研究。划分为 22 个微相带，找出了有利于岩溶作用的微相。

c. 通过对加里东末期古构造、小幅度构造的研究，揭示了局部构造高部位储集性能较好，有利于气升高产。

d. 通过对前石炭纪岩溶古地貌的恢复，揭示出古地貌的台丘区、台缘斜坡是储层发育的有利区域。

e. 通过动态评价及压力系统分析，确定了储层的有效连通范围。

基于以上的分析认识，使用地震波形特征、波阻抗分析，以及叠前纵横波资料预测主力气层马五$_{1+2}$的孔隙度，并以此为指标来进行有利区的筛选，优选开发井位。

(5) 建议。

① 进一步发展和应用各种新技术，特别是地震技术，以提高识别储层的精度和预测高产井井位的能力。

② 在滚动开发过程中如要动用更差的储层，应事先做好技术准备。或寻找新的较优的储量作为接替。

三、千方百计提高单井产能

1) 改变理念，实行“少井高产、逐步加密接替”的方式，提高单井产能

(1) 单井产能是地层连通范围内供气能力和井筒通过能力的综合反映，在试油时一般常用 2in 或 2.5in 油管，所以当储层供气能力较大时，所计算的无阻流量就会受到油管尺寸的限制，不能充分发挥出储层供气能力允许的合理产能。

(2) 应打破以前根据单井无阻流量的 1/4 或 1/5 来确定产能的多井低产、一次性完成井网的方式，改为在初期实行少井高产，然后加密接替的高效开发方式。这样可以减少初期投资，提高经济效益。

(3) 在开发早期，应通过细致的气藏描述、测试和试采资料，尽可能准确地确定单井控制连通储量，即有效地供气储量和供气能力，并优选井身机构、井径和井型（如直井、大斜度井、水平井、分支井和各种复杂结构井），综合确定尽可能高的合理单井产量，这样就能以较少的井来满足气田合理产气速度的要求。

(4) 对于低渗透气田，当储层的连通情况良好时，按照这种方式也能获得较高的产能。

实际案例：中国石油长庆油田公司与壳牌公司合作的长北气田，探明含气面积 828km^2，地质储量 $961\times10^8m^3$，储层厚度 14.6m，连通较好，平均孔隙度 6.3%，平均渗透率 3.5mD，实际打出的水平井渗透率仅 0.59 ~ 1.08mD，长庆原来打的两口开发井压裂后的测试日产量分别为 $21.7\times10^4m^3$ 和 $4.39\times10^4m^3$，新打的两口水平评价井测试结果日产气量分别为 $40.5\times10^4m^3$ 和 $27.5\times10^4m^3$。

经反复对比，采取丛式水平井组（包括单水平井及双分支水平井，不压裂）、稀井高产、井

间接替、分区投产的方式开发，水平段井径 8.5in，长度 2000m，单井初期产量设计为双分支水平井 $110\times10^4\sim130\times10^4m^3/d$，单分支水平井 $70\times10^4\sim90\times10^4m^3/d$。现在正在实施中，在这样的低渗透储层中敢于夺取高产，给人以深刻的启发。

水平井与双分支井示意图如图 3 所示。

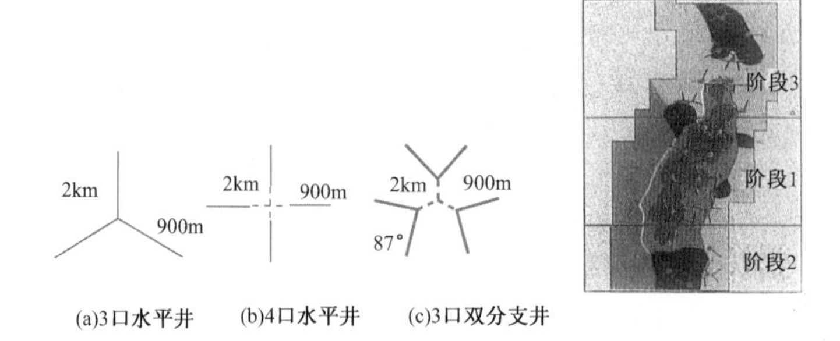

图 3　水平井与双分支井示意图

2）发展各种防止储层伤害的技术

（1）低渗透气藏本来储层物性就很差，必须在钻井、完井以及作业过程中严格防止储层再受到伤害，否则常常只能出微气，甚至完全不出气。造成伤害的主要原因如下：

① 喉道细，容易发生水锁或被黏土膨胀所堵塞；而且毛细管压力高，易发生自吸。

② 有的研究报告表明，某些气藏发现原生水饱和度很低的现象，在高毛细管压力和低含水饱和度情况下，更易发生自吸而导致水相圈闭。

③ 某些低渗透气藏裂缝发育，易使固相及滤液深入储层，造成严重伤害。

④ 对于压力系数低的储层，易受外压影响造成伤害。

因此采取欠平衡钻井、气体或泡沫钻井，或屏蔽暂堵技术来防止储层伤害，都有不同程度的效果，特别是四川已实现了全过程欠平衡钻井，是一个重要进展（表 1）。

表 1　邛西地区欠平衡钻井效果表

井号	目的层位	完井井深 m	地层压力系数	密度附加值 g/cm^2	完井方式	测试产量 $10^4m^3/d$	备注
邛西 3	T_3x^2	3572	1.24	-0.04 ~ -0.02	先期裸眼	45.67	完井试油
邛西 4	T_3x^2	3852	1.22	-0.04 ~ -0.03	衬管	89.34	完井试油
邛西 6	T_3x^2	3535	1.13	-0.06 ~ 0.01	特殊衬管	27.3	完井试油
邛西 10	T_3x^2	3905	1.13	-0.06 ~ 0.01	特殊衬管	56.41	完井试油

值得探讨和进一步论证的问题是，低渗透气藏压裂投产后，由于大型压裂产生的裂缝的伸展长度已远远超过井底受伤害的半径，而且裂缝面的面积也远大于井筒的周边面积，对此有两种不同观点，一种观点是，今后可以把主要精力用于压裂过程中的储层保护，对于井筒的防止伤害问题不必过于苛求；而另一种不同观点则认为，如果不注意井筒的储层保护，单靠压裂解决不了储层的有效保护，产量仍会大幅度降低。

（2）在没有边底水的情况下，对低渗透气藏应进行大型压裂，规模可远大于油井压裂。为此需要精心设计和精心施工。

实际案例：四川盆地川中八角场香四段气藏为块状低渗透气藏，储层厚度介于 36～70m 之间不等，渗透率平均 0.5mD，井深在 3000m 以上，过去常规压裂（加砂量约 $25m^3$）无明显效果，后在 J58E、J41 等井进行大型压裂效果很好，具体做法如下：

① 选用优质的有机硼冻胶压裂液和高质量的支撑剂。

② 液量最高 $840m^3$，加砂量 230～320t。

③ 优化注入工艺：支撑剂、交联剂和破胶剂浓度都采取楔形加入方式：a. 连续加砂，浓度先低后高；b. 交联剂浓度，先高后低；c. 破胶剂浓度，先低后高。

④ 效果：施工后 20min 压裂液已彻底破胶，初产最高的两口井分别达 $28\times10^4m^3/d$ 及 $40\times10^4m^3/d$。这种工艺技术现在也已完全可以实现。

（3）分层压裂。

现在可以做到连续分压 3 个层，国外用连续油管可以连续分压十几个层，应该发展连续油管技术。

3）水平井及复杂结构井（HRC）技术

已取得很大进展，除长北气田外，四川的白马庙、磨溪等气田也取得好效果（表 2、表 3）。

表 2　白马庙构造白浅 106 丛式井组产量对比表

井号	井型	钻井液密度 g/cm^3	完井测试产量 $10^4m^3/d$	改造后产量 $10^4m^3/d$
白浅 106	直井	1.05～1.07	0.379	—
白浅 108	大斜度井	1.07～1.09	0.831	4.563
白浅 109	水平井	1.17～1.25	0.302	5.346
白浅 111H	水平井	0.23～0.29（天然气）	6.85	—
白浅 113H	水平井	4.62	—	—

表 3　磨溪气田水平井与直井的产量对比表

气田	井号	层位	井型	测试产量，$10^4m^3/d$		产量倍数
				单井	平均	
磨溪	磨 75－1H	雷口坡组	水平井	17.93	—	6.46
	磨 38H	雷口坡组	水平井	7.22	—	
	磨 50H	雷口坡组	水平井	12.76	15.62	
	磨 91H	雷口坡组	水平井	21.72	—	
	磨 152H	嘉陵江组	水平井	18.49	—	
	磨溪的直井	雷口坡组	直井	—	2.42	

采用水平井和复杂结构井技术的前提是储层连通性要好，当砂体比较零散时，必须通过精细气藏描述，搞清各含气砂体的具体位置和范围，以尽可能穿过更多的含气砂体或裂缝带，否则便有可能达不到应有的增产效果。

对此，还应加大推广应用的力度。

四、充分发挥市场运作的作用，采取新的合作经营模式

苏里格气田通过市场化运作，与四川、辽河、大港等5个油田合作，形成了规划部署、组织结构、技术政策、对外协调、生产调度及后勤支持6个方面统一管理的“六统一”管理模式，与合作方实行技术开放，成果共享，效果显著，平均降低了建井成本1/3，实现了单井投资800万元的目标，是苏里格气田经济有效地建产、上产的重要保障。

推广这套做法，将使大量难以动用的低渗透储量得以有效动用。

五、有关理论和基础问题的探讨

关于低渗透气藏内气体渗流的理论问题，除压敏现象得到公认以外，以下问题还有待进一步探讨。

1. 低速非达西渗流问题

不少人提出低渗透气藏同样存在低速非达西渗流现象，以下几点还需要进一步研究和论证：

(1)原油非达西渗流问题的物理根据是多孔介质固体颗粒表面存在原油的异常层，对单相原油的渗流产生附加的启动压力梯度，那么气体非达西渗流的物理依据是什么？

(2)有人提出产生气体非达西渗流的原因在于地层内原生水的影响，这已属于气水两相渗流的范畴，是否足以解释气体非达西现象的存在？

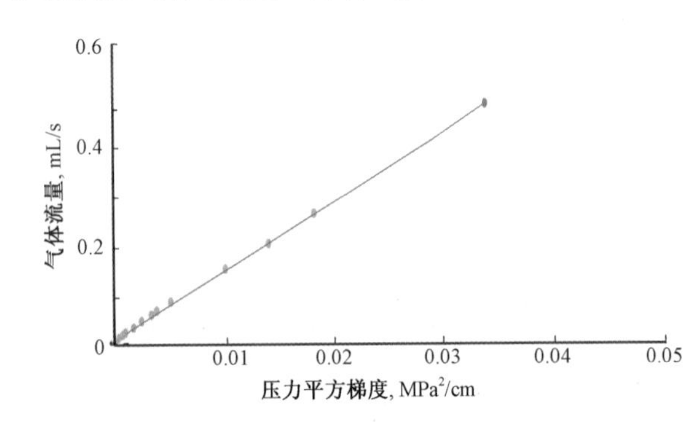

图4　单相气体渗流速度与压力梯度的关系图

(3)还有人设想在实际气藏的高温高压状态下，气体的性质已接近于液体，是产生非达西渗流的一个可能原因，具体还需要进一步论证。

(4)据郭平所报道的渗流法测试结果，在渗透率为0.07mD条件下，测出的单相气体渗流速度与压力梯度关系，线性地通过原点，明显不存在启动压力梯度(图4)。

(5)现有测试方法和仪器的精度是否足以测出真实的极低渗流速度处与压力梯度的相互关系？如何改进仪器和测试方法以满足所需要的精度？

2. 滑脱效应

气藏渗流时存在滑脱效应是大家所公认的，但对于在气藏开发时能否应用和如何应用这个现象，还存在不同看法，需要进一步探讨。

(1)有人提出由于产生滑脱效应的临界压力小于0.125MPa，低渗透气藏的废弃压力较高，可以不考虑滑脱效应的影响。

(2)还有人认为克氏渗透率是为了解决实验室测定气体渗透率所提出一种实验方法，并以滑脱效应做理论上的解释，在实际气藏高温高压的条件下难以具体应用。

(3)也有人对油水两相渗流中是否考虑滑脱效应进行了数值模拟运算和对比，结果认为

是否考虑滑脱效应对开发状况是有影响的。

3. 低渗透气藏分类标准

准确确定低渗透气藏的定义和分类标准是一项重要的基础工作。现在公布的行业标准“气藏分类”SY/T 6168—1995 经中国石油天然气总公司于 1995 年 12 月 15 日批准后,一直沿用至今。其中按储层物性划分的气藏标准见表 4。

表 4 气藏分类表

类别	高渗气藏	中渗气藏	低渗气藏	致密气藏
有效渗透率,mD	>50	10~50	0.1~10	<0.1
绝对渗透率,mD	>300	20~300	1~20	<1
孔隙度,%	>20	15~20	10~15	<10

由于气体黏度与原油黏度相差几百倍甚至上千倍,其中低渗透气藏绝对渗透率的上限取为 20mD,明显偏高,并且类型划分得也比较粗,因此各位作者都自定划分标准(表 5),给统计数据造成混乱,建议早日进行修订。

表 5 美国 Elkins 划分标准表

名称	一般层	近致密层	致密层	很致密层	超致密层
地下渗透率 mD	>1	1~0.1	0.1~0.05	0.05~0.001	<0.001

(原载《天然气工业》,2007 年 27 卷增刊 B)

第五篇　三次采油

增加注入水的黏度提高水驱油采收率

韩大匡　张朝琛　杨承志　白振铎

背景介绍： 本文是我于1961年开始在北京石油学院（即现在的“中国石油大学”）创建石油高校第一个从事油田开发研究的机构——开发研究室的重要成果之一。在参与大庆会战期间，我就深感由于大庆原油黏度偏高，注水后黏度较低的注入水窜进非常迅速。因此，在开发研究室成立后，我和同事们决定从增加注入水的黏度入手，进行流度调整来提高采收率。为了寻找合适的增黏剂，我和同事们跑遍了京津沪的化工厂、纺织厂和试剂厂等所有的有关工厂和商行，找到了50多种天然的和合成的增稠剂。经过试验，筛选出聚丙烯酰胺和海藻胶两种较好的增黏剂，都具有较明显的提高采收率效果。考虑到海藻胶为天然增稠剂，来源受到限制，我们在新疆克拉玛依油田研究院工程师的支持下选择了聚丙烯酰胺这种合成聚合物在新疆进行了现场先导试验。试验虽然因“文化大革命”而中断，但仍可看出初步的正面效果。

这可以说是在20世纪60年代进行的我国第一次聚合物驱的室内实验研究和现场先导试验。该文发表于北京石油学院学报1965年第一期。

注水开发油田时，由于油层的非均质性，当油水黏度差很大时往往发生水的窜流现象。水线推进不均匀，影响水驱油的扫油面积，从而降低油田的采收率。增加注入水的黏度，使油水黏度差变小，将会减小水的窜流，增加水驱油的波及系数，所以，它是提高采收率的措施之一。

增加注入水的黏度，可用向水中加入一种化学试剂，即所谓增黏剂来达到。这种增黏剂应当具有如下特点：(1)极易溶于水，本身水不溶物又极少；(2)当用量很少时，能较大地提高水的黏度；(3)其水溶液具有很好的物理化学稳定性，在油层条件下不产生任何变化和堵塞地层；(4)来源广，价格便宜。

我们针对我国油田的特点和上述要求，开展了增黏剂的广泛调查和室内实验，并重点进行了几种增黏剂的物—化稳定性试验、增黏剂水溶液通过岩心的渗流试验；增黏水驱油提高采收率的试验。试验目的是为了寻找一种或几种可供矿场试验的增黏剂，以便尽快地提高我国油田的采收率。这篇报告就是这一试验的阶段总结。

一、增黏剂的物理－化学性质

增黏剂的广泛调研和普查实验是以能溶于水，并能较大幅度地提高水的黏度这一主要指标开始的。根据从京津沪等地的几十个单位所获得的50多种试剂的试验结果，经分析和研究认为，这类增黏剂在化学上一般都是：(1)在分子结构上含有强极性的亲水基团（$-OH$，$-COOH$，$-CONH_2$ 等）的直链或多支链环链；(2)分子量极大的合成高分子聚合物或天然高分子化合物。有些试剂虽然是具有强极性的亲水基团，但其分子量不大，增黏效果不好，如乙二醇、甘油等；有些分子量太大，则不易溶于水，存放月余尚不易溶；有些分子量很大，但没有强极性的亲水基团，这类多属天然高分子化合物。但应该指出，人为的可以改造这类天然高分子化合物。我们把这种改造过的化合物叫做“改性的高分子化合物”，如纤维素经化学处理，使其羧甲基化（或羧乙基化）后则极易溶于水。

由表1可看出，能够使水的黏度增加的材料可分为如下几类：有机合成高分子化合物、有机天然高分子化合物、无机化合物、改性天然高分子化合物、生物和工厂废液等。

在50几种试剂当中，通过普查实验和物理－化学稳定试验，初步获得了海藻胶、皂荚粉、部分水解聚丙烯酰胺等较好的增黏剂，其实验结果列于表1。前两种为改性天然高分子化合物。

1. 海藻胶的物理－化学性质

海藻胶由海藻植物加工而成。海藻分为褐藻和红藻。褐藻有：海带、珍珠菜、凤尾菜、海草等；红藻有：海蓠、角义菜、南海麒麟菜等。红藻具有抗高价金属盐离子的性质，有些不经加工就可直接使用，如海蓠，在温度为60～80℃的水中可完全溶解。

所使用的海藻胶是由海带和海草等经过醚化处理而成，其钠盐称为褐藻酸钠（即海藻胶），分子结构为：

OH　OH　COONa　O
[O — O — O]$_n$
O　COONa　OH　OH

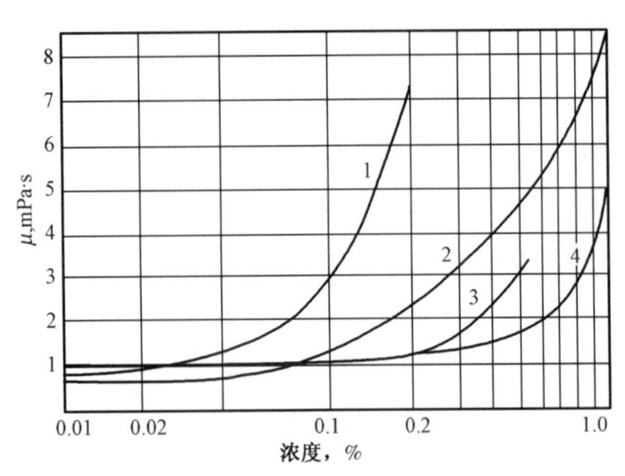

图1　增黏剂水溶液浓度—黏度曲线（45℃）

1—海藻酸钠；2—部分水解聚丙烯酰胺；3—皂荚；4—聚丙烯酰胺

海藻胶由于加工过程不同，有粗精之别，呈淡黄色草末状和棉絮状。它极易溶于水，如在水温50℃左右，搅拌约2h便可完全溶解。由于加工过程的不同，海藻胶本身含有不同数量的水不溶物，一般有不溶性淀粉和不溶性蛋白质，含量约0.2%（质量分数），可以用过滤法除去。海藻胶水溶液呈现非牛顿流型，如图1所示。当浓度为0.1%、温度45℃时的黏度为3mPa·s，为水的黏度的4.8倍。其水溶液为均匀溶液，pH值为6.5～7.5。

海藻胶水溶液的物－化稳定性能好（表1）。海藻胶同大庆油田的地层水和注入水作用不产生沉淀，其水溶液的黏度下降亦很少（和其蒸馏水溶液相比）；同大庆原油亦不起化学作用，黏度亦不下降。从实验结果（图2和图3）可以看出，海藻胶在亲油砂粒表面上的静吸附量小于亲水表面的吸附量。海藻胶水溶液长期存放以后黏度下降，加入0.05%～0.1%的苯酚或甲醛可以防止，实验结果如图4所示。由于海藻胶水溶液的酸度呈中性，故其对钢管等设备没有腐蚀作用，但是它遇到三价铁离子则产生沉淀，故应当尽量减少注入水中Fe_2O_3的含量。

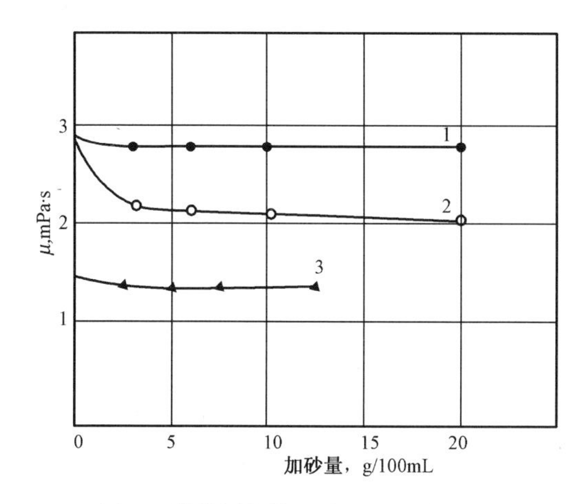

图 2　增黏剂的静吸附引起的水溶液黏度变化（大庆油砂）

1—0.1%海藻胶；2—0.5%皂荚；3—0.1%部分水解聚丙烯酰胺

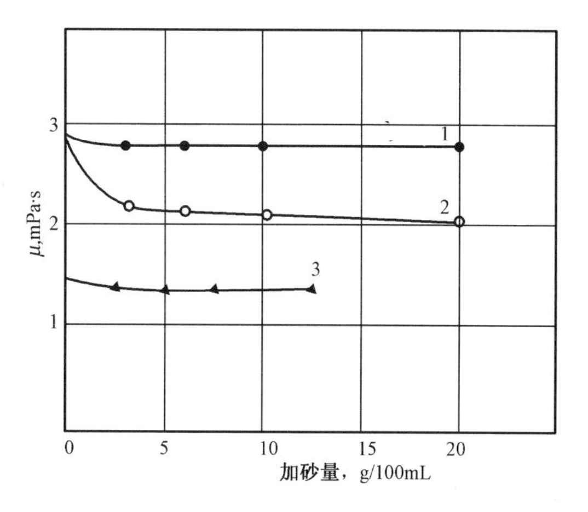

图 3　增黏剂的静吸附引起的水溶液黏度变化（石英砂）

1—0.1%海藻胶；2—0.5%皂荚；3—0.1%部分水解聚丙烯酰胺所示

2. 皂荚粉剂的物理－化学性质

皂荚粉是皂荚籽中的内胚层，通过氯乙酸的醚化处理，使其羧甲基化（或羟乙基化）则成可溶水的淡黄色粉状试剂，其结构式为：

CH_2OH, HO, OH, OH, O, CH_2, OH, OH, —O—, O, [—O—, O,]$_m$, OH, OH, CH_2OH, n

皂荚粉水溶液亦呈现非牛顿流体型，如图 1 所示，其增黏性能稍次于海藻胶。从图 2 和图 3 可以看出，它在岩石颗粒表面的吸附量也比海藻胶大；在亲油砂粒表面上比亲水石英砂表面吸附量要大。它具有较好的物－化稳定性，见表 1。

3. 部分水解聚丙烯酰胺的物理－化学性质

部分水解聚丙烯酰胺是聚丙烯酰胺经碱作用的水解产物，其结构式为：

$$-\!\!\left[\ \underset{}{CH_2}-\underset{\underset{COONa}{|}}{CH}-CH_2-\underset{\underset{CONH_2}{|}}{CH}-CH_2-\underset{\underset{COONa}{|}}{CH}\ \right]_m$$

部分水解聚丙烯酰胺

表 1　几种增黏剂水溶液物－化稳定实验

试剂	浓度 %	溶解情况	静置存放结果	同大庆原油作用后黏度下降值	同铁器作用结果	同注入水、地层水中离子①作用后黏度变化（$\mu_{30℃}$），mPa·s							
						蒸馏水	注入水	地层水	+ $MgCl_2$ 水	+ Na_2CO_3 水	+ $CaCl_2$ 水	+ KCl 水	+ $NaHCO_3$ 水
海藻胶	0.1	室温下搅拌 2h 可完全溶解	半个月后黏度下降，加入甲醛后可以防止	在45℃下搅拌后静置，没有任何作用	—	3.00	2.885	—	2.89	2.83	2.77	2.63	2.6
皂荚	0.5	室温下搅拌完全溶解	长期存放有腐败现象，加甲醛、苯酚可防止	在45℃下搅拌后静置，没有发现任何作用	—	3.165	3.015	—	2.95	2.79	3.06	2.52	2.59
聚丙烯酰胺部分水解	0.1	很容易溶解，溶液透明	长期存放黏度没有变化	无作用，黏度无下降	遇到三价铁离子后产生沉淀	3.67	2.50	2.00	1.28	1.72	—	1.40	1.78

① 注入水，地层水中离子加入量模拟大庆喇嘛甸注入水；单元实验水中加入盐量模拟大庆喇嘛甸注入水中含盐量。

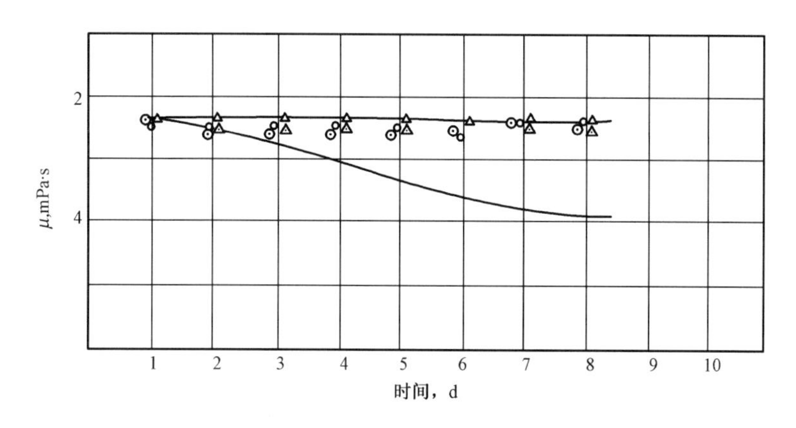

图4　海藻胶水溶液的老化

部分水解聚丙烯酰胺具有较好的溶于水的性质。水溶液的黏度和浓度的关系如图1所示。可以看出,它的增黏效果很好。但应该指出,聚丙烯酰胺水溶液的黏度随其分子量的增加而增加,但其溶于水的性能则变坏,当其分子量达千万以后,其溶解时间很长。从表1可以看出,部分水解聚丙烯酰胺的化学稳定性较差,当其与注入水和地层水中的金属阳离子作用时(特别是与 Ca^{2+},Mg^{2+} 离子),则黏度下降较大;聚丙烯酰胺几乎没有这种现象,其原因在于部分水解聚丙烯酰胺是属于离子型,溶水后产生电离,发生离子交换,而后者是非离子型化合物,溶水后不电离,不会产生离子交换,故水中离子对其影响不大。但聚丙烯酰胺在岩石颗粒表面上的静吸附远较前者要强。0.2%聚丙烯酰胺水溶液当其与大庆油砂(10g/100mL)作用后,黏度由3.12mPa·s降到2.74mPa·s。

二、增黏剂水溶液在多孔介质中的渗滤性能

增黏剂水溶液在地层的多孔介质中具有良好的渗滤性能,不堵塞地层,不沾污地层。实验是在线性圆管胶结和非胶结人造岩心,线性圆管天然岩心及平面胶结人造岩心上进行的,实验条件和岩心参数列于表2。

表2　平面物理模型参数

模型岩样号	模型面积 cm²	模型厚度 cm	井的距离 cm	孔隙率 %	渗透率① D	模拟油的黏度(30℃) mPa·s
L_{53}	12×12	1.1	16.4	21.0	2.3	8.90
L_{58}	12×12	1.3	16.4	17.8	1.7	7.46
L_{46}	11×11	1.5	15.5	30.8	—	8.90
L_{49}	11×11	1.1	15.5	28.5	—	8.90

① 均匀程度在80%以上。

实验采用定压差和定流量两种方法,液体在岩心中的渗流状态由流度 K/μ $\left(=\frac{Q\cdot L}{F\cdot\Delta P}\right)$($K$:渗透率;$L$:长度;$Q$:流量;$\Delta P$ 压差;F:横截面积;μ:黏度)及沿岩心轴向上压力的分布来表示。黏性水在多孔介质内的渗流过程中,如果不发生如下现象:增黏剂在岩心颗粒表面上的吸附,不溶物对岩心孔隙的堵塞,岩心本身被冲垮等,则黏性水在整个渗滤过程中不

会发生渗滤阻力的急剧增加，渗滤阻力为常数，同时沿岩心轴向上的压力分布应当不变。

为了检验黏性水在多孔介质中的渗滤特性，作了如下的试验。

1. 观察黏性水是否在岩心端面堵塞

0.1%的部分水解聚丙烯酰胺和0.05%的海藻胶水溶液通过岩心时的渗滤曲线表明，在岩心入口端面没有堵塞现象，黏性水 K/μ 值的下降完全是由于黏性水的黏度比注入水的黏度高的原因。

2. 观察黏性水是否在岩心内部堵塞

在圆管岩心轴线方向上安装1～4个测压嘴，在渗流过程中测量各点压力变化，绘制压力分布曲线，它表示了增黏水溶液渗滤时，岩心内部压力分布。在渗滤过程中压力分布不随时间变化，这表明岩心内部没有发生堵塞现象。

3. 黏性水大量、长期的通过岩心是否会产生堵塞

在油田注水过程中，长期的和大量的注水，才能保持地层压力不会下降。如果改注黏性水，在这种情况下增黏剂也应当不沾污，不堵塞地层。图5是0.1%浓度的部分水解聚丙烯酰胺溶液长期通过人造胶结岩心时的试验曲线；黏性水在岩心中渗滤72h，通过液量为孔隙体积的450倍，试验表明没有发生增黏剂对孔隙的堵塞现象及岩心被冲垮的现象。

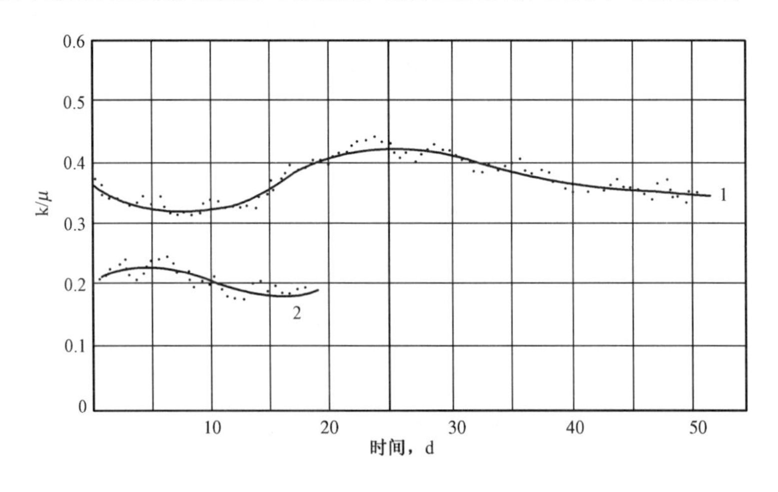

图5　部分水解聚丙烯酰胺水溶液渗滤特性曲线

$1—\frac{\Delta p}{L}=1.2$；$2—\frac{\Delta p}{L}=0.485$

用0.05%浓度的海藻胶水溶液在人造岩心及天然岩心上作大量的试验，通过的液量分别为孔隙体积的60，135，131，173，520和810倍，K/μ 值都没有明显的变化，岩心轴向上各测压点的压力一直没有变化。在岩心出口，黏性水取样测量结果表明，黏性水溶液的黏度没有发生变化。同时也进一步证明了海藻胶水溶液是一种均匀溶液。

4. 岩心性质及试验条件对黏性水在岩心中渗滤的影响

（1）岩心渗透率的影响。0.1%浓度的海藻胶水溶液在通过具有不同渗透率的天然岩心（K 值分别为1.925D，4.5D）时的 K/μ 曲线表明，岩心渗透率比 $K_{12}/K_{11}=2.34$ 与其相应的流度比$\left(\frac{K}{\mu}\right)_{12}/\left(\frac{K}{\mu}\right)_{11}=2.30$是相近的。黏性水本身对岩心并没有显著的影响。

(2)岩心温润性的影响。为了更接近油田实际情况,曾经作了亲油岩心同憎油岩心的对比试验。35号岩心为非胶结的石英砂,98号为聚甲基丙烯酸甲酯胶的胶结石英砂岩心,试验表明二者K/μ曲线的变化是相似的,都没有产生堵塞现象。正如上面所述。由于海藻胶在亲油及憎油砂颗粒表面上的静吸附量差异很小,因此海藻胶水溶液在亲油、憎油岩心上都能通过,不产生吸附堵塞。

(3)线性流同平面径向流。图6给出了两条曲线,曲线1是海藻胶水溶液在101号岩心上的渗滤特性。101号岩心为圆形线性岩心,黏性水在其上的流动状态为线性流。曲线2是海藻胶水溶液在L_{53}号岩心上的渗滤特性。L_{53}号岩心为平面岩心,黏性水在其上的流动状态为平面径向流。曲线表明,两种情况下的黏性水的流度变化是相似的。

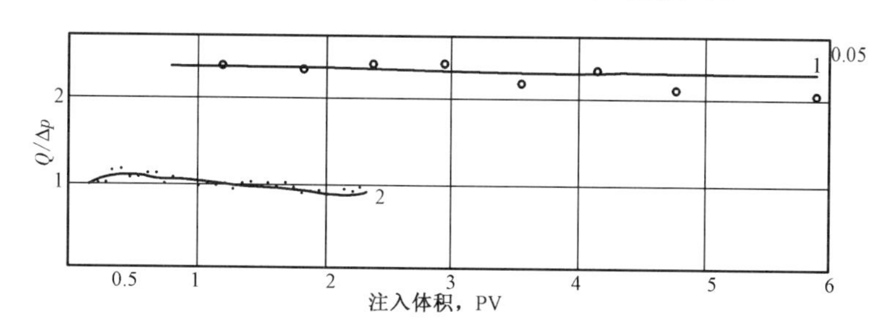

图6　海藻胶水溶液渗流曲线

1—平面岩心;2—线性岩心

(4)渗流压力梯度的影响。实际生产中地层各处的压力降落是不同的(在生产井、注入井井底区域压力梯度远远大于远离井底区域的压力梯度)。为了查明压力降落程度对注黏性水的影响,在同一岩心上,作了变压差的渗流试验,测试了0.1%浓度的部分水解聚丙烯胺溶液在压力梯度为5.5kPa/m,4.27kPa/m,2.58kPa/m,0.9kPa/m下通过岩心时的K/μ曲线和0.05%浓度的海藻胶水溶液在压力梯度为2.35kPa/m,0.92kPa/m下通过岩心时的K/μ曲线。从这两种溶液的渗滤特性曲线中可以发现,随着压力梯度的减小,K/μ值有下降趋向。前者在压力梯度由5.55kPa/m下降到0.9kPa/m时,K/μ由0.036下降到0.012,即下降了二倍;后者在压力梯度由2.35kPa/m下降到0.92kPa/m时,K/μ值由4下降到2即下降了一倍,可见K/μ值的下降与压力梯度的下降有关系。这种现象与高分子溶液的流变性能有关,是剪切变稀的作用。

由以上黏性水渗滤试验可以看出,部分水解聚丙烯胺、海藻胶这两种试剂,具有较好的渗滤特性。但是部分水解聚丙烯胺遇到金属离子黏度即有明显的下降,而海藻胶却具有比较全面的良好性能。

三、增黏水溶液驱油试验

增黏水溶液驱油试验是在人造平面物理模型上进行的,模拟五点法布井方案,注入井同生产井距离为15.5~16.9cm,压力梯度为1.01~1.14kPa/m,定压差水驱油。岩样是由漆片胶结石英砂压制成的。被驱剂是由真空泵油同变压器油调配成的模拟油,体积比为1:7,在30℃下的黏度为8.9~10mPa·s,常温下油中未溶解气。

岩样预先抽空(真空度8×10^{-2}mm 水银柱),百分之百饱和除气模拟油。首先用普通注入水驱,以作原始对比基数。为使其具有可靠的可比性,岩样冲洗:烘干后重复作2~3次普通注入水驱。然后再用同一块岩样,重复上述步骤,作增黏水驱油实验。

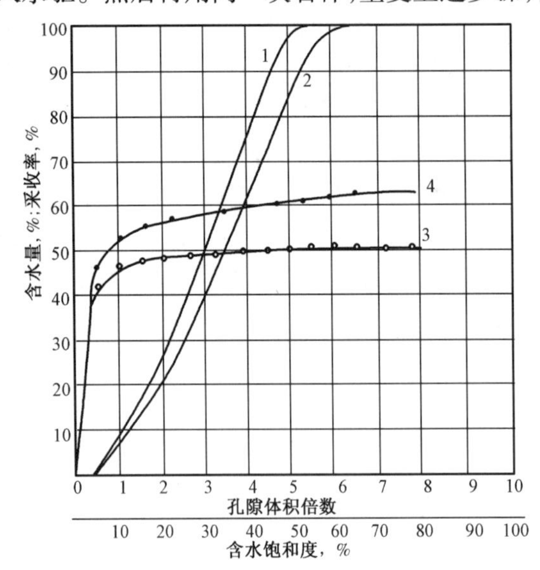

图7 黏性水驱油采收率曲线

1—水驱产水率;2—海藻胶水溶液驱产水率;3—水驱采收率;4—海藻胶水溶液驱采收率

试验控制参数及实验结果见表2、表3,图7和图8。图8(照片),是在水驱油过程中拍摄下来的,图8(a)是用普通注入水驱油时,水油界面推进情况,此时,水油黏度比0.84/8.9=0.0945;图8(b)是在同一岩样上,同样的压力梯度下,用黏性水溶液驱油时,水油界面推进情况,此时水油黏度比为:$\mu_{水}/\mu_{油}=2.73/8.9=0.307$。在水油黏度比低时,有明显的指进现象,在生产井见水之前仍留有大块的含油区域,水的波及面积小。提高水油黏度比2倍,则指进现象不见了,油水界面推进很均匀,在生产井见水时,大部分面积都被水波及,大大地提高了水扫油面积。

从表3可以看出,由于增加了水的黏度,水油黏度比增加,即便是渗透率比较均匀的岩样(均匀程度80%以上)上,增黏水驱油的无水采收率也都有所增加。用海藻胶水溶液(浓度0.05%)驱油和普通水驱油相比,当水油黏度比由0.095增加到0.186时,无水采收率提高了3.6%,无水采油时间延长了0.58~0.69倍;当水油黏度比增加到0.247时,无水采收率提高了7.7%,无水采油时间延长了1.06~1.5倍。用聚丙烯酰胺水溶液驱油,也见到相似的结果。生产井见水后,在有水产油期,当注入水量为孔隙体积的2.4倍时,采收率也都有不同程度的提高。

(a) $\mu_{水}/\mu_{油}=0.0945$

(b) $\mu_{水}/\mu_{油}=0.307$

图8 水驱油过程中放射性扫描实照

表 3　普通水驱和增黏水驱油试验结果

岩样号 \ 次数 \ 项目	次数	驱动油	驱动水的黏度 mPa·s	水油黏度比 $\mu_{水}/\mu_{油}$	见水时间 min	无水采油时间增加倍数	无水采收率,%	无水采收率增加值 %	注入水为孔隙体积的 24 倍时的采收率 %	注入水为孔隙体积的 4 倍时的采收率 %	总采收率 %
L_{53}	1	普通水	0.84	0.095	19	—	38.1	—	57	—	62.5
	2	海藻胶水	1.66	0.186	26	0.58	41.6	+3.5	58	+1	63.3
L_{53}	1	普通水	0.84	0.112	17	—	41.5	—	48	—	50.5
	2	普通水	0.84	0.112	18	—	40.1	—	54	—	64.5
	3	聚丙烯酰胺水	1.20	0.161	25	0.47	45.8	+4.3	56	+8	61.9
	4	聚丙烯酰胺水	1.20	0.161	26	0.53	46.8	+5.3	57	+9	62.5
	5	海藻胶水	1.84	0.247	35	1.06	49.4	+7.9	59	+11	62.5
L_{46}	1	普通水	0.84	0.095	11	—	38.5	—	56	—	65.2
	2	海藻胶水	1.84	0.247	25	1.50	46.2	+7.7	66	+10	73.7
L_{49}	1	普通水	0.84	0.095	25	—	36.4	—	54	—	59.2
	2	聚丙烯酰胺水	2.73	0.306	58	2.27	49.2	+12.8	—	—	57.0

图 7 是水驱油采收率和产水率曲线。由曲线可以看出,增黏水驱油,生产井产水率曲线和普遍水驱油相比下移,即在岩样有相同的含水饱和度时,增黏水驱油时产水率比普通水驱油时要低,由于水的黏度增加了,使无水采收率增加,无水采油时间延长。

四、结论

(1)增加水的黏度的试剂必须具有水溶性好,增黏能力强,物－化稳定性好,对多孔介质不堵塞,不吸附,在水中形成真溶液、均匀溶液等特点。一般具有强极性基团的,直链或环链的人造或天然高分子化合物都具有很好的溶水及增黏能力。

(2)就目前调研到的和已进行的试验的增黏剂来看,海藻胶和聚丙烯酰胺作为注入水的增黏剂还是比较好的。它的溶于水的性能、增黏效果、物理－化学的稳定性,以至通过岩心吸附量较小不至堵塞岩心和提高无水采收率等都比较理想。

(3)增黏水驱油能使油水界面推进均匀,指出现象减弱提高注入水的扫油面积,使生产井见水时间推迟。

(原载《北京石油学院学报》第一期,1965)

用聚电解质抑制烷基苯磺酸钠在黏土上的吸附

杨承志　韩大匡

摘　要：本文研究了烷基苯磺酸钠组成油层岩石主要矿物及天然岩样体系的吸附等温线，等温线通过一个最大吸附值，不符合 Langmuir 吸附模型。在表面活性剂溶液中，加入不同模数的硅酸钠，部分水解聚丙烯酰胺，SP 型聚无机电解质或其他各种比例的混合物，都能不同程度地抑制表面活性剂的损失。表面活性剂溶液通过人造和天然岩心的渗流试验得到的结果同上述一致。

引　言

表面活性剂—聚合物驱提高石油采收率的巨大潜力已为许多室内研究和现场实验所证实。但是，在驱替过程中表面活性剂的损失在很大程度上决定了该方法在技术和经济上的可行性。

引起表面活性剂损失的因素很多，概括起来主要是吸附及同多价阳离子反应生成不溶于水的沉淀物等。哈那(Hanna)和索马森达仑(Somasundaran)、图格(Trogus)、挪威萨特(Novosad)及我们以前的研究都表明油层岩石及组成油层岩石的黏土矿物对表面活性剂的吸附严重。试验广为采用的石油磺酸盐同地层水(或配制溶液用水)中及黏土中可交换多价阳离子反应生成沉淀而造成表面活性剂损失也已为夏(Shah)、科勤里恩(Kru－mrine)及我们以前的研究所证实。

迄今为止，为抑制表面活性剂吸附损失已做了许多工作，如在体系中引入牺牲剂像木质素磺酸盐、硅酸盐、三聚磷酸钠等；用纯碱调节溶液的 pH 值等；为防止同多价阳离子的沉淀反应采用氧乙烯化的烷基苯磺酸盐，非离子同阴离子表面活性剂的混合物及在驱替液段塞前注入预冲洗液等。但所有这些探索都由于经济因素或者理论上来做明确的阐述而使应用受到限制。

本文的目的首先在于描述烷基苯磺酸盐——组成油层岩石矿物体系的吸附等温线，吸附规律及其理论解释，然后介绍用各种聚电介质及不同聚电介质的混配抑制烷基苯磺酸盐的试验研究结果及理论分析。

一、试验材料和方法

1. 材料和材料处理

十二烷基苯磺酸钠(SDDBS)，产自英国 BDH 公司，纯度不低于 80%，其同质异构体见表 1，临界胶束浓度为 3.5×10^{-3}mol/L(30℃)，工业洗涤剂(T－ABS)产自天津日用化学厂，纯度 19.6%，临界胶束浓度为 1×10^{-3}mol/L(28℃)，萃取品为 3.6×10^{-3}mol/L(28℃)，聚丙烯酰胺(Dow. Co. pusher－700)，在试验室内水解成 14%，27%，42% 的水解度。硅酸钠，SiO_2：NaO_2(n)分别为 1.03 及 3.1～3.4。磷酸钠(sp－1. sp－6)为试验纯。所有试验用水为一次蒸馏水。

表1 SDDBS的物化参数

参　数	数　值	参　数	数　值
$6-\phi-C_{18}BS$	53%	$2-\phi-C_{12}BS$	9%
$5-\phi-C_{12}BS$	22%	C. M. C	3.5×10^{-3}mol/L(30℃)
$4-\phi-C_{12}BS$	11%	活性物含量%	>80%
$3-\phi-C_{12}BS$	5%		

石英砂，取自北京郊区玉渊潭，基本为α－石英，用浓度为1当量的盐酸浸泡[固∶液＝1(kg)∶2(L)]，搅拌8h后蒸馏水冲洗至硝酸银滴定无氯子存在，烘干，过240目筛，干燥保存。高岭土，取自北京房山；蒙皂土，取自中国黑山；伊利土，由中国地质博物馆提供，蒸馏水清洗除去杂物及可溶性盐，在温度不高于105℃下烘干，粉碎，过100目筛，干燥保存，其参数列于表2。X衍射表明3种土的001面反射晶层间距分别为7.178Å、15.343Å、10.031Å。玉门老君庙油田L_{1-2}层岩心，黏土胶结物含量15%左右(其中蒙皂土占51%)，电镜扫描证实胶结物以孔隙填充和颗粒表面覆盖形式存在。

表2 固体物理参数

矿　物	可交换阳离子容量 微克当量/100g	比　表　面 m^2/g	等电势点pH值
蒙皂土	67	79	5
高岭土	6	23	2
石英	—	0.36	3.5
玉门岩心	—	4.25	—

2. 试验方法

配制系列浓度的表面活性剂水溶液(蒸馏水或盐水溶液)，并标定浓度，若作抑制吸附试验时，加入一定量的聚电解质。称取5g(±0.0001g)固样，置于50mL具塞三角瓶中，用试验用水预湿2天后，分别加入所要研究的表面活性剂溶液，置于电动振荡器中(往复振速243次/min，振幅33mm)，恒温，振荡预定时间(7～8h)，离心(转速3500r/min下)分离，小心取出上部澄清液，置于密封试管中待分析，物质平衡法计算吸附量。

动态吸附试验采用常规的渗流试验装置，岩心为长30cm，直径3cm的疏松砂岩心管。

分析方法：混合指示剂二相滴定法，紫外吸收光谱法或阴离子选择电极法(后二者用于浓度低于10^{-4}mol/L时)分析吸附前后表面活性剂的浓度变化，同时抽样作3种方法的同时测定，以确定分析误差。

二、试验结果

(1)油层岩石的胶结物引起表面活性剂吸附损失，吸附等温线存在吸附最大值，不符合理论Langmuir吸附模型。图1为由静态法得到的SDDBS在蒙皂土、高岭土、伊利土和石英砂上的吸附等温线。

3种黏土体系的吸附等温线都存在吸附最大值，且其出现在邻近临界胶束浓度处。其吸附能力的顺序为蒙皂土>高岭土>伊利土。在较高浓度下，在高岭土和伊利土吸附等温线上还出现吸附负值。石英的吸附等温线，基本上为通过原点平行于横坐标的直线，即在任何浓度范围内都不存在吸附。工业纯烷基苯磺酸钠(T - ABS)在模拟岩心和天然岩心上的吸附等温线进一步证实了这一认识(图7)。

(2)体系中加入聚电介质及其混合物都能不同程度地抑制表面活性剂的吸附。

① 聚合物的影响：图2为体系中加入聚电介质后SDDBS - 高岭土吸附等温线的变化。曲线2为加入NaCl后的吸附等温线，同无NaCl存在时相比，曲线明显上移。曲线3、曲线4、曲线5为在该体系中加入40mg/L的水解度分别为27%，14%，42%的聚丙烯酰胺(Pusher - 700)时的吸附等温线，曲线有不同程度地下移，水解度对吸附量的减少没有十分明显的影响。当表面活性剂浓度在临界胶束浓度(<CMC)前后时，Pusher对曲线影响倾向基本一致。增加聚合物浓度时吸附量进一步下降，但幅度不太显著(图3)。

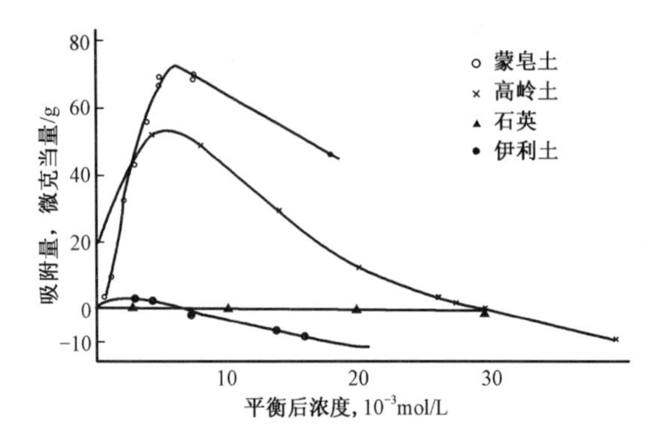

图1　表面活性剂在不同矿物上的吸附量等温线

(各种矿物试验条件：$L/S=45/5$；$t=30$℃；$T=3$h；SDDBS为水溶液)

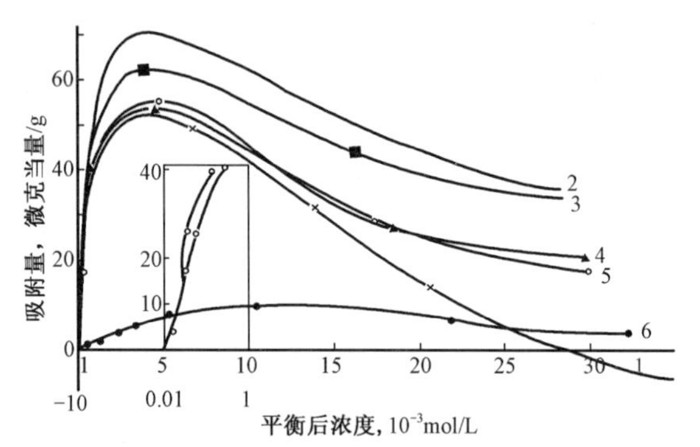

图2　SDDBS在高岭土上的吸附等温线

[不同水解度聚合物(Pusher - 700)、40mg/L；0.4% NaCl $S/L=1/9$；$T=28$℃ ±1℃；$t=6\sim7$h]

1—无NaCl和聚合物；2—SDDBS + 0.4% NaCl；3—水解度为27%的聚合物；4—水解度为14%的聚合物；5—水解度为42%的聚合物；6—水解度为27%的聚合物 + 0.66%硅酸钠($n=3.1$)

② 硅酸钠的影响：选用了模数$n=1.03$和$3.1\sim3.4$两种硅酸钠，体系其他组成同图2。硅酸钠对吸附等温线的影响示于图4。同加入聚合物时一样，吸附等温线形状基本保持不变，但随加入硅酸盐类型及数量的不同，等温线有不同程度地下降。曲线3、曲线4、曲线6和曲线7分别为加入$n=1.03$和$3.1\sim3.4$时的吸附等温线，加入$n=3.1\sim3.4$时吸附等温线的下移幅度比加入$n=1.04$时大得多，且随加入浓度增加而增加。硅酸钠模数$n=3.1\sim3.4$，浓度为0.66%的体系中，吸附量只为无硅酸钠时的13%左右(吸附最大值时)。

用不同类型的碱调节溶液pH值时，对烷基苯磺酸盐吸附的影响，示于图5。模数$n=1.03$和$3.1\sim3.4$的硅酸钠和NaOH调节pH值得到的烷基苯磺酸盐吸附结果分别为曲线A、曲线B和曲线E，显然，随溶液pH值的增加吸附量都具有下降的趋向，但是模数$n=3.1\sim3.4$的硅酸钠使烷基苯磺酸钠下降的幅度最大。

在体系中存在40mg/L的部分水解聚丙烯酰胺Pusher - 700(水解度27%)时，用硅酸钠调节溶液的pH值，可使SDDBS - 高岭土体系吸附等温线进一步下降，如图4中的曲线5所示。在吸附最大值下，吸附量只为无聚合物、无硅酸钠时的7%。图5中曲线C、曲线D和曲线F分别为在部分水解聚丙烯酰胺存在时，用模数$n=1.03$，$3.1\sim3.4$的硅酸钠及NaOH调节溶液pH值时吸附量—pH值关系曲线，同无聚合物时相比，吸附量都有十分明显的下降。同样，用模数$n=3.1\sim3.4$的硅酸钠所得到的吸附量下降值最显高。

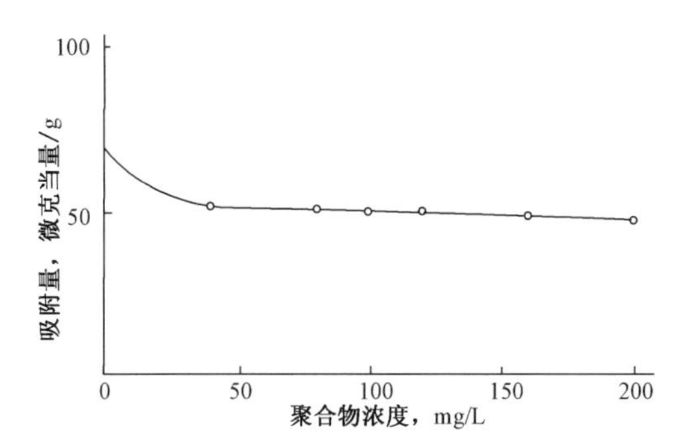

图3　聚合物浓度对 SDDBS 在高岭土上吸附的影响

（$S/L=1/9$；$T=28℃\pm1℃$；$t=6\sim7h$；$c_{SDDBS}=0.01mg/L$；$c_{NaCl}=0.4\%$；聚合物：Pusher－700　27%）

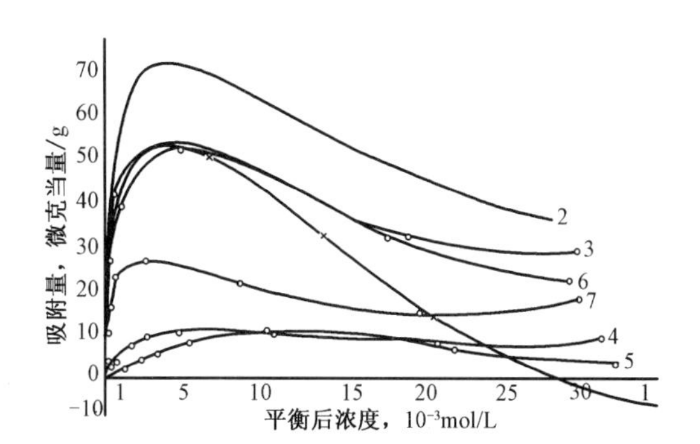

图4　SDDBS 在高岭土上的吸附等温线：不同硅酸钠，0.4% NaCl

1—无 NaCl 和硅酸钠；2—SDDBS＋0.4% NaCl；3—SDDBS＋0.4% NaCl＋0.04% 硅酸钠（$n=3.1\sim3.4$）；4—SDDBS＋0.4% NaCl＋0.66% 硅酸钠；5—SDDBS＋0.4% NaCl＋0.66% 硅酸钠＋40mg/L 水解度为 27% 的聚合物；6—SDDBS＋0.4% NaCl＋0.03% 硅酸钠（$n=1.03$）；7—SDDBS＋0.4% NaCl＋0.5% 硅酸钠

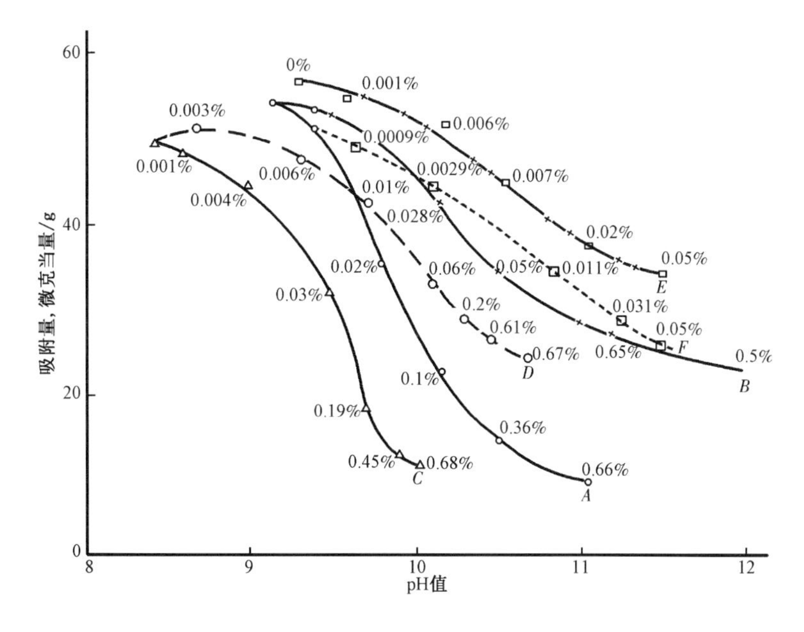

图5　pH 值（由不同硅酸钠调节）对 SDDBS 吸附的影响

［曲线 E、F，碳酸钠：E. 无聚合物，F. ＋40mg/L 聚合物；曲线 A、C，硅酸钠（$n=3.1\sim3.4$）：A. 无聚合物，C. ＋40mg/L 聚合物；曲线 B、D，硅酸钠（$n=1.03$）：B. 无聚合物，D. ＋40mg/L 聚合物；碱浓度＝0.5%；$S/L=1/9$；$t=28℃\pm1℃$；$T=6\sim7h$；$c_s=0.0lmg/L$］

③ 聚磷酸盐（sp）型的影响：试验结果示于图 6。曲线 2、曲线 3 分别为在体系中加入浓度为 310mg/L 的 sp－1 和 sp－6 时表面活性剂的吸附等温线，两种聚无机电解质都明显地降低了 SDDBS 在高岭土上的吸附量，尤以 sp－6 较为显著，在吸附最大值下，吸附量仅为无 sp－6 时的 9%。图 7 为实际体系吸附平衡试验结果，体系为 T－ABS－模拟岩心（矿物组成见表 3）

或 T－ABS－玉门油田 L 层油层岩心砂，溶液中总盐量为 12800mg/L（硬度为 350mg/L），由图可见，引入 sp－6 同样都十分明显地降低了 T－ABS 的吸附量。

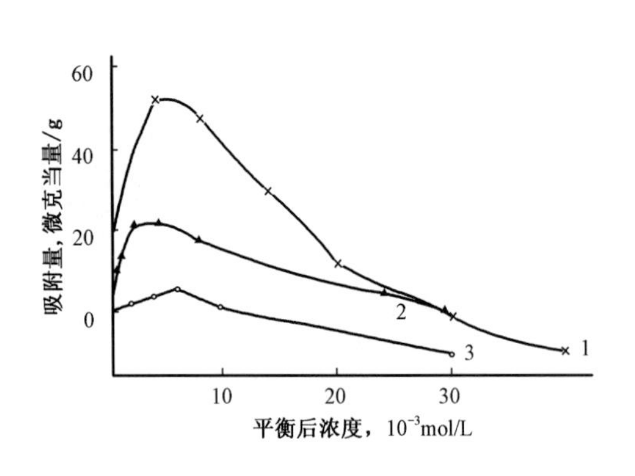

图 6　SDDBS 在高岭土上的吸附等温线（在不同 sp 条件下）

1—无 sp；2—310mg/L sp－1；3—310mg/L sp－6

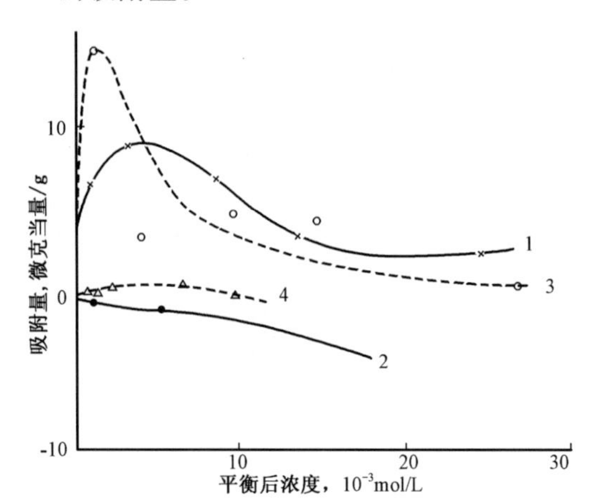

图 7　在模拟和天然岩心砂上的吸附等温线

1—吸附剂：石英/蒙皂土/高岭土 =4/0.4/0.6，溶液：T－SF 在模拟水中；2—吸附剂：石英/蒙皂土/高岭土 =4/0.4/0.6，溶液：T－SF +0.3% sp－6 在模拟水中；3—吸附剂：玉门岩心砂，溶液：T－SF 在模拟水中；4—吸附剂：玉门岩心砂，溶液：T－SF +0.3% sp－6 在模拟水中

（$S/L=1/9$　$T=28$℃）

在同图 7 的试验条件相同的情况下，溶液通过模拟岩心管（其参数见表 3）流动时，流出溶液中表面活性剂的变化规律示于图 8。其中实线为连续注入时的流出曲线。虚线为注入 0.6PV 溶液后注模拟水的流出曲线。同样在 sp－6 存在时，流出液表面活性剂浓度百分数曲线都明显上移，即表面活性剂损失量都明显减少（图 9）。

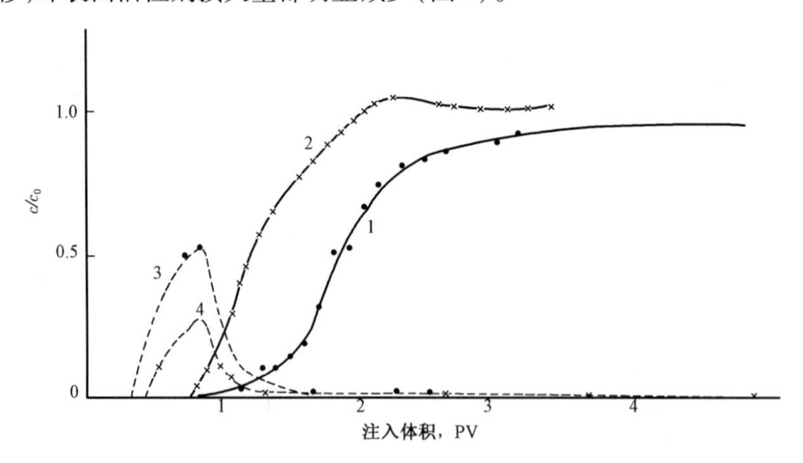

图 8　流出液中表面活性剂浓度百分数同注入体积关系曲线

岩心试号	注入方式	注入溶液
1	连续	1.84×10^{-2}mol/L T－SF
2	连续	1.84×10^{-2}mol/L T－SF +0.3% sp－6
3	0.6PV 段塞	1.84×10^{-2}mol/L T－SF +0.3% sp－6
4	0.6PV 段塞	1.79×10^{-3}mol/L T－SF

表3　岩心管参数

编号	渗透率(气) mD	渗透率(水) mD	孔隙度 %	岩心长 cm	截面积 cm^2	岩样	注入方式
84-1-1	362.5	27	40.3	30	7.07	模拟	连续注入
84-1-2	328.2	124	46.4	30	7.07	模拟	连续注入
84-2-6	753.9	205	38.1	30	7.07	模拟	0.6PV 段塞
84-2-8	845.1	293	39.1	30	7.07	模拟	0.6PV 段塞

(3)体系平衡后,表面活性剂溶液的 pH 值下降。试验所论及的所有溶液体系,在同高岭土接触并达到吸附平衡之后,溶液的 pH 值均下降,正如图 10 所示的那样。

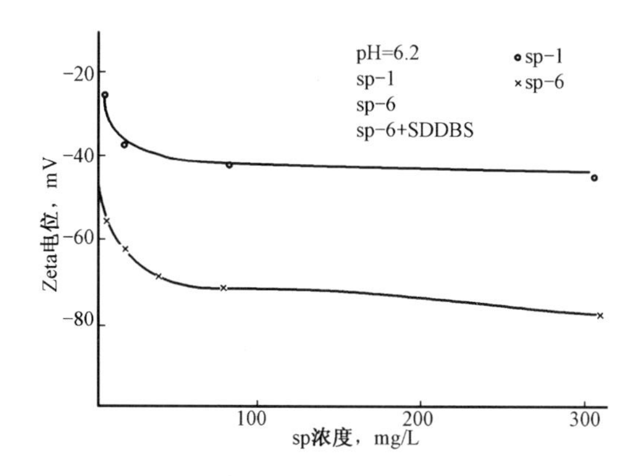

图 9　sp 浓度对高岭土的 Zeta 电位的影响

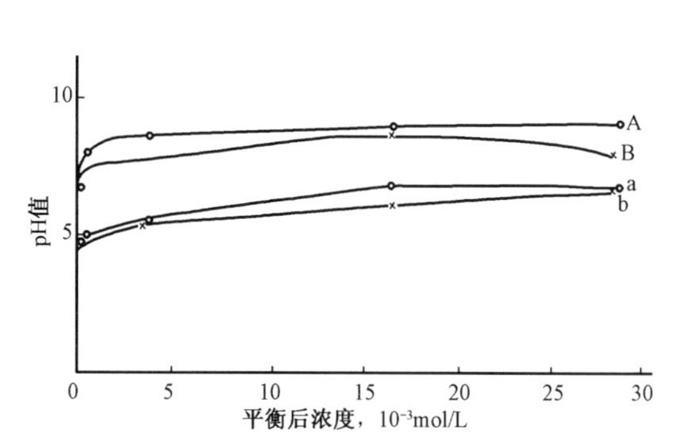

图 10　SDDBS 在高岭土上吸附平衡前后 pH 的变化

[0.4% NaCl　40mg/L 聚合物(pusher-700)]

A,B—吸附前;a,b—吸附后

三、讨论

众所周知,当石英、蒙皂土、高岭土及伊利土同水接触时(在中性条件下),由其晶体结构决定,其表面均荷负电(其等电势点 pH 值见表 2),同时烷基磺酸钠在水溶液中解离成荷负电的 $R \cdot SO_3^-$ 及荷正电的 Na+。由此从静电力学的观点,$R \cdot SO_3^-$ 不会吸附在上述各种吸附剂上。石英晶体为硅氧四面体结构,由于表面键的破坏,则其为不完整的四面体,同水接触后在表面形成 OH^- 而荷负电;然而各种黏土矿物与石英不同,它们是由 Si-O 四面体和 Al-OH 八面体形成的层状结构,在晶层面上,由于晶格离子的取代及晶格缺陷等原因而荷负电,保持其电荷平衡;而 Al-OH 八面体的棱边上,由于 Al-OH 的破裂而荷正电。其棱边面积为 $5.15 \times 8.9Å^2$,估计约占晶体总比表面的 5% 左右。因此,与石英不同,在黏土晶层的棱边面上,由于静电引力将产生对 $R \cdot SO_3^-$ 的吸附。在吸附最大值时,单个表面活性剂分子在吸附层内占据的面积,对蒙皂土为 $8.9Å^2$,对伊利土为 $59.3Å^2$,对高岭土为 $3.7Å^2$,而根据单层吸附模型,由吉布斯(Gibbes)方程得到的十二烷基苯磺酸钠分子的横截面积为 $30 \sim 35Å^2$,可见一个黏土晶胞对十二烷基苯磺酸盐分子在饱和吸附时的吸附位置不应超过 2,而上述计算除伊利土外都大大地超过了 2。上述结果的可能原因是所谓"吸附"实在是"表面过剩",它由两部分组成:由库仑静电引力引起的在晶胞棱边上的吸附,和由于 $R \cdot SO_3^-$ 同多价金属阳离子(从黏土上交换下来的 Ca^{2+},Mg^{2+})反应形成的水不溶物在黏土颗粒表面上的堆积,显然黏土颗粒表面的电势大小及黏土可交换多价阳离子容量(c. e. c),二者对表面过剩起决定作用,不能简单地用单层吸附理论计算和解释上述试验结果。

能够被黏土捕获并同多价金属离子作用的是单个表面活性剂分子，在CMC值时，单个表面活性剂分子达最大值，浓度继续增加时，出现单个表面活性剂分子同胶团的平衡。一方面单个表面活性剂分子同多价离子的反应随表面活性剂浓度的增加而增加，在CMC值附近出现最大值，在浓度大于CMC值后，由于胶团对反应物的再溶解作用，而使沉淀减少；另一方面，在浓度大于CMC值时，不仅胶团同黏土颗粒因荷相同符号电荷而相斥，同时二者将竞争单个表面活性剂分子，据Scamehorn的推算，$R \cdot SO_3^-$自水溶液中向胶团（内核为似烃环境）中的跃迁化学势（1.02kcal/mol、甲基）大于向黏土表面的跃迁化学势（0.8～0.9kcal/mol、甲基），故此时表面活性剂分子在黏土上的吸附倾向减小，这就是吸附等温线出现最大值的可能机理。

体系中引入的聚电解质，部分水解聚丙烯酸胺、硅酸钠和sp系列聚电解质，溶水后都可解离成带负电的大离子，这些大离子同$R \cdot SO_3^-$竞争黏土颗粒表面的吸附位置。同时大离子在黏土颗粒表面上的吸附，增强了颗粒表面的电荷密度。图9为高岭土颗粒表面Zeta电势同体系中引入不同sp型聚电介质浓度间的关系曲线，由图可见，引人聚电介质后黏土颗粒表面负电势明显增加，同时，还可看出，sp-6的效果较为突出。由库仑定律可知，电势的增强必将导致黏土颗粒同$R \cdot SO_3^-$或其聚结体-胶团之间的静电斥力增加，从而减弱了由静电作用造成的吸附。

然而，尽管部分水解聚丙烯酸胺的分子量比硅酸钠、sp型聚电解质的分子量大得多，但实验结果表明后者降低吸附的效果比前者高得多。看来抑制静电作用，并不是聚电解质抑制吸附的唯一机理。然而，正如法尔古娜（Falcone）所指出的，水溶硅酸钠是高价聚电解质离子，且随模数n的增加而分子量增加，它对Ca^{2+}和Mg^{2+}等多价离子具有强的螯合能力，这样就避免了生成水不溶物沉淀的可能，从而降低了损失量。同样，sp型聚电解质也具有类似的螯合能力。因此，两种作用综合的结果，显示了更强的降低吸附的效果。然而，部分水解聚丙烯酰胺不具有螯合多价阳离子的能力。

用不同类型的碱调节溶液的pH值使其大于pH_{zpc}值，使黏土颗粒表面的Zeta电势增强，从而增强胶体颗粒间静电斥力，以降低表面活性剂吸附。然而，氢氧化钠只具有增加溶液pH值的作用，而无螯合多价金属阳离子的能力，从而效果不如硅酸钠。

本试验结果以及我们以前的结果都表明，溶液在吸附平衡之后，pH值都有不同程度的降低（除碳酸盐吸附剂之外），可能的原因是，烷基苯磺酸钠及聚电解质水溶后解离出的反离子Na^+，同体系中黏土颗粒晶层面上吸附的H^+离子产生离子交换，交换是等当量的，直至平衡时止，从而使溶液中H^+离子浓度增加，pH值降低。

四、结论

（1）烷基苯磺酸钠—黏土体系的吸附等温线存在吸附最大值，不符合Langmuir吸附模型；

（2）对表面活性剂吸附损失起主要贡献的是岩石中的胶结物——蒙皂土、高岭土等；

（3）体系中加入聚电解质可以抑制烷基苯磺酸钠在黏土上的吸附损失，各种聚电解质的抑制能力为：部分水解聚丙烯酰胺＜硅酸钠＜（低模数＜高模数）＜sp-6；

（4）驱油剂体系中加入或侵入部分水解聚丙烯酰胺（浓度不大于40mg/L）时有利于表面活性剂损失的进一步降低；

（5）溶液—吸附剂（黏土）体系平衡之后，溶液pH值下降。

（原载《石油学报》，1986年7卷4期）

一种新型添加剂在玉门油田化学驱先导性试验中的应用

杨承志　韩大匡　王德辰

摘　要：对于高黏土含量、地层水矿化度和硬度较高的油藏，在采用化学驱（如表面活性剂聚合物驱、微乳状液驱、聚合物驱等）提高石油采收率时，为了保持驱油段塞的稳定性维持其在驱替过程中的最佳状态，通常是在注入化学剂段塞之前预先挤入碱水（或盐水）预冲洗油层。但是，这将拖长施工时间且花费昂贵。我们合成了几种有机高分子化合物（商业代号 BPA），将其直接加入到化学体系中，对驱油体系的界面性质、相行为、溶液性质、配伍能力、渗流和驱油试验等系统试验研究表明，所得到的驱油体系性能优于传统使用的驱油体系；在不进行预冲洗的情况下，加入 BPA 的驱油体系配方可以得到较高的驱油效果。其作用机理是：(1) 增加岩石黏土表面的 Zeta 电势（负值）；(2) 络合多价金属阳离子；(3) 增强表面活性物质的活性。在老君庙油田 L 油层进行的现场试验表明，在注入有 BPA 的驱油剂之后，注入井的注入压力（保持相同注入量）下降了 14.4% ~ 17.8%，其吸水率上升了 270%，导流系数上升 190%，表面活性剂的吸附量明显降低。

关键词：化学驱　驱油剂　添加剂　老君庙油田　应用

引　言

表面活性剂—聚合物驱是提高石油采收率最有效的三次采油方法。但是，过高的表面活性剂和聚合物的吸附和滞留损失导致了较高的采油成本，限制了这种方法的油田应用。为了降低驱油剂的损失人们已经进行了许多研究工作。我们经过近 10 年的研究证实，引起驱油剂损失的主要原因：在岩石中黏土矿物表面上的吸附；同多价金属阳离子反应物的沉淀；在不可驱替的原油中的分布；在岩石中非连通孔隙中的滞留。许多研究者的结果都证实了上述结论，他们采用的降低驱油剂损失的方法是在注入驱油剂段塞之前，注入一个碱水溶液（用以保持一个适宜的 pH 值环境）段塞或经过优选的盐水溶液预冲洗段塞，特别是在高含黏土的岩层或地层水矿化度高的油层中。但是，这一技术将使施工时间拖长并花费较多的投资。也有一些人采用诸如木质素磺酸盐等试剂作为驱油剂的牺牲剂，但由于加入量较大使采油成本明显地增加。

我们在理论研究的基础上，研究了一种有机化合物（商业代号 BPA），它能起到抑制多价金属离子、增加黏土颗粒表面负电势和改善表面活性剂的活性等综合作用，将其以 0.1% 以下的浓度直接加入驱油体系中。

一、试验

1. 材料

表面活性剂：石油磺酸盐（商业代号 YM－3A），玉门炼油厂生产，活性物含量为 63%，平均当量为 447，电导法测得临界胶束浓度（28℃以下）1.5×10^{-3} mol/L，Krafft 点为 31℃。助剂：

正丁醇和异丙醇(试剂)。添加剂 BPA 是一种氨基聚合物,呈黏稠状的液体,易溶于水,工业原料合成的产品呈橙红色,对 Ca^{2+},Mg^{2+},Ba^{2+} 和 Sr^{2+} 等多价离子具有很强的螯合能力。

整个试验采用的水为老君庙油田模拟地层水(离子组成见表1),原油为老君庙油田地面脱气油,地下黏度为7.14mPa·s。固相为取自老君庙油田L油层的油层砂,常规法抽提除油,矿物组成见表2。用六氨合钴盐测定得到的 Ca^{2+} 离子交换能力为2meq/100g 砂,总的离子交换能力为4.4meq/100g 砂。

表1 模拟地层水矿物组成

$NaHCO_3$,g/L	0.906
$CaCl_2$,g/L	0.619
$MgCl_2 \cdot 6H_2O$,g/L	1.164
NaCl,g/L	10.798

表2 岩心矿物组成

矿物组成,%	L_1 层	L_2 层
石英	80	80
长石	10	10
岩屑	10	10
胶结物		
碳酸盐	3.6	5.1
泥质胶结物	10.7	10.2
泥质胶结物中		
蒙皂石	36.6	41.1
伊利石	45.0	43.2
高岭石	18.4	15.7

2. 方法

表面活性剂溶液的沉淀—溶解规律的研究是将表面活性剂、各种助剂、添加剂在研究条件下混配,平衡后用两相滴定法测定平衡前后表面活性剂浓度变化;钙电极法测定钙离子浓度。表面活性剂及助剂,盐水和原油的相态变化研究采用网格拟三角相图法,转滴界面张力仪测量液相间界面张力。

恒温下测量老君庙油砂与溶液体系的吸附等温线,固/液质量比为1/9。动态吸附和滞留试验是采用常规的驱替流程装置,用老君庙油田油砂模拟的岩心管饱和以模拟地层水(动态吸附试验时)或饱和以水和油(驱油试验时),计量并检测流出液的油、水和各种试剂,以计算驱油效率和试剂损失。

二、试验结果与分析

1. 石油磺酸钠的溶解—沉淀及 BPA 的影响

研究过程表明,石油磺酸钠同钙、镁等多价离子反应形成石油磺酸钙(或镁)沉淀,引起溶液中石油磺酸钠浓度降低,这种沉淀在石油磺酸钠的临界胶束浓度(CMC)附近达最大值,之后又再溶解。用实际的体系取得了相似的规律。当溶液中的钙离子浓度增加时,沉淀现象加剧,体系出现两相;图1和图2是石油磺酸钠在盐水溶液(存在有Ca^{2+})中的溶解度与钙离子浓度关系曲线,实线(即溶解度界限)左侧溶液呈单相,右侧区域内石油磺酸钙析出,溶液呈两相。对比图1和图2可见,在无Na^{+}存在的环境中石油磺酸盐溶液作为单相存在时的Ca^{2+}浓度范围较窄。体系中加入添加剂BPA后,溶解度界限线明显向右移动,即单相区的范围扩大,当BPA浓度进一步增加时,单相区范围进一步扩大,即体系对钙离子的容忍浓度增加。在优选的体系中,引入0.1%(质量分数)BPA就可以抑制因同Ca^{2+}和Mg^{2+}等多价阳离子反应而引起的石油磺酸的沉淀损失。由BPA对钙离子的螯合曲线可见钙离子浓度曲线随BPA浓度增加呈降低趋势。

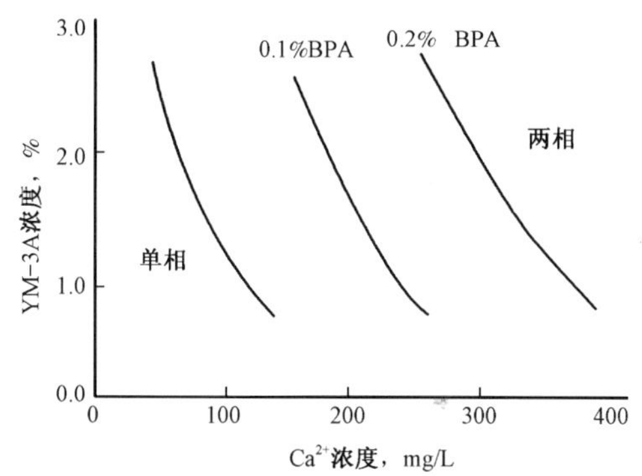

图1 YM-3A在$CaCl_2$溶液中的溶解度

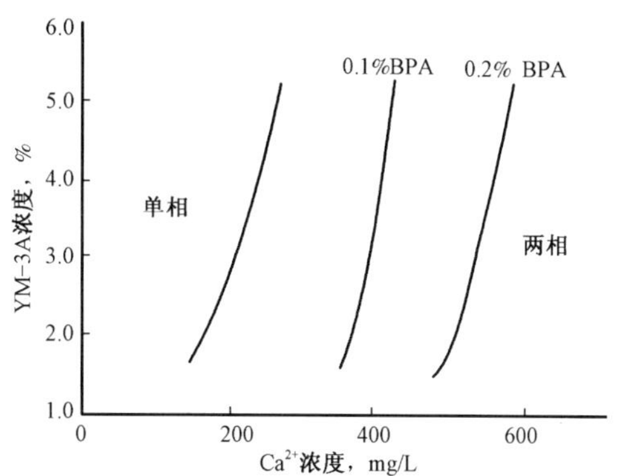

图2 YM-3A在模拟水环境中的溶解度

2. 驱油体系的平衡相态及BPA的影响

(1)表面活性剂体系/原油的相行为。

图3是表面活性剂溶液/原油的体积比为1∶1时,在有、无添加剂的情况下,体系的相行为随含盐度的变化,由图可见BPA的加入对相行为无明显影响。

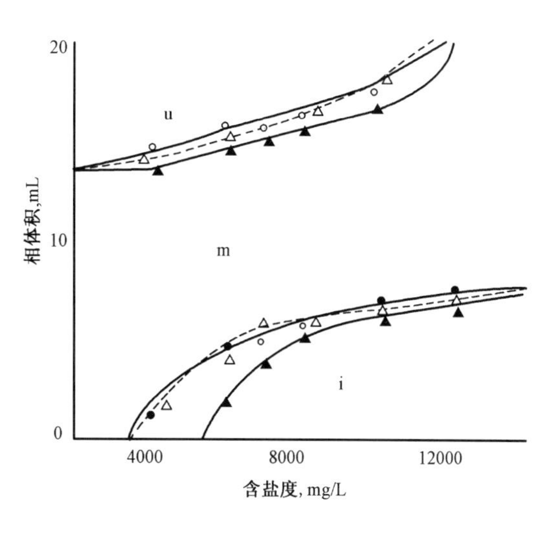

图3 添加剂存在下的相态变化

(2)体系的活性参数及BPA的影响。

对表征驱油体系性能的指标—增溶参数、界面张力和最佳含盐度图的研究表明,BPA的引入对体系的增溶参数、界面张力均无明显的影响,只是最佳含盐度略有降低,这可能与BPA溶水后钠离子的解离有关。

(3)表面活性剂与聚合物(流度控制剂)的配伍及BPA的影响。

为了防止驱替水过早地突破驱油剂段塞,保证段塞均匀地推进,通常都要在驱油剂段塞和驱替水之间注入一个控制流度的聚合物溶液缓冲带或直接在驱油剂中加入聚合物,常用的聚合物为部分水解聚丙烯酰胺和生物聚合物(Xanthan)。然而,超过一定的界限范围,聚合物与石油磺酸钠是不能配伍的,体系出现两相状态。在优选的体系中,加入0.1%的BPA(或5%的正丁醇)于体系(石油磺酸钠/部分水解聚丙烯酰胺)之中时,溶液立即呈透明的单相溶液。

3. 石油磺酸钠的吸附和滞留与 BPA 的影响

我们的研究表明,岩石中的黏土矿物是引起表面活性剂自溶液中吸附的重要原因。对于同一种岩石,表面活性剂的吸附损失还与溶液中的盐含量,特别是二价金属离子的含量有关。表面活性剂溶液在岩石孔隙介质中的损失综合表现为滞留损失。

(1)静态吸附。

将溶液与固体岩心砂,以一定比例混合,在摇床中恒温振荡一定时间后,离心分离出澄清液,两相滴定法确定吸附前后表面活性剂的浓度变化,计算吸附值。研究了含盐量对石油磺酸钠(溶液中无醇)在老君庙油层岩心砂上的吸附等温线的影响,不同曲线反映了溶液中盐含量的影响,结果表明含盐量增加导致等温线的上移。驱油剂溶液中加入不同的添加剂(sp-6、Xanthan 和 BPA)后吸附等温的变化示于图4。由图可见,加入浓度为0.1%的 BPA 时,在表面活性剂平衡浓度低于 5×10^{-4}mol/L 时,检测不出吸附量,在 $5\times10^{-4}\sim1\times10^{-2}$mol/L 范围内最大吸附量降低至不足1mg/g(砂)。

(2)动态滞留。

动态滞留的测量是在岩心管中进行的,岩心管的参数列于表4,岩心管的制备及注入前的准备工作按常规方法进行。检测结果与流出的表面活性剂的保留率同驱替水的注入量关系曲线分别示于表3和图5中。由此可见,在加入0.1%BPA 的情况下,流出的表面活性剂的累积保留率在62%以上,累积滞留量为0.89mg/g(砂),而无 BPA 加入的情况下,保留率近于0,累积滞留量为2.18mg/g(砂)以上。

表3 动态吸附实验结果

项目 \ 岩心序号	1	2
长度,cm	13.7	13.6
直径,cm	2.4	2.4
质量,g	117.8	115.1
气测渗透率,mD	898.0	1191.0
孔隙体积,mL	18.27	18.53
孔隙度,%	29.5	30.2
段塞组成		
YM-3A,%	5	5
正丁醇,%	5	5
BPA,%	0	0.1
注入量,PV	0.3	0.3
吸附量,mg/g(砂)	2.18	0.89

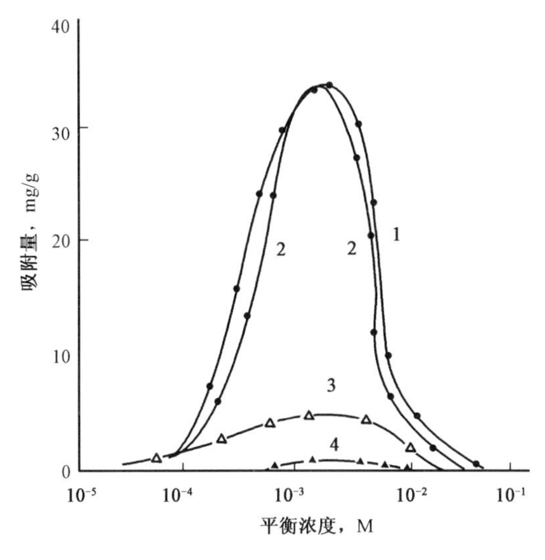

图4　添加剂对 YM－3A 在玉门油砂上吸附的影响
（YM－3A/正丁醇＝1∶1）
1—无添加剂；2—800mg/L Xanthan；
3—0.15% sp－6；4—0.1% BPA

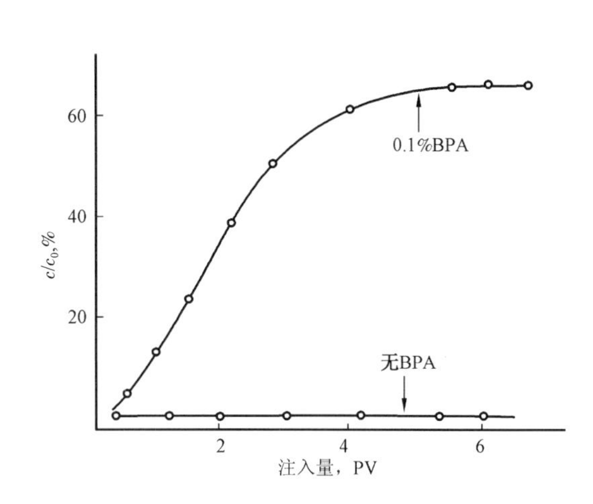

图5　表面活性剂的流动吸附损失

表4　岩心管参数

序号	长度 cm	直径 cm	孔隙直径 mm	孔隙度 %	渗透率，mD		束缚水饱和 S_{wr}，%	水驱后残余油 S_{or}，%
					kg	kw		
1	13.2	2.4	18.44	30.9	952	275	39.8	24.7
8	13.2	2.4	17.83	29.9	897	168	42.2	36.9
13	37.5	2.42	46.28	26.8	386	70	36.3	28.1

（3）BPA 的作用机理。

① 螯合多价金属离子，防止形成石油磺酸钙（镁）沉淀。

② 强化液—固间的阳离子交换：在岩心管中进行水的渗流实验时，流出液中钙离子浓度随注入量的变化曲线表明，在水中加入 0.1% BPA 时，钙离子流出曲线峰值明显增加，这是由于加入的 BPA 的解离增强了水中 Na^+ 的总当量数以及 BPA 对水中 Ca^{2+} 的螯合促使 Na^+/Ca^{2+} 交换向右方向进行的结果，从而减弱了石油磺酸钠同钙离子的反应。

③ 强化了黏土表面负电势：图6是 BPA 的存在对黏土表面 Zeta 电势的贡献曲线，BPA 增强了 Zeta 电势（负值），从而加剧了表面活性剂离子与黏土颗粒间的电荷排斥。

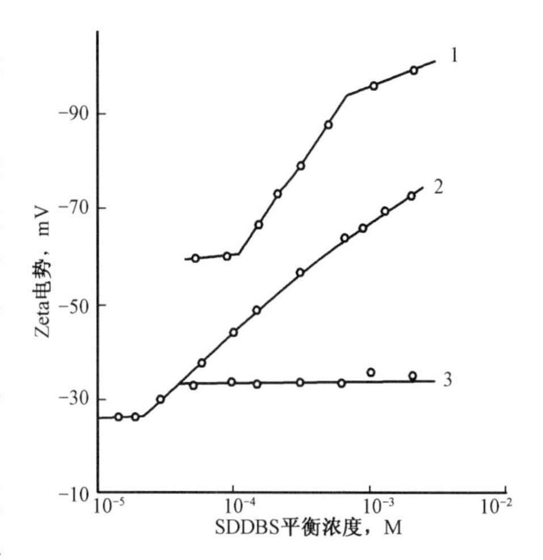

图6　钠高岭土 Zeta 电势曲线
1—SDDBS＋BPA；2—SDDBS；
3—BPA 对平衡吸附的电势贡献

4. 驱油效率实验

采用优选的表面活性剂驱油体系配方进行了不同注入技术的室内驱油效果对比评价:预冲洗技术—注入驱油剂段塞之前注入一倍孔隙体积的盐水;无预冲洗技术—在驱油剂中加入浓度为0.1%的BPA,驱替开始直接注入驱油剂进行三次采油。驱替时的参数和实验结果见表3、表5和表6。实验结果证明,对于老君庙油田的天然岩心砂,由于其黏土含量较高(胶结物总量为14.3%~15.3%),尽管采用了预冲洗的工艺技术进行三次采油(试验序号1),但是表面活性剂损失仍在1.36mg/g(砂)的水平,采用相同的驱油剂配方,在配方中加入浓度为0.1%的BPA,不进行预冲洗而直接注入驱油剂进行三次采油(试验序号8,13),不论是在短岩心(序号8),还是长岩心上(序号13)都得到了明显的效果;表面活性剂损失量为0.04~0.54mg/g(砂),化学驱采收率大于30%(占原始储量),而且驱油效益也有明显的增加。

表5 驱油剂组成参数

序号	表面活性剂段塞				聚合物段塞		
	表面活性剂 %	正丁醇 %	BPA %	注入量 PV	聚合物 mg/L	BPA %	注入量
1	5.0	5.0	0.1	0.2	1500	—	0.4
8	5.0	5.0	0.1	0.2	600	0.1	0.4
13	4.0	4.0	0.1	0.2	1000	0.1	0.4

表6 采收率试验结果

序号	采收率,%			表活剂损失			效益
	水驱	化学驱	总计	注入 mg	采出 mg	损失 mg/g(砂)	采油/注入表面活性剂 mL/g
1	59	29.3	88.3	172.9	12.3	1.36	18.8
8	63.1	31.6	94.7	167.3	163.4	0.04	20
13	55.9	33.9	90	357.3	151.6	0.54	28

5. 在老君庙油田现场试验结果

为了证实室内研究结果,于1990年12月在老君庙油田F184井进行现场注入试验,该油田的地质和开发资料见SPE/DOE 17387,SPE 22363及文献《The Feasibility Study for EOR by Surfactant Flooding in Oil Reservoir with Hight Clay Content》。自1990年12月6日到1990年12月25日共注入4401驱油剂溶液(4%石油磺酸钠,4%正丁醇,0.1% BPA)308m^3。1991年1月1日开井回采。对生产过程的观察可以看到如下结果:

(1)改善了注入性。

① 注入压力下降,由8.35MPa降至6.9MPa,如图7所示;

② 吸水指数增加:由1.9m^3/(d·MPa)升至4.8m^3/(d·MPa);

③ 油层渗流性能改善,根据试井曲线,导流系数上升,由105.2mD/(mPa·s)升至440.7mD/(mPa·s)。

（2）增强了驱油效果。

① 产出液含水率下降：结果见采油曲线图8，关井生产后，含水由100%降至86.5%（最低降至28.8%）；

② 产油中重质组分含量增加，原油中沥青质含量由9.6%增至16.1%。

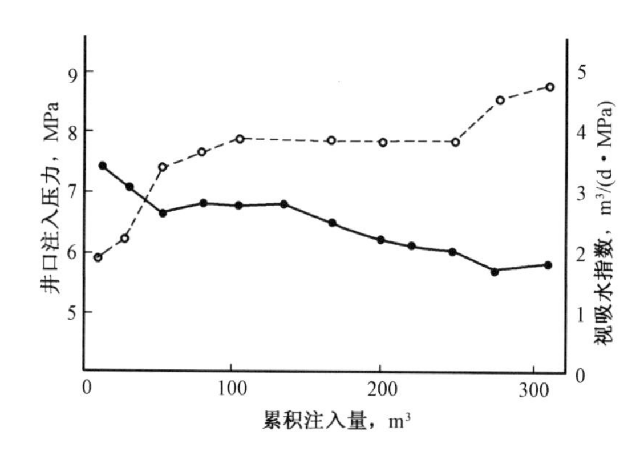

图7　累计驱油剂注入量与井口注入压力、吸水指数关系曲线

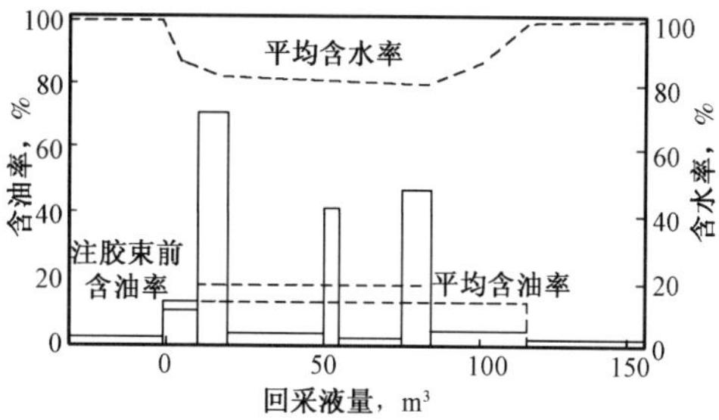

图8　F184井回采时含油（含水）率变化曲线

（3）BPA抑制了表面活性剂损失。

① 回采液中 Ca^{2+} 和 Mg^{2+} 含量增加，超出正常值的2～3倍；

② 表面活性剂损失减小：根据物质平衡和示踪法计算得到的表面活性剂损失量为0.78～0.2mg/g（砂），同室内实验结果吻合。

三、结论

（1）BPA添加剂能够改善石油磺酸钠在油层盐水的溶解能力，改善溶液的性能。

（2）BPA添加剂可以有效地抑制石油磺酸钠在岩石上的吸附和在多孔介质中的滞留。

（3）BPA添加剂可以同各种驱油剂配伍，并能改善各种驱油剂之间的配伍。

（4）有BPA存在的驱油剂配方可以用于无预冲洗工艺的三次采油技术，特别是对于高黏土含量和高含盐度地层水的油田。

（5）在老君庙油田F184井进行的现场试验证实了由室内得到的结果。

（原载《石油学报》，1995年16卷2期）

表面活性剂—碱—聚合物复合驱油及其在提高石油采收率中的应用

宋万超　韩大匡　杨承志　屈智坚　王宝喻　贯文苹　袁　红　楼诸红　唐善彧

背景介绍：本文是石油勘探开发科学研究院和胜利油田合作进行的我国首次进行的表面活性剂—碱—聚合物三元复合驱的室内实验和现场先导试验的成果。该试验区位于胜利孤东油田七区，在进行三元复合驱以前经历了长时期水驱，含水已高达98.5%，地质储量采出程度已高达54.4%，剩余油饱和度仅34.2%，在这种极端条件下取得了提高采收率13.4%的效果，显示了我国应用三元复合驱的可行性和发展潜力。本文曾于1995年在第8届欧洲IOR学术会议上发表，经整理后收录于石油工业出版社1996年出版的《化学驱理论与实践》。

引　　言

中国大多数油田采取注水方式进行开采，由于油藏非均质和较高的原油黏度，油井含水上升较快，目前，油田综合含水普遍达80%以上，而采出程度却很低。因此提高石油采收率技术的研究日益受到人们的重视。

采用碱水驱替提高石油采收率是许多人曾经进行研究的课题，并在一些油田实施了先导试验，但是至今为止没有成功的先例。后来，有人在聚合物驱的基础上提出了碱强化聚合物驱，以扩大碱水的波及体积和同原油接触的机会；为了充分发挥碱水的驱油机理，还提出了助表面活性剂强化碱水驱的方法，这些方法都在一定程度上改善了碱水驱的驱油效率，但是，却没有得到明显的结果。Holm L. W 等在公认的高效率的胶束驱油的基础上提出了胶束—碱—聚合物驱和用高 pH 值化学剂改善胶束—聚合物驱的方法，他们的结果表明胶束—碱—聚合物驱比常规的胶束—聚合物驱使用的表面活性剂数量少，但可以得到相同的石油采收率，同碱—聚合物驱相比，则得取到了更高的石油采收率。在美国 West Kiehl 油田进行的碱—表面活性剂—聚合物驱的先导试验证实了在实验室得到的结论。

自1985年以来，我们就多次发表了对表面活性剂—碱—聚合物体系的研究报告，系统研究了碱型、碱量、聚合物类型和溶液对体系性能的影响及其同岩石矿物的相互作用等，提出碱的存在可以改变岩石矿物表面电性，从而导致表面活性剂损失量的减少，弱碱（Na_2CO_3，K_2CO_3，$nNa_2O \cdot SiO_2$）比强碱（KOH，NaOH）具有更强的改善复合体系界面活性的作用；高模数的硅酸钠能够螯合水中的多价离子，从而可以减少表面活性剂的沉淀损失。我们在老君庙油田 L 层提高石油采收率的设计中同法国石油研究院的研究者共同提出了在碱性环境下进行表面活性剂—聚合物驱，以减少在驱替过程中的表面活性剂损失。在室内实验中取得了很好的效果并正在进行油田现场先导试验。

化学驱替过程中，驱替水溶液与原油之间的界面张力（IFT）与化学剂的组成和原油性质密切相关。本文介绍了高酸值原油与蜡基原油的表面活性剂—碱—聚合物（SAP）复合驱体系配方的研究；对蜡基油，SAP 体系中的复合表面活性剂是由石油羧酸盐和石油磺酸盐配伍而成;对酸性原油,由于石油中含有天然有机酸,碱能同其就地形成石油酸皂,同时采用了非离子表面活性剂(Tritron)系列同适当的石油磺酸盐配伍。通过调节溶液的pH值和溶液的离子强度控制复合表面活性剂分子在石油—表面活性剂溶液界面上的分布和界面吸附层的结构以形成超低界面张力。研究得到的两种SAP体系,当表面活性剂浓度低于0.5%(质量分数)时,瞬态界面张力低于10^{-4}N·m/m,平衡界面张力可达到或低于10^{-3}~10^{-2}mN·m/m。同时,驱油试验表明,两种体系的驱油效率都达到了微乳液体系的水平,但化学驱油剂的用量却大大减少了。

在胜利油田孤东小井距试验区实施了我国首例SAP复合驱先导试验,结果表明石油采收率明显增加,油井含水显著降低。

一、实验研究

1. 实验背景

本研究所采用的含酸原油为山东孤东油田开发试验区脱水脱气原油,酸值为3.11mg(KOH)/g(油),地下黏度为41.25mPa·s。蜡基原油取自大庆油田西南油库,地下黏度为10.6mPa·s,实验用水为模拟水,其离子组成见表1。

表1 平均油田地层水组成

组　　分	大庆油田,g/L	胜利孤东油田,g/L
NaCl	2.294	2.451
KCl	0.013	—
$CaCl_2$	0.042	0.003
$MgCl_2 \cdot 6H_2O$	0.017	0.042
Na_2SO_4	0.075	0.018
$NaHCO_3$	1.860	0.679
Na_2Cl_3	—	0.058
总矿化度	4.456	3.281

筛选实验使用的表面活性剂的主要性能列于表2,它们均是商业品。聚合物为Pfezer公司(美国)生产的部分水解聚丙烯酰胺(商品代号为3430S和3530S)。碱剂为Na_2CO_3,NaOH和$nNa_2O \cdot SiO_2$($n \approx 1.03$)(均为化学试剂)。岩心由油田提供,经切削、抽提去油、粉碎后备用,岩心泥质胶结物含量约为6.4%,以高岭土和伊利土为主。

表2 表面活性剂产品

编　号	活性物含量,%	平均相对分子质量	盐,%	挥发物,%	未横化油,%
XCY	53.6	390	1.31	6.42	39.0
WQY	51.0	400			
AOY	50.5	380~420			
CY-1	50.1	450			
A-3	50.0	380~540	0.35		49.65
A-5	15.0	360~560	2.0		83.0

续表

编　号	活性物含量,%	平均相对分子质量	盐,%	挥发物,%	未横化油,%
FS	34.8	460	3.33		36.9
YM－3A	63.0	429	1.80	4.80	26.8
ABS	19.6	341	6.9	71.6	2.0
OP－10	99.99	620～650	—	—	—
LTPS	47	430～450	4.20	11.8	37.0
FYG	50	280～300	—	—	—

2. 高酸值原油的 ASP 复合驱体系溶液性质

(1)碱—表面活性剂—聚合物复合溶液同原油的界面张力。

系统地研究了碱型和浓度,表面活性剂类型和浓度,不同类型表面活性剂的复配等对复合溶液—原油间界面张力的影响,以确定具有最佳表面活性的体系组分组成。

① 表面活性剂的类型。

表 2 列举了实验选用的不同石油磺酸钠及壬基酚聚氧乙烯醚的各项参数。在条件相同的情况下(1.0% Na_2CO_3,1000mg/L 3530S)测试了不同石油磺酸钠的表面活性。将复合溶液同原油等体积混合,充分摇动,在 68℃下恒温放置 15 天之后待平衡后测其界面张力。结果示于图 1,由图可见,AOY、WYO、XCY 三种石油磺酸盐在实验浓度范围内其复合溶液同原油的界面张力变化在 $2\times10^{-2}\sim10^{-1}$mN/m,这种石油磺酸盐的加入没有使界面张力明显的下降;AOY,WOY 和 XCY 同就地形成的石油酸皂对表面活性的贡献没有协同作用。CY－1和 LTPS 的复合溶液同原油的界面张力在浓度 0.4%～0.6% 范围内达 $8\times10^{-4}\sim3\times10^{-3}$mN/m,表明 CY－1 和 LTPS 同就地形成的石油酸皂有协同作用。图 2 是 CY－1 的复合溶液(0.1% 3530S,1.0% Na_2CO_3)同原油的瞬态界面张力曲线。由图可见,最低瞬态界面张力值达到 8×10^{-4}mN/m。

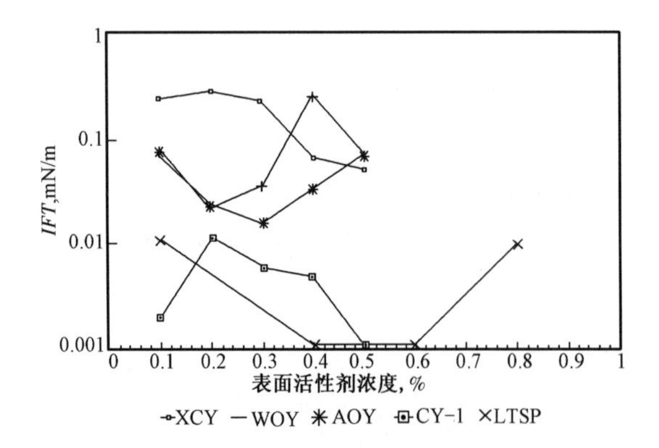

图 1　表面活性剂类型对 SAP 溶液与原油的平衡态界面张力的影响
(1.0% Na_2CO_3,0.1% 3530S)

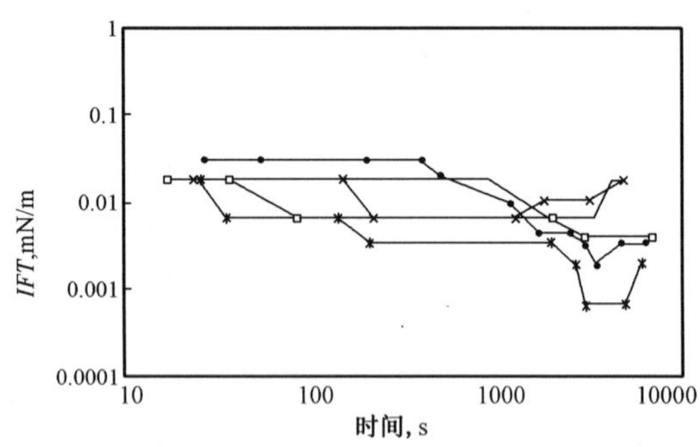

图 2　不同浓度表面活性剂 CY－1—Na_2CO_3—聚合物三元体系同原油瞬态界面张力

② 表面活性剂的匹配。

阴离子与非离子表面活性剂的协同效应已为一些研究证实,图 3 是在 1.0% Na_2CO_3,0.1% 3530S 条件下,CY－1 同 OP－10 不同匹配时的瞬态界面张力最低值曲线,CY－1 含量的增加使界面张力下降；在0.1% OP－10和0.3% CY－1的配比下，界面张力最低值达到4.0×10^{-4}mN/m。单一的OP－10同就地形成的石油酸皂之间的协同效应对表面活性的贡献不十分明显（$IFT=4\times10^{-3}$mN/m），单一的CY－1同就地形成的石油酸皂之间的协同效应对表面活性具有明显的贡献（$IFT=8\times10^{-4}$mN/m），然而，3种表面活性剂（CY－1，OP－10，就地形成的石油酸皂）的协同效应增强了这种贡献，它们之间的适当比例，使IFT最低值达4.0×10^{-4}mN/m。

③ 碱的类型。

实验比较了强碱（NaOH）和弱碱（Na_2CO_3和$n Na_2O\cdot SiO_2$）的皂化作用。图4是在0.4% CY－1，0.1% 3530S和1.0%碱条件下加入不同的碱时复合溶液同原油的瞬态界面张力变化曲线。这几种碱的皂化作用引起的界面张力降低的能力是不同的，其次序为：$Na_2CO_3 > n Na_2O\cdot SiO_2 > NaOH$。实验还证明，在高碱浓度下碱除了具有皂化油中有机酸的作用之外，还具有增强体系中阳离子强度的作用，从而使有机酸的平衡常数K_g增加，导致界面活性的降低。在本试验条件下适宜的碱浓度为＜1.0%。

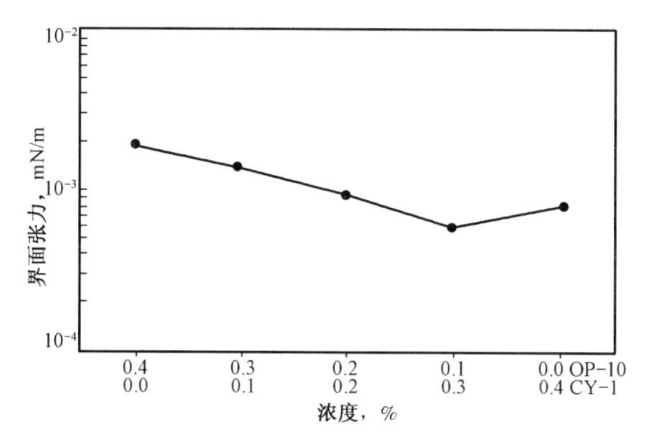

图3 最低界面张力与表面活性剂复配比关系曲线

（CY－1/OP－10—1.0% Na_2CO_3—0.1% 3530S）

图4 不同碱型对复合体系瞬态界面张力的影响

（碱－0.4% CY－1，0.1% 3530S）

④ 复合体系的浊点。

加入非离子表面活性剂OP－1，将引起体系浊点温度的变化。表3列举了不同体系的浊点温度，0.4% OP－10的注入水溶液的浊点温度为70℃，而0.4% OP－10＋1.0% Na_2CO_3＋0.1% 3530S溶液的浊点温度则降至59℃。体系中加入石油磺酸钠CY－1之后，浊点温度升至88℃（OP－10/CY－1＝1∶1，总浓度0.4%），同时表面活性剂总浓度增加没有引起浊点温度的明显变化。

表3 ASP复合体系溶液的浊点

体系组成		浊点，℃
试剂	浓度，%	
OP－10	0.4	70
OP－10①	0.4	59
OP－10①	0.2	88
CY－1	0.2	
OP－10①	0.4	87
CY－1	0.4	

① 1.0% Na_2CO_3，0.1% 3530S。

(2)各组分间的配伍。

当碱、表面活性剂、聚合物(部分水解聚丙烯酰胺)混溶在注入水中时,将发生体系相态的变化。当碱浓度超过表面活性剂(石油磺酸钠)的盐析浓度时,表面活性剂将从溶液中析出。表面活性剂同聚合物(HPAM)只有在适宜的浓度下才具有配伍性。表4为在1.0%碱,0.4% CY-1和0.1%3530S时体系经3个月静止平衡后的体系变化:在碱为NaOH时分离出2.5%(体积)的下相凝聚物,加入Na_2CO_3和$nNa_2O \cdot SiO_2$时,下相凝聚物<1.0%(体积)。但是,当表面活性剂为0.2% CY-1和0.2% OP-10时,下相凝聚物为0(体积)。

表4　ASP体系组分间的配伍

碱型	上相体积,%	下相体积,%
NaOH	97.5	2.5
Na_2CO_3	99	1.0
$nNa_2O \cdot SiO_2$	99.5	0.5

(3)碱—表面活性剂—聚合物复合溶液的黏度及黏弹性(筛网系数)。

① 黏度。

图5和图6分别描述了Na_2CO_3的浓度对HPAM溶液黏度及CY-1的浓度对表面活性剂—碱—聚合物复合溶液的黏度影响。碱浓度增加使HAPM溶液的黏度略有降低。而CY-1的浓度在0.1%~0.4%范围内对SAP体系溶液的黏度没有产生明显的影响。

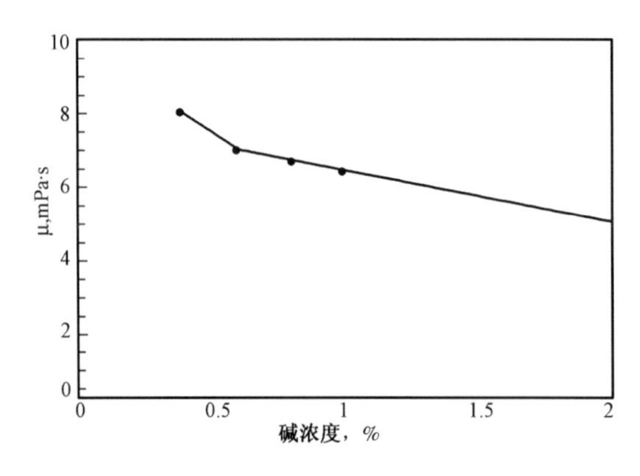

图5　Na_2CO_3浓度对HPAM溶液黏度的影响

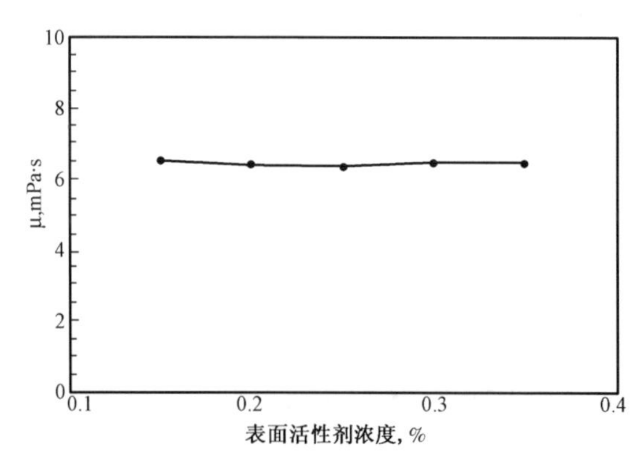

图6　CY-1浓度对SAP体系溶液黏度影响
(CY-1+1.0% Na_2CO_3 +0.1%3530S)

② 筛网系数。

驱油剂溶液通过多孔介质孔隙喉道的黏弹性可以用筛网系数表征。图7是复合溶液与单一聚合物溶液的筛网系数,可见在碱加入后溶液的筛网系数变化不明显。

(4)驱油剂同岩石接触后的损失。

① 静态损失。

将驱油剂溶液与经萃取处理后的油层砂以固/液比为3/20(g/mL)均匀混合,在68℃下恒温振动,吸附平衡后离心,分离出上部澄清液,测量吸附平衡前后表面活性剂(两相滴定法)和碱(电位滴定法)的浓度变化,物质平衡法计算损失量。表5列举了典型实验结果。单一表面活性剂溶液体系的CY-1和OP-10的损失量分别为2.38×10^{-3}mmol/g(砂)和8mg/g(砂);

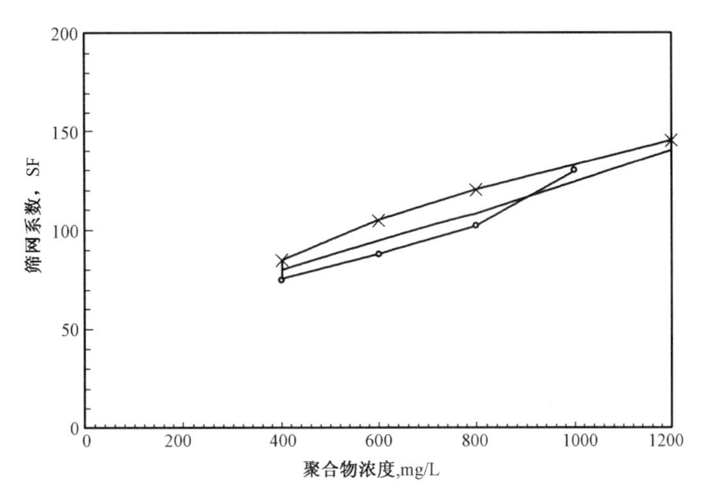

图7　SAP溶液的筛网系数曲线

无碱；*—1% NO_2SiO_3；+—1.5% Na_2CO_3

加入碱和聚合物后则分别降为 1.11×10^{-3}mmol/g(砂)和3.7mg/g。对复合体系(复合表面活性剂)则分别为1.62mg/g和2.22mg/g。

表5　SAP溶液的表面活性剂静态损失

溶液组成	损失量
0.4% CY－1	2.38×10^{-3}mmol/g(砂)
0.4% OP－10	8.0mg/g(砂)
0.4% CY－1①	1.11×10^{-3}mmol/g(砂)
0.4% OP－10①	3.7mg/g(砂)
0.2% CY－1①	1.62mg/g(砂)
0.2% OP－10	2.22mg/g(砂)

① 1.5% Na_2CO_3,0.1% 3530S。

碱耗主要表现于与黏土中的离子交换、同岩石矿物的反应以及同原油中有机酸的皂化反应。实验结果于表6,碱耗曲线原则上符合Lamgmuir模型,$n Na_2O\cdot SiO_2$ 的损耗大于 Na_2CO_3,复合溶液的碱耗低于单纯碱溶液。

表6　SAP溶液的碱损耗

配　方	损耗,mg/g(砂)
Na_2CO_3	3.1
$Na_2CO_3$①	2.63
$n Na_2C\cdot SiO_2$	4.3

① 1.0%碱＋0.4% CY－1＋0.1% 3530S。

② 动态损失。

驱油剂的动态损失是在长14.2cm,直径2.5cm的填充天然油层岩心砂(经萃取处理)管中进行的,其气测渗透率和孔隙度分别为2.90D和49%左右。常规法饱和流体,实验分连续注入和段塞注入两种方式,注入液为经优选的溶液配方(0.2CY－1＋0.2% OP－10＋1.0%～1.5% Na_2CO_3＋0.1% 3530S)。定体积收集流出液,然后用高压液相色谱分析CY－1和OP－10浓度,结果示于表7。由表可见流动过程中的损失量低于静态时的损失量。

表 7　ASP 溶液的表面活性剂动损耗

注入方式	试剂	损失，mg/g(砂)
连续	OP-10	2.36
	CY-1	0.69
段塞 (0.4PV)	OP-10	0.24
	CY-1	0.1

3. 石蜡基原油的 SAP 复合驱油体系溶液性质研究

(1)石油羧酸盐表面活性剂及其与石油磺酸盐复配体系研究。

对于酸性组分含量极少的石蜡基大庆原油，针对其原油组成结构特点，在平均油层温度45℃，平均地层水矿化度为4456mg/L 条件下，对石油羧酸盐(FYG)表面活性剂，3 种石油磺酸钠，及石油羧酸钠与石油磺酸钠表面活性剂复配体系与蜡基油之间的界面张力性质进行了研究。

图 8 为 1.0% 的 FYG 分别与两种不同的碱(1.0% NaOH，1.5% Na_2CO_3)形成的二元复合体系的界面张力随时间变化情况。由图可以看到，对于碱型为 1.0% NaOH 的二元复合体系，其油水界面张力在 2min 即达到最低值 1.4×10^{-3}mN/m，随后界面张力迅速上升，并大于 1mN/m；而对于 1.5% Na_2CO_3—1.0% FYG 复合体系，其油水界面张力在 1min 时为最低值 2.3×10^{-2}mN/m，随后界面张力上升至 10^{-1}mN/m 数量级。比较上述两个体系可以看到，体系的 pH 值，对羧酸盐表面活性剂体系的界面张力性质影响显著，强碱(高 pH 值)条件下石油羧酸盐表面活性剂体系与石蜡基大庆原油间的瞬态界面张力最低值可达到 10^{-3}mN/m 数量级，即高 pH 值条件对低张力的形成更为有利。这一现象可以认为是石油羧酸盐在强碱的环境中进一步皂化，使得体系的 $RCOO^-$ 浓度增加，与原油接触后，更有利于其界面吸附层的形成。我们利用这一特点，通过调节体系的 pH 值，控制表面活性剂分子油水界面上的分布，以形成所需的超低界面张力。石油羧酸盐 FYG 体系的油水界面张力在达到最低值后迅速上升的现象，一方面与大庆原油高含蜡的特点有关，另一个重要的因素则在于 FYG 型石油羧酸盐表面活性剂的非极性基团部分的结构有关，其界面吸附膜结构不够牢固，极易破坏，表现出界面张力在达到最低后迅速上升。

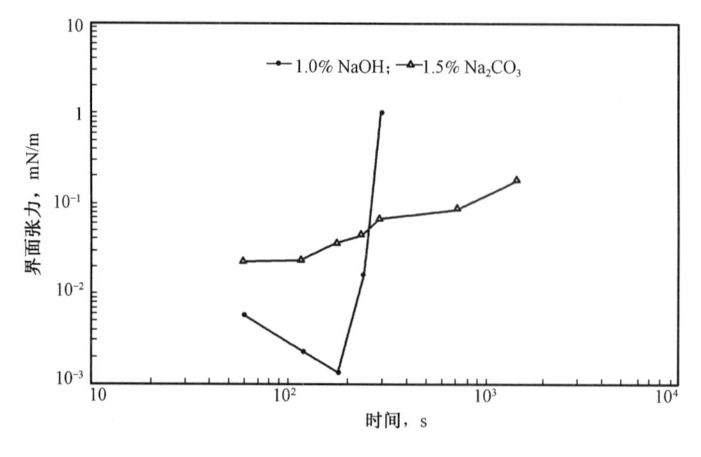

图 8　0.5% FYG—1.0% Na_2CO_3，0.5% FYG—1.5% Na_2CO_3 二元复合体系的界面张力变化与时间关系曲线

考虑到羧酸盐类表面活性剂价格低廉，来源广，其水溶性通常比相同分子量分布的石油磺酸盐好的特点，并可通过调整体系的 pH 值控制表面活性剂分子在油水界面上的分布。因此，它同适当结构的石油磺酸钠的配伍有可能进一步调节表面活性剂在界面层的排列与分布。

图 9 为碱剂分别为 1.0% NaOH 与 1.0% Na_2CO_3 时 0.5% FYG 与 0.5% CY－1 复配表面活性剂体系的界面张力随时间变化曲线。由图可知：

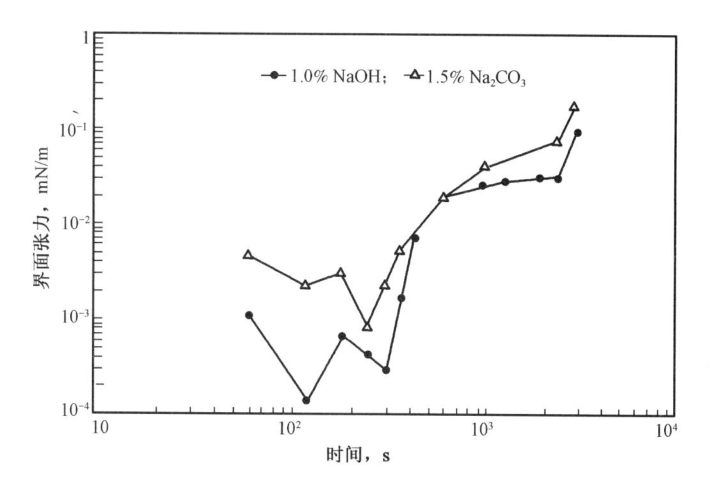

图 9　碱剂分别为 1.0% NaOH，1.0% Na_2CO_3 时，0.5% FYG 与 0.5% CY－1 复配表面活性剂体系界面张力变化与时间关系曲线

① 碱（1.0% NaOH 或 1.0% Na_2CO_3）与复配表面活性剂 FYG—CY－1 组成的复合体系与原油接触后，在较短的时间内油水界面张力最低值即可达到 10^{-4}mN/m 数量，随后界面张力上升，但在 70～90min 内体系的界面张力仍可维持在 10^{-2}mN/m 数量级，即通过与 CY－1 复配，延长了维持低张力的时间，使 FYG 体系的界面张力性质得到了改善。

② 碱性的强弱，对 FYG 石油羧酸盐与 CY－1 石油磺酸盐复配体系界面张力性质影响比对单一石油羧酸盐体系的影响要小。

图 10 是碱为 1.5% Na_2CO_3 表面活性剂总浓度为 1.0% 时，复合体系的最低界面张力值与表面活性剂复配比关系曲线。由图可知，FYG 与 CY－1 的复配比在 1:4～4:1 较宽的范围内均可获得10^{-4}～10^{-3}mN/m 数量级的超低界面张力。

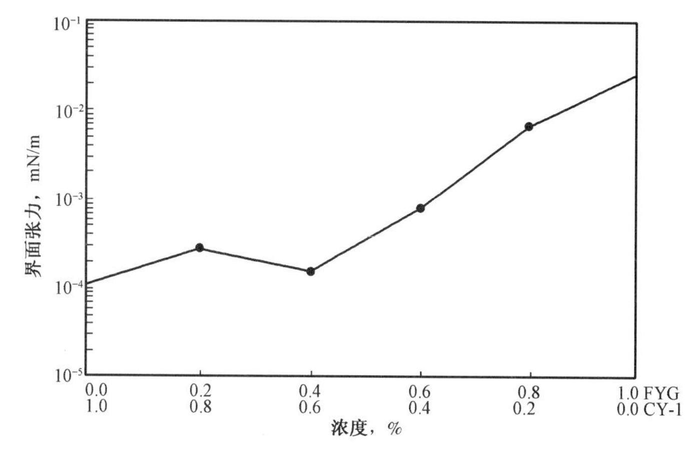

图 10　最低界面张力值与表面活性剂复配比关系曲线

(2)石蜡基原油的 SAP 复合驱油体系中碱的作用机理研究与碱型选择。

我们曾试验了单纯的 1.0% NaOH 及 1.5% Na_2CO_3 水溶液与原油间的界面张力性质，结果表明其油水界面张力均大于 1mN/m，说明大庆这种典型的石蜡基原油中可与碱反应就地形成表面活性剂的酸性含量物质极少。同样，单一的 1.0% CY－1 石油磺酸盐与 1.0% FYG 石油羧酸盐水溶液与大庆原油之间的界面张力也均大于 1mN/m。由前述研究可以看到碱与石油羧酸盐，碱与石汕磺酸盐，及碱与石油羧酸盐—石油磺酸盐组成的 SAP 复合体系的油水界面张力最低值却可达到 10^{-4} ~ 10^{-3}mN/m 的超低范围，可以说碱与表面活性剂之间存在着显著的协同效应。那么对蜡基油而言，碱在降低复合体系特别是碱与石油磺酸盐复合体系与原油间的界面张力过程中的作用是什么呢?

图 11 是 CY－1 石油磺酸盐分别与不同浓度的 Na_2CO_3，以及与 1.0% NaOH，1.5% NaCl 组成的复合体系界面张力随时间变化情况。不同浓度碱的 pH 值，与无机盐的离子强度计算结果见表 8。

表 8 不同浓度无机盐的离子强度(I)计算结果

项 目	Na_2CO_3			NaOH	NaCl
百分比浓度，%	0.5	1.0	1.5	1.0	1.5
离子强度 I	0.14	0.28	0.43	0.25	0.26
pH 值	10.1	10.3	10.5	13.4	7.0

由图 11 可以看到：

① 随 Na_2CO_3 浓度增加，体系的瞬态最低界面张力显著降低，即由 10^{-2} 降至 10^{-4} ~ 10^{-5}mN/m数量级。Na_2CO_3 溶液体系 pH 值随碱浓度增加变化并不很显著(10.1 ~ 10.5)，但离子强度由 0.14 增加至 0.43。

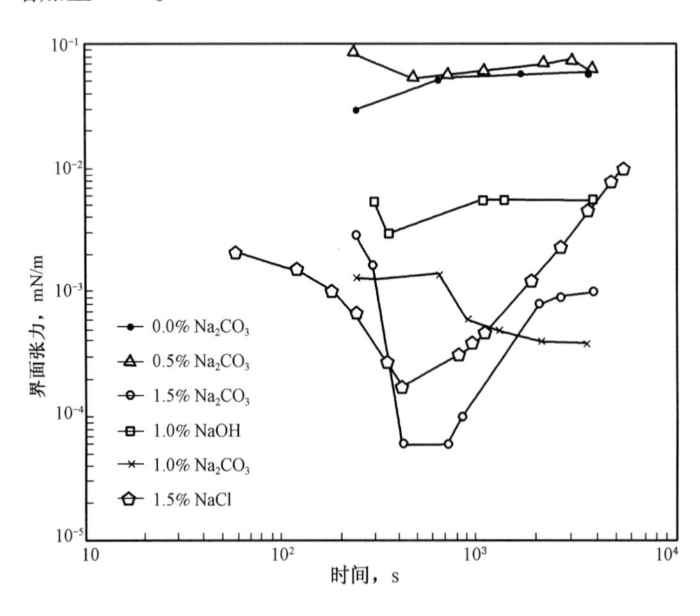

图 11 0.5% CY－1 在不同的无机盐及离子强度情况下的界面张力随时间变化关系

② 同样，比较 0.5% CY－1—1.0% Na_2CO_3(pH10.3)及 0.5% CY－1 石油磺酸盐—1.0% NaOH(pH13.0)两个复合体系，后者 pH 值较前者高得多，但离子强度 I 值很接近(0.25 ~

0.28），其界面张力性质也类似。

③ 以相同离子强度的 NaCl 代替碱，尽管 pH 值只有 7，但体系的最低界面张力同样达到 10^{-4}mN/m 数量级。

综上所述，我们认为对蜡基油，当碱与石油磺酸盐复配时，碱的主要作用在于改善体系含盐度，即离子强度，从而调节表面活性剂分子在油水相的平衡分布，当表面活性剂在油相与水相中的分配比接近 1 时，油水界面张力值最低。

基于上述研究，在确定使用石油羧酸盐（FYG）与石油磺酸钠（CY－1）复配表面活性剂之后，对蜡基油的 SAP 复合驱油体系配方中碱剂的选择，通过大量研究我们最终确定 0.28% NaOH 与 1.2% Na_2CO_3 的混合碱为最佳，一方面通过加入少量的强碱 NaOH 使体系具有适当高的 pH 值，有利于改善石油羧酸盐表面性剂的分配比；另一方面使用较高浓度的 Na_2CO_3，从而增加了体系的含盐度，则有利于控制石油磺酸盐的分配比，从而使 SAP 复合体系具有最佳的溶液性质。

4. 岩心驱替试验

分别取孤东油田与大庆油田洗油后处理油砂，模拟试验区油层参数，将油砂填充于聚四氟乙烯和不锈钢制作的岩心夹持器中，在模拟油层温度、地层水、注入水矿化度条件下，进行岩心驱油试验，以检验最佳 SAP 复合体系的驱油效果，并对注入段塞方式进行对比，主要实验参数及结果见表 9。

表 9　物理模拟驱油试验参数及结果

项目		岩心渗透率 D	饱和度 %	注入速度 mL/h	化学驱油剂组成，%			注入方式 PV	石油采收率，%（OOIP）		化学驱油效率	
					S	A	P		水驱	化学驱	占残余油 %（ROIP）	η 总 %（OOIP）
胜利孤东原油	1	2.99	77.8	14.0	0.4 0.4	1.0 1.0	 0.1 0.1	0.2 0.2 0.2	67.5	15.8	48.5	83.3
	2	3.019	71.7	14.0	0.4	1.0	0.12 0.06	0.3 0.2	71.3	9.5	33.3	80.9
大庆原油	1	0.962	63.4	12.0	0.5①	1.48①	0.12 0.06	0.3 0.2	48.0	17.7	35.5	65.7
	2	0.961	69.0	12.0	0.5①	14.8①	0.06 0.12 0.06	0.2 0.3 0.2	55.8	18.4	41.7	74.2
	3	0.935	69.4	12.0	0.5①	1.48① 1.48①	 0.12 0.12	0.2 0.3 0.2	62.3	17.2	45.6	79.5

① S＝0.3% FYG＋0.2% CY－1，A＝1.2% Na_2CO_3＋0.2% NaOH。S 表示表面活性剂；A 表示碱；P 表示聚合物。

（1）对胜利孤东油田试验区，最佳配方体系为 0.4% 表面活性剂＋1.0% Na_2CO_3＋1000mg/L3530S。化学驱采收率达 15.80%（OOIP）和 48.55%（ROIP）。注完段塞后压力比正常注水时上升约一倍，段塞后形成了非常明显的油墙，油墙之后开始产出表面活性剂和聚合物。注入多段塞(三段塞方式)有利于化学驱油效率的提高。

(2)对大庆原油,最佳配方体系为:0.3% FYG - 0.2% CY - 1,0.28% NaOH - 1.2% Na_2CO_3,1200mg/L1275A。化学驱采收率达18.46%(OOIP)和41.67%(ROIP)。多段塞方式驱油效率最佳。

二、现场先导试验

1. 先导试验区概况

(1)石油地质条件。

试验区位于山东孤东油田七区西北部,由注采井距为50m的4个反五点井组的15口井组成(图12)。试验区面积30977m^2,孔隙体积119227m^3,地质储量77952t。中心井——No7井控制面积4944m^2,孔隙体积19893m^3,地质储量12980t。

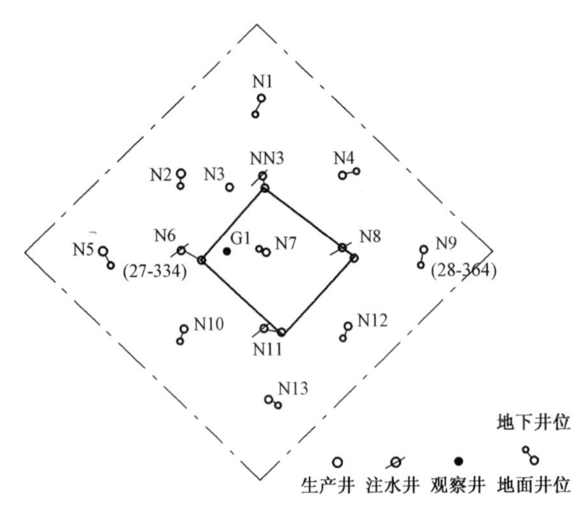

图12 孤东油田小井距试验区井位图

试验目的层$Ng_{上}5^{2+3}$层为辫状河流沉积,试验区位于高速河道的心滩部位,岩性为疏松长石细砂石,以长石和石英为主,粒度中值0.16mm,分选系数值1.48,胶结物以泥质为主,呈接触式及孔隙接触式胶结,平均空气渗透率3.818D,有效渗透率2.563D,纵向渗透率变异系数0.33,岩石表面亲水,原始含油饱和度75.02%,原始油层温度68℃。

(2)油田开发现状。

1987年12月至1989年9月,在试验区中进行了注水开发全过程试验至先导试验开始前,N7井区水驱采出程度高达54.4%,累积注水5.06PV,综合含水98.5%,剩余油饱和度仅34.2%。

2. 碱—表面活性剂—聚合物驱先导试验的实施

(1)注入配方与段塞。

由室内实验确定了先导试验注入配方。在现场实施时,为确保主段塞充分发挥效果拟分4个段塞注入驱油剂(表10)。主驱油段塞为0.35PV。

表10 注入段塞组成

组　　成①	段塞体积,PV
0.1%P	0.05
1.5%A+0.4%S	0.05
1.5%A+0.4%S+0.1%P	0.35
0.05%P	0.05

① A—碱;S—表面活性剂;P—聚合物。

(2)现场实施。

先导试验于1992年8月1日开始至1993年6月24日完成4个驱油剂段塞的注入，累积注入化学剩溶液70509m^3(0.592PV)，共注入碱596.32t，表面活性剂196.5t，聚合物54.8t。1993年7月转入后续水驱。至1994年2月底中心生产井含水再回升到98%，现场试验结束。

(3)现场试验结果。

① 油井产油量增加，含水下降。

当注入化学剂0.02PV时生产井开始见效，达到0.49PV时，见效达到最高峰值。所有井(除No12井外)产油量都有明显的增加，平均单井产量由0.3~3.0t/d，增至5.3~27.1t/d；整个试验区由10.0t/d增至76.6t/d。至试验结束时累计增加原油20667.7t(其中No7中心井区为1739.5t)。全试验区综合含水由98%降至74.2%(其中No7中心井由98.5%降至85%)。No9井的生产曲线示于图13。由图可见1993年2月开始日产油量明显增加，而同时含水也明显下降。

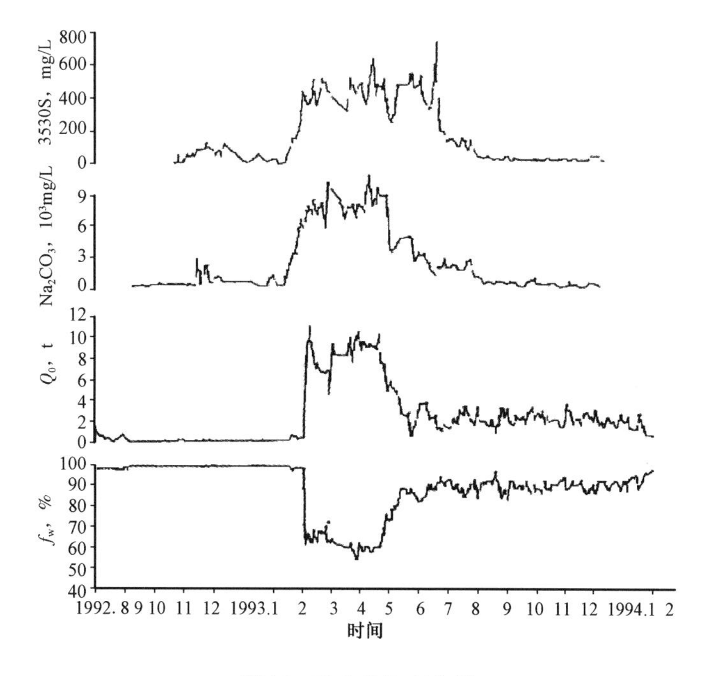

图13 No9井生产曲线

② 调整了吸水剖面，改善了波及面积。

4口注入井的吸水剖面都得到了不同程度的调整，如No6井(图14)，在注化学剂段塞前，3个不同层段的相对吸水量分别为4.9%，13.8%和5.0%，注入化学段塞后则分别为9.4%，9.5%和9.4%。根据示踪剂的监测表明，在4口井中注入的4种示踪剂几乎都在相对应的生产井中同时监测到。同时对9口生产井采出化学试剂的监测表明化学剂段塞前沿推进速度几乎是一致的，基本上在相同的时间见到化学剂。

3. 试验过程中的监测

(1)复合驱油过程中富集油带形成。

在注入井与中心采油井间的观察Gl井中，在复合驱油过程中连续地进行了碳/氧比能谱跟踪监测，解释结果示于图15。在注入碱—表面活性剂—聚合物后监测到了一个明显的含水饱和度低值(55.2%)，它比注入前的含水饱和度(65.5%)降低了约10%。

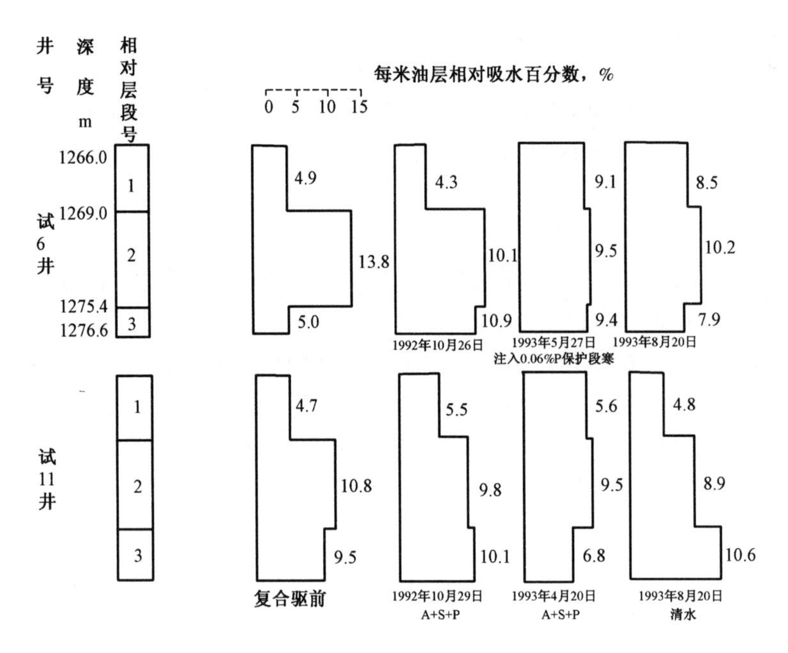

图 14　No6 和 No11 井吸水剖面改变图

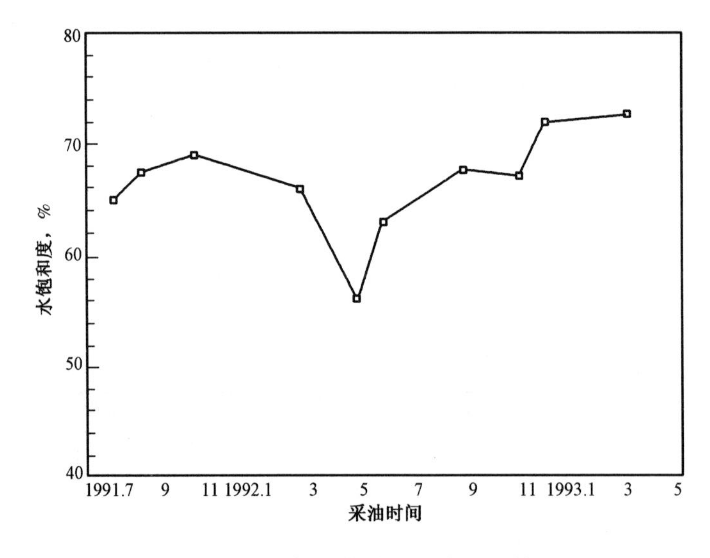

图 15　Gl 观察井碳/氧比测井解释结果

(2)化学试剂发挥了效能。

对采出液中的化学剂进行了跟踪监测,结果如图 12 所示,集中增产油的期间,对应于化学剂的集中采出期间。同时计算表明了碱、聚合物和表面活性剂(CY－1,OP－10)的损耗量各为 62.1%,69.7%和(99.5%、99.4%),它比室内实验结果高。

(3)采出了水驱不能采出的原油。

根据对采出油的物性及组成馏分的追踪分析表明,采出油的地面黏度不断增加(由 328mPa·s 增至 593mPa·s);初馏点不断增加(由 241℃增至 285℃);200℃馏分组成含量不断减少(由 4.2%降至 2.5%),说明采出了更重组分的油。

(4)剩余油饱和度降低,石油采收率提高。

根据对 No7 中心井控制的面积进行多种方法(物质平衡法,碳/氧比测井法,单井示踪剂法和数值模拟法)计算的结果表明,在试验结果时剩余油饱和度为 23.0%(注入化学段塞前为 34.2%)。化学驱提高石油采收率 13.4%(OOIP)。

三、结论

(1)SAP 溶液中的碱同酸性原油中的有机酸形成的有机酸皂、加入的石油磺酸钠和壬基酚聚氧乙烯醚之间具有协同效应,使溶液原油的瞬态界面张力达 10^{-4}mN/m,平衡界面张力达 10^{-3}~10^{-2}mN/m。

对于石蜡基原油,碱的主要作用则在于改善体系的含盐度或改善体系的离子强度,从而调节表面活性剂在油—水相的平衡分布,可获得最低的油水界面张力。

(2)SAP 溶液的驱油效率达到了胶束—聚合物驱的水平,但表面活性剂用量大大降低。

(3)先导试验见到了明显效果,调整了吸水剖面,改善了波及体积,提高了驱油效率,降低了残余油饱和度,从而证明在已达经济极限的油藏,SAP 驱可以进一步提高石油采收率。

参加试验的还有俞佳鏞、赵滩、张景存、张振华、丁怀芳、刘仁君、曹绪龙、王矗差、赫吕华等。

(原载《化学驱油理论与实践》,石油工业出版社,1996)

适用于复合驱油体系的表面活性剂

韩大匡　杨承志　楼诸红　袁　红　贾文荦

引　　言

碱—表面活性剂—聚合物复合驱(ASP 驱)是一种十分有效的提高石油采收率的方法。不仅在理论和室内研究中并且在实践和先导油田试验中都得到了充分证明。它的主要作用理论是综合了碱驱、表面活性剂驱、聚合物驱等各种化学驱油的优点于一体,充分发挥了同时提高波及体积和驱油效率的作用,从而明显地增加石油采收率。同以提高波及体积为主要机理的聚合物驱相比,可以进一步增加石油采收率 5% ~10%(OOIP)以上;同时由于碱同原油中的有机酸的皂化反应形成的皂化物同加入的表面活性剂之间的协同效应以及碱作为电解质对表面活性剂在溶液中、液 - 液界面、液 - 固界面间分配的调节作用,使得化学驱油主剂的用量比表面活性剂(或微乳状液)驱时降低 1 ~2 个数量级,从而显著地减少了驱油剂的用量,使得效益/价格比趋于合理、适用。

已经结束的胜利孤东油田小井距开发试验区的三元复合驱先导试验使得在水驱达到经济极限的基础上进一步提高石油采收率 13.4%(OOIP)。正在进行的大庆油田中区西部和杏五区两个先导试验也已见到了效果,中心井区域内已增加石油采收率分别为 20% 和 15.6%(OOIP),预计最终石油采收率增加值将在 20% 以上。

综合室内和现场试验研究的结果表明,ASP 复合驱油体系中表面活性剂的作用是主导因素:(1)驱油体系与原油的超低界面张力($<10^{-2}$mN/m)特性取决于表面活性剂在溶液中及界面上的热力学性质;(2)由于表面活性剂体系形成的超低界面张力,可以使体系同原油在地下自发形成乳状液(O/W 型),明显降低原油流体的黏度(增加流度),这种乳状液的性能与表面活性剂的结构和性能也有明显的关系;(3)采出液的乳状液状态及破乳技术与乳状液中的表面活性剂的结构和性质直接相关;(4)大多数情况下,驱油体系中表面活性剂的用量大于聚合物用量,因此,驱油剂成本受表面活性剂制约的份额较高。因此,表面活性剂的来源和性能的研究是 ASP 驱油方法的技术关键之一。

同聚合物的选择相比,表面活性剂的选择要复杂得多,这是因为表面活性剂溶液的性质不但与表面活性剂的结构有关,而且很大程度上受原油的馏分及组成、溶液的性质和环境条件等制约。这篇文章以胜利油区孤东和孤岛油田为背景,论述了适用的表面活性剂的合成、合成材料、溶液性质、驱油体系与原油的乳化与破乳等。

一、一般原理

表面活性剂水溶液与烷烃类相组成的体系中两相之间的界面区域存在一个有限厚度的界面层,在界面层内存在着定向排列的表面活性剂分子和水分子、烃分子的分布。P. A. Winsor 曾经提出了一个假想模型描述界面层内各种分子的分布及它们间的相互作用,示意图示于图 1。C 层及 O(烃)、W(水)区域内各种分子之间的黏附功 A(内聚功)控制着界面层 C 的稳定性。所有的黏附功分作两类,(1)同类分子之间的黏附功:表面活性剂分子非极性基之间(A_{ll}),表面活性剂分子极性基之间(A_{hh}),烃分子之间(A_{oo}),水分子之间(A_{ww}),它们是表面活性剂分子在烃相(O)或水相(W)中分布的阻力;(2)非同类分子之间的黏附功:表面活性剂分子非极性基同烃分子之间($A_{l_{co}}$),表面活性剂分子非极性基同水分子($A_{l_{cw}}$),表面活性剂分子极性基同烃分子($A_{h_{co}}$),表面活性剂分子极性基同水分子($A_{h_{cw}}$),(l、h 分别表示表面活性剂分子的非极性基—亲油基和极性基—亲水基),它们是表面活性剂分子在烃相(O)或水相(W)中分布的动力。这样,表面活性剂分子向烃相(O)中分布的势能(A_{co})可以表示为:

$$Aco = A_{l_{co}} + A_{h_{co}} \tag{1}$$

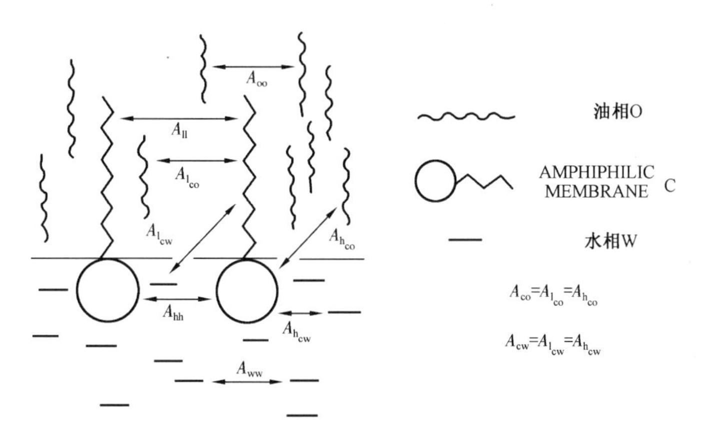

图1　油、水界面上二性物质层内的相互作用示意图

考虑到阻止其在烃相(O)中分布的黏附功,则有:

$$A_{co} = A_{l_{co}} + A_{h_{co}} - (A_{oo} + A_{ll}) \tag{2}$$

同样,表面活性剂分子向水相(W)中分布的势能(A_{cw})则为:

$$A_{cw} = \mathrm{A}_{l_{cw}} + A_{h_{cw}} - (A_{ww} + A_{hh}) \tag{3}$$

这样,界面层中的表面活性剂分子向烃相(O)或水相(W)中的分散趋向可以表示成下式:

$$R = \frac{A_{co}}{A_{cw}} = \frac{A_{l_{co}} + A_{h_{co}} - (A_{oo} + A_{ll})}{A_{l_{cw}} + A_{h_{cw}} - (A_{ww} + A_{hh})} \tag{4}$$

R 值将出现 3 种情况:$R<1$,界面层内表面活性剂分子对水的亲和力(A_{cw}黏附功)超过对油的亲和力(A_{co}黏附功),表面活性剂分子将倾向于进入水相(w);$R>1$,界面层中表面活性剂分子对油的亲和力(A_{co}黏附功)超过对水的亲和力(A_{cw}黏附功),表面活性剂分子将倾向于进入油相(O);$R=1$,C 层中表面活性剂分子对油和水的亲和力均等($A_{co}=A_{cw}$),表面活性剂分子倾向于在 C 层中紧密定向排列,形成相对稳定的表面活性剂层,使油-水间的极性差降至最低值。显然,对于固定的油相(O),与表面活性剂分子相关的黏附功 $A_{l_{co}}$,$A_{l_{cw}}$,$A_{h_{co}}$,$A_{h_{cw}}$,A_{ll},A_{hh}是决定 R 值的关键因素。由于表面活性剂分子的烷基是非极性的,因此,有:

$$A_{ll} = b(n)^2 \tag{5}$$

$$A_{l_{co}} = c(n)^2 \tag{6}$$

$$A_{l_{cw}} = d(n)^2 \tag{7}$$

其中,n 表示表面活性剂分子非极性烷基的碳原子数,b,c 和 d 分别表示与烷基结构、烷烃相的平均碳原子数以及水中的离子强度有关的系数。表面活性剂分子的亲水基是极性的,对于阴离子表面活性剂,由于在水中解离成阴离子及反离子(金属阳离子),因此,有:

$$A_{hh} = -B(I)^{-\frac{1}{2}} \tag{8}$$

$$A_{h_{co}} = C(I)^{-\frac{1}{2}} \tag{9}$$

$$A_{h_{cw}} = D(I)^{-\frac{1}{2}} \tag{10}$$

其中,I 表示水中的离子强度,B,C 和 D 分别表示与极性基结构、烷烃相分子中的极性组分以及水分子的极性等有关的系数。可见,控制表面活性剂分子的结构是调节 R 值的主要因素,诚然,水中的离子强度及反离子的性质、强度也是调节 R 值的重要因素。对于一定的油、水体系,油相(烷烃相)的平均碳原子数(C)及水中的离子强度(I)是非变量因素,表面活性剂分子的非数性烷基的碳原子数(n)和其结构系数(b)以及极性基的结构系数(B)则是变量因素即可控制因素。这些可以通过分子设计(包括合成材料和工艺过程两个方面)来实现。

二、表面活性剂的选择及合成

为了实现 R 值等于1,达到表面活性剂分子的紧密排列,从而使油-水间极性差达到最低,即相间界面张力达到最小值,通过引入适当的 n,b 和 B 系数,进而选择或合成表面活性剂就可以实现这一目的。在类型的选择上最初的考虑是非离子表面活性剂和阴离子表面活性剂。但是,在实验过程中,考虑到 OP 系列的非离子表面活性剂的合成材料烷基酚、聚氧乙烯(或乙二醇)价钱昂贵,来源受到限制,再加之研究对象——胜利油区孤东和孤岛油田的地层温度偏高(68℃),因此,在实验的后期着重集中在阴离子表面活性剂,特别是石油磺酸盐(钠盐)类的选择和合成。

1)合成材料

选取了孤岛、孤东、胜混(胜利油田混合原油)与克拉玛依、克混(克拉玛依油田混合原油)的馏分油作为合成石油磺酸盐的原料油。表1列述了这些原油的基本性质,前者的胶质与其中胜混油的蜡含量高于后者,350~500℃沸程的馏分收率二者基本接近。

表1 原油一般性质对比

参数	克拉玛依原油	克混	孤岛	胜混	孤东
相对密度	0.8822	0.8538	0.9334	0.8829	0.9258
含蜡,%	2.9	7.2	4.9	15.8	8.7
沥青,%	0	10.6	2.9	0.4	—
胶质,%	3.3	2.6	24.8	17.1	18.7
硫,%	20.03	0.05	2.09	0.79	0.35
350~500℃收率,%	29.3(340~500℃)	17(340~450℃)	25	27	—

(1)烃族组成。

350~500℃沸程馏分中烃族的组成示于表2和表3。由烃族组成对比可见,克拉玛依油品中环烷烃的含量在66%~71%,孤岛油品的环烷含量偏低,但也接近一半。后者总芳香烃的含量达36%明显高于前者(19% ~21%),其中单环芳香烃的含量后者为13.5%,而前者为10%。在孤岛油品的单环芳香烃组成中,环烷基苯和二环烷基苯的含量达71%(占总单环芳香烃,下同),胜混油为52%,克拉玛依油为64%。

表2 350~500℃馏分烃族组成

组成	克拉玛依(低凝)	克混	孤岛	胜混
链烷烃	10~13	5~8	13	43.6
环烷烃	66~71	71~75	48.7	29.9
总芳香烃	19~21	17	36	22.9
单环芳香烃	9~10	—	13.5	11.9
双环芳香烃	3.2~3.5	—	12.4	6.6
三环芳香烃	2.1~2.3	—	6.1	2.3
四环芳香烃	0.5	—	2.5	1.3
五环芳香烃	0.1	—	0.1	0.1
胶质	0	0	—	2.5
酸值 mg(NaOH)/100mL	44~15	—	211~14.9	39~42

表3 350~500℃馏分中单环芳香烃组成

组成	克拉玛依(低凝聚)	孤岛	胜混
烷基苯	3.8	4.1	5.7
环烷基苯	3.3	4.6	3.4
二环烷基苯	3.5	4.8	2.8
总单环芳香烃	10.6	13.5	11.9

(2)基本结构组成。

表4为孤岛油与克拉玛依油(括号内的数据)的各沸程基本结构组成。孤岛油的饱和直链烃(非环烷烃 C_P)在300℃以下低于克拉玛依油,而300℃以上则高于克拉玛依油;环烷烃(C_N)的含量及环烷烃的环数(R_N)各沸程一般都低于克拉玛依油(其含量一般在40%以上);但是,芳香烃(C_A)的含量及芳香烃的环数(R_A)各沸程一般都高于克拉玛依油。

表4 基本结构组成对比

沸程,℃	C_P	C_N	C_A	R_N	R_A	R_T
200~250	39.7(45.1)	44(51.5)	16.3(3.4)	1.14(1.52)	0.36(0.09)	(1.61)
250~300	43.9(44.6)	36.6(49)	19.5(6.4)	1.13(1.78)	0.50(0.19)	(1.97)
300~350	47.6(46)	30.6(43.1)	21.8(10.9)	1.15(1.98)	0.67(0.38)	(2.36)
350~400	52.0(47.1)	25.8(40.4)	22.2(12.5)	1.28(2.31)	0.86(0.53)	(2.84)
400~450	50.2(45.6)	30.4(41.8)	19.4(12.6)	2.06(2.86)	0.95(0.63)	(3.49)
450~500	52.4(48.2)	25.6(39.2)	22.0(12.4)	1.86(3.13)	1.11(0.71)	(3.84)

注:C_P:平均分子中非环上的碳原子/总碳原子×100%;
C_N:平均分子中环烷环上的碳原子/总碳原子×100%;
C_A:平均分子中芳香烃环上的碳原子/总碳原子×100%;
R_N:平均分子中的环烷环数;
R_A:平均分子中芳香烃环数。
$R_T = R_N + R_A$。

(3)250～500℃沸程各馏分组成的收率和平均相对分子质量。

各沸程馏分段的构成、收率和平均分子量分别列于表5和表6中，孤岛油各沸程馏分段的收率除400～450℃段之外略低于克拉玛依油，总收率为39.3%，相对平均分子质量也较低。

表5 250～500℃各组分构成的收率

沸程，℃	克拉玛依原油，%	孤岛原油，%
250～300	6.2	5.4
300～350	9.1	6.7
350～400	8.7	6.4
400～450	6.9	10.6
450～500	10.8	10.2

表6 250～500℃组成构成及相对平均分子质量

沸程，℃	克拉玛依原油	孤岛原油
250～300	245	212
300～350	292	250
350～400	349	313
400～450	407	394
450～500	467	405

综上所述，孤东、孤岛和胜混与克拉玛依和克混等5种原油的馏分油品作为合成石油磺酸盐的原料油具有各自的特点（也有其共同的特点），可以合成出各具特点的石油磺酸盐，通过原料油的选择能够控制石油磺酸钠的 n 和 b 系数，通过改变合成工艺条件可以控制 B 系数，从而调节 R 值使其趋向等于1。

2）产品物化性能

（1）合成。

采用适当的工艺对原料油处理后进行磺化，控制原料油、磺化方式、磺化条件等合成工艺得到了不同系列的产品。

（2）复合体系的性能。

针对胜利孤岛与孤东油田流体及油藏的基本特性，对合成产品的基本性能进行了研究，以了解合成的表面活性剂产品同指定油相、盐水等之间的相态行为的变化关系，通过界面张力的变化分析 R 值的变化趋势。

本文除特殊说明外，原油均取自胜利油田孤岛与孤东的脱气油，盐水采用模拟水，试验温度为65℃。作为表面活性剂合成产品的典型代表，文中仅列举了室内合成产品LTSP－1，LTSP－2(S)，LTSP－3，工业放大产品LTSP－2(g)，CY－1；聚合物为3530S(SNF)，其他试剂为常规化学试剂。

① 不同原料油合成的产品（控制产品的 n，b 系数）。

图2为以孤岛、孤东、克拉玛依原油馏分油为原料合成的产品同聚丙烯酰胺、碱复合体系溶液与孤东原油的界面张力变化曲线，由图可见，不论哪种原料油品合成的产品，都能使体系的界面张力降低至 5×10^{-2}mN/m以下，其中LTSP－3界面张力最低值达 1×10^{-5}mN/m以

下。图3～图6分别为孤东原油与复合体系的瞬态最低和平衡态界面张力随表面活性剂浓度的变化曲线，产品分别为室内和工业放大产品。对于室内产品[LTSP－2(S)]与工业放大产品[LT－SP－2(g)，CY－1]，界面张力达到10^{-2}mN/m以下的表面活性剂浓度范围都在0.2%～1.0%(质量分数)，以胜利原油的馏分油品为原料的产品LTSP－2(S)，LTSP－2(g)降低界面张力能力(图3、图5)无论是瞬态最低值或者是平衡态值都基本一致，CY－I(以克拉玛依油为原料油)降低界面张力瞬态最低值的能力低于LTSP－2(S)和LTSP－2(g)，而降低平衡态值的能力二者则基本相同。

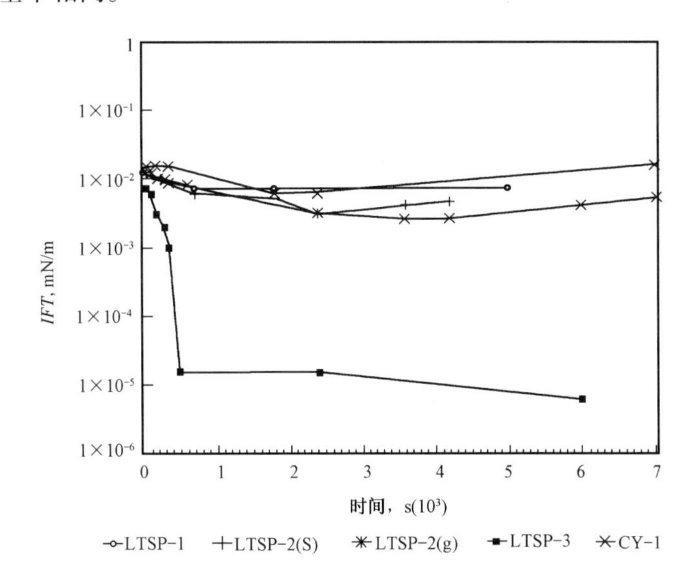

图2 由不同产品组成的体系同孤东原油的界面张力变化曲线

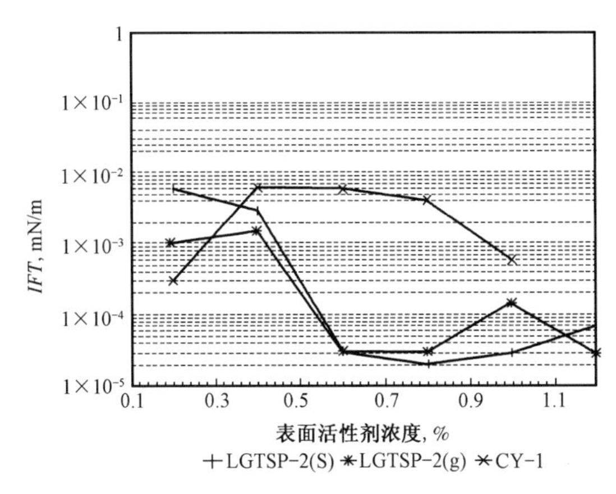

图3 室内产品与工业放大产品组成的体系引起的界面张力的瞬态最低值随表面活性剂浓度的变化

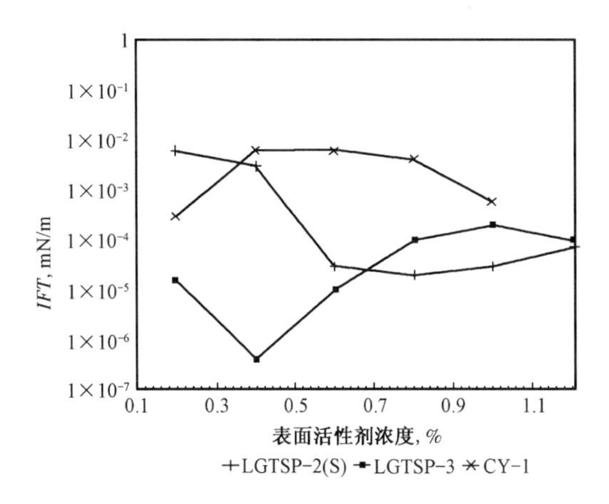

图4 不同合成工艺产品组成的体系引起的界面张力的瞬态最低值随表面活性剂浓度的变化

② 不同合成条件合成的产品(控制产品的*B*系数)。

用不同的合成工艺条件得到的产品LTSP－2(S)和LTSP－3降低的界面张力的能力(图4、图6)无论瞬态最低值或是平衡态值都有一些差别，LTSP－2(S)的浓度为0.2%～1.2%(质量分数)，平衡态值和瞬态最低值都低于10^{-2}mN/m，而LTSP－3浓度大于0.6%(质量分数)

时平衡态值出现了较高的值，但浓度在0.2%～0.6%（质量分数）时，平衡态值有的甚至低于10^{-3}mN/m，在该浓度范围内其瞬态最低值也明显降低（同CY－1相比）。

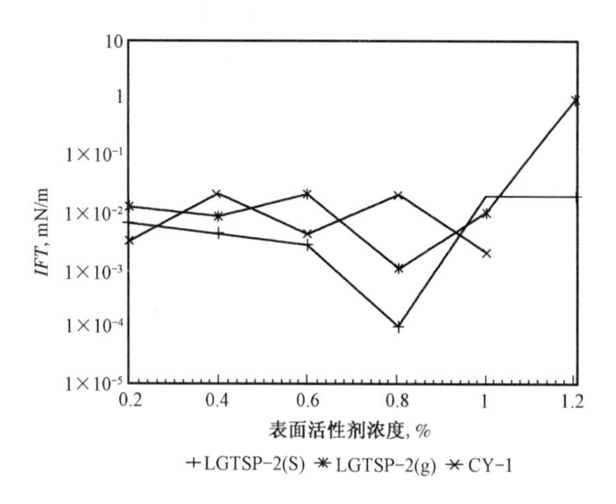

图5　室内产品与工业放大产品组成的体系引起的界面张力的平衡态值随表面活性剂浓度的变化

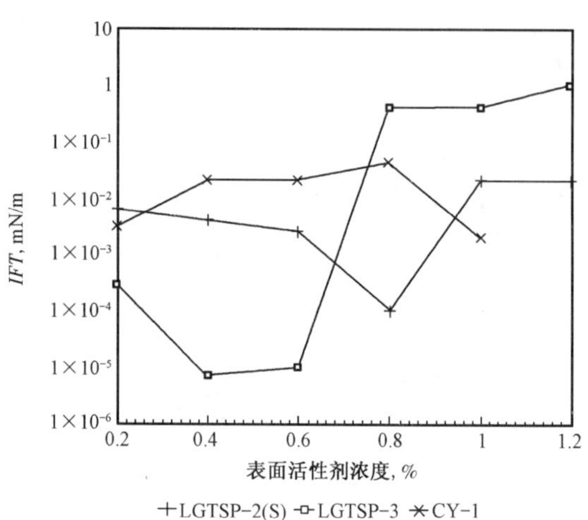

图6　不同合成工艺产品组成的体系引起的界面张力的平衡态值随表面活性剂浓度的变化

③ 与孤岛原油间的界面张力。

孤岛与孤东油田原油有许多相同之处，但是胶质、硫含量均较高，表现了较高的黏度。但是，LTSP－2(g)的复合体系与孤岛原油间的界面张力仍然出现了超低值（图7、图8），当LTSP－2(g)的浓度在0.2%～0.8%（质量分数）时不论是瞬态最低值还是平衡态值都低于10^{-2}mN/m，在0.3%～0.5%（质量分数）时出现最低值（10^{-3}～10^{-5}mN/m）。从而可见，用孤岛与孤东原料油合成的表面活性剂对这两个地区的原油都具有使体系界面张力降低至超低的能力。

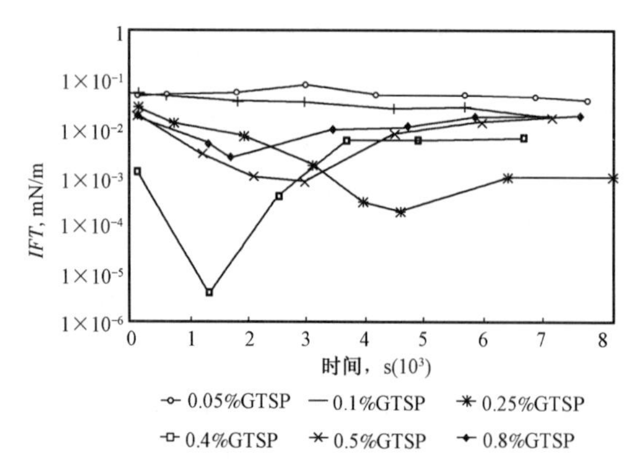

图7　LTSP－2(S)复合体系同孤岛原油间的界面张力变化
(1.5%复合碱，1200mg/L 1275A)

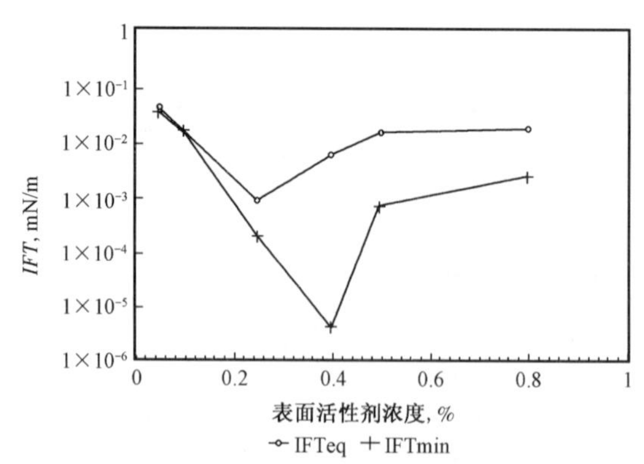

图8　LTSP－2(S)复合体系与孤岛原油间界面张力瞬态最低值和平衡态值与LTSP－2(S)浓度的关系曲线
(1.5%复合碱，1200mg/L 1275A)

3）乳化与破乳

由于三元（碱—表面活性剂—聚合物）复合驱油体系同原油之间能够形成超低的界面张力，因此，当复合驱油体系同地下原油接触后能够自发乳化形成油/水乳状液。图9是孤岛原油及其乳状液（O/W = 1∶1）的黏度—温度变化曲线[水溶液体系为LTSP－2（g）—碱]，由图可见，在65℃下，孤岛原油黏度为2850mPa·s，形成乳状液后乳状液（Gudao I－5）的黏度降为15.0mPa·s。

图10、图11是表示LTSP－2（g），CY－1和OP－10形成的复合体系与原油乳化及反乳化的能力。大体上LTSP－2（g）与OP－10形成的溶液体系具有相同的乳化能力（图10、图11中

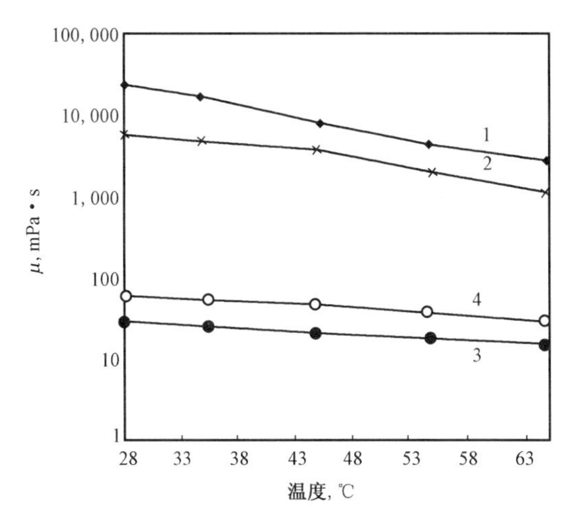

图9　LTSP－2（g）—碱体系与孤岛原油乳状液的黏度—温度曲线（油∶水＝1∶1）

1—Gudao油；2—Gudao II－5体系；3—Gudao I－5体系；4—Gudao I－1.5体系

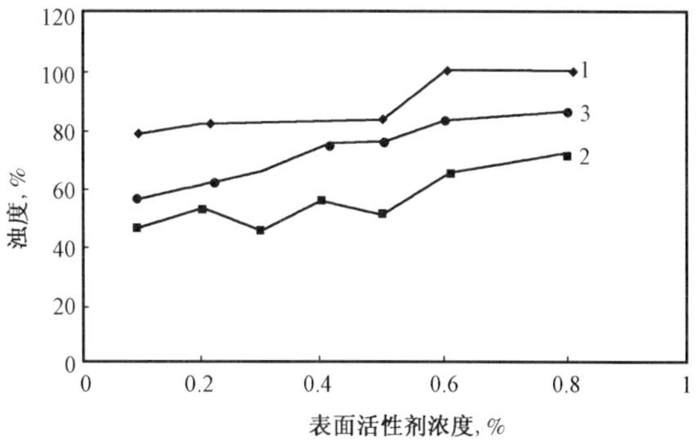

图10　LTSP－2（g）复合体系与原油形成乳状液（及破乳）的能力同LTSP－2（g）浓度的关系

1—乳状液；2—乳状液脱油体系；3—原始溶液

曲线1）。图中纵坐标所表示的是溶液的浊度，通过乳状液及破乳后溶液的浊度与原始溶液的浊度变化对比，观察乳化及破乳状况。图10、图11中曲线2是破乳脱油后（加入常规的油田用破乳剂）溶液的浊度曲线，图12中曲线1、曲线2和曲线3分别是OP－10，LTSP－2（g）和

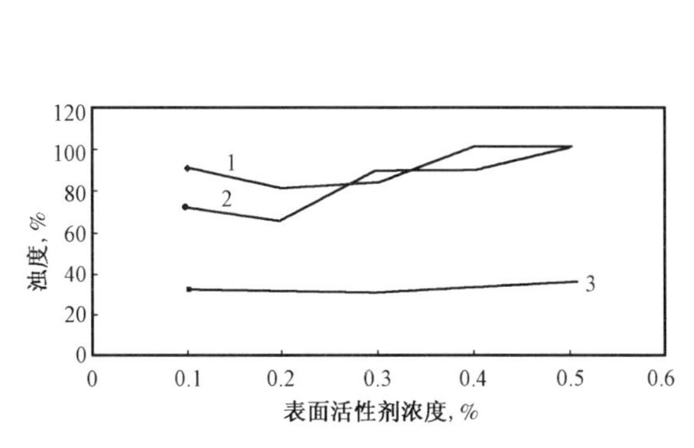

图11　OP－10复合体系与原油形成乳状液的能力同OP－10浓度的关系

1—乳状液；2—乳状液脱油体系，3—原始溶液

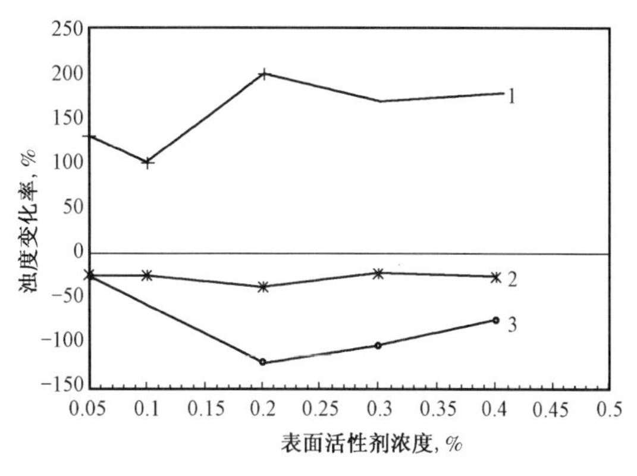

图12　LTSP－2（g），CY－1和OP－10复合体系与原油形成的乳状液破乳能力与表面活性剂浓度关系曲线

1—OP－10；2—LTSP－2（g）；3—CY－1

CY－1 的复合体系与原油形成的乳状液破乳后的溶液浊度变化率分别与原始溶液浊度对比曲线，由图可见，LTSP－2(g)和 CY－1 形成的体系破乳后溶液的浊度明显下降（乃至低于原始溶液的浊度），而 OP－10 形成的体系破乳后溶液的浊度基本上没有变化，即乳状液没有破乳。就是说，LTSP－2(g)形成的体系在油田实际应用时具有重要的意义，它既在地层条件下易于使孤东与孤岛原油乳化降低原油黏度，又在地面条件下易于用常规方式破乳，不会使产出液的地面处理带来困难。

三、结论

（1）表面活性剂溶液体系与油相间的界面层的性质可以用 R 值理论描述，对于指定的油相和水溶液，阴离子表面活性剂的非极性基的烷基碳原子数（n）、结构系数（b）和极性基的结构系数（B）是调整 R 值的可控制因素。

（2）孤岛、孤东、胜混原油和克拉玛依、克混原油的指定馏分的烃族、基本结构、馏分组成、芳香烃构成等尽管有一些定量的差别，但在性质上具有共同之处，能够用作合成石油磺酸盐的原材料。

（3）采用孤岛与克拉玛依原油馏分合成的系列石油磺酸盐配制成的碱—表面活性剂—聚合物复合体系，同孤东与孤岛原油能够在很宽的浓度范围内形成超低的界面张力，瞬态最低值达到 10^{-5}mN/m 以下，平衡态值达到 10^{-2}mN/m 以下。

（4）上述复合体系在油层温度条件下能同孤岛或孤东原油形成油/水型乳状液，明显降低了原油黏度，改善油水流动比。这种乳状液在地面条件下采用油田矿场常规方式可以使其破乳，使油—水分离。

（石油勘探开发科学研究院研究报告，1996）

发展三次采油为主的提高采收率新技术

韩大匡　杨普华

背景介绍：本文是当时应中国石油天然气总公司开发生产局的要求，在中国石油天然气公司召开的油田开发大会上所做的报告。整理后发表在《油气采收率技术》1994 年 1 卷 1 期。

摘　要：发展三次采油为主的提高采收率新技术，具有很大的潜力。如果通过各种三次采油方法提高采收率12.4%，那么由此增加的可采储量相当于全国目前剩余可采储量的56%。鉴于各种三次采油方法中，聚合物驱非常适合我国陆相储层的地质条件，在当前应首先抓紧矿场聚合物驱的工业化试验应用，尽快形成生产能力。其次是加强化学复合驱提高采收率机理的研究，因为这项技术提高采收率的幅度是聚合物驱的两倍多。但是此法使用的表面活性剂量太大，机理复杂，技术难度大，目前推广使用困难多，故需进一步加强研究。第三是积极探索微生物采油技术，注气混相驱和非混相驱，热采，各种物理场提高采收率等技术的研究。

关键词：三次采油　聚合物驱　化学复合驱　微生物　提高采收率

引　　言

当前，我国老油田含水一般已在80%以上，有的甚至高达90%以上。可采储量采出程度也一般在60%以上，有的甚至达到70%～80%。在这种高含水、高采出程度的情况下，油藏内油水分布已十分复杂，剩余油在空间上呈高度分散状态，开采难度大大增加，油田开发已进入深度开发的新阶段，需要进行第二次创业。在这个阶段里，不仅要继续扩大注入水的波及体积，提高注水采收率，还要用各种提高采收率的新方法采出注水方法所采不出的原油，以进一步提高采收率。在我国，目前常规油的平均采收率为33.6%，即约66.4%的储量是靠注水方法采不出来的，只能靠三次采油和其他的新技术来开采。据全国13个主要油区82个注水开发主要油田的筛选研究和潜力分析的结果表明，全国可以应用聚合物驱、表面活性剂驱、气体混相驱等各种三次采油方法提高采收率12.4%，增加的可采储量相当于全国目前剩余可采储量的56%。也就是说，如果把这种潜力都挖掘出来，我国的可采储量可以增加一半以上。应该说这个潜力是很可观的，而且绝大多数在东部油田。所以发展三次采油技术是加大稳定东部力度，具有长远意义的重大战略措施，我们完全有可能由此走出一条有中国特色的深度开发油田的道路。

另外，微生物采油也是一种具有长远意义的新型提高采收率方法，国外有的学者称之为“四次采油”方法。由于这种方法比较经济，也普遍受到国内外重视。还有各种物理方法，包括常规稠油热采、振动采油、水力冲击波、热化学采油等，有的虽然主要用于井底处理，由于成本低，增产效果好，也已在各油田日益受到重视。下面分别就这些技术的现状和发展前景谈一些看法。

一、抓紧矿场聚合物驱的工业化试验应用

在这些三次采油方法中，聚合物驱油非常适合我国陆相储层的地质条件。与美国等海相储层相比，中国发展聚合物驱有其独特的优越条件。归结起来，至少有这样5个方面：

（1）我国陆相沉积非均质严重，渗透率变异系数一般都大于0.5，这不利于水驱而有利于聚合物驱；

（2）我国东部油田原油黏度较高，一般在5～50mPa·s，这恰恰是聚合物驱油的最佳黏度范围；

（3）我国河流相储层多为正韵律沉积，通过调整吸水剖面聚合物驱有可能采出水驱所采不出来的储层上部的剩余油；

（4）我国东部的主要油田，例如大庆、辽河以及胜利油田的孤岛与孤东等油田的地层水矿化度很低，在3000～7000mg/L，聚合物溶液遇到地层水时盐敏效应较小，不会使黏度大幅度下降，也有利于聚合物驱；

（5）我国一些主要油田的地层温度不高，如大庆、辽河、大港等油田只有45～60℃，胜利的孤岛与孤东等油田也只有60～70℃使聚合物溶液在油层中不至于因温度过高而导致化学降解，因而可以降低注入水脱氧的要求。

因此，在我国，特别是东部地区不少主力油田都适于聚合物驱，潜力很大。这些油田采用聚合物驱方法，可提高采收率8.6%。在各种三次采油方法中以聚合物驱潜力最大，其中仅条件较好的一类地区，就有储量20.9×10^8t，用此方法可提高采收率9.5%，增加可采储量2×10^8t。而且由于这种方法机理比较清楚，工艺和装备比较简单，经过大庆和大港油田的先导性试验，效果很好，每注1t聚合物，增油209～445t，提高采收率达8.8%～14%。用此方法不仅可以增油，而且还可以省水。大体上每增1t原油可以省水3～7m^3，从而可以节约大量水处理费和注水费用。现在在胜利孤岛油田、吉林扶余油田、辽河欢喜岭油田也都开展了先导性试验，已程度不同地见到了效果。大港港西四区的扩大工业化试验，已全面见效，综合含水由92.3%下降到85.2%，已累计增油1.35×10^4t。大庆喇萨杏油田北一区断西扩大工业试验区也已初见成效。

从这些现场试验的结果来看，聚合物驱技术上已经基本成熟，经济上也是合算的。而且经过“七五”和“八五”攻关，从技术上已掌握了从室内聚合物筛选评价、数值模拟研究、方案设计和实施、矿场监测、调剖处理、效果评价等一整套工艺技术。混配和注入设备已国产化。大庆年产5×10^4t聚丙烯酰胺工厂也正在建设中。因此，可以认为目前已基本具备了走向工业化生产的条件。特别是条件更为优越的一类地区，可以首先作为工业化的目标。1993年已在6个油区储量2600×10^4t的范围内，注入了聚合物3800t，增产原油17.1×10^4t，在工业化应用方面已迈开了步子。可以预期，到2000年，经过努力，聚合物驱可能形成年产500×10^4t以上的规模，这将为稳定东部做出很大的贡献。

但是，也应该看到，聚合物驱的工业化是一项大的系统工程，从井网的稀密、层系的粗细、注入水质的要求、聚合物分子量的选择到产出液的处理等都有它自己的特点，不能套用注水那一套做法。其中有些问题在先导性试验中还不可能完全得到解决，甚至一时还看不清楚，需要超前认真作好技术上研究和准备。现在仅就已经察觉到的问题谈一些看法。

1. 聚合物驱的层系划分问题

国内外油田目前进行的绝大多数聚合物驱先导试验都是在单层上进行的。从大港先导试验区的结果来看,聚合物驱在解决层间矛盾上有一定的作用。但是从大庆油田单层和双层聚合物驱的先导性试验结果来看,双层试验区的效果不如单层,说明聚合物驱虽然能起一定作用,但也有一定限制。因此,聚合物驱在解决层间矛盾上究竟能起多大作用,在工业化应用中层系划分能否比注水粗一些,粗到什么程度,应该怎样组合等还需研究。

为了解决层间矛盾,在注水时广泛使用了分层配注的工艺技术。但在聚合物驱中由于存在着聚合物的剪切降解,搬用注水时的分层配注技术会带来很大问题。对一个开发层系内如何解决分注的问题,是用油套分注,还是其他双管或多管分注的办法,都值得进一步研究、实践。

2. 深化聚合物驱油藏工程研究的问题

由于聚合物的价格毕竟比水要贵得多,所以如何提高化学剂的利用率是三次采油经济上能否成功的关键。因此需要更精细的地质研究和油藏描述,建立与之相适应的新的油藏工程方法,研究不同类型油藏聚合物驱的开采特征和动态规律,为设计不同类型油藏聚合物开采方案提供依据。例如,聚合物驱溶液黏度高,且为非牛顿流体,因此,注入压力较高,油藏内的压力分布和注水时是不同的;注采井数比是否也有所不同,聚合物驱的合理井网、井距如何确定;在数值模拟中如何进一步考虑聚合物吸附、滞留、稀释扩散后浓度的变化,以及如何进行试井解释等都可能与一般水驱有所不同。这些问题都需我们进一步深入研究。关于防窜的工艺技术,大港油田已得到了初步的成果。但由于我国地质条件复杂,要研究出能适应不同复杂情况的防窜工艺,还需要做大量的工作。

3. 注入水的水质问题

国外在进行聚合物驱先导试验时,把注入水质的问题摆在十分突出的位置,认为好的水质是成功进行聚合物驱的一个先决条件。因为聚合物溶液的注入能力本来就比较差,如果其中悬浮着固体,对井的污染就更为严重。因此,国外用作配制聚合物的水,其水质要求低于50(mg/L)/mD;对水质的另一个重要要求是氧含量,国外规定氧含量不得超过50mL/m^3,温度越高,要求越高。在温度超过70℃时,氧含量甚至不得超过15mL/m^3。国外对水中三价铁离子浓度要求也很严,以免使聚丙烯酰胺产生微凝胶,堵塞地层;高温下二价和三价铁离子还起催化作用,促使聚丙烯酰胺化学降解。因此国外要求铁离子浓度不能超过20mL/m^3。其他如注入水与地层中岩石和各种液体的相容性及细菌含量等都十分重要。因此,国外要求注入水应严格过滤、除氧,聚合物溶液中要加入螯合剂和防腐剂,地面管线严格防腐等,还要对混配水的水质及产出液进行连续监测。在我国现场试验中对水质注意不够,有些油田的矿场试验注入水中铁离子含量甚至比水驱标准还差,细菌含量比注水标准高达10倍以上,许多油田的现场试验在聚合物溶液中不加螯合剂和杀菌剂。有的在矿场试验中已发生问题,有的则还没有观察到严重的问题。究竟如何掌握这方面的要求,根据不同岩石物性及油藏特点确定合理的界限,还有待进一步研究。

4. 聚合物分子量的选择和注入能力问题

国内现在有一种观点认为聚合物的分子量尽可能大,以减少用量,增高黏度。但实际上当聚合物分子量增大到一定程度后,由于机械剪切降解作用,聚合物溶液通过注入泵、炮眼和井下孔隙介质的剪切,大分子已经断裂成为小分子,从产出液的分析中已证实了这一点。在地面上获得的高黏度在地下黏度损失可能达到30%~40%,严重时地下黏度仅可能为地面黏度的

10% ~30%。因此,选用分子量过大的聚合物不仅增加了合成难度,而且白白地增大了注入压力,增加了能耗。而且注入能力的降低势必延长项目的实施时间,使经济效益变差。国外很重视注入能力问题。因为在工业性应用时,井距不可能太小,注入能力就应该作为一个重要问题加以考虑。在国内进行聚合物驱方案设计时,往往都用地面测定的黏度—浓度关系曲线来进行优化的预测,而近来国外在聚合物驱设计时以地下黏度为基础来进行优化和预测,我们认为这样处理是正确的。

因此在每个油田工业化应用前应先进行试注,了解聚合物注入后黏度的保留率及注入能力,从而使方案设计更符合实际情况。

5. 聚合物驱前的调剖问题

大量事实表明,由于长期注水后岩石孔隙结构发生很大变化,强水洗段渗透率可能增加几倍或十几倍,使层内或层间非均质程度明显增强。聚合物溶液虽然可以起到一定的调剖作用,但当岩石内存在大孔道或特大孔道时,聚合物溶液就可能大部分或甚至全部进入这样的孔道,很快从生产井采出,使聚合物驱的效果明显变差。在这种情况下,为防止聚合物无益的循环,在聚合物驱以前应先进行剖面调整,封堵大孔道。

当然,任何事物都不应一概而论。在渗透率级差不是很大,或渗透率相对较低,长期注水后渗透率变化不大,聚合物溶液已能明显起到调剖作用时,也就不一定事先进行调剖了。因此,应研究聚合物驱是否必要调剖的技术界限,以便根据具体情况作具体分析,提高聚合物驱整体的效果。

6. 聚合物驱产出液的处理问题

目前油田已进入高含水期,进行聚合物驱时产出液数量很大。由于其中存在着油和聚合物,对破乳、脱水都可能带来新的问题。回注时,可能发生井底堵塞,降低注入能力,美国现场试验时曾经发生过这种现象。如不回注,污水又无法排放。因此必须研究产出液的处理问题。对于地层水矿化度高的油田,产出液含盐量很高,利用污水配制聚合物溶液增黏效果差,问题就更加复杂。因此在大规模工业应用前,含聚合物的污水处理问题必须预先解决。

7. 聚合物驱以后如何继续提高采收率的问题

由于聚合物驱主要的作用还是扩大波及体积,因此提高采收率的幅度大致只有 8% ~10%,那么油层中还有约 60% 左右的原油遗留在油层里。因此,下一步采取什么技术才能继续提高采收率,仍是一个很值得研究的问题。由于油层中已有部分聚合物滞留在油层中,对将来的措施会造成什么影响,哪些方面是有利的,哪些方面是不利的,聚合物驱以后采用的新技术如何利用其有利的方面而抑制其不利的方面等,都是国内外没有研究过的课题,应该及早开始探索、研究。

因此,要解决聚合物驱工业化过程中所有可能出现的问题,还需要做大量细致的研究和技术准备工作。要强调的是,不要以为几个先导性试验效果很好,就高枕无忧了。实际上前面所提到的仅仅是现在已经察觉到的一些问题,可能还有很多问题没有暴露出来,需要在实践中仔细观察,不断总结,开拓前进。

聚合物驱的大规模工业化矿场应用,这是一个聚合物驱发展史上的新问题。这个任务已落到我们中国油田开发工作者的肩上,相信我们能够迎接这个挑战,实现在 2000 年把聚合物驱的增产油量达到 500×10^4t 以上这样一个光荣而艰巨的任务。

二、加强化学复合驱提高采收率机理研究

表面活性剂驱无论在室内和矿场试验中都能显著提高驱油效率，大幅度地增加采收率。据全国提高采收率方法潜力分析的结果表明，适于这种方法的储量有 18.7×10^8t，提高采收率的幅度可达 19.6%，是聚合物驱提高幅度的两倍多，增加可采储量 3.7×10^8t，潜力很大。但由于这种方法表面活性剂用量太大，在目前的油价下十分不经济，而且机理比较复杂，技术上难度也比较大，目前不能推广使用。

如果通过攻关，在技术经济上都能过关，那么适用的储量可大大扩大，增加的可采储量约相当于聚合物驱的 3 倍，潜力就更可观了。

化学复合驱是 20 世纪 80 年代兴起的新型提高采收率方法。它利用碱、表面活性剂和聚合物的化学协同作用，可以大幅度地降低表面活性剂的用量，很有发展前景。胜利油田、石油勘探开发科学研究院及中国科学院合作，已在孤东小井距试验区进行了碱—活性剂—聚合物的三元复合驱先导性试验，取得了可喜的结果。在该试验区含水高达 98.4%、水驱可采储量采出程度也已达到 53.3% 的情况下，已累计增油 1.89×10^4t，提高采收率为 11.4%。若以原油价格 800 元/t 计算，现已回收投入资金的 143%，而且试验还没有结束，最终指标可能更好。"八五"后期还将在大庆油田、克拉玛依油田进行三元复合驱先导性试验，在辽河兴隆台油田开展碱/聚合物二元复合驱的先导试验。

在目前国际上化学驱油方法衰退的情况下，由于我国油田的具体特点，通过攻关，在复合驱方面我们完全有可能走到世界的前列。

虽然胜利孤东油田三元复合驱先导试验已取得了成功，但由于复合驱的机理十分复杂，不同油田岩石、油气水的性质各不相同，一个油田先导试验的成功并不能保证其他油田也能获得成功。必须根据本油田的特点，有针对性地加深研究，才能获得好的效果。

比如，大庆油田原油酸值很低，碱与原油的作用就不如胜利孤东油田那样明显，并且大庆原油的性质特殊，等效烷烃碳数很高，可供选择的活性剂品种有限，因而为有效体系的选择带来了困难。克拉玛依油田为砾岩油田，在国际上还没有在砾岩油田上成功进行表面活性剂驱的先例。由于砾岩孔隙结构复杂，化学剂易于窜流，黏土矿物含量又高，活性剂吸附严重，都为复合驱带来困难。辽河兴隆台油田原油酸值小，每克原油只有 0.2mgKOH，平衡界面张力不够低，碱—聚合物驱的难度也比较大。其他地区无论在原油性质、地层水矿化度、地层温度方面也都有各自的特点。因而必须针对各油田的地质特点，加强复合驱油机理研究，其中包括降低吸附、油墙形成及运移、化学剂之间的协同效应、色谱分离等，尽快提出有效的驱油剂体系，开展先导性试验。

目前采用的活性剂价格仍比较贵，因此还必须加强廉价高效表面活性剂的研制，研究高效、低耗、廉价的复合驱配方体系。例如，如果能够利用纸浆废液、改性木质素磺酸盐以及其他工业废液作为复合驱的表面活性剂，则既可解决廉价活性剂来源问题，又可以解决环境保护问题。复合驱采出液乳化严重，难以处理，也是亟待解决的课题。总之化学复合驱是我们提高采收率极为重要的一项战略后备技术，应加强机理研究，争取多开展一些先导性试验，积累矿场试验经验，尽早在技术经济上过关，逐步推广。

三、积极探索微生物采油技术

微生物采油方法包括微生物单井吞吐、微生物驱替、微生物调剖堵水、微生物除蜡等地下微生物采油方法,也包括利用生物工程生产生物表面活性剂和生物聚合物,作为化学驱的注入剂。微生物采油方法主要特点是投资费用低,化学剂和能源消耗少,在经济上与其他方法相比更有竞争性,发展远景很好。但采油机理十分复杂,不同油田的作用不同,同一油田机理也不单一,因而难于控制。更大的难点是有效菌在油层中培育繁殖时,原生菌同样也会繁殖而造成地层伤害,产生 H_2S 等有害气体。因此应加强微生物培养液与地层液体、固有细菌之间配伍性的研究,通过优化微生物培养液让有用微生物存活,充分代谢,抑制无用细菌的繁殖。另外,细菌在地层内生存、成长、新陈代谢条件以及在孔隙介质内的传播规律等都还不完全清楚,也都需要开展研究。

微生物采油国外已有二三十年的经验。由于微生物采油是一种技术经济上有前途的方法,近年来国外在化学驱逐渐减少的情况下,却仍然重视微生物采油技术的发展,先后开展了各种微生物驱油矿场试验。我国在 20 世纪 60 年代初曾经起步进行了研究,后来逐渐下马。"七五"期间又组织了攻关,大庆油田已开展了两口井的微生物吞吐试验。生物聚合物和生物表面活性剂的研究也取得了一定进展。"八五"期间,吉林油田、大港油田、辽河油田也进行过一些尝试,看到一些很好的苗头。吉林油田和中国科学院微生物所合作,已在 35 口井中作了试验,累计增油 4462t。大港枣园油田使用美国菌种,在两口井内试验,已增产原油 360t。这些试验结果都增强了应用这种方法的信心。由于在应用微生物采油技术方面与国外差距比较大,为加快此项技术的发展,应积极开展与国外的合作,引进先进技术,使这一技术能更快地发展起来,早日投入应用。

四、其他新型的提高采收率方法

1. 注气混相驱和非混相驱方法

这种方法国外应用很普遍,是三次采油的一种主要方法。我国东部地区因油质较稠,不利于形成混相,而且缺乏足够的气源,因此工业应用的前景受到很大限制。但在西部地区不少油气田油质轻,天然气储量大,向外输送又有困难,因此在西部地区将有良好的应用前景,仍应作为一个储备技术加以研究。如果能降低制氮的成本,在东部地区广大的低渗透地区应用混相或非混相氮气驱,可能是一种比较好的办法。我国低渗透油藏保持压力的方式比较单一,目前全部用注水的方法。虽然注水有它的优越性,但也带来一系列问题,如注入性差,压力传导慢,以及黏土膨胀等问题。国外很早就在低渗透油藏开展注气以保持压力或提高采收率。所用的方法很多,有混相与非混相之分;气源有二氧化碳、烃类气体、氮气、烟道气等。由于注气容易发生气窜,所以采取水气交替注入或注混气水的方法效果比较好。据报道,国外(主要是美国)约有 70 多个油田采用了这种方法,一般采收率可提高约 7% ~15%。大庆油田在北一区断东开展了油气采收率技术注天然气矿场试验,采取水气交替注入方式,已提高采收率 4.2%。经数值模拟预测,该区最终采收率可提高 9.3%。在缺乏 CO_2 和天然气的地区,美国制氮大都用深度冷冻的方法,成本低于天然气。20 世纪 80 年代中期美国有 19 个注氮项目,共注氮约 $1500\times10^4m^3$,1985 年增产油量达 92.5×10^4t,已形成一定生产能力。如 Jay 油田在注水采出地质储量 51% 的基础上,把交替注入氮气和水作为三次采油的方式,预计可增加采收率6.5%。现在国内已有膜分离及分子筛制氮等新的工艺。可以考虑选定一些区块，先作室内试验和可行性研究，如果技术和经济上都可行，可进行先导性试验，成功后再逐步推广。

2. 常规稠油的热采方法

我国有不少黏度相对较高的常规稠油，现在用注水的办法开采，由于油水黏度比不利，采收率较低。国外现在已有不少人提出用热采方法开采常规稠油来提高采收率的问题，这的确是一个值得研究的课题。石油勘探开发科学研究院和大庆油田合作，在萨北过渡带进行热采的可行性研究，并进行了现场注汽试验，其中一口井注汽1018t后，日产油量注前为15t/d，注后初产为35t/d，11个月后，累计增产原油3125t，仍能保持28t/d的水平，可以说初见成效。大庆萨葡油层过渡带的储量有1.35×10^8t，热采如能成功，其增产潜力不可低估。成功后还可以推广到其他注水效果不好的常规稠油油田。

3. 物理场提高采收率及井底处理方法

苏联利用物理场的方法来提高采收率或处理井底，增产增注，很有特色。这类方法包括振动波处理、磁处理、压力脉冲处理等，应用很广泛，效果很好，很值得借鉴。国内强磁处理的方法应用已较普遍，但机理还不很清楚，需加强研究，提高应用效果。振动波处理的主要原理是通过振动加速油水重力分离，使高含水油层中分散的残余油重新集中聚集起来，提高油相渗透率而增加采收率。据苏联室内实验研究，振动后油水分离速度可增快500~1000倍，效果明显。吉林油田称之为人工地震方法，在深度为500m的扶余油田和1250m的新立油田都获得了含水下降和产油量增加的效果，值得加强研究，逐步推广。水力振荡井底处理虽不是提高采收率的方法，但清除井底堵塞效果很好，方法又简单易行。为此，石油大学和吉林、大港等油田合作已在100多口井内开展此项试验，增产效果和经济效益都很好，值得重视推广。其他还有热化学采油、爆燃压裂等井底处理的方法就不一一列举了。

五、结束语

总起来看，三次采油等提高原油采收率的新方法，潜力很大，但还有大量的研究工作要做，也还有相当的风险性。要把这些技术真正转化为现实的生产力，还有很长的路要走。因此，我们应该在上一次筛选评价的基础上，再一次组织起来，开展以矿场聚合物驱工业化的试验应用为主要内容的提高采收率深化评价研究，系统总结分析已开展的各项研究和现场试验的成果以及存在的问题，提出下步的工作部署，编制出全国“九五”三次采油规划，使我们的三次采油和其他提高采收率的工作能够有计划、有步骤地顺利开展起来，为稳定东部做出实实在在的贡献。

（原载《油气采收率技术》，1994年1卷1期）

中国陆上石油工业提高采收率技术的成就与面临的挑战

韩大匡

背景介绍：本文是应世界石油大会中国委员会的要求于1997年第15届世界石油大会上介绍我国提高采收率技术成就而写。文中比较系统地介绍了我国提高采收率技术的应用概况，提高采收率筛选分析和潜力，发展化学驱的有利条件，以及聚合物驱、化学复合驱、注气混相与非混相驱，以及微生物采油等技术的发展情况。

摘　要：近年来，由于国际市场上原油价格低迷，西方很多大的石油公司都暂时停止了对化学驱的研究工作。然而，化学驱的实验室研究、先导试验和工业性试验在中国陆上油田发展得十分迅速。

本文回顾了30多年来中国陆上油田在提高采收率特别是化学驱方面的研究工作和现场试验所取得的主要结果，并根据中国陆上油田的具体地质条件和开发现状阐明了提高采收率技术的研究和应用对于中国陆上石油工业发展的重要性和迫切性。

文中还阐述了聚合物驱、表面活性剂驱以及混相驱等不同提高采收率方法的筛选评价和潜力预测的情况。研究工作和现场试验的结果都表明，对于中国陆相沉积储层，聚合物驱是一种适用性强，经济上已取得成功的技术；碱—表面活性剂—聚合物技术由于能大幅度提高采收率而具有很大的潜力；混相或非混相气驱对于中国西部油藏具有相当良好的应用前景。本文还结合目前提高采收率技术的具体发展情况，论述了各种提高采收率方法特别是聚合物驱、三元复合驱的发展远景。

关键词：中国　陆上石油工业　提高采收率

引　言

近年来，由于国际市场上原油价格下跌，很多主要西方产油大国都因其成本高，利润少而暂时停止了对提高采收率技术、特别是化学驱的研究和现场先导试验工作。但是，中国陆上油田的提高采收率研究、特别是化学驱的研究工作却发展得非常迅速。虽然1995年中国陆上原油年产量已达到了1.406×10^{8}t，由于迅速发展的国民经济需要日益增长的大量能源，国家又不可能大量进口石油，因此，必须加强石油的勘探和开发，逐步增加石油的生产。但是，近年来发现的石油储量，多属低渗透以及高黏度等难采储量，西部新发现的油田，又多属边远沙漠地区，运输距离长，产量一时还难以大幅度增长。因此，在继续加强石油勘探工作的同时，不能不大力加强现有油田的开发力度。

中国大部分油田的储层属陆相沉积，非均质严重，原油黏度又比较高，因此，含水上升很快，即使采取了强化的注采系统，水驱采收率仍比较低，全国陆上油田的平均采收率只有33%左右，还有2/3的原油储量留在地下采不出来。目前全国陆上油田综合含水已达81%，有的老油田含水更高达90%以上，产量已出现递减，因此，发展提高采收率技术已成为陆上石油工业继续发展的一项迫切的战略性任务。

一、中国提高采收率技术的应用概况

从20世纪50年代末期以来，中国对提高采收率技术就进行了坚持不懈的研究，包括热采、聚合物驱、胶束/聚合物驱、三元复合驱、混相与非混相气驱等。到1995年底，陆上油田提高采收率项目已达到120项，原油年产量增加达1200×10^4t。中国重油资源相当丰富，重油热采产量占提高采收率增产油量的首位；聚合物驱近年保持了很快的发展势头。虽然重油热采是很重要的方面，但考虑本文涉及的领域，在这里仅讨论常规油田中提高采收率的应用状况。图1和图2列出了中国近10年来历年的化学驱项目数和增加的原油产量。

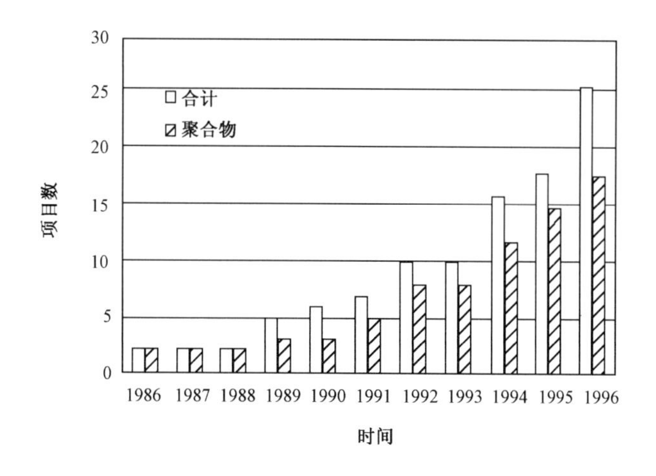

图1　中国陆上油田实施的化学驱项目数

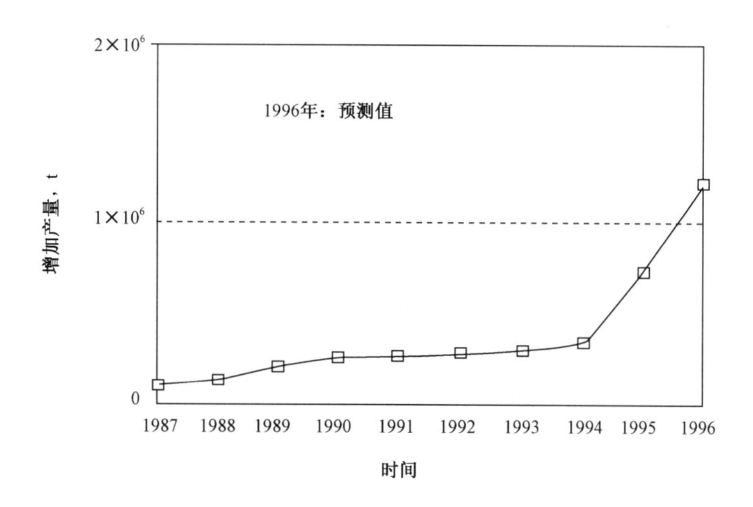

图2　中国陆上油田实化学驱项目增加的原油产量

二、注水油田提高采收率的筛选分析

中国陆上油田近91%是中等到低黏度的常规油藏。由于陆相储层砂体面积较小，边水能量不足，约占全国地质储量85.9%的油田采用注水开发。为了从中国的具体地质条件出发，确定三次采油的发展方向，当时的石油工业部委托石油勘探开发科学研究院会同大庆、胜利等13个主要石油管理局于1987年开始在全国范围内对82个油田用EORPM软件进行了聚合物、表面活性剂驱以及混相驱等三次采油方法的第一次筛选评价和潜力分析。这 82 个油田的地质储量为 74×10^8t，约占当时注水储量的 85%，具有广泛的代表性。

第一次筛选评价的结果列于表 1。由表 1 看出，如果一个油藏只优选一种技术和经济上最有利的方法的话，预测结果表明：聚合物驱的潜力最大；适宜的储量 43.6×10^8t，可提高采收率 8.6%，增加可采储量约 3.8×10^8t；表面活性剂的潜力略少于聚合物驱，适宜的储量为 18.7×10^8t，可提高采收率 19.6%，增加可采储量 3.7×10^8t。因中国 CO_2 资源很少，东部地区烃类气体不足，西部地区的天然气藏当时尚未发现，所以潜力比较少。碱—聚合物驱主要适用于酸值比较高的原油，在应用范围上有较大的局限性。图 3 列出了每种 EOR 方法的应用潜力。

表 1　中国陆上油田提高采收率技术潜力分析

提高采收率技术	分类①	适宜储量 10^8t	提高采收率 %(OOIP)	增加可采储量 10^4t
聚合物驱	Ⅰ	20.927	9.5	19881
	Ⅱ	17.645	8.0	14077
	Ⅲ	5.005	7.3	3635
	合计	43.577	8.6	37593
CO_2 （混相驱）	Ⅱ	1.524	26.1	3974
	Ⅲ	3.303	14.0	4618
	合计	4.824	17.8	8592
表面活性剂驱	Ⅱ	18.730	19.6	36716
碱/聚合物驱	Ⅱ	0.295	16.5	438
总计		67.429	12.4	83389

① Ⅰ、Ⅱ、Ⅲ类表明实用程度。

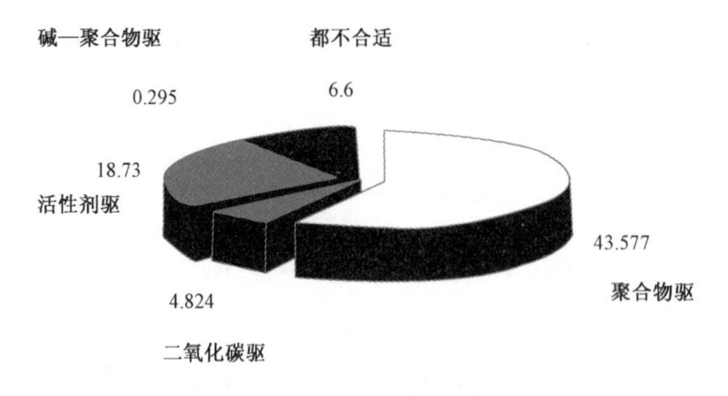

图 3　中国陆上油田各种提高采收率方法潜力分析

为什么化学驱在中国有这样大的潜力？从整个聚合物驱来看，其地质条件与美国、俄罗斯等海相储层相比，中国发展聚合物驱有其独特的优越条件。归结起来，至少有这样 5 个方面：

（1）我国陆相沉积非均质严重，渗透率变异系数一般都大于 0.5，这不利于水驱而有利于聚合物驱。

(2)我国东部油田原油黏度较高，一般在5～50mPa·s，这恰恰是聚合物驱油的最佳黏度范围。

(3)我国河流相储层多为正韵律沉积，通过聚合物驱调整吸水剖面的作用，有可能在一定程度上采出水驱所采不出来的储层上部的剩余油。

(4)我国东部的主要油田，例如大庆、辽河以及胜利的孤岛与孤东等油田的地层水矿化度很低，在3000～7000mg/L，聚合物溶液遇到地层水时盐敏效应较小，不会使黏度大幅度下降，也有利聚合物驱。

(5)我国一些主要油田的地层温度不高，如大庆、辽河、大港等油田只有45～60℃，胜利的孤岛与孤东等油田也只有60～70℃。聚合物溶液在油层中不至于因温度过高而导致化学降解，因而可以降低对注入水脱氧的要求。

表面活性剂驱的情况也与此大致相似。

根据这个筛选结果，综合考虑各种方法的潜力和技术经济可行性，这项研究工作对中国三次采油的发展战略做出了以下主要建议：

(1)聚合物驱潜力最大，技术较成熟；注入每吨聚合物预测平均可增加可采储量167t，经济效益是好的。大庆、大港油田的先导试验非常成功，应作为首选的主攻方向；建议在1990—1995年期间进行扩大工业性试验，同时在大庆油田建成年产5×10^4t规模的聚合物制造厂，到2000年达到年增产原油500×10^4t的规模。

(2)表面活性剂驱潜力很大，但机理比较复杂，应用原有的微乳液—聚合物技术活性剂用量大，成本太高。建议以大幅度降低活性剂浓度和提高经济效益为目标，集中力量开展碱—活性剂—聚合物驱油体系的攻关研究。在室内试验取得成功之后，进行一定数量和规模的先导性试验，准备在2000年以后逐步工业化。

(3)对混相气驱要积极准备气源，开展一定数量的先导性试验，加强天然气资源丰富的西部塔里木和吐哈地区烃混相驱的研究工作，及早开展现场试验和工业性应用试验。

这个报告还对发展各种方法的技术问题和各个有关油田的具体实施意见和安排提出了建议。

这些建议绝大部分已被中国石油天然气总公司以及各主要油田所采纳，并正在顺利执行之中。

三、三次采油方法在中国的研究成果、面临的挑战和相应的对策

1. 聚合物驱

早在1962年，我国就开始对聚合物驱进行了室内实验研究，并先后在新疆、大庆等油田进行了先导性试验，取得了肯定的效果。20世纪80年代以来，在细致的实验室研究的基础上，在大庆、大港、胜利、河南等油田进行了6项先导性现场试验(表2)，普遍观察到了含水下降，产油量增加的现象。除DQ－HYC－P先导性试验以外，注入200～500PV·mg/L的聚合物溶液，可获得每注1t聚合物增产原油153～400t的效益，并提高采收率5.0%～14.0%。

表2　几个主要油田的聚合物驱先导性矿场试验

项目	面积 km^2	注入井 口	生产井 口	井距 m	渗透率 D	岩性	温度 ℃	原油黏度 mPa·s	聚合物注入量 PV·mg/L	聚合物利用率 t/t	提高采收率 %(OOIP)
DQ-XJJ-P	0.015	1	3	75	1.60	砂岩	45	9	163	153.4	5.1
DQ-HYC-P	0.50	4	9	200	1.897	砂岩	45	9	211	103	3.5
DQ-ZQX-PO	0.09	4	9	106	1.4	砂岩	45	9	504	241	14.0
DQ-ZQX-PT	0.09	4	9	106	1.1~3.8	砂岩	45	9	491	248	11.6
DG-GX4-P	0.59	3	11	200~360	0.719	砂岩	51.1	20.0	123	>400	8.7
SL-GD1-P①	0.56	4	10	270	2.00	砂岩	64.4	43.4	—	—	—
HN-SH-P	0.3	3	1	200	0.422	砂岩	70.0	7.8	350	169	9.8

① 试验刚开始。

从20世纪90年代开始，大庆和大港等油田在先导试验获得成功的基础上，开展了工业性扩大试验，大部分取得了增油、降水的明显效果，试验的基本情况列于表3。这些现场试验的井距一般都放大到200~300m，面积最大的大庆北一区断西工业性扩大试验，面积达3.13km^2，36口注入井，21口采油井，井距250m。当注入54.4PV·mg/L的聚合物溶液后，见到了初步效果；当注入210PV·mg/L聚合物溶液后，16口中心生产井平均含水从原来的90.7%降到了73.9%，日产原油291t上升到657t。预计当油井含水达98%时，每注1t聚合物的增产油量可达到130t，采收率将提高12%。试验无论从技术或经济上都是成功的。同样，大庆喇嘛甸南块面积为1.45km^2，井距为212m的工业性试验区，虽然试验尚未完成，但从目前已观察到的动态反应来看，也可以取得所预期的好效果。因此，可以认为，大庆油田聚合物驱的工业性试验已经取得了成功。

表3　一些主要油田的聚合物驱工业性扩大试验

项目	面积 km^2	注入井 口	生产井 口	井距 m	渗透率 D	岩性	温度 ℃	原油黏度 mPa·s	增产油量 10^4t	聚合物利用率 t/t	提高采收率 %(OOIP)
DQ-D-P①	3.13	25	36	250	1.505	砂岩	45	9	46.8	123.8	12.0
DQ-LMD-P①	1.45	16	25	212	2.444	砂岩	45	9	23.44	157.5	5.6
DG-GX4-P①	0.87	6	11	100~360	0.719	砂岩	51.1	20	9.1	152	11.3
SL-GD2-P①	4.54	40	78	300	2.35	砂岩	70	41.2	—	—	—

① 数据收集至1995年12月。

经过室内研究和现场试验的实践，我国已掌握了聚合物筛选评价，数值模拟预测，井网、注入方式和聚合物注入量的优化，调剖和防窜处理等一整套工艺技术。特别是针对聚合物溶液机械降解最大的射孔炮眼地带，研制成功了高密度、大孔径、深穿透的射孔新技术，大大降低了聚合物的剪切降解。据距注入井30m处观察井内取样证实，聚合物溶液的黏度保持率达60%~70%。无论是先导试验或扩大工业性试验，都进行了细致的矿场监测工作，包括钻观察井、密闭取心、示踪剂测试、水淹状况测井、取样、定期测吸水和采油剖面、产出液聚合物浓度分析等，保证了试验结果的可靠性。由于产出液中存在着聚合物而难以处理的问题，除了改善地面处理技术以外，还采取了向高渗透层回注的办法，已有一定效果。

为了满足工业化推广聚合物驱的需要，已在大庆建成目前世界上最大的，年产 50000t 以上聚丙烯酰胺的制造厂，分散和注入设备也已基本国产化。用我国自己选育的菌体研制了耐温、耐盐的生物聚合物黄原胶，在 80℃及 17×10^{4}mg/L 矿化度的条件下老化 300 天以上，溶液黏度保持率仍在 60% 以上，已投入生产并用于先导性试验。

当前面临的挑战主要是要解决聚合物驱大规模工业化推广中所出现的一系列工程和技术问题，并进一步提高其经济效益。从我们的实践经验来看，聚合物驱是一个庞大的系统工程，从实验室研究、先导性试验、扩大工业性试验、到全面工业化推广的全过程中每一个阶段都会出现一系列新的工程与技术问题需要解决。我们已经取得了前几个阶段的实践经验，今天面临从扩大工业性试验的阶段发展到全面工业化推广的新阶段。我们的对策是加强聚合物驱的油藏管理，全面优化聚合物驱的全过程，以尽可能少的投入获得最多的增产油量和最好的经济效益。为此，需进一步研究油藏的精细描述问题，井网、层系和注入能力的综合优化问题，聚合物分子量与油藏性质的配伍问题，深度调剖与聚合物驱的有效结合以减少聚合物的无效循环问题，发展分层注入工艺以增加波及体积问题，聚合物驱过程中注水井和生产井工作制度的调节以减少聚合物溶液不均匀推进问题，产出液的高效处理问题，利用产出污水配制聚合物溶液以解决清水来源不足的问题，对于高黏度、低渗透、复杂断层，以及高温、高盐等特殊类型油藏有效地进行聚合物驱的问题，以及聚合物驱以后如何再进一步提高采收率的问题等。以上这些问题，有的已经有了一些办法和经验，有的还没有解决，有待进一步加强研究。

最后，强调一下分散凝胶体系的应用问题。这种体系聚合物的用量少，却能成几十倍地增加残余阻力系数，使后续水流转向未水洗部位而大大提高波及体积，而且具有很好的耐温性、耐盐性和流动能力，可以利用油井产出污水进行配制。因此这种体系的应用可以大大扩大聚合物驱的应用范围和技术经济效果。石油勘探开发科学研究院已在实验室内研制了浓度较低、残余阻力比常规聚合物溶液高、流动性好的分散凝胶体系，准备尽快投入先导性试验，将具有很好的应用前景。

综上所述，可以认为，中国陆上油田已基本具备了大规模工业推广聚合物驱的条件，预计在 2000 年将用这种方法年增产原油 $500\times10^{4}\sim700\times10^{4}$t 以上。

2. 化学复合驱

由于表面活性剂驱能大幅度地提高驱油效率，一直吸引着中国的石油工程师们。从 20 世纪 60 年代以来，一直坚持不懈地进行研究，从乳状液、泡沫驱，到胶束、微乳液、低张力驱，以及表面活性剂的合成、驱油机理和降低吸附等问题都进行过探索和研究。1987 年进行了第一个胶束/聚合物驱，取得比水驱提高采收率 35% 的效果。后来，中法合作在玉门老君庙油田进行了微乳液驱的可行性研究和先导试验。但由于这类方法表面活性剂用量大，经济上不合算，未能得到推广。

从 20 世纪 90 年代初开始集中力量研究碱—活性剂—聚合物复合驱及碱—聚合物复合驱。研究表明，这种方法不仅因体系中含有聚合物，可以改善油水流度比，提高波及体积，而且更主要的是利用碱和原油中的酸性物质作用就地生成的表面活性剂和注入的表面活性剂之间的协同作用，以及碱剂降低活性剂吸附、滞留损失的作用，从而可以在表面活性剂用量大体上只有微乳液—聚合物驱 1/10 左右的情况下，形成超低界面张力，达到了和原来微乳液—聚合物驱相接近的驱油效果。因此，大幅度减少了化学剂的成本，使化学驱有可能在经济上过关。

经过长时期的实验室研究，在大庆油田和胜利油田开展了三元复合驱，在辽河油田开展了二元复合驱的先导性试验，都取得了明显的效果，见表4。例如，原油酸值较高为1.5～2.0 mg/g的孤东小井距复合驱先导试验是在试验区已累计注水5.1PV，水驱采出程度高达54.4%，累计生产水油比达14.0，中心井含水持续3年98%的条件下进行三元复合驱的，取得了提高采收率13.4%，提高剩余油采收率30.4%的好效果。不仅如此，对于酸值极低，而且等效烷烃碳数高达13的大庆原油，非常难以筛选适用的表面活性剂，但经长期研究后，应用三元复合驱也取得了好的成效。在大庆油田中区西部和杏五区已开展了两个先导性试验。到目前为止，中区西部三元复合驱预计比水驱提高采收率21.1%，其动态曲线及拟合结果如图4所示。杏五试验区预计可比水驱提高采收率22.0%。辽河油田兴28块二元复合驱试验开展得比较晚，这个试验区在实测剩余油饱和度平均只有30%，采出程度已达48%，接近最终水驱采收率50%的情况下开展二元复合驱的。在注入段塞还未注完的情况下，月含水已由98.4%下降到90.3%，日产油量由0.9t上升到9.7t，也见到了明显的增油降水效果。

表4　一些主要油田的三元复合驱先导性矿场试验

项目	面积 km^2	注入井	生产井	井距 m	渗透率 D	岩性	温度 ℃	原油黏度 mPa·s	增加产油 10^4t	提高采收率 %(OOIP)
SL－XJJ－ASP	0.031	4	9	50	2.563	砂岩	68	41.25	2.07	13.4
DQ－ZQX－ASP	0.09	4	9	106	1.426	砂岩	45	9	2.05	21.1
DQ－XSG5－ASP	0.04	1	4	110～160	1.356	砂岩	45	9	1.26	22.0
LH－X28－AP①	2.05	3	5	160～190	2.063	砂岩	56.6	6.3	—	7.49

① 项目尚未结束。

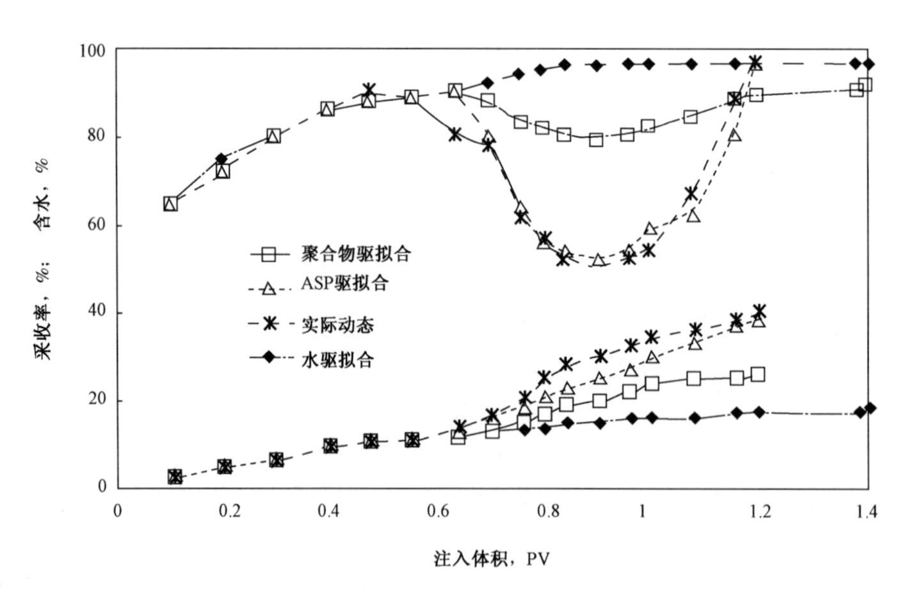

图4　DQ—ZQX—ASP三元复合驱先导试验动态及拟合曲线

国际上化学驱进入低潮的主要原因是油价低，化学剂成本太高。三元复合驱的表面活性剂浓度已大幅度降低，但经济上究竟是否有效益，仍是大家最关心的一个问题。从我国唯一已经完成的孤东小井距先导试验的结果看，每增加1t原油所需的化学剂成本费为199元人民币。经初步经济核算，照中国原油的市场价格计算，财务净现值率为5.6%，投资回收期2.4

年，可以认为是略有盈利。

在应用基础研究方面也取得了许多新进展，提出了一些新见解、新方法。例如在复合驱油机理方面系统分析了影响碱液与原油动态界面张力的因素，首次模拟了驱替中的多次接触过程，探讨了驱替过程中界面张力变化的规律。同时，已经研究了碱液和酸性油及石蜡基非酸性油的不同作用机理，掌握了根据不同原油性质，包括酸性原油和非酸性原油，优选复合驱配方的原理和方法；制备了既能与酸性原油配伍又能与非酸性原油配伍，在稳定的浓度范围内形成超低界面张力的国产表面活性剂，并已投入工业生产。特别是石油勘探开发科学研究院首次自行研制出了专门用于化学复合驱的三维多相数值模拟软件，具有很好的应用效果。

当前的复合驱应用方面面临的挑战是尽早进行扩大工业性试验，进一步在现实井距的条件下证实和提高这种方法的提高采收率效果和经济效益，并为在今后 5 ~ 10 年内进行工业推广应用，做好物质等各方面的准备。

首先，这是因为，注入体系中存在着多种化学剂，这些化学剂在地层内运移的过程中，与原油、地层水、岩石不断发生相互作用，其浓度及性质都在不断发生变化，如何在现实井距条件下的地层内长距离地保持最佳状态，是复合驱工业性试验成败和提高采收率效果好坏的关键。其次，从先导试验转入工业性试验，还会出现很多油藏工程、采油工艺以至地面集输工程方面的问题，需要在工业性试验中去解决。看来，凡是聚合物驱从先导试验扩大至工业性试验时碰到的问题，在复合驱扩大试验的过程中也都需要解决，有些问题比聚合物驱时还更要复杂得多，例如在孤东复合驱先导试验的产出液中油水强烈乳化，如何有效破乳就成为一个严重问题。最后，扩大工业性试验是否成功，最终要体现在经济上能否获得效益。

对于这些问题的对策是，加强三元复合驱的驱油机理研究，包括进一步研究形成超低界面张力的机理，各种化学剂之间的相容性和协同作用，在地层中各种化学剂与原油和多孔介质多次接触而发生的动态变化过程，驱油体系的长期稳定性，复配表面活性剂体系在多孔介质中驱油时的色谱分离现象，化学剂在岩石上的吸附和滞留现象，聚合物与活性剂之间的相分离现象等，从而开发出能够在油藏内长期稳定保持驱油效果的技术。与此同时，还要加强油藏精细描述，合理的层系、井网和注入压力，水质，特别是产出液破乳、脱水等技术的研究。

由于在工业推广应用阶段活性剂的用量极大，必须事先在国内建厂制造，因此，必须从现在开始就要着手优选出适于推广的表面活性剂。考虑到化学剂的费用占复合驱总投入的比例较大，在孤东复合驱先导试验中表面活性剂的费用约占化学剂费用的 55%，同时，考虑到复合驱体系与原油组成的性质关系极大，我国目前的实践表明，适用于一个油田的表面活性剂常常不一定适用于另一个油田，因此，若要复合驱真正能工业化应用，必须寻找和研制来源多、价格低、用量少、适用范围广、效果好的表面活性剂，早日设厂制造，才能满足工业化推广的要求。

3. 注气混相驱与非混相驱

注气混相驱与非混相驱在我国一直没有得到发展，其主要原因有两个，首要的原因是我国主要产油区所在东部地区气源紧张，天然 CO_2 气源非常少，烃类气体又供不应求，不可能用来注气；另一个原因是东部地区油田的条件不完全适应于注气混相驱，主要是这些油田原油含蜡多，黏度和密度都比较高，绝大多数储量的原油黏度大于 5mPa · s，注气后由于不利的流度比，气窜和重力超复比较严重，波及系数不高，而且难于混相。因此，我国东部油田除大庆油田早期进行过注 CO_2 加轻质油的先导试验，近年来又开展了厚层注天然气水气交替和注 CO_2 非混相驱试验，以及华北油田开展了注氮非混相驱试验外，终究因为缺乏气源，没有开展更大规模的试验和应用。

中国西部油田的情况与东部油田大不相同。如塔里木油田和吐哈油田的原油密度小,黏度低,大多数属挥发油,即使是黑油其油质也较轻,并且埋藏深,这就为注气混相驱提供了十分有利的地质条件。更有利的是西部天然气资源非常丰富,已发现了不少天然气田和凝析气田。由于那里人口稀少,工业基础还比较薄弱,大量的天然气在近期难以充分利用,一时也还难以铺设长距离管线进行外输,这又为注气提供了必要的物质保证。因此,注气混相驱和非混相驱在我国西部地区将有很好的发展远景。

近年来,考虑到西部地区发展注气技术的现实可能性,已加强了这方面的技术研究。在相态研究特别是近混相方法的研究方面有了一些新的进展,并完成了吐哈、塔里木、长庆等油田混相与非混相驱的先导和矿场试验的可行性研究,目前正在进行方案设计,准备近期内投入现场试验。

4. 微生物采油

微生物采油是一种投资少,用途广的新型提高采收率方法。近年来受到广泛关注。中国近年来在吉林、新疆、胜利、华北等油田都相继开展了微生物采油的研究和应用,取得了一定的成效。例如,吉林及新疆油田已分别完成了近200口井和150口井的微生物吞吐试验,增产效果明显。据吉林油田1992—1994年86口井的统计,增油 1.5×10^4 余吨,平均单井增油178.7t。投入产出比为1∶8。至于微生物驱的技术目前还处于实验室研究的阶段。

四、结论

(1)发展常规油三次采油技术,大幅度提高已开发油田的采收率,是增加中国陆上石油产量的迫切的战略性任务。

(2)通过近15年的努力,化学驱技术在中国得到了迅速发展,获得了成功,其基本做法和经验是:

① 从中国的国情出发,即从实际地质条件和注入剂物源出发,而不是照搬国外情况来考虑各种提高采收率方法的适用性;

② 通过筛选,将各种提高采收率方法的潜力定量化,确定主攻方向,制定总体发展战略和规划;

③ 加强机理研究,掌握各种提高采收率技术的原理和应用方法;

④ 严格按照"实验和机理研究—先导性试验—扩大工业性试验—工业推广"的程序实施,每一阶段严格按照技术要求进行施工,而且为下阶段做好准备;

⑤ 提前建立专门的化学剂制造厂,为工业推广做好物料准备;

⑥ 按照系统工程的原理,多学科综合的方式,组织由化学、开发地质、油藏工程、采油工程、地面集输工程等各方面的专家联合攻关。

(3)在化学驱中聚合物驱潜力最大,技术比较成熟,现已进入工业化推广阶段,2000年将达到 $500\times10^4\sim700\times10^4$t 以上的年增产量。

(4)化学复合驱潜力也很大,但技术比较复杂,当前一些先导试验已经成功,需要加快研究进度,尽快进行工业性试验。

(5)注气混相驱或非混相驱在中国西部的油田有良好的发展前景。

致　　谢

在本篇论文编写过程中王德民教授、杨承志教授和杨普华教授提供了丰富的素材和宝贵意见。韩冬博士在论文准备过程给予了帮助。作者向他们表示衷心的感谢！

（选自第十五届世界石油大会第五论坛论文，1997）

Recent Development of Enhanced Oil Recovery in China

Han Dakuang　Yang Chengzhi　Zhang Zhengqing　Lou Zhuhong　Chang YouIm

背景介绍：本文是为了庆贺国际著名石油科技专家美国南加州大学晏德福教授的70岁寿辰而写的，发表于1999年《Journal of Petroleum Science and Engineering》第22卷，编者还为此文作了简要介绍。

Abstract: This paper gives a brief review of the present status (after 1990) of pilot and field test results of polymer flooding, Xanthan gum flooding and combined chemical flooding enhanced oil recovery (EOR) techniques, and their future in China.

Keywords: Enhanced oil recovery; Polymer flooding; Xanthan gum flooding

1　Introduction

In recent years, as the oil price in the international market dropped, the study on enhanced oil recovery in many major oil - producing countries has made slow progress and some pilot tests were suspended. In the meantime, operators stopped giving financial aid to the research work and pilot testing, because of the high cost of enhanced oil recovery methods with little benefit.

However, in China, the economy has developed rapidly over the years requiring a lot of energy sources, but it is impossible to largely import oil required. Therefore, it is essential to increase the oil production of oil fields. Most oil fields in China are developed by waterflooding, but now, the recovery efficiency is low and water cut is over 80% because of the heterogeneity of reservoirs and high viscosity of oil. In order to enhance oil recovery and stabilize oil production, the study on enhanced oil recovery has been carried out for more than 10 years. Now, notable progress has been made in chemical flooding. Polymer flooding study focused on the displacement mechanism of polymer (PAM.), numerical simulation, field project design and prediction technique, which have been used for oil production of industrial scale based on numerous pilot tests. We have developed a biopolymer (Xanthan gum) which can be used under the conditions of high temperature (80℃). and high salt concentrations (170 000 ppm). It has been used successfully for profile control of injection wells and is being prepared for pilot flooding test. For the study on surfactant flooding, we have reached successfully the theory and technique of microemulsion flooding and micellar flooding and is being used for pilot flooding. At present, a new technique of alkaline - polymer and surfactant - alkaline - polymer flooding technique has been developed and its flooding efficiency is the same as that of microemulsion flooding with the amount of the surfactant used decreasing by more than 10 times. The pilot test of this new technique has been conducted successfully, i. e. , in a development test area abandoned, the pilot test's results of evident increase recovery factor and evident decrease in water cut has been achieved. Also, non - preflush chemical flooding technique has been developed, which can be used for reservoirs with high clay content. The development and production of chemical flooding reagents make it possible to displace reservoir oil with lower cost. Now, we can produce different types of oil field chemical reagents, such as PAM, Xanthan gum, petroleum sulfonate of sodium, etc.

2 Characteristics of Petroleum Reservoirs

Most of the discovered and developed oil fields in China are located in the oil - gas basins of continental formations. In these oil fields, the reservoir rock is made of sandstone or the mixture of sandstone and conglomerate rock, which is composed of clastic detritus in majority. Hence, it is very difficult to sort the classification of the reservoir rock of the oil fields in our country. The majority of cementing materials in the reservoir is composed of highly concentrated marlites and carbonates. Also, because of the characters of multiplicity and heterogeneity for the pore structure, all of these oil reservoirs have a very complicated geological condition.

Since most oil fields in China belong to the river - deltaic sedimentary system with an apparent multicyclicity, all of these reservoirs are formatted by the multilayer folding traps with a sharp discrepancy. Consequently, the permeability of the reservoir rocks, in spite of the vertical or horizontal direction, is very different in its magnitude at both directions in these oil sediments. The variant coefficient between the vertical and horizontal permeability is about 0. 6, and in some reservoirs, this coefficient is as high as 0. 8 ~ 0. 9.

Due to the geological processes occurring in a limnic, fluriatile to lacustrine environment with terrestrial influences, most oil fields at east part of China belong to the complicated facult reservoirs with an irregular oil - water distribution. The terrestrial formatted crude oil from these oil fields always exhibits a bad quality, for example, with a high wax content (over 70% of the crude oil has a wax concentration higher than 20% (wt. %), and over 90% of the crude oil whose melting point is greater than 25℃) and high viscosity value (over 65% of the crude oil has a viscosity value higher than 5to20 mPa · s). However, since the depth of these oil fields is shallow, the reservoir temperature usually is as low as 70℃. Note that the mineralize degree and the hard - ness of the reservoir water is low (<10000 mg/L) in these oil fields.

3 Characteristics of the Developed Oil Fields

Because of the complicated geological conditions in continental formations and a widespread distribution of small volume dentrital rocks in the reservoirs, the development of most oil fields in China is being limited by means of the natural water flooding. Instead, the water injection flooding method is employed extensively in these fields(Table1).

Table1 Basic Data of Polymer Flooding Pilots

Pilot	Pattern	Injector	Producer	Distance between injector and producer m	Date of injecting	Quantity of injected polymer (mg/L) × PV	Δη % (OOIP)	Benefit of polymer t/t
Daqing – x1	Inverted five – spot pattern	1	4	75	1972—1973	163 × 0. 2	5. 1	153. 4
Daqing – HP	Inverted five – spot pattern	4	9	200	1988—1990	272 × 0. 3	4. 3	81. 8
Daqing – PO	Inverted five – spot pattern	4	9	106	1990—1992	506 × 0. 3	14	177
Daqing – PT	Inverted five – spot pattern	4	9	106	1990—1992	496 × 0. 3	11. 6	209
Daqing – G4K	Irregular pattern	3	11	100 ~ 160	1986—1989	—	12. 7	400

Refs. : Chauveteau, et al. , 1988; Ma, et al. , 1992; Wang, et al. , 1993; Delamaide, et al. , 1994.

Two parameters are applied to determine the oil recovery efficiency from reservoirs: water – to – oil swept efficiency and volumetric sweep coefficient. For a typical oil reservoir, the representative data for these two parameters are: at a reservoir of 98% water cut, the average value of the swept efficiency is about 0. 531 and that of the swept coefficient is about 0. 693, which indicate that the limiting value of oil recovery efficiency for this reservoir is about 36. 8%. At present, many oil fields, developed by the water flooding method, are in medium to high water cut stage with an average value of 80% ~85% (wt. %). Therefore, the recovery efficiency is as low as 20% (OOIP, i. e. , original oil in place).

The main reasons for the low oil recovery efficiency obtained by the water injection flooding method in our oil fields are: (1) a great difference in the oil reservoir permeability, which will cause the injection water to go through the reservoir rocks only at large pore spaces (the channelling phenomenon is always observed); (2) a high viscosity ratio of oil to water, which will cause the fingering migration effect of oil in the reservoirs; and (3) a complicated pore structure and the oil – philic characteristics on the rock surfaces in the reservoirs, which will inhibit the oil to transport through the pore system of sub – surface rocks driven by the capillary pressure.

4 Enhanced Oil Recovery (EOR)

A brief review of various EOR techniques, which were proven workable in the different characteristic oil fields of our country, is already given in the paper of Yang and Han (1991). In the present paper, the current test results (after 1990) of adopting the chemical flooding EOR technique in our oil fields will be introduced briefly as follows.

In the last five years, the proportion of the amount of oil production obtained by using the EOR techniques (including thermal drive method) to the total annual amount of oil production in China has been nearly doubled, among which, the production by using the Chemical flooding method has been in – creased almost 10 times. From the results of field tests, it is proven that the chemical flooding method can increase the oil recovery efficiency effectively in our oil fields of various reservoir types. Hence, this chemical flooding method will be used widely in our oil fields in the future.

5 Polymer Flooding

Because of the research efforts devoted in the last two decades, we have already built up the knowledge of the reservoir engineering, oil recovery mechanisms, solution properties, physical and numerical simulations and the efficient prediction method of the polymer flooding technology. Based on these laboratory researches, the pilot plant tests have been conducted in several oil fields of various reservoir types, and therefore, have had much experience in this recovery method, including: the engineering techniques, ground equipments, testing and analysis methods, dynamic control method of drilling and the tracer injection technology (Liu, 1991; Wang, et al., 1991). Since the results obtained from semi – industry tests provide a positive answer for the polymer flooding method, after 1993, this method has been industrialized in our oil fields.

5.1 Pilot Tests

Table 1 summarizes the test results obtained by the application of the polymer flooding method in the different oil fields of various types. It is found that the polymer solution can apparently improve the water swept coefficient and the volumetric sweep coefficient, consequently, reducing the water cut in these oil reservoirs of heterogeneous geological conditions (see Fig. 1to Fig. 3). The polyacrylamide polymer is used in these oil fields. The reservoir water of law mineralized degree and a not quite high reservoir temperature assure that this polymer can increase the viscosity of the oil – water solution in the reservoir efficiently. Usually, with the injection of 350 to 380 ppm pore volume polymer solution, there is an increased profit of 150 to 200 tons oil production obtained for per ton of polymer injected, and the oil recovery efficiency will be increased in the ranges of 4% to 14% (OOIP).

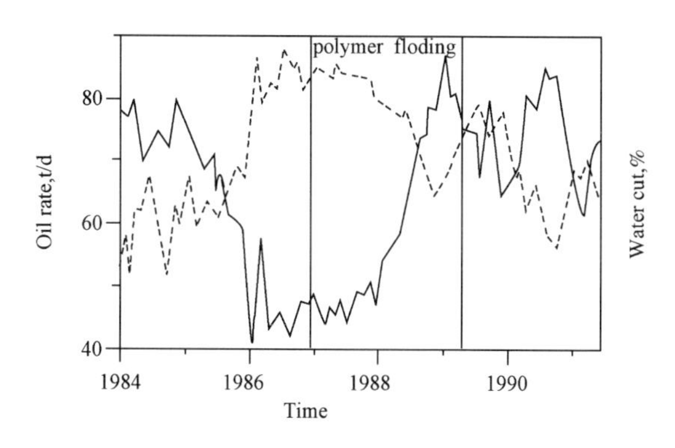

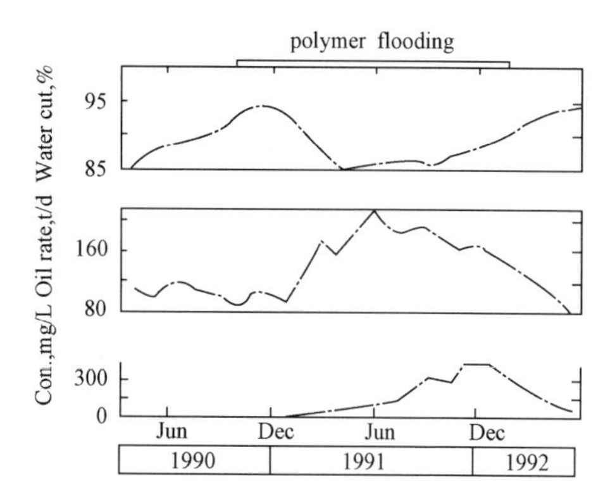

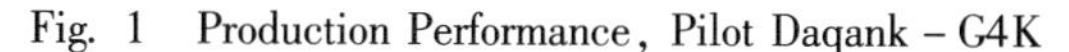

Fig. 1 Production Performance, Pilot Daqank – G4K

Fig. 2 Production Performance, Pilot Daqing – PT

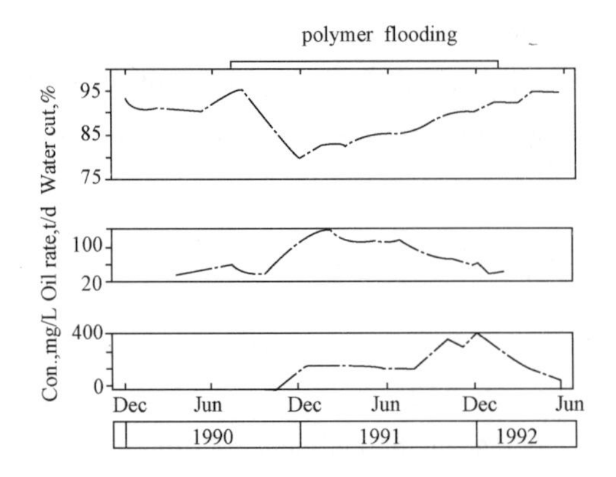

Fig. 3 Production Performance, Pilot Daqing – PO

5.2 Semi – industry and Industry Projects

The success of the pilot test enables us to carry out the semi – industry and industry EOR projects by using this polymer flooding method (Liu, 1995). Table 2 summarizes the projects executed currently in our oil fields. In these projects, we have enlarged the distance between the injection wells and production wells to an average value greater than 200 m. The area involved in each project is larger than the previous one, one project's area is even bigger than 3 km^2, and more than 60 injection and production wells are located in this area. In each project, the water used in the injection or production wells is de – mineralized by the proper treatment technology. The effects of reducing the water cut and increasing the oil production are observed at all of the production wells in these projects. For example, in the Daqing – TP project, it is found that the oil production is increased after injecting 60 ppm pore volume polymer solution on January 1993, and this increase is maintained until August 1994, at which, the water cut of that reservoir is decreased from 90.7% to 80.1% with a daily production of 1200 tons of oil (among which, 408 tons oil is recovered by this polymer flooding method). At present, in the oil fields of our country, the polymer flooding technology has been fully industrialized and its achievement is very promising.

Table 2 Basic Data of Semi – industrial and Industrial Projects

Project	Area, km^2	Pattern	Injector	Producer	Distance between injector and producer m	Date of injecting
Daqing – G4K	0.86	irregular pattern	6	12	100 ~ 360	1991
Daqing – TP	3.13	inverted five – spot pattern	21	36	250	1993
Daqing – LP1	1.45	inverted five – spot pattern	16	25	212	1994
Daqing – LP2	2.09	inverted five – spot pattern	9	26	300	1994
Daqing – G3E	0.81	irregular pattern	7	11	100 ~ 360	1994
Daqing – G3W	1.03	irregular pattern	7	18	100 ~ 360	1991
Shenli – GD1	0.562	inverted five – spot pattern	4	10	270	1992
Shenli – GD2	4.0	matrix pattern	78	300	300	—
Shenli – GD3	4.2	matrix pattern	54	150	150	—

Refs.: Ma, et al., 1992; Liu, 1995.

Table 3　Basic Data of Biopolymer Flooding Project

Project	Pattern	Injector	Producer	Distance between injector and producer, m	Quantity injected polymer (mg/L) × PV	Benefit t/t
Yumen - 2	irregular pattern	4	19	70	1300 × 0.4	229 to 280
Shenli - GD7	five - spot pattern	4	9	150	1500 × 0.4	in progress

Ref. : Chu, 1994.

In order to have a sufficient supply of the polymer, a polyacrylamide chemical plant (30 000 tons per year) will be opened in the near future (Liu, 1995). It is anticipated that this polymer flooding method will be the major oil recovery technology in China at the end of this century.

5.3 Xanthan Gum Flooding

The researches of using the Xanthan gum flooding method are conducted in some oil reservoirs of high temperature and high mineral content reservoir water in the past few years, and positive results are obtained by us (Lou and Yang, 1993; Chu, 1994). We have developed a new type of Xanthan gum, and found that the viscosity of this Xanthan gum can be maintained as high as 60% if an aging test is carried out over 300 days in a 170000 ppm saline water at the temperature of 80℃. A Xanthan gum plant with the capacity of 1000 tons per year is already built in our country. As shown in Table 3 (Chu, 1994), this Xanthan gum flooding method can successfully adjust the wettability of oil in the reservoir, and therefore, can effectively prompt the oil recovery efficiency. A very significant result was obtained by using this method from our pilot test in the Yumen oil field (Chu, 1994), and a larger scale test is currently conducted in that oil field (Fig. 4).

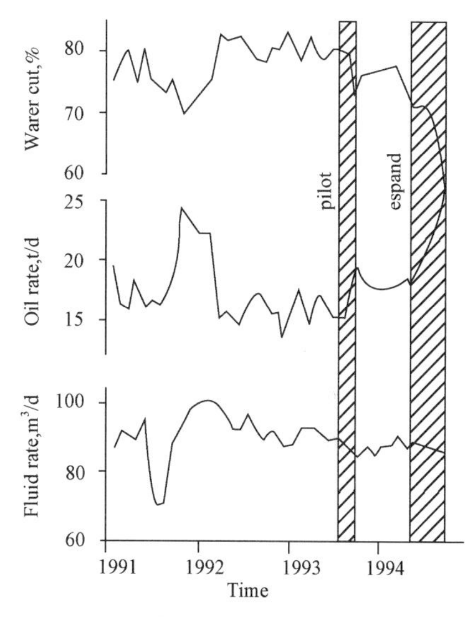

Fig. 4　Xanthan Gum Flooding Production Performance, Pilot Yumen - 2

6　Combination Flooding

The success of the surfactant - polymer combination flooding method is proven by the positive results obtained from the past and current pilot tests in our oil fields. However, because of the high consumption rate of surfactant by the micellar solubilization effect, it is found that this surfactant - polymer combination flooding is not economically feasible in practice. In order to overcome this high consumption disadvantage, combining with the advantages of the flooding methods of using surfactants, polymer and alkaline solution, we have been developed the alkaline - surfactant - polymer (A - S - P) combination flooding method and the alkaline - polymer (A - P) combination flooding method for crude oil with high acid value (Song, et al.), 1995., and the surfactant - alkaline - polymer combination flooding method (S - A - P) for crude oil containing natural organic acid (Yang, et al., 1995a, b). Because of the characteristics of a higher viscosity value, and also the surface

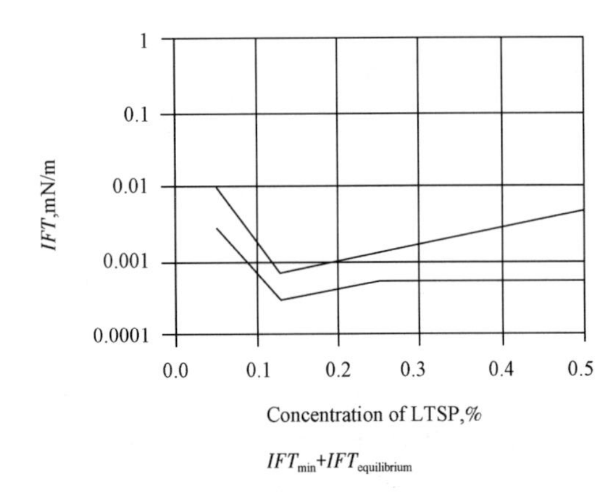

Fig. 5 Transient FFT and Equilibrium FFT vs. Concentration of Surfactant (S - A - P system)

active ability, these kinds of oil - recovery reagents are able to increase the mobility ratio and the displacement efficiency, and therefore, can decrease the interfacial tension (see Fig. 5) efficiently at the oil - water interface. The oil recovery efficiencies of these combination flooding methods are at least one time as high as that of polymer flooding method. Meanwhile, these oil recovery reagents can also combine with the organic acids on the surfaces of crude oil to form the local surface active reactants, and when these reactants meet again with the surfactant molecules in the injected reagents, the coordination effect will result, consequently, the effect of decreasing the interfacial tension becomes pronounced. The alkaline compounds in these reagents can also inhibit the retention loss of the injected chemicals. Thus, under the same displacement efficiency as that of surfactant – polymer combination flooding method, these A – S – P, A – P and S – A – P combination flooding methods will reduce the amount of surfactant consumed by more than 10 times, as well as the capital cost of the surfactants.

In China, we already have the chemical plants to produce these high surface active reagents. The price for the reactant resources of these surfactants is very cheap, and it is very easy to get these materials in our country. These surfactants can activate the surface properties of acid oil and non – acid oil simultaneously, and have the ability to form the ultra – low interfacial tension in a wide concentration range.

Table 4 gives the pilot test results of using these combination flooding methods in our oil fields currently. The pilot test result obtained from Shenli oil field at Shantung Province is a successful evidence. Before injecting the chemical slug, the test wells in this oil field belong to the economic – limited and highly developed ones, the water cut of these wells is above 98% and the oil recovery efficiency obtained by the water flooding method is about 54.4% (OOIP), but after injecting the A - S - P combination slug, the water cut of these wells is reduced significantly and the production of crude oil is increased (see Fig. 6). The increased oil recovery efficiency by this EOR technology is about 13.4% (OOIP).

Table 4 Basic Data of Combination Flooding Pilots

Project	Pattern	Injector	Producer	Distance between injector and producer, m	Concentration of chemicals			$\Delta\eta$ % (OOIP)
					S	A	P①	
Shenli – GD4	inverted five – spot pattern	4	9	50	0.4	1.5	0.1	13.4
Daqing – SSP	inverted five – spot pattern	4	9	106	0.6	1.25	0.15	20 ~ 26①
Liaohe – 2	irregular pattern	4	9	160 ~ 190		2	0.1	~7①

Ref.: Song, et al., 1995.

① By prediction, S stands for surfactant, A stands for alkaline and P stands for polymer.

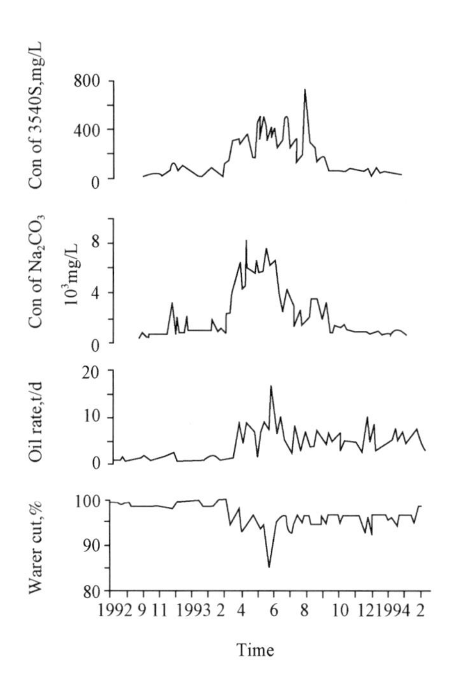

Fig. 6 Production Performance for A - S - P Flooding, Pilot Shenli - GD

In order to solve the high clay content problem in the reservoirs of our oil fields, we have developed a non - preflush chemical flooding technique, at which the amount of surfactant adsorbed on the reservoir rock surface is reduced by the addition of polyelectrolytes. By using this technology, the pilot test results obtained from the Yumen oil field (Yang et al., 1995a, b) are very significant (see Fig. 7). Hence, according to the characteristics of the oil reservoirs, we have successfully developed several kinds of chemical combination flooding methods, which provide a very promising technology in increasing the oil recovery at our oil fields.

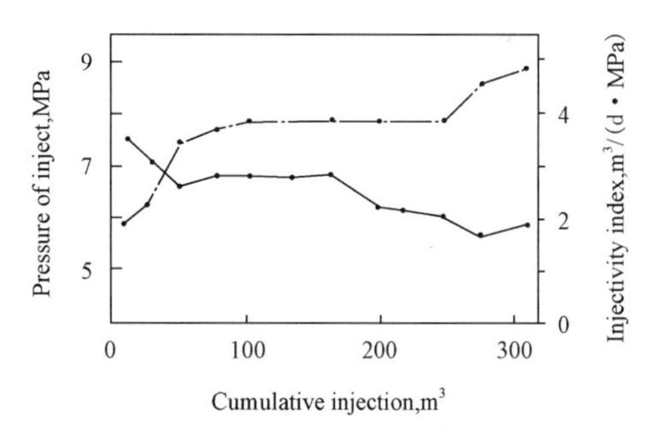

Fig. 7 Injection Pressure and Injectivity Index of the Well vs. the Cumulative Injected Oil Recovery Reagent

7 Conclusion

The heterogeneity of the geological conditions in our oil reservoirs causes many oil fields in our country to have a medium to high water cut stage, and a low oil recovery efficiency using the traditional water flooding technology.

It is found that, with the effect of increasing the oil recovery efficiency, the polymer flooding method can be applied successfully in most oil fields of our country. The conditions for the industrialization of this recovery technology are already provided in these fields.

Significant progress is obtained from the pilot tests by using the various multiple combination flooding technologies, and these combination methods all have high potential in increasing the oil recovery efficiency of our oil fields.

（原载《Journal of Petroleum Science and Engineering》, 1999, 22: 181—188）

用示踪原子法研究多孔介质中水驱油过程

韩大匡 张朝琛 白振铎 杨承志 董洪良 项焕章 董映珉

背景介绍：本文是20世纪60年代在北京石油学院开发研究室的又一成果。鉴于饱和度测定是研究各种驱替机理的物理模型必须进行的一项瓶颈技术，这里对利用示踪原子测定饱和度的方法进行了探索。为了更安全地进行实验，我们选取了半衰期短的放射性同位素碘^{131}，和当时灵敏度较高的测试仪器，以降低同位素的浓度。该文发表于北京石油学院论文集第一集。

引　　言

正确阐释油田的各种驱动过程（水驱、气压等）的动态，是地下水动力学及水动力模拟的任务，但首先必须有关于驱动过程的真实概念，才能尽量如实地模拟和得出有实际意义的解。所以研究多相渗流过程中各相渗透率的变化，压力分布的变化，非均质及非活塞的影响，界面的推进和演变，以及混合带的形成情况，都需要了解在不同驱动时刻，沿程的饱和度分布和变化情况。此外，根据饱和度分布和变化，还有助于判断及评价岩心制备和实验质量的好坏（如岩心的均质程度和有无窜流等）。

测量饱和度的方法以往最常用的是电阻法，此外还有中子法，X射线法，磁通法，称量法，水力切割法，示踪原子（放射性同位素）法等。近年来，随着技术进展和实验要求的提高，示踪原子法越受重视。如利用Cs^{134}，NaI^{131}及$C_6H_5I^{131}$研究油—水，油—气等系统的相对渗透率，用含I^{131}的C_6H_5I在煤油—CO_2系统中研究混气油流，研究水驱煤油前缘的演变，在50m长模油中研究高压丙丁烷混相驱的混相带生成及发育情况等。看来，放射性同位素法是较其他各法更为完善、精确、可靠的研究多相渗流过程的方法，其优点是：(1)可控制检查油层模型中油、气、水任何一相的饱和度（当模型中有三相即存在有气态时，可同时使用能溶于油、水的各种放射性同位素）；(2)能连续测量沿程的饱和度分布；(3)灵敏度及精确度均合乎要求；(4)量测过程短；(5)如配备有必要仪表时还可自动记录；(6)当使用金属管时与X射线法相比较，测量精度受管壁厚度的影响较小。

本文介绍我们利用含I^{131}的NaI同位素研究水驱油过程的方法及结果，并与电测法进行了比较。

一、测量饱和度的基本原理

利用放射性同位素方法研究油、水在多孔介质中渗滤过程的原理是由于放射性同位素的示踪作用，即利用某些能在衰变过程中放出穿透能力很强的γ射线的同位素。将这些同位素按一定浓度加在驱动或被驱动的油或水中成为活性油或活性水。由于γ射线可以很容易地穿透模型的管壁，借助于探测γ射线的仪器，可记录下γ射线的强度。因为γ射线的强度与活性水或油量的多寡成正比，这样只要定时沿程测量地层模型不同位置的γ射线强度，就能反映出油水在地层模型中运移情况。

按照预先做好的标准曲线，即饱和度和 γ 射线强度关系曲线，不难查出各点相应的油或水的饱和度，从而可以得出油或水在多孔介质中饱和度的分布情况。

电测法则是基于岩心的导电性与含水量的关系，来量测水的饱和度。在具体测量时，为了减少接触电阻的影响，我们采用电位计法，即将地层管与电阻箱串联，则电阻箱与地层管上测量段之间的电量关系为：

$$\frac{R_i}{R_M}=\frac{V_i}{V_M}$$

式中 R_i，R_M——地层管测量段与电阻箱之电阻；

V_i，V_M——地层管测量段与电阻箱之电压降。

调整电阻箱之电阻值，使 $V_i=V_M$，则 $R_i=R_M$，便可按电阻箱读数直接求出测点之间的电阻。再按地层管之几何条件算出相应的电导率。由于地层电阻较大，故测量时宜用输入阻抗大的电子仪表，如电子管电压表等，以保证量测精度。根据算出的电导率，可按事先用实验制出的标准曲线（电导—饱和度曲线），查出相应的饱和度值。

二、实验条件与流程装置

根据 Д. А. Эфрос 的建议，在进行水驱油试验研究时，当相似准数有：

$$\frac{\sigma}{Kgradp}>0.5\times10^6,\frac{\sigma}{\sqrt{\frac{K}{m}}\Delta p}<0.5$$

试验过程可以实现自模。故根据具体的油田参数，选择长为 100cm 和 61.5cm，内直径为 4cm 的聚氯乙烯管作为地层管。由经过处理的非胶结石英砂制成亲水岩样。

模拟油系采用柴油同该油田原油的混合物，其混合体积比为，柴油：原油＝1：5及1：2.5。驱动液体采用按具体油田注入水的化学组成配制成的矿化水，其黏度 $\mu_{35℃}=0.75$cP，相对密度 $\gamma_{35℃}=1$，pH＝8.5。岩性、流体性质及驱动条件见表1。

表1　岩性、流体性质及驱动条件

类型	砂柱组成，%		孔隙度 %	渗透率，D		压力梯度 大气压 m	管长 cm	管子内径 cm	油的黏度 (35℃)cP	油水界面张力(25℃) dyn/cm
	0.06～0.1 mm	0.1～0.25 mm		气测	液测					
1	30	70	36	1.455	0.8	0.37	61.5	4	6.15	20
2	30	70	34.8	1.4	0.8	0.31	100	4	9.9	20

掺入水中的同位素采用能溶于水的 NaI^{131}，其比度为 0.5mCi/L，因为 I^{131} 的半衰期为 8 天，所以便于实验设备去污染及废液处理。

地层管各测点标记间距为 9cm 和 7cm，探头至地层管壁距离为 2.7cm。

试验流程如图1。把掺有 I^{131} 和防腐剂（福尔马林或六偏磷酸钠）的驱动剂装入钢质容器（4）。地层模型（6）系水平置放。用根据相对密度差制成的“U”形分离器（8）分别计量油、水流量。驱动动力采用压缩空气，通过放空管（3）调节驱动压力的大小，驱动压力由水银压差计（2）计量。整个流程用红外线灯泡（5）保持温度在 35℃ 左右，温度的高低可由调压变压器（13）来控制。用半导体点温度计（12）测量地层管温度。

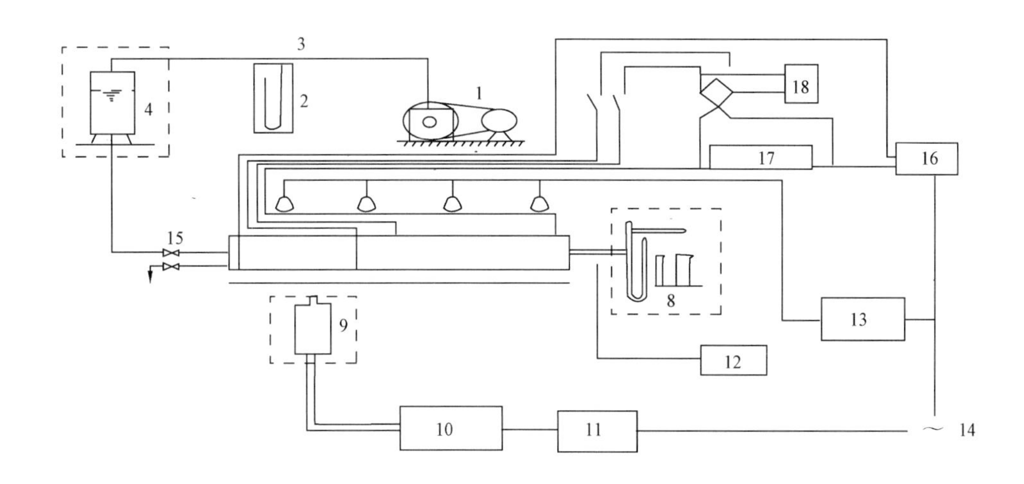

图1　实验流程图

1—压气机;2—水银压差计;3—放空管;4—容器;5—加热用红外线灯;6—地层管;7—标尺;
8—U形分离器及计量筒;9—探头;10—计数率仪;11—稳压差;12—半导体点温度计;
13—调压变压器;14—交流电源;15—闸门;16—音频振荡器;
17—可变电阻箱;18—电子管电压表;19—虚线表示防放射性屏蔽

放射强度的测量采用灵敏度较高的闪烁计数器,由于其灵敏度高,可以允许采用低比度的溶液作驱动剂。

计数装置由3部分组成:

(1)探头(图2):探头包括闪烁晶体、光电倍增管和阴极输出器。采用NaI(TI)晶体作为闪烁晶体。这种晶体的优点是闪烁时间短,密度大,探测效率高,适应快速计数。光电倍增管为ФЭУ-19M型,为了使它的阴极同闪烁晶体保持良好的光耦合,在接触面上涂一层硅油。为了测量某一点的放射性强度,探头头部是带有辐射窗的铅护罩,辐射窗长3.5cm,宽1.5cm。

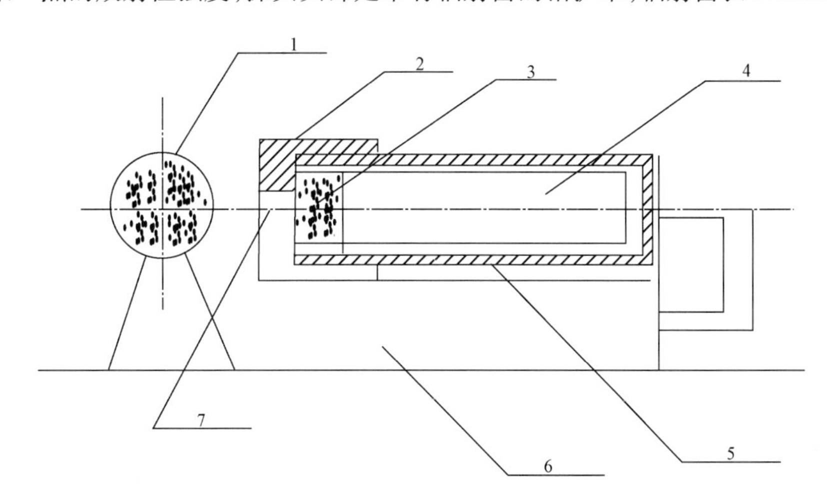

图2　闪烁探头构造示意图

1—岩心管横截面;2—铅护罩 ϕ11cm×9cm,底厚4cm,壁厚1cm;
3—闪烁晶体NaI(TI);4—光电倍增管ФЭУ-19M;5—钢壳;
6—阴极输出器;7—辐射窗3.5cm×1.2cm

(2)光电倍增管所输出的脉冲经阴极输出器通过同轴电缆输送到测量仪器。

(3)测量仪器:采用匈制 ORIOW－EMG1887 型快速计数率计,以测量放射强度。

为了保证测量的准确性,测量时探头的辐射窗应正对地层管的测点,并严格保持探头与管壁的相对距离(因辐射强度与距离平方成反比);其次应用交流稳压器使电压稳定在 220V,并应当尽可能防止附近放射源对测量仪器的影响。装有活性驱动剂的容器用铅胶板包扎,地层管两端用铅砖遮挡。出口流量计用铅化玻璃防护。为了吸收飞溅的液体,桌面垫一层吸水纸;地面铺胶皮膜,便于及时消除漏溅液体,消除沾污。

三、实验程序

试验按以下步骤进行:试验开始前应将地层管预热 4～5h,进行空白试验,并测量出各测点放射性强度,作为测量本底。然后打开地层管进出口闸门(15),开动空气压缩机(1),调节压力至规定数值。试验连续进行,每隔 1～2h 计量一次油水流量,特别要注意准确记下出水时间。直到出口油流量为零时,停止试验。

在每次计量流量时,同时测量地层管各点放射性强度,探头可以沿地层管轴线方向移动,在尽可能短的时间内(5～10min),测完所有测点。

对装有电测装置的地层管,也要相应的定时测量岩样各段电阻,按电测的标准曲线查出相应的饱和度,以便与按放射法求出之饱和度进行对比。

四、放射法实验要点

(1)标准曲线的绘制:为了能在已知放射性强度的情况下,求出地层模型中各点饱和度的值,应预先作出标准曲线。标准曲线应在与正式实验相同的几何条件和实验条件进行测定。

实验装置如图 3 所示。岩样长 20cm,其他条件与正式实验相同。将岩样抽空并饱和活性水,测量不同位置的放射强度。实验证明当岩样完全饱和水时,各点放射性强度并不一样,故取等距五点的平均值,作为 100% 饱和时的辐射强度。以后用氮气驱替地层模型中的液体,每驱出一定量液体时,测出相应的放射强度,随着模型中液量的减少所测得的辐射强度也相应减少。根据模型中测量时的残余液量和原始饱和液量可以计算出在测量时的饱和度值。这样可以绘制出辐射强度和饱和度关系曲线,二者一般呈线性关系(图 4)。

(2)吸附现象的消除:实验发现,在抽空岩样饱和活性水的过程中,模型入口端的辐射强度不断上升,从入口到出口强度不断递减;在用气驱出大量活性水后,入口端仍保持相当高的计数;若取等量的驱出活性液和未注入的活性液在相同的几何条件下进行测量,也发现前者的辐射强度比后者小。所有这些现象都表明,多孔介质对放射性同位素有吸附作用存在。如图 4 的曲线Ⅰ所示是当有吸附存在时的强度饱和度曲线,如把直线段延长至含水饱和度为零时,强度轴上有一截距,而且强度—饱和度曲线较正常曲线偏高。截距大小表明在此多孔介质中的吸附程度的高低。

消除这种吸附现象的方法是在活性水中加入适量的非活性碘离子(活性与非活性碘离子数量之比为$\frac{1}{10^6}$)。由图 4 的标准曲线Ⅱ通过原点即可看出,应用此法后吸附现象也基本消除。

(3)活性水的配制:选用的放射性同位素是液态的 Na I^{131} 溶液。供应的同位素比度较高,一般为 4～5mCi/mL;而放射性同位素的用量除非是用盖革计数管进行计量才需较大比度

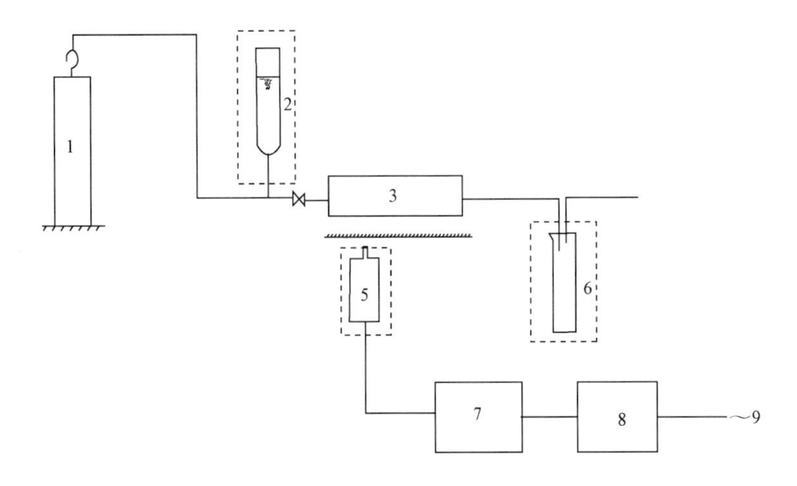

图3　测定标准曲线的流程图

1—氮气瓶；2—储活性液容器；3—地层管；4—标尺；
5—闪烁探头；6—量筒；7—计数率仪；8—稳压器；9—电源

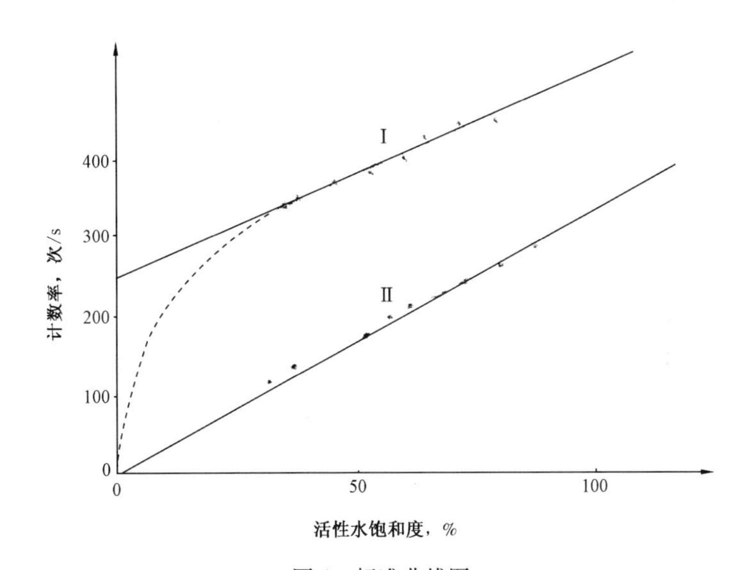

图4　标准曲线图

Ⅰ—有吸附存在时的曲线；Ⅱ—消除吸附后的标准曲线

30～50mCi/L 外，根据国外经验利用灵敏的计数率仪大约 0.5mCi/L 便可以满足测量要求，这样低比度的放射性溶液即使沾在皮肤上也不会危险，有利于安全进行实验。若经过一段时间衰减后才用于驱动，就必须经过换算以求出使用时的比度，由于衰变系按指数规律，故可在半对数纸上查出经过若干天衰减后的比度，再根据所需水量，用微量移液管吸取所需的同位素溶液，加入地层水中均匀混合，并按比例取非活性 NaI 掺入水中，以克服吸附的影响。

（4）放射性强度的校正及饱和度的换算：此外，还应考虑到选用的放射性同位素（I^{131}）的半衰期只有 8 天（192h），而我们实验往往会延长到 100h 以上，这样最后的活性水的比度就要比开始时低很多，所测得的模型各点的辐射强度也会相应的变小，因此必须把不同时间的计数加以校正，按绘在半对数纸上的衰减曲线图中查出校正数值，乘上这个系数后，即可把某一时间的测量值换算成刚开始时的记数（和标准曲线相一致）。由这一系列数据从标准曲线上查出对应的饱和度，就可以得出饱和度的变化与分布规律。

五、实验结果分析

(1)放射法精确度的分析和对比。精确度的对比主要是把按出入口液量的平衡算出的平均饱和度与按放射性强度测出的饱和度进行比较,放射性测出饱和度按面积积分法求出。由表2可见放射法求出的平均饱和度与按物质平衡法算出的平均饱和度之相对误差绝大部分低于10%。这个误差不超过实用的允许范围。造成这种相对误差的原因,估计有以下几方面:① 在本实验的测量范围内,仪器读数误差大致有3%左右;② 液体流量的读数误差;③ 测点距周围放射源的远近;④ 探头与地层管相对距离的错动;⑤ 探头的屏蔽不良等。

表2 放射法与平衡法测定饱和度的比较

实验编号	距实验开始时间 h	平衡法算的平均饱和度 %	放射法测出的平均饱和度 %	相对误差 %
Ⅱ	7	9.75	8.9	-8.7
	12	15.5	15.6	+6.45
	16	19.9	18.8	-5.5
	36	39.2	35.2	-10.2
	55	47	47.8	+1.67
	81	52.8	5.6	+6.1
	113	60.6	59.5	-1.8
Ⅲ	4.5	10.8	9.6	-11.1
	7.25	16.5	17.4	+5.45
	9.5	25.1	23.7	-5.6
	13.5	32.2	31.8	-1.24
	21.5	41.7	42.6	+2.16
	30	49.5	47.5	-4.0
	40	53.5	5.6	+4.6

为了将放射法与电阻法进行比较,曾在实验中测出管长中部长约10cm的岩心电阻,其实验数据列于表3,由这些数据按电测标准曲线(图5)绘出的对应的曲线见图5。实验证明,在实验初期含水饱和度较低时,电阻法给出了过大的含水饱和度值,其原因可能是由于亲水的地层在没有束缚水的情况下以水驱油时,因毛管作用或局部渗透性不够均匀而形成微量水窜,以致在该段岩心中只有少量的连续的驱动水相对,其电阻值就有很大的降低。由于电阻标准曲线是在非导电相(气)驱导电相(水)的条件下绘制的,所以这个大大降低了的电阻值,在测定标准曲线的条件下相当于一个较大的含水饱和度。看来,这是因为,当非导电相驱导电相时,导电相在饱和度很小时,基本上是不连续的,所以测出的电阻率就较高;而在没有束缚水的情况下造成微量水窜后,导电相(水)的饱和度虽不大,但它却是连续的,所以电阻率值较低。因此,按标准曲线查出电测含水饱和度也就偏大。随着实验的进程,含水饱和度逐渐增大至45%~50%时,电测与放射性测量结果也逐渐趋于一致。看来,这是导电相在这两种条件下都已处于连续状态的缘故。由此可见,在没有束缚水的情况下进行水驱油时,电阻法对于低饱和范围是不适用的。

表 3　放射性法与电阻法数据的比较

距实验开始时间 h	电阻 $R,10^3\Omega$	相对电导率	电测饱和度 $S_{电}$,%	放射性测饱和度 $S_{放}$,%	相对误差,%
10	43.0	0.073	28.0	21.3	+31.4
14	31.0	0.101	33.0	25.0	+32.0
18	28.0	0.129	37.4	29.8	+25.5
20	21.0	0.173	42.5	43.6	-2.6
24	18.0	0.2.3	45.6	47.0	-3.0
26	17.0	0.214	47.0	45.8	+2.6
28	17.9	0.212	46.6	46.3	+0.6
30	16.7	0.218	47.3	47.4	-0.2
32	17.5	0.209	46.4	50.2	-7.6
34	15.0	0.242	49.2	50.8	-3.4
36	14.8	0.244	49.8	50.5	-1.4
38	14.7	0.248	50.2	47.1	+6.6
44	14.8	0.246	50.0	50.6	-1.9
46	14.4	0.252	50.5	48.4	+4.3
48	14.3	0.254	50.9	52.0	-0.2
54	14.0	0.260	51.3	54.0	-5.0

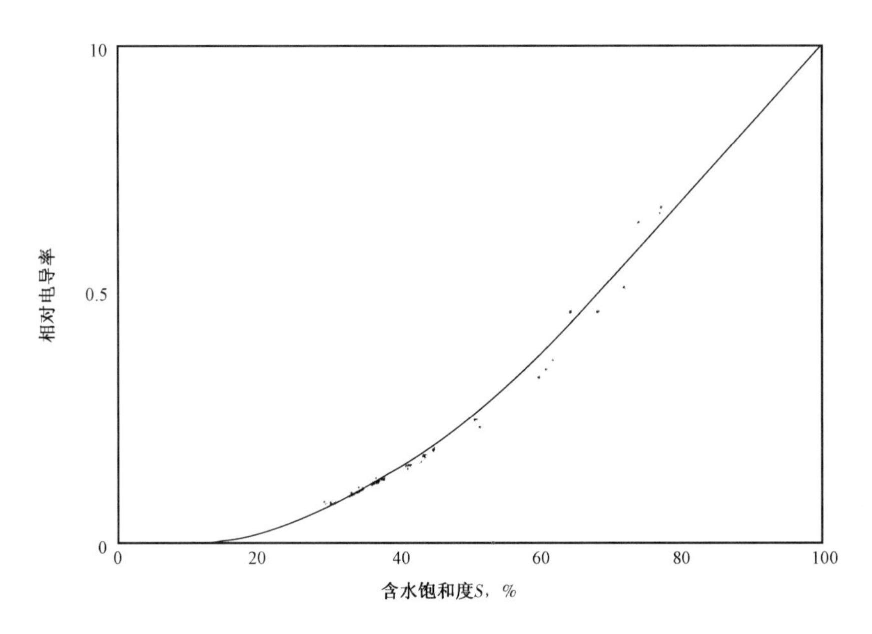

图 5　电阻法标准曲线图

纵轴是相对电导率（无因次）；横轴是含水饱和度。

（2）理论及实测饱和度分布的比较。放射法测出的饱和度分布（图 6），可与按计算法算出的饱和度分布比较；计算法系根据贝克莱－列维莱特不稳定非活塞水驱油渗流理论即下式算出：

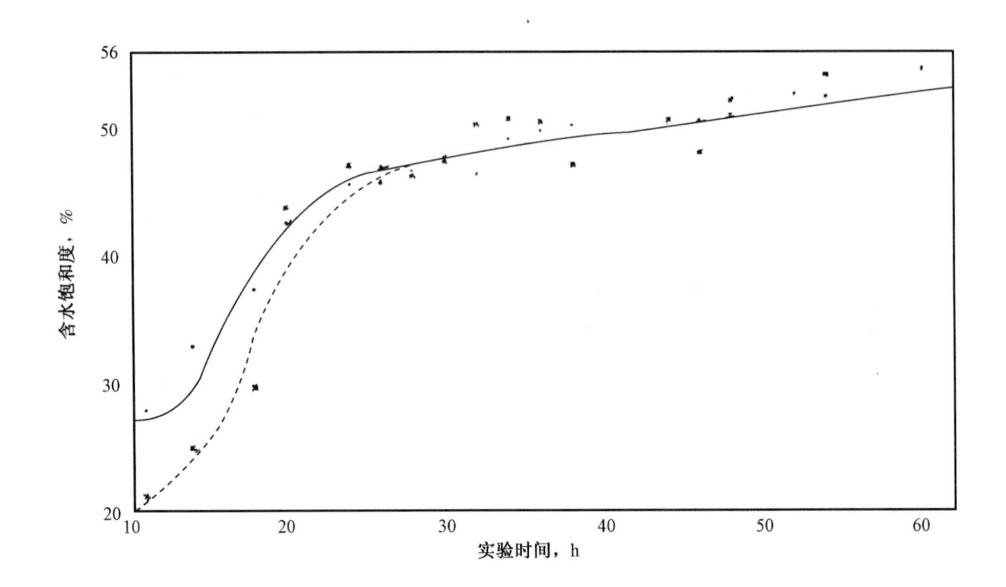

图 6　放射法与电阻法测定饱和度的比较

×及虚线——放射法；·及实线——电阻法（在含水饱和度 >45% 以后，两者趋于一致）

$$x(S_{t1}) = \frac{\Phi(S_L,t)}{\Phi(S_L,t_1)}L$$

而

$$\Phi(S_L) = \frac{df(S_L)}{dS_L}$$

式中　L——管长，cm；

$x(S_{t1})$——距入口距离，cm；

$\Phi(S_L,t)$——在 $t>t_1$ 时出口端之 Φ 值；

$\Phi(S_L,t_1)$——在出水后 t_1 时刻出口端之 Φ 值；

$F(S_L)$——出口处产水率；

S_L——出口处含水饱和度。

以第Ⅲ组实验为例，如图 7 所示是先按实测数据算出 $f(S)$ 及 $\Phi(S)$ 的关系曲线；然后再按上式算出在不同出口端饱和度时的分布曲线（图 8），由图 8 可见，除少数测点外计算法与实测结果基本上是相近的。

（3）饱和度分布的异常及末端效应。曾在 20cm 长（岩性参数与其他实验一样）的岩心中进行活性水驱非活性水的试验，压差 0.5 大气压，驱动时间 1.3h，其推进前缘如图 9 所示，横轴是距入口的距离，纵轴是计数率大小，可以看出，在不存在毛管力的均质液流中，在高压差下活性与非活性液体界面是明显地近似于活塞式，而且曲线比较光滑，但在无束缚水的亲水地层中水驱油时的饱和度分布则不同。如图 10 及图 11 是某组实验若干典型的饱和度分布曲线。从曲线的起伏可见，如图 10 第 2 测点，在不同时刻测出的强度（饱和度）均偏低，表明局部渗透性的偏低，或局部温度较低；而突起高处如图 10 的第 4 测点，则可能是局部渗透性偏高，也可能是局部温度过高，使水易将该处的油驱出。图 12 是各组实验饱和度分布图，由图 12 的Ⅰ，Ⅱ和Ⅲ各组曲线末端还可看出，含水饱和度均有明显陡升的趋势，显然是末端毛管力梯度所引起的饱和度变化。此外还将实测末端效应的范围，与文献中类似实验进行比较（表 4）。

表4　实测末端效应的范围与类似实验的比较结果

实验编号	L cm	$\frac{\Delta p}{\Delta L}$ atm/m	K D	黏度比	驱动时间 h	由放射性测出的末端效应影响长度 cm	影响长度占总长度 %
Ⅰ	61.5	0.6	1.455	7.7	24	6	9.8
Ⅱ	100	0.31	1.4	12.9	110	12	12
Ⅲ	100	0.31	1.355	12.9	70	12	12
文献[15]	250	3	15	3	<3	不明显	—

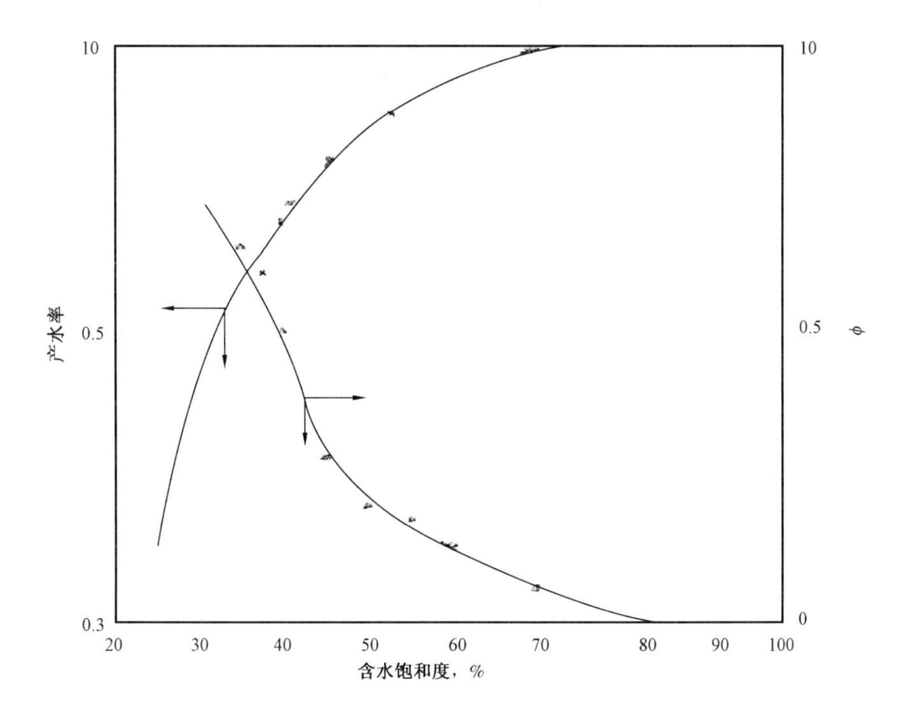

图7　产水率f及Φ值与含水饱和度的关系

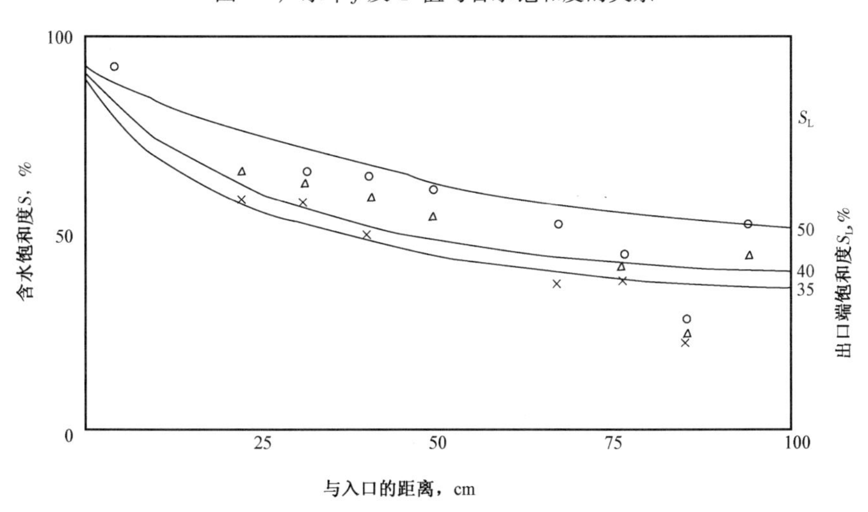

图8　饱和度分布对比图

Ⅰ，Ⅱ，Ⅲ—出口端含水饱和度为50%，40%，35%时的饱和度分布曲线；实线—按计算法；

o，△，×—分别为按放射法在出口端含水饱和度等于50%，40%，35%时的测出值

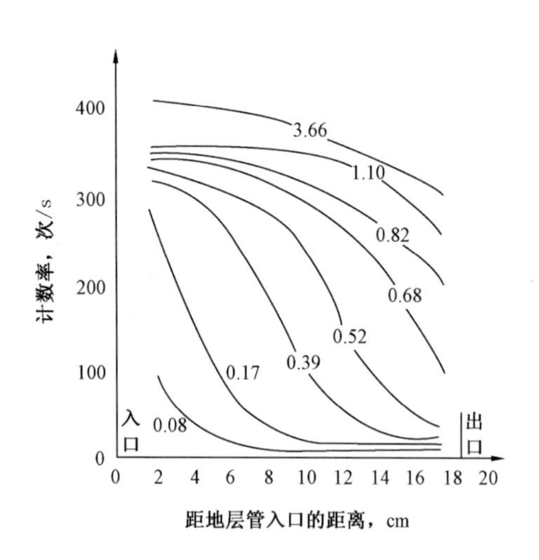

图9　活性水驱非活性水之活性水饱和度分布图

［曲线上的数字代表通过地层管水量（以总孔隙体积的倍数表示）］

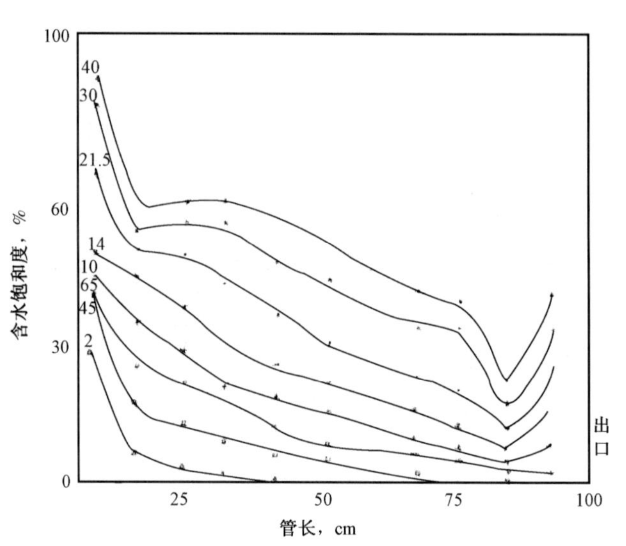

图10　在无束缚水的亲水岩层中用水驱油时的饱和度—距离分布曲线

［图中各曲线上的数字分别代表测定时间（以小时计）］

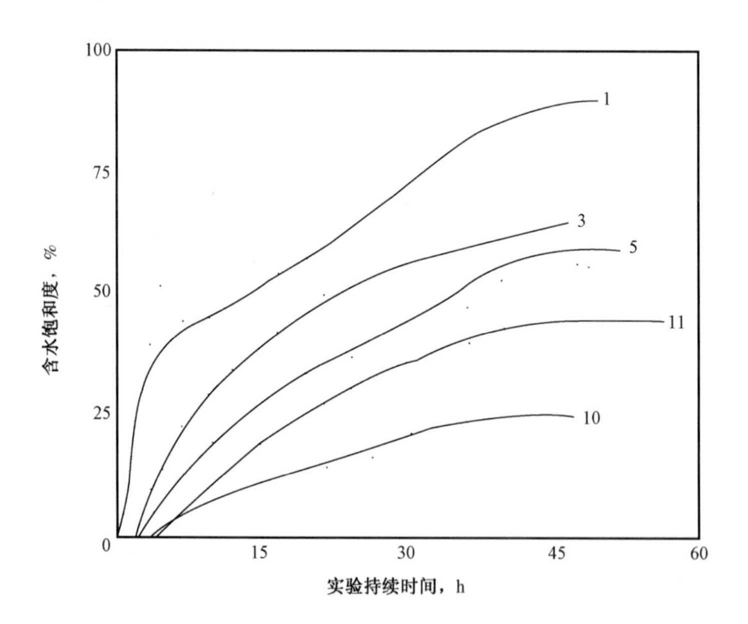

图11　与图10对应的在不同位置测出的饱和度—时间分布曲线

（自上而下各曲线分别代表在第1,3,5,10,11各点测出的数值）

可以看出在此模拟地层及驱动条件下，末端效应是不应忽略的，而在文献中的实验，因压力梯度大，渗透性高，驱动时间短，黏度比小，所以末端效应减弱，但这样一来常容易破坏动力模拟条件。

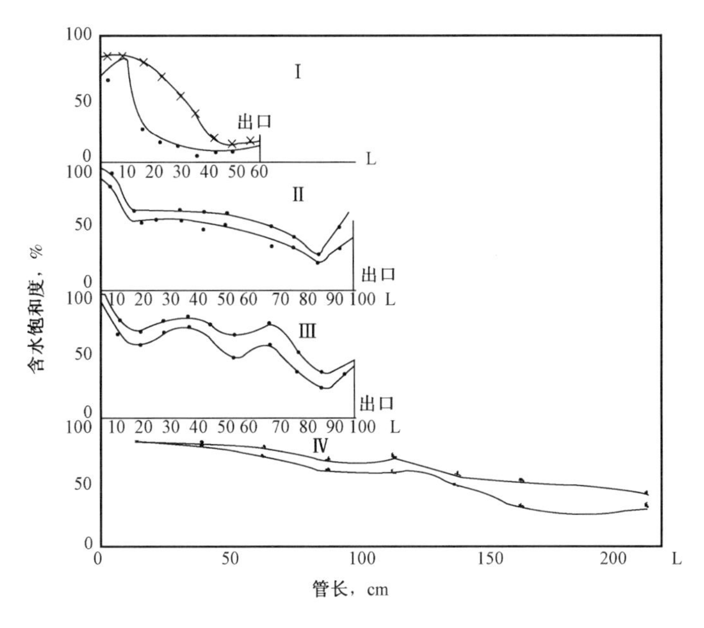

图 12　末端效应对比图

Ⅰ—61.5cm 长地层管(0—平均含水饱和度 21%，×—平均含水饱和度 43.5%)；

Ⅱ—100cm 长地层管(×—平均含水饱和度 35%，0—平均含水饱和度 50%)；

Ⅲ—100cm 长地层管(×—平均含水饱和度 35%；0—平均含水饱和度 50%)；

Ⅳ—文献[15]中 250cm 长地层管(0—88%；×—62%)；

纵坐标—含水饱和度,%；横坐标—至入口的距离

六、结论

根据上述实验分析，可以得出以下结论：

(1)利用闪烁探头快速计数率仪及相应的实验装置和方法，在低的比度(0.5mCi/L)下，可以足够精确和迅速连续地研究水驱油时多孔介质中各相分布动态；仪器工作稳定，可连续工作 5～8 天以上。

(2)采用事先于水中加入非活性 NaI 的方法，在活性与非活性碘离子之浓度比达 1×10^{-6} 时，基本上足以防止活性离子吸附，消除对计数的影响。

(3)在活性—非活性水的均质系统中，前缘才能是明显的活塞式的。这是因为驱动相与被驱动相流度比等于 1，而且不存在毛管力的缘故。

(4)在不存在束缚水的低压差水驱油过程中，如岩层是亲水的，则前缘不太明显。这是因为水油两相的流度比不同，多孔介质中存在着毛管压力，使微观孔隙不均质的影响更为突出，从而歪曲了前缘的形态及饱和度分布。

(5)在人造均质岩心条件下水驱油时，通过放射性观测，可以看出饱和度分布的异常情景，与岩心制备时局部的渗透性不均质，实验时局部温度不均匀，距周围放射性源的远近及探头的屏蔽好坏，探头与地层管相对距离的错动等有关，为今后进一步使实验条件严格化提出要求。

(6)在实验模拟条件下(低压力梯度及低流量)可看出末端效应的影响较大，因此利用不长的岩心进行模拟实验时必须注意消除和减低末端效应的影响。

（7）利用放射性测得的饱和度—距离关系求出的平均饱和度与按物质平衡实测平均饱和度之相对误差大部分在10%以下，基本上均在测量的精确度范围内。

（8）在不存在束缚水的亲水岩层中，在低压差下以水驱油时，用电位计法测出的饱和度，只有在较高的含水饱和度（45%以上）时，才与放射法测出饱和度较为一致，含水饱和度越低，电位计法测出饱和度值偏大，且误差很大。

（选自《北京石油学院科学研究论文集》第一集）

微波法测定平面模型含水饱和度系统及其应用

何武魁　冯自由　韩大匡

摘　要：微波法测定平面模型含水饱和度系统(以下简称系统)，用于测定平面物理模型含水饱和度的瞬时分布，为研究注水、注气及化学驱油的规律，建立数学模型，合理开发油田和提高采收率服务。本系统利用机电结合的扫描方式，实时控制扫描系统采集、传输数据，采用对每个面元分别定标的方法，随时处理数据，打印成瞬时饱和度分布图和报表，并可在荧光屏上显示，同时录像。应用该系统所作的一系列驱替实验表明，该系统硬件工作稳定可靠，软件设计实用方便，证明了定标方法、扫描方式的合理性。化学驱实验中可明显看出原油富集带的形成过程。

关键词：含水饱和度　提高采收率　数学模型　驱替实验　系统设计(微波法)

引　　言

美国马拉松公司于1974年首次公布了微波衰减法测定岩心含水饱和度的实验，引起石油界很大重视。微波法具有快速、无损、安全等优点，是电阻法、解剖法、放射性同位素法所不能及的。1979年玉门油矿与兰州大学合作，用3cm波段使用单对天线，对面积为50cm×75cm的平面模型进行扫描，扫描一次用30多分钟。与此同时，上海科技大学与大庆油田合作，用1.25cm波段，对微波衰减特性进行了深入的研究，并对介电常数测量和反射问题进行了讨论。20世纪80年代初，这项技术又被进一步开拓，用于化学驱三次采油，油墙形成机理的研究，但从未见到过有关快速平面扫描的报道。自1979年以来，我们先后进行了硬件和软件的研制，配置了计算机、录像编辑机和驱动流程。同时，方法的研究有了突出的进展，定标方法较以前惯用的方法有较大的优点。我们为提高采收率的研究提供了一套硬件、软件配套的完整的仿真试验手段。

一、系统硬件简介

该系统的硬件，包括微波扫描装置、计算机系统、图像及录像系统和驱动流程装置四大部分(图1)。

微波扫描系统采用的是机电结合的扫描方式，用单刀十六掷微波开关、PIN管控制16对天线、顺序开关，来完成一行的扫描。然后，电机拖动天线阵列向前行进2.5cm的距离，再进行第2行的扫描，依此类推，直至第20行扫描结束。天线与天线之间的隔离度大于40dB(分贝)，可充分消除信号相互之间的影响。为消除因反射或其他匹配不当所引起的驻波的影响，使测量数值更接近真实值。本系统采用1/4波长法测量每一面元的衰减值，正扫描一次和回扫描一次。正扫描之后，模型自动提升1/4波长，再做回扫描。6800微机将正、回扫描的数据全部采集(共640个)，并将同一面元的正、回扫描数据相加取算术平均值，从而得到整幅图的测量数据。扫一幅图仅需38s。驱替过程的任意时刻均可扫描，获得该时刻的饱和度分布图。16对天线分别有自己的检波器和低频放大器，且每条非线性校正曲线都输入到Z-80计算机中。

6800 微机将采集的 320 个面元的数据传送给 Z－80 微机,Z－80 微机内的软件包将 320 个面元的电信号(mV 值)转换成饱和度的值,打印出一幅饱和度分布图,并将全部数据存盘。

编辑录像系统可将整个过程进行录像和编辑,并可用 LASER－200 微机将任何时刻的饱和度分布图显示在彩色荧光屏上。

驱替流程是硬件系统的另一个重要装置,可进行油驱、气驱、水驱和化学驱。由于采用了囊式储能器,将油、气、水以及化学剂分开,充分起到防腐的作用,保护了超级微量泵,又可使整个系统压力稳定,使流程适合于进行稳定流和非稳定流的驱替实验要求(图 1)。

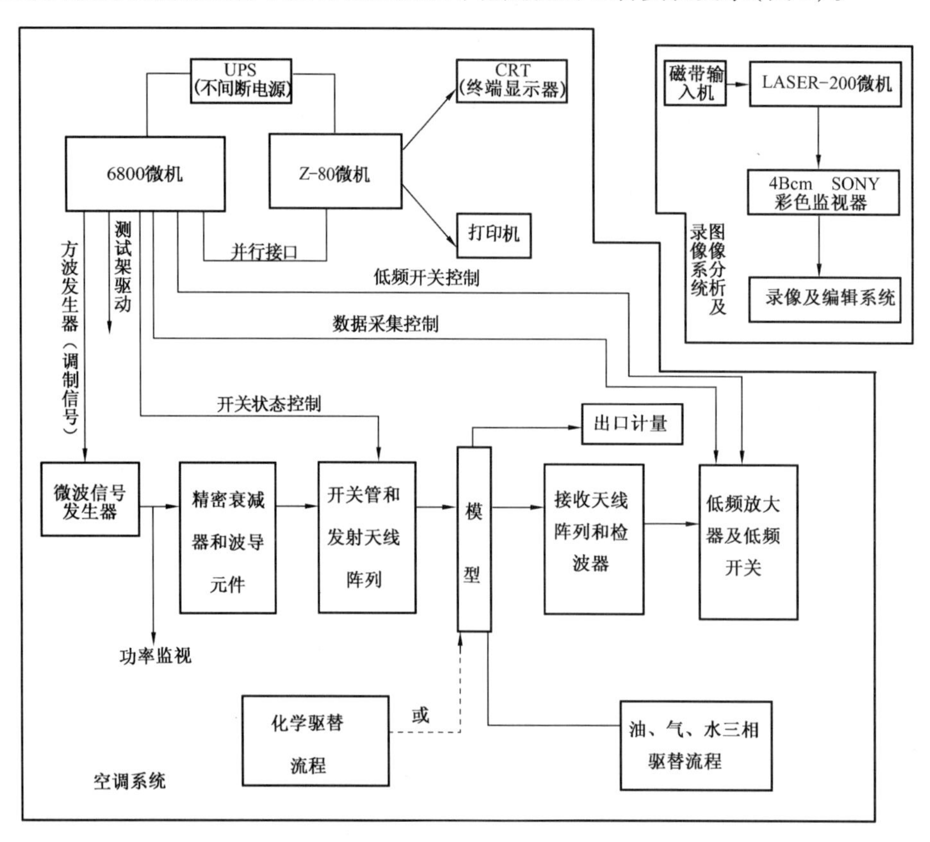

图 1　微波法测定平面模型含水饱和度联合系统框图

二、系统软件简介

本系统的软件包,包括 3 部分,即控制程序、计算程序(包括报表处理程序)和图像显示程序。

控制程序的功能是将 6800 微机所采集的每一幅图的数据按照顺序传送到 Z－80 微机,传送速度是 43s,并将正反两次扫描的数据取平均值,最后得到模型中 320 个面元的原始数据,并存盘。

计算程序的主要功能是,根据扫描所得到的模型干点和全饱和点的数据分别求出 320 个面元的定标方程的斜率,并根据该次扫描的数据和定标方程的斜率,分别计算出 320 个面元的瞬时饱和度值及气水比(或油水比)、气窜(或水窜)面积系数。最后得到出口计量的平均饱和度值、微波扫描的平均饱和度值及二者的相对误差和采收率。打印成图程序可将软盘中的饱和度值读出，并打印出饱和度的分布图。

图像显示程序的功能是，使用 LASER－200 微机将饱和度分布按“织构形式”显示在 46cm SONY 彩色监视器上，饱和度每变化 10% 改变一种颜色。

软件设计的主要特点是：

（1）由于每个面元都有各自的校正曲线，可充分反映出模型的非均质性及驱动过程非活塞性，并充分考虑了晶体检波器的非线性影响和阻抗匹配的影响等。

（2）接口设计不改动硬件线路，仅按标准配件配置，利用软件支持。

（3）在数据处理中考虑了因长期使用微波源而引起的电平漂移的影响。

（4）采用“织构形式”成图的方法，可反映饱和度分布的细微变化。

三、方法的研究

该系统使用的是微波衰减法，即对一定材质的模型，微波衰减值（A）随含水饱和度（S_w）的上升而上升，在理论上是直线关系，但是这直线关系的成立是有条件的。以前在多孔介质的微波测量中一直存在“高含水问题”，即岩心含水饱和度在 70% 以上时，微波衰减值不随含水饱和度的上升而上升，出现拐点。通过加大功率源能量的方法来解决高含水问题，经过多次试验证明，无论大能量或小能量（是大能量的 1/100），在同一含水（比如都在 70%）时都出现拐点，说明加大功率源不能解决高含水问题。

我们在 2cm 和 3cm 单道系统上分别对 6 种、14 块样品作了长期的测试，通过测定样品的介电常数（ε'和 ε''）证明介电常数在高含水时并不存在拐点，说明“高含水问题”与极化机理无关。

根据对各种岩心的几何厚度所作的研究证明，使衰减值与含水饱和度呈直线关系的条件是：

$$\phi \times H < C$$

式中，ϕ 为样品孔隙度，%；H 为样品厚度，cm；C 为常数。样品的材质不同及微波波段不同，C 值也不同。只有满足一定条件才能使衰减值与饱和度呈直线关系。

定标问题一直是石油界在微波应用方面所讨论的问题。通常使用的是 4 点定标，即利用干点、全饱和点、束缚水点和残余油点定标。但是，对于平面物理模型来说，320 个面元必须各自定标，而束缚水和残余油二点又无法知道。如果用惯用的物质平衡方法求出 320 个面元平均的饱和度，并用它校正每个面元，是极不准确的。因此，我们只能采用每个面元的干点和全饱和两点来定标。定标的条件是，忽略油对微波能量的吸收。

对 14 块样品的多次重复实验分析表明，饱和度绝对误差大于 6% 的测量点基本没有；绝对误差大于 5% 的测量点占总测量点数的 4%；绝对误差的平均值为 3%。因此，两点定标的面元误差为 5%，置信度为 95%。

在 3cm 波段，影响测试结果的因素很多，温度是最重要的影响因素。通过大量的试验，我们给出定量的概念：在高含水区，温度每变化 1℃，微波衰减量变化 0.3dB。另一个影响因素就是水在岩心中的分布，由于岩心在厚度方向上的孔隙分布是不均匀的，这样，在低含水时，由于岩心内流体饱和度在垂直方向上的差异，可能形成具有不同介电常数的分界层，会增加层间反射，使衰减值偏大。

四、驱替实验

驱替实验是对整个系统的考验和应用，为验证系统的精度，我们先用4号大模型进行了两次气驱水实验，后又相继作油驱水（到束缚水）、水驱油（到残余油）、化学驱油（注表面活性剂、聚合物、盆水）实验，用3号大模型进行了油驱水和水驱油的实验。

1. 模型参数（表1）

表1　驱替实验模型参数

型　　号	3号大模型	4号大模型
渗透率，D	0.115	0.430
孔隙度，%	22.8	22.1
尺寸，cm^3	50×50×1.5	50×50×1.5
材　料	石英砂（烧结）	刚玉（烧结）
井网形式	五点法，注采井距为70.7cm	五点法，注采井距为70.7cm

2. 实验条件

（1）室温：20℃±1℃；（2）微波源发射功率维持一致；（3）系统通电2h后开始实验；（4）每种驱替方式都限定在14h结束。

3. 实验步骤

（1）测干岩心的320个面元的数据；（2）测全饱和岩心的320个面元的数据；（3）选择驱替方式，将模型的进出口与相应的驱替流程相连接；（4）模型含水饱和度每变化5%扫描一次。

4. 气驱实验结果

对4号大模型作了两次气驱实验，第一次扫描14次，第二次13次。用出口计量的方法算出每次模型的平均饱和度S_1和微波扫描的平均饱和度S_2，其相对误差为：$\frac{|S_1-S_2|}{S_1}\times 100\%$。

实验表明，各次的平均相对误差为3%，最大相对误差为13%（13次测量中仅出现一次，一般均在4%以下）。

气驱初期，注入气仅影响到注气井附近，随着时间的推移，注气影响逐步扩大。第9次扫描时已发生气窜，这气窜现象从第8次扫描的饱和度分布图中就已预测到。此时的气驱面积系数为76%，开始气窜的水的无气采收率为40%。整个气驱过程中累计注气量为23.8m^3，气水体积比为1063，水的采收率为55%。

由于气体的黏度小，在饱和度分布图上看不出气驱前缘均匀推进情况，注气井附近含水饱和度一直较高，随着时间的推移和注气量的增加，才使整个岩心含水饱和度普遍降低，注入井的含水饱和度也降低到最小值。

5. 油驱水、水驱油、化学驱油实验结果

为扩大系统的应用范围，我们用3号和4号大模型作了多种驱替实验。以4号大模型为例，整个驱替过程共扫描45次，其中油驱水12次，水驱油14次，注表面活性剂段塞4次，注稠化水段塞8次，注盐水7次。实验历时6天，共取得28800个原始数据。

1)油驱水过程

注入压力为(0.12~0.15)×10^{-1}MPa,水的最终采收率为49%,即残余水饱和度为51%。

第1、第3、第9、第11次扫描时油驱前缘的推进情况如图2所示。从第9次扫描曲线就可预料到第10次或第11次扫描时会发生油窜,果然,在第11次油窜发生了。图3是油驱水阶段的最后一次扫描所得到饱和度分布图,从图中可见,右下角和左上角仍然存在较大面积的原始饱和水,这是油没有波及的地方,如果驱动时间长,压差加大还可使残余水饱和度有所降低。

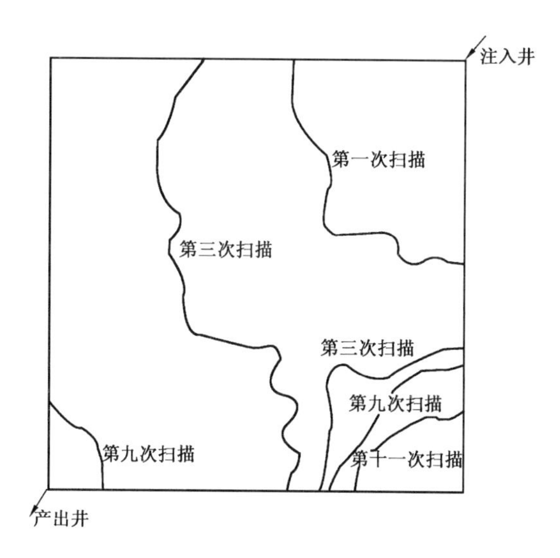

图2 油驱水过程,油驱前缘的推进情况示意图

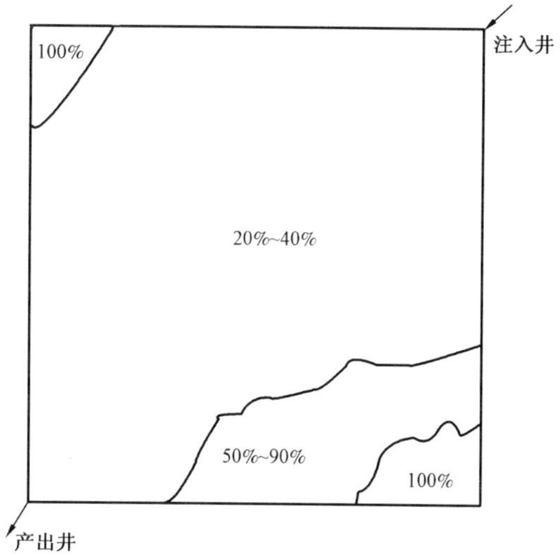

注入井
100%
20%~40%
50%~90%
100%
产出井

图3 油驱水过程,最后一次扫描的含水饱和度分布图(图中数字表示含水饱和度)

2)水驱油过程

为防止油驱水时滞留在图3中右下角的水从生产井排出,特改变注采方向,一直保持到全部过程结束。

水驱油过程注入压力保持0.35×10^{-1}MPa,无水采收率为45%,模型最终平均含水饱和度为71%,共往入了0.78倍孔隙体积的水。从第10次扫描(注入了0.56PV)后,模型中的饱和度分布基本不变。图4(a)、图4(b)分别是第1和第9次扫描的饱和度分布图,整个模型的含水饱和度逐渐升高,最后得到水驱残余油饱和度分布状态。

3)注表面活性剂段塞过程

此过程共扫描4次,共注入表面活性剂0.2PV。虽然由于注入时间较短,采收率仅提高1%,但从图5可以看到,模型中油水分布已开始发生变化,一方面,水驱前缘不断推进,整个平面含水饱和度不断增加;另一方面,在出口附近低含水饱和度(即含油多)的面积已开始逐渐扩大。

4)注聚合物段塞过程

聚合物段塞的浓度为1000mg/L,含盐度为1000mg/L。此过程共注入聚合物段塞0.4PV,与水驱结束时相比,提高采收率10%(其中包括了注表面活性剂所提高的1%)。此过程共扫描8次。

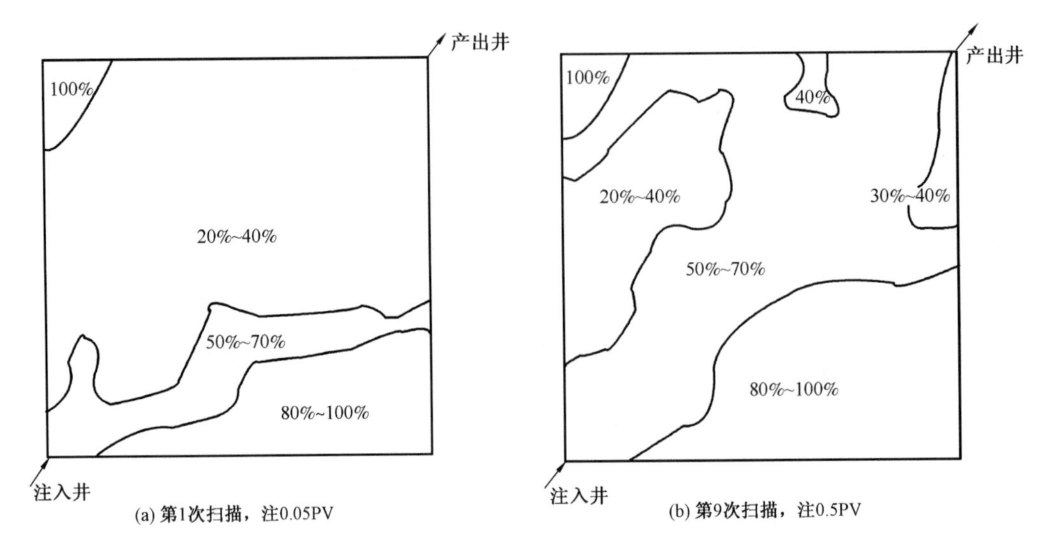

图 4　水驱油过程中含水饱和度分布变化图

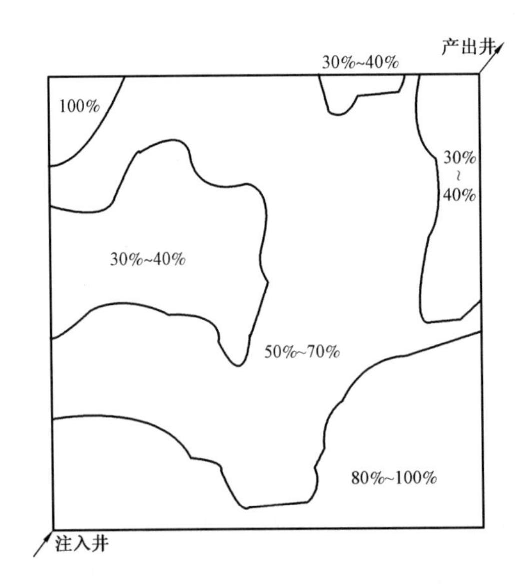

图 5　注表面活性剂过程结束时含水饱和度的分布图

由于聚合物溶液黏度较高，将表面活性剂段塞和残余油比较均匀地向前推进(图 6)，逐渐形成了油墙，使产油量增多。

5）注盐水过程

此阶段共注盐水 0.77PV，模型最终平均含水饱和度为 84%。此过程共扫描 7 次，采收率比水驱结束时提高 30%，其中包括注入表面活性剂阶段所提高的 1% 和注入聚合物所提高的 9%。所用盐水的浓度为 2360mg/L。

从图 7 可见，整个平面含水饱和度逐渐升高，模型中可明显看到一狭长的低含水饱和度带，这相应于模型的低渗透带。可见盐水不具有富集原油并使其均匀推进的作用，只具有冲洗驱替的效力，而且在低渗透带驱油效率较低，剩余较多的原油。

从 4 号大模型驱替实验的全过程看出，此系统可测出任意时刻的饱和度分布，每次扫描都

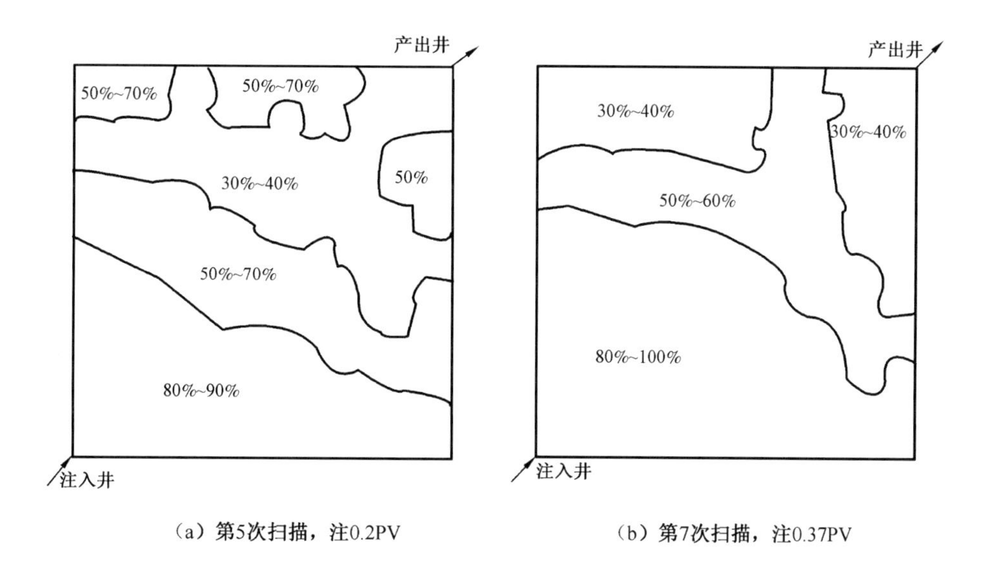

（a）第5次扫描，注0.2PV　　（b）第7次扫描，注0.37PV

图 6　注聚合物过程中含水饱和度变化图

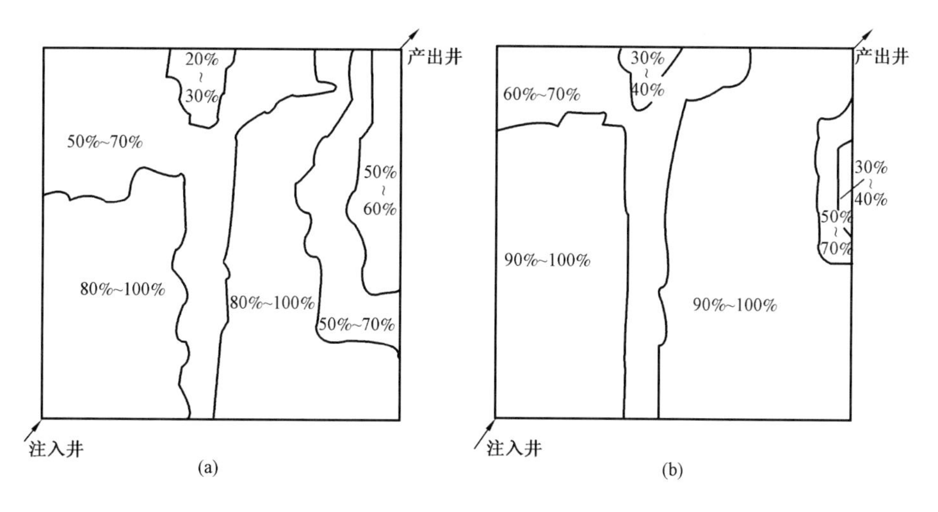

图 7　注盐水过程中含水饱和度变化图

有明显的变化。与物质平衡的计算结果相比,其平均相对误差为 3%,较大的相对误差一般也小于 6%。相对误差大的数据一般都在实验后期,经分析,原因有以下 3 点:

(1)气驱过程是含水饱和度减少的过程,由于含水饱和度的值在计算误差时是在分母上,即使绝对误差一样,相对误差也变大。

(2)出口计量是用滴定管累计计量,越到后期,累计计量误差越大。

(3)全饱和点可以测得很准,在气驱过程中,动用的面元一次比一次多,当然,累计误差也就一次比一次增加。

对 4 号模型的两次气驱实验已检验了实验精度的重复性。

五、结论

(1)该系统适用于研究各种驱替过程,如气驱和水驱,更重要的是可用于研究化学驱过程。可随时对模型进行快速扫描,观察模型中各部位的瞬时饱和度的变化,以便预测变化动态，如注入剂的波及范围和向生产井突破时间等。

(2)大量的驱替实验表明，该系统的硬件工作正常，软件设计方便、实用，定标方法合理适用。

(3)解决了高含水时微波衰减量和含水饱和度不成直线关系的技术难点，对于符合本文所述条件的模型，含水饱和度量程可达到0～100%。

(4)该系统可用于测定大平面(50cm×50cm)模型的饱和度分布，面元精度为5%，各种驱替方式平均相对误差为3%，最大相对误差为6%。

(5)由于每次扫描的饱和度分布图都可录像，可重现连续驱动的整个过程，有助于随时调用分析。

(6)可以从扫描数据中提取各种有用的信息，如见效范围、各种饱和度出现的频率、水淹面积系数等。值得重视的是，可得到任意驱替阶段水驱推进的影响范围及饱和度剧变的地带。

(原载《石油勘探与开发》，1991年3期)

第六篇　油藏数值模拟

非均质亲油砂岩油层层内油水运动规律的数值模拟研究

韩大匡　桓冠仁　谢兴礼

背景介绍： 本文是在20世纪80年代所完成的一项成果。在生产实践中发现非均质砂体层内韵律性对油水运动规律和水淹特点有很大的影响。而且随着润湿性不同，毛管力发生的作用不同，油水运动特征也有所不同，这种影响在厚层尤为突出。我们用数值模拟的方法对这个问题的机理进行了比较详细的研究，并且用相似分析的方法对计算结果进行了分析，得到了有关重力、毛管力和驱动力作用机制的具有普适性的认识。在这个基础上，还分析了各种措施的效果和有效利用油层的有力地质条件，如夹层、沉积相部位等来改善开发效益的方法。这项成果曾获石油工业部优秀科技成果一等奖(即后来的“科技进步奖”)。具体内容根据研究要点分为两篇文章发表，其一为发表于《石油学报》1980年第1卷第3期的本文；另一篇为发表于《石油勘探与开发》1981年第4期的《改善亲油正韵律厚油层注水开发效果的数值模拟研究》，为本文集中的下一篇论文。

引　　言

我国东部地区主要储油层属于陆相沉积，非均质性极为严重。在一个油层内部，纵向上的渗透率差异可达几十倍。陆相河流三角洲系统的沉积物从泛滥平原、分流平原到三角洲前缘部位在不同沉积条件下形成了不同结构的油砂体。例如，泛滥平原河道主流线部位往往形成具有明显正韵律的河床砂岩；在河流进入分流平原后，水流减缓而多改道，往往形成由两个以上时间单元叠加而成的复合正韵律油层；对于建设性三角洲常形成典型反韵律油层。油层的类型和结构不同，它的油水运动规律也各不相同。从大庆油田等的实际资料看，油层水洗特征可分为以下几类：

(1)底部水淹型。

正韵律油层都是属于这种类型，注入水沿油层底部高渗透层段突进。从取心资料可以看出，水淹厚度一般很薄。油井见水早，含水率上升快，因此开发效果较差。

(2)分段水淹型。

这类油层一般是叠加型复合正韵律油层。油层纵向上多段水洗，而且水洗部位正好对应于各个韵律段的底部。这类油层总的水淹厚度系数也不大。下韵律层段一般比上韵律层段水淹厚度大。

(3)均匀水淹型。

这类油层或者是油层厚度比较薄，或者是反韵律油层，或者是低渗透油层。它们的水淹厚度系数都比较大，层内驱油效率也较均匀。

由此可见，油层结构和油层渗透率的非均质性对层内油水运动有着重大的影响。除此之外，油层润湿性、油水黏度比、渗透率绝对值和油层厚度等因素也都有程度不同的影响。

关于非均质亲水油层中油水运动机理问题国外已发表过很多文章。但关于亲油方面的文献却见到甚少。而我国大庆油田和东部地区部分油田的油层是亲油的。因此对亲油油层层内油水运动机理进行研究具有重要的理论和实践意义。

一、数值模拟方法

本文的数学模型是油水两维两相渗流方程，其中考虑了重力和毛管压力等因素。

$$
\begin{cases}
\frac{\partial}{\partial x}\left[K(x,y)\frac{K_{ro}(S)}{\mu_o}\frac{\partial \Phi_o}{\partial x}\right]+\frac{\partial}{\partial y}\left[K(x,y)\frac{K_{ro}(S)}{\mu_o}\frac{\partial \Phi_o}{\partial y}\right]=-\phi\frac{\partial S}{\partial t}\\
\frac{\partial}{\partial x}\left[K(x,y)\frac{K_{rw}(S)}{\mu_w}\frac{\partial \Phi_w}{\partial x}\right]+\frac{\partial}{\partial y}\left[K(x,y)\frac{K_{rw}(S)}{\mu_w}\frac{\partial \Phi_w}{\partial y}\right]=\phi\frac{\partial S}{\partial t}\\
p_c(S)=\Phi_o-\Phi_w+\Delta\rho gh
\end{cases}
\tag{1}
$$

式中，K 为绝对渗透率；ϕ 为孔隙度；K_{ro} 和 K_{rw} 分别为油相和水相的相对渗透率；μ_o 和 μ_w 分别为油和水的黏度；Φ_o，Φ_w 分别为油相和水相的流动势；S 为含水饱和度；g 为重力加速度；$\Delta\rho=\rho_w-\rho_o$ 为水油密度差；h 为离油水界面的高差；p_c 为毛管压力。

油水两相渗流问题的数值模拟早在20世纪50年代末已有文献发表(J. Douglas，1959)，但是对于这类非线性方程组计算方法的研究尚在不断改进之中。本文在解决这个问题时找到了一种比较好的线性化处理方法。它收敛快、稳定性好、精度高。其基本思路是应用“分段线性化”技巧，把毛管压力曲线分解成若干区间，用折线段来代替曲线弧。在每一区间内使含水饱和度 S 与毛管压力 p_c 保持线性关系：

$$S=ap_c+b \tag{2}$$

其中，a 和 b 分别为折线段斜率和截距，且每一区间有其相应的值。

这样处理后，差分方程就变成了线性代数方程组：

$$
\begin{aligned}
&\alpha_{i+\frac{1}{2},j}(\Phi_{oi+1,j}-\Phi_{oi,j})+\alpha_{i-\frac{1}{2},j}(\Phi_{oi-1,j}-\Phi_{oi,j})+\alpha_{i,j+\frac{1}{2}}(\Phi_{oi,j+1}-\Phi_{oi,j})+\\
&\alpha_{i,j-\frac{1}{2}}(\Phi_{oi,j-1}-\Phi_{oi,j})+q_o=-\frac{\phi\Delta x\Delta y}{\Delta t}\left[a(\Phi_{oi,j}-\Phi_{wi,j}+\Delta\rho gh)+b-S_{i,j}^{m-1}\right]\\
&\beta_{i+\frac{1}{2},j}(\Phi_{wi+1,j}-\Phi_{wi,j})+\beta_{i-\frac{1}{2},j}(\Phi_{wi-1,j}-\Phi_{wi,j})+\beta_{i,j+\frac{1}{2}}(\Phi_{wi,j+1}-\Phi_{wi,j})+\\
&\beta_{i,j-\frac{1}{2}}(\Phi_{wi,j-1}-\Phi_{wi,j})+q_w=\frac{\phi\Delta x\Delta y}{\Delta t}\left[a(\Phi_{oi,j}-\Phi_{wi,j}+\Delta\rho gh)+b-S_{i,j}^{m-1}\right]
\end{aligned}
\tag{3}
$$

其中

$$
\alpha_{i+\frac{1}{2},j}=\frac{\Delta x}{\Delta y}K_{yi+\frac{1}{2},j}\left(\frac{K_{ro}}{\mu_o}\right)_{i+\frac{1}{2},j}^{m-1};\alpha_{i,j+\frac{1}{2}}=\frac{\Delta y}{\Delta x}K_{yi,j+\frac{1}{2}}\left(\frac{K_{ro}}{\mu_o}\right)_{i,j+\frac{1}{2}}^{m-1};\cdots\cdots
$$

$$
\beta_{i+\frac{1}{2},j}=\frac{\Delta x}{\Delta y}K_{yi+\frac{1}{2},j}\left(\frac{K_{rw}}{\mu_w}\right)_{i+\frac{1}{2},j}^{m-1};\beta_{i,j+\frac{1}{2}}=\frac{\Delta y}{\Delta x}K_{xi,j+\frac{1}{2}}\left(\frac{K_{rw}}{\mu_w}\right)_{i,j+\frac{1}{2}}^{m-1};\cdots\cdots
$$

式中，K_x 和 K_y 分别为水平和垂直渗透率；q_o 和 q_w 为井点的油相与水相产量(或注入量)。

在求解方程的迭代过程中，必须选用与 Φ_o 和 Φ_w(油相、水相势)相对应的 a 和 b 的区间。

为此，在程序设计上找到一种逐个区间比较的方法，经过几次比较就可找到相应的区间。求解差分方程组时，采用了超松弛线迭代方法。线的方向取成与油层相垂直的方向。松弛公式中必须注意保证松弛前后的油相、水相势差不变，使松弛不影响 S 值的计算。

通过上述处理，使得无论是亲水还是亲油模型，又无论计算参数的变化范围有多大，均能算出稳定、可靠的结果，物质守恒误差保证在 0.001 以内。而且迭代次数少，计算工作量小。将数值模拟结果与解析解对比，证明计算精度是很高的。计算结果还与矿场小井距开采试验资料进行了对比，两者也较吻合。

模型的基本参数选用了我国东部地区油田具有代表性的参数和曲线，见表 1 和图 1。

表 1　模型基本参数

项　目	数　值	项　目	数　值
油黏度，cP	9.0	束缚水饱和度	0.16
水黏度，cP	0.6	残余油饱和度	0.28
水油密度差，g/cm^3	0.2	模型长度，m	500
油水界面张力，dyn/cm	30.0	年采油速度，%	3
孔隙度	0.28	最大年产液速度，%	9

计算结果分析时，采用了如下 5 个相似准数：

(1)驱动力与重力之比：$\pi_1=\dfrac{\Delta p}{\Delta\rho gH}$；

(2)重力与毛管压力之比：$\pi_2=\dfrac{\Delta\rho gH\sqrt{K_a}}{\sigma\cos\theta\sqrt{\phi}}$；

(3)油水黏度比：$\pi_3=\dfrac{\mu_o}{\mu_w}$；

(4)油层长、厚比平方与纵横向渗透率比之积：$\pi_4=\dfrac{K_y}{K_x}\left(\dfrac{L}{H}\right)^2$；

(5)无因次渗透率分布：$\pi_5=\overline{K}(\overline{x},\overline{y})$。

其中，Δp 为驱动压差；K_a 为平均渗透率；K_y 和 K_x 分别为垂直和水平渗透率；H 和 L 分别为油层厚度和长度；$\overline{K}=\dfrac{K}{K_a}$为无因次渗透率；$\overline{x}=\dfrac{x}{L}$；$\overline{y}=\dfrac{y}{H}$。

其他如相对渗透率函数、无因次毛管压力函数等均采用油田实际资料。

本文在对大庆、胜利等油田资料分析的基础上，计算了上百个方案，获得了一些新的认识。

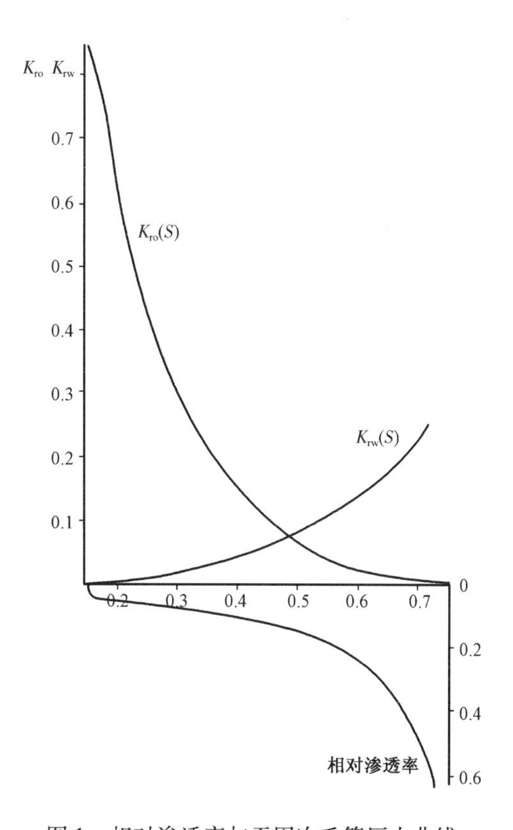

图 1　相对渗透率与无因次毛管压力曲线

二、主要认识

1. 油层渗透率纵向分布的影响

从油田实际资料中可以发现油层纵向上的油水运动和渗透率分布密切有关，这实际上是反映了相似准数π_5的影响。本文计算了5种近于实际的模型：均质、正韵律、反韵律、复合正韵律、复合反韵律。其渗透率分布如图2所示。油层厚度均选用4m。计算结果见表2。

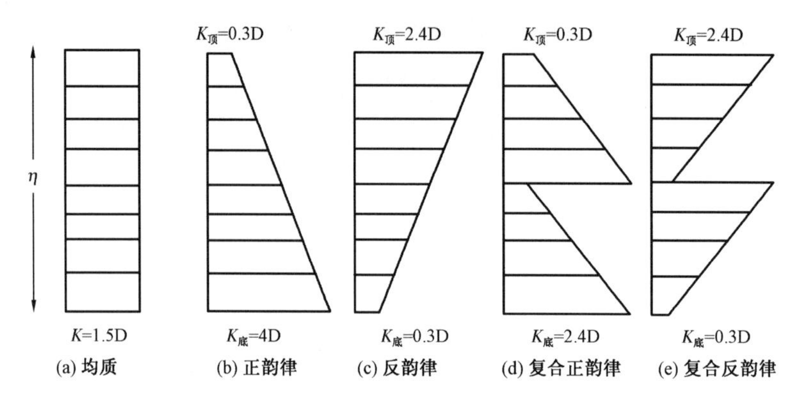

图2　不同韵律油层纵向上渗透率分布示意图

表2　不同韵律模型开发指标对比

项目 模型	无水采收率 %	见水时扫油厚度系数 %	最终采收率① %	最终注入倍数	注水效率系数② %
均质	18.00	40.00	57.78	2.32	24.9
正韵律	11.63	27.50	51.38	3.57	14.4
反韵律	33.38	71.88	57.34	1.87	30.6
复合正韵律	12.75	35.63	51.29	3.09	16.6
复合反韵律	24.00	56.88	54.54	2.14	25.5

① 最终期定义为含水98%。

② 注水效率系数＝最终采收率/最终注入倍数。

由表2可知反韵律开发指标最好，其余依次为均质、复合反韵律、复合正韵律，而以正韵律为最差。反韵律的无水采收率和扫油厚度系数几乎比正韵律高出两倍，而最终注入倍数只有它的一半，因此反韵律的注水效果要比正韵律好得多，甚至优于均质油层。

值得指出的是，亲油介质和亲水介质在油水运动机理上有很大差异。对亲水介质来说，由于毛管压力的作用，可使注入水从高渗透层段吸到低渗透层段中去，同时又使油从低渗透层段进入高渗透层段，从而使层内高、低渗透层段间油水界面推进比较均匀，缓和了纵向渗透率的差异对油水运动的影响。而亲油介质则不然，亲油油层的毛管压力在非均质界面上的作用是阻止高渗透层段中的水进入低渗透层段，因此大大加剧了纵向渗透率分布不同对油水运动特点的影响。

从水淹剖面看（图3），5种模型均为底部先被水淹。但反韵律油层的油水界面形状上凸，而正韵律油层则是下凹，复合正韵律呈多段水淹形态，均质模型和正韵律相似，复合反韵律则近于反韵律。它们在水淹厚度系数上有明显差异。

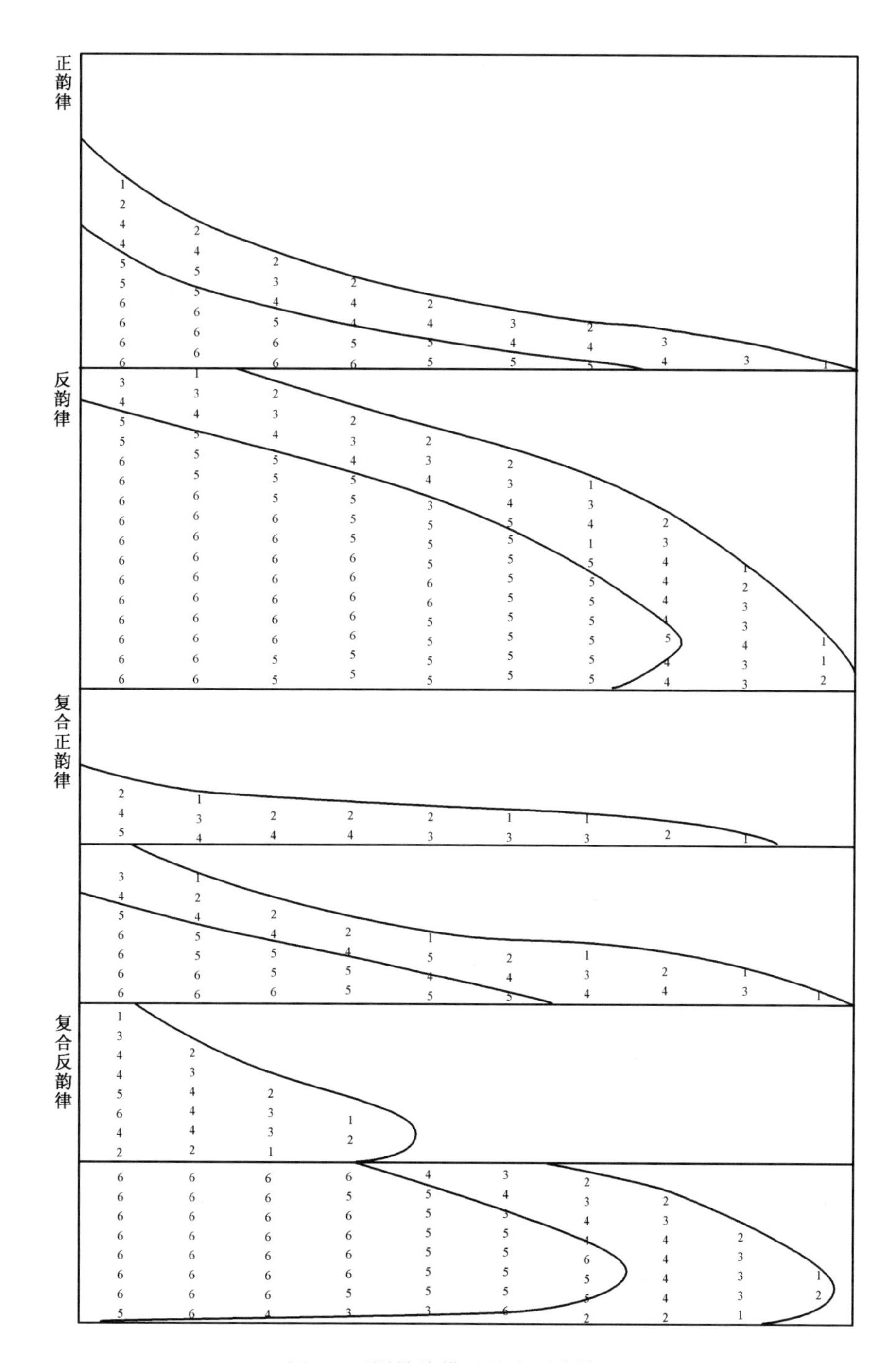

图3　不同韵律模型见水时水线图

在正韵律亲油油层中，重力和驱动力的作用都使水易于流向下部高渗透层段，而毛管压力又不能像亲水介质那样使上面的低渗透层段吸引下面的高渗透层段的水，因此造成水沿底部大量窜流的情况。水线形状是凹的，水窜快，扫油厚度系数很小，注水效果差。在反韵律油层中，在驱动力作用下，水易于流向上部高渗透层段，而重力却使水往下流，但由于底部渗透率低，水不能通畅地流动，毛管压力在一定程度上也阻止水下沉到底部低渗透层段中去，因此，在这些力的共同作用下，便使得反韵律油层的水线形状上凸，扫油厚度增大，注水效果变好。

复合正韵律油层呈多段水淹的形态。这是由于亲油介质毛细管力作用造成的。因为每个韵律段的水沉到各自的底部时，下面韵律的顶部是低渗透层段，在这个非均质界面上产生了一个向上作用的毛细管压差，阻止水沉入下韵律。只有当上韵律中的含水饱和度达到某一数值，使非均质界面两侧的毛细管力达到平衡时，水才可能沉到下韵律去，这样就形成了多段水淹。由于注入端附近上韵律的含水饱和度高，总会有一部分水从上韵律窜入下韵律，所以下韵律层段的水线一般要比上韵律的推进得快一些，水淹厚度也相对要厚一些。在复合反韵律油层中，则见不到多段水淹形态。原因就在于在非均质界面两侧是低渗透层段在上，高渗透层段在下，毛管力与重力的作用方向一致，起不到阻止水往下沉的作用，所以水线形状合成一段了。

上述模拟结果，与大庆等油田相应结构油层的实际水淹特征吻合。

以前比较普遍地认为，层内非均质性是引起水窜的主要原因。这种认识是有局限性的。本文认为不能离开油层结构类型，即渗透率纵向分布的特点来笼统地讲油层非均质问题。而应该首先看它的渗透率分布特点。在渗透率变化范围相同的情况下，不同类型油层具有截然不同的油水运动特点。反韵律油层水淹厚度大，开发效果好。在一定条件下油层非均质性非但无害，反而有益，但正韵律油层则刚好相反。

2. 渗透率级差的影响

在上节中定性地讨论了油层渗透率纵向分布的影响。这里再进一步给以定量说明。现分析两层层状模型的渗透率比和厚度比的影响。

渗透率比的定义为：
$$\overline{K}=\frac{K_1}{K_2} \tag{4}$$

厚度比的定义为：
$$\overline{h}=\frac{H_1}{H} \tag{5}$$

式中，K_1 和 K_2 为分别为高、低渗透层段的渗透率；H_1 为高渗透层段厚度；H 为模型总厚度。

这里着重研究正韵律和反韵律两层层状模型。计算结果见表3、表4。为了便于对比，选用了相同的 K_2 和 H 参数（$K_2=0.6\text{D}, H=4\text{m}$），不同计算方案依 K_1 和 H_1 的改变来实现。从计算结果可以看出如下规律性。

表3　正韵律油层非均质系数 *A* 和 *B* 对开发指标的影响

参　数			非均质系数		无水采收率 %	后期采收率 %	最终期	
	$\overline{h}$	$\overline{K}$	*A*	*B*			采收率，%	注入倍数
	1	1	1.0	1.0	18.75	55.309	55.485	2.614
两层模型	1/2	2			15.00	53.251	54.248	2.891
两层模型	1/2	8			10.857	39.709	47.447	5.119
两层模型	1/8	2	1.78	1.25	12.00	54.297	54.840	2.723
两层模型	1/8	8	4.26	2.75	6.375	45.85	52.139	4.044
两层模型	1/16	2	1.89	1.125	12.375	54.788	54.958	2.600
两层模型	1/16	8	5.55	1.88	5.25	51.009	52.779	3.128
4m		$K=0.3\text{D}$ $K=2.4\text{D}$	1.78	2.60	11.63	47.986	51.45	3.647
4m		$K=0.3\text{D}$ $H_1=0.25\text{m}$ $K_1=9.6\text{D}$	5.33	3.80	5.25	43.316	49.374	4.345

表4　反韵律两层模型厚度比、渗透率比对开发指标的影响

$\overline{h}$	$\overline{K}$	无水采收率,%	最终采收率,%	最终注入倍数	注水效率系数,%
1	1	18.75	55.49	2.61	21.2
1/2	2	24.75	56.68	2.18	26.0
	8	28.88	57.24	1.56	36.7
1/8	2	20.25	55.87	2.33	23.9
	8	12.75	54.15	1.80	30.1
1/16	2	19.50	55.67	2.43	22.9
	8	9.00	54.14	2.09	26.4

1)正韵律两层层状模型

(1)无水采收率。

由图4可见,无水采收率随$\overline{K}$的增大和$\overline{h}$的减小而减小。最差的情况是两层渗透率级差大和高渗透层厚度薄。实际资料也证明这一点。渗透率级差越大,无水采收率越低,这是易于理解的。在相同渗透率级差情况下,厚度比较小时,无水采收率较低,这是由于高渗透层越薄,所占储量比例越小,而无水采油量又主要来自高渗透薄层的缘故。

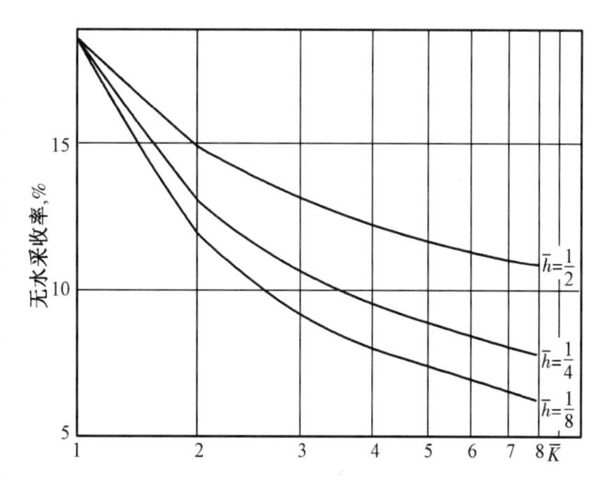

图4　正韵律两层模型无水采收率与渗透率比、厚度比关系曲线

(2)无水采收率和非均质系数A的关系。

为了综合反映渗透率级差和厚度比的作用,引入非均质系数:

$$A = \frac{K_b}{K_a} \tag{6}$$

式中,K_b为正韵律油层底部最高渗透率;K_a为厚度加权平均渗透率。

用A来统计正韵律油层无水采收率发现有明显的规律性,无水采收率随A的增加而减小(图5)。将上节中的正韵律模型和底部带有$H_1 = 0.25$m,$K_1 = 9.6$D特高渗透率薄层的正韵律模型的计算结果整理到这一关系曲线上也能很好符合规律。因此说明这个关系曲线具有一定的普遍应用意义,可供实际参考应用。

(3)后期采收率。

后期采收率定义为注入2.5倍体积的水时的采收率。由图6可见,在$\overline{h}$较小时,后期采收率随着$\overline{h}$和$\overline{K}$的增大而减小。这是由于高渗透层段越厚,渗透率越高,对注入水的消耗也越大,这样就影响上部地层的注水冲刷。但当高渗透层厚度超过一定数值后,两层模型就转化为以高渗透层为主的模型了。此时后期采收率反而变好。在相同$\overline{K}$值情况下有一个极小值点。计算表明,这个极小值点约在$\overline{h}$为1/4~1/2之间。

(4)后期采收率和非均质系数B的关系。

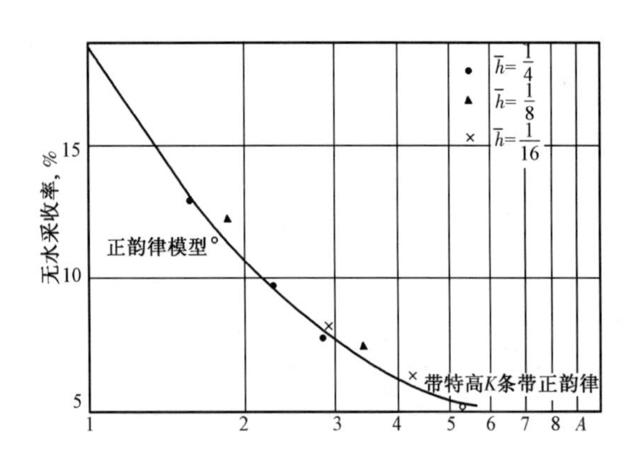

图5　正韵律油层无水采收率与非均质系数 A 的关系

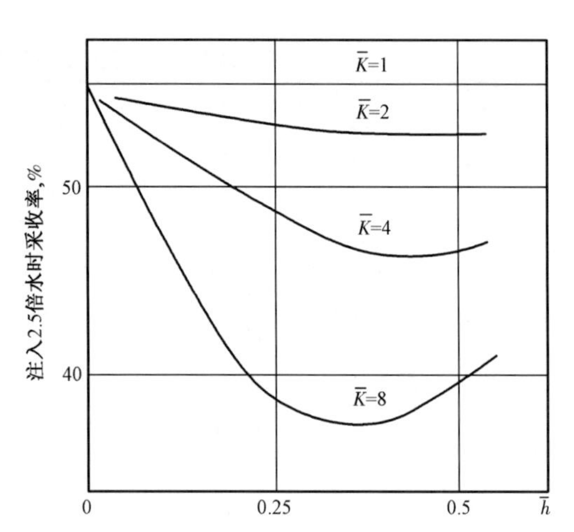

图6　正韵律两层模型后期采收率与渗透率比和厚度比的关系

在 $\bar{h}$ 小于极值点范围以内（约 $\bar{h}<1/3$），用非均质系数 $B=\dfrac{K_{a1}}{K_{a2}}$ 来综合反映渗透率级差和厚度比对后期采收率的影响。K_{a1} 和 K_{a2} 分别为下半部油层和上半部油层的厚度加权平均渗透率。用 B 来统计后期采收率也很有规律性，它随着 B 的增加而减小（图7）。

2）反韵律两层层状模型

（1）无水采收率。由图8可见，当渗透率级差 $\bar{K}$ 较小时，无水采收率随 $\bar{K}$ 和 $\bar{h}$ 的增加而增加。这是由于反韵律油层高渗透层段的作用有利于扩大扫油厚度系数，渗透率越高，厚度越厚，这种作用就越大。但当渗透率级差超过一定范围后，也会导致上部高渗透层先见水。此时级差增大反而会降低无水采收率。因而出现一个无水采收率的极大值点，其范围约在 $\bar{K}$ 为5～7之间。

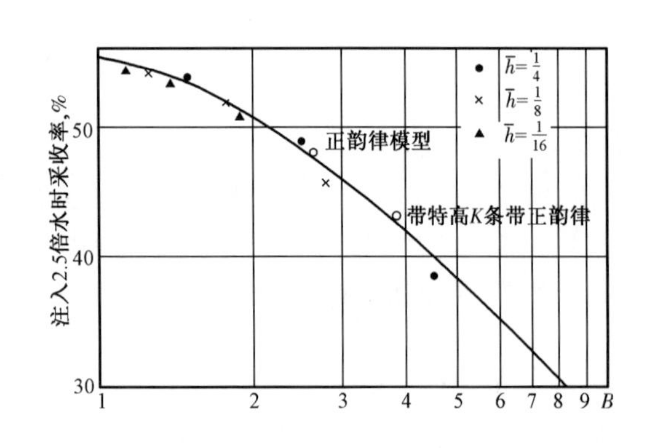

图7　正韵律油层后期采收率与非均质系数 B 的关系

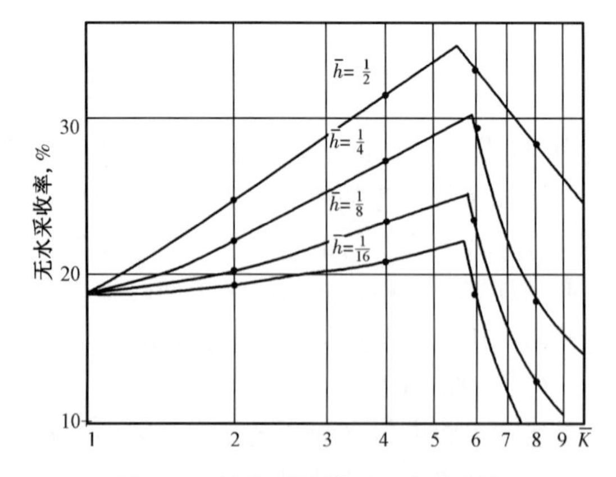

图8　反韵律两层模型无水采收率与渗透率比、厚度比的关系

（2）最终采收率。由表4可见，最终采收率变化不大，但是随着 $\bar{K}$ 和 $\bar{h}$ 的增加，最终注入倍数明显减小。注水效率系数明显增大。这说明高渗透层段的渗透率越高、厚度越大，对注入

水的利用效率也就越高。所以从后期开发指标来说，反韵律油层还是$\bar{K}$和$\bar{h}$大的好。

3. 重力和毛管压力之比π_2的影响

当油、水密度恒定时，重力大小体现在油层厚度的大小上。重力有两个作用，一是使水下沉，降低扫油厚度系数；二是提高油层水淹部分的驱油效率。在室内小岩心水驱油试验中可以看到，即使岩心很小和岩性比较均匀，最终驱油效率也只有50%～55%，它和均匀单管模型（重力可忽略）的计算结果吻合。但对于较厚的正韵律油层，由于油水重力分异的作用，底部的驱油效率可达到70%以上。这就使非均质正韵律油层，即使它的扫油厚度系数较小，但它的最终采收率也能达到均匀小岩心的指标。可见实际地层中重力对提高驱油效率起着有益的作用。

对同一油田来说，毛管压力的大小主要体现在渗透率上，它和渗透率的平方根成反比。毛管压力的作用与重力相反，它会抑制油水重力分异，使扫油厚度系数增加，而使驱油效率减小。

为了研究π_2的影响，本文对均质、正韵律、反韵律3类油层用不同渗透率和厚度参数进行了计算。所得结果用π_2来整理（图9）。

由图9可见，对均质、正韵律油层来说，无水采收率随π_2增大而减小。对反韵律来说，则随π_2的增大而增大。最终采收率对3种模型均随π_2的增大而增大。因为，π_2的增大，意味着重力作用增大或毛管压力作用降低，使均质和正韵律油层扫油厚度系数大大降低。因此它们的无水采收率随π_2的增大而减小。而对反韵律油层来说，它的扫油厚度系数本来就比较大，π_2的增大虽也使扫油厚度系数有所减小，但它减小的程度小于驱油效率增大的程度，因此它的无水采收率随π_2的增大而增大。到了开发后期，经过大量水洗，各种模型都可达到相当大的扫油厚度系数，因此最终采收率高低主要取决于驱油效率，π_2的增大有利于驱油效率的提高，所以3种模型的最终采收率总的趋势都随π_2的增大而增大。

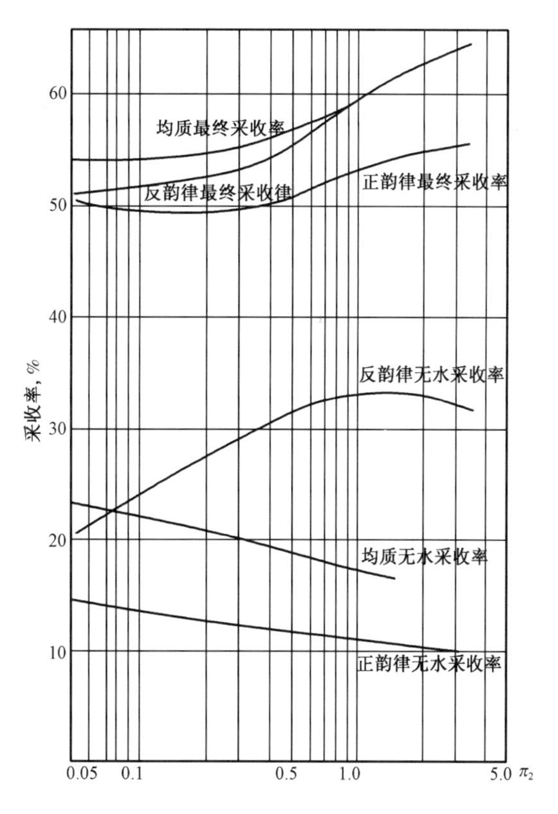

图9　相似准数π_2“重力与毛管压力之比”对采收率的影响

从图9上还可看出，反韵律油层的无水采收率比均质、正韵律都高，尤其在π_2大的情况下要高得多。这是因为在π_2大的情况下，反韵律扫油厚度系数仍较大，驱油效率也高，而均质、正韵律随着π_2的增大，扫油厚度系数大幅度减小，因此扩大了它们之间的差距。至于它们的最终采收率在π_2较小时，均质比反韵律好。这是因为π_2小时，重力作用小，毛管压力作用大，影响了反韵律低渗透部分的驱油效率，使反韵律的最终采收率比均质低。随着π_2的增大，两者的最终采收率就接近了。

在π_2大的情况下,正韵律的最终采收率比均质、反韵律要小得多,这是因为正韵律的最终扫油厚度系数仍然不能达到很大的缘故。

应该指出,目前国内对正韵律大厚层开发效果认为是较差的。本文认为重力作用在开发初期对高渗透正韵律大厚层的确起了不良作用,它加速了水窜。但重力能够造成微观孔道中的油水重力分异,提高驱油效率。计算表明,在本文的具体模拟条件下,高渗透正韵律大厚层也会获得较高的最终采收率。到开发后期,它的开发效果并不比同样非均质特点的正韵律薄层差,甚至还可能略好一些。

对均质或正韵律的低渗透薄层来说,模拟计算结果正好与传统的看法相反。虽然这类油层的无水采收率比高渗透厚层要高。但到了开发后期由于它的毛管压力大,重力作用小,驱油效率低,所以最终采收率反而不高。而对反韵律的低渗透薄层来说,则无水采收率和最终采收率都低于高渗透厚层。

4. 油水黏度比的影响

油田实际资料表明,同样是稠油油层,有的发生了严重的水窜,有的却没有水窜,开发效果较好。例如,胜坨油田沙二段上油组第3砂层组属于高渗透正韵律稠油油层,渗透率为3~12D,发生了严重的水窜,油层水淹厚度很薄,但水淹部分驱油效率很高。与此情况恰好相反的是胜坨油田沙二段下油组第8砂层组,它是低渗透反韵律油层,虽然油层非均质性也很严重,但它不发生水窜,水淹厚度大,驱油效率低,这类油层开发效果很好,超出了我们的预料。这就说明,稠油开发是一个更为复杂的油水运动问题。看来油水黏度比的影响是与其他因素(如油层韵律性、渗透率绝对值等)结合起来对油水运动起作用的。

这里用3种典型模型来讨论油水黏度比的影响。一是高渗透(平均1.35D)正韵律模型,二是低渗透(平均0.17D)反韵律模型;三是高渗透(平均1.35D)反韵律模型。其他计算参数均采用上节中的参数,计算结果列于表5中。

表5 不同韵律油层不同油水黏度比开发指标对比

油层	油水黏度比	无水期			注入2.5倍水时采出程度 %	最终期		
		采收率 %	扫油厚度系数 %	强水洗厚度系数 %		采收率 %	注入倍数	注水效率系数 %
高渗透正韵律	5	21.00	44.38	24.38	56.9	57.27	2.67	21.4
	45	6.37	19.38	1.88	37.3	48.20	4.40	9.8
高渗透反韵律	5	45.38	86.88	63.13	—	60.64	1.62	37.4
	45	19.88	51.25	10.63	—	53.35	2.33	22.9
低渗透反韵律	5	37.13	92.50	15.60	58.25	57.89	2.32	24.9
	45	15.75	65.0	0.0	44.54	45.87	3.02	15.2

总的来说,3个模型的开发指标都是随着油水黏度比增加而变坏,无水采收率降低,最终注入倍数增加,注水效率系数减小。但是看来原油黏度增大所造成的影响主要体现在减少扫油厚度系数和降低驱油效率两个方面。随着油层韵律性和渗透性的不同,这两个方面的影响程度就不同,其开发特征和开发指标变坏的程度也就有所不同。下面分别分析这3种典型情况。

(1)第一类:高渗透正韵律油层。

油水黏度比对这类油层开发指标的影响要比对其他两类大。由图10可见，黏度比为45的稠油，其扫油厚度系数很小。油水黏度比对这类油层油水运动的影响主要体现在扫油厚度的减小上，驱油效率虽然也有所下降，但幅度相对较小。其原因是由于正韵律油层重力和驱动力作用使水沿着油层底部突进。特别是由于水的黏度比油的黏度要小得多，使得水淹部分和上部纯油部分的流度差异很大，造成了底部水越推越快的不稳定现象。因此油水界面凹得很厉害，扫油厚度系数很小，无水采收率大幅度降低。而对驱油效率的影响则不同。由于渗透率高，油水重力分异充分，即使稠油也可达到较高的驱油效率。油水黏度比对驱油效率的影响远比它对扫油厚度系数的影响为小。因此这类油层稠油开采的主要矛盾是扫油厚度系数问题。

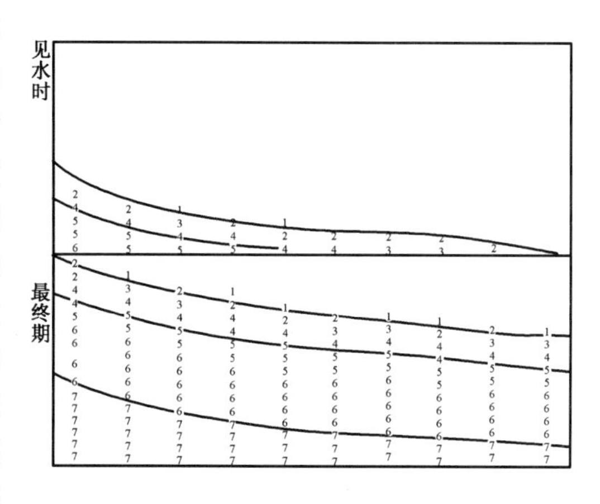

图10　高渗透正韵律稠油油层水线图

(2)第二类：低渗透反韵律油层。

这类油层的情况和上一类基本不同。随着油水黏度比的增高，见水时扫油厚度系数降低的幅度较小，而驱油效率则下降较大（图11）。其开发特征是无水采收率较高，初期含水上升也相对较缓。其原因是由于它渗透率低，毛管压力作用显著，高渗透层段又在上部，这些都使得扫油厚度系数相对较大。另一方面由于渗透率低，毛管压力较大，使油水不能充分分异。因此这类油层的油水黏度比的影响突出地体现在驱油效率方面。到开发后期，扫油厚度系数甚至可达到100%，但由于驱油效率低，最终采收率也只是比上述高渗透正韵律地层略高一些，不过注入倍数有较大减小，注水效率系数有较大提高，总的开发效果还是比高渗透正韵律油层要好（表5）。

(3)第三类：高渗透反韵律油层。

根据上面两类油层的分析，可以看到油层渗透率纵向分布为反韵律时，即使对稠油也可达到比较高的驱油效率。因此我们可以设想高渗透反韵律油层具有上述两类油层的优点，在稠油情况下也会达到相对比较好的开发效果。计算表明即使油水黏度比增至45，无水采收率仍可达到19.88%，最终开发效果也还比较好。它的扫油厚度系数比较大，驱油效率也比较高，最终采收率可达53.35%，最终注入倍数也仅增至2.33（图12）。

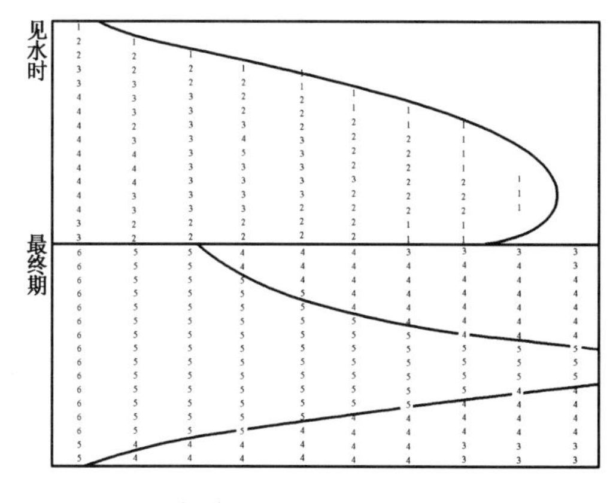

图11　低渗透反韵律稠油油层水线图

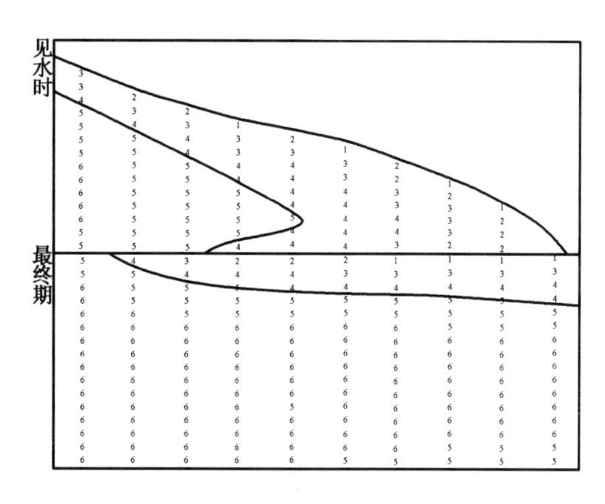

图12　高渗透反韵律稠油油层水线图

5. 其他影响因素

我们还计算了其他一些因素(π_1 和π_4)的影响。计算表明,在油田实际参数变化范围内它们对油水运动的影响较小,因此本文中不拟详加讨论。例如对正韵律油层来说,年产液速度从1% 增至9%(相应的π_1 从0.006 到0.054)时,无水采收率也只从11.34% 升到1.73%,最终采收率从51.1% 升到51.41%,注入倍数从3.66 变到3.58,基本上都没有什么变化。因此,在油藏实际条件下,提高驱动速度只能缩短开发期限,而不能从实质上改善采收率指标。

三、简要结论

(1)本文所用的"毛管压力曲线分段线性化"计算方法稳定、可靠、收敛快、精度高,是求解油水两维两相方程的一种较好的方法。

(2)油层非均质的影响问题,不能笼统地认为层内非均质性越严重,水窜越厉害,开发效果越差。必须具体分析在相同的渗透率级差下,油层结构不同,油水运动特点也截然不同。正韵律油层水窜快,水淹厚度小,开发效果差。但反韵律油层却水淹厚度大,开发效果好。油层非均质性对这类油层非但无害,反而有益。油层的亲油性则使这些差异更加突出。对于正韵律油层渗透率级差越大,即 A 越大,水窜越严重,无水采收率越低。而其最终采收率的高低则取决于 B 的大小。对反韵律油层来说,在一定的渗透率范围内,开发指标随着高渗透层段的渗透率级差和厚度比的增加而变好。

(3)油层中重力、毛管压力、驱动力的作用机理问题。重力是研究层内油水运动问题不可忽略的因素。对高渗透正韵律大厚层来说,在开发初期重力的确起了不良的作用,它促使水向下沉,加速了水窜。但重力有利于微观孔道中的油水分异,提高驱油效率。因此,在本文的模拟条件下,和非均质特点相同的正韵律薄层相比,高渗透正韵律大厚层仍会获得较高的最终采收率。

毛管压力的作用有正反两个方面,有利的一面是在开发初期扩大扫油厚度,不利的一面是它阻碍微观孔道中油水重力分异的发生。这也就是低渗透薄层最终采收率不高的原因。

(4)油水黏度比的影响问题。油水黏度比的增高对油水运动的不良影响有两个方面,一是微观上导致降低驱油效率,另一是宏观上导致减少扫油厚度。至于哪一方面影响占主要地位,则要取决于油层结构与其他力学因素之间的相互制约关系。对于高渗透正韵律油层来说,油水黏度比增高的影响主要体现于减少扫油厚度系数。对于低渗透反韵律油层来说,则主要体现于降低驱油效率。对于高渗透反韵律油层来说,即使是稠油,也可获得较好的开发效果。

(5)在油层实际条件下,增大驱油速度对采收率基本上没有什么影响。

由于实际资料尚少,文中提出的有些论点还有待于实践进一步检验。

(原载《石油学报》,1980 年 1 卷 3 期)

改善亲油正韵律厚油层注水开发效果的数值模拟研究

韩大匡　桓冠仁　谢兴礼

摘　要：本文利用油水两维两相渗流基本方程及数值模拟方法，研究了改善亲油正韵律厚油层注水开发效果的措施——油层顶部水平压裂、油层底部特高渗透层段封堵、生产井控制射孔和利用油层有利地质条件等。对这些措施提高无水采收率和后期采收率（注入2.5倍孔隙体积水时的采出程度）的程度作了数量上和力学上的分析，最后提出了改善这类油层开发效果的初步意见。

一、层内纵向油水运动的机理

从我国东部地区油田注水开发实践可知，当前正韵律高渗透厚油层注水开发的主要问题是扫油厚度系数小，但其水淹部分的驱油效率却比较高。因此有必要先分析造成这种现象的原因，然后再研究改善其注水开发效果的办法。

1. 三种力的作用

影响层内纵向上油水运动的力——驱动力、重力、毛管力，其作用可用如下两个相似准数来表示：

（1）驱动力与重力之比：

$$\pi_1 = \Delta p / \Delta \rho g h \tag{1}$$

（2）重力与毛管力之比：

$$\pi_2 = \Delta \rho g h \sqrt{K_a} / \sigma \cos\theta \sqrt{\phi} \tag{2}$$

式中，Δp 为驱动压差；K_a 为平均渗透率；h 为油层厚度；σ 为油水界面张力；θ 为润湿角；$\Delta\rho = \rho_w - \rho_o$ 为水、油密度差；g 为重力加速度；ϕ 为孔隙度。

我们知道，驱动力的大小体现在驱动压差上；重力的大小主要体现在油层厚度上；而毛管力的大小，由于界面张力和孔隙度一般变化不大，在油层润湿性确定的情况下主要体现在渗透率上，它近似地与渗透率的平方根成反比。

通过大量数值模拟计算，使我们认识到，π_1 的影响比较小，而π_2 的影响较大，后者是控制纵向上油水分布的主要因素。对于正韵律油层来说，当产液速度从1%增至9%，相应的π_1 从0.006提高到0.054，即驱动压差和π_1 都增加了9倍，而无水采收率只从11.3%升到11.7%；最终采收率也只从51.1%升到51.4.%，变化都未超过0.5%。因此说明π_1 对油水运动的影响是不大的。相反，π_2 的变化则对水驱油特征有很大的影响。下面将比较详细地阐明这个问题。

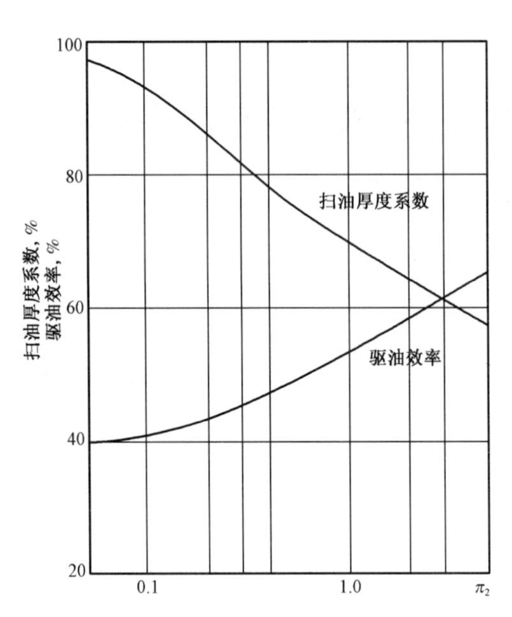

图1　正韵律油层注入1倍孔隙体积水时，扫油厚度系数、水淹段平均驱油效率与π_2的关系

2. π_2 对正韵律油层扫油厚度系数和驱油效率的影响

文献《非均质亲油砂岩油层层内油水运动规律的数值模拟研究》中已说明了π_2对正韵律油层采收率的影响。本文再补充一下π_2对扫油厚度系数和驱油效率的影响。在注入一倍孔隙体积的水时，扫油厚度系数与驱油效率随π_2的变化关系如图1所示。由图1可见，正韵律油层的扫油厚度系数随π_2的增加而减少，驱油效率随π_2的增加而增加，两者的变化方向恰好相反。例如，当$\pi_2=3.3$时，即相当于$K_a=2.7$D、$h=16$m的高渗透厚油层，此时扫油厚度系数为60.6%，驱油效率高达62.3%；又如，当$\pi_2=0.05$时，即相当于$K_a=170$mD、$h=1$m的低渗透薄油层，其扫油厚度系数为96.9%，驱油效率只有39.8%，两者相差很远。因此对于正韵律的高渗透厚油层来说，其水淹部分的驱油效率很高，而其主要问题在于扫油厚度系数小。

3. 重力是造成正韵律高渗透厚油层驱油效率高、扫油厚度系数小的一个重要因素

由式(2)可见，π_2与渗透率的平方根和油层厚度成正比。因此，π_2大的情况对应于高渗透厚油层，毛管力作用小而重力作用大；π_2小的情况对应于低渗透薄油层，毛管力作用大而重力作用小。这说明重力作用对高渗透正韵律厚油层可显著降低其扫油厚度系数，提高其驱油效率。

文献《非均质亲油砂岩油层层内油水运动规律的数值模拟研究》中曾提出，正韵律油层中重力的作用有两个方面，即，它既有在开发初期起着加速水窜，降低无水采收率的有害一面，又有造成微观孔道中油水重力分异，提高驱油效率的有利一面。尤其在开发后期，它将起着主要的作用，可以使π_2大的油层获得较高的最终采收率。

为了进一步论证重力的影响，我们作了如下两种对比：

(1)数学模型相同，即方程中都考虑了重力项，但油层模型的厚度不同。一个是相当于实验室中的均质小岩心水驱油试验，厚度很小，π_2接近于零，另一个是厚度为16m的正韵律高渗透油层。从这个对比可以看出，当厚度增大时，由于重力作用增大，使得正韵律厚油层的扫油厚度系数比均质小岩心要小得多；另一方面则由于重力分异作用使底部强水洗段的驱油效率十分接近于最大含水饱和度，而且超过了均质小岩心驱油效率，见图2(a)和图2(b)。

(2)油层模型相同，即均为正韵律高渗透厚油层，但数学模型不同，一个考虑了重力项，另一个没有考虑重力项。从这个对比可以看出，考虑重力比不考虑重力油层下部的驱油效率要高出13.7%。因此，重力对驱油效率的影响是不可忽视的。有人曾把高渗透厚油层底部驱油效率高归因于底部通过的水量多，从而把油冲刷得比较干净，但这个计算说明这种看法的依据是不足的。因为在不考虑重力的计算中，底部通过的水量同样也较多，那么应该也能出现较高的驱油效率，但计算结果却没有得到接近最大含水饱和度的数值，即使在注水井附近含水饱和

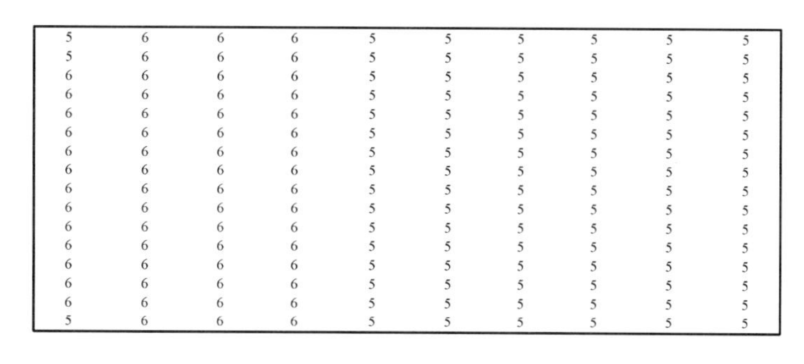

(a) 均质小岩心，考虑重力

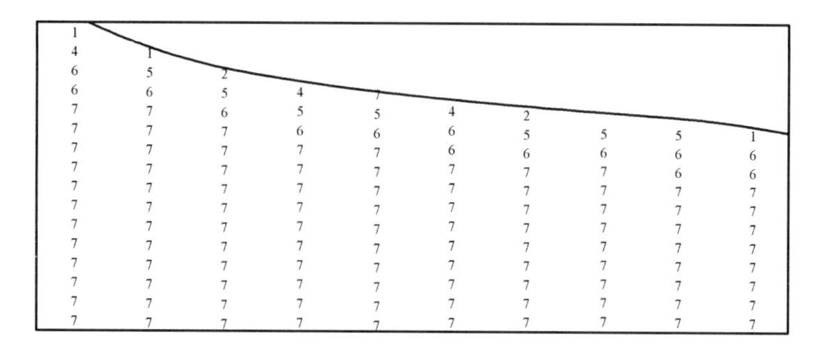

(b) 正韵律高渗透厚油层，考虑重力

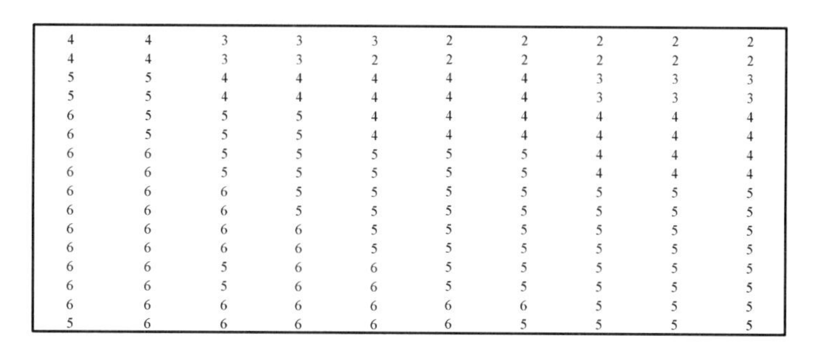

(c) 正韵律高渗透厚油层，不考虑重力

图 2　重力对驱油效率影响，最终水淹剖面对比图

度最高处也只有 60% 左右。而考虑重力的计算情况就显著不同，不但在油层中、下部有相当厚度的水淹段其含水饱和度接近于最大含水饱和度，而且即使在生产井附近，也有相当数量的节点驱油效率超过了 70% 。这说明底部的高驱油效率不能主要归因于水冲刷的倍数较多，而应肯定油水重力分异对造成底部高驱油效率的重要影响。

4. 改变纵向上导油能力的分布是改善亲油正韵律厚油层开发效果的根本途径

从上述可知，正韵律高渗透厚油层开发的主要问题是扫油厚度系数小。下面来探讨如何提高这类油层的扫油厚度系数，以改善开发效果。

在文献《非均质亲油砂岩油层层内油水运动规律的数值模拟研究》中已提到反韵律油层扫油厚度系数大，无水采收率高，见水时反韵律油层的扫油厚度系数和无水采收率几乎比正韵律高出二倍（表 1）。这主要是由于高渗透层段位于油层上部引起的。因此，我们得出了提高油层上部渗透率有利于提高扫油厚度系数的启示。

表 1　各类油层开发指标对比

开发指标 / 油层类型	无水期		最终期		
	扫油厚度系数,%	采收率,%	采收率,%	注入倍数	注水效率系数,%
正韵律	27.5	11.6	51.4	3.6	14.4
均质	40.0	18.0	57.8	2.3	24.9
反韵律	71.9	33.4	57.3	1.9	30.6

注:注水效率系数定义为最终采收率与相应的注入倍数之比。

此外,我们在文献《非均质亲油砂岩油层层内油水运动规律的数值模拟研究》中研究正韵律油层渗透率级差对油水运动影响时发现,非均质系数 B(下部油层平均渗透率与上部油层平均渗透率的比值)对这类油层后期采收率有重要影响。B 越小,后期采收率越高。因此,必须尽量设法缩小 B 值,即提高上部油层的渗透性和降低下部油层的渗透性。

基于上述分析,可以看出采用油层顶部水平压裂和在注水井注石灰乳堵大孔道等措施可以增加扫油厚度系数、提高采收率。

二、改善亲油正韵律厚油层注水开发效果的数值模拟研究

我国东部地区各油田,近些年来为了改善正韵律厚油层的注水开发效果,先后开展了油层压裂、注石灰乳堵大孔道和油水井控制射孔等试验,取得了一定成效,但还不能得出一些定量或半定量的概念。为此,本文针对各种措施进行了数值模拟研究,力图对各种措施改善开发效果的程度做一些定量的对比和分析。

本文的模拟计算主要是在以下两种正韵律模型上进行的,即:

(1)1 号模型:高渗透厚油层;

(2)2 号模型:底部有特高渗透层段的厚油层。

它们的参数分布如图 3 所示。

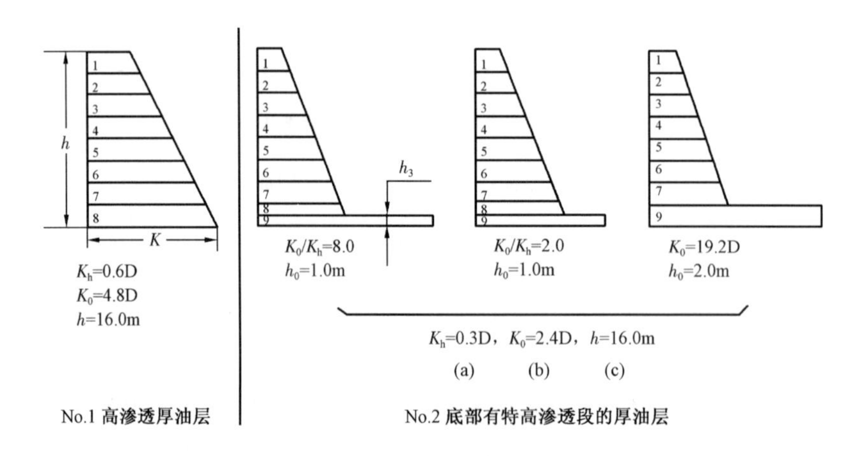

图 3　正韵律厚油层模型参数分布示意图

1. 油层顶部水平压裂

由上述我们可以看到,提高油层顶部的渗透率可以大大改善开发效果。这就表明,在正韵律油层顶部进行水平压裂,人造一个高渗透层段,就能达到改善开发效果的目的。

本文研究了生产井压裂与注水井压裂的效果,并进行了对比;研究了裂缝长度对开发效果

的影响以及不同非均质油层的压裂效果对比。

通过研究，主要获得以下认识：

(1)油层顶部水平压裂在生产井进行效果较好。

通过对1号模型两种压裂方案(在生产井压裂和在注水井压裂，裂缝长度均为井距之半)的模拟计算可以看到，油层顶部水平压裂改善开发效果主要在于提高后期采收率，而对无水采收率则提高不多(表2)。

表2　高渗透厚油层生产井压裂与注水井压裂效果比较

井别	无水采收率,%			后期采收率,%		
	不压裂	压裂	提高	不压裂	压裂	提高
注水井	9.8	11.3	1.5	49.7	54.6	4.9
生产井	9.8	10.5	0.7	49.7	58.8	9.1

由表2可见，当无因次裂缝长度(裂缝长度与井距之比)为0.5时，生产井压裂后其后期采收率提高9.1%，注水井压裂只提高4.9%。而在同样条件下，它们的无水采收率则分别仅提高0.7%和1.5%。因此，一般采取油层顶部水平压裂措施应该在生产井进行，这样比较有效。

以下各因素的比较都是在生产井压裂前提下进行的。

(2)裂缝长度越长，开发效果越好。

又对1号模型进行了计算，计算结果见表3和图4。

表3　高渗透厚油层生产井压裂，不同裂缝长度的开发效果对比

无因次裂缝长度	无水采收率,%			后期采收率,%		
	不压裂	压裂	提高	不压裂	压裂	提高
0.2	9.8	9.8	0.0	49.7	53.9	4.2
0.5	9.8	10.5	0.7	49.7	58.8	9.1
0.8	9.8	11.5	1.7	49.7	62.0	12.3

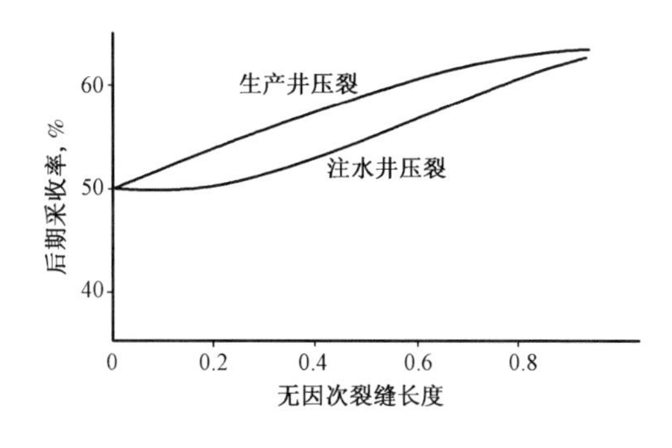

图4　高渗透厚油层顶部水平压裂后期采收率与裂缝长度关系

由图4可见，随着裂缝长度的增大，后期采收率逐渐提高。

(3)油层渗透率纵向非均质性越严重，压裂效果越好。

计算在1号和2(a)号模型上进行，生产井压裂长度为井距之半。计算结果见表4。

表4　不同非均质油层生产井压裂效果比较

油层类型	后期采收率,%		
	不压裂	压裂	提高
一般正韵律油层	49.7	58.8	9.1
底部有特高渗透层段的正韵律油层	38.9	53.9	15.0

由表4可见,一般正韵律油层压裂,后期采收率提高9.1%,而底部有特高渗透层段的正韵律油层压裂,后期采收率可提高15.0%。因此,非均质性越严重,压裂效果越好。

下面我们对正韵律油层顶部水平压裂改善开发的机理作一简要分析。

由文献《非均质亲油砂岩油层层内油水运动规律的数值模拟研究》可知,在亲油的正韵律油层中,重力、驱动力都驱使水往底部高渗透层段流,因此,造成了水沿油层底部大量窜流的情况。水窜快、水线形状下凹,扫油厚度系数很小,注水效率差[图5(a)]。

在油层顶部水平压裂后,压裂部位的油层非均质结构发生了变化,油层顶部裂缝和紧挨裂缝的低渗透层构成一个反韵律层段。这样,油层就变成了一个上部为反韵律、下部为正韵律的复合韵律结构,而且非均质系数 B 减小。

若为注水井压裂,则注入端油层剖面非均质结构的变化,使得:

(1)注水井流速剖面发生了明显的改变,顶部流速变大,这有利于扩大注入端的扫油厚度系数。

(2)在人工反韵律薄层中,毛管力的作用与重力的作用相反,因而对其中注入水的下沉起阻止作用,这也有利于扩大注入端的扫油厚度系数。

由于这些因素的影响,使得注水井压裂后无水采收率有所提高。但由于重力的作用,注入水下沉很快,这样便使得无水采收率提高的幅度很小,仅1.5%。

到了开发后期,则在注入端油层顶部的人工反韵律薄层中,注入水在驱动力作用下沿裂缝推进,直到裂缝末端。由于此处渗透率急剧变小,于是一方面渗流阻力变大,另一方面水平方向的毛管力也阻止水继续前进。这样,在裂缝段长度范围内,油层顶部形成一个很薄的“高含水层段”,水在重力作用下,自“高含水层段”下沉。结果在注入端裂缝延伸范围内,裂缝以下的油层部位全部水淹,因而改善了后期开发效果[图5(c)]。

若为生产井压裂,在油层顶部有水平裂缝情况下,裂缝的导流能力强,且非均质系数 B 大大减小,于是促使油水界面向上抬高。这种作用,不但减弱了水沿油层底部窜流的程度,也提高了扫油厚度系数(图6)。

到了开发后期,注入水继续上抬,逐渐浸入上部层段而进入裂缝,于是水主要在驱动力的作用下,首先沿裂缝段推进,从而在生产端也形成一个很薄的“高含水层段”,其中的水,一部分直接流向生产井,另一部分则在重力作用下下沉,使生产端裂缝下面全部油层剖面水淹,从而比较明显地改善了后期开发效果[图5(b)]。

在后期水淹剖面上可以看到,无论是注水井压裂,还是生产井压裂,在裂缝延伸范围内扫油厚度系数几乎都达到了100%,而超出裂缝延伸范围的地方,油水界面形态与原来差不多。这说明顶部水平压裂改善开发效果的机理主要是提高裂缝下面的扫油厚度系数,而且这种作用仅仅局限于裂缝延伸范围之内。由此不难理解,为什么裂缝延伸长度越长越好。

在生产井压裂比在注水井压裂之所以效果好,是因为在开发后期原来未压裂时生产井附近油层的扫油厚度系数小,压裂后提高幅度就大。相反在注水井附近原来扫油厚度系数就已

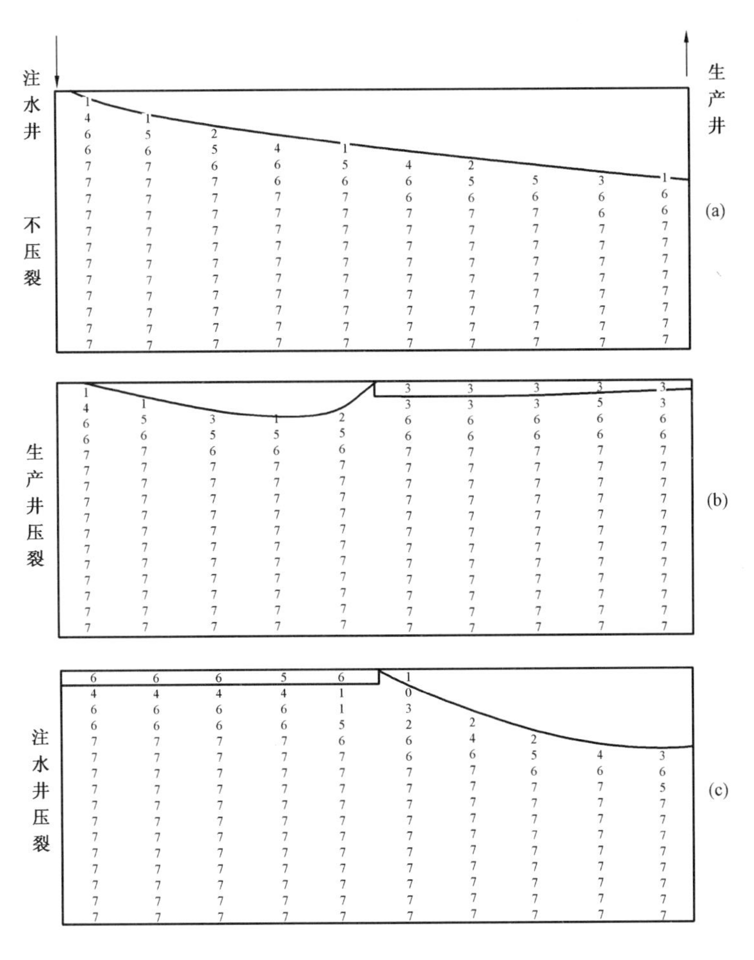

图5 高渗透厚油层顶部水平压裂后期水淹剖面

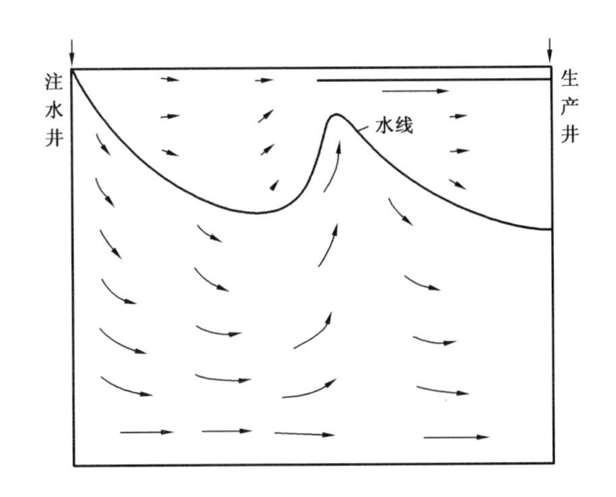

图6 高渗透厚油层顶部水平压裂注入一倍孔隙体积水时质点流速图

很大,因此压裂后扫油厚度系数增加不多。

正韵律油层非均质性越严重,压裂效果越明显是由于这类油层水沿底部窜流相当严重,扫油厚度系数很小,顶部水平压裂可以大大增强油水界面向上抬高的作用,压裂后使它也能达到较高的扫油厚度系数。因此,当正韵律油层非均质越严重、注水开发效果越差时,越有必要进行压裂。

2. 底部特高渗透层段封堵

理论和实践表明，当油层底部有特高渗透层段时，水窜就严重，开发效果差。目前矿场采取注石灰乳或其他悬浮物堵大孔道等方法来改善开发效果。

为了研究这个问题，我们在2号模型上研究了封堵长度，油层非均质性以及底部特高渗透层段厚度大小对封堵效果的影响，获得了以下认识：

(1)封堵长度越长效果越好。

计算在2(a)号模型上进行，模拟封堵部分的堵塞采用大幅度降低其渗透率的办法(降低64倍)。结果见表5和图7。

表5　底部特高渗透层段不同封堵长度对开发效果的影响

无因次封堵长度	无水采收率,%			后期采收率,%		
	不封堵	封堵	提高	不封堵	封堵	提高
0.2	4.1	5.6	1.5	38.9	42.3	3.4
0.5	4.1	8.6	4.5	38.9	45.7	6.8
1.0	4.1	13.9	9.8	38.9	50.6	11.7

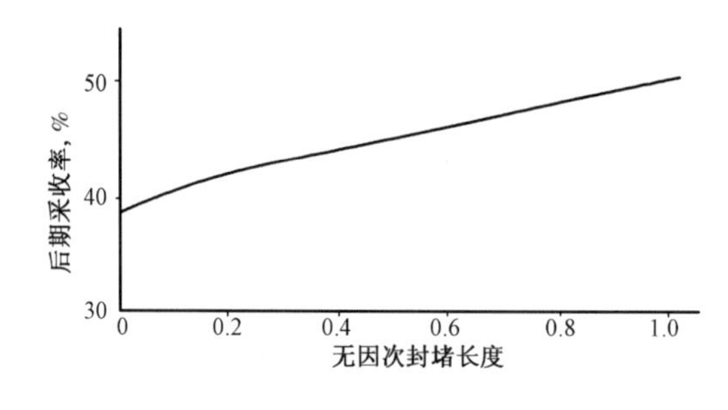

图7　封堵底部特高渗透层段时后期采收率与封堵长度的关系

由表5和图7可见，无水采收率和后期采收率均随无因次封堵长度(封堵长度与井距之比)的增大而增大。当封堵长度为井距之半时，前者可提高4.5%，后者可提高6.8%。

(2)油层渗透率纵向非均质性越严重，封堵效果越好。

计算在2(a)及2(b)号模型上进行，注水井封堵长度为井距之半，结果见表6。

表6　不同非均质性油层注水井封堵效果对比

底部渗透率级差①	无水采收率,%			后期采收率,%		
	不封堵	封堵	提高	不封堵	封堵	提高
8.0	4.1	8.6	4.5	38.9	45.7	6.8
2.0	6.8	10.5	3.7	47.9	49.3	1.4

① 底部渗透率级差定义为底部特高渗透层段的渗透率 K_a 与其上邻段渗透率 K_a 之比，见图3。

由表6可见，油层非均质严重(底部渗透率级差为8.0)时，无水采收率和后期采收率分别提高4.5%和6.8%，但当非均质较轻(底部渗透率级差为2.0)时，无水采收率和后期采收率分别只提高3.7%和1.4%，封堵效果大大降低。由此可见，油层非均质性越严重，越有封堵的必要。

(3)底部特高渗透层段厚度较大时封堵效果较好。

计算在2(a)和2(c)号模型上进行,注水井无因次封堵长度为0.2。结果见表7。

表7　底部特高渗透层段厚度不同时封堵效果对比

底部特高渗透层段厚度与油层厚度之比	无水采收率,%			后期采收率,%		
	不封堵	封堵	提高	不封堵	封堵	提高
1/16	4.1	5.6	1.5	38.9	42.3	3.4
1/8	4.9	7.1	2.2	31.0	40.4	9.4

由表7可见,在底部特高渗透层段厚度占全层厚度不太大的情况下,其厚度较大的封堵效果较好,后期采收率提高9.4%,而厚度较小的只提高3.4%,相差将近3倍。

封堵油层底部特高渗透层段的作用是显而易见的。既然水沿油层底部窜流,在那里形成了一个水的通道,那么在注入端加以堵塞就可把窜流部位的流量大大降低下来,从而改善了开发效果。但是,因为整个油层是联在一起的,堵了注水井附近的一段油层,水照样还可以绕过所堵的部分,在其他未堵到的地方继续沿着特高渗透层段窜流。因此仅仅堵注水井附近的少部分油层效果不大,只有往油层内部堵得较深时作用才比较明显。封堵的效果基本上与封堵的长度成正比。

堵大孔道措施对于水窜严重的情况更为有效。例如在底部特高渗透层段级差较大和厚度较厚的情况下,水窜十分严重,此时封堵后开发效果的改善尤其显著。

3. 控制生产井射孔高度

理论和实践表明,正韵律油层之所以开发效果差,是由于其下部是高渗透层段。这样,对油、水井实行射孔控制,不射高渗透部分,就有可能改善开发效果。

为此,我们在前述两种模型上研究了油、水井控制射孔对开发效果的影响,获得了以下认识:

(1)生产井控制射孔比注水井控制射孔效果要好得多;且生产井控制射孔,主要是提高无水采收率,后期采收率提高不多。

计算在1号模型上进行,打开程度均为1/4。结果见表8。

表8　高渗透厚油层生产井控制射孔与注水井控制射孔效果对比

控制射孔井别	无水采收率,%			后期采收率,%		
	不控制	控制	提高	不控制	控制	提高
生产井	9.8	21.4	11.6	49.7	52.2	2.5
注水井	9.8	11.3	1.5	49.7	51.3	1.6

由表8可见,在本文模拟条件下,控制生产井射孔高度,可使无水采收率提高11.6%,后期采收率提高25%;而控制注水井射孔高度,无水采收率和后期采收率分别只提高1.5%和1.6%。

(2)油层渗透率纵向非均质性越严重,控制射孔高度的效果越好。

计算在2(a)及2(b)号模型上进行,生产井打开程度为1/4。计算结果见表9。

表9　不同非均质性油层控制生产井射孔高度的开发效果对比

底部渗透率级差	后期采收率,%		
	不控制	控制	提高
8.0	38.9	43.6	4.7
2.0	47.9	50.4	2.5

由表9可见,在本文模拟条件下,底部渗透率级差为8.0的油层,后期采收率提高4.7%,而底部渗透率级差为2.0的油层则只提高2.5%。

(3)打开程度愈小,无水采收率提高的幅度愈大。

计算在1号模型上进行,生产井控制不同射孔高度。计算结果见表10。

表10　高渗透厚油层生产井打开程度不同时的开发效果对比

打开程度	无水采收率,%			后期采收率,%		
	不控制	控制	提高	不控制	控制	提高
1/2	9.8	19.1	9.3	49.7	51.5	1.8
1/4	9.8	21.4	11.6	49.7	52.2	2.5

由表10可见,打开程度愈小,开发效果改善的程度越大。但打开程度太小则影响产量,因此在适当满足产量要求的前提下,应尽可能地控制打开程度,以争取较好的开发效果。

注水井或生产井控制射孔,就是改变它们井点附近的吸水或出油剖面,使油层吸水段或出油段避开高渗透部位,以提高扫油厚度系数。但是注水井控制射孔高度时,在离注水井不远处水流在重力作用下会很快下沉。油层内部的流速分布与原来差不多,因此几乎起不到提高扫油厚度系数的作用。

当生产井控制射孔高度时,无水采收率有明显的提高,原因就在于水流刚到生产井附近时,油层底部水淹的厚度还比较薄,要形成一个水锥,需要一个相当长的时间。在这段时间里,重力在抑制水往上流动时起了明显的作用,这样就延长了无水期,提高了无水采收率。但是生产井提高射孔高度对后期采收率的影响远比对无水采收率的影响小得多,原因就在于它的作用仅限于井筒附近地区,并不能影响到油层内部较深的地方,因此提高扫油厚度系数的范围比较小(图8)。应该指出,避开高渗透层段射孔对减缓含水上升速度起了有益的作用。尤其是底部有特高渗透层段时,提高射孔高度可以在一定程度上减弱水窜。因此在这种情况下,后期采收率的提高幅度比一般正韵律油层差不多大1倍,此时提高射孔高度的效果就比较明显。

4. 各种措施的效果对比及综合措施的采用

由上述分析可以看到,油层顶部水平压裂主要是改善后期开发效果,但只有在裂缝长度较大的情况下,改善的程度才比较明显。

油层底部特高渗透层段封堵,主要也是改善后期开发效果,但也只有在封堵长度较大的情况下,改善的程度才比较明显。

生产井控制射孔,主要是提高了无水采收率,而后期采收率提高的幅度较小。

为了对比这3种措施的效果大小,我们在相同的2(a)号模型上进行了计算。压裂措施选用的无因次裂缝长度 $\bar{L}=0.5$,封堵措施选用的无因次封堵长度 $\bar{d}=0.5$,控制射孔措施选用的生产井打开程度 $\bar{b}=1/4$。对比结果见表11。

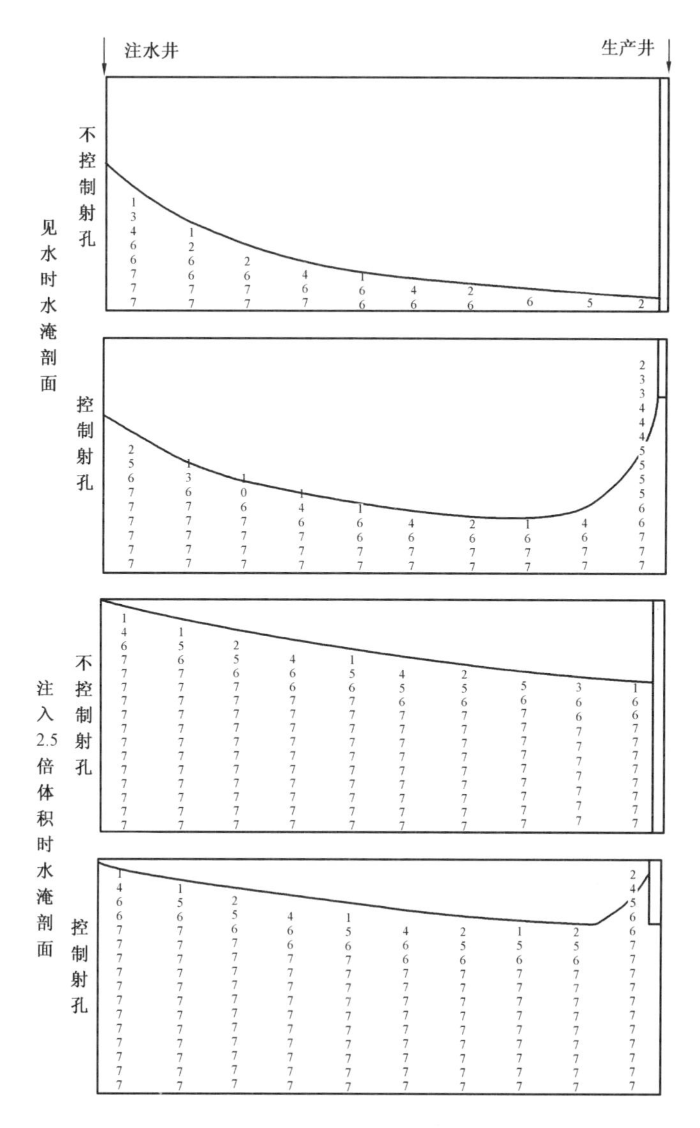

图8 高渗透厚油层生产井控制射孔高度与否的水淹剖面对比图

表11 在底部有特高渗透层段的正韵律厚油层模型上3种措施效果对比

措　　施	计算参数	无水采收率,%		后期采收率,%	
		数值	提高值	数值	提高值
无		4.1		38.9	
顶部水平压裂	$\bar{L}=0.5$	4.5	0.4	53.9	15.0
底部特高渗透层段封堵	$\bar{d}=0.5$	8.6	4.5	45.7	6.8
控制生产井射孔高度	$\bar{b}=1/4$	10.9	6.8	43.6	4.7

我们若以提高后期采收率的幅度作为衡量改善开发效果的标准,那么顶部水平压裂措施效果最佳,底部特高渗透层段封堵次之,控制生产井射孔高度最差。

但在生产实践中要达到上述效果是比较困难的,因为工艺水平的限制,压开地层或封堵地层的长度不可能很长。此外,像封堵大孔道,提高射孔高度还要影响吸水指数和采油指数,带来某些副作用。

由此可见,单一地采取某项措施,实际上难以达到很理想的效果。同时我们还看到,不同的措施,作用的机理是不同的,影响油层的部位也各不相同。因此,采取综合措施,可以吸取它们各自的长处,获得更好的开发效果。

本文对 2 号模型施行了下述综合措施,即,油、水井两端油层顶部水平压裂,油层底部特高渗透层段在注水井封堵和生产井控制射孔高度。计算结果见表 12。

表 12　底部有特高渗透层段的正韵律厚油层采取综合措施的开发效果

模　型	措施参数				开发指标	
	无因次裂缝长度		注水井无因次封堵长度	生产井打开程度	无水采收率,%	后期采收率,%
	注水井	生产井				
不采取措施	0.0	0.0	0.0	1.0	4.1	38.9
综合措施	0.1	0.1	0.5	1/4	18.4	50.0

由表 12 可见,在本文模拟条件下,采取综合措施,无水采收率和后期采收率均可大大提高。提高幅度前者为 14.3%,后者为 11.1%,明显地优于各种单一措施。而且由于相互之间的取长补短,也克服了前面所说的不足之处。生产井、注水井同时压裂,不但可以增长裂缝长度,而且还弥补了由于堵大孔道和提高射孔高度所造成的吸水、采油指数的降低。

因此,我们认为采取综合措施可以较大幅度地改善正韵律高渗透厚油层的开发效果。当然对某一具体的油井或油层来说,究竟采取哪些综合措施,还要进行经济分析,全面地考虑其技术经济指标后才能确定。

5. 利用油层有利地质条件

陆相沉积条件多变,油层结构复杂,这给油田开发造成了很多麻烦,却也带来了可利用的一面。只要我们对油水运动状况有一个正确的认识,我们就有可能利用这些有利的地质条件来改善油田开发效果,争取获得较高的最终采收率。本文对以下 3 种情况进行了分析:

(1)利用夹层。

实际油层内部存在很多夹层。这些夹层有一定的分隔作用,但又不能完全把油层分隔开,在很多部位,上、下油层之间仍连成整体。既然正韵律油层中水在重力作用下沉到油层底部,这就使人们联想到,能否利用夹层的分隔作用,把油从上部层段采出来,以达到延缓出水和含水上升以及提高采收率的目的。为了研究夹层的利用问题,我们采用如下正韵律模型:平均渗透率 2.7D,顶、底渗透率相差 8.0 倍,厚度 16.0m,层内油、水井两端距顶部 1/4 厚度处各有 150m 的夹层,井间有长为 200m 的“天窗”。计算时,用控制下部层段射孔高度的办法来减弱下部层段的采液强度,从而改变上、下层段之间的采液比例,使上部采得多,下部采得少,但又不完全停止下部层段生产,以避免在下部层段留下死油区。用这种方法来利用夹层,加强上部层段采油,控制下部层段出水。当然,在生产实践中还有其他多种办法来利用夹层控制含水,例如下封隔器封堵下部出水层段或用井下油嘴控制等。在这里不一一进行模拟计算,只对上述方法进行模拟计算,以作示例,其结果见表 13。

表 13　利用夹层改善开发效果的指标对比

夹层位置(距顶)	无水采收率,%			后期采收率,%		
	不利用	利用	提高值	不利用	利用	提高值
1/4 厚度	9.8	31.9	22.1	50.8	57.6	6.8
1/2 厚度	10.1	24.0	13.9	50.3	55.5	5.2
3/4 厚度	10.5	16.5	6.0	50.1	51.5	1.4

从表 13 可以看到，利用夹层有较好的效果，无水采收率从 9.8% 提高到 31.9%，净增 22.1%，后期采收率从 50.8% 提高到 57.6%，净增 6.8%。在计算中我们还看到，上部层段的注入水从“天窗”左侧向下流到下部层段去，而下部层段的油从“天窗”右侧运移到上部层段去，从而达到了上部采油，下部存水的理想结果。在图 9 上也可看到，在油上浮的过程中水也在“天窗”右侧“爬坡”。不过由于重力抑制作用，它的上移受到很大阻力，因此不会很快水淹上部油层。在夹层下面的生产井段，由于提高了射孔高度，再加“天窗”右侧的压力屏蔽作用，也大大推迟了见水时间，所以获得了较高的无水采收率。这种重力抑制油层水淹的机制在整个开发过程中起了作用，因此后期采收率显著增加，留下的死油区也大大缩小。注入 2.5 倍孔隙体积水时扫油厚度系数提高了 12.3%（图 9）。

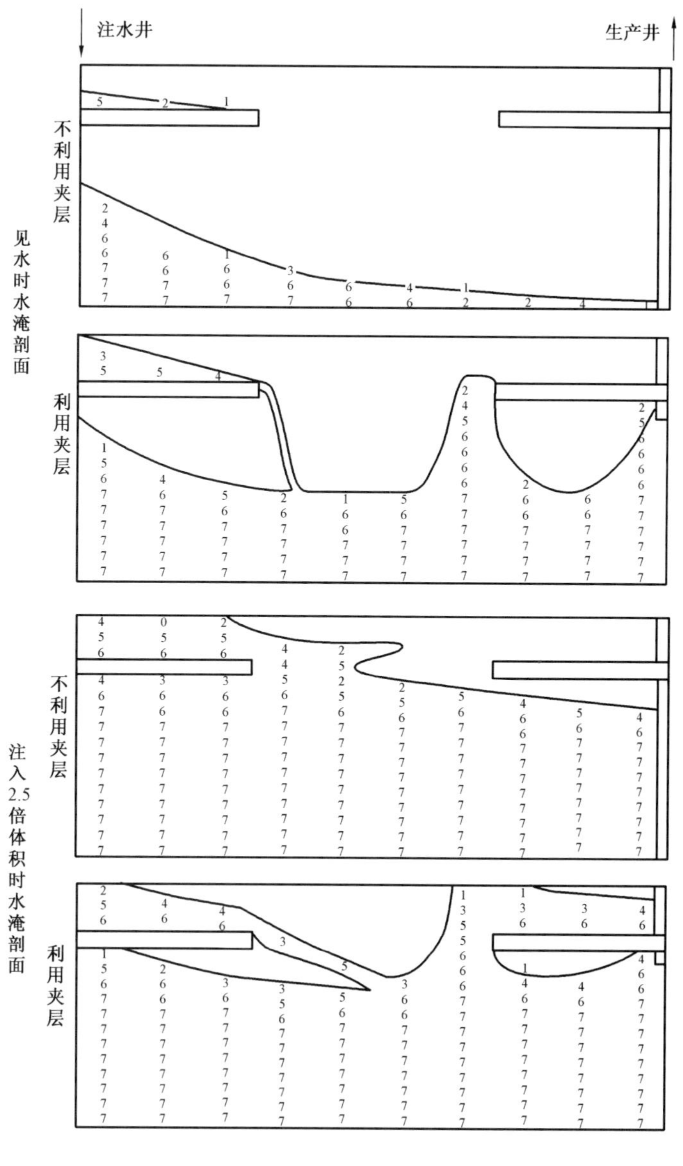

图 9　夹层利用与否的水淹剖面对比图

为了研究不同纵向位置的夹层的利用效果，我们计算了夹层位置距顶1/4，1/2和3/4厚度的3种方案。由表13可见，随着夹层位置的下移，上述利用夹层的效果逐渐变差。夹层距顶3/4厚度的方案无水采收率只提高6.0%，后期采收率只提高1.4%。由此可知，中、上部的夹层利用的价值较大，处于油层下部的夹层的利用意义不大。

（2）利用沉积相带有利位置来部署注采井位。

实际油层的油水运动还和油层结构在平面上的分布状况有关。根据沉积相研究成果知道，一般在河道主流线附近沉积的是高渗透、正韵律、大厚层，油层底部往往还带有特高渗透层段。而在河道的边滩相、漫滩相部位沉积的油层，其渗透率和厚度都相对较小，也比较均匀。这里又给我们提出了一个问题，究竟是把注水井布置在河道中央好，还是布置在边缘部位好？即所谓的厚注薄采（在高渗透厚层部位注水，在低渗透薄层部位采油）好，还是薄注厚采（在低渗透薄层部位注水，在高渗透厚层部位采油）好？

为了定量阐明这个问题，本文对一个厚度渐变的模型进行了模拟计算。该模型一端厚16m，另一端2m。厚的部位是高渗透正韵律，薄的部位是均质油层。油层平均渗透率由2.7D逐渐降低到0.6D。在此模型上计算了两个方案：厚注薄采和薄注厚采。计算结果列于表14。

表14　厚注薄采和薄注厚采方案开发效果对比

油层模型	无水期		后期采收率，%
	采收率，%	扫油厚度系数，%	
薄注厚采	12.4	31.1	49.7
厚注薄采	28.9	51.1	54.1
差值	16.5	20.0	4.4

由表14可见，厚注薄采方案开发指标明显优于薄注厚采方案，尤其是无水采收率要高出一倍多，后期采收率也增加4.4%。从图10可以看到，厚注薄采方案不发生底部水窜，在注水井附近的水淹厚度系数明显提高。从最终剩余油饱和度分布状况看，储量动用差的部位都集中在大厚层上部。即使厚注薄采方案在厚层处注了水，也还是此处储量动用程度差，不过比薄注厚采方案有了改善（图10）。

（3）利用正韵律油层顶部局部地区存在的高渗透条带来选择注采井别。

开发实践告诉我们，到油田开发后期势必要调整井网和层系，以尽可能扩大扫油体积。在这里我们提出一个开发调整的指导思想，即尽量利用油层沉积相地质特点来改善开发效果。既然本文前述顶部水平压裂部分已在理论上证明了在生产井中进行顶部水平压裂比在注水井中进行效果好，也就是说，顶部特高渗透层段位于生产井一侧比位于注水井一侧可以获得更高的采收率，那么我们就应该尽量在油层顶部有高渗透条带处布置生产井，或利用其他开发层系的井在此补孔生产。

为了研究此问题，我们采用如下正韵律模型进行计算，即，平均渗透率为2.7D，顶、底渗透率级差为8.0，厚度为16.0m，油层顶部有1m厚度的特高渗透条带（渗透率比底部高4.5倍），其延伸长度为井距之半。

计算结果表明，利用这个有利地质条件可使后期采收率提高4.3%。

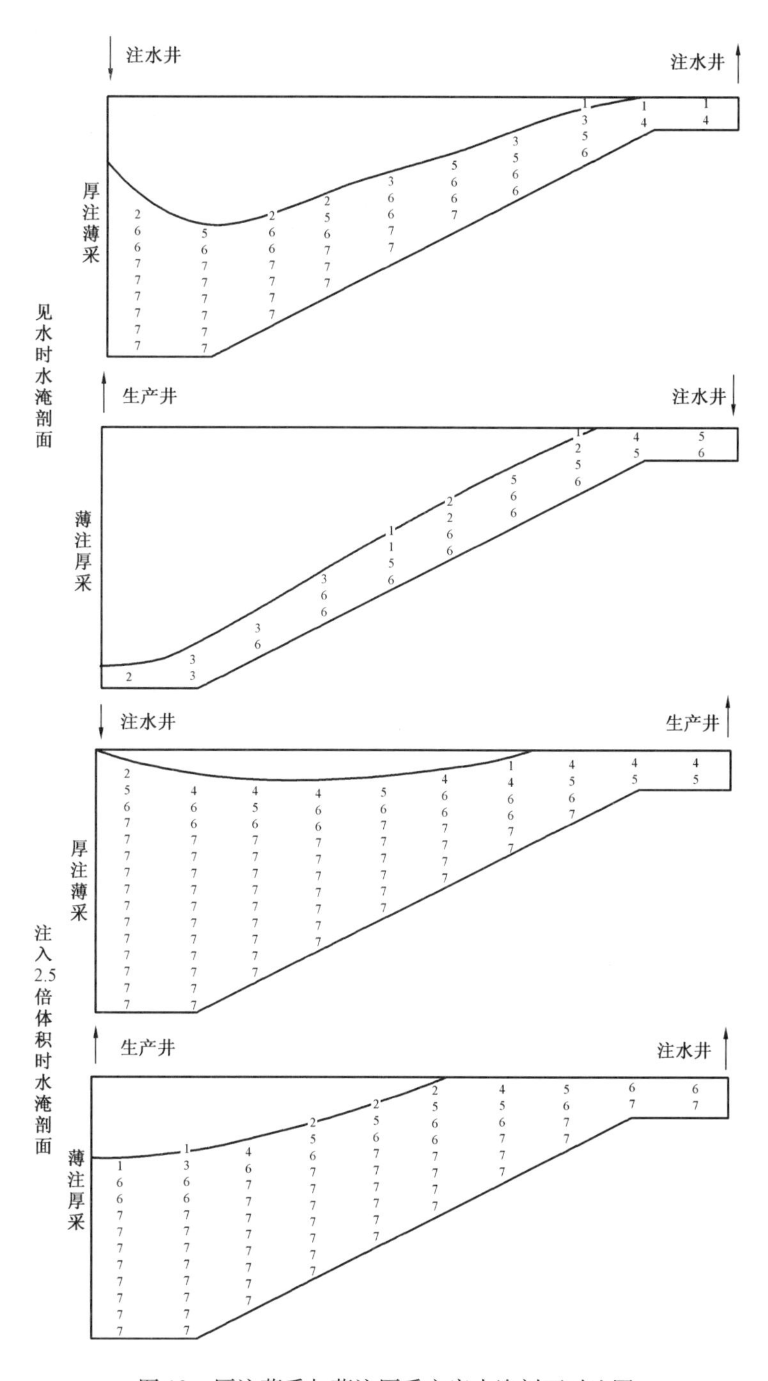

图 10　厚注薄采与薄注厚采方案水淹剖面对比图

三、结语

(1)亲油正韵律厚油层的开发特点是扫油厚度系数小而水淹部分的驱油效率高。重力是造成这种情况的一个重要因素,因此开发这类油层的主要问题是提高其扫油厚度系数。

(2)各种改善亲油正韵律厚油层开发效果的措施一般在生产井中进行比较有效(例如顶部水平压裂,提高射孔高度)。

(3)从各种措施的比较中可以看到,提高无水采收率的有效措施是提高射孔高度、利用夹层和采用厚注薄采布井方案。这些措施均可以使无水采收率提高一倍以上,有的甚至可接近反韵律油层指标的水平。同时这些措施在工艺上也是比较容易实现的。

(4)以各种措施提高后期采收率效果的好坏作一比较,则生产井油层顶部水平压裂效果较好,封堵底部特高渗透层段次之,控制生产井射孔高度效果较差,但最易实现。

(5)各单项措施提高后期采收率的幅度虽然有的比较大,但这些措施在工艺上是相当强化的,例如水平压裂的裂缝长度很大;又如堵大孔道,把整个底部特高渗透层段全部堵掉等。显然这在目前工艺上是很难达到的。而采取综合措施(在注水井封堵特高渗透层段、在生产井提高射孔高度和进行顶部水平压裂)即使在工艺不强化的情况下,也可以大大改善开发效果,后期采收率可以提高10%以上。

(6)开发后期调整应与油田地质沉积相研究密切配合。不光着眼于提高平面扫油面积系数,而且更重要的是提高扫油厚度系数。利用夹层、厚注薄采、利用油层顶部局部高渗透条带都可不同程度地提高扫油厚度系数。

以上几点仅仅是用数值模拟方法所作的理论分析,尚有待于实践的检验,希望批评指正。

(原载《石油勘探与开发》,1981年4期)

优化和并行一个油藏数值模拟软件中的解法器

莫则尧　刘兴平　彭力田　韩大匡

摘　要： 在当前共享存储对称多处理(SMP)并行机上，基于指导语句的并行程序设计模式，讨论了多功能油藏数值模拟软件中求解超过百万节点规模的解法器(MFS)的并行和优化技术。首先，结合当前微处理器的高性能特征，为了提高Cache命中率，改进了数据和循环结构，并组织了MFS的性能优化，在R5000上获得了20%的性能提高，并消除了并行化将可能引入的Cache一致性冲突。然后，基于循环合并、区域分解和大粒度流水线并行技术，实现了MFS的并行化。最后，在POWER CHALLENGE R8000的6台处理机和R10000的8台处理机上，对三维三相50万和100万节点规模问题，分别组织了数值实验，并取得了超过60%的并行效率。

关键词： 解法器　优化　并行化　数值模拟　软件

引　　言

油藏数值模拟软件中，解法器部分涉及求解油藏模拟方程离散化后得到的大型稀疏线性代数方程组，它们占据了超过80%的计算量，其性能好坏直接决定了油藏模拟的速度和质量。超过百万节点的并行三维多相油藏数值模拟，至少需要内存2.4GB，在目前条件下，单处理机的模拟时间是难以忍受的，并行是必由之路(Watts J. W.，1997)。

当前基于共享存储，由高性能微处理器构成的对称多处理机系统(SMP)能扩展到十几个或几十个CPU，提供每秒几十亿到百亿次的浮点运算速度，并提供基于指导语句的共享存储并行程序设计模式，方便了大型应用程序的并行化，为一般应用单位提供了一种理想的高性能并行计算平台。

本文主要讨论在SGI SMP POWER CHALLENGE系列并行机上，基于指导语句，优化和并行化一个求解超过百万节点规模的多功能油藏数值模拟软件中解法器(MFS)(彭力田，1997)的过程中，所提出和获得的一些成功的方法和经验。首先，基于当前微处理器的高性能特征，讨论了解法器MFS的一些主要特征及其串行优化。然后，基于循环合并、区域分解和大粒度流水线并行技术，讨论了解法器MFS的并行化。最后，给出了对某三维三相油藏数值模拟50万和100万节点规模问题，所获得的并行计算性能。

一、微处理器的高性能特征

目前高性能微处理器的浮点峰值性能可达100～1000MFLOPS，它们主要依赖于(Field M. R.，1998)：

(1)多级存储结构。为了缓减CPU中整数和浮点运算功能部件处理速度和内存访问速度之间的不匹配，提高芯片集成度，通常在CPU芯片中采用多级存储结构：运算部件从寄存器中获取指令和操作数，而寄存器中指令和数据分别取自一级指令Cache和一级数据Cache，一级Cache中内容取自CPU芯片外的二级Cache，而二级Cache中内容则通过总线或网络取自内存。处理机按某种协议以 Cache 线为单位,映射内存中数据到二级 Cache,以及映射二级 Cache 中数据到一级 Cache。由寄存器至内存,存储内容逐渐增加,而访问速度逐渐减少,价格也逐渐便宜。例如,R10K 微处理器,一级数据和指令 Cache 均为 32KB,Cache 线大小为 32B,二级 Cache 为 2MB,采用 2 - way 集相关 Cache 映射策略,它们的访问速度之比为 15: 10: 1。

(2)多个功能部件。为了提高 CPU 的处理速度,一般将其计算功能区别开来,分别由不同的部件来完成,而且当前超标量和指令流水线技术可使这些功能部件并行完成同一项工作。例如,R10K 微处理器内部含 2 个地址计算、2 个整数计算、1 个浮点加、1 个浮点乘和 1 个浮点除等功能部件,它们都可以并行工作。如果应用软件运行中,浮点功能部件始终保持忙碌,则可达处理器的浮点峰值性能。

由此可见,为了使应用软件能在当前高性能微处理器上发挥较高性能,基于给定的数值算法,在了解优化编译器具体功能的条件下,必须仔细组织数据结构和程序设计模式,尽量保证较高的寄存器内数据重用率和一级 Cache 命中率,并实现多个功能部件之间和浮点运算指令之间的流水线,获得较高的指令级流水线并行度。

除了在单处理机获取高性能外,在共享存储环境下,基于指导命令组织并行计算时,还存在一个影响并行性能的关键因素,就是多处理机对共享变量的交叉引用导致的 Cache 一致性和内存访问冲突。因此,为了获取较高的并行计算性能,必须尽量结合物理问题,划分区域,让处理器分别处理不同的区域,减少交用访问。

数值实验采用的 4 种微处理器及其性能参数在表 1 列出,3 台共享存储 SMP 并行机分别为 SGI CHALLENGE L R4400(8 个 R4400 处理器,内存 512MB)、SGI POWER CHALLENGE XL R8000(6 个 R8000 处理器,内存 2GB)和 SGI POWER CHALLENGE XL R10000(8 个 R10000 处理器,内存 3GB),油藏数值模拟涉及的规模分别为 5 万、50 万和 100 万节点,分别需内存 150MB、1. 6GB 和 2. 4GB。

表 1　4 种 SGI 微处理器比较

微处理器	R4400	R5000	R8000	R10000
峰值性能(MFLOPS)	150	180	360	390
一级 Cache	32kB	32kB	64kB	32kB
映射策略	直接	直接	4 - Way	2 - Way
二级 Cache	1MB	1MB	2MB	1MB

二、解法器 MFS 的优化

多功能三维油藏数值模拟软件解法器 MFS 涉及的数据结构为:

$$\begin{bmatrix} \boldsymbol{W} & \boldsymbol{H} \\ \boldsymbol{G} & \boldsymbol{A} \end{bmatrix} \begin{bmatrix} \boldsymbol{wx} \\ \boldsymbol{gx} \end{bmatrix} = \begin{bmatrix} \boldsymbol{wf} \\ \boldsymbol{gf} \end{bmatrix} \tag{1}$$

其中,$\boldsymbol{W}$ 是井方程系数矩阵,为对角阵;$\boldsymbol{G}$ 和 $\boldsymbol{H}$ 分别是节点方程与井方程、井方程与节点方程的耦合系数矩阵,是不规则的稀疏矩阵;$\boldsymbol{A}$ 是节点方程系数矩阵,为七对角阵;$\boldsymbol{wx}$ 和 $\boldsymbol{gx}$ 分别是井方程、节点方程未知向量;$\boldsymbol{gf}$ 和 $\boldsymbol{wf}$ 分别是节点方程、井方程产生的约束向量。并且,每个节点含 3 个相变量,分别对应油、气和水,故系数矩阵的每个元素为 3 ×3 矩阵。

解法器 MFS 首先对输入节点进行红黑排序,并形成约化方程组。然后采用 ORTHOMIN

迭代算法和ILU(0)预条件技术近似求解该约化方程组。最后将约化方程组近似解回代，得到整个方程组的近似解。本文只注重解法器的优化和并行，而不改变迭代算法和预条件技术，有关它们的讨论请参考文献(Saad Y. ,1997)。

从高性能角度出发，解法器MFS具有优点，第一，模块性好，语句精简，几乎所有计算量均集中在几个矩阵—矩阵、矩阵—向量和向量—向量运算子程序中，而这些子程序均基于连续的加—乘指令MADD，且绝大多数连续MADD指令间的操作数是独立的，易于实现多个功能部件之间和多条指令之间的流水线并行；第二，对每个节点涉及的3×3子矩阵运算，直接写出数组地址索引，有利于预先为浮点运算准备操作数，实现指令级并行；第三，约60%以上计算量可向量化，适合在向量机上并行。

但是，该软件也存在以下不适合于当前微处理器高性能特征的缺点，主要有：

(1)数据结构不利于提高Cache命中率和并行化时降低Cache一致性冲突。例如，系数矩阵和解向量采用如下的数据结构：

DIMENSION CC(NDIM,NEQS) (2)

即在数组第一维放网格节点，第二维放每个网格点的相变量。矩阵、向量运算时，以第一维网格点为外层循环变量，第二维网格点相变量为内层循环变量，依次对每个网格点相变量进行处理，但FORTRAN语言规定数组从低维至高维连续存放。从而，内层循环连续访问的相变量在内存空间中不具有连续性。例如，要求连续访问的$\boldsymbol{CC}(I,1)$与$\boldsymbol{CC}(I,2)$在内存空间地址相差NDIM个字！故串行MFS模块中矩阵、向量运算的数据访问不具有连续性，可能降低Cache访问命中率，从而降低解法器性能。并且，NEQS越大，性能下降越剧烈。

此外，一级Cache中数据访问是以32B或64B Cache线为单位进行的，一旦某条Cache线中的某个数据在某个处理器中进行了修改，则位于其他处理器中的该条Cache线将被丢弃。故共享存储并行计算通常要求尽量减少处理器对共享数据的交叉引用。具体到MFS，并行时为了加大粒度，必须按第一维网格点来分配每个循环的计算。故该类数据结构必定加大共享变量的交叉引用概率，加剧Cache一致性和内存访问冲突，当处理器个数较多时，将大幅度下降并行计算性能。

(2)由于MFS追求模块化，必定丧失一些合并循环、重复利用寄存器中数据来提高性能的机会。并且，受算法的限制，多数矩阵、向量循环计算中每条MADD指令的操作数只利用一次就丢弃，而R10000在每个cycle只能进行一个浮点存/取操作，故这些运算是访存受限的，至多可发挥峰值性能的50%！

总体而言，解法器MFS的性能是较好的，对5万节点，在R4400和R10000上，测试表明，均能发挥单机浮点峰值性能的15%以上，这对大型实际科学和工程应用程序是不多见的。继承MFS的优点，对它组织了如下优化：

(1)改变系数矩阵和向量的数据结构，使之适合高性能特征。具体地，第一维存放每个网格点的相变量，第二维存放网格点，即：

DIMENSION CC(NEQS,NDIM) (3)

这样，在矩阵、向量运算循环中，数组第二维(网格点)成为外层循环变量，第一维(相变量)成为内层循环变量，保持了数据访问的连续性，提高Cache命中率。同时，并行计算数据分割时，也能保证相邻数据分配到同一个处理器，减少Cache一致性冲突。

但是，该优化要求在MFS入口处对系数矩阵$\boldsymbol{CC}$、$\boldsymbol{TT}$、右端项X，在出口处对近似解X进行数据转换,引入额外开销。我们通过在 SGI 微处理器 R4400、R5000、R8000 和 R10000 上,对5 万、50 万和 100 万节点规模的数值实验表明,该转换所需计算时间相当于 1.25 次 ORTHOMIN 迭代。因此,串行计算时,只有当优化所得的好处能抵消该额外开销时,优化才是成功的。

(2)对某些循环进行了优化,使之更适合指令级并行。表 2 列出了 5 万节点规模时,解法器 MFS 优化前、后,在 R4400、R5000、R8000 和 R10000 上分别计算 30 天所需的 CPU 时间(单位:s)。可以看出,在 R4400 和 R5000 上,性能提高是明显的,分别达到 15% 和 20%,因为它们均采用直接 Cache 映射策略,Cache 容量小,原数据结构导致的 Cache 命中率下降程度大。而对 R8000 和 R10000,则性能提高幅度不大,因为它们分别采用 4 - Way 和 2 - Way 集相关 Cache 映射策略,Cache 容量大,串行优化的好处只能用于抵消 MFS 入口和出口处数据转换所引入的额外开销。尽管如此,数据结构的优化还是必须的,因为它是缓减了 Cache 一致性和内存访问冲突,获取并行计算性能的基础。因为,在 SGI CHALLENGE R4400 上,对 5 万节点的并行数值实验表明,当处理器个数为 4 时,即使采用下部分介绍的并行化技术,如果不改变数据结构,所得加速比将不超过 1.5,效果是很差的。

表 2 解法器 MFS 优化前后性能比较

微处理器	R4400	R5000	R8000	R10000
优化前时间,s	500	487	153	155
优化后时间,s	419	398	145	158
提高百分比,%	16	20	0	0

三、解法器 MFS 的并行化

在共享存储并行机上,基于指导语句,经过串行优化后,解法器 MFS 的并行化具有两个难点,第一,如何在不破坏原有程序结构的基础上合并循环,减少同步开销,减少共享数据的交叉引用,提高并行计算粒度;第二,ILU(0)预条件的并行,它涉及了近 50% 的计算量,且内在并行度较低。为此,分别采用了区域分裂技术和流水线技术,分阶段地组织了解法器 MFS 的并行化,取得了较好的并行计算性能。

以下注重介绍采用的并行化思想和技术途径,至于具体的并行程序设计指导命令和通常的操作,在许多有关指导语句并行程序设计文献中有详细的描述,本文不再讨论。

本部分数值实验列出的加速比均指优化后解法器 MFS 的串行计算与并行计算时间的比值,并行效率为加速比与处理器个数的比值。

1. 循环合并与区域分裂技术

基于指导命令的共享存储并行程序设计的出发点是将循环体分段,分别交给各个进程在不同处理器中并行完成,而进程的调度和同步是必须花费 CPU 时间的。例如,在 POWER CHALLENGE 系列并行机上,一个循环体的并行需要花费几个或几十个毫秒。因此,要求循环体具有一定的计算粒度,粒度越大,则并行越有利。同时,还要求连续的并行循环体所访问的数据尽量位于同一个处理器,以减少处理器间数据的交叉访问。这必须以区域分裂思想来指导循环体并行。具体地,分如下几个阶段来逐步提高并行计算性能:

(1)第一阶段:直接并行每个子程序内部循环体。这个阶段比较简单,但效果差。对 5 万节点,在 CHALLENGE L R4400 上,加速比 4 个处理器为 2.0,6 个处理器为 2.4。性能损失主要来源于:① ILU(0)预处理固有的串行计算;② 有些循环体计算量太小,并行的循环体次数太多,并行开销大;③ 连续循环体数据分配时,处理器间交叉引用严重。

(2)第二阶段:基于区域分裂的思想,在矩阵、向量运算子程序一级合并循环体,即不改变串行程序的模块化结构,视进程个数,划分数据区域,将连续的几个矩阵、向量运算子程序合并在一起,形成一个并行循环体。这样,可以扩大并行粒度,减少并行调度和同步的开销,也减少处理器间的数据交叉访问。同样,对 5 万节点,在 CHALLENGE L R4400 上,加速比 4 个处理器上升为 2.6,6 个处理器上升为 3.0。此时,性能损失主要来源于:① ILU(0)预处理固有的串行计算;② 井方程和内积计算阻碍了并行循环体进一步扩大。

(3)第三阶段:用加锁(lock)和解锁(unlock)机制处理共享标量,减少井方程和内积计算循环体的同步。同样,对 5 万节点,在 CHALLENGE L R4400 上,加速比 4 个处理器上升为 2.8,6 个处理器上升为 3.3;对 50 万节点,在 POWER CHALLENGE R8000 上测试,加速比 4 个处理器为 2.7,6 个处理器为 3.2。此时,性能损失瓶颈为 ILU(0)预处理固有的串行计算。

2. 流水线并行技术

ILU(0)预处理由两个子过程完成,RSLUN 子过程负责 ILU 预条件矩阵的形成,RSFBN 子过程负责 ILU 预处理稀疏线性代数方程组系统的求解。RSLUN 所占计算量相当于 2 ~ 3 个 ORTHOMIN 迭代,且大部分可以通过循环体并行化,故没有对它的固有串行部分组织并行化。而每次 ORTHOMIN 迭代,RSFBN 约占 50% 的计算时间,因此对它进行并行化的成功与否直接决定了并行解法器的性能。

假设拥有 P 个高性能微处理器 $PE_1,\cdots,PE_p$,并要求在最短的时间内完成 N 个任务 $W_1,\cdots,W_N$。其中,每个任务可分解为 P 个子任务,用 $W_{I,J}(I=1,\cdots,P;J=1,\cdots,N)$表示,而这些子任务具有如下串行依赖关系:

$$W_{I,J} = F(W_{I,J},W_{I,J-1},W_{I-1,J}) \qquad (I = 1,\cdots,P;J = 1,\cdots,N) \tag{4}$$

F( )为某函数,且设:

$$W_{I,0} = W_{0,J} = 0 \qquad (I = 1,\cdots,P;J = 1,\cdots,N) \tag{5}$$

```
PARALLEL  ALGORITHM  1:
(1)FOR  I=1,P  DO  IN  PARALLEL
(2)FOR  J=1,N  DO
(3)IF  (I=1)  THEN
(4)W_{I,J}=0;
(5)GOTO  (8);
(6)ENDIF
(7)RECEIVE  W_{I-1,J}  FROM  PE_{I-1};
(8)IF  (J=1)  THEN
(9)W_{I,J}=0
(10)GOTO  (12);
(11)ENDIF
(12)COMPUTE  W_{I,J}=F(W_{I,J},W_{I-1,J},W_{I,J-1})
(13)ENDFOR
(14)ENDFOR  IN  PARALLEL
```

图 1　流水线并行技术示意图

如果被式(4)的串行依赖关系迷惑,则所有子任务只能按顺序 $W_{1,1},W_{2,1},\cdots,W_{p,1},W_{1,2}$,

$\cdots, W_{P,N-1}, W_{1,N}, \cdots, W_{P,N}$串行完成。但利用式(5)的边界初始0结构,其实可以组织并行计算。具体地,规定 PE_I 负责所有子任务 $W_{I,J}(J=1,\cdots,N)$ 的计算,并按图1所示算法1进行。显然,算法1非常类似向量机上的流水线向量处理技术,故称之为大粒度并行流水线技术。

估计流水线并行技术带来的性能,假设所有子任务花费的CPU时间近似相等,为一个时间步,则显然串行计算需 NP 个时间步;又设采用流水线并行技术后,每个子任务增加的通信开销为 C 个时间步,则并行计算只需 $(N+P-1)\times(1+C)$ 个时间步。故所得加速比为:

$$S_p = \frac{NP}{(N+P-1)\times(1+C)} = \frac{P}{\left[1+\frac{P-1}{N}\right]\times(1+C)}$$

其实,通信开销 C 的大小是相对的,它与每个任务的计算粒度成反比,即计算粒度越大,C 越小。因此,若选择足够多的子任务,即 $N \gg P$,且每个子任务均具有较大计算粒度,即 $C \ll 1$,则获取的并行计算性能是显著的。

在循环合并、区域分裂技术基础上,基于大粒度流水线并行技术,通过充分挖掘ILU(0)预处理稀疏线性系统的0结构,进一步组织了子过程RSFBN的并行计算,获得了超过16%的性能提高。

四、数值实验与性能测试

通过前两个部分的性能优化和并行化,获得了性能较高的并行解法器,称之为PMFS。由于PMFS没有改变MFS的数值算法,故排除舍入误差的影响,它必定将与MFS取得一致的数值模拟结果。具体地,对某三维三相模型,在POWER CHALLENGE R10000上,5万节点规模时,使用8台处理机,全过程并行数值模拟取得了与串行模拟一致的正确物理结果;百万节点规模时,10个周期的并行和串行数值模拟所取得的物理结果正确性误差小于1%。至于在全过程数值模拟中,PMFS相对于MFS所取得的加速比,限于并行机无法长时间独占的现实条件,无法准确获得。但是,它们类似于下面将要给出的单个时间步长情形。

对三维三相油藏数值模拟50万和100万节点规模,分别在POWER CHALLENGE R8000和R10000共享存储并行机上组织了并行性能测试。表3、表4分别列出了对50万和100万节点规模,10天和1天的模拟,解法器PMFS所需的并行计算时间(单位:s),以及与优化前原始串行解法器MFS比较所得的加速比和并行效率(加速比与处理机个数的比值)。

同时,数值实验表明,并行解法器PMFS相对于原始串行解法器MFS,所需的内存容量没有任何增加,也就是说,PMFS可在MFS能运行的任何共享存储环境中运行,具有很好的移植性。

表3　50万节点规模时,并行解法器PMFS所得性能

并行机		MFS	PMFS				
			$P=1$	$P=2$	$P=4$	$P=6$	$P=8$
R8000	时间,s	1318	1279	718	410	332	—
	加速比	1.00	1.03	1.84	3.21	3.97	—
	并行效率	1.00	1.03	0.92	0.80	0.66	—
R10000	时间,s	1259	1326	706	401	314	283
	加速比	1.00	0.95	1.78	3.14	4.01	4.45
	并行效率	1.00	0.95	0.89	0.78	0.67	0.56

表 4　100 万节点规模时,并行解法器 PMFS 所得性能

并行机		MFS	PMFS				
			$P=1$	$P=2$	$P=4$	$P=6$	$P=8$
R10000	时间,s	1884	1891	1020	570	435	398
	加速比	1.00	1.00	1.85	3.31	4.33	4.73
	并行效率	1.00	1.00	0.92	0.83	0.72	0.59

五、结论

本文在当前共享存储对称多处理(SMP)并行机上,基于指导语句并行程序设计模式,对油藏模拟数值软件中解法器 MFS 的串行优化和并行化表明:

(1)串行优化和并行化是完全成功的,取得了满意的性能结果;

(2)结合当前微处理器和共享存储并行机的高性能特征,合理组织数据结构和程序设计模式,对提高数值应用软件的模拟能力是至关重要的;

(3)对一些数值模拟性能好,但并行度又不高的数值算法,充分挖掘其内在并行度,在处理器个数不多的情形下,结合某一类并行计算平台,是可以取得较高性能的;

(4)区域分裂、大粒度流水线并行技术是一种在不改变数值算法条件下,提高并行计算性能的有效方法。

(原载《石油学报》,2000 年 21 卷 2 期)

中国油气田开发对油藏数值模拟技术的新需求

韩大匡　王经荣　李建芳

背景介绍： 本文曾于2004年8月在石油工业科学计算国际会议（SCPI）上宣读，并在2005年发表于《International Journal of Numerical Analysis and Modeling》杂志的SCPI专刊上。其后又经修改、补充，形成此文。

摘　要： 经过多年的开采，中国的老油田已进入高含水、高采出程度的开发后期，地下剩余油分布呈“整体高度分散、局部相对富集”的格局。准确认识和确定剩余油富集区的位置成为提高注水采收率重要的基础和关键，但难度很大。为此，数值模拟的任务应从常规的研究油田开发策略发展到精细地研究剩余油分布，找出剩余油富集区的位置，这就要求发展高效、准确和快速的大规模精细油藏模拟技术。对于聚合物驱、化学复合驱、CO_2 气驱、凝胶类交联聚合物深部调驱、微生物采油等提高采收率技术的应用，裂缝性低渗透油藏、缝洞型碳酸盐岩油藏、稠油油藏等复杂油藏的有效开发，以及天然气的开发也都需要研制适合不同渗流特点的模型，发展相应的数值模拟新技术。与此同时，还应该着眼于数值模拟技术今后能更好地发展，研制新一代数值模拟软件系统。

关键词： 高含水油田　剩余油分布　油藏数值模拟　历史拟合　提高采收率　复杂油气藏

引　　言

据统计，我国油田储层92%为陆相碎屑岩沉积，其地质条件比海相油田复杂得多，具体表现在，孔隙结构复杂，平面上砂体分布零散，连通差，非均质性强；垂向上呈多个沉积旋回，小层多，甚至达百余层；层内非均质性严重；油田断层多，断块间差异大；油质偏重且含蜡量高；水体小，天然能量供给不足。

新中国成立之后，就是在这样复杂的陆相地质条件下，石油产量从1949年的 12×10^4t 增加到2005年的 1.8×10^8t，居世界第5位。注水是中国油田开发的主体技术，注水开发的产量约占全国总产量的85%，形成了具有中国特色的早期分层注水、分阶段逐步调整的系列技术。依靠这套技术，大庆油田取得了 5000×10^4t 以上产量稳产27年的好效果。

但是近年来，石油工业面临严峻的挑战，一方面自改革开放以来，国民经济的高速发展，对石油的需求增长很快，现在已经出现严重的供不应求的局面；另一方面，我国多数老油田普遍进入高含水、高采出程度的开发后期。目前，含水超过80%的高含水油田所占有的储量比例已达68.7%，可采储量采出程度大于60%的油田所占储量达82.4%，产量递减。因此，为了应对这种严峻的挑战，老油田依靠科技进步，进行深度开发，提高采收率已是当务之急。

当油田含水超过80%，进入高含水后期以后，地下剩余油分布十分复杂，其总体格局可以概括为“整体高度分散，局部相对富集”。如何认识和确定油层中剩余油的分布状况，特别是其富集区的位置，是开发好高含水油田最重要的基础工作，也是下一步调整挖潜、提高采收率的关键。

考虑到准确地确定剩余油富集区有很大难度，需要综合运用地质、开发地震、测井和油藏数值模拟等技术，在精细地描述油藏的微构造和小层展布的基础上，用数值模拟技术来确定剩余油富集准确位置。这对数值模拟的网格数量、计算速度、网格技术、历史拟合等方面都提出了新的更高要求。可以认为，数值模拟技术从常规的研究油田开发策略发展到精细地研究剩余油分布，其研究的任务和技术要求都进入了一个新的阶段，称之为精细油藏数值模拟。本文将重点对此进行阐述。

至于高含水后期那些高度分散的原油，就不可能也不必要一个个去寻找，可以采用各种凝胶类交联聚合物进行深部调驱的办法把它们采出来。

全国适于各种提高采收率方法的地质储量 79.8×10^8t，可以提高采收率14.8%，增加可采储量 11.8×10^8t，其中技术经济较好的约 5.4×10^8t，潜力很大，主要为聚合物及碱/表面活性剂/聚合物三元复合驱。目前，聚合物驱在中国已大规模推广应用，年产规模已超过 1000×10^4t，三元复合驱也进行了深入的研究和不少矿场试验，正在准备推广。近年来，中国已经发现了一些大的富含 CO_2 气田，为了温室气体减排和有效利用 CO_2，特别是对于不适合注水的超低渗透油藏采用 CO_2 气驱，可以有效地提高采收率，中国将加速发展 CO_2 气驱技术。这些开采方法都涉及非牛顿流体和复杂的物理化学现象，上述凝胶类交联聚合物的渗流，也同样涉及这类问题，这些都对数值模拟技术提出新的要求。

微生物驱是正在兴起的新型采油技术，具有很好的应用前景。中国已经比较广泛地开展了微生物吞吐的矿场实践，取得了良好的增产效果；还有多个油田开展了微生物驱油的先导试验。微生物驱涉及微生物在多孔介质中的渗流。

中国还存在大量的低渗甚至特低渗透砂岩油藏，这些油藏探明储量超过 60×10^8t，在新探明的储量中约占60%～70%，其中相当部分为裂缝性油藏，为了开发好这类复杂油藏，也需要发展新的数值模拟技术。

我国的稠油油藏多年来年产油保持在 1000×10^4t 以上，居世界第4位。开采方式以蒸汽吞吐为主（产量占85%以上），现在多数油井已到了高轮次吞吐的晚期，压力和产量下降，急需发展新的替代技术。

发展完整的天然气工业体系需要上游（气田）、中游（长输管线）、下游（用户）一体化建设，良性互动。当前我国天然气高速发展，年产量由1996年的 $201\times10^8m^3$ 增到2005年的 $500\times10^8m^3$，储采比56.9∶1，说明产量还有很大的增长空间；但新开发的主力气田多为复杂类型的气田，如异常高压气田，大面积低丰度的低渗透气田，高含硫气田，富含 CO_2 气田，高压高饱和凝析气田，具有边、底水的多层疏松细粉砂岩气田等，开发难度大，亟待发展高效技术。

一、精细油藏数值模拟的特点

与传统的油藏模拟方法相比，精细数值模拟技术有以下两个显著特点：

（1）网格数大幅度增加。

中国陆相油藏非均质性强。一般来说，平面上砂体的连通性差，纵向上小层多，砂体内及层间物性差异大，小层和砂体的各个部位之间剩余油的多寡也差别很大，因此必须尽可能准确地模拟各小层的剩余油分布状况。为此，在平面上要细分网格，在纵向上不能轻易合并小层，对于主力层必要时还需要进一步细分。由此，建立的油藏模型网格数通常达几十万甚至百万的数量级，必须大幅度提高计算速度。

（2）需要进行分层历史拟合。

为了尽可能准确地模拟各小层的剩余油分布状况，像过去那样仅对整个油藏及单井进行历史拟合就不够了，需要进行分层历史拟合，至少要把主力层拟合好。这样做有很大难度，要研究新的拟合方法。

二、需要研究的数值模拟技术

1. 大型精细数值模拟

(1)多尺度油藏数值模拟方法。

众所周知,网格数越多,意味着模拟时间越长。采用多尺度油藏数值模拟方法,即粗细网格结合的办法,可以有效地减少网格数。根据上述油藏在高含水后期剩余油分布“整体高度分散、局部相对富集”的格局,重点在于搞清楚相对富集区的状况,可以先采用粗网格系统对全油藏进行计算,找出剩余油相对富集区,再对这个局部富集区域采用细网格进行更精细的计算,这样既可以增强数值模拟的针对性,又可以加快计算速度。需要注意的是,网格粗化形成粗网格系统要尽量减少误差,在用细网格时要忠实于精细油藏描述的原数据,不能简单地用粗网格插值所得的数据。图 1 是大庆某区块的示例。原模型的网格总数是 $89\times60\times74=355200$。实际计算时分出两个剩余油富集区子模型,F4 和 F11。其中 F4 的网格数是 $18\times19\times74=25308$,F11 的网格数是 $22\times27\times74=43956$,F4 和 F11 两个子模型的网格数分别为总模型的 7.1% 和 12.4%,模拟速度大大提高,节约了大量的模拟计算时间。

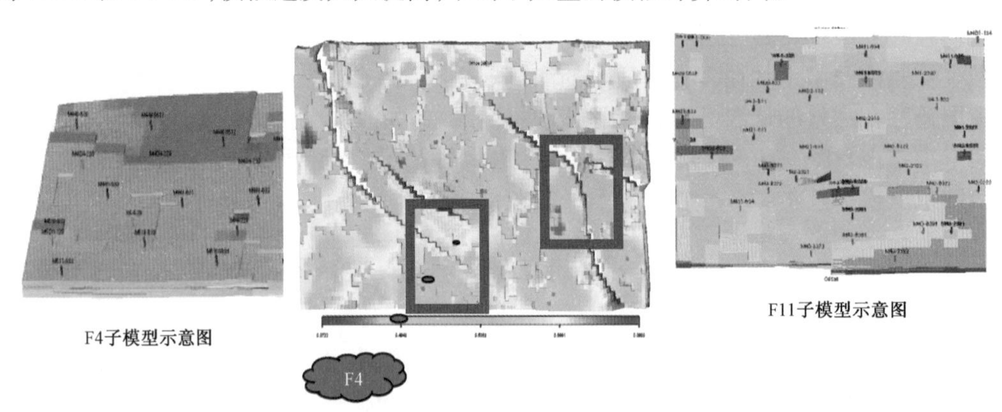

图 1 大庆某区块应用粗细网格结合模拟方法实例

(2)窗口技术。

运用窗口技术可以在进行粗网格计算时对剩余油富集区开个窗口进行细网格计算,可见窗口技术也是一种有效的粗细网格相结合的计算方法。如图 1 所示的例子也可以完全用窗口技术来实现。

(3)并行算法。

当网格非常多时,采用并行计算技术,可以大幅度加快计算速度。由于实际工程问题的需要,20 世纪 90 年代就提出了进行百万节点数值模拟的设想,但依靠当时单 CPU 串行技术,几乎不可能进行百万节点运算。后来随着并行计算机的出现,开始研究油藏模拟的并行算法。近年来,大规模微机群并行计算机的快速发展,价格越来越低廉,并行软件也从黑油模型逐渐向组分、热采等模型发展,并行算法的应用越来越广泛。

我国自 1990 年以来也致力于并行技术的研究,发展了自己的油藏数值模拟并行软件系列,目前正在研究化学驱的并行算法软件。

(4)流线法。

在粗网格计算时,还可以应用流线法进行计算。流线法将三维模型还原为一系列的一维流线模型。这种方法虽然精度不是很高,但有三大优势:① 计算速度快。同样的网格数,流线法较全隐式方法要快 2 ~5 倍,因此,可以快速地对更多网格进行计算。② 可以用图形直观地反映注采关系和剩余油大致分布。③ 可以消除直角网格系统所产生的网格取向效应。

(5)灵活网格技术。

网格技术在油藏数值模拟中一直占据重要地位。为了更好地模拟油藏的各种复杂几何形态,砂体边界或断层、渗透率在垂向或水平方向的各向异性、驱替前缘追踪以及近井区域的高速渗流,提高模拟精度,需要应用灵活的网格技术。

(6)历史拟合技术。

历史拟合是数值模拟中工作量最大、耗时最多的过程,特别是中国的油田储层非均质严重,断层复杂,层多,井多,生产时间长,作业又频繁,历史拟合有很大的难度。在精细模拟的过程中以下问题值得研究与探索:

① 长远的目标是实现完全自动历史拟合,但由于影响因素太多,实现的难度很大,自动历史拟合尚在探索之中。

② 目前比较现实可行的方法是,通过建立拟合参数(压力、含水、产量等)和可调参数之间的敏感性关系,采用优化方法,并结合油藏工程师的经验,实现人机交互联作进行历史拟合。

③ 如上述,精细油藏模拟的重要任务就是准确地认识剩余油在各小层的分布,特别是在主力层中的分布。为此,需要进行分层的历史拟合。

注水过程中,由于层间干扰,各小层的产量(注水量)的分配并不遵循数值模拟软件中按流动系数$\frac{Kh}{\mu}$分配的原则,有时差别还很大。如果油藏内有足够的分层测试资料时,那么可以按这些资料来进行注水量或产量的分配。但实际上油田分层测试资料很少,即使有一些,也常不足以代表该井的完整生产过程。

在这种情况下,需要发展能从丰富的生产资料和各种测试资料中挖掘与提取准确反映各层油水产量的新方法。

我们曾利用大庆油田杏四区部分井组中油水井间统计关系进行合理的层间产量分配,再进行分层历史拟合,其结果与水淹层测井的实测资料对比,两者之间符合率相当高。据 87 个井层统计,分层拟合得出的含水饱和度与水淹层测井的数据相比误差在 5% 以内的占 64% ,误差大于 10% 的仅占 8% ,说明效果很好。表 1 所示为其中 X4 -30 -642 井 5 个层的对比数据。该项研究还在进一步发展中。

表 1　大庆杏四区 4 -5 行列水淹测井解释饱和度与数值模拟含水饱和度对比表

井号	层号	水淹测井解释含水饱和度,%	常规方法拟合含水饱和度,%	分层拟合后含水饱和度,%
X4 -30 -624	PⅠ11	44.2	58.1	45.8
X4 -30 -624	PⅠ212	62.1	46.9	58.0
X4 -30 -624	PⅠ332	29.3	33.7	33.2
X4 -21 -624	PⅠ22	43.2	49.0	45.0
X4 -21 -624	PⅠ332	37.9	52.0	43.6

④ 历史拟合过程中需要反复提取数据,进行多个拟合参数的对比分析,数据准备费时、易错,而且现有商品软件的前后处理对于大规模精细数值模拟历史拟合的要求很不适应,存在着很多不便和耗时的问题。对此我们开发了便于应用的数模辅助工具软件,提高了历史拟合的

效率。还尝试了应用地理信息系统(GIS)的方法来解决这个问题,更具有应用的普遍性。

2. 非牛顿流体和各种物化现象的数值模拟

(1)聚合物驱数值模拟。

聚合物驱的研究已普遍应用了数值模拟技术,但模拟的精度还需要进一步提高;某些更复杂的问题,如多孔介质中的黏弹性流体的流变性问题,还需要进一步研究。

(2)凝胶类交联聚合物深部调驱技术的数值模拟。

凝胶类交联聚合物深部调驱的渗流机理比常规聚合物溶液驱油更为复杂,需要再进一步搞清机理的情况下研究其数值模拟方法。其中对于可动凝胶调驱技术,由于交联过程是在油藏中进行的,必须考虑这个过程中流变行为的复杂变化,以及可动凝胶时堵时流的复杂流动状况。对于颗粒型或柔性凝胶型交联聚合物的问题,则要考虑液、固两相或液体和弹塑性固体在多孔介质中时堵时流的复杂流动现象。

(3)化学复合驱。

化学复合驱渗流涉及诸多复杂的物理化学现象,如,质量传递(对流、扩散、液—液、固—液),协同效应及超低界面张力的形成,各种化学剂的损耗(碱耗、化学剂吸附滞留等),原地活性剂的生成,多相相对渗透率,界面电性和界面黏度,聚合物溶液特性及影响因素,离子交换,色谱分离,乳状液的形成及流动特性,结垢过程的化学热力学和反应动力学等,现有软件还不能完整、准确地模拟这些十分复杂的物化现象,有待进一步发展与完善。

(4)CO_2 气驱的数值模拟。

CO_2 气驱的数值模拟主要要解决好两个问题:① 复杂相态变化的模拟。富含 CO_2 气藏的开发以及 CO_2 气驱都有复杂相态变化需要模拟,在油藏条件下 CO_2 常处于超临界状态,当温度和压力改变时,CO_2、油、气、水(地层水或水气交替注入时的注入水)之间发生复杂的相态变化,有时还会发生重质组分的沉淀,需要建立新的状态方程。② 混相驱、近混相驱以及非混相驱的模拟。

3. 微生物渗流的数值模拟

微生物驱油是一项把生物工程应用于提高原油采收率的一项新兴技术,具有十分广阔的应用前景。中国石油公司初步筛选结果表明,绝大多数储量适用这类技术,其中比较现实的就有 22.3×10^8t,约占参与筛选总储量的32%。但由于机理复杂目前还处于探索阶段,应该在搞清微生物在多孔介质中生长、繁殖和代谢模式,运移规律以及驱油机理的基础上,发展数值模拟方法和软件。

4. 低渗透油藏

低渗透尤其是特低渗透油藏数值模拟,要认真研究以下 3 个方面的问题:

(1)非达西渗流。

当流量很低时,低渗透特别是特低渗透油藏,存在非达西渗流的现象,需要克服“启动压力梯度”才能开始渗流。目前商用软件中没有考虑这个问题,有待于改进。

(2)压力敏感性。

低渗透油藏压力敏感性影响明显。由于储层岩石有弹塑性,当油藏开采后地层压力下降,在上覆岩层压力的作用下,储层岩石受到压缩,产生不完全可逆的变形,导致渗透率下降,影响开发效果,需要发展便于实际应用的流固耦合数值模拟软件(图 2)。

(3)不均匀裂缝系统。

裂缝性低渗透油藏的模拟问题非常复杂。在实际油藏描述工作中发现,低渗透砂岩油藏中的裂缝系统分布常常是不均匀的,通常的双重介质模型并不适用。因为传统的双重介质模型如 Warren - Root 模型(图3)基于裂缝均匀分布,连通性好,当裂缝不均匀或裂缝的连通性不好时,计算不准确,需要发展新的裂缝模型。这种模型近年来在国外已做了很多理论探索和方法研究,比较有影响的有离散型裂缝模型(图4)(discrete fracture model)和自适应双重介质模型(adaptive dual continuum)(图5)。对于带有溶洞的裂缝性碳酸盐低渗透油藏,有人还提出了自适应多重介质模型。这方面的研究距离真正实际应用还有大量工作要做。

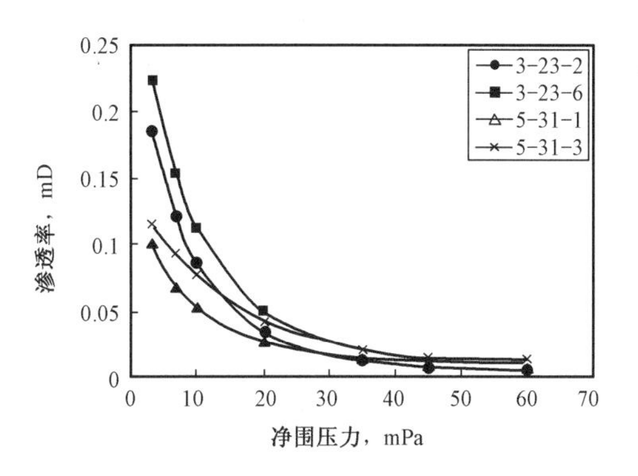

图2 地层压力敏感性示意图

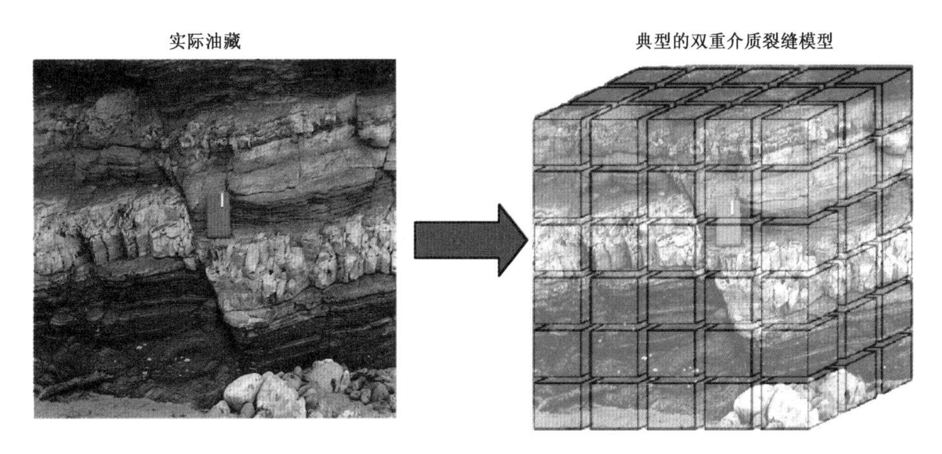

图3 传统的 Warren - Root 连续介质模型

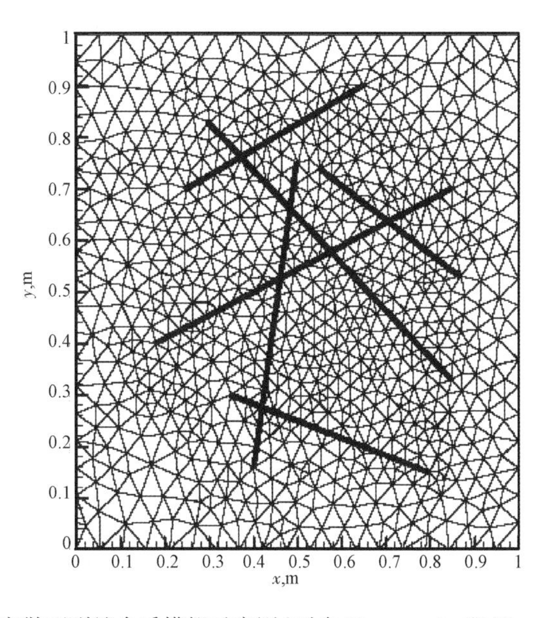

图4 离散型裂缝介质模拟示意图(引自 Monteagudo 和 Firoozabadi)

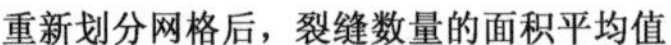

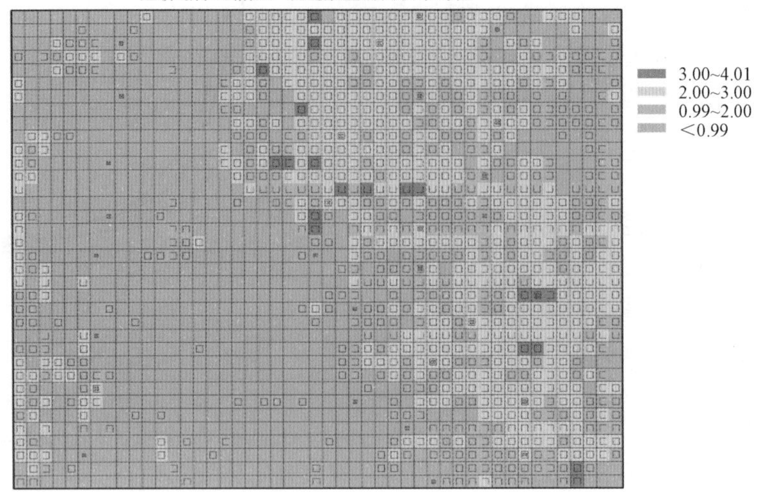

图5　自适应双重介质模拟示意图(引自 Ganzar)

5. 缝洞型碳酸盐岩油藏

近年来,在我国西北塔里木盆地发现了丰富的缝洞型碳酸盐岩油藏。这类油藏的储层极为复杂,除了含有大量裂缝以外,原油多产自容量很大的溶洞。因此,其中油水流动状况也非常复杂,除了基质和裂缝一般服从渗流规律以外,在大溶洞中的流动则已不属于渗流的范畴,而服从于油水两相的 Navier - Stokes 规律,它的数值模拟求解还未见先例,难度很大,急需加强攻关,予以解决。

6. 稠油油藏数值模拟

关于稠油热采已经有了通用的数值模拟软件,但有些问题还需要深入研究,例如,注蒸汽时,由于温度的大幅度突变,也将造成岩石的变形,存在温度变化造成的流固耦合问题。另外,对于稠油携砂冷采技术的数值模拟,要细致研究"泡沫油"渗流以及"蚯蚓洞"形成的机理,在这个基础上形成数值模拟的方法和软件。

7. 天然气开发数值模拟

天然气开发数值模拟有必要考虑以下问题:

(1)天然气工业体系的整体数值模拟。

天然气开发应遵循的原则是上、中、下游必须一体化建设,良性互动。因此,有必要按系统工程的方法对气区和各气田的储采比、产能、产量、管线运输量、储气库的调峰量以及用户消费量之间合理的比例关系进行整体优化。为此,需要发展把气藏、井筒、管线、储气库作为统一的流体力学系统的数值模拟方法和软件。

(2)高含硫气田的复杂相态变化及硫沉积。

高含硫气藏开发过程中温度压力的变化,使其中的流体发生气、液、固三相的复杂相态变化,硫还可能以固态形式沉积在地层内和井筒,导致储层堵塞,井的产能降低,影响开发效果。高含硫气田开发的数值模拟要考虑这种复杂相态变化和硫的沉积及其对开发的影响(图6)。

(3)凝析气藏的模拟。

牙哈高含蜡、高饱和凝析气藏的室内相态实验已发现了石蜡的沉淀,数值模拟技术要能够

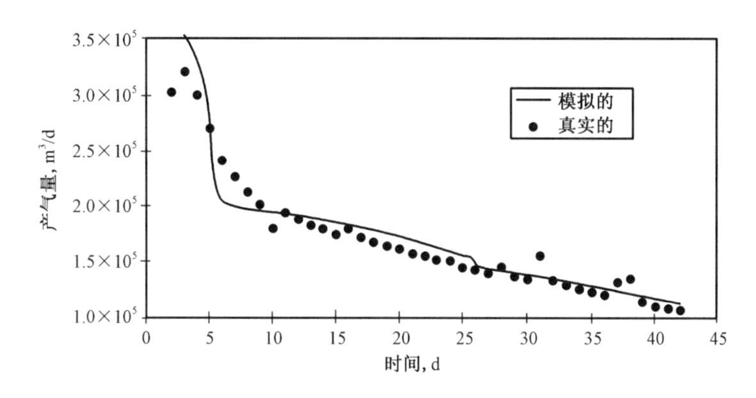

图6　加拿大某气田硫沉积导致井的产量快速下降图

解决这种复杂的相态模拟问题。另外，对于凝析气田也需要进行气藏、井筒、地面集输和凝析液处理系统的整体模拟。

8. 新一代油藏数值模拟软件系统的研制

数值模拟技术应随着计算机技术的进步，软件工程技术发展，数学方法的改进以及生产需求而发展。现在各服务公司的油藏数值模拟软件系统已十分臃肿，不便于应用，并且难以适应技术的进一步发展，有必要研制新一代油藏数值模拟软件系统。

新一代油藏数值模拟软件系统的研制可以大体设想如下：

(1)其数学方程包括了质量、能量、动量三大守恒的基本方程，必要时还可以与固体力学等其他基本方程相耦合。方程组中还应包括：状态方程、相渗关系、毛管力曲线、质量传输、热力学平衡，化学动力学方程、不同源汇项处理等各种辅助方程。

(2)发展和应用各种先进的快速算法和网格系统，并充分应用现代的软件工程方法。

(3)具备自动选择或自适应的简化功能。

(4)以数据库系统为基础，并与因特网、GIS 等系统相连接。

(5)具备强大的输出入和三维显示功能，或与虚拟现实系统相连接。

(6)软件具有良好的鲁棒性及与用户友好的界面，便于使用。

在这样的构架下，新一代数值模拟软件系统将会是结构简洁，适应不同层次的应用需求，易于扩展，方便友好的一体化软件系统。

三、结论

针对中国所面临的高含水、低渗透、稠油等主要类型油田提高开发水平和采收率的需要，提出了一些数值模拟方面亟待解决的问题，主要包括：

(1)高含水后期精细油藏数值模拟及提高历史拟合精度和效率问题；

(2)各种提高采收率技术的数值模拟问题；

(3)低渗透油藏的数值模拟问题；

(4)稠油油藏的数值模拟问题；

(5)天然气开发的数值模拟问题；

(6)新一代数值模拟软件系统的研制。

相信这些问题的解决，不仅有助于中国油气田开发水平的提高，对其他国家也可能有所助益。

新一代油藏数值模拟技术

韩大匡　李治平　刘　威

背景介绍： 进入21世纪以来，我国大批引进国外商业性油藏数值模拟软件，虽然短时期内满足了国内的需求，但是客观上却导致国内油藏数值模拟软件的研究和发展迟缓，研究人员散失，与国际差距日益扩大。为了重振国内油藏数值模拟技术的研究和发展，缩小与国外的差距，迎头赶上，必须实现跨越式发展，为此提出了研制具有自主知识产权的新一代油藏数值模拟软件研究的设想，得到了有关领导的支持，现已被列入国家重大专项进行研究，中国石油科技管理部也支持中国石油勘探开发研究院软件中心进行研发。本文分析了油藏数值模拟技术近年来的发展趋势，提出了研发新一代数值模拟软件的技术思路，曾应邀在第十一届全国渗流力学学术会议，即国际渗流力学研讨会上报告，整理后发表在《辽宁工程技术大学学报》第24卷第5期。

摘　要： 本文对油藏数值模拟技术所面临的挑战，模拟器的研发趋势和状况进行了综述，并提出了新一代的油藏数值模拟技术的发展思路。新一代数值模拟技术建立在统一与完整的物质、动量、能量三大守恒定律上，结合多物理时空尺度与区域分解算法，动态考虑描述参数的不确定性。在数学模型上，从描述方程基底层动态实现物化性质的确认和量化，从而在模拟应用时，实现面对具体描述对象动态地组合，取舍不同的物理化学现象量值及区域尺度，对模拟过程进行动态度量和建模。通过建立完整的尺度因子系统和非线性区域分解算法，为多区域、多尺度的分解和合成提供了有效的计算手段，最后对建立整合多学科集成的工作流程，构建一体化油气开发生产的仿真模拟(资产管理决策)平台，做出实践探索，提出进一步发展设想。

关键词： 油藏数值模拟　渗流力学　数学模型　多尺度模拟

引　　言

油藏数值模拟是在高性能计算机上对地下复杂石油天然气流动所进行的数字化仿真。它通过流体数学模型再现油气田的实际生产动态，并虚拟实施各种开发设计方案。因此，油藏数值模拟被广泛地应用于解决各类油气田开发决策问题，是预测投资、评价开发方案和提高油气采收率的必要技术手段，也是目前优化油气资产价值最有效的工具。

以石油地质、油藏工程、采油工艺等专业知识为基础，油藏数值模拟是一门综合渗流力学、计算数学、几何造型、计算机软件等的交叉学科。油藏模拟的商业核心技术一直被欧美几家大企业所垄断着。

近年来随着计算机技术的飞速发展，商用油藏数值模拟技术在功能配套和集成方面虽有了长足进步，但在对地下固液体系参数描述的不确定性上和在不同尺度下对油气生产过程的量化模型上，仍在沿用20世纪七八十年代提出的“黑油”、“组分”和“热采”的建模理念与方法。加之目前产品的使用技术门槛高、功能升级周期长、价格昂贵等原因，市场上的油藏数值模拟软件已越来越不能胜任石油公司的技术需求，很大程度上限制了油气资源开采新技术的进步。尤其是在目前全球对能源需求的增长，易采储量的快速递减，对提高油气产量的技术要求在持续攀升。自21世纪初，众多的服务公司和科研院校开始了新一代的油藏数值模拟仿真技术研发，力图克服、改进上一代的产品的不足。已进入商业开发阶段，具有代表性的新一代的数模产品有斯伦贝谢(Schlumberger)和雪佛龙德士古(ChevronTexaco)合作的Intersect，兰德马克(Landmark)和英国石油(BP)携手的Nexus。

据美国能源署的数据显示，目前世界油田平均采收率为35%，采用加注技术一般能把石油的采收率提高到40%～45%；通过使用数值模拟等资产优化技术，更可把油田采收率提高到50%以上。与世界先进水平对比，中国陆上油田采收率仍然较低。目前除大庆油田使用注水等提高采收率(EOR)技术的采收率达到40%外，其他油田的采收率仍然在21%～29%的低水平上。而且在中国未开发的剩余油气储量中，低渗透和稠油储量所占比重大，提高油藏采收率所面临的技术挑战显得格外突出。

在2006年中国石油天然气集团公司科技大会上，中国石油天然气集团公司提出，要确保中国石油持续稳产，最为关键的就是提高采收率，这是中国石油实现持续发展的必由之路，是保障国家能源安全的必然要求。仅就中国石油集团公司而言，平均采收率提高一个百分点，就意味着增加上亿吨的可采储量。由此可见，大至宏观决策，小到方法设计，新型油藏数值模拟技术在探索有效油气开采的新技术过程中有着巨大的需求。

商业油气藏模拟软件的研发在中国已有近20年的历史，但目前产品市场占有率依然近似于零。由于未能有效地建立油藏模拟长期发展的系统工程及解决模拟算法的核心技术问题，三大石油公司(中国石油、中国石化、中国海油)均采取了直接引进国外油气藏模拟软件的作法。目前国内的研发单位多在一些特定的功能上开发一些油藏数模的辅助配套产品。

同国外石油公司多学科协作和严密的管理方法相比，国内在油藏数值模拟的应用中，依然存在着不能有机结合的问题，加之无法调整国外软件的流程和计算方法，在使用成效上明显落后于世界先进水平。国外软件在前后处理界面设计、地质模型数据库与数模软件的无缝连接方面也常常不符合国情，无法满足国内市场的特定需求。此外，软件的使用难度和价格昂贵也在很大程度上限制了数值模拟技术的广泛应用。由于缺少自有的油藏数值模拟的技术，中国石油企业提高本国石油可采性和总量的能力受到了一定程度的遏制。

油藏数值模拟软件的市场潜力巨大。2007年全球的数值模拟软件的销售总额约为1亿5千万美元，预期未来几年市场将以15%以上的复合年均增长率(CAGR)发展。目前油藏数值模拟软件的拥有率在大中型石油企业虽已超过50%，但在小型企业仍低于10%，整体产业用户比例不足5成。

新一代数值模拟技术的研究起步时间不长，国内与国际的研究差距不大。开展以资产优化管理为目的的数值模拟仿真技术研究和商业级软件开发，无论是从经济意义和对解决现场的需求来讲，都具有十分重要的意义。

一、油藏数值模拟技术面临的挑战

由于地下油气藏固有的复杂地质、流体特性，以及计算方法、运算能力的局限，早期油藏数值模拟技术的发展建立在一个简化的三相(油、气、水)流体在三维多孔介质空间中的流动体系上。20世纪七八十年代，基于这一简化的“黑油”模型的模拟器获得了快速发展，并广泛地应用于研究各种类型油藏的合理开发问题，如开发方案编制、优化和调整，开发动态预测，渗流机理研究，以及基于资产管理的技术决策等。随后，又发展了多组分模型和热采模型，并衍生出了多重介质、混相、化学驱等扩展模型，成为油气田开发科学决策和提高采收率的主要工具。

进入21世纪，全球新发现油气藏的整装程度越来越低，地质构造和流体属性也越来越复杂,同时已发现油气田多已进入开发后期,油气井产能快速递减,勘探生产(E&P)成本增加,一体化资产优化管理模式成为当今经济环境下油气田开发的主模式。因此在资产管理小组中的油藏工程师面临着更具挑战的重大技术决策,需要考虑的风险因数包括对复杂、各异、分散的油气藏描述,对高成本复合油气井(定向井、丛式井、智能井)的设计、地面生产设施的建设、产量计划以及市场需求等。优化油气资源要求跨越从地质工程、地球物理、油藏工程、钻井工程、采油工程到地面工程设计与建设等整个油气藏开采过程。

油气资源属于一次性的开采资产。通过油藏数值模拟技术虚拟实施各种开发设计方案,再现油气田的开采动态是迄今为止定量地预测投资、评价开发方案和提高油气采收率的唯一方法,也是目前优化油气资源的资产价值最有效的工具。

在资产优化管理模式下,20 世纪发展起来的黑油、组分、热采及其衍生模型的局限性越发显得突出。当今油藏数值模拟技术所面临的挑战主要体现在下面 3 个方面:

(1)复杂系统。

油气藏的开采过程涉及对复杂地质属性的确定和几何建模,对多重孔隙介质中的多相流体流动和流体热力学描述,以及对各种复杂的注采生产模式的集成。数值模拟需要考虑的物理化学现象极其广泛,并跨越油藏(流体、固体)、井筒、地面管网等不同尺度的数学模型,这不仅在求解理论和方法上具有挑战,也对目前计算机处理能力和资源提出了挑战。油藏的各向异性被公认为影响采出程度的最主要因素,各向异性不仅体现在地层物理参数的强烈时空变化上,更体现在断层、高低渗透带、尖灭、边界等属性不连续带来的突变性上。精确地描述各向异性还需要引入高阶(三阶以上)张量属性参数和非结构化网格体系,这对于离散技术本身,及所产生的大型非规则稀疏矩阵的求解也提出了更高的要求。

(2)强耦合度。

一体化的油气资源数学模型涉及庞大的耦合物理变量,其相互间的依存度很高,并具有强烈的非线性特征。物理量之间的耦合体现在不同层次上,属典型的多尺度、多物理问题。如何对油气藏、井筒、生产管网,极其复杂组合进行数学描述及有效求解,首先需要解决耦合系统正解的存在性问题,并建立适合强非线性的全隐式离散算法,其次需要开发目前计算机能力可处理的多尺度数学解法(如区域分解算法)。资产管理模式下的油藏模型中,目前迫切需要解决的多物理耦合问题主要有,多重孔隙介质中的流固耦合,多相渗流和管流的耦合,此外是多尺度(包括物理尺度和几何尺度)的耦合问题。

(3)不确定性。

描述油藏地质和流体属性的参数均带有不同程度的不确定性。这些不确定因素广泛存在于油藏地质描述、流体属性特征、油气井定位、注采生产记录,以及工程设计和经济分析等各个方面。随着油藏模拟模型复杂程度的提高,输入数据相对贫乏、不准确,油藏模拟和预测的可靠性问题日益突出。如何综合考虑油气开发生产各个环节中存在的不确定性,提高开发决策的有效性,减低不确定性所带来的风险,一直是油藏工程师面临的重要挑战。目前的主流油藏数值模拟器均为确定性模型,使用的是确定性参数。通常是将不确定性整体归纳在历史数据的拟合上,也即,通过辅助手段调整模型输入参数,拟合油藏开发历史结果,实现模型的修正,由此来降低输入数据的不确定性。这也是一个油气藏的数模研究周期长,需要大量的人力投入的主要原因。

近年来,一体化实时油藏管理下的实时油藏管理正迅速地成为业界的首选开采模式,此技术有望在延长油藏开采期的同时,将采收速度提高 60% 以上。作为此技术核心的油藏数值模拟需要具有实时模拟更新能力。

二、油藏数值模拟技术的研发趋势

作为现代油藏开发中最重要的技术手段,油藏数值模拟技术已从单一的工程工具渗透到油气开发的整个过程。现代油藏模拟器正向着多功能集成、一体化耦合和高性能方向发展。

后黑油、组分、热采时代的数模研发工作,也即新一代油藏数值模拟器的研发起始于21世纪初,诸多的国外软件供应商(服务公司)和大油公司均投入了巨大的人力物力,取得了显著的进展。主要工作集中在以下3个领域:

1. 数值模拟计算技术

计算技术的发展主要体现在基础模型的扩展(包括更广泛流固物理化学现象的引入),各类复杂网格生成(包括高灵活度的非结构网格、自动多重网格和无网格的动态生成),高性能解法(包括各种复合并行算法、网格计算环境下的并行化,以及各种加载平衡和优化的算法),及多尺度/物理模型集成(包括不同尺度、物理模型的耦合计算方法)等方面。新型、高性能解法器可提高非结构网格和节点异性体系的求解稳定性和速度,同时降低对平台和操作系统的要求。

2. 多学科技术集成

多学科集成的发展已从勘探开发一体化平台的研发逐步向多种学科技术相辅相成方向延伸,跨越油藏的一体化耦合与集成模型已形成雏形。渐进、混合式更新流程,实时模拟、整体优化、自修正算法,以及辅助、自动历史拟合算法均获得了不同程度的成功运用。从地质到工程,从数据到决策的工作模式开始取代传统的单向模拟模式。此外,持续的数据分析挖掘能力,软计算方法(Soft Computing)也在量化和减小不确定性方面有不少的成功案例。

3. 工作流程和使用方法

基于数据流的功能设计及面向目标(OOP)和面向服务(SOA)的体系结构已成为现代模拟器的主流软件架构方式。一键式的数据加载和智能使用导引降低了用户的使用门槛和难度。辅助和自动“软体特工”(Software Agent)功能实现了对于数值模型的动态性能改进。交互式的数据可视化,关联性的数据质量控制(QC)也广泛地在模拟器的前后处理中使用。与传统模拟器相比,新架构在软件的可维护性、扩展性和再开发性上获得了跨越式的进步。

以油公司参与和注资的模式,占据目前数模市场份额最大的两家油田服务公司,斯伦贝谢和兰德马克在2000年左右相继开展了新一代数模的商品软件开发。

据非官方信息,作为斯伦贝谢旗舰产品Eclipse模拟器系列下一代的Intersect整合了黑油、组分、热采模型,集成了复杂智能井模型,并将常规的三相(油、气、水)流体流动扩展到了四相(固相),可以模拟沥青砂油的开采过程。结合斯伦贝谢的勘探开发一体化油藏综合描述软件Petrel,Intersect采用了所谓的无网格技术,也即封装的全自动网格生成技术,使得结构化和非结构化的网格系统达到了更精准的效果。Intersect承诺可提供前所未有的(并行)计算能力,对高度各向异性和封隔型油藏(compartmentalized reservoirs)具有优异的模拟效果,并减少了复杂油藏模拟中对网格粗化的要求。在新一代模拟器的软件开发中,Intersect率先全面采用了面向目标(OOP)的C++语言,据称在提供优异的代码复用性和扩展性的同时,达到了FORTRAN同等的计算效率。此外,Intersect采用了神经网络技术进行确定性分析(图1)。

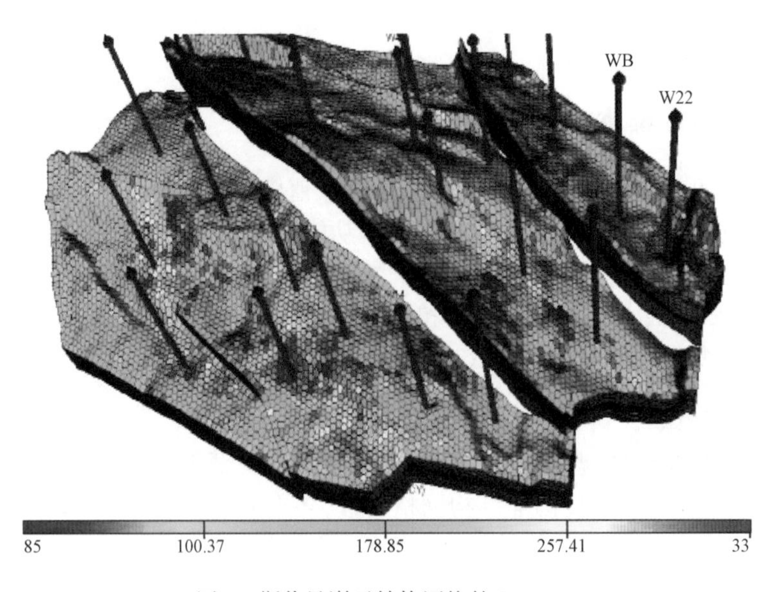

图1　斯伦贝谢无结构网格的 Intersect

Intersect 是斯伦贝谢和美国第二大综合石油公司雪佛龙德士古合作研发的，项目启动于 2000 年。2005 年道达尔(Total)石油公司加盟。原计划 Intersect 于 2005 年底推出，但目前仅发行内部试用版。

兰德马克的新一代油藏数值模拟器 Nexus 是其 VIP 系列的更新换代产品。Nexus 的核心建立在一个统一的黑油与组分模型基础上，紧密耦合了油藏、井筒和地面管网系统，进行一体化全隐式计算模拟。在建模方面，Nexus 采用了基于组分方程的新型体平衡(无结构控制体)模型和多种流体的混合(comingled fluid)属性模型。Nexus 研发了新一代的多重网格解法(MG Solver)技术，全面兼容正交和非正交的非结构网格体系。据称在未进行并行的情况下，处理速度已比传统模拟器提高了 10 倍以上。目前，复合并行(多台不同机器上的并行处理)和基于工程分类的动态负载平衡算法已进入测试阶段。Nexus 与兰德马克的资产管理平台 DecisionSpace 集成，可将钻井、完井、地面生产和地下油藏整体优化，并进行敏感性和不确定性分析。Nexus 对于同时开采的不同属性油藏和智能井组/网有独到之处，尤其适用于开采成本高的海上(深海)油田。另外，Nexus 与 DecisionSpace DMS 结合，提供辅助历史拟合功能(图 2)。

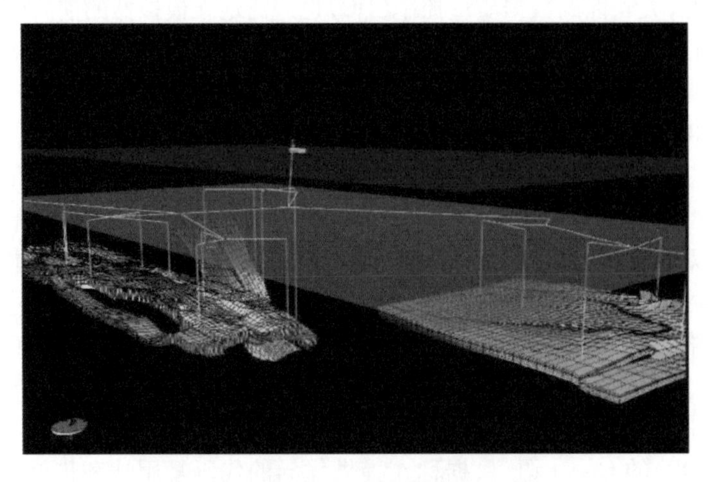
图2　兰德马克多油藏与管网集成的 Nexus

Nexus 的内核采用 FORTRAN 95 语言，在井筒和管网控制上还采用了友好、易用的用户脚本。软件构架使用了派生体结构，对具有工程意义的数据体进行了全面的封装，并实行了有效的动态内存管理。

Nexus 一直是在英国石油的参与和资助下开发的。Nexus 于 2005 年对 BP 发行，并在 2006 年 SPE 年会上正式对外发行。目前正式和试用用户已超过 40 家。

除斯伦贝谢和兰德马克商业化开发的新一代油藏数值模拟器，其他模拟器软件供应商的研发工作基本上是在上一代的产品上进行更新换代，其技术创新跨度均不大。但需要提及的是，研究机构和院校在新一代模型的研发上做了有益的探索，取得了一些突破性的进展。具有代表性的有美国能源部所属的洛斯阿拉莫斯（Las Alamos）国家实验室在基本数学建模方面研究，美国斯坦福大学（Stanford）在通用建模和软件架构方面所做的工作。

三、新一代油藏数值模拟技术

本文在油藏数值模拟的建模策略、求解方法和模拟器软件研发上提出了新的思路和发展策略，并进行了初步的方法验证和研发实际。

对油气藏的认识是一个循序渐进的过程。在勘探阶段，通常只有清晰度很低的地震解释成果和稀疏的探井测试（点线）解释数据，精准油藏描述的数据贫乏。随着油田的开发投产，油藏动态数据逐步丰富。但即使油田开发进入后期，对一个油气藏的描述仍具有较高的不确定性。也即油藏建模的目标始终具有如下特点：

（1）近井区域的“高清”描述；

（2）井间“模糊”的油藏描述；

（3）渐进式的“清晰”认识过程。

针对这些目标体的特点和目前油藏数值模拟技术面临的挑战，新一代数值模拟模型需要能够在一体化资源管理的框架下有效处理油气藏目标体的多尺度物理现象、多重不确定性和描述的渐进性，并建立集成协同化的工作流程。

本文提出的新一代油藏数值模拟技术建立在完整的物质、动量、能量三大守恒定律上，在应用时，能面对具体描述对象动态地组合，取舍不同的物理化学现象量值及区域尺度，从而实现了对模拟过程的“量体定身”，从而可动态实现在描述方程基底层上的物性确认和量化。

完整统一的本构方程可引入对油藏模拟中极其广泛的物理化学现象的数学描述。经过合适的数学推导，可将本构方程组合成一系列具有实际物理化学意义的目标体项，并建立各目标体的尺度系数。然后，针对一个具体的油气藏，根据其物理化学现象的变化程度将油藏动态划分为不同的子区域，再通过非线性区域分解算法整体求解。

本研究工作首度在油藏数值模拟领域研发了一套尺度因子体系，其基础因子建立在已获得验证的成熟传统方程体系上（即黑油、组分、热采及其混合模型），同时，采用非线性区域分解算法成功地将多物理时空尺度量和参数不确定性结合，实现了对大量复杂参数的自动化调整。从而将传统的油藏数值模拟方程从地层中的孔隙渗流流动拓展到井筒、地面集输设施等集成油气生产系统。非线性区域分解算法为多区域、多尺度的分解和合成提供了有效的计算手段，这对于整合多学科集成的工作流程，及构建一体化油气资产管理的决策平台提供了途径。

此外，传统的油藏数值模拟模型都是通过对地质模型的网格粗化（Upscaling）而建立起来的，在粗化过程中，势必忽略了许多油藏地质上细微但重要的信息。由于采用了动态区域分解算法,本文提出的新一代模拟技术固有着强大的并行计算能力,加上算法底层(线性代数解法器)的进一步并行化,有望具备直接在油藏地质模型上进行区域性数值计算的卓越功能,实现超大网格量(达米级网格尺度)的处理能力,这对更精准的油田开发理论研究和实际应用均有显著意义。

完整统一建模的核心技术在于动态尺度因子的创建上。通过建立动态物理目标体,相应的尺度因子可以被打上动态标签(tagged),初始状态为静止态,当基础因子确定后,同一尺度的因子被激活,目标体描述的物理现象参与计算。另外需要处理的技术关键是域边界问题,本文通过网格属性影射算法和物理量合成与分解计算方法,有效地处理边界处物理参数的间断问题。最后,要有效地结合物理时空尺度量和参数不确定性,实现对大量复杂参数的自动化调整,还需要在物理量自动和辅助激活机制上建立符合工程和数值计算要求的验证确认机制,确保系统正解的存在性。

根据上述的油藏数值模拟的建模策略和求解方法,本文研制了新一代油藏模拟计算方法的框架,实现了对等黑油模型的功能,并对提出的理论和方法进行了初步验证。

按照控制体方式,基础数学模型可用连续性方程表述为:

$$\int_{t^n}^{t^{n+1}} \frac{\partial}{\partial t}\left[\iiint_{\Omega_c}\phi \sum_{J=1}^{N_p}\rho_J S_J x_{IJ}\mathrm{d}\Omega_c\right]\mathrm{d}t = -\int_{t^n}^{t^{n+1}}\iint_{\partial\Omega_c}\sum_{J=1}^{N_p} x_{IJ}\boldsymbol{w}_J\cdot\hat{n}\mathrm{d}\sigma\mathrm{d}t + \int_{t^n}^{t^{n+1}}\iiint_{\Omega_c} q_I\mathrm{d}\Omega_c\mathrm{d}t \tag{1}$$

式中,N_c 为组分数;Ω 为油藏域;$\Omega_c\subset\Omega$ 为油藏域中的子域(控制体);$\boldsymbol{w}_J = -K\frac{K_{rJ}}{\mu_J}\rho_J\nabla\boldsymbol{\Phi}_J$ 为表征相速;$\nabla\boldsymbol{\Phi}_J=\nabla p_J+\rho_J\boldsymbol{g}$为相势梯度。

这里,$I=1,2,...,N_c$ 为组分标识数,$J=1,2,...,N_p$ 为相标识数。

离散方法采用全隐式三维有限差分格式。离散网格为块中心的非结构化正交网格。油藏的物理属性变量定义在网格中心点上,边界条件定义在网格边缘上,每个网格被视为一个基本控制体。这样,基本续性方程的左端时间变化率项可表示为:

$$\iiint_{\Omega_c}\phi\sum_{J=1}^{N_p}\rho_J S_J x_{IJ}\mathrm{d}\Omega_c \cong V_{\Omega_c}\phi(\boldsymbol{c},t)\sum_{J=1}^{N_p}\rho_J(\boldsymbol{c},t)S_J(\boldsymbol{c},t)x_{IJ}(\boldsymbol{c},t) \tag{2}$$

设$\bar{\delta}(\cdot)$为向后的时间差分算子:

$$\bar{\delta}f(t^{n+1}) = f(t^{n+1}) - f(t^n)$$

这样,时间变化率项的数值表述形式为:

$$V_{\Omega_c}\bar{\delta}\left[\phi(\boldsymbol{c},t^{n+1})\sum_{J=1}^{N_p}\rho_J(\boldsymbol{c},t^{n+1})S_J(\boldsymbol{c},t^{n+1})x_{IJ}(\boldsymbol{c},t^{n+1})\right] \tag{3}$$

对于基本续性方程的流率项,在每个网格正交面上采用二维中点法则进行面积分处理,再用全隐式进行时间数值积分。这样,对于一个具有 N_s 个网格面的正交网格,组分 I 的流率项可表述为:

$$-\int_{t^n}^{t^{n+1}}\iint_{\partial\Omega_c}\sum_{J=1}^{N_p}x_{IJ}\boldsymbol{w}_J\cdot\hat{n}\mathrm{d}\delta\mathrm{d}t \cong \sum_{s=1}^{N_s}\sum_{J=1}^{N_p}x_{IJ}(\boldsymbol{c}_s,t^{n+1})\boldsymbol{w}_J(\boldsymbol{c}_s,t^{n+1})\cdot\hat{n}A_{c,s}\mathrm{d}\,\bar{\delta}t \tag{4}$$

式中,$A_{c,s}$为控制体 Ω_c 中 s 面的面积;$\boldsymbol{w}_J(\boldsymbol{c}_s,t^{n+1})$为控制体 Ω_c 和 Ω_{c+1}间的流率。

这里,x 面处的 J 相表征流率可近似为:

$$w_{J,c+1/2}^{n+1} \cong -\left(K_x \frac{K_{rJ}}{\mu_J}\rho_J\right)_{c+1/2} \frac{[p(\boldsymbol{c}_{c+1},t^{n+1}) - p(\boldsymbol{c}_c,t^{n+1})]}{\Delta x_{c+1/2}} \tag{5}$$

其中

$$\Delta x_{c+1/2} = x_{c+1} - x_c$$

最后,全隐式的源汇项可表述为:

$$\int_{t^n}^{t^{n+1}} \iiint_{\Omega_c} q_I \mathrm{d}\Omega_c \mathrm{d}t \cong \bar{\delta} t^{n+1} \iiint_{\Omega_c} q_I(\boldsymbol{c},t^{n+1})\mathrm{d}\Omega_c \equiv \bar{\delta} t^{n+1} Q_{I,c}^{n+1} \tag{6}$$

为了有效地求解上述偏微分方程组产生的大型离散代数方程,本文采用了非线性的动态区域分解算法,一种快速自适应组合网格 FAC(Fast Adaptive Composite Grid)方法。

由于新一代模拟器的完整统一建模策略,及非结构网格的使用,代数方程的性态常常会具有较高的病态性。数值试验表明,动态区域分解算法是求解大型偏微分问题的有效方法。

新一代油藏数值模拟的建模方式是通过尺度因子有效地将一个多尺度、多物理问题动态分解成为多个区域子问题。不同的区域表现为不同的数学模型,在不同的区域对不同的数学模型进行求解。同时,区域分解方法为采用高性能并行计算制造了条件。区域分解方法优点在于它可以把大型问题分解为小型问题,复杂边值问题分解为简单边值问题,串行问题分解为并行问题(图3)。

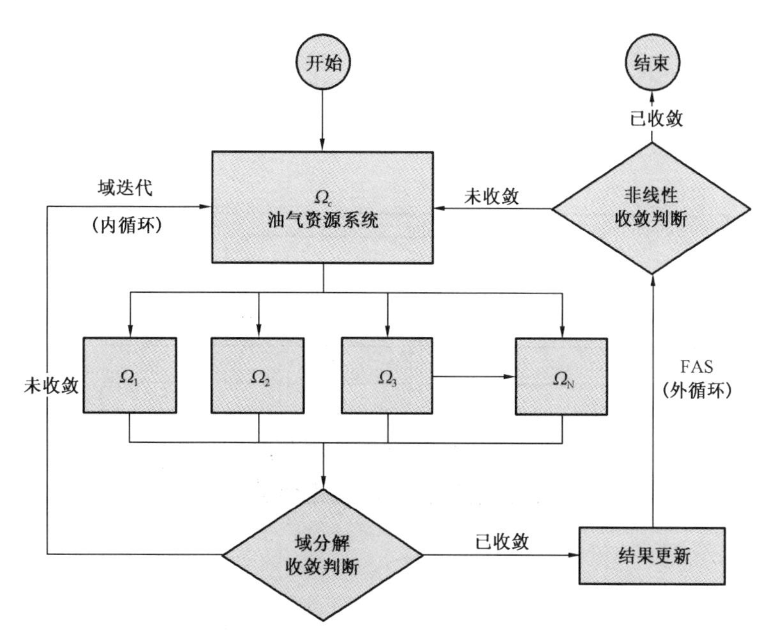

图3 动态区域分解算法流程示意图

本文采用的非线性的动态区域分解算法,称为全近似存储法 FAS(Full Approximation Storage Algorithm)。具体计算步骤如下(子域为 $d=C,F$):

(1)设定初始值:$l=0$ 和 $u_G^{n+1,0}$;

(2)计算组合网格残余量:$r_G=f_G-L_G u_G^{n+1,l}$;

(3)收敛判断:$\|r_G\|<$ 收敛偏差,否继续,是进入下一时间步;

(4)计算子域右端项:$f_d = I_G^d r_G + L_s(\hat{I}_G^d u_G^{n+1,l})$;

(5)在子域上求解 u_d:$L_d u_d^{n+1,l+1} = f_d$;

(6)修正组合网格计算结果:$u_G^{n+1,l+1} = u_G^{n+1,l} + I_d^G - (u_d - I_G^d u_G^{n+1,l})$;

(7)回到第二步,进行下一次 FAC 迭代:$l = l + 1$。

最后值得提及的是,新一代模拟器具有高精细尺度的模拟能力,在空间—时间尺度上可以进行厘米—秒级的精细仿真。这为快速数值试井、精细井筒产状分析、地层评价等提供了更有效精确的分析手段。

四、新一代油藏数值模拟软件开发

由于采用了动态尺度,新一代油藏数值模拟软件带来的不仅是简单易用的用户界面,还有可个性化的工作流程,强大的可视化功能和前后数据处理能力。

在软件架构工程上,本研究采用基于数据流的功能设计构想,及面向目标(OOP)和面向服务(SOA)的体系结构,在工程及商务服务层次上实现结构与内容的分离,而不是将数据与行为的耦合与封装。这样,表现了面向目标的集成式、并行式、多目的式及扩展式的商业软件开发模式。因此,新一代模拟器的框架结构具有优越的可扩展性,灵活性,并易于维护和使用。程序主体为开放的模块结构。框架结构可接受多形式的物理和化学模块的插拔。此外,模拟器具有与其他石油商业软件和标准数据库的广泛兼容性。

新一代油藏数值模拟软件的开发需要采用现代软件工程的运作,采用面向目标的集成式、并行式、多目的式及扩展式的商业开发模式。这里,从基本建模开始,新一代模拟器的框架结构将数模软件的开发不仅立足于传统的油藏数值模拟应用领域,更立足于油田开发的整体资产管理体系(图4)。

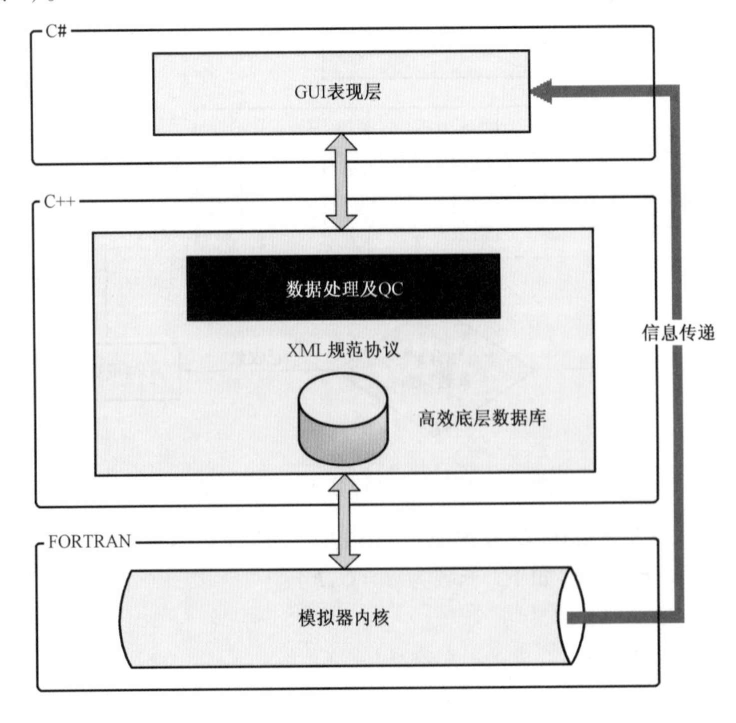

图4　软件主体结构示意图

通过标准化 XML 与数据库的结合，模拟软件需要建立模拟器内核层的高效数据管理系统，建立对大型多维数组的有效处理能力。如图 4 所示，软件的主体结构分 3 层：界面表现层、中间数据处理层、底层模拟计算内核。

新一代模拟器应该呈现增长、覆盖形式，其生命周期应远长于上一代模拟器。后续的软件开发应采用商业开发模式，并建立一个国际化的，具有强竞争力的软件开发组织。以国内市场的需求为起点，将产品、服务推向国际石油工业市场。形成具有良好竞争力与经济效益的实体。

新一代商业模拟软件的新特点将体现在：

(1)具有高度可定制的用户界面，对一般用户提供引导流程和操作步骤，同时对专业用户提供广泛的高级功能选项；

(2)能智能地确定模拟过程中物理化学量的取舍，自动调节流体流动特征、地层和边界条件改变的处理模式；

(3)具有完善的三维可视化和动画显示，提供多种工业标准的输入输出文件格式、数据兼容方式及总结报告体系；

(4)具有对随时空变化的“海量”三维地质和流体数据的处理能力，以及跨平台的超大模型计算能力。

本文研究的成果目前仅局限在对等黑油模型的功能的实现，后续工作将在新一代数模的建模策略和求解方法下，开发出具有黑油、组分、热采功能的数值模拟器，及其混合型综合模拟器。

五、结论

在数学建模机制上，本文提出的数值模型完整地实现了对各类物理化学量值的多尺度表征，在模拟运算时能针对具体问题来动态确定时间空间的数值量级，并智能加载相应的物化功能模块。

本文提出的新一代模拟器对复杂系统的仿真精度和模拟能力上可达到厘米—秒的精细量级，并可将跨度大的不同尺度问题有机集成。

通过建立一套尺度因子体系，实现了数值模拟中大量复杂参数的自动化调整，采用非线性区域分解算法可成功地将多物理时空尺度量和参数不确定性结合，并为多区域、多尺度的分解和合成提供了有效的计算手段。从而将传统的油藏数值模拟方程从地层中的孔隙渗流流动拓展到井筒、地面集输设施等集成油气生产系统。

（原载《辽宁工程技术大学学报》,2009 年 24 卷 5 期）

第七篇　桃李芬芳

动态局部网格加密方法研究

韩大匡 闫存章 韩殿立 彭力田

摘 要：网格加密是减小油藏数值模拟中截断误差的有效方法。但是，当网格分得很细时，计算所需的内容和计算时间都大大增加。因此局部网格加密引起了人们的兴趣。局部网格加密方法可以分固定加密和动态加密两种，动态局部加密方法实现起来难度较大，对它的研究也比较少。本文提出了一种新的动态局部网格加密实现方法，这种方法具有适用性强、计算机资源有效利用率高的特点。实际计算表明，这种方法可以满足油藏数值模拟中不同情况下对局部网格加密的需要。

关键词：动态局部网格加密 方法

引 言

渗流方程组的求解精度受网格划分密度的影响，网格分得细，截断误差小，计算精度高。反之，则计算精度就低。特别对于前缘驱替问题，网格加密更是降低驱替前缘处数值弥散的有效方法。但是，当网格分得很细时，计算所需的内存和计算时间都大大增加。因此，局部网格加密方法引起了人们越来越浓厚的兴趣。这种方法和常规密网格相比，可以大大减少模拟所需的网格数，节约计算时间，而又不降低计算精度。

局部网格加密方法可以分固定的静态加密和动态加密两种。使用固定加密方法，可以处理诸如断层、尖灭、裂缝和井底附近地区的模拟等问题。动态局部加密方法则可以用来追踪和描述驱替前缘的推移过程，特别是类似于三次采油中段塞的推进问题。目前，对于固定局部加密方法已进行了比较多的研究，但对动态局部加密方法，由于加密方式的时变特性，实现起来难度较大，因此，对它的研究还比较少。Z. E. Heinemann 首先提出了动态局部加密方法在油藏数值模拟方面的应用，讨论了网格的剖分以及排序等问题，并对截断误差进行了分析。但是，他所介绍的方法对网格的剖分有很多限制，而且网格的排序方法会造成很多无效网格，降低了计算效率，也增加了应用上的困难。

本文提出了一种新的动态局部网格加密实现方法，这种方法的主要特点有：

(1)既可用于动态局部加密，也可用于固定局部加密，或者用于混合加密；

(2)当用于动态局部网格加密时，能自动判别每一时间步驱动前缘的位置，自动进行任意的逐级局部加密；

(3)对所有网格统一排序，不产生无效网格，并且能使所形成的系数矩阵具有规则而简单的结构；

(4)矩阵求解方法能够适应矩阵的阶数和结构时变的特点；

(5)具有一套包括追踪、控制、记忆、排序和变换等功能的数据管理系统。

一、网格的剖分

本文所提出的网格剖分方法是一种逐级局部加密的剖分方法。这种方法的一个特点是网格剖分的灵活性,可以逐级任意加以剖分,而无任何限制。即首先可按常规网格剖分方法将模拟区域任意划分为 $N_X \times N_Y$ 个一级网格。由于任何一个一级网格都可以进一步剖分成更细的网格,因此,这里的一级网格与常规网格相比一般要粗得多。在一级网格系统的基础上,根据实际需要,将其中的部分网格进一步剖分,形成二级网格。由一级网格剖分而成的二级网格的数量也可以是任意的。如果二级网格仍然不能满足需要,在此基础上还可以将其中的部分二级网格进一步任意地剖分成三级网格。理论上讲,这样的剖分可以一直继续下去。但事实上,从实用的观点出发,将网格剖分至三级即可满足绝大多数问题的需要。利用三级剖分所形成的网格系统的示意图如图 1 所示。

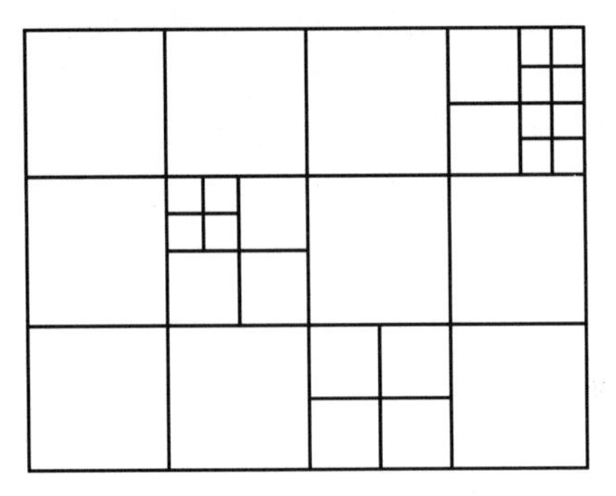

图 1　逐级局部网格加密示意图

采用上述的逐级剖分局部加密方法,可以最大限度地减少不必要的网格数,从而使数值模拟计算工作量降至最低。

逐级剖分网格加密方法既可用于静态加密,也可用于动态加密,或用于动静态混合加密。当用于静态加密时,网格系统是作为输入数据人为给定的。而当用于动态加密时,人为规定的只能是初始网格系统以及其中需要固定加密的部分,动态加密部分则需在计算过程中根据驱替前缘的推进情况而自动生成或撤销。动态加密网格的生成或撤销需按规定的判别条件进行。对于前缘动态追踪问题,这一判别条件一般可定义为驱替相的饱和度界限或驱替组分的浓度界限。例如,在注水前缘动态追踪过程中,某一网格的含水饱和度由初始值增至所规定的门限值,说明油水前缘已到达该网格,需对网格进行加密,生成二级或三级网格。反过来,若二级或三级网格的含水饱和度超过所规定的高于前缘饱和度的某一门限值时,则说明油水前缘已离开该子网格,需降低网格加密程度,将二级或三级网格合并,恢复原来的一级或二级网格系统。

上述方法不仅可用于一维和二维局部加密,而且可用于三维局部加密。

二、网格排序方法及矩阵结构特点

网格排序方式影响着系数矩阵的结构,从而也影响着方程求解所需的计算机内存及计算时间。在局部网格加密时,由于局部加密造成了网格间接触关系的多变性,使网格排序问题尤为突出。

Z. E. Heinemann 文章中所介绍的一种排序方法是把所有可能加密形成的网格全部进行排序。由于在实际应用中真正被加密的基础网格只能是一部分,因而这种方法所形成的网格数将远大于实际网格数,形成大量的无效网格,扩大了内存占用量,同时也降低了计算效率。

本文介绍一种类自然网格排序法,这种方法仅将每一时间步的有效网格按类似于自然排序的方法进行排序。排序时不产生额外的无效网格,能最大限度地减少网格总数和所需内存。如图 2 所示加密网格系统,如果按 Z. E. Heinemann 文章中所述网格排序及编号方法,考虑到所有加密的可能性,网格总数将高达 525 个,而实际上有效网格只有 82 个,无效网格达 443 个。而采用本文所介绍的方法,不产生任何无效网格,网格总数仅为 82 个,如图 2 所示。即使考虑到在动态加密过程中有效网格数可能有所增加,最大网格数也只有 150 个左右。显然,这无论对有效利用计算机内存还是提高计算效率都是非常有利的。

类自然网格排序方法的另一特点，是它所形成的系数矩阵结构比较简单，绝大多数非零元素均集中在主对角线附近，形成中央条带，只有少数非零元素分布在离主对角线较远的位置上。如图3所示即为图2所示网格系统所形成的系数矩阵结构。

图2　类自然网格排序示意图

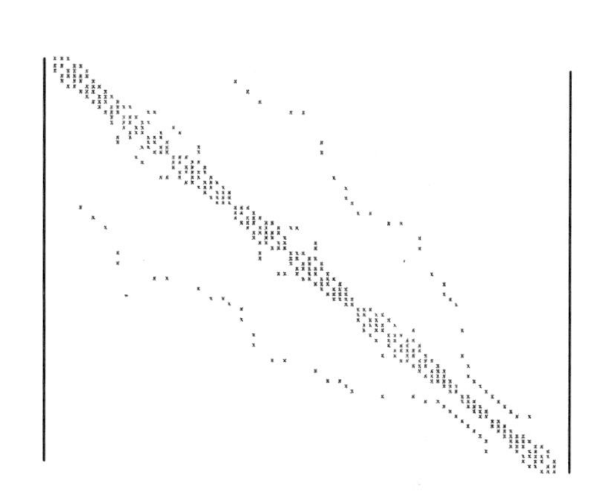

图3　类自然网格排序的系数矩阵结构

三、矩阵的解法

由于进行网格局部加密后所形成的系数矩阵结构比常规网格系统的矩阵复杂，所以在应用一些先进的方法如预处理共轭梯度法求解方程时，要考虑到其矩阵结构的特点。下面就来介绍具体的处理方法。

在常规预处理共轭梯度型方法中，为了对矩阵进行不完全分解，通常先确定出矩阵 $\boldsymbol{L}+\boldsymbol{U}$ 的充填级次，然后对矩阵结构进行符号分解，计算出矩阵 $\boldsymbol{L}+\boldsymbol{U}$ 中每一个可充填位置的级次，将级次低于预先确定的充填级次的位置作为实际的充填位置。在动态局部网格加密中，由于矩阵的阶数和结构在每个时间步都可能发生变化，如若采用上述方法，需在每个时间步都进行符号分解，增加了处理时间。在本文中，我们采用了不固定充填级次的做法，即将中央条带内的所有位置都作为可能的充填位置，而不管这些位置的充填级次是多少。而对于中央条带两侧的边缘条带，则只作一级充填。

由于边缘部分的一级充填元素除了对 $\boldsymbol{L}$ 的对角元素产生较大的影响外，对其他大部分元素都不产生影响（矩阵阶数越高，这一点表现得也越明显），因此，为了节约搜索时间，计算时只考虑了这些元素对 $\boldsymbol{L}$ 的对角元素的影响。矩阵 $\boldsymbol{L}+\boldsymbol{U}$ 中边缘部分的一级充填元素，也按一级分解时的计算公式处理。从整体上来说，这样处理的分解级次高于1。

四、实现步骤和数据管理系统

综合以上所述，对一个油藏进行局部网格加密，其实现步骤大体如下：

（1）将油藏模拟区域按常规方法以按较粗的基础网格即一级网格进行剖分。

（2）将需要静态加密的一级网格（如井点所在网格及其周围网格）按实际需要进行加密，形成初始局部加密网格系统。静态加密网格的加密状态在计算过程中将不随时间而变化。

（3）对所有网格按类自然网格排序法进行排序，并据此识别每一网格各邻点的数量、级次和序号，形成方程组的系数矩阵。

(4)进行计算,输出该时间步的网格系统状态及计算结果。

(5)根据计算结果,对符合动态加密条件的网格按需要进行加密。同样,对已被局部加密的网格,若符合网格合并的条件,则将其中所包含的子网格进行合并处理,以减少网格数量。网格系统重新定义后,按新的网格系统重新排序、编号,形成新的系数矩阵,进行新时间步的求解。

(6)如此反复进行下去,直至计算结束。

由于动态局部加密过程中网格系统的多变性,为了顺利地完成上述各个动态加密步骤,需设计一套简便而又灵活的数据管理系统,其中包括:

(1)网格加密控制系统,其主要功能是:

① 根据预先给定的判别条件剖分和合并网格;

② 在必要的情况下剖分特定网格或所要求的子网格。

(2)网格排序及记忆控制系统,其功能是:

① 对未加密及已加密网格按类自然网格排序方法进行排序;

② 记忆各网格的剖分级别及其序号;

③ 识别各个网格点周围相邻网格的级别及其序号。

由于网格的序号在不断地变化,某一序号的网格在油藏中的位置也是随时间而异的,因此在计算结果输出时也需要做一些特殊的处理,即不仅要输出各网格的参数值,而且还要输出各网格的剖分级别及其与相邻网格的接触关系。

五、方法的验证与分析

为了验证本文所述方法的有效性,采用两维两相 IMPES 模型进行了注水过程中水驱前缘的动态跟踪对比计算。模拟区域为一个五点法注采井组的1/4,所采用的网格系统分别为:

算例1:20×20 常规等距细网格。该算例为其他网格系统对比的基础。

算例2:5×5 常规等距粗网格。

算例3:三级动态局部加密网格,基础网格为5×5,由基础网格到二级网格及由二级网格到三级网格的剖分方式均为2×2,井点采用固定加密方式。动态加密时,加密至三级网格的含水饱和度门限值为 $S_{w1-3}=0.197$。三级网格与一级网格间采用二级网格过渡。三级网格合并为二级网格的饱和度门限值为 $S_{w3-2}=0.40$,二级网格合并为一级网格的饱和度门限值为 $S_{w2-1}=0.55$。

算例4:网格剖分方式同算例3,但将 S_{w3-2} 改为0.45。

算例5:二级动态局部加密网格,由一级到二级网格的剖分方式为4×4,$S_{w1-2}=0.197$,$S_{w2-1}=0.40$。

算例6:网格剖分方式同算例5,但将 S_{w2-1} 改为0.45。

上述各算例的网格系统示意图如图4所示。分析这些算例的计算结果,可得以下几点看法:

1. 关于动态局部加密方法的精度

从表1及图5可以看出,动态局部加密方法的计算结果和常规细网格相比,其压力分布、饱和度分布以及见水时间等指标都非常吻合,相对误差很小,说明局部网格加密可以使截断误差减小到与常规细网格相同的程度。而对5×5常规粗网格来说,由于网格太粗,截断误差很

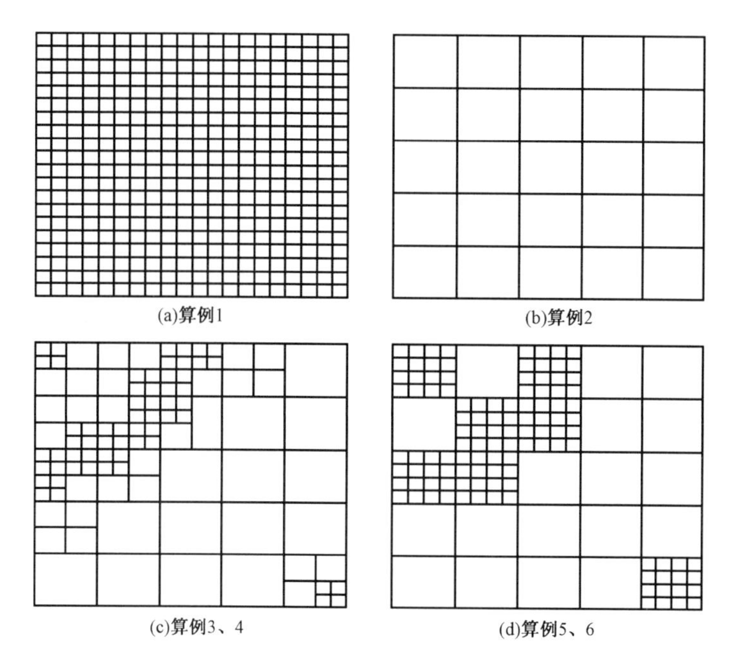

图4 不同算例网格剖分示意图

大,无法识别前缘位置。见水时间与20×20常规细网格系统相比,相对误差达10.98%。这说明本方法对驱替前缘的追踪过程是成功的。

表1 见水时计算结果对比

算例	时间步数	平均每步网格数	相对计算时间	见水时间,d	相对误差,%
1	83	400	1.000	4827	0.00
2	25	25	0.008	4297	10.98
3	87	128	0.268	4723	2.15
4	85	135	0.266	4796	0.64
5	90	150	0.420	4716	2.30
6	89	177	0.444	4787	0.83

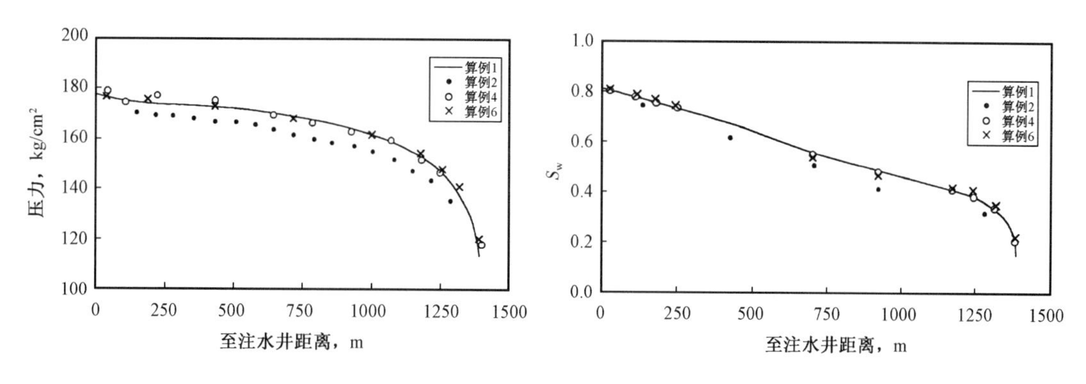

图5 不同算例计算结果对比

2. 动态局部加密方法的总网格数和计算时间

从表 2 可见，使用动态局部网格加密方法和常规细网格相比，在计算结果相差很小的情况下，含水 75% 时算例 3 及算例 4 的平均网格数只有算例 1 的 32% ~37%，计算时间只有 27% ~30%；在含水增至 95% 时，由于大部分动态局部加密网格已合并为基础网格，所以平均网格数进一步降低，只有常规细网格的 17% ~19%，计算时间为 14% ~15%。可见使用动态局部加密方法在节约计算机内存及计算时间方面是非常有效的。

表 2　不同含水阶段计算结果表

算例	含水 75%			含水 95%		
	时间步数	相对计算时间	平均每步网格数	时间步数	相对计算时间	平均每步网格数
1	254	1.000	400	844	1.000	400
2	212	0.024	25	835	0.035	25
3	259	0.269	128	871	0.139	69
4	251	0.300	148	865	0.154	75
5	269	0.334	146	877	0.209	83
6	257	0.352	177	871	0.219	94

3. 每网格每时间步的计算时间

在表 2 中，算例 4 含水 75% 时平均每步网格数为 148，为了对比动态局部加密网格与常规网格的计算效率，我们采用了总网格数大致与此相当的 12×12 常规网格系统进行了计算。二者计算时间的对比表明，动态局部加密每步每网格节点的计算时间仅比 12×12 常规网格多 5.6%，说明在动态局部加密过程中，用于动态网格剖分、网格排序等工作的额外开销是很小的。但与具有相同精度的 20×20 常规均匀细网格相比，其平均网格数及计算时间却分别减少了 63% 和 70%。

4. 饱和度门限值的影响

理论上说，提高网格合并时的饱和度门限值意味着增加驱替前缘附近局部加密网格带的宽度，从而增加所形成的网格数和计算时间，但同时也可以提高计算结果的精度。从表 1 和表 2 中相同网格剖分方式但不同饱和度门限值算例的对比来看，也确实基本体现了这一点，但其实际数值相差并不大。

5. 截断误差分析

截断误差分析表明，当不同级次的网格相邻时，网格界面处截断误差增大，产生局部不相容性，而且相邻网格的剖分比例越大，截断误差也越大。在本文中，算例 3 和算例 4 由于采用二级网格作为一级与三级网格的过渡，相邻网格的剖分比例均为 2。而在算例 5 和算例 6 中，由一级网格到二级网格的剖分方式为 4×4，与算例 3 和算例 4 相比，相当于取消了过渡网格，使相邻不同级次网格的剖分比例由 2 提高为 4。从计算结果的对比来看，差别均不大，因此可以认为，在一般情况下，这种局部不相容性虽然对计算结果有影响，但影响程度不大。

六、结论

(1)本文提出的方法具有与常规网格系统相类似的精度，而计算机内存占用量及计算时间确可以大大降低,说明本方法对驱动前缘的追踪是成功的。

(2)本文所提出的方法具有广泛的适用性,它既可用于动态局部网格加密,也可用于静态局部网格加密,或用于动静态混合加密。

(3)逐级局部网格加密方法以及灵活的局部加密剖分方式可以最大限度地减少网格总数,提高计算机资源利用率。

(4)类自然网格排序及编号方法不产生任何额外的无效网格编号,所形成的系数矩阵结构简单,易于求解。本文所提出的不固定充填级次的预处理共轭梯度方法能够适应动态局部网格加密过程中系数矩阵的时变特点,提高计算速度。

(本文于1987年在美国得克萨斯州圣安东尼召开的第十届SPE数值模拟学术会议上宣读,并被收入会议论文集)

状态方程型井筒三相流模型

刘合年　韩大匡　桓冠仁　李福垲

摘　要：本文从相态研究入手，用状态方程和相平衡计算描述流体在井筒中的相态变化，通过能量方程计算出井筒多相流压力分布以及油气水分布。本文方法适用于各种井筒（直井和斜井）以及各种类型的流体（黑油、挥发油、凝析气、湿气和干气）。

关键词：油田开发　流体力学　能量方程　状态方程　相平衡　井筒模型

引　　言

井筒和管道中流体压力分布的计算，是油藏工程和油藏数值模拟的重要内容。例如，节点分析方法以此为基础；组分油藏模拟器中，地下、井筒和地面管线的一体化计算，以及油气藏生产的优化设计中，都离不开压力分布计算。然而，由于油气藏流体性质差异悬殊，分为黑油、挥发油、凝析气、湿气到干气等多种类型，而且从井底到井口，温度、压力变化很大，从而流体相态变化极大。因此，目前尚未见到通用的井筒、管道压力分布计算方法。本文着重从相态研究出发，通过状态方程和相平衡闪蒸计算技术来描述流体在井筒和管道中的相态变化，并采用能量方程计算井筒和管道油气水三相流动压力分布。提出的计算方法可适用于各种类型井筒（如直井、斜井）以及各种类型的流体（如黑油、挥发油、凝析气、湿气和干气）。

一、相平衡计算

1. 状态方程

目前国际上使用较多的状态方程有四种：（1）Peng－Robinson 状态方程（P－R）；（2）Redlich－Kwong状态方程（R－K）；（3）Soave－Redlich－Kwong 状态方程（SRK）；（4）Zudkevitch－Joffe－Redlich－Kwong 状态方程（ZJRK）。本文仅对 P－R 状态方程进行描述：

$$p = \frac{RT}{V-b} - \frac{a}{V(V+b)+b(V-b)} \tag{1}$$

三次型方程：

$$z^3 - (1-B)z^2 + (A-3B^2-2B)z - (AB-B^2-B^3) = 0 \tag{2}$$

$$z = \frac{pV}{RT}, A = ap, B = bp, a = \sum_{i=1}^{N_c}\sum_{j=1}^{N_c} x_i x_j a_{ij}, b = \sum_{i=1}^{N_c} x_i \beta_i$$

其中

$$a_{ij} = (a_i a_j)^{1/2}(1-k_{ij})$$

$$a_i = \Omega_{ai}\alpha_i R^2 T_{ci}^2 / p_{ci}$$

$$\beta_i = \Omega_{bi} RT_{ci}/p_{ci}$$

$$\alpha_i = \left\{1 + \lambda_i\left[1 - \left(\frac{T}{T_{ci}}\right)^{1/2}\right]\right\}^2$$

$$\lambda_i = 0.37464 + \omega_i(1.54226 - 0.26922\omega_i) \quad (\omega_i \leqslant 0.49)$$

$$\lambda_i = 0.379642 + \omega_i[1.48503 - \omega_i(0.164423 - 0.01666\omega_i)] \quad (\omega_i > 0.49)$$

式中，i，j 分别为系统组分编号；z 为压缩因子；ω_i 为 i 组分偏心因子；Ω_{ai}，Ω_{bi}分别为 i 组分状态方程系数；k_{ij}为系统中 i 组分和 j 组分相关系数；T_{ci}，p_{ci}分别为 i 组分临界温度、压力，K、MPa；p，T，V 分别为系统压力、温度、体积，MPa、K、m^3；N_c 为系统组分数；x_i 为 i 组分摩尔分数；R 为气体常数，取 0.0083MPa · m^3/(kmol · K)。

2. 逸度方程

$$\ln\frac{f_i}{px_i} = \frac{\beta_i(z-1)}{b} - \ln(z-B) - 0.354\frac{A}{B}\left(\frac{2\sum_{j=1}^{N_c} x_j a_{ij}}{a} - \frac{\beta_i}{b}\right)\ln\frac{z+2.414B}{z-0.414B} \tag{3}$$

式中，f_i 为 i 组分逸度。

3. 相平衡闪蒸

烃类在井筒和管道中一般呈气相、液相和气液两相三种形式。对于气相或液相，相平衡计算比较简单，通过状态方程可直接计算单相条件下流体性质。当烃类系统为气液两相时，通过闪蒸计算出达到平衡时的相组成以及气、液相摩尔分数。

假定系统流体总物质的量为 1mol，气相摩尔分数小于或等于 0.6 时：

$$f_i^g = f_i^L \quad (i = 1, \cdots, N_c) \tag{4}$$

$$\sum_{i=1}^{N_c} y_i = 1 \tag{5}$$

$$F_L + F_g = 1 \tag{6}$$

式中，f_i^L，f_i^g 分别为 i 组分液相和气相逸度；x_i，y_i 分别为 i 组分在液相和气相中的摩尔分数；F_L，F_g 分别为系统中液相和气相摩尔分数。

式(4)～式(6)表示 $N_c + 2$ 个方程，共有 $N_c + 2$ 个未知量，其方程组是封闭的。

本文采用 Newton－Raphson 法求解未知量。

式(4)可写成：

$$\begin{aligned} R_i &= f_i^L - f_i^g \\ &= f_i^L(x_1, x_2, \cdots, x_{NC}) - f_i^g(y_1, y_2, \cdots, y_{NC}) \\ &= f_i^L(y_1, y_2, \cdots, y_{NC}, F_g) - f_i^g(y_1, y_2, \cdots, y_{NC}) \end{aligned} \tag{7}$$

非牛顿迭代可以描述为：

$$\boldsymbol{J}\delta\boldsymbol{X} = \delta\boldsymbol{R} \tag{8}$$

其中：

$$\boldsymbol{J}=\begin{vmatrix}\dfrac{\partial R_1}{\partial y_1} & \dfrac{\partial R_1}{\partial y_2} & \cdots & \dfrac{\partial R_1}{\partial y_{NC}} & \dfrac{\partial R_1}{\partial F_{\mathrm{g}}}\\ \dfrac{\partial R_2}{\partial y_1} & \dfrac{\partial R_2}{\partial y_2} & \cdots & \dfrac{\partial R_2}{\partial y_{NC}} & \dfrac{\partial R_2}{\partial F_{\mathrm{g}}}\\ \vdots & \vdots & & \vdots & \vdots\\ \dfrac{\partial R_{NC}+1}{\partial y_1} & \dfrac{\partial R_{NC}+1}{\partial y_2} & \cdots & \dfrac{\partial R_{NC}+1}{\partial y_{NC}} & \dfrac{\partial R_{NC}+1}{\partial F_{\mathrm{g}}}\end{vmatrix}$$

$$\delta\boldsymbol{X}=\begin{vmatrix}\delta y_1\\ \delta y_2\\ \vdots\\ \delta y_{NC}\\ \delta F_{\mathrm{g}}\end{vmatrix},\delta\boldsymbol{R}=\begin{vmatrix}\delta R_1\\ \delta R_2\\ \vdots\\ \delta R_{NC}\\ \delta R_{NC}+1\end{vmatrix}$$

当气相摩尔分数 F_{g} 大于 0.6 时，求解变量为 $X_i(i=1,\cdots,N_{\mathrm{c}})$ 和 F_{L}。计算过程与式(4)~式(8)相似。

通过 Newton - Raphson 闪蒸迭代可计算出两相状态下流体气液相组成以及气液相组分摩尔分数。

通过状态方程可以求出气相与液相压缩因子。并由此计算出气相与液相密度：

$$\rho_{\mathrm{g}}=\frac{pMW_{\mathrm{g}}}{z_{\mathrm{g}}RT} \tag{9}$$

$$\rho_{\mathrm{L}}=\frac{pMW_{\mathrm{L}}}{z_{\mathrm{L}}RT} \tag{10}$$

式中，MW_{g}，MW_{L} 分别为气相和液相分子量；z_{g}，z_{L} 分别为气相和液相压缩因子。

液相体积分数为：

$$ULK=\frac{z_{\mathrm{L}}F_{\mathrm{L}}}{z_{\mathrm{L}}F_{\mathrm{L}}+z_{\mathrm{g}}F_{\mathrm{g}}} \tag{11}$$

4. 流体黏度计算

流体黏度计算公式如下：

$$\mu=\mu^{*}+\frac{(0.1023+a_1\rho_{\mathrm{r}}+a_2\rho_{\mathrm{r}}^2+a_3\rho_{\mathrm{r}}^3+a_4\rho_{\mathrm{r}}^4)^4-0.0001}{\zeta} \tag{12}$$

其中，$a_1=0.023364$，$a_2=0.058533$，$a_3=-0.040758$，$a_4=0.0093324$。

$$\zeta=\frac{\left(\sum_{i=1}^{N_{\mathrm{c}}}x_iT_{\mathrm{c}i}\right)^{1/6}}{\left(\sum_{i=1}^{N_{\mathrm{c}}}x_iMW_i\right)^{1/2}\left(\sum_{i=1}^{N_{\mathrm{c}}}x_ip_{\mathrm{c}i}\right)^{2/3}}$$

$$\mu^* = \frac{\sum_{i=1}^{N_c} (x_i \mu_i^* MW_i^{1/2})}{\sum_{i=1}^{N_c} (x_i MW_i^{1/2})}$$

$$\mu_i^* = \frac{34.0 \times 10^{-5} T_{ri}^{0.94}}{\zeta_i} \quad (T_{ri} \leqslant 1.5)$$

$$\mu_i^* = \frac{17.78 \times 10^{-5} (4.58 T_{ri} - 1.67)^{5/8}}{\zeta_i} \quad (T_{ri} > 1.5)$$

$$\zeta_i = \frac{T_{ci}^{1/6}}{MW_i^{1/2} p_{ci}^{2/3}}, T_r = \frac{T}{\sum_{i=1}^{N_c} x_i T_{ci}}$$

$$T_{ri} = \frac{T}{T_{ci}}, \rho_r = \frac{\rho}{\rho'_c}$$

$$\rho'_c = \frac{1}{V'_c} = \frac{1}{\sum_{i=1}^{N_c} x_i V_{ci}}$$

式中,V_{ci}为 i 组分临界体积,cm^3;MW_i 为 i 组分分子量。

二、能量方程

1. 能量方程公式

流体在井筒和管道中稳定流能量变化可描述为:

$$10^4 \frac{dp}{\rho_m} + \frac{\mu_m}{g} d\mu_m + dH + dW + \frac{f u_m^2}{2Dg} dL = 0 \tag{13}$$

式中,ρ_m 为流体混合密度,g/cm^3;u_m 为流体在井筒中的流速,cm/s;H 为井筒垂直高度,cm;L 为井筒长度,cm;D 为井筒直径,cm;f 为流体与管壁摩擦系数;p 为压力,MPa;g 为重力加速度,cm/s^2;W 为外部机械功,cm。

式(13)中 ρ_m 可描述成:

$$\rho_m = X_{og}[(1 - ULK)\rho_g + ULK\rho_L] + (1 - X_{og})\rho_w \tag{14}$$

$$X_{og} = \frac{Q_{og}}{Q_{og} + Q_w} = \frac{m_{og}\rho_w}{m_{og}\rho_w + m_w\rho_{og}} \tag{15}$$

$$\rho_{og} = (1 - ULK)\rho_g + ULK\rho_L \tag{16}$$

$$m_{og} = Q'_L\rho'_L + Q'_g\rho'_g \tag{17}$$

$$m_w = Q'_w\rho'_w \tag{18}$$

式中,X_{og}为烃类在井筒中某点所占体积分数;ULK 为烃类液相占烃类体积分数;ρ_g,ρ_L,ρ_w 分别为烃类气相、液相和水相密度，g/cm³；ρ_{og}为烃类混合密度，g/cm³；m_{og}为烃类质量流速，g/s；m_w为水相质量流速，g/s；Q_{og}，Q_w 分别为烃类和水的体积流量，cm³/s；Q'_L，Q'_g，Q'_w 分别为地面参考压力与温度下，烃类液相、气相和水相体积流量，cm³/s；ρ'_L，ρ'_g，ρ'_w 分别为地面参考压力与温度下，烃类液相、气和水相密度，g/cm³。

混合流体流速计算如下：

$$u_m = \frac{4Q_m}{\pi D^2} = \frac{4m}{\pi D^2 \rho_m} \tag{19}$$

式中，m 为某点流体总质量流速，g/s；Q_m 为某点流体体积流量，cm³/s。

$$m = m_{og} + m_w$$

如果不考虑外来做功，即 $dW=0$，将式(14)和式(19)代入式(13)，则能量方程可描述为：

$$10^4 \frac{dp}{\rho_m} + \frac{4m}{\pi D^2 \rho_m g} d\left(\frac{4m}{\pi D^2 \rho_m}\right) + dH + \frac{f\left(\frac{4m}{\pi D^2 \rho_m}\right)^2}{2Dg} dL = 0$$

整理得：

$$10^4 \frac{dp}{\rho_m} + 1.62 \frac{m^2}{D^4 \rho_m g} d\left(\frac{1}{\rho_m}\right) + dH + 0.811 \frac{fm^2}{gD^5 \rho_m^2} dL = 0 \tag{20}$$

式中

$$d\left(\frac{1}{\rho_m}\right) = -\frac{1}{\rho_m^2} d\rho_m \tag{21}$$

$$d\rho_m = \frac{\partial \rho_m}{\partial \rho_g} d\rho_g + \frac{\partial \rho_m}{\partial \rho_L} d\rho_L + \frac{\partial \rho_m}{\partial \rho_w} d\rho_w + \frac{\partial \rho_m}{\partial X_{og}} dX_{og}$$

$$d\rho_g = \frac{MW_g}{z_g RT} dp$$

$$d\rho_L = \frac{MW_L}{z_L RT} dp$$

$$d\rho_w = \rho'_w C_w dp$$

$$dX_{og} = \frac{\partial X_{og}}{\partial \rho_L} d\rho_L + \frac{\partial X_{og}}{\partial \rho_g} d\rho_g + \frac{\partial X_{og}}{\partial \rho_w} d\rho_w$$

$$= \frac{\partial X_{og}}{\partial \rho_L} \frac{MW_L}{z_L RT} dP + \frac{\partial X_{og}}{\partial \rho_g} \frac{MW_g}{z_g RT} dp + \frac{\partial X_{og}}{\partial \rho_w} \rho'_w C_w dp = U_1 dp$$

其中

$$U_1 = \frac{\partial X_{og}}{\partial \rho_L} \frac{MW_L}{z_L RT} + \frac{\partial X_{og}}{\partial \rho_g} \frac{MW_g}{z_g RT} + \frac{\partial X_{og}}{\partial \rho_w} \rho'_w C_w$$

因此

$$d\rho_m = \frac{\partial\rho_m}{\partial\rho_g}\frac{MW_g}{z_gRT}dp + \frac{\partial\rho_m}{\partial\rho_L}\frac{MW_L}{z_LRT}dp + \frac{\partial\rho_m}{\partial\rho_w}\rho'_w C_w dp + \frac{\partial\rho_m}{\partial X_{og}}U_1 dp = U_2 dp \tag{22}$$

其中

$$U_2 = \frac{\partial\rho_m}{\partial\rho_g}\frac{MW_g}{z_gRT} + \frac{\partial\rho_m}{\partial\rho_L}\frac{MW_L}{z_LRT} + \frac{\partial\rho_m}{\partial\rho_w}\rho'_w C_w + U_1\frac{\partial\rho_m}{\partial X_{og}}$$

将式(21)和式(22)代入式(20)得：

$$10^4\frac{dp}{\rho_m} - 1.62\frac{m^2}{D^4 g}\frac{U_2}{\rho_m^3}dp + dH + 0.811\frac{fm^2}{D^5 g\rho_m^2}dL = 0$$

即

$$\left(\frac{10^4}{\rho_m} - 1.62\frac{m^2U_2}{D^4\rho_m^3 g}\right)dp + dH + 0.811\frac{fm^2}{D^5 g\rho_m^2}dL = 0 \tag{23}$$

就某一段井筒或管道，对式(23)积分：

$$\int_1^2\frac{\left(\frac{10^4}{\rho_m} - 1.62\frac{m^2U_2}{D^4\rho_m^3 g}\right)dp}{\frac{Z_2 - Z_1}{L} + 0.811\frac{f_m^2}{D^5\rho_m^2 g}} = -\int_1^2 dL = L_1 - L_2 \tag{24}$$

式中，Z_2，Z_1 分别为 2 点和 1 点垂直高度，cm；L_2，L_1 分别为 2 点和 1 点相对长度，cm。

对式(24)采用隐式二步法迭代求解。

2. 摩擦系数计算

摩擦系数由 Colebrook 公式计算：

$$\frac{1}{\sqrt{f}} = 1.74 - 2\lg\left[\frac{2e}{D} + \frac{18.7}{R_e\sqrt{f}}\right] \tag{25}$$

$$R_e = \frac{Du_m}{\mu_m}$$

$$\mu_m = X_{og}[(1 - ULK)\mu_g + ULK\mu_L] + (1 - X_{og})\mu_w$$

式中，e 为管壁粗糙度，cm；μ_m 为流体运动黏度，cm^2/s；μ_g，μ_L 分别为烃类气相和液相黏度，cm^2/s。

采用 Newton – Raphson 法对式(25)进行迭代计算，过程如图 1 所示。

三、计算实例

本文提出的状态方程型井筒和管道三相流计算模型已应用于某凝析气藏产能研究。

本文状态方程所使用的临界参数采用了该凝析气藏流体 *PVT* 评价所拟合的参数，对于一般没有临界参数的流体，可以从化工手册上获得组分临界参数。

表 1 列出了该凝析气藏两口井试气资料与计算结果。

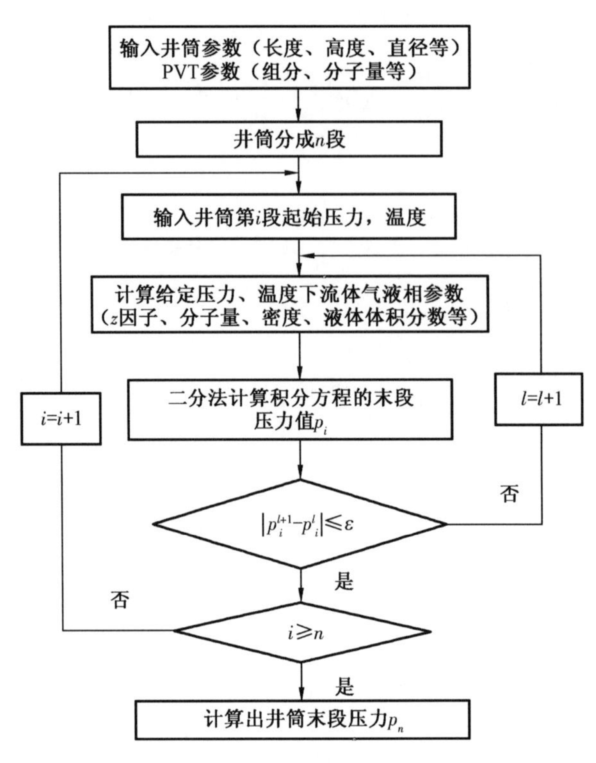

图1　井筒三相流模型计算框图

i—$i=1,\cdots,n$；l—迭代次数

表1　凝析气藏测试与本模型计算结果对比表

井号		1井	2井
井深,m		2649.3	3123.3
日产量,m^3	油	95.9	29.5
	气	308157	138000
	水	0	0
油压,MPa		10.7	12.1
流压,MPa	实测	17.30	18.93
	计算1①	18.03	18.30
	相对误差	4.2%	3.3%
	计算2②	18.18	18.85
	相对误差	5.1%	0.42%

① 采用PVT相态拟合后临界参数计算流压；

② 采用标准组分临界参数计算流压。

四、结语

本文建立了状态方程型全组分井筒管道三相流计算方法，可适合于各种类型油气藏，包括黑油、挥发油、凝析气、湿气和干气；可计算直井和斜井以及各种管道压力场分布。

详细叙述了流体相态闪蒸相平衡方法和管流中流体能量方程计算方法,采用隐式二分法求解。流体相平衡计算与能量方程有机结合,很好地解决了井筒和管道计算中流体相态变化大的问题。该计算方法具有通用性。

(原载《石油勘探与开发》,1995 年 22 卷 4 期)

聚合物驱数学模型、参数模型的建立与机理研究[1]

王新海　韩大匡　郭尚平

摘　要：聚合物驱是“八五”期间在我国大多数油田推广应用的一种提高原油采收率技术，数值模拟是聚合物驱油技术中重要的配套技术。目前模拟聚合物驱通常采用改进的黑油模型和各种化学驱组分模型，前者对许多重要的物化现象不能模拟；而后者主要是针对表面活性剂系统，聚合物驱的特性未能充分体现。本文介绍我们建立的聚合物驱数学模型、参数模型以及利用我们研制的软件进行聚合物驱机理研究的重要结果。

关键词：聚合物驱　数学模型　参数模型　机理

一、数学模型

(1)基本假设：驱替过程是等温的，多相流满足广义 Darcy 定律，弥散遵循广义 Fick 定律，流动过程中无化学反应发生，流体由两个相(油相、水相)和四个拟组分(油、淡水、聚合物、盐)组成，油相中只含油组分，其他均在水相中；聚合物溶液只降低水相渗透率。

(2)基本微分方程组：

$$\nabla\cdot\left[\frac{KK_{ro}b_o}{\mu_o}(\nabla p_o-\rho_o g\ \nabla D)\right]-q_o=\frac{\partial}{\partial t}(\phi b_o S_o)$$

$$\nabla\cdot\left[\frac{KK_{rw}b_w}{\mu_p R_k}(\nabla p_w-\rho_w g\ \nabla D)\right]-q_w=\frac{\partial}{\partial t}(\phi b_w S_w)$$

$$\nabla\cdot(D_{ep}\phi F S_w b_w\ \nabla C_p)-\nabla\cdot(b_w v_w C_p)-q_w WCP=\frac{\partial}{\partial t}\left(\phi F b_w S_w C_p+\frac{\rho_{rb}}{\rho_{ws}}\hat{C}_p\right)$$

$$\nabla\cdot(D_{es}\phi S_w b_w\ \nabla C_s)-\nabla\cdot(b_w v_w C_s)-q_w WCS=\frac{\partial}{\partial t}\left(\phi b_w S_w C_s+\frac{\rho_{rb}}{\rho_{ws}}\hat{C}_s\right)$$

我们建立的数学模型是以聚合物浓度作为求解变量，而不是像改进黑油模型以聚合物溶液饱和度(以致模拟变浓度注入困难)和各种化学驱组分模型以组分质量分数(双下标，求解费用大)作为求解变量。此模型考虑了聚合物溶液的非牛顿性、吸附、渗透率降低、扩散、不能进入的孔隙体积、盐的影响，它具有改进黑油模型的简单性和各种化学驱组分模型的主要功能。

二、参数模型

(1)水相黏度：

$$\mu_p=\mu_w\left[1+(A_1C_p+A_2C_p^2+A_3C_p^3)(\gamma/\gamma_c)^{n_\gamma-1}\left(\frac{C_s}{C_{smin}}\right)^{n_s}\right]$$

---

[1] 国家“八五”科技攻关项目。

（2）剪切速率：

$$\gamma = \left(\frac{3n_{\mathrm{r}} + 1}{4n_{\mathrm{r}}}\right)^{\frac{n_{\mathrm{r}}}{n_{\mathrm{r}}-1}} \frac{|v_{\mathrm{w}}|}{(0.5C'KK_{\mathrm{rw}}\phi S_{\mathrm{w}}/R_{\mathrm{k}})^{\frac{1}{2}}}$$

其中

$$v_{\mathrm{w}} = -\frac{KK_{\mathrm{rw}}}{\mu_{\mathrm{p}}R_{\mathrm{k}}}(\nabla p_{\mathrm{w}} - \rho_{\mathrm{w}}g\nabla D)$$

（3）聚合物吸附：

$$\hat{C}_{\mathrm{p}} = \frac{b\hat{C}_{\mathrm{pmax}}C_{\mathrm{p}}}{1 + bC_{\mathrm{p}}}$$

其中

$$\hat{C}_{\mathrm{pmax}} = 8.0155 \times 10^{-7}\frac{(\phi F)^{\frac{3}{2}}M^{\frac{1}{3}}\sigma}{\rho_{\mathrm{rb}}K^{\frac{1}{2}}}\left[\frac{A_1}{\rho_{\mathrm{w}}}(\gamma/\gamma_{\mathrm{c}})^{n_\gamma-1}\left(\frac{C_{\mathrm{s}}}{C_{\mathrm{smin}}}\right)^{n_{\mathrm{s}}}\right]^{-\frac{2}{3}}$$

（4）渗透率降低系数：

$$R_{\mathrm{k}} = 1 + (R_{\mathrm{kmax}} - 1)\frac{\hat{C}_{\mathrm{p}}}{\hat{C}_{\mathrm{pmax}}}$$

其中

$$R_{\mathrm{kmax}} = \left\{1 - 2.65 \times 10^{-7}C_{\mathrm{k}}\left(\frac{\phi}{K}\right)^{\frac{1}{2}}\left[\frac{MA_1}{\rho_{\mathrm{w}}}\left(\frac{\gamma}{\gamma_{\mathrm{c}}}\right)^{n_\gamma-1}\left(\frac{C_{\mathrm{s}}}{C_{\mathrm{smin}}}\right)^{n_{\mathrm{s}}}\right]^{\frac{1}{3}}\right\}^{-4}$$

（5）可进入孔隙体积分数：

$$F = \frac{\int_{r_{\mathrm{m}}}^{\infty} r^2 f(r)\,\mathrm{d}r}{\int_0^{\infty} r^2 f(r)\,\mathrm{d}r}$$

其中

$$r_{\mathrm{m}} = 100\left[\frac{0.3MA_1}{\pi N_{\mathrm{A}}\rho_{\mathrm{w}}}\left(\frac{\gamma}{\gamma_{\mathrm{c}}}\right)^{n_{\mathrm{r}}-1}\left(\frac{C_{\mathrm{s}}}{C_{\mathrm{smin}}}\right)^{n_{\mathrm{s}}}\right]^{\frac{1}{3}}$$

三、计算机模型

我们研制了三维两相四组分聚合物驱模拟软件，它可模拟流变性、吸附、渗透率降低，不能进入的孔隙体积、扩散、转注时间、注入方式、黏度比、油藏非均质、润湿性、重力等的影响，是水驱和聚合物驱机理研究、动态预测、注入方式优选和方案设计的一个非常有用的工具，其有效性由岩心驱替试验结果等验证。

利用研制的软件，我们对地层非均质、润湿性、油水黏度比和重力进行了模拟研究，并得到了一些重要的结论。研究储层非均质对聚合物驱的影响，不能只笼统地考虑它的变异系数，还必须考虑垂向非均质类型，即储层的沉积韵律性，因反韵律油层在一定范围内非均质愈严重对聚合物驱愈不利。一般情况下，特别对正韵律油层，聚合物驱能有效地提高原油采收率。在其他条件相同的前提下，对于反韵律油层聚合物驱提高采收率的幅度一般比正韵律油层要小，值得注意的是，对某些条件非常不利的反韵律油层，则可能不提高甚至降低采收率。润湿性的作用与油水黏度比和地层非均质有关，在油水黏度比不大时它通常能成立。多大的油水黏度比对聚合物驱最有利，这取决于地层的非均质程度与类型、平均渗透率、润湿性、水油密度差与油层厚度及聚合物性能等因素。在一定的条件下，聚合物驱甚至可以适用于原油黏度较高的油田。在方案设计和动态预测时应考虑重力的作用，否则不能模拟不同类型纵向非均质的影响。

我们通过对聚合物增黏、吸附、降低渗透率、扩散、不能进入的孔隙体积及流变性的影响进行模拟研究，得到了一些新的认识。一般情况下，特别对正韵律油层，聚合物增黏能力愈强对聚合物驱愈有利，但对某些反韵律油层，如采用相同的注入方式，增黏能力愈强对聚合物驱未必愈有利。聚合物适当地被吸附对聚合物驱有利，由吸附所引起的渗透率降低起有益的作用。聚合物驱对扩散和不能进入的孔隙体积的影响不太敏感，不能进入的孔隙体积的作用大小随转注聚合物溶液的时间而变化。扩散并不一定是有害的，注入浓度决定扩散作用的好坏，可以利用扩散系数辅助选取注入浓度。反韵律油层比正韵律油层对注采速度更为敏感，油水黏度比较高的反韵律油层适采用较小的注采速度。

影响聚合物驱最重要的因素是油藏非均质程度与类型、黏度比、润湿性与聚合物性能；在地层温度和地层水盐浓度不高的条件下，中等原油黏度和平均渗透率较大的适度非均质的正韵律油湿油藏是聚合物驱的理想油藏。

主要符号说明

A_1, A_2, A_3—黏度参数；

b—平衡吸附常数；

b_l—l 相地层体积系数的倒数；

C—浓度；

$\hat{C}$—吸附浓度；

C'—毛细管迂曲参数；

C_k—渗透率降低参数；

D—深度；

D_e—扩散系数；

$f(r)$—毛管半径分布密度；

F—可进入孔隙体积分数；

K—绝对渗透率；

K_{rl}—l 相相对渗透率；

M—聚合物分子量；

N_A—阿伏伽德罗数；

p, p_c—压力，毛管压力；

q—源汇强度；

r—毛细管半径；

r_m—聚合物分子半径；

R_k—渗透率降低系数；

S—饱和度；

t—时间；

v—渗透速度；

WCP—井点聚合物浓度；

WCS—井点盐浓度；

γ, γ_c—剪切速率，临界剪切速度；

μ—黏度；

ρ—密度；

σ—吸附参数；

ϕ—孔隙度；

n_o—油相饱和度指数；

n_s—盐指数；

n_w—水相饱和度指数；

n_r—剪切速率指数；

下标

max—最大值；

o—油；

p—聚合物；

rb—岩石；

s—盐；

w—水。

（选自《科学通报》1992 年第 18 期）

窗口技术在油藏数值模拟中的应用

李建芳　韩大匡　邓宝荣　章寒松

摘　要：将快速自适应组合网格方法(Fast Adaptive Composite Grid,简称 FAC 方法)用于油藏数值模拟局部网格加密技术中。局部加密区域可以像窗口一样,随实际问题需要灵活地开启和关闭,或改变大小,无需在整个模拟阶段都采用局部加密网格。在实用全隐油藏数值模拟器 MURS 上实现了窗口技术。数值实验表明,采用窗口技术的模拟结果与全细网格计算的结果非常接近,并且比整个模拟阶段都进行局部网格加密节约 8% 的 CPU 时间,比全细网格节约 37% 的 CPU 时间。表明窗口技术切实可行。

关键词：窗口技术　组合网格　FAC 方法　局部网格加密

窗口技术是指在油藏模拟中,像开窗户一样对油藏的某个局部区域在某个时间段进行特别处理,单独计算,既能更准确地了解该局部区域的参量变化,又不增加太多的计算量。窗口部分与窗外部分可以采用不同的网格,甚至不同的数学模型,具有极大的灵活性。如果对各窗口采用并行计算方法,并辅以动态显示,就可以更形象直观地了解局部区域的变化。

一、FAC 方法

FAC 方法是在所研究的区域布一套相对较粗的基础网格,在基础网格上对需要取得更准确值的区域进行局部网格加密(图 1)。

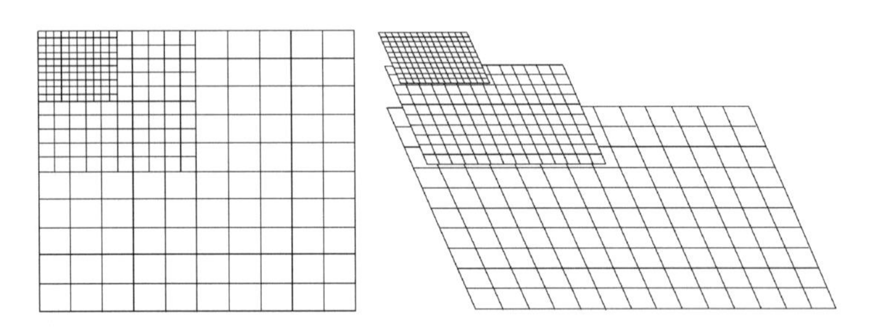

图 1　组合网格系统

FAC 方法对区域进行分解,采用多套网格系统,借助多重网格思想,不是直接求解组合网格的解,而是将不规则的组合网格的残差转移到规则网格上,用规则网格上残差方程的解去修正组合网格的解,避免了传统局部加密方法求解复杂稀疏矩阵的困难,可以直接采用现有各种快速求解线性代数方程组的有效算法(如 GMRES,RSVP)。

FAC 方法中局部加密网格和基础网格可以独立求解,容易实现动态局部网格加密及并行运算,是一种灵活、有效的求解方法。本文将 FAC 方法用于油藏数值模拟中,在全隐油藏数值模拟器 MURS 上实现。

设 $L_g U_g = f_g$,$L_c U_c = f_c$ 和 $L_f U_f = f_f$ 分别为组合网格、基础网格和局部加密细网格下的差分方程,其中的 U_g、U_c 和 U_f 为求解变量,L_g、L_c 和 L_f 为差分算子,f_g、f_c 和 f_f 为差分方程右端项。

加密系数定义为2,即一个粗网格等分为$2^2=4$个细网格。又设I_g^c和I_g^f分别表示函数值从组合网格到基础网格和局部加密细网格的转换算子,I_c^g和I_f^g分别表示函数值从基础网格和局部加密细网格到组合网格的转换算子。上标n代表t^n时刻的值,k代表第k步牛顿迭代。求解的问题是:已知t^n时刻组合网格的变量U_g^n,求t^{n+1}时刻的变量U_g^{n+1}。收敛条件为$\|r_g^{n+1,k}\|<\varepsilon$。

所用算法如下:(1)取初值,$k=0$,$U_g^{n+1,k}=U_g^n$,求组合网格上每个网格块的余量$r_g^{n+1,k}=f_g-L_gU_g^{n+1,k}$,余量满足收敛条件时$U_g^{n+1}=U_g^{n+1,k}$,否则令$U_c^{n+1,k}=I_g^cU_g^{n+1,k}$,$f_c^k=I_g^cf_g$,$U_f^{n+1,k}=I_g^fU_g^{n+1,k}$,$f_f^k=I_g^ff_g$,进行下一步;(2)在基础网格上进行牛顿迭代直至收敛:$L_cU_c^{n+1,k}=f_c^k$,得到$U_c^{n+1,k}$;(3)在局部加密细网格上,以第一类边界条件进行牛顿迭代直至收敛:$L_fU_f^{n+1,k}=f_f^k$,得到$U_f^{n+1,k}$;(4)修正组合网格的值:$U_g^{n+1,k}\leftarrow I_c^gU_c^{n+1,k}$,$U_g^{n+1,k}\leftarrow I_f^gU_f^{n+1,k}$,$r_g^{n+1,k}=f_g-L_gU_g^{n+1,k}$,如果余量满足收敛条件,则$U_g^{n+1}=U_g^{n+1,k}$,否则进行下一步;(5)$f_c^k=L_cI_g^cU_g^{n+1,k}+I_g^c(f_g-L_gU_g^{n+1,k})$,并令$k=k+1$,回到步骤(2)。

对局部区域进行加密计算称为开窗,用基础网格代替局部加密网格计算称为关窗。第NA个窗口的位置及状态定义为:

x方向坐标:$\mathrm{IXLGRA}_1(NA)=I_1$,$\mathrm{IXLGRA}_2(NA)=I_2$;

y方向坐标:$\mathrm{IYLGRA}_1(NA)=J_1$,$\mathrm{IYLGRA}_2(NA)=J_2$;

z方向坐标:$\mathrm{IZLGRA}_1(NA)=K_1$,$\mathrm{IZLGRA}_2(NA)=K_2$。

$$\mathrm{LGRAIO}(NA)=\begin{cases}1 & \text{新开启}\\ 0 & \text{关闭}\\ 11 & \text{继续开启}\\ 10 & \text{关闭后开启。}\end{cases}$$

本文将FAC方法用于空间窗口技术,通过定义窗口的位置及状态,可以在任意时间段开启新窗口,关闭窗口,对关闭的窗口再开启以及改变窗口的大小。通过基础网格动态耦合方程$f_c^k=L_cI_g^cU_g^{n+1,k}+I_g^c(f_g-L_gU_g^{n+1,k})$,使窗体部分和整体模拟区域紧密耦合。

二、算例

算例为改造的SPE标准考题:等厚均质油藏长、宽各549m,厚12m,埋深2539m;原始地层压力30MPa,泡点压力3.5MPa,原始含油饱和度0.78,岩石和流体均可压缩;注水井注水量为190m³/d。岩石物性参数:绝对渗透率120mD,孔隙度0.25,原始地层压缩系数5.8×10^{-4} MPa^{-1};水相物性参数:压缩系数$4.5\times10^{-4}\mathrm{MPa}^{-1}$,密度0.966g/cm³,黏度0.5025mPa·s,体积系数1.0040,相对渗透率与饱和度的关系见表1;油相物性参数:压缩系数$2.12\times10^{-3}\mathrm{MPa}^{-1}$;密度0.7868g/cm³;溶解气油比、黏度以及体积系数随压力的变化见表2。

表1 饱和度与相对渗透率的关系

含水饱和度	水相相对渗透率	油相相对渗透率
0.22	0.00	1.0000
0.30	0.07	0.4000
0.40	0.15	0.1250
0.50	0.24	0.0649
0.60	0.33	0.0048

续表

含水饱和度	水相相对渗透率	油相相对渗透率
0.80	0.65	0.0000
0.90	0.83	0.0000
1.00	1.00	0.0000

表2　溶解气油比、油相黏度和体积系数随压力的变化

饱和压力,MPa	溶解气油比,cm^3/cm^3	油相黏度,mPa·s	油相体积系数
0.101283	0.178	1.04	1.062
1.823783	16.109	0.975	1.15
3.546283	32.04	0.91	1.207
6.991283	66.038	0.83	1.295
13.88128	113.3682	0.695	1.435
17.32628	137.95	0.641	1.500
20.77128	165.54	0.594	1.565
27.66128	226.06	0.51	1.695
34.55128	288.004	0.449	1.827
62.11128	531.152	0.203	2.357

数值模拟的网格尺寸为:全细网格为20×20,全粗网格为10×10。拟对生产井及注水井附近4×4个网格进行局部网格加密,即开两个窗口。局部加密网格划分如图2所示。

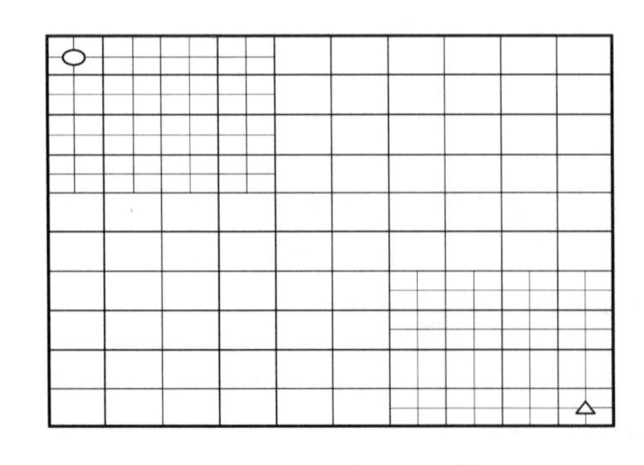

图2　局部加密网格划分

全细网格与全粗网格均采用数值模拟器MURS计算。组合网格采用FAC方法计算。3种网格系统下的模拟计算均采用自动时间步长。

1. 关闭窗口

油藏投入生产990天后,生产基本稳定,基础网格和FAC网格计算的结果很接近,因此关闭生产井附近的窗口,即将局部加密网格恢复为基础网格,以减少网格总数,注水井附近的窗口继续开启。全细网格所用CPU时间为2247s;窗口始终打开所用CPU时间为1530s,比全细网格节约29.4%左右的CPU时间;990天后关闭生产井附近的窗口,所用CPU时间为1416s,比全细网格节约37%的CPU时间,比固定窗口节约8%的CPU时间。从本例的计算结果(图3)可见,关闭窗口对油藏的主要生产指标(井点压力和含水率)的计算结果影响不大。

2. 开启窗口

为考察计算过程中开启窗口的可行性及对计算结果的影响,上述两窗口均从第3个时间步(即生产60天)后才开启。由图4可见,开窗前注水井井点压力、含水饱和度与全粗网格计算结果一样;开窗后随着生产进行,井点压力很快接近全细网格计算的结果;含水饱和度开窗后初期误差稍大,计算精度存在滞后现象,随时间的推移逐渐接近全细网格。生产井井点压力和饱和度的变化类似。总体看,开窗后压力改善得快,而饱和度的精度改善存在滞后现象。

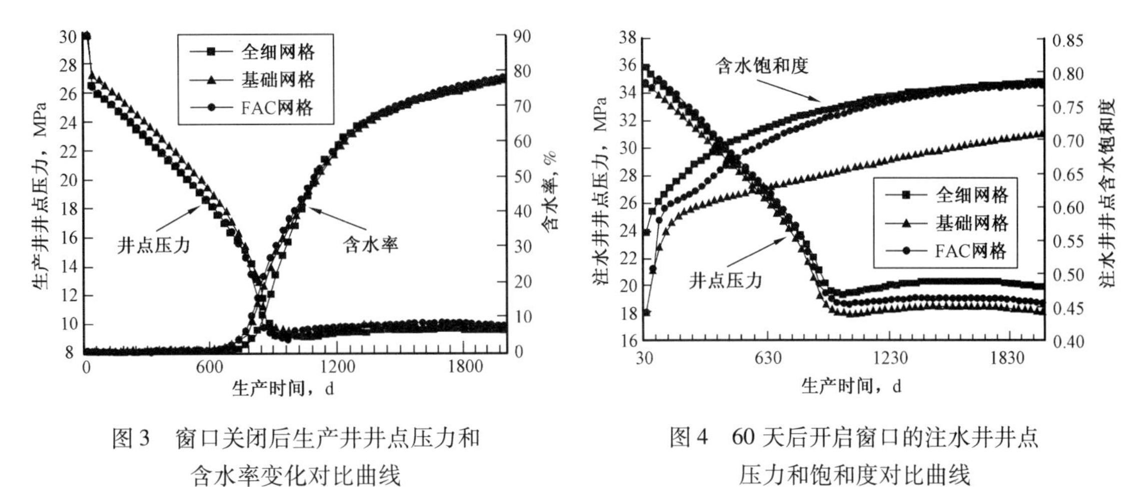

图 3 窗口关闭后生产井井点压力和含水率变化对比曲线

图 4 60 天后开启窗口的注水井井点压力和饱和度对比曲线

三、结论

FAC 方法很适合于网格动态管理,局部加密区域可以像窗口一样灵活地开启和关闭,程序设计简单。窗口在适当的时候关闭,不会对最终结果产生很大影响,却比整个模拟阶段都进行局部网格加密节约 8% 的 CPU 时间,比全细网格计算节约 37% 的 CPU 时间。井在投产后再开启窗口,压力的计算精度改善快,而饱和度的精度改善存在滞后现象,需要通过追踪窗体的历史加以改善。

(原载《石油勘探与开发》,2003 年 30 卷 6 期)

油藏模拟的新方法——改进的快速自适应组合网格

古　英　韩大匡　王瑞河

摘　要：改进的快速自适应组合网格方法(Flexible Fast Adaptive Composite Grid,简称FFAC方法)实质上是利用了多重网格方法原理,用非正常连接法进行处理的区域分解方法。首先,FFAC方法由于其网格的加密是在每个网格块内剖分产生的,应用非正常连接的技术来处理相邻网格步长不一致的问题,克服了FAC各子域之间不能相互接触的难题。从而也就可以比较容易地对各种驱替前缘用动态加密网格方式进行模拟。其次,FFAC方法则能够根据实际情况而灵活地采用迭代法和直接解法。第三,FAC各加密网格层和未加密的网格层是重叠的,这样就增加了网格总数,运行时需要更多的内存。FFAC则用嵌套的方法来处理,可以大大节约内存。第四,FFAC方法中各级网格之间边界值的转换通过在组合网格上求余量来实现而取代了FAC方法利用多重网格方法中插值、限制转移的方式,避免了插值、限制转移公式不易确定的难题,大大简化了计算过程。FFAC方法克服了FAC方法的不足之处,使得它的实用性更为广泛。这种算法也可用于并行计算。文中阐述了FFAC法的原理和方法,并提供了算例。

关键词：多重网格　区域分解　快速自适应组合网格　子域　油藏模拟

引　　言

近年来,快速自适应组合网格方法(Fast Adaptive Composite Grid,简称FAC方法)作为一种新的计算方法受到油藏数值模拟界的重视。这种方法的实质是一种基于多重网格方法思想上的区域分解法。它利用了多重网格方法(Multigrid Method,简称MG)快速收敛的特点,通过松弛迭代在粗网格上快速消减低频分量,在细网格上快速消减高频分量从而达到迅速收敛的目的,并且其收敛速度与网格步长无关。另一方面,鉴于多重网格方法的细网格层布满整个计算区域,如果模拟的区域较大,这样网格数目就有可能非常多,在细网格上的求解就要花费很多时间,并且把不需要取得准确值的区域也进行了准确求解,从而大大减慢了计算速度。因此FAC方法又利用了区域分解方法的思路避免了多重网格方法其细网格层需要在全局加密的缺点,而根据想要得到解的准确度对各局部区域进行逐级加密,得到一系列的网格子域。由于每个子域的计算是独立进行的,所以非常容易实现并行计算。实践证明它能大大加快计算的速度和提高计算的精度。即使不进行并行计算,其计算速度也要比在整个计算区域使用细网格并取得同样准确的解要快得多。

然而,由于在油藏数值模拟中应用FAC方法也发现一些问题,针对这些问题提出了FFAC方法来加以改进,为油藏数值模拟技术提供了一种新的思路。

一、FFAC方法的基本原理

1. FFAC方法的网格剖分及组成

FAC方法是基于多重网格思想的区域分解方法,它尽管也是把计算区域剖分为一系列粗细不同网格序列，但是每个网格序列的函数空间大小是不同的，由于只对某些想要取得准确值的区域采用细网格，所以各个网格序列所涉及的计算区域的大小是不同的，且各个网格序列是100%重叠关系。FFAC方法中的网格如图1所示，尽管与FAC方法中一样把计算区域剖分为一系列大小不同的网格序列，但是各个网序列之间没有重叠块而是直接嵌套的关系。另外FAC方法是以网格点进行加密，这样加密时就要涉及周围几个网格点，而FFAC方法则是以每个网格块内进行剖分加密，所以它仅仅涉及要加密的那一个网格块。

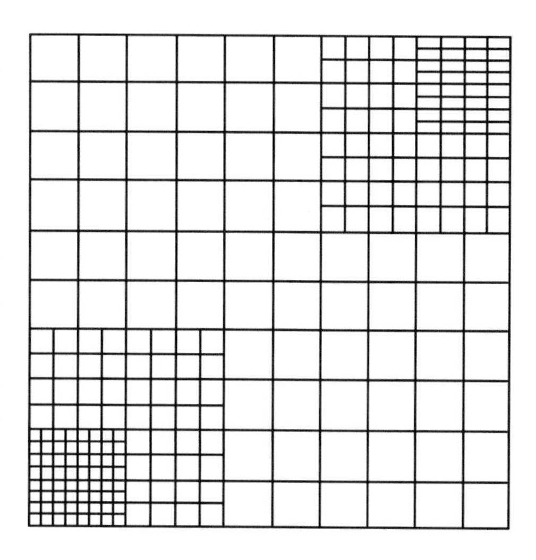

图1 FFAC网格剖分图

假定要模拟的油藏区域为Ω，把此区域剖分为一系列$i=1,\cdots,N_c$个粗网格区域，Ω_i作为最粗的网格层，网格步长为$\Delta x_c \cdot \Delta y_c \cdot \Delta z_c$。对其一部分粗网格区域进行局部网格加密，形成了一系列$m=1,\cdots,N_f$个细网格区域Ω_{fm}，其网格步长为$\Delta x_f \cdot \Delta y_f \cdot \Delta z_f$。它们之间的关系用下面式子可表示为：

$$\Omega_c = \bigcup_{i=1}^{N_c} \Omega_{c_i}$$

$$\Omega_{c_i} \cap \Omega_{c_j} = 0 \quad (C_i \neq C_j)$$

$$\Omega_F = \bigcup_{l} \Omega_{Fc,l}$$

$$\Omega_{Fc,k} \cap \Omega_{Fc,n} = 0 \quad (k \neq n)$$

$$\Omega_{Fc,l} = \bigcup_{m=1}^{N_f} \Omega_{fm}$$

$$\Omega_{f_1} \cap \Omega_{f_2} = 0 \quad (f_1 \neq f_2)$$

假定区域$R \subset \Omega_c$为在此区域有加密情况存在的粗网格区域，Ω_F为在此区域加密后的细网格区域，Ω_c为粗网格区域。最后所得FFAC方法中的组合网格就为：$G=(\Omega_c - R)\cup\Omega_F$，如图1所示。可见最粗网格层是布满整个计算区域的，而其余的逐级粗网格层以及细网格层只是在局部区域上。

想要求解的是在组合网格G上的差分方程。但是Ω_c和Ω_F也要像区域分解法中一样作为子域参与计算。区域分解法利用粗、细网格来近似求解组合网格方程。它的特征之一就是R不为空，而是粗网格层的一部分，即R是重叠于粗网格层Ω_c上的，即$R \cap \Omega_c \neq 0$。通过这个重叠域R的粗细网格值的相互传递使得组合网格的差分解的收敛速度大大加快，最终达到求解的目的。

2. 组合网格的非正常连接处理技术

众所周知，在离散一个一维的偏微分方程后，每一个网格有两个网格相邻。二维的偏微分方程用五点差分格式离散后则每一个网格有四个网格与它相邻；对于三维情况，则有六个网格相邻。这是一种网格之间的正常连接状况。对于局部网格加密、断层这些棘手的油藏问题就需要用非正常连接的技术进行处理，这时有的网格就可能和更多的网格相邻。FAC 方法尽管也涉及组合网格层，但由于 FAC 方法在处理粗网格与细网格之间值的转换时利用了多重网格方法的原理，即网格的加密以点中心网格产生的。所以对粗网格与细网格之间不规则边界值的确定非常难处理。这是阻碍 FAC 方法广泛应用的一个重大障碍。而在 FFAC 方法中的局部网格加密是在每一个网格块内剖分产生的，这样产生的每个子域的形状是任意的，尽管这样使相邻网格之间的关系可能比较复杂(图 2)，但 FFAC 用非正常连接处理的思路来解决这个复杂问题是非常有效的。

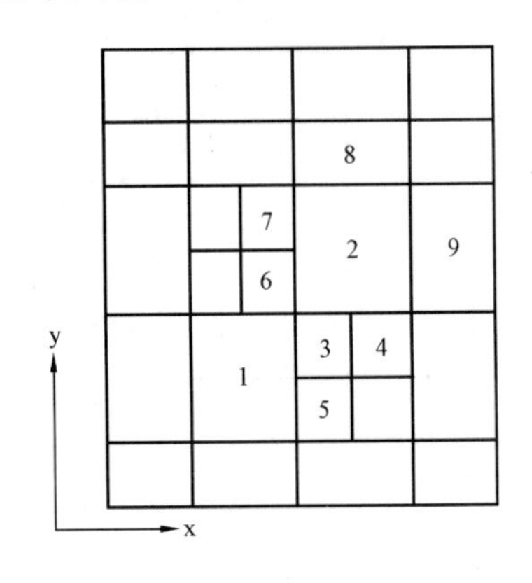

图 2　非正常连接的网格图

例如，图 2 中网格 2 的左侧与网格 6、7 相邻，设 $KK_r/\mu=1$，则从网格 6 和网格 7 流向网格 2 左侧的流量可定义为：

$$Q = (p_6 - p_2)/\Delta x \quad \Delta y_6 \Delta z + (p_7 - p_2)/\Delta x \quad \Delta y_7 \Delta z = Q_{6,2} + Q_{7,2}$$

所以图 3 中从网格 2 周围相邻的网格流向网格 2 的总流量可写为：

$$Q_{3,2} + Q_{4,2} + Q_{6,2} + Q_{7,2} + Q_{8,2} + Q_{9,2} = Q_2$$

从截断误差分析可知，如果 $0(\Delta x) = 0(\Delta y) = 0(h)$，则与网格 2 相邻的细网格的误差为 $0(1/h)$，网格 2 的误差则为 $0(h)$。

3. FFAC 方法的计算步骤

考虑偏微分方程，离散后得一差分方程组，用矩阵形式表示成：

$$LU = f \tag{1}$$

式中，L 是差分算子，U 为要求求解的未知变量，f 为源项。

对整个区域方程式(1)的求解时，FAC 方法仅仅是通过全局粗网格和局部加密的细网格之间的交替而得到的。全局粗网格和各个局部加密的细网格之间的边界网格值相互转换后分别求解各级网格，求解后再通过边界值的转换进行校正。通过这样的交替方式达到快速收敛目的。它的边界值的转换不像 FFAC 方法那样通过在组合网格 G 上求余量来得到，而是利用多重网格方法中插值、限制转移的方式得到的。

FFAC 方法对整个区域方程式(1)的求解是要在组合网格 G 上求解：

$$L_g U_g = f_g \tag{2}$$

式中，L_g 为组合网格 G 的差分算子；U_g 为组合网格 G 上要求解的未知变量；f_g 为组合网格 G 的源项。

如果已知时步 t^n 时刻的 U_g^n 的值，要求组合网格 G 上 t^{n+1} 时刻的值，那么称求解这样一个组合网格上的差分方程组的过程为一个组合网格时间步，并且假定在粗、细网格层上的差分方程组分别为：

$$L_c U_c = f_c \tag{3}$$

$$L_f U_f = f_f \tag{4}$$

式中，L_c 为粗网格层差分算子；U_c 为粗网格层未知变量；f_c 为粗网格层源项；L_f 为细网格层差分算子；U_f 为细网格层未知变量；f_f 为细网格层源项。

组合网格 G 上各网格块的函数值 U_g 的求解是通过先求解粗网格或细网格上数值 U_c 和 U_f，然后把 U_c 或 U_f 向组合网格 G 上进行插值而得到的。那么这样就涉及了从粗网格层向组合网格函数值的转移过程以及从细网格向组合网格上转移的过程。用式子表示为：

$$U_g \cong I_c^g U_c \tag{5}$$

$$U_g \cong I_f^g U_f \tag{6}$$

式中，I_c^g 为函数值从粗网格向组合网络上转移时的转换算子；I_f^g 为函数值从细网格向组合网格上转移时的转换算子。

同样，在组合网格上计算出每个网格块的余量后，要转移到粗网格上进行校正或转移到细网格上进行光滑，也要用到相应的转换算子，即：

$$U_c \cong I_g^c U_g \tag{7}$$

$$U_f \cong I_g^f U_g \tag{8}$$

式中，I_g^c 为函数值从组合网格向粗网格转移时的转换算子；I_g^f 为函数值从组合网格向细网格转移时的转换算子。

上面都是组合网格、粗网格和细网格之间未知量这一项的转换。对于差分方程等式右边一项，还存在组合网格 G 上每个网格块的余量向粗网格或细网格转移的过程。用下式表示为：

$$\gamma_c \cong \hat{I}_g^c \gamma_g \tag{9}$$

$$\gamma_f \cong \hat{I}_g^f \gamma_g \tag{10}$$

式中，$\hat{I}_g^c$ 为余量项从组合网格向粗网格转移时的转换算子；$\hat{I}_g^f$ 为余量项从组合网格向细网格转换时的转换算子。

FFAC 方法在最细网格上以第一类边界条件以及在最粗网格上精确求解它的差分方程，在介于最细网格和最粗网格之间的粗网格上以第一类边界条件近似求解它的差分方程，且它们的右端项都增加了组合网格的余量这一项。

本文逐级加密网格的步长取 $h_k = \frac{h_{k-1}}{2} = 2^{-k} \cdot h_0$，即加密因子为 2。下标 k 代表第 k 层网格子域。这样一个网格块加密后就成了四个网格。采用逐级加密网格不但可以减少网格数目，而且能提高与粗网格相邻的细网格的精度，这已有人进行了验证，此外 FFAC 采用逐级加密网格后局部现象越严重的区域其网格越细，取得的值越准确。恰好满足了求解的目的，而不必要求过多的网格点和浪费大量的时间。

FFAC 方法第一次在组合网格 G 上计算完余量后，与 FAC 方法和多重网格方法不同的是，如果这个余量不满足收敛条件，首先在粗网格上进行余量校正还是首先在细网格上松弛光滑，它们的先后顺序是任意的。以首先到细网格上松弛光滑的顺序把 FFAC 方法的基本原理表述如下：

(1)假定初值，计算 G 上的余量，判断余量是否满足收敛条件，如果满足，则终止。否则进行步骤(1)；

(2)将 G 上的余量映射到细网格上；

(3)在细网格上以第一类边界条件精确求解函数值；

(4)将细网格上的函数值映射到 G 上；

(5)求 G 上每个网格块的余量，如果余量满足收敛条件，则终止，否则进行步骤(6)；

(6)将 G 上每个网格块的余量映射到粗网格上；

(7)在粗网格上精确求解；

(8)将粗网格上求解的值校正到组合网格 G 上；

(9)计算 G 上每个网格块的余量，如果不满足收敛条件，则回到步骤(1)，否则终止。

以上是余量第一次计算完后首先在细网格上松弛光滑的迭代计算过程。如果想首先在粗网格上进行余量校正，那么只需要把上面计算过程的(2)(3)(4)和(6)(7)(8)的位置调换一下即可。

在精确求解粗网格或细网格值时，选用直接解法还是迭代法是根据实际网格数目的多少来确定的。取代了 FAC 方法中只用直接求解的方法。

FFAC 算法中，由于对子域粗网格层、细网格层的计算次序可以任意选择，所以先计算哪个子域都无关紧要。组合网格上每个网格块的误差都由高频分量和低频分量组成，在粗网格上可以快速消减低频分量，对于高频分量则只有放到细网格上才能快速消减，所以要使组合网格上的值迅速收敛，一般来说要经过几次在粗网格上和细网格上的计算才能达到目的。所以子域计算的先后次序几乎没有什么影响。它们的计算过程也可以用图 3 表示。

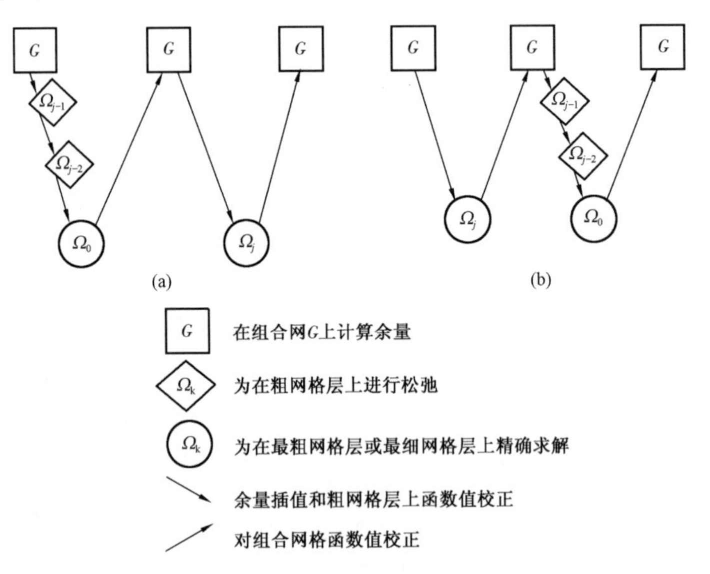

图 3　FFAC 计算过程示意图

为便于实际工作上灵活应用，编制的 FFAC 算法软件既适合于微机上运行也适合于工作站上运行。

二、误差分析

误差分析是一项非常复杂和巨大的工作。它已在1990年由美国的R. E. Ewing,保加利亚的Lazarov,R. D. 和Vassilevski,P. S. 进行了推导。所以这里只引用他们所推导出的结论。对于有限差分格式用范数表示其误差界为:

$$(h_c^2 + t_c)\|U\|_{\Omega_1} + (h_f^2 + t_f)\|U\|_{\Omega_2} + h_f^{-1/2}(h_c^s + t_c)\|U\|_{\Omega_3} \quad (s = 1,2)$$

式中,$\|\cdot\|_{\Omega_i}(i=1,2,3)$为$\Omega_i$区域网格函数$U$的某一范数,$\Omega_1$指没有加密的粗网格区域,$\Omega_2$指加密的细网格区域,$\Omega_3$为粗网格区域$\Omega_1$与细网格区域$\Omega_2$相邻界的网格条带状区域。$h_c$和$h_f$分别为粗网格区域$\Omega_1$与细网格区域$\Omega_2$的网格步长。

从误差的推导可以看出,误差的一半是由粗网格区域与细网格区域相邻界的网格区域引起。并且这个结论已被用数值实验所证实。数值实验表明对于采用细网格的局部区域解中其靠近粗网格的区域解的误差是不显著的,解的精度主要由细网格区域解的精度所控制。而对于非局部区域解的误差则是由与局部加密网格区域相邻的区域引起的。本文的数值实验也证实了这一结论,并且从数值结果也可以看出用FFAC方法所得解与全局都采用细网格所得解几乎具有相同高的精度。

三、数值试验

二维均质等厚、油水两相油藏,岩石和流体均可压缩,流体渗流符合达西定律,不考虑毛管压力和重力。单元边长600m,油层厚度为9m,生产井和注水井分别位于两对角上。注水井和生产井都是在整个油层厚度全射开。各物性参数见表1,其相对渗透率与饱和度关系见表2。

表1 数值试验物性参数

绝对渗透率 D	孔隙度	综合压缩系数 MPa^{-1}	油的黏度 mPa·s	水的黏度 mPa·s	原始地层压力 MPa	原始含油饱和度
1	0.25	1×10^{-4}	5	1	12	0.8

表2 相对渗透率与饱和度关系表

序号	1	2	3	4	5	6	7	8	9	10	11	12
S_w	0.00	0.10	0.20	0.30	0.40	0.50	0.60	0.70	0.80	0.88	0.94	1.00
K_{ro}	0.88	0.84	0.78	0.69	0.55	0.31	0.19	0.10	0.02	0.00	0.00	0.00
K_{rw}	0.00	0.00	0.00	0.03	0.07	0.11	0.16	0.23	0.30	0.37	0.48	0.60

这里采用三级网格的FFAC方法进行求解,即分别在两口井附近局部区域进行两级的逐步加密。其网格的剖分如图1所示。并与在整个区域采用10×10的粗网格和40×40的细网格求解的结果进行了对比。

四、结果分析

图4~图7为用FFAC方法求解的结果与粗网格10×10和细网格40×40结果的比较。表3列出了三种网格见水时间和CPU时间。其中各网格CPU时间是以粗网格时间作为基准

进行归一化后的 CPU 时间。表 3 还列出了子域粗网格层、细网格层以不同的先后计算次序进行求解的结果。

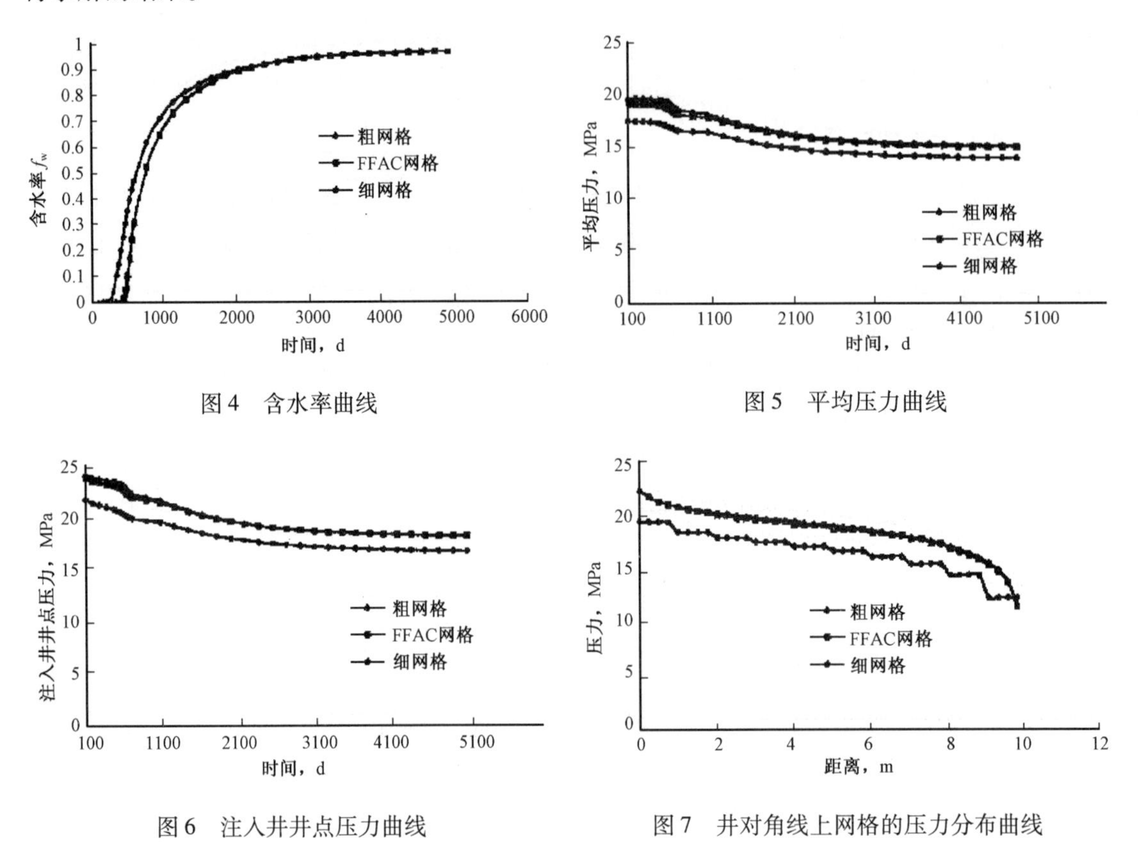

图 4　含水率曲线

图 5　平均压力曲线

图 6　注入井井点压力曲线

图 7　井对角线上网格的压力分布曲线

表 3　见水时间和 CPU 时间表

网格类型	网格数目	见水时间 d	归一化 CPU 时间 (5000d)	对压力的 精度控制	对饱和度的 精度控制
粗网格	100	360	1.00	10^{-4}	10^{-4}
细网格	1600	450	2.9	10^{-4}	10^{-4}
FFAC 网格(先在粗网格层上校正)	292	420	1.7	10^{-4}	10^{-4}
FFAC 网格(先在细网格层上光滑)	292	420	1.7	10^{-4}	10^{-4}

从表 3 可看出,用 FFAC 方法求解所用的 CPU 时间尽管比粗网格稍长,但却比细网格少得多。由于 FFAC 方法的计算时间主要花在两口井附近子域的求解上,比细网格要求解的网格点要少得多,因此大大加快了它的计算速度。对于本文有两口井、取三级网格的 FFAC 算法在求得与细网格值非常接近的情况下比细网格快 41.4%。且 FFAC 子域粗网格层、细网格层以不同的先后计算次序进行求解的结果是相同的。

油藏开发过程中压力和饱和度等变量在整个油藏的分布是不均衡的,它们在某些区域变化很小而在另一些区域可能变化很大,如近井区域。FFAC 方法能够在不同的区域(不同的子域)取不同的网格步长进行求解。在参数变化越大的区域网格越细。因此用 FFAC 方法求解的结果与用细网格所得结果基本上是一致的。

从含水率、平均压力和注入井井点压力几种曲线的比较可以看出，尽管 FFAC 的值与细网格值非常接近，但在井见水前后这几项指标与细网格值仍然稍有差别。看来这是因为油水前缘是依次经过注水井区域的第三级和第二级、第一级网格区域，粗网格区域，以及生产井附近的第一级、第二级、第三级网格区域，所以 FFAC 求得的值必然或多或少地要受到粗网格区域的影响，使得 FFAC 的见水时间比细网格值略为提前。

图 7 为生产 510 天时，沿着生产井和注水井的对角线上这三种网格的压力分布曲线。由图可以看出用 FFAC 方法所得到的、与细网格相同步长的局部加密区域的值与细网格值吻合得很好。FFAC 网格中粗网格区域的值与细网格值有些许差异，但这些值较整体取粗网格的这些区域的值要准确得多；而这些区域并不是想要取得准确值的区域。对于饱和度情形也是一样的。因此对想要达到的最终结果是没有什么影响的。

五、结论

(1)用 FFAC 方法所得结果非常接近细网格的值。尽管 FFAC 是一种并行计算方法，但即使不并行计算，计算速度也要比用细网格模拟快得多。

(2)FFAC 方法用在组合网格上求余量的办法代替了 FAC 方法用多重网格插值、限制的方法来实现各子域之间边界值的转换，网格的加密以网格块产生而不像 FAC 用网格点产生，从而避免了 FAC 方法中边界值不好处理的难题，这样它对局部区域的加密可以不受区域形状的限制。因此它可以对水驱或非水驱的前缘进行动态模拟。尽管这给程序的编制带来了麻烦，但在处理油田实际问题时比 FAC 有更广泛的实用意义。如果把 FFAC 方法应用于油藏数值模拟技术中，必将大大推动它的发展。

致谢 非常感谢彭立田在本项工作中给予的帮助和建议。

(原载《石油学报》，1999 年 20 卷 4 期)

水平井油藏内三维势分布及精确产能公式

张望明　韩大匡　闫存章

引　言

稳定流条件下的水平井产能评价是水平井油藏工程的基本问题之一，国内外学者对此进行了大量的研究，各自提出了不同的近似（对特定油藏中水平井的稳定渗流定解问题的某些条件作了简化）产能计算公式。如对水平无限大油藏，或是用近似的等值渗流阻力方法，或是按 Joshi 的观点，将三维稳定流问题分解成两个二维问题；对于底水或边水油藏，通常是将三维问题简化为垂直于水平井井轴方向上的剖面流动问题（实际上简化成了一个地层厚度为水平井长度的直井问题）；有些研究尽管没有对三维稳定流进行简化，但对油藏边界理想化。由于水平井油藏内稳定流是全三维的，这就产生了上述简化是否合理和由此导出的产能公式是否有较好的近似性等问题。虽然对此也有一些讨论，但这些讨论本身仍旧局限在同一个或者其他近似框架内，问题并未解决。

通过三维势的研究能有效地认识水平井油藏内流体流动特征。本文从均质、各向异性、单相流体油藏中水平井稳定流所满足的 Poisson 方程的定解问题出发，直接求解水平井的三维稳态解，并讨论如何利用这些解研究三维势分布，建立精确产能公式，进而对近似公式的应用条件及近似程度作出评价。

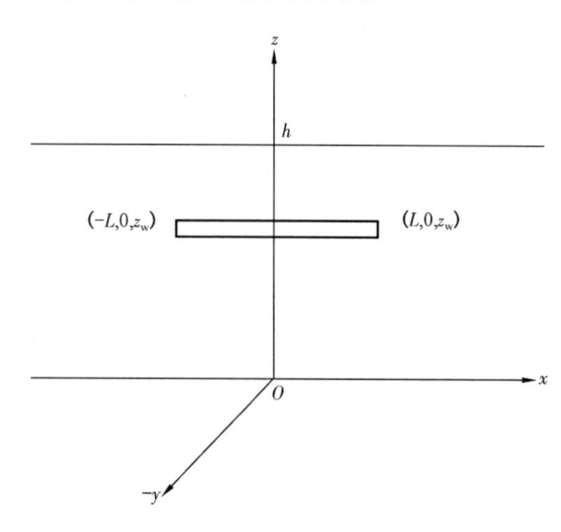

图 1　油藏及水平井示意图

一、水平井油藏内三维势分布

如图 1 所示，水平无限大、含油高度为 h 的各向异性油藏中有一口长为 $2L$ 的水平井，距 xy 平面的距离为 z_w。水平井为线汇，产量为 Q。z 等于 0、等于 h 分别表示垂直方向上的两个界面。按通常的划分，当它们均为不渗透边界时，该油藏称为水平无限大油藏；上边界不渗透、下边界等势，表示底水驱油藏。

对线汇情况的水平井稳态渗流问题，其速度势 Φ 满足如下形式的 Poisson 方程：

$$\frac{\partial^2 \Phi}{\partial x^2} + \frac{\partial^2 \Phi}{\partial y^2} + \frac{1}{\beta^2}\frac{\partial^2 \Phi}{\partial z^2} = q(x)\delta(y)\delta(z - z_w) \tag{1}$$

其中

$$\beta^2 = K_h / K$$

$$\Phi = \frac{K_h}{\mu}(p + \rho g z)$$

$q(x)$为水平井线汇强度,即单位长度上的产量,在水平井线汇以外,$q(x)=0$。

1. 底水驱油藏中的三维稳态解

在特定油藏中的势分布问题还必须考虑式(1)的边界条件。对于底水驱油藏,边界条件为:

$$\Phi|_{z=0}=\Phi_e \qquad \frac{\partial\Phi}{\partial z}|_{z=h}=0 \tag{2}$$

$$\Phi=\Phi_e \quad (r=\sqrt{x^2+y^2}\to\infty) \tag{3}$$

式中,· e 为常数,表示水平井在底水边界及水平方向无限远处的势。

求解定解问题式(1)、式(2)和式(3),就得到底水驱油藏中水平井的三维稳态解。利用 Green 函数方法不难得到:

$$\Phi_e-\Phi(x,y,z)=\frac{1}{\pi h}\sum_{n=1}^{\infty}\int_{-L}^{L}q(\xi)K_0\left[\frac{(2n-1)}{2\beta h}\rho\right]\times \mathrm{d}\xi\sin\left(n-\frac{1}{2}\right)\pi_{z_D}\sin\left(n-\frac{1}{2}\right)\pi_{z_{wD}} \tag{4}$$

其中

$$\rho=\sqrt{(x-\xi)^2+y^2}$$

$$z_D=z/h$$

$$z_{wD}=z_w/h$$

假定水平井无限导流,则在其线汇上等势 · $_w$,此时式(4)为 Fredholm 积分方程,水平井将是变产量 $q(x)$。当假定水平井为均匀流量时,$q(\xi)=Q/2L$,此时在井壁上不等势。

2. 水平无限大油藏中三维势分布

这种情况的边界条件为:

$$\frac{\partial\Phi}{\partial z}|_{z=0}=\frac{\partial\Phi}{\partial z}|_{z=h}=0 \tag{5-1}$$

$$2\pi hr\frac{\partial\Phi}{\partial r}=Q \quad (r\to\infty) \tag{5-2}$$

边界条件式(5-2)由稳定渗流的质量守恒定理得到。定解问题式(1)和式(5)是 Poisson 方程的第二边值问题,它在相差任意常数的意义下是唯一的,在此表示速度势的相对性。可以得到:

$$\Phi(x,y,z)=\frac{1}{2\pi h}\int_{-L}^{L}q(\xi)\ln\rho\mathrm{d}\xi-\frac{1}{\pi h}\sum_{n=1}^{\infty}\int_{-L}^{L}q(\xi)K_0\left(\frac{n\pi}{\beta h}\rho\right)\mathrm{d}\xi\cos(n\pi z_D)\cos(n\pi z_{wD}) \tag{6-1}$$

$$\Phi_f(x,y)=\frac{1}{2\pi h}\int_{-L}^{L}q(\xi)\ln\rho\mathrm{d}\xi \tag{6-2}$$

$$\Phi_A(x,y,z)=-\frac{1}{\pi h}\sum_{n=1}^{\infty}\int_{-L}^{L}q(\xi)K_0\left(\frac{n\pi}{\beta h}\rho\right)\mathrm{d}\xi\cos(n\pi z_D)\cos(n\pi z_{wD}) \tag{6-3}$$

那么，Φ_f 表示全射开半长为 L 的无限导流垂直裂缝引起的三维势分布，而 Φ_A 可称为水平井三维"附加势"，它代表水平井在垂直方向上的不完全打开而造成的附加项。注意到函数 $K_0(x)\to 0(x\to\infty)$，立即从理论上得到无限大水平油藏中三维势有下列两点重要性质：

（1）在远离水平井时，$\Phi=\Phi_f$。这表示等势面的特征与全穿透无限导流垂直裂缝的情况是一样的，其等势面为一母线平行于 z 轴、焦点在（$\pm L,0,z_w$）处，且长半轴 a 与短半轴 b 越来越接近的椭圆柱面。

（2）在式（6-3）中的定积分做变量代换 $\zeta=L\xi$，将会看到附加势 Φ_A 与无因次水平井半长（$L_D=L/\beta h$）这一参数有关。L_D 越大，Φ_A 越小，$\Phi\approx\Phi_f$。

性质（2）证实水平井适宜于开发垂向渗透性好的较薄油层，因为这种情况下，当水平段相当长时 L_D 远大于1，其产能接近于半长为 L 的垂直裂缝的产能。

二、底水驱油藏的产能公式

在均匀流量下讨论该问题。为建立产能公式，只需计算出在井壁处的平均势。在井壁处可取坐标 $y=0,z=z_w+r_w/\beta$，r_w/β 是考虑各向异性情况下的井筒等效半径。此外，也有其他考虑等效半径的方法。设井壁上势的平均值为 Φ_w，由式（4）可知：

$$\Phi_e-\Phi_w=\frac{Q}{2\pi Lh}\sum_{n=1}^{\infty}\left\{\frac{1}{2L}\int_{-L}^{L}\mathrm{d}x\int_{-L}^{L}K_0\left[\frac{(2n-1)\pi}{2\beta h}|x-\xi|\right]\mathrm{d}\xi\right\}$$
$$\sin\left[\left(n-\frac{1}{2}\right)\pi z_D\right]\sin\left[\left(n-\frac{1}{2}\right)\pi z_{wD}\right]$$

先计算中括号内的二重积分，然后将计算结果代入到上式中得：

$$\Phi_e-\Phi_w=\frac{Q}{2\pi h}\left\{\sum_{n=1}^{\infty}\left[\frac{2}{(2n-1)L_D}-\frac{4}{(2n-1)^2L_D^2\pi^2}\right]\right.$$
$$\left.\sin\left[\left(n-\frac{1}{2}\right)\pi z_D\right]\sin\left[\left(n-\frac{1}{2}\right)\pi z_{wD}\right]+\frac{1}{L_D}R_1(L_D,z_{wD})\right\}$$

上式右边的级数可以求出有限和，并注意到 $r_w\ll h$，$z_D-z_{wD}=r_w/(\beta h)$，$z_D+z_{wD}\approx 2z_{wD}$，计算后整理得到：

$$\Phi_e-\Phi_w=\frac{Q}{4\pi L_D h}\left[\ln\left(\frac{4\beta h}{\pi r_w}\tan\frac{\pi z_{wD}}{2}\right)-\frac{z_{wD}}{L_D}+R_1(L_D,z_{wD})\right] \tag{7}$$

$$R_1(L_D,z_{wD})=\frac{8}{\pi}\sum_{n=1}^{\infty}\frac{K_1[(2n-1)\pi L_D]-Ki_1[(2n-1)\pi L_D]}{2n-1}\sin^2\left(n-\frac{1}{2}\right)\pi z_D \tag{8}$$

$$Ki_1(x)=\int_x^{\infty}K_0(x)\,\mathrm{d}x$$

上式称为 Bessel 函数一次积分函数。

从式（7）立即得到底水驱油藏在均匀流量条件下的精确产能公式：

$$Q=\frac{4\pi L\sqrt{k_hk_v}\Delta p/\mu}{\ln\left(\frac{4\beta h}{\pi r_w}\tan\frac{\pi z_{wD}}{2}\right)-\frac{z_{wD}}{L_D}+R_1(L_D,z_{wD})} \tag{9}$$

其中，$\Delta p = p_e - p_{wf}$，$R_1(L_D, z_{wD})$称低阶无因次阻力项。

三、水平无限大油藏的产能公式

1. 均匀流量情况

在井壁，有：

$$\Phi_{fw} = \frac{Q}{8\pi hL^2}\int_{-L}^{L}dx\int_{-L}^{L}\ln|x-\xi|d\xi = \frac{Q}{2\pi h}\ln\frac{2L}{e^{3/2}} \tag{10}$$

附加势按底水驱油藏类似的处理技术，

$$\Phi_{AW} = \frac{Q}{2\pi h}\left\{-\frac{1}{2L_D}\ln\left[\frac{\beta h}{2\pi r_w\sin(\pi z_{wD})}\right]+\frac{1}{2L_D^2}\left[z_{wD}(1-z_{wD})+\frac{1}{3}\right]-R_2(L_D,z_{wD})\right\} \tag{11}$$

其中

$$R_2(L_D,z_{wD}) = \frac{2}{L_D\pi}\sum_{n=1}^{\infty}\frac{K_1(2L_Dn\pi)-Ki_1(2L_Dn\pi)}{n}\cos^2(n\pi z_{wD}) \tag{12}$$

在水平井的泄油半径$r=r_{eh}$上（$r_{eh}>>L$），有：

$$\Phi_e = \frac{Q}{2\pi h}\ln r_{eh} \tag{13}$$

结合式（11）、式（12）和式（13）求得产能公式：

$$Q = \frac{2\pi K_h\Delta p/\mu}{\ln\frac{3.7r_e}{2L}+\frac{1}{2L_D}\ln\left[\frac{\beta h}{2\pi r_w\sin(\pi z_{wD})}\right]-\frac{1}{2L_D^2}\left[z_{wD}(1-z_{wD})+\frac{1}{3}\right]+R_2} \tag{14}$$

2. 无限导流情况

在井壁上，裂缝部分的势Φ_{fw}按无限导流意义取值，即等势。附加势则按均匀流量的情况按式（11）和式（12）处理。

在水平井的泄油半径$r_{eh}>>L$时，由前面讨论性质以及熟知的无限导流垂直裂缝的势分布公式，立即得到产能公式：

$$\Phi_e = \frac{Q}{2\pi h}\ln R+\Phi_{fw}\left(R=\sqrt{\frac{a+b}{a-b}}\right) \tag{15}$$

$$Q = \frac{2\pi K_h\Delta p/\mu}{\ln R+\frac{1}{2L_D}\ln\frac{\beta h}{2\pi r_w\sin(\pi z_{wD})}-\frac{1}{2L_D^2}\left[z_{wD}(1-z_{wD})+\frac{1}{3}\right]+R_2} \tag{16}$$

刘想平对一组实验数据按无限导流用数值方法计算了不同压差下水平井的产量，将按上式计算的产量与其对比，两者间几乎没有差别，因而可以把它看成是无限导流的精确产能公式。

在式（16）中，对R进行不同的处理，将得到一些不同类型的产能公式。

（1）用裂缝等效半径的概念，有：

$$R = 4r_{eh}/2L$$

(2)若认为 $r_{eh}=a$,则得到:

$$R = [1 + \sqrt{1 - (L/r_{eh})^2}]/r_{eh}$$

(3)利用 Joshi 的等效供油面积 $r_{eh}^2 = ab$ 方法,则有:

$$R = (a + \sqrt{a^2 - L^2})/L$$

$$a = L[0.5 + \sqrt{0.25 + (r_{eh}/L)^4}]^{\frac{1}{2}}$$

对比 Borisov,Giger 和 Joshi 等的不同形式的产能公式可以看出,在井位居中时,他们只考虑了分母中前两项的阻力影响。此外,Joshi 公式中的第二项缺了"π"因子。

四、低阶阻力余项的评价与应用对比

1. 忽略阻力余项的条件

式(9)和式(16)中的低阶无因次阻力余项 R_1 和 R_2 仅与 L_D 和 z_{wD} 有关,且以无穷级数的形式给出。先以式(16)分析其影响,为此考虑 R_2 与前一项(记为 A)的相对大小表达式:

$$f = 1 - R_2/A$$

其中

$$A = \left[z_{wD}(1 - z_{wD}) + \frac{1}{3}\right]/2L_D^2$$

计算表明,当 $L_D>1$ 时,对所有的 z_{wD},均有 $f\approx1$,即 $R_2\approx0$。对底水驱油藏进行同样的分析可得到满足 $R_1\approx0$ 的条件为 $L_D>1.5$。因此,一般情况下可忽略低阶阻力余项的影响,只是 $L_D<1$ 时,必须考虑它们的计算。R_1 和 R_2 的计算不存在任何问题。

2. 实例对比

用式(9)重新计算了我国某底水驱油藏的水平井产能。油藏及油井的有关参数如下:$L=599.5\text{m}$,$r_w=0.1098\text{m}$,$k_h=569\text{mD}$,$k_v=280\text{mD}$,$h=63\text{m}$,$z_w=56.86\text{m}$,$\mu_o=65\text{mPa}\cdot\text{s}$,$B_o=1.031$。当生产压差分别为 4.57MPa 和 5.90MPa 时,测试产量分别为 $1288.0\text{m}^3/\text{d}$ 和 $1516.0\text{m}^3/\text{d}$,计算产量分别为 $1036.5\text{m}^3/\text{d}$ 和 $1338.1\text{m}^3/\text{d}$。本文计算的产量均大于文献《底水驱油藏水平井产能公式研究》[范子非,石油勘探与开发 1993,20(1)]所计算的产量,且更切合实际。

五、结论

(1)给出了水平无限大和底水油藏中水平井三维稳态解。

(2)讨论了水平无限大油藏中三维势分布形态,从理论上证实水平井有利于开采垂向渗透性好的薄油层。

(3)利用稳态解建立了一组新的水平井产能公式。由于公式的导出是基于严格的三维流动,因而是精确的。

(4)一些文献中对三维流动简化后所得到的产能公式低估了水平井的产能,L_D 越小,估计值越低。只有在无因次水平井半长 L_D 较大时,近似公式才成立。

主要符号说明

p—井底压力,Pa;
ρ—流体密度,kg/m^3;
g—重力加速度,m/s^2;
K_h—地层水平方向渗透率,m^2;
K_v—地层垂直方向渗透率,m^2;
Δp—生产压差,Pa;
Q—水平井产量,m^3/s;
L—水平井半长,m;
r_w—井筒半径,m;
h—油层有效厚度,m;
r_{eh}—水平井泄油半径,m;
μ—流体黏度,Pa·s;
$K_0(\ )$,$K_1(\ )$—虚宗量 0 阶和 1 阶 Bessel 函数。

(原载《石油勘探与开发》,1999 年 26 卷 3 期)

油藏数值模拟中的拟函数技术研究

应站军　韩大匡　刘明新

摘　要： 本文对油藏数值模拟中的各种生成拟相对渗透率曲线、拟毛细管压力曲线的拟函数方法进行了综合分析和评述，提出了一种新的拟函数方法：Mone 方法。通过几种主要拟函数方法的对比计算，发现 Mone 方法是其中较优秀、较准确的方法，而其计算费用只有精细模拟的 1/10 左右。与 Kyte、Thomas 等方法不同，Mone 方法对粗网格的尺寸没有依赖性，不同尺寸的粗网格可以使用同一拟函数。

关键词： 拟函数　拟相对渗透率曲线　拟毛细管压力曲线　精细模拟　非均质性

引　　言

油藏数值模拟是提高油田开发水平的重要手段。随着油田开发的条件越来越复杂，对数值模拟的精度要求也越来越高。为了达到精度要求，数值模拟的网格数目往往需要数万个甚至数十万个。这将导致计算成本的急剧上升。如何在满足精度要求的前提下有效地减少数值模拟中的网格数目是一个很现实的课题。随着油藏表征技术的发展，为了准确反映油藏的非均质性，地质模型往往有上百万甚至上千万个网格。数模工作者面临的首要问题就是如何对地质模型网格进行粗化合并，生成数值模拟网格系统的数据。对于这两个问题，拟函数技术提供了一套方法。油藏数值模拟中的广义拟函数技术指的是一类对实验室测定的油层岩石、流体物性参数进行校正的方法。狭义的拟函数技术指对岩石相对渗透率曲线及毛细管压力曲线进行校正的方法。校正后所得的曲线称为拟函数曲线，简称为拟函数。本文中的拟函数技术一般指的是狭义的。

我国的油藏大多数以陆相沉积为特征，非均质性严重，构造复杂，要求进行精细的油藏表征和数值模拟。因此拟函数技术的研究具有重要的现实意义。

一、拟函数技术回顾

自从 20 世纪 60 年代 K. H. Coats 等提出了第一个拟函数方法以来，到目前为止主要有两类拟函数方法。一类是以 K. H. Coats 等的垂向平衡拟函数方法（以下简称为 Coats 方法）为代表的静态方法。该类方法利用解析法而不是数值模拟法生成拟函数，拟函数不随油藏的开发阶段不同而变化，即是静态的。这种方法适用于垂向连通性好、平面流量小的简单油藏。C. L. Hearn 从层状模型出发，按垂向平衡假设，推导出了与 Coats 拟函数完全相同的算法。A. D. Simon 根据 Buckley – Leverett 前缘推进方程，给出了本质上与 Coats 方法相类似的方法。G. W. Thomas、H. L. Stone 分别对前人的静态拟函数方法进行了归纳和总结，提出了统一的形式。另一类是以广泛应用的 Kyte&Berry 方法为代表的动态拟函数方法。该类方法用数值模拟方法生成拟函数，生成的拟函数随着流量的变化而有所变化，因而是动态的。这类方法适用于非均质性强的复杂油藏，能够比静态方法更有效地减少数值模拟的网格数目，但是生成拟函数的过程也比第一类方法复杂。这类方法是 H. H. Jacks 等首先提出来的。Jacks 方法与静态拟函数方法的主要区别在于,前者使用数值模拟方法动态地生成饱和度的分布场,而后者使用的是解析方法。但是 Jacks 方法在所作假设、主要算法上都是静态方法的延续,因此可看成是真正的意义上的动态拟函数方法和静态方法之间的一个过渡。A. S. Emanuel 等随后提出了含井点网格的拟函数的算法(以下简称为 Emanuel 方法)。它实质上也是动态拟函数方法,但是 Emanuel 在计算不含井点的网格的拟函数时使用的却是静态方法。J. R. Kyte 和 D. W. Berry 接着提出了同时能够在两个方向上进行网格粗化的拟函数方法(以下简称为 Kyte 方法),该方法后来得到了广泛应用(C. A. Kossack 等,E. H. Smith)。Kyte 方法的优点在于:(1)不会带来额外的数值弥散;(2)网格数目不仅在垂向上可以减少,而且在 x 方向或 y 方向也可减少,可大大降低计算成本;(3)拟毛管力曲线也是动态生成的。不过,Kyte 方法得到的拟相对渗透率曲线和粗网格尺寸直接相关,因此该方法要求采用同一拟函数的粗网格的尺寸相同,且 $\Delta x = \Delta y$。其次,可能存在计算误差放大以及拟相对渗透率出现负值等问题。G. W. Thomas 在总结前人工作的基础上提出了自己的动态拟函数方法(以下简称为 Thomas 方法),认为所有的拟函数都是对各项岩性、物性参数进行的一种加权平均。同时,Thomas 还注意到了拟相对渗透率与粗网格尺寸的相关性,指出应考虑把$\frac{\Delta\tilde{x}_I}{\tilde{k}_x}$作为放大因子,即$\frac{\tilde{K}_{rw}\tilde{K}_x}{\Delta\tilde{x}_I}$应是一个与粗网格尺寸无关的量,但是他没有对此进行验证,他的算法中没有考虑这一点。C. A. Kossack 等讨论了如何用拟函数方法考虑多级非均质性的影响,提出了一个用 Kyte 方法逐步生成拟函数的方案。到此为止的所有动态拟函数方法都要求做一个二维 xz 剖面模拟,然后在 xz 剖面上计算拟函数。所生成的拟函数都与粗网格的尺寸有关。H. L. Stone 提出的 Stone 方法则能消除网格尺寸对拟函数的影响。但是 Stone 方法需要做一个三维模拟,然后在 yz 剖面上计算拟函数。R. A. Beier 认为 Kyte 方法不能适用于流度比小于 0.1 的油藏,为此他提出了自己的拟函数方法。认为该方法的使用范围不受流度比大小的约束,具有广泛的适用性。但是它不能像 Kyte 方法以后的所有其他方法那样同时在两个方向进行网格粗化。T. A. Hewett 等也提出了与 Beier 方法相类似的拟函数方法。

二、一种新的拟函数方法:Mone 方法

在推导 Stone 方法时,Stone 假设:

$$\Delta\tilde{\Phi}_o = \frac{\sum_{j=J_1}^{J_2}\sum_{k=K_1}^{K_2}(\lambda_t T_x \Delta\Phi_o)_{jk}}{\sum_{j=J_1}^{J_2}\sum_{k=K_1}^{K_2}(\lambda_t T_x)_{jk}} \tag{1}$$

如果令:

$$\Delta\tilde{\Phi}_o = \frac{\sum_{j=J_1}^{J_2}\sum_{k=K_1}^{K_2}(\lambda_o T_x \Delta\Phi_o)_{jk}}{\sum_{j=J_1}^{J_2}\sum_{k=K_1}^{K_2}(\lambda_o T_x)_{jk}} \tag{2}$$

则可得到一种比 Stone 方法更简洁的拟函数方法,这里称之为 Moneyz 方法(Modifled Stone

Method Using Y－Z Cross Section)，下面详细进行推导。

$$\tilde{q}_{o}=\sum_{j=J_1}^{J_2}\sum_{k=K_1}^{K_2}(q_{o})_{jk} \tag{3}$$

又

$$\tilde{q}_{o}=\tilde{\lambda}_{o}\tilde{T}_{x}\Delta\tilde{\Phi}_{o} \tag{4}$$

$$(q_{o})_{jk}=(\lambda_{o}T_{x}\Delta\Phi_{o})_{jk} \tag{5}$$

式(4)、式(5)代入式(3)，得：

$$\tilde{\lambda}_{o}\tilde{T}_{x}\Delta\tilde{\Phi}_{o}=\sum_{j=J_1}^{J_2}\sum_{k=K_1}^{K_2}(\lambda_{o}T_{x}\Delta\Phi_{o})_{jk} \tag{6}$$

令

$$\Delta\tilde{\Phi}_{o}=\frac{\sum_{j=J_1}^{J_2}\sum_{k=K_1}^{K_2}(\lambda_{o}T_{x}\Delta\Phi_{o})_{jk}}{\sum_{j=J_1}^{J_2}\sum_{k=K_1}^{K_2}(\lambda_{o}T_{x})_{jk}} \tag{7}$$

式(7)代入式(6)，得：

$$\tilde{\lambda}_{o}=\frac{\sum_{j=J_1}^{J_2}\sum_{k=K_1}^{K_2}(\lambda_{o}T_{x})_{jk}}{\tilde{T}_{x}} \tag{8}$$

又令

$$\tilde{T}_{x}=\sum_{j=J_1}^{J_2}\sum_{k=K_1}^{K_2}(T_{x})_{jk} \tag{9}$$

式(9)代入式(8)，得：

$$\tilde{\lambda}_{o}=\frac{\sum_{j=J_1}^{J_2}\sum_{k=K_1}^{K_2}(\lambda_{o}T_{x})_{jk}}{\sum_{j=J_1}^{J_2}\sum_{k=K_1}^{K_2}(T_{x})_{jk}} \tag{10}$$

于是

$$\tilde{K}_{ro}=\tilde{\mu}_{o}\frac{\sum_{j=J_1}^{J_2}\sum_{k=K_1}^{K_2}(\lambda_{o}T_{x})_{jk}}{\sum_{j=J_1}^{J_2}\sum_{k=K_1}^{K_2}(T_{x})_{jk}} \tag{11}$$

同理可得：

$$\tilde{K}_{rw}=\tilde{\mu}_{w}\frac{\sum_{j=J_1}^{J_2}\sum_{k=K_1}^{K_2}(\lambda_{w}T_{x})_{jk}}{\sum_{j=J_1}^{J_2}\sum_{k=K_1}^{K_2}(T_{x})_{jk}} \tag{12}$$

$$\tilde{p}c_{wo}=\frac{\sum_{j=J_1}^{J_2}\sum_{k=K_1}^{K_2}(\lambda_w T_x pc_{wo})_{jk}}{\sum_{j=J_1}^{J_2}\sum_{k=K_1}^{K_2}(\lambda_w T_x)_{jk}} \tag{13}$$

由上可见,Moneyz 方法与 Stone 方法所作的假设的唯一不同之处是计算拟油相、水相流动势差时,Moneyz 方法以油相、水相流动系数和传导系数之积为权进行平均,Stone 方法以总流动系数和传导系数之积为权进行平均。事实上,Thomas 方法计算拟流动势的公式可改写为:

$$\tilde{\Phi}_{oI}=\frac{\sum_{i=I_1}^{I_2}\sum_{k=K_1}^{K_2}(\lambda_o T_x \Delta y \Phi_o)_{ik}}{\sum_{i=I_1}^{I_2}\sum_{k=K_1}^{K_2}(\lambda_o T_x \Delta y)_{ik}} \underline{\underline{\because \Delta y \text{ 为常数}}} \frac{\sum_{i=I_1}^{I_2}\sum_{k=K_1}^{K_2}(\lambda_o T_x \Phi_o)_{ik}}{\sum_{i=I_1}^{I_2}\sum_{k=K_1}^{K_2}(\lambda_o T_x)_{ik}} \tag{14}$$

这与 Moneyz 方法计算 $\Delta\tilde{\Phi}_w$ 的算法是类似的。当然,这只是形式上的相似,本质上是有差别的。这体现在,Thomas 方法是先分别求 $\tilde{\Phi}_{wI}$,$\tilde{\Phi}_{wII}$,再求得 $\Delta\tilde{\Phi}_w$,这可能引起较大的计算误差。

若令 μ_o 和 μ_w 为常数,则式(11)和式(12)的积分形式为:

$$\tilde{K}_{ro}=\frac{\int_0^h\int_0^w K_{ro}\frac{K}{\Delta x}\mathrm{d}y\mathrm{d}z}{\int_0^h\int_0^w \frac{K}{\Delta x}\mathrm{d}y\mathrm{d}z} \tag{15}$$

$$\tilde{K}_{rw}=\frac{\int_0^h\int_0^w K_{rw}\frac{K}{\Delta x}\mathrm{d}y\mathrm{d}z}{\int_0^h\int_0^w \frac{K}{\Delta x}\mathrm{d}y\mathrm{d}z} \tag{16}$$

将上述两式与 Thomas 提出的计算拟参数 $\tilde{f}$ 的统一公式

$$\tilde{f}=\frac{\int_0^h\int_0^l fw\mathrm{d}x\mathrm{d}z}{\int_0^h\int_0^l w\mathrm{d}x\mathrm{d}z} \tag{17}$$

相比较可知,式(11)和式(12)都是与统一公式式(17)相符的,相应于式(17)中的 w 的权重为$\frac{K}{\Delta x}$。这证明了,Moneyz 方法本质上也仍然是一种加权平均方法。

我们把权重选为$\frac{K}{\Delta x}$,能够克服拟函数对粗网格尺寸的依赖性,这与 Thomas 的理论是一致的。

不过,如同 Stone 方法一样,Moneyz 方法也需要做一个小三维模拟,再在 yz 剖面上生成拟函数。这一不足我们很容易克服,下面我们先把 Moneyz 算法推广到三维情形中,使之能够将含$(I_2-I_1+1)(J_2-J_1+1)(K_2-K_1+1)$个节点的三维网格压缩为一个粗网格。我们称推广后的算法为 Mone 方法。其主要内容如下：

$$\tilde{K}_{rw}=\tilde{\mu}_w\frac{\sum_{i=I_1}^{I_2}\sum_{j=J_1}^{J_2}\sum_{k=K_1}^{K_2}(\lambda_w T_x)_{ijk}}{\sum_{i=I_1}^{I_2}\sum_{j=J_1}^{J_2}\sum_{k=K_1}^{K_2}(T_x)_{ijk}} \tag{18}$$

$$\tilde{K}_{ro}=\tilde{\mu}_o\frac{\sum_{i=I_1}^{I_2}\sum_{j=J_1}^{J_2}\sum_{k=K_1}^{K_2}(\lambda_o T_x)_{ijk}}{\sum_{i=I_1}^{I_2}\sum_{j=J_1}^{J_2}\sum_{k=K_1}^{K_2}(T_x)_{ijk}} \tag{19}$$

$$\tilde{P}c_{wo}=\frac{\sum_{i=I_1}^{I_2}\sum_{j=J_1}^{J_2}\sum_{k=K_1}^{K_2}(\lambda_w T_x Pc_{wo})_{ijk}}{\sum_{i=I_1}^{I_2}\sum_{j=J_1}^{J_2}\sum_{k=K_1}^{K_2}(\lambda_w T_x)_{ijk}} \tag{20}$$

在上述算法中，若令 $I_2=I_1+1$，则得到前面的二维 Moneyz 算法。若令 $J_2=J_1+1$，则得到 Monexz 拟函数算法。它如同 Kyte、Thomas 算法一样，也是通过二维 xz 剖面模拟生成 S_w 参数，然后在 xz 剖面上生成拟函数。若令 $K_2=K_1+1$，则得到 Monexy 拟函数算法，它通过二维平面模拟，在 xy 剖面上生成拟函数。这种方法和普通数模方法（使用岩石相对渗透率曲线和毛细管压力曲线）相比，能够考虑平面非均质性对开发过程的影响，同时又不至于使网格节点增加。

到此为止，我们计算的拟函数都是 x 方向的拟函数。很容易写出类似于上述方法的用于计算 y 方向和 z 方向拟函数的算法。

Mone 方法继承了 Stone 方法的所有优点。它虽然仅仅在计算拟流动势差上作了与 Stone 方法不同的假设，但是却比 Stone 方法简洁多了，因为它不需要根据每个细网格块的产油量和产液量计算拟分流系数，也不需要通过解方程组求拟相对渗透率。

三、算例

为了检验各种拟函数算法的有效性、适应性，我们进行了数值模拟对比计算。

1. 细网格 xz 剖面水驱油数值模拟

我们将 xz 剖面划分为 $100\times1\times10$ 的网格，采用等步长的规则网格，x，y 和 z 方向的网格尺寸分别为 5m、1m 和 1m。

假设 x 方向的绝对渗透率 K_x。在垂向上符合均值为 100mD、变异系数为 0.7 的对数正态分布，在 x 方向上符合分形指数为 0.85、噪声方差为 10.0 的分形几何分布。先用随机方法生成 $K_{x,1,j}(j=1,\cdots,10)$，令 $K_{x,100,j}=K_{x,1,j}(j=1,\cdots,10)$，再用条件模拟方法生成符合分形特征的整个网格系统的 K_{x0}。

再假设：

$$K_{y,i,j}=K_{x,i,j}\quad(i=1,\cdots,100;j=1,\cdots,10) \tag{21}$$

$$K_{z,i,j} = 0.1K_{x,i,j} \quad (i = 1,\cdots,100; j = 1,\cdots,10) \tag{22}$$

岩石孔隙度根据式(23)计算得出：

$$\phi = 0.03\lg K_x + 0.09 \tag{23}$$

我们在第一列网格上布一注入井，各层全部射开，在第100列网格上布一生产井，各层全部射开。为了隐式地反映流率对拟函数的影响，在生产初期定产生产，后来转为定压生产。另外，为了与实际油藏的饱和度变化幅度相符，我们把日注采产量定为$1m^3/d$。

2. 拟函数的生成

1）粗网格系统的划分

我们将细网格系统合并为16×1×1的粗网格系统。原来的第一列细网格仍作为粗网格系统中的第一个。以后每7列细网格合并成一个粗网格，最后一列（第100列）细网格作为最后一个粗网格。

2）用于生成拟函数的粗网格的选取

理论上说，由于横向非均质性的存在，对每一个粗网格，都应生成其拟函数。但是为了减少计算量，我们只选其中几个粗网格。由于粗网格的尺寸较大，彼此在统计上具有相似性，我们这样做也是有根据的。第一个粗网格和最后一个粗网格是含井点网格，我们运用Emanuel算法生成它们各自的井拟函数，得到的拟函数分别称为well1和well2。我们再选第8个粗网格（即由第43至第49列之间的7列细网格合并的粗网格）作为代表网格Ⅰ。另外，为了研究不同拟函数方法对粗网格尺寸的依赖性，我们选第41列至第49列之间的9列细网格合并成一个粗网格（称为代表网格Ⅱ）。用Kyte、Thomas和Mone方法生成代表网格Ⅰ和Ⅱ的拟函数。得到的拟函数分别称为7ck、7ct、7cm（参考图1）；9ck、9ct、9cm（参考图2）。由于Stone方法实际上不能对x方向进行网格粗化，所以我们只能选细网格系统中的某一列（为了消除边界和末端效应的不利影响，我们选第49列）作为代表网格Ⅲ，用Stone方法生成其拟函数。得到的拟函数称为stone。

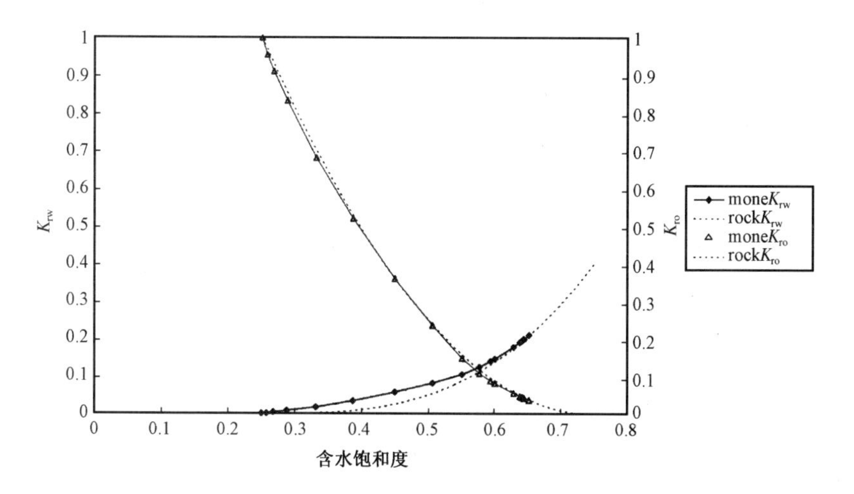

图1 使用Mone方法生成的粗网格Ⅰ的拟相对渗透率曲线

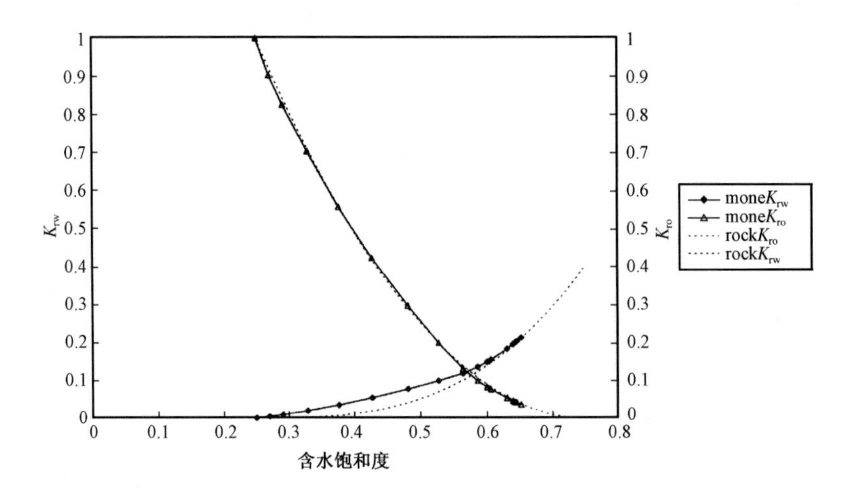

图 2　使用 Mone 方法生成的粗网格Ⅱ的拟相对渗透率曲线

3. 粗网格水驱油数值模拟

如表 1 所示,我们一共做了 8 个粗网格模拟。

表 1　各粗网格模拟使用的拟函数

模拟代号	kecr	7ckek	7cket	7ckem	9ckek	9cket	9ckem	kes
使用的相对渗透率曲线和毛管压力曲线	rock	7ck	7ct	7cm	9ck	9ct	9cm	Stone

各粗网格模拟的含生产井网格和含注入井网格使用的拟函数分别为 well1 和 well2,其他网格使用的拟函数如表 1 所示。模拟生产时间为 390 天。

由于 Thomas 方法生成的拟毛管压力曲线在物理上是不可能的,所以我们在做 7cket 和 9cket 模拟时,都使用岩石毛管压力曲线。

粗网格模拟所需的其他初始化输入数据以及动态输入数据同精细模拟。

四、分析和讨论

1. 用不同拟函数算法得到的拟函数的对比分析

1)拟相对渗透率曲线

我们容易看出,所有的拟相对渗透率曲线在前后两端点处都与岩石相对渗透率曲线有明显差别(表 2)。除拟函数 7cm、9cm 和 well2 外,其余 6 种拟函数的拟束缚水饱和度都明显大于岩石相对渗透率曲线的束缚水饱和度。除拟函数 7cm 外,拟函数的 $K_{ro}(S_{wc})$ 都小于原始的 $K_{ro}(S_{wc})$;所有拟函数的拟残余油饱和度 S_{or} 都明显大于原始的残余油饱和度。除 well1 外,所有拟函数的 $K_{rw}(1-S_{or})$ 都小于原始的 $K_{rw}(1-S_{or})$。

以前的研究者如 Davies、williams 等也发现了这一现象,并给出了大体一致的解释,我们将在下面予以讨论。

表 2　拟相对渗透率曲线的端点值

相对渗透率曲线	(拟)束缚水饱和度 S_{wc}	$K_{ro}(S_{wc})$	(拟)残余油饱和度 S_{or}	$K_{rw}(1-S_{or})$
7ck	0.29	0.76	0.30	0.27
7cm	0.25	1.00	0.30	0.30
7ct	0.29	0.91	0.31	0.31
9ck	0.33	0.85	0.30	0.25
9cm	0.25	0.986	0.29	0.30
9ct	0.33	0.96	0.30	0.25
Stone	0.29	0.76	0.30	0.27
Well1	0.35	0.65	0.30	0.65
Well2	0.25	0.96	0.35	0.17
Rock	0.25	1.00	0.25	0.40

2)拟毛管压力曲线

我们发现,除了明显不符合实际的。7ct 和 9ct 的拟毛管压力曲线外,其他拟函数方法的拟毛管压力曲线都与岩石毛管压力曲线相近似。所以在实际工作中,可以直接使用岩石毛管压力曲线,而不必使用拟函数方法去生成。

我们还发现,Mone 方法生成的拟毛管压力曲线是最好的,p_{cwo}严格随 S_w 的增加而减小,而其他拟函数方法生成的拟毛管压力曲线在某些区间内都出现了 p_{cwo}随 S_w 的增加而增加的反常现象。Thomas 方法生成的拟毛管压力曲线甚至在 S_w 刚刚大于 S_{wc}时就急剧下降为负,当 $S_w>0.45$ 时又随 S_w 的增加而急剧增加。这一现象是这些算法中的重力项引起的。

2. 开发动态指标的对比分析

从生产井底压降曲线的对比(图 3)可以看出,各种拟函数方法的结果与精细网格模拟的结果几乎完全一致,而使用岩石相对渗透率曲线和毛管压力曲线的 kecr 的模拟结果出现了较大的误差。

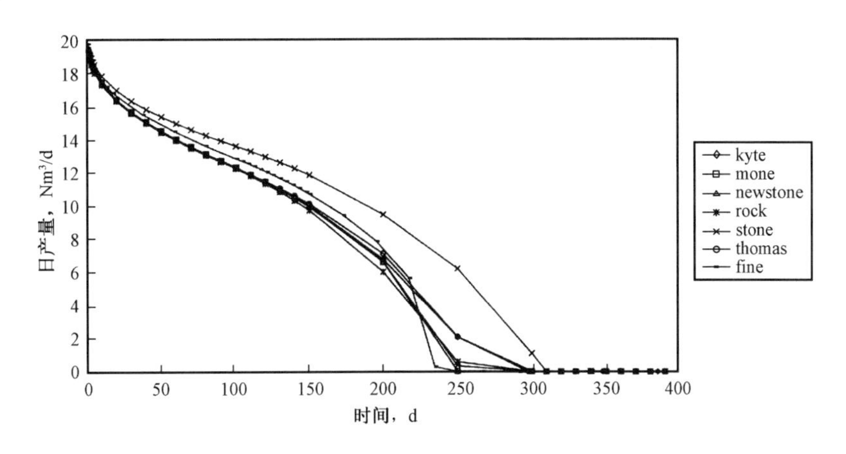

图 3　生产井底压降曲线的对比

从累计产油量曲线的对比(图 4)可以看出,7ckem 和 kes 的模拟效果最好,与精细网格模拟的结果相差不大,7ckek 和 7cket 过高估计了累计产油量,而 kecr 的预测更为乐观,明显高于精细网格模拟的结果。其原因在于,拟函数的拟残余油饱和度 $\tilde{S}_{or}$ 都大于原始的残余油饱和度 S_{or}(参考表2),当 $S_{or} < S_o < \tilde{S}_{or}$、粗网格模拟使用拟函数时,油已经不能再流动,而使用岩石相对渗透率曲线时油仍能流动,增加了累计产油量。这一现象也为 Davies、Williams 所发现。

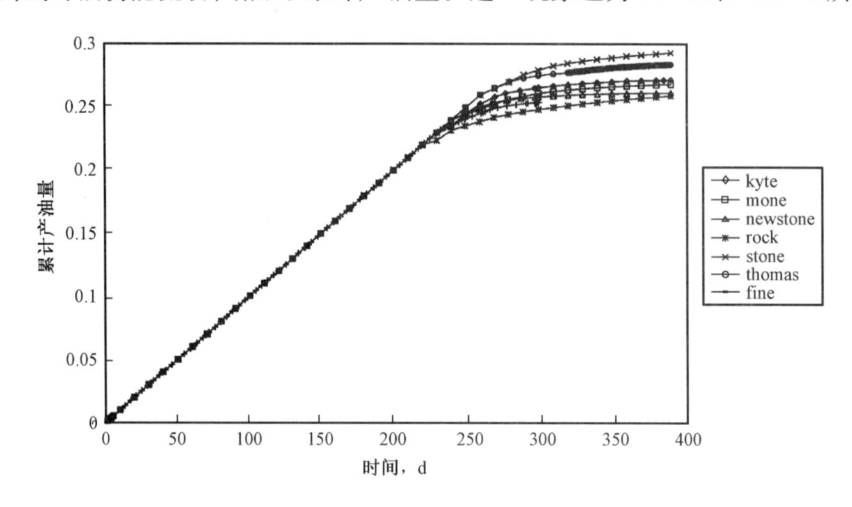

图4 累积产油量曲线的对比

从日产油量曲线的对比(图5)可以看出,7ckem 和 7ckes 的日产油量曲线与精细模拟吻合最好,7ckek 和 7cket 预测的日产油量都偏大。kecr 的预测结果仍然是最差的。另外,从图5还可看出,7ckem 的生产井见水时间与精细模拟几乎一致,kes 的生产井见水时间早于精细模拟的预测结果,其他拟函数方法的生产井见水时间都不同程度地比精细模拟的生产井见水时间晚,kecr 预测的生产井见水时间比精细模拟的预测结果晚一个月,是各种方法中最差的。可见,各种拟函数方法都避免了粗网格模拟中可能出现的数值弥散现象,纠正了对见水时间的过早预测。Kyte、Davies 和 Williams 认为拟函数的拟束缚水饱和度大于原始的 S_{wc} 是数值弥散得以克服的原因。他们的理论与我们的结果是相符的。如表2所示,well1、7ck 和 7ct 的拟束缚水饱和度都明显大于岩石相对渗透率曲线的束缚水饱和度。7ckek 和 7cket 由于注入井使用了 well1 拟函数对数值弥散进行了第一次校正,其余网格又分别使用了拟函数 7ck 和 7ct 进行了第二次校正,所以对见水时间的预测不但没有过早,反而比精细模拟的预测更晚。7cm 的拟束缚水饱和度虽然等于 S_{wc},但是由于注入井使用了 well1 拟函数对数值弥散进行了一次恰当的校正,所以对见水时间的预测最为准确。值得注意的是,kecr 的见水时间并没有出现预料中的过早现象,反而比其他疗法都晚,其原因尚不清楚。

从生产井含水率曲线的对比(图6)可以看出,7ckem 与精细模拟吻合最好,kecr 又一次表现最差。

由上可见,使用岩石相对渗透率曲线和毛管压力曲线的 kecr 的模拟结果是最差的,使用拟函数方法的模拟结果的可靠性都比 kecr 有不同程度的提高。所以在粗网格模拟中使用拟函数方法是完全必要的。其中的 Mone 方法和 Stone 方法都是较好的拟函数方法。尤其是 Mone 方法,在对生产井底压力、累计产油量、日产油量、生产井见水时间和生产井含水率等生产指标的预测上都表现良好,值得推广使用。

3. 不同拟函数算法对粗网格尺寸的依赖性

从图1与图2的对比可以看出,用 Mone 方法生成的粗网格 I(含 7×10 个细网格)的拟

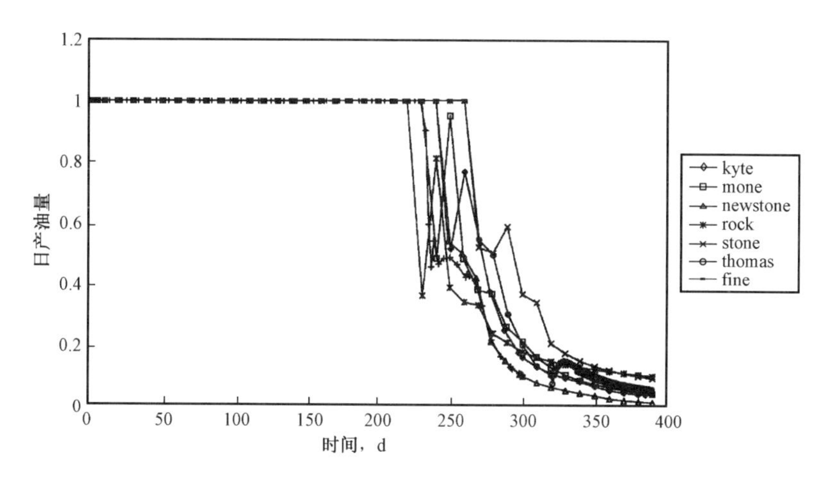

图5　日产油量曲线的对比

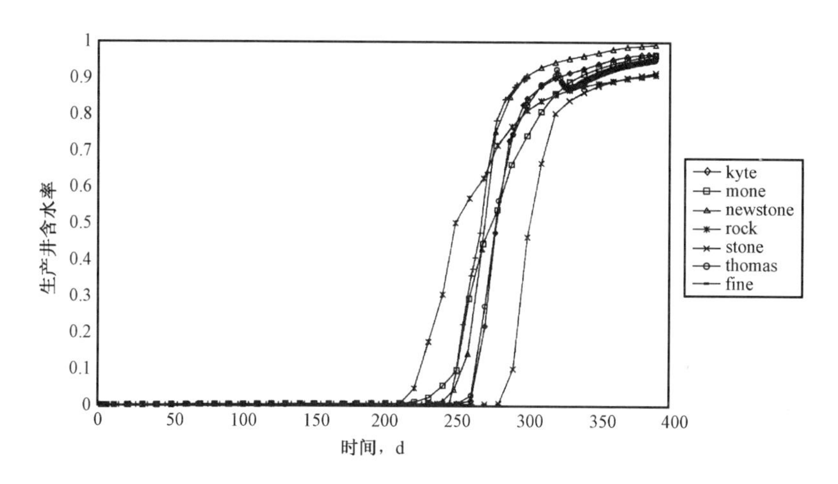

图6　生产井含水率曲线的对比

函数7cm和粗网格Ⅱ(含9×10个细网格)的拟函数9cm十分近似。这证明Mone方法对粗网格的尺寸没有依赖性。对比7ck与9ck、7ct与9ct可以看出,Kyte方法、Thomas方法生成的拟函数对粗网格尺寸具有明显的依赖性。这与我们前面的理论分析是一致的(参考本文拟函数技术回顾部分)。从使用这些拟函数的粗网格模拟的结果也可看出这一点。9ckem得到的生产井底压力曲线、累计产油量曲线、日采油量曲线都与精细模拟结果吻合很好。9ckek、9cket的模拟效果都较差。特别是9cket,模拟效果比kecr还差。原因在于,生成9ck、9ct等拟函数的粗网格Ⅱ的尺寸(含9×10个细网格)与粗网格模拟的粗网格的尺寸(含7×10个细网格)不一致。可见,使用这些方法生成的拟函数时一定要注意粗网格的尺寸,不能随便借用不同尺寸网格产生的拟函数。

由于我们这次工作做的都是二维剖面问题,无法检验Stone方法产生的拟函数对网格尺寸的依赖性,理论上说不应有依赖性,但我们仍建议最好在使用前作一检验。

4. 计算费用

精细模拟在CONVEXl20机器上模拟到300天时所花的CPU时间为1330.03s,使用拟函数方法的粗网格模拟计算到390天时所花费的CPU时间如表3所示。

表3 各种模拟所花费的CPU时间的对比

模拟代号	kecr	7ckek	7cket	7ckem	9ckek	9cket	9ckem	kes
CPU 时间,s	40.26	42.42	175.8	41.15	86.36	44.79	40.98	41.22
与精细模拟所需 CPU 时间的比值,%	3.03	3.19	13.22	3.09	6.49	3.37	3.08	3.10

可见拟函数方法能使计算费用降低一个数量级左右。如果使用 Mone 方法在三个方向上同时进行网格粗化,计算费用降低的幅度会更大。另外,降低幅度还会随精细模拟的模拟区域的增大而增加。

五、主要结论

从以上分析可以得到下面几个主要结论:

(1)从对累计产油量、油井见水时间等生产指标的预测来看,Mone 方法是较准确的拟函数方法。

(2)Mone 方法对粗网格的尺寸没有依赖性,可以把从某个粗网格得到的拟函数用于其他尺寸不同的粗网格中。而 Kyte 方法和 Thomas 方法都对粗网格的尺寸有依赖性。

(3)包括 Mone 方法在内的动态拟函数方法产生的拟相对渗透率曲线有利于克服数值弥散误差,有利于纠正对累计产油量的过高预测,有利于准确推断见水时间。

(4)动态拟函数方法生成的拟毛管压力曲线和岩石毛管压力曲线基本近似,实际工作中可以直接使用岩石毛管压力曲线而无须生成拟毛管压力曲线。

(5)Kyte 方法、Thomas 方法和 Stone 方法的拟毛管压力曲线会出现反常现象,这是由算法本身决定的。

因此我们建议,在粗网格模拟中,对含井点网格使用 Emanuel 方法生成井拟函数;对不含井点网格,选取代表网格使用 Mone 方法生成其拟函数。这套技术能够较准确地进行生产预测,大幅度地降低计算费用。

主要符号说明

C—流动系数;

D—细网格块中心到它所在粗网格块中心的距离,向下为正;

l—粗网格块长度;

p_e—有效压力;

p_w—井底压力;

W—粗网格块宽度;

$\Delta\bar{x}$—网格中心与 x 方向的下游网格中心间的距离;

$\Delta\bar{y}$—网格中心与 y 方向的下游网格中心间的距离;

$\Delta\bar{z}$—网格中心与 z 方向的下游网格中心间的距离。

头标:

~—“拟”;

-—“取平均值”。

油气田开发系统工程的基础理论和应用技术研究及其发展[1]

潘志坚　韩大匡　齐与峰

摘　要："九五"期间，我国大部分油田在市场新体制下正转向低品位和高含水油藏开发阶段，在这个过程中，石油工业不仅要完成自身发展，同时还要确保国民经济发展的需要，即实现经济效益与社会效益的有机统一。通过系统总结与阐述油气田开发系统工程的基础理论和前沿应用技术，提出了新时期油气田开发要转变固有的生产观念与开发模式，尽快确立以上下游统筹等形式的、面向市场经济的油藏管理方法，和多技术、多环节的综合协同整体建模理论，以推动我国石油工业今后持续的发展。

关键词：系统工程　经营　油气藏　开发

引　言

油气田开发系统工程是一门研究正确运用各种技术以求油田开发达到获利最大和经济采收率最高的综合性科学。自1956年苏联阿·波·克磊洛夫创立油气田开采的综合方法论以来，经过几十年的生产实践，在油田开发过程控制、大系统油田开发方案、油区规划优化编制、井间参数系统辨识、油田开发专家系统以及人工神经网络等方面有了长足的发展，形成了一个以控制论、运筹学、信息科学、管理科学、人工智能及灰箱和黑箱系统为研究手段，正确运用各种技术及提高油田开发科学决策、预测、管理及规划水平的庞大理论体系，使得油田开发从人工决策与民主管理跨进了科学决策和科学管理。当前，正值我国石油工业面临第二次创业。一方面，国民经济由传统的计划经济向社会主义市场经济转轨，许多旧有的模式、概念面临着严峻的挑战；另一方面，油田开发对象正逐步转向难开采的地下资源（低品位的油藏和高含水油藏）。生产更多的石油以满足国民经济需要，同时又能创造出更好的经济效益成为今后油田开发的工作重点。在这新的发展时期，技术综合、多学科协同（包括观念、理论、方法、技术甚至非技术方面）逐渐发展成为能在新的市场经济体制下有效地解决现有复杂开发问题，促进石油业发展的基本举措。虽然目前的这种综合研究还停留在靠多学科专家协同工作的基础上，但这种思想体系的进一步发展必然导致整体建模和系统工程方法的实现，并反过来促进这种协作更加深入、更加广泛。

一、基础理论研究及发展趋势展望

油气田开发系统工程是研究油气田开发中系统内部（或外部）各种协同关系并使之达到最佳系统功能状态的科学方法，是油藏工程问题研究从定性到定量、从手工到自动、从直觉选优到科学方法选优发展的基础。其基础理论研究主要包括：改善驱油效果和提高采收率问题

[1] 本文为中国石油天然气总公司项目"中国石油科技发展水平与世界石油科技发展的比较"中的部分内容。

的分布参数、过程控制理论研究；油区与油田开发方案编制、规划及开发技术政策研究问题的大系统建模和优化理论研究；多信息油藏综合识别问题的系统辨识理论研究；具有非确定、非数量、非有序特点的油田开发工程及管理决策问题的人工智能（专家系统、人工神经网络）理论研究。这些研究初步地科学地探讨了既涉及经济效益和开发效果，又涉及国家需要的极为复杂的油气田开发研究方法及寻优方式。

1. 油田开发规划及方案优化的理论研究

研究初期，建立了运用广义收缩梯度非线性规划方法求解石油矿藏开发规划与管理优化控制模型，从而解决了油藏开发合理速度的确定问题。近几年，这方面的进展又以大系统建模理论为研究主线，深入到油田开发的各个技术环节，不但综合了油藏地质条件、技术条件（甚至井眼几何形状和生产设施的数量、规模及类型等），而且还考虑了它们和市场条件之间的相互作用和影响，继而通过建立注水方式、井网密度、地面配套工程，以及压裂、酸化等控制向量与油田动态指标的联系，确立起包括采油速度、投资决策和累计采收率之间相互关系的一条龙的投资与生产优化模型。具体优化模型为：

$$J(U^*) = \max_{U \in U_{ed}} [J_2(u) - J_1(u)] \tag{1}$$

$$s.t. \begin{cases} \dfrac{dp^i}{dt} = (Q_i^i b_w - Q_1^i B_L)/(\beta^* V^i \lambda^i) \\ \dfrac{dS_w^i}{dt} = -Q_1^i (1 - f_w^i) b_o^i/(V^i \lambda^i \phi) - \beta_o S_o^i \dfrac{dp^i}{dt} \end{cases}$$

其中

$$J_1(U) = N(1+\varepsilon)C_w + N\varepsilon C_p + N\{(C_{man} + C_r)(1+\varepsilon) + C_{mat}\varepsilon\}(t_f - t_o) \tag{2}$$

$$J_2(U) = \int_{t_o}^{t_f} \{[(C_o - C_s - C_T - C_m)Q_o(t) - I^T AZ(t)] - [(C_I(t) + C_{wi})Q_I(t) + (C_L(t) + C_f)Q_L(t)]\} dt \tag{3}$$

式中，p^i 为第 i 层的平均地层压力；Q_1^i 为分层产液量；Q_i^i 为分层产油量；b_w 为水体积系数；B_L 为油、气、水综合体积系数；V^i 为分层砂体总体积；λ^i 为分层水驱控制程度；β^* 为综合压缩系数；S_w^i 为平均含水饱和度；f_w^i 为分层综合含水率；b_o 为分层原油体积系数；S_o^i 为分层平均含油饱和度；ϕ 为孔隙度；$J_1(U)$ 为钻井及配套设施费用；N 为注水井数；ε 为采注井数比值；C_w 为一口井的钻井费用；C_p 为抽油机费用；C_{man} 为单位时间单井维护费；C_r 为维修费；C_{mat} 为材料消耗；t_f 为开发终结时间；t_o 为投产时间；$J_2(U)$ 为地面基建与管理的费用；C_o 为油价；C_s 为科研提成费；C_T 为运输费；C_m 为管理费；$Q_o(t)$ 为原油产量；$\boldsymbol{I}^T$ 为单位向量；$\boldsymbol{A}$ 为注水工程、脱水工程、脱气工程和储运工程费用的对角矩阵；$Z(t)$ 为规划函数；C_I 为注水耗电费用；C_{wi} 为注入水价；$Q_I(t)$ 为注水量；C_L 为采液耗电费用；C_f 为三脱费；$Q_L(t)$ 为产液量。

约束条件中给出了水驱控制程度等开发指标与井距、注水方式控制量之间的定量函数关系，从而较好地解决了地质分析、指标计算及经济评价相结合的一体化研究问题。这样，不仅能自动地解出合理转换二次采油时机并提出解释性政策意见，而且还可发现用其他研究手段难以找到的正确决策，最终确保实现总体经济效益最高的油藏经营管理目标。

2. 井间参数识别的理论研究

辅助油藏工程、油藏数值模拟的油藏分布参数识别的理论研究可运用两种方法。一种方法是运用 Gauss - Newton 法、最小二乘原理及 Gauss - Newton 矩阵特征值分析,依据生产数据反求井间参数,解决自动生产历史拟合问题。如构造如下目标函数:

$$J(U) = \int_{t_0}^{t_f}\int_{\Omega}\int\sum_{l=1}^{L}\delta(x - x_i)\delta(y - y_i)\cdot(p - p_{wi})^2\mathrm{d}\Omega\mathrm{d}t \tag{4}$$

$$\begin{cases}\dfrac{\partial}{\partial x}\left(a\dfrac{\partial p}{\partial x}\right) + \dfrac{\partial}{\partial y}\left(a\dfrac{\partial p}{\partial y}\right) = b(x,y)\dfrac{\partial p}{\partial t} + \displaystyle\sum_{l=1}^{L}\delta(x - x_i)\delta(y - y_i)Q_i \\ \left.\dfrac{\partial p}{\partial \boldsymbol{n}}\right|_{\Gamma} = 0 \\ p(x,y,0) = p_0(x,y)\end{cases} \tag{5}$$

式中,p 为压力;Ω 为所研究的区域,Γ 为 Ω 的边界;$\delta(x - x_i)$ 为狄拉克函数;p_{wi} 为第 i 口井的观测流压;L 为动用井数;$\boldsymbol{n}$ 为 Γ 的法向;Q_i 为第 i 口井的产量密度。

解出参数 a,使目标函数 $J(U)$ 极小,从而得出尽可能真实反映生产动态的地下非均质分布。

另一种则是运用克里金方法,依据井点已知参数对井间参数做出最优估计。这些研究从生产实践中深化了对油层地质的非均质特性的认识。

3. 改善水驱效果和提高采收率的理论研究

首先,将二维单相油藏数学模拟与优化技术相结合,通过综合模型的建立和求解,得到油田生产合理配产的油藏最佳生产决策。其后,又由原来的二相系统扩展到更精细的多相系统,而且在深入研究油田开发经济效益优化的同时,更多地对提高水驱波及体积和采收率协同机理进行研究。

4. 油田开发专家系统的理论研究

这类系统针对具有不确定性的复杂系统问题,采用产生式规则逻辑知识形式和带信度模型推理结构的理论构架,如强化采油 EOR 方法筛选,油气藏开发专家系统,蒸汽热采数值模拟专家系统等。其后,在用推理模型高效率处理不确定性或具有概率的数据方面有了新发展,相应的形成概率矩阵、数据索引矩阵、推理矩阵技术和基于对象的知识表达与推理技术,从而实现了对具有不确定性数据、信息的高效推理,如图 1 所示。此外,在油田开发领域还开发出用于试井的模型识别与参数估计专家系统、水驱生产监测专家系统及布井专家系统。这一领域的研究有效地解决了油气田开发过程中的复杂大系统型、不确定性、经验性等方面的生产与理论问题。

5. 油田开发人工神经网络的理论研究

人工神经网络方面的研究,主要解决常规数学方法难以奏效的油田开发信息解释中的非线性特征影射和识别问题。内容包括油层参数(渗透率等)估计,油层非均质评价,试井曲线解释,油井故障识别,油田产量预测等。其中,主要应用的是前馈神经网络及自组织人工神经网络理论。

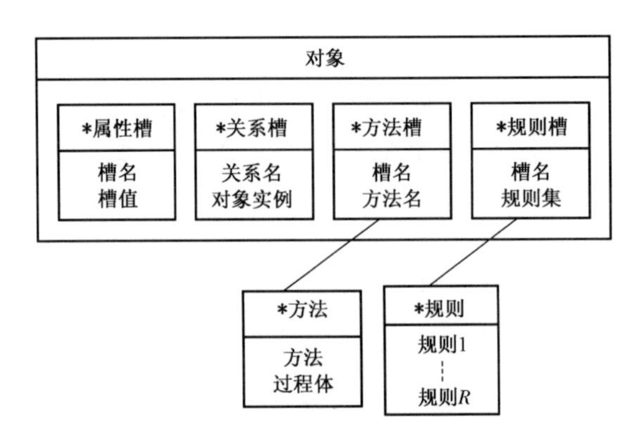

图1　基于对象的知识表达与推理结构

这些基础研究的发展，为科学地开发日益增多的各种复杂油气藏打下了坚实的理论基础。

二、应用技术研究现状及水平

油气田开发系统工程技术研究在生产应用过程中围绕稳产规划、优化配产及开发过程控制等方面亦取得了颇具特色的成果，总体上形成了从油田开发规划到生产调整的初步配套系统，并逐步向推广应用方面接近。

1. 砂岩油田开发方案优选技术

通过系统模型的建立和求解，一次性地找出最优方案，选择出开发砂岩油田合理的注水方式、合理井距、相应的地面配套工程规模，以及注水时机、保持压力水平、转抽时机等。首先，选用注入井底压力、生产井流动压力、注采井距和注采井数比值作为控制量，然后，由钻井及配套设施费用和流动资金收支差额构成目标函数，最后通过物质平衡关系式计算出分层综合开发指标（约束条件）。所有这些构成综合油田开发设计混合系统模型，求解该模型便能自动地选择出最优方案。目前该技术亦处于工业性试应用阶段，在大庆和胜利等油田的应用中取得了成效。图2给出利用油田开发方案优选系统对大庆油田萨Ⅲ组油层参数计算出的结果。其中，五点法采收率曲线是在井距400m、流压94MPa、注入压力为120MPa时绘出的，净收益曲线则是在井距800m、流压94MPa、注入压力120MPa条件下绘出的。从图中看出，若单从水驱开发效果而论，该油层组合理井距定为400m是合适的。但从追求最高经济效益的模型计算

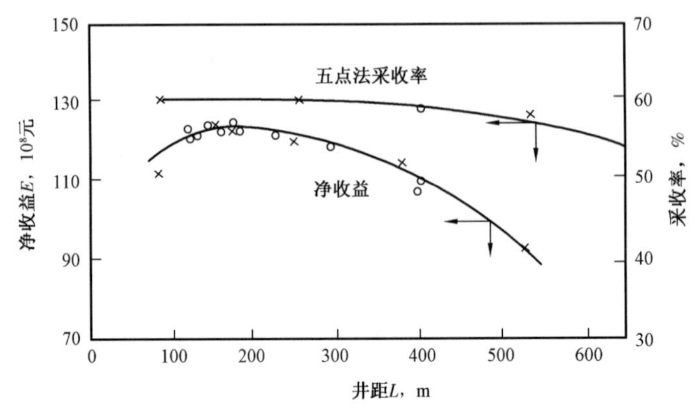

图2　大庆油田萨Ⅲ组油层优选结果

结果看，合理井距却是170m左右，两者经济效益相差达10%之多，由此可以看出决策手段的重要性。

2. 改善水驱效果的宏观决策系统

分井分层段注水是我国注水油田普遍采用的稳油控水常规措施。该系统的功能之一就是实现分井分层段的优化配水。运用了系统辨识与优化技术，先从含水增值的滤波研究出发，由产油递减剩余率及产水递增率的定义，通过对油井与水井月产量滤波递推来辨识各油井与水井对之间的注入水流通能力，然后依据流通能力参数族，建立全油田各注水井各层段的月注水量目标函数，以及油田具体对注采比的保持状况、吸水能力约束、各层段注水量上限和下限等的约束条件。上述目标函数及约束条件构成了带上界的线性规划模型，对其求解得出各井、层段的最佳配水方案。该系统处于工业性试应用阶段。例如，在大庆采油六厂的实际应用中，经过系统优化后，原油月产量由原24437t增至25744.7t，增幅5.3%；月产水量由200136t降至194461.4t，含水率降低了0.7%，取得了改善开发的效果。

3. 油田开发大系统建模技术

大系统建模技术经过多年的发展，已经相当成熟。目前国外各石油公司都在这方面拥有自己的相应软件，并以此来研究制定公司的措施和政策，成为其油藏开发中不可缺少的研究内容。例如，在北海油田的生产过程中，就运用了运筹模型优选平台位置及各平台井位的分配。Rangely Weber Sand Unit油田在其三次采油设计决策过程中，也考虑了从地面到地下的各个因素，如扩建、投资、运行、工作剂价格、注入压力及注入方式等，建立起综合运行控制决策模型，使其生产的净现值达到最大。我国也于1993年根据本国油田的开发特点，完成了有关的系统设计。该系统从控制论的观点出发，在考虑调控量或称措施量，如油井压裂和酸化井次、油井堵水、油井补孔、加密油井、换油嘴，转抽或换大泵及电泵，调整吸水剖面（包括水井压裂、酸化、补孔、堵水等）、月注水量及加密水井后，通过油田动态方程表达油田生产指标，构成增产目标函数（其中包含隐含提高水驱采收率和经济效益追求的收入与支出差额项和满足国家要求的追踪项），再由多步递阶物理分析，在模型中自然地引入各项措施量，最后寻找出最佳规划。该项技术已在一定范围内进行了工业性试应用，所编制的规划模型在大庆第二采油厂等二次大规模应用中得到了验证，取得了较好的效果。

4. 石油生产近期优化配产规划技术

该系统采用了优化配产专家系统框架设计，可根据全国各大油区近期生产及经营状况确定下年度的最优配产方案，使总公司、各管理局能够将原油产量任务合理地分配给下属各个油田、单位，同时达到以最少的投入实现最佳的配产效果。在技术上，它以多模型自适应预测方法实现全国各大油区的产量预测（预测精度大于93%），并采用多维多准则优化配产决策模型法及多模型参考优化决策技术，在我国社会主义计划经济向市场经济过渡条件下，对不同体制和要求的油区进行综合优化配产，使企业成本最小或利润最大。该技术现处于试用阶段。

5. 油气田开发过程控制技术

就其理论方法而言，油气田开发过程控制已趋于成熟，但其工业化应用仍处于试验阶段，也取得了一定的效益。美国Sloss油田的矿场试验表明，经过最优控制法优化之后的采收率可明显地提高（从86.49%提高到98.31%），费用明显减少（无因次花费量从0.0702降到0.0614）。

6. 油气田开发人工智能技术

人工智能技术在国外油田开发实际生产中已趋于实用。许多公司都已把知识基系统作为其数据信息管理系统,并致力于其他的AI应用研究,以此提高工作效率。据报道,西方几乎每个石油公司都有一个AI组,欧洲、美国的石油行业每年都投资上千人的力量进行AI研究。目前,石油公司开发出的智能系统包括强化采油方法筛选、油田开发方案设计、热采模拟、水驱监测、布井等系列智能专家系统,成为公司的生产管理工具。我国油气田开发智能技术的研究也在20世纪80年代末至90年代取得了可喜的进展。其中,主要运用产生式规则、框架、信度推理模型、模糊综合评判、模式识别、前馈神经网络及自组织神经网络等,开发了油田开发方式选择专家系统、油气藏布井人工神经网络专家系统、强化采油方法筛选专家系统、试井解释专家系统、油井故障诊断专家系统、油气藏开发智能诊断系统、人工神经网络石油地层岩性识别系统、人工神经网络油气田产量趋势仿真系统、人工神经网络示功图识别系统、人工神经网络采收率和可采储量预测系统等,其中有一些技术已应用到油田实际生产中。近几年,该领域随着常识推理和模糊推理实用化,以及深层知识表示与计算机可视化技术的成熟,人工智能正在理论上形成人工神经网络技术、专家系统定量分析与定性分析互补技术、油气藏开发三维时空可视化知识技术。这使得计算机在记忆与计算、演绎推理与匹配搜索上的时空优势与人脑直觉、顿悟等创造性思维上的智能优势结合起来。

三、油气田开发系统工程的发展前景

"九五"期间,我国社会主义市场经济将得到进一步的建立与完善。也正是在这一阶段,石油工业的油田开发日趋困难。不仅油田生产客观条件更加复杂,而且所用的各项增产增注措施种类繁多、牵涉面广、关系也复杂,同时操作费用高,使企业经营风险增大。石油工业的这一新形势要求每一个企业必须从分析石油行业自身的发展环境入手,结合油田生产实际,在综合分析各种措施增油增注潜力基础上,对各种措施进行统筹规划,合理配置生产要素,使之不仅提高全行业的经济效益,同时又尽可能满足国民经济对石油的需要。我国石油工业目前实施了以钻井、采油工艺、地面工程等环节及其他专业多学科协同为最主要特色的三次采油综合规划系统模型和油气田开发上下游一体化等。它们的共同特点是冲破了原来单纯提高原油采收率与延长稳产期等旧有的开发观念和模式,把油气田开发与下游工程统筹起来考虑,从而取得了好的经济效益。因此,油气田开发系统工程学科要以社会的新发展为契机,一方面是要发展和完善油气田开发过程控制及优化方法,集该领域各理论方法(如控制论、最优控制、知识工程、人工神经网络等)之所长,及时总结出一套能指导我国石油企业在新市场经济下经营管理油田开发过程的优化系统,并将之系列一体化、实用化、产品化,从而极大地满足新时期石油企业的管理和经营需求。另一方面,在充分利用当代计算机面向对象、关系数据库及网络等技术优势的基础上,致力于强攻取油的综合新技术协同模式的应用研究,如地质精细油藏描述、油藏工程、油藏精细模拟、采油工程等的集成一体化研究。将科学理论、经验知识和专家判断力相结合,反复调查和比较,从而减小系统中的不确定性,最后形成科学结论的复杂性系统研究策略思想,揭示出地下资源的客观规律,继而形成深入认识复杂性油气藏开发规律的软件系统,为广大石油企业稳油控水挖潜改造提供有力措施。

(原载《石油大学学报(自然科学版)》,1998年22卷5期)

水平井无限井排产能公式
——Muskat 公式的推广

李　培　韩大匡　李凡华

摘　要：应用镜像法将二维单井排水平井问题等效为带状区域中单口水平井问题，利用多次保角变换将此二维带状区域穿透比小于1的单口水平井映射为穿透比等于1的带状地层，从而求解出二维地层中水平井单井排的稳态压力分布函数的解析表达式。只需让水平井水平段长度趋于0，即可以证明它是 Muskat 公式的推广。利用拟三维思想和等值渗流阻力法求出上下边界封闭的单井排水平井产能公式。

关键词：水平井　产能预测　解析法　保角变换　公式　（井排）

引　　言

近年来，由于水平井在油田的成功应用，水平井开发日益受到关注。国内外学者在水平井整体开发技术方面的研究主要集中在数值模拟和物理模拟方面。通过数值模拟得出一些经验公式，由物理模拟描述给定区域内的压力、流场分布等。理论方面基本还停留在单井渗流理论的研究上。葛家理等的五点井网与七点井网渗流理论，其实质仍然是无限大平面中只布了5口井或7口井（其中1口为水平井）；范子菲等对底水油藏水平井井网研究时，近似地将水平段（长度 L）看作完善直井的渗流段（h）。这种近似显然存在着偏差，就如同在直井井网的研究中，非完善井的渗流理论不能由完善井的渗流理论来代替一样。

本文着重研究单井排水平井问题的解析解，因为这是研究水平井井网问题的基本元素，也是研究各种水平井注采井网系统的起点。

一、单井排水平井压力函数推导

水平井的渗流所遇到的是三维流动，但若直接求解三维的解，存在边界限制时，会遇到无法用解析法求解的困难。所以，本文采用拟三维思想，将三维空间分解成两个二维平面（xy 平面和 yz 平面，即分解为 xy 平面的线汇和 yz 平面的点汇）问题求解。

除两端少数井以外，如果有限井排的井数较多，或有限井排遇到垂直延伸断层，这时均可以用无限水平井井列来描述。考虑地层为均质且各向同性，流体不可压缩，水平井间距为 a，每口水平井水平段长为 L，井筒半径为 r_w，井底压力为 p_w，排列如图1所示。由对称性，只需研究图1中虚线所示单元，显然区域边界为流线（不渗透边界）。

选取保角变换：

$$\xi_1 = \sin\frac{\pi z}{a} \qquad \xi = \sin^{-1}\left(\xi_1 / \sin\frac{\pi L}{2a}\right) \tag{1}$$

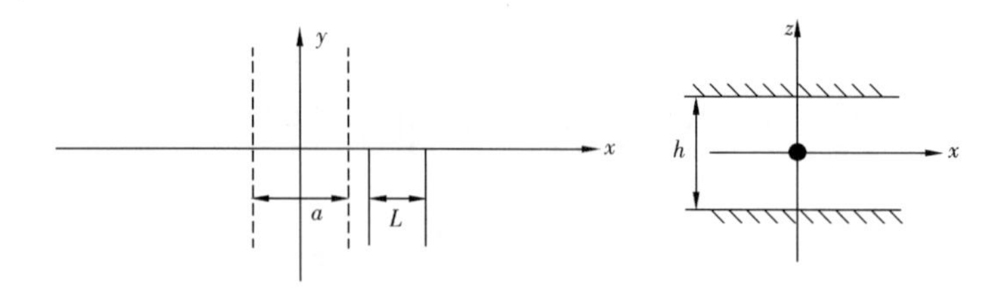

图1　无限长井排水平井示意图

即：

$$
\begin{cases}
\xi_1 = \mathrm{ch}\dfrac{\pi y}{a}\sin\dfrac{\pi x}{a} = \sin\dfrac{\pi L}{2a}\mathrm{ch}\eta\sin\xi & (2) \\
\eta_1 = \mathrm{sh}\dfrac{\pi y}{a}\cos\dfrac{\pi x}{a} = \sin\dfrac{\pi L}{2a}\mathrm{sh}\eta\cos\xi & (3)
\end{cases}
$$

则将 z 平面变换为 ξ_1 平面，再变换为 ξ 平面（图2）。

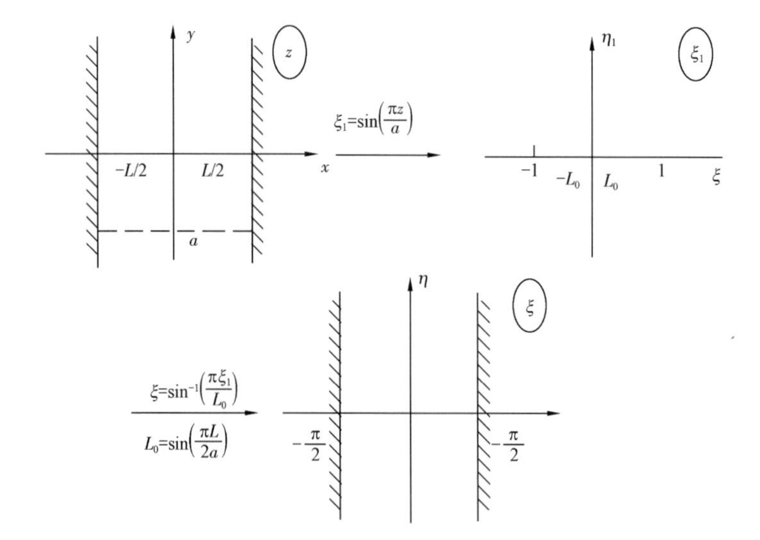

图2　z 平面→ξ_1 平面→ξ 平面变换示意图

显然，ξ 平面的流动为一维直线流。注意 ξ 的上半平面只控制 $Q/2$ 的产量，则有：

$$
\begin{cases}
\phi = \dfrac{Q}{2\pi h}\eta + C & (4) \\
\psi = \dfrac{Q}{2\pi h}\xi + C & (5)
\end{cases}
$$

令 η 和 ξ 均为常数，由式(2)、式(3)可推得等势线和流线方程：

$$\left[\frac{\mathrm{ch}y_D\sin x_D}{\sin(L_D/2)\mathrm{ch}\eta}\right]^2 + \left[\frac{\mathrm{sh}y_D\cos x_D}{\sin(L_D/2)\mathrm{sh}\eta}\right]^2 = 1 \tag{6}$$

$$\left[\frac{\mathrm{ch}y_D\sin x_D}{\sin(L_D/2)\sin\xi}\right]^2 - \left[\frac{\mathrm{sh}y_D\cos x_D}{\sin(L_D/2)\cos\xi}\right]^2 = 1 \tag{7}$$

为了简化推导，作如下变换：

$$x_{\mathrm{D}} = \frac{\pi x}{a} \quad y_{\mathrm{D}} = \frac{\pi y}{a} \quad L_{\mathrm{D}} = \frac{\pi L}{a} \quad p_{\mathrm{D}} = \frac{2\pi Kh}{\mu Q}p \tag{8}$$

由式(1)、式(2)消去ξ，求出η，然后代入式(4)，可得压力分布函数$p_{\mathrm{D}}(x_{\mathrm{D}},y_{\mathrm{D}})$

$$p_{\mathrm{D}}(x_{\mathrm{D}},y_{\mathrm{D}}) = \ln\left\{\left[\lambda(x_{\mathrm{D}},y_{\mathrm{D}}) - 2\sin^2\frac{L_{\mathrm{D}}}{2} + \omega(x_{\mathrm{D}},y_{\mathrm{D}})\right]^{\frac{1}{2}} + \left[\lambda(x_{\mathrm{D}},y_{\mathrm{D}}) + 2\sin^2\frac{L_{\mathrm{D}}}{2} + \omega(x_{\mathrm{D}},y_{\mathrm{D}})\right]^{\frac{1}{2}}\right\} + C' \tag{9}$$

其中

$$\lambda(x_{\mathrm{D}},y_{\mathrm{D}}) = \mathrm{ch}(2y_{\mathrm{D}}) - \cos(2x_{\mathrm{D}}) \tag{10}$$

$$\omega(x_{\mathrm{D}},y_{\mathrm{D}}) = \left\{\left[\lambda(x_{\mathrm{D}},y_{\mathrm{D}}) - 2\sin^2\frac{L_{\mathrm{D}}}{2}\right]^2 + 16\sin^2\frac{L_{\mathrm{D}}}{2}\mathrm{sh}^2 y_{\mathrm{D}}\cos^2 x_{\mathrm{D}}\right\}^{\frac{1}{2}} \tag{11}$$

式(9)是研究任意井排问题解的基本元素，有必要加以讨论。

(1)无限长井排一排水平井的流函数与势函数分布(图3)由式(6)、式(7)可容易地得出。

在井底附近，等压线为椭圆，当y很大时，等压线为水平线。实际上，当$y=a$时，等压线就相当接近水平线了。

(2)沿y轴方向的压力分布如图4所示。

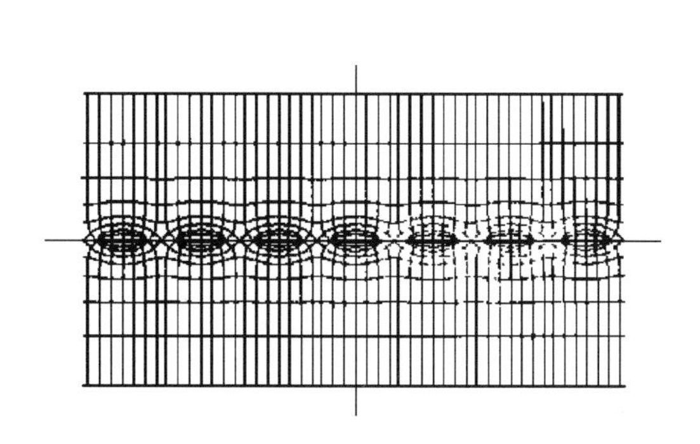

图3　单排水平井等势线和流线分布图

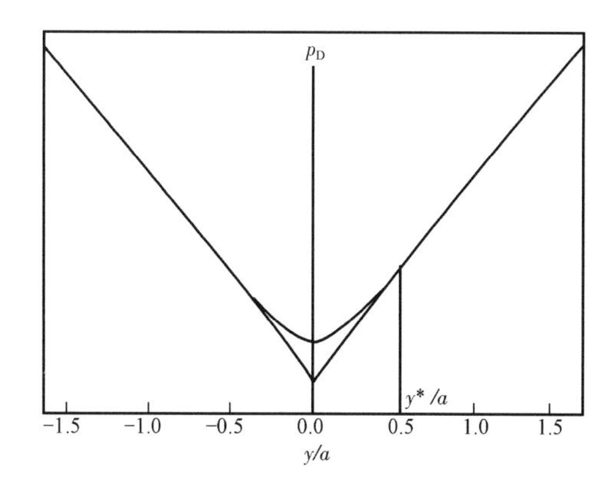

图4　平行于y轴方向的压力分布图

图4中绘出通过水平井段中心和两井连线中点两种极端情况的纵向直线上的压力分布。只要离开井排的距离$y=y^*$，两线重合，此时压力实际上已与x轴无关，相当于井排变成连续线汇。

表1列出了不同穿透比的y^*/a值(求y^*时，取两压力的相对误差小于或等于1%)。

表1　不同穿透比的y^*/a值表

L/a	1.0	0.8	0.6	0.4	0.2	0.0
y^*/a	0.0000	0.3717	0.5358	0.6283	0.6642	0.6775

从表1中可以看出，在计算时可以取y^*值为0.6775a。

(3)让水平段 $L_D=\pi L/a\to 0$,则式(9)变成:

$$p_D = \frac{Q}{4\pi}\ln[\operatorname{ch}(2y_D) - \cos(2x_D)] + C'' \tag{12}$$

这就是著名的 Muskat 公式。故可认为式(9)是对 Muskat 公式的推广。

二、产能公式

由以上讨论可知,当 $y\geqslant y^*$ 时,压力梯度为常数,则可将水平井渗流划分成三个渗流阻力区:

(1)从供给边界 $y=y_e$ 到 $y=y^*$ 的区域为直线流,则:

$$Q = \frac{Kah(p_e - p^*)}{\mu(y_e - y^*)} \tag{13}$$

(2)从 $y=y^*$ 到水平井底附近 $y=y_w$ 的区域为满足式(9)的类双曲渗流,当 $x=0,y=y^*$ 时,则:

$$\lambda(0,y_D^*) = \operatorname{ch}(2y_D^*) - 1 = 2\operatorname{sh}^2 y_D^*$$

$$\omega(0,y_D^*) = \sqrt{\left(2\operatorname{sh}^2 y_D^* - 2\sin^2\frac{L_D}{2}\right)^2 + 16\operatorname{sh}^2 y_D^*\sin^2\frac{L_D}{2}} = 2\operatorname{sh}^2 y_D^* + 2\sin^2\frac{L_D}{2} \tag{14}$$

$$p_D^* = \ln\left[2\left(\operatorname{sh}y_D^* + \sqrt{\operatorname{sh}^2 y_D^* + \sin^2\frac{L_D}{2}}\right)\right] + C \tag{15}$$

利用式(8)可反求出 p^*:

$$p^* = \frac{\mu Q}{2\pi Kh}\ln\left[2\left(\operatorname{sh}\frac{\pi y^*}{a} + \sqrt{\operatorname{sh}^2\frac{\pi y^*}{a} + \sin^2\frac{\pi L}{2a}}\right)\right] + C \tag{16}$$

同理可得井底压力表达式:

$$p'_w = \frac{\mu Q}{2\pi Kh}\ln\left[2\left(\operatorname{sh}\frac{\pi y_w}{a} + \sqrt{\operatorname{sh}^2\frac{\pi y_w}{a} + \sin^2\frac{\pi L}{2a}}\right)\right] + C \tag{17}$$

由于

$$y_w \ll L, \rightarrow p'_w \approx \frac{\mu Q}{2\pi Kh}\ln\left(2\sin\frac{\pi L}{2a}\right) + C \tag{18}$$

则由式(16)、式(18)得:

$$Q = \frac{2\pi Kh(p^* - p'_w)}{\mu\ln\left(\dfrac{\operatorname{sh}\dfrac{\pi y^*}{a} + \sqrt{\operatorname{sh}^2\dfrac{\pi y^*}{a} + \sin^2\dfrac{\pi L}{2a}}}{\sin\dfrac{\pi L}{2a}}\right)} \tag{19}$$

(3)在垂直平面内流向水平井井筒的内部渗流区,有:

$$Q = \frac{2\pi KL(p'_{w} - p_{w})}{\mu \ln \frac{h}{r_{w}}} \tag{20}$$

综上所述,水平井产能由式(13)、式(19)和式(20)决定,由等值渗流阻力法,得到一排水平井产能公式为:

$$Q = \frac{2\pi Kh(p_{e} - p_{w})}{\mu}\left[\frac{y_{e} - y^{*}}{2\pi a} + \ln\left(\frac{\operatorname{sh}\frac{\pi y^{*}}{a} + \sqrt{\operatorname{sh}^{2}\frac{\pi y^{*}}{a} + \sin^{2}\frac{\pi L}{2a}}}{\sin\frac{\pi L}{2a}}\right) + \frac{h}{L}\ln\frac{h}{r_{w}}\right]^{-1} \tag{21}$$

若考虑地层各向异性和流体体积系数,则(21)式修正后变成

$$Q = \frac{2\pi Kh(p_{e} - p_{w})}{\mu B}\left[\frac{y_{e} - y^{*}}{2\pi a} + \ln\left(\frac{\operatorname{sh}\frac{\pi y^{*}}{a} + \sqrt{\operatorname{sh}^{2}\frac{\pi y^{*}}{a} + \sin^{2}\frac{\pi L}{2a}}}{\sin\frac{\pi L}{2a}}\right) + \frac{h\beta}{L}\ln\frac{h\beta}{r_{w}}\right]^{-1} \tag{22}$$

其中,y^{*} 由表 1 得到。

三、结论

(1)本文运用保角变换和等值渗流阻力法,推导出一排水平井的压力分布函数和产能预测公式。

(2)本文推导的公式是 Muskat 公式的推广,为水平井井网渗流理论的研究打下了基础。

(3)通过压力分析,求出了水平井井排的远离井筒的直线流和井筒附近的类双曲流的近似临界点,为选择井排的间距和井排的穿透比提供理论依据。

主要符号说明

x, y—z 平面坐标,m;
x_{D}, y_{D}—z 平面无因次坐标;
ξ, η—ζ 平面坐标,m;
ξ_{1}, η_{1}—ζ_{1} 平面坐标,m;
L—水平井水平段长度,m;
L_{D}—水平井水平段无因次长度;
a—水平井间距,m;
φ—势函数;
ψ—流函数;
p—压力,Pa;
p_{D}—无因次压力;
p_{e}—供给边界压力,Pa;
p_{w}—水平井井底压力,Pa;
y_{e}—供给边界,m;
r_{w}—水平井井筒半径,m;
y^{*}—远离井筒的直线流和井筒附近的类双曲流的近似临界点,m;
p^{*}—y^{*} 处的压力,Pa;
k—平均渗透率,D;
β—地层非均质系数;
μ—原油黏度,mPa · s;
B—原油体积系数;
h—油层厚度,m;
Q—流量,m^{3}/s。

(原载《石油勘探与开发》,1997 年 24 卷 3 期)

高含水油田发展油藏地球物理技术的思考与实践

刘文岭　韩大匡　胡水清　王大兴　朱文春　李树庆

摘　要：根据油田开发的需要，在高含水油田有必要开展油藏地球物理技术研究，横向上要精确识别和预测对剩余油富集具有遮挡作用的小断层、微幅度构造、砂体边界和岩性隔挡（如废弃河道），纵向上要精细预测控制剩余油丰度的砂体厚度和储层物性参数，重点解决河道边界预测和薄互层储层单砂体厚度预测精度问题。并结合高含水油田开发的需求，提出了关于发展油藏地球物理技术的发展方向。以大港油田港东一区一断块研究为例，说明了在高含水油田应用油藏地球物理技术的必要性和有效性。

关键词：高含水油田　储层物性参数　剩余油预测　预测精度　油藏地球物理技术

引　言

经过30～40年的开采，中国已开发油田主体上进入高含水后期，地下剩余油呈"整体高度分散、局部相对富集"的格局。这一阶段，高效挖潜剩余油重点和难点在井间，建立井间高精度确定性储层地质模型是关键，而油藏地球物理是提供井间信息的最有效技术，油藏地球物理储层预测是建立井间高精度确定性储层地质模型的基础，为此在老油田高含水后期须大力发展油藏地球物理技术。尽管地震技术服务于石油勘探，已有几十年的历史，技术上已比较成熟，但是要用地震技术来解决油田开发后期剩余油分布问题，研究的目标、尺度发生了重大变化，对研究的精度也提出了更高的要求。

一、高含水油田开发对油藏地球物理的需求

高含水油田开展油藏地球物理技术研究，其目的是要重构地下认识体系，并体现到储层地质模型之中，服务于油藏数值模拟预测剩余油的需要，为此，老油田发展油藏地球物理技术研究与应用的重点在于横向上要精确识别和预测对剩余油富集具有遮挡作用的小断层、微幅度构造、砂体边界和岩性隔挡（如废弃河道），纵向上精细预测控制剩余油丰度的砂体厚度和储层物性参数，着重解决河道边界预测和薄互层储层单砂体厚度预测精度问题。从油田开发的角度具体有以下几个方面的需求：

（1）砂体横向边界预测。不规则大型砂体的边角地区，主砂体边部变差部位，以及现有井网控制不住的小砂体形成的剩余油预测等都需要提高砂体横向边界的预测精度。这里应当重点预测对剩余油富集有利、具有一定厚度的河道砂体的边界位置，准确预测砂体横向边界对高含水油田二次开发在单砂体内完善注采井网具有积极意义。目前须解决的是薄互层储层预测问题，中国陆上老油田沉积呈多旋回性，油田纵向上油层多，有的多达数十层甚至百余层，层间差异大，是典型的薄互层储层。地震储层预测的精度，从目前的研究现状来看，对于"砂包泥"的储层，一般还只能达到满足预测砂层组的需求。多年来，油田开发实践表明，小层和单砂体

是开发地质研究的最小和最基本单位，并由此形成了一套小层划分、对比、油藏描述以及沉积相分析的方法和技术，提高砂泥岩薄互层条件下识别小层、砂体的准确程度，至少要识别清楚其中较厚的主力砂体，是老区油田开发亟待解决的问题。薄互层储层预测是世界级难题，是高精度三维地震在老油田中应用的技术难点，须加大多学科联合攻关力度。

(2)小断层识别。中国陆上老油田断层极为发育，尤其在东部渤海湾地区，断块小，差异性大。大断层的识别无论是利用井资料还是地震资料解释都相对容易，精度也很高，然而小断层的识别难度却很大，特别是许多老油田一般在开发初期和中期未曾做过三维地震工作，利用早期采集的二维资料和加密井数据解释和组合的断层，存在一定精度问题，有许多井上解释的断点难以组合，井间还可能存在一些小断层没被发现。断层对剩余油的富集起着重要的遮挡作用，油藏地球物理技术在老油田的应用，应当注重发挥其在井间存在资料的优势，有效识别和组合断距大于等于3m，长度大于等于100m的断层。

(3)微幅度构造解释。储层微幅度构造显示油藏总体构造背景上储层自身的细微起伏变化，幅度和范围都很小，一般小于等于5m，面积小于等于0.3km^2，是原始沉积环境、差异压实和构造运动共同作用的结果。从微幅度构造在油气藏开发中所起的作用看，研究微幅度构造具有重要意义，其高部位油井的生产能力明显高于低部位油井的生产能力，并且高部位剩余油饱和度相对较高，水淹级别低，研究微幅度构造能进一步揭示储层的非均质性，预测剩余油分布，寻找高效井。但是在常规标准层构造图的大层段、大等高距下微幅度构造难以发现，需要结合密井网资料和地震资料，采用1~5m小间距等高线法进行研究。

(4)储层物性参数预测。建立高精度确定性储层物性参数模型是开展剩余油预测油藏数值模拟的基础，仅靠井数据地质统计学插值和模拟，无法解决井间的不确定性问题，需要油藏地球物理技术对此进行高精度的研究。

(5)岩性隔挡预测。砂体被纵向或横向的各种泥质遮挡形成滞油区，是剩余油挖潜的有利部位。预测对剩余油富集有利的各种岩性隔挡的位置，如废弃河道等，是地球物理技术在油田开发领域应用的一项新任务。

(6)直接剩余油预测与油田开发动态监测。通过油藏地球物理技术精度的提高，为剩余油分布预测提供准确的、以地震资料为约束的确定性地质模型是现阶段油藏地球物理技术在油藏高含水后期应用迫切而现实的需求，但在老油田发展地球物理技术最终的目标应是直接剩余油预测与油田开发动态监测。随着油田开发对地球物理技术要求的提高，利用地震资料直接检测流体的方法越来越受到人们的重视。

二、地震资料分辨率与储层预测能力

根据地球物理学理论，地震分辨率是地震波长的1/4，一般三维地震主频为30Hz，对于3000m/s速度的地层，分辨率仅约25m；主频提高到60Hz，分辨率也只能达到约12m。而中国陆相储层多为砂泥岩薄互层，其中小层厚度达到4m以上，是比较厚的主力层。因此单纯根据地震分辨率的理论，只能认为地震技术没有可能识别各个小层的展布，这使得开发地震技术无法被油田开发人员所接受。

地震技术在油田开发中的应用，人们关心的是地震储层预测的能力，而地震储层预测能力与地震分辨率并不完全一样。地震分辨率一般是指地震时间分辨率，是地震资料分离地层顶底反射的能力。对地震分辨率的经典阐述就是“四分之一地震波长”的理论，即“瑞利准则”。李庆忠先生对这一理论的缺陷，从理论、模型与实际应用的角度进行了详细分析，指出“四分之一地震波长”的垂向分辨率定义是不适合的。笔者认为传统的地震分辨率理论强调的是视觉可分辨，是地震剖面上岩性体可视意义上的分辨率，其实质是能否用肉眼从地质剖面上直接分辨开单一的岩性体。然而，地震技术发展到今天，现代地震技术提升了地震资料的应用能力，从过去依赖从地震剖面上直接识别储层特征，发展到应用隐含在地震资料中的地震信息，联合井数据，采用计算机计算的手段，综合预测储层的几何分布特征、岩性和物性，地震技术的储层预测能力已经远远突破了“四分之一地震波长”的限制，发展了地震属性分析、地震反演、模式识别、波形聚类、相干体和谱分解等一系列储层预测技术。

推进油藏地球物理技术，特别是开发地震技术在油田开发阶段应用，要改变传统对地震分辨率的认识，着重考察以地震反演为代表的地震储层预测技术的储层预测能力。大量的研究表明，尽管砂泥岩薄互层在地震剖面上肉眼难以分辨，但只要充分发挥三维地震数据在横向上具有密集采样的特点，结合纵向上具有高分辨率的井资料，通过井震联合反演等地震储层预测技术是有可能探测具有一定厚度条件的薄层的。

三、薄互层储层地震预测研究的重点

中国陆上老油田纵向上油层多，有的多达数十层甚至百余层，是典型的薄互层储层。薄互层储层预测是世界级难题，是高精度三维地震在老油田中应用的技术难点。

提高油藏地球物理储层预测精度首先要从源头抓起。开发地震资料野外采集要切实采取“高分辨率、高信噪比、高保真”技术，做到小面元、小采样率、宽高频，力争将原始地震资料主频提高到60Hz以上。

鉴于高频地震信息对薄层预测具有十分重要的意义，开发地震目标处理，要采取先进的分频处理技术，有效保护和补偿高频地震信息，实现“宽高频”处理，并在确保具有高信噪比的前提下，最大限度地做好保真处理，为后续薄互层储层预测奠定高品质资料基础。

认识岩性体在三维空间的边界、厚度与搭接关系，需要开展三维储层预测。地震反演至今仍是三维储层预测最主要的技术手段。目前地震反演最理想的效果能达到预测3~4m以上厚度砂体，但厚度预测还存在一定的误差，要预测更薄的储层还需要开展更加深入的创新研究。

地震记录由许多不同频率的信号组成，地层厚度、岩性和噪声对地震信号频率具有选择性，即一般低频成分对应地层厚度较大的岩石体和沉积颗粒较粗的岩石成分，高频成分对应地层厚度较薄的岩石体和沉积颗粒较细的岩石成分；噪音对不同频率的地震信号所产生的影响也不同，不同频率信号的信噪比往往是不同的。而目前的地震储层预测方法多数没有考虑地层厚度、岩性和噪声对地震信号频率的选择性，“全频”信息整体计算，模糊了不同频率信号携带的不同地质信息，这成为限制常规方法预测精度提高的一个重要方面。为此，在频率“域”挖潜薄层预测潜力应是提高薄互层储层预测精度研究的重点努力方向。这方面的研究有两个方向值得特别关注：(1)分频反演、多尺度反演是20世纪90年代后期发展起来的技术，这两种反演方法可以利用不同频率成分携带的不同地层厚度和岩性信息，规避其他频段噪音的影响，开展有针对性的反演研究，并在反演的过程中对不同频带的信息进行有机的融合得到最终的全频反演成果。(2)谱分解技术也为预测薄层提供了良好的手段。尽管在频率“域”提高储层预测精度的研究还处于起步阶段，但是任何频率成分的改进和有效利用都将提高储层预测精度。

采用随机反演方法开展地震反演与储层地质建模一体化研究，有利于进一步提升薄互层储层预测精度。地震反演与储层地质建模的研究目标都是认识地下砂体与储层参数在三维空间的分布特征，但是这两种技术却是相互独立的，其实地震反演需要一个好的地质模型作为反演的初始模型，而储层地质建模在井间需要地震反演成果给予约束和评价。采用随机反演的方法将两者有机地结合，以储层地质模型随机模拟实现为基础建立的合成记录与实际地震进行比较，实现地震反演，将有利于进一步提升薄互层储层预测和储层地质建模的精度，这是由于：(1)随机地质建模可以得到许多个实现，而地震反演与储层地质建模一体化研究得到的最终成果是一个能够和地震相吻合的地质模型实现；(2)地震随机反演采用地质统计学随机模拟方法，由于随机模拟是条件模拟，即计算结果在井上忠实于井数据，加之地震反演过程进行模型道和实际地震道对比，使得随机反演成果在井上忠实于井数据，在井间忠实于地震数据；(3)受到地质建模过程相控和地质统计参数的驱动，薄层在井间的纵向组合通过建模技术而趋于合理（降低地震反演的多解性），加以反演过程对这种组合关系通过合成地震记录与实际地震道对比进行确认（降低地质建模的随机性），薄层在储层地质模型与地震数据双重驱动下得到有效反演。

四、发展多波与叠前储层预测技术

在高含水后期开展剩余油挖潜需要建立高精度储层地质模型，以往人们关注地球物理技术，更多地希望于提高井间砂体的预测精度，从而提高砂体骨架模型的建模精度。然而，即便有一个高精度的砂体骨架模型为约束，通过井数据的插值计算，取得的储层物性参数模型在井间还是具有一定的不确定性，孔隙度、渗透率数据的不确定性对油藏数值模拟预测剩余油分布具有不利的影响。这就需要采用井间具有丰富信息的地球物理资料，开展储层物性参数预测研究。深入开展此项研究对利用孔隙度等参数差异识别废弃河道等岩性隔挡也具有积极的意义。与叠后反演相比，叠前反演和属性分析具有能够充分利用横波等岩石物理信息的特点，叠前储层预测结果较叠后更为准确、完整。为此，叠前储层预测的目标在目前主要致力于改善砂体反演精度和流体检测的同时，还应加强提高储层物性参数预测精度的研究，特别是多分量地震技术应对此发挥更大作用。

五、推进多种地震技术综合油藏描述

井间地震、VSP等井中地震技术，具有较地面地震更高的品质，是开发地震的重要组成部分，但由于其采集范围的局限性，其数据不能形成足够大的三维数据体，甚至仅是一维或二维的数据，这限制了该项技术在油田开发中的推广应用。以往的井中地震技术主要是针对油田开发解决局部地质问题开展的，为了解决局部地质问题而暂停采油去采集井中地震数据，油田开发人员往往认为得不偿失，这是井中地震技术在油田难以工业应用的另一个原因。然而，利用井中地震资料提升三维地震资料的品质，是一个很重要的发展方向。这主要包括两方面的研究内容：(1)以井中地震资料提升三维地震资料的处理品质；(2)井—地联合约束反演，提高储层预测的精度。为此，需要改变以往井中地震采集与研究很少考虑与地面地震结合的做法，在开展新的地震资料采集时，为进一步提升三维地震资料的处理与解释品质，需要考虑井中地震与地面地震统一设计，推进多种地震技术综合油藏描述在高含水后期的应用。

六、应用实例

近年来通过开展高含水油田油藏地球物理技术研究，建立了以分频去噪与分频静校和分频能量补偿为特色的地震目标处理、井中断点引导的小断层识别方法、多井条件下地震层位约束构造成图、地震反演高精度初始模型建模、分频反演和地震约束储层地质建模等技术和方法。在大港油田港东一区一断块的应用实例表明，在高含水油田发展油藏地球物理技术具有十分的必要性和有效性。

（1）重构地下构造认识体系。地震资料构造解释在断层和微幅度构造方面有新认识，有利于指导剩余油富集区挖潜工作。

大港港东一区一断块断层系统的整体变化如图 1 所示，3 条主要控边断层均有延长和摆动，断块内部有 4 条小断层被证实不存在。图 1 中红色线为原来解释的断层，蓝色线为本次地震资料解释的断层。断层变化得到了生产数据与油藏数值模拟认证。

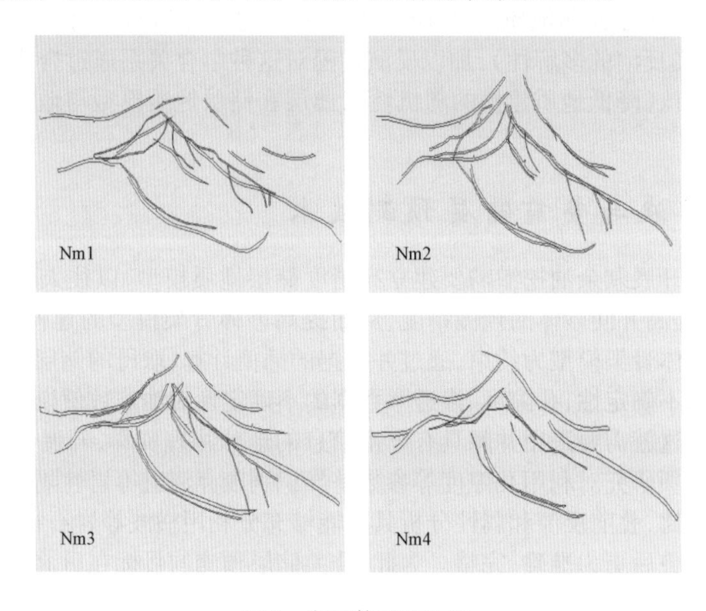

图 1　断层体系新认识

在地震资料微幅度构造解释中，发现了一些新的有利于剩余油分布的圈闭，被现场钻井所证实。2006 年 5 月在 G218 井向构造高部位侧钻 Ng11 油层（图 2），获得了高产油流，最高产油量超过 50t/d。

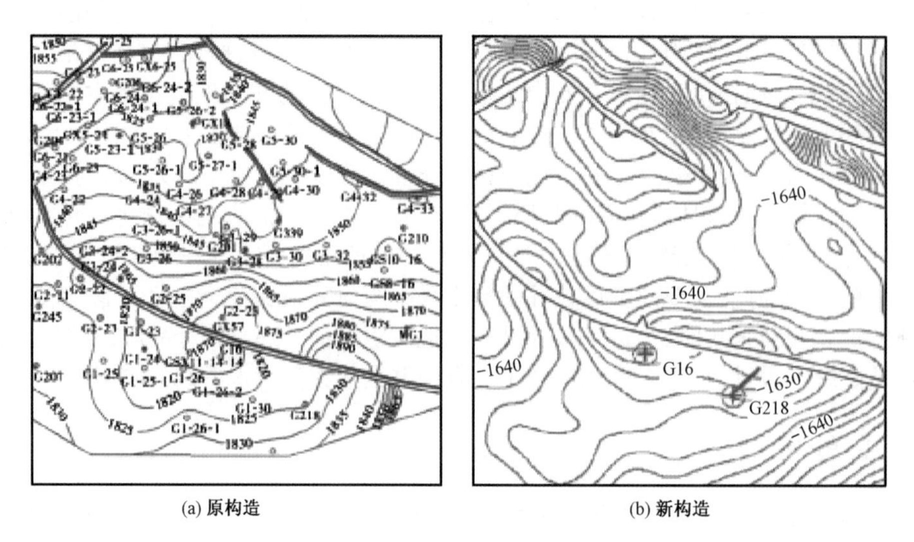

(a) 原构造　　(b) 新构造

图 2　Ng11 顶部新老构造对比

(2)重构地下储层认识体系。以地质分层数据复查和测井砂体重新解释为基础,开展地震储层预测,井震联合重绘沉积相带图,相对较厚砂体以地震储层预测结果为主,薄砂体采用井数据刻画,对小层砂体展布有新认识(图3、图4,R1河道被后来所钻GS58-1井所证实),为建立高精度储层地质模型奠定了基础。

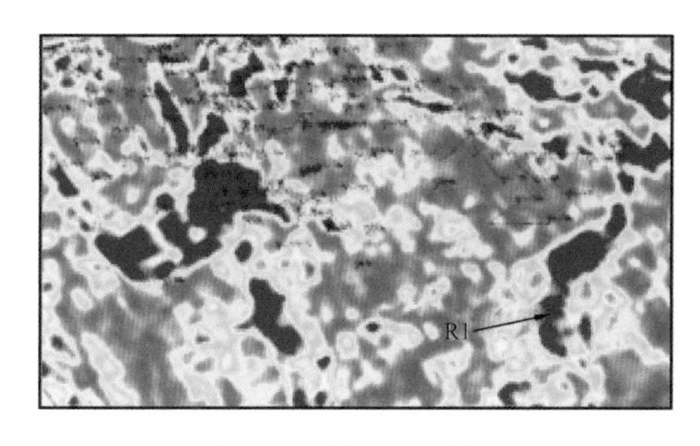

图3 地震储层预测成果

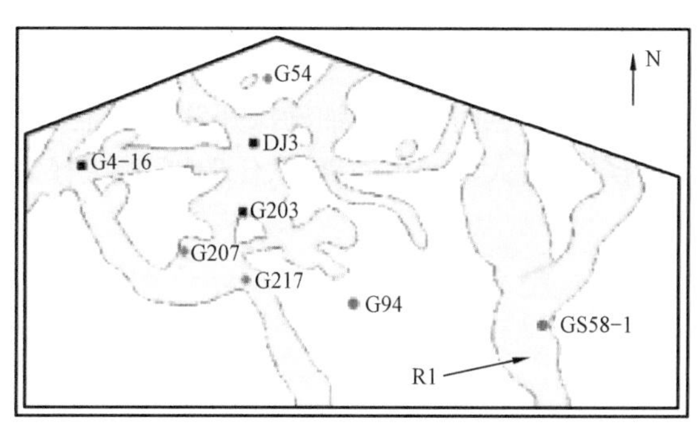

图4 井震联合绘制的沉积相带

(3)重构地下流体认识体系。在井震联合建立高精度储层地质模型的基础上,通过开展精细油藏数值模拟预测剩余油分布,大港油田采油一厂在研究区整体高含水(综合含水率为93.6%)、密井网条件下($4.45km^2$,209口井)打出高效调整井。如图5所示,G4-16-1井钻在油藏数值模拟预测的剩余油富集部位,剩余油富集区的准确预测与地震解释对微幅度构造高点和砂体展布的新认识有关。G4-16-1井2008年5月完钻投产,初期产油量为23.07t/d,含水率为11%,相对于全区平均约产油量为4t/d而言,具有高产优势,充分体现了高含水油田发展油藏地球物理技术对于高效挖潜老油田的积极意义和价值。

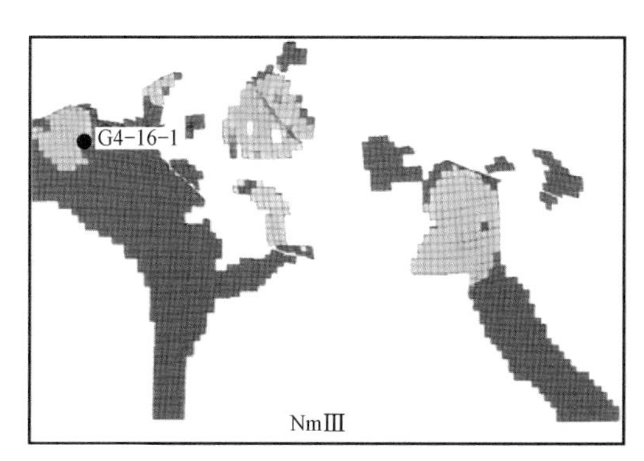

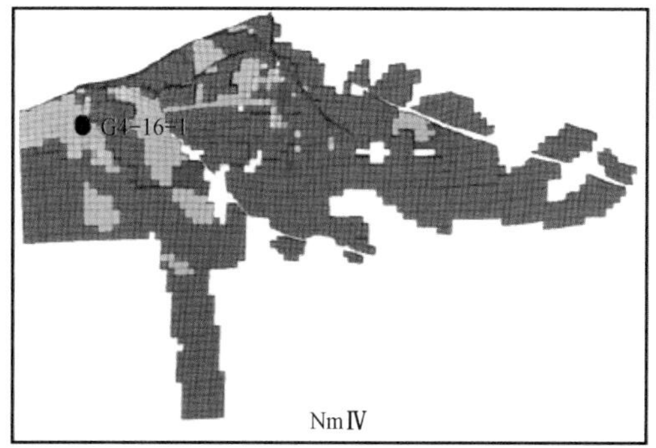

图5 NmⅢ和NmⅣ小层剩余油预测成果

七、结论

(1)高含水油田地下剩余油"整体高度分散、局部相对富集",高效挖潜剩余油重点和难点在井间,尽管高含水期井数多,但井间仍然具有较大不确定性,而地震是提供井间信息的有效技术,高含水老油田二次开发须大力发展油藏地球物理技术。

(2)针对当前油田开发的需求,在老油田开展油藏地球物理技术研究与应用,重点应在于横向上要精确识别和预测对剩余油富集具有遮挡作用的小断层、微幅度构造、砂体边界和岩性隔挡(如废弃河道),纵向上精细预测控制剩余油丰度的砂体厚度和储层物性参数,着重解决河道边界预测和薄互层储层单砂体厚度预测精度问题。

(3)提高开发地震储层预测精度需要从地震资料采集与处理环节做起,以高品质地震资料为基础,油藏地球物理技术在重构老油田地下构造认识体系、储层认识体系和流体认识体系方面能够发挥积极作用,进一步提高薄互层条件下单砂体的预测精度,还要开展更加深入的创新研究。

致谢 感谢中国石油勘探开发研究院王经荣、王玉学、王继强、马鹏善、黄文松、罗娜、金志勇、侯伯刚,大港油田周嘉玺、任瑞川、倪天禄等同志在论文实例研究中所做的大量工作。

(原载《石油学报》,2009 年 30 卷 4 期)

开展大型精细油藏数值模拟技术研究的探讨

王经荣　韩大匡

摘　要：经过多年的开采，我国已开发油田总体上已进入高含水、高采出程度阶段，油水分布关系已十分复杂，剩余油"高度分散、相对富集"，油藏数值模拟的任务由制定开发方案的宏观决策转向研究高含水老油田的剩余油分布，寻找剩余油相对富集的部位。由于油藏平面上具有较强的非均质性，纵向上层数较多，物性差异较大，模拟网格要求更加精细，网格数达到百万的规模，油藏数值模拟技术向大型化、精细化方向发展，对油藏模拟速度、网格规模、网格技术、历史拟合技术、分层产量劈分技术等技术提出了更高的要求，这些技术的发展和应用构成了大型精细油藏数值模拟技术。开展大型精细油藏数值模拟技术研究，可以提高高含水老油田剩余油预测的精度，为高含水期油田打不均匀调整井提供井位依据。

关键词：数值模拟　精细　剩余油分布

引　言

经过50多年的开采，我国已开发油田总体上已进入高含水、高采出程度的阶段。需要依靠技术进步，调整挖潜，提高采收率，以减缓递减。为保持我国东部老油田的高产稳产，各油田的科研人员已做了大量卓有成效的工作，包括系统的地质研究、地震处理、测井解释分析、油水井生产监测和油藏数值模拟等技术，通过大量的科学研究和矿场试验，攻克了一系列技术难题，创出了一套早期注水、分阶段布井、加密调整、接替稳产的开发方法，实现了我国东部老油田，尤其是大庆油田的高产稳产和良好的经济效益。

目前的高含水老油田的油水分布关系已十分复杂，根据剩余油分布的特点，可以把地下油水分布的总格局归结为：(1)剩余油在空间上呈高度分散状态，与高含水部位的接触关系犬牙交错，十分复杂；(2)一般来说，剩余油在总体上呈高度分散状态的情况下，仍有相对富集的部位，这是调整挖潜，提高注水采收率的重点对象；(3)剩余油较多的部位，不少为低渗透薄层或边角地区，一般已难以组成独立的开发层系，开采难度增大。这说明地下油水分布情况已出现了新的重大变化，反映在油田开发动态上表现为：含水很高，单井产油量下降，调整井效明显变差，井下作业措施效果降低，导致油田递减加快，有的油田甚至出现了总递减。这些情况都说明，老一套做法已不符合地下油水分布的新特点，油田开发已进入一个新的阶段。在这个阶段里，开采挖潜主要对象已由连续的成片的剩余油，改变为高度分散而在局部又相对富集的、不连续或不很连续的可动剩余油，这些都大大增加了我们工作的难度，从而要求我们的地质工作和油藏工程研究进入到更深入、更精细的层次。

油藏数值模拟的任务由制定开发方案的宏观决策转向研究高含水老油田的剩余油分布，寻找剩余油分布相对富集部位。如何准确地找寻剩余油相对富集的部位，部署不均匀加密高效调整井、完善注采对应关系，进一步扩大注水波及体积，控制油田高含水后期注水量和采液量的进一步增长，对于减缓东部老油田原油产能的递减，提高水驱油藏最终采收率，具有十分重要的意义和广阔的应用前景。

一、精细油藏表征技术的发展为开展大型精细油藏数值模拟技术研究提供了地质基础

应用油藏数值模拟技术研究老油田高含水期剩余油分布，需要更加精细的地质模型，充分考虑油藏平面上和纵向上非均质的特点。

20 世纪 70 年代以来，油藏描述技术实现了从宏观到微观、从定性到定量、从二维到三维、从静态到动态的油藏描述新阶段。当前油藏描述在油藏三维静态与动态和提高井间薄储层横向预测的精度，研究和提高井间储层参数和剩余油分布技术，探讨水平井油藏描述的技术等方面，都已达到了相当高的水平。

精细地质建模技术的发展，使网格数达到几百万甚至几千万的规模，为大型精细油藏数值模拟研究提供了地质基础。

二、灵巧网格和并行技术的发展提供了客观条件

近年来，随着计算机、应用数学和油藏工程学科的不断发展，油藏数值模拟方法得到不断的改进和广泛应用。通过数值模拟可以搞清油藏中流体的流动规律、驱油机理及剩余油的空间分布；研究合理的开发方案，选择最佳的开采参数，以最少的投资，最科学的开采方式而获得最高采收率及最大经济效益。经过几十年的发展，该技术不断成熟和完善并呈现出一些新的特点。灵巧网格和并行技术的开发和应用极大地提高了运算速度，满足网格节点不断增多的油藏数值模型，为发展大型精细油藏数值模拟技术提供了客观条件。

三、大型精细油藏数值模拟技术的特点

对于高含水老油田，由于剩余油的分布特点是高度分散而在局部又相对富集，油藏数值模拟的任务由制定开发方案的宏观决策转向研究高含水老油田的剩余油分布，寻找这些相对集中的剩余油富集区，大型精细油藏数值模拟技术特点主要表现如下。

1. 网格点大量增加，需要达到百万网格的数量级

大多数油藏平面上具有较强非均质性，纵向上地质沉积多达上百个小层，各层之间以及单层在平面上的渗透率存在着很大差异，当把具有不同沉积特征的油层组合成一套开发层系进行注水开发时，油层产能和出油厚度大小与渗透率高低密切相关，渗透率越低产能越低，正是这种层间干扰制约了层系中渗透率相对低的储层的生产能力。因此，在油田开发进程中，弄清楚储层中的剩余油分布，从而制定相应切实有效的开发调整措施，或进一步合理细分层系开采，对提高各类储层的动用程度，实现油田经济高效开发有着十分重要的意义。

为了满足平面上非均质性和纵向上细分小层的需要，往往油藏数值模拟划分的网格数达到或超过百万网格节点。

2. 需要更多，更精确的分层测试资料

油藏各层之间的渗透率存在较大差异，开发过程中往往是渗透性较好的层动用程度较高，剩余油较少；渗透性较差的层动用程度较低，剩余油较多。为了搞清楚哪些层剩余油较多，应用油藏数值模拟技术进行研究时，需要细分小层，知道各个小层的注采量。因此，大型精细油藏数值模拟需要更多、更精确的分层测试资料。

四、大型精细油藏数值模拟技术

1. 粗细结合，减小网格规模，提高模拟速度

剩余油分布的特点是“高度分散、相对富集”，在进行开发调整时，我们关心的只是剩余油相对富集的部位，对这个部位采用精细网格进行研究，就能满足要求，并不一定要将整个油藏的网格划得很细。因此，在研究剩余油分布时，我们完全可以先用较粗的网格系统进行整个油藏模拟，找出剩余油相对富集的部位，然后再对这些部位采用较细的网格系统进行模拟。这样一来，既减小了网格数量、提高了模拟速度，又不影响研究剩余油分布的精度。

2. 发展并行技术，提高计算速度

在研究老油田剩余油分布时，尽管可以采用粗细结合的思路，减少网格数量，提高模拟速度，但由于老油田井多，生产历史长，作业和措施次数多，网格规模仍然较大，历史拟合需要很长时间。模拟计算速度仍然需要提高，模拟软件必须实现并行解法，才能满足解决实际问题的需要。

3. 发展灵巧网格技术，满足模拟各种复杂油藏的需要

网格技术在油藏数值模拟中一直占据着重要的地位，其发展须适应多方面的实际需求。随着三维地质模型的引入，网格技术已向精确化方向发展，为了模拟各种复杂的油藏、砂体边界或断层，渗透率在垂向或水平方向的各向异性，以及近井地带的高速、高压力梯度的渗流状态，近年来国内外普遍发展了各种类型的局部网格加密及灵巧的网格技术。目前主要有局部网格加密、角点网格、垂直等分线排比网格（PEBI）、控制体积有限元网格（CVFE）及网格的自动生成技术。但这些网格技术离商业化应用还存在一定的距离。

4. 发展流线模拟技术，提高模拟计算速度

尽管灵巧网格技术和并行计算技术得到了很好的发展，相应的商业软件也相继得以开发，但在研究大型老油田的剩余油时，应用有限差分法模拟那些有成百上千口井，几十万个网格区块及较长生产历史的大型油藏，的确是一种挑战。这种油藏的规模和复杂性往往限制了对剖面和井网的模拟。因此，需要发展模拟计算速度更快的流线模拟技术，应用流线模拟技术模拟这些油藏，其方法是它将三维模拟模型还原为一系列的一维流线模型，在还原过程中便计算出了流体流动数据，具有处理更大数量级数据的计算优势。在驱替过程中保持明显的驱替前缘和减少网格方位影响的特点，提高了模拟精度。流线模拟结果与传统油藏工程技术（如标准有限差分法模拟）结合起来作为油藏管理工具时还具有另外的使用价值。

归结起来讲，流线模拟技术与常规数值模拟技术相比，具有两个优势：

（1）计算速度快，网格容量大，全油田模拟，历史拟合时间节省 2 ~ 5 倍，模拟网格数可达百万以上，甚至可以模拟具有几千万网格单元的地质模型。

（2）应用流线直观显示注采井之间的关系和剩余油的大致部位，这一点是常规有限差分数值模拟所不能表达的。

5. 发展分井、分层精细历史拟合技术，提高历史拟合精度

进行老油田高含水期剩余油分布研究时，需要对每口井的生产动态和各个小层的生产动态进行精细的历史拟合，历史拟合的工作量急剧增加，对历史拟合精度提出了更高的要求，小

层拟合的精度直接影响着剩余油在小层上的分布，这就要求在历史拟合过程中，充分利用现场所能获得的所有资料，将分层产液剖面、吸水剖面和水淹层测井资料与历史拟合有机地结合起来，作为分井、分层历史拟合的辅助和限制，研究一些分井、分层精细历史拟合技术，提高历史拟合的速度和精度。

6. 开展大型精细数值模拟辅助技术研究，提高油藏数值模拟效率

高含水老油田往往井多，生产历史较长，中间进行过多次作业和措施，研究剩余油分布时往往会出现以下一些问题：

（1）动态数据准备时间长，易出错。

高含水期老油田井多，生产历史较长，中间进行过多次作业和措施，应用数模软件自身的前后处理软件进行数据准备，需要一口井一个时间段的输入动态数据，数据准备时间很长，也容易出错。

（2）历史拟合动态指标过程复杂，工作量大，使用极不方便。

历史拟合过程中用后处理软件进行分析时，每计算一次，都要从所有井中选出产量拟合情况，若想再看其他拟合指标，还需从所有井中重新选出这个拟合指标，反反复复，工作量很大，很费时间。

（3）历史拟合分析所需信息提供不足。

历史拟合过程中出现的问题，很多是小层上的，如拟合中经常出现的定产生产方式转变为定压生产，这可能是某个小层的生产压差达不到要求，需要检查各个小层的压力，但用数模的后处理软件无法得到小层信息。

为此，应该开展大型精细油藏数值模拟辅助工具研究，直接从数据库中直接提取数模所需的动态信息，如生产报表、完井报表、措施报表等，自动整理成数模软件所需的动态数据形式；在屏幕上按拟合误差大小同时显示某口井的产油量、含水、气油比和井底流压，便于用户优先分析误差大的井的历史拟合情况；也可以显示某口井在各个小层上的生产动态，便于用户分析小层注采关系，提高历史拟合速度和精度。

7. 开展产量劈分技术研究，提高剩余油分布研究的精度

产量劈分技术是研究剩余油分布的关键，特别是研究剩余油纵向上的分布，产量在各个小层上分配的准确与否，严重影响着各个小层的剩余油的多少。由于储层平面和纵向的非均质性、生产动态的复杂性以及压裂等增产措施的作用，目前还没有十分精确的方法可以将生产井的产量精确劈分到每一小层。通常采用两种方法进行产量劈分：（1）利用产液剖面和吸水剖面劈分产量；（2）利用流动系数劈分产量。

以上第一种方法是利用实际测得的资料，最能反映各个小层的产液量和注入量，但产液和吸水剖面只是部分井有，大多数井没有这样的资料，并且测得的产液剖面和吸水剖面代表的仅仅是某个时期的情况，并不能代表这口井整个生产阶段。

第二种方法是在缺乏分层测试资料的情况下，可以考虑采用的方法。理论上，储层各小层对生产井产量的贡献应当符合达西定律，但是由于纵向上各小层物性差异较大，各小层之间往往存在着层间干扰和层间倒流现象，按第二种方法进行产量劈分的结果，同实际相差较大。

因此，应该加强产量劈分技术研究，对于没有产液剖面和吸水剖面的井，首先利用流动系数将产量和注水量劈分到各个小层，然后利用连通性判断方法判断各个小层注水井和生产井之间的连通性，再用快速数模方法计算各个层的剩余油饱和度和生产动态指标，同生产资料或各种测试资料对比，如果不一致，调整各小层的流动系数，重新劈分产量和注水量进行计算。充分利用一切能利用的现场资料，提高剩余油分布研究的精度。

五、结论

当前高含水老油田剩余油已呈高度分散状态，但仍有相对富集的部位，油藏数值模拟的任务已转向研究剩余油分布，寻找相对富集部位，对油藏模拟速度、网格规模、网格技术、历史拟合技术、分层产量劈分技术等技术提出了更高的要求，向大型化、精细化方向发展。

（本文选自《博士后研究成果论文集（1995—2005）》，石油工业出版社，2005）

高阶神经网络在储层分布参数定量预测中的应用

郑庆生　韩大匡

摘　要：文中介绍了高阶神经网络的原理和方法，提出把高阶神经网络应用于储层分布参数的定量预测方法，并给出双河Ⅳ4(5－9)油组顶层孔隙度与深度的预测算例，并讨论了不同的储层分布参数的预测方法的优缺点。

关键词：神经网络　储层　参数预测

引　　言

储层分布参数的定量预测是建立油藏地质模型参数的重要环节，准确预测储层分布参数对于提高油藏数值模拟历史拟合的精度，研究油藏剩余油分布，制定油藏开发调整方案等有着重要意义。目前由于储层建模的方法很多，具体方法包括：近点距离、空间样条曲面、克立格方法、趋势面方法等。每一种方法都有其优缺点，在预测不同储层分布参数中，各种方法适应程度不同。近年来，随着神经网络技术的突飞猛进的发展，它在电子信号识别、油田开发中的沉积相识别、试井曲线匹配和测井资料的解释方面都发挥其作用。

神经网络是由大量处理单元广泛互连而成的网络，它是在现代神经生物学和认知科学对人类信息处理研究成果的基础上提出来的，目前在油气资源开发中已广泛应用。人工神经网络最主要的优点是不需依赖于参数的结构模型，只要知道系统的输入及输出，就可以建立该系统的神经网络模型，系统具有很强的非线性结构，神经元之间以权值的方式加以编码并连接起来，神经网络具有很强的适应性和自学习能力，通过一系列的样本，可以对网络加以训练，识别出网络节点间的连接权值，建立起可以预测的神经网络体系。

一、高阶神经网络的原理和方法

1. 高阶神经网络原理和特点

主要的神经网络模型有：Hopfield 神经网络、多层感知器、自组织神经网络和概率神经网络。在测井资料解释、油层参数预测中常用多层感知器，多层感知器是一种典型的前馈神经网络模型，它由输入层、输出层和若干隐层组成，采用的 BP 算法是一种梯度算法，不能保证连接权值收敛于全局最优解，但高阶神经网络与 BP 算法相比具有以下特点：

(1)由于网络不存在隐层，可以获得较快的训练速度，且不容易出现局部最小问题，也避免了难以解决的隐层单元个数选择的问题。

(2)这种网络的输出，对应着 Voterra 泛函级数的展开式，因此，具有较系统的数学基础，在某种情况下，这种方法在储层分布参数预测中和趋势面方程的预测中能达到同样的预测效果，随之新加入的数据，高阶神经网络可以通过再学习，更准确预测储层参数。

(3)网络输出、输入的高阶相关函数相对应。

高阶神经网络与目前储层分布参数的定量预测的常用方法相比，有以下特点：

（1）高阶神经网络具有自组织自学习的能力，无需假设储层分布参数的结构模型，通过储层参数的信息点的自学习，识别出储层分布参数的空间分布网络结构模型，从而预测储层的分布参数，尤其是高阶神经网络，非线性程度很高，能描述储层的非均质性变化特征，充分考虑所有信息点所隐含的储层参数的分布结构。

（2）常规近点距离方法，仅按信息点和待估计点的距离倒数平方进行加权，进行储层参数预测，有一定的局限性，这种方法在空间上选点方法不同，预测的储层参数则不同，某些带方向性的储层分布参数的空间关系有可能不一定是距离倒数的平方关系，而使用高阶神经网络方法，不需先假设储层分布参数是何种结构，由信息点自学习，最终得出储层分布参数的网络结构。

（3）空间样条曲面插值是假设储层参数分布变化可以使用弹性力学上描述钢板受力之后弯曲的过程来描述，这种方法预测的储层分布参数对于变化频繁参数（如渗透率），预测方法有时误差太大，克立格方法是目前储层分布参数分布预测较流行的方法，但由于储层信息点分布的不规则，储层参数的非均质变化等，使变差函数难于计算，需假设变差函数的模型，多方向的空间套合难于实现，使该方法应用起来较为困难，趋势面方法能考虑空间上所有点信息关系，但随着趋势面方程次数的增加，方程项数成几何级数增加，最终难于计算。因此，它适合于多种储层分布参数，它不需假定储层参数结构，但是，在建立储层分布参数的网络模型时，要求有足够的能完全反映储层分布参数的变化信息，如空间坐标、层位和沉积相位置等信息。

2. 高阶神经网络的计算方法

高阶神经网络计算公式如下：

对于有 k 阶神经网络的第 i 个神经元的输出可用以下公式表示：

$$Y_i = F_i[T_0(i) + T_1(i) + \cdots + T_k(i)] \tag{1}$$

神经元的作用函数可以选用以下函数：

k 为神经元输入加权值的最高幂次，式中第 i 个神经元的 k 阶项的计算公式如下：

$$F(x) = \frac{1}{1 + e^{-x}}$$

$$T_k(i) = \sum_{j_1}^{v} \sum_{j_2}^{v} \cdots \sum_{j_k}^{v} w_k (i,j_1,j_2,\cdots,j_k) x(j_1) \cdots x(j_k) \tag{2}$$

式中，$x(j_1)$，$x(j_2)\cdots$分别为第 i 个神经元的输入元的输入矢量的第 $j_1,j_2,\cdots,j_k$ 个分量；$w(i,j_1,j_2,\cdots,j_k)$是对应的连接权，它代表了第 k 项输入的乘积与输出之间的相关性；v 为分量的个数。

高阶神经网络的权值学习，采用最速下降法，权值按下式计算：

$$w_k^*(i,j_1,j_2,\cdots,j_k) = w_k(i,j_1,j_2,\cdots,j_k) + \eta[y(i) - \hat{y}(y)]x(j_2)\cdots x(j_k) \tag{3}$$

$w_k^*(i,j_1,j_2,\cdots,j_k)$和 $w_k(i,j_1,j_2,\cdots,j_k)$分别为调整后和调整前的连接权，$y(i)$和 $\hat{y}(i)$分别为第 i 个神经元在该步的期望输出和实际输出，η 为步长。

整个计算步骤如下：

（1）用户输入样本，并把数据规一化。

（2）设置好初始连接权值。

(3)利用输入的样本按式(2)计算各阶项 $T_0(i), T_1(i), \cdots, T_k(i)$；按式(1)计算实际输出 Y_i。

(4)按式(3)修改连接权。

(5)计算误差平均和 $\varepsilon = \sum[y(i) - \hat{y}(i)]^2$。

(6)当 ε 小于给定值或者达到给定次数未收敛时结束并把数据还原,然后退出,否则返回(3)。

二、实例应用

1. 双河Ⅳ(5－9)顶层孔隙度预测

根据已知70个样点,61个样点用于神经网络建模,8个样点用于预测检验,把 x、y 坐标作为网络输入,孔隙度用于网络输出,用高阶神经网络建立的网络模型拟合预测见表1,从表中可以看出使用3价的神经网络的拟合和预测误差较小。

表1　双河Ⅳ4(5－9)顶层孔隙度预测各阶神经网络拟合和预测误差对比表

阶次	2	3	4	BP网络
实际拟合平均误差	0.020026	0.019287	0.020474	0.202242
实际预测平均误差	0.024183	0.023865	0.027182	0.072385

2. 双河Ⅳ4(5－9)油组顶面砂体顶深预测

把 x、y 坐标作为网络输入,砂体顶深作为网络输出,把已知的100点作为拟合点,8个已知点作为预测点,建立神经网络模型拟合和预测,拟合预测结果见表2。

表2　双河Ⅳ4(5－9)砂体顶层顶深神经网络拟合和预测误差对比表

阶次	2	3	4	5	6	7	8	9
实际拟合平均误差	5.715	4.981	4.970	4.322	4.011	4.070	4.169	4.108
实际预测平均误差	11.43	9.721	9.562	9.338	7.816	4.796	4.037	4.946

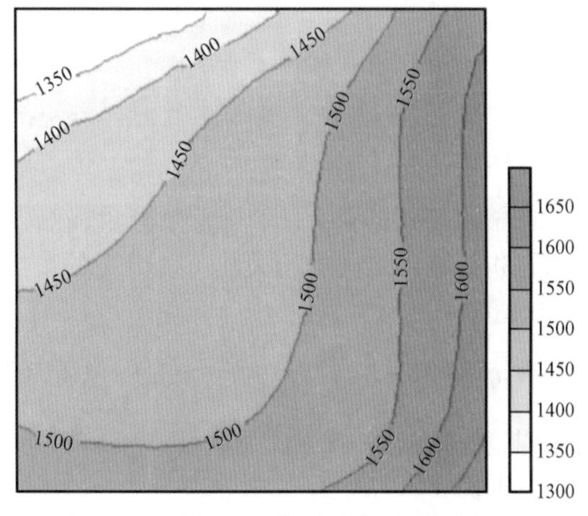

图1　用高阶神经网络预测的双河Ⅳ4(5－9)油层顶深等值线图(图中数字单位为米)

从表2中可以看出第7、第8阶的拟合误差和预测误差还在下降,实际上该砂体的顶深是一东南倾斜的鼻状构造,100个点拟合时,均方误差在0.032,选择108个点作为网络的拟合点,结果经过750次计算,均方误差达0.0031,实际误差3.66,对油藏进行预测,预测的顶深等值线如图1所示,与地质人员认识的鼻状构造是一致的。应用高阶的趋势面分析方法计算的结果见表3,通过高阶神经网络和趋势面分析都可以预测出砂体顶面深度的趋势。

表 3　双河Ⅳ4(5－9)砂体顶层顶深趋势面计算的拟合和预测误差对比表

阶次	2	3	4	5	6
实际拟合平均误差	13.691	4.809	3.010	1.975	1.504
实际预测平均误差	29.626	11.061	12.163	7.360	14.084

三、结论

(1)高阶神经网络不存在隐层,具有很强的非线性,与神经网络的BP算法相比有许多优点,适合于储层参数分布的预测。

(2)在建立高阶神经网络模型时,只考虑空间的 x、y 输入,场观察点为输出,建立储层的神经网络模型和建立趋势面的方法的途径不同,但能达到同样的效果,或者比趋势面更加准确,可以达到更高的非线性次数,若加上相带参数控制和地震等资料,可以更加准确预测储层参数的分布。

神经网络与其他方法相比,最大的特点是无需假设储层分布参数的结构模型,能通过自学习建立起储层分布参数的网络结构模型,从而预测储层的分布参数,它建立在网络模型和有足够的能反映储层参数的空间分布规律的信息,在不同的条件下,根据多种预测方法优势互补和综合预测,可以达到较好的预测效果。

(原载《地球物理学进展》,2007年22卷2期)

相干体技术在火山岩预测中的应用

王玉学　韩大匡　刘文岭　冉启全　庞彦明

摘　要：火山岩气藏地质特征复杂，岩相变化快，物性变化大，地震响应特征复杂，规律性差，预测困难。三维相干技术可以通过检测同相轴的不连续性，对断层、特殊岩性体进行识别。在松辽盆地北部徐家围子断陷深层火山岩的研究中，利用体属性多算子相干分析技术计算了高分辨率相干体、倾角体和方位角体，并采用HLS(色调、光亮度和饱和度)彩色模型显示这些地震属性体，然后结合三维可视化技术对火山岩的分布范围进行了预测。在相干体切片上，断层清楚，火山口和火山岩体分布范围清晰。

关键词：火山岩　相干体技术　三维可视化　体属性多算子相干算法　属性体切片

引　　言

松辽盆地北部徐家围子断陷深层营城组与火山岩相关的气藏具有广阔的勘探前景。营城组营一段为火山岩气藏主要赋存地层，地质特征复杂，岩相变化快，物性变化大，不同期次的火山岩叠置，从而使地震响应特征复杂，规律性差。火山岩储层受火山岩分布和相带控制，预测困难。在钻井稀少的情况下，利用地震信息预测火山岩分布是一种有效的途径。

早期相干概念主要应用于地震资料处理中的数据质量评估。独立的相干概念及地震相干的应用方法以及在断层解释方面的应用效果一经提出，受到了众多专家的关注。近年来利用三维相干体技术，通过相干切片、相干层切片或相干透视图等手段，研究识别三角洲、河道、碳酸盐岩缝孔洞等地质现象，取得了较明显的效果。

一、三维相干体技术的基本原理及相干算法发展

常规地震资料分析是基于褶积模型来进行的，这个褶积模型往往是一个非常简化的模型，而实际地下的地质情况要比褶积模型复杂得多。地震采集所得到的实际反射信号包含有构造、岩性、流体等各种信息，怎样有效地提取这些信息，一直是地震资料分析领域里的重要课题。

三维地震资料相干分析技术主要用于地震道之间一致性和相干性的分析，通过计算三维地震数据相邻道之间的相干性，得到一个三维相干数据体。从而研究地下地层横向上的细微变化，如果邻近道差异大，相干值接近零。低相干可能是由噪音、断层、岩性或物性变化等因素引起。断层存在时相邻道之间的相干性将产生明显的不连续性，在相干时间切片上能很清楚地识别出断层。同样由沉积环境引起的地层岩性横向非均质性的变化也会引起地震相干性的强弱差异，可用于区分不同岩性体的变化。

相干分析技术的前提是假设地层是连续的，地震波的变化也是渐变的，因此相邻道、线之间是相似的。当地层连续性遭到破坏发生变化时，如尖灭、侵入、变形等，地震波的变化表现为边缘相似性的突变。通过作图，可辨别出与沉积地层、地层物性甚至流体变化等有关的地质目标，再结合井资料进行正确合理的解释。

自独立的相干概念及应用方法提出以来，相干算法本身在不断发展，大致分为三种类型：第1代算法Cl，即归一化互相关；第2代算法C2，即任意多道相似算法；第3代算法C3，即三维本征值相干算法。由此发展了体属性相干、倾角检测、方位角多属性叠加技术等。

目前常用软件中相干计算法是能量归一化后的互相关计算，属于第1代算法C1，以经典的归一化互相关为基础。

首先定义纵测线上 t 时刻，道位置在 $(x_{i,}y_i)$ 和 (x_i+l,y_i) 与地震道 u 之间延迟为 l 的互相关系数：

$$\rho_x(t,l,x_1,y_1)=\frac{\sum_{\tau=-w}^{+w}u(t-\tau,x_i,y_i)u(t-\tau-l,x_{i+1},y_i)}{\sqrt{\sum_{\tau=-w}^{+w}u^2(t-\tau,x_i,y_i)\sum_{\tau=-w}^{+w}u^2(t-\tau-l,x_{i+1},y_i)}} \tag{1}$$

式中，$2w$ 为相关时窗的时间长度。

再定义横测线上 t 时刻，道位置在 $(x_{i,}y_i)$ 和 (x_i+l,y_i) 与数据道延迟为 m 的互相关系数：

$$\rho_y(t,m,x_i,y_i)=\frac{\sum_{\tau=-w}^{+w}u(t-\tau,x_i,y_i)u(t-\tau-m,x_i,y_{i+1})}{\sqrt{\sum_{\tau=-w}^{+w}u^2(t-\tau,x_i,y_i)\sum_{\tau=-w}^{+w}u^2(t-\tau-m,x_i,y_{i+1})}} \tag{2}$$

把上面纵测线（l 延迟）和横测线（m 延迟）的相关系数组合起来就得到相关系数 ρ_{xy} 的三维估计：

$$\rho_{xy}=\sqrt{[\max_l\rho_x(t,l,x_i,y_i)][\max_m\rho_y(t,m,x_i,y_i)]} \tag{3}$$

式中，$\max\rho_x(t,l,x_i,y_i)$ 和 $\max\rho_y(t,m,x_i,y_i)$ 分别表示时移为 l 和 m 时，ρ_x 和 ρ_y 为最大值。对于高质量的地震数据，时移 l 和 m 可分别近似计算出每道在 x 和 y 方向上的视时间倾角。第1代算法是先计算主测线、联络测线方向的相关系数，最后合成主联方向相关系数。其优点是计算量小，易于实现；缺点是受资料限制较大，时窗大，抗噪性差。

第2代算法，即C2算法，可对任意道数进行相似分析，估计其相干性。先定义一个以 τ 时刻为中心的 J 道椭圆或矩形分析时窗，在时窗内取 J 道相邻地震数据 u，如果分析点坐标轴为 (x,y)，则定义相似系数 $\delta(\tau,p,q)$ 为：

$$\delta(\tau,p,q)=\frac{[\sum_{i=1}^{J}u(\tau-px_j-qy_j,x_j,y_j)]^2+[\sum_{i=1}^{J}u^H(\tau-px_j-qy_j,x_j,y_j)]^2}{J\sum_{i=1}^{J}\{[u(\tau-px_j-qy_j,x_j,y_j)]^2+[u^H(\tau-px_j-qy_j,x_j,y_j)]^2\}} \tag{4}$$

式中，p 和 q 分别表示 x 和 y 方向上的视倾角，上标H表示希尔伯特变换或实地震道u的正交分量。若时窗取 $[-K,K]$，则平均相似系数 c 为：

$$c(\tau,p,q)=\sum_{k=-K}^{+K}\{[\sum_{j=1}^{J}u(\tau+k\Delta t-px_j-qx_j,x_j,y_j)]^2+[\sum_{j=1}^{J}u^H(\tau+k\Delta t-px_j-qy_j,x_j,y_j)]^2\}$$
$$/J\sum_{k=-K}^{+K}\sum_{j=1}^{J}\{[u(\tau-k\Delta t-px_j-qy_j,x_j,y_j)]^2+[u^H+k\Delta t-px_j-qy_j,x_j,y_j)]^2\} \tag{5}$$

式中，Δt 为采样时间间隔。第2代算法对任意多道地震数据计算相干，基于水平切片或层位上一定时窗内计算。其优点是对地震资料的质量限制不是很严，抗噪性强。利用可变时窗，即用一个适当大小的分析窗口，能够较好地解决提高分辨率和提高信噪比之间的矛盾。因此，该算法具有较好的适用性和分辨率，而且具有相当快的计算速度，缺点是不能正确反映地层倾角变化。

第3代算法，即C3算法，体属性多算子本征值相干计算技术以多道或多个子体为对象进行道比较和相似性计算，同时进行基于层位的倾角和方位角估计，从常规数据的纵测线地震显示上估计真倾角最大值来定义离散视倾角范围。通常当地层具有走向和倾向多变特征时，如盐底辟、前积三角洲、火山岩地层等，计算出独立的相干数据体、倾角数据体和方位角数据体，利用HLS(色调、光亮度和饱和度)彩色模型显示相干、倾角和方位角多个地震属性。倾角和方位角的变化指示褶皱、断块旋转、碳酸岩冲蚀、火山岩的熔岩流分布及其走向变化等。因此，沿层提取相干、倾角和方位角等属性，能用于分析河道变迁、扇体演化、碳酸岩地下地貌及火山岩体分布等，从而能更准确地描述隐蔽油气藏。

二、研究实例

1. 地质概况

松辽盆地北部徐家围子断陷深层火山岩气藏岩相变化快，物性变化大，火山岩的分布和相带预测困难，我们应用相干体技术和地震地质综合分析手段研究了火山岩的特点及其空间展布。

首先，通过井震标定确定火山岩在地震剖面上的位置，图1为徐深1井(xushenl井)合成地震记录，与井旁地震道对比，波形特征相似，波组对应关系较好，营一段火山岩顶界 T_{4C} 与上覆营四段为不整合接触，底界 T_{41} 以角度不整合与沙河子接触。然后在火山岩标定的基础上分析火山岩各相带地震反射特征。爆发相火山岩波形特征明显，一般为强反射，在三维地震剖面上具有明显的丘形或楔形反射特征，反映火山喷发的原始古地形，火山岩顶面反射为一上超面，上覆砂砾岩地层超覆于营一段火山岩顶面之上，内部反射杂乱或断续弱反射；溢流相火山岩在三维地震剖面上反射波组外形呈近水平状或楔型，同相轴横向上连续性较强，局部呈杂乱分布，振幅较强；远火山口相带以火山沉积相为主，成层性明显，波形特征为连续或较连续、强振幅、平行反射(图2)。

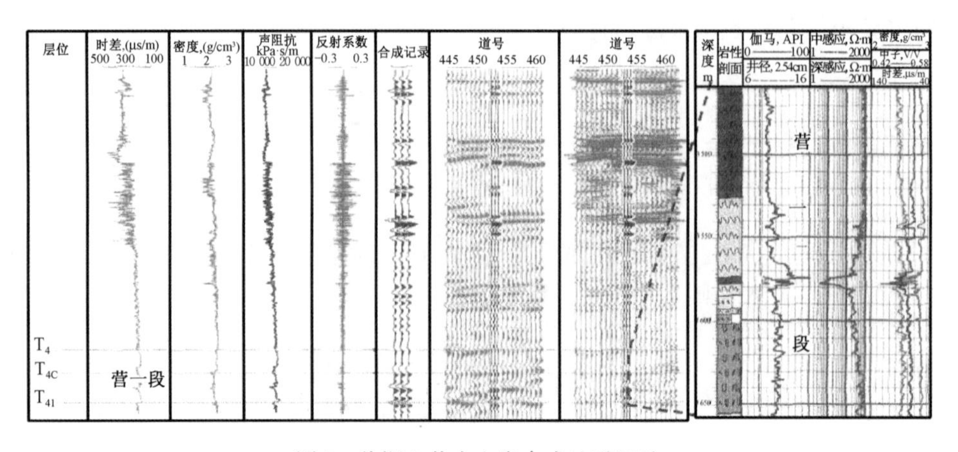

图1 徐深1井火山岩合成地震记录

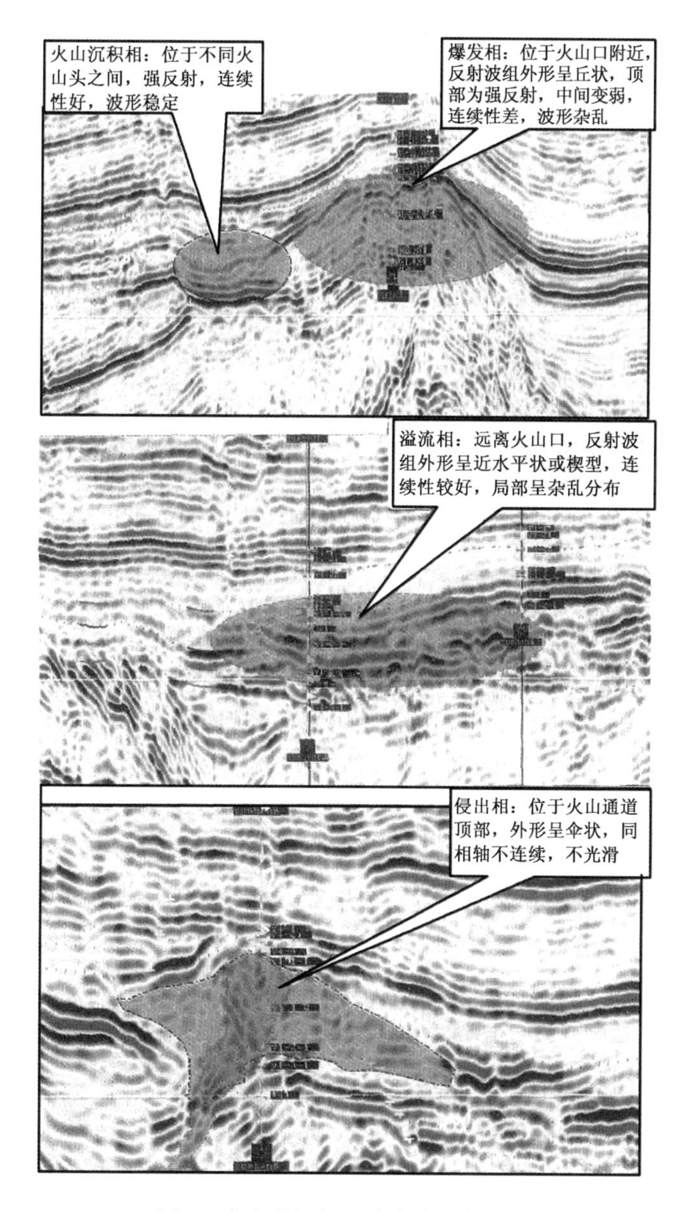

图2　火山岩相与地震波形对应关系

火山岩波形反射特征反映了火山岩地震地质条件，火山岩的反射同相轴蜿蜒回转，排列无序，反映火山岩溢流状态，也有利于应用相干、倾角和方位角多地震属性研究火山岩的赋存状态。

2. 地震相干多属性体的计算

通过对比和地震层位追踪解释确定火山岩赋存地层的空间格架，然后进行相干计算，计算过程分5步：(1)三维地震数据体准备；(2)层位数据文件；(3)参数选取试验及相干处理计算；(4)作时间切片，沿层切片；(5)处理结果解释。

相干处理主要参数有子体大小、倾角、方位角范围和增量步长。纵横向时窗，确定子体大小，输入地震数据的时间采样率为1ms，纵测线间距 $\Delta x = 25\text{m}$，横测线间距 $\Delta y = 25\text{m}$，纵测线方位沿东西方向，应用3×3×3的子体。目的层段的上倾和下倾角变化确定倾角范围和增量步长，由于地层陡，倾角范围取－45°～＋45°，倾角增量取5°；方位角取值范围为0°～180°，增量步长为5°。计算得到相干数据体、倾角数据体和方位角数据体。图3为营一顶T_{4C}向下10ms和30ms的顺层相干、倾角和方位角多属性叠加切片，利用HLS（色调、光亮度和饱和度）彩色模型进行显示。不同颜色代表不同方位角，红、绿、蓝色分别表示0°，120°，240°方位，红、绿、蓝不同颜色的深浅表示倾角的大小。

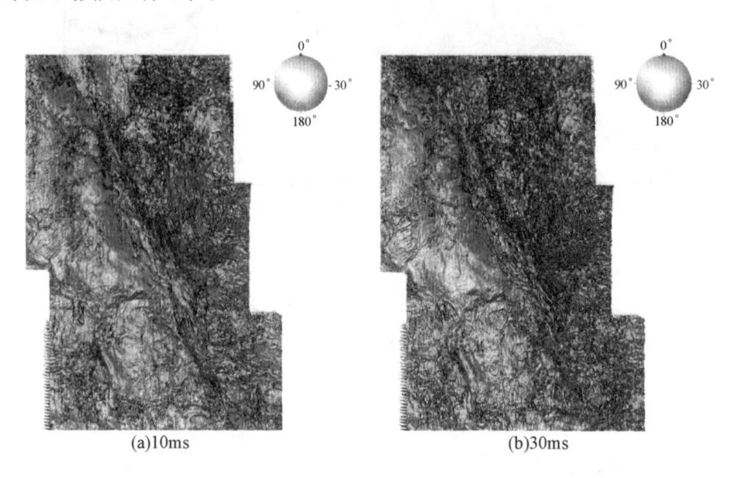

(a)10ms　(b)30ms

图3　营一顶向下10ms和30ms相干、倾角、方位角多属性叠加切片

3. 效果分析

为分析评价所应用算法的效果，我们采用常规相干算法计算了同区相干体（图4）。对比图4与图3可见，尽管在常规算法的相干切片中断层相对清晰，但火山口的位置，火山岩体的分布范围难以圈定，无法分析火山岩相带展布和储层发育状况，不能用于井位部署。而在图3中，断层显示更加清楚，火山口和火山岩体分布范围清晰可见，便于解释。这说明本次研究采用的相干算法更具有先进性，且适用于火山岩这种特殊岩性体的预测。

在对算法应用效果对比分析的基础上，把相干数据体加入到三维可视化系统中，在井的约束下进一步对处理结果加以解释，利用三维可视化技术对相干体进行雕刻，准确描述了火山口和火山岩体分布范围（图5）。预测结果显示火山岩分布在平面上有一定的变化规律，主要受北北西走向的宋西大断裂控制，在宋西断裂以东火山岩普遍发育、厚度大，而宋西断裂以西呈条带状发育。火山熔岩沿基底断裂及其次级断裂，以裂隙中心式喷发形成若干火山口，其中徐深1井附近的兴城地区有7个火山口。火山口的分布控制了火山岩爆发、溢流、火山沉积相的展布，研究表明火山口的爆发相与近火山口的溢流相储层发育，火山沉积相储层不发育。火山口附近储层发育，同时局部构造也发育，因而是有利勘探开发目标区（图5），部署钻探后证实预测结果准确。

三、结束语

松辽盆地北部地区徐家围子断陷深层火山岩气藏具有复杂的地质特征，气藏描述难度大，利用地震信息准确预测火山岩分布及其相带是开展火山岩储层识别的前提和基础。

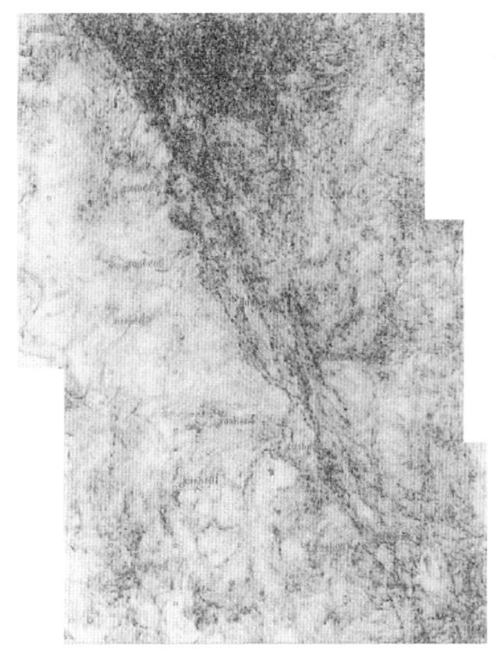
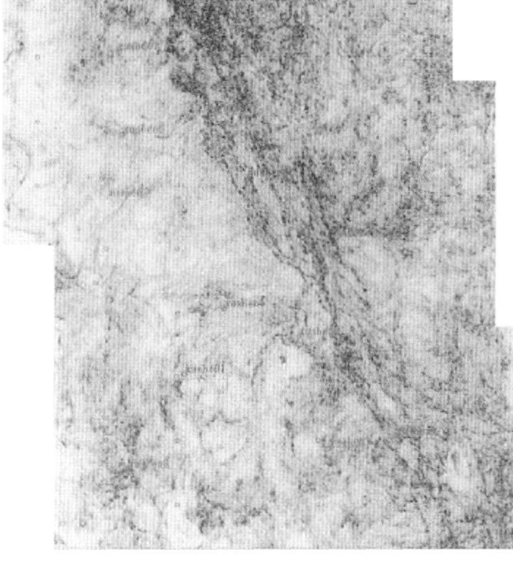

图4　常规相干切片

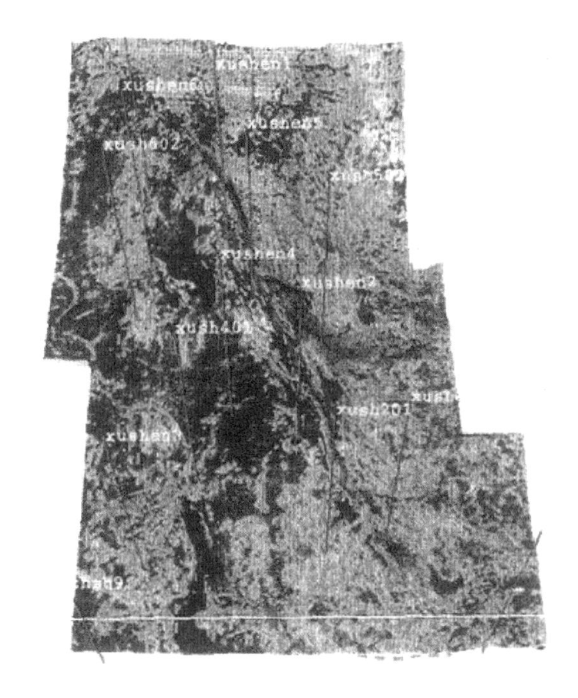

图5　火山岩体分布预测

利用相干计算技术获得多种体属性能够预测火山岩分布范围，但对进一步的火山岩微相分析则需要结合地震相、反演及其他地震属性来分析。

火山岩反射同相轴蜿蜒回转，反映火山岩溢流状态，三维可视化显示表明火山岩分布面积大，受深大断裂控制，火山口附近储层发育，是有利勘探开发目标区。

（原载《石油物探》，2006 年 45 卷 2 期）

聚合物驱剖面返转类型及变化规律

王冬梅　韩大匡　侯维虹　曹瑞波　武力军

摘　要： 聚合物驱过程中的注入剖面变化在注聚合物初期，其吸水剖面与水驱基本相同，聚合物溶液还是主要进入高渗透层，随着高渗透层渗流阻力的增加，聚合物溶液开始进入低渗透层，注入剖面得到改善。随着低渗透层聚合物溶液的不断进入，其渗流阻力增加，导致其吸水比例逐渐下降，吸水剖面出现返转。其吸水变化类型主要有一次返转型、二次或多次返转型和不返转型。通过对现场实际资料的研究表明：(1)在注聚合物过程中，各沉积单元相对吸水量往复变化；(2)注聚合物过程中，低渗透层剖面返转时机先于中渗透层；(3)低渗透层注聚合物剖面第二次返转时相对吸水量峰值低于第一次返转时的峰值；(4)高渗透层的厚度比例越大，聚合物调整低渗透层吸水剖面能力越差；(5)聚合物驱全过程中，高渗透层的累积吸水量仍大于中、低渗透层；(6)绝大多数单元的吸水剖面在吸水指数、含水下降期发生初次返转。另外，相对于一类油层聚合物驱，二类油层具有返转出现时间早于一类油层、返转幅度大于一类油层等特点。

关键词： 剖面返转　返转规律　返转类型　吸水剖面

引　言

通过对大庆油田聚合物驱工业区块吸水剖面资料的统计发现，在聚合物驱后，少数井吸水剖面没有得到改善，反而层间、层内的矛盾更加突出。有些井在注聚合物初期吸水剖面得到改善，但一段时间后吸水剖面又发生了返转。因此研究吸水剖面变化规律以及返转时机可以及时提出治理措施，更充分地发挥聚合物提高采收率的作用。

一、剖面返转定义

聚合物驱过程中的注入剖面变化在注聚合物初期表现为其吸水剖面与水驱基本相同，即聚合物溶液主要还是进入高渗透层。随着高渗透层渗流阻力的增加，聚合物溶液开始进入低渗透层，注入剖面得到改善。随着低渗透层聚合物溶液的不断进入，其渗流阻力增加，导致其吸水比例逐渐下降，吸水剖面出现返转。低渗透油层相对吸水量开始下降的点称为返转点，在某些情况下，随着注聚合物量的增加，低渗透层的相对吸水量达到某一低值后，又会呈增加趋势，两个开始增加点之间的注入倍数称为一个返转周期(图1)。

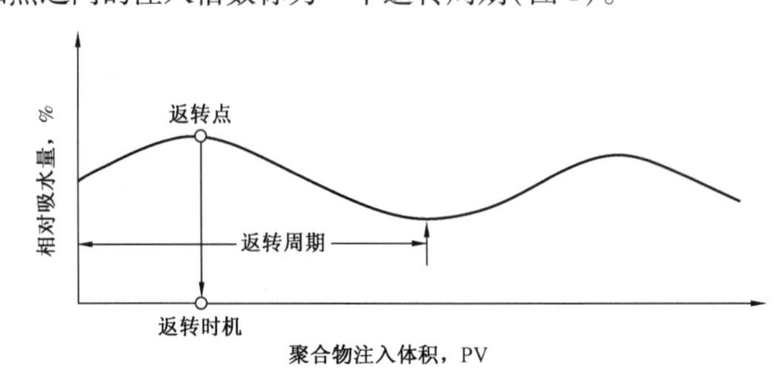

图1　中低渗透层返转示意图

二、吸水剖面变化类型

1. 不返转型

不返转类型的井非常少，在统计的杏十三聚合物试验区的16口井中只有1口，占6.3%。如杏13－11－32井，在注聚合物溶液过程中，葡I3层相对吸水量始终为100%，到2005年4月后续水驱时，其相对吸水量才下降到88.2%，其他层得到了动用。造成这种现象的原因是地层系数级差太大，如杏13－11－32井葡I1—2层渗透率为0.12D，有效厚度2.2m，葡I3层渗透率为0.43D，有效厚度12.4m，两层地层系数级差为20倍。

2. 一次返转型

从杏十三试验区资料来看，一次返转井有3口，占统计井数的18.8%。这种井主要是表现在地层系数（*Kh*）级差较大，此井葡I3与葡I1—2层地层系数级差为14倍。

3. 二次或多次返转型

这种类型井比例较大，如统计杏十三聚合物试验区16口井，多次返转型有12口，占统计井数的75.0%。又如北三西西块的2－1－P42、3－5－SP36井均为多次返转型。这种类型井的地层系数级差均较小。

三、剖面返转的规律

（1）在注聚合物过程中，各沉积单元相对吸水量是往复变化的。

从喇南试验区的5口井以及杏十三区聚合物试验区16口井资料来看，在注聚合物过程中，各单元的相对吸水量是呈起伏变化的，并不是相对高渗透层（地层系数高）相对吸水量持续下降，低渗透层（地层系数低）相对吸水量持续上升。这主要是由于单元间差异造成的。随着聚合物溶液的注入，各单元的相渗透率发生了变化，单元间差异在不断地缩小或扩大，因此各单元间的相对吸水量会呈现往复变化。从层内来看，北一区断西西2－P101井在整个注聚合物过程中也经历了两次返转。此井在注聚合物半年后吸水厚度达到最高值，然后开始减少。从高渗透层相对吸水量来看，在整个注聚合物过程中发生了两次返转。

（2）注聚合物过程中，低渗透层剖面返转时机先于中渗透层。

例如喇南试验一区注入井5－P3425、葡$I2_3$、葡$I2_2$分别与葡$I2_1$单元渗透率相差倍数为1.41、1.26，地层系数相差了6.09、2.25（图2）。在注聚合物过程中，渗透率相对较低的葡$I2_3$单元吸水剖面在聚合物用量0.08PV时先发生返转，渗透率相对较高的葡$I2_2$单元在注聚合物0.18PV时发生返转。

（3）低渗透层注聚合物剖面第二次返转时相对吸水量峰值低于第一次返转时的峰值。

从喇南3口井吸水剖面资料来看，低渗透层相对吸水量第一个峰值为25.7%，第二个峰值为20.9%。北三西西块3－5斜P36井相对吸水量第一个峰值为73.19%，第二个峰值为45.15%。相对吸水量第二个峰值均低于第一个峰值。从油层性质来看，高、低渗透层差异加大。在注聚过程中，泥质含量、含油饱和度（如北2－6－检26、检27井）都在减少，从而导致聚合物溶液扩大波及体积的能力减弱。从喇南试验一区、北一区断西注聚合物井吸水指数来看，吸水指数随着含水的下降而下降，随着含水的上升而上升，且含水上升期时的吸水指数值大于含水下降期时的值，说明注聚合物中、后期油层物性已发生了变化，不同渗透层之间的差异加大，聚合物溶液调整剖面能力减弱。

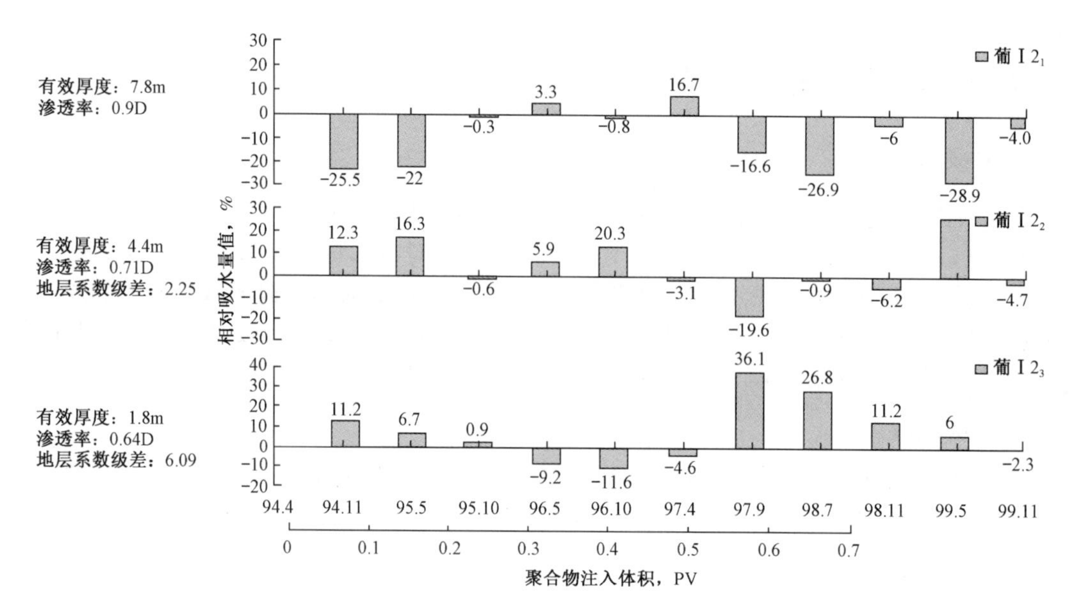

图 2　喇南一区 5－P3425 井单元吸水剖面变化图

（4）高渗透层的厚度比例越大，聚合物调整低渗透层吸水剖面能力越差从北一断西聚合物工业区块的注聚合物井西丁 2－P2 来看，在葡 I2—4 层上部存在高渗透层，有效渗透率大于 1200mD，而且厚度比例占整个层的 63.2%。在注聚合物后，初期聚合物溶液首先进入高渗透层，1.5 年以后吸水剖面才变得均匀，油层动用程度变好，但 1 年后高渗透层相对吸水量增加。又如北一区中块井北 1－丁 6－P33 井葡 I1—2 层占全井厚度的 53.1%，注聚合物后吸水层数减少，由 6 个层减少到 2 个层，到注聚合物第 3 年才到聚合物溶液的剖面调整效果（表 1）。

表 1　北 1－丁 6－P33 井基础数据表

层号	有效厚度，m	有效渗透率，D	地层系数，D·m	地层系数级差	渗透率级差
葡Ⅰ1—2	7.7	0.98	7.456	—	—
3	0.4	0.26	0.104	73	3.8
3	0.6	0.29	0.174	43	3.4
4	1.0	0.28	0.28	27	3.5
4	0.4	0.39	0.156	46	2.5
5	—	—	—	—	—
葡Ⅰ6—7	4.4	0.44	1.936	4	2.2

（5）聚合物驱全过程中，高渗透层的累积吸水量仍大于中、低渗透层。

虽然聚合物溶液能够扩大波及体积，但在整个过程中，高渗透层仍保持最高的吸水量。从喇南试验一区 5 口注入井的资料来看（表 2），整个注聚合物过程中，各单元的累计吸水量仍是高渗透层大于中渗透层，中渗透层大于低渗透层。高渗透层与中、低渗透层的吸水比例高于渗透率级差，小于地层系数级差。

从北一区断西聚合物试验区的 2 口注聚合物前后取心井资料来看，注聚合物见效层位主要为中渗透层，高渗透层葡 I3 采出程度仅提高 1.7%，中渗透层葡 I1、葡 I2 采出程度分别提高了 14.1%、44.6%，低渗透层未得到动用。这说明大量的聚合物溶液在高渗透层只是无效的循环，如果有好的技术将其堵住，那么聚合物驱采收率还能大幅度提高。

表2　喇南试验一区注入井吸水比例

渗透程度	有效厚度,m	渗透率		地层系数		聚合物驱全过程	
		D	级差	D·m	级差	吸水比例,%	级差
高	7.2	0.746	—	5.37	—	50.8	—
中	4.8	0.590	1.3	2.83	1.9	35.1	1.4
低	1.8	0.333	2.2	0.60	9.0	14.1	3.6

(6)绝大多数单元的吸水剖面在吸水指数、含水下降期发生初次返转。

统计喇南试验一区5口注入井18个单元,返转时机在注聚合物溶液0.08PV时出现,有7个单元,占38.9%;0.16~0.18PV发生返转的有5个单元,占27.8%;0.3~0.45PV发生返转的单元有3个,占16.7%。66.7%的沉积单元在聚合物溶液注入体积0.08~0.2PV发生返转,此时也是综合含水大幅度下降到阶段(图3、图4)。

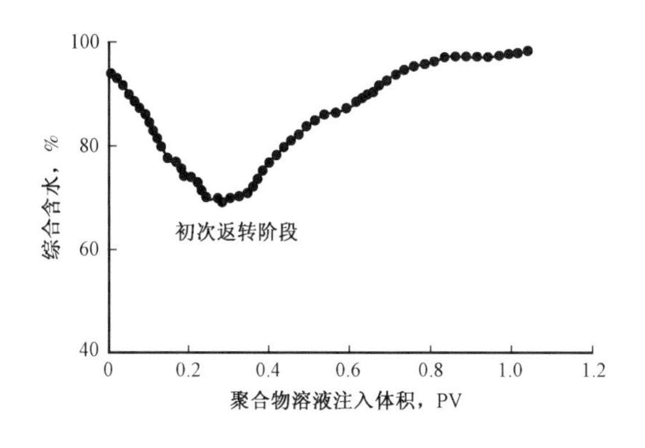

图3　喇南试验一区中心井含水曲线

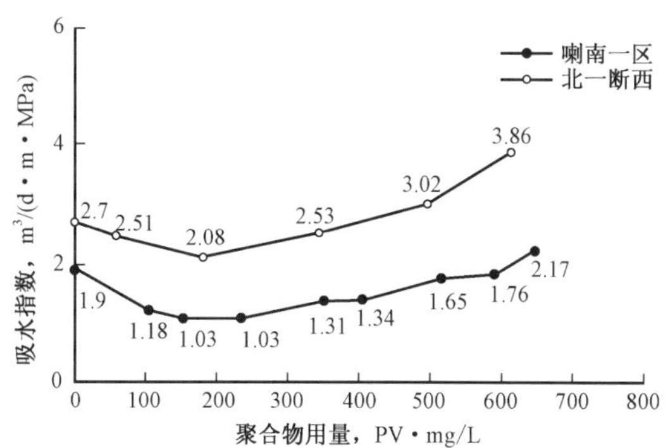

图4　吸水指数与聚合物用量关系曲线

四、二类油层与一类油层的对比

与主类油层相比,二类油层剖面返转具有以下规律(表3)。

表3　差油层剖面返转前后吸液量对比

区块	返转前,%	返转后,%	下降,%
北二西一类油层	48.4	23.7	24.7
北一二排西二类油层(15)	49.9	16.1	33.8
北一二排东二类油层(10)	47.7	20.3	27.4

(1)返转出现时间早于一类油层。

根据中新201站聚合物驱低渗透油层吸水状况统计,第一次出现返转的时机为聚合物用量为155PV·mg/L,而北二西一类油层第一次剖面返转基本都在聚合物用量为200PV·mg/L左右。

(2)二类油层聚合物驱剖面返转幅度大于一类油层。

通过一类油层与二类油层差油层剖面返转前后吸液量对比可以看出,一类油层返转后吸液量下降24.7%,而二类油层的下降幅度为30%左右。

五、结论及建议

(1)聚合物剖面返转变化类型主要有3种:一次返转型、二次或多次返转型和不返转型。

(2)聚合物驱剖面返转主要有以下规律:在注聚合物过程中,各沉积单元相对吸水量往复变化;注聚合物过程中,低渗透层剖面返转时机先于中渗透层;低渗透层注聚合物剖面第二次返转时相对吸水量峰值低于第一次返转时的峰值;高渗透层的厚度比例越大,聚合物调整低渗透层吸水剖面能力越差;聚合物驱全过程中,高渗透层的累积吸水量仍大于中、低渗透层;绝大多数单元的吸水剖面在吸水指数、含水下降期发生初次返转;二类油层返转出现时间早于一类油层、返转幅度大于一类油层。因此,针对剖面返转的变化特点及其影响因素,分层注聚合物、深度调剖、注入高浓度聚合物应是控制剖面返转的重要手段。

(原载《大庆石油地质与开发》,2007年26卷4期)

高含水期地震约束储层建模技术

胡水清　韩大匡　夏吉庄

摘　要：在油田高含水期，充分发挥地震资料和井资料分别在平面和纵向上具有高密度采样的特点，建立高精度的储层地质模型，是油藏开发领域的迫切需要。文中提出了利用高精度油藏地球物理储层预测成果为约束，建立高精度储层地质模型的方法理论。实例研究表明，地震约束储层建模方法能够发挥地质统计学对多学科专业知识的综合能力，有机地融合地震、测井和地质等信息，有效地降低地质模型的不确定性，有利于提高储层地质建模的精度，具有很好的实际效果和应用前景。

关键词：地震约束　高含水期　油藏地球物理　储层地质建模

引　言

经过三四十年的开采，我国国内主要老油田已进入高含水后期甚至特高含水期，地下剩余油呈“整体高度分散、局部相对富集”的状态，传统的油藏描述方法已不能准确地描述和预测地下剩余油十分复杂的分布状态。如何利用地质、测井及地震等不同分辨率不同空间覆盖尺度的数据，联合建立反映储层的几何形态和物性参数特征以及渗流特征的三维或四维油藏地质模型，从而达到准确预测剩余油富集区和提高注水采收率的目的，这是当前老油田挖潜中面临的主要技术难题之一。

本文提出在高含水开发期，利用高精度油藏地球物理储层预测成果为约束，建立高精度储层地质模型的方法。在胜利油田垦利地区应用表明，该方法能够充分利用地震资料与井资料分别在平面和纵向上具有高密度采样的特点，发挥地质统计学对多学科专业知识的综合能力，从而对剩余油富集区的分布及其属性特征做出更准确细致的描述和预测；同时，能够为精细油藏数值模拟提供高精度的储层地质模型。

一、高含水后期储层地质建模策略

储层地质建模是基于储层的复杂性特点，应用地质统计学方法来解决储层参数结构性和随机性的问题，储层地质建模的目的就是有效地表现储层的结构以及储层参数的空间分布和变化规律。在高含水后期，研究区一般具有井网密度大，井距小的特点，但是井间储层信息仍然是“模糊”的，依据传统方法建立的地质模型，在井间仍具有不确定性。近年来，老区开发地震技术的迅速推广应用，与开发早期和评价阶段相比，有效的储层地质信息得到极大地丰富和增强。因此，在高含水后期，只有在有机融合不同来源、不同尺度的信息基础上，尤其是充分利用地震资料所提供的信息，才能建立最大限度符合实际地质情况的高精度储层模型。在高含水后期地质建模过程中，可以基于多源信息融合机理，灵活采用以下几种建模策略。

1. 随机建模与确定性建模相结合

在高含水后期实际建模过程中，为了尽量降低模型中的不确定性，应尽量利用研究区井多、井距较小的特点，应用确定性信息来限定随机建模过程，即随机建模与确定性建模相结合建立储层地质模型。一般先采用相建模方法建立储层砂体格架模型，然后在储层砂体格架模型的基础上利用随机建模方法建立储层参数模型，在随机模拟的过程中如条件允许还应考虑利用地震资料等软数据加以约束，最后利用掌握的确定性信息对所建立的储层模型进行检验和优选。

2. 二步建模

即第一步应用离散模型描述储层的大规模非均质特征，建立沉积相、砂体类型格架或流动单元等模型，第二步应用连续模型描述不同沉积相(砂体类型或流动单元)内部的储层物性参数分布规律，分相(砂体类型或流动单元)进行井间插值或随机模拟，建立储层参数分布模型。

3. 等时建模

即在建模过程中应进行等时地质小层的约束，即应用高分辨层序地层学原理确定等时界面，并利用等时界面将沉积体系分为若干等时层。在建模时，按地质小层建模，然后再将其组合为统一的三维沉积模型。

4. 多信息协同建模

为了降低储层模型中的不确定性，应尽量应用多种尺度的资料(如地质、测井、地震、试井等)进行协同建模。特别是在井数据相对较少的边缘区块，可以充分利用地震资料作为约束来降低横向上的不确定性。

二、高含水后期地震约束储层地质建模方法

地震约束储层地质建模技术是以地质统计学理论为核心，结合常规地震解释、反演、属性提取等成果，以及井间地震、VSP等资料，建立储层地质模型的综合研究。在高含水后期，井资料丰富、井距较小的前提下，地震资料对地质模型和建模过程的约束作用主要体现为控制储层空间形态、表现储层非均质性以及降低模型不确定性。

1. 地震约束下构造模型的构建方法

构造模型包括层位模型和断层模型，主要反映储层的空间框架和断层格局。综合利用地震、地质、测井等多资料信息建立储层的三维构造模型，从而为储层属性参数的分布提供空间约束。

1)层位模型的建立方法

层位模型是划分建模单元的基础，主要描述储层顶(底)面的三维分布形态。在构建过程中，大的地质层位采用具有外部趋势约束的克里金插值算法，以地震资料解释的储层的顶(底)界面数据(时深转换后)作为趋势，并结合测井分层数据来建立；中间细分层界面根据井上划分的地质标志层数据，在大的地质层位约束下通过内插获得，生成的层面作为不同建模单

元的纵向分界面,在深度域空间将模型劈分为不同的建模单元。

2)断层模型的建立方法

断层模型反映的是三维空间地层上断面的展布形态。实际建模中,可以利用经过时深转换后的深度域三维地震资料解释的断面信息,建立断层模型(图1)。在建立断层模型时,首先要选择对油气聚集关系密切且断穿层位较多的断层作为主要断层参与建模;同时在整体上要搞清断层之间以及断层与地层之间的连接和削截关系;并且将井上的断点相应的断点标定到断面上,以保证地震解释的断层与井上划分的断点具有一致性。同时,可以通过对地震数据提取相干体,作为断面模型的一种空间约束和检查方式。在地质模型中加入断面信息为正确剖分地层单元和划分数值模拟单元奠定了基础。

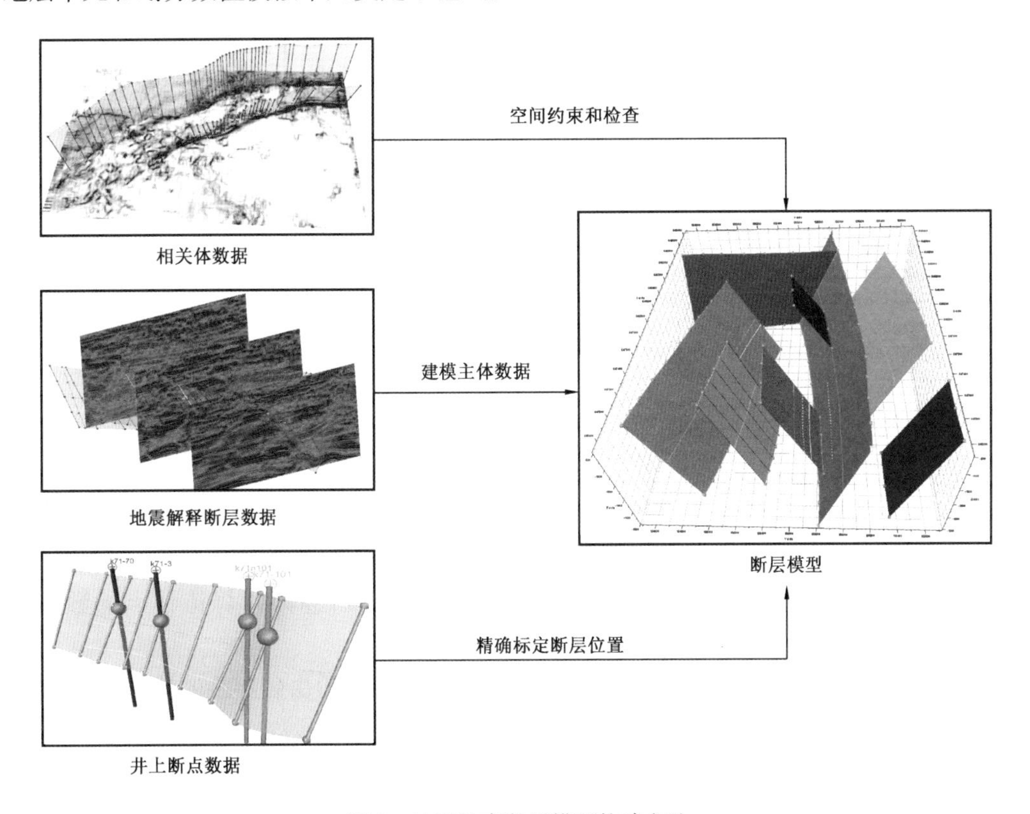

图1 地震约束断层模型构建方法

采用地震解释资料与井资料综合建立断层模型,跟单一使用井上断点构建断面相比较,具有以下优点:(1)从具有较好的横向分辨率的地震资料解释得到的断面,在空间的展布形态方面具有更高的准确性和可靠性;(2)结合地震资料,能够较精确有效地反映断面与断面之间、断面与地层之间的相互切割与搭接关系;(3)能够构建出一些对剩余油分布具有重要意义的、从井上资料无法识别的层间小断层。

3)速度模型的建立方法

在相建模或属性建模过程中,作为约束条件的地震属性资料或者反演成果通常都是在时间域完成,而测井、地质等信息均是深度域的,因此必须经过时深转换后的地震资料才能应用到建模当中。建模的研究对象往往是砂层组甚至单个砂体,所以地震约束建模中的时深转换与常规构造解释相比，显得更加重要，而且精度要求更高。如果时深转换超过误差范围，可能造成地震属性体与模型实际深度不匹配，从而造成对模型的构建失去效用。在开发后期的建模中，可以充分利用在井孔资料较多且较分布均匀的特点，采用地震解释资料约束下井点数据插值得到的深度域层位与地震解释得到的时间域层位，计算得到相应层位的层速度，利用各个地质层位的层速度建立高精度的速度模型，从而实现对地震属性体的时深转换（图 2）。

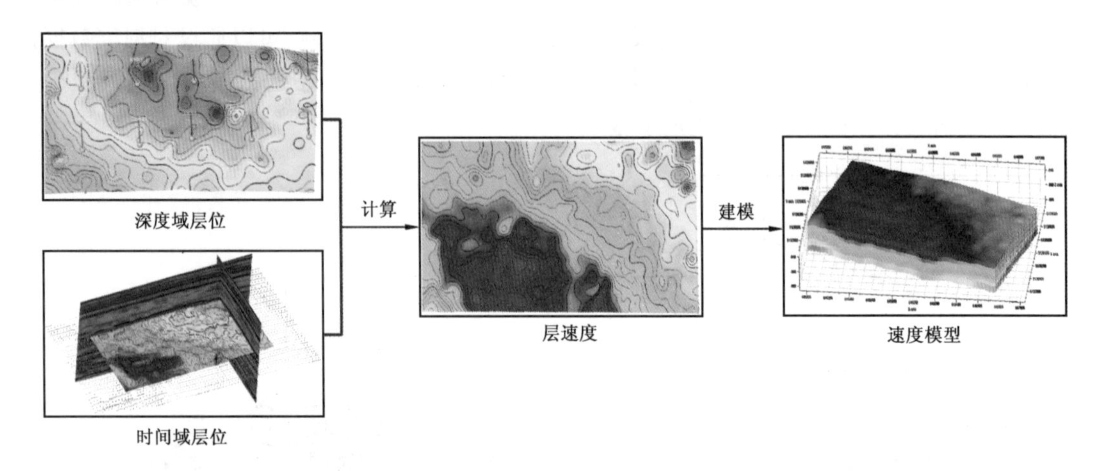

图 2　井—震联合速度模型建立方法

2. 地震约束作用在地质统计学中的实现方法

根据地质统计学理论，地震资料的约束作用在模拟或插值的过程中主要以两种方式体现：一种是作为模拟或插值的边界或者约束（包含平面约束和体约束），从形态和趋势上对计算过程进行控制；另一种是地震数据本身参与到计算中，通过与已知井点数据建立某种形式的方程组，以不同的克里金方法求解方程组待定系数，进而计算待估点的数值来实现的。

依据地质统计学原理，能够协同地震数据对井间未知区域给出确定性的预测结果，即从具有确定性的控制点（如井点）出发，推测井间确定的、唯一的储层参数的方法，称为地震约束确定性建模方法。在确定性建模方法中，克里金方法是其中的核心内容之一。当研究区范围内已有地震资料，可以利用某种能够携带协变量的克里金方法，将与插值地质属性相关的地震属性（振幅、速度或频率等）本身或地震反演结果作为协变量参数引入建模计算，以提高克里金插值计算的精度。如果主变量储层特征属性参数（如孔隙度等）和协变量地震参数（如波阻抗、层速度、反射系数和旅行时等）之间具有一定的相关性，则对区域中的某一点，关于主变量储层地质属性的估计值为：

$$X_0^* = \sum_{i=1}^{n} \alpha_i x_i + \sum_{j=1}^{m} \beta_j y_j \tag{1}$$

式中，X_0^* 为变量 X 在位置 0 处的估计值；$x_1, \cdots, x_n$ 为主变量的 n 个样本数据；$y_1, \cdots, y_m$ 为协变量地震属性的 m 个样本数据；$\alpha_1, \cdots, \alpha_n$ 和 $\beta_1, \cdots, \beta_m$ 为协克里金加权系数。

3. 地震约束下沉积相模型（砂岩骨架模型）构建技术

由于地震属性具有多解性，一般建立相模型或砂岩骨架模型不采用以地震数据为第二变量的克里金方法来直接参与地质统计学计算，而是采用趋势控制的方法加以约束，体现为两种约束数据、两种约束方法。(1)根据井数据与井旁地震信息，分析计算地震属性与沉积相或岩相之间的概率关系，然后将地震数据体转换为沉积相或岩相的概率数据，作为相建模过程中，各类沉积相在三维空间出现的概率体加以应用；(2)以提取地震层面属性或井震联合绘制的小层沉积相带图等二维数据，采用平面趋势的方式进行约束。

建立相模型的算法主要有基于目标方法、相截断模拟、序贯指示模拟和指示克里金方法等，结合地震数据建立沉积相或砂体骨架模型通常采用序贯指示模拟方法。采用序贯指示模拟方法，在地震数据的约束下，能够获得多个模型实现，再通过对多个实现作概率统计进行优势相的计算，以优势相模型作为最终的沉积相或砂体骨架模型。

4. 地震约束下储层物性模型构建技术

三维地震资料具有覆盖面广、横向采集密度大的优点，从这一角度分析，在构建储层物性模型的过程中，加入地震资料作为约束，可以提高模型的横向分辨率。但是，地震反射特征是地下多种信息的综合反映，地震资料具有很强的多解性。在建立储层物性模型的过程中，如何限制地震资料的多解性就成为模型准确与否的关键。

沉积相和成岩储集相控制着储层岩性、物性甚至含油性的变化和分布，即在不同相带内具有不同的岩性(或岩石组合)及不同的物性分布规律。因此在不同的相带内，地震参数与地质参数(如孔隙度)之间具有不同的相关关系，导致在多相地质条件下地震参数与地质参数的相关性变得很不明显。在储层孔、渗、饱参数模型的建模中，以结合地震信息建立的相模型或砂岩骨架模型为约束，通过相控储层参数建模，即分相带分别建立地震参数与储层物性参数之间的相关关系，将地震数据作为软数据，以同位协同克里金的方式参与建模的插值与模拟计算，来降低地震资料的多解性，提高模型的合理性。

三、应用实例

1. 垦71研究区地质概况

垦71断块位于济阳坳陷沾化凹陷垦西大断层下降盘中段，其北为垦西低突起，南部为三合村洼陷，东接孤西突起，西临三合村洼陷西斜坡。垦71断块石垦西老区的主力开发区，含油面积4.1km^2，主力含油层系为新近系馆陶组(Ng)、东营组(Ed)，平均有效厚度25.9m，经过20余年的高速开采，已进入特高含水开发期，综合含水高达96.7%。

垦71断块馆陶组为正韵律沉积，岩性以中—细砂岩为主，胶结物以泥质为主，砂体的沉积特征为一套河流相沉积，沉积亚相分为河道充填沉积、河道边缘沉积和泛滥平原沉积三个亚相；东营组为反韵律沉积，岩性以粗—细砂岩为主，砂体的沉积特征为一套三角洲沉积，沉积亚相分为分流河道沉积、分流河道边缘沉积和分流间岸及间湾沉积亚相。垦71断块馆陶组和东营组两套含油层系均有良好的生、储、盖组合。油层层数多，储量分散，共发育6个砂层组，即$Ng_{上}^{2+3}$、$Ng_{上}^{4}$、$Ng_{上}^{5}$、$Ng_{上}^{6}$、$Ng_{下}$和Ed^2段6个砂层组，共67个小层，其中52个含油小层。

2. 研究区构造模型的建立

垦71区块属于较复杂的断块油藏，其构造具有如下特征：(1)断层较为发育，尤其层间小断层发育；(2)断面相互切割，空间接触关系复杂；(3)随埋深增大，断距变大；(4)断层产状较为倾斜;(5)断层与地层切割关系复杂。

断层模型的建立是利用高精度三维地震解释的断层 stick 数据,生成断层面来实现。在断面构建过程中加入了地震资料剖面质量控制,使得断层线尽可能与剖面断层特征吻合。通过精细的断层线处理,建立了各断层的断面,使断层线倾角相互间具有继承性,断面相对光滑。利用地震解释的时间域地质层位,构建断层模型过程中产生的网格控制下,通过空间插值,建立了 Nm、$\mathrm{Ng}_{上}^{2+3}$、$\mathrm{Ng}_{上}^{4}$、$\mathrm{Ng}_{上}^{5}$、$\mathrm{Ng}_{上}^{6}$、$\mathrm{Ng}_{下}$、Ed^{2} 底面层面模型。在此基础上,将断层模型和层面模型分别进行时深转换,并进行中间层内插和三维网格剖分,建立研究区整体的构造模型(图 3)。

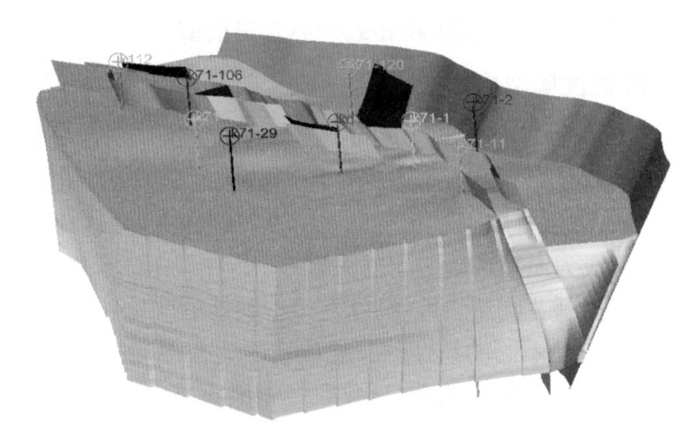

图 3　垦 71 断块构造模型

3. 研究区砂体骨架模型及属性模型的建立

砂体骨架(砂泥岩相)模型采用序贯指示模拟算法,以地震反演刻画的砂体数据体为约束建立。首先要将经过时深转换后的地震反演孔隙度体重采样到模型中,然后依据研究区内井点处的砂岩解释结果,将地震反演得到的孔隙度数据转化成空间砂岩发育的概率体数据。以该概率体作为约束,采用序贯指示模拟方法生成 31 个地质模型实现。为了更有效地对该方法进行研究,采用同样的地质统计学参数,在无约束的条件下也模拟得到了 31 个实现。在此基础上,对两者进行对比分析,可以看出,无约束序贯指示模拟得到的不同实现之间,砂体展布的空间形态和范围变化很大,相似程度很低[图 4(a)];地震约束指示模拟得到的不同实现之间砂体的形态具有很高的相似性[图 4(b)]。这说明采用地震数据作为约束条件,可以有效降低随机模拟方法的多解性,增加模型的确定性。

基于地震约束序贯指示模拟得到的 31 个随机模拟结果,计算一个以满足网格节点在多个实现中具有一定比例以上目标相为接受条件的模型,作为优势相模型的方法,得到最终的砂体骨架模型。通过对比分析可以看出,由于采用井数据在地震反演成果的约束下进行序贯指示随机模拟,地质模型符合地震预测的砂体分布趋势,反映了反演砂体的基本形态(图 5)。

从采用不同方法得到的砂体模型上切取联井剖面图,进行对比分析可以看出,地震约束模拟与无约束的常规模拟得到的模型相比较,井间砂体的展布和尖灭,更加符合实际的地质认识[图 6(a)、(b)];同时又受到井数据和变差函数的影响,地震约束模拟结果与反演得到的砂体并不完全一致,井点数据在随机模拟的过程中对反演结果进行了重新刻画,对地震反演成果中与井不相符合的部位进行了必要的修正,达到去伪存真的作用[图 6(b)、(c)]。采用地震约

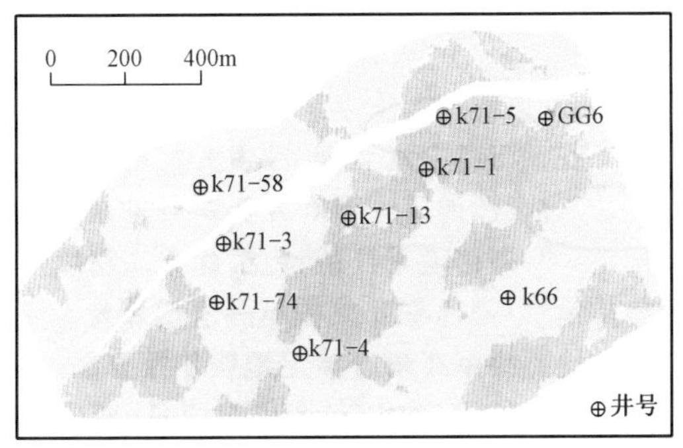

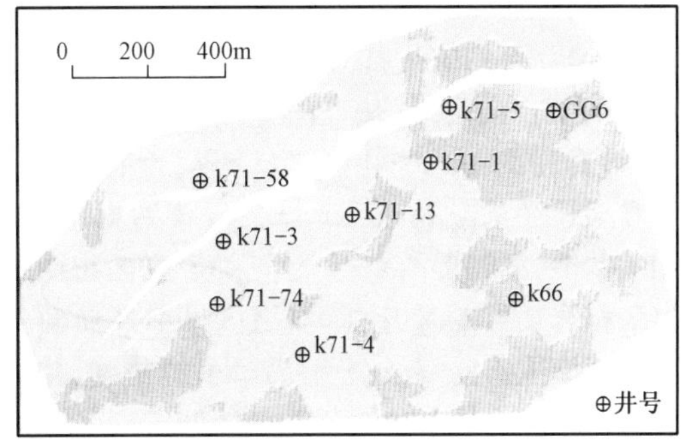

(a)无约束序惯指示模拟得到的前2个实现

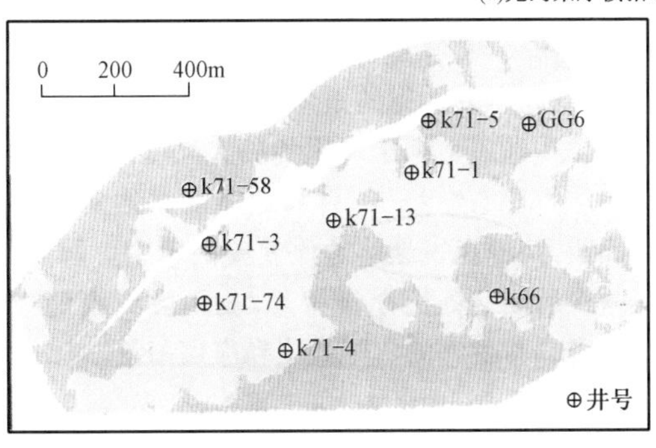

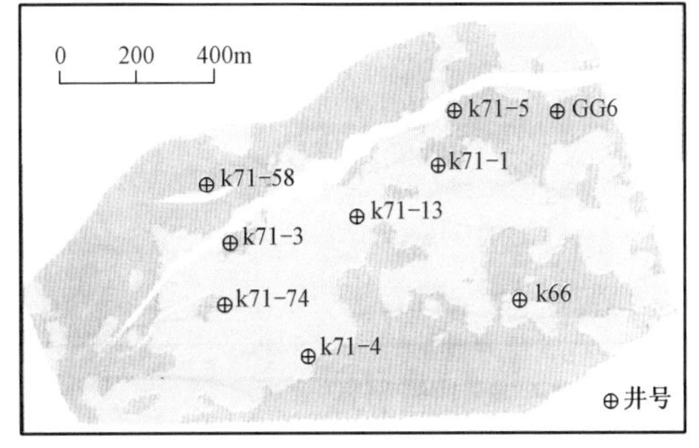

(b)地震约束序惯指示模拟得到的前2个实现

图4　不同方法得到的 $Ng_{上}^{4-7}$ 小层砂体骨架模型的前2个实现对比

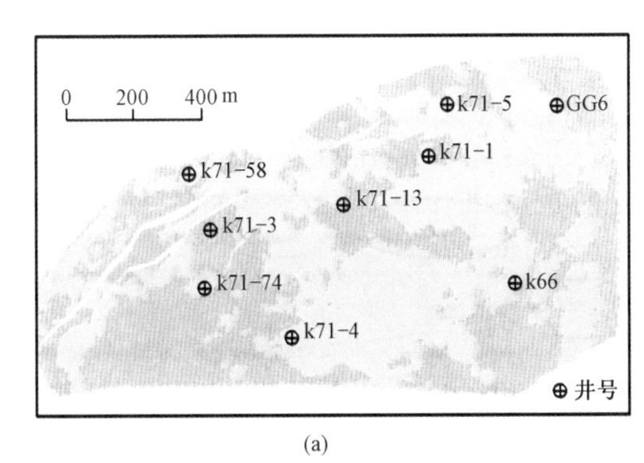

(a)

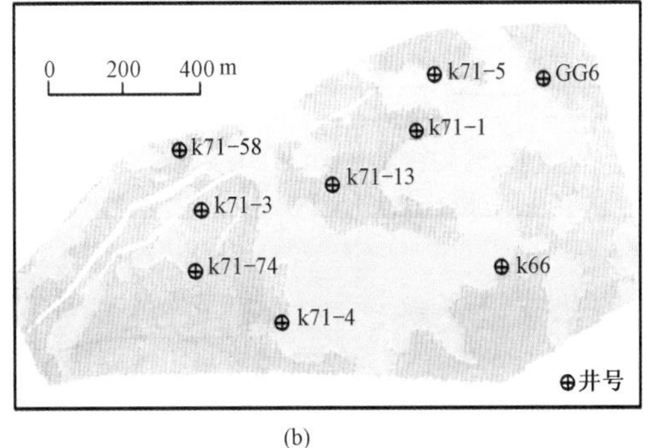

(b)

图5　Ed$^{2-4}$小层地震反演(a)与地震约束序贯指数模拟砂体(b)对比

束模拟方法建立的砂体骨架模型,在纵向上,比地震反演本身刻画的砂体具有更高的精度;在横向上,具有地震反演砂体的展布特征,比常规随机模拟得到的砂体具有更高的确定性。

在砂岩骨架模型的约束下,采用序贯高斯模拟方法,以地震反演得到的孔隙度数据作为协变量,对测井解释得到的孔隙度值进行随机模拟,得到孔隙度模型。同样,以最终的孔隙度模型作为协变量,计算得到渗透率模型。以地震约束建立的砂体骨架模型的空间约束和地震反演数据(或与其相关数据)的趋势约束下,建立的研究区物性模型更加符合实际地质特征,应用该模型开展油藏精细数值模拟研究,有效地提高了模拟精度,并缩短了模拟的历史拟合时间及研究周期。

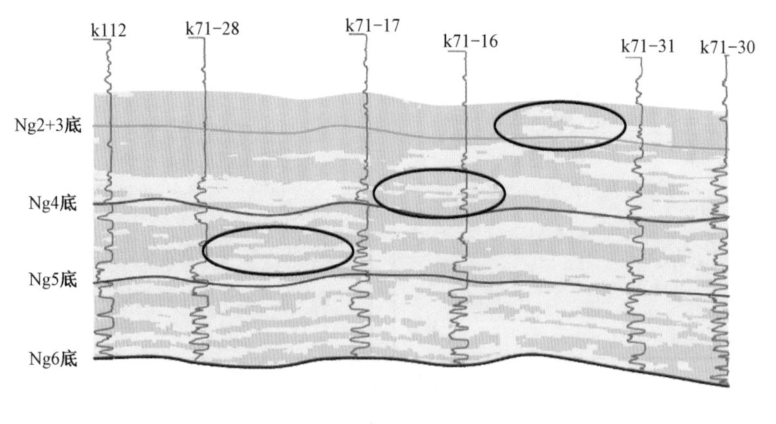

(a)地震反演砂体联井剖面

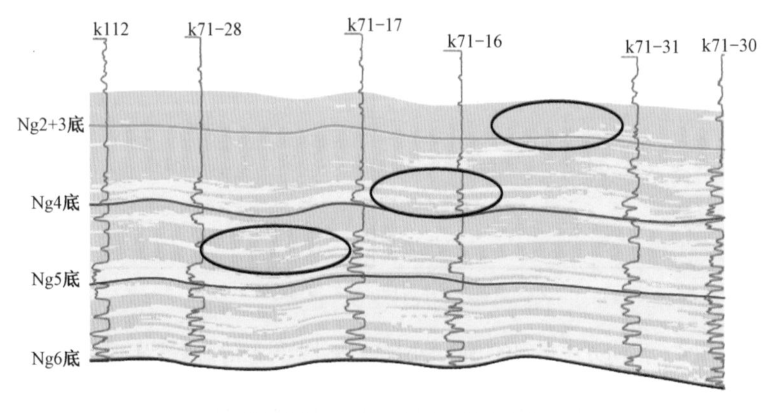

(b)常规无约束序贯指示模拟砂体联井剖面

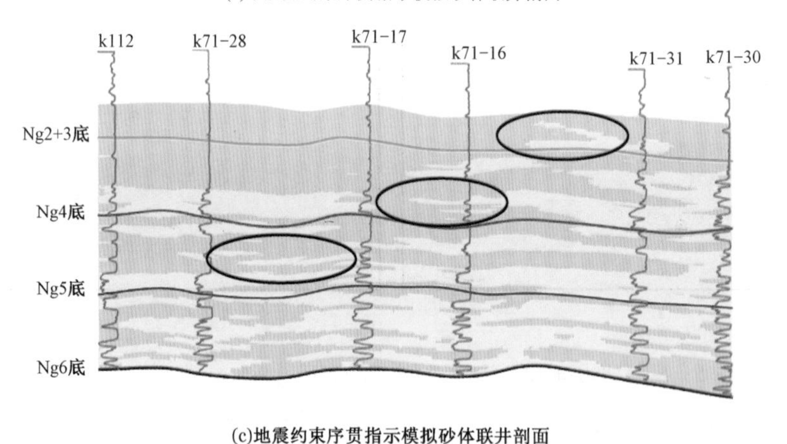

(c)地震约束序贯指示模拟砂体联井剖面

图6　地震反演、无约束模拟和地震约束模拟砂体联井剖面对比(黑圈内为变化较大的部位)

四、结论

在油田高含水后期,随着开发地震技术的发展,充分发挥地震资料和井资料分别在平面和纵向上具有高密度采样的特点,建立高精度的储层地质模型,是油藏开发领域的迫切需要。本文提出的地震约束高精度储层地质建模方法,能够有机地融合地震、测井和地质等信息,使建立的构造、砂岩骨架以及储层物性模型能够更有效地反映出实际地质以及油藏特征。本文通过一系列对比研究表明，在地震信息约束下所建立的地质模型，既符合井数据的地质统计学特征，同时又能反映出在地震数据中观测到的大尺度结构和储层横向上的连通性特征，有效地降低了地质模型的不确定性，提高了储层地质建模的精度。因此，在高含水后期老油田挖潜中，开展地震约束储层地质建模具有很好的实际效果和应用前景。

（原载《石油与天然气地质》，2008 年 29 卷 1 期）

支持向量机在单井措施增油量预测中的应用

王继强　韩大匡　金志勇　冯汝勇　杨作明　张广群

摘　要：支持向量机(SVM)是一种以坚实理论为基础的新的小样本学习方法，它避开了从归纳到演绎的传统过程，极大地简化了通常的分类和回归等问题。SVM 的最终决策函数只由少数的支持向量所确定，计算的复杂性取决于支持向量的数目，而不是样本空间的维数，这在某种意义上避免了“维数灾”。用支持向量机方法对大庆油田某区块压裂数据进行了处理，建立了单井压裂增油量预测模型。实际应用效果表明，支持向量机方法对于预测单井措施的增油是一种比较切实可行的方法，它具有预测精度高，方法简单、可靠的优点。

关键词：支持向量机　增产措施　增产效果　压裂

引　　言

支持向量机(SVM)是在统计学习理论的基础上提出的一种模式识别的新方法，它避免了人工神经网络等方法的网络结构难于确定、过学习和欠学习以及局部极小等问题，被认为是目前针对小样本的分类、回归等问题的最佳理论。SVM 方法的基本思想是基于 1909 年 Mercer 核展开定理，可以通过非线性映射，把样本空间映射到一个高维乃至于无穷维的特征空间(Hilbert 空间)，使在特征空间中可以应用线性学习机的方法解决样本空间中的高度非线性分类和回归等问题。

一、支持向量机原理

1. 线性可分情况

SVM 是从线性可分情况下的最优分类面发展而来的，基本思想可用图 1 的二维情况说明。图 1 中，红点和绿点代表两类样本，H 为分类线，H_1 和 H_2 分别为各类样本中离分类线最近样本的所在线，该线是一条平行于分类线的直线，它们之间的距离叫做分类间隔。所谓最优分类线就是要求分类线不但能将两类样本正确分开(训练错误率为 0)，而且使分类间隔最大。分类线方程为 $xw+b=0$，我们可以对它进行归一化处理，使得对线性可分的样本集(x_i, y_i)，$(i=1,2,...,n;x\in R^d;y\in\{+1,-1\})$满足：

$$y_i[(w\cdot x_i)+b]-1\geqslant 0\qquad(i=1,2,...,n)\tag{1}$$

此时分类间隔等于 $2/||w||$，使间隔最大等价于使 $||w||^2$ 最小。满足条件式(1)且使 $||w||^2/2$ 最小的分类面就叫做最优分类面，H_1 和 H_2 上的训练样本点就称作支持向量。

利用 Lagrange 优化方法可以把上述最优分类面问题转化为其对偶问题，即在约束条件

$$\sum_{i=1}^{n}y_i a_i=0\qquad(a_i\geqslant 0,i=1,2,...,n)\tag{2}$$

下，对 a_i 求解下列函数的最大值，有：

$$Q(a) = \sum_{i=1}^{n} a_i - \frac{1}{2}\sum_{i,j=1}^{n} a_i a_j y_i y_j (x_i \cdot x_j) \tag{3}$$

a_i 为原问题中与每个约束条件式(1)对应的 Lagrange 乘子。这是一个不等式约束下二次函数寻优的问题,存在唯一解。很容易证明,解中将只有一部分(通常是少部分)不为零,对应的样本就是支持向量。解上述问题后得到的最优分类函数是:

$$f(x) = \mathrm{sgn}[(wx) + b] = \mathrm{sgn}[\sum_{i=1}^{n} a_i^* y_i (x_i \cdot x_j) + b^*] \tag{4}$$

式(4)中的求和实际上只对支持向量进行。b^* 是分类阈值,可以用任一个支持向量[满足式(1)中的等号]求得,或通过两类中任意一对支持向量取中值求得。

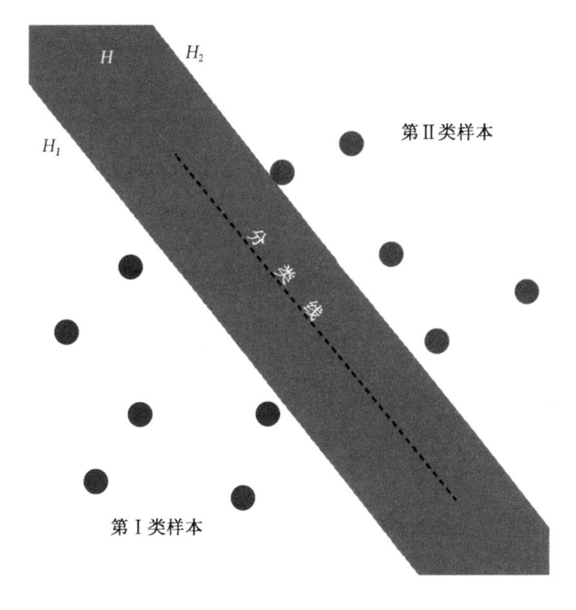

图1　最优分类面

2. 非线性情况

对非线性问题,可以通过非线性变换转化为某个高维空间中的线性问题,在变换空间求最优分类面。这种变换可能比较复杂,因此这种思路在一般情况下不易实现。但是注意到,在上述的对偶问题中,不论是寻优目标函数式(3)还是分类函数式(4)都只涉及训练样本之间的内积运算$(x_i \cdot x_j)$,设有非线性映射 $\Phi: R_d \to H$ 将输入空间的样本映射到高维(可能是无穷维)的特征空间 H 中。当在特征空间 H 中构造最优超平面时,训练算法仅使用空间中的点积,即 $\Phi(x_i) \cdot \Phi(x_j)$,而没有单独的 $\Phi(x_i)$ 出现。因此,如果能够找到一个函数 K 使得 $K(x_i, x_j) = \Phi(x_i) \cdot \Phi(x_j)$,这样,在高维空间实际上只需进行内积运算,而这种内积运算是可以用原空间中的函数实现的,甚至没有必要知道变换 Φ 的形式。根据泛函的有关理论,只要一种核函数 $K(x_i, x_j)$ 满足 Mercer 条件,它就对应某一变换空间中的内积。

因此,在最优分类面中采用适当的内积函数 $K(x_i, x_j)$ 就可以实现某一非线性变换后的线性分类,而计算复杂度却没有增加,此时目标函数式(3)变为:

$$Q(a) = \sum_{i=1}^{n} a_i - \frac{1}{2}\sum_{i,j=1}^{n} a_i a_j y_i y_j K(x_i, x_j) \tag{5}$$

而相应的分类函数也变为

$$f(x) = \mathrm{sgn}\left[\sum_{i=1}^{n} a_i^* y_i K(x_i, x_j) + b^*\right] \tag{6}$$

SVM 方法巧妙地解决了两个难题：由于应用了核函数的展开定理，所以根本不需要知道非线性映射的显式表达式；由于是在高维特征空间中应用线性学习机的方法，所以与线性模型相比几乎不增加计算的复杂性，这在某种程度上避免了“维数灾”。

3. 核函数类型

选择不同的核函数，能构造不同的支持向量机，常用的核函数有以下 4 种：

（1）线性核函数（Linear 核函数）：

$$K(x_i, x_j) = x_i \cdot x_j$$

（2）多项式核函数（Polynomial 核函数）：

$$K(x_i, x_j) = (\gamma x \cdot x_i + r)^d$$

（3）径向基核函数（RBF 核函数）：

$$K(x, x_i) = \exp(-\gamma \| x - x_i \|^2)$$

（4）两层神经网络核函数（Sigmoid 核函数）：

$$K(x, x_i) = S(\gamma x \cdot x_i + c)$$

核函数、映射函数以及特征空间是一一对应的，核函数的改变实际上是隐含的改变映射函数从而改变样本数据子空间分布的复杂程度（维数）。只有选择合适的核函数将数据映射到合适的特征空间，才能得到具有较好推广能力的支持向量机结构。

二、支持向量机方法预测单井措施增油量

油井增产措施主要包括：压裂、酸化、注水井调剖等。为了使措施决策科学化，在措施进行前应对其增产量进行预测，以便评价该措施是否可以实施。

以大庆油田某区块压裂增产措施实际数据为例，利用压裂增产效果影响因素建立预测模型，用支持向量机对模型进行训练，训练完成后对测试样本进行预测。

1. 确定影响因素

根据油田实际情况，优选全井平均渗透率、压裂前全井平均含水、压裂层有效厚度、压裂层平均渗透率、压裂层地层系数、压裂液总用量、平均施工排量、支撑剂尺寸、支撑剂用量及平均砂比为影响因素，日增油量为目标参数建立模型。

2. 样本的选取

在收集到的大庆油田某区块 26 口压裂井的资料中，随机选择其中的 18 口井的数据（表 1）为学习样本建立模型，另外 8 口井的数据（表 2）作为测试样本，对模型进行检验。

表 1　单井压裂措施增油量预测学习样本

序号	压裂前全井平均含水率,%	压裂前日产液 t/d	压裂前日产油 t/d	压裂层有效厚度 m	压裂层平均渗透率 mD	压裂层地层系数 mD · m	压裂液总用量 m^3	平均施工排量 m^3/min	支撑剂用量 t	平均砂液比 %	日增油 t/d
1	68.2	22	7	1.7	0.2	0.34	102	2.27	17.1	16.76	5
2	64.3	14	5	4.3	0.11	0.473	104	2.26	18	17.31	10
3	0.0	2	2	3.9	0.17	0.663	90	2.20	15	16.67	6
4	100.0	1	0	1.7	0.43	0.731	104	2.17	18	17.31	7
5	76.2	21	5	4.1	0.14	0.574	161	2.68	25	15.53	4
6	80.0	5	1	5.0	0.12	0.6	138	3.00	21	15.22	6
7	95.2	21	1	4.7	0.11	0.517	149	2.10	23.1	15.50	12
8	80.0	45	9	3.6	0.1	0.36	136	3.40	21	15.44	20
9	100.0	1	0	3.5	0.24	0.84	144	2.25	23	15.97	6
10	80.8	26	5	5.4	0.15	0.785	107	1.98	22	20.56	18
11	100.0	2	0	2.3	0.26	0.598	96	3.00	13.9	14.48	8
12	71.4	7	2	3.0	0.11	0.33	88	2.26	15	17.05	4
13	80.0	5	1	3.2	0.12	0.384	109	2.14	20	18.35	20
14	80.0	5	1	5.6	0.14	0.784	134	2.13	23.1	17.24	8
15	50.0	2	1	2.4	0.23	0.552	112	1.75	12	10.71	10
16	85.2	27	4	2.3	0.06	0.138	88	2.26	18	20.45	10
17	76.5	34	8	12.0	0.26	3.12	158	2.16	24	15.19	15
18	87.0	23	3	1.9	0.05	0.095	141	2.14	23	16.31	7

表 2　单井压裂措施增油量预测测试样本

序号	压裂前全井平均含水率,%	压裂前日产液 t/d	压裂前日产油 t/d	压裂层有效厚度 m	压裂层平均渗透率 mD	压裂层地层系数 mD · m	压裂液总用量 m^3	平均施工排量 m^3/min	支撑剂用量 t	平均砂液比 %	日增油 t/d
1	66.7	6	2	1.4	0.02	0.028	152	2.92	23.1	15.20	7
2	66.7	9	3	3.6	0.31	1.116	75	2.34	12	16.00	5
3	80.0	45	9	3.6	0.1	0.36	136	3.40	21	15.44	20
4	100.0	4	0	3.6	0.2	0.72	140	3.18	19.8	14.14	5
5	69.2	26	8	4.6	0.06	0.276	133	3.33	20.3	15.26	13
6	60.0	5	2	2.3	0.36	0.828	127	2.08	23.1	18.19	6
7	81.8	33	6	1.5	0.11	0.165	77	2.48	12	15.58	6
8	60.0	5	2	1.9	0.42	0.798	110.9	1.73	22.1	19.93	18

3. 数据的预处理

参与模型训练与预测的数据的精度决定了模型的应用效果。因此,必须对影响参数数据进行标准化处理,使影响数据质量的各种系统误差降到最低程度。常用的数据标准化处理采用归一化方法，计算公式为：

$$\tilde{x} = \frac{(x - x_{\min})}{(x_{\max} - x_{\min})} \tag{7}$$

将训练和预测参数数据统一刻度在(0,1)之间，可以避免由于各影响参数因量纲差异造成数值误差很大而给结果带来的负面影响。

4. 模型参数的选择

学习样本集确定后，单井增产措施产量预测模型的建立，主要是选择相应的支持向量机参数：核函数和惩罚因子 C，它们对预测结果的影响很大，它们的合理确定直接影响模型的精度和推广能力。本文应用 libSVM2.8 软件对样本数据和测试数据用多项式核函数和径向基核函数进行反复测试，最终确定决策模型中支持向量机参数：预测模型的核函数采用径向基核函数。而惩罚因子通过反复测试，最终选择为 10。

5. 预测结果分析

利用经过样本学习得到的预测识别模型对测试样本进行预测分析，根据预测的结果确定支持向量机模型参数是否合理以及模型的实用性。如果模型不符合要求，则表明建立模型不可靠，调整支持向量机参数继续建模，如果模型符合要求，则根据获得模型对未知数据进行预测识别。

模型预测结果见表 3，有 2 口井的绝对误差大于 1t/d，其余井的绝对误差都在 1t/d 以内；只有 1 口井的相对误差比较大，为 9.08%，其余井的相对误差都在 6% 以内(图 2)。这表明，SVM 具有较强的学习能力和推广能力。

表 3　支持向量机和神经网络预测单井压裂措施增油量结果

序号	单井压裂措施增油量，t/d			绝对误差，t/d		相对误差，%	
	实际值	SVM 预测	BP 预测	SVM	BP	SVM	BP
1	7	6.64	6.27	0.36	0.73	5.14	10.42
2	5	5.12	4.67	0.12	0.33	2.40	6.60
3	20	19.51	19.54	0.49	0.46	2.45	2.30
4	5	4.85	4.54	0.15	0.46	3.00	9.20
5	13	11.92	16.37	1.18	3.37	9.08	21.06
6	6	6.25	6.43	0.25	0.43	4.16	7.17
7	6	5.73	5.48	0.27	0.52	4.50	8.67
8	18	16.96	15.90	1.04	2.10	5.78	11.67

6. 与 BP 神经网络的对比

利用同样的学习样本建立 3 层 BP 神经网络结构，输入节点 10 个，输出节点 1 个，隐层节点 15 个，采用改进的 BP 算法进行模型训练，得到相应的权重和阈值后，运用测试样本进行测试，预测结果见表 3。通过对比，可以看出，支持向量机的预测结果更加准确，误差更小，泛化能力更强，对小样本数据的适用性更强。

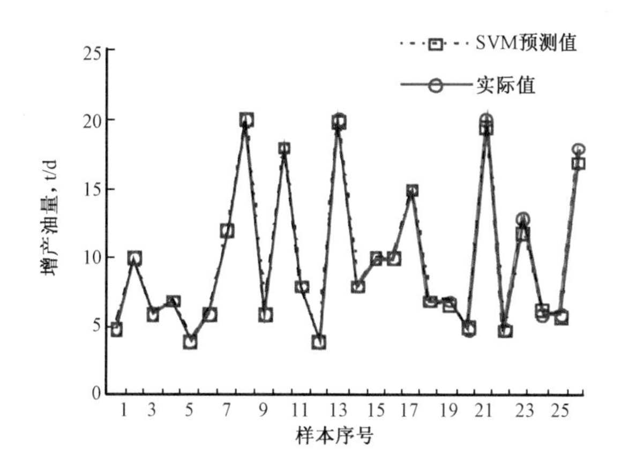

图 2　单井压裂增油量 SVM 预测值与实际值的比较

三、结论

(1)基于 SVM 方法建立了单井措施增油量预测模型,并根据大庆某区块实际数据进行学习和预测,结果表明用 SVM 方法进行单井措施增油量预测是可行的。

(2)SVM 方法与 BP 神经网络方法对比具有要求样本少、计算快捷、准确度高和推广能力强等特点。

(原载《新疆石油地质》,2008 年 29 卷 1 期)

地震、测井和地质综合一体化油藏描述与评价

——以南堡1号构造东营组一段油藏为例

徐安娜　董月霞　韩大匡　姚逢昌　霍春亮　汪泽成　戴晓峰

摘　要：以南堡1号构造东营组一段油藏为例，针对工区油藏特征和现有资料情况，确立地震、测井和地质综合一体化油藏描述和评价思路。通过井－震结合，搭建层序地层格架，进行层序界面解释和层序约束叠前反演，建立工区储层地质概念模式；利用储层地质建模软件，建立等时地层框架构造模型和储层定量地质知识库；通过对比优选随机建模方法，设计9个实现模型，开展确定性条件约束随机建模的沉积相模拟和相控物性模拟，进行油藏储量估算和评价以及主要油砂体精细描述。结果显示，东一段油藏为一受构造控制的层状边水油藏，其砂层厚度大，物性好，发育多套油水系统；9个实现模型所估算的地质储量是一组服从某种统计概率分布的蒙特卡洛实现，利于合理评价油藏储量规模。

关键词：南堡1号构造　东一段油藏　综合一体化油藏描述和评价　确定性条件约束随机建模

一、地质概况

南堡凹陷位于渤海湾盆地黄骅坳陷北部，面积近2000km²，属于中、新生代北断南超的断陷型凹陷。南堡1号构造（图1）东营组一段（Ed_1）油藏为该凹陷滩海地区主力油藏，属于潜山披覆断背斜，共有探井和评价井14口，井距800～1300m，同时拥有78km²的高分辨率三维地震资料和叠前处理资料，现处于评价早期阶段。目前该油藏存在的主要问题是井点少，井距大，构造复杂，地震资料品质差，依靠叠后地震反演识别砂岩的难度大，急需开展叠前储层预测和油藏综合描述落实油藏储量规模，为油藏评价提供科学依据。

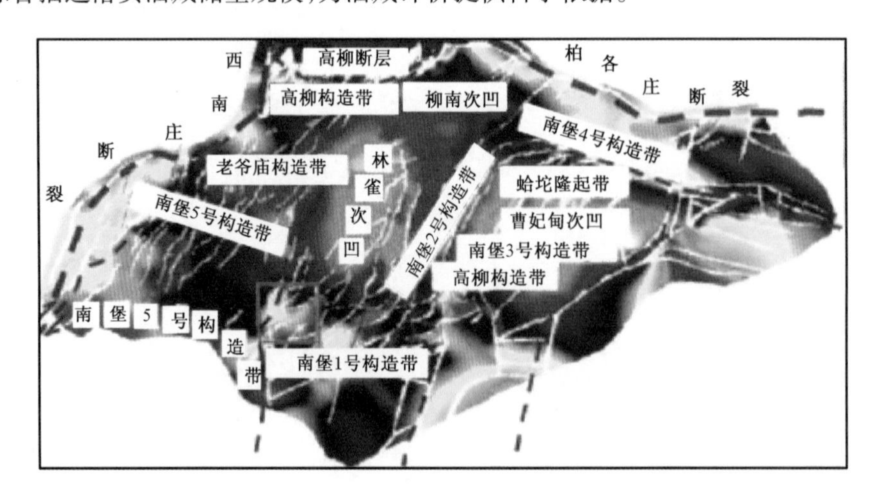

图1　南堡凹陷南堡1号构造带位置图

二、综合一体化油藏评价思路

针对工区东一段油藏地质特征，确立地质、地震和测井综合一体化的油藏评价研究思路（图2），工作分三大步骤：首先井－震结合，搭建东一段油藏层序地层格架，开展层序界面三维体解释和层序约束叠前储层反演，建立工区储层地质概念模式；然后利用油藏地质分析软件和叠前储层反演成果，井－震结合，建立等时地层框架模型和储层定量地质知识库；最后利用随机地质建模软件，优选随机建模方法，设定9个模拟实现，开展沉积微相模拟和相控物性模拟，进行油藏储量估算及其不确定性评价，最终达到综合描述和评价油藏的目的。

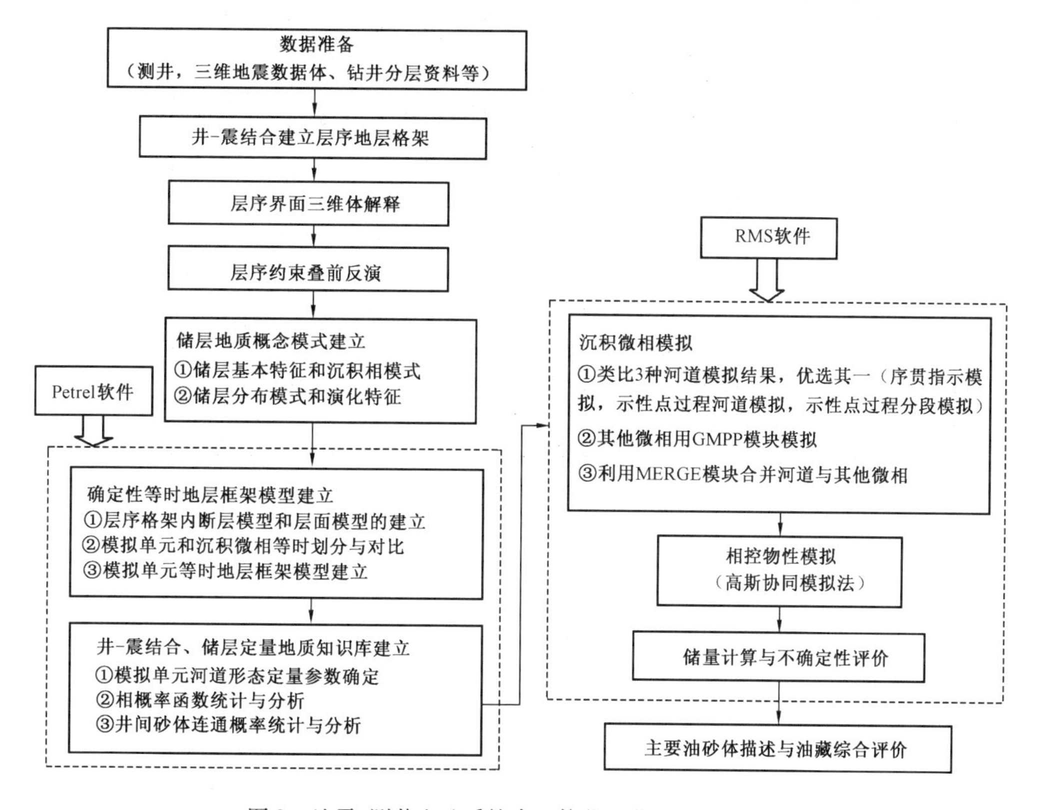

图2　地震、测井和地质综合一体化油藏评价研究思路

三、综合一体化油藏地质模式

1. 井—震结合建立层序地层格架

岩心资料显示，南堡1号构造东一段主要发育辫状河三角洲沉积体系。运用T A Cross高分辨率层序地层分析原理，以三维地震资料为基础，利用岩心、测井解释的层序界面，进行三维地震层序界面标定和解释，建立工区三级骨干层序地层格架。图3为南堡1号构造典型三级地层层序格架和地震剖面，可见工区东一段至馆陶组（Ng）发育两个三级层序旋回（SQ1和SQ2）、三个三级层序界面（SB1、SB2和SB3）和两个次级湖泛面（LFS1和LFS2）。其中层序SQ1相当于东一段，其底界面SB1位于东一段底部，钻井、测井资料显示为退积叠加样式的河道砂底部沉积，地震显示为上超面；其顶界SB2为区域不整合面，相当于馆陶组底界，地震反

射表现为一削截面,钻井、测井资料显示为一套厚层砂砾岩或火成岩的底界面。总体而言,南堡1号构造带主体沉积物源来自北部,东一段SQ1层序以辫状河三角洲前缘沉积为主,发育冲积扇—辫状河三角洲—浊积扇—湖泊沉积充填模式,地层厚约200~400m,其上升半旋回(SQ1-2)和下降半旋回(SQ1-1)的转换面LFS1为一个次级湖泛面,发育中厚层浅湖相泥岩盖层。

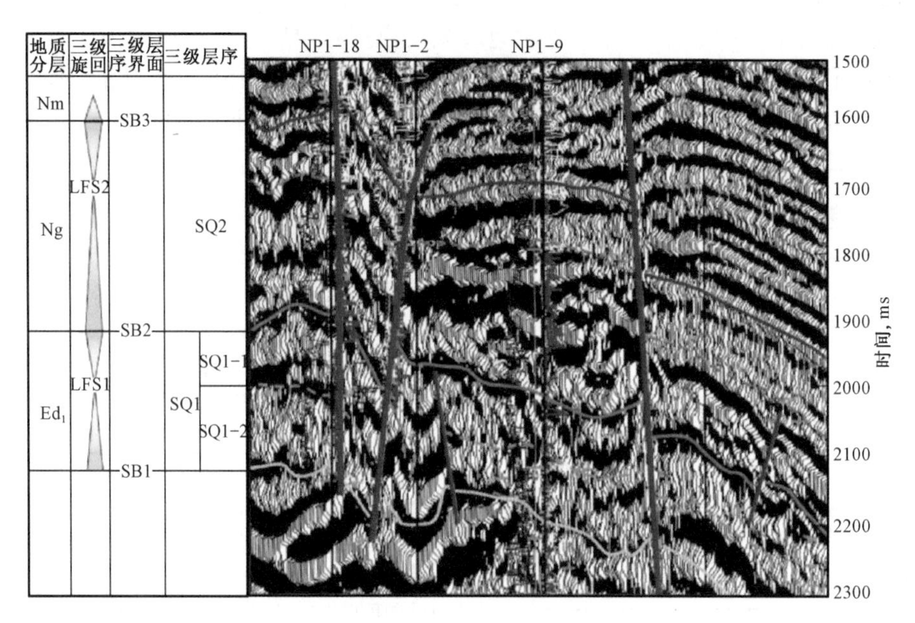

图3　南堡1号构造三级层序地层格架剖面

2. 层序界面三维体解释

图4为工区东一段顶SB2层序界面的深度域构造图,表现为一走滑扭压断背斜,断裂沿北东—南西向呈梳状展布,多数为张性和张扭正断层,断距平均在20~80m。圈闭类型主要为断背斜和断块。

图4　南堡1号构造东一段顶SB2层序界面构造图

3. 层序约束叠前储层反演

南堡1号构造东一段储层岩性复杂,含有砾岩、砂泥岩、玄武岩和沉凝灰岩等,致使叠后地震反演有效识别砂岩难度大。为提高储层建模精度,笔者采用叠前反演进行储层预测。岩石物理研究显示,能够指示目的层岩性和物性特征的最佳弹性参数组合是纵波波阻抗和密度,这两个数据体可通过叠前反演得到。笔者在对多种反演方法,如3参数AVO反演、随机反演和多角度弹性波阻抗(EI)反演试验基础上,优选出叠前多角度EI联立反演方法进行储层预测。即首先利用Jason反演软件,在一个反演流程中同时使用多个角道集数据(远、中、近),将多个不同角度弹性波阻抗反演结合起来,利用不同角度弹性波阻抗和弹性参数之间的关系,通过层序约束和低频约束以及参数优选,进行叠前多角度EI联合反演,进而得到纵波波阻抗、横波波阻抗和密度反演数据体;然后进行纵波波阻抗体和密度体交会,得到能够有效识别东一段砂岩的岩性反演数据体;最后利用密度反演体和其他叠前多属性体进行神经网络训练和分析,得到东一段孔隙度反演数据体。

图5和图6分别为由叠前岩性反演得到的东一段上部SQ1-1层序砂岩厚度分布图和岩性反演剖面,可见平面上砂层分布北厚南薄,局部受玄武岩或玄武质泥岩影响变薄或缺失;纵向上东一段中上部砂体相对发育,横向连续性较好,底部砂体欠发育。对比分析叠前反演得到的5种数据体(纵波波阻抗体、横波波阻抗体、密度反演体、岩性反演和孔隙度反演数据体),认为孔隙度反演体、密度反演体和岩性反演体能够用于有效砂岩的地质解释,并作为储层随机建模的约束条件。

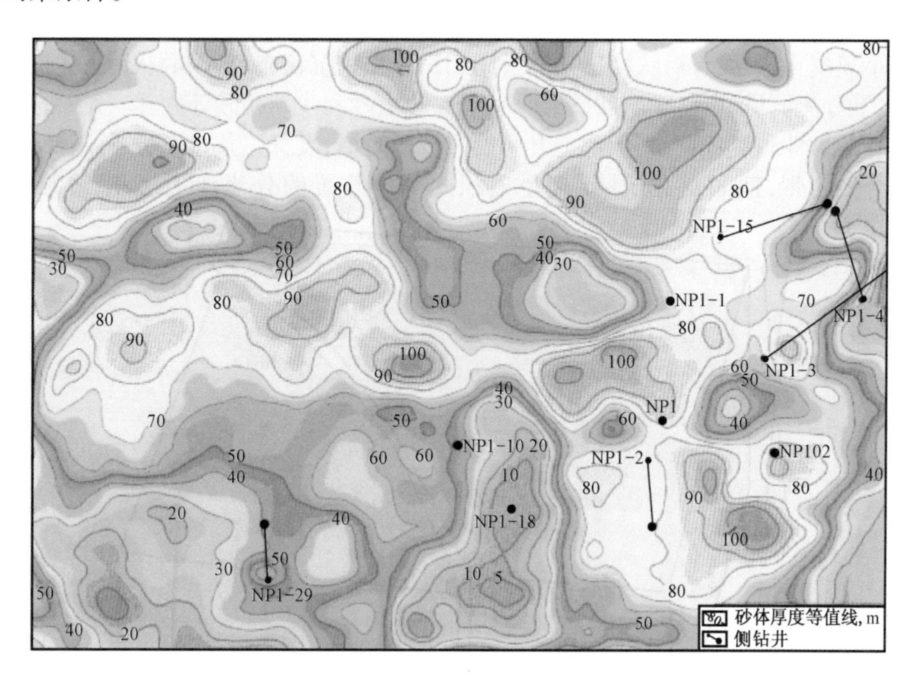

图5 南堡1号构造东一段上部SQ1-1层序砂层厚度分布图

4. 储层地质概念模式建立

储层地质概念模式是建立储层定量地质知识库和储层三维地质建模的基础,主要包括储层基本特征、储层沉积相模式、储层分布模式(砂体规模大小)和沉积演化规律等。

南堡1号构造东一段储层岩石类型主要为中、细粒长石岩屑砂岩和岩屑砂岩,石英、长石、

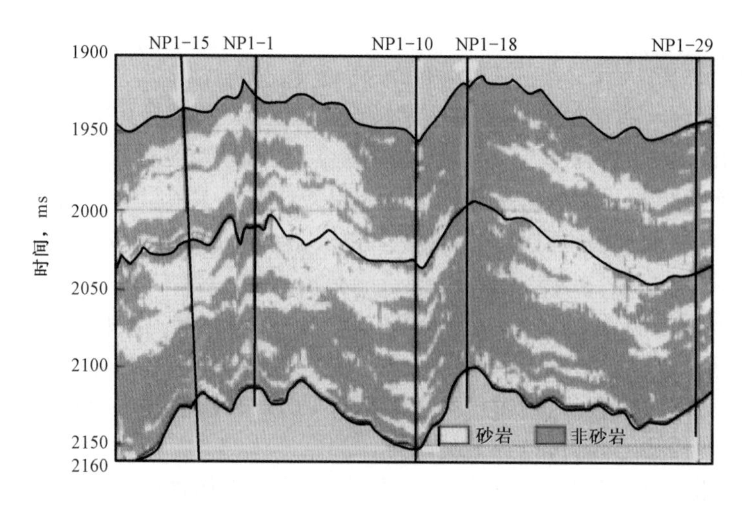

图6　南堡1号构造东一段SQ1层序叠前反演岩性剖面

岩屑平均含量分别为31.9%、24.6%和43.4%，其孔隙类型以原生粒间孔隙为主，局部发育粒间溶孔和粒内溶孔等；孔隙结构以特大—大孔较细喉型为主，砂岩储层面孔率高（平均19.7%），连通性好（配位数一般为2～3，最大为4），孔隙直径一般为30～80μm，排驱压力平均为0.360MPa，平均孔喉半径为1.60μm；储层多数中孔、中渗，孔隙度一般为20%～28%，平均25.5%，平均渗透率约62mD。

基于前期沉积相和层序地层格架分析成果，进行地震属性和叠前反演成果综合分析，建立工区东一段储层沉积相发育模式（图7）。由图7可见，南堡1号构造沉积物源主体来自北部，南部发育小规模物源，发育辫状河三角洲—湖相—浊积相沉积充填，以辫状河三角洲前缘相为主，发育水下分流河道砂、前缘席状砂、河口坝砂、浊积砂和浅湖相砂等砂体。东一段地层的沉积演化具有继承性和变化性，其下部上升半旋回沉积时期，发育三条水下分支主河道和数条支流河道复合砂体带，期间发育3～4期呈退积式纵向叠置的分流河道沉积，砂层总厚约为

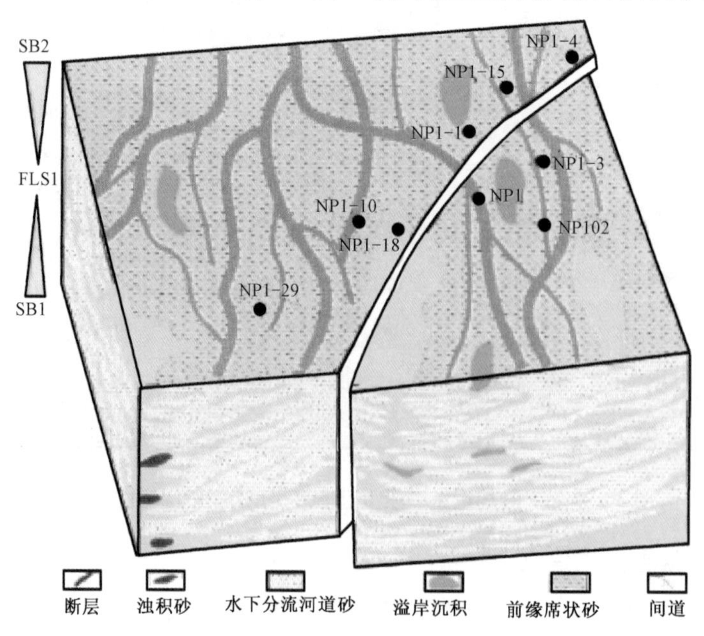

图7　南堡1号构造东一段储层沉积相发育模式

20～150m，主河道长宽比大于2，主河道砂带宽约400～800m，长度约700～1500m，砂厚约5～25m，孔隙度约为20%～26%，而溢岸砂、前缘席状砂和浊积砂的孔隙度约为12%～20%；其上部下降半旋回沉积时期，湖盆萎缩并处于进积（或加积）充填阶段，北部扇体向南部湖盆区进积，水下分流河道规模变大，多数河道长宽比小于2，期间发育4期呈进积式纵向叠置的分流河道沉积，砂层总厚近120m，砂体横向分布相对稳定，主河道砂带宽约600～1200m，长约700～1600m，河道砂厚约10～40m，孔隙度约22%～28%，而溢岸砂、前缘席状砂和浊积砂的孔隙度范围为12%～21%。

四、确定性等时地层框架模型

1. 层序格架内断层模型和层面模型的建立

构造模型的准确性直接影响三维储层地质模型的精度和油藏评价结果。东一段油藏构造建模工作分三步进行：首先定义层面平面网格，间距为50m×50m，以确保能够控制储层的平面变化；然后利用地震解释的层面和断层文件，在时间域内建立层序格架内的断层模型和层面模型，同时对层位和断层进行人工交互编辑和校正，保证构造模型的准确性；最后利用基于VSP资料和层位标定井速度资料建立的空变速度场，对时间域构造模型进行多次渐进式时深转换和多次校正，确保时间域与深度域的构造趋势与地层厚度关系基本一致，最终得到相对准确的深度域层序界面构造模型。

2. 模拟单元和沉积微相等时划分与对比

东一段油藏地层厚度近300m，其构造模型中只有三个控制界面，这些界面不能控制以单砂体沉积为含油单元的油藏，需对三级层序界面格架模型细化到沉积单元。利用井—震结合进行层序约束沉积模拟单元划分与等时对比，在测井、地震和油藏油水关系相互验证基础上，将南堡1号构造东一段划分为13个模拟单元，同时建立各模拟单元等时对比格架。基于等时对比格架，结合岩心和单井测井相分析，利用伽马测井曲线建立单井沉积微相模型，将东一段辫状河三角洲前缘亚相划为9种沉积微相，即分流河道砂、滩坝砂、席状砂、河道间泥、湖相泥、溢岸砂泥、玄武质火山岩、玄武质泥和浊积砂，每种沉积微相都具有自己的电性特征，如分流河道伽马测井曲线呈箱型和松塔形，滩坝呈漏斗形，席状砂呈指状或齿状，道间泥和湖相泥呈低幅平直状，玄武质泥呈低幅平直状。

3. 模拟单元等时地层框架模型建立

基于沉积模拟单元等时对比格架，利用地震剖面中地层厚度关系，通过地层等比例变化进行内插，可得到每个沉积模拟单元的三维构造界面，该构造界面能够完全忠实于钻井分层并保持与基本构造界面形态或构造趋势一致，同时又能确保地层格架模型的等时性。图8为东一段13个沉积模拟单元14个界面的构造模型，为使储层地质模型能够细致地描述单砂体的空间变化，在沉积模拟单元层面构造模型的基础上又进行了纵向网格细分，含油小层内纵向网格为1m左右，不含油小层内纵向网格3m左右。

五、综合一体化储层地质知识库

综合地震和测井信息，将地质认识转化为半定量—定量的统计特征参数，建立合理的定量储层地质知识库，是储层地质建模的基础和关键，特别是那些表征储层特征的统计参数是否合理直接决定了随机模拟的成败。

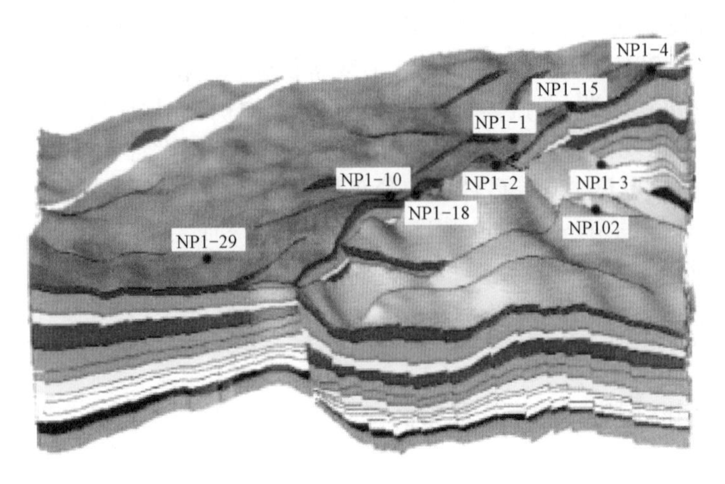

图 8　南堡 1 号构造东一段油藏模拟单元等时地层框架模型

1. 河道形态参数定量确定

东一段油藏平均井距约 1.2km，仅依据井点资料不能真实描述河道砂体平面展布特征，应充分利用地震资料进行井间储层描述。基于东一段沉积等时地层格架模型，利用孔隙度反演数据体（该数据体与已钻井相关性较好）进行层间或沿层属性分析，观测各沉积模拟单元内分流河道或其他微相的变化特征，同时结合井点沉积微相模型，确定砂体沉积趋势与沉积水道主要流向，统计出能够描述分流河道或其他微相的各种定量参数。图 9 是利用叠前孔隙度反演数据体进行层间或沿层属性分析的结果，依此确定不同沉积模拟单元砂体的沉积趋势、水道流线和河道变迁规律。表 1 是通过观测地震属性切片得到的描述不同模拟单元内分流河道各种定量参数的统计表。图 9 和表 1 是东一段储层沉积微相随机模拟的地质约束条件。

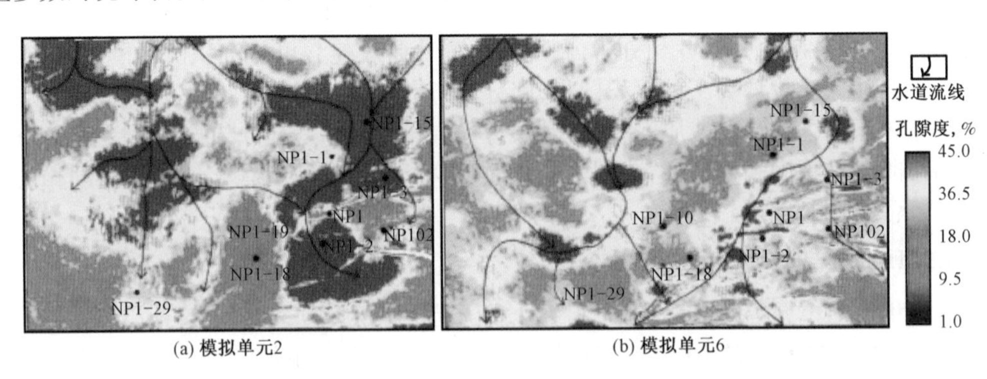

图 9　南堡 1 号构造东一段某模拟单元叠前反演属性分析与水道流线叠合图

表 1　南堡 1 号构造东一段分流河道微相特征表

模拟单元	宽度，m			厚度，m			弯曲度	振幅		体积含量，%	
	范围	平均值	偏差	范围	平均值	偏差		平均值	偏差	平均值	偏差
2	140 ~ 450	300	100	3.0 ~ 12.0	7.0	5.0	1.15 ~ 1.20	2000	500	36.0	1.0
3	140 ~ 450	300	100	3.0 ~ 12.0	6.5	4.0	1.15 ~ 1.30	2500	500	29.0	1.0
4	140 ~ 450	300	100	3.5 ~ 13.0	6.5	4.0	1.15 ~ 1.20	4000	500	42.8	1.0

2. 相概率函数统计与分析

相概率函数是用来定量描述三维空间微相发生概率的函数。基于东一段油藏沉积模拟单元地层构造模型，对工区井点沉积微相与叠前反演数据体进行关联分析，建立岩相与地震属性的相概率函数，并将其相概率应用到三维叠前岩性反演数据体，由此得到一个能够反映模拟单元内指定沉积微相发生概率的三维数据体。利用相概率函数可以实现地震资料对沉积微相随机模拟的定量约束，保证各网格点的沉积相模拟遵从已知概率，同时又体现地震信息在储层描述和模拟中存在的不确定性，实现确定性条件约束与随机建模的结合。

图 10 为东一段储层各微相叠前孔隙度反演体的相概率函数，可见水下分流河道微相叠前反演属性的对应关系较好，故利用水下分流河道的相概率函数作为地质约束条件进行下一步全工区储层的水下分流河道微相模拟。

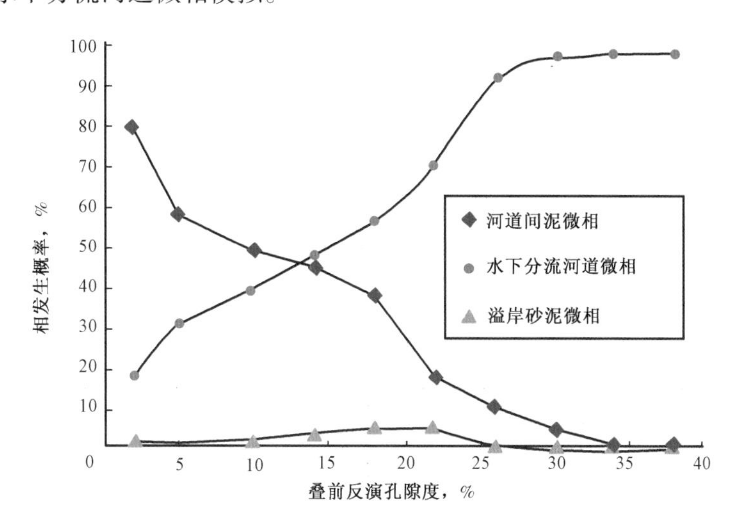

图 10　南堡 1 号构造东一段储层相概率函数

3. 砂体连通概率统计与分析

根据井点砂层厚度、地震连井岩性反演剖面以及地震属性沿层切片等信息，在沉积模拟单元等时框架内逐层统计分析和研究井间砂体的连通关系，采用连通概率来定量描述这种井间砂体的连通关系，并将其作为沉积微相模拟的约束条件，使相模拟结果更接近实际，实现确定性建模与随机建模的结合。若两井之间某个单砂体的连通程度在 50% 以上，则其连通概率可确定为大于 0.5，若两井之间某个单砂体连通程度较低或仅有少于 1/3 的部分连通，则其连通概率可确定为 0.3，依此类推来确定各井之间所有单砂体的连通概率大小。

六、综合一体化地质建模

储层随机模拟方法有多种，目前常用的方法有标点过程、序贯高斯模拟方法和序贯指示模拟方法等，不同随机模拟方法适用的储层类型和地质条件不同，其关键是要综合利用地质、地震、测井和开发等多方面信息，加强储层随机建模的地质约束，加大地震资料在储层建模中的有效应用。储层三维定量地质建模常采用两步建模，首先建立沉积微相模型，然后进行相控储层参数建模。

1. 储层沉积微相模型的建立

储层沉积微相模型的建立分两大步骤。首先，优选适合工区储层沉积特点的分流河道随机模拟方法。针对东一段油藏井距大、岩性复杂和储层非均质性强的特点，利用 RMS 随机建模软件，采用序贯指示模拟法、示性点过程河道模拟法和示性点过程分段模拟法三种方法进行分流河道三维相模拟，并与孔隙度反演体切片对比[图 11(a)]。图 11(b)、图 11(c)和图 11(d)是基于叠前密度反演体，采用以上三随机模拟方法得到的同一模拟单元分流河道相模拟结果的沿层切片，可见序贯指示模拟法的沿层切片中河道砂延伸方向性不明显，河道边界不清楚[图 11(b)]；示性点过程分段模拟法的沿层切片中河道沿流线方向断续分布[图 11(c)]，这一特征不符合客观地质认识；示性点过程河道模拟法的沿层切片中河道延伸方向和迁移规律明显，且河道边界清楚[图 11(d)]，其沉积相分布特征与工区沉积相模式、储层定量知识库和叠前反演属性体所描述的特征基本一致。对比分析以上三种分流河道随机模拟法在假设条件、算法和模拟结果中的差异，认为每种方法都存在不足。序贯指示模拟以各种微指示变差函数为基础，指示变差函数的代表性完全决定了模拟结果，由于工区岩性复杂，砂体非均质性强，其各向异性很难由几个方向的变程所代表。示性点过程分段模拟法虽然在模拟分流河道的形态上更具有灵活性，模拟过程中应用了多种确定性地质信息（如微相体积含量、河道切割关系、河道密度、示性点分布函数、相概率函数、井间砂体连通概率等）和趋势约束方法，但这种方法对资料的丰富程度和地震资料的品质要求太高，在油藏评价阶段早期很难得到满足，导致其模拟结果中河道沿流线方向断续分布，与客观地质认识不符合。示性点过程河道模拟法虽然应用条件苛刻，仅适用于河道宽度小于 2km 且长度贯穿整个工区的河道相，但因研究工区

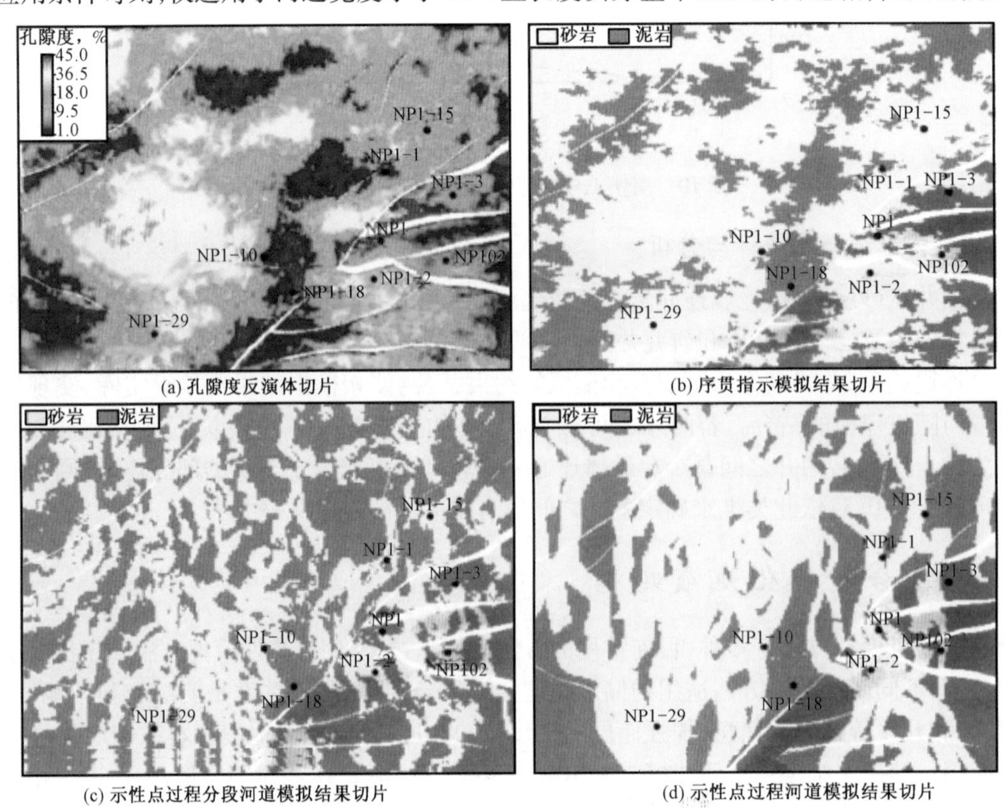

图 11　南堡 1 号构造东一段储层 3 种河道随机模拟结果沿层切片对比图

范围小，其河道沉积的地质背景基本能够满足其应用条件，并且其随机模拟结果与地质认识基本吻合，能够清晰刻画河道的边界形态，完全可作为工区相模拟的相边界约束条件，故优选示性点过程河道模拟法的模拟结果进行三维沉积相模拟。

其次，设立多个实现模型进行三维沉积相随机模拟。随机模拟的结果是一系列等概率实现，存在很多不确定影响因素，考虑影响油藏地质储量的6个关键因素（油水界面深度、河道砂体积百分比、河道宽度、地震资料影响度、物性变程、净毛比下限值），假设所有随机变量都服从三角分布，每个随机变量取3个值，即最低值、最高值和中间值，设计9个优化实现模型进行三维沉积相模拟（见表2）。其中水下分流河道相模拟利用RMS软件Fluvial模块，采用示性点过程河道模拟法进行，其他微相利用GMPP模块进行模拟，最后利用Merge模块将河道模拟结果与其他微相合并，最终得到工区9个实现模型的三维相模拟结果。

表2　东一段油藏储层地质建模9个优化试验方案

模型号	不确定性变量取值设计					
	油水界面深度	河道砂体积百分比	河道宽度	地震资料影响度	物性变程	净毛比下限值
实现1	0	0	0	0	0	0
实现2	1	-1	-1	1	-1	1
实现3	1	1	-1	-1	1	-1
实现4	1	1	1	-1	-1	1
实现5	-1	1	1	1	-1	-1
实现6	1	-1	1	1	1	-1
实现7	-1	1	-1	1	1	1
实现8	-1	-1	1	-1	1	1
实现9	-1	-1	-1	-1	-1	-1

注：1为乐观值，-1为悲观值，0为最可能值（中值）。单河道宽中值200m，标准偏差50m。河道3方向变程中值分别取1200m、500m和4m；乐观值分别取1500m、800m和6m，悲观值分别取800m、300m和3m。地震影响系数取1.0、0.5和0.3。油水界面深度、河道砂百分比中值、净毛比界限值为井点取值，偏差分别为10m，10%和2%。河道3方向物性变程取200m，100m和10m。

图12是工区东一段储层三维相模拟结果的实现之一，可见工区东一段总体发育一套辫状河三角洲前缘和滨浅湖相的砂泥岩互层，早期砂体发育规模不大，横向连续性差，晚期辫状河三角洲河道砂大面积发育，横向连续性较好。

2. 储层参数模型建立

储层岩石物理参数建模采用相控建模原则，即在建立的沉积相模型基础上，通过求取各微相的标准偏差、概率分布和变差函数等，在条件井的各类物性参数控制下，采用协同模拟方法（序贯高斯模拟），建立各模拟单元中每种沉积微相的孔隙度、渗透率和原生水饱和度参数等模型。图13是采用序贯高斯模拟法所建立的东一段储层三维孔隙度模型之一，可见孔隙度分布趋势与沉积相和砂体骨架模型反映的趋势基本一致。

3. 储层模型不确定性分析

对比分析以上9个实现模型的模拟结果，发现各模拟结果间存在一定相似性和差异性，其差异性反映了不确定性，其相似性表明不同实现模拟结果之间具有一定稳定性或确定性，在井

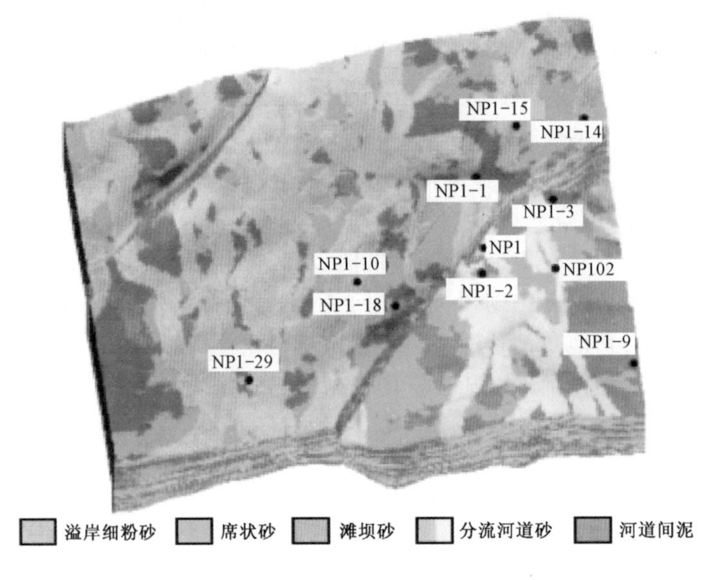

图 12　南堡 1 号构造东一段储层三维相模型

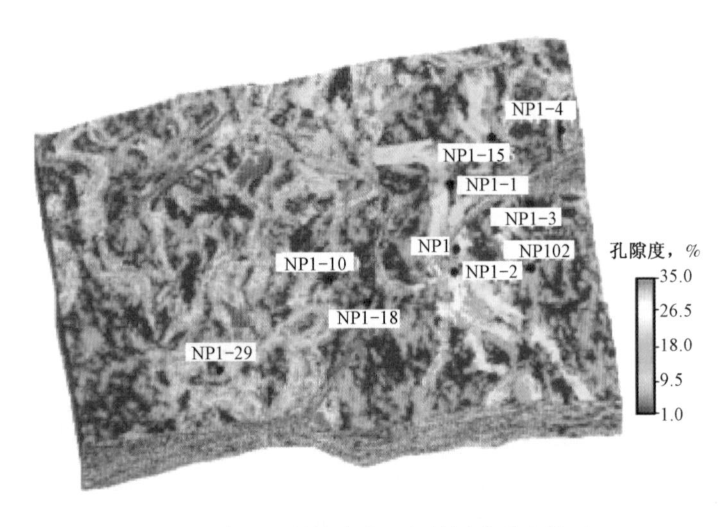

图 13　南堡 1 号构造东一段储层孔隙度模型

点多的区域，各个实现之间差异很小，在井点少的区域或无井区，各个实现之间差异较大，由此说明，充分利用井点或确定性条件数据能减少储层模型的不确定性，提高储层模型的精度。利用工区新钻井实钻结果检验 9 个实现模型，发现不同实现之间各模拟单元砂层厚度误差小于 10%，由此说明应用地震、测井和地质等信息进行综合一体化储层建模的方法能够提高油藏评价早期油藏精细描述的精度。

七、储量估算和评价

1. 储量估算

地质储量直接决定了油田开发规模和效益。利用工区三维地质模型进行储量计算，首先需要设置如下参数：(1)计算范围，以含油面积范围为边界；(2)三维相模型，针对不同实现模型,输入相应相模型;(3)有效储层网格模型,根据有效储层孔隙度截断值(8%)和三维孔隙度模型共同建立各小层有效储层网格模型;(4)油水界面,根据油藏内井点试油和MDT(模块式地层动态测试)或测井解释成果分析确定;(5)三维孔隙度模型,针对不同实现模型,输入相应的三维孔隙度模型;(6)原油饱和度、密度和体积系数视为定值,分别取60%、0.833g/cm^3和1.325,然后利用RMS软件的容积法公式对油藏地质储量进行计算,即以每个网格单元为储量计算单元,将相应网格的随机变量参数带入容积法储量计算公式,可得到每个网格单元的储量值,油藏的总储量即为各网格单元储量值之和。利用以上方法计算,即可得到南堡1号构造东一段储层9个实现模型的储量计算结果,其中乐观模型4的地质储量为N_9(N_i,$i=1,2,\cdots,9$,依次分别为9个实现模型地质储量从小到大的计算结果,10^8m^3),期望模型1的储量为N_4,悲观模型9的储量最小,为N_1。

2. 储量评价

不同实现模型地质储量的差异说明了现有资料情况下对储层认识的不确定性,这些大小不等的储量是一组服从某种统计概率分布的蒙特卡洛实现。采用等概率统计方法作出东一段储层9个实现模型的"储量密度概率分布图"(图14)和"储量累计概率图"(图15),由图14可见不同实现模型的原油地质储量表现为一组近似正态分布的数据,图15表明,储量数值越小,其累计概率越大,反之累计概率就越小。利用以上两种曲线可以对油藏储量进行风险评价。图14显示东一段油藏储量的数学期望值为N_4(模型1的储量计算结果),其对应的储量累计概率为65%(图15)。若选用数学期望值附近15%的储量值作为置信区间值,则南堡1号构造东一段油藏的探明石油地质储量规模约为($N_4-0.5\times10^8m^3$)~($N_4+0.5\times10^8m^3$)(图15)。

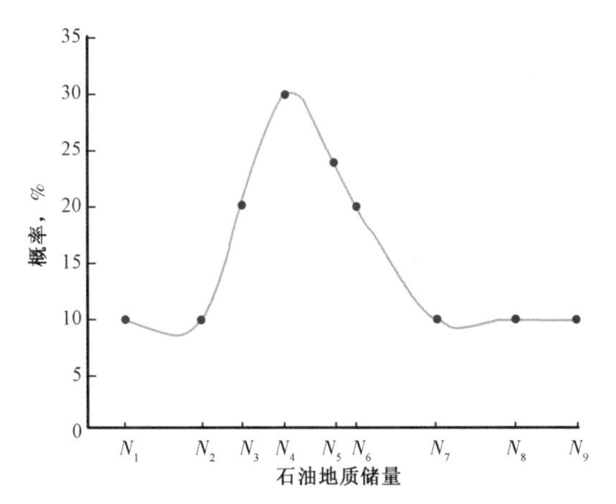

图14 南堡1号构造东一段油藏9个实现模型的储量密度概率分布

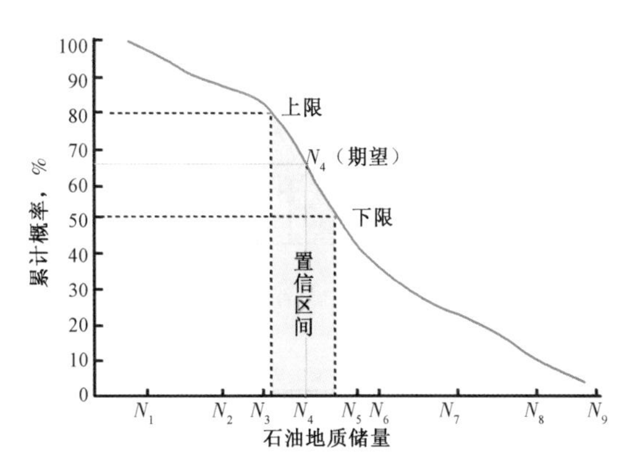

图15 南堡1号构造东一段油藏9个实现模型的储量累计概率曲线图与储量置信区间

综上所述,利用储量参数的随机模型网格进行储量计算不仅细化了油藏储量计算单元,体现了储层的非均质性,提高了储量计算精度,同时又可以根据不同实现的储量分布规律来评价储层不确定性对储量的影响,降低油藏评价的决策风险。

八、油藏精细描述与评价

利用油藏最有可能实现的三维储层地质模型和属性模型(期望模型),对油藏主要含油砂体进行追踪识别,可以达到进一步精细描述和评价油藏的目的,为油藏评价部署提供科学依据。

分析工区东一段油藏9个设计模型的随机模拟结果，优选期望地质模型分块进行主力含油砂体的追踪描述，所把握的原则是：(1)只追踪位于油水界面之上的钻遇含油砂体；(2)仅追踪与钻遇油层完全相通的砂体；(3)确保追踪出的油砂体分布、连通关系与钻井揭示的油藏特征和含油范围相一致；(4)对油水关系不一致的含油砂层进行细分单元追踪。图16和图17分别为NP1－1区块追踪识别出的6个主力油砂体的空间模型和油藏剖面，可见该油藏含油井段长，纵向发育多个油水系统，各油水系统之间含有夹层水，并且单个油藏含油面积小，厚度不大，具有层状边水油藏特征。利用该油砂体模型，可进行油砂体厚度、物性特征和储量丰度的分析和精细描述。图18为东一段Ⅰ油层组第二个油砂体(Ed_1iv_2)的储量丰度分布图，可见该油藏属于断背斜型油藏，含油面积约9.3km^2，油藏储量丰度明显受构造部位和油层厚度控制，构造高部位油层厚度大，储量丰度高，反之则较小，高丰度储量分布区是今后油藏评价部署的有利部位。

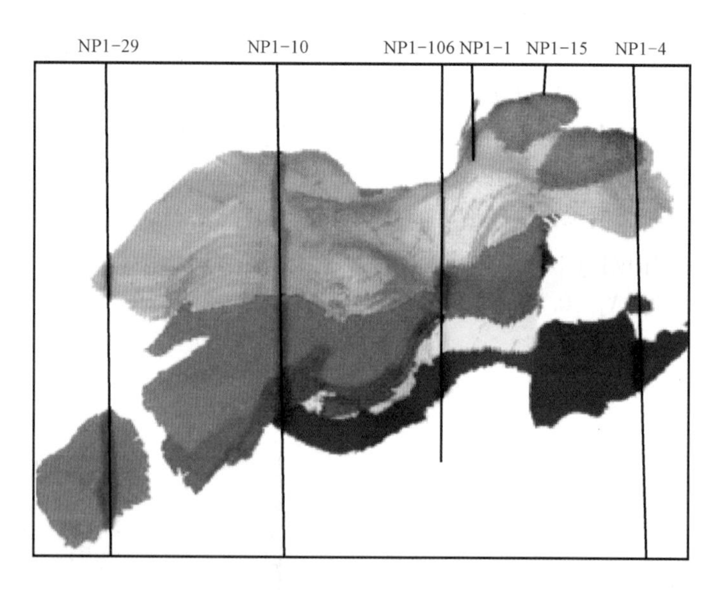

图16　南堡1号构造NP1－1区块东一段油砂体空间模型

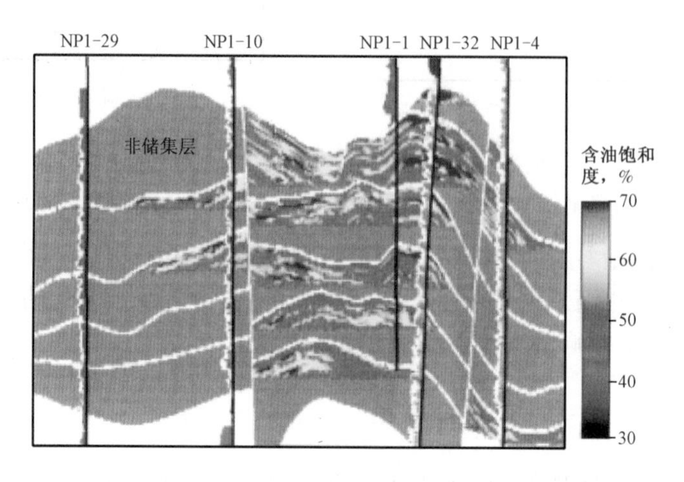

图17　南堡1号构造NP1－1区块东一段油藏剖面图

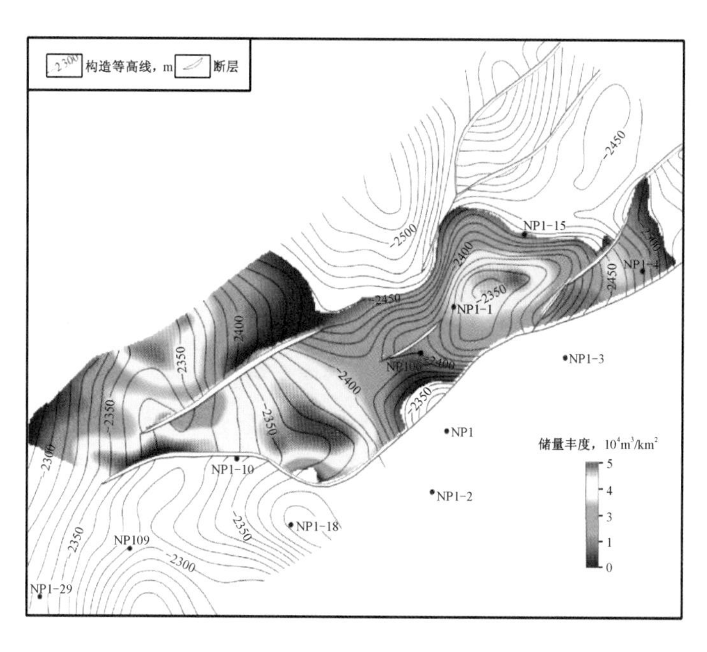

图 18　NP1－1 区块 Ed_1I_2 油砂体储量丰度与构造叠合图

综上所述，南堡 1 号主体构造东一段油藏含油井段长，发育多套油水系统，是一个受构造控制的层状边水油藏，其储层类型以辫状河三角洲前缘沉积为主，砂层厚度大，物性好，探明石油地质储量规模约为($N_4-0.5\times10^8m^3$)～($N_4+0.5\times10^8m^3$)。

九、结论

应用层序地层格架和地震储层预测成果能够建立相对准确的沉积相或储层等时概念模型以及储层定量地质知识库，为储层随机模拟提供可靠的地质趋势约束条件，确保储层随机模拟结果趋于合理和客观；应用确定性建模约束随机建模方法所建立的多个实现模型，能够充分体现资料不完善情况下对储层的不确定性认识，所估算的地质储量是一组服从某种统计概率分布的蒙特卡洛实现，利于合理评价油藏储量规模；应用层序约束地震、测井和地质多学科一体化油藏描述方法能够提高油藏描述精度，合理计算和评价油藏储量规模，降低油藏评价早期勘探开发决策风险。

(原载《石油勘探与开发》，2009 年 36 卷 5 期)

多分量地震裂缝预测技术进展

张 明 姚逢昌 韩大匡 甘利灯

摘 要： 多分量勘探技术近年来发展迅速，在非均质性储层的含油气预测、油藏精细描述中发挥了重要作用并显示了巨大的应用潜力，由于横波对介质的各向异性响应比纵波敏感，故利用多分量技术探测介质各向异性参数比常规纵波勘探更有优势。回顾了近年来利用多分量技术探测裂缝各向异性的进展状况，重点介绍了利用横波双折射现象预测裂缝走向、密度的方法原理和实际应用的一些主要方法如最小熵旋转法、正交基旋转法、全局寻优法等及其应用效果，并指出了每种方法的优点与不足，最后展望了该技术的应用前景。

关键词： 多分量地震 双折射 裂缝 各向异性

引 言

随着我国油气勘探开发步伐的加快，勘探难度日益增加，从勘探对象看，岩性油气藏和非均质性储层类型所占比例在逐年增加。多分量地震勘探之所以近年来迅速发展，成为国外海上常规地震勘探技术，主要是利用纵横波对地下介质感应不同这一特性——纵波受介质中流体影响较大，而横波不受流体影响，且对各向异性敏感。因此，利用多分量地震的丰富纵横波信息探测非均质性储层比传统单一的纵波勘探有更大的优势。

含有垂直裂缝的地下介质可以看做是具有水平对称轴的垂向各向异性介质。在裂缝性油气藏中，裂缝的勘查对精细描述裂缝性储层、预测剩余油分布、提高采收率都有十分重要的意义。储层裂缝空间分布规律的合理预测与有利区评价，对我国油气勘探及开发将起到科学的指导作用。多分量地震的转换波由于下行波是纵波，上行波是横波这一特性，提供了一种可以探测裂缝属性的有效方法。横波在穿过裂缝性各向异性介质时，会分裂为两个波。一个平行于裂缝方向，速度较快，称为快波（*S*1）；另一个速度较慢，垂直于裂缝方向，称为慢波（*S*2），这就是所谓的横波双折射现象。快慢波的方向反映了裂缝的走向，快慢波的时差反映了裂缝的密度，时差越大，则密度越大。在多分量地震资料处理时，各向异性引起的双折射效应必须加以处理，以恢复地下构造的真实面貌，提高分辨率。同时，双折射反映了地下岩性信息，为油藏精细描述提供了重要的依据。

一、国内外研究现状

横波的双折射现象首先在井中地震实际资料中发现，之后在横波勘探中也发现了这一现象。随着多分量地震勘探在工业应用中的兴起，由于裂缝引起的双折射现象受到了广泛重视。近年来，国外在利用转换波探测裂缝方面进展较快，每年都有大量的相关文章发表。为了验证分量地震波预测裂缝的可行性，国外很多学者首先进行了理论模型试验，典型的模型包括：

（1）具有平面分布的细小、孤立的滑移面或裂纹的裂缝模型。

（2）具有平面分布的、非连续接触的裂纹的裂缝模型。

（3）把平面界面当作由黏性液体或软材料组成的连续薄层的裂缝模型。

实验证明，利用多分量地震水平分量数据可以有效地预测裂缝的方向与密度，并证实地震数据对裂缝的形状不敏感。Ruger 与 Tsvankin 推导出在横向各向异性介质(HTI)中，Thomsen 参数 ε,δ 和 γ 与反射旅行时间和振幅的关系。Sayers 和 Rickett 推导了 ε 与 δ 的近似公式，并用来研究纵波 AVO 效应。Bakulin 利用线性滑动理论和多分量转换波研究含有垂直裂隙的 HTI 介质中的裂隙参数并给出了用 P 波和 PS 波反演裂隙参数的方法。Andrey Bakulin 在利用多波预测裂缝流体饱和度方面进行了深入研究，并证实在 ε 和 δ 误差不大、裂缝密度达到 5% ~7% 的情况下，利用多波可以检测裂缝中是否含有流体。

我国虽然在多分量地震勘探方面起步较晚，但在利用多分量技术预测裂缝的理论研究方面与国外差距不大，始终保持着国际先进水平。自 20 世纪 80 年代以来，已涌现出了一批研究成果。李亚林推出了各向异性因子与裂隙密度的关系，依据这一重要的关系式，制作出反映各向异性因子与裂隙密度关系的曲线量版，结合各向异性因子系数剖面，可简便地拾取出裂隙密度值。李彦鹏和马在田从径向分量与横向分量的旋转分量出发，推出了自相关函数与互相关函数之间的关系，并据此建立了一个预测函数，通过扫描得到正确的偏振方位和分裂时差，提高了快慢波分离方法的抗噪性与准确性。刘恩儒导出了裂缝介质中柔度系数的解析表达式，利用这些解析式计算了三种常用模型的有效裂缝柔度系数和刚度系数。

与理论研究相比，我国在实际应用方面相对落后于国外。这主要由于我国的陆上油田地表条件复杂，采集困难，干扰严重，转换波资料一般信噪比很低，多分量地震勘探基本是试验性质的，勘探目标多集中在构造成像、区分岩性与流体检测方面。随着三分量数字检波器在我国的推广，大庆、四川等油田先后采集到了高品质的三分量地震资料，为研究各向异性打下了基础。其中四川油田根据上行转换横波穿过裂隙介质时产生的分裂特征来研究裂隙特征，采用旋转分析法识别出裂缝的方位，用 NMO 速度分析、纵横波垂直速度分析和旋转分析成功计算了裂缝密度，证明利用多分量地震资料预测裂缝属性在我国拥有广阔的应用前景。

二、裂缝预测基本原理

如图 1 所示，当横波在各向异性介质中传播时，分裂为快波 $S1$ 与慢波 $S2$，快慢波可以被地面上的水平分量检波器接收到，但由于水平分量的方向与裂隙方向并不一致，检波器所接收到的只是快慢波在径向分量(R)与垂向分量(T)上的投影。径向分量与横向分量可分别表示为：

$$R(t) = S1(t)\cos\alpha + S2(t)\sin\alpha \tag{1}$$

$$T(t) = S1(t)\sin\alpha - S2(t)\cos\alpha \tag{2}$$

在时间域，由于快慢波传播速度的差异，在水平分量上记录到快慢波时间差(图 2)。

角度 α 与时间 t 分别反映了裂缝的走向与密度属性，要得到这两个参数，最基本的方法是通过对三分量数据进行坐标旋转，分离出快波($S1$)和慢波($S2$)，分离后快波($S1$)的方向(径向分量 R 逆时针旋转 α 角)即为裂缝的方向，各向异性大小(裂缝密度)的估算可以通过两方面获得，一是快慢波旅行时差，二是快慢波的振幅差异。

旅行时差分析各向异性大小一般是根据公式：

$$各向异性 = \frac{\Delta T_2 - \Delta T_1}{T_2 - T_1} \tag{3}$$

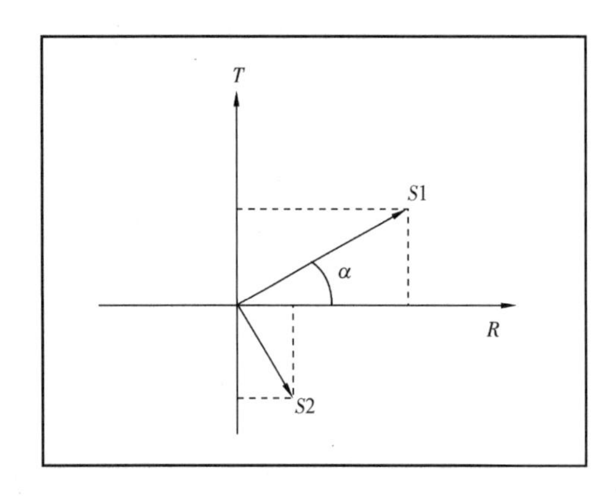

图 1 水平分量方向与快慢波方向

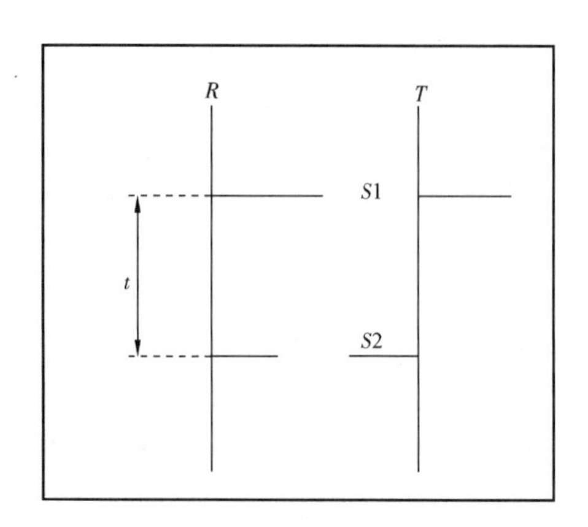

图 2 时间域快慢波时差

这里 T_1 和 T_2 是快波($S1$)剖面上各向异性层的顶和底的反射到时,而 ΔT_1 和 ΔT_2 则是该反射层在快波($S1$)剖面和慢波($S2$)剖面之间的到时差。

通过振幅变化分析是根据下列公式:

$$R_{S1} - R_{S2} = -(1/2)(\gamma_2 - \gamma_1) \tag{4}$$

式中,R_{S1}和 R_{S2}分别代表快波($S1$)与慢波($S2$)剖面某一界面反射系数;γ_1 和 γ_2 分别代表这一界面上下两层的各向异性大小。即法线反射系数差是反射界面上下两层各向异性差的一半。

三、主要方法与应用效果

在处理实际资料时,如何判别快慢波是否完全分离是多分量裂缝预测的关键。通常是假设分离后的快波应具有最大的振幅、快慢波时间差最大且波型特征最相似。具体实现方法是对方位角进行扫描,即以不同的角度对两个分量进行旋转来获得裂缝方位角。然后,可使用互相关法和能量比法来判定旋转角度正确与否。互相关法假定在完全分离后,快、慢横波是对称的子波,波型最相似;能量比法假定当旋转到正确角度时,能量比值最大。然而,这些假设条件在某些情况下并不符合实际,同时又由于水平分量资料信噪比比较低,给快慢波的分离带来了很大难度。为此,国内外学者进行了大量的研究,取得了一定的效果。其中比较有代表性的方法包括最小熵旋转法、正交基旋转法及全局寻优法等。

1. 最小熵旋转法

Gabriela Dumitru 提出的最小熵旋转法,无需互相关法中快慢波波型相似这一假设条件,可以对快慢横波的方向作出评估。这项技术是依据最小熵的概念,在适当的假设"自然"坐标系下,导出波场最简单的表达式。理论模型研究与实际资料处理表明,该方法是稳健的,且具有良好的抗噪性。缺点是当快慢波时差较小时,将导致预测的裂缝方向与实际方向有偏差。

图 3 是互相关法与最小熵旋转法的理论模型测试结果,模型中裂缝走向与径向分量夹角为 60°。从图中可以看出,两种方法在计算时差方面都是非常准确的,但在预测裂缝走向方面结果有所不同。互相关法计算的裂缝走向大于 60°,这种偏差是由于假设快慢波波型相似引起的。用最小熵旋转法计算的裂缝走向则准确的多,尤其是快慢波时差较大的情况。然而,如果快慢波时差较小,该方法受干涉的影响精度降低。

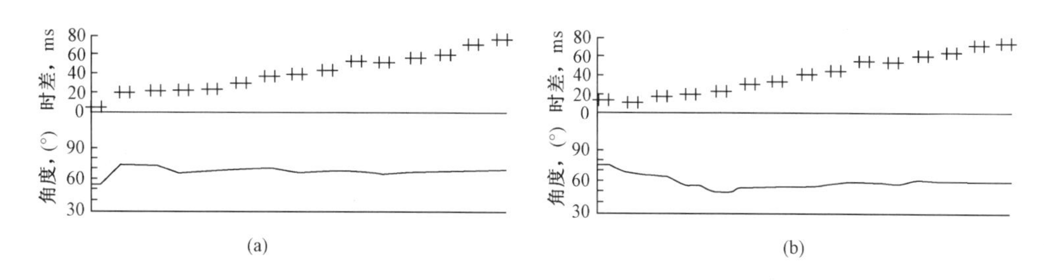

图 3　互相关法(a)与最小熵旋转法(b)计算裂缝方位结果

2. 正交基旋转法

能量比法、相似法以及最小熵旋转法都是期望在自然坐标系中将快慢波完全分离，使快波剖面上的振幅比慢波剖面上的振幅强，同时快横波剖面上的旅行时间比慢横波剖面上的旅行时间小。但这种振幅强弱、旅行时间长短没有一个定量的标准。因此，黄中玉提出一种正交基旋转(OBR)的方法。该方法是在假设快、慢横波为正交偏振的基础上，推导出野外采集系统坐标与自然坐标之间夹角的解析关系式，从而实现快、慢横波分离，估算地层裂缝发育方位，实现裂缝检测的目的。理论模型测试表明，该方法具有较高的准确性与可靠性，但受资料的信噪比影响较大，当信噪比为 1∶ 1 时，正交基旋转反演的角度误差可达 7°(图 4)。

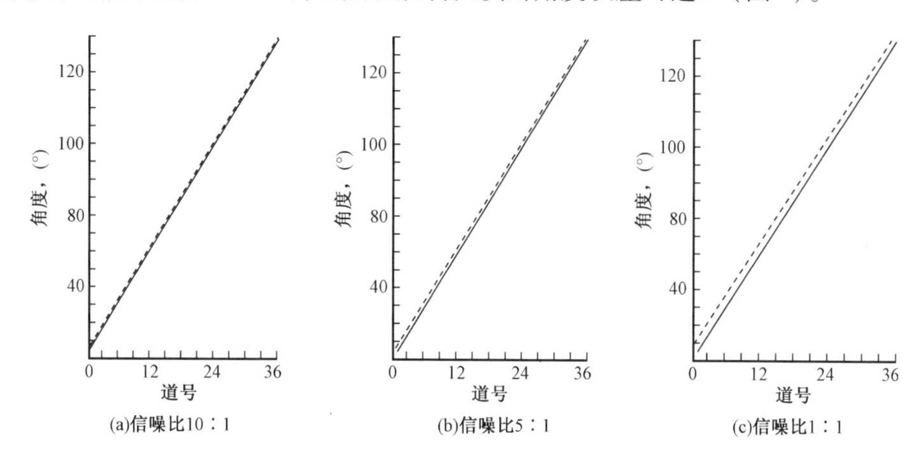

图 4　真实角度(实线)和正交基旋转反演角度(虚线)比较

3. 全局寻优法

如果地下有多层各向异性介质，且方位角各不相同，则快慢波分离过程要复杂得多，因为波在上行的过程中要发生多次分裂，即在第一层分裂的快慢波在第二层又将各自发生分裂，生成 4 个波。其结果是地面记录到了多次的转换波，大大降低分辨率及信噪比，如果不进行正确的校正，将会给各向异性地层下方层位的解释带来困难。通常解决的办法是从浅到深逐层进行各向异性分析，并进行各向异性补偿，直到目标层为止。这种方法要在强反射层上进行，并且是逐层递推，工作量非常大。Dariu 把全局寻优法中的模拟退火技术引入到裂缝探测工作当中，研制了一种自动逐层估算极化方向和快慢波时间延迟技术。

模拟退火算法作为一种良好的非线性优化方法，近年来开始应用于解决地震反演问题。其基本思想源于对固体退火过程的模拟。把固体加热到熔融状态，然后徐徐降温，最后凝结成一块规整的晶体。固体在熔融状态时包含最大的内能，凝结成规整晶体时，包含的能量最小。

模拟退火算法也是从误差能量较大的状态开始,使“温度”控制参数缓慢变化,利用 Metropolis 概率接受准则,使算法在模型空间中以一定的方式随机搜索,最后达到误差能量最低的状态。该状态对应的解即是全局最优解。

全局寻优法的要点是:建立地质模型,给各层任意定义各向异性参数(a,t);输入数据是模型之上经过各向异性校正的快慢波叠加剖面;某一时窗的信号是所有上覆地层各向异性参数影响的结果;通过迭代自动修改模型,直到快慢波波型差异最小。图 5 是全局寻优法的理论模型测试结果,可以看到角度[图 5(b)]与时差[图 5(c)]的反演结果与理论模型极为吻合,注意反演结果与输入模型的极性相反。

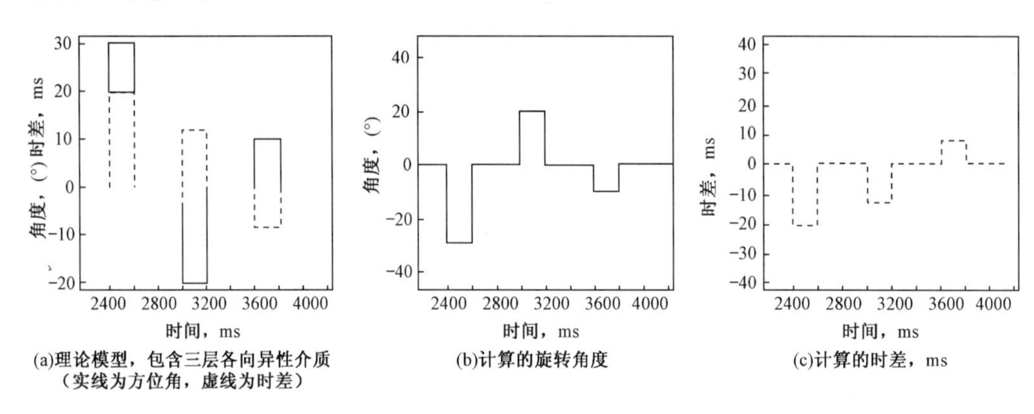

图 5 全局寻优法理论模型试验结果

全局寻优法的优点是:(1)自动求取全部地层的各向异性参数,无需人工逐层分析各向异性参数,提高了工作效率;(2)提高了分辨率;(3)提取的裂缝属性更可靠。

四、结语

(1)横波对各向异性的响应比纵波敏感,因此横波更有利于预测裂缝属性。随着地震各向异性等理论研究的不断深入,多分量地震技术必然会在裂缝性油气藏勘探中发挥重要的作用。

(2)多分量地震裂缝预测技术是以好得多分量资料品质为基础,如果在野外资料中观测不到横波双折射现象,则再先进的方法也无能为力。因此,在多分量地震采集过程中,精心设计采集参数,得到高信噪比的水平分量资料是探测裂缝的前提。

(3)为了准确地提取裂缝属性,在水平检波器径向与垂向分量的资料处理过程中,应尽可能地保留快慢波的差异所产生的分裂信息。

(4)目前,水平分量资料的分辨率大多低于垂向分量,还不能满足薄互层勘探的需求,如何识别薄互层中裂缝引起的各向异性将是地球物理工作者面临的又一课题。

(原载《天然气地球科学》,2007 年 18 卷 2 期)

常规稠油油藏水平分支井渗流特征及产能评价

刘启鹏　韩大匡　张迎春　李　波

摘　要：水平分支井已经成为开发边际油藏、常规稠油油藏、低渗透油藏、裂缝油藏及高含水油田剩余油挖潜的重要手段，也已经成为研究热点。首先研究了常规稠油油藏水平分支井渗流特征，在对水平分支井生产段（主支和分支）进行数学描述的基础上，利用势叠加原理，并考虑了各分支之间以及与主支之间的干扰，推导出油藏与生产段耦合条件下，常规稠油油藏对称水平分支井和非对称水平分支井的产能评价数学模型。并且将该模型应用于渤海常规稠油油田水平分支井产能计算，计算结果与该井投产后的实际产量误差在20%以内。

关键词：稠油油藏　水平分支井　渗流特征　产能评价模型

引　　言

最早研究分支水平井产能计算问题的是苏联的Табаков（20世纪60年代初），后来又为美国的Joshi所采用，并得到广泛认可。然而，Табаков的公式存在明显的矛盾：对于1～2条分支水平井的情况，假设导流能力无限大（即井内各点压力相等），而对于3～4条分支水平井则假设流量均匀分布，然后用势的叠加原理导出。Joshi的公式也没有注意到均匀流量和导流能力无限大的区别。李璗等根据Borisov提出等值渗流阻力的概念，把水平井的流动阻力分为两部分，一部分为液体由供油边界流向通过水平井的假想的垂直裂缝的阻力，称为外阻；另一部分是油井本身的内阻，即井周围以一个假想供给边缘向井底的流动。然后，通过一系列的保角变换，将内含裂缝的角形域变为一圆域的单直井，再求其产量。该公式优点是假设条件比较少，便于实际应用。程林松等综合应用数学分析方法和物理模拟方法对分支水平井稳定渗流进行了较系统的研究，采用拟三维求解思想及基本渗流规律推导了分支水平井的流场分布和产能计算公式。井筒管流与油藏渗流耦合的产能分析模型假设沿水平井筒的指端到根端，流体质量逐渐增加（即变质量流）。耦合模型是复杂的非线性方程组，故一般采用牛顿迭代法求解。对分支水平井段钻穿多条裂缝的情形，利用复位势理论和叠加原理所提出的无因次压裂水平井的产能公式存在很大缺陷，产能将会随裂缝条数奇偶的变化而产生间隔性跳跃，并且这种方法假定每条裂缝的产量相等，有较大的计算误差。

一、水平分支井渗流特征

水平分支井生产时，井筒内除沿主井筒方向有流动（主流）外，还有流体从分支径向流入井筒。从水平井筒指端到根端，流体质量流量逐渐增加，其流动为变质量流。在这种情况下，沿主流方向流速也逐渐增加，流体沿井轴方向流动存在堆积效应，加速度压降不再为0，其影响不能忽略。流体从分支沿水平井筒径向流入，干扰了主流管壁边界层，影响其速度剖面，改变了由速度分布决定的壁面摩擦阻力。另一方面，径向流入的流量会影响水平井筒内压力分布及压降，而井筒内的压力分布又会反过来影响从油藏径向流入井筒的流量，因而油藏内的渗流与水平井筒内的流动是耦合的。

水平分支井沿生产段指端到根端，由于流量逐渐增加，流压逐渐降低；生产段根端由于井筒内流量较小，主要贡献来自径向流量，因此在靠近生产段指端，单位长度径向流量占主井筒截面流量百分数要大一些。而随井筒内流量的增加，径向流量相对于主井筒截面流量而言较小。水平井泄油面积类似于椭圆，因此靠近生产段指端和生产段根端单位长度径向流量要大于生产段中间部位（图1、图2）。

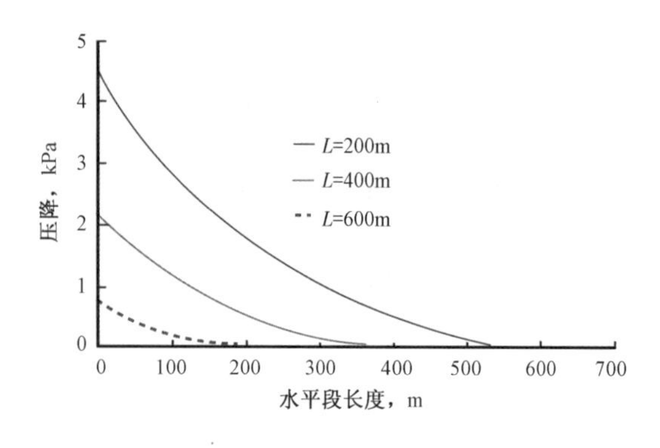

图1　水平井生产段压降沿程分布

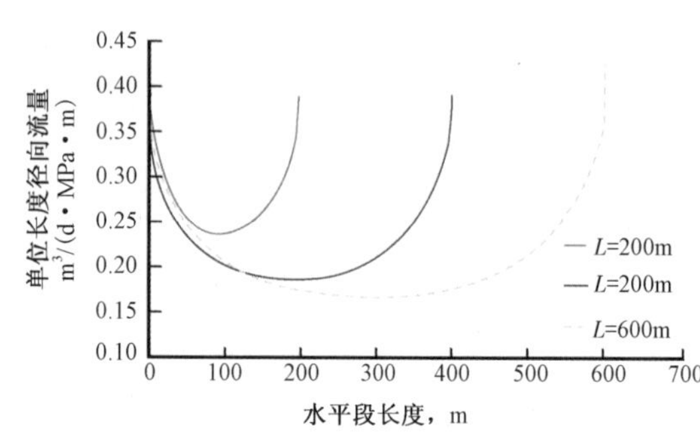

图2　水平井生产段单位长度径向流量沿程分布

取原油黏度分别为10mPa·s、50mPa·s和500mPa·s的三种情况进行研究，分析不同原油黏度下的水平井生产段流量、压降沿程分布。在定生产压差情况下，随着黏度降低，水平井生产段压力降逐渐增大，而且水平井生产段压力降主要消耗在靠近生产段根端部分；在定生产压差情况下，原油黏度高于50mPa·s后，生产段压力降小于4kPa，因此对于低黏度的水平井要考虑生产段压力损失。如图3、图4所示。

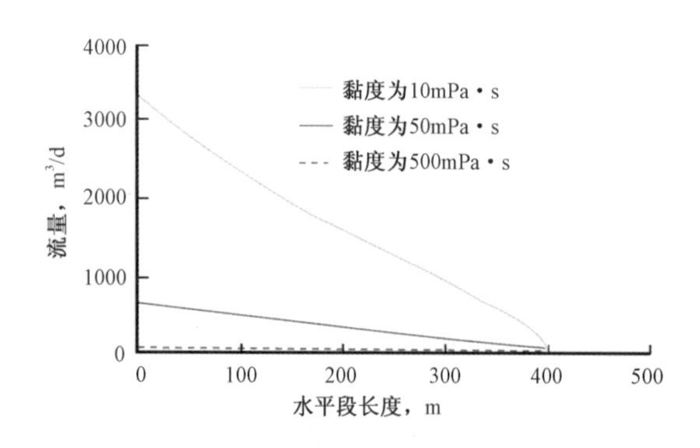

图3　不同原油黏度下的水平井生产段流量沿程分布

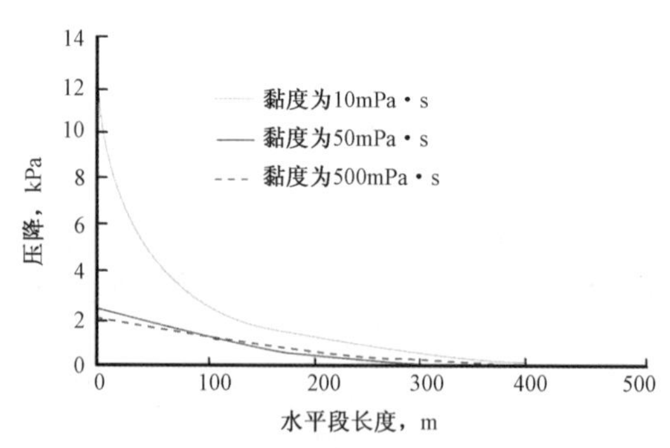

图4　不同原油黏度下的水平井生产段压降沿程分布

二、水平分支井产能评价模型

在对水平分支井生产段进行数学描述的基础上，利用势叠加原理，并考虑了各分支之间以及与主支之间的干扰，推导出封闭边界油藏中对称水平分支井和非对称水平分支井的产能评价数学模型。

1. 假设条件

由于水平分支井井身结构较水平井复杂，完全遵循空间三维井眼结构来研究该种井型在油藏中势的分布过于繁琐，而且水平分支井分支不会太长（300m内），因此进行以下基本假设：

(1)分支与主支处于一个平面上，具有一定夹角。

(2)主支与分支井处于一套油气压力系统，即二者存在势的干扰。

(3)主支井筒内流动为变质量管流，且与近井油藏渗流以及分支流动存在耦合作用，而分支井筒仅为均匀流动，即不考虑分支井筒内的沿程压力降。

2. 水平分支井生产段在封闭油藏中势的分布

设水平分支井分支数为 N，将主井筒划分为 M 段（对称水平分支井 $M=N/2+1$；非对称水平分支井 $M=N+1$），分支单独一段，则可以得到水平分支井划分的计算段数为 $M+N$。设水平分支井生产段主支跟端的坐标为 $M_0(x_0,y_0,z_0)$，主支长度为 L_m，油藏厚度为 h；第 j 分支与 M_0 的距离为 $D(j)$，长度为 $L_f(j)$，与主支井筒夹角为 $\beta(j)$。

对于单独一个分支而言，均质、各向同性油藏内流体的流动规律符合单相不可压缩流体流向生产段的达西定律。根据势理论，第 j 分支在无限大地层中任意点 $M(x,y,z)$ 所产生的势为：

$$\Phi_{f,j}(x,y,z) = \int_0^{L_f(j)} -\frac{q_{rf}(j)}{4\pi r_{f,j}}ds + C = \int_0^{L_f(j)} -\frac{q_{rf}(j)}{4\pi\sqrt{(x_{f,j}-x)^2+(y_{f,j}-y)^2+(z_{f,j}-z)^2}}ds + C \tag{1}$$

对上式进行积分得：

$$\Phi_{f,j}(x,y,z) = -\frac{q_{rf}(j)}{4\pi}\ln\frac{r_{f1}+r_{f2}+L_f(j)}{r_{f1}+r_{f2}-L_f(j)} + C_j \tag{2}$$

其中

$$r_{f1} = \sqrt{[x_0+D(j)-x]^2+(y_0-y)^2+(z_0-z)^2}$$

$$r_{f2} = \sqrt{\{x_0+D(j)+L_f(j)\cos[\beta(j)]-x\}^2+\{y_0+L_f(j)\sin[\beta(j)]-y\}^2+(z_0-z)^2}$$

式(2)即为水平分支井分支单独生产时在无限大油藏中任意点所产生的势。由于考虑油藏渗流与井筒变质量管流的耦合作用，主支单独生产时第 i 段微元段在无限大油藏中任意点所产生的势为：

$$\begin{aligned}\Phi_{mi}(x,y,z) &= \int_0^{\Delta L_m(i)} -\frac{q_{rm}(i)}{4\pi r_{m,i}}ds + C \\ &= \int_0^{\Delta L_m(i)} -\frac{q_{rm}(i)}{4\pi\sqrt{(x_{m,i}-x)^2+(y_{m,i}-y)^2+(z_{m,i}-z)^2}}ds + C\end{aligned} \tag{3}$$

对上式积分得到：

$$\Phi_{mi}(x,y,z) = -\frac{q_{rm}(i)}{4\pi}\ln\frac{r_{m1}+r_{m2}+\Delta L_m(i)}{r_{m1}+r_{m2}-\Delta L_m(i)} + C_i \tag{4}$$

根据无限大地层中势叠加原理可得到水平分支井主支与所有分支同时生产时在任意点 $M(x,y,z)$ 所产生的势为：

$$\begin{aligned}\Phi(x,y,z) &= \sum_{i=1}^{M}\Phi_{\mathrm{m},i}(x,y,z) + \sum_{j=1}^{N}\Phi_{\mathrm{f},j}(x,y,z)\\ &= \sum_{i=1}^{M}\left[-\frac{q_{\mathrm{rm}}(i)}{4\pi}\ln\frac{r_{\mathrm{m1}}+r_{\mathrm{m2}}+\Delta L_{\mathrm{m}}(i)}{r_{\mathrm{m1}}+r_{\mathrm{m2}}-\Delta L_{\mathrm{m}}(i)}\right]\\ &\quad+\sum_{j=1}^{M}\left[-\frac{q_{\mathrm{rf}}(j)}{4\pi}\ln\frac{r_{\mathrm{f1}}+r_{\mathrm{f2}}+L_{\mathrm{f}}(j)}{r_{\mathrm{f1}}+r_{\mathrm{f2}}-L_{\mathrm{f}}(j)}\right]+C\end{aligned} \tag{5}$$

3. 水平分支井生产段沿程压力降分析

由于不考虑分支生产段井筒沿程压力降，分支生产段跟端流压 $p_{\mathrm{rf}}(j)$ 可以通过主支生产段沿程压力降计算模型得到。

在主支生产段划分 M 个微元线汇的基础上，增加分支向主支生产段井筒汇流的节点数 T（对称水平分支井 $T=N/2$；非对称水平分支井 $T=N$），则水平分支井生产段沿程压降分析的段数为 $M+T$。

1）非对称水平分支井主支生产段沿程压降分析模型

在该生产段上取第 i 微元段和第 i 汇流点，如图 5 所示。设油藏流向主支微元段的流量为 $q_{\mathrm{rm}}(i)$，上游流动端面的流量为 $q_{\mathrm{lm}}(i-1/2)$，流压为 $p_{\mathrm{wf,m}}(i-1/2)$，下游流动端面的流量为 $q_{\mathrm{lm}}(i-1)$，流压为 $p_{\mathrm{wf,m}}(i-1)$，该微元段壁面摩擦阻力为 $\tau_{\mathrm{w,m}}(i)$；从分支井筒流向主支井筒的流量为 $q_{\mathrm{rf}}(i)$，流压为 $p_{\mathrm{wf,f}}(i)$。

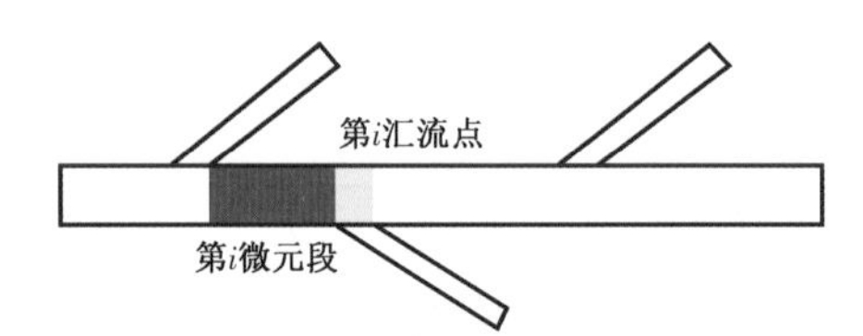

(a)鱼骨刺井生产段微元段和汇流点划分示意图

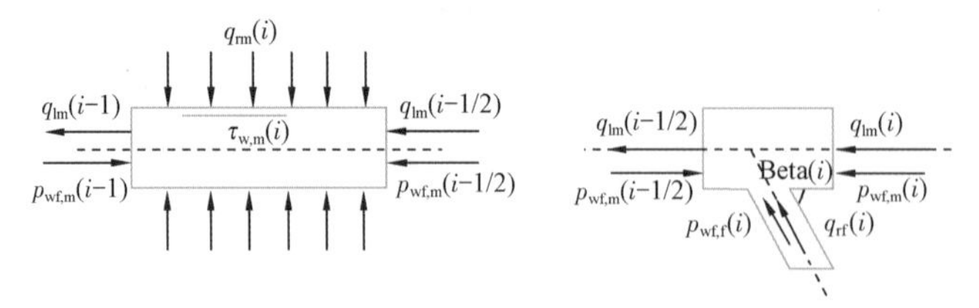

(b)鱼骨刺井生产段微元段压降分析　　(c)鱼骨刺井生产段汇流点示意图

图 5　水平分支井生产段微元压降分析

根据质量守恒定律，第 i 微元段控制体［如图 5(b) 所示］的质量守恒方程为：

$$q_{\mathrm{lm}}\left(i-\frac{1}{2}\right)-q_{\mathrm{lm}}(i-1) = -q_{\mathrm{rm}}(i) \tag{6}$$

在忽略质量力作用的情况下，微元段控制体中流体沿井筒方向受到摩擦阻力、上下游端面压力及径向入流流体的惯性力作用，根据动量守恒定律有：

$$\left[p_{\mathrm{wf,m}}\left(i-\frac{1}{2}\right)-p_{\mathrm{wf,m}}(i-1)\right]\frac{\pi D_{\mathrm{m}}^{2}}{4}-\tau_{\mathrm{w,m}}(i)\,\pi D_{\mathrm{m}}\Delta L_{\mathrm{m}}(i)$$

$$=\rho\frac{4q_{\mathrm{rm}}(i)\left[q_{1\mathrm{m}}\left(i-\frac{1}{2}\right)+q_{1\mathrm{m}}(i-1)\right]}{\pi D_{\mathrm{m}}^{2}} \tag{7}$$

变形并整理得：

$$-\frac{\Delta p_{\mathrm{wf,m}}\left(i-\frac{1}{2}\right)}{\Delta L_{\mathrm{m}}(i)}=\frac{2\rho}{\pi^{2}D_{\mathrm{m}}^{5}}f_{\mathrm{m}}\left[2q_{1\mathrm{m}}(i-1)-q_{\mathrm{rm}}(i)\Delta L_{\mathrm{m}}(i)\right]^{2}$$

$$+\frac{16\rho}{\pi^{2}D_{\mathrm{m}}^{4}}q_{\mathrm{rm}}(i)\left[2q_{1\mathrm{m}}(i-1)-q_{\mathrm{rm}}(i)\Delta L_{\mathrm{m}}(i)\right] \quad (1\leqslant i\leqslant M) \tag{8}$$

对于第 i 汇流点，由动量守恒、质量守恒定律知：

$$\left[p_{\mathrm{wf,m}}(i)-p_{\mathrm{wf,m}}\left(i-\frac{1}{2}\right)\right]\frac{\pi D_{\mathrm{m}}^{2}}{4}=\rho\left\{\frac{4q_{\mathrm{rf}}(i)\left[q_{1\mathrm{m}}\left(i-\frac{1}{2}\right)+q_{1\mathrm{m}}(i)\right]}{\pi D_{\mathrm{m}}^{2}}-\frac{4q_{\mathrm{rf}}^{2}(i)}{\pi D_{\mathrm{f}}^{2}}\cos[\beta(i)]\right\} \tag{9}$$

将上式变形并整理可得：

$$-\Delta p_{\mathrm{wf,m}}\left(i+\frac{1}{2}\right)=\frac{16\rho q_{\mathrm{rf}}(i)}{\pi^{2}D_{\mathrm{m}}^{4}}\left\{\left[q_{1\mathrm{m}}\left(i-\frac{1}{2}\right)+q_{1\mathrm{m}}(i)\right]-q_{\mathrm{rf}}(i)\frac{D_{\mathrm{m}}^{2}}{D_{\mathrm{f}}^{2}}\cos[\beta(i)]\right\} \tag{10}$$

合并式(8)和式(10)就可以得到非对称水平分支井主支生产段沿程压力降计算模型：

$$\Delta p_{\mathrm{wf,m}}(i)=\frac{2\rho\Delta L_{\mathrm{m}}(i)}{\pi^{2}D_{\mathrm{m}}^{5}}f_{\mathrm{m}}\left[2q_{1\mathrm{m}}(i-1)-q_{\mathrm{rm}}(i)\Delta L_{\mathrm{m}}(i)\right]^{2}$$

$$+\frac{16\rho\Delta L_{\mathrm{m}}(i)}{\pi^{2}D_{\mathrm{m}}^{4}}q_{\mathrm{rm}}(i)\left[2q_{1\mathrm{m}}(i-1)-q_{\mathrm{rm}}(i)\Delta L_{\mathrm{m}}(i)\right] \tag{11}$$

$$+\frac{16\rho q_{\mathrm{rf}}(i)}{\pi^{2}D_{\mathrm{m}}^{4}}\left\{\left[q_{1\mathrm{m}}\left(i-\frac{1}{2}\right)+q_{1\mathrm{m}}(i)\right]-q_{\mathrm{rf}}(i)\frac{D_{\mathrm{m}}^{2}}{D_{\mathrm{f}}^{2}}\cos[\beta(i)]\right\}$$

2）对称水平分支井主支生产段沿程压降分析模型

如图6所示，对称水平分支井汇流点处存在两个方向的入流，而非对称水平分支井仅存在一个方向的入流，微元段上的压力降分析类似，采用式(7)。

对于第 i 汇流点[如图6(c)所示]，由动量守恒原理和质量守恒原理可知：

$$\left[p_{\mathrm{wf,m}}(i)-p_{\mathrm{wf,m}}\left(i-\frac{1}{2}\right)\right]\frac{\pi D_{\mathrm{m}}^{2}}{4}=\rho\left\{8q_{\mathrm{rf}}(i)\left[q_{1\mathrm{m}}\left(i-\frac{1}{2}\right)+q_{1\mathrm{m}}(i)\right]/(\pi D_{\mathrm{m}}^{2})\right.$$

$$\left.-4\left\{q_{\mathrm{rf}}^{2}(i-1)\cos[\beta(i-1)]+q_{\mathrm{rf}}^{2}(i)\cos[\beta(i)]\right\}/(\pi D_{\mathrm{f}}^{2})\right\} \tag{12}$$

将上式变形并整理可得：

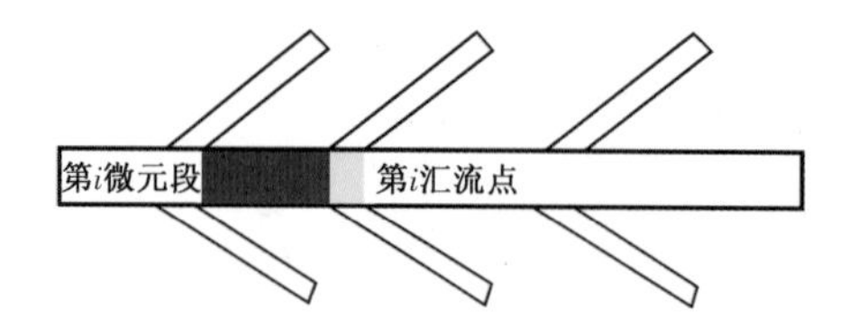

(a)鱼骨刺井生产段微元段和汇流点划分示意图

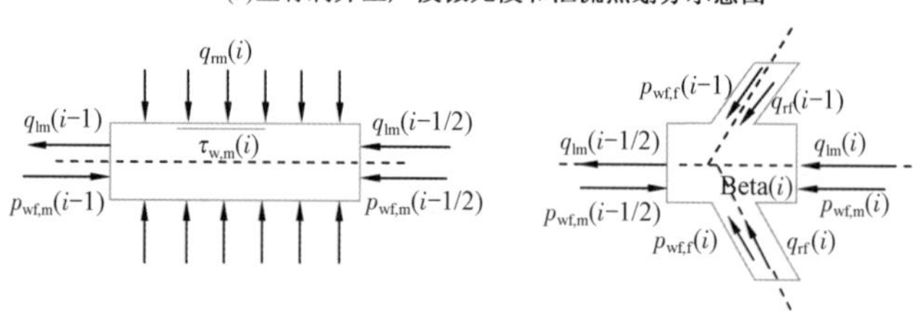

(b)鱼骨刺井生产段微元段压降分析　　(c)鱼骨刺井生产段汇流点示意图

图6　对称水平分支井生产段微元段压降分析

$$
\begin{aligned}
-\Delta p_{\mathrm{wf,m}}\left(i+\frac{1}{2}\right) = {} & \frac{16\rho q_{\mathrm{rf}}(i)}{\pi^2 D_{\mathrm{m}}^4}\left\{2\left[q_{1\mathrm{m}}\left(i-\frac{1}{2}\right)+q_{1\mathrm{m}}(i)\right]\right. \\
& \left.-\left[q_{\mathrm{rf}}^2(i-1)\cos(\beta(i-1))+q_{\mathrm{rf}}^2(i)\cos(\beta(i))\right]\frac{D_{\mathrm{m}}^2}{D_{\mathrm{f}}^2}\right\}
\end{aligned}
\tag{13}
$$

合并式(13)和式(7)就可以得到对称水平分支井主支生产段沿程压力降计算模型:

$$
\begin{aligned}
\Delta p_{\mathrm{wf,m}}(i) = {} & \frac{2\rho\Delta L_{\mathrm{m}}(i)}{\pi^2 D_{\mathrm{m}}^5}f_{\mathrm{m}}\left[2q_{1\mathrm{m}}(i-1)-q_{\mathrm{rm}}(i)\Delta L_{\mathrm{m}}(i)\right]^2 \\
& +\frac{16\rho\Delta L_{\mathrm{m}}(i)}{\pi^2 D_{\mathrm{m}}^4}q_{\mathrm{rm}}(i)\left[2q_{1\mathrm{m}}(i-1)-q_{\mathrm{rm}}(i)\Delta L_{\mathrm{m}}(i)\right]+\frac{16\rho q_{\mathrm{rf}}(i)}{\pi^2 D_{\mathrm{m}}^4}\left\{2\left[q_{1\mathrm{m}}\left(i-\frac{1}{2}\right)\right.\right. \\
& \left.\left.+q_{1\mathrm{m}}(i)\right]-\left\{q_{\mathrm{rf}}^2(i-1)\cos[\beta(i-1)]+q_{\mathrm{rf}}^2(i)\cos[\beta(i)]\right\}\frac{D_{\mathrm{m}}^2}{D_{\mathrm{f}}^2}\right\}
\end{aligned}
\tag{14}
$$

4. 考虑生产段耦合流动的水平分支井产能模型

在油藏参数、流体参数以及井眼数据已知的情况下,式(5)可表示为含有流量$q_{\mathrm{rm}}(i)$、$q_{\mathrm{rf}}(j)$与流压$p_{\mathrm{wf,m}}(i)$、$p_{\mathrm{wf,f}}(j)$($1\leqslant i\leqslant M, 1\leqslant j\leqslant N$)共两($M+N$)个未知量、($M+N$)个方程组成的方程组:

$$
F_1\left[q_{\mathrm{rm}}(i), q_{\mathrm{rf}}(j), p_{\mathrm{wf,m}}(i), p_{\mathrm{wf,f}}(j)\right] \qquad (1\leqslant i\leqslant M, 1\leqslant j\leqslant N)
\tag{15}
$$

生产段生产时,主井筒内除了沿井筒流动长度方向有流动(一般称为主流或轴向流)外,油藏流体还沿生产段主井筒长度方向各处径向流入井筒,同时油藏流向分支的流体汇流入主井筒。

水平分支井主井筒沿程流量符合以下关系式;

$$
\begin{aligned}
& q_{1\mathrm{m}}(i) = \sum_{k=i}^{M} q_{\mathrm{rm}}(K) + \sum_{k=i}^{N} q_{\mathrm{rf}}(K) \qquad (\text{非对称水平分支井 } 1\leqslant i\leqslant M) \\
& q_{1\mathrm{m}}(i) = \sum_{k=i}^{M} q_{\mathrm{rm}}(K) + \sum_{k=2i-1}^{N} q_{\mathrm{rf}}(K) \qquad (\text{对称水平分支井 } 1\leqslant i\leqslant M)
\end{aligned}
\tag{16}
$$

水平分支井生产段主井筒沿程流压符合以下关系式:

$$p_{wf,m}(i) = p_{wf,m}(i-1) + 0.5[\Delta p_{wf,m}(i-1) + \Delta p_{wf,m}(i)]$$
$$\Delta p_{wf,m}(i) = \Delta p_{wf,m}\left(i - \frac{1}{2}\right) + \Delta p_{wf,m}\left(i + \frac{1}{2}\right) \quad (2 \leqslant i \leqslant M+1) \quad (17)$$

其中,$p_{wf,m}(1) = p_{wf,m} + 0.5\Delta p_{wf,m}(1)$,$p_{wf,m}$为生产段根端流压;$\Delta p_{wf,m}(M+1) = 0$。

水平分支井生产段分支跟端流压符合以下关系式:

$$p_{wf,f}(j) = p_{wf,m}(j) + 0.5p_{wf,m}\left(j + \frac{1}{2}\right) \quad (1 \leqslant j \leqslant N) \quad (18)$$

将式(16)、式(17)及式(18)代入式(10)或式(14)可以得到未知量为 q_{rm}(i),$q_{rf}(j)$,$p_{wf,m}$(i)以及 $p_{wf,f}(j)$($1 \leqslant i \leqslant M, 1 \leqslant j \leqslant N$)共 $2(M+N)$ 个未知量、$(M+N)$ 个方程组成的方程组:

$$F_2[q_{rm}(i), p_{wf,m}(i), q_{rf}(j), p_{wf,f}(j)] = 0 \quad (19)$$

式(15)和式(19)共有 $2(M+N)$ 个方程,$2(M+N)$ 个未知量即为考虑生产段耦合流动的水平分支井产能模型。

三、产能评价

渤海 A 油田储层为湖相三角洲沉积,孔隙度 28% ~35%;渗透率 500 ~5000mD,边部稠油区地下原油黏度高达 400mPa·s,采用常规定向井开发,产量偏低,且开发效果不好。该油田部署 5 口水平分支井,首先选取储层比较发育的 A1 井先行钻探,A1 井初期日产油高达 $150m^3$,是周边常规定向井的 4 倍。A1 井获得成功以后,又陆续设计了 4 口水平分支井,并且应用水平分支井产能计算模型分别计算了 4 口井的理论产能,实际产能与预测产能误差在 7% ~18% 范围内(表 1)。

表 1 A 油田 2003 年分支井初期产量统计

井号	初期日产油,m^3/d	理论计算产能,m^3/d	理论产能与实际产量误差,%
A1	160	137	14.4
A2	120	129	7.5
A3	105	86	18.1
A4	105	122	16.2
A5	158	182	15.2

四、结论

(1)在分析水平分支井渗流特征的基础上,建立了油藏与生产段耦合条件下,对称水平分支井和非对称水平分支井的产能评价数学模型。

(2)将该模型应用于渤海常规稠油油田,计算了在生产段与油藏耦合流动条件下,且考虑水平井井筒压降时 5 口水平分支井的产能,计算结果与投产后的实际产量误差在 20% 以内。

(原载《石油钻采工艺》,2008 年 30 卷 5 期)

油藏开发阶段河流相基准面旋回划分与储层细分对比方法探讨

龙国清　韩大匡　田昌炳　刘　卓　王守泽　段　斌

摘　要：用高分辨率层序地层学原理解决油藏开发中的地层划分与对比问题在近几年得到广泛应用，河流相地层基准面旋回的识别、划分及储层细分对比一直是该项研究的难点，主要源于各种自旋回的干扰。从分析河流相构成与基准面旋回的关系出发，探讨了依据河型与河道砂体叠置样式变化、相序与相组合、自旋回特征及冲积平原特征等河流相结构要素进行河流相基准面旋回识别的方法。在基准面旋回等时格架约束下的储层细分对比中，提出要依据自旋回特征识别基准面旋回变化趋势，将短期旋回（自旋回）纳入较长期高级别旋回（基准面旋回）中分层次逐级对比。根据基准面旋回过程中河道砂体的结构类型、叠加样式和相对保存程度的规律性，归纳了不同可容空间条件下河道砂体的对比模式，用以指导河流相储层的细分对比。

关键词：油藏开发　河流相　基准面旋回　储层细分对比

引　　言

油藏开发阶段层序地层学研究的主要任务之一是划分对比高频层序形成的等时沉积地层单元，在等时沉积地层单元对比格架内进行储层细分对比，并在此基础上研究地层旋回过程中储层宏观、微观非均质特征，从而指导油藏开发。油藏开发阶段钻井较多，取心资料缺乏，地震资料的分辨率往往难以满足储层细分对比的要求。依据测井资料的储层细分对比技术主要有如下几种：(1)以区域标志层为等时对比依据的砂岩对砂岩、泥岩对泥岩的韵律层逐层对比法；(2)等高程和等厚度为标志的等厚切片法；(3)相控条件下的旋回分级对比法等。近年来随着高分辨率层序地层学理论引入我国，其基于基准面旋回原理的层序划分和旋回等时对比方法，在开发阶段的各类储层细分对比中得到广泛应用。高分辨率层序地层对比不仅考虑了基准面旋回过程与储层结构的关系及相关储层结构的层次性与多级次旋回划分标准的关系，又重点强调了较长期地层旋回中的洪泛面和层序界面的等时性及其对较短期地层旋回中砂体成因类型、沉积序列、产出位置和几何形态的控制作用，成为目前最重要的地层等时对比方法之一。

一、河流相基准面旋回划分的难点

河流相地层的基准面旋回划分对比是储层研究的难点，主要是因为河流相储层自旋回强烈，难以区分反映异旋回作用的沉积形式与反映自旋回作用的沉积形式。异旋回作用是指某些外部因素变化导致沉积体系的变化，就沉积体系而言，主要包括盆地沉降、沉积物供给和全球海平面变化等。异旋回既具有成因意义，又具有旋回的时间历程，可利用异旋回进行区域对比，为基准面旋回。自旋回作用导致能量在沉积体系内重新分布，如河流相自下而上地由粗变细的韵律、地表洪水事件、重力流和风暴等，此类旋回虽具有成因意义，但不具有旋回的全部时间历程，其分布范围有限，不能单独通过自旋回进行区域对比。

实际上，大多数短期地层旋回并不是基准面旋回作用的结果，而是自旋回作用（如河流冲刷—沉积作用）的结果（即沉积相序），因此，在短期基准面旋回识别中极易造成误解。如可能将向上变细的分流河道正韵律误认为是向上变深的基准面上升半旋回，而将向上变粗的河口坝反韵律误认为是向上变浅的基准面下降半旋回。由于二者之间经常会出现旋回特征不一致的情况，依据自旋回进行储层细分对比往往会造成错误的对比结果。因此，在储层细分对比中必须将短期旋回（自旋回）纳入较长期高级别旋回（基准面旋回）中分层次逐级对比，将砂体纳入相应时间尺度和旋回层次的等时地层格架中追踪对比，从而提高储层砂体等时对比精度。

二、河流相基准面旋回的识别

地层的旋回性是基准面相对于地表位置的变化产生的沉积作用、侵蚀作用，沉积物路过形成的非沉积作用和沉积不补偿造成的饥饿性乃至非沉积作用随时间发生的空间迁移的地层响应，在每一级次的地层旋回内必然存在着反映相应级次的基准面旋回所经历时间的“痕迹”。对河流相储层而言，伴随基准面的旋回变化，河型和砂体叠置样式、相序和相组合、自旋回特征、冲积平原特征等河流相构成要素呈规律性变化，据此可识别基准面旋回。

1. 河型和河道砂体叠置样式变化

河道类型的改变常常是基准面升降导致的可容纳空间变化的反映，因而可以作为基准面旋回划分的标志。基准面上升早期，由于可容纳空间较低，主要发育辫状河道形成的相互切割、彼此叠置的河道砂岩。砂岩的相类型比较单一，厚度一般较大，均质性较强，侧向连通性好，呈席状分布。随着可容纳空间增大，河道叠置程度与侧向连续性变差。随着基准面的继续上升，*A/S* 值增大，孤立分布的河道砂岩增多，河道逐步曲流河化。

2. 相序、相组合特征

对河流沉积环境而言，虽然大多数短期旋回不是基准面旋回变化的结果，但是每种环境都与一定的地形梯度范围和能量条件有关，因而在特定的地理位置，在 *A/S* 比值增大或减小的半旋回内，基准面旋回构成包括相类型、相序，各相所占的比例也有明显的差异，出现不同的相组合特征。

1）河道相组合

出现在基准面下降到上升的转换点附近。沉积物补给量远大于可容纳空间增量，沉积作用以充填河道的进积作用为主，以相互叠置的河道砂岩底部的侵蚀面为特征，向上可被薄层的泛滥平原覆盖，略显向上变细变深的特征。随着可容空间的增加，河道砂岩具有明显的向上变细的特征，上部决口扇与泛滥平原得以部分保存，虽然单期河道砂体厚度变小，多期河道高幅搭接可能形成厚层河道复合砂体。

2）决口扇/决口河道相组合

沉积物补给量等于或略小于基准面上升期可容空间增量，沉积作用以充填为主的加积方式进行，水深保持不变或略加深。当基准面刚开始下降时，仍有沉积作用发生，但很快发生短暂暴露和侵蚀作用，形成下降半旋回顶部的弱冲刷面，短期旋回由较薄的河道砂岩→天然堤粉砂岩→洪泛平原泥岩→决口扇粉细砂岩组成，自下而上往往为以上升半旋回为主的不完全对称型向对称型变化的叠加样式。

3）泛滥平原/湖泊相组合

伴随基准面上升达最高点位置时的广泛洪泛期，形成代表间歇河漫湖扩大的中期相转换面。可容纳空间增量逐渐减小而沉积物补给量趋于增高，沉积作用很快由退积状态进入加积→弱进积状态，由很薄的废弃河道砂岩→天然堤粉砂岩→洪泛平原泥岩→决口扇粉细砂岩组成近完全对称型旋回结构。

3. 自旋回特征差异

基底沉降、沉积物供给和气候等对地层层序的控制是在长期过程中展现出来的，在一个较长期基准面旋回内，自旋回往往有多个，可以根据不同自旋回的特征差异来识别基准面旋回。例如，河道多期决口作用形成多个自旋回，河道决口时洪水携带的悬浮沉积物向河间地区推进，在高可容纳空间条件下形成的河道可以建造较高的天然堤，与河间地区或冲积平原产生明显的地形差，决口扇高角度进积，形成厚度大的沉积。当可容纳空间较低时，河道天然堤发育程度较差，河道带和冲积平原的加积作用减弱，河道天然堤与冲积平原之间的地形差小，形成的决口扇厚度薄，并与冲积平原加积沉积物混合，因而可以根据决口扇的厚度变化识别可容纳空间的大小，河道之间叠置的决口扇厚度较大的位置通常为基准面上升到下降的转换面。

4. 冲积平原沉积特征

在河流相地层中，"最大洪泛面"处于基准面上升与下降的转换位置。在近海（湖）盆地的冲积相中，该基准面的转换位置较易识别，在受海（湖）影响较小的冲积相地层中，基准面上升伴随着地下水面的上升，形成河间湖泊、湖沼或沼泽。在这一地层位置，冲积平原相的垂向加积作用明显，暗色泥岩、碳质泥岩、煤层或碳酸盐岩（气候较为干旱时）发育。因而，在基准面旋回变化过程中，随着可容纳空间的增加，加积的冲积平原相或泛滥盆地沉积逐渐发育，厚度增大，而河道作用则逐渐减弱。因而可以将具有一定厚度，在一定程度上可对比的冲积平原泥岩发育段作为不同级次基准面上升与下降的转换面。

三、等时地层格架约束下的储层细分对比方法

借助基准面旋回的识别及其在较大范围内基本等时的性质，以及其旋回过程中短期旋回在一定范围内具有同步发育的特点，按较短期旋回在较长期旋回格架中出现的位置，将短期旋回（自旋回）纳入较长期旋回（基准面旋回）中分层次逐级对比，将砂体纳入相应时间尺度和旋回层次的等时地层格架中追踪对比，采用以洪泛面（亦称为高转换面，即高可容空间转换面，可容空间增大到减小的位置）为起始点，以旋回低转换面（低可容空间转换面，可容空间减小到增大的位置）为终点，对洪泛面之上的下降半旋回相域中的较短期旋回进行自下而上的逐层对比，而对洪泛面之下的上升半旋回相域中的较短期旋回进行自上而下的逐层对比。这样做主要是因为对河流相而言，低转换面附近河道下切的发育位置、下切程度和地形条件难以确定。由此可见，标定基准面旋回的洪泛面，准确判断低转换面及其相关的侵蚀冲刷强度以及旋回过程中不同位置短期旋回中的相序和相组合特征，是对地层格架中储层砂体进行等时追踪对比的技术关键。

四、河道砂体等时对比模式

河道充填特征的差异常常是基准面升降导致的可容空间变化的反映，在中期旋回地层过程中河道砂体的结构类型、叠加样式和相对保存程度都具有一定的规律性，因而可以作为河道

砂体等时对比的重要依据。在中期基准面旋回上升早期，发育向上“变深”非对称型旋回结构的砂体，河道砂体经受沉积改造作用强烈，砂体保存不完整，砂体厚度和岩相变化剧烈，砂体相互切割，彼此叠置，是等时对比难度最大的位置。在中期基准面上升晚期和下降早期发育对称型短期旋回，河道砂体保存相对较完整，区域分布较稳定，可对比性较强，尤其是中期洪泛面两侧短期旋回中的砂体，在区域上大多数具有较稳定的层位和等时性。针对这一特点，可以将基准面旋回过程中河道砂体的对比模式概括为如下几种类型（图1）。

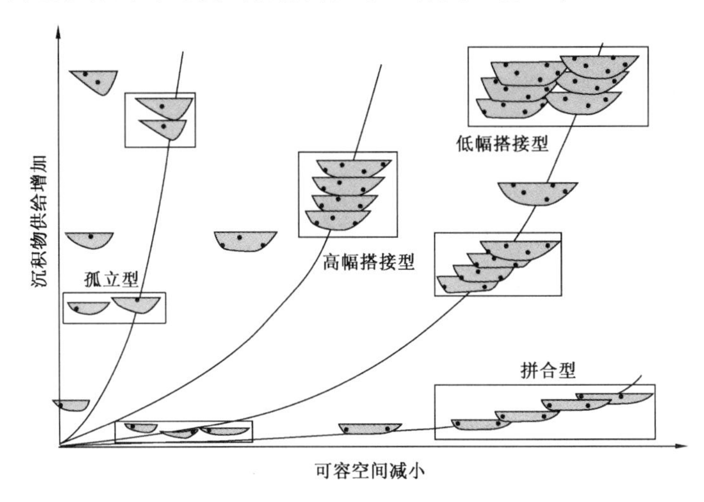

图1　河流相砂体叠置模式

（1）低幅搭接型：发育于基准面上升早期或基准面下降末期，*A/S* 比值较低，沉积作用以强烈充填河道的进积方式进行。基准面始终处在沉积界面附近，一旦基准面下降便发生暴露和遭受侵蚀，河道底冲刷作用强烈，多期河道砂体相互切割、彼此叠置，形成厚度较大的砂体，砂岩的相类型比较单一，砂体垂向和侧向连通性好，砂体连片分布。

（2）拼合型：发育于基准面上升中期或基准面下降中期，可容空间增加，物源供给较充足，*A/S* 比值中等，沉积作用的进积和加积作用相当。基准面高于沉积界面，沉积物保存程度增加，河道冲刷作用不明显，一旦基准面下降易形成河道的迁移改道，多期河道砂体侧向叠置，砂体垂向连通性变差，侧向连通性较好，砂体连片分布。

（3）高幅搭接型：基准面进一步上升，可容空间增加，物源供给减少，沉积作用以加积作用为主，河道迁移改道作用减弱，多期河道砂体垂向叠置，期次明显。砂体间垂向与侧向连通性较差。

（4）孤立型：基准面持续上升达到最高点位置时的广泛洪泛期，沉积物补给量远小于可容空间增量。沉积物粒度明显变细，河道期次减少，砂体叠置作用弱，河道砂体形态发生很大改变，主要分布孤立不对称透镜状砂体组成。

图2为这一对比方法在宝浪油田河流相砂体等时对比中的应用实例。宝浪油田位于焉耆盆地北缓坡，主要含油气层段中生界下侏罗统三工河组（J_1s）发育于长期基准面上升期，为典型近源辫状河—三角洲体系沉积。储层岩性以含砾砂岩、砾质砂岩、细砾岩为主，成分成熟度和结构成熟度均低，岩石成分以岩屑为主，其次为石英和长石，颗粒分选中等—差，次棱角次圆状，颗粒支撑，为典型粗粒辫状河沉积。下部储层（Ⅲ油组）砂体十分发育，多期砂体的垂向叠置和侧向迁移形成厚层状复合砂体，砂体叠置方式以低幅搭接型和拼合型为主。向上随着可容纳空间增大，河道叠置程度与侧向连续性变差（Ⅱ油组），以拼合型和高幅搭接型为主。随着基准面的继续上升，*A/S* 值增大，孤立分布的河道砂岩增多（Ⅰ油组），河道逐步曲流河化，以孤立型砂体为主。

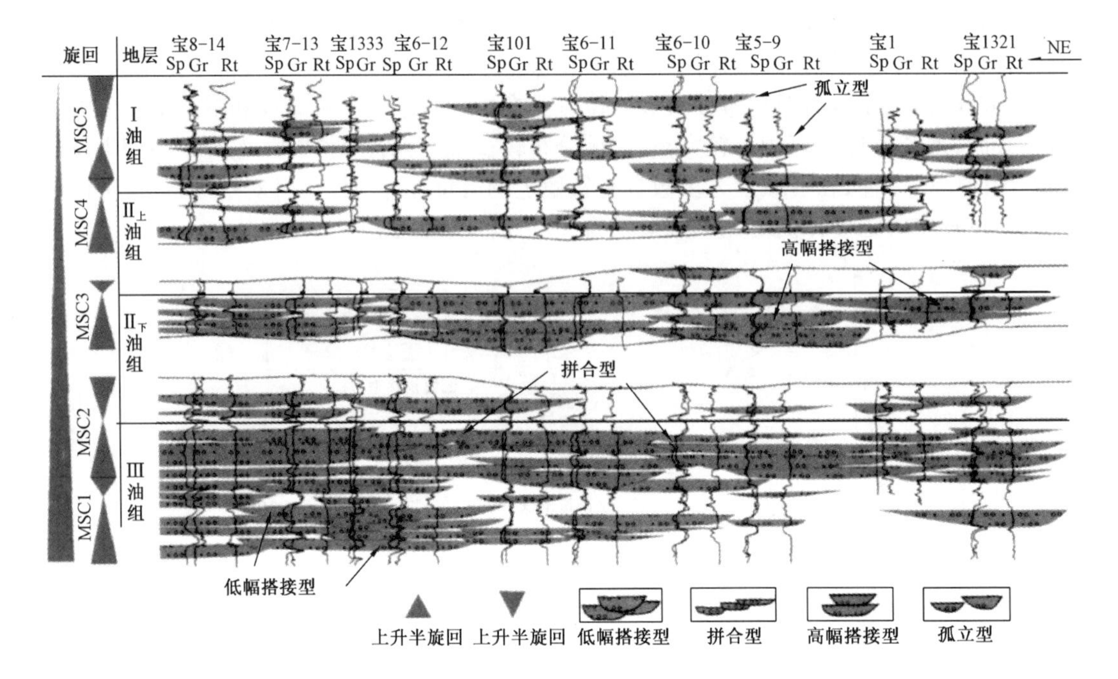

图 2　宝浪油田三工河组河流相基准面旋回划分与储层细分对比

五、结论

冲积河流相地层各类自旋回沉积、地层的侵蚀和缺失、沉积微相、岩性在空间的迅速变化以及有限的测井分辨率等增大了自旋回与基准面旋回之间的矛盾。开发阶段应用高分辨率层序地层学进行河流相基准面旋回划分时，要综合分析河流相构成要素随基准面旋回变化规律，对比时要借助基准面旋回在较大范围内基本等时的性质，以及在较长期旋回过程中较短期旋回具有一定范围内同步发育的特点，建立高分辨率时间—地层格架，分析层序格架内较长期旋回界面对两侧砂体控制作用，以洪泛面为等时对比标志逐层对比；对于旋回界面附近河道砂体，其发育位置、下切程度及叠置样式复杂，要依据不同可容空间下河道砂体的叠置规律和保存程度进行砂体的细分对比。该对比方法适用于冲积—河流相储层在开发初期低井控条件下建立地质概念模型，在密井网条件下储层的细分对比中亦有广阔的应用前景，不仅可用于深入了解储层与隔层在地层格架中的时空分布规律，描述储集砂体的井间边界、几何形态和非均质性，储层与隔层结构，对储层进行更有效的三维预测和定量评价，亦可应用于油藏开发后期储层构型和流动单元的研究，为油气藏和储层精细描述打下基础。

（原载《现代地质》，2009 年 23 卷 5 期）

建立采收率与井网密度关系的方法探讨

邹存友　韩大匡　盛海波　汪　萍　张爱东

摘　要： 油田(或区块)的采收率与井网密度关系式建立的正确与否,关系到整个油田开发调整的成败。经过研究和实践,可用水驱曲线法或递减法先确定某一确定井网条件下的可采储量,结合油田动用的地质储量,可以求得该井网密度下的采收率,再利用线性回归确定谢尔卡乔夫公式中的系数,进而可以确定整个油田(或区块)的采收率与井网密度的关系。油田应用结果表明,应用这两种方法建立的关系式,能够准确反映采收率随井网调整的变化,在此基础上确定的加密调整潜力及经济技术界限合理而准确。

关键词： 采收率　井网密度　可采储量　水驱曲线　递减法

引　言

中国油藏绝大多数为陆相沉积,非均质性很强,为了降低风险,油田开发一般先采用相对较稀的井网投产,随着勘探开发的深入,在不同阶段进行井网加密调整,从而不断改善油田开发效果并提高最终采收率。在不同开发阶段,制订合理的开发技术政策,分析加密潜力的前提是正确建立采收率与井网密度的关系。苏联著名学者谢尔卡乔夫建立的采收率和井网密度关系式,目前在国际上被公认为能够较为正确地反映采收率与井网密度的变化规律。尽管谢氏公式形式及原理较为简单,但如何获得符合油田开发规律的公式却很复杂。笔者对谢尔卡乔夫公式的理论意义、适用范围以及目前广泛采用的建立井网密度与采收率关系的做法进行了回顾及探讨。在大量的油田开发实践过程中,认为谢尔卡乔夫公式中的 E_D 和 a 并不能完全代表驱油效率和井网系数,只是油田开发综合状况的一个反映,并最终研究出两种能够有效建立起井网密度和采收率关系的正确方法。

一、对谢尔卡乔夫公式的讨论

苏联学者谢尔卡乔夫的研究成果表明,油田的采收率随井网密度的增大呈指数形式增加,其表达式为:

$$E_R = E_D e^{-aS} \tag{1}$$

式中,E_R 为采收率;E_D 为驱油效率;a 为井网系数,口/hm^2;S 为井网密度,hm^2/口。

e^{-aS}代表波及系数(实际上是体积波及系数),一般而言,对水驱油过程来说,驱油效率变化不大,可以认为是一个定值。那么,采收率就随波及系数的变化而变化,而波及系数随井网密度的增加呈指数增加。假如油田未投入开发,那么 $S\to\infty$,波及系数趋近于0,采收率为0;假如油田布满了井,开发层位全部被射开,$S\to 0$,那么油田无论横向或纵向波及系数都等于1,油田的采收率就等于驱油效率。

再假设一种极端的现象,假设开发一个大油田,其地质储量和含油面积足够大,而在其中布有限的几口井,井与井之间不存在相互干扰,此时井网条件下的采收率是随井数线性增加的，与用井控面积的方式表达的井网密度成反比（图1中的第Ⅰ部分），可表示为：

$$E_{R}=\frac{C}{S} \quad 或 \quad E_{R}\propto\frac{1}{S} \tag{2}$$

式中，C 为常数。

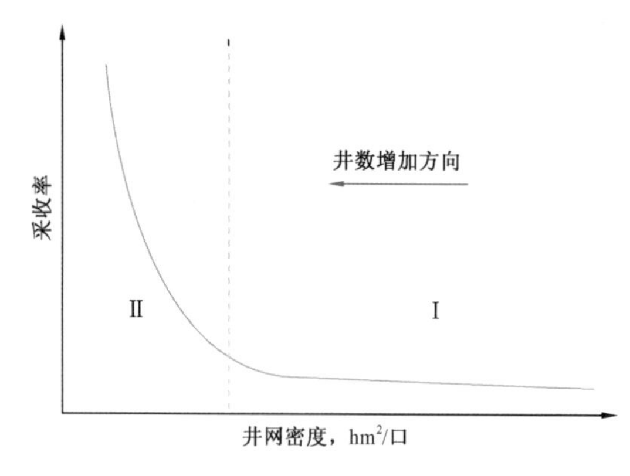

图1 采收率随井网密度变化示意

当所布井足够多，且相互之间发生了干扰时，油田的采收率不是随井网密度呈线性增加，而是呈指数（图1中的第Ⅱ部分）或其他形式增加。

实际上，在油田开发过程中，只会在钻预探井阶段才会出现图1中的第Ⅰ部分，且此时研究采收率与井网密度关系意义不大。在油田全面投入开发后，直接进入第Ⅱ部分，并遵循“先疏后密”的原则，即先采用大井距，然后再采用较小的井距进行开发。此时，在油田开发决策中就存在一些问题，比如油田加密需要打多少口加密井，钻加密井后可采储量及采收率会增加多少，采用多大的井距进行加密等。所有这些研究都是建立在采收率与井网密度关系的基础上的，因此，正确建立二者的关系是油田开发决策成败的关键问题。

二、建立采收率与井网密度关系的常用方法及存在问题

1. 经验公式法

就如何建立采收率与井网密度关系式的问题，中外石油工作者一直都进行着大量的研究与尝试。大多数是建立在谢尔卡乔夫的基础之上的，其焦点是确定驱油效率和井网系数。如苏联全苏石油研究院根据乌拉尔地区130个油田实际资料，将流动系数（Kh/μ）分级，并分别回归出5个区间的采收率与井网密度的关系式。中国石油勘探开发研究院根据中国144个油田或开发单元的资料，按流度（K/μ）分级，回归出5个区间的采收率与井网密度关系式。在实际应用中，首先利用油田储层物性资料，计算流动系数或流度，观察其所在区间，然后根据经验公式确定井网系数和驱油效率。

还有一种方法目前应用得也较为广泛，即分别利用驱油效率的相关经验公式和井网系数经验公式计算驱油效率和井网系数，再代入谢尔卡乔夫公式。如驱油效率多采用俞启泰的经验公式求取，井网系数的确定采用大港油田段六拨油田的经验公式。

经验公式总是有一定的适用范围，而且适合于其他油田的经验公式不一定能适合所研究油田。这样分析的结果存在极大的不确定性，况且油田开发不仅仅与储层物性有关，还与油田的非均质性、裂缝发育程度（这一点在低渗透油田尤为明显）、开发方式及政策等都存在很大的关系，因此，其分析结果往往不能令人满意。

值得指出的是，在此并不是否定经验公式的重要意义。经验公式的好处在于能够大致得到这样一种关系，它是用于油田开发初期，资料不多的情况下的一种简单近似。

2. 相渗曲线法

利用相渗资料可求得驱油效率,之后,可以利用经验公式确定井网系数;而使用最多的当属利用油田当前标定采收率和井网密度,由谢尔卡乔夫公式反算井网系数,即:

$$a = \frac{\ln \dfrac{E_R}{E_D}}{S} \tag{3}$$

这种方法的难点之一是确定驱油效率。一个油田大多数情况下是多层合采,不同层位、不同面积上利用岩样分析得到的相渗曲线并不相同,有时相差很大。从中国大部分油田的开发资料分析,只在油田投产初期,利用探井资料测试了少量的相渗曲线,这些资料往往不能代表整个油田的特征。由此计算的驱油效率也不具有代表性。

假设相渗曲线足够多,通过多条相渗曲线归一化处理后能够代表油田特征,那么第二个问题就是,利用经验公式或反算的井网系数只是一个静态值,或者是一个单点值,而与采用不同开发阶段的单点值的计算结果并不相同。因此,该方法也存在很大的问题。

3. 实际数据回归法

实际上,在油田开发进程中,油田每年都上报动用地质储量、动用含油面积及可采储量和油水井数,所以,可直接用数据进行回归。将式(1)变形可得:

$$\ln E_R = \ln E_D - aS \tag{4}$$

在直角坐标上,以井网密度为横坐标,采收率的对数为纵坐标,进行线性回归,利用回归直线的斜率和截距就可以确定 a 和 E_D。这个思路正确,但实际上可行性并不大,限于当时对油田的认识程度,可采储量及采收率的计算并不准确,甚至会出现忽大忽小的情况,所以实际操作上存在难度。

三、推荐两种建立方法

为了建立符合油田开发实际的采收率与井网密度的关系,客观地反映油田实际开发水平,利用大量的油田开发数据,研究了两种能够有效建立采收率与井网密度关系的方法。在此基础上,对井网加密效果评价(确定合理井距、采收率提高幅度、增加可采储量等)的实际应用表明,这两种方法建立起来的关系能够较好地反映油田实际开发水平,能够为油田提供正确的决策支持。其思路是,首先利用水驱曲线法或递减法确定某一固定井数下的可采储量,利用油田地质储量标定其阶段采收率,再结合油田动用的含油面积,确定其井网密度。那么,在不同开发阶段(对应不同井数)下的采收率和井网密度就可以确定了。实际上,对谢尔卡乔夫变换了一下表达方式:

$$E_R = Ae^{-BS} \tag{5}$$

然后在式(5)两边取对数,得:

$$\ln E_R = \ln A - BS \tag{6}$$

式中,A 和 B 为回归系数。

这里不采用谢尔卡乔夫的表达式的原因是回归的 A 值往往并不是驱油效率,A 和 B 只是代表油田实际数据回归系数。只有在理想状况下，如油田地质储量和含油面积可靠，其回归的 A 才是 E_D。所以，只认为这两个参数是油田开发特征的一个综合反映。

1. 水驱曲线法

利用水驱曲线确定可采储量的方法已经非常成熟，这里仅以甲型水驱曲线为例，它是关于累计产水量和累计产油量的半对数关系，即：

$$\lg W_p = c + dN_p \tag{7}$$

式中，W_p 为累计产水量，10^4t；c 和 d 分别为水驱曲线的截距和斜率；N_p 为累计产油量，10^4t。

推导水驱曲线可以得到累计产油量和含水率的关系。仍以甲型水驱曲线为例，累计产油量和含水率的关系为：

$$N_p = \frac{\lg \frac{f_w}{1 - f_w} - [c + \lg(2.303d)]}{d} \tag{8}$$

式中，f_w 为含水率。

在式(8)中将含水率取值为极限含水率(中高渗透油藏一般取 0.98，低渗透油藏一般取 0.95)时，计算得到的累计产油量即为可采储量。

2. 递减法

Arps 递减是国际上广泛使用的预测递减的成熟方法，Arps 双曲递减是最为通用的递减类型，指数递减是其特例。双曲递减在递减阶段的累计产油量和产量之间存在如下关系：

$$N_{p(递减)} = \frac{Q_i^n}{(1 - n)D_i}(Q_i^{1-n} - Q^{1-n}) \tag{9}$$

式中，$N_{p(递减)}$ 为递减期的累计产油量，10^4t；Q_i 为递减期的初始产油量，10^4t/a；n 为递减指数，双曲递减时值为 0～1，指数递减时值为 0；D_i 为初始递减率；Q 为递减期某一时间的产油量，10^4t/a。

那么油田总的累计产油量应该等于递减期的累计产油量和递减前的累计产油量之和，即：

$$N_p = N_{po} + \frac{Q_i^n}{(1 - n)D_i}(Q_i^{1-n} - Q^{1-n}) \tag{10}$$

式中，N_{po}为递减前的累计产油量，10^4t。

将式(10)改写为：

$$Q^{1-n} = Q_i^{1-n} + N_{po}\frac{(1 - n)D_i}{Q_i^n} - \frac{(1 - n)D_i}{Q_i^n}N_p \tag{11}$$

令

$$\alpha = Q_i^{1-n} + N_{po}\frac{(1 - n)D_i}{Q_i^n}$$

$$\beta = \frac{(1 - n)D_i}{Q_i^n}$$

则有：

$$\frac{\alpha}{\beta} = N_{po} + \frac{Q_i}{(1-n)D_i} \tag{12}$$

双曲递减在递减期的可采储量可表示为：

$$N_{R(递减)} = \frac{Q_i}{(1-n)D_i} \tag{13}$$

式中，$N_{R(递减)}$ 为双曲递减在递减期的可采储量，10^4t。

将式(13)代入式(12)，就可以得到油田总的技术可采储量为：

$$N_R = \frac{\alpha}{\beta} \tag{14}$$

式中，N_R 为总的技术可采储量，10^4t。

对于指数递减，只需将 $n=0$ 代入式(14)即可。因此，对双曲递减(N_p, Q^{1-n})或指数递减(N_p, Q)回归，回归直线的截距和斜率的比值，就是可采储量。

四、现场应用与探讨

1. 水驱曲线法的应用

榆树林油田为特低渗透油藏，储层平均孔隙度为11%，平均渗透率为2.47mD。应用水驱曲线法得到不同井网密度下的可采储量，并计算其采收率(表1)。利用式(6)对采收率和井网密度进行回归(图2)，回归直线的截距为 -1.2153，斜率为 -0.0611，由此，可以得到式(6)中的 $B=0.0611$，$A=0.2966$，并得到该油田的采收率与井网密度的关系为：

$$E_R = 0.2966e^{-0.0611S} \tag{15}$$

表1　水驱曲线法计算榆树林油田不同开发阶段的井网密度与采收率

井数，口	可采集量，10^4t	井网密度，hm^2/口	采收率
327	233.95	36.70	0.032
885	939.66	13.56	0.127
965	1031.81	12.44	0.139
1340	1261.43	8.96	0.170
1551	1393.28	7.74	0.188

2. 递减法的应用

实际上，有时候水驱曲线的斜率变化不大，由此计算得到的可采储量变化规律并不明显，但此时产量递减规律却很明显。朝阳沟油田朝522区块井网经过3次加密，加密后月产油量初期经过短暂的上升，尔后递减。以累计产油量为横坐标，月产油量为纵坐标，对递减部分进行了回归(图3)。

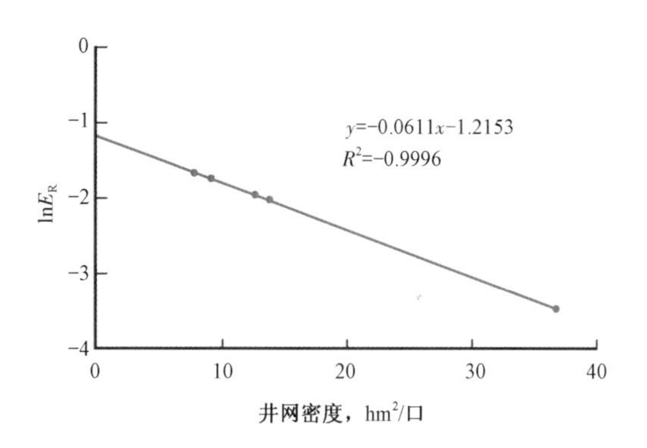

图2　榆树林油田采收率与井网密度线性回归关系

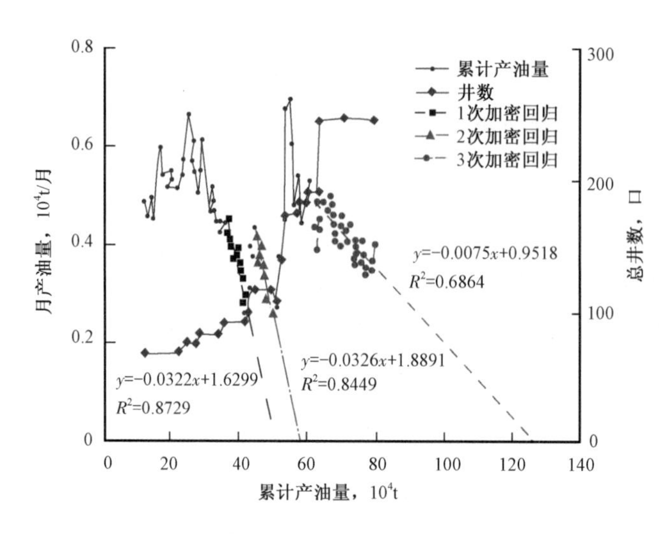

图3　朝522块月产油量与累计产油量的关系

朝522区块的回归结果及可采储量、采收率、井网密度等指标列于表2。利用式(6)对采收率和井网密度进行回归,回归直线的截距为 -0.7662,斜率为0.1903,由此,可以得到式(6)中的 $B=0.1903$,$A=(-0.7662)^{e}=0.4648$,并得到朝522区块的采收率与井网密度关系为:

$$E_{R}=0.4648e^{-0.1903S} \tag{16}$$

表2　递减分析法计算朝522块不同开发阶段的井网密度与采收率

井数,口	α	β	可采储量,10^4t	井网密度,hm^2/口	采收率
89	1.6299	0.0322	50.62	7.64	0.110
115	1.8891	0.0326	57.95	5.91	0.126
246	0.9518	0.0075	126.90	2.76	0.275

3. 应用条件探讨

油田开发资料的实际应用表明,水驱曲线法和递减分析法是反映宏观规律的有效方法。实际上,对动用储量和含油面积不大的区块或油田,其开发井数也变化不大,水驱曲线斜率变化不明显,因此,正确利用水驱曲线法或递减法求可采储量存在难度。对于这种情况,如果区块与区块之间地质条件及储层物性基本相同(如油水关系、裂缝发育情况、渗透率、孔隙度、油藏埋藏深度等),那么这些区块或油田的采收率与井网密度变化应该具有相同的规律。可以将这些区块的地质储量和动用含油面积进行叠加,以及将产量等开发数据叠加,综合加以考虑,然后利用全部区块的数据进行回归,则能更有效地建立采收率与井网密度的关系。如中国某油区,浅层油藏由6个区块组成,单个区块的水驱曲线变化并不明显,综合考虑后则十分明显,由此,建立了浅层油藏的采收率随井网密度的变化关系。

另一个值得说明的是,油田加密方式对公式的建立也具有十分重要的影响,不同阶段和不同加密方式下对应的采收率与井网密度关系并不相同,对三种加密方式(图4)进行了分析。第一种方式是均匀加密[图4(a)],随着开发的进行,加密调整井不断增加,井与井之间的干扰越来越大,单井产能降低,并且由于动用地质储量和含油面积都没有发生变化,因此,其采收率与井网密度之间严格遵循指数增加规律;第二种方式是滚动开发[图4(b)],先开发主力区,然后不断向周围扩边调整;第三种方式是分块动用[图4(c)],随着开发的进程,有新区块投入开发。在后两种情况下,采收率与井网密度一般并不遵循指数规律。还有更加复杂的情况,可能是三种情况的综合,即有可能发现一个区域,开发、加密、再加密,然后开发另一个区块,进行开发、加密等。因此,分析时,应该掌握油田具体的开发历程,这将有益于分析思路的确定。而是否能够建立的判断准则是,式(6)的回归结果是否呈线性关系。如果早期部分点不在直线上,说明油田属于扩边、分块动用等情况,应将这些点舍弃。如果线性规律不明显,那么说明动用地质储量或含油面积变化较大,应该重新选择区块进行分析,以至最终建立起符合油田开发实际的采收率与井网密度的关系。

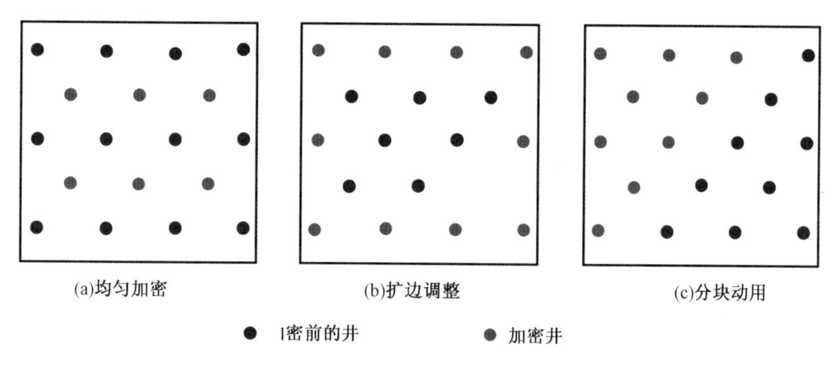

图4 三种加密方式示意

五、结论

油田加密调整是提高采收率的重要措施之一,建立正确的采收率与井网密度关系则是充分认识油田开发水平,制订合理开发技术政策的前提条件。应用水驱曲线法或递减法进行可采储量计算,并与油田实际开发动用地质储量、含油面积及开发井数结合,从而应用不同井网密度下的采收率进行回归,得到采收率与井网密度的关系,这样能够最大限度地符合油田开发水平,最终为油田开发决策提供有力支持。

所建立的新方法是油田长期开发实践的成果,在中国南堡陆地、大庆外围等众多油田的实践表明,应用该方法能够建立正确的采收率与井网密度的关系,所确定的油田加密后提高采收率、增加可采储量以及合理开发井距等指标更为合理。该方法适用范围广,对于低渗透、中高渗透以及裂缝发育程度、油藏地质条件不同类型油藏的水驱开发油田都适用,可综合反映油田开发水平和特征。

(原载《油气地质与采收率》,2010年17卷4期)